DVD 多媒体光盘使用说明

光盘操作方式

将随书附赠光盘放入光驱中，双击光驱盘符打开光盘，可以看到 3 个文件夹，分别是“实例文件”、“视频文件”和“附赠资料”。“实例文件”文件夹内为本书所有案例的素材和最终文件；“视频文件”文件夹内为本书案例的多媒体教学视频；“附赠资料”文件夹内为海量素材，读者可以随时调用。其中“实例文件”和“附赠资料”文件夹为压缩文件，需要使用解压缩软件解压缩后才能使用其中的文件。

光盘内容预览

随书附赠 1 张 DVD，内含超长多媒体视频教学和海量终生受用的精美素材，帮助您快速掌握 Phtoshop CS4 的所有技能。

★ 16 小时本书实例超长多媒体语音视频教学，帮助读者快速攻克知识重难点

★ 2000 多个“一点即现”的画笔、形状、样式、渐变、墨迹喷溅等设计素材

★ 500 张高清材质纹理图片，可直接调用，满足各类设计人员的实际工作需求

★ 30 款图案、立体、质感、广告文字的 PSD 特效字体模板，可用于设计作品中

★ 100 款分层 PSD 精美模板文件，包括创意、视觉、特效、广告、包装等类型

★ 本书所有实例的素材文件和最终效果文件

16 小时多媒体语音视频预览

> 电影海报设计

> 音响海报设计

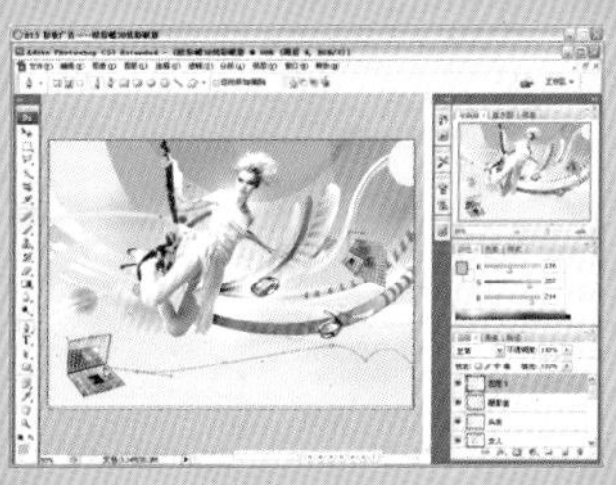
> 彩妆报纸广告设计

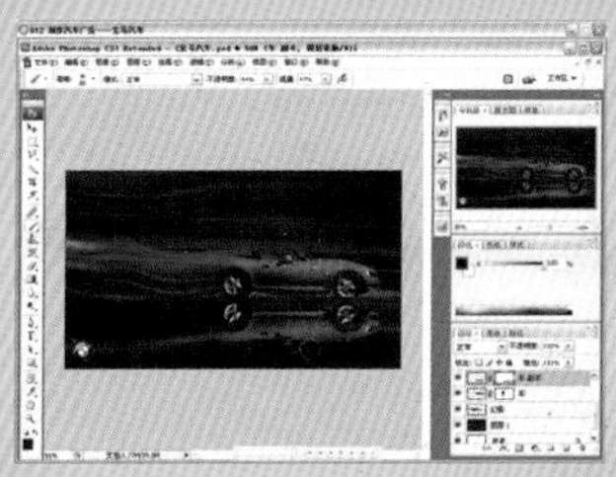
> 汽车报纸广告设计

> 化妆品杂志广告设计

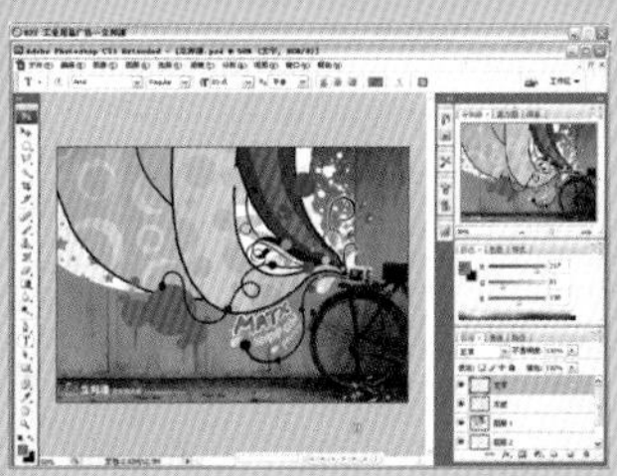
> 油漆杂志广告设计

> 咖啡厅菜单设计

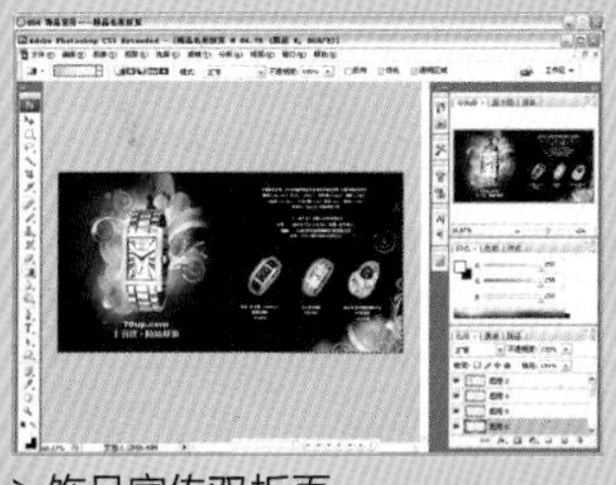
> 饰品宣传双折页

> 公交站牌广告设计

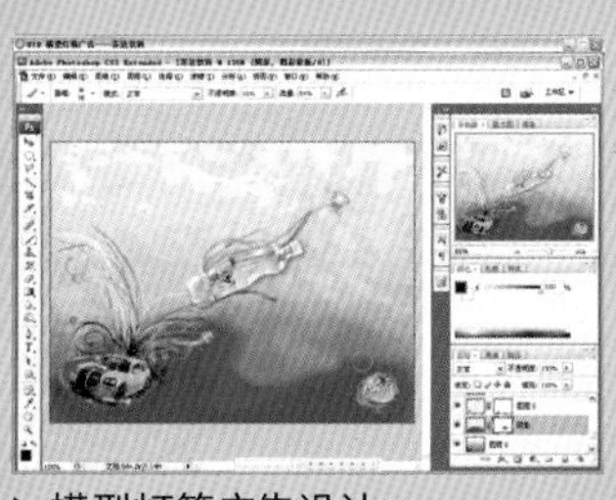
> 横型灯箱广告设计

> 服装画册设计1

> 服装画册设计2

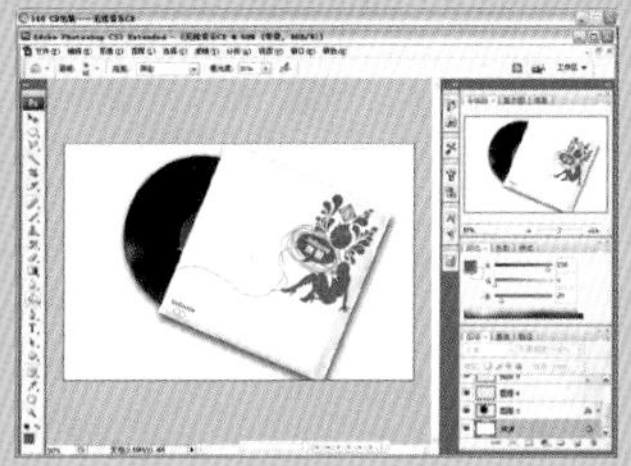
> CD包装设计

> 化妆品包装设计

> 个人主页网站设计

> 化妆品网站设计

★500张高清材质纹理图片

★30款图案、立体、质感、广告文字的PSD特效字体模板

★100款PSD精美模板文件（含创意、视觉、广告、包装等类型）

1. 手机海报设计
2. 音乐海报设计
3. 公益海报设计
4. 电影海报设计
5. 汽车海报设计
6. 笔记本电脑海报设计
7. 音响海报设计
8. 印刷公司标志设计
9. 游戏标志设计

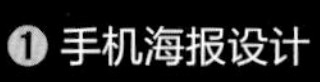

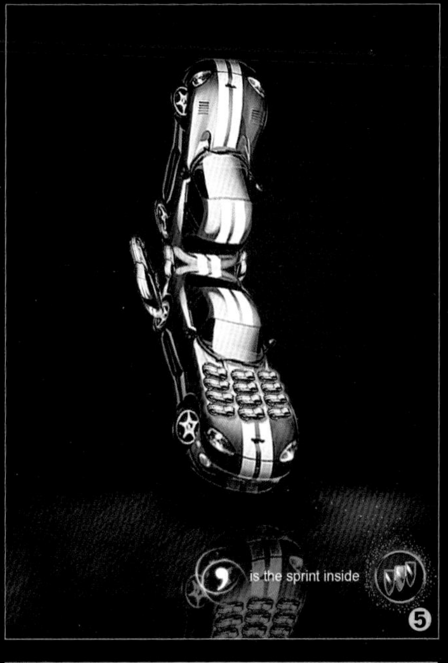

❶ 俱乐部报纸广告设计
❷ 鞋类报纸广告设计
❸ 运动品牌报纸广告设计
❹ 酒类报纸广告设计
❺ 彩妆报纸广告设计
❻ 内衣报纸广告设计

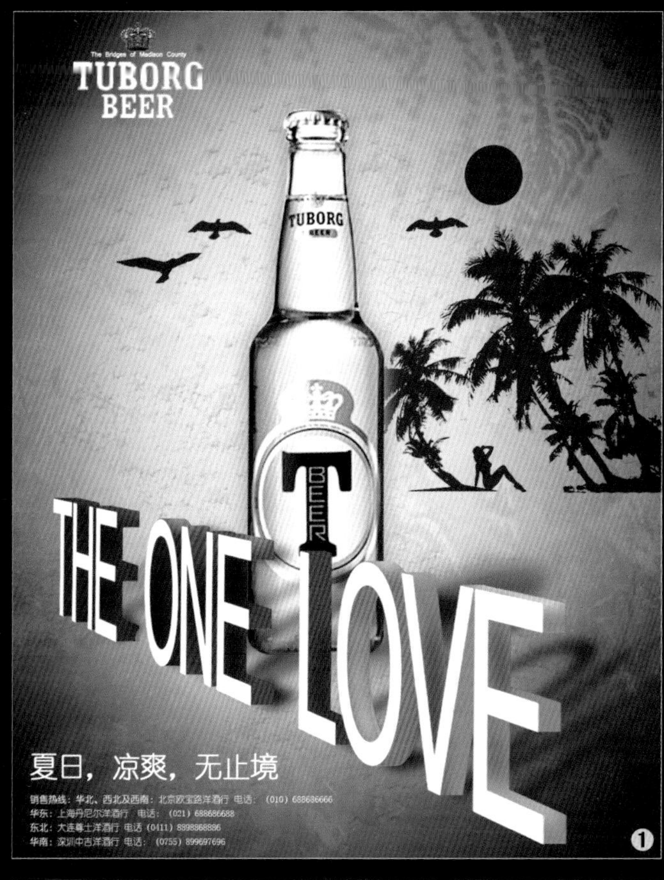

❶ 酒类杂志广告设计
❷ 油漆杂志广告设计
❸ 化妆品杂志广告设计1
❹ 化妆品杂志广告设计2
❺ 家具杂志广告设计
❻ 数码产品杂志广告设计
❼ 休闲会所杂志广告设计

❶ 西餐厅菜单设计
❷ 饰品宣传双折页
❸ 文字创意展吊旗设计
❹ 咖啡厅菜单设计
❺ 挂历POP设计
❻ 台卡POP设计
❼ 易拉宝展架POP设计

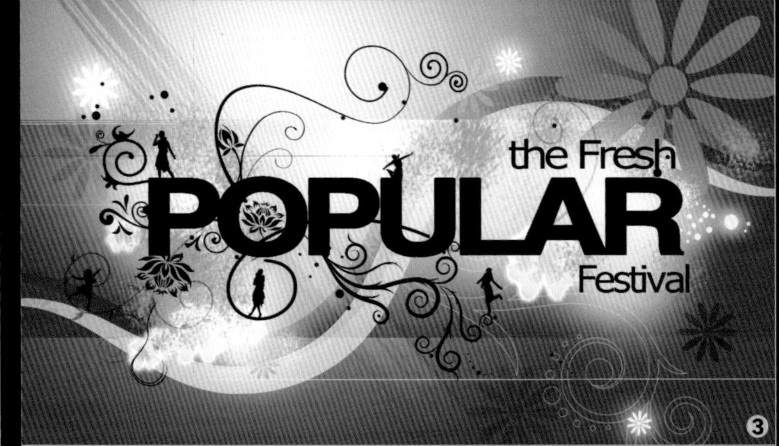

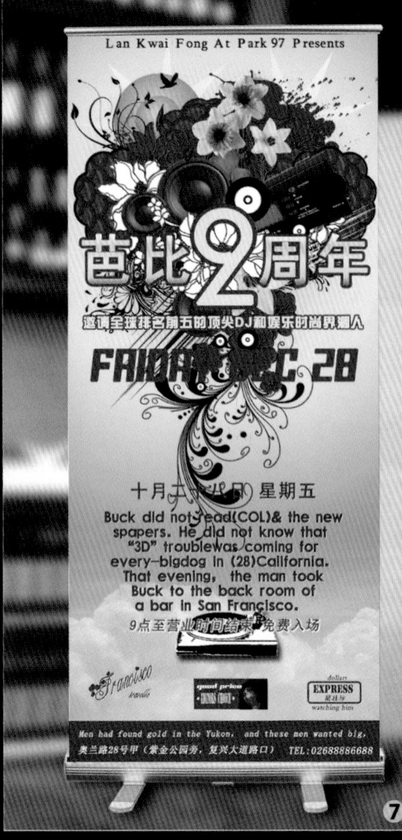

1. 公交站牌广告设计
2. 运动品牌墙体广告设计
3. 外墙广告牌设计
4. 葡萄酒广告设计
5. 房产画册设计
6. 米奇界面图标设计

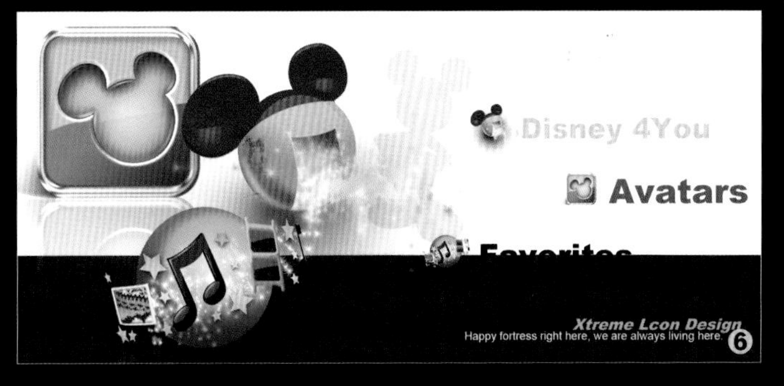

❶ 绘制CG类插画
❷ 化妆品包装设计
❸ 绘制写实类插画
❹ 绘制儿童插画
❺ 绘制另类娃娃插画
❻ 绘制绘本类插画
❼ 软件包装设计
❽ 牛仔服饰网站设计
❾ 游戏网站设计
❿ 化妆品网站设计

兼具“基础手册+实战指南”双重功能，完成从新手到高手的飞速跨越

PHOTOSHOP CS4 平面广告设计从新手到高手

李娇　马志洁　牛学/编著

图书在版编目（CIP）数据

Photoshop CS4 平面广告设计从新手到高手 / 李娇，马志洁，牛学编著 .
一北京：中国青年出版社，2010.5
ISBN 978-7-5006-9278-2
I. ① P... II. ①李 ... ②马 ... ③牛 ... III. ①广告一计算机辅助设计一图形软件，Photoshop CS4 IV. ① J524.3-39
中国版本图书馆 CIP 数据核字（2010）第 062744 号

Photoshop CS4平面广告设计从新手到高手

李 娇 马志洁 牛 学 编著

出版发行：中国青年出版社
地 址：北京市东四十二条 21 号
邮政编码：100708
电 话：（010）59521188 / 59521189
传 真：（010）59521111
企 划：中青雄狮数码传媒科技有限公司

责任编辑：肖 辉 邸秋罗 张海玲
封面设计：刘洪涛

印 刷：北京机工印刷厂
开 本：889×1194 1/16
印 张：29
版 次：2010 年 6 月北京第 1 版
印 次：2010 年 6 月第 1 次印刷
书 号：ISBN 978-7-5006-9278-2
定 价：55.00 元（附赠 1DVD）

本书如有印装质量等问题，请与本社联系 电话：（010）59521188 / 59521189
读者来信：reader@cypmedia.com
如有其他问题请访问我们的网站：www.21books.com

“北大方正公司电子有限公司”授权本书使用如下方正字体。
封面用字包括：方正兰亭黑系列

前言

广告通过富有创意的艺术手段和表现形式，将各种精炼的信息传递给消费者，从而刺激消费、开拓市场，在提升企业品牌形象、促进产品销售中起着积极作用。广告业的发展促使平面设计师的需求大增，为了引导初学者尽快入行，并帮助从业人员进一步提高职业技能，从而更好地胜任平面设计师的工作，作者总结多年积累的行业实战经验与软件应用技巧，精心编写成这本汇集行业基础知识与实战案例的参考书籍，希望能够为读者的学习提供有益的参考和帮助。

本书内容特色

全书共 19 章，分为两篇。其中第 1~7 章为平面广告设计基础知识篇，介绍了平面广告设计的相关知识和 Photoshop CS4 的基础知识与基本操作。第 8~19 章为实例篇，通过实例的方式进行平面广告分析与实际软件操作讲解。

最全面的知识讲解：对平面广告设计的概念、类型、特点等相关知识进行了系统介绍，并从平面广告设计的角度全面讲解 Photoshop CS4 的基础知识和操作技巧。

12 大类 98 个案例：通过 12 类 98 个案例从标志设计、海报招贴设计、杂志广告设计、画册设计、产品造型设计、包装设计、网站设计等方面讲解平面广告设计的创意理念与案例操作技巧。

软件操作与实际应用无缝接合：通过色彩、图像、文字、特效合成、后期输出等在广告作品中的应用，讲解 Photoshop CS4 中各种工具的使用技巧，使软件操作与实际应用无缝接合。

超值光盘赠送

本书配套光盘中赠送了超长多媒体教学视频和海量设计相关素材，帮助读者实践操作。

- 16 小时本书实例的超长多媒体语音视频教学，帮助读者快速攻克知识重难点。
- 2000 多个“一点即现”的画笔、形状、样式、渐变、墨迹喷溅等设计素材。
- 500 张高清材质纹理图片，可直接调用，满足各类设计人员的实际工作需求。
- 30 款 PSD 特效字体模板，100 款 PSD 精美模板，可以直接用于设计作品中。
- 本书所有实例的素材文件和最终效果文件。

适用读者群

本书面向广大 Photoshop CS4 的初、中、高级用户，既可以作为初学者学习 Photoshop CS4 的自学手册，也可以成为绘图、平面设计、广告设计人员遇到疑难时快速查找解决办法的宝典。

对于初级入门读者：可以先通过观看教学视频提高软件操作技能和应用水平，再进行书中内容的学习，选择适合自己的案例，跟随案例的操作步骤反复练习直至熟练，达到事半功倍的学习效果。

有一定基础的读者：可以通过观察案例最终效果进行自我推测，自己动手完成案例制作，在不熟练的地方借鉴本书案例操作步骤。在案例制作过程中要勤思考，寻找实现类似效果的多种表现方法，举一反三。

本书在案例制作和全书编写过程中都力求严谨，但由于时间有限，疏漏之处在所难免，望广大读者批评指正。

编 者

阅读说明

以下是本书的核心构成要素，学习本书之前一定要先阅读此部分。对于第一次叩响Photoshop大门的用户建议您先学习本书的基础知识篇。对于那些想进一步提高操作水平、增强创意能力的用户，可跟随案例操作，也可根据最终效果自己完成案例制作，遇到问题再查看本书操作步骤。

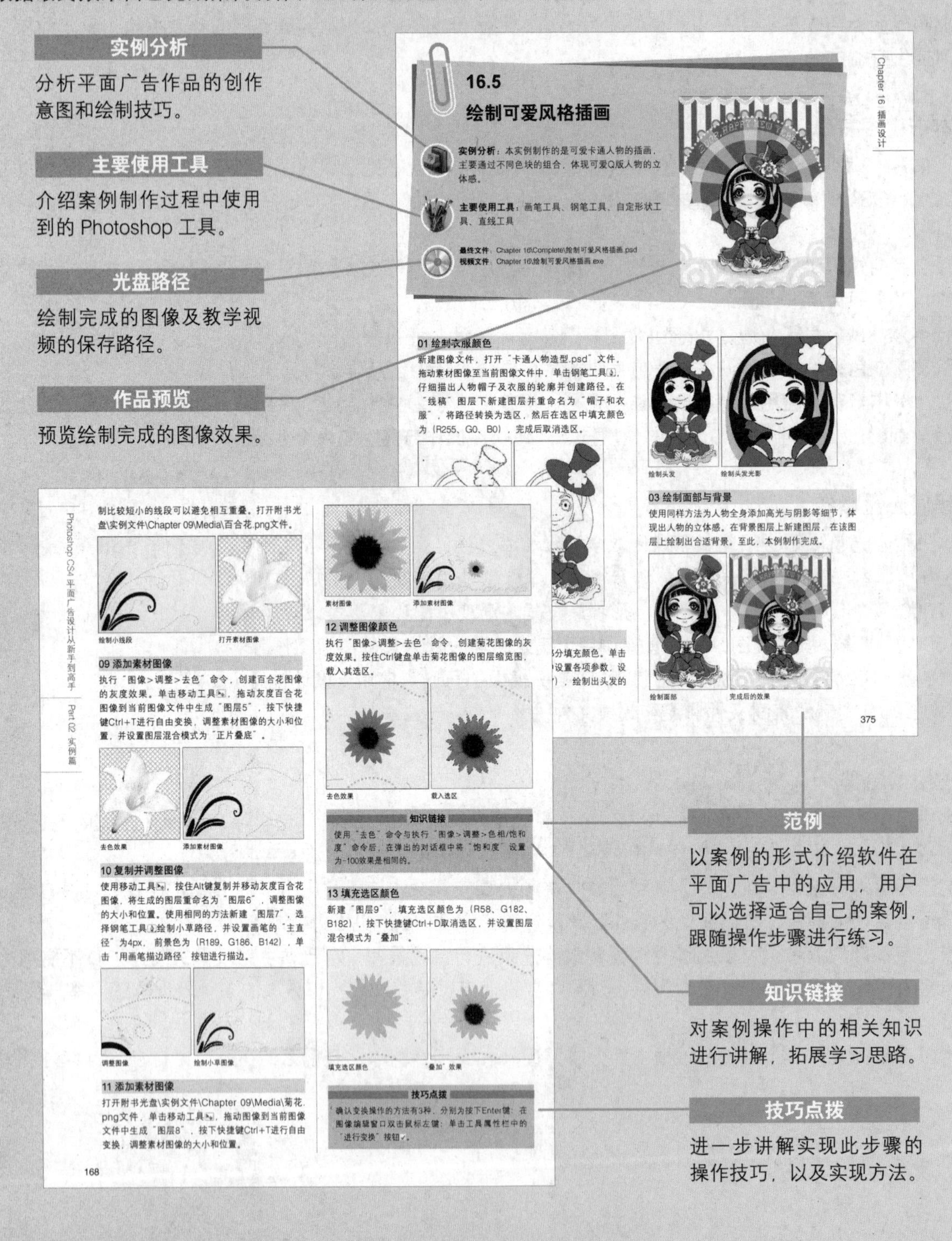

知识预热

Part 01 平面广告设计基础知识

Chapter 01 认识平面广告设计

Chapter 02 认识平面设计软件

Chapter 03 平面广告设计的色彩运用

Chapter 04 平面广告设计的图像运用

Chapter 05 平面广告设计的文字运用

Chapter 06 平面广告设计的合成特效运用

Chapter 07 平面广告设计作品的后期输出

索引

基础知识重点提示索引

Part 02 实例篇

Chapter 08 标志设计

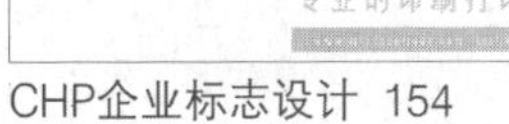

Chapter 09 海报招贴设计

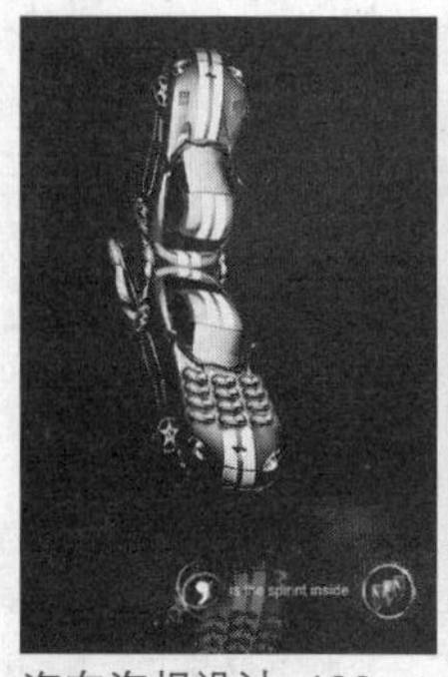

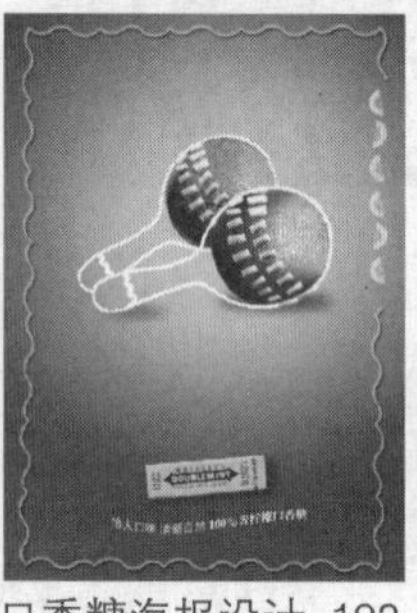

Chapter 10 报纸广告设计

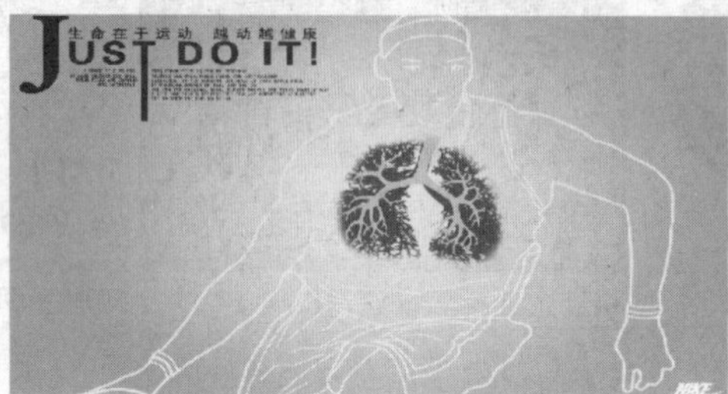

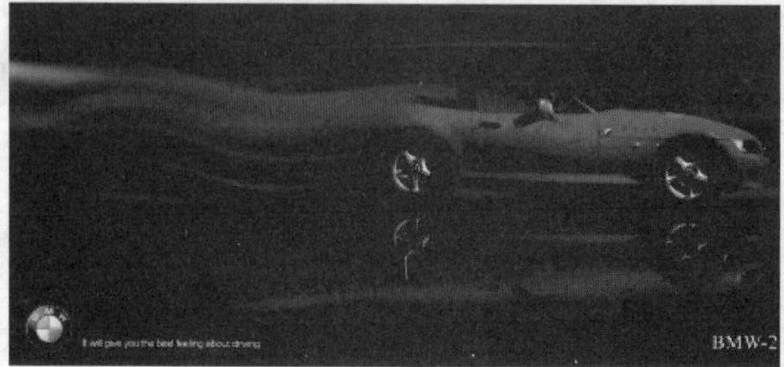

Chapter 11 杂志广告设计

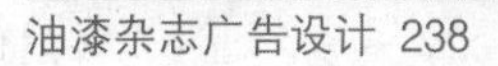

Chapter 12　DM广告设计

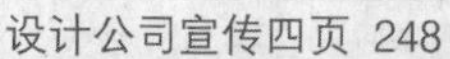

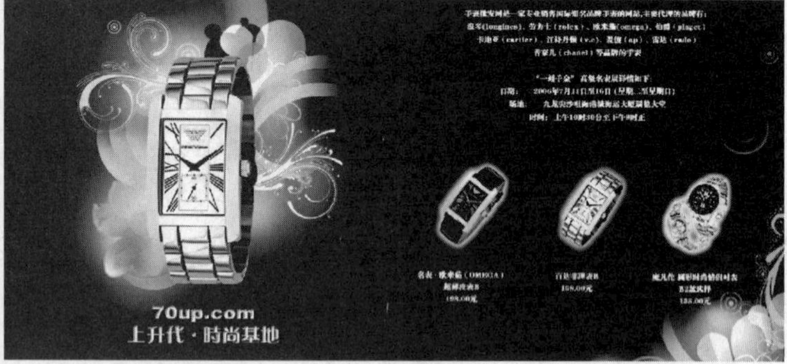

Chapter 13 POP广告设计

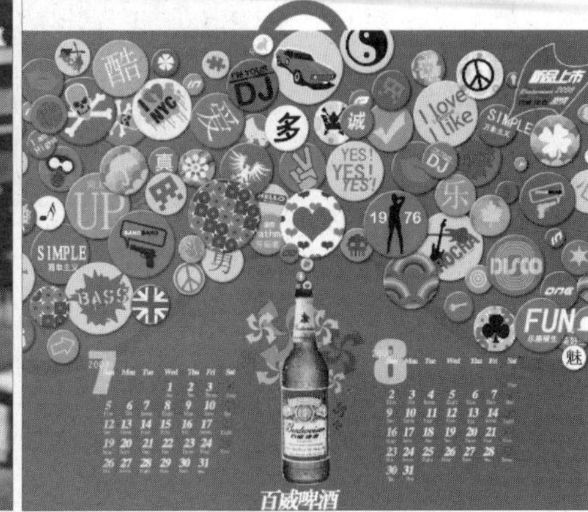

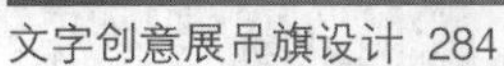

Chapter 14 户外广告设计

Chapter 15 画册设计

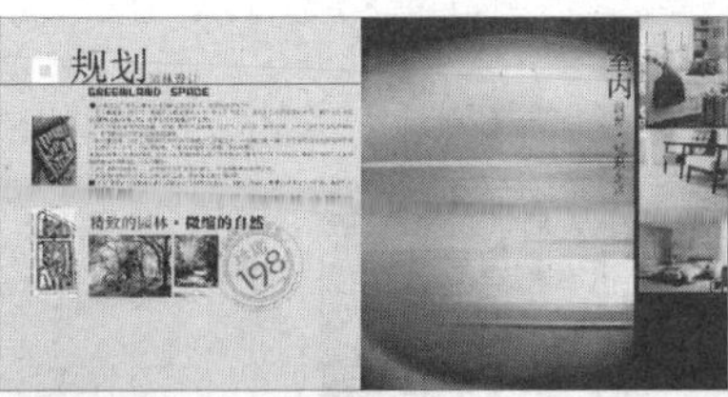
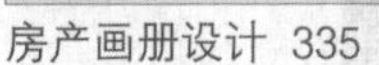

Chapter 16 插画设计

Chapter 17 产品造型设计

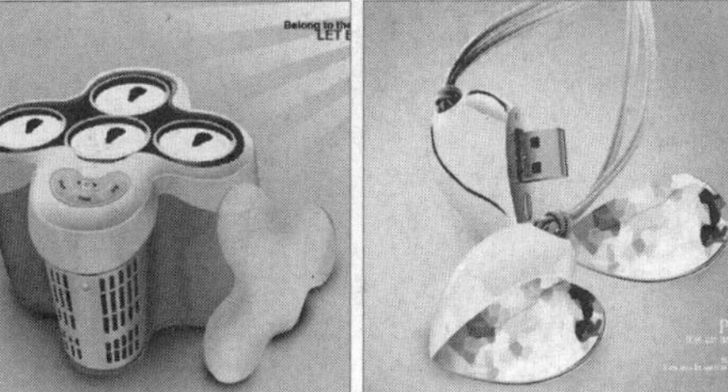

Chapter 18　包装设计

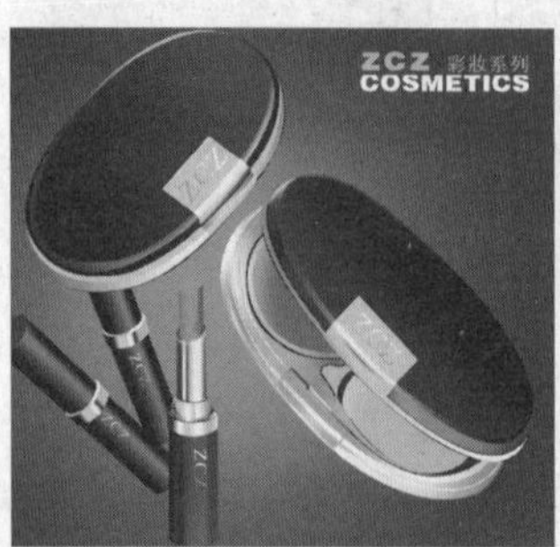

美容产品包装设计 406

软件包装设计 410

化妆品包装设计 417

MP3包装设计 422

茶叶包装设计 426

CD包装设计 427

书籍装帧包装设计 428

Chapter 19　网站设计

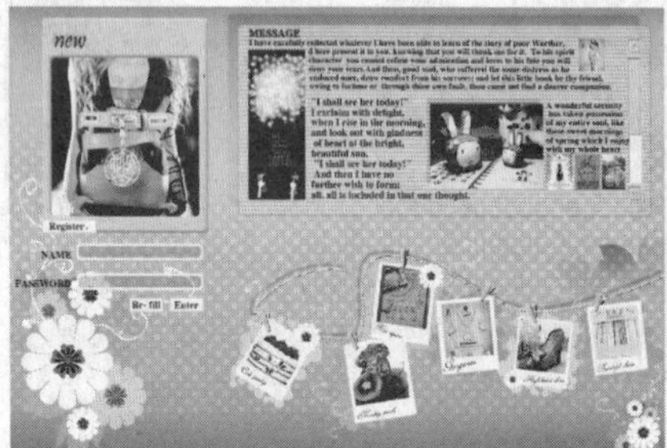

首饰网站设计 430

化妆品网站设计 439

个人主页网站设计 448

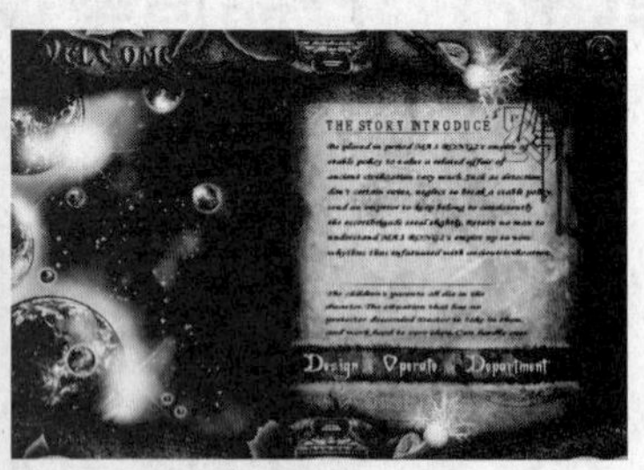

游戏网站设计 454

食品网站设计 455

牛仔服饰网站设计 456

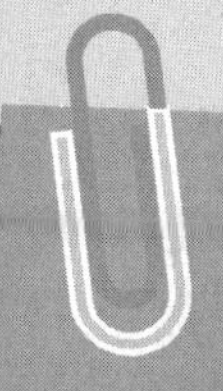

知识预热

Photoshop是将自己的想法表现为图像的一种工具，就像使用彩色铅笔在白纸上绘画一样。从修复数码照片到图像合成及平面广告画面编排，从简单图案设计到专业印刷设计及网页图像处理，Photoshop无所不能。在学习平面广告设计之前，我们先对Photoshop CS4的工作界面、常用工具、各种面板和滤镜等相关知识进行了解。熟悉Photoshop CS4的操作环境，从而有效地提高设计效率，节省工作时间。

学习重点

01 Photoshop CS4全新界面
02 Photoshop CS4工具预览
03 Photoshop CS4常用面板
04 Photoshop CS4滤镜特效

01 Photoshop CS4全新界面

Photoshop是Adobe公司推出的目前世界上使用最广泛、功能最强大的图形图像处理软件。它的高级图像处理功能和设计功能深受广大摄影、平面广告和网络从业人员，以及图形图像设计者的喜爱，广泛应用于图形图像处理、网页元素制作、界面设计与制作等领域。Photoshop是真正独立于显示设备的图形图像处理软件，使用该软件可以非常方便地绘制、编辑、修复图像，以及创建图像特效。

Photoshop CS4是最新专业图像编辑标准，也是Photoshop数字图像主力产品系列新的旗舰、划时代的图像制作工具，可以帮助用户实现卓越的效果。另外，其前所未有的灵活性，为用户提供了前所未有的便捷。

Photoshop CS4启动界面

Photoshop CS4的工作界面由应用程序栏、菜单栏、属性栏、工具箱、工作区和面板等组成。工作界面的划分和各部分的功能介绍如下。

❶ **应用程序栏**：位于顶部的应用程序栏包含工作区切换器、菜单和其他应用程序控件。单击工具图标即可轻松应用相应功能。
❷ **菜单栏**：Photoshop CS4包含11个菜单，单击菜单名称可以在打开的菜单中执行菜单命令。
❸ **属性栏**：使用某一工具时，自动切换到该工具的属性栏，可以进行参数设置和细节调整。
❹ **工具箱**：以图标的形式显示命令，单击工具图标可选择工具。另外，单击鼠标右键可以显示隐藏的工具。
❺ **工作区**：显示并编辑图像的区域，在标题栏上显示图像的名称、格式、缩放比例和颜色模式。
❻ **面板**：配合用户在Photoshop所进行的操作，并进行参数设置和调整。

Photoshop CS4工作界面

02 Photoshop CS4工具预览

工具箱位于Photoshop工作界面的左侧，在工具箱中列出了Photoshop中常用的工具，下面我们先来认识一下工具箱中的各种工具。当工具箱呈单排式时，单击工具箱上方的◀◀图标，即可转换为双排式。Photoshop的功能以图标形式聚集在一起，从工具的形态就可以很直观地了解该工具的功能。将光标指向工具箱中的工具图标并放置片刻，即可出现该工具的名称和快捷键提示。

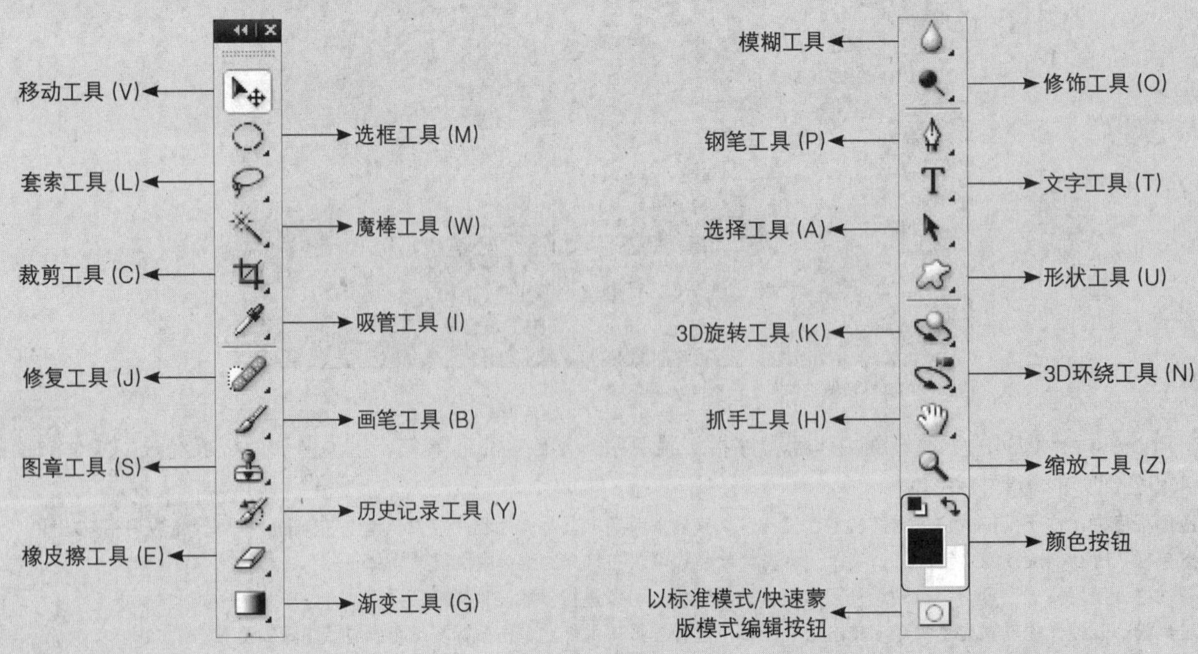

Photoshop CS4工具箱

在工具箱中右击或按住图标右下角有小三角标志的工具，即可打开该工具的隐藏工具组列表。下面对部分工具的隐藏工具组进行介绍。

❶ **橡皮擦/背景橡皮擦/魔术橡皮擦工具：**用于擦除图像中多余的图像或颜色。

- 橡皮擦工具 E
- 背景橡皮擦工具 E
- 魔术橡皮擦工具 E

❷ **渐变/油漆桶工具：**采用特定颜色或渐变色填充图像。

- 渐变工具 G
- 油漆桶工具 G

❸ **模糊/锐化/涂抹工具：**用于模糊或鲜明化处理图像。

- 模糊工具
- 锐化工具
- 涂抹工具

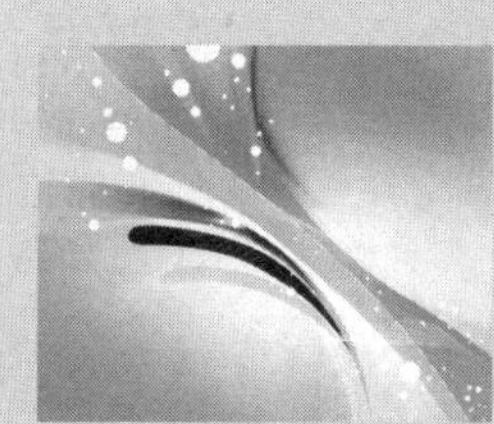

❹ **减淡/加深/海绵工具：**用于调整图像的色相和饱和度。

- 减淡工具 O
- 加深工具 O
- 海绵工具 O

❺ **钢笔/自由钢笔/添加锚点/删除锚点/转换点工具：**用于绘制、修改路径，或对矢量路径进行变形。

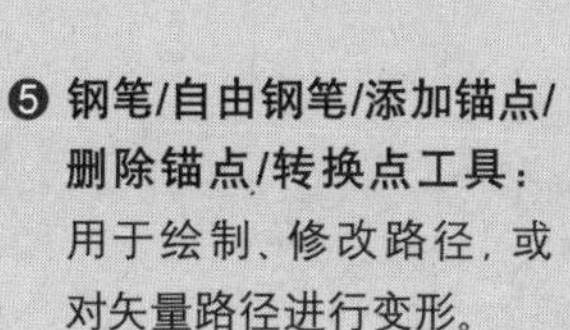

- 钢笔工具 P
- 自由钢笔工具 P
- 添加锚点工具
- 删除锚点工具
- 转换点工具

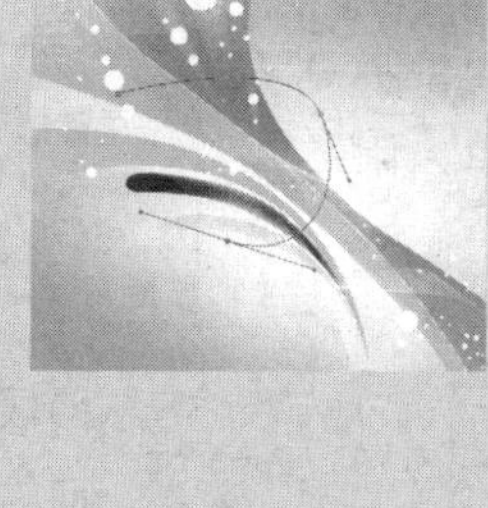

❻ **横排文字/直排文字/横排文字蒙版/直排文字蒙版工具：**用于横向或纵向输入文字或文字蒙版。

- 横排文字工具 T
- 直排文字工具 T
- 横排文字蒙版工具 T
- 直排文字蒙版工具 T

❼ **路径选择/直接选择工具：**用于选择图像或移动路径和形状。

- 路径选择工具 A
- 直接选择工具 A

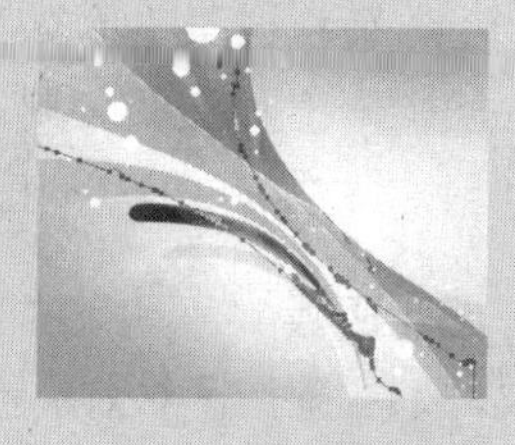

❽ **矩形/圆角矩形/椭圆/多边形/直线/自定形状工具：**用于图像形状的绘制。

- 矩形工具 U
- 圆角矩形工具 U
- 椭圆工具 U
- 多边形工具 U
- 直线工具 U
- 自定形状工具 U

❾ **3D旋转/3D滚动/3D平移/3D滑动/3D比例工具：**用于对3D对象进行旋转、平移或调整比例等操作。

- 3D 旋转工具 K
- 3D 滚动工具 K
- 3D 平移工具 K
- 3D 滑动工具 K
- 3D 比例工具 K

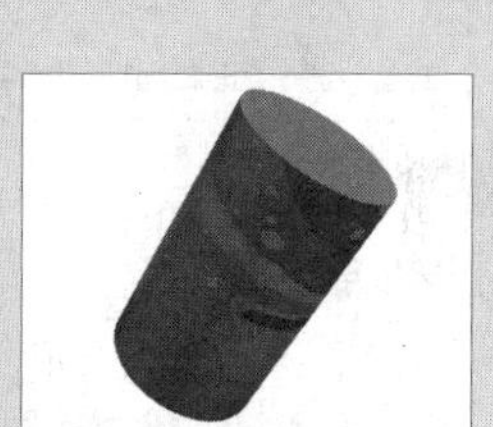

❿ **3D环绕/3D滚动视图/3D平移视图/3D移动视图/3D缩放工具：**用于对3D模型进行立体化的旋转、平移以及缩放等操作。

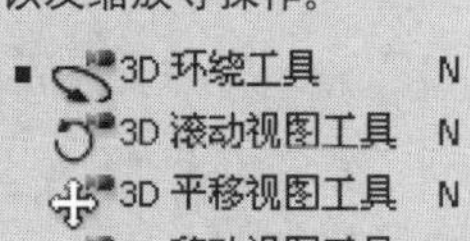

- 3D 环绕工具 N
- 3D 滚动视图工具 N
- 3D 平移视图工具 N
- 3D 移动视图工具 N
- 3D 缩放工具 N

⓫ **抓手/旋转视图工具：**用于移动或旋转图像，从不同位置和角度观察图像效果。

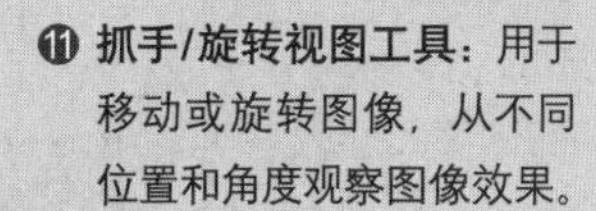

- 抓手工具 H
- 旋转视图工具 R

03 Photoshop CS4常用面板

面板位于工作界面的右侧，在Photoshop中面板有很多种，功能全面、使用方便。主要用于配合图像的编辑，对操作进行控制以及进行参数设置等。通过执行“窗口”菜单命令，可以打开不同的面板对图像进行编辑。Photoshop CS4中的常用面板及功能介绍如下。

颜色面板

主要用于对前景色与背景色进行设置，可以通过两种方式进行设置。一种是通过鼠标拖动滑块设置，另一种是在面板中直接输入颜色值设置。

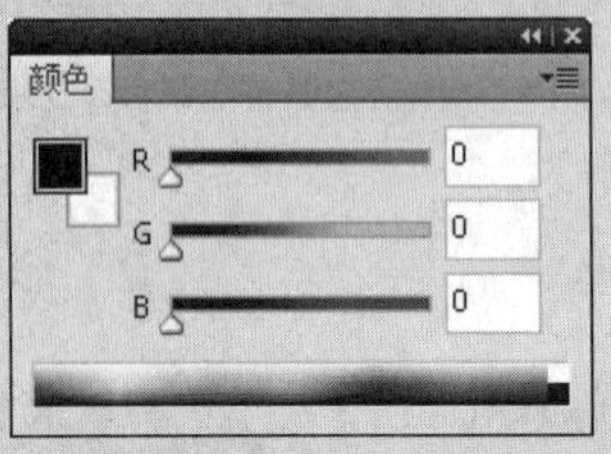

颜色面板

色板面板

主要用于对颜色进行设置，单击色块设置前景色。在色块上单击鼠标右键可以对色块颜色进行设置。

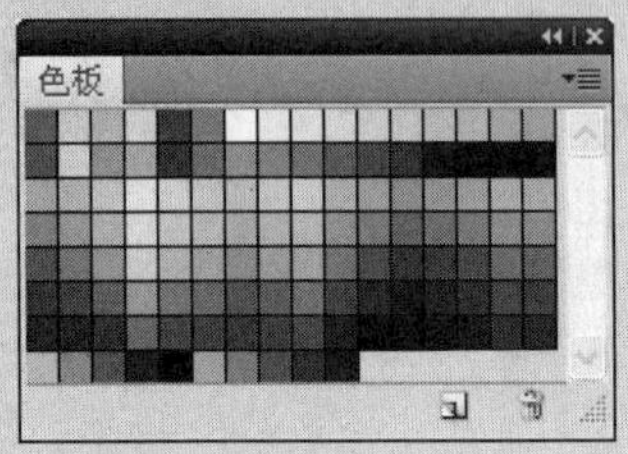

色板面板

样式面板

对一些简单的图形进行立体效果处理。绘制一个图形文件后，单击面板中的样式效果即可应用该样式。在面板中单击鼠标右键或单击面板下方的按钮即可对面板中的样式进行设置。

样式面板

调整面板

在该面板中可以对图像的对比度、亮度、色阶、色相、饱和度和渐变映射等进行调整。

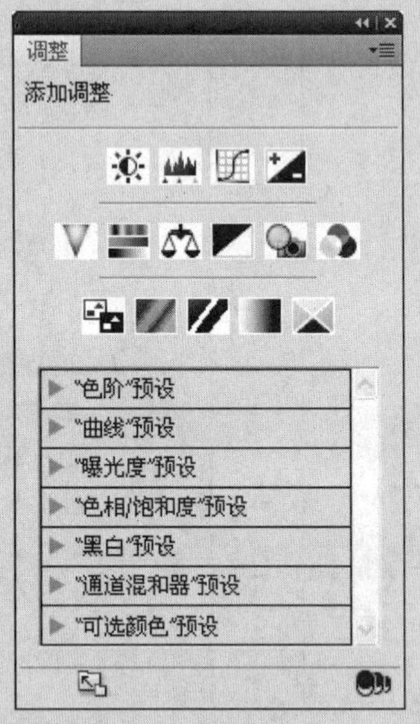

调整面板

蒙版面板

创建图层蒙版后可以对蒙版图层的浓度与羽化值进行设置，调整蒙版效果。

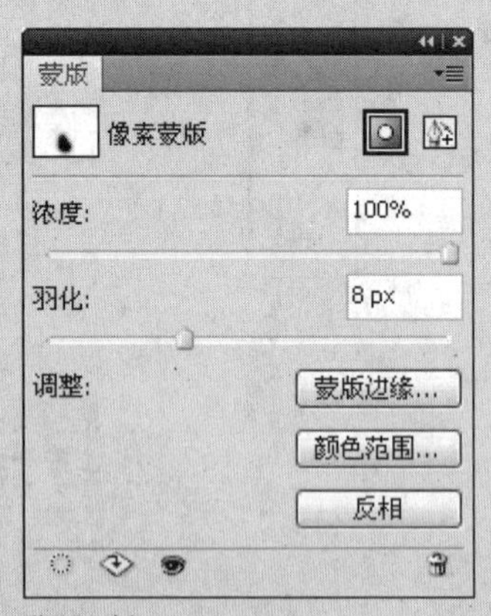

蒙版面板

字符面板

在该面板中可以对文字的字体大小、类型、间距、颜色和显示比例等进行设置。

字符面板

段落面板

在该面板中可以对段落文字的排列方式进行设置，轻松完成段落文字的编排。

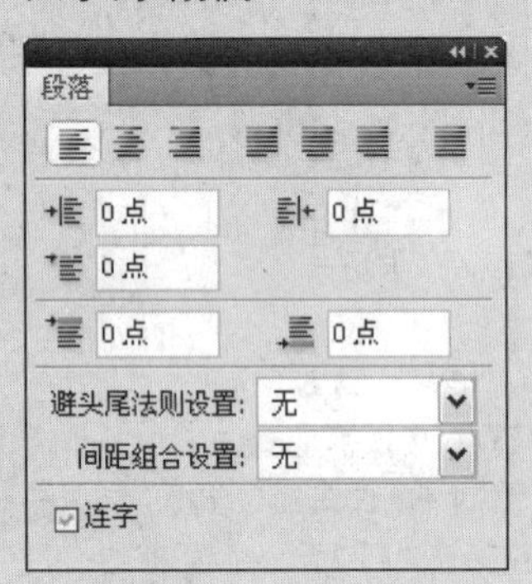

段落面板

信息面板

信息面板主要用于对图像的颜色信息进行直观的显示。打开信息面板后，可以对鼠标光标所在位置的颜色进行准确的显示。

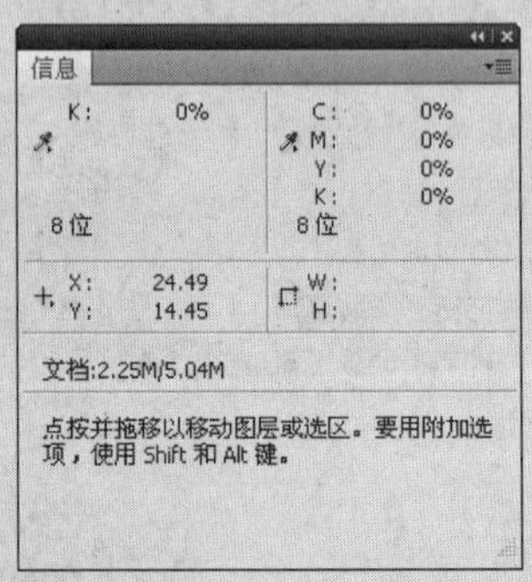

信息面板

导航器面板

使用导航器面板可以放大或者缩小图像，来查看图像的局部效果。通过拖动面板下方的滑块或者直接输入数值可以设置图像的缩放比例。

导航器面板

历史记录面板

历史记录面板能够按照操作顺序记录下对图像的操作过程，便于以后进行修改。在该面板中单击要返回的步骤即可返回到该记录画面对图像进行修改。

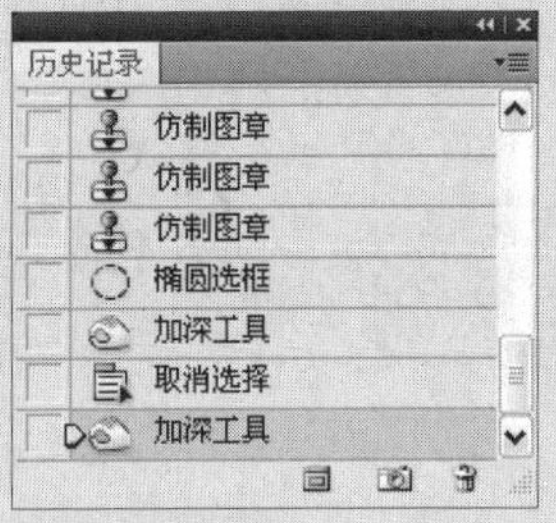

历史记录面板

动作面板

在动作面板中应用预置的动作可以同时完成多个操作过程，适用于对多个图像应用同一种操作。在动作面板中可以对操作进行记录，通过动作的形式应用于其他图像的编辑。

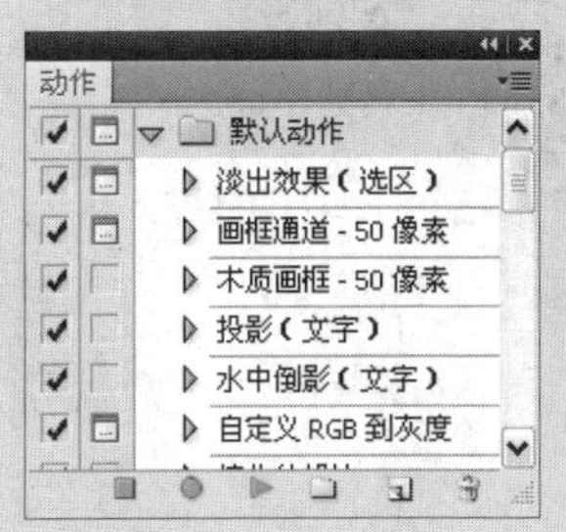

动作面板

图层面板

在图层面板中可以对多个图层进行整理、编辑，在图层面板的下方有多个功能按钮，可以对图层进行创建、删除，以及添加调整图层和图层样式等操作。在该面板中还可以对图层的混合模式以及透明度进行设置。

图层面板

通道面板

在通道面板中包含了几乎所有有关通道的相关操作，在该面板中可以进行新建、复制、删除、分离、合并通道等操作。

通道面板

路径面板

在路径面板中可以将路径和选区进行转换，还可以对路径进行颜色以及描边效果填充。

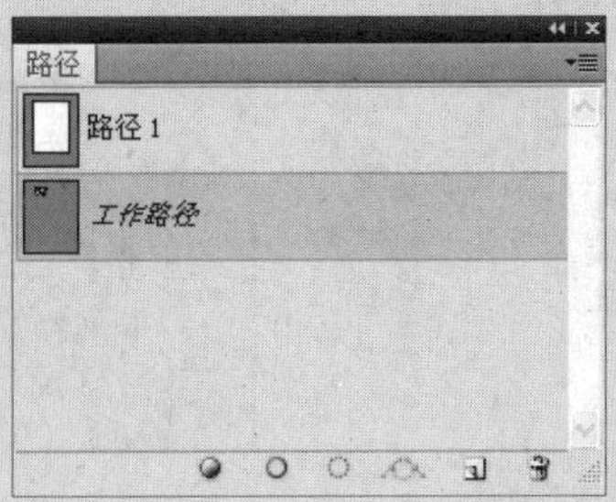

路径面板

画笔面板

使用画笔面板可以对画笔的大小、笔刷样式、杂点、柔和效果等进行设置。在画笔面板中可以轻松完成新建画笔、重命名画笔名称等操作。

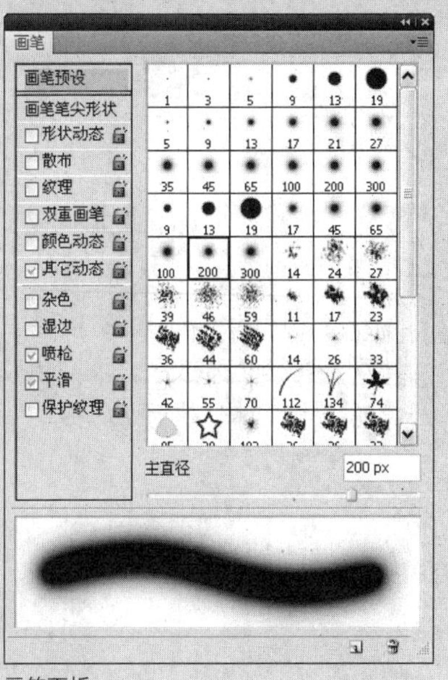

画笔面板

工具预设面板

在工具预设面板中可以对常用的工具进行保存，并且可以将相同的工具保存为不同的设置，方便绘图时随时调用。

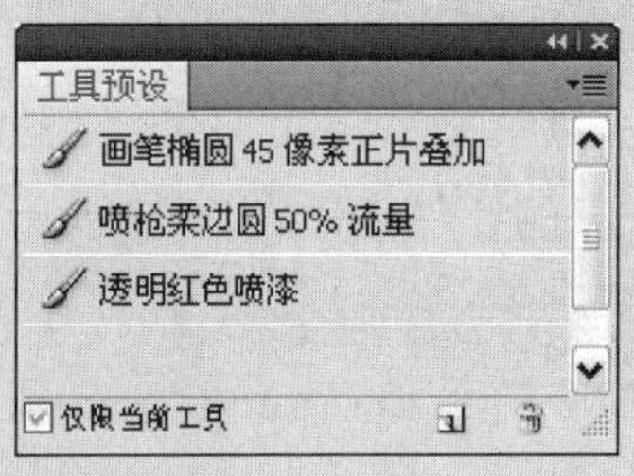

工具预设面板

图层复合面板

该面板主要用于保存图层，以及组合不同的图层。

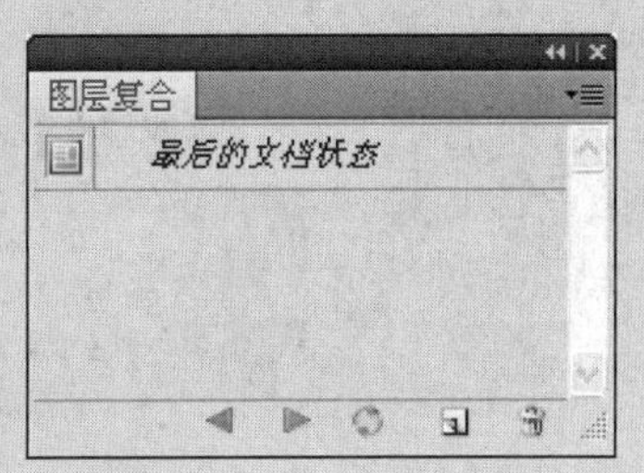

图层复合面板

直方图面板

直方图面板将图像的色调分布呈现，能直观、清晰地看到不同图像的色调显示情况。

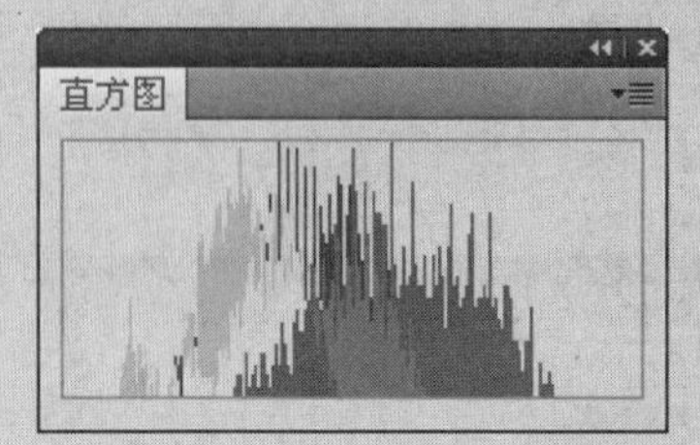

直方图面板

动画面板

在动画面板中可以将静态的图像以动态的图像形式表现出来，适用于连续动作的图像。

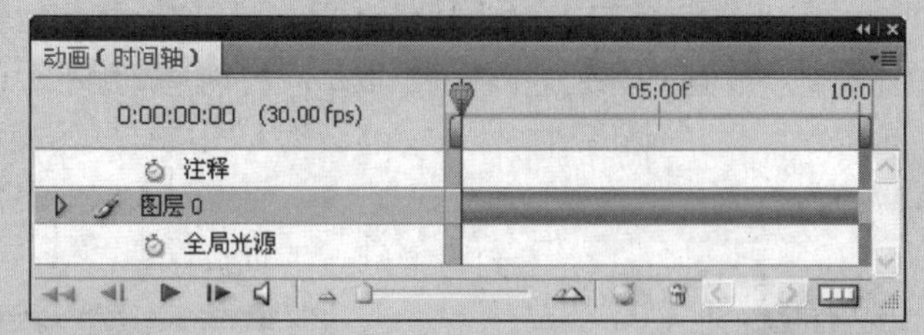

动画面板

04 Photoshop CS4滤镜特效

滤镜是Photoshop中的重要功能之一，使用滤镜可以对照片进行修饰和修复，为图像提供素描或印象派绘画外观的特殊艺术效果，还可以使用扭曲和光照效果创建独特的变化效果。单击菜单栏中的“滤镜”命令，打开“滤镜”菜单，执行菜单中的滤镜命令，即可打开相应的对话框，进行参数设置。

执行“滤镜”命令

“滤镜”菜单

“抽出”滤镜

执行“滤镜>抽出”命令，打开“抽出”对话框。在该对话框左侧的工具列表中选择边缘高光器工具，在右侧的参数面板中设置适当的参数，然后沿着图像的边缘抠取图像。

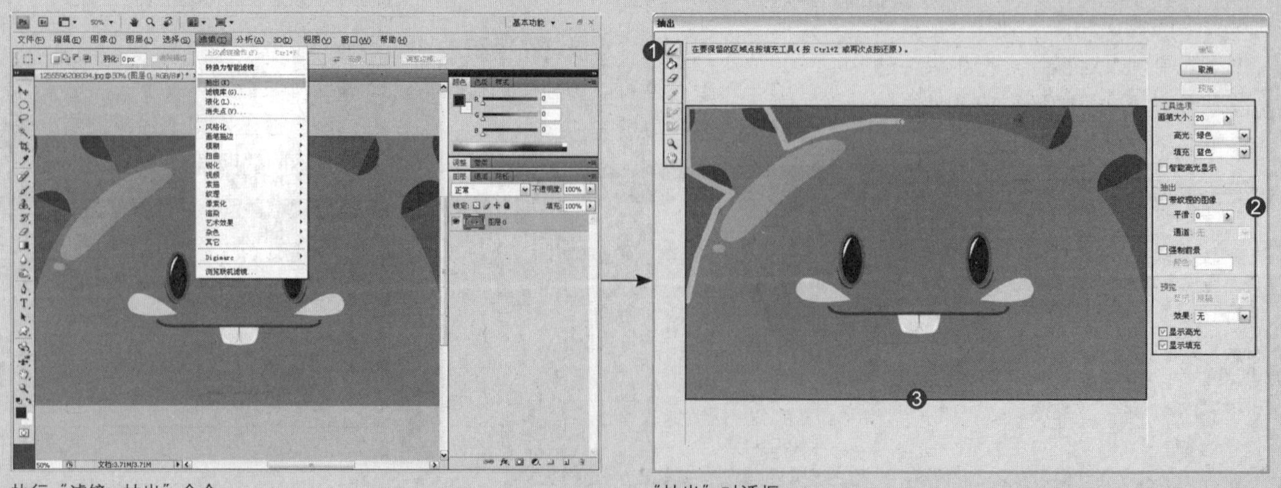

执行“滤镜>抽出”命令

“抽出”对话框

❶ **工具列表**：通过单击不同的工具图标即可选择相应的工具，在预览窗口中对图像进行操作。
❷ **参数面板**：对所选工具进行大小、颜色等参数的设置。
❸ **图像预览窗口**：用于显示所编辑图像的预览效果。

滤镜库

执行“滤镜>滤镜库”命令，打开“滤镜库”对话框，在该对话框中可以为图像应用多个滤镜、打开或关闭滤镜的效果、复位滤镜的选项以及更改应用滤镜的顺序。

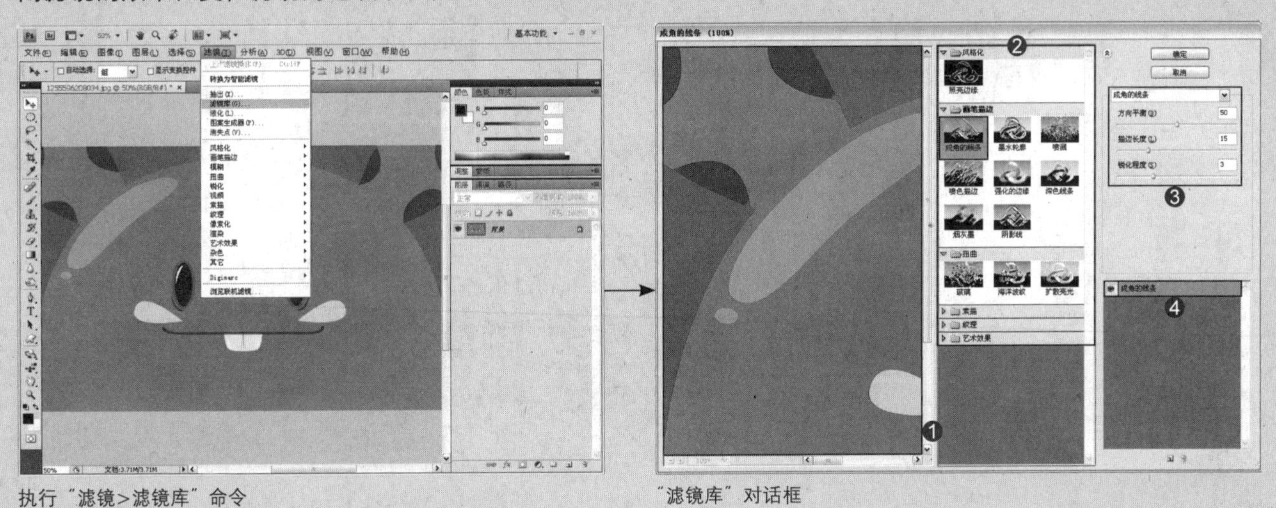

执行“滤镜>滤镜库”命令　　“滤镜库”对话框

❶ **图像预览窗口**：用于显示所编辑图像的预览效果。
❷ **滤镜预设列表框**：单击滤镜图标即可对图像应用滤镜效果。
❸ **参数面板**：通过设置不同的参数，调整滤镜效果。
❹ **滤镜效果列表框**：显示所添加滤镜效果的列表，可以新建或删除滤镜效果。单击左侧的指示效果可见性按钮，在图像预览窗口中将不显示隐藏的滤镜效果。

“液化”滤镜

执行“滤镜>液化”命令，打开“液化”对话框，在该对话框左侧的工具列表中选择适当的工具，并设置各项参数，对图像进行液化处理。

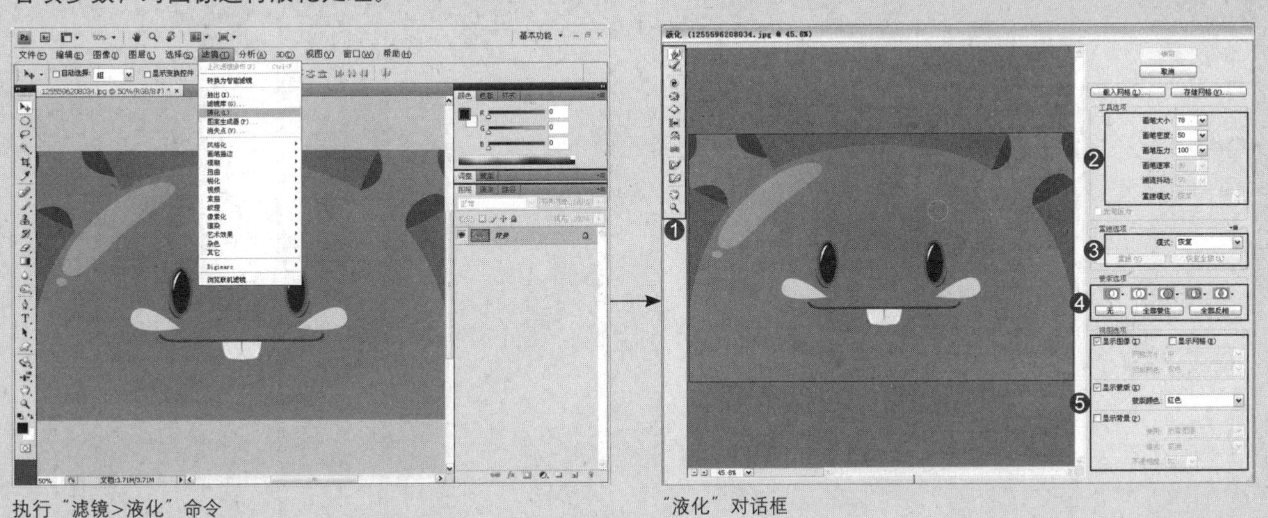

执行“滤镜>液化”命令　　“液化”对话框

❶ **工具列表**：通过单击不同的工具图标即可选择工具，在预览窗口中对图像进行操作。
❷ **“工具选项”选项组**：主要对画笔的大小、密度、压力、速率、抖动等参数进行设置。
❸ **“重建选项”选项组**：在该选项组中通过参数设置可以对液化操作进行还原。
❹ **“蒙版选项”选项组**：用于对蒙版进行设置，调整蒙版效果。
❺ **“视图选项”选项组**：用于对图像与蒙版的显示进行设置，勾选表示显示，取消勾选则不显示。

Part 01

平面广告设计基础知识

本篇主要对平面广告设计的基础知识进行介绍，通过这部分的学习帮助读者认识平面广告设计以及相关软件的应用。本篇针对平面广告设计中的色彩、图像、文字三大元素进行讲解，帮助读者充分掌握平面广告设计中各个元素的表现与应用。最后通过特效合成将平面广告作品与软件结合起来，加强读者对知识的熟练程度，并通过对印刷知识的介绍，使读者能够清晰掌握平面设计全过程。

Chapter 01 认识平面广告设计

本章主要知识点：

1.1 初识平面广告设计	1.1.1 平面广告的概念 1.1.2 平面广告设计的作用与目的 1.1.3 平面广告的创意与赏析
1.2 平面广告的类型	1.2.1 了解平面广告的类型 1.2.2 了解各类型平面广告的特点 1.2.3 平面广告媒介与市场投放环境

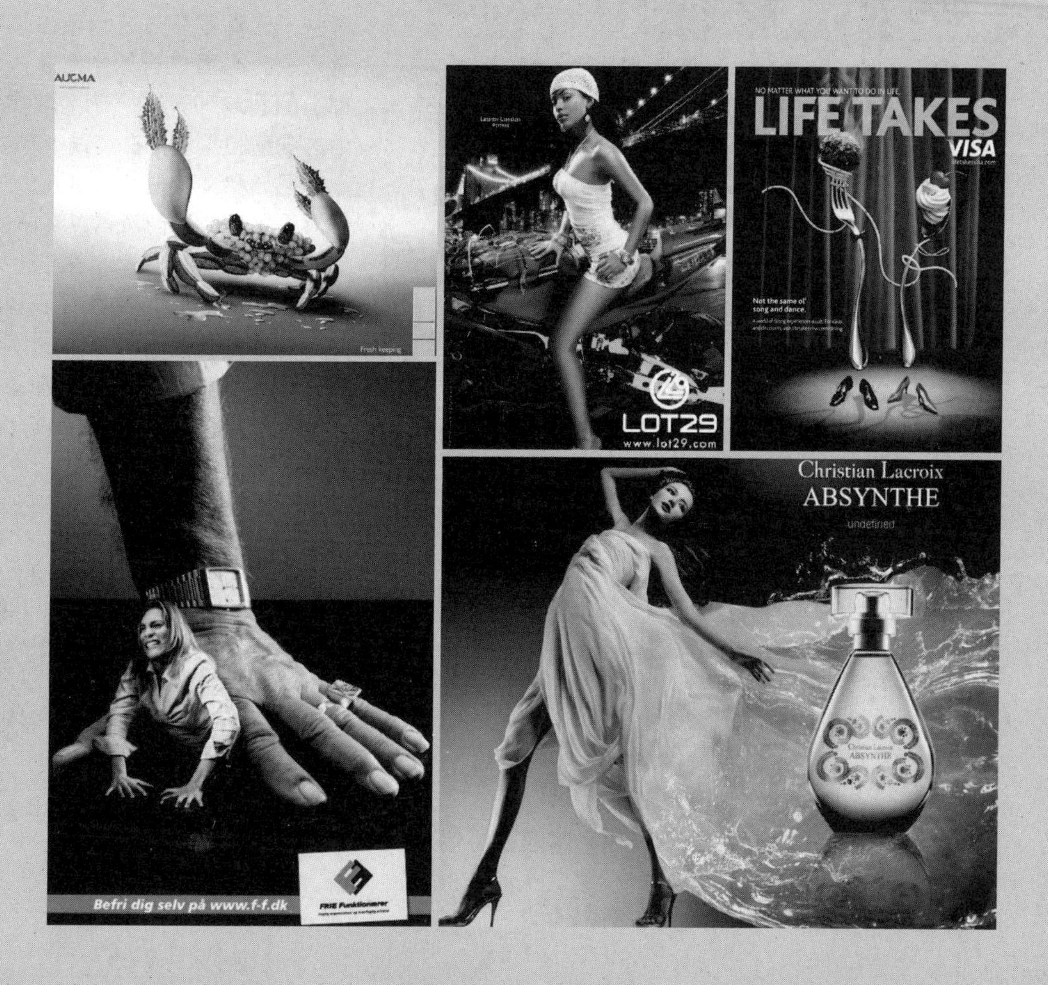

1.1 初识平面广告设计

广告伴随着商品生产和交换的出现而产生。随着信息时代的到来，经济的飞速发展，广告得以空前繁荣。平面广告作为广告宣传的主力军，以其价格便宜、发布灵活、信息传递迅速等优势成为众多行业主要的宣传手段。

1.1.1 平面广告的概念

在我们的日常生活中随时都有可能接触到广告信息，翻开报纸、打开电视、网上冲浪，处处都会看到广告，可以说它已经渗透到我们生活的方方面面。从专业的角度来看，平面广告的定义是根据广告主的要求，在二维空间里把商品、劳务等信息以图片、文字等形式，按照形式美法则进行创意组合并赋予一定的想象和色彩，制作成形象化、秩序化的广告视觉载体。

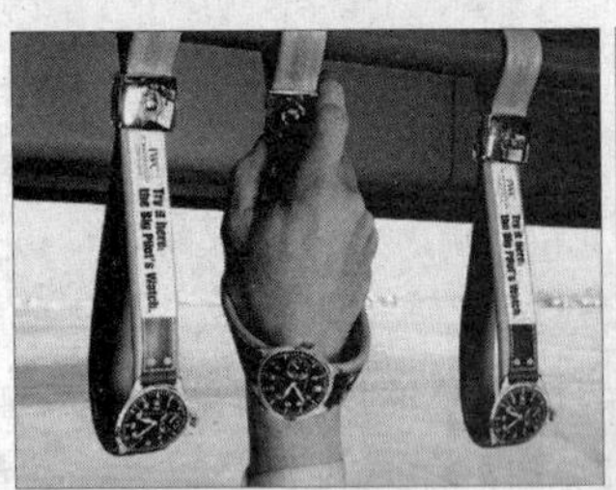

户外广告

报纸广告

杂志广告

包装广告

1.1.2 平面广告设计的作用与目的

平面广告具有商品信息传达、树立品牌形象，以及吸引消费者注意的作用。通过对产品的优点进行发扬放大，在某种程度上吸引消费者，引导消费者认识并购买产品，从而提高产品的销售量，使广告主从中获得利益，最终达到产品消费的目的。

下面通过三个方面对平面广告设计的作用与目的进行简单介绍。

1. 商品信息传递

平面广告通过文字、色彩、图形等形式将信息准确地表达出来，并根据不同的受众群体，将广告信息进行准确划分，达到信息传达的目的。

2. 树立品牌形象

企业的整体形象和品牌价值决定了企业和产品在消费者心目中的地位，通过平面广告建立企业的品牌形象也是其重要的宣传目的之一。

3. 提高大众审美情趣

平面广告画面的美感能够有效地增添整个广告的感染力，使消费者沉浸在商品或服务形象给予的愉悦中，在无意识中接受广告的劝说。

1.1.3 平面广告的创意与赏析

创意是一种思想、意境、意愿的创造与创新，是一种有别于常规的想法和思路，其本质是创造、创新。有时创意是一句经典的广告词、一幅冲击力强的画面、一个特殊的角度，有时是一种观念或一个概念，有时是文字的变化和排列的穿插。

1. 平面广告的创意

平面广告创意是指根据收集的广告资料和设计师的生活经验，在二维的空间里，运用想象、联想、夸张、比喻等手法，创造出最能体现广告主题的视觉形象。平面广告的创意是一个过程，是在积累基础上的超越和升华，创意其实并不神秘，它源于生活的观察和积累，在实践中产生。

图形和文字是表现创意的载体，文字语言和广告图形是平面广告创意得以实施的手法。文字的创意主要是利用文字的造型、表音、表意的功能，采用变形、装饰、添加、寓意等表现形式，充分发挥想象力。如下左侧两幅图中利用字“形”来进行创意，将文字人性化，使画面更加具有吸引力。如下右侧两幅图中将文字处理成立体，并使用透视拉伸制造动感。

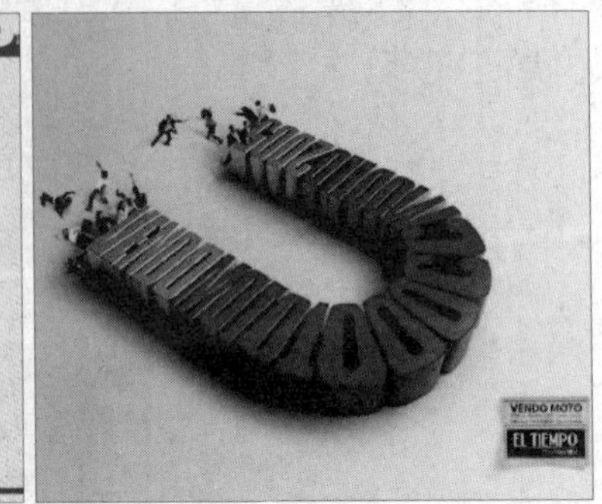

创意文字广告

立体文字广告

文字创意排版广告　　立体装饰文字广告

图形是有别于文字语言的一种更直观、更易于记忆的视觉传播语言，可在瞬间将广告的信息传递给人们，因此要求平面广告图形要有震撼力和说服力，突出广告对象或产品独有的特征，以激起消费者对产品的兴趣。

如下左图所示的CD包装广告，利用CD光盘外形配以夸张的图形，吸引观众的眼球。如下右图所示的公益广告极富想象力，用图形很好地传达了广告的内容，让人过目不忘。

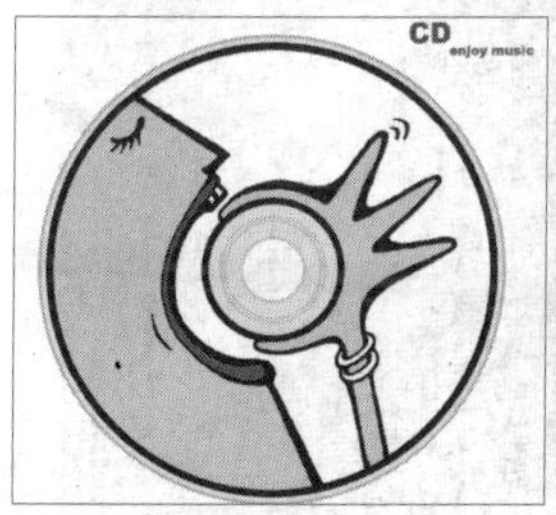

CD包装广告　　公益广告

下面两幅广告利用人物来达到创意效果，既突出产品，又达到视觉上的享受。

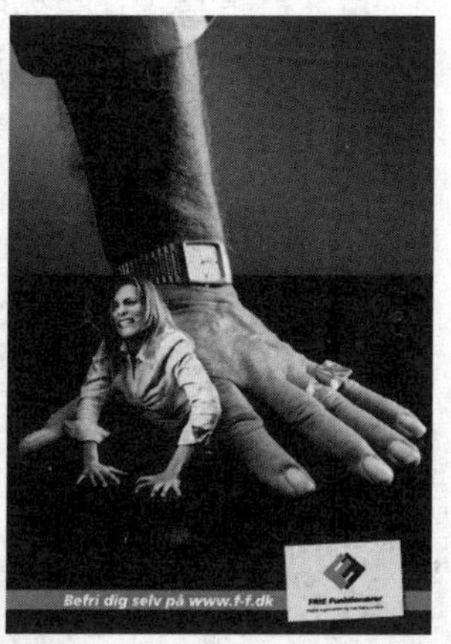

饮料广告　　地板广告

2. 国外优秀平面广告赏析

国外的平面广告相对于国内的平面广告较为成熟，有很多地方都值得我们学习，如色彩的运用和图形的创意等。下面就一起感受国外平面广告的魅力吧！

下面这组广告利用了图形的创意，很好地表达了产品的内容，诠释出产品的特点。

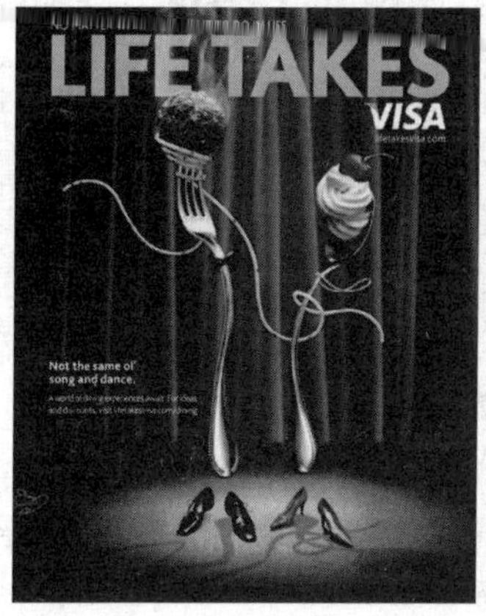

VISA广告　　公益海报设计

下面这组Levis牛仔裤广告，以童话中的美人鱼和人首马身动物爱不释手的画面效果来展现对这款牛仔裤的喜爱程度。

Levis牛仔裤系列广告

下面这组 Ipod 音乐播放器的广告，以剪影形式的图形来表现，图形简单、颜色靓丽，让人一目了然。

Ipod MP4系列广告

下面这组Volvic饮品系列广告，以鲜明的色彩来表现各个年龄段适合的产品。

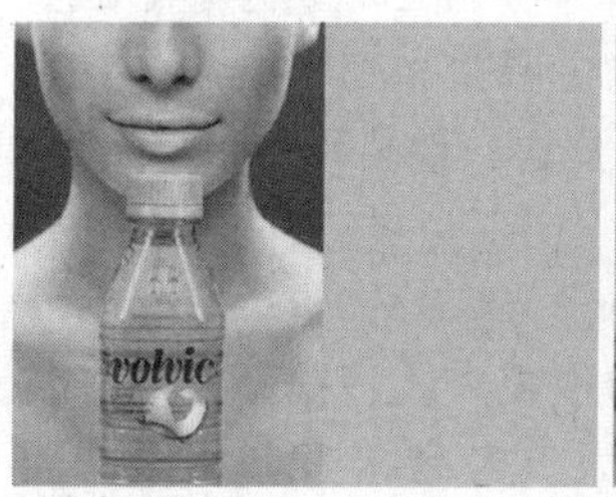

Volvic系列广告

下面这组广告以人作为油漆涂抹的对象，体现细腻的质感、鲜明的色彩。

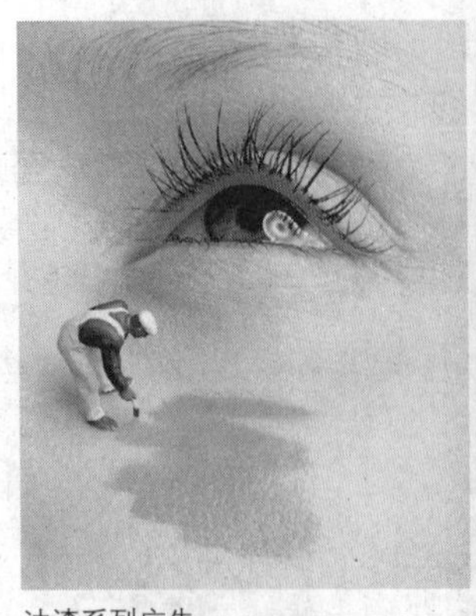
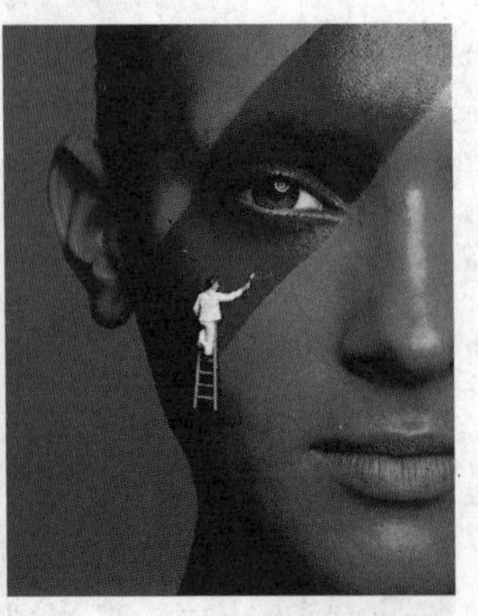

油漆系列广告

下面的一幅公益广告以夸张、恐怖的形态表现出关爱动物这一公益主题。

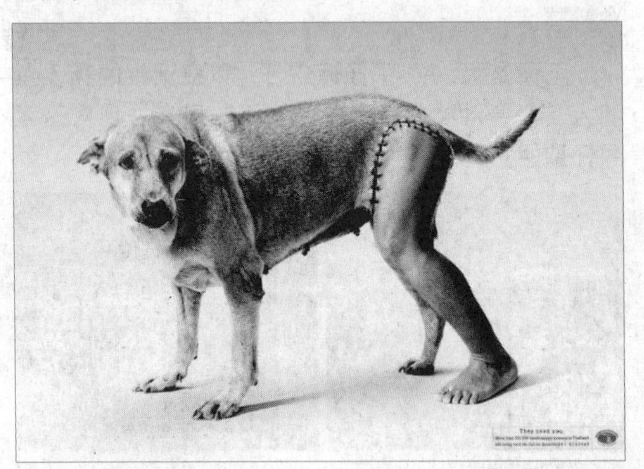

关爱动物公益广告

1.2 平面广告的类型

在现代商业社会中，各种平面广告五彩纷呈，报刊广告、各种宣传单、店面广告、车站路牌广告、展示广告、影视广告、网络广告等各种类型的广告争奇斗艳。

1.2.1 了解平面广告的类型

如今平面广告已深入各行各业，成为不可缺少的宣传手段。平面广告的主要类型有报纸广告、杂志广告、户外广告、POP广告、包装和书籍封面等。

1. 报纸广告

报纸是平面广告中数量最大、传播范围最广的媒体，报纸的信息量庞大、内容繁多，报纸广告应简洁明了，突出广告实效性。另外，报纸广告对文字的要求较高，字体要易于辨认，整个版式的编排要有明确的方向性和顺序性，能够引导读者的视线。

报纸广告

2. 杂志广告

杂志是定期出版、经过装订并加封面的刊物，它的发布面广，有效时间长，杂志广告用纸较好、色彩鲜艳、创意新颖、编排清晰易读。

杂志广告1　　杂志广告2

3. 户外广告

户外广告是指在户外的某个特定场所，对人的视觉产生持续刺激作用的广告，它是以户外目标群体为诉求对象，以生活形态变化的人群为目标的广告。可分为路牌广告和招贴广告。

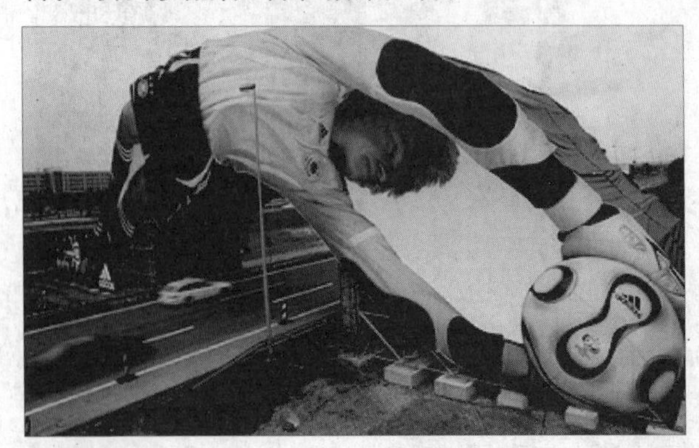

户外广告

4. POP广告

POP广告是在一般广告形式的基础上发展起来的一种新型商业广告形式，它是一种在有利的时间和有效的空间位置上宣传商品，引导消费者了解商品内容，从而诱导消费者产生参与动机及购买欲望的商业广告。

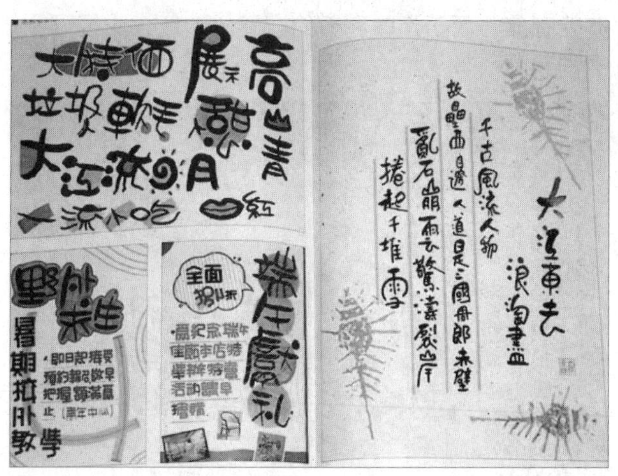

POP广告

5. 包装广告

包装不仅要使商品受到安全保护，而且必须具备促销的功能，具有很强的广告性，是商品的直接广告，也是产品的自我介绍。包装本身是立体的，但包装的每个展销面制作时都是展开成平面，印刷完成后再折成立体的。

包装广告

6. 书籍封面

书籍封面是书的自我广告，既要能够远观，又要能放在手中细细品味；书籍封面是书的脸面，就像一张宣传画，为书作无声的广告宣传。

书籍封面设计

1.2.2 了解各类型平面广告的特点

各类平面广告都有其自身的特点，掌握了这些特点能更好地设计出优秀的平面广告。比如在设计户外广告时就要抓住瞬间性、刺激性等特点，设计出能在瞬间吸引受众眼球的优秀广告，达到广告本身宣传的目的。

1. 报纸广告的特点

（1）覆盖面广，受众广泛。报纸是一种大众媒体，发行量大，覆盖地域广，读者众多。

（2）传播迅速，反应及时。报纸分日报、周报，对新闻事件的报道非常迅速，因此报纸广告的信息发布快速、时间短、见效快。

（3）费用低廉，制作简便。收费比较合理，制作简便，设计灵活。

（4）版面空间大，信息量大。报纸的版面大、篇幅大、信息量大，可供广告主选择的余地也大，广告可占一整版甚至两整版，可容纳上万字，可作详细说明。

（5）阅读自由，可存性强。报纸可随身携带，随时随地阅读，可长时间保存，多次翻阅。

版面较大的报纸广告

2. 杂志广告的特点

（1）覆盖范围广。一种杂志往往是全国发行，有的也会全球发行，那么广告传播的范围也是全国或全球性的。

（2）针对性强。不同产品根据其性质的不同要选择不同的杂志刊登广告。

（3）印制精美，有效时间长。杂志一般采用铜版纸印刷，图片精美，版式设计讲究，艺术性强，信息比较专业、前卫，可像图书一样进行收藏，反复阅读，广告的时效性较长。

冰箱杂志广告

3. 户外广告的特点

（1）瞬间性。从时间上说人们对户外广告注视停留的时间最长也不过是3~5秒。

（2）简洁性。简洁性就是以最少的文字，最具代表性的图形，最强烈的色彩引起广告目标消费者的注意。

（3）刺激性。刺激就是强烈、醒目，就是以最强的对比，吸引消费者的眼球，引起人们注意。

（4）完美性。精益求精的制作才能完美地表现出广告创意设计的精彩和独到之处。

创意户外广告

4. POP广告的特点

（1）促进销售。POP广告能营造出良好的焦点氛围，通过刺激消费者视觉、触觉或味觉等，引起消费者冲动，产生购买欲望。

（2）时间性、周期性强。POP广告可根据需要确定广告的使用周期，可分为长期POP广告、中期POP广告和短期POP广告。

5. 包装广告的特点

（1）识别性。包装是产品的直接广告，好的包装必须被赋予良好的可识别性与阅读性，以吸引消费者的注意力。

（2）便利性。包装不仅要新颖别致，而且还要有能存储、便于运输和节约空间的功能，如可堆叠、悬挂和陈列等。

便于存储的包装广告

1.2.3 平面广告媒介与市场投放环境

所谓广告媒介主要是指能够将广告主与广告对象之间的信息传播进行物质实现的工具。

广告媒介又称“媒体”，平面广告主要是由视觉媒体进行广告宣传，如报纸、杂志、海报、传单、招贴、日历、户外广告、橱窗布置和实物等媒体，通过印刷、喷绘、写真等形式对广告信息进行传达。

下图是一幅杂志广告，杂志广告一般采用铜版纸为主要载体，将广告信息印刷至铜版纸上，通过杂志进行传播。

香水杂志广告

下图是一幅户外广告，该广告通过喷绘的形式将广告画面喷绘至画布上，然后将其贴至路面上进行展示，该广告就是借助户外路面对广告信息进行宣传。

创意户外广告

平面广告都是由设计师们先在计算机中设计出来，通过印刷、喷绘等方法，制作成人们可以看到的报纸、杂志、户外广告等，投放到市场中。

在下面的两幅图中，左图为电子平面图，右图中展示的是投放市场后，人们拿在手中可以看到的杂志广告。

画册电子平面图

画册杂志广告

在下面的两幅图中，第一幅为户外广告的电子平面图，第二幅为广告投放市场后在户外展示广告的效果。

户外广告电子平面图

户外广告展示效果

在下面两幅图中，第一幅为POP广告的电子平面图，第二幅为投放市场后的POP吊牌广告的效果。

POP广告电子平面图

POP广告展示效果

在下面的两幅图中，左图为海报广告的电子平面图，右图为印刷投放市场后成为可张贴的海报效果。

海报电子平面图

可张贴的海报效果

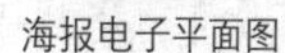

Chapter 02

认识平面设计软件

本章主要知识点：

2.1 四大平面设计软件
- 2.1.1 图像处理软件Photoshop
- 2.1.2 矢量绘图先锋软件Illustrator
- 2.1.3 精于排版的矢量绘图软件CorelDRAW
- 2.1.4 专业设计排版软件InDesign

2.2 个性化工作界面
- 2.2.1 拆分和关闭不常使用的面板
- 2.2.2 用不同的显示模式显示作品
- 2.2.3 自定义快捷键

2.3 必会的Photoshop工具
- 2.3.1 认识各种类型的工具
- 2.3.2 显示隐藏的工具
- 2.3.3 掌握不可小看的辅助工具

2.4 认识Photoshop CS4的强大功能
- 2.4.1 图像文件的管理
- 2.4.2 合成功能的利器——图层
- 2.4.3 图像的色彩调整功能
- 2.4.4 选区高级功能——通道
- 2.4.5 特效高级功能——滤镜
- 2.4.6 动作和批处理
- 2.4.7 提高软件运行速度的秘技

2.1 四大平面设计软件

广告的发展是社会经济发展的表现，伴随着商品产生和商品交换的出现而产生。平面广告具有悠久的历史，早在公元前一千年左右，埃及的一份悬赏“逃亡的奴隶”的广告传单，是迄今为止最早的平面广告。随着社会文明的发展和技术的不断进步，广告也在不断演进，今天它已被各行各业充分地利用。

21世纪是多媒体的时代，随处可见的各种广告让人们越来越清楚广告在生活中的重要性。现在各个领域几乎都离不开广告设计的应用，广告也从最初的实物广告发展到今天的媒体广告。

平面设计是一种视觉传达艺术，也是商业宣传的一种手段。随着科学技术的不断更新，各种设计软件也相应地被开发出来，并不断升级到更高级的版本。利用不同的软件能设计出各种不同效果的广告，满足设计师们的高要求。最受设计师们喜爱的四款设计软件分别是Photoshop、Illustrator、CorelDRAW和InDesign。这四款软件都有各自的优势，可谓是各领风骚。

用Photoshop制作招贴广告

用Illustrator进行插画设计

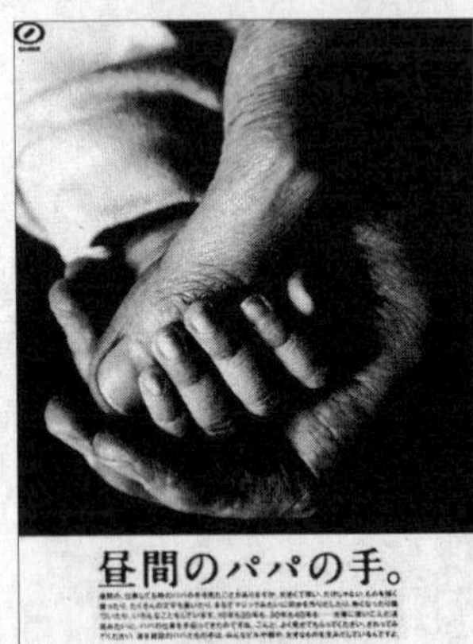

用CorelDRAW进行报纸编排

用InDesign进行版式设计

2.1.1 图像处理软件Photoshop

Photoshop是平面图像处理业界霸主Adobe公司推出的跨越PC和Mac两界首屈一指的大型图像处理软件，它功能强大，操作界面友好，得到了广大第三方开发厂家的支持，也赢得了众多用户的青睐。它凭借众多实用的工具和强大的图像处理功能成为图像处理领域的首选软件。无论是在易用性还是应用的普遍性上，没有其他平面软件可以与之相比。

Photoshop CS4工作界面

Photoshop作为一种标准的图像编辑软件，拥有简单易学的操作界面。Photoshop支持众多的图像格式，对图像的常见操作和变换做到了非常精细的程度，使得任何一款同类软件都无法望其项背；它拥有异常丰富的插件，熟练掌握后您自然能体会到“只有想不到，没有做不到”的境界。

用Photoshop制作的海报广告

用Photoshop制作的插画

Photoshop 还具有较强的图层控制功能，利用图层管理功能可以将图层组织成一个图层集，以便于管理上百个图层中的元素，从而更加有效地提高工作效率。可以同时在一个高效对话框中指定多种图层设置，包括图层效果、混合模式、透明度和其他设置来创作优秀的合成效果。这些效果在平常的商业广告、电影海报、宣传册上都能得到充分的体现。

总而言之，Photoshop不是简单的修描软件，而是一个数字成像软件。在对图像进行效果处理时结合图形设计的艺术感觉，可以不断有意识地激发自己的想象力，以自己独特的思维方式和制作技巧，完成专业艺术设计。

用Photoshop制作的迪士尼宣传广告

用Photoshop制作的银行宣传广告 用Photoshop制作的饮料广告

2.1.2 矢量绘图先锋软件Illustrator

长期以来，由美国Adobe公司推出的Illustrator一直是世界标准的矢量图形设计工具。它集图形绘制与设计、文字排版、高品质输出与打印于一体，因功能强大且操作方法简便、用户界面直观友好而深受设计者喜欢。对于全球的专业设计者和商务人员来说，这款专业的设计软件在执行任务广告设计、标志设计、产品包装设计、Web图形、演示、字形处理、专业绘画、工程绘图等方面都展现出了无限的创意空间，使设计者能够更加随心所欲地开展个人创作。

最新版本的Illustrator独特的欢迎界面更具有可操作性。在创建新文档的种类中新增加了“打印”文档，“网站”文档、“移动电话和设备”文档和“Video and Film”文档；在“新建文档”对话框中添加了“高级”选项，可以设置“颜色模式”、“栅格效果”和“预览模式”。

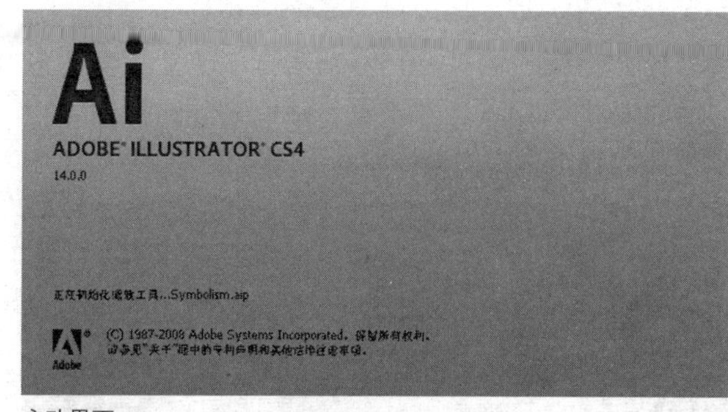

启动界面

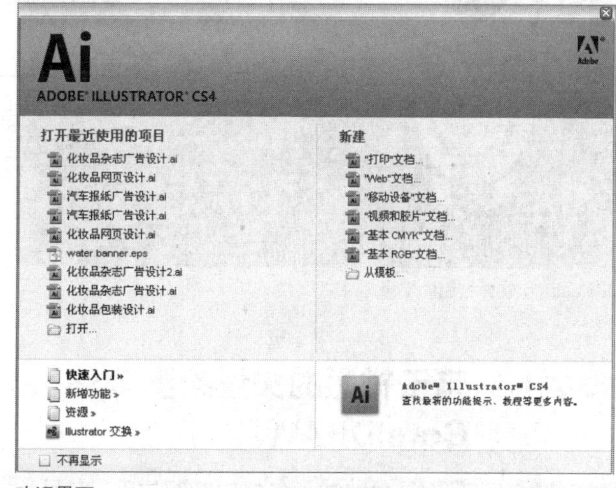

欢迎界面

Illustrator软件的工具栏采用了独特的显示方式，在制作图像文件时会有更多的工作空间。利用创意工具可以轻松地将自己的设计思想变为激动人心的视觉图形；利用画笔工具可以沿着一个可编辑的路径绘制图案，或散布多重拷贝的图案；独特的渐变网格可以综合多种颜色，表现自然阴影效果；强大的字形控制功能能让您得心应手地处理文本的各个方面。

工作界面

Illustrator还支持一整套以RGB色彩模式为基础的工作流程，而且可以按Flash格式进行输出，利用完善的压缩控制将图形做成精美的GIF、JPEG、PNG格式的文件。

因此，Adobe Illustrator既界定了专业矢量图形创作的标准，同进也赋予设计师们充分的自由，可以轻松地完成优秀的设计作品。

用Illustrator软件绘制的平面广告

2.1.3 精于排版的矢量绘图软件CorelDRAW

CorelDRAW是一种基于矢量的绘图软件，在同类的设计软件中，CorelDRAW具有很明显的排版优势。

CorelDRAW是加拿大Corel公司推出的一款排版兼图形绘制软件，是目前应用最为广泛的基于Windows的著名图形图像制作、设计及文字编辑软件，它同样集设计、绘画、制作、编辑、合成和高品质输出于一体，利用它可以方便快速地制作出各式各样的特殊效果。设计人员可以利用它来制作各种海报、平面广告、包装设计、网格设计及排版印刷等。

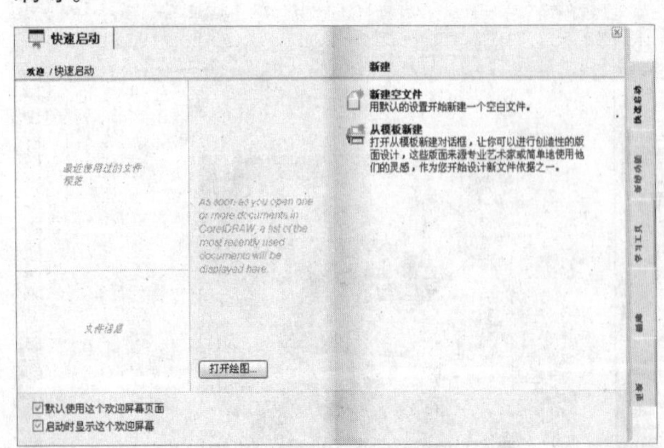

"快速启动"界面

工作界面

使用CorelDRAW可以制作出精致美观、色彩鲜艳的图形，而且它专业的文本处理功能可以让您的作品更加优秀。使用文字工具，并结合贝塞尔曲线及滤镜效果，可以制作出很多意想不到的效果字。

在平面设计中可以灵活运用交互式网格填充工具，对图像进行网格填充，填充的颜色过渡均匀、自然，也可以使用形状工具对图像的形状进行调整，制作出色彩绚丽的背景效果。

充分掌握该软件，对日常工作会有很大帮助，能让您在电脑上将个人的创造力淋漓尽致地发挥出来，创作出独具特色的作品。

用CorelDRAW设计的DM单

用CorelDRAW设计的户外广告

2.1.4 专业设计排版软件InDesign

InDesign是由Adobe公司于1999年推出的。2002年，InDesign 2.0的发布标志着InDesign进入成熟期。InDesign主要是针对创意领域、排版与跨媒体编辑的专业设计软件。InDesign基于面向对象的开发体系，允许第三方进行二次开发扩充功能，大大增强了处理各种版面编排要求的能力；InDesign与Adobe系列产品中的其他产品紧密集成，可以方便地进行版面编排设计。

启动界面

“新建文档”对话框

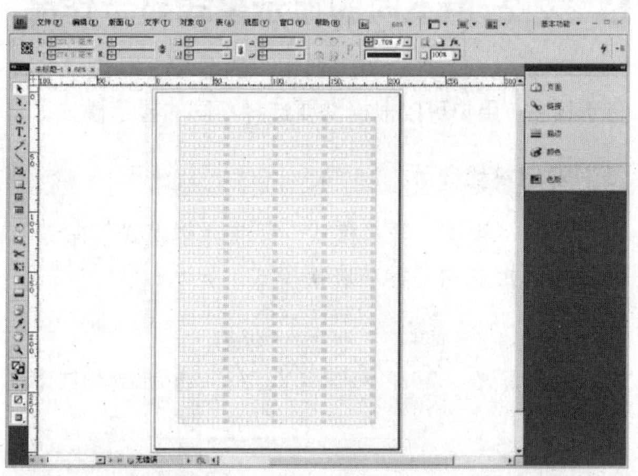

工作界面

InDesign主要针对版面编排，所谓版面编排就是设计师对文字、图形图像进行具有美感的编排，达到突出主题的目的。在进行版面编排的时候，文字的编排具有非常重要的作用。InDesign在文字编排方面具有很大的优越性，将文字以板块或者线条的形式进行编排都非常的方便，为设计师进行版面编排节省了大量的时间。

杂志版面编排设计

InDesign除了具有版面编排的特性外，还具有许多绘画、绘图软件的特性，以便于在进行文字编排的同时，可以使用绘图工具绘制矢量图形，丰富版面效果。

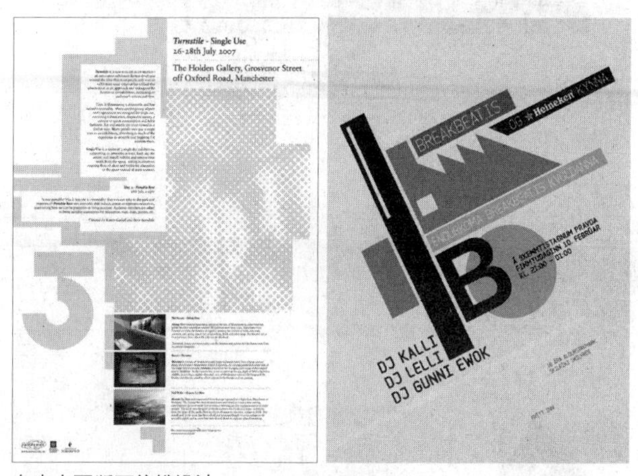

杂志内页版面编排设计

2.2 个性化工作界面

在进行平面广告设计的时候，Photoshop是使用最广泛的设计软件，深受广大设计师的青睐。下面我们就针对Photoshop的应用进行详细讲解。安装Photoshop CS4并运行，可以看到用来进行操作的界面，包括各种工具、菜单以及面板的默认操作界面。在本节中将学习怎样对Photoshop CS4的界面进行操作。

2.2.1 拆分和关闭不常使用的面板

Photoshop CS4为用户提供了多个面板以方便用户操作。这些面板汇集了Photoshop中常用的选项或功能。在进行平面设计前可对图像中的面板进行操作，拆分、关闭不需要的面板，使当前的操作界面更加有利于操作。

1. 拆分面板

在需要拆分的面板标签上按住鼠标左键，将其拖动到画面的左侧，这样被拖动的面板就从原面板组中分离出来，形成了独立的面板。

选择需要拆分的面板

拆分出的面板

2. 关闭面板

单击需要关闭的面板右上角的“关闭”按钮，就会看到被关闭的面板不再显示在面板组中。

单击“关闭”按钮

被关闭的面板不再显示

2.2.2 用不同的显示模式显示作品

Photoshop充分考虑到用户的需要，提供了多种显示模式，用户可以根据需要选择不同的显示模式。

1. 标准屏幕模式

执行“视图>屏幕模式>标准屏幕模式”命令，图像会以相应的“标准屏幕模式”显示。

标准屏幕模式

2. 带有菜单栏的全屏模式

执行"视图>屏幕模式>带有菜单栏的全屏模式"命令，则画面将会以"带有菜单栏的全屏模式"显示。

带有菜单栏的全屏模式

3. 全屏模式

执行"视图>屏幕模式>全屏模式"命令，可以将界面转换为"全屏模式"显示。

全屏模式

2.2.3 自定义快捷键

在进行平面广告设计时，用户可以根据个人喜好对操作命令进行快捷键设置，从而在设计过程中省去更多不必要的操作。

1. 设置快捷键

01 执行"编辑>键盘快捷键"命令，打开"键盘快捷键和菜单"对话框。

02 在"快捷键用于"下拉列表中选择"应用程序菜单"选项，然后在下面的列表框中单击"滤镜"左边的箭头按钮▶，展开"滤镜"目录，在滤镜目录下的"液化"菜单命令右边的"快捷键"列表中单击，显示出文字输入框，设置需要的快捷键。

03 设置完成后单击"确定"按钮，完成快捷键设置。

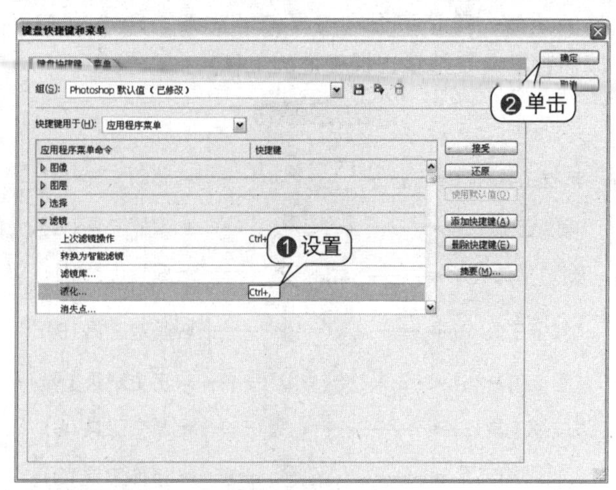

设置快捷键

2. 应用设置的快捷键

按下快捷键Ctrl+,，打开"液化"对话框。

应用设置的快捷键

2.3 必会的Photoshop工具

在Photoshop的工具箱中列出了用于图形操作的全部工具。Photoshop的工具箱位于工作界面的左侧，平时经常用到的命令都以图标的形式被放置在工具箱中，便于操作。利用工具箱中的工具，我们可以随意地将自己的设计构思轻松地表现于作品中。

2.3.1 认识各种类型的工具

工具箱中的各种工具是我们进行图像操作的基础，下面一起来熟悉一下工具箱中的各种工具。当工具箱呈单排式时，单击工具箱上方的▶▶图标，即可转换为双排式。Photoshop的功能以图标形式聚集在一起，从工具的形态就可以很直观地了解该工具的功能。除了可以在工具箱中选择工具外，还可以通过键盘快捷键选择相应的工具。

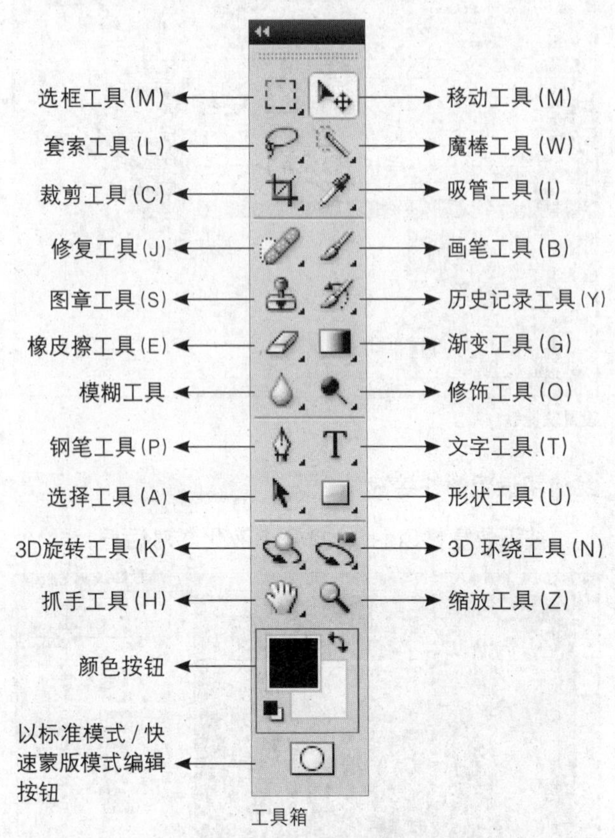

工具箱

在Photoshop中根据每个工具主要功能的不同，分为辅助工具、绘画工具、修图工具、选区创建工具等，各种工具的具体使用方法和操作技巧会在以后的案例中一一为大家讲解。

2.3.2 显示隐藏的工具

在Photoshop的工具箱中默认只显示一类工具组中的一种工具。每个工具都对应一个可以将其快速切换成当前选中工具的快捷键，比如需要选择选框工具只需要按下M键，需要切换到钢笔工具就按下P键。在掌握了这些快捷操作后，会节省不少的时间，从而提高工作效率。

在Photoshop中除了可以直接显示的工具外，还有一些隐藏的工具。有时为了操作的需要，就需要将隐藏的工具调出来使用。

在工具图标右下角有小三角的按钮上按住鼠标左键不放或右击，在打开的工具组列表中将显示其他相似功能的隐藏工具，然后直接选择相应的工具进行操作即可。

显示隐藏的工具

2.3.3 掌握不可小看的辅助工具

在Photoshop中编辑图像文件时，使用辅助工具可以帮助用户准确地调整图像的位置、尺寸和方向等。辅助工具不同，其功能也不同，用户可以根据需要选择合适的工具进行编辑。

1. 标尺

标尺可以精确地确定图像或元素的位置。标尺位于绘图窗口的顶部和左侧。显示标尺后，当光标在绘图窗口中移动时将会牵动两条虚线，表示出当前光标所处位置的坐标。

01 执行“视图>标尺”命令，或者按下快捷键Ctrl+R，即可显示标尺。

显示标尺

02 在工作区左上角水平标尺和垂直标尺交会处的矩形区域内，按住鼠标左键并拖动，可以重新定位原点位置。

拖动鼠标定位原点

03 拖动到合适的位置后释放鼠标，绘图窗口中的标尺原点即被重新定位。

重新定位的原点

2. 参考线

用户在绘制图像文件时所使用的辅助线就是参考线。参考线在打印时不可见。用户可以在绘图窗口中移动参考线的位置，也可以将其移除，还可以将其锁定，以避免在对图像进行其他操作时由于误操作移动参考线的位置。

（1）创建参考线

在Photoshop中，可以通过新建参考线命令创建参考线，也可以在标尺的基础上创建参考线。具体操作方法如下。

01 执行“视图>新建参考线”命令，在弹出的“新建参考线”对话框中可以设置参考线的方向和位置，设置完成后单击“确定”按钮，即可新建参考线。

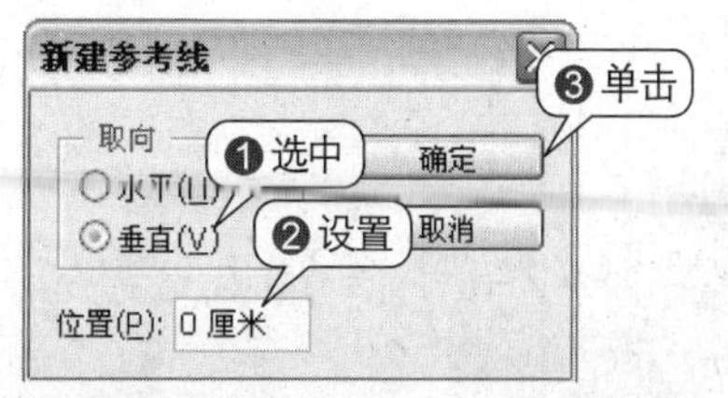

“新建参考线”对话框

02 按下快捷键Ctrl＋R，显示标尺。在标尺上按住鼠标左键不放，拖动至图像中适当的位置后释放鼠标，即可拖出一条参考线。

垂直参考线　　水平参考线

（2）移动参考线和改变参考线方向

在绘图窗口中创建了参考线后，可以对其进行移动和方向的改变，以便创建更准确的参考线，具体操作方法如下。

01 使用前面介绍的方法创建一条垂直参考线，将光标移动到参考线上，当光标变成⟛形状时，按住鼠标左键向右拖动，即可移动参考线的位置。

创建参考线　　拖动参考线

02 按住Alt键的同时将光标移动到垂直参考线上，当光标变成÷形状时，单击鼠标左键即可改变参考线的方向。

按住Alt键出现光标变化

单击鼠标改变方向

3. 网格

Photoshop中的网格主要用于对称地布置图像。在默认状态下，网格显示为不能被打印出来的线条。

01 执行“视图 > 显示 > 网格”命令，或按下快捷键 Ctrl+'，显示网格。

原图像

显示网格

02 执行“视图>对齐到>网格”命令，之后，当移动图像时就会自动对齐到网格。使用选框工具创建选区时会自动吸附网格，以便根据网格准确地选取需要的图像范围。

图像对齐到网格效果

4. 标尺工具

Photoshop中的标尺工具主要是用来测量图像的长度、宽度、倾斜度和角度等，以便对图像文件进行测量和调整，具体操作方法如下。

01 打开任意一张倾斜的图像，使用标尺工具，在需要测量区域的起始和终止位置单击鼠标左键，即可获得测量区域的色彩、坐标、长度和角度等信息。

测量图像

02 在倾斜图像的边缘处使用标尺工具测量图像，在“信息”面板中可查看到图像倾斜的角度。

导航器 直方图 信息
R: G: B: 8位
A: 6.5° L: 30.32
X: 0.56 Y: 3.81
W: 30.13 H: -3.46
单击并拖动以创建标尺。要用附加选项，使用 Shift。

查看角度值

03 执行“编辑>变换>旋转”命令，在属性栏中输入刚才得到的角度值调整图像角度。

6.5 度 H: 0 度 V: 0.0 度

输入角度值

04 设置完成后，在绘图窗口中可以看到校正后的图像效果。

校正图像后的效果

5. 缩放工具与抓手工具

Photoshop中的缩放工具主要用于对图像区域的放大和缩小，抓手工具主要通过拖曳鼠标来查看图像的各个部分。

(1) 缩放工具

使用缩放工具可以对图像进行放大、缩小和以特殊比例显示等。灵活地使用缩放工具可以随意调整画布中图像的显示大小，具体操作方法如下。

01 选择缩放工具，在绘图窗口中右击，在弹出的快捷菜单中执行放大、缩小等命令，即可对图像进行缩放。

按屏幕大小缩放
实际像素
打印尺寸

放大
缩小

缩放工具的快捷菜单

02 按住Ctrl＋空格键的同时，单击鼠标左键可以放大图像。按住Alt＋空格键的同时，单击鼠标左键可以缩小图像。

放大图像

缩小图像

(2) 抓手工具

当图像文件放大到绘图窗口无法显示完全的时候，可以使用抓手工具拖动图像的位置，以便查看到绘图窗口显示区域以外的图像信息，具体操作方法如下。

01 在Photoshop中打开任意一个图像文件。

打开图像文件

02 多次按下快捷键Ctrl＋＋，直到图像在绘图窗口中无法显示完整为止。

放大图像

03 选择抓手工具，在图像中按住鼠标左键并拖动，即可改变图像的显示区域。

调整图像显示区域

2.4 认识Photoshop CS4的强大功能

Photoshop是目前功能最强大、使用最广泛的专业图像处理软件，最新版本Photoshop CS4操作界面更加简洁，新增的调整面板、蒙版面板、3D功能以及内容识别缩放功能使操作更便捷。本小节将对Photoshop CS4的图层功能、色彩调整功能、通道、滤镜、动作和批处理、历史记录面板等进行简单介绍。

2.4.1 图像文件的管理

在Photoshop CS4中，可以对原有图像进行编辑，也可以新建图像文件进行自己喜欢的创作。在进行这些操作之前，首先需要学习如何新建、打开和保存图像文件。养成良好的操作习惯，可以避免新建了不合适的图像窗口，打开错误的图像文件和在图像未保存前将Photoshop关闭，造成无法挽回的损失。

1. 新建文件

在进行自己喜欢的创作或将原有图像载入到新窗口中进行编辑时，首先需要新建图像文件，然后再进行后面的操作，新建图像文件的具体操作步骤如下。

01 执行“文件>新建”命令，弹出“新建”对话框。在该对话框中可以设置新文件的名称、宽度、高度等参数。

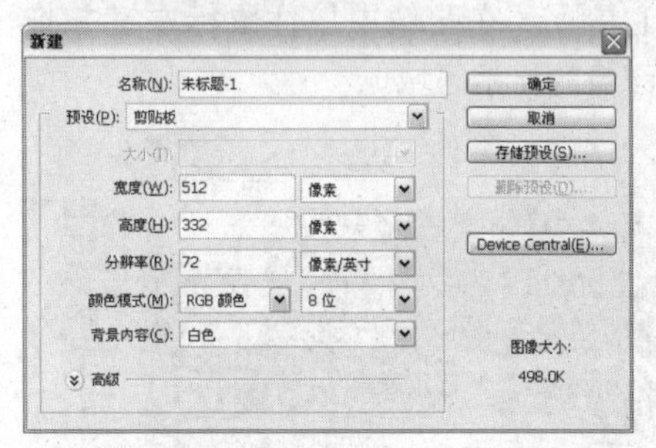

打开“新建”对话框

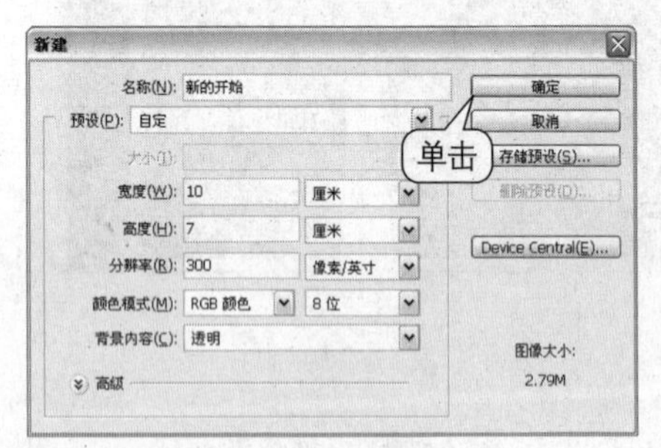

设置新建图像文件的参数

02 设置完成后，在绘图窗口中即可按照设置的参数生成新的图像窗口。

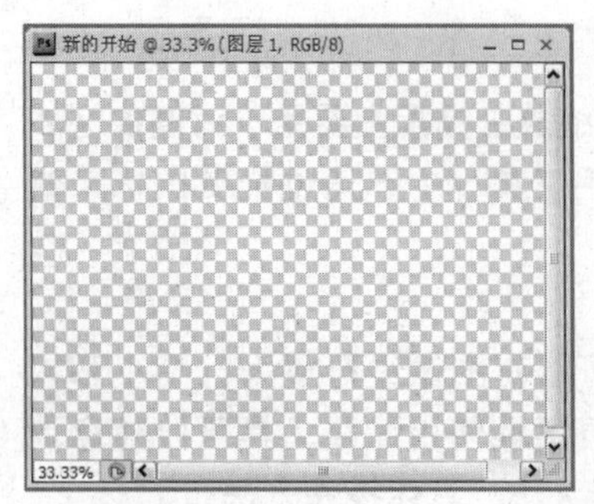

新建文件

2. 新建图像窗口

新建图像窗口可以方便用户对图像效果进行对比和备份图像。新建图像窗口和新建图像文件不同，新建图像窗口会在原有图像窗口的基础上，复制一个和原有窗口具有相同属性的图像窗口，而不是空白的图像窗口。新建图像窗口的具体操作步骤如下。

01 打开附书光盘\实例文件\Chapter 02\Media\02.jpg文件。

打开图像文件

02 执行“窗口>排列>为‘02.jpg’新建窗口”命令，在绘图窗口中将自动生成与原有图像窗口属性相同的图像窗口。

复制出的图像窗口

3. 打开文件

在Photoshop中可以使用菜单命令、快捷键Adobe Bridge等方式来打开图像文件。

■ 方法1：使用菜单命令打开

01 在Photoshop中执行“文件>打开”命令，弹出“打开”对话框。

“打开”对话框

02 在“查找范围”下拉列表中选择图像文件所在的文件夹，然后选中要打开的图像文件，完成后单击“打开”按钮。

选择要打开的图像

03 操作完成后，在绘图窗口中即可看到打开的图像文件。

打开的文件

■ 方法2：使用快捷键打开

按下快捷键Ctrl+O，通过弹出的“打开”对话框打开图像文件。

■ 方法3：拖动文件打开

将图像文件直接拖动到Photoshop绘图窗口中，即可打开图像文件。

■ 方法4：使用“最近打开文件”命令打开

执行“文件>最近打开文件”命令后，选择要打开的文件名即可打开最近打开过的图像文件。

■ 方法5：通过软件快捷方式图标打开

将要打开的图像文件拖动至Photoshop CS4软件快捷方式图标上，释放鼠标即可打开图像文件。

■ 方法6：双击工作区空白区域打开

在Photoshop CS4的绘图窗口空白区域双击鼠标左键，通过弹出的“打开”对话框打开图像文件。

双击工作区空白区域

■ 方法7：使用“打开为”命令打开

执行“文件>打开为”命令，在弹出的“打开为”对话框中选择需要打开的文件和文件类型，然后单击“打开”按钮，即可打开该文件。

“打开为”对话框

方法8：使用Adobe Bridge打开

01 执行“文件>在Bridge中浏览”命令，即可启动Adobe Bridge。

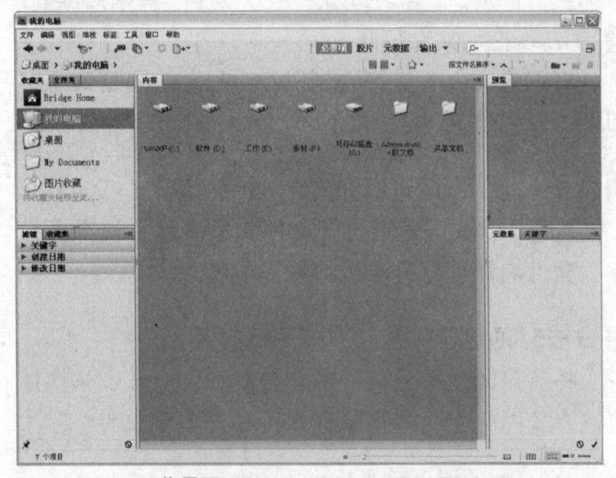

Adobe Bridge工作界面

02 在左上角的“文件夹”面板中选择图像所在的文件夹后，在“内容”面板中即可显示出该文件夹中的图片缩览图和所有子文件夹。

选择图像文件夹

03 右击需要打开的图像文件，在弹出的快捷菜单中执行“打开”命令，或者双击该图片缩览图，即可在Photoshop中打开该图像文件。

执行“打开”命令

4. 保存文件

及时保存文件可避免因死机、非正常关闭软件等情况造成未保存的文件丢失。保存文件的方法有很多种，用户可以使用“存储”、“存储为Web和设备所用格式”命令保存，也可以通过错误提示保存，还可以使用快捷键保存。

方法1：使用“存储”命令保存

01 执行“文件>存储”命令，即可打开“存储为”对话框。

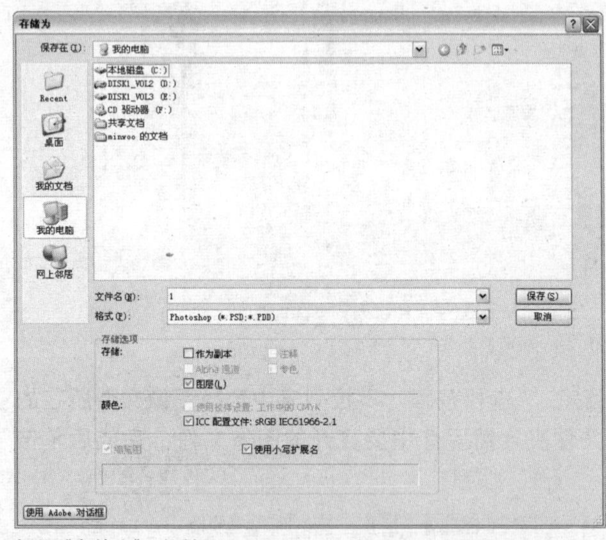

打开“存储为”对话框

02 在“保存在”下拉列表中选择要将文件保存到的文件夹。

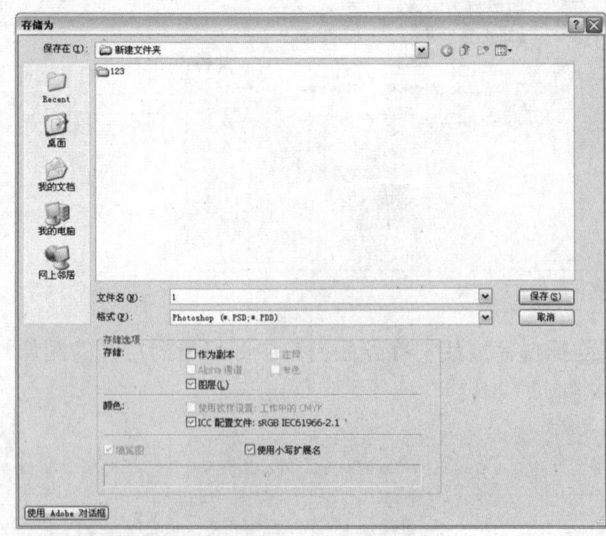

选择文件夹

03 在“格式”下拉列表中选择文件的保存格式，完成后单击“确定”按钮，即可完成对该文件的保存。

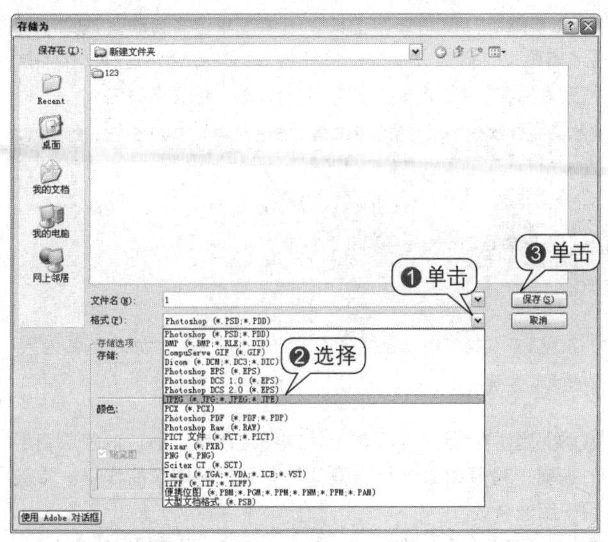

选择文件格式并保存

方法2：出现错误提示时保存

如果在未保存的情况下人为地错误关闭图像文件，系统会自动弹出是否保存已编辑文件的提示框，在该提示框中单击"是"按钮，将会弹出"存储为"对话框。在该对话框中可设置图像文件的保存路径和文件类型，完成后单击"保存"按钮即可。

错误关闭图像的提示框

方法3：使用"存储为Web和设备所用格式"命令保存

01 执行"文件>存储为Web和设备所用格式"命令，弹出"储存为Web和设备所用格式"对话框。

打开"存储为 Web 和设备所用格式"对话框

02 在该对话框的"预设"选项组中可以设置图像的存储格式等属性。

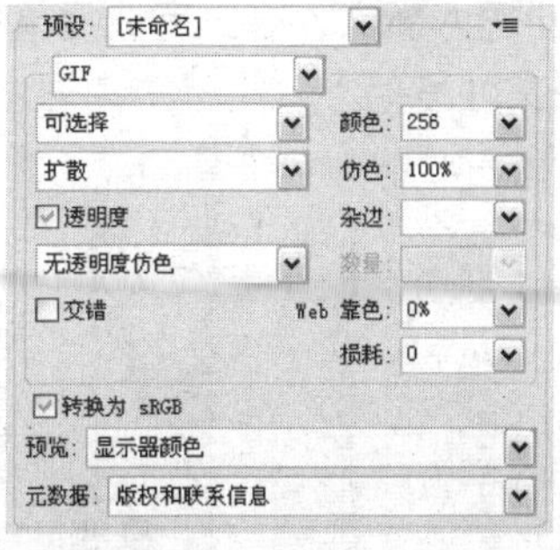

设置图像参数

03 完成后单击"存储"按钮，将会弹出"存储为"对话框。在该对话框中可设置图像文件的保存路径和文件类型，完成后单击"确定"按钮即可对图像进行保存。

单击"存储"按钮

5. 另存文件

如果要将图像文件保存到其他位置或者需要保存文件的副本，可以使用将图像另存的方法对图像进行保存，具体操作步骤如下。

01 执行"文件>存储为"命令，弹出"存储为"对话框。

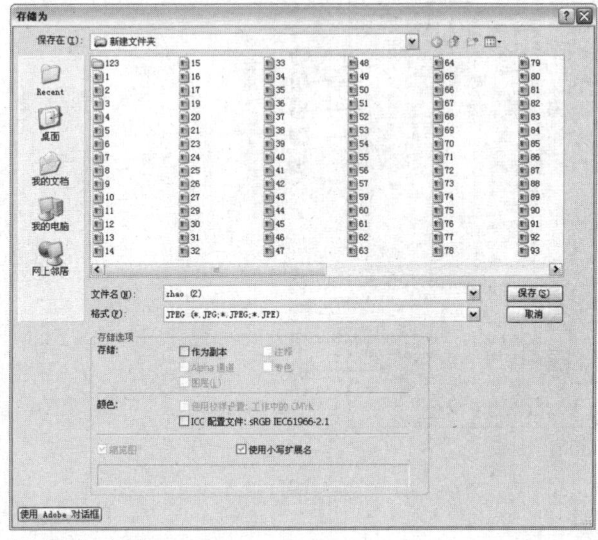
"存储为"对话框

02 在“文件名”文本框中输入新文件名，完成后单击“保存”按钮，即可将文件另存。

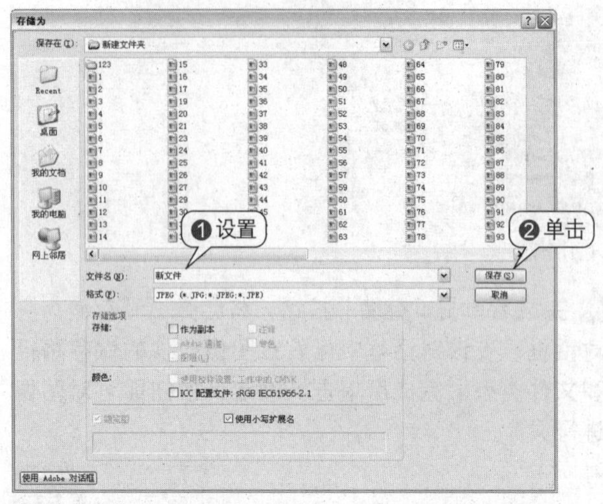

设置文件名称

2.4.2 合成功能的利器——图层

在一幅优秀的平面作品中会有很多种不同的图层，同时也是因为有图层功能才将Photoshop的选择功能发挥到了极致。因此我们必须要了解Photoshop中有哪些图层种类，以及这些图层之间的关系。掌握图层之间的区别和联系对我们以后的实际操作会有很大的帮助。

1. 平面作品中的图层类型

Photoshop中包含了多种类型的图层，每种图层都具有自己特殊的功能和用途，具体包括普通图层、填充图层、调整图层、文字图层和形状图层。在操作时使用不同类型的图层进行图像处理会得到不同的效果。

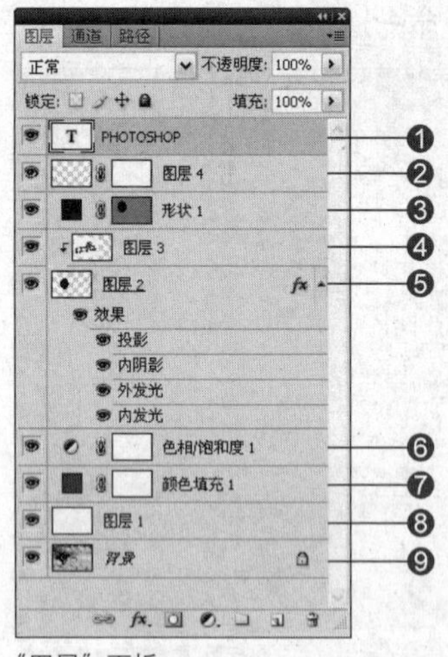

“图层”面板

❶ **文字图层**：使用文字工具在图像上单击将自动生成文字图层，如果没有输入文字，将以“图层×”命名，通常这种文字图层是无效的；如果输入相应的文字，将以输入的文字命名。

创建文字图层　　以输入文字命名

❷ **蒙版图层**：就是在图层上添加图层蒙版。通过对蒙版图层的编辑，对原图像进行隐藏，具有保护原图像的作用，常被用于图像合成。

01 执行“文件>打开”命令，打开附书光盘\实例文件\Chapter 02\Media\03.jpg和04.jpg文件。

03.jpg

04.jpg

02 将04.jpg文件拖入到03.jpg文件中，生成“图层1”。选择“图层1”，单击“图层”面板下方的“添加图层蒙版”按钮，结合画笔工具编辑图层蒙版，将“图层1”中部分图像隐藏，进行图像合成。

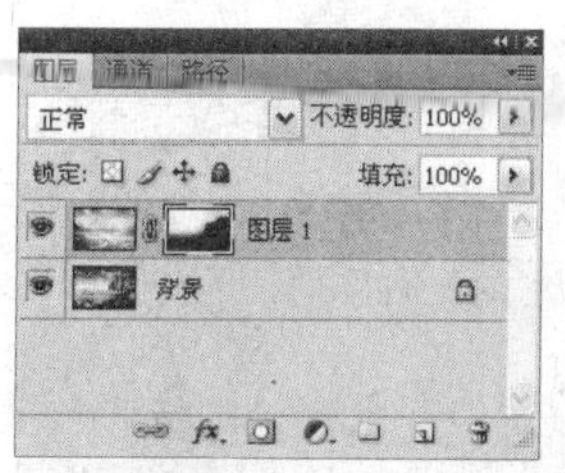

创建蒙版图层

图像合成效果

❸ **形状图层**：在选择路径/形状工具后，单击其属性栏中的“形状图层”按钮，在图像上绘制形状将自动生成形状图层。

创建形状图层

绘制形状效果

❹ **剪贴蒙版**：作用于下一个图层，适用于图像合成，在剪贴蒙版上会显示一个形状的剪贴蒙版标志。

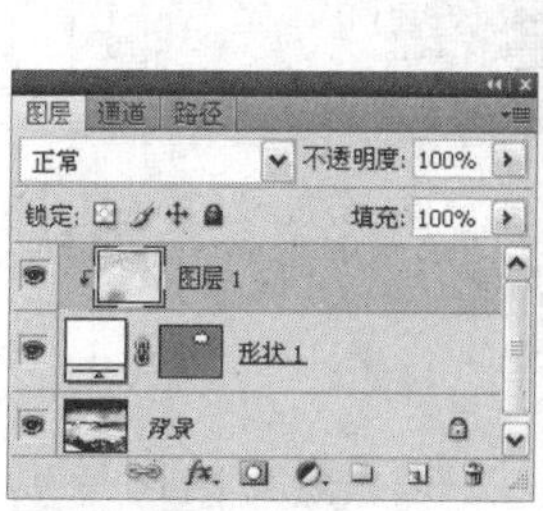

创建剪贴蒙版

添加剪贴蒙版后的图像效果

❺ **图层样式**：通过添加图层样式可以制作出不同的图像效果。

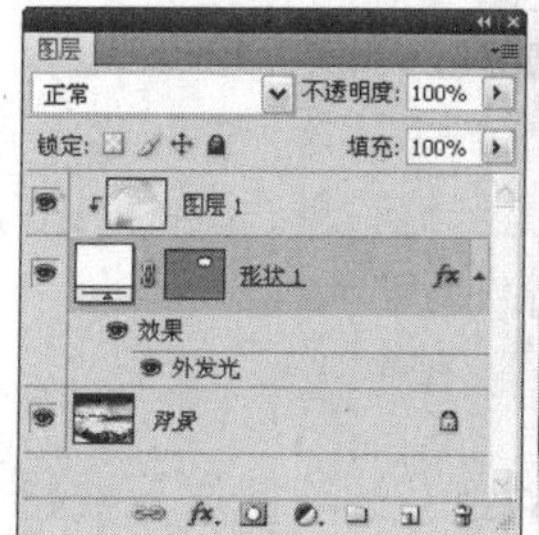

添加图层样式

添加图层样式后的图像效果

❻ **调整图层**：单击图层面板下方的“创建新的填充或调整图层”按钮，在弹出的菜单中选择调整样式调整图像效果。

原图

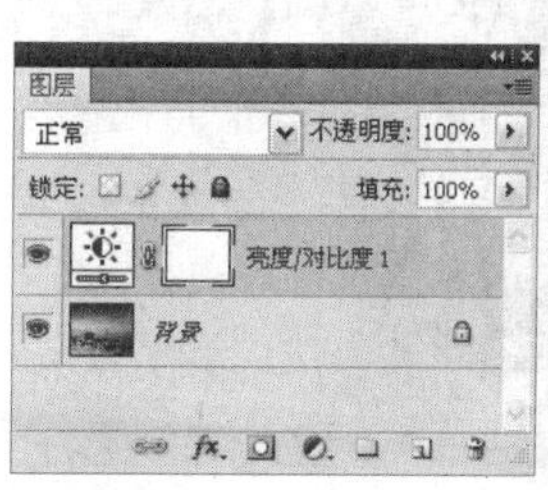

创建调整图层

增强亮度效果

❼ **填充图层**：单击图层面板下方的“创建新的填充或调整图层”按钮，在弹出的菜单中选择不同的填充方式填充图像效果。

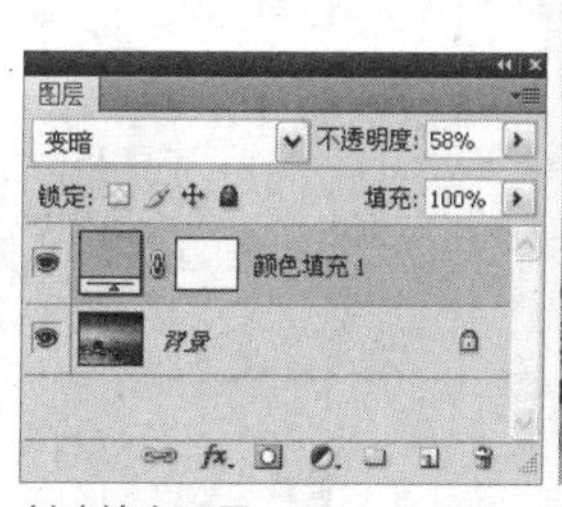

创建填充图层

填充图像效果

❽ **普通图层**：图像编辑中最常用的图层，用于存放图像信息最基本的图层。

❾ **背景图层**：图像自带的一个锁定图层，双击背景图层可以将其转换为普通图层。

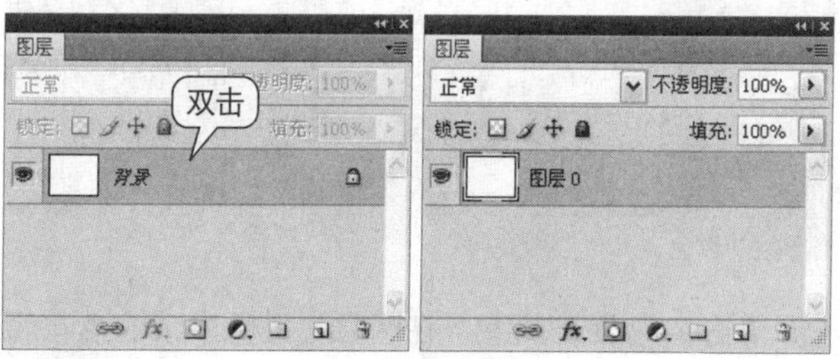

背景图层　　普通图层

2. 在设计中掌握图层的基本操作方法

在“图层”面板中，可以进行创建新图层，在原有图层上进行复制、删除和调整等操作。通过这些操作可以更加直观、有效地对图像进行管理。

（1）新建图层

在“图层”面板中新建图层，并在不影响其他图层中图像信息的情况下，对新建图层中的图像进行编辑和保存，具体操作步骤如下。

01 打开附书光盘\实例文件\Chapter 02\Media\05.jpg文件，然后单击图层面板下方的“创建新图层”按钮，新建一个图层。

打开图像文件并创建新图层

02 选择画笔工具，设置前景色为（R255、G0、B144），在属性栏上设置“模式”为“叠加”，“不透明度”为66%，按下[键和]键，适当调整画笔的大小。在图像中的桃花花瓣部分进行涂抹，为桃花添加颜色。

绘制桃花颜色

03 单击橡皮擦工具，在图像中擦除多余的桃花颜色，修饰图像。

修饰画笔涂抹效果

（2）复制图层

在“图层”面板中，可以对现有图层进行复制，以便进行其他调整和操作。复制图层的方法有4种，下面将依次进行介绍。

方法1：在“图层”面板中选中要复制的图层，将其拖动到“创建新图层”按钮上，即可复制该图层。

方法2：选中要复制的图层，执行“图层>新建>通过拷贝的图层”命令，即可复制该图层。

方法3：右击要复制的图层，在弹出的快捷菜单中执行“复制图层”命令，弹出“复制图层”对话框，设置适当的参数，完成后单击“确定”按钮，即可复制该图层。

方法4：选中要复制的图层，按下快捷键Ctrl+J，即可复制该图层。

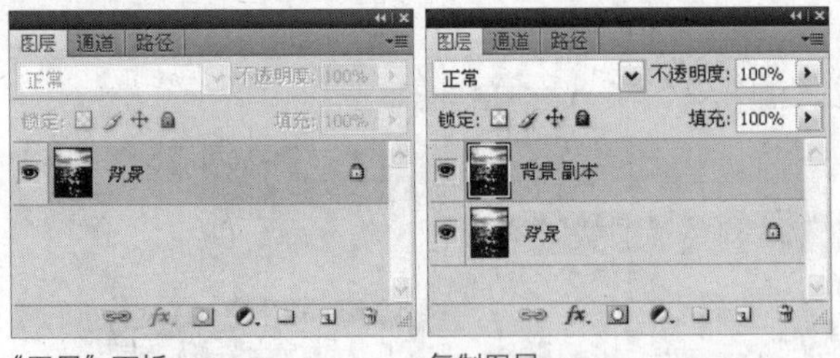

“图层”面板　　复制图层

（3）删除图层

在“图层”面板中，可以将不需要的图层删除，以便对“图层”面板中的图层进行整理。删除图层的方法有4种，下面依次进行介绍。

方法1：单击“删除”按钮删除

选中要删除的图层，单击“删除图层”按钮，将会弹出是否删除该图层的提示框，单击“是”按钮 是(Y) ，即可将该图层删除。

方法2：拖动图层删除

将要删除的图层直接拖动到“删除图层”按钮上，即可将该图层删除。

■ **方法3：利用快捷菜单命令删除**

在要删除的图层上右击，在弹出的快捷菜单中执行“删除图层”命令，将会弹出是否删除该图层的提示框，单击“是”按钮 是(Y) ，即可将该图层删除。

■ **方法4：执行菜单命令删除**

执行“图层>删除>图层”命令，将会弹出是否删除该图层的提示框，单击“是”按钮 是(Y) ，即可将该图层删除。

2.4.3 图像的色彩调整功能

Photoshop提供了多种颜色调整功能，Photoshop CS4改进并增添了新的颜色调整命令，用户可以更加轻松地对数码图像与平面广告中的图像进行颜色调整。下面主要对颜色调整功能的基本操作进行讲解。

亮度/对比度(C)...	
色阶(L)...	Ctrl+L
曲线(U)...	Ctrl+M
曝光度(E)...	
自然饱和度(V)...	
色相/饱和度(H)...	Ctrl+U
色彩平衡(B)...	Ctrl+B
黑白(K)...	Alt+Shift+Ctrl+B
照片滤镜(F)...	
通道混合器(X)...	
反相(I)	Ctrl+I
色调分离(P)...	
阈值(T)...	
渐变映射(G)...	
可选颜色(S)...	
阴影/高光(W)...	
变化(N)...	
去色(D)	Shift+Ctrl+U
匹配颜色(M)...	
替换颜色(R)...	
色调均化(Q)	

调整菜单

1. 图像明暗调整命令

“色阶”、“曲线”、“亮度/对比度”调整命令，主要是针对图像颜色阴影区、中间区、高光区的亮度水平来调整图像的色调范围和颜色平衡。

（1）色阶

01 打开附书光盘\实例文件\Chapter 02\06.jpg文件。

原图

02 执行“图像>调整>色阶”命令，打开“色阶”对话框，通过拖动滑块调整图像的明暗对比关系。

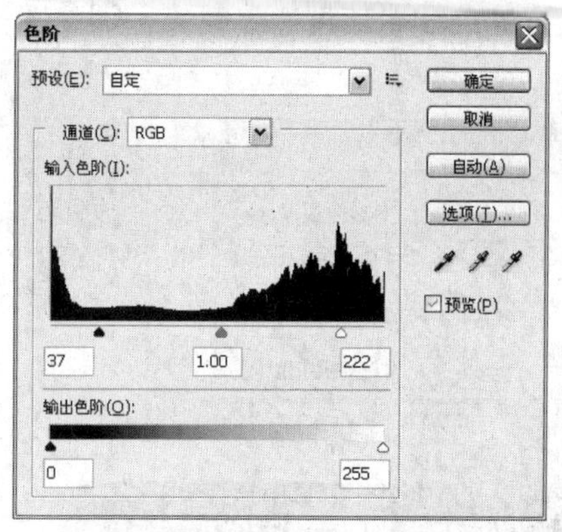

“色阶”对话框

调整色阶后的图像效果

（2）曲线

执行“图像>调整>曲线”命令，打开“曲线”对话框，调整节点的位置，对图像的颜色明暗对比进行调整。

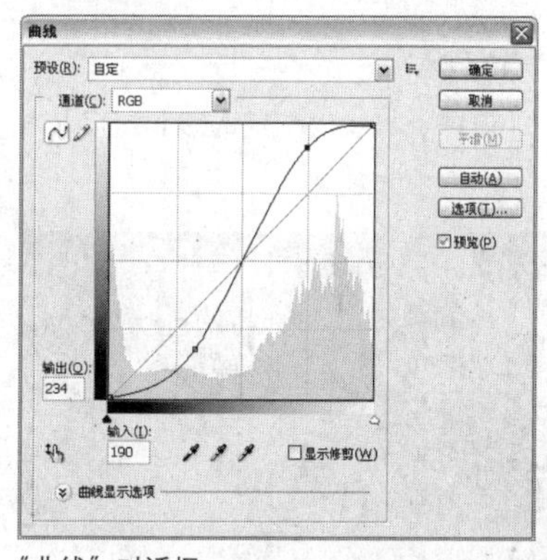

“曲线”对话框

调整曲线后的图像效果

（3）亮度/对比度

执行“图像>调整>亮度/对比度”命令，在弹出的对话框中设置亮度和对比度的参数值，调整图像效果。

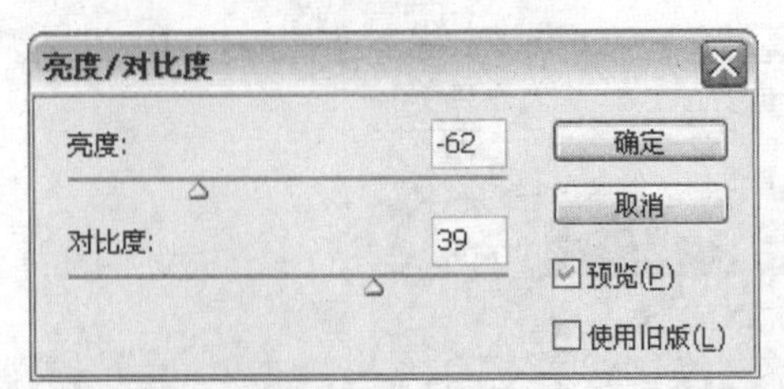

“亮度/对比度”对话框

调整亮度/对比度后的图像效果

2. 图像颜色调整命令

在Photoshop中通过“色相/饱和度”、“色彩平衡”、“自然饱和度”、“黑白”、“照片滤镜”、“替换颜色”、“匹配颜色”等调整命令，可以对图像的颜色与饱和度等进行调整。

（1）色彩平衡

01 打开附书光盘\实例文件\Chapter 02\Media\07.jpg文件。

原图

02 执行“图像>调整>色彩平衡”命令，打开“色彩平衡”对话框，设置各项参数值，对图像颜色进行调整，设置完成后单击“确定”按钮。

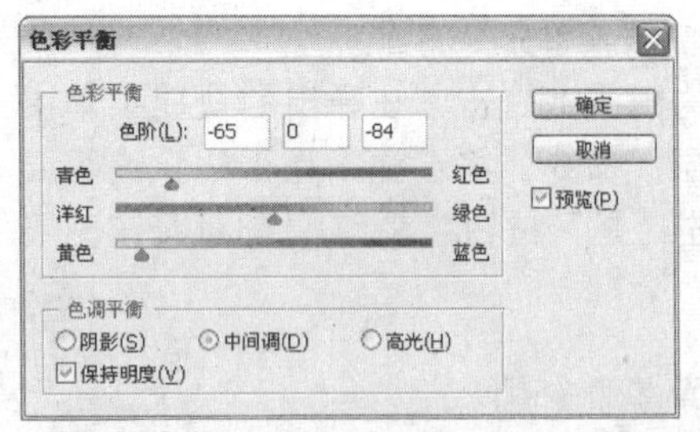

“色彩平衡”对话框

调整色彩平衡后的图像效果

（2）色相/饱和度

执行“图像>调整>色相/饱和度”命令，打开“色相/饱和度”对话框，设置各项参数值，对图像颜色进行调整，设置完成后单击“确定”按钮。

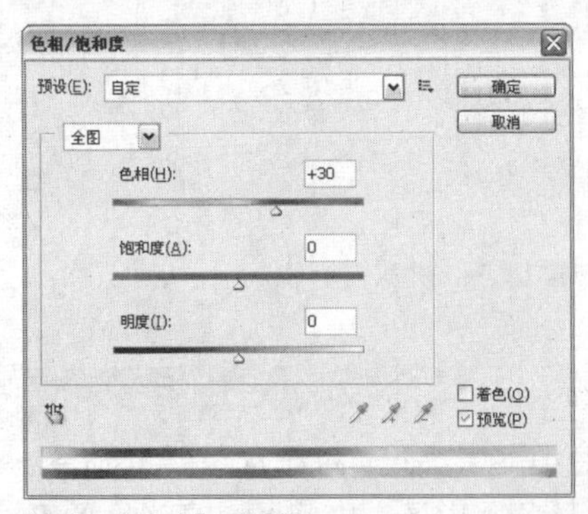

“色相/饱和度”对话框

调整色相/饱和度后的图像效果

2.4.4 选区高级功能——通道

执行“窗口>通道”命令，可以打开“通道”面板。在“通道”面板中，可以对各个通道进行新建、复制、合并和分离等操作。

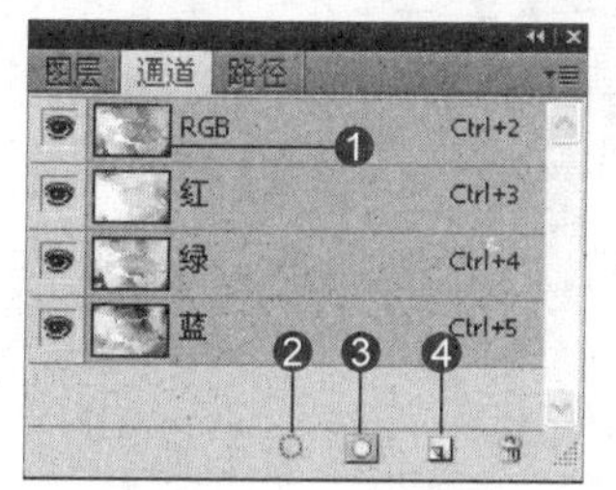

“通道”面板

❶ **通道缩览图**：显示各个通道的颜色缩览图。

❷ **“将通道作为选区载入”按钮**：将通道中的图像作为选区载入。

❸ **“将选区存储为通道”按钮**：将绘图窗口中现有选区存储为通道。

❹ **“创建新通道”按钮**：单击该按钮，在“通道”面板中创建一个新的Alpha通道。

1. 认识通道

通道是Photoshop中极为重要的一个功能，是处理图像的有效平台。在打开图像文件时，系统会自动创建颜色信息通道。在“通道”面板中，可以对图像中的各个通道进行编辑。

（1）通过通道创建选区与编辑选区

在“通道”面板中新建Alpha通道，可以创建精确的选区并对选区进行保存。另外，通过编辑通道，还可以对图像进行特殊处理。

（2）通过通道调整图像颜色

将通道看作是由原色组成的图层，通过对单个通道的调整可以改变图像的颜色、色相、饱和度等。

（3）通过通道改善图像效果

利用滤镜对通道进行艺术效果的处理，可以改善图像的品质或创造复杂的艺术效果。

（4）将通道和蒙版结合使用

将蒙版与通道结合使用，可大大简化对相同选区的重复操作，并以蒙版形式将选区存储起来，以方便调用。

2. 通道的基本操作

在Photoshop中，可通过对通道的复制、分离、合并和新建等来创建特殊的图像效果和高难度的复杂选区。

（1）创建 Alpha 通道

在“通道”面板中，单击“创建新通道”按钮，可以在“通道”面板中创建一个新的Alpha通道。使用Alpha通道可以保存选区和创建选区。具体操作步骤如下。

01 打开附书光盘\实例文件\Chapter 02\Media\08.jpg文件。

打开图像文件

02 单击魔棒工具，在其属性栏上设置“容差”为2px，在图像中的天空部分单击鼠标创建选区。

创建选区

03 在“通道”面板上单击“创建新通道”按钮，创建一个新的 Alpha 通道。

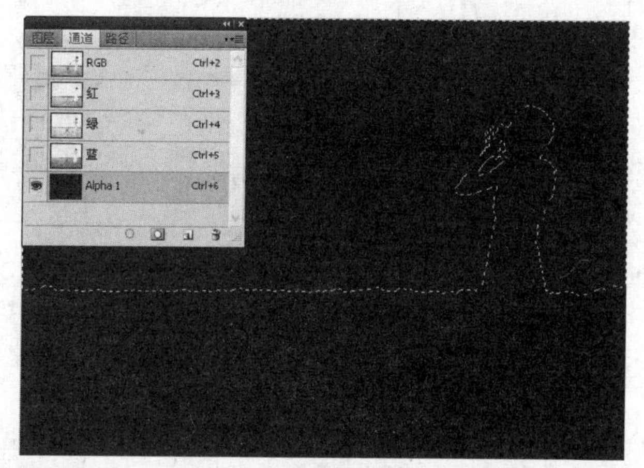

新建通道

04 设置前景色为白色，单击画笔工具，将图像中的选区部分涂抹成白色。完成后按下快捷键Ctrl+D，取消选区。将选区保存于Alpha通道中。

保存选区

05 在“通道”面板中单击RGB通道，显示图像，然后按住Ctrl键，单击Alpha 1通道，将该通道中的白色部分创建为选区。按下快捷键Shift+F6，在弹出的“羽化选区”对话框中，设置“羽化半径”为20px，完成后单击“确定”按钮，对选区进行羽化。

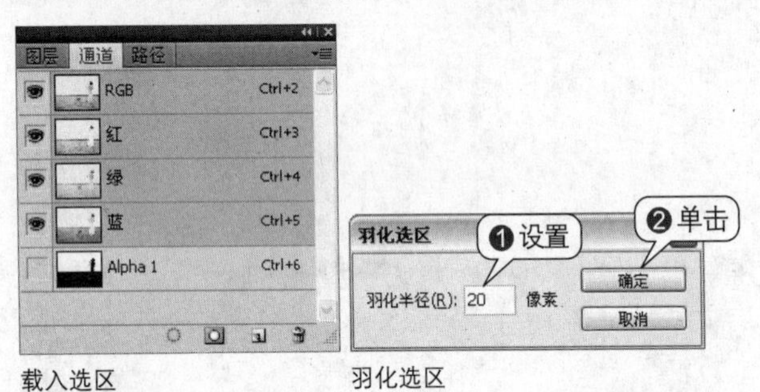

载入选区　　羽化选区

调整选区后的效果

06 按下快捷键Ctrl+B，在弹出的“色彩平衡”对话框中选中“阴影”单选按钮，设置阴影参数，然后选中“高光”单选按钮，设置高光参数，完成后单击“确定”按钮，调整图像的色调。

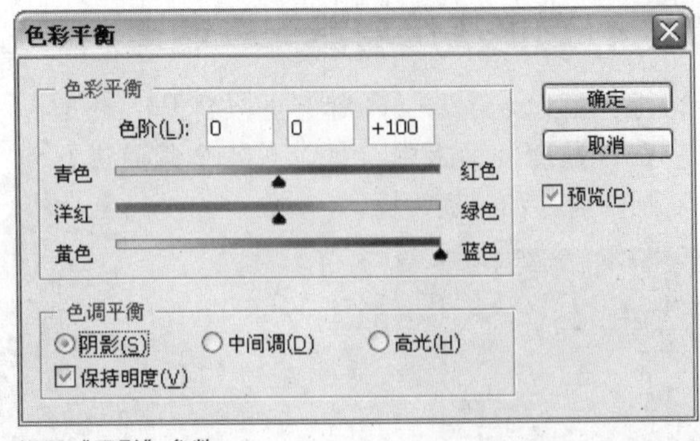

设置“阴影”参数

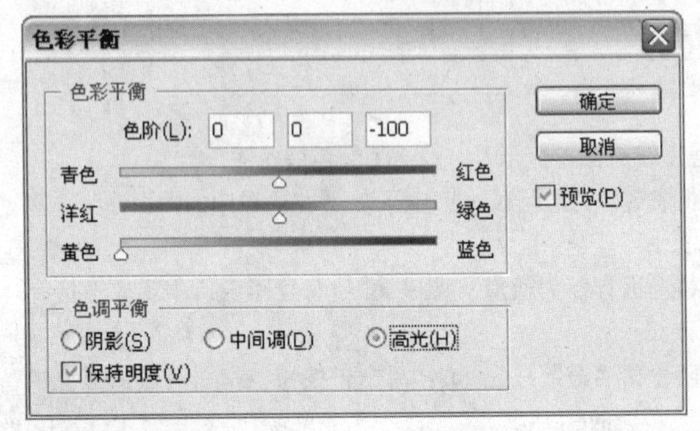

设置“高光”参数

调整天空颜色后的效果

07 单击“通道”面板右上角的扩展按钮，在弹出的扩展菜单中执行“新建通道”命令，打开“新建通道”对话框，设置通道参数，完成后单击“确定”按钮。

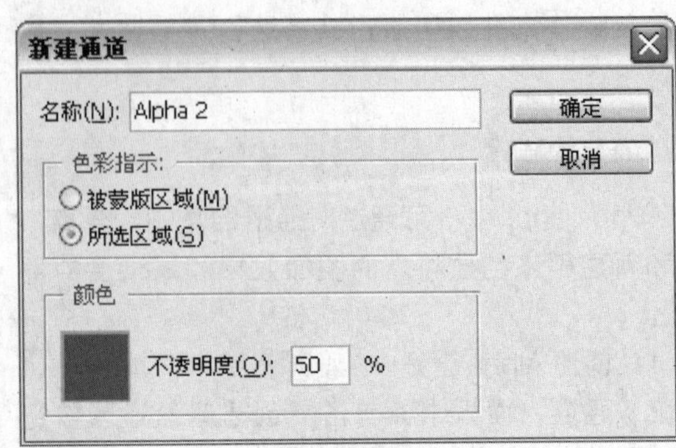

“新建通道”对话框

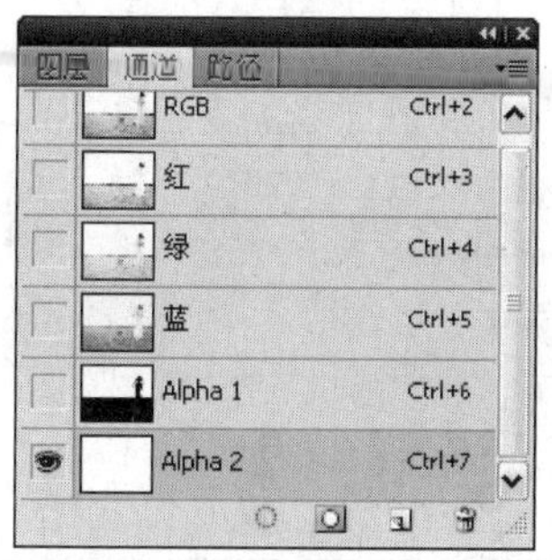

"通道"面板

08 单击"通道"面板上RGB通道的"指示通道可见性"按钮。在蒙版编辑状态下，使用画笔工具，在图像中的天空和人物部分进行涂抹。

编辑蒙版

09 隐藏Alpha 2通道，然后将该通道中的白色部分创建为选区。按下快捷键Shift+F6，在弹出的"羽化选区"对话框中设置"羽化半径"为20px，对选区进行羽化。

羽化选区

10 按下快捷键Ctrl+B，在弹出的"色彩平衡"对话框中分别对"阴影"、"中间调"和"高光"模式进行参数设置，完成后单击"确定"按钮。最后按下快捷键Ctrl+D，取消选区。

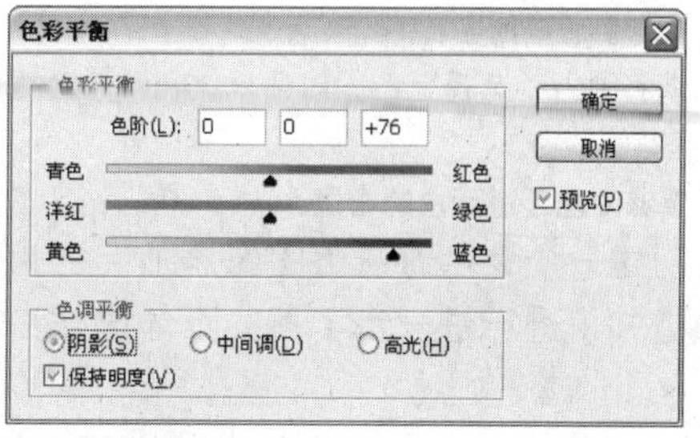

设置"阴影"参数

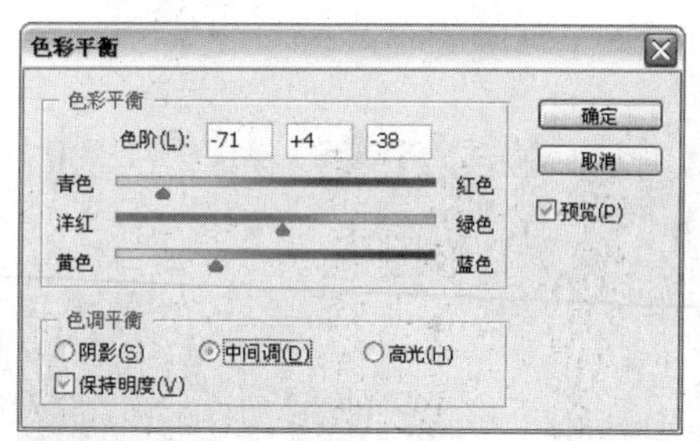

设置"中间调"参数

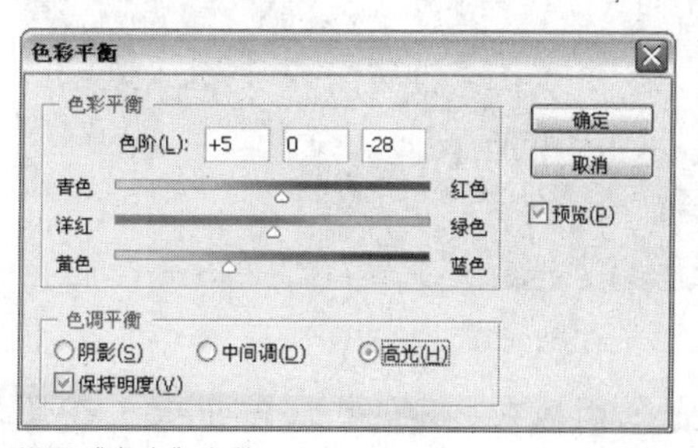

设置"高光"参数

完成图像操作

（2）创建专色通道

单击"通道"面板右上角的扩展按钮，在弹出的扩展菜单中执行"新建专色通道"命令，弹出"新建专色通道"对话框。在该对话框中可以对通道的名称、颜色和密度等参数进行设置。

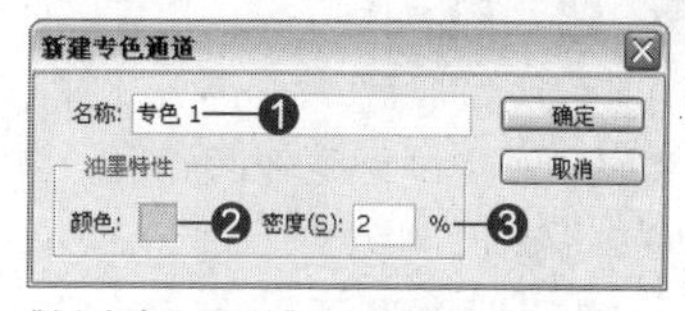

"新建专色通道"对话框

❶ **名称**：用来设置专色通道的名称。

❷ **颜色**：单击色块将弹出“选择专色”对话框，在该对话框中可设置该专色通道的颜色。

❸ **密度**：用来设置该专色通道颜色的密度。

下面就以创建一个专色通道为图像添加专色为例来对专色通道知识进行进一步了解，具体操作步骤如下。

01 打开附书光盘\实例文件\Chapter 02\Media\09.jpg文件。

打开图像文件

02 单击“通道”面板右上角的扩展按钮，在弹出的扩展菜单中执行“新建专色通道”命令，弹出“新建专色通道”对话框。

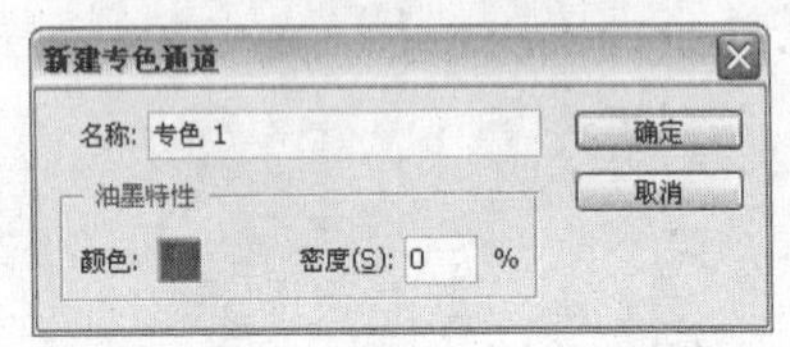

“新建专色通道”对话框

03 单击“颜色”色块，在弹出的“选择专色”对话框中设置颜色为（R240、G160、B0），完成后单击“确定”按钮。

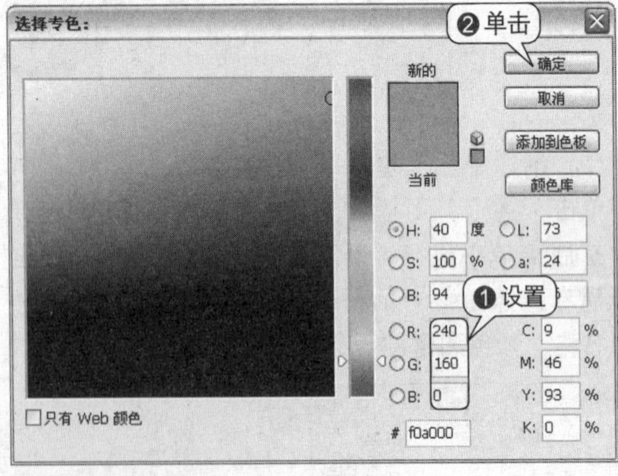

选择颜色

04 在“新建专色通道”对话框中设置“密度”为2%，完成后单击“确定”按钮。使用柔边圆角画笔工具对整个图像进行涂抹，为图像添加专色。

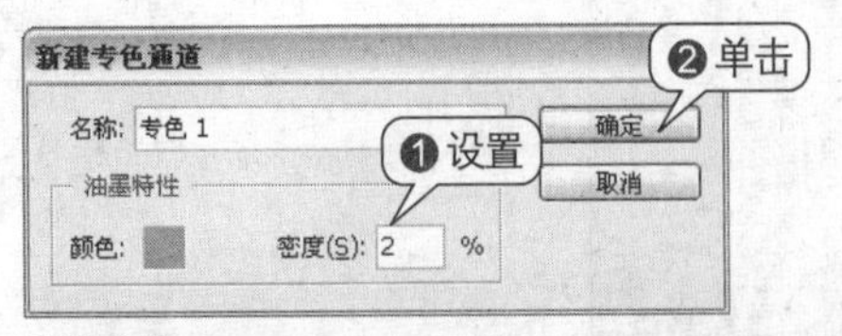

设置参数

添加专色后的效果

2.4.5 特效高级功能——滤镜

在Photoshop中，可以通过滤镜功能为图像中的某一图层、通道或选区添加丰富多彩的艺术效果。在Photoshop中提供了5个特殊的滤镜命令，依次为抽出、滤镜库、液化、图案生成器和消失点，用于为图像添加抽出、变形、纹理、特殊效果等。下面对其中的液化、图案生成器和消失点滤镜进行简单介绍。

1. “液化”滤镜

通过“液化”滤镜，可以对图像中的任何区域进行推、拉、旋转、反射、折叠和膨胀等操作，以便制作出特殊、奇异的图像效果。

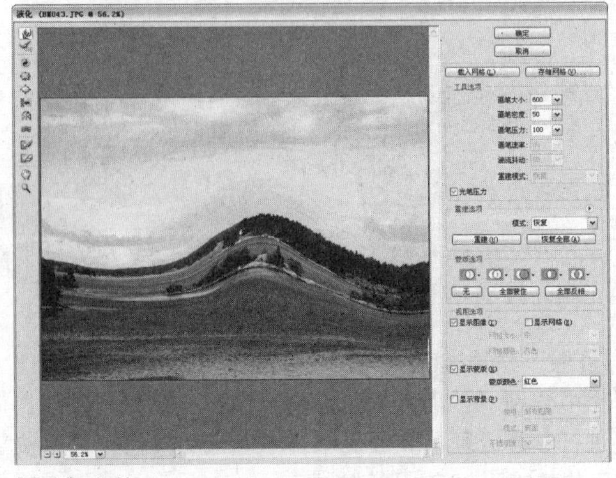

“液化”对话框

（1）工具栏

向前变形工具：用于在图像预览窗口中单击并拖动鼠标向前推动图像局部。

重建工具：用于完全或部分地恢复修改的图像。

顺时针旋转扭曲工具：在按住或者拖动鼠标时，可以旋转图像局部。

褶皱工具：在按住或者拖动鼠标时，可以使图像朝着画笔区域的中心移动。

膨胀工具：在按住或者拖动鼠标时，可以使图像局部朝着离开画笔区域中心的方向移动。

左推工具：在拖动鼠标垂直向上移动时，可以使图像向左移动；在拖动鼠标平行移动时，可以使图像向下移动。

镜像工具：可将图像拷贝到画笔区域，在图像中创建镜像效果。

湍流工具：可以平滑地拼凑图像，多用于创建火焰、云彩、波浪等效果。

冻结蒙版工具：在需要保护的区域上拖移，即可冻结该区域。

解冻蒙版工具：在需要解冻的区域上拖移，即可解冻已冻结的区域。

（2）工具选项选项组

画笔大小：设置画笔的大小。

画笔密度：设置画笔的密度。

画笔压力：设置画笔的压力大小。

画笔速率：设置扭曲图像的画笔速度。

湍流抖动：在使用湍流工具时，可以设置图像混杂的密度。

重建模式：在使用重建工具时，可选择重建的模式。

光笔压力：可以使用数位板中的压力读数对图像进行调整。

（3）重建选项选项组

模式：可选择重建的模式。

"重建"按钮：可以根据所设定的重建模式重建图像。

"恢复全部"按钮：可以将预览图像恢复到最初的状态。

（4）蒙版选项选项组

替换选区按钮：单击该按钮，显示原图像中的选区、蒙版或透明度。

添加到选区按钮：单击该按钮，显示原图像中的蒙版，并可使用冻结蒙版工具将其添加到选区。

从选区中减去按钮：单击该按钮，从当前的冻结区域中减去。

与选区交叉按钮：单击该按钮，只使用当前处于冻结状态的图像区域。

反相选区按钮：单击该按钮，在当前选定的图像区域内使冻结区域反相。

"全部蒙住"按钮：可以将整个图像冻结。

"全部反相"按钮：可以将所有冻结区域和解冻区域进行反相。

（5）视图选项选项组

显示图像：显示图像预览效果图。

显示网格：在预览窗口中显示网格。

网格大小：设置网格的显示大小。

网格颜色：设置网格显示的颜色。

显示蒙版：显示或隐藏冻结区域。

蒙版颜色：设置蒙版的显示颜色。

显示背景：在预览窗口中将以半透明状态显示图像中的其他图层。

下面以为一个普通图像添加"液化"滤镜效果为例来对"液化"滤镜功能进行进一步了解，具体操作步骤如下。

01 打开附书光盘\实例文件\Chapter 02\Media\10.jpg文件。

打开图像文件

02 执行"滤镜>液化"命令，弹出"液化"对话框，在该对话框中选择向前变形工具，在图像预览窗口中对需要液化的图像区域进行涂抹，完成后单击"确定"按钮。

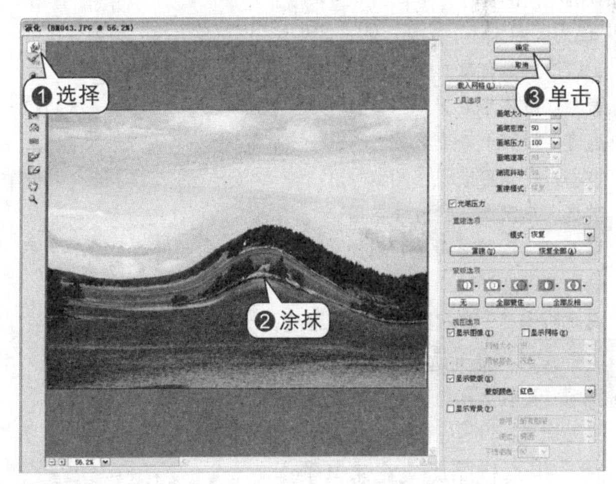

液化图像

03 设置完成后得到变形后的图像效果。

图像变形后的效果

2. 图案生成器

使用"图案生成器"滤镜可以对图像进行重新拼贴后生成图案。

"图案生成器"对话框

(1) 工具栏

选框工具：用于在图像预览图中创建选区。

缩放工具：用于对预览图进行缩放。

抓手工具：用于查看预览图局部效果。

(2) 拼贴生成选项组

使用剪贴板作为样本：将在打开"图案生成器"对话框之前拷贝的某个图像作为平铺图案的来源。

"使用图像大小"按钮：将图像大小用作拼贴大小，利用该按钮可以产生具有单个拼贴的图案。

宽度：设置形成最终图案的拼贴块宽度。

高度：设置形成最终图案的拼贴块高度。

位移：设置形成最终图案的拼贴块间相错位的一个方向。

数量：指定拼贴的位移数量。

平滑度：设置平滑值。增加平滑值，可以降低生成拼贴内边界的突出程度。

样本细节：设置拼贴块的细腻程度。

(3) 预览选项组

显示：设置显示原稿还是图案效果。

拼贴边界：设置在图像预览窗口中显示平铺边界。

(4) 拼贴历史记录选项组

更新图案预览：在预览窗口中查看拼贴显示为重复图案的效果。

第一个拼贴按钮：用于查看第一次拼贴的图案效果。

上一拼贴按钮：用于查看上一次拼贴的图案效果。

存储预设图案按钮：用于打开"图案名称"对话框，在该对话框中设置名称后，即可对该图案进行保存。

下面以将一个普通图像转换为图案为例，对"图案生成器"滤镜进行进一步了解，具体操作步骤如下。

01 打开附书光盘\实例文件\Chapter 02\Media\11.jpg。

打开图像文件

02 执行"滤镜>图案生成器"命令，弹出"图案生成器"对话框。

"图案生成器"对话框

03 单击矩形选框工具，拖动鼠标在图像预览窗口中创建选区。

创建选区

04 单击"生成"按钮，将选区中的图像生成图案。

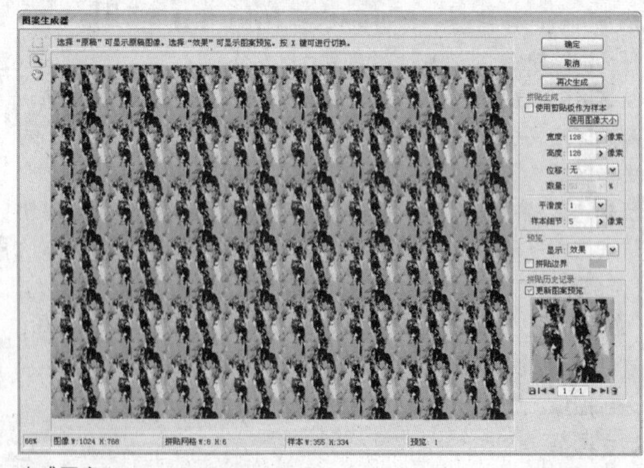
生成图案1

05 单击"再次生成"按钮，可以将图案在现有图案的基础上进行再次生成，完成后单击"确定"按钮。

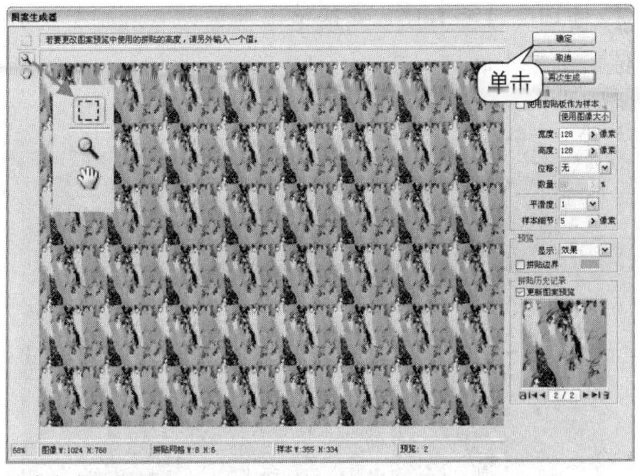

再次生成图案

06 完成上述操作后，即可将图像转换为图案效果。

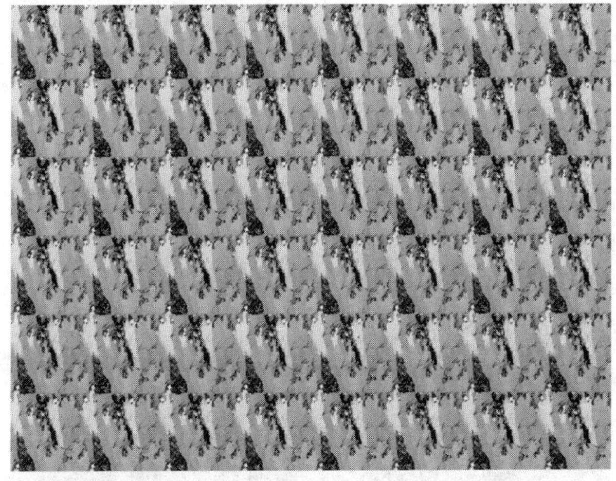

生成图案效果

3. 消失点

使用“消失点”滤镜，可以在编辑透视平面的图像时，保留正确的透视。执行“滤镜>消失点”命令，打开“消失点”对话框。

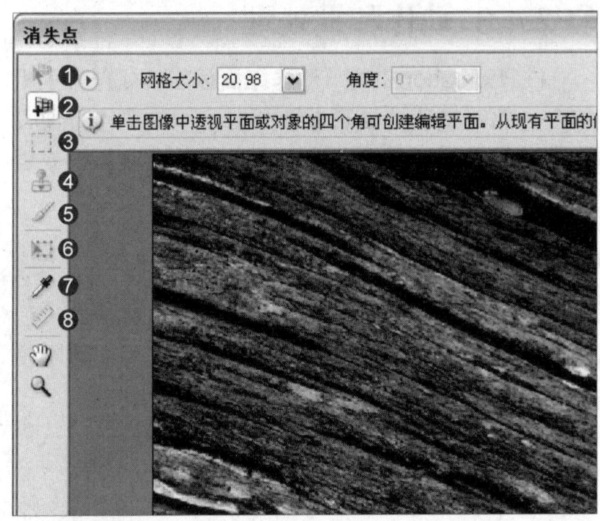

“消失点”对话框

❶ **编辑平面工具**：用于选择、编辑和移动透视网格并调整透视网格的大小。

❷ **创建平面工具**：用于定义透视网格的4个角的节点，同时调整透视网格的大小和形状。

❸ **选框工具**：用于创建矩形的选区，在网格中可以创建与网格同样形状的选区。

❹ **图章工具**：其用法与Photoshop工具箱中的仿制图章工具的用法相同。

❺ **画笔工具**：用于在透视网格中使用选定的颜色进行绘制。

❻ **变换工具**：用于对选区中图像进行缩放、旋转或移动。

❼ **吸管工具**：用于在图像或网格中选取颜色。

❽ **测量工具**：用于测量网格的边界长度、角度等。

下面以使用消失点工具修复图像中的缺陷为例，对“消失点”滤镜功能进行进一步讲解，具体操作步骤如下。

01 打开附书光盘\实例文件\Chapter 02\Media\12.jpg文件。

打开图像文件

02 执行“滤镜>消失点”命令，弹出“消失点”对话框。

“消失点”对话框

03 在该对话框中单击创建平面工具，在图像中单击4次鼠标，绘制一个矩形的平面。

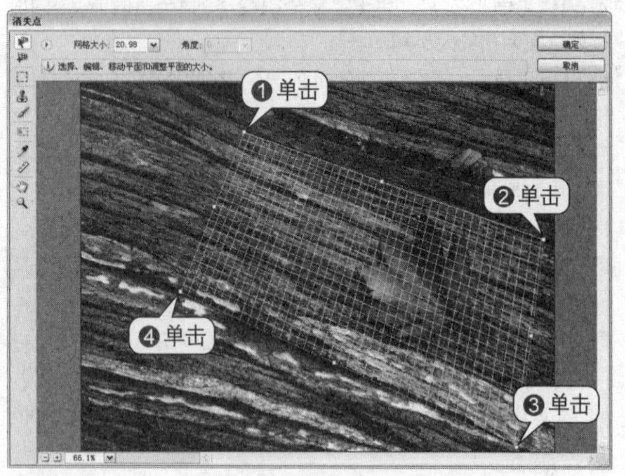

创建平面

04 单击选框工具，在界面中沿平面的边缘创建同样大小的矩形选区，如下图所示。

创建选区

05 单击图章工具，按住Alt键，在该选区中没有叶子的部分单击鼠标进行取样，然后将光标移动到需要掩盖的区域。

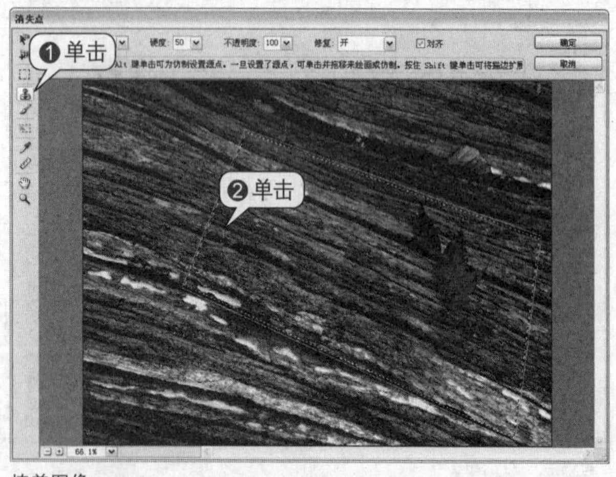

掩盖图像

06 使用同样的方法，在图像中掩盖所有的叶子，完成后单击“确定”按钮。

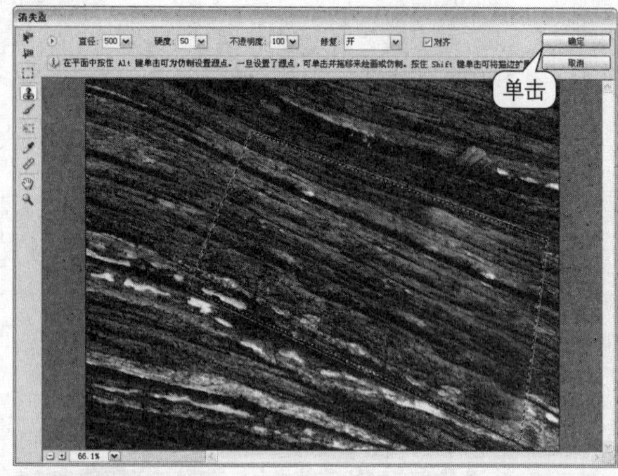

完成图像掩盖

07 完成上述操作后，返回到图像窗口中。可以看到图像中的叶子不见了。

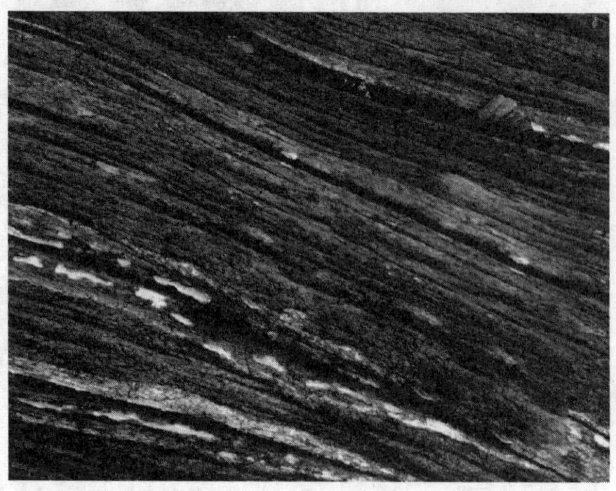
完成图像掩盖后的效果

2.4.6 动作和批处理

在Photoshop中将“动作”面板与批处理命令相结合，能够快速地提高设计师的工作效率，方便设计师进行平面广告设计。下面主要对动作与批处理的相关操作进行简单讲解。

1. 动作

动作是Photoshop中的命令集合，在“动作”面板中记录了一些操作过的步骤，方便用户再次使用，从而节省了大量的工作时间，提高工作效率。

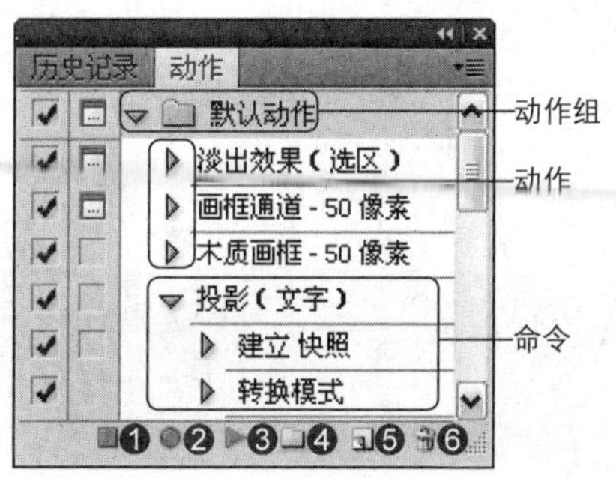

"动作"面板

❶ **停止播放/记录**：单击该按钮停止动作的播放/记录。
❷ **开始记录**：将当前的操作记录为动作。不仅可以将命令记录在面板中，还可以将命令的产生也同时记录。
❸ **播放选定的工作**：单击该按钮将选定的动作进行播放。
❹ **创建新组**：创建一个新的动作组。
❺ **创建新动作**：创建一个新的动作。
❻ **删除**：删除当前选择的动作。

2. 批处理

通过使用"批处理"命令，可以将创建的现有动作同时应用于多个文件中。执行"文件>自动>批处理"命令，可以打开"批处理"对话框。

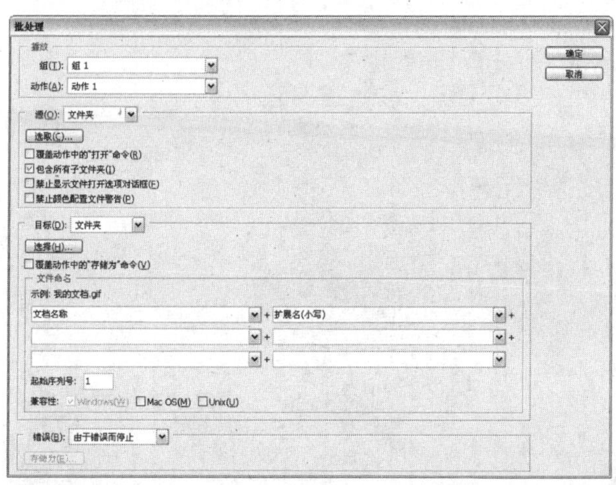

"批处理"对话框

（1）播放选项组

组：可选择动作所在的组。
动作：可选择该组中的动作。

（2）源选项组

源：可以选择源文件的位置。
"选择"按钮：可以选择图像所在的文件夹。
覆盖动作中的"打开"命令：源文件仅通过该动作的"打开"步骤从源文件夹中打开，如果没有"打开"步骤，将不打开任何文件。
包含所有子文件夹：处理指定源文件夹内所有文件夹中的文件。
禁止显示文件打开选项对话框：不显示文件打开命令对话框。
禁止颜色配置文件警告：不显示颜色配置文件警告。

（3）目标选项组

目标：可选择将处理过的文件保存至原位置还是新建文件夹。
"选择"按钮：可以选择将处理好的文件保存到的文件夹。
覆盖动作中的"存储为"命令：将使用此处指定的"目标"覆盖"存储为"动作。

（4）文件命名选项组

文件命令：可设置最终文件的名称格式。
起始序列号：最终文件的起始序列号。

2.4.7 提高软件运行速度的秘技

在Photoshop中可以对暂存盘、历史记录、虚拟内存进行设置，调整软件的运行速度。在虚拟内存或暂存盘较小的情况下，会造成软件运行速度较慢，影响操作速度。

1. 设置暂存盘与历史记录

01 执行"编辑>首选项>性能"命令，打开"首选项"对话框。

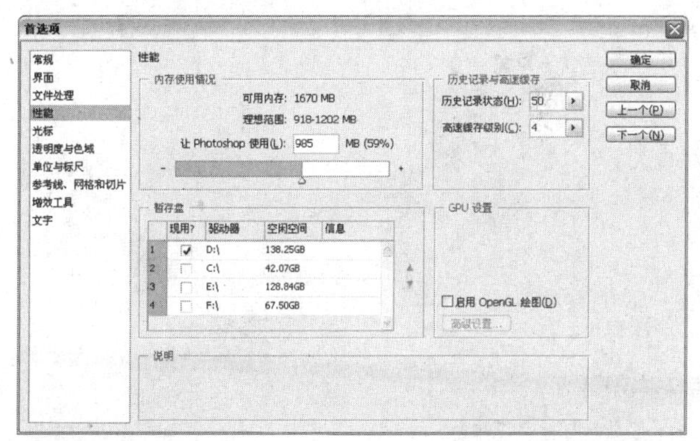

"首选项"对话框

02 在该对话框中可对暂存盘与历史记录进行设置。一般设置暂存盘为剩余空间较大的驱动器，在有较大剩余空间的驱动器左侧进行勾选。

03 在"首选项"对话框的"历史记录与高速缓存"选项组中设置"历史记录状态"参数，参数值越大，保存的历史步骤越多，设置完成后单击"确定"按钮进行保存。

2. 设置虚拟内存

在电脑桌面上右击"我的电脑"图标，在弹出的快捷菜单中执行"属性"命令，打开"系统属性"对话框，切换至"高级"选项卡，单击"性能"选项组中的设置(S)按钮，打开"性能选项"对话框，然后单击"虚拟内存"选项组中的更改(C)按钮，打开"虚拟内存"对话框，进行参数设置，设置完成后单击设置(S)按钮，对虚拟内存大小进行设置。最后单击"确定"按钮。

Chapter 03

平面广告设计的色彩运用

本章主要知识点：

3.1 平面广告中的色彩知识
- 3.1.1 色彩在平面广告中的作用
- 3.1.2 平面广告中的色彩意向特征
- 3.1.3 平面广告中的常用色彩搭配

3.2 了解颜色填充功能
- 3.2.1 认识前景色和背景色
- 3.2.2 用于填充颜色的油漆桶工具
- 3.2.3 在指定范围中进行图案填充
- 3.2.4 渐变填充

3.3 颜色调整
- 3.3.1 Photoshop中的色彩模式
- 3.3.2 颜色模式之间的转换
- 3.3.3 颜色修复与调色
- 3.3.4 改变作品的整体色调
- 3.3.5 使用调整图层调色
- 3.3.6 调整图层与调整命令的区别

3.1 平面广告中的色彩知识

色彩是人们能够感知对象存在的最基本的视觉因素，在对对象进行观察时，首先映入眼帘的是对象表面的色彩。因此色彩在平面广告中有着不可或缺的作用，鲜明的色彩能吸引人们的注意力，从而增强广告的识别性和真实感。

3.1.1 色彩在平面广告中的作用

所谓色彩就是当对象受到光的照射后，其信息会通过视网膜经过神经细胞分析转换为神经冲动，再由神经传达到大脑的视觉中枢，然后才产生色彩感觉。因此色彩是指光刺激眼睛，再把信号传达到大脑所产生的感觉。

下面的这组广告以其鲜艳的色彩，刺激人们的视觉和味觉，激起购买欲。

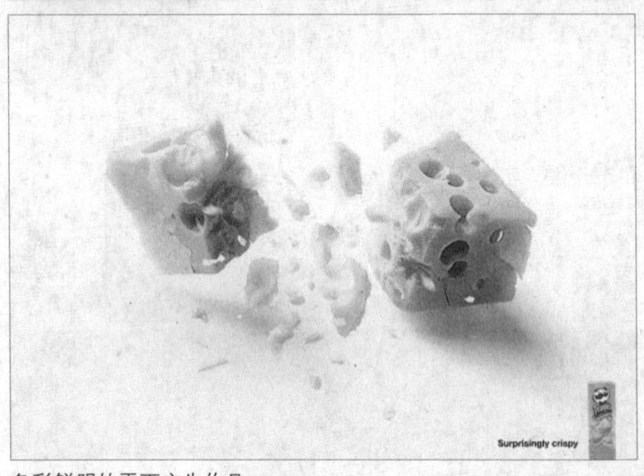

色彩鲜明的平面广告作品

在平面广告的设计中，色彩可直接传达出广告信息，如用橙红、橙黄反映橙汁、橘汁的甜美，用咖啡的颜色来设计巧克力的包装，用红色来塑造喜庆、热烈的氛围等。下面对平面广告设计中的常用颜色在广告中的表现特征进行分析。

红色是最引人注目的颜色，令让人感觉积极向上、充满激情与活力，在广告中是常用的颜色，常用于广告的背景和文字上。下面的两幅广告均以红色为主色调或以红色的文字来突出显示广告。

以红色为主的平面广告作品

绿色是人们公认的健康颜色，因此在平面广告中也比较常用，绿色的图像使人的眼睛感到轻松、舒适，常用于医药类产品的广告设计中。

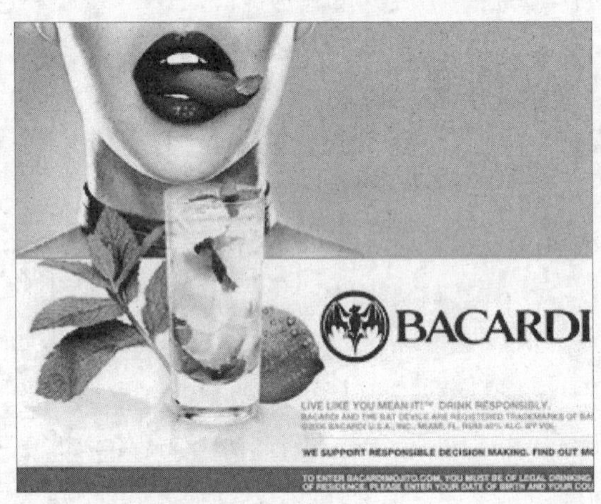

以绿色为主的平面广告作品

黄色的明度最高，因此用在平面广告的背景、文字、图形上非常醒目，能瞬间吸引人们的眼球，黄色带给人以快活、轻松愉快之感。

以黄色为主的平面广告作品

以蓝色为主色调的平面广告给人以宁静、舒适之感，因此蓝色也是平面广告中流行的颜色，在化妆产品广告中常用，下面一幅广告以蓝色为主色调展现广告内容。

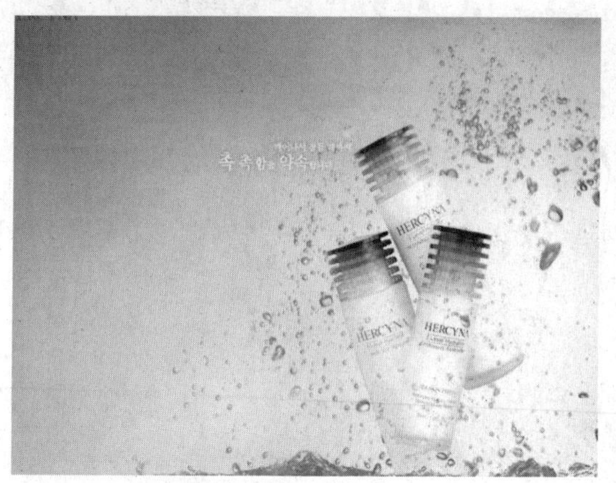

以蓝色为主的平面广告作品

黑、白色是广告中的经典颜色，并且是对比最强的颜色，黑色在广告中常用来作背景颜色，而在黑色的背景上运用白色是最好的搭配，但如果搭配的不好就会显得很难看。如下面的两幅广告以黑色为主色调，在黑色中结合白色，使整个广告看起来不沉闷。

以黑色为主的平面广告作品

3.1.2 平面广告中的色彩意向特征

平面广告中的色彩意向特征与平面广告所产生的视觉效果密切相关。当然这与色彩知识的认知和平面广告设计中色彩运用经验的积累是密不可分的。在本节中将详细介绍平面广告设计中的色彩意向特征和色彩运用。

1. 红色

红色让人联想到火焰、鲜血，正面代表激情、爱情、能量、热心、力量，负面代表侵略性、愤怒、革命、残忍。红色在非洲代表死亡，在亚洲代表婚姻、繁荣、快乐。红色是最具有视觉冲击力的色彩，暗示速度和动态，可以刺激心跳速度、加快呼吸、刺激食欲。

红色系平面广告

2. 黄色

黄色让人联想到阳光，正面代表聪明、才智、乐观、喜悦、辉煌，负面代表妒嫉、欺骗、警告。黄色在埃及和缅甸意味着服丧、在印度是商人和农民的标志、在日本代表勇气。黄色是人眼最容易注意到的色彩，比纯白色的亮度还高，可以促进新陈代谢，明亮的黄色会刺激人们的眼睛，暗淡的黄色可以加强人们的注意力。

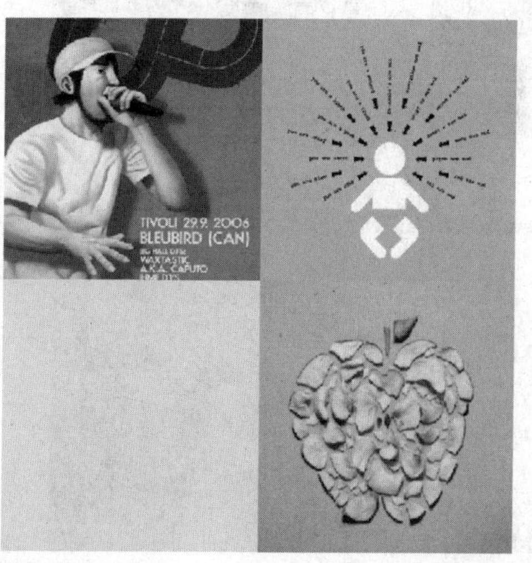

黄色系平面广告

3. 蓝色

蓝色让人联想到天空、海洋，正面代表和平、正义、深思、学识、智慧，负面代表寒冷、冷漠、消沉。蓝色在世界上绝大多数地区代表男性的色彩、在中国代表小女孩的色彩。蓝色是一种在世界范围内容易被大众接受的色彩，可以抑制食欲让人没有胃口，还能让人的身体分泌安定素放松身体。

蓝色系平面广告

紫色系平面广告

4. 绿色

绿色让人联想到植物、大自然，正面代表自然、青春、健康、诚实、和谐，负面代表贪婪、恶心、侵蚀、妒嫉。绿色是伊斯兰教的代表色，在伊斯兰国家是天堂的颜色、在爱尔兰是国家的象征。绿色是所有颜色中最让人放松的色彩，对人的精神有镇静和恢复功效，能促进消化，还可以减轻胃痛。

绿色系平面广告

5. 紫色

紫色让人联想到皇家、精神。正面代表智慧、想象、神秘、灵感、高贵、财富，负面代表奢侈、疯狂、残忍。紫色在拉丁美洲意味着死亡，在日本代表各种仪式、启发性的事物或是自大的人。紫色有一种娇柔的、浪漫的品性，能激发人的想象力，因此通常用来装饰小孩的房间。

6. 黑色

黑色让人联想到夜晚、死亡。正面代表权利、仪式、严肃、高贵、神秘、高雅，负面代表恐惧、邪恶、消极、无知。黑色在中国代表小男孩的颜色，在亚洲大部地区代表事业、知识、服丧和忏悔。黑色的服装能让人看上去瘦一些，其他颜色与黑色搭配可使搭配的色彩看上去更明亮。

黑色系平面广告

7. 白色

白色让人联想到白天、光明，正面代表完美、婚姻、美德、纯洁、庄严、真实，负面代表虚弱、孤立。白色在日本和中国是葬礼的色彩，在世界范围内白色旗帜代表休战。白色是最完美的色彩，经常会同上帝和天使联系起来。

白色系平面广告

3.1.3 平面广告中的常用色彩搭配

不同文化背景的国家和地区赋予色彩不同的文化内涵，平面广告中和谐的色彩运用能让观众对广告产生正确的反映，因此平面广告中的色彩搭配至关重要。在本小节中将具体讲解平面广告中的常用色彩搭配，包括色彩在平面广告中的对比色、互补色、留白艺术等。

1. 对比色

人们总是在一定的色彩对比中观察色彩，通过一种色彩和另一种色彩的亲近程度，或一种色彩与其周围环境的对比来改变人们对这种颜色的认识。人们对色彩的感觉总在不断的变化，如以黑色为环境背景，所有的色彩都会显得比原来鲜亮。所有色彩都是相对的，没有对比就不会设计出优秀的平面广告作品。

下面两幅图中左图以色彩的冷暖对比，属暖色系的红色与属冷色系的青色并排放置，突出广告内容。右图以强明度对比产生积极的、快活的、明朗的、充满激情的感觉。

突出色彩对比的招贴广告

2. 互补色

互补色在平面广告中运用十分广泛，常被用于强调画面主体元素或平面广告的主要信息显示，如红与绿、蓝与橙、黄与紫，在平面广告中具有强烈的视觉效果，比对比色更完整、更丰富、更强烈、更具有视觉冲击力。

下面是一幅运用互补色的平面广告作品，通过互补色的搭配，体现画面强烈的视觉效果。红色与大面积的绿色相搭配，使红色的广告文字在广告画面中突出表现。

互补色平面广告

3. 留白艺术

留白常用于视觉效果强烈、艺术欣赏性很高的杂志广告，在设计杂志广告时注意留白是非常重要的，也是提升艺术性的有效途径。从艺术的高度来看待留白就是通过视觉上的手段可以给人带来心理上的轻松与快乐，也可以给人带来紧张与节奏。

在杂志广告中恰到好处的留白，往往能在有限的页面上表现无限的空间，以大方、简洁、神奇的空间分割强化了广告主题的表现。

在下面的杂志广告中留有很大的空白，却不显得空洞，给人带来视觉和心理上的轻松感，广告内容一目了然。广告语和创意苹果图像因为背景的空白而得到了空前的凸显，增强了宣传的效力。

留白艺术杂志广告1

下面的杂志广告中整个页面留有大量的空白，只以文字和模特展示广告内容，整个画面简洁，却足以吸引读者眼球，给人留下无限的想象空间，让人过目不忘。

留白艺术杂志广告2

4. 强调色

所谓强调色是指在平面广告中只使用一种颜色强调突出效果的颜色搭配。一般使用与整体颜色截然不同的特殊颜色实现这种效果。采用这种方式进行平面广告设计编排可以起到极高的强调作用。

下面是一幅运用强调色的平面广告作品，在视觉传达上具有强烈的视觉冲击力，极大地吸引了人们的注意力。

强调色系平面广告

3.2 了解颜色填充功能

在制作平面广告时，需要对已设计好的图形进行颜色的填充，或者更改现有颜色，以达到更好的效果，本节就来讲解平面广告设计中的颜色填充。

3.2.1 认识前景色和背景色

在Photoshop中前景色与背景色主要是进行颜色设置。使用填充工具可以为图像填充前景色或背景色。在工具箱的底部可以对前景色与背景色进行设置，默认前景色为黑色，背景色为白色，对前景色与背景色的颜色进行更改后，按下键盘上的D键可以恢复默认的前景色与背景色设置。

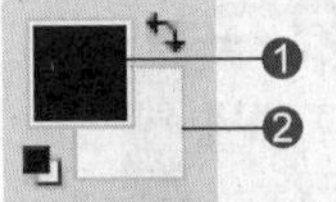

❶ **前景色**：默认前景色为黑色，单击黑色颜色预览框，打开“拾色器（前景色）”对话框，对前景色进行设置。

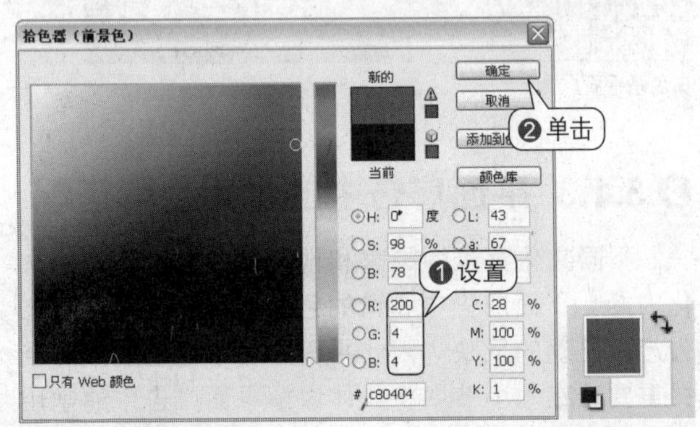

“拾色器（前景色）”对话框　　设置前景色

❷ **背景色**：默认背景色为白色，单击白色颜色预览框，打开“拾色器（背景色）”对话框，对背景色进行设置。

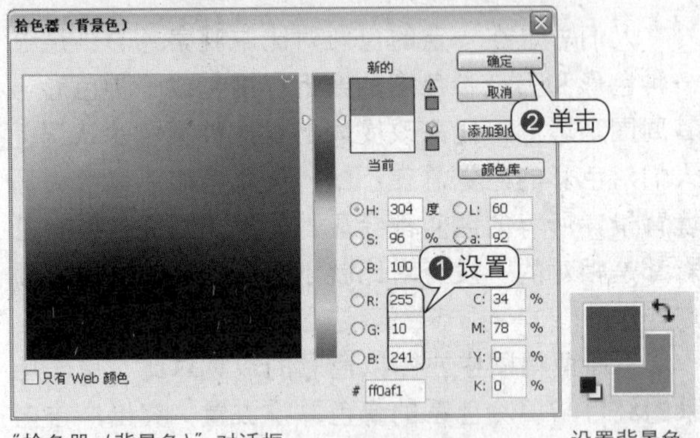

“拾色器（背景色）”对话框　　设置背景色

3.2.2 用于填充颜色的油漆桶工具

使用油漆桶工具可以轻松地将特定区域内的颜色转换为其他颜色，下面就具体介绍使用油漆桶工具更改图像颜色的方法。

1. 打开文件

执行“文件 > 打开”命令，在弹出的“打开”对话框中选择附书光盘\实例文件\Chapter 03\Media\01.jpg 文件，单击“打开”按钮，打开图像文件。

打开图像文件

2. 设置前景色

01 单击前景色，弹出“拾色器（前景色）”对话框。

02 在该对话框中设置颜色值为（R249、G12、B6），然后单击“确定”按钮。

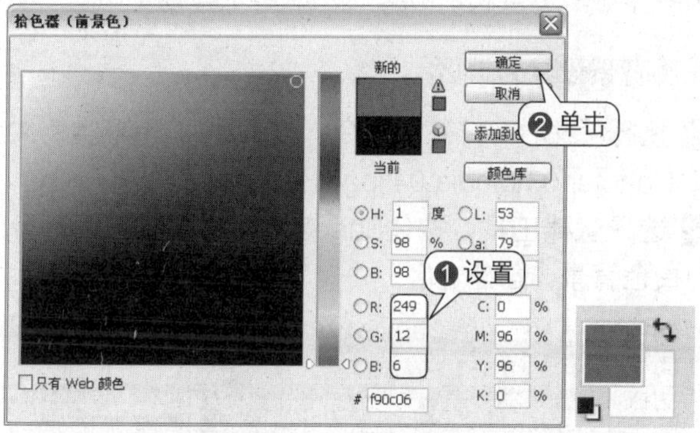

“拾色器（前景色）”对话框

3. 使用油漆桶工具填充颜色

01 在工具箱中单击油漆桶工具。

02 使用油漆桶工具在白色心形图案上单击填充颜色。

填充心形图案颜色

4. 继续使用油漆桶工具填充颜色

01 使用前面同样的方法，设置前景色为黄色（R237、G252、B5），然后单击“确定”按钮。

02 使用油漆桶工具在卡通动物上单击填充颜色。

填充卡通动物颜色

3.2.3 在指定范围内进行图案填充

在Photoshop中可以在指定的选区内进行图案的填充。下面就通过自定义图案，然后使用油漆桶工具在指定的选区内为图像填充背景图案，增强图像的层次感。

1. 打开文件

执行“文件>打开”命令，在弹出的“打开”对话框中打开附书光盘\实例文件\Chapter 03\Media\02.jpg和03.jpg文件。

打开素材图像

2. 自定义图案

01 在03.jpg文件中执行“编辑>定义图案”命令。

02 在弹出的“图案名称”对话框中设置“名称”为“天空”，然后单击“确定”按钮完成图案定义。

定义图案

3. 选择定义图案

01 使用魔棒工具在02.jpg图像上方的红色区域单击，创建选区。

02 单击油漆桶工具，在其属性栏中将填充项设置为"图案"，然后单击后面的按钮，选择刚才定义的图案。

选择图案

4. 填充图案

01 在工具箱中单击油漆桶工具，并在选区中单击进行图案填充。

02 按下快捷键Ctrl+D取消选区，完成填充图案。

填充图案后的效果

3.2.4 渐变填充

利用渐变填充可制作出具有颜色变化的色带形态，并且可以对图像进行各种方式的填充，包括线性、径向、角度、对称、菱形等。如下图所示为渐变工具的属性栏，通过属性栏可设置填充的方式。

渐变工具的属性栏

下面一组图为采用不同渐变填充方式填充图像背景后的效果。

原图

线性渐变

径向渐变

角度渐变

对称渐变

菱形渐变

在Photoshop中不仅可以使用软件中已有的渐变颜色，还可以自定义渐变填充，下面就介绍在"渐变编辑器"中自定义渐变，并应用于图像中。

1. 将背景设置为选区

01 执行"文件>打开"命令，打开附书光盘\实例文件\Chapter 03\Media\04.jpg文件。

02 选择魔棒工具，按住Shift键的同时单击不同部分的白色背景，创建选区。

打开素材图像

2. 自定义渐变

01 单击渐变工具，在属性栏中单击渐变条。

02 弹出"渐变编辑器"对话框，在"预设"列表框中选择"前景色到透明渐变"，并双击渐变条下方左侧的滑块。

03 在打开的"选择色标颜色"对话框中设置颜色为蓝色（R88、G88、B249），完成后单击"确定"按钮。

04 在"渐变编辑器"对话框中显示蓝色到透明的渐变，单击"确定"按钮完成设置。

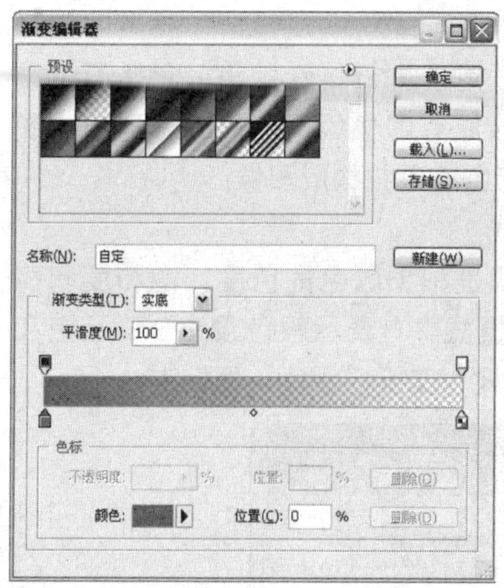
设置渐变颜色

3. 填充渐变

01 在属性栏中单击径向渐变按钮，然后从左上角向右下角拖动鼠标，用新设置的渐变填充背景。

02 按下快捷键Ctrl+D取消选区，完成渐变填充。

填充渐变后的效果

3.3 颜色调整

在Photoshop中可对图像的颜色进行调整，包括颜色模式的改变或者整体颜色的调整等。对于校正偏色图像或是更改为黑白图像等可快速达到要求。本节将重点介绍在Photoshop中对颜色的调整，包括各种颜色模式、颜色模式之间的转换以及对图像进行色调的调整等。

3.3.1 Photoshop中的色彩模式

Photoshop支持多种颜色模式，在“图像>模式”菜单和“颜色”面板中提供了各种可以设置图像颜色模式的命令，包括灰度、RGB颜色、CMYK颜色、索引颜色等。

（1）位图模式

位图模式以黑和白两种颜色来显示图像，要将图像模式转换为位图模式必须先将图像转换为灰度模式，否则“位图”命令为灰色不可用状态。执行“位图”命令，会弹出“位图”对话框，可设置位图的“分辨率”和“方法”等参数。

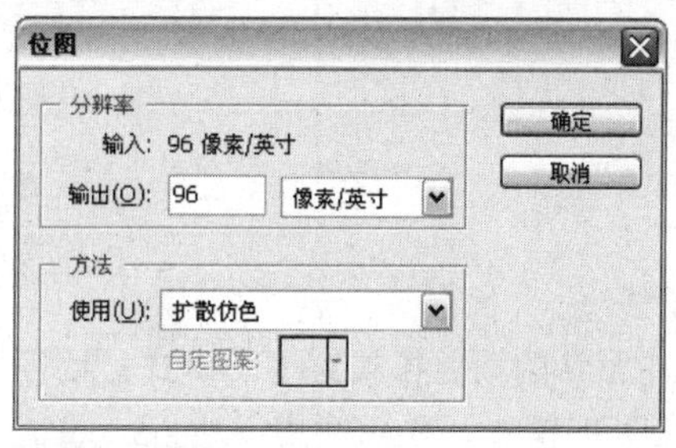
“位图”对话框

（2）灰度模式

灰度模式以黑、白、灰三种颜色显示图像，灰度颜色的取值范围是黑0%~黑100%，并且只有一种颜色通道。执行“灰度”命令，弹出“信息”对话框，提示是否扔掉颜色，勾选“不再显示”复选框，以后不再提示。在“颜色”面板的扩展菜单中选择“灰度滑块”选项，“颜色”面板将以灰度模式显示。

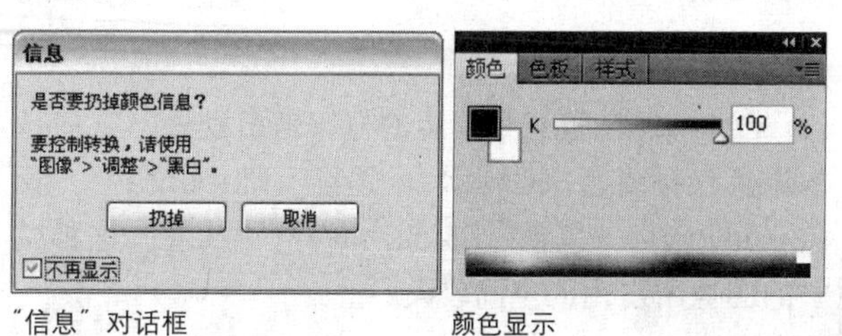
“信息”对话框　　颜色显示

（3）双色调模式

在设置双色调模式之前，必须将图像先转换为灰度模式才能使用。通过“双色调选项”对话框可设置多个颜色为图像重新填色。

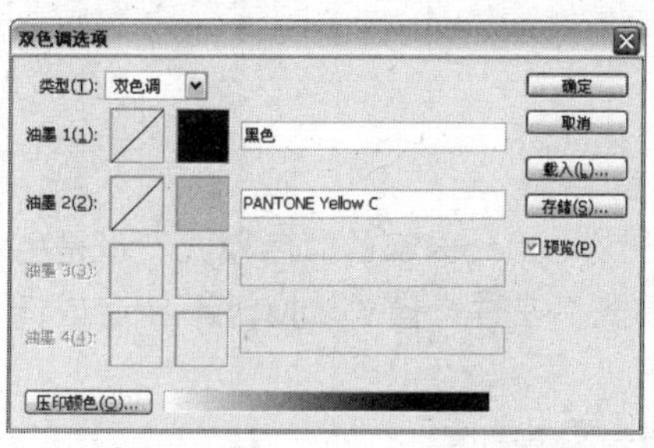
“双色调选项”对话框

（4）索引模式

索引模式是一种专业的网络图像颜色模式。在这种颜色模式下常会出现颜色失真现象，但却能极大地减小文件存储空间，多用于制作多媒体数据。通过“索引颜色”对话框对此模式进行设置。

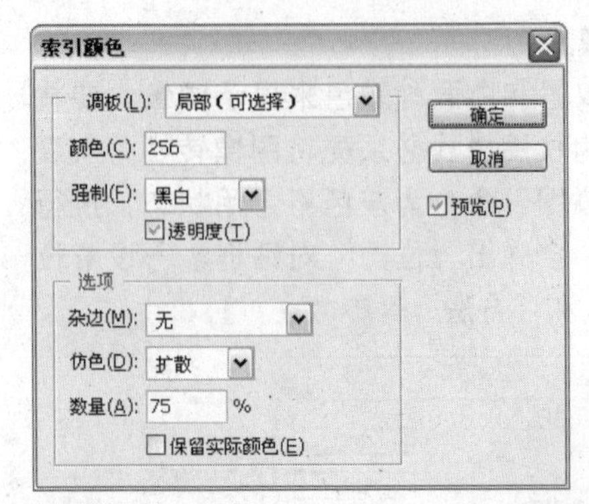

“索引颜色”对话框

（5）RGB模式

Photoshop中默认的颜色模式为RGB模式，且有一些功能只能在RGB模式下才能使用，所以一般情况下都使用此模式编辑图像，完成后再转换成其他需要的模式。

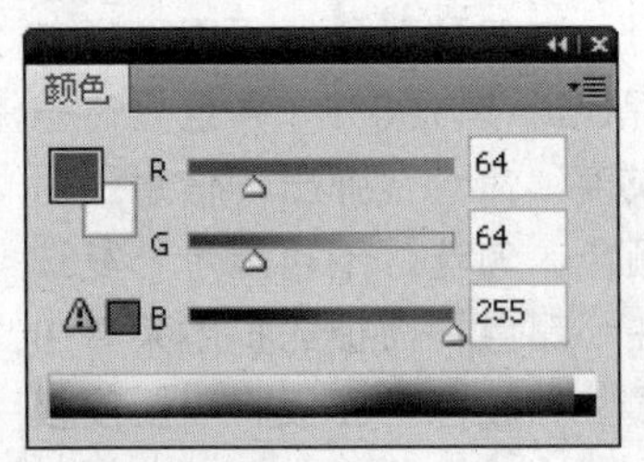

RGB颜色面板

（6）CMYK模式

CMYK颜色模式是常用的打印输出模式。它的基本原色包括青色（Cyan）、洋红（Magenta）、黄色（Yellow）、黑色（Black）4种打印油墨。这种模式的图像所占用的空间较大。

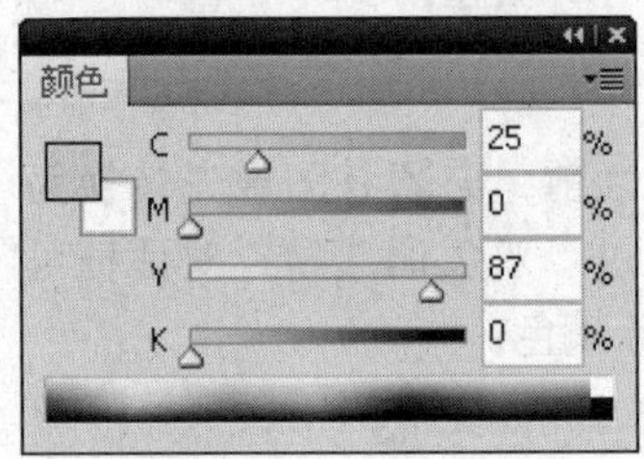

CMYK颜色面板

（7）Lab模式

Lab模式是Photoshop内部的颜色模式，也是色域最广的颜色模式，在进行模式转换时不会造成任何色彩上的缺失。

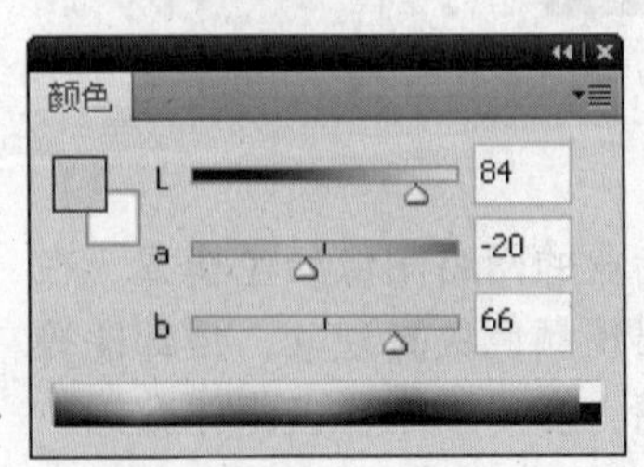

Lab颜色面板

（8）多通道模式

多通道模式适用于进行特殊打印。它是通过转换颜色模式和删除原有图像的颜色通道得到的，即为图像创建添加专色通道并构成图像。

（9）HSB模式

HSB颜色模式是根据颜色的色度、饱和度和亮度来构成的颜色模式，H表示颜色度、S表示饱和度、B表示亮度，只存在于“颜色”面板中。

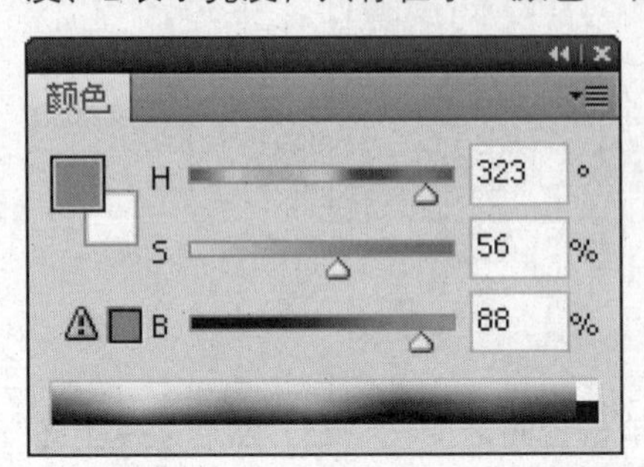

HSB颜色面板

3.3.2 颜色模式之间的转换

前面介绍了各种颜色模式，这些颜色模式之间都可进行相互转换，主要通过“图像>模式”子菜单命令进行模式之间的转换，以达到设计需要。下面就具体介绍在图像中通过“图像>模式”子菜单命令设置图像颜色模式之间的转换。

1. 打开文件

执行“文件>打开”命令，在弹出的“打开”对话框中选择附书光盘\实例文件\Chapter 03\Media\05.jpg文件单击“打开”按钮打开图像。

打开素材图像

2. 设置灰度模式

01 执行“图像>模式>灰度”命令。

02 在弹出的“信息”对话框中单击“扔掉”按钮，图像即为灰度模式，以黑、白、灰显示。

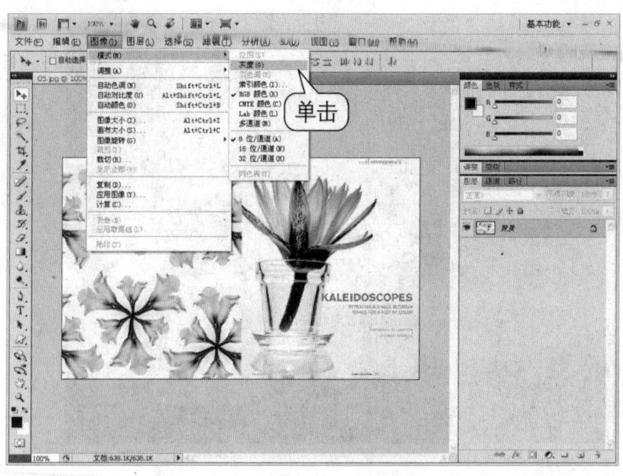

执行“灰度”命令

灰度模式图像效果

3. 转换双色调模式

01 执行“图像>模式>双色调”命令。

02 在弹出的“双色调选项”对话框中设置“类型”为“双色调”，分别单击“油墨1”和“油墨2”的颜色预览图，在弹出的“选择油墨颜色”对话框中分别设置颜色为（R169、G7、B159）和（R251、G241、B159）。

03 单击“确定”按钮，图像更改为双色调模式。

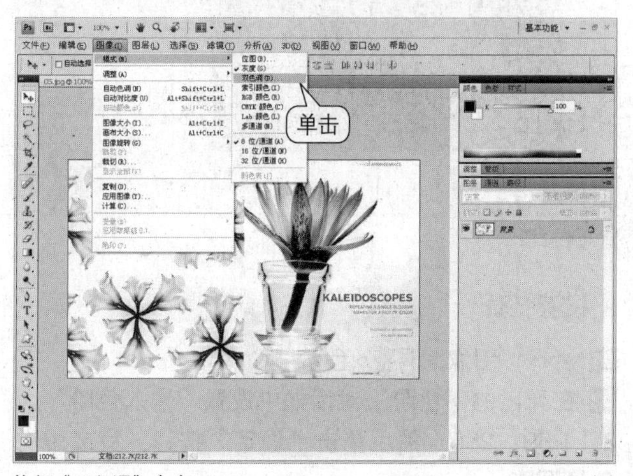

执行“双色调”命令

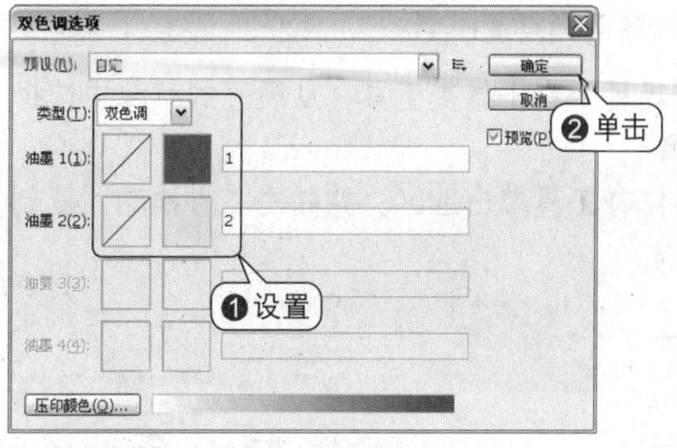

“双色调选项”对话框

双色调模式图像效果

3.3.3 颜色修复与调色

在平面广告的设计制作过程中常会用到修复工具来修复图像以达到需要的效果，或是调整色彩改变图像颜色，使图像达到满意的效果。Photoshop中常用的修复工具有污点修复画笔工具、修复画笔工具、修补工具、红眼工具，常用的调色命令有色彩平衡、亮度/对比度、色阶等。下面就介绍对广告制作中的图像进行修复，并调整颜色以达到需要的效果。

1. 创建选区

01 执行“文件>打开”命令，在弹出的“打开”对话框中选择附书光盘\实例文件\Chapter 03\Media\06.jpg文件，单击“打开”按钮，打开图像。

02 使用磁性套索工具沿小猫的外形轮廓创建选区。

创建选区

2. 应用修补工具复制图像

01 在工具箱中右击修复工具，从展开的菜单中选择修补工具。

02 使用修补工具单击选区，并向右下方拖动，复制一只小猫。

复制图像

3. 调色

01 按下快捷键Ctrl+D，取消选区。

02 执行“图像>调整>可选颜色”命令。

03 在弹出的“可选颜色”对话框中设置“洋红”为-54%，“黑色”为16%，单击“确定”按钮，完成图像颜色调整。

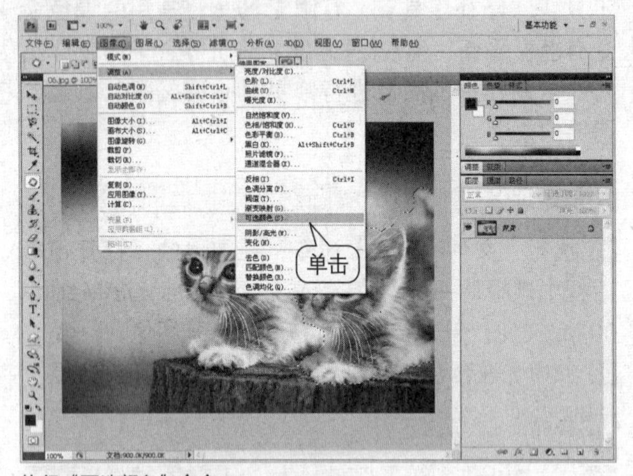

执行“可选颜色”命令

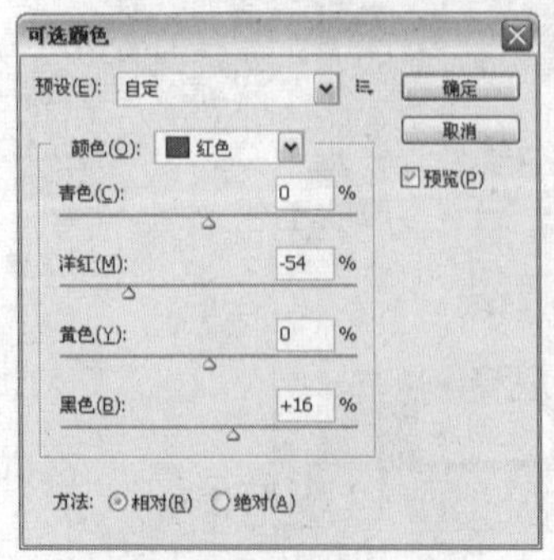

“可选颜色”对话框

完成效果

3.3.4 改变作品的整体色调

在Photoshop中通过“调整”子菜单中的命令可对广告图像进行整体颜色的调整，如使用“色阶”命令来调整图像的明暗、使用“曲线”命令来调整图像的亮度、使用“色彩平衡”命令来调整图像中各色彩成分以混合色彩达到平衡、使用“亮度/对比度”命令一次性对整个图像进行亮度和对比度的调整或使用“替换颜色”命令来替换图像中某区域的颜色等。下面就介绍使用“调整”子菜单中的命令来调整图像的整体色调。

1. 打开图像

执行“文件>打开”命令，在弹出的“打开”对话框中选择附书光盘\实例文件\Chapter 03\Media\07.jpg文件，单击“打开”按钮，打开图像。

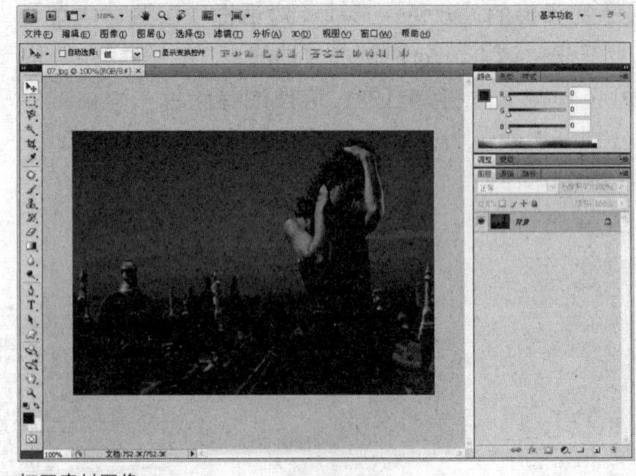

打开素材图像

2. 设置色阶

01 执行“图像>调整>色阶”命令。

02 在弹出的“色阶”对话框中设置“输入色阶”为2、1.59、255，然后单击“确定”按钮，完成图像色阶调整。

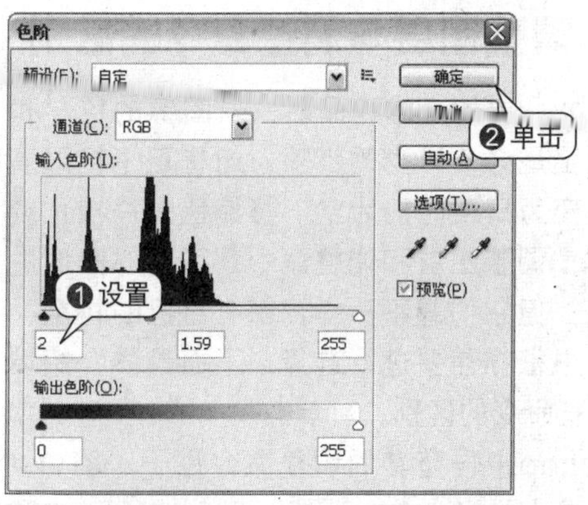

"色阶"对话框

调整色阶后的效果

3. 设置色彩平衡

01 执行"图像>调整>色彩平衡"命令。
02 在弹出的"色彩平衡"对话框中设置中间调色阶为+35、+25、-27。
03 选中"高光"单选按钮，设置高光色阶为-39、-3、+26，然后单击"确定"按钮，完成图像色彩平衡的调整。

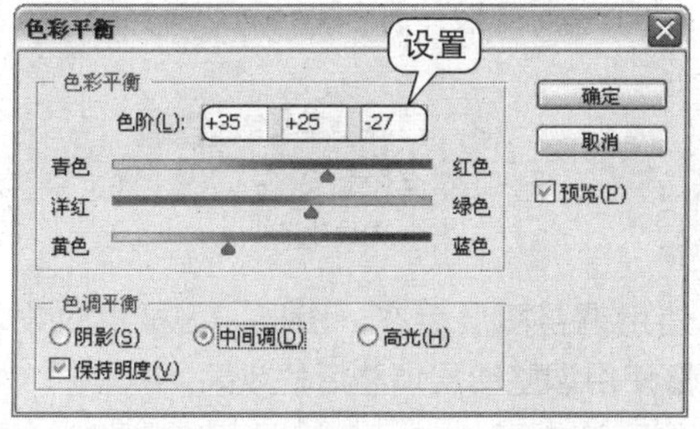

设置"中间调"参数

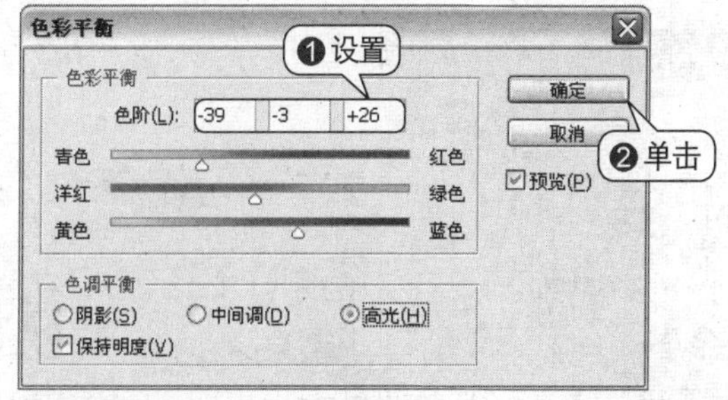

设置"高光"参数

调整色彩平衡后的图像效果

3.3.5 使用调整图层调色

在图层面板中有一个"创建新的填充或调整图层"按钮，可用于在一个图层上设置多个调整图层，能调整不同的颜色和色调。下面就介绍使用调整图层来调整广告制作中需要的图像颜色。

1. 打开图像

01 执行"文件>打开"命令，在弹出的"打开"对话框中选择附书光盘\实例文件\Chapter 03\Media\08.jpg文件，单击"打开"按钮，打开图像。
02 使用磁性套索工具，沿电灯轮廓创建选区。

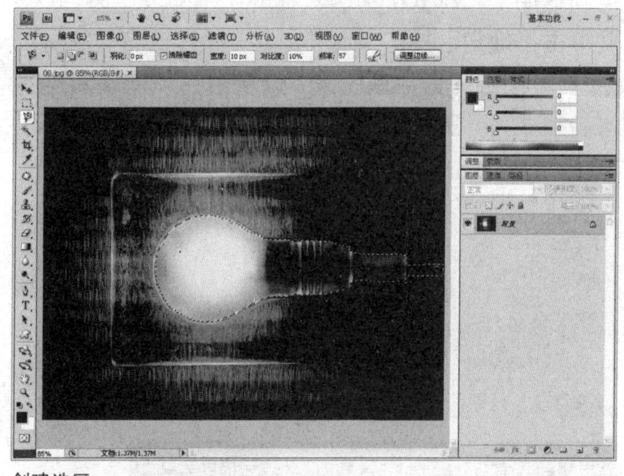
创建选区

2. 设置黑白调整图层

01 单击"图层"面板下方的"创建新的填充或调整图层"按钮，在弹出菜单中选择"黑白"选项，选区创建为黑白调整图层。
02 在"调整"面板中，设置"红色"为110%、"黄色"为142%、"蓝色"为128%。
03 按下快捷键Ctrl+D，取消选区。

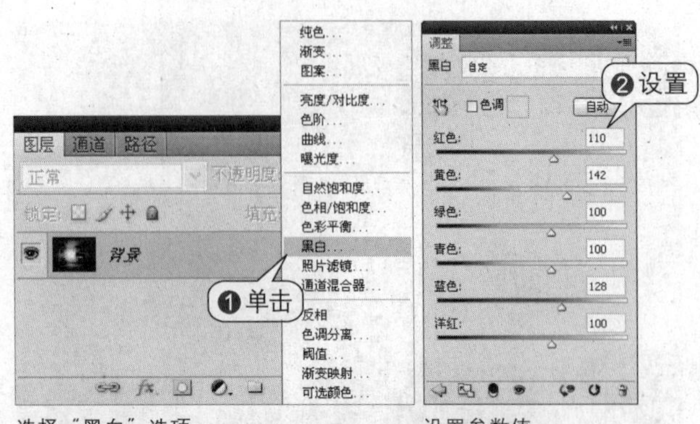

选择“黑白”选项　　设置参数值

图像效果

3. 设置渐变填充

01 在“图层”面板中单击“创建新的填充或调整图层”按钮，在弹出的菜单中选择“渐变”选项。

02 在弹出的“渐变填充”对话框中设置渐变为“白色到透明”，“样式”为“对称的”，“缩放”为25%，并单击“确定”按钮。

03 在“图层”面板中设置“渐变填充”调整图层的混合模式为“亮光”。

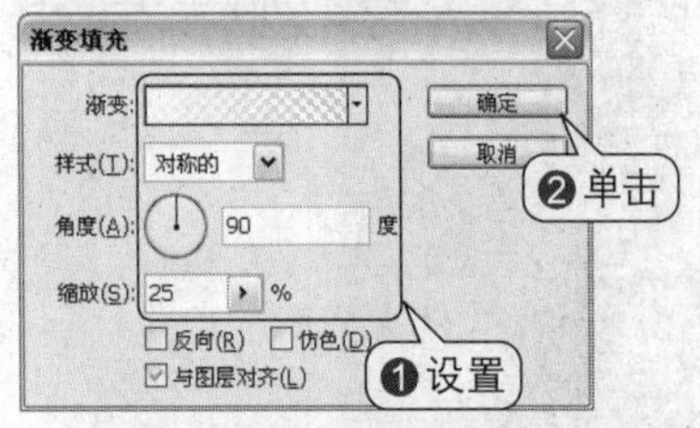

“渐变填充”对话框

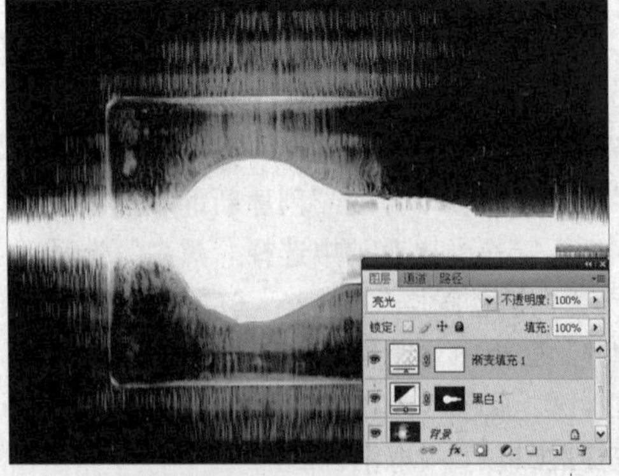

填充渐变后的图像效果

3.3.6 调整图层与调整命令的区别

在制作高品质的艺术作品时，对图像的色彩和色调进行调整是必不可少的步骤，如将正午艳阳高照的天空转变为日落时的天空，将偏色图片校正成正常效果等。调整图层和调整命令都可以对图像进行颜色调整，但它们却不一样，都有自己的特点，在具体操作中根据需要进行选择。下面具体介绍调整图层和调整命令的区别。

Photoshop中一整套的调整命令位于“图像>调整”子菜单中，有色阶、曲线、黑白、色相/饱和度、替换颜色等23个命令；调整图层位于“图层”面板中，单击面板下方的“创建新的填充或调整图层”按钮，在弹出的菜单中可选择纯色、渐变、图案、色阶、色彩平衡等17个命令。

调整命令在对图像进行调整时具有一定的局限性，一是调整的不可逆性，二是只能对当前图层进行调整。调整图层克服了这些限制，在“图层”面板中创建调整图层，可在一个图层上创建多个调整图层，双击这些调整图层的图层缩览图可弹出相应的设置对话框，重新设置效果；还可以在每个调整图层上再添加图层样式，以及设置图层混合模式。

下图为使用调整命令后在“图层”面板中的效果，以及图像使用调整命令调整后的效果。

“图层”面板1　　图像效果1

下图为使用调整图层后在“图层”面板中的效果，以及图像使用调整图层调整后的效果。

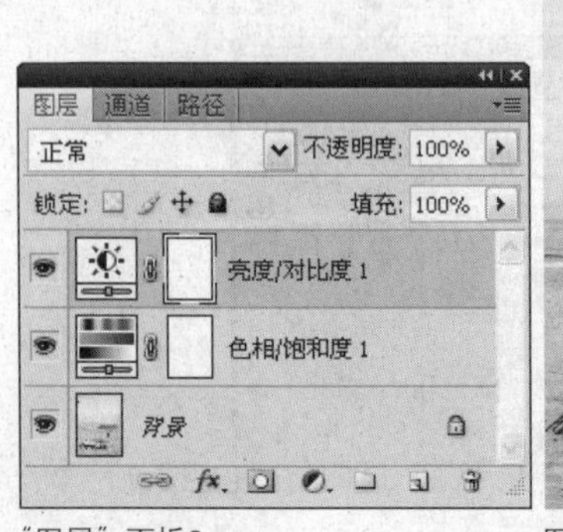

“图层”面板2　　图像效果2

Chapter 04

平面广告设计的图像运用

本章主要知识点：

4.1 图像在广告中的作用

图形具有源于文化的象征意义和认识意义。设计师通常会刻意在设计中体现这种象征意义，用这种含蓄的表达方式传达出一种特殊的信息。图像通过各种途径或方法快速地把信息传达给人们。所以图形的选择及展现都需要经过仔细的考虑，这样才能将特定的信息传达给特定的人。此外，图形传达信息的方法有多种，如象征、隐喻、明喻或字体（图形）等。

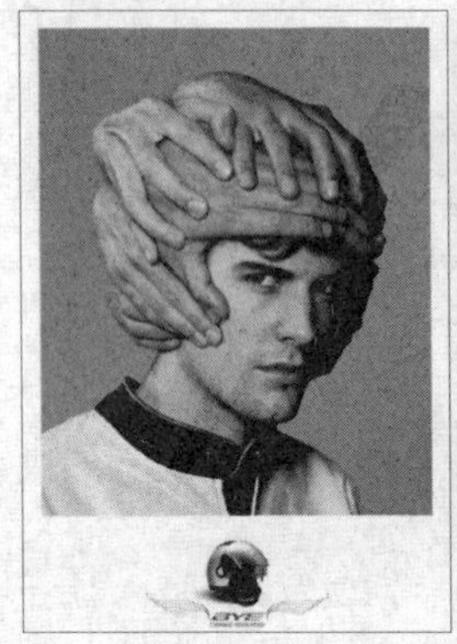

利用各种图形制作的平面广告

4.1.1 认识图像的本质

图像分为位图图像和矢量图形，本小节将了解图像的基本概念、“位图图像”和“矢量图形”的区别，以及“像素”和“分辨率”的区别。不同性质的图像，所表现出来的特性也不相同。

1. 位图图像

位图也就是点阵图和栅格图像，是由像素描述的。编辑位图时，具体操作对象是像素，而不是形状或者对象。位图的优势在于表现阴影和颜色的细微层次变化，因此被广泛应用于照片和数字绘画。位图放大或缩小后，图像的清晰度会受到一定的影响。下面就以放大图像为例，对位图图像进行介绍。

01 打开任意一张JPG格式的图片。

打开图像文件

02 将图像放大，出现了锯齿一样的边缘。

放大后出现锯齿的图像

2. 矢量图形

矢量图形的图形元素被称为对象，每一个对象都是自成一体的实体，具有颜色、形状、轮廓、大小和屏幕位置等属性，移动或改变某一对象的属性不会影响到其他对象。矢量图形的质量和分辨率无关，可以将它缩放到任意大小，都不会影响清晰度。一般的矢量图形的文件格式为AI、PDF等。下面就以放大图像为例，对矢量图形进行介绍。

01 启动矢量绘图软件，打开任意一张矢量图形。

打开图像文件

02 将该图像放大，不会出现锯齿一样的边缘。

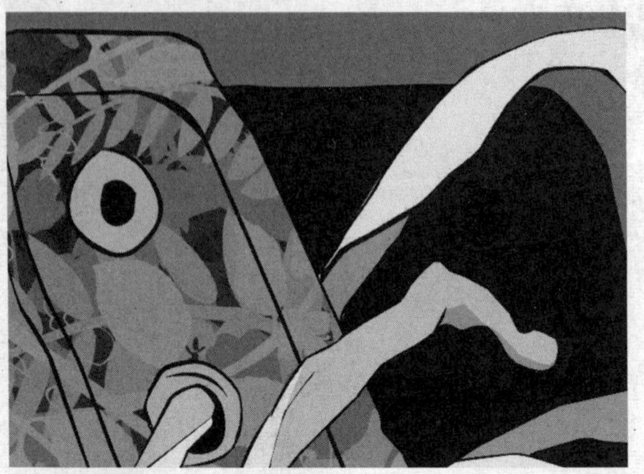

放大后的图像

3. 像素

像素是构成图像最基本的单位，是一种虚拟的单位，只能存在于计算机中。一张位图图像可以当作是由无数个颜色的网格或者说成带颜色的小方块组成，这些小方块就被称作像素。计算机的显示器也是利用网格显示图像，所以矢量图形和位图在屏幕上都会显示为像素。像素的大小是可以改变的。下面举例对像素进行介绍。

01 使用图片查看软件，打开任意一张像素图像。

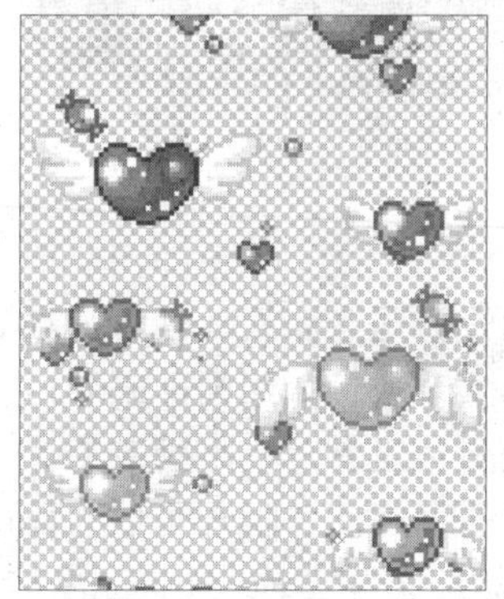

打开图像文件

02 将图像任意放大，便会出现锯齿一样的边缘。

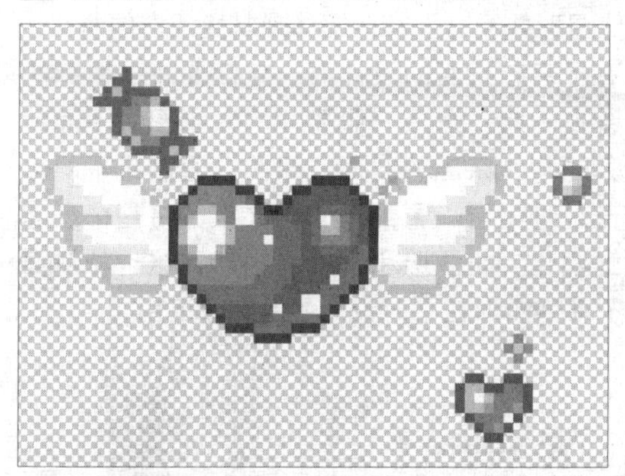

放大后的图像

4.1.2 图像在平面广告中的应用

在平面广告设计中，图形是一个强有力的传达工具，它以记实性的图形直接向人传达着最真实的信息。图形从某种角度上来说直接代表了产品的形象。用图形作为设计的语言，形象地把内在、外在的构成因素表现出来，以视觉形象的形式把信息传达给人们。

设计师们可以采用多种方法对图形进行适当的修饰，让作品中的图形达到自己满意的效果。在平面广告中利用一些简单的图形也能做出非常具有视觉效果的作品。在现代印刷技术不断发展的今天，图形在广告中的应用也变得更为广泛，占据了一定的主导地位。

1. 剪影式图形在DM单中的应用

剪影是与背景形成对比强烈的图表轮廓的展示方式。它所展示的图像缺少具体细节，但是却可以达到视觉突出的效果，并且让原图形中的主体对象更具概念化。

在平时设计中，设计师们经常采用剪影的方式使图形产生一种独特的模糊感，营造出一种设计的神秘性。利用剪影的方法可以使整体的设计风格保持一致性，整个画面形成一个完整的立体效果。

下面是采用剪影式图形制作的几幅DM单平面效果图，由此可以看出剪影式图形在平常的DM单设计中已被广泛运用。通过使用剪影式的图形，突出整个DM单的宣传重心，让我们观看作品时，一眼就知道宣传的重点。直观了解设计师们在作品中所要传达的信息。

剪影式图形在 DM 单中应用的效果

2. 纪实性图形在画册中的应用

纪实性图形是一种特殊风格的图形，其主要的特点就是用图形来体现生活中最真实的瞬间。纪实性图形体现出一种纯天然的情感、喜悦或恐惧的心理等，同时也能帮助我们真实地去了解我们周围的世界。

纪实性图形在视觉上更具活力感，将平面性的东西通过纪实性效果处理，得到一种生动形象的效果。纪实性图形的优点在于，它不需要设计工作者们再设计来传达信息，其本身就是一个最有效、最直接的传达信息的方式。

画册是将一系列具有共同特点或形态的图形组合在一起的一种特殊设计。下面几幅图就是通过采用纪实性图形制作的一些画册。画册在设计的时候，通常都会用到纪实性的图形，因为其本身就是一个很好的宣传手段。

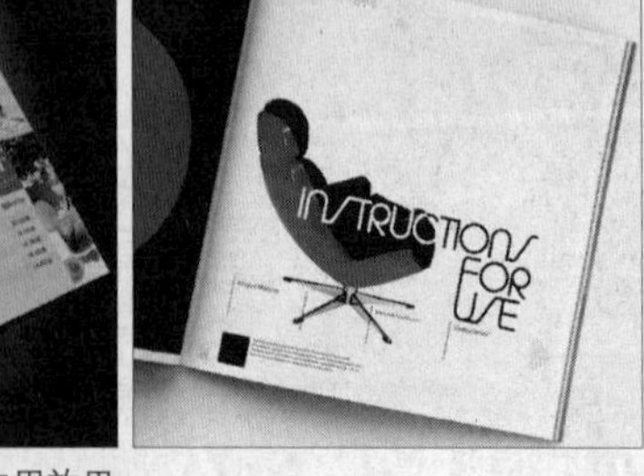

纪实性图形在画册中的应用效果

画册中各种纪实性图形的广告

3. 系列图形在杂志封面中的应用

系列图形所要传达的设计理念和设计创意很难通过一张很简单的图形来实现，例如用图形来表示运动或者解释某个特别的具体工具等。尽管应用系列图形需要更多的时间和页面空间，但却可以为我们传达出一系列的设计理念。

系列图形所表达的意思能够改变单张图形所表达的意思。单张图形本身并没有太多的含义，但将它与其他图形并置时，却能够体现其更深层的含义。

在进行杂志封面的设计时，就需要将一系列的图形组合在一起，形成一张整体的效果图。下面就是一系列的女性杂志的封面效果图，通过将不同形态的图形经过组合，再配以一些文字，将整个杂志的主题鲜明化，也更吸引消费者眼球。这也从侧面反映出了系列图形在平时设计中的有效运用。

系列图形在杂志封面中的应用效果

4. 蒙太奇图形在海报招贴中的应用

蒙太奇式图形是将两张或者多张图形拼合在一起，形成一张合成图。虽然合成图形会存在留有缝隙等缺点，但是它却能从整体上传达出一种其他图形所不能表达的视觉效果。

在为某一产品做海报招贴设计时，通常都会用到蒙太奇效果，将多个不同的图形进行拼合，形成一个整体的图形效果。下面几幅图就是蒙太奇在海报招贴中的具体应用。蒙太奇图形是Photoshop强大的图形处理功能的最真实表现，也被越来越多的设计师们运用在自己的作品中。

蒙太奇图形在海报招贴中的应用效果

4.1.3 图像在平面广告中的明喻

明喻是语言的一种修辞方法，主要指将一个事物与另一个事物的共同特征进行对比，例如火是热情的一种表现。在图形中明喻也会常被人们作为一种手段把某个特点与某个公司或某种产品之间建立联系。可以用某种植物的形象来表示某种产品含有天然的成分，直接表现出产品的特点。总之要知道明喻最突出的特点就是直接明了地向人们准确传达信息。

明喻与隐喻、转喻有所不同，隐喻和转喻都不易直接看出作品的真正用意，而是需要我们去仔细分析或理解，而在图形中运用明喻，则能够直接突出作品主题，一眼就知道设计作品是要向我们传达出什么样的信息。

汽车在这个时代变得越来越重要，能为我们平常生活带来诸多方便，从而提高了人们的工作效率。下面的广告设计采用了大胆的黑色，然后配以汽车的图形，让整个设计夺人眼目。采用了汽车作为视觉明喻，更加直观地让消费者知道此车的优势，也间接增强了商品的外在吸引力。

图形中的明喻在汽车广告中的应用

对于美容产品而言，高质量是每个购买者最基本的要求。下图是韩国某一品牌美容产品的设计图。采用清新的冰蓝色作为视觉明喻，意在告诉消费者，此产品具有很强的补水效果。

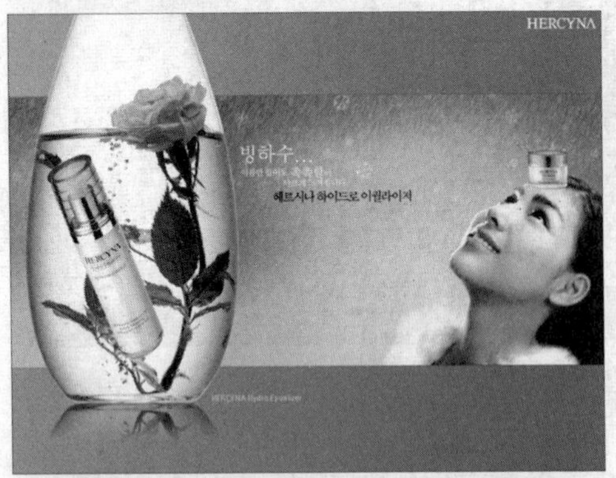

美容产品广告

在设计中，视觉明喻被众多设计师所青睐，更在设计中得到了广泛的应用，取得了很好的效果。采用明喻方式的图形体现出了一种真实性，能够轻易取得别人的信任。

4.2 设计师必会抠图技法

在Photoshop中提供了多种抠图方法，方便设计师在进行平面广告设计时快速地对素材图像进行抠取，完成图像合成。因此，掌握常用的抠图方法是平面广告设计中不可缺少的技术。根据从素材图像中所抠取图像的不同，所采用的工具与功能命令也会有所不同。下面主要对如何选择适当的抠图工具进行讲解，节省平面广告设计的时间，提高工作效率。

4.2.1 手动抠取图像

套索工具用于对图像进行不精确的图像抠取，具有随意性的特征，常被用于选区背景图像比较单一的图像选区。

1. 利用套索工具抠取图像

利用套索工具可以通过单击并拖动鼠标来创建选区，下面对利用套索工具抠取图像进行实例讲解。

01 打开附书光盘\实例文件\Chapter 04\Media\01.jpg文件，单击套索工具，在图像上单击并拖动鼠标，创建选区。

创建选区

02 选区创建完成后按下快捷键Ctrl+J，复制选区内的图像，单击移动工具，调整图像位置。

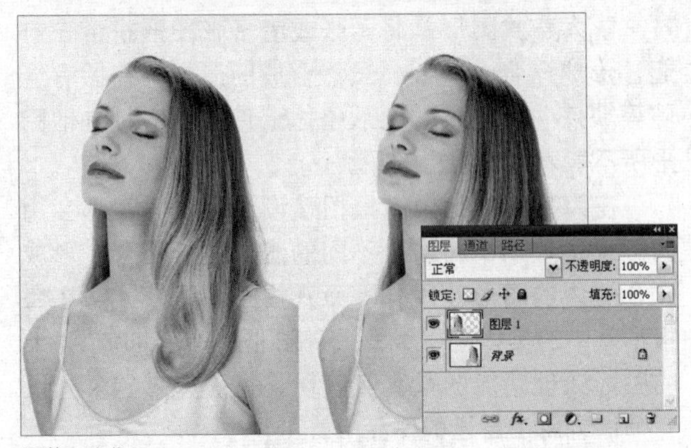

调整图像位置

03 选择“图层 1”，按下快捷键 Ctrl+T，对图像执行自由变换命令，单击鼠标右键，在弹出的快捷菜单中执行“水平翻转”命令，对图像进行水平翻转，制作图像左右对称的画面，完成后按下 Enter 键，结束自由变换。

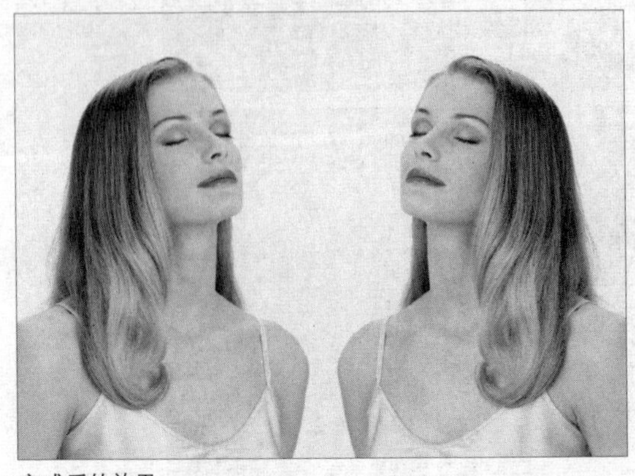

完成后的效果

2. 利用多边形套索工具抠取图像

利用多边形套索工具可以在图像上手动创建不规则选区，常被用于轮廓清晰呈直线的图形选区，下面对利用多边形套索工具抠取图像进行实例讲解。

01 打开附书光盘\实例文件\Chapter 04\Media\02.jpg文件，双击“背景”图层，将“背景”图层转换为普通图层。

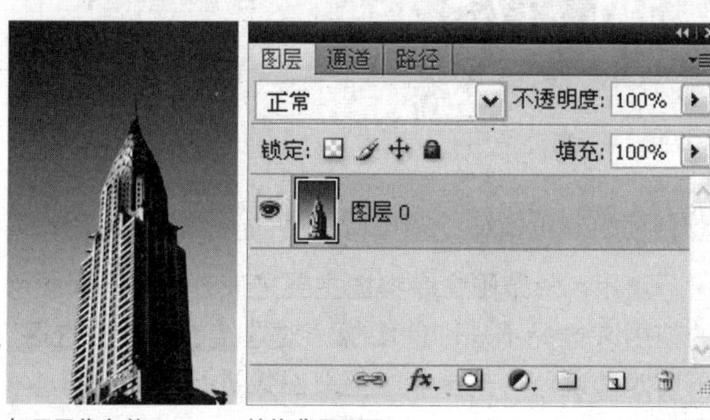

打开图像文件　　转换背景图层

02 单击多边形套索工具，沿着建筑物的轮廓边缘创建选区。

创建选区　　选区创建完成

03 选区创建完成后执行“选择>反向”命令，对选区进行反选。按下Delete键，删除选区内的图像。按下快捷键Ctrl+D，取消选区。

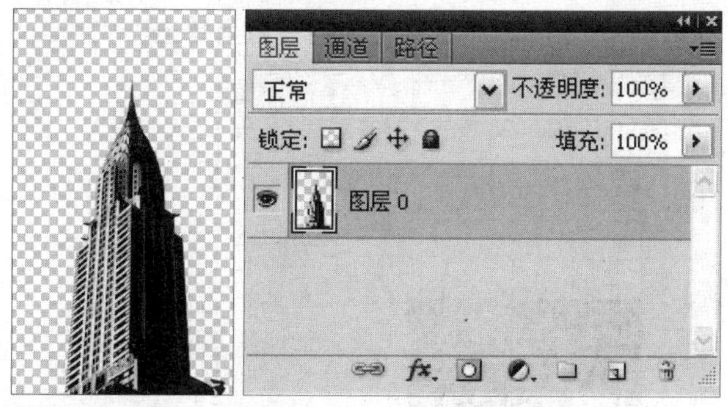

删除选区内图像　　“图层”面板

4.2.2 利用多种智能工具抠取图像

智能工具主要包括魔棒工具、快速选择工具以及色彩范围命令，针对背景图像比较单一的素材图像，能够有效地创建选区和进行抠图。下面分别对这3种方式进行讲解。

1. 利用魔棒工具抠取图像

利用魔棒工具能够对颜色单一的图像进行快速选取，通过调整属性栏上的容差大小，在图像上单击即可创建选区。颜色越单一，设置的容差值越小，相反设置的容差值越大。下面使用魔棒工具选取颜色相同的区域。

01 打开附书光盘\实例文件\Chapter 04\Media\03.jpg文件，单击魔棒工具，在黄色图像上单击，创建选区。

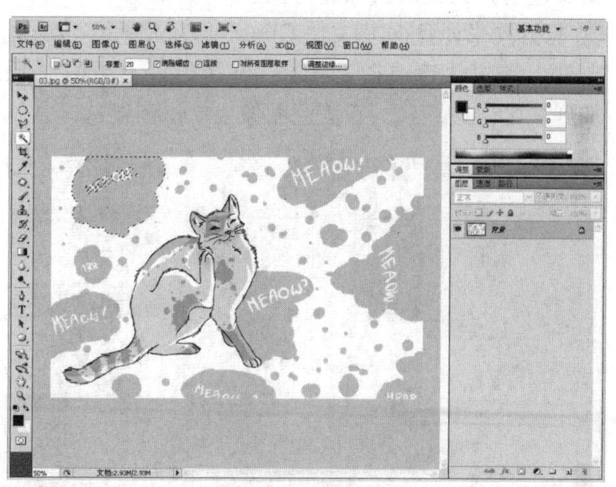

创建选区

02 设置前景色为桃红色，按下快捷键Alt+Delete为选区填充前景色，按下快捷键Ctrl+D取消选区。

为选区填充颜色

03 继续创建黄色图像选区，分别为选区填充不同的颜色。

改变图像选区颜色

2. 利用快速选择工具抠取图像

快速选择工具主要针对背景单一的图像区域进行选区创建，不适合复杂的背景图像抠取，下面利用快速选择工具对图像进行抠取。

01 打开附书光盘\实例文件\Chapter 04\Media\04.jpg文件，单击快速选择工具，在属性栏上单击“添加到选区”按钮，在蓝色图像上单击创建选区。

创建选区

02 单击属性栏上的“调整边缘”按钮，在弹出的对话框中进行参数设置，设置完成后单击“确定”按钮。双击“背景”图层，将其转换为普通图层，得到“图层0”。

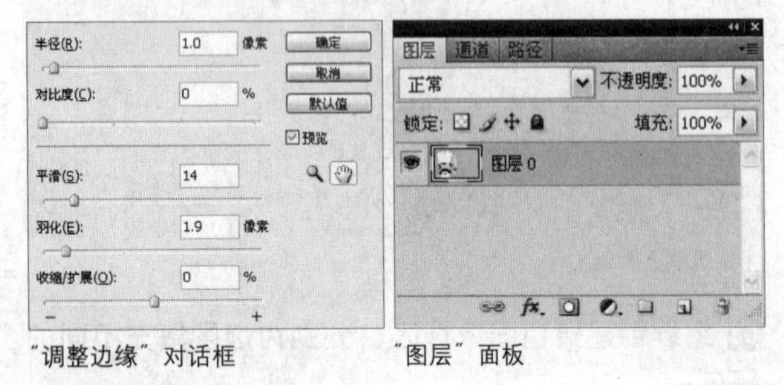

“调整边缘”对话框　“图层”面板

03 按下Delete键删除选区内的图像，按下快捷键Ctrl+D取消选区。

抠取的图像效果

3. 利用色彩范围命令抠取图像

利用色彩范围命令抠图主要是通过针对不同颜色的范围来选择不规则的图像，对选定颜色建立选区。下面对通过色彩范围命令抠取图像进行实例讲解。

01 打开附书光盘\实例文件\Chapter 04\Media\05.jpg文件，双击“背景”图层，将其转换为普通图层，得到“图层0”。

打开图像文件

02 执行“选择>色彩范围”命令，打开“色彩范围”对话框，设置“颜色容差”为40，单击“添加到取样”按钮，在草地与树图像上单击。

“色彩范围”对话框

03 设置完成后单击"确定"按钮，创建草地与树图像的选区。

创建选区

04 按下快捷键Ctrl+Shift+I反选选区，按下Delete键删除选区内的图像，最后取消选区。

抠取的图像效果

4.2.3 利用钢笔工具精确抠取图像

使用钢笔工具对图像进行抠取时，注意路径绘制的细节，以便于更精确地对图像进行抠取。下面对利用钢笔工具抠取图像进行实例讲解。

01 打开附书光盘\实例文件\Chapter 04\Media\06.jpg文件，双击"背景"图层，将其转换为普通图层。

打开图像文件

02 单击缩放工具，对图像进行放大，方便对图像进行路径绘制。单击钢笔工具，沿着手提袋的轮廓边缘绘制路径。

绘制路径

03 采用相同的方法，沿着人物轮廓边缘绘制路径。

完成路径绘制

04 按下快捷键Ctrl+Enter将路径转换为选区。

创建选区

05 执行"选择>反向"命令，对选区进行反选，然后按下Delete键将选区内的图像删除，最后取消选区。

删除选区内的图像

06 结合快捷键Ctrl++对图像进行放大，单击钢笔工具，对手提袋的提绳进行抠取，路径绘制完成后按下快捷键Ctrl+Enter将路径会转换为选区。

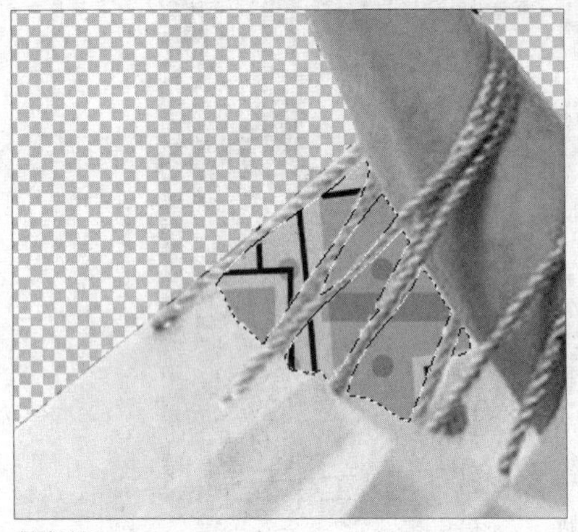

创建选区

07 按下Delete键删除选区内的图像，最后按下快捷键Ctrl+D，取消选区。

删除选区内的图像

08 打开附书光盘\实例文件\Chapter 04\Media\07.jpg文件。

打开图像文件

09 单击移动工具，将抠取的人物图像移动到当前图像文件中，得到“图层1”，并调整图像的位置。

完成后的效果

4.2.4 利用“抽出”滤镜抠取图像

“抽出”滤镜通常用于去除图像背景。利用“抽出”滤镜进行图像抠取时，首先要在弹出的“抽出”对话框中设置画笔大小、高光颜色以及填充颜色等参数。下面对利用“抽出”滤镜抠取图像进行实例讲解。

01 打开附书光盘\实例文件\Chapter 04\Media\08.jpg文件，执行“滤镜>抽出”命令，打开“抽出”对话框。

执行“抽出”命令

02 在弹出的“抽出”对话框中设置各项参数，单击“边缘高光器工具”，沿着图像的边缘绘制高光。

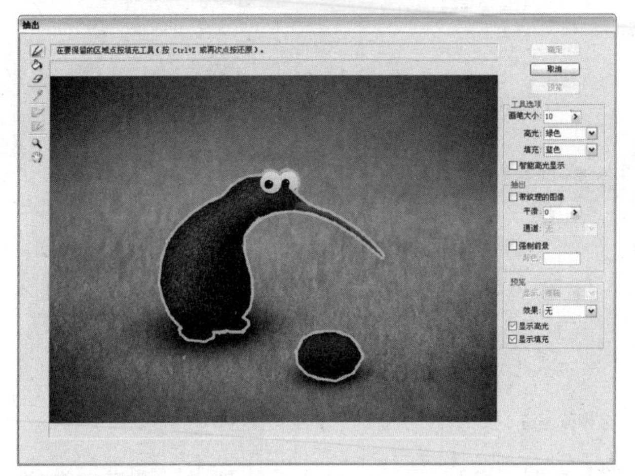

绘制高光效果

03 单击填充工具，在绘制了边缘高光的图像中单击，填充颜色。

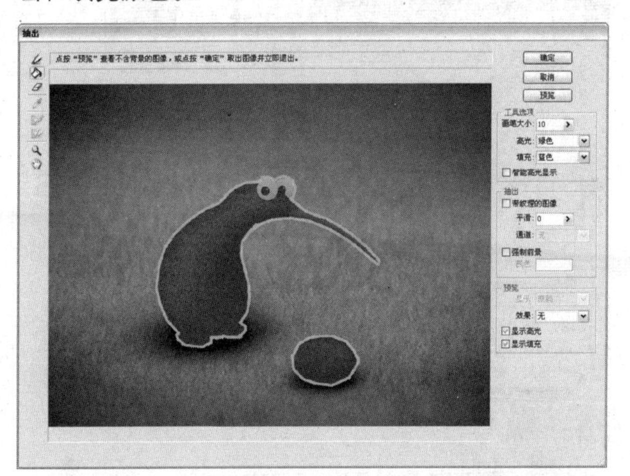

填充图像颜色

04 单击“预览”按钮，可以查看被抠取图像的预览效果。

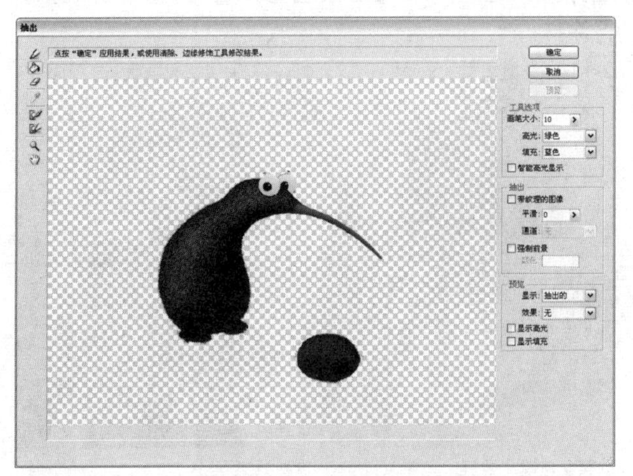

预览效果

05 单击“确定”按钮，完成对图像的抠取。

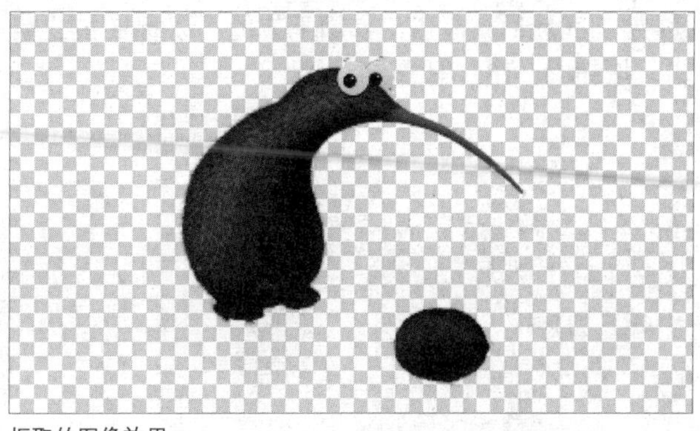

抠取的图像效果

4.2.5 利用快速蒙版工具抠取图像

快速蒙版工具主要结合画笔工具对图像进行自由绘制创建选区，具有极强的灵活性，常被用于对一些不规则的图像进行抠取。下面对利用快速蒙版工具抠取图像进行实例讲解。

01 打开附书光盘\实例文件\Chapter 04\Media\09.jpg文件，将“背景”图层转换为普通图层，得到“图层0”。

打开图像文件

02 单击工具箱下方的“以快速蒙版模式编辑”按钮，切换至快速蒙版编辑模式，单击画笔工具，在属性栏上设置适当的参数，然后在图像上进行绘制，结合[和]键调整画笔大小。

绘制图像

03 绘制完成后，单击工具箱下方的“以标准模式编辑”按钮，建立图像选区。

退出快速蒙版

04 按下Delete键将多余的背景图像删除，最后取消选区。

抠取的图像效果

4.2.6 利用通道抠取模特发丝

“通道”面板主要将图像以黑、白、灰3种颜色模式进行显示，适合于对一些细小单一的颜色进行抠取。下面利用“通道”面板对平面广告中的模特发丝进行抠取。

01 打开附书光盘\实例文件\Chapter 04\Media\10.jpg文件，将“背景”图层转换为普通图层，得到“图层0”。

打开图像文件

02 打开“通道”面板，选择黑白区分明显的“蓝”通道。

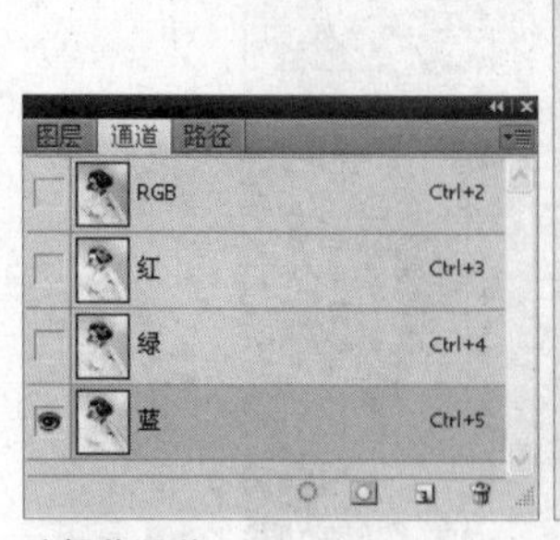

选择蓝通道

蓝通道显示效果

03 复制“蓝”通道，得到“蓝副本”通道，选择“蓝副本”通道，执行“图像>调整>色阶”命令，在打开的“色阶”对话框中进行参数设置。

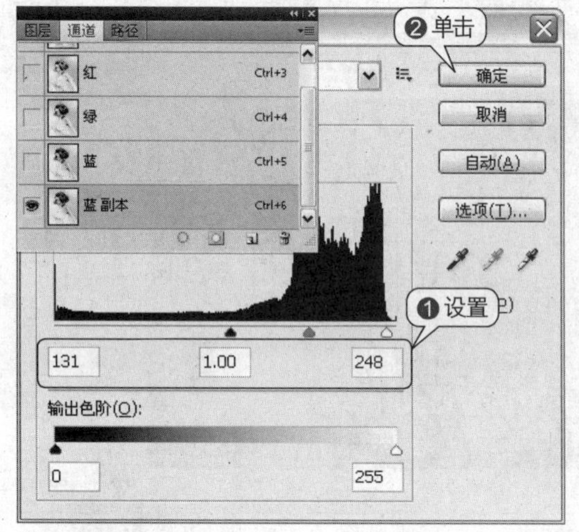

“色阶”对话框

04 完成后单击“确定”按钮，然后单击画笔工具，选择尖角笔刷，设置前景色为黑色，对人物图像进行涂抹。

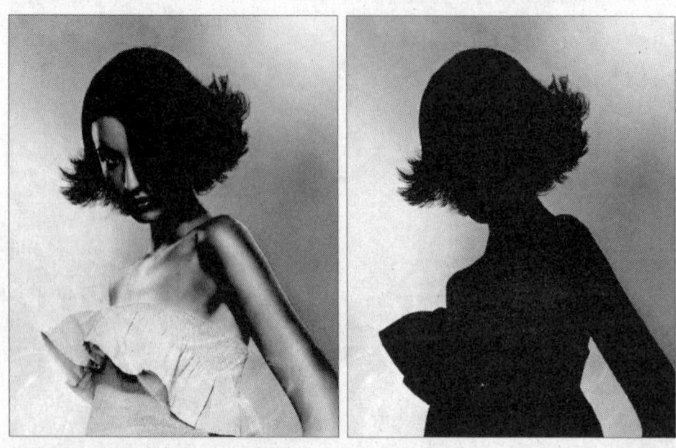

调整“色阶”效果　　涂抹效果

05 采用相同的方法再次打开“色阶”对话框，设置各项参数值，加强图像黑白对比效果。

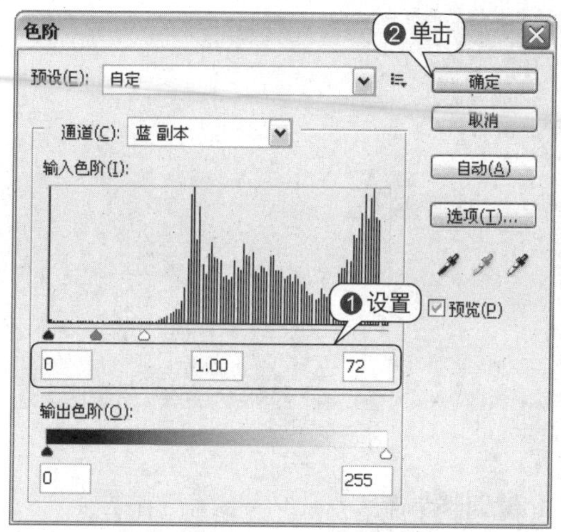

“色阶”对话框

06 完成后单击“确定”按钮。按住Ctrl键的同时单击“蓝 副本”通道，载入黑色图像选区。

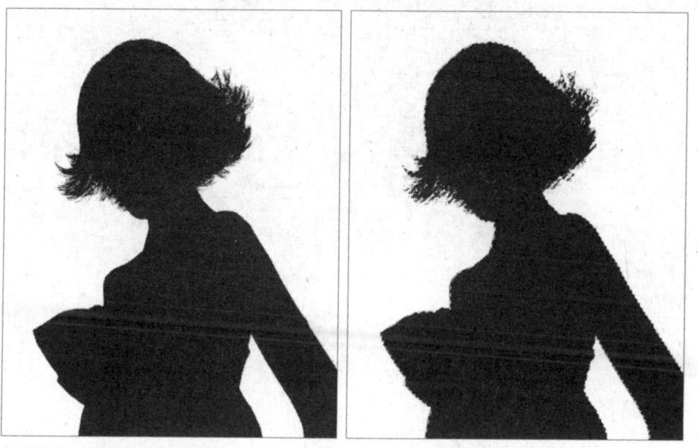

调整“色阶”效果　　　　载入选区

07 打开“图层”面板，执行“选择>反向”命令，反选选区，按下Delete键删除图像中的背景图像，最后取消选区。

选区效果

删除图像效果

4.3 图形的绘制

如果想要在图像上准确定位，一般都不选用选择工具，而是使用路径绘制工具来创建路径。可以通过调整路径上包含的方向线和方向点的位置来改变路径的大小和形状。下面就为大家详细讲解怎样使用路径绘制工具绘制路径。

4.3.1 认识“路径”面板

在平面广告设计中，常常需要在图像上进行路径的绘制。在Photoshop中，绘制路径的方法有很多种，用户可以选择适合自己的方法进行绘制。下面就来讲解两种绘制路径的方法。

1. 绘制路径

在Photoshop中通常采用钢笔工具与形状工具组绘制路径，下面分别对这两种绘制方法进行讲解。

（1）使用钢笔工具绘制路径

在工具箱中选择钢笔工具，然后在页面上拖动绘制路径。

使用钢笔工具绘制路径

（2）使用形状工具绘制路径

01 单击工具箱中的形状工具，选择自定形状工具，在“形状”预设面板中选择“蝴蝶”形状绘制。

02 单击形状工具属性栏上的“路径”按钮，也可以进行路径的绘制。

使用自定形状工具绘制路径

2. 认识"路径"面板

利用钢笔工具在图像上绘制好路径后，在"路径"面板中就会显示所绘制的路径。在"路径"面板中，可以将路径和选区进行互换，也可以应用与路径相关的各种功能。

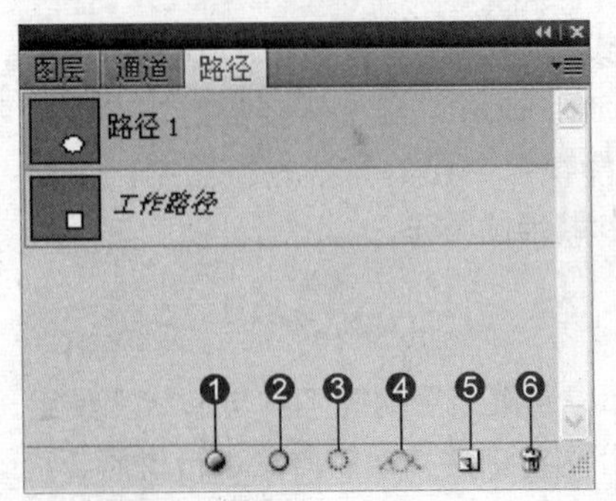

"路径"面板

❶ **"用前景色填充路径"按钮**：用设置的前景色填充路径。
❷ **"用画笔描边路径"按钮**：对创建的路径进行描边操作。
❸ **"将路径作为选区载入"按钮**：将路径转换为选区。
❹ **"从选区生成工作路径"按钮**：单击该按钮，从选区中创建新的工作路径。
❺ **"创建新路径"按钮**：在图像中创建新的工作路径。
❻ **"删除当前路径"按钮**：删除当前正在操作的工作路径。

4.3.2 钢笔工具的多种用法

钢笔工具在平面设计中是不可或缺的一种路径绘制工具，通过使用钢笔工具可以很轻松地绘制出各种形状的工作路径。下面主要对钢笔工具的用法进行讲解。

1. 绘制直线路径

使用钢笔工具分别在图像的两端单击，绘制直线路径。

绘制直线路径

2. 绘制曲线路径

按住鼠标左键不放，移动鼠标的位置，调整路径的弧度，可以绘制曲线路径。

绘制曲线路径

3. 按住Ctrl键调整路径

路径绘制完成后按住Ctrl键的同时移动鼠标，可以对路径的弧度与位置进行调整。

调整路径

4. 删除节点

路径绘制完成后按住Alt键单击节点，可以将右侧的节点删除，方便精确绘制图像路径。

删除节点

4.3.3 编辑路径

在绘制路径时，为了使路径的形状更加完美，就需要对路径的形状进行不断的调整，以达到最满意的效果。下面就为大家讲解怎样对绘制好的路径进行形状调整。

01 执行"文件>打开"命令，打开附书光盘\实例文件\Chapter 04\Media\11.jpg文件。

打开图像文件

02 单击工具箱中的钢笔工具，沿着水果盘的外围轮廓绘制工作路径。

绘制路径1

绘制路径2

03 按住Ctrl键的同时，拖动路径上的锚点，适当调整路径的形状。

调整路径

路径调整后的效果

4.3.4 路径和选区之间的转换

在Photoshop中，为图像创建好路径后，可以将其转换为选区，然后再对选区进行移动、变换等操作，或是对选区内的图像进行处理。同样，也能将创建的选区转换为路径后，再通过在路径上添加、删除锚点以及调整路径改变选区的形状。

1. 打开图像文件

执行"文件>打开"命令，打开附书光盘\实例文件\Chapter 04\Media\12.jpg和13.jpg文件。

打开图像文件

2. 设置色彩范围

01 选择13.jpg文件，执行"选择>色彩范围"命令，弹出"色彩范围"对话框。

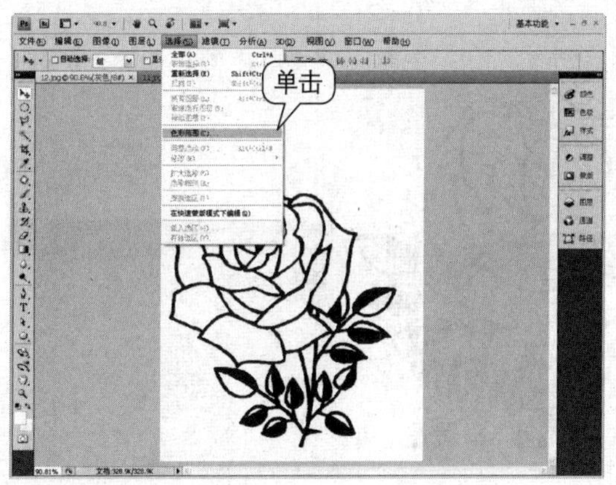

执行"色彩范围"命令

02 在“色彩范围”对话框中设置“颜色容差”为40，然后单击“确定”按钮。

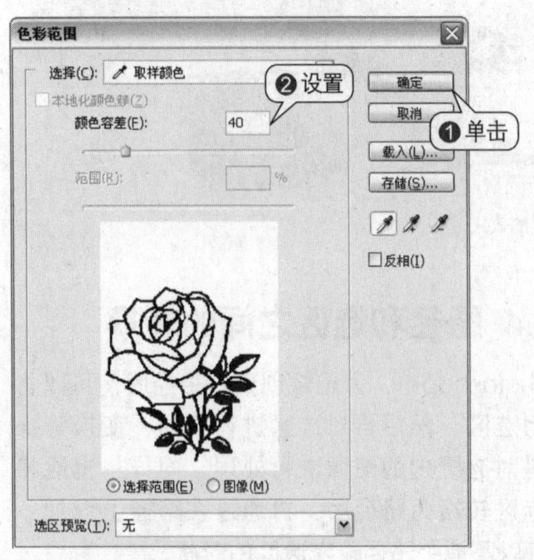

“色彩范围”对话框

创建选区

3. 将选区转换为路径

01 按下快捷键Ctrl+Shift+I，反选选区。

02 在“路径”面板中，单击“从选区生成工作路径”按钮，创建一个工作路径。

将选区转换为路径

路径效果

4. 复制工作路径

将“路径”面板中的工作路径拖动到12.jpg文件的图像窗口中，这样工作路径就复制到了人物图像上。

拖动路径

5. 将路径转换为选区

在“路径”面板中，单击“将路径作为选区载入”按钮，将复制的工作路径转换为选区。

将路径转换为选区

6. 填充选区并调整大小

01 单击“图层”面板中的“新建图层”按钮，

新建一个图层，并设置前景色为黑色，按下快捷键Alt+Delete为选区填充前景色。

02 按下快捷键Ctrl+D，取消选区，然后再按下快捷键Ctrl+T，调整图形的大小并将它移动到人物的手臂上。

填充选区颜色

调整图像位置

4.3.5 填充路径

对于一个已经创建好的路径，可以将它填充为任意颜色。利用为路径填充颜色的方法可以快速实现对绘制的路径进行颜色填充。可以使用下面3种方法实现在路径上填充颜色的操作。

1. 使用“用前景色填充路径”按钮

在图像中创建好路径后，单击“路径”面板上的“用前景色填充路径”按钮，将当前所选路径填充为前景色。

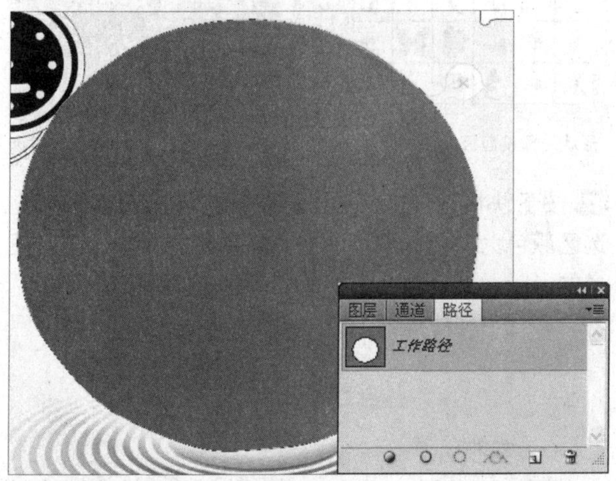

填充路径效果1

2. 使用快捷菜单

单击钢笔工具，在图像中创建好的路径上右击，在弹出的快捷菜单中执行“填充路径”命令，然后在弹出的对话框中设置参数，完成后单击“确定”按钮。

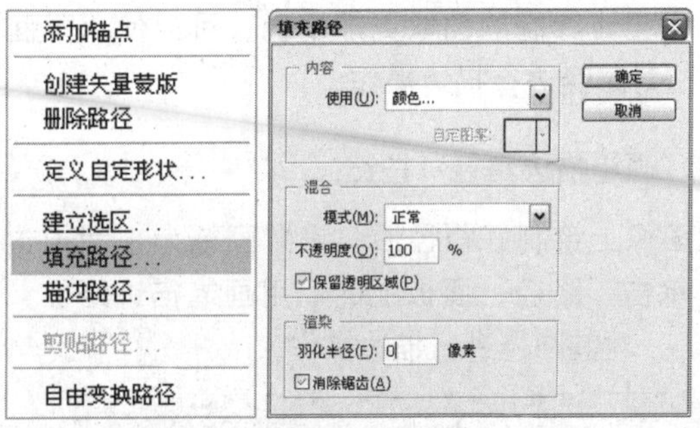

快捷菜单　“填充路径”对话框

填充路径效果2

3. 右击路径缩览图

在“路径”面板中右击路径缩览图，在弹出的快捷菜单中执行“填充路径”命令，然后在弹出的对话框中进行设置即可。

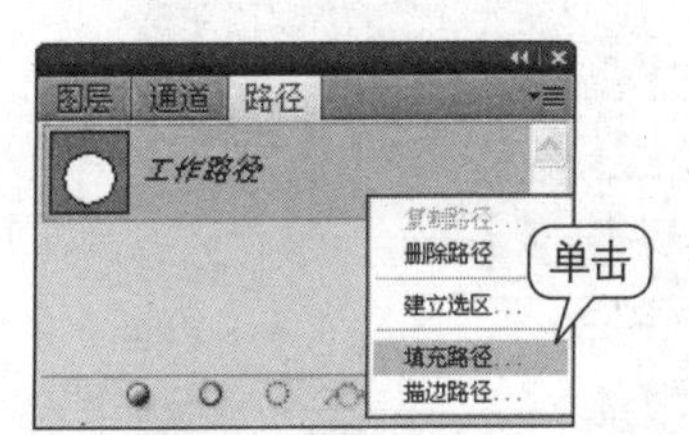

执行“填充路径”命令

填充路径效果3

4.3.6 描边路径

在使用路径绘制工具绘制比较复杂的图像时，可先选用钢笔工具创建出路径，再对其进行描边操作，这样会让绘制的图像更加精确。可以使用下面两种方法对路径进行描边操作。

1. 使用“画笔描边路径”按钮

在图像上绘制好路径后，设置画笔大小和描边颜色，单击“路径”面板上的“用画笔描边路径”按钮，对其路径进行描边操作。

绘制路径

2. 使用“描边路径”命令

设置画笔大小和描边颜色后，在绘制好的路径上右击，在弹出的快捷菜单中执行“描边路径”命令，在弹出的“描边路径”对话框中，进行参数设置，同样可以为创建好的路径进行描边。

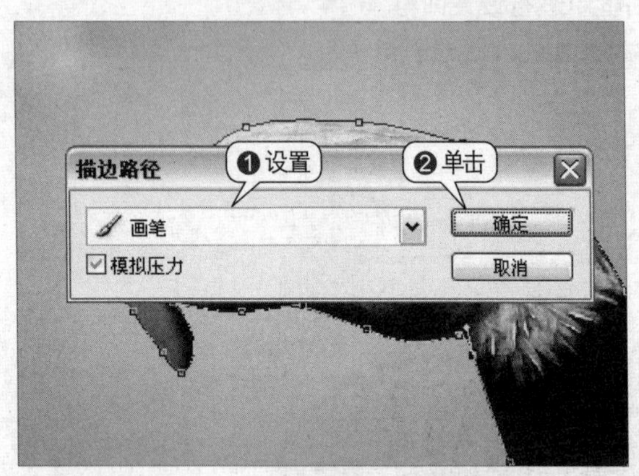

设置描边路径

完成后的图像效果

4.3.7 自定形状工具的用法

自定形状工具是Photoshop中常用的形状绘制工具，通过自定形状工具可以对一些简单的图形进行绘制。在“形状”预设面板中有很多种软件自带的形状图形，用户可以根据版面需要选择合适的形状图形进行绘制。下面通过一个实例对自定形状工具的使用方法进行讲解。

01 执行“文件>打开”命令，打开附书光盘\实例文件\Chapter 04\Media\14.jpg文件。单击“图层”面板下方的“创建新图层”按钮，新建“图层1”。

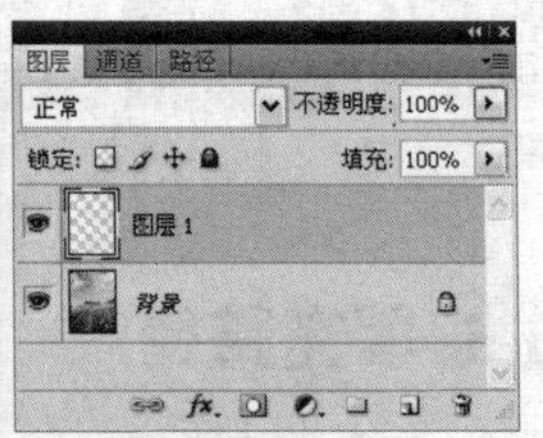

打开图像文件　“图层”面板

02 单击自定形状工具，在“形状”预设面板中选择“音乐符号”形状。然后在图像上绘制形状路径。

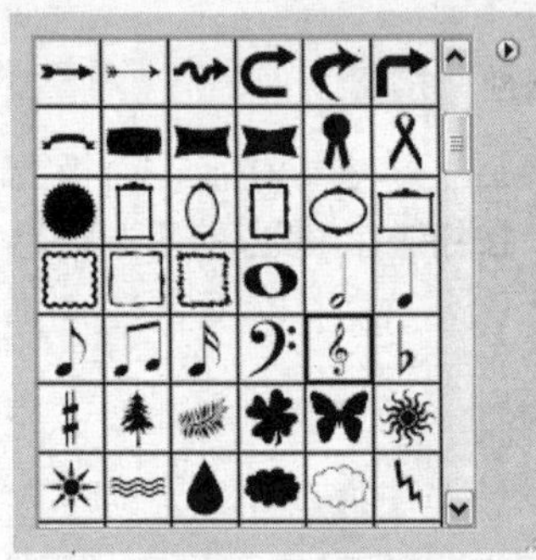

“形状”预设面板　绘制形状路径

03 按下快捷键Ctrl+Enter将路径转换为选区，填充选区颜色为白色。取消选区，采用相同的方法绘制更多的形状，结合自由变换命令调整形状路径的位置。

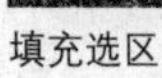
填充选区　完成后的效果

Chapter 05

平面广告设计的文字运用

本章主要知识点：

5.1 文字的编辑
- 5.1.1 了解文字面板
- 5.1.2 段落文字的编排
- 5.1.3 蒙版文字
- 5.1.4 制作变形文字
- 5.1.5 随路径舞动的路径文字
- 5.1.6 使用文本框快速排版

5.2 文字与其他功能的结合
- 5.2.1 文字与图层样式的结合使用
- 5.2.2 文字与图像的结合使用
- 5.2.3 文字与通道的结合使用
- 5.2.4 文字与滤镜的结合使用

5.3 构图与文字编排
- 5.3.1 报纸广告中的常规构图
- 5.3.2 杂志广告中的拼接式构图
- 5.3.3 DM单中大磅字编排方式

5.1 文字的编辑

在平面广告中文字是必不可少的构成元素，文字直接传达广告内容，文字的编辑对平面广告的成败至关重要。文字的编排是按照点、线、面等形式合理组合的，要符合视觉流程的规律，形成一定的秩序和美感，从而更好地传达广告的内容。

在文字的编辑设计中，字体、字号、字间距、行间距是广告编排时调整较多的要素。在本小节中将具体为读者介绍文字的编辑，包括对文字面板的了解，蒙版文字、段落文字、变形文字和路径文字等知识的讲解。

下面3幅广告即是以文字的编辑为主，包括对文字大小的处理、段落文字的编排和文字颜色的调整等，使用图形和文字很好地融合起来，既能突出主题，又能使画面富于视觉观赏性。

音乐海报

杂志广告

科技杂志广告

5.1.1 了解文字面板

在Photoshop中用于设置文字的面板有“字符”面板和“段落”面板。“字符”面板用于设置字符，“段落”面板用于对整个段落进行设置。

在设计文字排版较多的报纸广告和杂志广告时，使用文字面板是必不可少的，因此需要了解文字面板。这里将为读者介绍“字符”和“段落”面板中的各选项，以便于在设计广告中对文字能够灵活操作。

1. 字符面板

“字符”面板用于设置字符的字体、大小、颜色、行距、字距等，也可以将已经编辑好的文字进行重新调整。下图列出了“字符”面板中主要选项的含义。

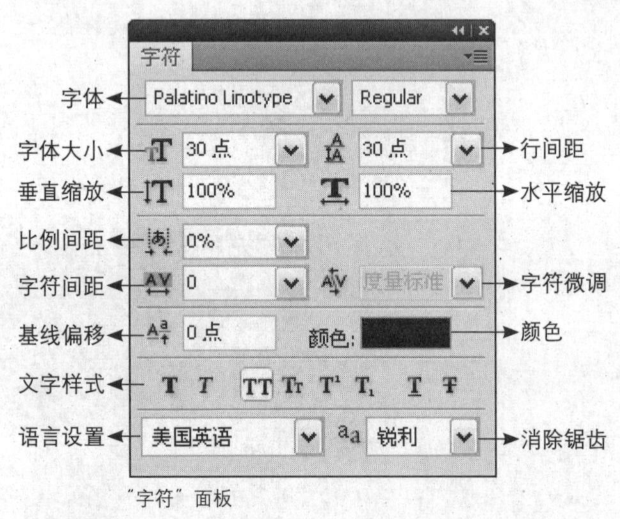

“字符”面板

2. 段落面板

“段落”面板可以设置整个段落的对齐方式、缩进和间距等。下图列出了“段落”面板中主要选项的含义。

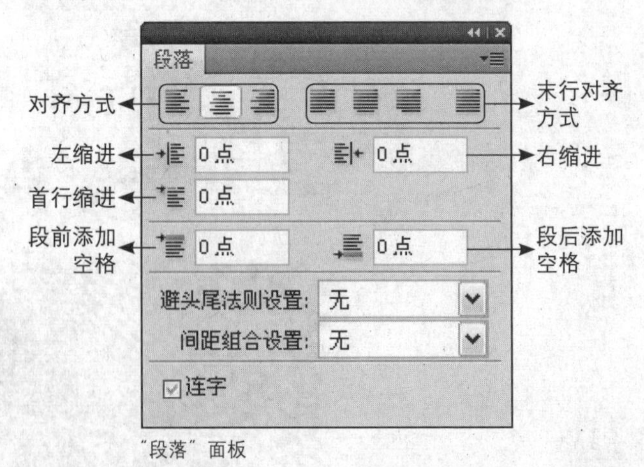

“段落”面板

5.1.2 段落文字的编排

在制作文字较多的平面广告时，使用段落文字来进行排版是非常方便和快速的，段落文字可以设置不同的对齐方式和文字的缩进等，可以编排出不同的段落文字效果。

在下面3幅广告中，都采用了将段落文字进行左对齐的排版方式，使段落文字显得整齐规范，整个版面显得整洁舒适，给观众视觉带来舒适感。

段落文字在平面广告中的编排

下面3幅广告作品中文字以不规则图形进行版面编排，使版面具有突出的视觉效果，采用左对齐与两端对齐的方式，变化中蕴含统一。

画册广告

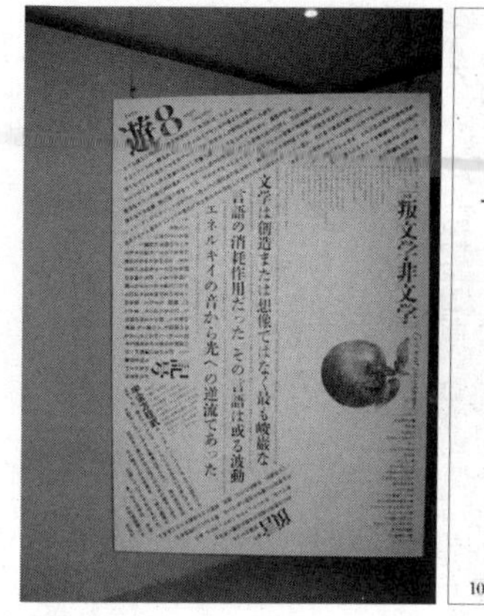

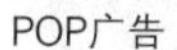

POP广告　　杂志广告

5.1.3 蒙版文字

蒙版文字即将文字以蒙版的形式，创建出文字选区。在Photoshop中有横排文字蒙版工具和直排文字蒙版工具，可以用这两个文字工具来创建蒙版文字。下面就介绍使用蒙版文字工具来创建蒙版文字并进行图像合成处理。

1. 打开文件

执行“文件>打开”命令，打开附书光盘\实例文件\Chapter 05\Media\01.jpg和02.jpg文件。

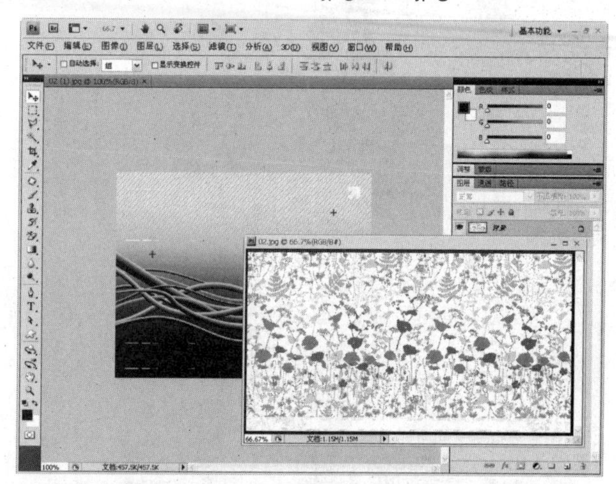

打开图像文件

2. 输入蒙版文字

01 在工具箱中选择横排文字蒙版工具。

02 在“字符”面板中设置字体为Arial Black，字体大小为60点。

03 在02.jpg文件中单击置入插入点，确定输入位置，图像以红色蒙版出现，输入字母后，字母以白色区域显示。

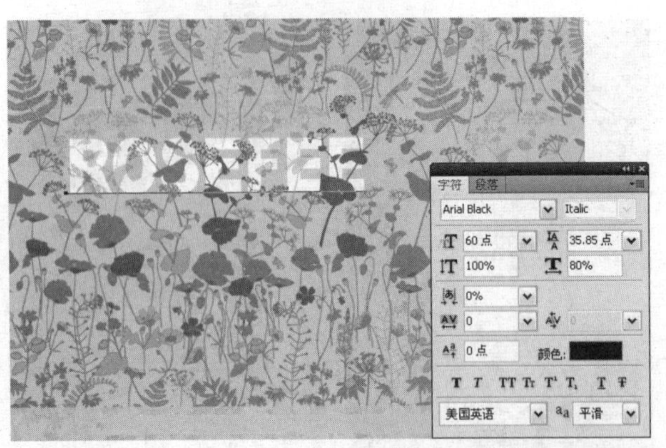

输入蒙版文字

3. 移动选区内图像

01 单击移动工具，图像退出蒙版状态，输入的文字以选区显示。

02 将选区内的图像拖动到01.jpg文件中，注意放置位置，生成“图层1”。

文字选区

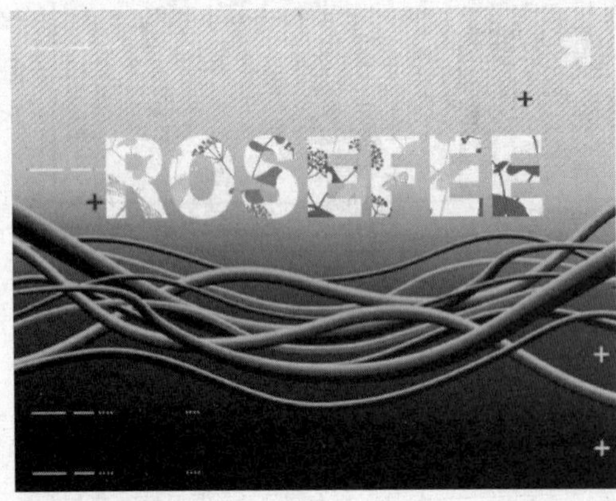

移动文字效果

4. 继续创建蒙版文字

01 使用前面同样的方法在02.jpg文件中输入蒙版文字，设置字符大小为30点。

02 单击移动工具后，将选区中的图像拖动到01.jpg文件中。

再次输入蒙版文字

完成后的效果

5.1.4 制作变形文字

在制作平面广告时随时都会用到文字，对文字进行适当变形之后即可制作出图案风格的作品，在Photoshop中应用“文字变形”功能可以对文字进行变形、扭曲等操作。下面就介绍通过“文字变形”对话框来制作变形文字。

1. 打开文件

执行“文件>打开”命令，打开附书光盘\实例文件\Chapter 05\Media\03.jpg文件。

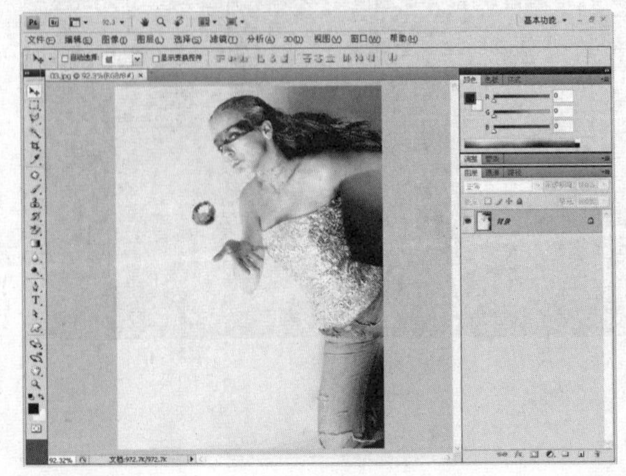

打开图像文件

2. 输入文字

01 在“字符”面板中设置字体为Arno Pro，字体大小48点，并设置颜色为（R164、G117、B145）。

02 选择横排文字工具[T]，在图像中单击置入插入点，然后输入英文。

输入文字

3. 设置变形文字

01 单击属性栏中的“创建变形文字”按钮[工]。

02 在弹出的“变形文字”对话框中设置变形“样式”为“凸起”，单击“确定”按钮，文字应用变形。

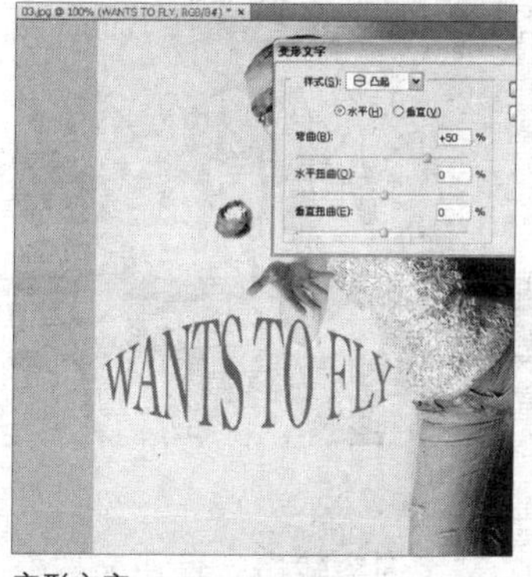

变形文字

4. 设置文字扇形变形

01 更改字体大小为20点，然后输入字母。

02 在选项栏中单击“创建变形文字”按钮[工]。

03 在“变形文字”对话框中设置“样式”为“扇形”，“弯曲”为60%，“垂直扭曲”为-10%。单击移动工具[移动]，调整变形文字位置。

再次输入文字

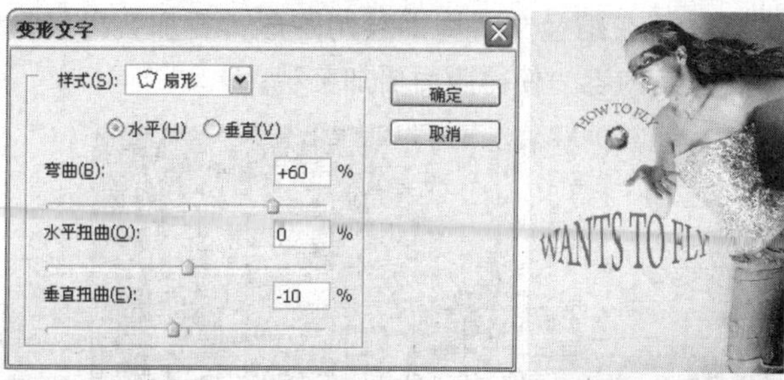

“变形文字”对话框　　文字变形效果

5. 添加英文

01 使用文字工具在图像的下方单击拖动绘制一个文本框。

02 在文字框内单击输入英文，并设置为居中对齐。

绘制文本框　　完成后的效果

5.1.5 随路径舞动的路径文字

在Photoshop中使用路径工具即钢笔工具可绘制路径，然后使用文字工具在路径上单击，就可以输入随路径舞动的路径文字。这种形式的文字在广告中可起到很好的效果，使广告文字具有灵动性、观赏性，容易吸引受众眼球，更好地传递广告信息。

下面的两幅广告中，将主体文字处理成随路径舞动的路径文字，使得画面的文字不会显得呆板，更加灵活地对文字进行编排，受众更容易接受。

杂志广告1　　杂志广告2

下面两幅广告将文字排列在路径上，形成路径文字，并在路径文字周围绘制图形，更加突出显示广告文字内容，使得版面更加美观。

杂志广告3

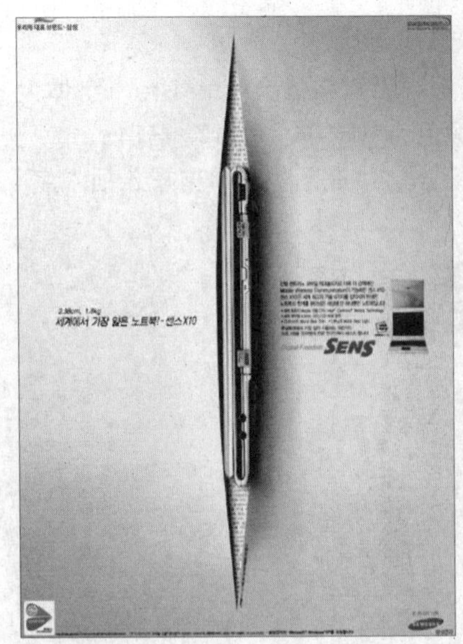

海报广告

杂志广告4

画册广告

5.1.6 使用文本框快速排版

在对有大量文字的广告进行排版时，使用文本框可以快捷方便地帮助排版。使用文字工具，在图像中单击并拖动，拖出的区域即为文本框，输入文字后根据需要还可以放大或缩小文本框。

下面左图即为使用文字工具单击，然后向对角拖动绘制出的文本框，右图为在文本框中输入文字，并将文字设置为居中对齐效果。

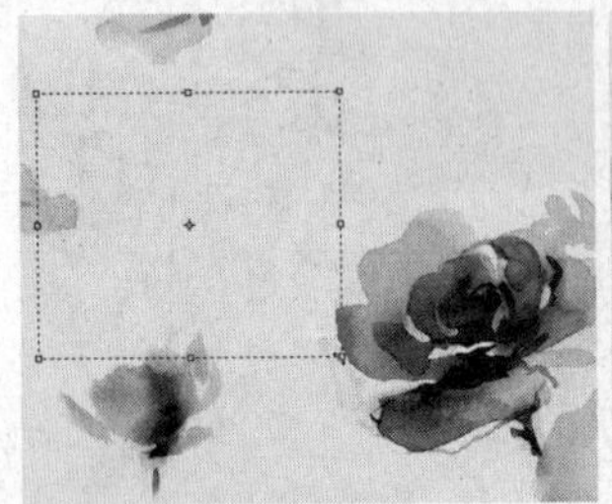

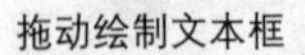

拖动绘制文本框　　在文本框中输入文字

下面两幅广告中都运用了文本框来对文字进行编辑，使文字形成段落，易于编辑排列，更方便观看阅读，也起到了美化版面的作用。

下面的杂志广告中，文字内容较多，使用文本框来进行输入编辑可方便快速地进行编排，在DM单广告中使用文本框对文字进行左对齐的编排。通过文本框对广告中文字的编排使得这两幅广告整体版面编辑整洁，视觉流程清晰，画面给人舒适的感觉。

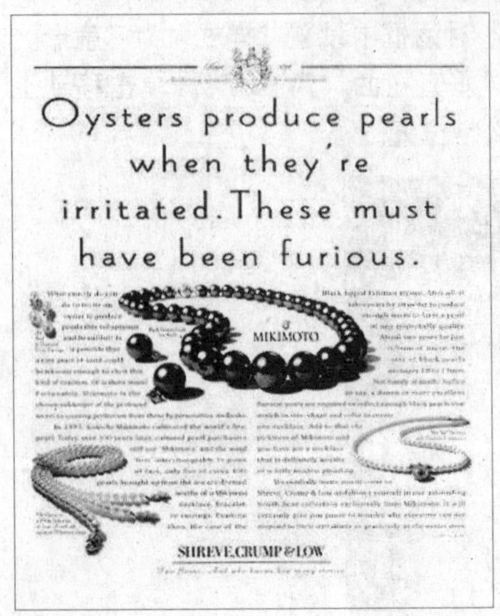

杂志广告

DM单广告

5.2 文字与其他功能的结合

在平面广告设计中，文字是版面设计中不可缺少的信息传递要素，通过文字的编排对广告的信息进行传达，建立与消费者之间的沟通。前面已经对文字工具的基本使用方法进行了讲解，下面学习文字工具的具体应用。

5.2.1 文字与图层样式的结合使用

在进行版面编排时，为了使文字更具有视觉冲击力，使其在版面中的效果更突出，常常会结合图层样式对文字图像进行编辑。下面对文字与图层样式的结合使用进行讲解。

1. 新建图层文件

01 按下快捷键Ctrl+N，弹出“新建”对话框，设置各项参数。

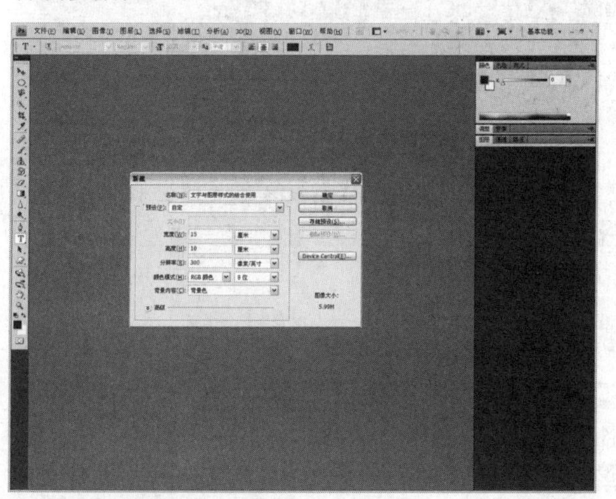
设置参数

02 完成后单击“确定”按钮，新建一个图像文件。

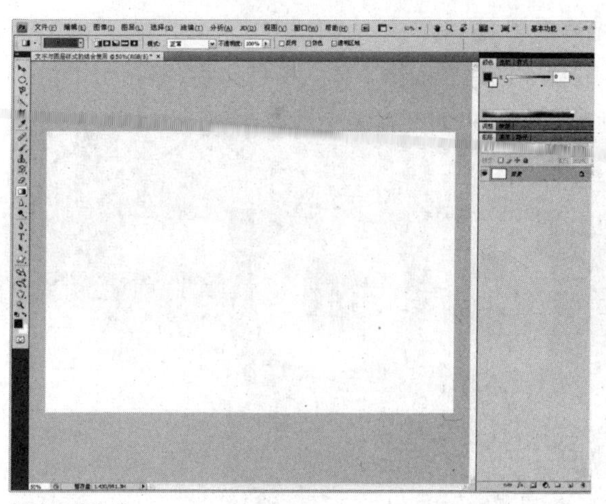
新建图像文件

2. 填充背景渐变色

01 单击渐变工具，打开“渐变编辑器”对话框，从左到右设置渐变颜色为（R197、G17、B177）和（R145、G12、B130）。

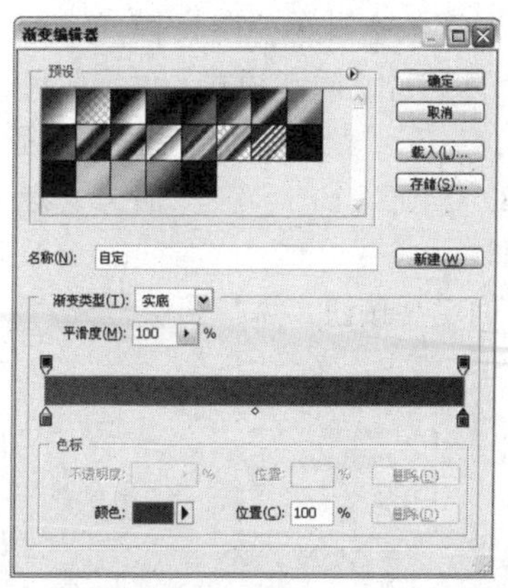

“渐变编辑器”对话框

02 完成后单击“确定”按钮，从上到下填充“背景”图像径向渐变。

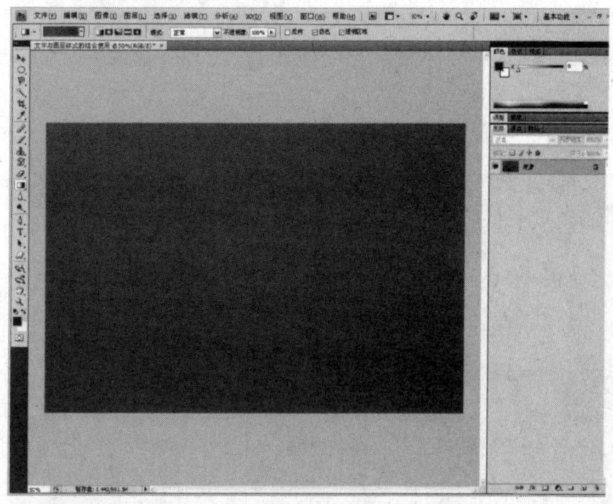
填充图像渐变

3. 输入文字

01 单击横排文字工具T，打开“字符”面板，设置各项参数。

02 设置完成后在图像中输入白色文字。

输入文字

4. 添加图层样式

01 双击文字图层打开"图层样式"对话框，设置"斜面和浮雕"、"颜色叠加"、"描边"选项面板参数值。在"斜面和浮雕"选项面板中设置"高光模式"颜色为（R253、G196、B134），"阴影模式"设置颜色为（R235、G117、B2）；在"颜色叠加"选项面板中设置颜色为（R253、G103、B3）；在"描边"选项面板中设置颜色为黑色。

02 设置完成后单击"确定"按钮，添加图层样式。

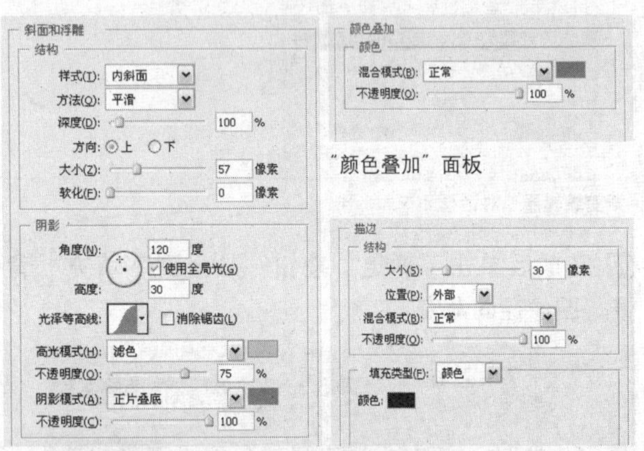
"颜色叠加"面板

"斜面和浮雕"面板　　"描边"面板

添加图层样式后的效果

5. 再次输入文字

01 单击横排文字工具[T]，打开"字符"面板，设置各项参数。

02 设置完成后在图像中输入白色文字。

完成后的图像效果

5.2.2 文字与图像的结合使用

文字作为信息传达的主要元素，在平面广告中经常以图像信息解说的形式出现，从而更准地传达广告信息，下面对文字与图像的结合使用进行实例讲解。

1. 打开图像文件

执行"文件>打开"命令，打开附书光盘\实例文件\Chapter 05\Media\04.jpg文件。

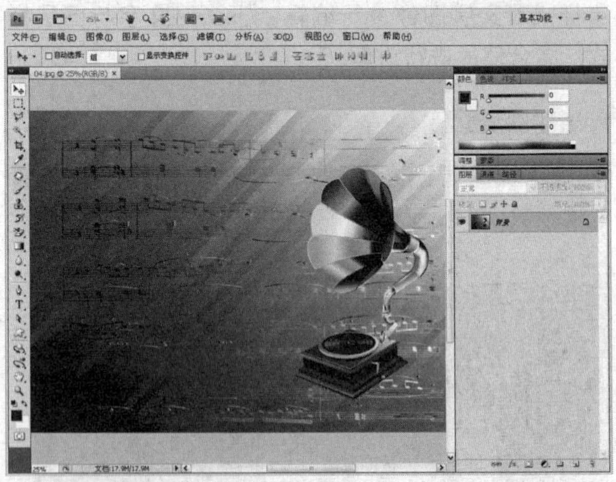
打开图像文件

2. 输入文字

01 单击横排文字工具[T]，打开"字符"面板，设置各项参数。

02 设置完成后在图像中输入白色文字，并调整文字在画面中的位置。

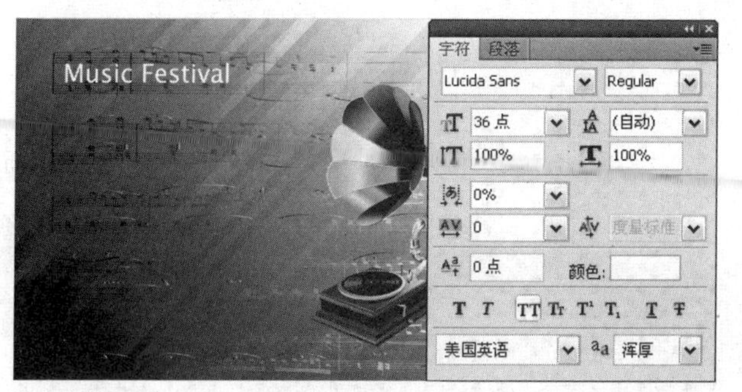

输入文字

3. 输入段落文字

01 单击横排文字工具T，打开“字符”面板，设置各项参数。

02 设置完成后在图像上绘制文本输入框，然后在文本框中输入文字。

“字符”面板

绘制文本输入框

输入段落文字

4. 输入说明文字

使用相同的方法输入右下角的白色说明文字。

完成后的效果

5.2.3 文字与通道的结合使用

在制作文字的特殊效果时，常用到图层通道，下面主要对文字与通道的结合使用进行实例讲解。

1. 新建图像文件

01 按下快捷键Ctrl+N，打开“新建”对话框，设置各项参数。

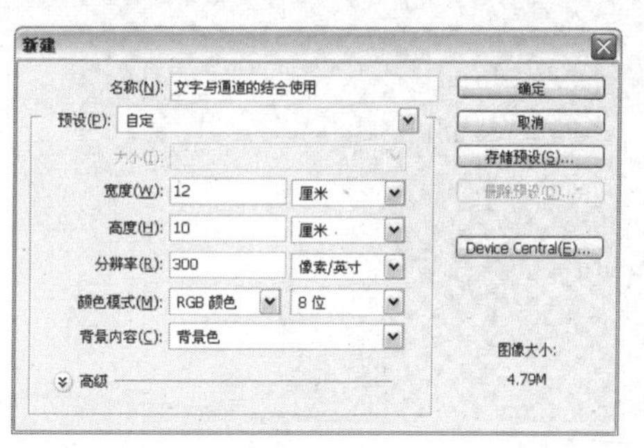

“新建”对话框

02 设置完成后单击“确定”按钮，新建一个图像文件，填充“背景”图像颜色为黑色。

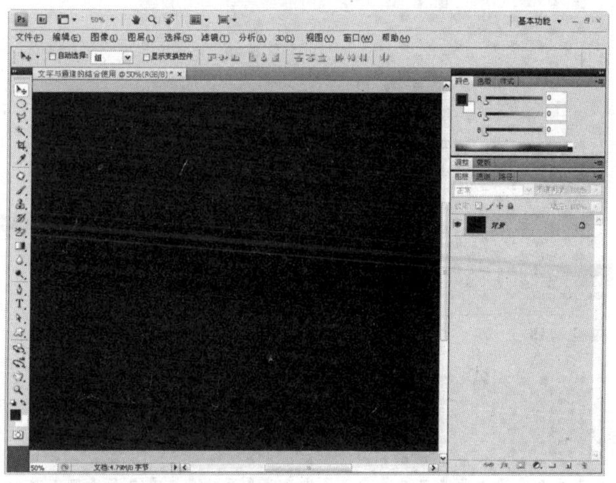

新建图像文件

2. 新建通道图层

打开“通道”面板，单击“创建新通道”按钮，新建一个Alpha 1通道，填充通道颜色为白色。

新建Alpha 1通道

3. 执行滤镜命令

01 执行“滤镜>素描>半调图案”命令，打开“半调图案”对话框，设置各项参数。

02 单击“新建效果图层”按钮，新建滤镜，设置各项参数。

03 完成后单击“确定”按钮，可预览图像效果。

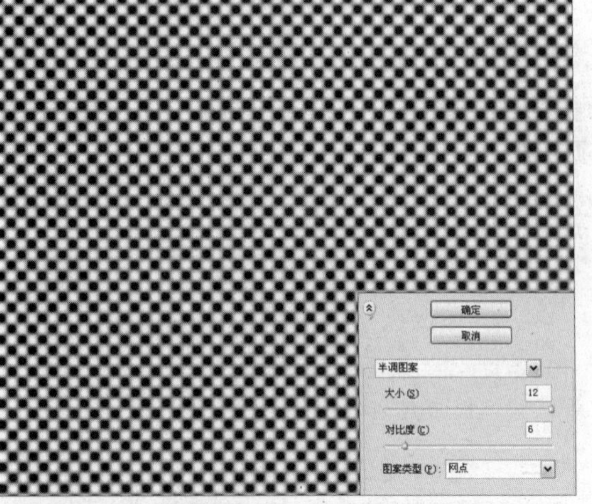

设置半调图案参数及图像效果

新建滤镜

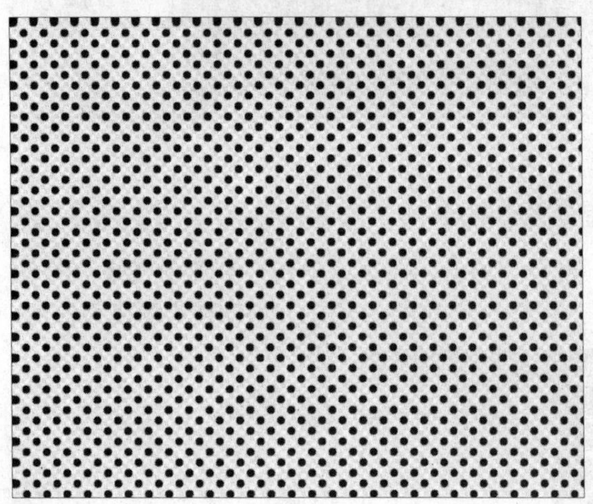

图像效果

4. 载入选区

01 按住Ctrl键的同时单击Alpha 1通道图层，载入图层选区。

02 返回到“图层”面板，新建“图层1”，填充选区颜色为白色，最后取消选区。

载入选区

填充选区颜色

5. 输入文字

01 单击横排文字工具，打开“字符”面板，设置各项参数。

02 在图像中输入白色文字，调整文字的位置。

输入文字

6. 调整图像

01 选择“图层1”，按下快捷键Ctrl+T，对图像进行自由变换。

02 调整完成后按下Enter键结束自由变换。

调整图像

调整后的图像效果

7. 添加并编辑图层蒙版

单击“图层”面板下方的“添加图层蒙版”按钮，为“图层1”添加图层蒙版，从下到上为图像填充黑色到透明色的线性渐变。

添加蒙版

8. 调整图像

01 单击文字图层左侧的指示图层可见性按钮，隐藏文字图层，按住Ctrl键单击SEVEN文字图层，载入图层选区。

02 新建“图层2”，执行“编辑>描边”命令，在弹出的“描边”对话框中设置参数。

03 设置完成后单击“确定”按钮，最后取消选区。

载入选区

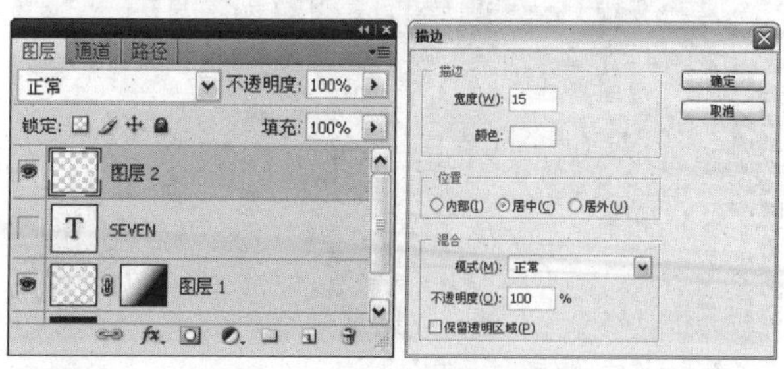
新建图层　　“描边”对话框

描边后的效果

9. 添加图层样式

01 双击“图层 2”，打开“图层样式”对话框，设置“内阴影”与“外发光”选项面板参数。在“内阴影”选项面板中设置颜色为（R254、G149、B0），在“外发光”选项面板中设置颜色为（R255、G80、B0）。

02 设置完成后单击“确定”按钮，添加图层样式。

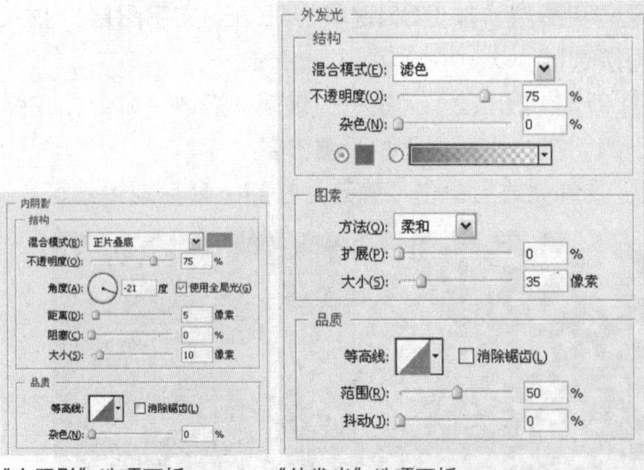

“内阴影”选项面板　　　　“外发光”选项面板

添加图层样式后的效果

10. 调整图像

01 选择“图层2”，按下快捷键Ctrl+T对图像进行自由变换，调整图像的形状与位置。

02 调整完成后按下Enter键结束自由变换。

调整图像形状与位置

调整后的图像效果

11. 复制并调整图层

复制一个“图层2”，得到“图层2 副本”图层，将其移动至“图层2”的下方，并设置其“不透明度”为29%。

图像效果

12. 添加图层样式

01 双击“图层 1”打开“图层样式”对话框，分别设置“内阴影”和“外发光”选项面板参数。在“内阴影”选项面板中设置颜色为（R4、G156、B211）。在“外发光”选项面板中设置颜色为（R0、G210、B250）。

02 设置完成后单击“确定”按钮，添加图层样式。

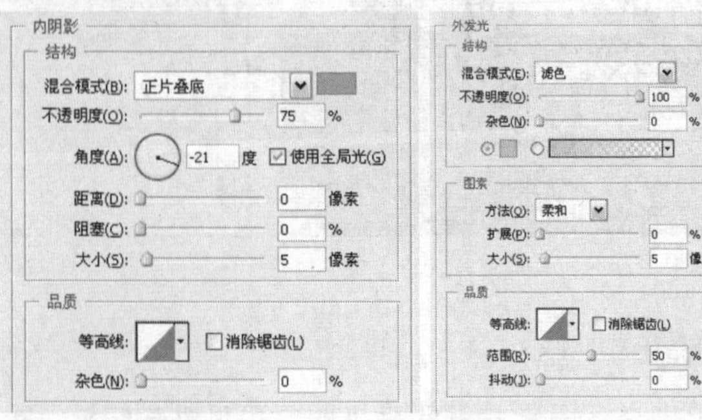

“内阴影”选项面板　　　　“外发光”选项面板

添加图层样式后的效果

13. 添加素材图像

打开附中光盘\实例文件\Chapter 05\Media\05.png文件，单击移动工具，将素材图像移动至当前图像文件中，并调整图像在画面中的位置。

完成后的效果

5.2.4 文字与滤镜的结合使用

在平面广告中文字常以质感、纹理的形式出现在版面中，这时可以采用文字与滤镜结合的方法为文字添加特殊艺术效果。下面对文字与滤镜的结合使用进行实例讲解。

1. 新建图像文件

01 按下快捷键Ctrl+N，打开“新建”对话框，设置各项参数。

02 完成后单击“确定”按钮，新建一个图像文件。

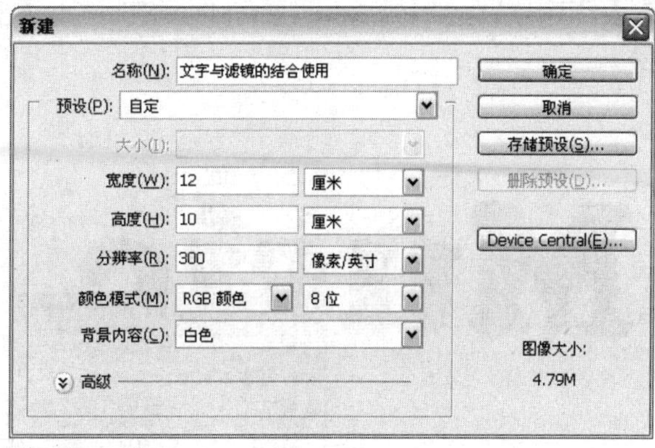

“新建”对话框

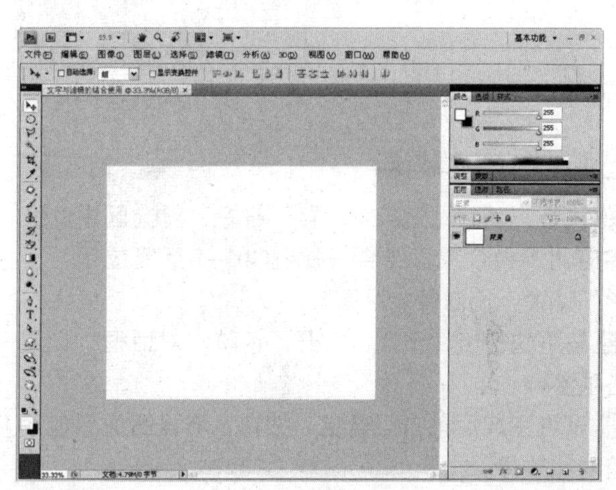

新建图像文件

2. 输入文字

01 单击横排文字工具，打开“字符”面板，设置各项参数，其中颜色为（R123、G0、B0）。

02 设置完成后在图像上输入文字Music，并调整文字的位置。

“字符”面板　　输入文字

3. 栅格化文字

01 在Music文字图层上单击鼠标右键，在弹出的快捷菜单中执行“栅格化文字”命令，将文字图层转换为普通图层。

02 按住Ctrl键的同时单击Music文字图层的图层缩览图，载入图层选区。

载入选区

4. 添加“云彩”滤镜

01 执行“滤镜>渲染>云彩”命令，对选区中的文字应用滤镜效果，结合快捷键Ctrl+F反复应用“云彩”滤镜，使滤镜效果均匀。

02 按下快捷键Ctrl+L，打开“色阶”对话框，设置各项参数。

03 设置完成后单击“确定”按钮，增强图像颜色明暗对比效果。

添加“云彩”滤镜后的效果

“色阶”对话框

调整色阶后的效果

5. 添加“添加杂色”滤镜

01 保持选区，执行“滤镜 > 杂色 > 添加杂色”命令，在弹出的对话框中设置参数。

02 设置完成后单击“确定”按钮，应用滤镜效果。

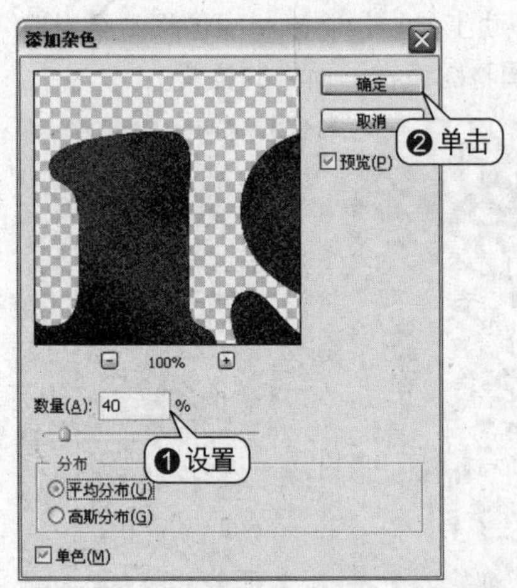

“添加杂色”对话框

添加杂色后的效果

6. 调整色阶

01 按下快捷键Ctrl+L，打开“色阶”对话框，设置各项参数。

02 设置完成后单击“确定”按钮，调整明暗对比。

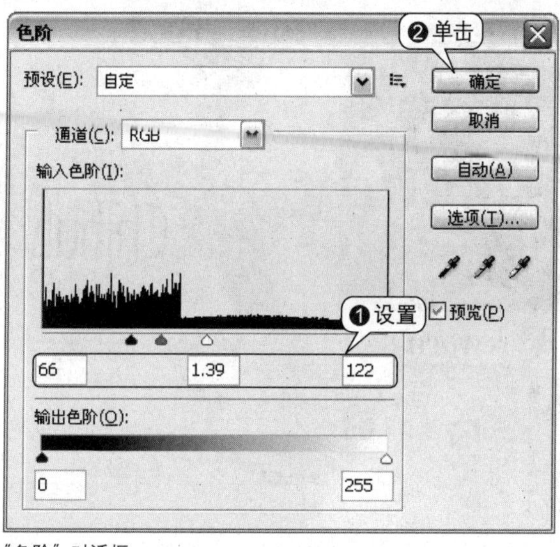

"色阶"对话框

调整色阶后的效果

7. 调整文字效果

01 取消选区后，单击魔棒工具，在文字的黑色图像上单击鼠标，对黑色图像进行选区创建。
02 按下Delete键删除选区中的图像，保持选区。
03 执行"选择>反向"命令，然后填充选区颜色为（R123、G0、B0），最后取消选区。

创建选区

删除图像

填充选区颜色

8. 添加素材图像

打开附书光盘\实例文件\Chapter 05\Media\06.jpg文件，单击移动工具，将素材图像移动至当前图像文件中，并调整图像在画面中的位置。

添加素材图像

9. 添加文字图层样式

01 双击Music图层打开"图层样式"对话框，设置"内发光"选项面板参数。
02 设置完成后单击"确定"按钮，应用图层样式。

内发光
结构
混合模式(B): 滤色
不透明度(O): 60 %
杂色(N): 0 %

"内发光"选项面板

完成效果

5.3 构图与文字编排

平面广告的构图是在有限的空间内，将文字、图形、色彩三大要素和点、线、面等形式要素，根据广告内容的需要，按照构图的形式美法则进行组合。对文字的编排包括文字的字体、字号、段落属性等方面。这里通过介绍报纸广告中的常规构图方式、杂志广告的拼接式构图和DM单中的大磅字的编排来展示平面广告中的构图和文字编排。

5.3.1 报纸广告中的常规构图

报纸广告是平面广告中影响最大的广告媒体，因此报纸广告宣传的产品十分广泛，有生产资料类广告、生活资料类广告、医药滋补类广告、文化艺术类广告、食品饮料类广告、交通运输类和旅游类广告等。报纸广告在构图上形式多样，常规构图时主要运用到的构图方式有上图下文式、上文下图式、左图右文式、右图左文式等。下图的几幅广告中就展示了报纸广告的常规构图方式。

上图下文式　　左图右文式

上文下图式　　图形中间式

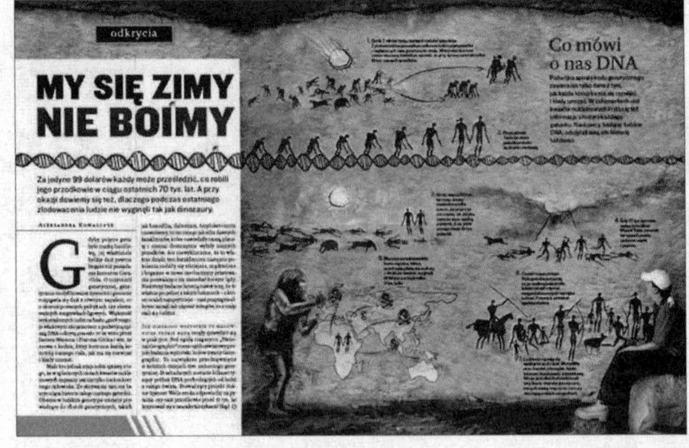

左文右图式

5.3.2 杂志广告中的拼接式构图

广告在杂志中的位置一般分为封面、封二、封三、封底、扉页、插页、内页，版面的大小以页为单位，分为全页、半页、三分之一页、三分之二页、四分之一页、六分之一页，也可以做连页、跨页甚至多页广告。杂志广告的内容多样，在排版时风格也很多变，要求有强烈的视觉感和艺术欣赏性。

拼接式构图是杂志广告构图时常用到的一种方式，它是指将多张图拼接在一起的构图形式。这种方式可以非常直观地展示产品的多种类型。在使用拼接式构图时，需要考虑图与图之间的联系，可以将图片排成以某一图片为中心的圆形，也可以采用重叠的方法或者采用并列式和对比式对图形进行拼接，但需要注意的是，无论使用那种方式进行编排，都需分清主次关系，以免喧宾夺主。

下面的广告中将图片以并列的方式整齐地拼接在一起，使广告构图上整齐划一，并以图形的大小来分清主次关系。

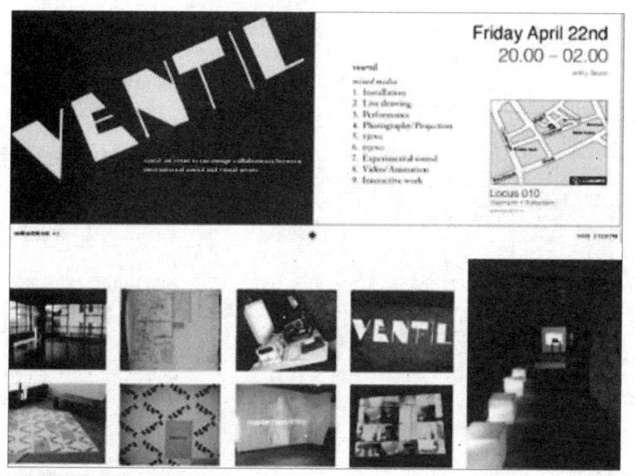

杂志广告中的拼接式构图1

下面的广告在进行拼接构图时将大小不一的图片和文字结合进行拼接构图，使视觉流程畅通。

杂志广告中的拼接式构图2

5.3.3 DM单中大磅字编排方式

DM单又称直邮广告，主要通过邮寄、赠送等形式，将宣传品送到消费者手中、家里或公司所在地，因此DM单在设计时对文字和图形的要求都要考究，印刷也需精美。

文字是DM单中的重要元素，它直接传递广告信息，在对文字进行编排时除了常用的编排方式外，还有对广告标题和主要内容的文字进行字体的加大编排，即大磅字编排方式，这种编排方式的好处是使受众一拿到DM单就能马上知道广告的主题内容，起到吸引受众的作用。

在下面4幅DM单广告中，就将主要文字进行大磅字的编排处理，使得主题突出，并且将文字和图形很好地接合在一起，使用整个广告构图主次分明、画面合谐。

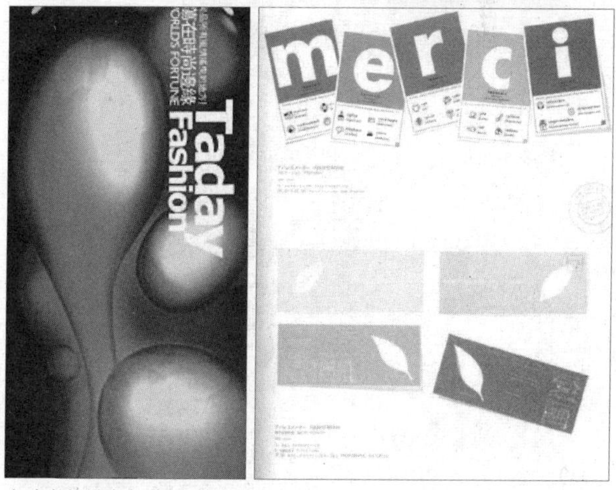

大磅字编排在各种DM单中的应用

Chapter

06

平面广告设计的合成特效运用

本章主要知识点：

6.1 蒙版特效合成
- 6.1.1 蒙版的类型与创建方式
- 6.1.2 使用蒙版进行无边缝合成

6.2 通道高级合成
- 6.2.1 了解“通道”面板
- 6.2.2 在通道中抠取图像
- 6.2.3 单通道应用图像合成
- 6.2.4 多通道应用图像合成

6.3 滤镜特效合成
- 6.3.1 了解“滤镜”菜单
- 6.3.2 使用多个滤镜应用特效

6.4 特效合成应用
- 6.4.1 电影海报中的特效合成应用
- 6.4.2 户外广告中的夸张特效应用
- 6.4.3 极具创意的杂志特效广告

6.1 蒙版特效合成

在Photoshop中用户可以对图像进行各种特效的合成，而在进行特效合成的时候会经常用到图层蒙版。蒙版是Photoshop中的核心功能之一。使用蒙版，可以方便各种图像的特效合成，并且在蒙版中进行图像处理时，能够快速地还原图像，避免在操作过程中丢失图像信息。

蒙版是在现有图层的基础上添加上一个遮盖层，它是不可见的，却又真实存在于图层和通道中。所以利用蒙版可以将图像的某些部分区分开来，也可以保护图像的某些部分不被编辑。

6.1.1 蒙版的类型与创建方式

学会使用蒙版，可以减少在操作过程中的误操作。蒙版在图片的融合、特殊效果、建立复杂的选区上为我们的操作提供了更大方便的同时，还能将普通的图像进行高质量的合成。学会使用蒙版并合理利用，才能真正将Photoshop的各项调整功能使用得更加淋漓尽致。

在Photoshop中有多种蒙版类型，大致可以分为快速蒙版、剪贴蒙版、矢量蒙版、图层蒙版。下面对常用的蒙版的创建方法进行简单讲解。

1. 创建图层蒙版

01 执行“文件>打开”命令，打开附书光盘\实例文件\Chapter 06\Media\01.jpg文件，按下快捷键Ctrl+J，复制背景图层。

02 选择复制的背景图层，单击“图层”面板下方的“添加图层蒙版”按钮，在图层中添加一个图层蒙版。

03 单击“图层”面板下方的“添加矢量蒙版”按钮，在图层蒙版后再添加一个矢量蒙版。

素材图像

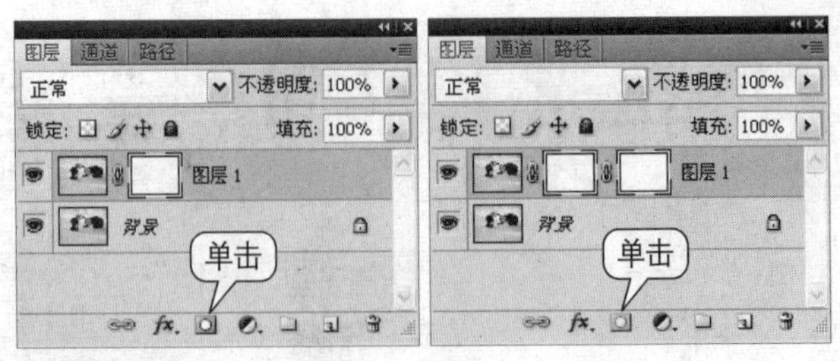

创建图层蒙版

2. 创建剪贴蒙版

01 执行“文件>打开”命令，打开附书光盘\实例文件\Chapter 06\Media\02.psd文件。

02 使用多边形套索工具，在背景图层上创建选区，并按下快捷键Ctrl+J，复制选区内的图像。

03 按住Alt键，将光标放在“图层”面板中分隔两个图层的线上，当光标变成两个相交圆的时候再单击，或者直接按下快捷键Ctrl+Alt+G，即可创建剪贴蒙版。

创建选区　　剪贴蒙版图像

“图层”面板　　创建剪贴蒙版

完成后的图像效果

3. 创建矢量蒙版

执行"图层>矢量蒙版>显示全部"命令，然后单击钢笔工具直接在图像上绘制，此时在矢量蒙版中就会显示绘制的形状信息。

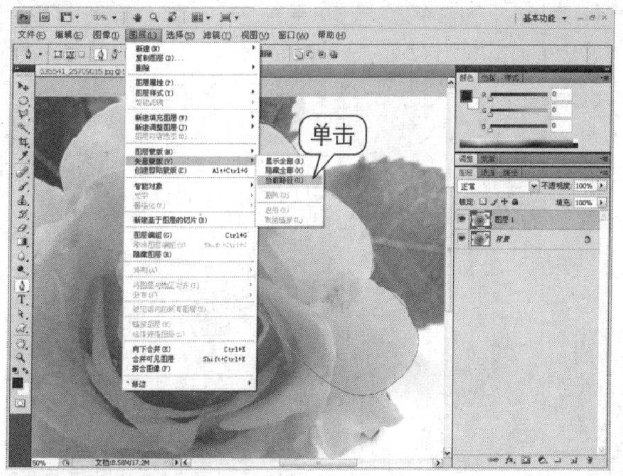

执行"显示全部"命令

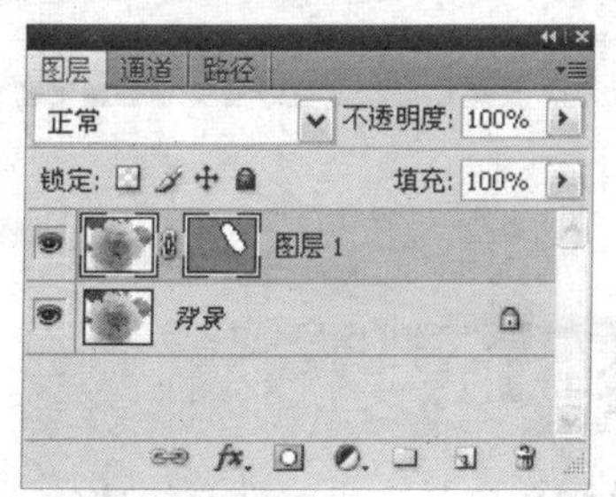

创建矢量蒙版图层

6.1.2 使用蒙版进行无边缝合成

在平面广告中对图像的合成是一个必须掌握的操作。Photoshop中的图层蒙版为图像合成提供了很大的帮助，利用图层蒙版可以隐藏部分图像，再配合工具箱中的工具就可以轻松完成图像的合成。绘图工具操作起来比较灵活，如果在操作时，使用黑色的画笔在蒙版内进行涂抹就会隐藏一些不需要的图层信息，以过渡的效果来实现图像的无边缝合成。下面为大家介绍怎样使用图层蒙版对图像进行合成。

合成效果

1. 打开文件

执行"文件>打开"命令，打开附书光盘\实例文件\Chapter 06\Media\03.jpg、04.jpg、05.jpg和06.jpg文件。

打开图像文件

2. 移动图像

01 单击移动工具，将04.jpg、05.jpg和06.jpg的图像都移动到03.jpg图像文件中，分别生成"图层1"、"图层2"和"图层3"。

02 按下快捷键Ctrl+T，显示自由变换编辑框，分别适当调整图像大小，然后将图像移动到页面中的适当位置。

调整图像大小

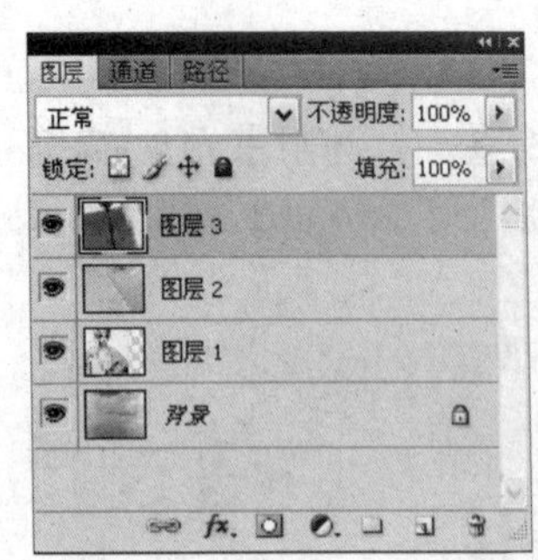

“图层”面板

3. 为“图层1 副本”添加蒙版

01 复制“图层1”，得到“图层1副本”，然后隐藏“图层1”。选择“图层1 副本”，单击“图层”面板下方的“添加图层蒙版”按钮，为“图层1 副本”添加图层蒙版。

02 设置前景色为黑色并单击画笔工具，在其属性栏上设置画笔的硬度为50%，沿着人物的外围轮廓进行涂抹，隐藏图像中不需要的部分。

隐藏图像后的效果

4. 继续添加蒙版

使用同样的方法分别为“图层2”和“图层3”添加图层蒙版效果，隐藏图像中不需要的部分。

添加蒙版后的图像效果

5. 输入文字

01 单击横排文字工具T，在图像上输入英文字母cool drinks。

02 打开“字符”面板，设置字体为“方正琥珀繁体”，“字体大小”为24点，“垂直缩放”和“水平缩放”分别为200%和150%。

输入文字

6.2 通道高级合成

在处理图像时，确定选区的范围是非常重要的，只有正确地确定选区，才能够更精确地对图像进行效果合成。

通道是最高级的选择区域的方式，是Photoshop中极为重要的一个功能，也是处理图像非常高效的一个平台。在打开图像文件后，系统会自动创建颜色信息通道。在通道中，图像只有黑色、白色和灰色3种颜色，相对于RGB颜色而言，图像的层次关系也就变得非常明显，操作起来也会更加简单。

6.2.1 了解“通道”面板

在图像中自动创建的颜色信息会在“通道”面板中显示为RGB、红、绿、蓝的相关颜色信息。我们可以通过在“通道”面板中的设定达到管理颜色信息的目的。在“通道”面板中可以对通道进行创建、复制和管理等。

通道中的白色表示要处理的部分即选择区域，黑色表示不需要处理的部分即非选择区域，灰色表示中间的过渡色，是介于选择和非选择之间。

在“通道”面板中可以进行通道的复制、删除、分离、合并等一系列的操作。

通道面板

❶ **"将通道作为选区载入"按钮**：在当前图像上调用一个颜色通道的灰度值并将其转换为选取区域。
❷ **"将选区存储为通道"按钮**：创建了选区后，单击此按钮将选区保存到一个Alpha通道中。
❸ **"创建新通道"按钮**：在当前图像中创建一个新的Alpha通道。
❹ **"删除当前通道"按钮**：单击此按钮会将当前选中的通道删除。

在"通道"面板中默认的4个通道中选择不同的颜色通道，图像所显示出来的效果也各不相同。

RGB通道

红通道

绿通道

蓝通道

6.2.2 在通道中抠取图像

在通道中使用适当的工具，可以快速实现抠图效果。在通道中抠取图像远比在图层中抠取图像容易得多，而且能够得到更精确的选区效果。

素材图像

抠取的图像效果

1. 打开文件

01 执行"文件>打开"命令，打开附书光盘\实例文件\Chapter 06\Media\07.jpg文件。

02 双击背景图层，将其转换为普通图层。

转换背景图层

2. 复制通道

在“通道”面板中，选择“蓝”通道并将其拖动到“创建新通道”按钮上，复制一个“蓝副本”通道并隐藏除“蓝副本”以外的通道。

复制通道

3. 反相并调整图像的色阶

按下快捷键Ctrl+I，然后执行“图像>调整>色阶”命令，在弹出的“色阶”对话框中调整图像黑白对比度，调整完成后单击“确定”按钮。

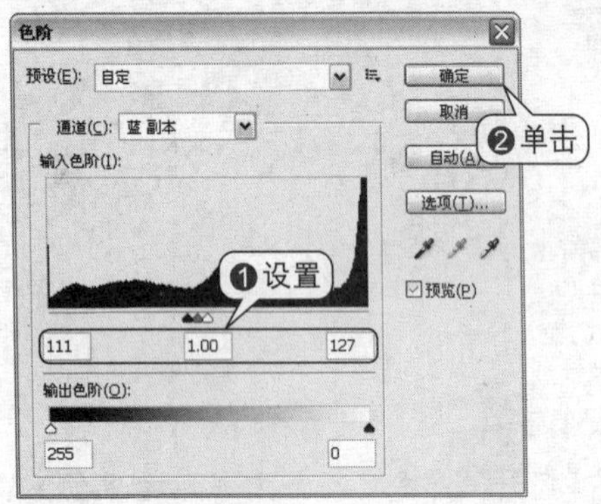

“色阶”对话框

调整色阶后的效果

4. 使用画笔工具涂抹

设置前景色为白色，单击画笔工具在图像上进行涂抹，将图像中的老虎图像涂抹成白色，然后按住Alt键的同时单击“蓝 副本”通道缩览图载入选区。

涂抹效果

载入选区

5. 抠取选区图像

返回到“图层”面板，执行“选择>反相”命令，按下 Delete 键，删除背景图层即可将老虎单独抠出。

完成后的效果

6.2.3 单通道应用图像合成

使用通道中的工具，可以快速地实现图像的合成。在Photoshop中，可以通过“应用图像”命令将多张图像进行混合，制作出特殊的图层混合效果。下面就向大家讲解怎样利用单通道对图像进行合成。

合成效果

1. 打开文件

执行“文件>打开”命令，打开附书光盘\实例文件\Chapter 06\Media\08.jpg和09.jpg文件。

素材图像1

素材图像2

2. 执行命令

01 执行“图像>应用图像”命令，打开“应用图像”对话框。

02 设置08.jpg文件为源图像，设置“通道”为“绿”通道，设置“混合”为“叠加”，完成后单击“确定”按钮，应用效果。

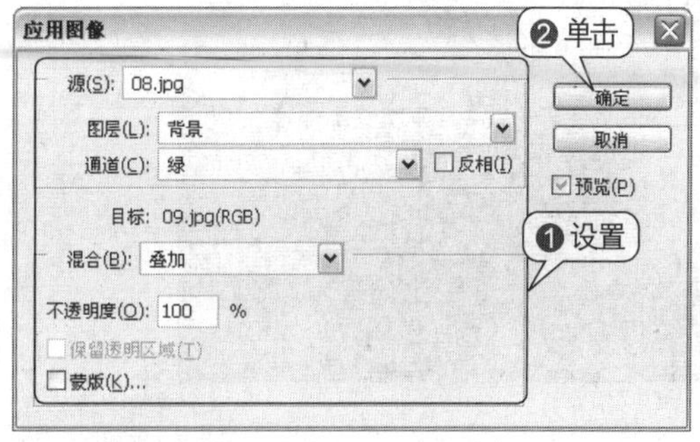

“应用图像”对话框

合成效果

6.2.4 多通道应用图像合成

“应用图像”命令不仅可以在单通道上进行图像的合成，也可以运用在多通道中，同样可以实现图像的效果合成。对图像进行多通道合成后，图像的混合效果会变得更加明显，层次也会更加分明。下面就具体讲解怎样对图像多通道应用图像合成。

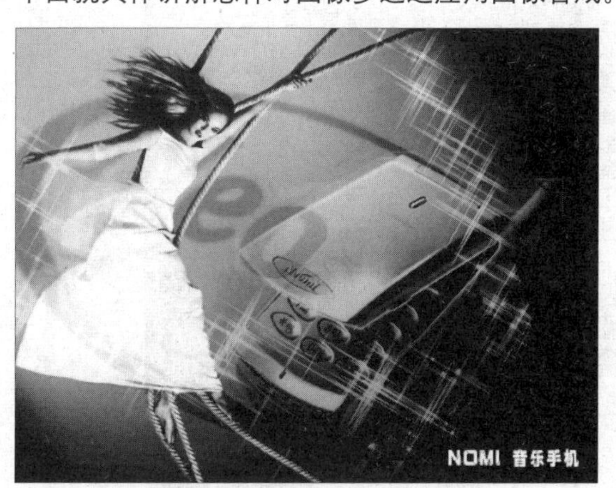

合成效果

1. 打开文件

执行“文件>打开”命令，打开附书光盘\实例文件\Chapter 06\Media\10.jpg和11.jpg文件。

素材图像1

素材图像2

2. 在RGB通道中应用图像

01 选择11.jpg图像文件，执行“图像>应用图像”命令，打开“应用图像”对话框。

02 设置10.jpg文件为源图像，设置“通道”为RGB通道，设置“混合”为“叠加”，设置完成后单击“确定”按钮，应用效果。

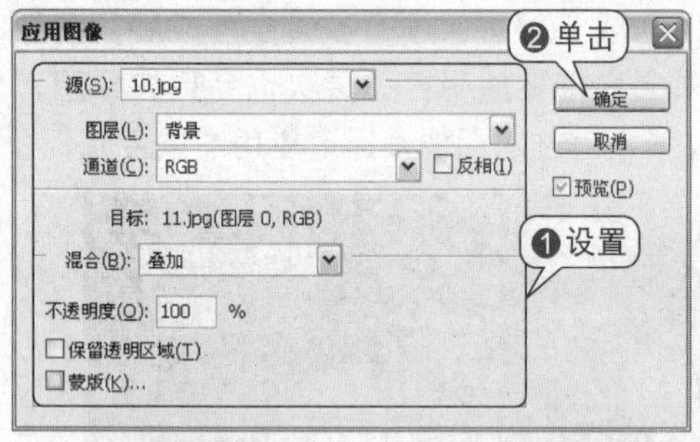

“应用图像”对话框

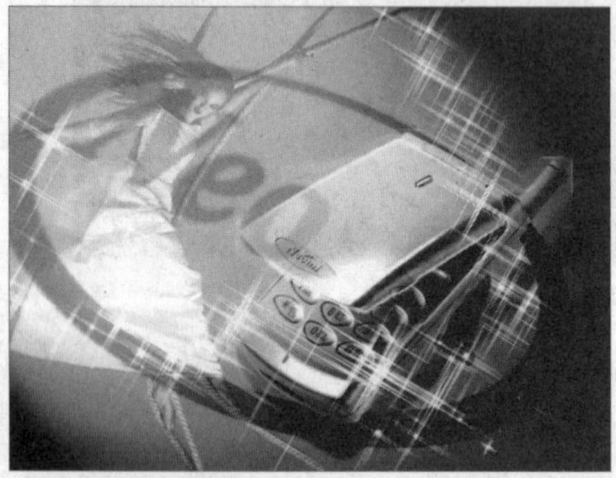
设置RGB通道后的效果

3. 在红通道中应用图像

01 选择11.jpg图像文件，执行“图像>应用图像”命令，打开“应用图像”对话框。

02 设置“通道”为“红”通道，设置“混合”为“叠加”，“不透明度”为80%，完成后单击“确定”按钮，应用效果。

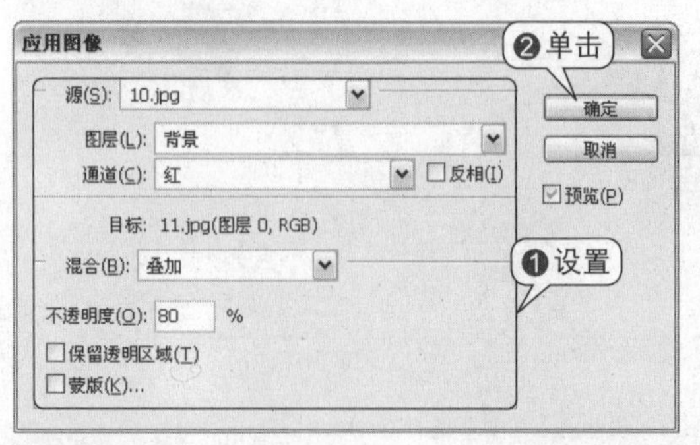

设置“红”通道

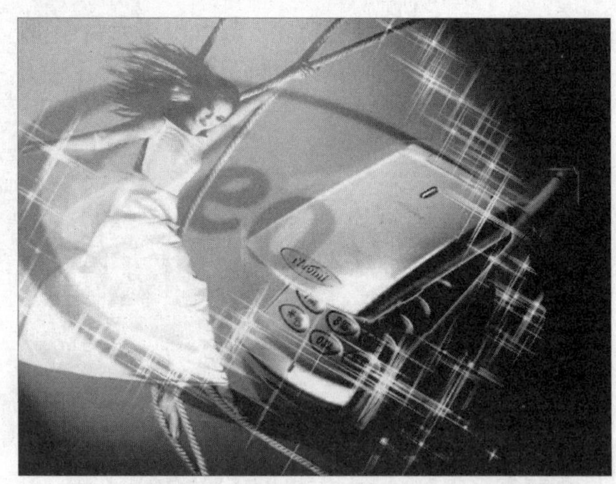
设置“红”通道后的效果

4. 在绿通道中应用图像

01 选择11.jpg图像文件，执行“图像>应用图像”命令，打开“应用图像”对话框。

02 设置“通道”为“绿”通道，设置“混合”为“强光”，“不透明度”为90%，完成后单击“确定”按钮，应用效果。

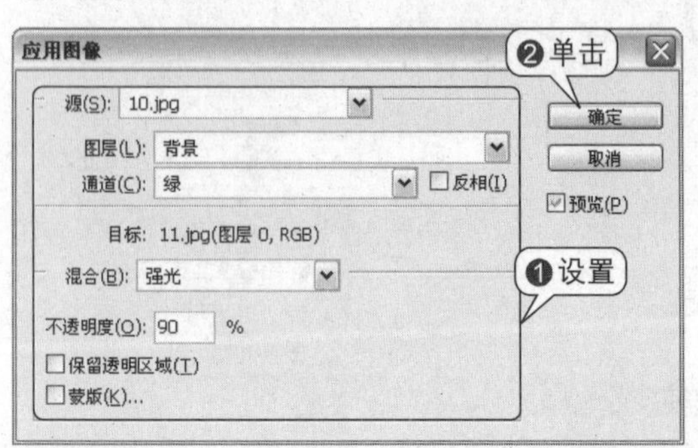

设置“绿”通道

设置“绿”通道后的效果

5. 在蓝通道中应用图像

01 选择11.jpg图像文件，执行“图像>应用图像”命令，打开“应用图像”对话框。

02 设置“通道”为“蓝”通道，设置“混合”为“变暗”，“不透明度”为20%，完成后单击“确定”按钮，应用效果。

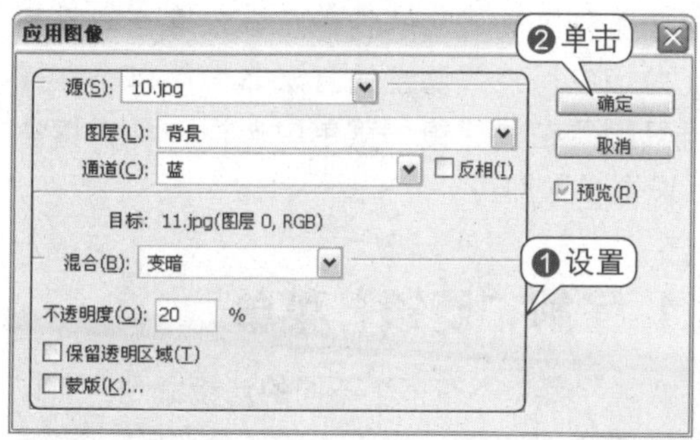

设置“蓝”通道

设置“蓝”通道后的效果

6. 复制图层并进行色彩调整

01 按下键盘上的快捷键Ctrl+J，复制背景图层，得到“图层1”。

02 执行“图像>调整>色彩平衡”命令，在弹出的“色彩平衡”对话框中设置参数，完成后单击“确定”按钮。

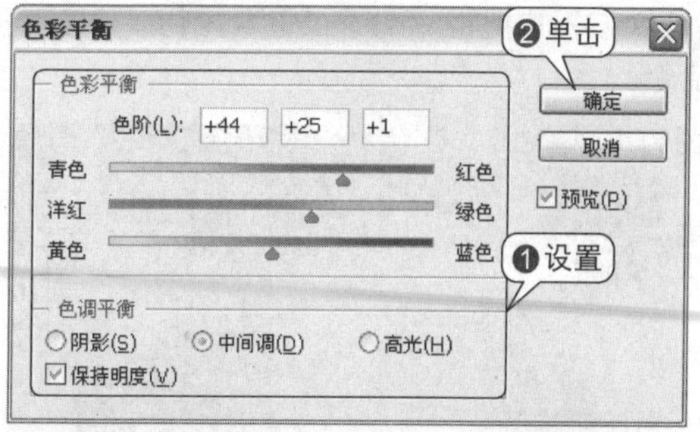

“色彩平衡”对话框

调整后的效果

7. 设置图层混合模式

选择“图层1”，在“图层”面板中设置该图层的图层混合模式为“颜色”，“填充”为90%。

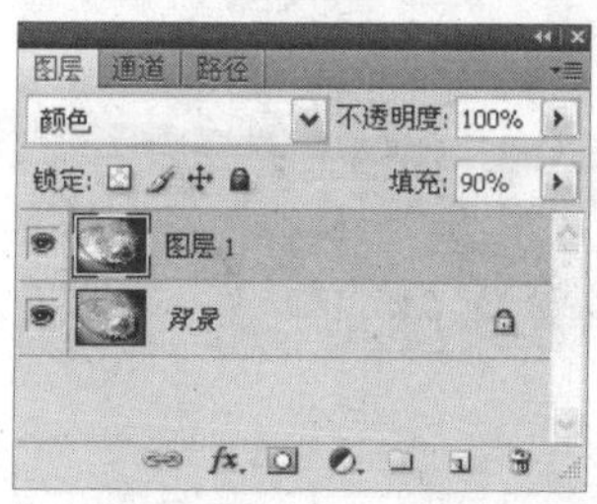

“图层”面板

设置图层混合模式后的效果

8. 锐化选区

01 单击椭圆选框工具，在手机上创建选区，执行“滤镜>锐化>进一步锐化”命令。

02 连续两次按下快捷键Ctrl+F，重复执行“进一步锐化”命令。

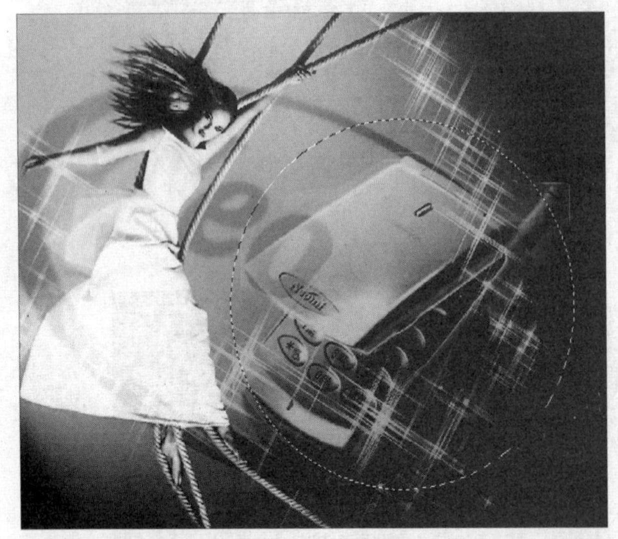

创建选区

锐化选区后的效果

9. 输入文字

单击横排文字工具T，然后在图像上输入文字“NOMI 音乐手机”。打开“字符”面板设置字体为“文鼎霹雳体”，“字体大小”为18，“垂直缩放”和“水平缩放”分别为180%和150%。至此，本例制作完成。

“字符”面板

完成后的效果

6.3 滤镜特效合成

在Photoshop中，提供了多种滤镜特效，这也是Photoshop一个很强大的功能。利用滤镜可以快速地为图像创建各种不同风格的特殊图像效果，丰富画面的表现力。应用特效滤镜的方法非常简单，在操作的时候只需要在“滤镜”菜单中选择一种滤镜命令，然后设置参数即可。

6.3.1 了解“滤镜”菜单

在“滤镜”菜单下有多个不同的滤镜命令，可以选择不同的滤镜对图像运用不同的滤镜效果。当运用单一的滤镜效果不是很明显的时候，可以多次执行“滤镜”菜单中的该命令，让图像运用的效果更加明显。

“滤镜”菜单

❶ **液化滤镜**：应用该滤镜对图形进行推拉、旋转、折叠等操作，使图像发生形变。

❷ **消失点滤镜**：在编辑透视平面图像时，应用此滤镜可以保留正确的透视。

❸ **风格化滤镜**：在图像上应用质感或亮度，在样式上产生变化。

❹ **画笔描边滤镜**：应用笔画表现绘画效果。

❺ **模糊滤镜**：将像素的边线设置为模糊状态，在图像上表现速度感或晃动的效果。

❻ **扭曲滤镜**：移动构成图像的像素，进行变形、扩展或者缩小，可以将原图像变为任意形态。

❼ **锐化滤镜**：将模糊的图像制作为清晰的效果，提高主像素的颜色对比值，使画面更加明亮。

❽ **素描滤镜**：将图像制作成铅笔或木炭绘制的草图效果。

❾ **纹理滤镜**：为图像赋予不同材质的质感。

❿ **像素化滤镜**：变形图像的像素，重新构成图像，可在图像上显示网点或者表现出铜版画的效果。

⓫ **渲染滤镜**：在图像上运用云彩形态、照明和镜头光晕效果。

⓬ **艺术效果滤镜**：设置绘画效果的滤镜。

6.3.2 使用多个滤镜应用特效

使用滤镜为图像添加出特效，是Photoshop中最重要的图像处理效果。熟练掌握“滤镜”菜单中各个滤镜的操作方法，在设计平面广告时就会变得更加得心应手。下面就以案例的形式向大家讲解一些简单的特效。

完成效果

1. 打开文件

01 执行“文件>打开”命令，打开附书光盘\实例文件\Chapter 06\Media\12.jpg文件。

02 按下快捷键Ctrl+J，复制“背景”图层得到“图层1”。

复制图层

2. 应用径向模糊滤镜

选中“图层1”执行“滤镜>模糊>径向模糊”命令，在弹出的“径向模糊”对话框中选中“缩放”单选按钮，设置“数量”为50，设置完成后单击“确定”按钮。

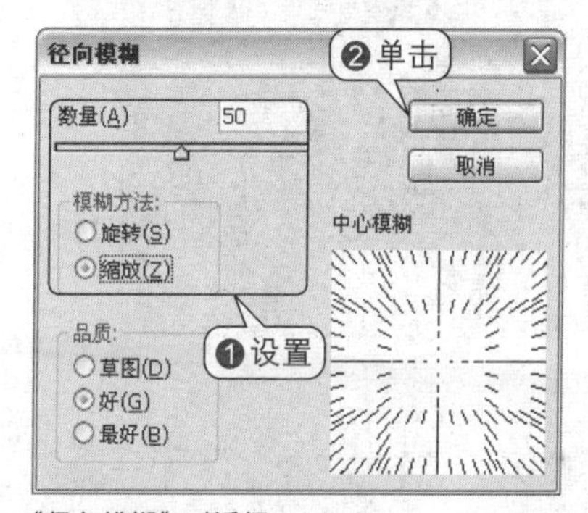

“径向模糊”对话框

径向模糊后的效果

3. 应用镜头光晕滤镜

执行“滤镜>渲染>镜头光晕”命令，在弹出的“镜头光晕”对话框中设置“亮度”为130%，“镜头类型”为“50-300毫米变焦”，设置完成后单击“确定”按钮。

“镜头光晕”对话框

应用镜头光晕后的效果

4. 设置图层混合模式

选择“图层 1”，设置该图层的图层混合模式为“变亮”，“不透明度”为 80%，为图像添加高亮效果。

设置图层混合模式

5. 复制背景图层并设置效果

01 选择“背景”图层，按下快捷键Ctrl+J复制一个“背景副本”，并将它调整到“图层1”上方。

02 为“背景副本”图层添加同“图层1”同样的滤镜效果。

图像效果

6. 继续设置图层混合模式

选择“背景 副本”图层，设置该图层的图层混合模式为“柔光”，为图像添加光照过渡效果。

设置图层混合模式

7. 调整曲线

执行“图像>调整>曲线”命令，在弹出的“曲线”对话框中拖动鼠标调整曲线，设置完成后单击“确定”按钮实现图像的曲线调整。

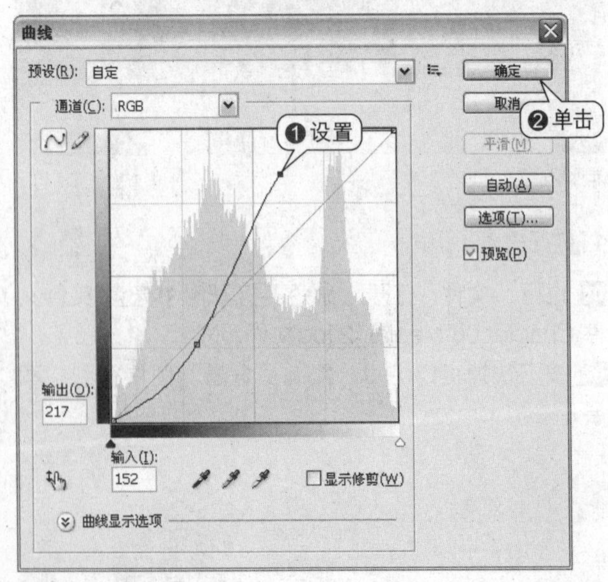

“曲线”对话框

调整曲线后的效果

8. 绘制光线

01 单击直线工具，在属性栏上设置前景色为白色，在图像上绘制一些粗细不同的线条。

02 按住Shift键，选中所有形状图层，按下快捷键Ctrl+E，合并形状图层并命名为“线条”。

绘制线条后的效果

9. 应用极坐标滤镜

01 选中“线条”图层，执行“滤镜>扭曲>极坐标”命令，在弹出的“极坐标”对话框中选中“平面坐标到极坐标”单选按钮，单击“确定”按钮。

02 按下快捷键Ctrl+T，调整图像的位置和大小。

“极坐标”对话框

应用极坐标后的效果

10. 应用高斯模糊滤镜

选中“线条”图层，执行“滤镜>模糊>高斯模糊”命令，在弹出的“高斯模糊”对话框中设置“半径”为5，单击“确定”按钮。

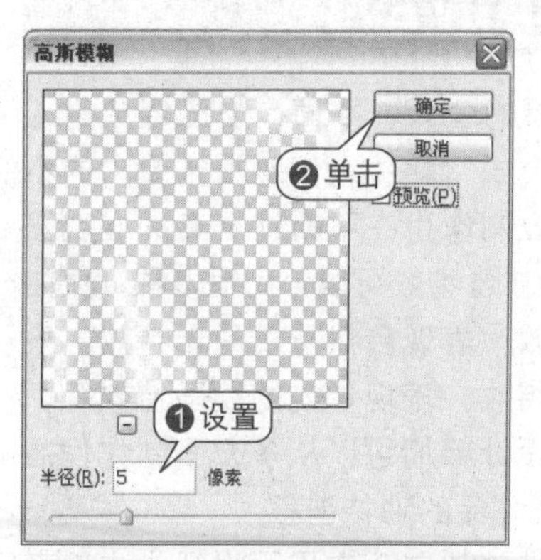

“高斯模糊”对话框

应用高斯模糊后的效果

11. 设置图层混合模式

选中“线条”图层，设置图层混合模式为“叠加”，“不透明度”为50%，“填充”为60%。

“图层”面板

完成后的效果

6.4 特效合成应用

在科技不断发展的今天，平面广告已经成为人们了解生活的一种方式。随着人们对视觉要求的不断提高，图像的特效制作也在不断往更高的层次发展。Photoshop中的广告特效可以分为很多种，比如表现高光的材质特效、表现自然特质的光特效、表现整体的画面整体特效、表现传统的绘画特效等，可谓是千变万化。设计师们可以从多方面制作作品的表现效果，表达出作品的独特创意。

在平面广告中特效被广泛应用于报纸广告、杂志广告、路牌广告、海报、网页广告中。下面的广告都采用了一些特效来增加图像的效果。

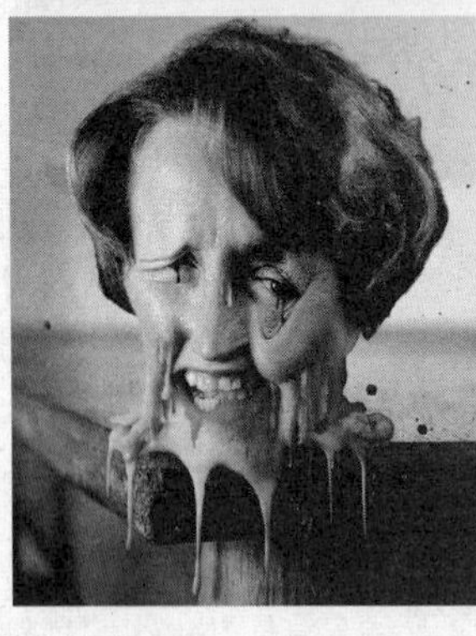

各种特效的应用

6.4.1 电影海报中的特效合成应用

海报通常是以醒目的画面来吸引过路人的注意，是一种很直接的宣传手段。海报与其他一些广告不同，其最大的特点就是艺术表现力强，效果强烈，所以在电影海报中常常会用到图像的特效，将原本真实的照片通过特殊处理后，从视觉上吸引人的眼球，表现出电影中的一些独特效果。

电影海报是宣传电影的一种直接的宣传方式，通过运用一些技巧对电影中某个场景或者人物进行特效处理，来达到直接宣传电影的目的。下面是特效在电影海报的应用，采用了不同的方式对图像进行特效处理，增加了电影的奇幻色彩。

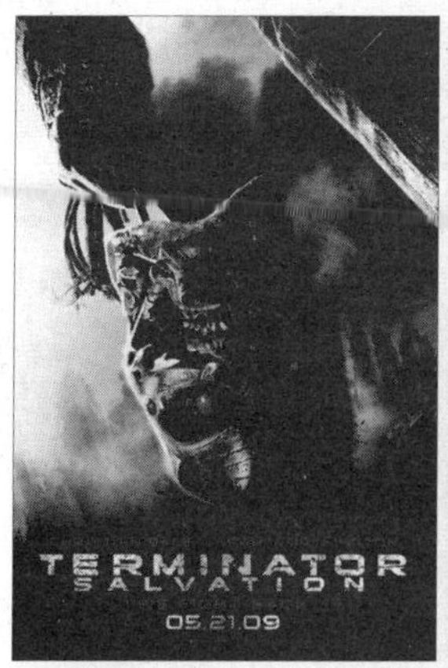

电影海报中的特效合成应用

6.4.2 户外广告中的夸张特效应用

广告表现的形式多样，而且种类繁多。在许多户外广告中多采用夸张特效来突出作品中主要表现的主题。遍布于城市中各个角落的户外广告更是一种与人接触最为密切的媒介，对社会有极大的影响力。

夸张特效就是借助想象，对广告作品中要宣传对象的品质或特性的某一方面进行夸大，以扩大或加深人们对这些特征的认识。从一种不同的角度更鲜明地向人们展示事物的本质。从整个作品上看也就更具有艺术效果。

广告中的图像的色彩冲击力远比文字强，所以在广告中运用特效对于人们来说自然也就更具有吸引力。户外广告一般篇幅较大，范围也较为广泛。通过应用路牌、墙面等一些较为显眼的地方，独特夸张的特效应用也就更能引起人们的注意。下面的几幅户外广告都采用了不同的特殊来表现主题，从而也达到了吸引人眼球的效果。

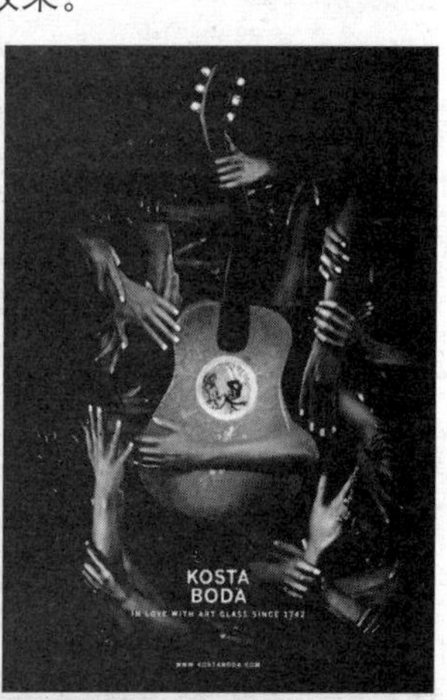

户外广告中夸张特效应用

6.4.3 极具创意的杂志特效广告

随着广告行业的不断发展，杂志广告也不再像以前那样单一，现在的杂志广告也变得更具创意性，而且形式也是多种多样。

杂志广告中也会经常用到特效，运用特效后的广告变得更具吸引力，从表现上看会让杂志的内容看起来更加丰富，但同时也让杂志的销售量进一步得到提升。广告就是为了向广大消费者介绍某种商品的一种传媒手段，所以特效的运用也可以说是必不可少的。优秀的杂志广告中会充分地将各种特效运用于广告作品中，这也是现在设计师们不断追求的一种高境界。

现在的杂志广告多以图像为主要表现内容，再配以适当的文字，使整个广告达到图文并茂的效果。随着杂志广告的增多，要在众多的杂志广告中脱颖而出，就需要不断地发挥创意，在广告中适当地应用一些特效。下面的几个杂志广告中都在图像上应用了一些特效，让人一看到就能产生眼前一亮的感觉。

杂志广告中的特效应用

Chapter

07

平面广告设计作品的后期输出

本章主要知识点：

7.1 输出分辨率
- 7.1.1 分辨率的设置与修改
- 7.1.2 分辨率给平面设计带来的误区

7.2 图像大小与画布大小
- 7.2.1 了解当前图像大小
- 7.2.2 等比例更改广告作品的尺寸
- 7.2.3 更改广告作品的画布大小

7.3 存储格式
- 7.3.1 保存图像文件的格式
- 7.3.2 设置作品适合的输出格式
- 7.3.3 保留图层的文件格式
- 7.3.4 存储为Web和设备所用格式

7.4 印前打印小样
- 7.4.1 打印和预览
- 7.4.2 印刷中的色彩设置

7.1 输出分辨率

平面广告被设计师们设计出来后还只是平面化的效果图，最终需要将作品进行输出后才能真正成为商业成品。输出质量的好坏也会影响到整个成品的效果。在进行作品输出时，需要根据作品应用的领域及方式选择输出不同的材质。作品的输出是一个后期的处理过程，也是平面广告在社会生活中的完善。

7.1.1 分辨率的设置与修改

在图像的输出过程中，分辨率会直接影响到整个图像的效果。图像的分辨率即图像中每英寸图像所含的点或像素。相同打印尺寸的图像，高分辨率图像肯定比低分辨率的图像所含的像素更多，且像素点较小。

分辨率是衡量一个图像细节表现的技术参数，也就是图像的清晰度。对于所打开的位图图像，我们可以根据需要随意对它的分辨率进行设置和修改。下面就讲解怎样对图像分辨率进行设置和修改。

1. 分辨率的设置

01 执行“文件>新建”命令，打开“新建”对话框。
02 在弹出的“新建”对话框中的“分辨率”文本框中直接输入所创建的文件的图像分辨率即可完成分辨率的设置。

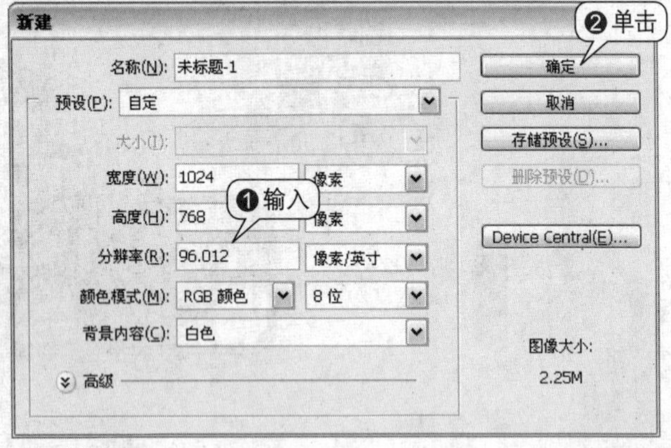

设置分辨率

2. 分辨率的修改

01 执行“图像>图像大小”命令，打开“图像大小”对话框。
02 在弹出的“图像大小”对话框中将图像的“分辨率”设置为150，然后单击“确定”按钮。

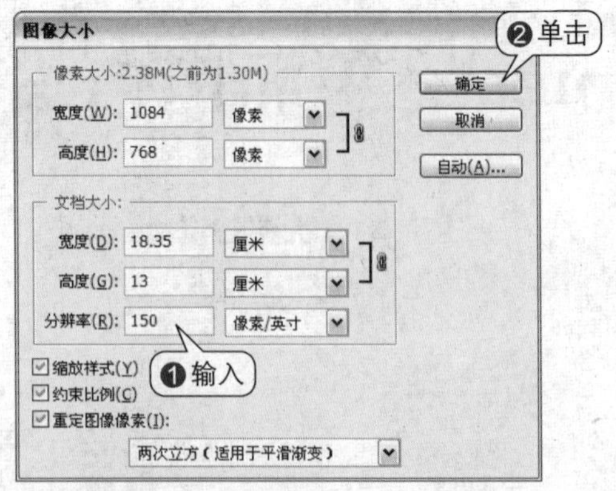

修改分辨率

7.1.2 分辨率给平面设计带来的误区

在使用设计软件进行平面广告设计时，对图像分辨率的设置并不是越大就越好，虽然分辨率越大图像的效果就越逼真，但是它所占用的内存也会越大。而且图像分辨率太高，打印的速度也会相对变慢。

低分辨率图像

高分辨率图像

在确定设计作品的分辨率时，需要考虑诸多因素，如图像最终发布的媒介。如果制作的图像只是用于网络上显示，图像的分辨率只需要满足最平常的显示器分辨率72dpi就可以，不需要设置太高；如果是用于印刷，则图像的分辨率应达到300dpi，否则会导致印刷出来的图像因变得较大而出现粗糙的像素。

不同的广告类型所需的分辨率也会有所不同。比如报纸上的广告分辨率最低，设置为120dpi就可以了；户外的写真广告若离地面5米以上，则可以将图像的分辨率稍微设置的低一点，大约50dpi；用于精美画册上的广告图片的分辨率不能低于300dpi，这样才能保证印刷出来的图像的清晰度。

报纸广告相对较低的低分辨率效果

画册广告的高分辨率效果

7.2 图像大小与画布大小

在对图像进行编辑时，有时根据需要可以对画布大小进行调整，同时也可以对图像进行放大或缩小处理。

7.2.1 了解当前图像大小

对于一幅已经创建好或已经打开的图像，我们可以快速地查看当前图像的大小，了解关于图像大小的一些相关信息。

执行“图像>图像大小”命令，弹出“图像大小”对话框，在该对话框中可以显示当前图像大小。

执行“图像大小”命令

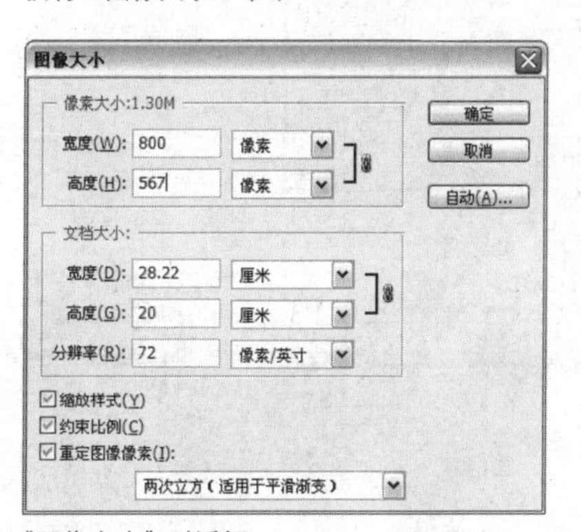

“图像大小”对话框

7.2.2 等比例更改广告作品的尺寸

对于窗口中打开的图像，为了更好地对它进行编辑或操作，可以对它的尺寸进行等比例的缩放来达到调整大小的目的。下面就为大家讲解怎样等比例更改DM单的尺寸。

1. 打开文件

执行“文件>打开”命令，打开附书光盘\实例文件\Chapter 07\Media\01.jpg文件。

打开图像文件

2. 调整图像大小

01 执行“图像>图像大小”命令，弹出“图像大小”对话框。

02 勾选“约束比例”复选框，然后在“宽度”文本框中输入30，此时可以看到“高度”文本框中的数值也随着宽度的变化而自动改变，单击“确定”按钮。

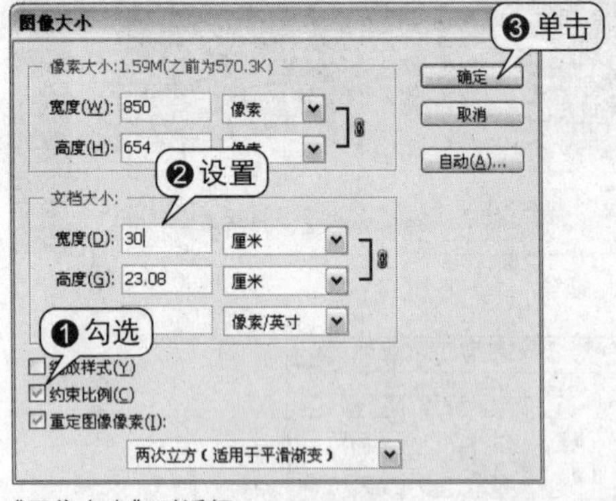

“图像大小”对话框

调整图像大小后的效果

7.2.3 更改广告作品的画布大小

在需要为图像添加边框或者画布大小不够理想时，可以对画布的大小进行适当的调整，直至合适的大小为止。

1. 打开文件

执行“文件>打开”命令，打开附书光盘\实例文件\Chapter 07\Media\02.jpg文件。

打开图像文件

2. 调整画布大小

01 执行“图像>画布大小”命令，弹出“画布大小”对话框。

02 勾选“相对”复选框，在“宽度”文本框中输入15，“高度”文本框中输入10，单击“确定”按钮。

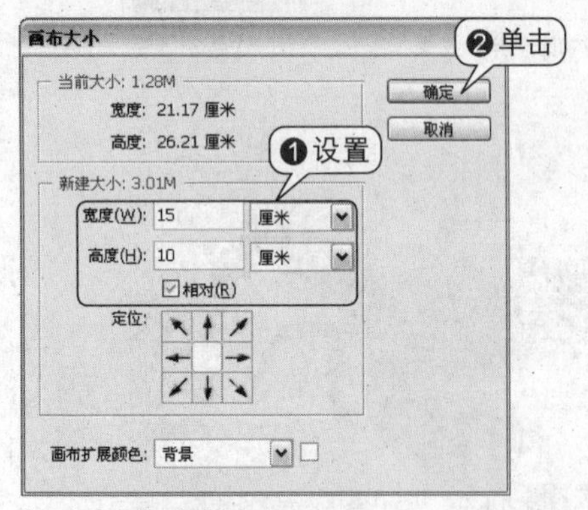

“画布大小”对话框

调整画布大小后的效果

7.3 存储格式

在Photoshop中提供了多种不同类型的文件格式，方便了在其他应用程序中导入Photoshop图像。在平时的操作过程中，可以将图像保存成需要的文件格式，以便打开或导入图像并对其进行编辑。

7.3.1 保存图像文件的格式

在Photoshop中可以将素材文件保存为多种不同的格式，具体保存为何种格式需要设计者自己根据作品情况而定。Photoshop的"存储为"对话框中提供了多种文件格式可供选择，通常情况下我们都会将素材文件保存为PSD、JPEG或TIFF等几个常用的格式。

1. GIF格式

将图像保存为该格式时，可以将图像的指定区域设置为透明状态，而且可以赋予图像动画效果。

设置GIF文件格式

2. PDF格式

在使用PDF格式保存图像时，不仅可以保存包含图像的文本图层的格式，还可以包含光栅信息。以PDF格式保存的文件可以是位图、灰度、索引颜色、RGB颜色等模式。

01 执行"文件>存储为"命令，打开"存储为"对话框，选择文件格式为PDF格式，单击"保存"按钮，在弹出的警告提示框中单击"确定"按钮。

02 弹出"存储 Adobe PDF"对话框，单击"存储"按钮，在弹出的警告提示框中单击"是"按钮即可将文件保留为PDF格式。

警告提示框

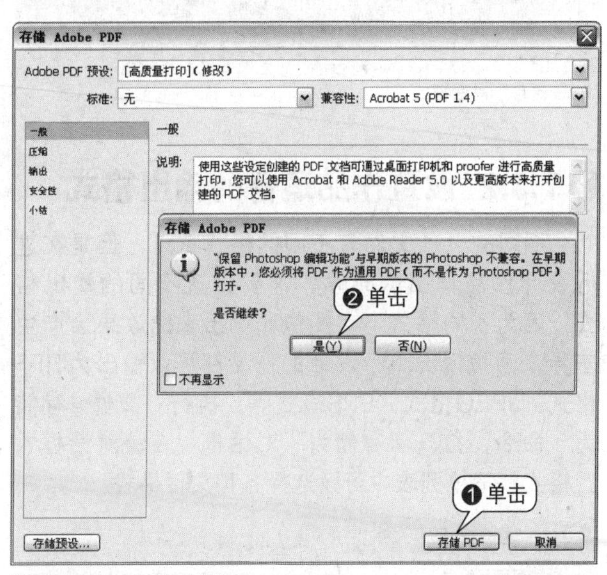

"存储 Aaobe PDF"对话框

3. PNG格式

采用PNG格式保存图像与JPEG不同的是，PNG格式是一种无损失的压缩方式，并且PNG还支持通道定义的透明等级。

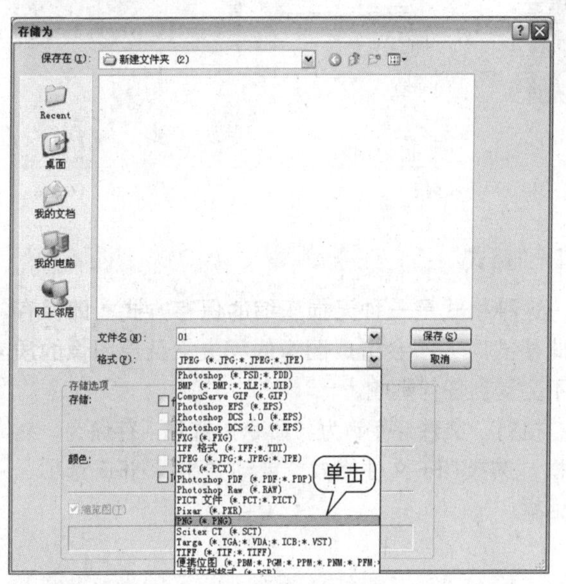

"存储为"对话框

"PNG 选项"对话框

7.3.2 设置作品适合的输出格式

不同的电子文件有不同的格式特点，但是在进行设计作品输出的时候，需要设置不同的输出格式，因为不同格式下，图像印刷出来的效果会产生差异。通常情况下，设计的作品都可以输出为TIFF格式、JPEG格式、EPS格式等。执行"文件>存储为"命令，打开"存储为"对话框，在该对话框的"格式"下拉列表中可以选择各种文件格式。

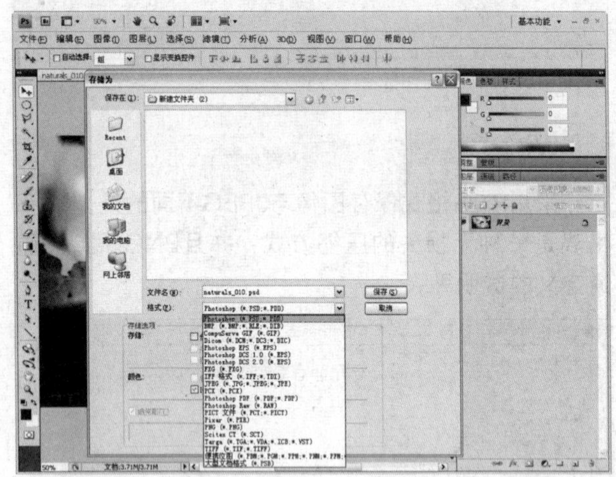
打开"格式"下拉列表

1. TIFF格式

这种格式是一种无损压缩的保存方式，即保存为此格式时，不会造成图像的丢失，且原图像的质量不会受到任何影响。

执行"文件>存储为"命令，打开"存储为"对话框，选择TIFF文件格式，自动弹出"TIFF 选项"对话框。

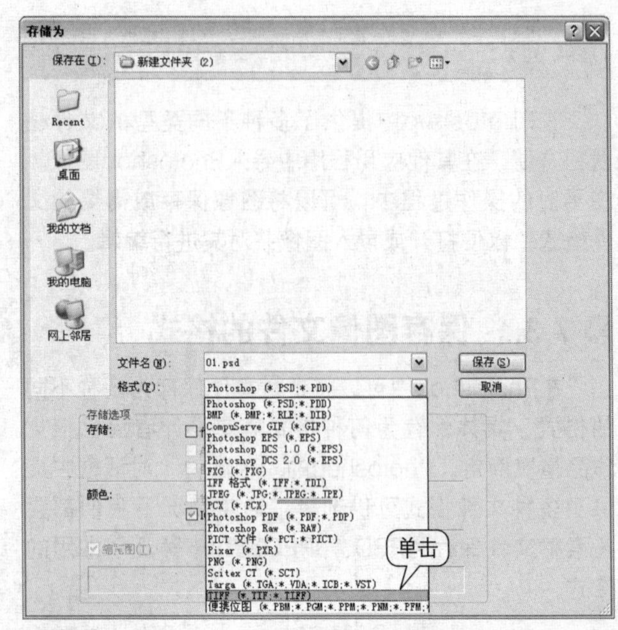

"存储为"对话框

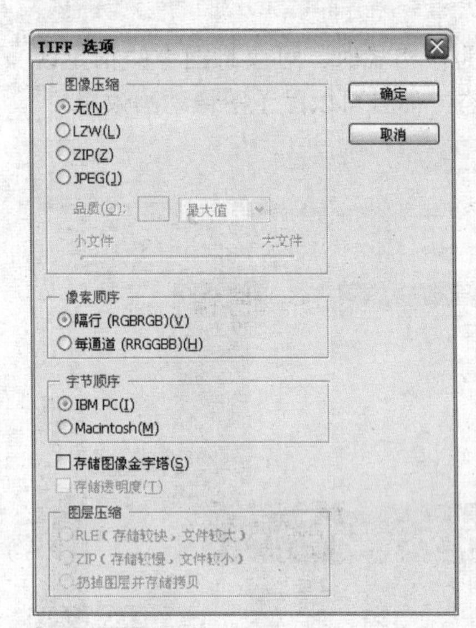

"TIFF 选项"对话框

2. JPEG格式

将素材文件保存为此种格式时，会把图像的文件容量进行缩小，是一种压缩式的保存方式。将图像保存为JPEG格式后，因为是对图像进行压缩保存，所以会在一定程度上降低图像的画质。

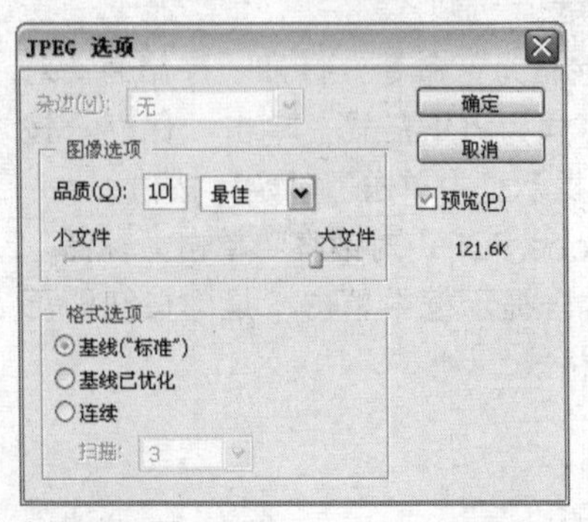

"JPGE 选项"对话框

3. EPS格式

此格式是一种混合图像模式，可以同时在一个文件内记录图像、图形和文字，同时携带相关的文字信息。与JPEG格式不同的是，EPS格式是矢量输出格式，可以任意放大或缩小图像，但是却不会损失图像细节。

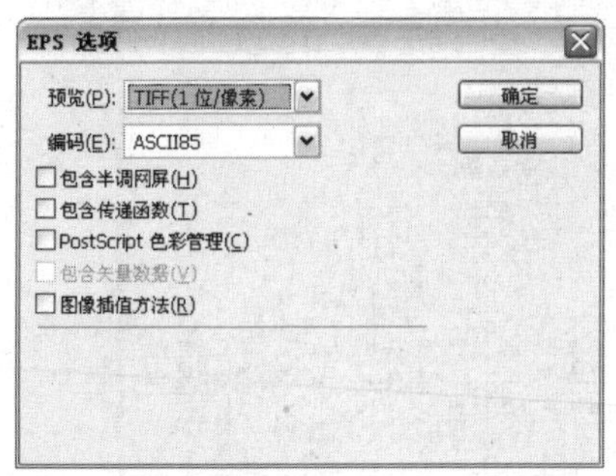

"EPS 选项"对话框

7.3.3 保留图层的文件格式

在保存图像时，将图像保存为Photoshop自身的文件格式可以保留原像中的颜色通道、图层和路径，而且还支持Photoshop使用的任何颜色深度或图像模式。

将图像保存为PSD格式后，还能够再重新打开，并对所保存的图像中的图层进行修改，这是PSD格式与其他格式最大的不同之处。下面就讲解具体的保存方法。

01 执行"文件>存储为"命令，打开"存储为"对话框。

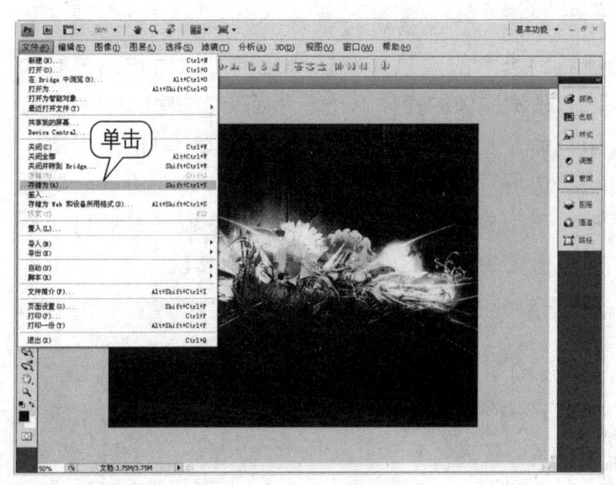

执行"存储为"命令

02 在弹出的"存储为"对话框中的"格式"下拉列表框中选择文件格式为PSD，在"文件名"文本框中输入文件名为03，然后单击"保存"按钮，弹出"格式选项"对话框，单击"确定"按钮即可。

"存储为"对话框

弹出"格式选项"对话框

7.3.4 存储为Web和设备所用格式

对图像执行"文件>存储为Web和设备所用格式"命令，在弹出的对话框中可以以不同的文件格式和不同的文件属性预览优化图像，通过该对话框优化保存的图像常用在网页中。

在"存储为Web和设备所用格式"对话框中可以对同一个图片的GIF、PNG、JPEF等格式的效果进行比较，以决定采用哪种图片格式保存图像。

01 执行"文件>存储为Web和设备所用格式"命令，弹出"存储为Web和设备所用格式"对话框。

执行“存储为Web和设备所用格式”命令

02 切换至“四联”选项卡，设置“预设”为“JPEG高”，“品质”为60，在“四联”缩览图中即可看到设置的JPEG60品质图像比GIF格式图像好。

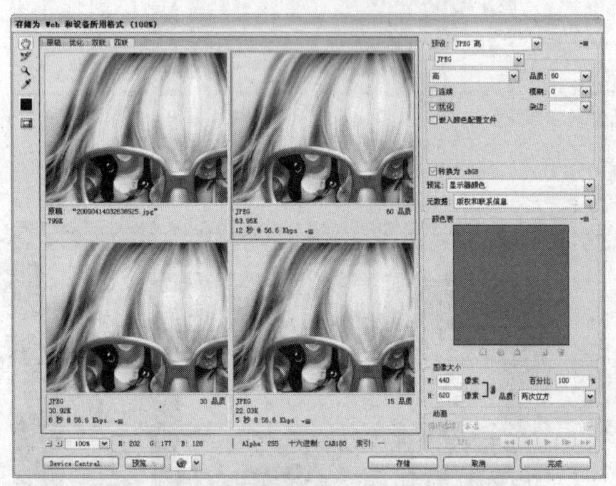
“存储为Web和设备所用格式”对话框

03 单击“在浏览器中预览优化的图像”按钮，在弹出的浏览器中即可查看图像效果，并显示出该图像的格式、尺寸、大小等信息，预览后单击关闭按钮。在“存储为Web和设备所用格式”对话框中单击“存储”按钮，在弹出的“将优化结果存储为”对话框中选择保存位置和文件名称等，然后单击“保存”按钮即完成存储。

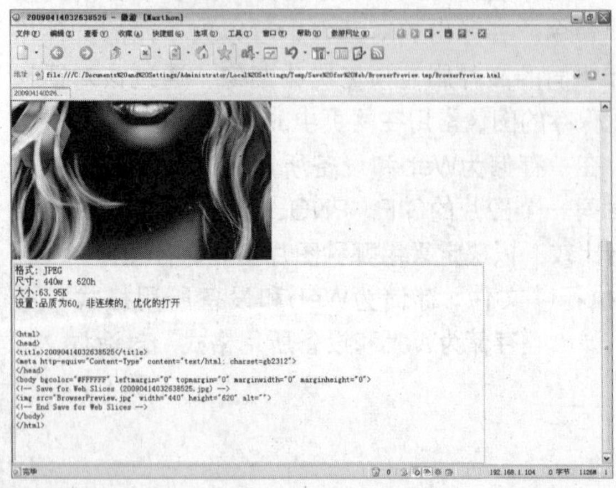
网页浏览器

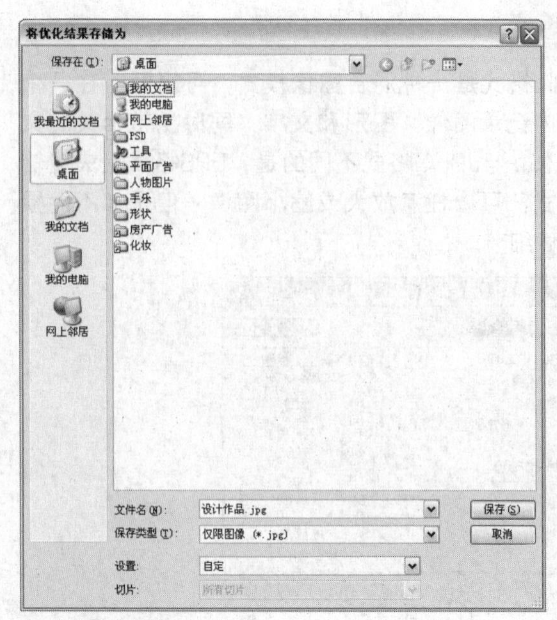

“将优化结果存储为”对话框

7.4 印前打印小样

当我们设计完一个作品后，显示出的效果并不能代表一个设计作品最后打印出来的效果，所以当一个设计作品完成后，通常都需要打印出一个小样来查看设计出来的作品效果。

7.4.1 打印和预览

在Photoshop中，可以对设计好的作品进行打印和预览。作品要进行最终的效果输出时，为了保证得到满意的效果，在打印之前可以对作品进行预览。预览图像的操作方法非常简单，执行“文件>打印”命令，会弹出“打印”对话框，单击“出血”和“边界”按钮，会弹出“出血”和“边界”对话框，可以对图像进行出血和边界设置，避免打印造成图像损失或达不到需要的效果等情况。

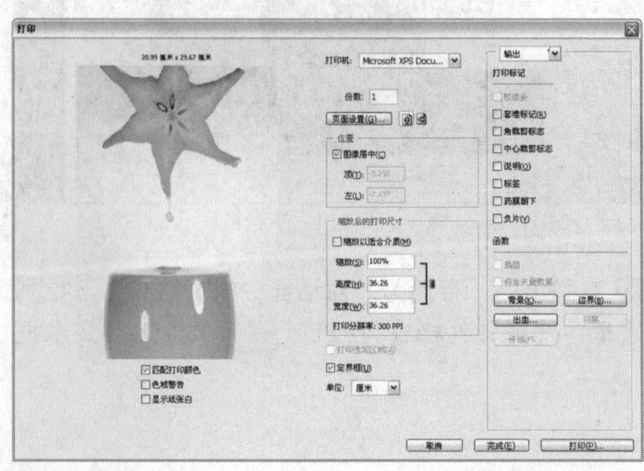
“打印”对话框

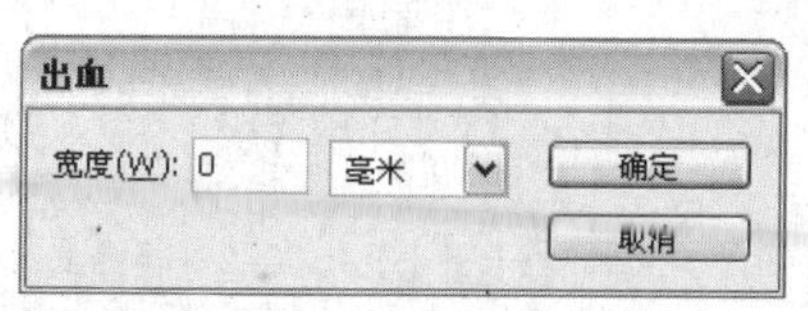

“出血”对话框

“边界”对话框

在“打印”对话框中可以为图像设置打印的方向，也可以进行一些特殊的打印效果设置。

水平显示　　垂直显示

药膜朝下效果

负片效果

在“打印”对话框中单击“页面设置”按钮，将会弹出关于打印机属性设置的对话框。在该对话框的“纸张/质量”选项卡中可以设置纸张的类型，“完成”选项卡中可以对打印文档的属性进行设置，如将文档设置为双面打印等。

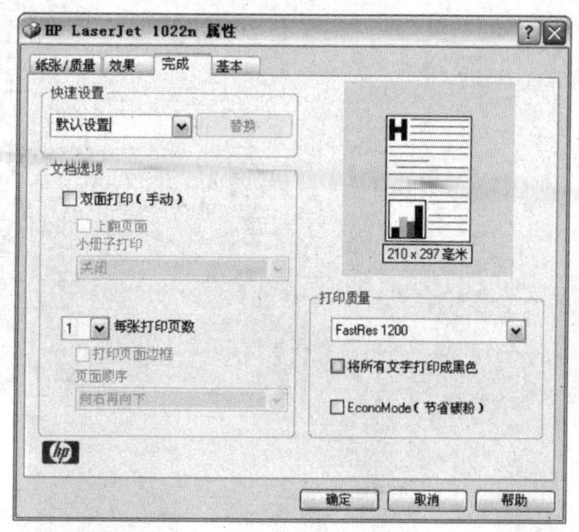

设置页面属性

7.4.2 印刷中的色彩设置

在对平面广告作品进行印刷时，色彩的选择与设置十分重要。精确且重复地再现色彩，是平面设计得以准确展现的根本。色彩作为平面构成中的重要元素之一，在印刷之前对色彩的选择与设置影响着整个设计画面的效果。如何实现色彩完美地统一，是业界追求的目标之一。在使用Photoshop制作平面广告时，首先应对图像的颜色模式进行选择。

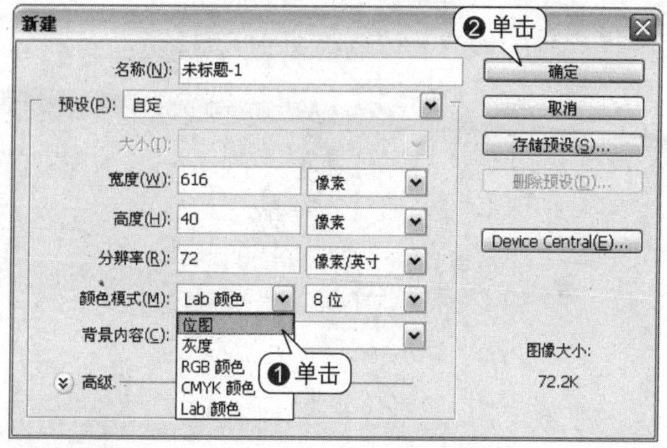

选择颜色模式

执行“文件>打印”命令，打开“打印”对话框，选择“色彩管理”对印前颜色进行设置。

“打印”对话框

Part 02

实例篇

前面对平面广告设计的相关基础知识与软件运用进行了讲解。在本篇中主要对平面广告的具体广告表现与软件操作技巧进行介绍，让读者在学习平面广告基础知识的同时，进一步了解广告案例的设计理念与制作技巧，使整个设计过程更得心应手。本篇容纳了大量平面广告相关的案例知识与制作方法，希望读者通过本篇的学习更熟练地运用软件制作出理想的平面广告作品。

Chapter 08 标志设计

标志在日常生活中应用非常广泛，它以文字和图案为主要表现形式将其携带的信息传达出来。随着社会的发展，标志的应用将会越来越广泛和普遍，小到副食产品、大到国家机构和大型企业。可以说标志已经是现代商品、企业、机构向世人展示自身特点的重要渠道，所以标志设计的优秀与否，直接关系到其自身的形象和利益。

8.1

俱乐部标志设计

实例分析：本实例以金色盾牌为标志的主要图形，进行俱乐部标志设计，体现了该俱乐部高品质的视觉效果。

主要使用工具：钢笔工具、渐变工具、画笔工具、文字工具

最终文件：Chapter 08\Complete\俱乐部标志设计.psd

视频文件：Chapter 08\俱乐部标志设计.swf

01 新建图像文件

执行“文件 > 新建”命令，打开“新建”对话框，在该对话框中设置“名称”为“俱乐部标志设计”，“高度”为20.54厘米，“宽度”为19.82厘米，“背景内容”为“背景色”，单击“确定”按钮，新建一个图像文件。

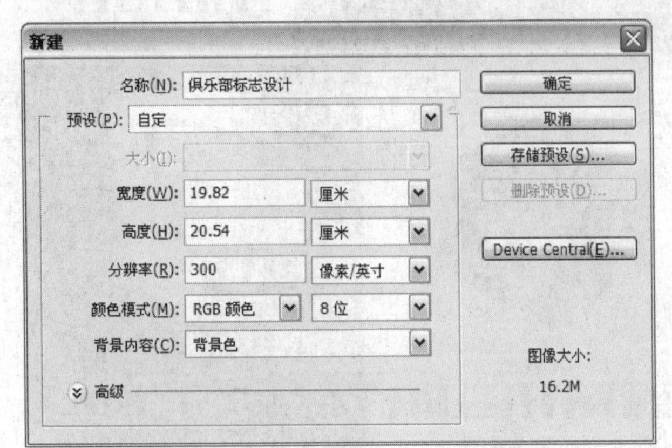

“新建”对话框

02 添加“光照效果”滤镜

新建“图层1”，设置颜色为（R6、G10、B13）。执行“滤镜>渲染>光照效果”命令，打开“光照效果”对话框，在该对话框中设置适当的参数，完成后单击“确定”按钮。使用减淡工具，设置画笔为“柔角”，加强高光效果。

填充图像颜色

“光照效果”对话框

减淡效果

03 绘制图像路径

新建“图层2”，使用钢笔工具绘制盾牌轮廓，然后按下快捷键Ctrl+Enter，将路径转换为选区。

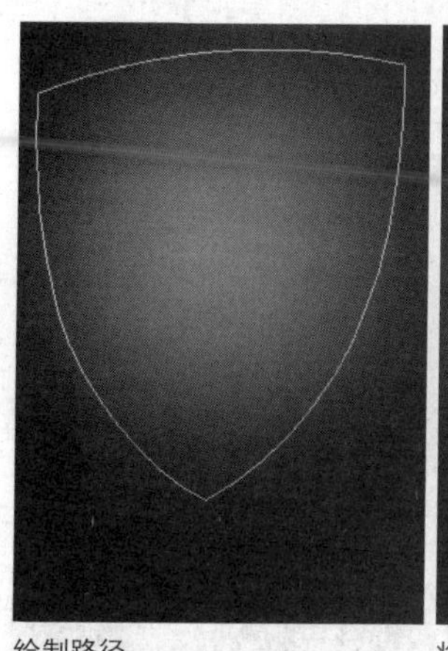
绘制路径

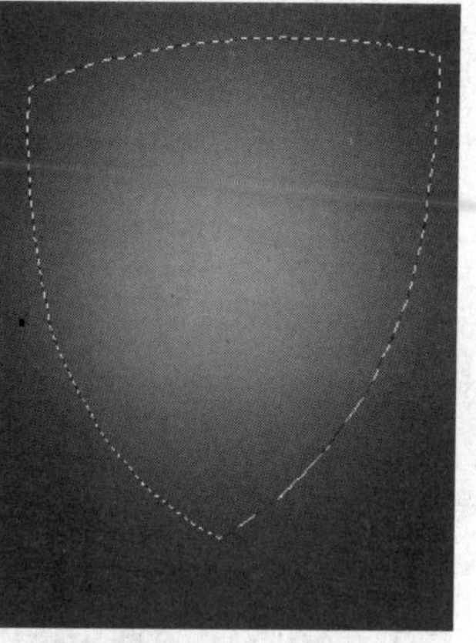
将路径转换为选区

04 填充选区渐变色

单击渐变工具，打开“渐变编辑器”对话框，在该对话框中设置适当的参数，设置渐变颜色从左到右依次为（R148、G115、B8）和（R229、G222、B195），完成后单击“确定”按钮，在选区中填充线性渐变。

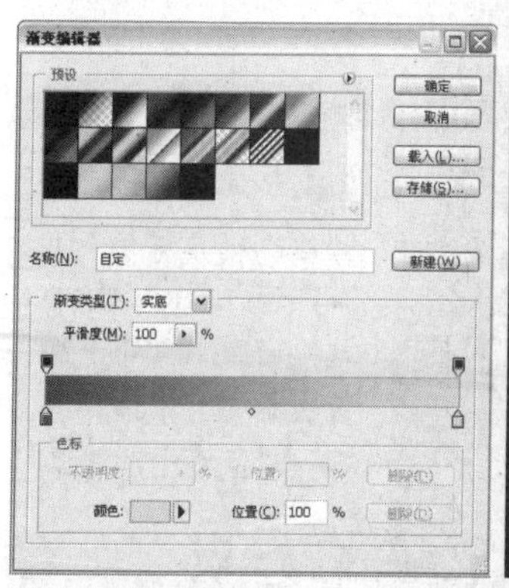
“渐变编辑器”对话框

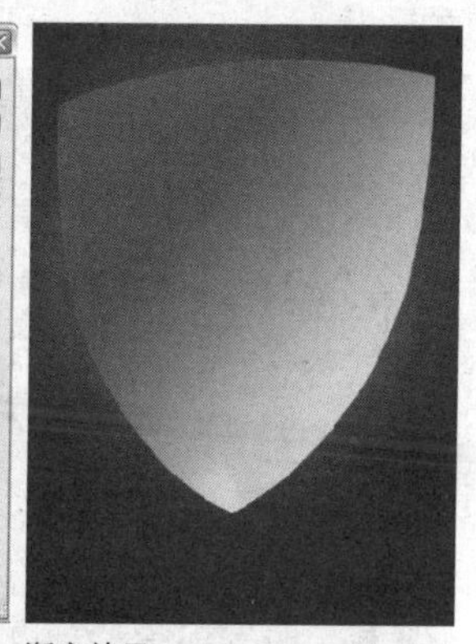
渐变效果

05 添加图层样式

双击“图层2”，在弹出的“图层样式”对话框中勾选“投影”复选框，选中该选项，在右侧的“投影”选项面板中设置参数，完成后单击“确定”按钮。

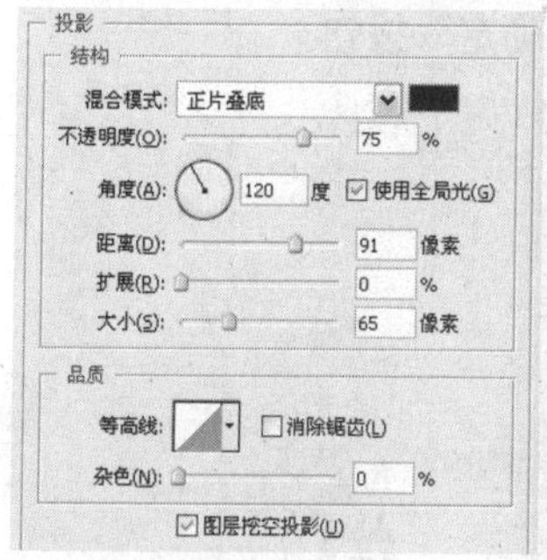

“投影”选项面板

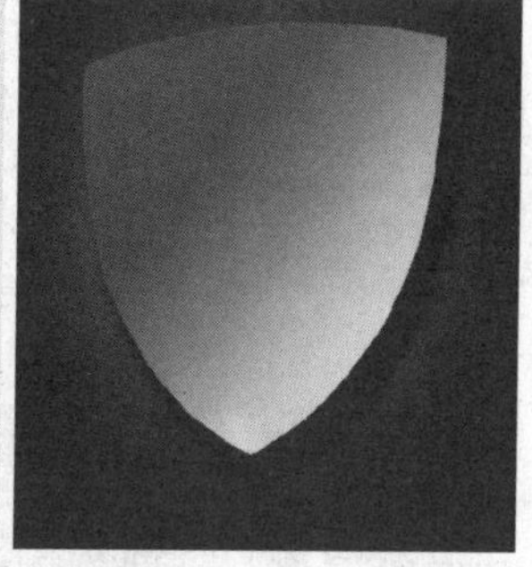
投影效果

06 绘制路径

新建“图层3”，使用钢笔工具绘制形状路径，然后按下快捷键Ctrl+Enter，将路径转换为选区。

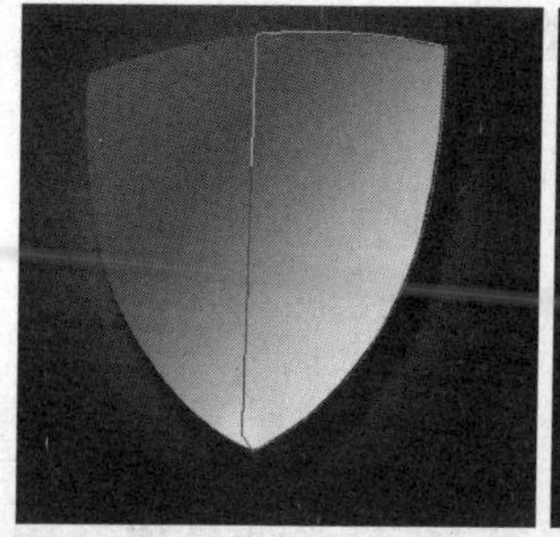
绘制路径

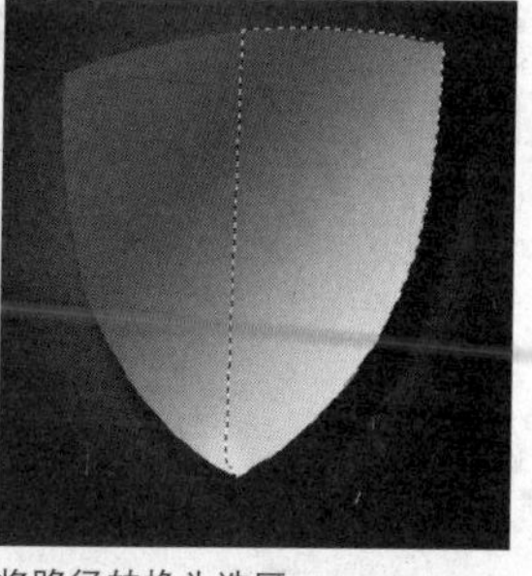
将路径转换为选区

07 填充选区渐变色

单击渐变工具，在其属性栏上单击“对称渐变”按钮，然后打开“渐变编辑器”对话框，设置颜色从左到右为（R65、G60、B1）、（R253、G244、B231）和（R38、G33、B1），完成后单击“确定”按钮，在选区中填充渐变。

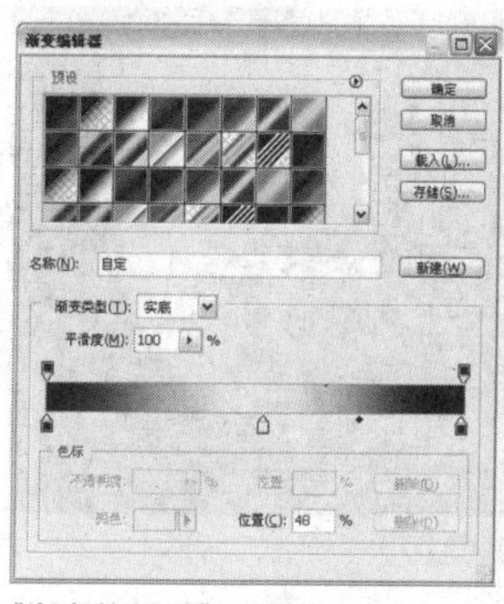
“渐变编辑器”对话框

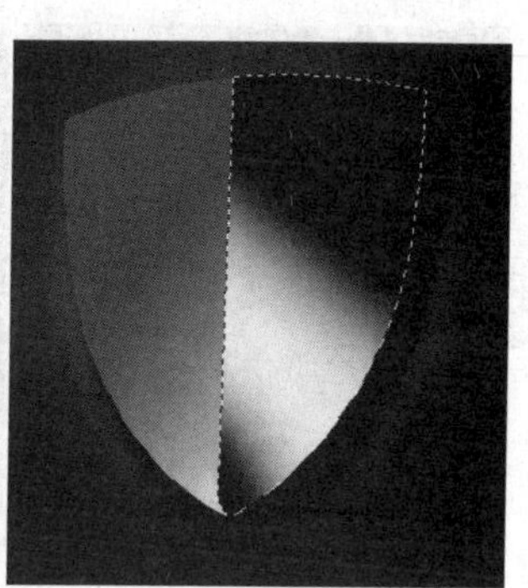
渐变效果

08 调整图像大小

新建“图层4”，载入“图层2”选区。执行“选择>变换选区”命令，显示变换编辑框，拖动控制手柄缩小选区，并将其拖动到适当位置。

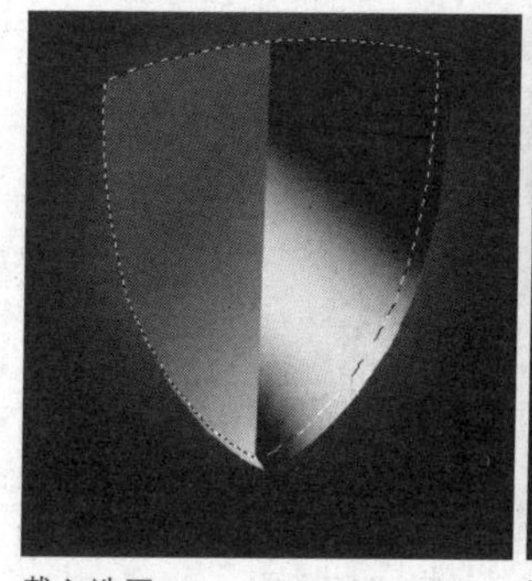
载入选区

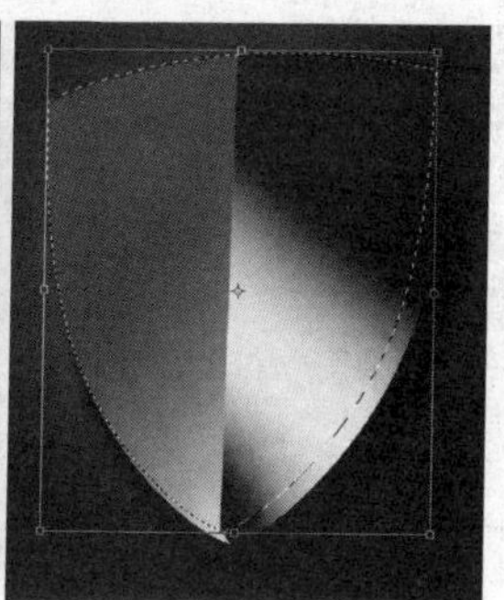
调整图像大小

09 填充选区渐变色

单击渐变工具，在其属性栏中单击“对称渐变”按钮，然后打开“渐变编辑器”对话框，设置渐变颜色为（R50、G43、B8）、（R255、G255、B255）和（R198、G187、B75），完成后单击“确定”按钮，在选区中填充渐变。

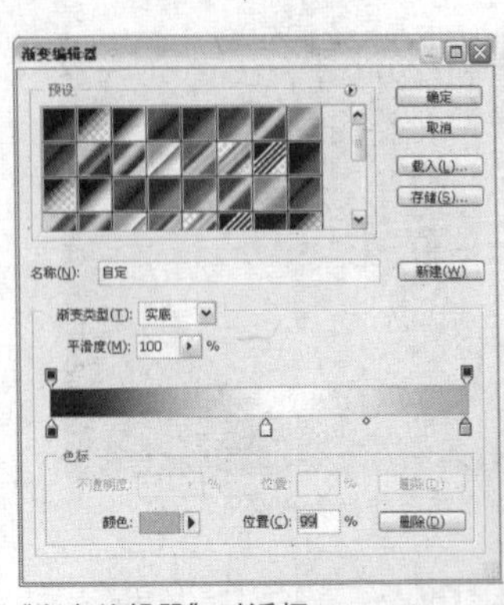

“渐变编辑器”对话框

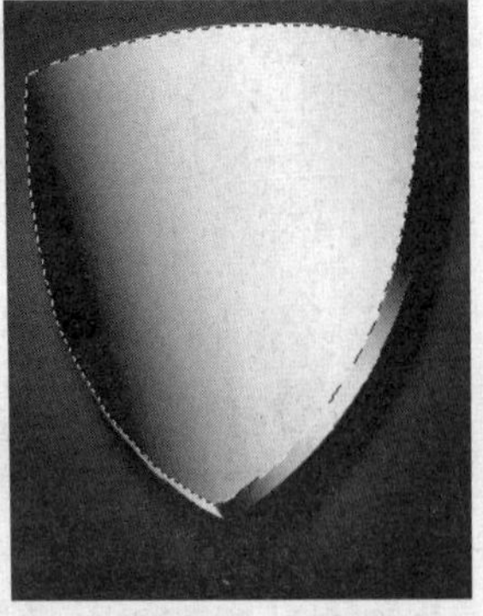

渐变效果

10 加深图像颜色

单击加深工具，在“图层4”的图像左边进行加深处理。新建“图层5”，使用钢笔工具绘制形状路径。

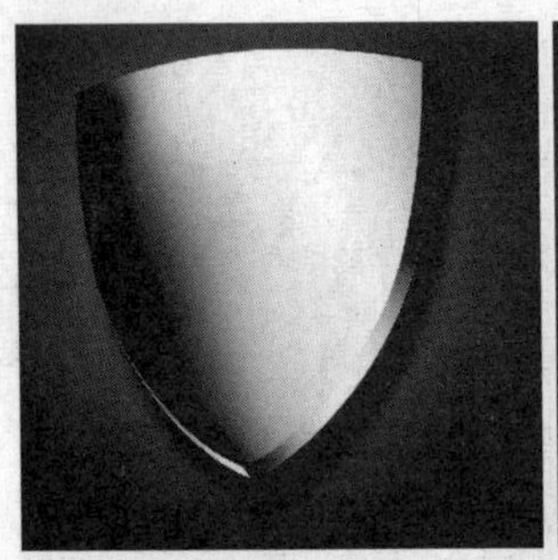

加深图像颜色

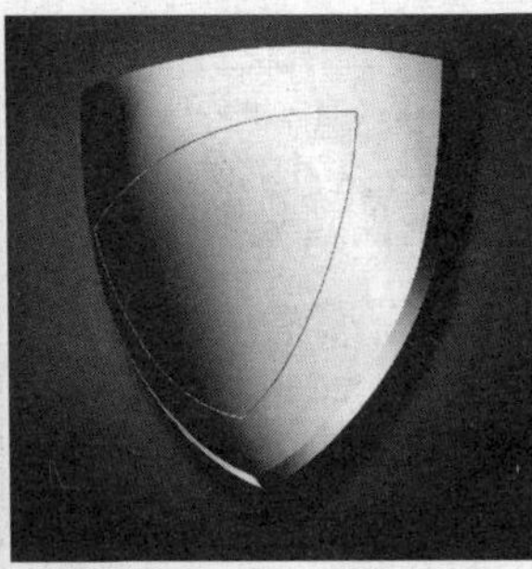

绘制路径

11 填充路径

右击路径，在弹出的快捷菜单中执行“填充路径”命令打开“填充路径”对话框，设置颜色为（R232、G192、B45）。使用加深工具和减淡工具分别在图形的适当位置涂抹，对图像进行加深或减淡处理。

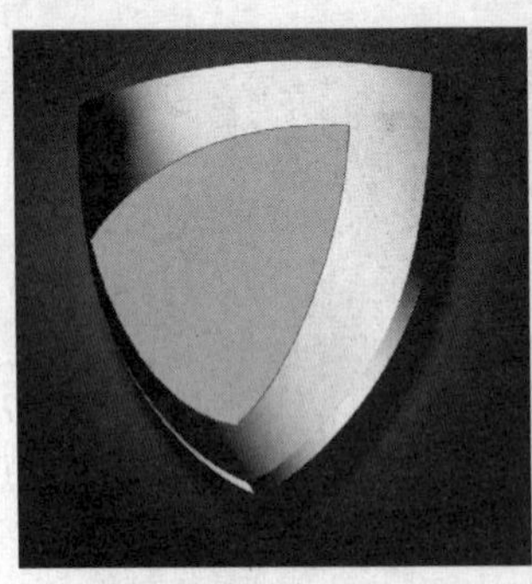

填充路径颜色

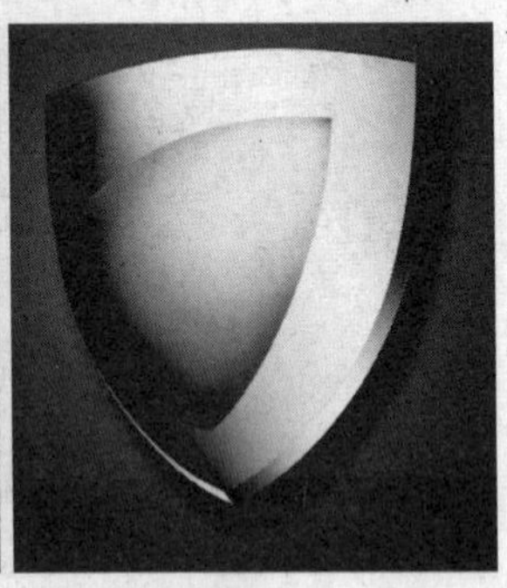

加深与减淡效果

12 绘制图像

新建“图层 6”，使用钢笔工具绘制形状路径，并创建选区。右击路径，在弹出的快捷菜单中执行“填充路径”命令，打开“填充路径”对话框，设置颜色为（R126、G97、B32）。最后使用减淡工具处理图像效果。

填充路径效果

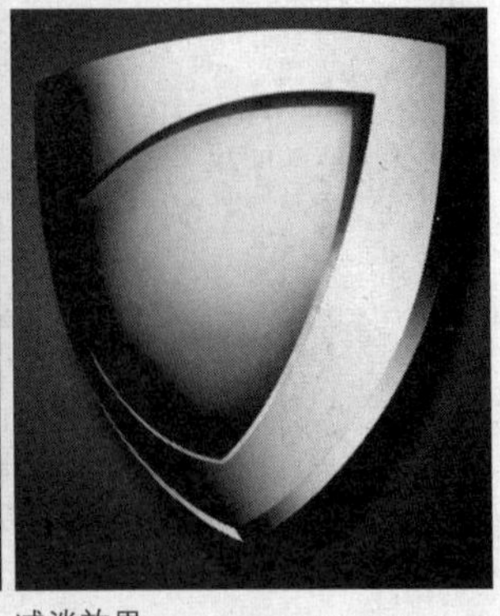

减淡效果

13 载入画笔

新建“图层7”，载入附书光盘\实例文件\Chapter 08\Media\羽毛笔和花纹.abr文件，单击画笔工具选择羽毛形状的笔刷，在图像上合适的位置画出羽毛笔的形状。

技巧点拨

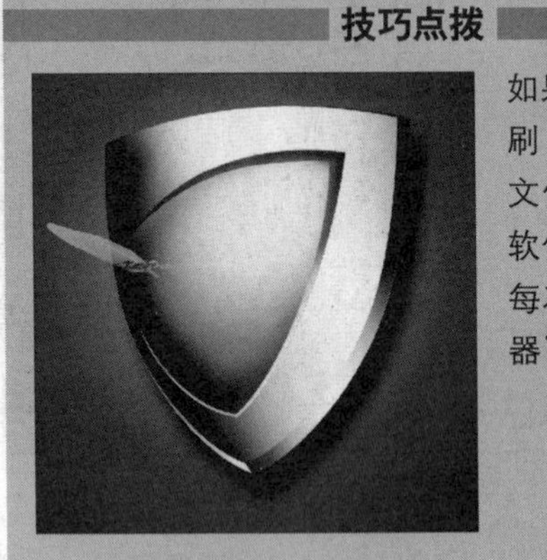

如果需要载入画笔笔刷，可以直接将.abr文件拖入Photoshop软件窗口中，而无需每次都在“预设管理器”对话框中加载。

14 添加图层样式

双击“图层7”，在弹出的“图层样式”对话框中的“投影”和“斜面和浮雕”选项面板中设置适当的参数，设置完成后单击“确定”按钮。

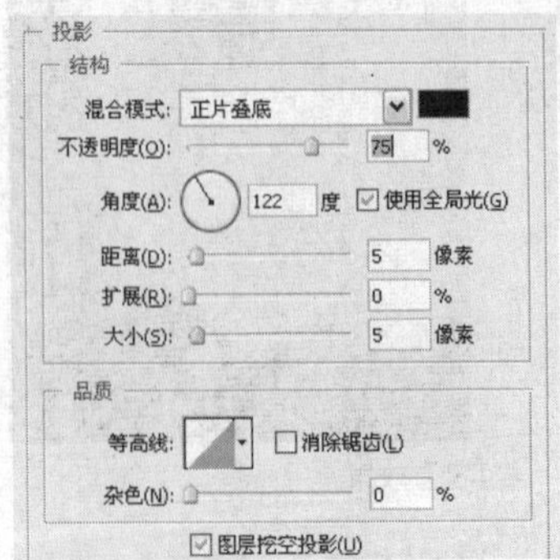

“投影”选项面板

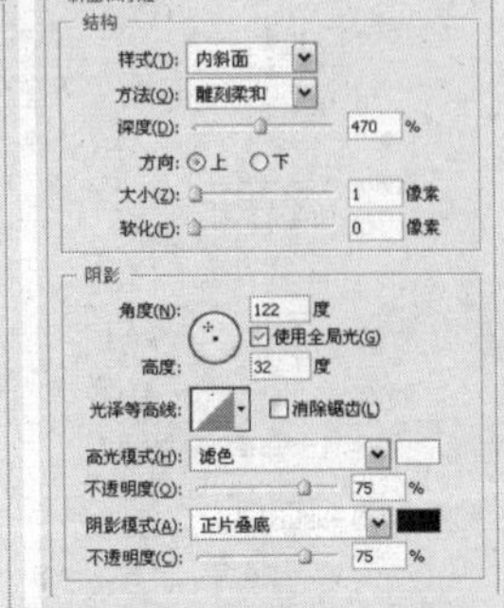

“斜面和浮雕”选项面板

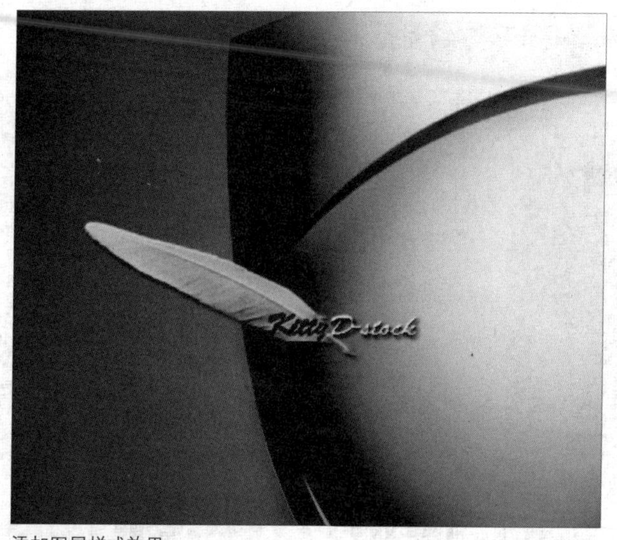

添加图层样式效果

15 绘制图像

新建“图层8”，单击画笔工具选择花纹笔刷，使用相同的方法制作盾牌上的花纹效果，并将其移动到合适的位置。

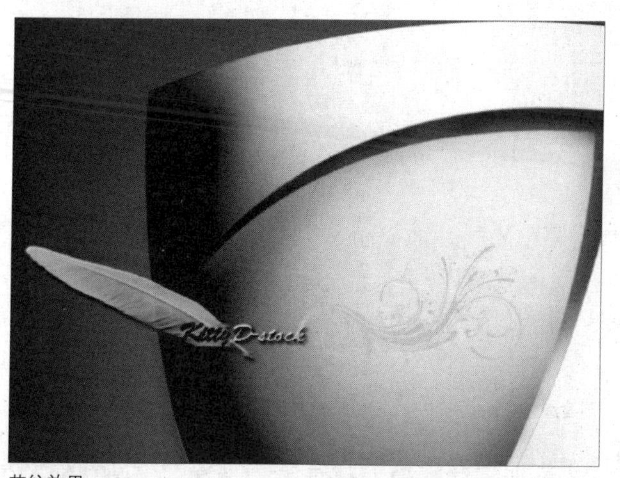

花纹效果

16 添加图层样式

双击“图层8”，打开“图层样式”对话框，分别对“投影”与“斜面和浮雕”选项面板进行参数设置，设置完成后单击“确定”按钮。

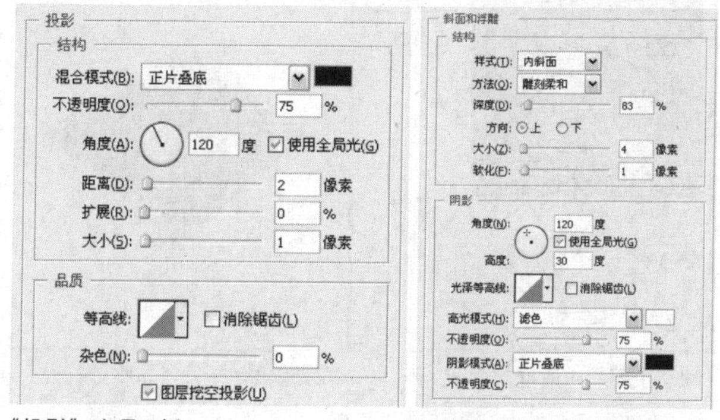

“投影”选项面板　　“斜面和浮雕”选项面板

添加图层样式效果

17 输入文字

在标志下方适当的位置输入文字，在“图层”面板中设置所有文字图层的“填充”为85%。选中“CITY CENTER CLUBTM”图层，按下T键，在图像上选择“TM”字母，在“字符”面板中编辑文字属性，单击“确定”按钮。至此，本例制作完成。

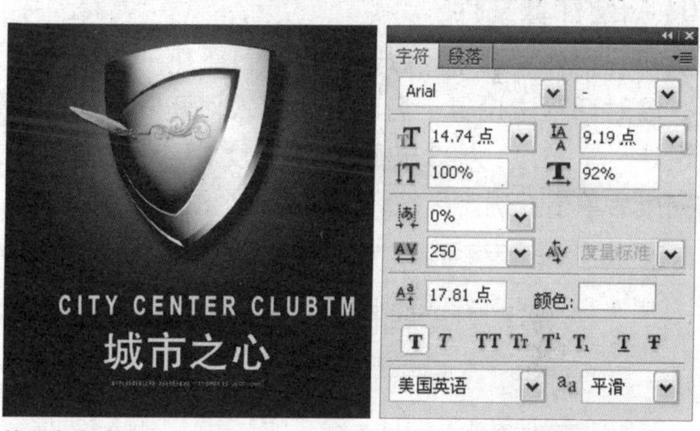

输入文字　　“字符”面板

完成后的效果

8.2 软件开发公司标志设计

实例分析：本实例以文字突出标志的立体感，让画面整体不仅仅停留在平面中。标志中间为立体方块图像，通过渐变手法让图像富有空间感。

主要使用工具：钢笔工具、渐变工具、文字工具

最终文件：Chapter 08\Complete\软件开发公司标志设计.psd

01 新建图像文件

执行“文件>新建”命令，打开“新建”对话框，在该对话框中设置“名称”为“软件开发公司标志设计”，“宽度”为23.88厘米，“高度”为19.12厘米，完成后单击“确定”按钮，新建一个图像文件。

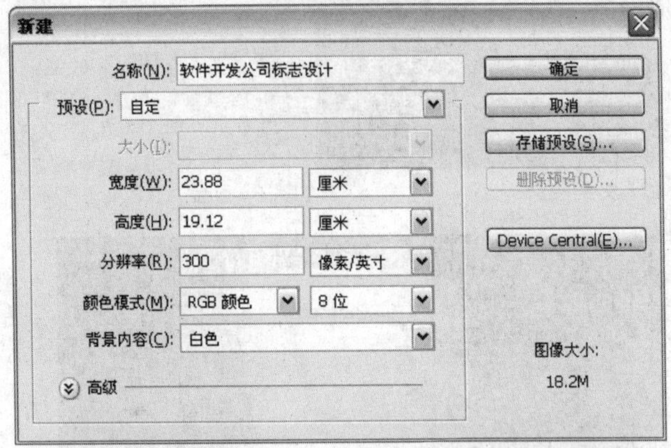

“新建”对话框

02 绘制图像

新建“图层1”，使用钢笔工具绘制一个四边形路径，按下快捷键Ctrl+Enter，将路径转换为选区。设置背景色为黑色，按下快捷键Ctrl+Delete填充选区。

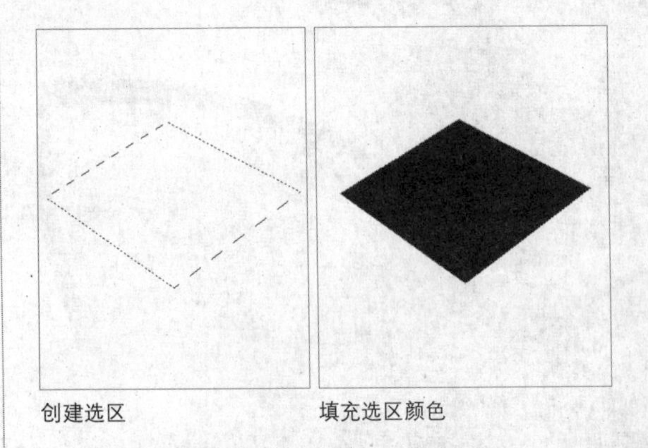

创建选区　　填充选区颜色

03 添加“动感模糊”滤镜

执行“滤镜>模糊>动感模糊”命令，打开“动感模糊”对话框，设置“角度”为0度，“距离”为220像素，完成后单击“确定”按钮。

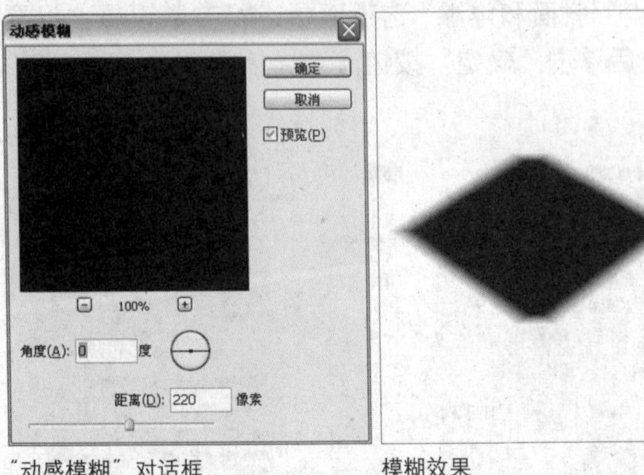

“动感模糊”对话框　　模糊效果

04 绘制图像

新建“图层2”，使用钢笔工具绘制形状路径，按下快捷键Ctrl+Enter将路径转换为选区。设置背景色为（R71、G71、B71），按下快捷键Ctrl+Delete填充选区。

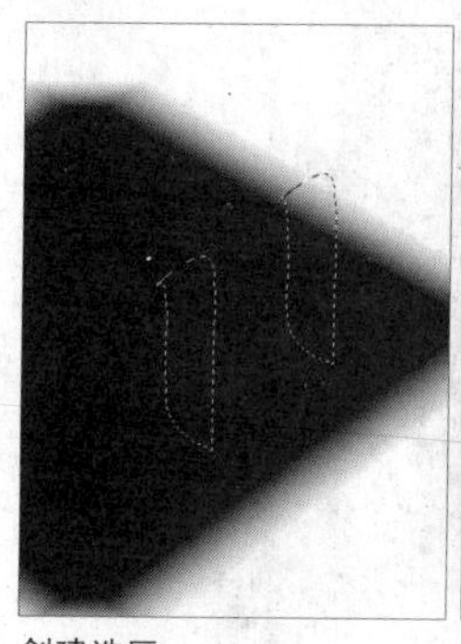
创建选区

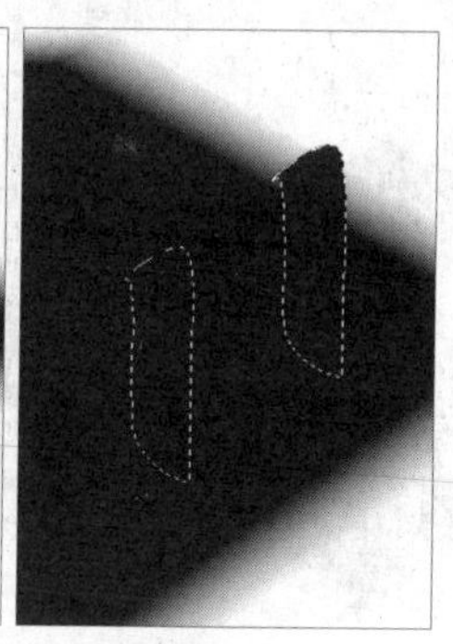
填充选区颜色

05 调整图像明暗

使用加深工具和减淡工具对图像进行涂抹，加强图像明暗对比效果。新建“图层3”使用同样的方法绘制图像效果。

加深与减淡效果

绘制更多图像

06 渐变填充

使用钢笔工具绘制形状路径，按下快捷键Ctrl+Enter将路径转换为选区。在“图层”面板中单击“创建新的填充或调整图层”按钮，在弹出的菜单中执行“渐变”命令新建“渐变图层”，在弹出的“渐变填充”对话框中进行参数设置。

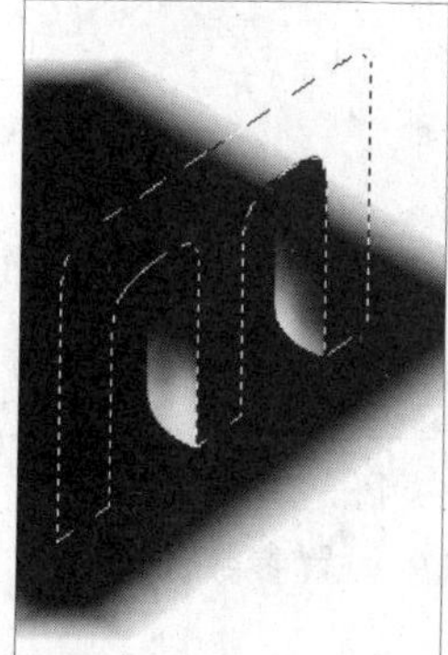
创建选区

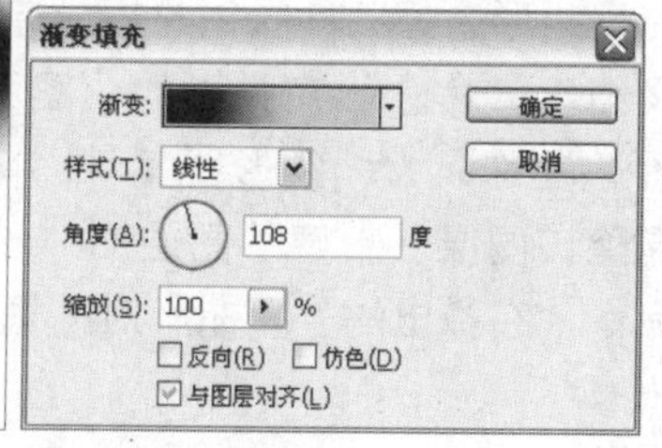

“渐变填充”对话框

技巧点拨

使用钢笔工具绘制完图形后，如果需要转换为选区可以直接按下快捷键Ctrl+Enter，或者按住Ctrl键在“路径”面板中单击路径缩览图。

07 填充选区渐变色

在“渐变填充”对话框中单击渐变条，在弹出的“渐变编辑器”对话框中设置参数，设置颜色从左到右为（R0、G0、B0）、（R198、G198、B198）和（R198、G198、B198），完成后单击“确定”按钮。

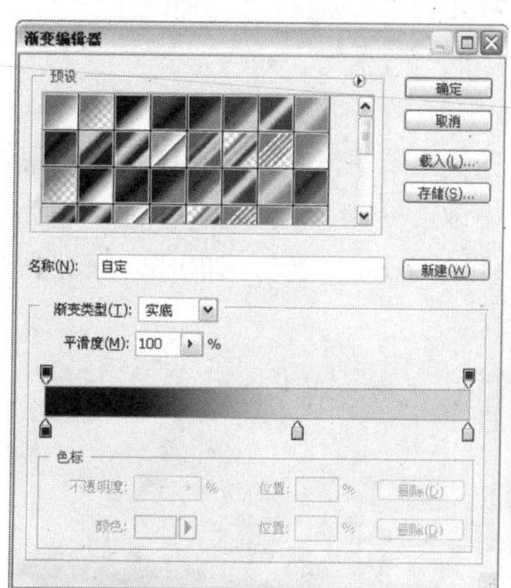

“渐变编辑器”对话框

渐变效果

08 调整选区并填充颜色

执行“选择>变换选区”命令，显示变换编辑框，右击，执行“水平翻转”命令，移动选区到适当位置，应用变换。新建“图层4”，按下快捷键Ctrl+Delete填充选区，颜色为（R255、G11、B133）。

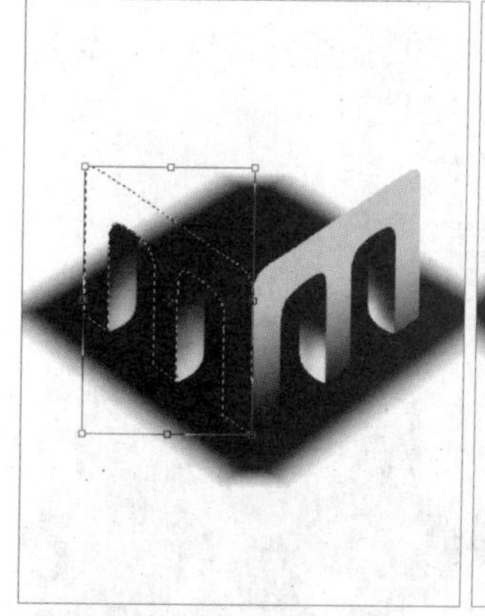
调整选区

填充选区颜色

09 渐变填充

使用钢笔工具绘制路径，将路径转换为选区。执行“图层>新建填充图层>渐变”命令，新建“渐变图层2”，在弹出的“渐变填充”对话框中进行参数设置。

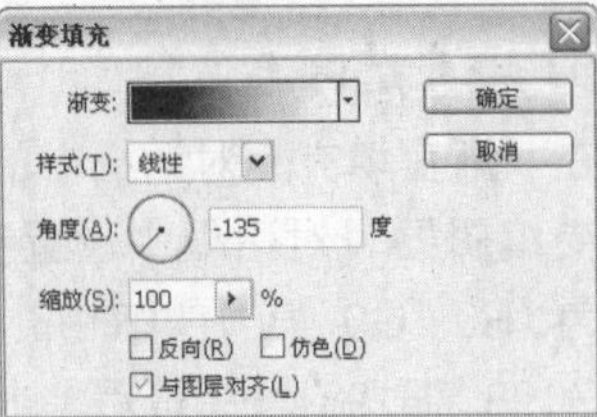

创建选区　　“渐变填充”对话框

10 设置渐变颜色

在“渐变填充”对话框中单击渐变条，在弹出的“渐变编辑器”对话框中设置参数，设置颜色从左到右为（R15、G15、B15）和（R255、G255、B255），完成后单击“确定”按钮。

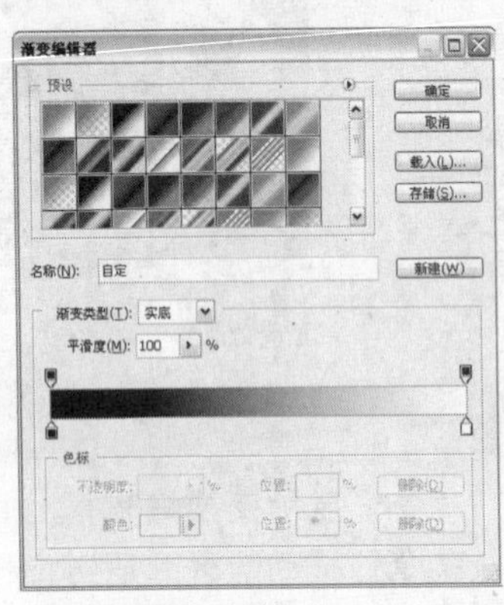

“渐变编辑器”对话框　　渐变效果

11 填充选区颜色

新建“图层5”，使用钢笔工具绘制路径，并转换为选区。设置背景色为（R54、G54、B54），按下快捷键Ctrl+Delete填充选区。

创建选区　　填充选区颜色

12 调整图像明暗

使用减淡工具，设置画笔为“柔边98像素”，“曝光度”为40%，在四边形的两角做出减淡效果。按下快捷键Ctrl+U，打开“色相/饱和度”对话框，设置“明度”为-54，单击“确定”按钮。

减淡效果　　调整图像效果

13 描边路径

新建一个图层，隐藏其他所有图层，使用钢笔工具绘制路径。设置画笔为“尖角1像素”，颜色为黑色，右击，执行“描边路径”命令，描边路径。

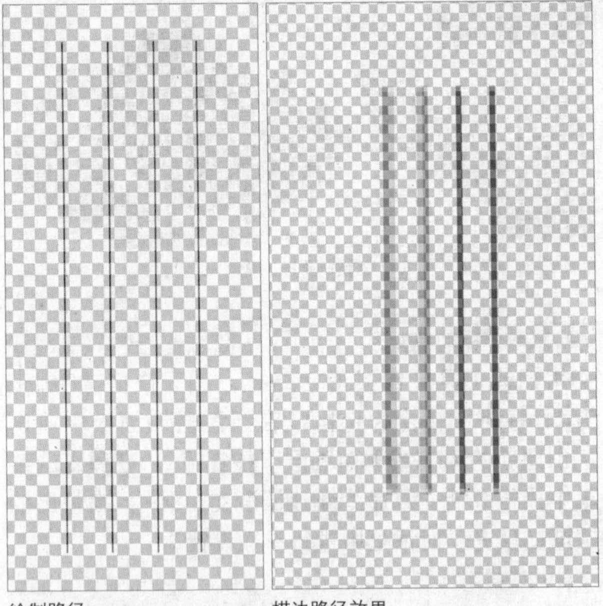

绘制路径　　描边路径效果

14 定义图案

使用矩形选框工具创建矩形选区，执行“编辑>定义图案”命令，在弹出的“图案名称”对话框中设置“名称”为“条形图案”，单击“确定”按钮。删除该图层，新建“图层6”，执行“编辑>填充”命令，在弹出的“填充”对话框中设置参数。

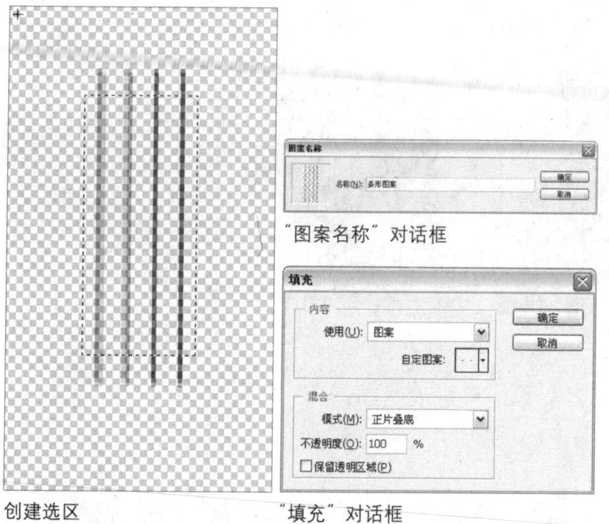

创建选区　"图案名称"对话框　"填充"对话框

15 填充图案

在"填充"对话框中选择刚设定的图案，单击确定键，填充"图层6"，如图所示。使用快捷键Ctrl+T旋转变换"图层6"，如图所示。

图案填充效果

选择图像

16 调整图像效果

设置"图层6"的图层混合模式为"叠加"，载入"图层4"的选区，按下Delete键删除选区条纹，并设置"填充"为30%。

"叠加"效果

删除图像效果

17 编辑图层蒙版

在"图层"面板中选择"图层1"，添加图层蒙版，设置画笔为"柔角150像素"、"流量"为30%，在蒙版中绘制"图层1"。新建"图层7"，使用钢笔工具绘制路径，并转换为选区。

编辑蒙版效果

创建选区

18 绘制路径

新建"图层8"，使用钢笔工具绘制四边形路径，按下快捷键Ctrl+Enter，将路径转换为选区。使用渐变工具填充选区，在"渐变编辑器"对话框中设置颜色从左到右为（R238、G0、B119）和（R252、G121、B186）。

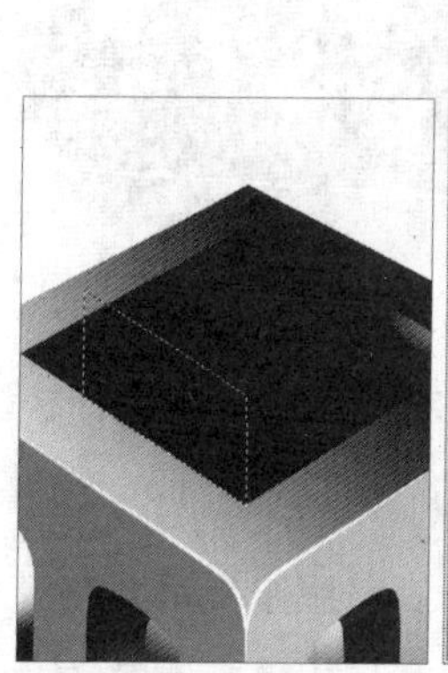

创建选区

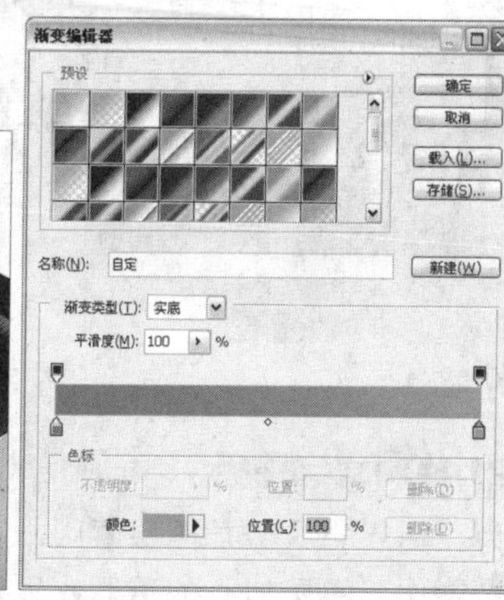

"渐变编辑器"对话框

19 填充选区渐变色

参数设置完成后单击"确定"按钮，从下到上填充选区渐变颜色，最后取消选区。新建"图层9"和"图层10"，设置其渐变颜色分别为（R238、G2、B100）至（R252、G121、B186）和（R249、G145、B197）至（R242、G5、B123），使用相同的方法制作另外两个面的效果。

添加选区渐变色

绘制更多图像

20 填充选区渐变色

新建“图层11”，使用钢笔工具绘制图形路径，并转换为选区。使用渐变工具，打开“渐变编辑器”对话框设置渐变色为（R254、G168、B212）和（R239、G6、B122），完成后单击“确定”按钮，从上到下填充选区渐变颜色，最后取消选区。

创建选区

填充选区渐变色

21 绘制文字路径

为“图层11”添加图层蒙版，在蒙版中使用渐变工具制作“图层11”的透明效果。使用钢笔工具绘制文字形状路径，按下快捷键Ctrl+Enter，将路径转换为选区。

编辑蒙版效果

创建文字选区

22 填充渐变色

单击“图层”面板下方的“创建新的填充或调整图层”按钮，在弹出的菜单中执行“渐变”命令，新建“渐变图层3”，打开“渐变编辑器”对话框设置渐变色为（R71、G71、B71）和（R182、G182、B182）。单击“确定”按钮。

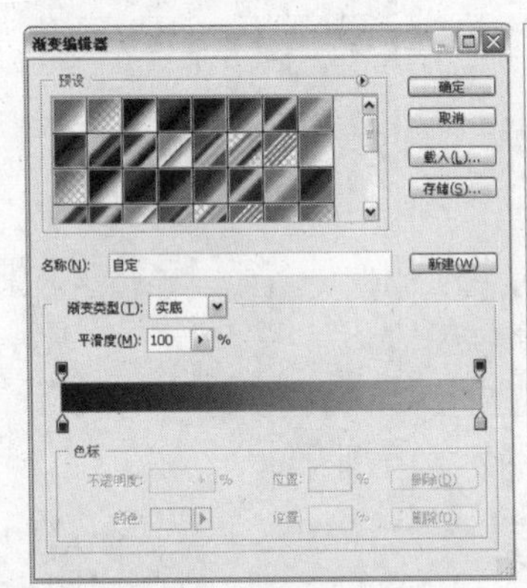

“渐变编辑器”对话框

渐变效果

23 输入文字

使用横排文字工具输入文字“中国 北京天一手机软件开发公司”，在“字符”面板中设置颜色为（R99、G99、B99），并将其拖动到适当的位置。至此，本例制作完成。

完成后的效果

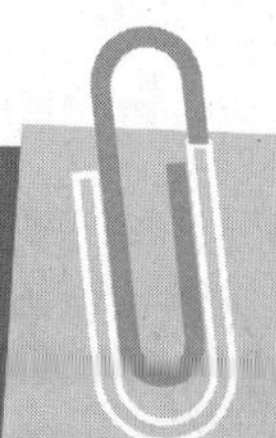

8.3 游戏标志设计

实例分析： 本实例制作的是FIAMOND游戏标志。整个画面以文字为主体，通过对文字进行变形体现游戏的多变性，而燃烧的火焰用来表现游戏刺激、惊险的场景。

主要使用工具： 钢笔工具、橡皮擦工具、渐变工具、文字工具、涂抹工具

最终文件： Chapter 08\Complete\游戏标志设计.psd

01 新建图像文件

执行"文件>新建"命令，打开"新建"对话框，在该对话框中设置各项参数，完成后单击"确定"按钮，新建一个图像文件。

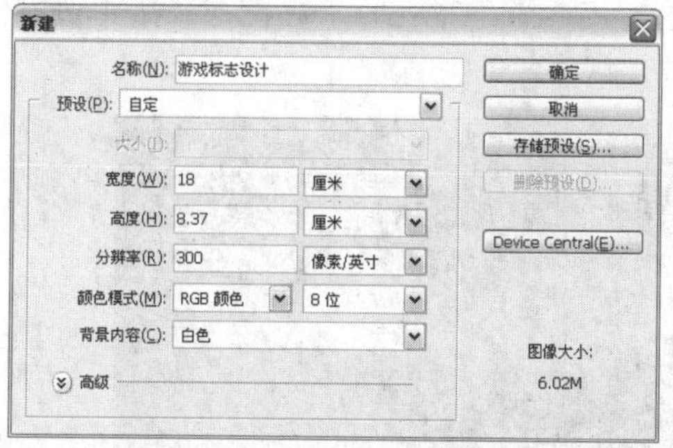

"新建"对话框

02 添加"云彩"滤镜

新建"图层1"，设置前景色为（R225、G127、B3），背景色为（R225、G57、B2），执行"滤镜>渲染>云彩"命令，应用滤镜效果。使用矩形选框工具创建矩形选区。

"云彩"效果

创建选区

03 删除图像

按下Delete键删除选区内图像，使用橡皮擦工具，设置画笔为"柔角300像素"，"流量"为50%擦除多余的图像。

删除选区内图像

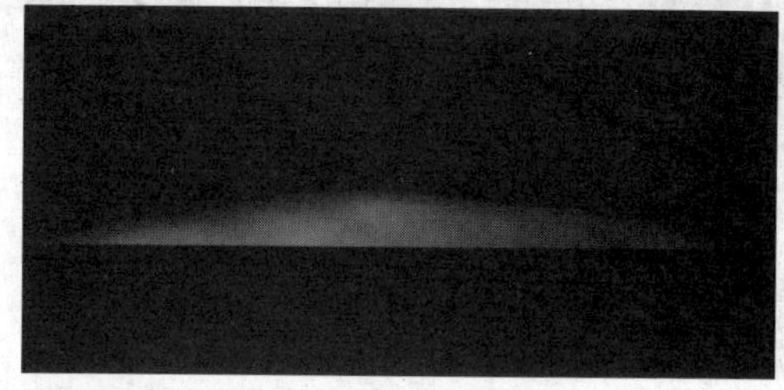

擦除图像后的效果

04 绘制图像

新建“图层2”，设置画笔为“柔角300像素”，设置前景色为（R255、G229、B31），在适当的位置绘制色块。

绘制图像效果

05 删除多余图像

使用矩形选框工具⬚创建选区，按下Delete键删除选区内的图像，取消选区。使用橡皮擦工具◻，设置画笔为“柔角250像素”，“流量”为50%，擦除图像多余的部分。

删除选区内图像

擦除多余图像

06 绘制图像

新建“图层3”，使用画笔工具◻，设置画笔为“柔角35像素~98像素”，“流量”为50%，颜色为（R143、G38、B2），在图像上绘制不同大小的圆点光影效果。复制“图层1”、“图层2”、“图层3”并合并，重新命名为“图层4”。

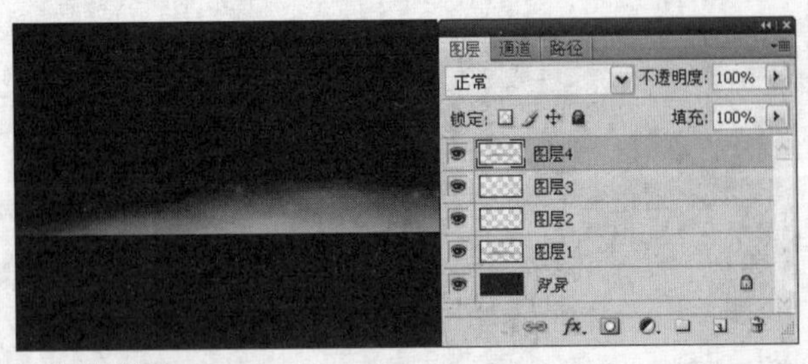

绘制光影效果

07 复制并调整图像

复制“图层4”得到“图层4副本”图层，按下快捷键Ctrl+T变形图像。右击，在弹出的快捷菜单中执行“垂直翻转”命令，翻转图像。

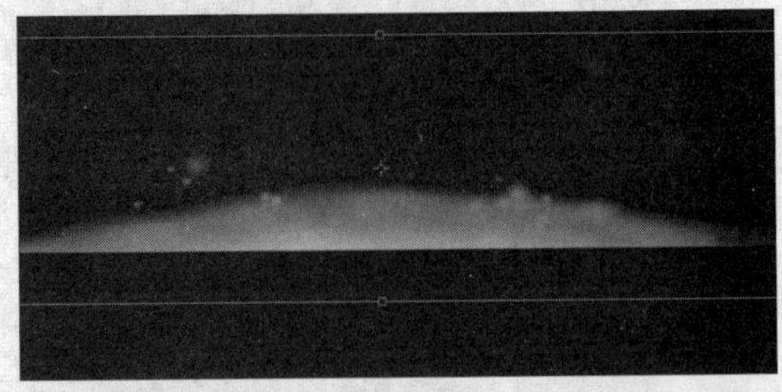

执行自由变换命令

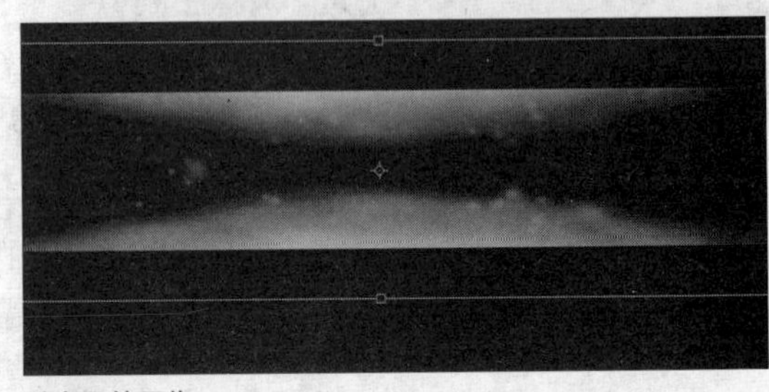

垂直翻转图像

08 调整图像位置

拖动“图层4副本”到“图层4”的下方，然后执行“图层>图层蒙版>显示全部”命令添加图层蒙版。使用画笔工具◻，设置画笔为“柔角250像素”，颜色为（R225、G225、B225），在图层蒙版中适当的位置涂抹，制作背景的倒影。

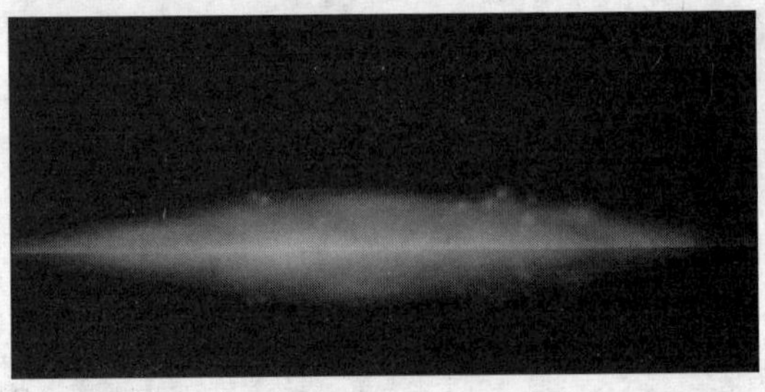

添加图层蒙版

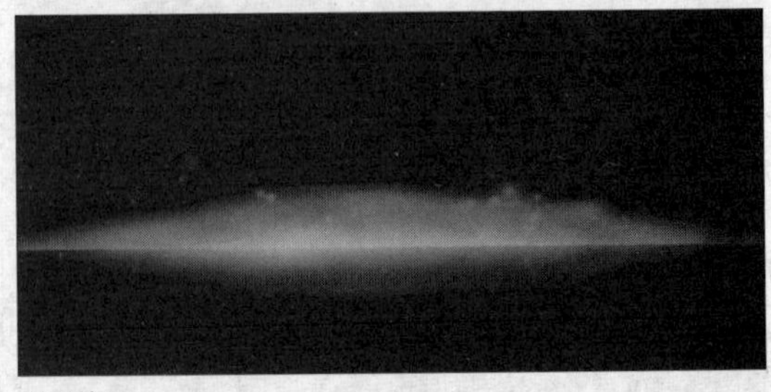

倒影效果

09 输入文字

新建“文字图层1”，使用横排文字工具T在图像中输入文字“PORTENTION AND POWER”，颜色为（R255、G232、B154）。新建“图层5”，按住

Ctrl键的同时单击“文字图层1”的图层缩览图，载入文字选区。

输入文字

载入文字选区

10 填充文字渐变色

单击渐变工具，打开“渐变编辑器”对话框，在该对话框中设置颜色从左到右为（R141、G129、B77）和（R18、G16、B1），完成后单击“确定”按钮，从上到下填充选区渐变色，最后取消选区。

渐变效果

11 添加图层样式

双击“图层5”，打开“图层样式”对话框，在“斜面和浮雕”选项面板中进行参数设置，单击“确定”按钮。

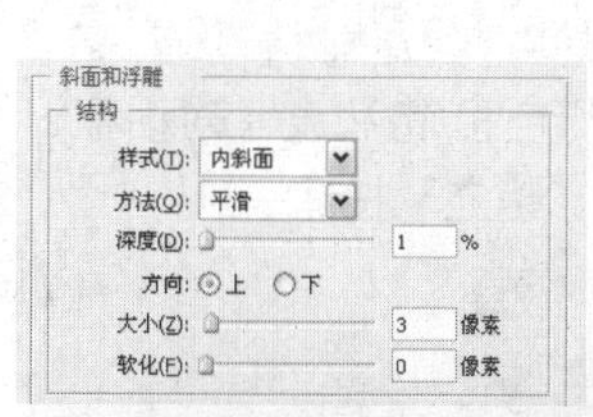

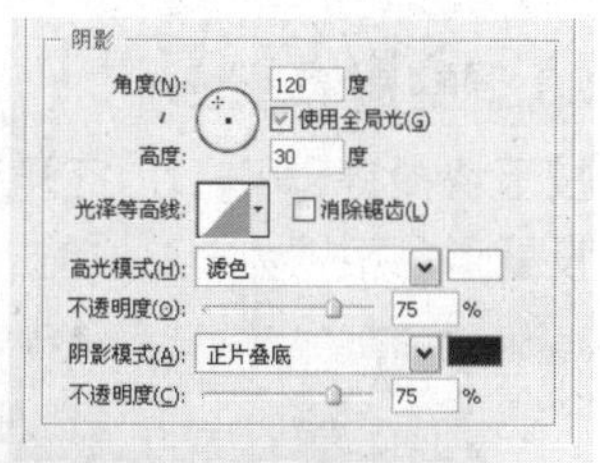

图层样式效果

12 调整图像位置

单击移动工具，调整“图层5”在画面中的位置。

调整图像效果

知识链接

创建一个选区后，按下快捷键Shift+F6，弹出“羽化选区”对话框，可根据需要设置羽化半径的值。

13 绘制文字路径

新建“图层6”，使用钢笔工具绘制文字形状。按下快捷键Ctrl+Enter，将路径转化为选区。

绘制文字路径

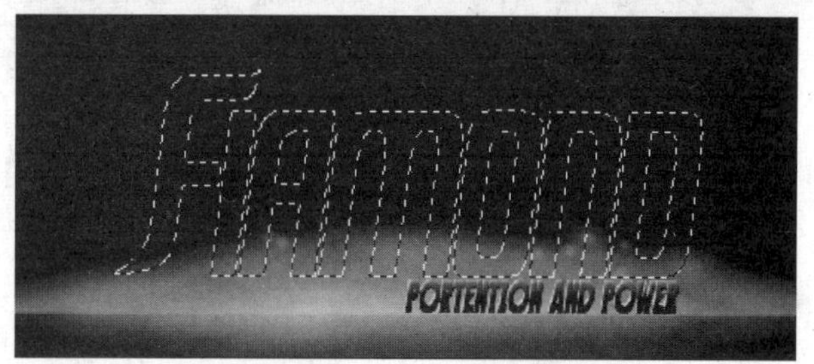

路径转换为选区

14 填充文字渐变色

单击渐变工具，打开“渐变编辑器”对话框，设置颜色从左到右为（R255、G253、B189）和（R238、G98、B5），完成后单击“确定”按钮，从上到下填充选区线性渐变。

渐变效果

15 添加图层样式

双击"图层6"，打开"图层样式"对话框，在"斜面与浮雕"选项面板中进行参数设置，完成后单击"确定"按钮。

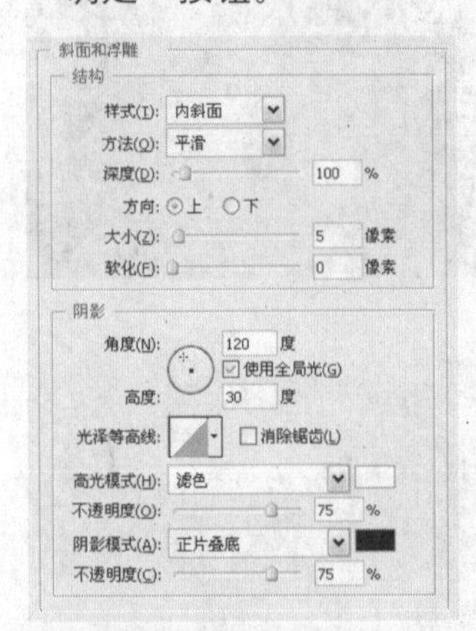

"斜面和浮雕"选项面板

添加图层样式效果

16 调整图像

复制"图层5"、"图层6"和"文字图层1"并合并，重命名为"图层7"，按下快捷键Ctrl+T，按住Ctrl键变形文字。

调整图像

17 编辑图层蒙版

为"图层7"添加蒙版，在蒙版中使用渐变工具，打开"渐变编辑器"对话框，设置颜色从左到右为（R225、G225、B225）和（R0、G0、B0），完成后单击"确定"按钮，在"图层"面板中设置"填充"为50%。

编辑蒙版效果

技巧点拨

要改变选区的大小，可以执行"选择>变换选区"命令，选区的边框上便会出现8个节点，拖动节点即可调整选区。

18 添加素材图像

打开附书光盘\实例文件\Chapter 08\Media\游戏标志素材.png文件，单击移动工具，将素材图像拖动至当前图像文件中，得到"图层8"，并调整图像的位置。

添加素材图像

19 复制并调整图像

复制"图层8"，得到"图层8副本"图层，按下快捷键Ctrl+T并右击，在弹出的快捷菜单中执行"垂直翻转"命令，并移动图形到合适的位置。

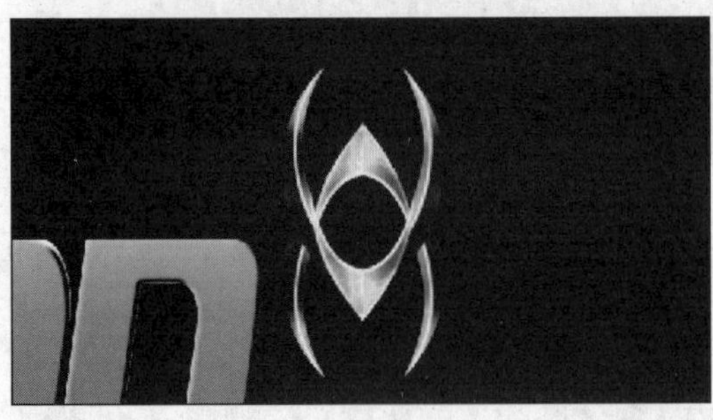

图像效果

20 调整图像颜色

按下快捷键Ctrl+U，打开"色相/饱和度"对话框，设置"色相"为-11，单击"确定"按钮。

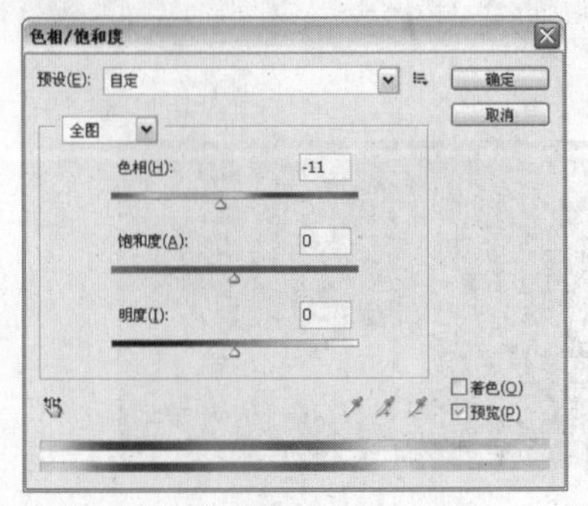

"色相/饱和度"对话框

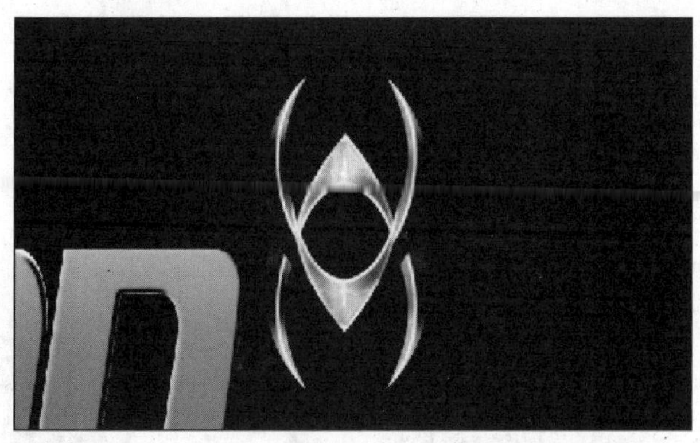

图像效果

21 绘制图像并添加图层样式

新建“图层9”，使用画笔工具，设置画笔为“柔角2像素”，颜色为白色，按住Shift键绘制两条交叉直线。双击该图层，打开“图层样式”对话框，在“外发光”选项面板中进行参数设置，设置颜色为（R0、G255、B150），单击“确定”按钮。

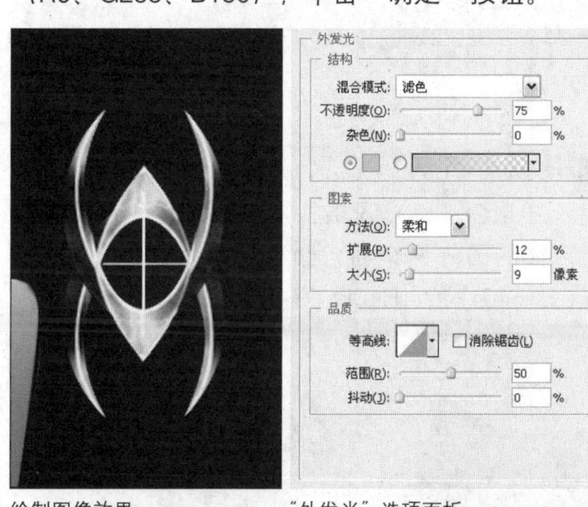

绘制图像效果　　“外发光”选项面板

添加图层样式效果

22 绘制星光图像

新建“图层10”，使用画笔工具，设置画笔为“柔角像素”，颜色为白色，在字母“F”上面适当的位置绘制一个圆点。使用涂抹工具，在其属性栏上设置“强度”为60%，将圆点绘制成星形。

绘制圆点　　星光效果

23 添加图层样式

双击“图层9”，打开“图层样式”对话框，在“外发光”选项面板中设置参数，设置颜色为（R254、G91、B95），单击“确定”按钮。至此，本例制作完成。

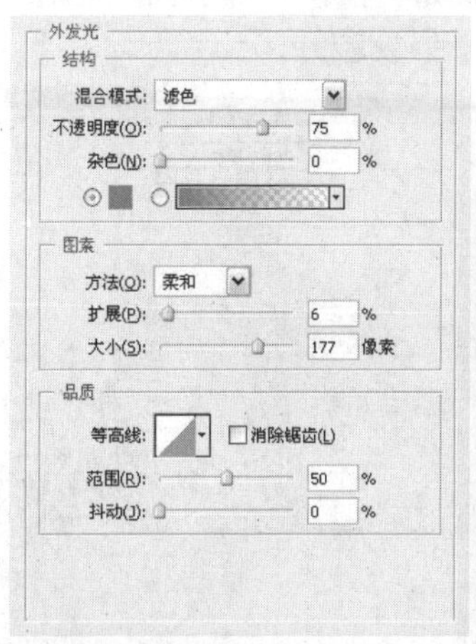

“外发光”选项面板　　外发光效果

完成后的效果

8.4 CHP企业标志设计

实例分析： 本实例制作的是CHP耗材标志，整个标志以橙、绿、蓝为主，通过不同透明度的颜色块体现丰富的层次感。

主要使用工具： 矩形选框工具、自由变换功能、文字工具

最终文件： Chapter 08\Complete\CHP企业标志设计.psd
视频文件： Chapter 08\CHP企业标志设计. swf

01 新建图像文件

执行“文件 > 新建”命令，打开“新建”对话框，设置各项参数，单击“确定”按钮，新建图像文件。

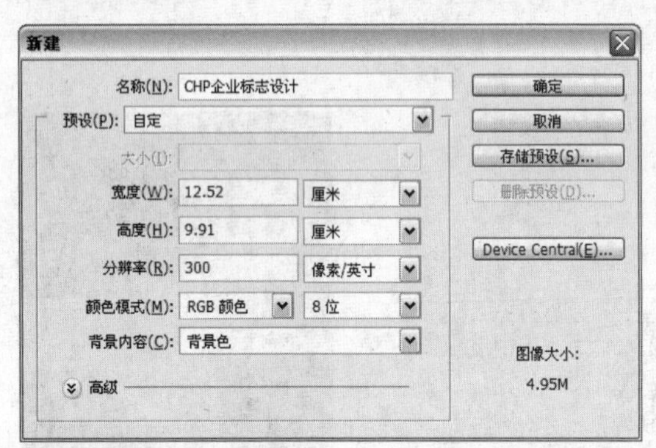

“新建”对话框

02 绘制矩形图像

新建“图层1”，使用矩形选框工具创建正方形选区，填充颜色为（R240、G145、B10），结合自由变换命令调整图像的形状，最后取消选区。

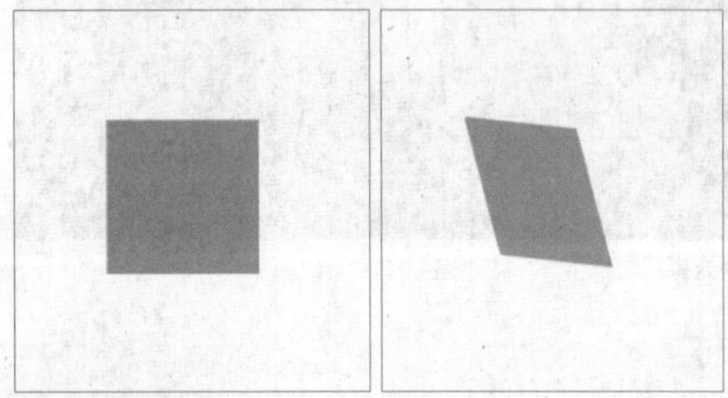

绘制矩形图像　　调整图像形状

03 继续绘制图像

新建“图层2”和“图层3”，使用相同的方法制作正方体的另外两个面，颜色分别设置为（R56、G88、B1540）和（R100、G186、B38）。

绘制蓝色图像　　绘制绿色图像

04 调整图像

新建“图层4”，按住Ctrl键单击“图层1”缩览图创建选区，填充选区颜色为（R214、G216、B80）。结合自由变换命令调整“图层4”的大小与位置，设置图层“不透明度”为30%，使标志图像富有层次感。

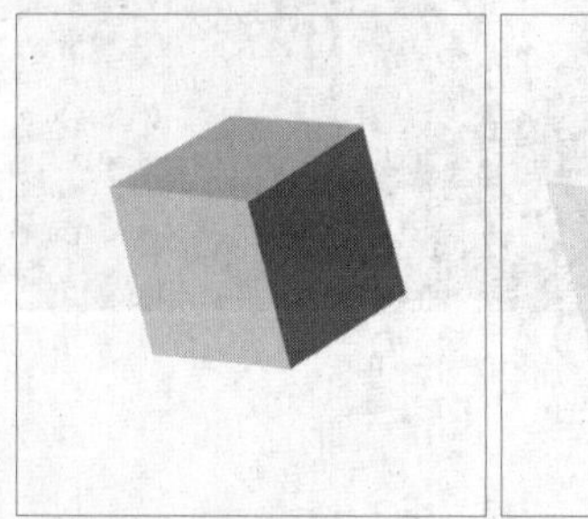

填充图像颜色

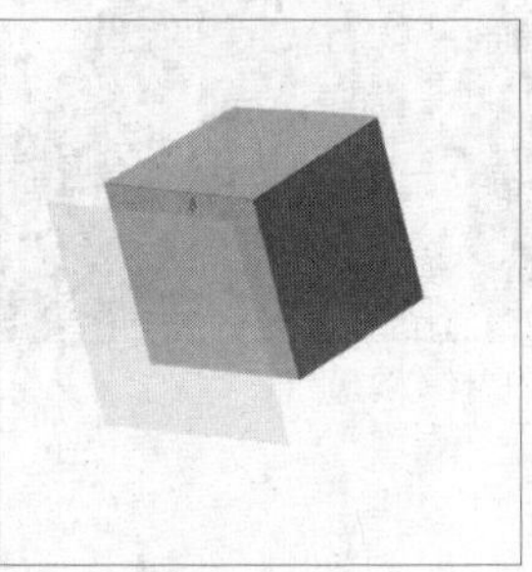

调整图像效果

05 绘制透明图像

新建“图层5”和“图层6”，使用相同的方法制作另外两个面的透明效果的面，选择相应的图层，分别填充颜色为（R133、G188、B255）和（R146、G255、B77），设置“不透明度”为30%。

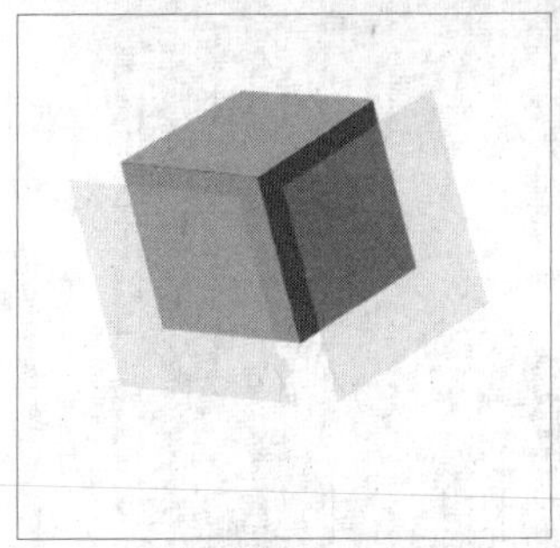
添加蓝色透明图像

添加绿色透明图像

06 绘制更多透明图像

继续新建图层，采用相同的方法，添加图像中更多的透明图像，体现图像光影渐变的效果。

添加黄色透明图像

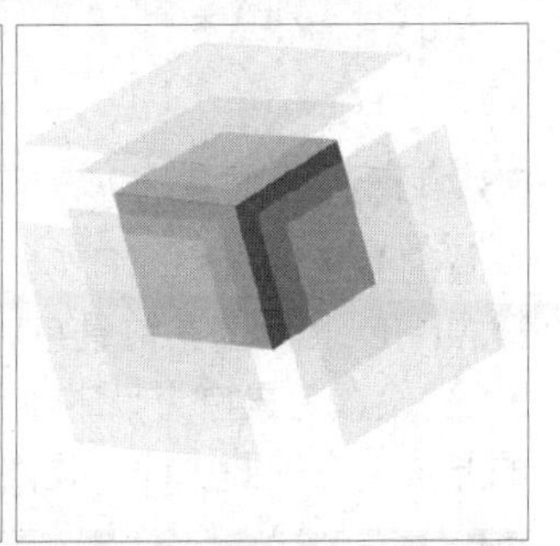
添加更多透明图像

07 绘制图像

新建“图层10”，在工具箱中选择矩形选框工具，在图形右下方绘制矩形条。单击鼠标右键，在弹出的快捷菜单中执行“填充”命令，弹出“填充”对话框，设置颜色为（R100、G168、B38）。

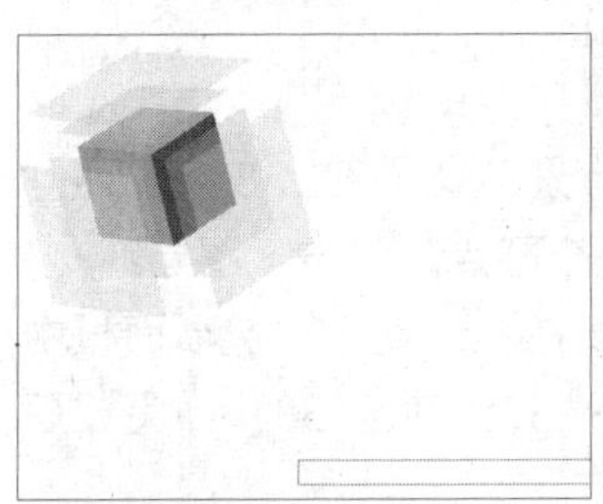
创建选区

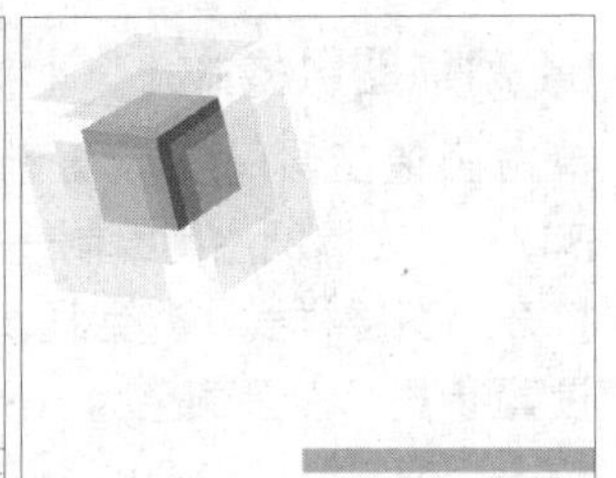
填充选区颜色

08 输入文字

在绿色的矩形条上使用文字工具T输入白色的文字“www.minorcorlour.com tell:88451-202”。

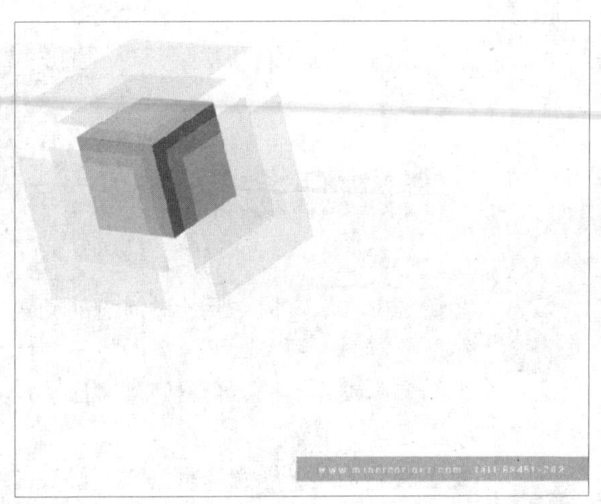
输入文字

09 输入并调整文字颜色

使用横排文字工具T，输入文字“MINOR”，设置文字颜色为（R4、G90、B150），然后按下T键，选择字母“M”，设置颜色为（R5、G2、B113）。

输入文字

调整文字颜色

10 输入更多文字

使用横排文字工具T，输入文字“CHPTM”，设置颜色为黑色，选择字母“TM”，在“字符”面板中设置“行距”为3.15，并调整字符大小。使用横排文字工具T输入文字，并拖动文字到适当位置。至此，本例制作完成。

完成后的效果

8.5 房产标志设计

实例分析：本实例主要通过河流的元素体现标志的主题，边缘金属的效果与文字的金属效果有机结合，间接突出了珠江国际这一主题。

主要使用工具：椭圆选框工具、渐变工具、画笔工具

最终文件：Chapter 08\Complete\房产标志设计.psd

01 新建图像文件

执行"文件>新建"命令，打开"新建"对话框，在该对话框中设置各项参数，单击"确定"按钮，创建一个新的图像文件，填充"背景"颜色为黑色。

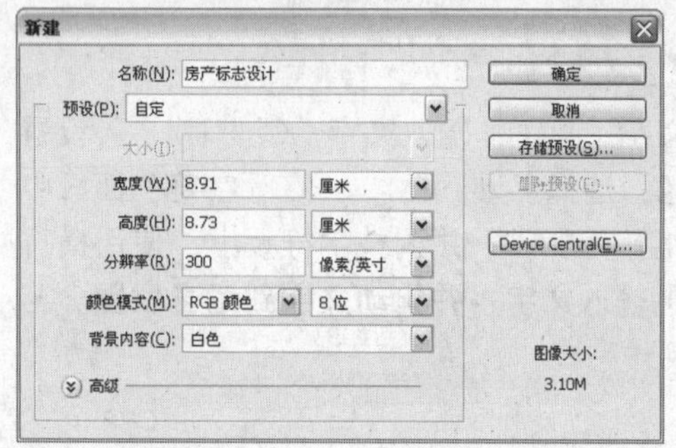

"新建"对话框

02 调整选区

新建"图层1"，单击椭圆选框工具创建圆形选区，按下快捷键Ctrl+T，显示变换编辑框，右击，在弹出的快捷菜单中执行"变形"命令，将圆形选区调整为鸡蛋形状，按下Enter键完成变换操作。

创建选区　　调整选区

03 填充选区颜色

设置前景色为红色（R200、G0、B33），按下快捷键Alt+Delete填充前景色，取消选区。新建"图层2"，设置前景色为（R230、G49、B0），使用相同的方法，在椭圆中间创建圆形选区，填充前景色。

填充选区颜色

绘制红色圆形图像

04 添加图层样式

单击画笔工具，设置前景色为（R255、G30、B47），在椭圆中间绘制一个圆点。双击"图层2"，打开"图层样式"对话框，在"外发光"选项面板中设置参数，设置颜色为（R157、G0、B0），完成后单击"确定"按钮。

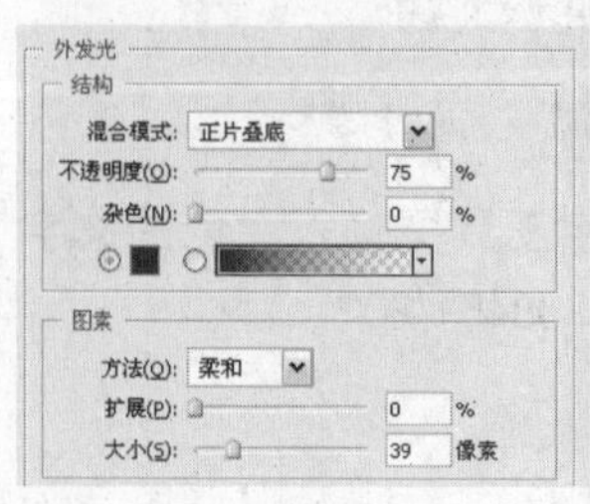

"外发光"选项面板

添加外发光后的效果

05 绘制图像

新建“图层3”，单击画笔工具，设置前景色为（R254、G16、B14），使用柔角类型的画笔在椭圆中间绘制，将该图层的图层混合模式设置为“正片叠底”。

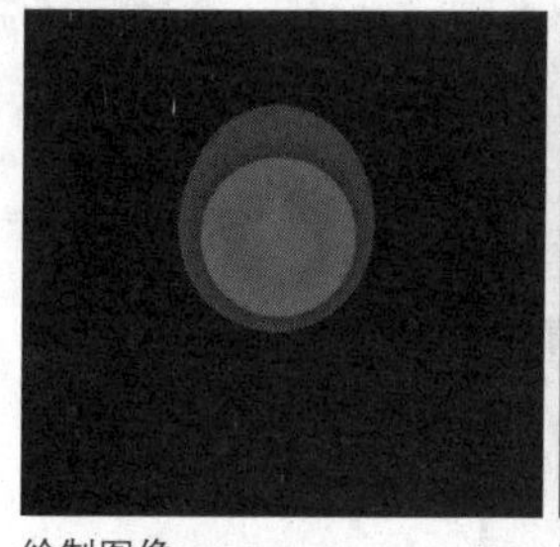
绘制图像

“正片叠底”效果

06 添加素材图像

执行“文件>打开”命令，打开附书光盘\实例文件\Chapter 08\Media\房产标志素材.psd文件。单击移动工具，将打开的图像文件移动到“房产标志设计”图像文件中，生成“图层4”，移动到标志中间，调整图像位置。

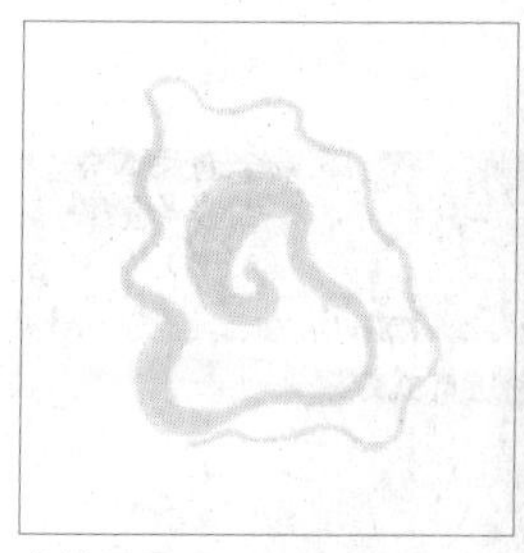
素材图像

添加素材图像

07 绘制图像

新建“图层5”，单击画笔工具，设置前景色为红色（R135、G0、B29），在椭圆周围绘制阴影。将“图层6”的图层混合模式设置为“正片叠底”，增加层次感。

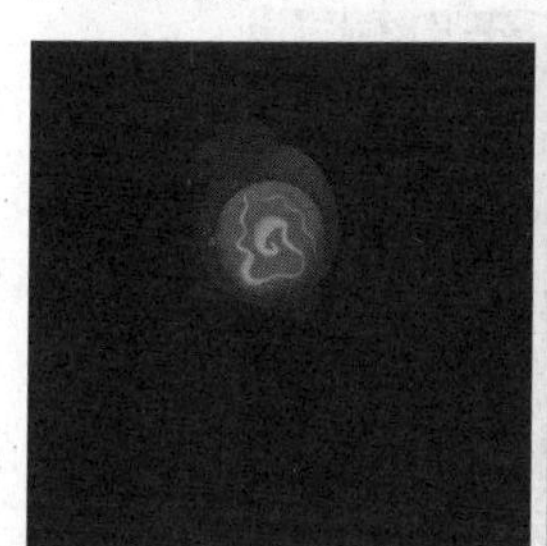
绘制图像

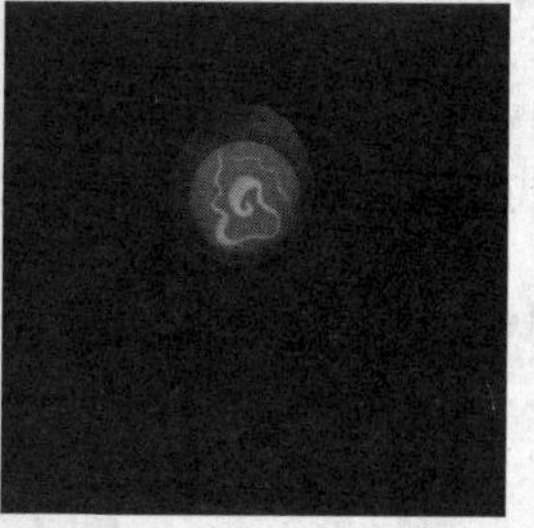
“正片叠底”效果

08 绘制高光

新建“图层6”，设置前景色为白色，单击钢笔工具，在画面的椭圆上绘制高光效果的路径。将路径转换为选区，按下快捷键Alt+Delete填充前景色，设置“不透明度”为50%，制作出高光效果。

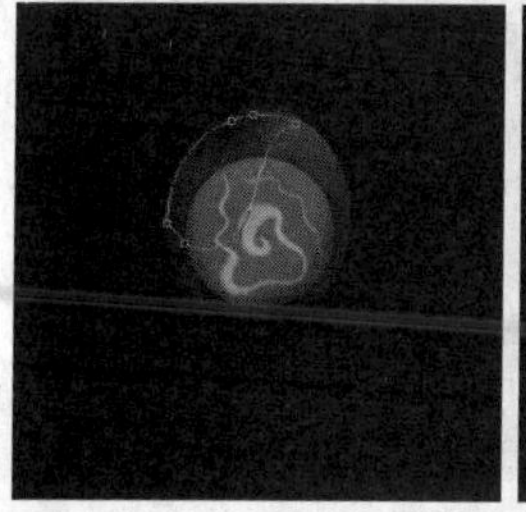
绘制路径

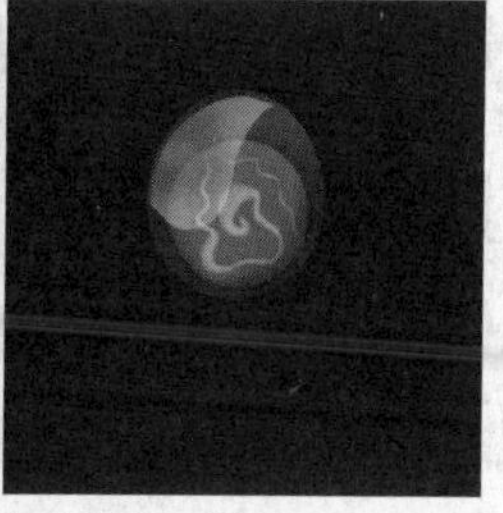
高光效果

09 调整高光效果

选择“图层6”，单击“图层”面板下方的“添加图层蒙版”按钮，然后单击画笔工具，设置颜色为黑色，不透明度为30%，擦除太亮的高光部分，使画面更有层次感。使用相同的方法，制作多个高光效果。

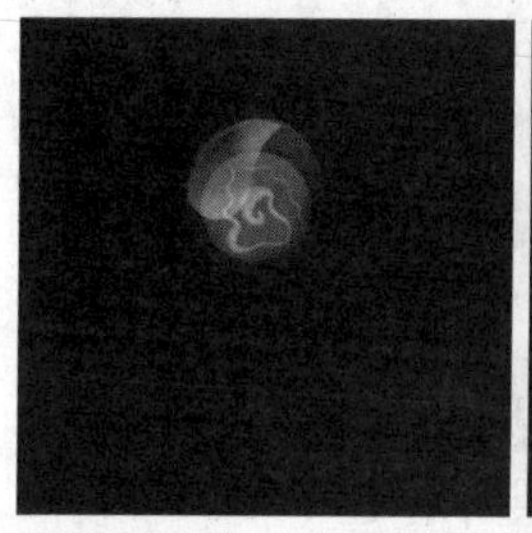
隐藏部分图像

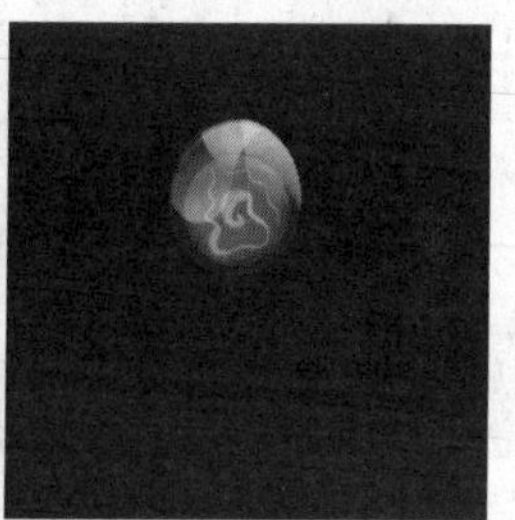
添加多个高光效果

10 填充选区渐变

根据画面效果需要，制作多个高光效果，适当调整透明度。新建“图层7”，创建椭圆选区，变换选区调整成鸡蛋形状。单击渐变工具，在属性栏上单击“对称渐变”按钮，打开“渐变编辑器”对话框，设置颜色从左到右为（R202、G176、B139）和（R230、G239、B193），从下到上填充渐变。

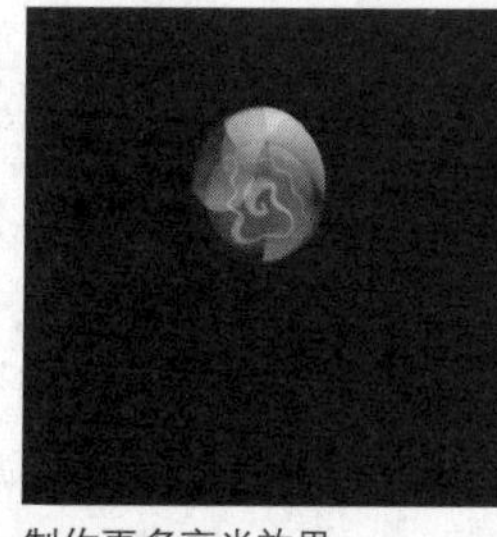
制作更多高光效果

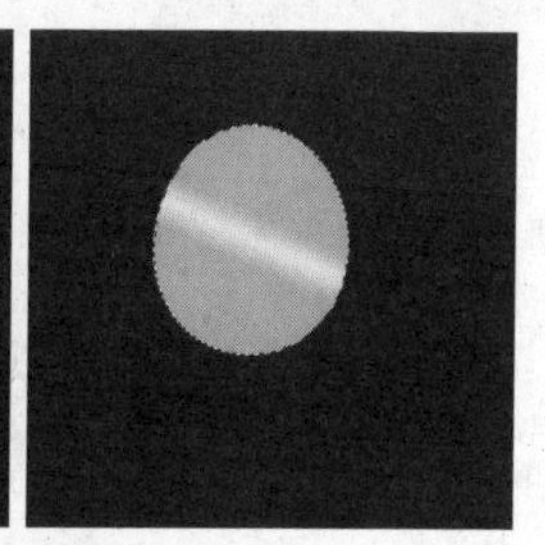
填充选区渐变色

11 绘制渐变图像

新建“图层8”，单击矩形选框工具，按住Alt键在画面上减去左边半圆选区。单击渐变工具，打开“渐变编辑器”对话框，设置颜色为（R222、G198、B154）和（R62、G38、B10），从右到左填充渐变，取消选区，设置该图层的图层混合模式为“强光”，增加金属质感。

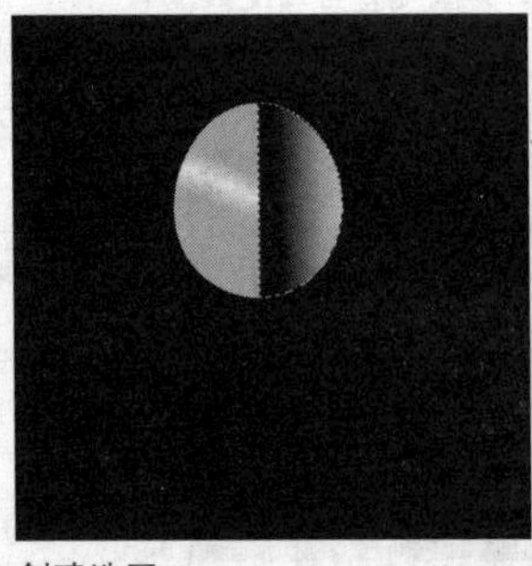
创建选区

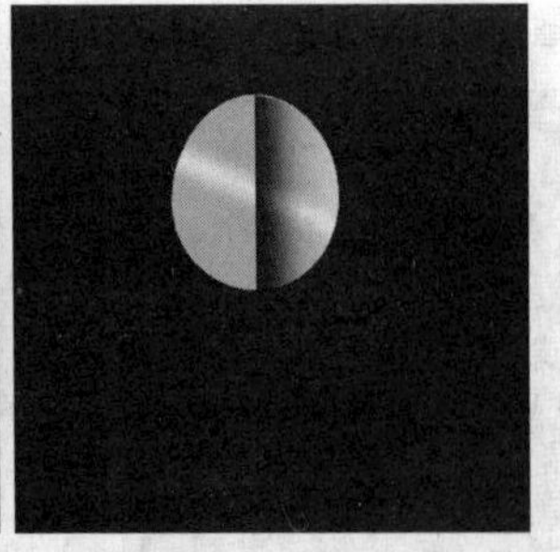
图像渐变效果

12 调整图像

选择“图层8”，按下快捷键Ctrl+T，缩小半圆。将“图层7”和“图层8”拖曳到“图层1”下方产生金属立体边缘效果，合并图层得到“图层7”。

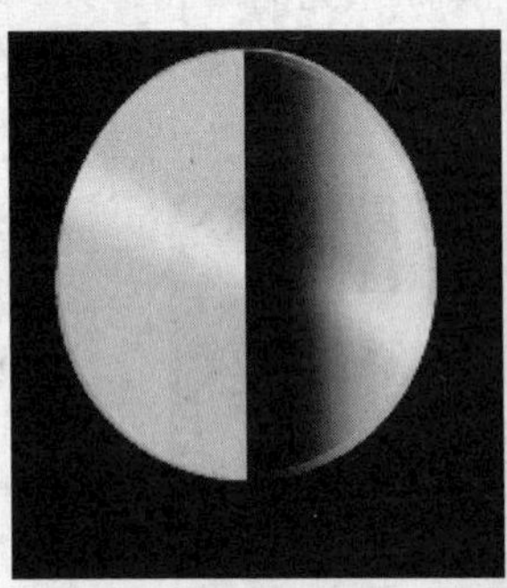
调整图像

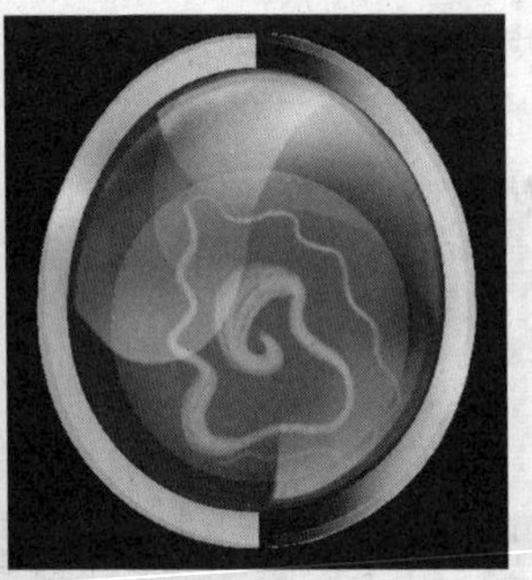
调整图层上下位置效果

13 添加图层样式

双击“图层7”，打开“图层样式”对话框，分别在“投影”、“内阴影”和“斜面和浮雕”选项面板中设置各项参数，设置“内阴影”颜色为（R252、G183、B197）。

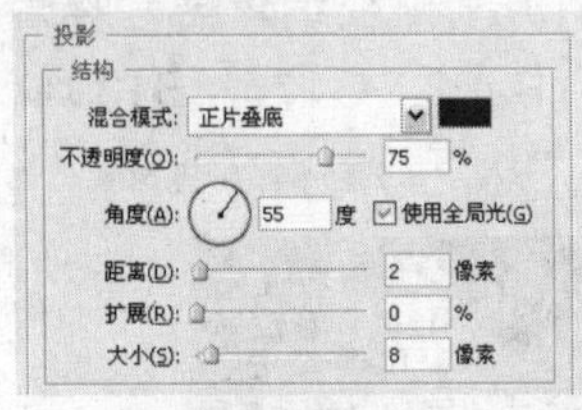

“投影”选项面板

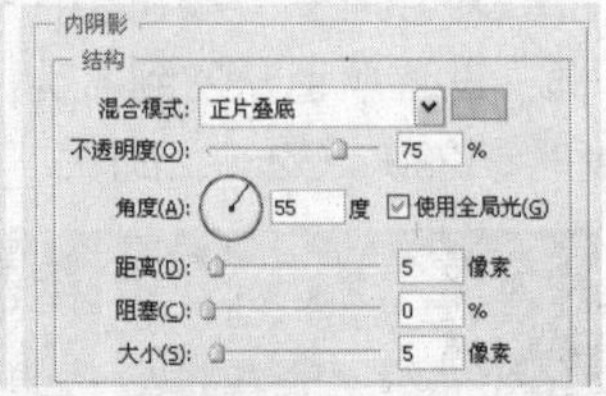

“内阴影”选项面板

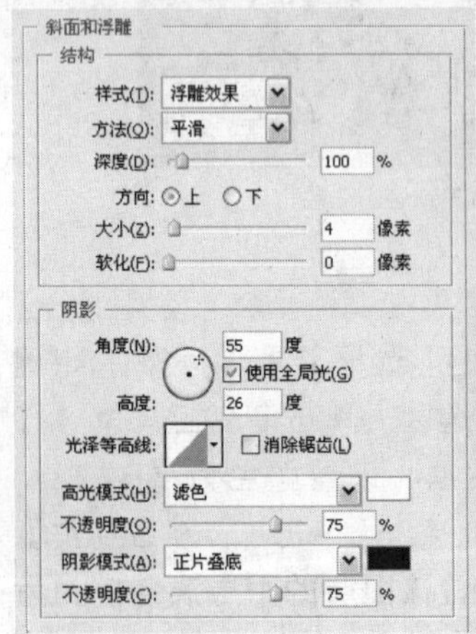

“斜面和浮雕”选项面板

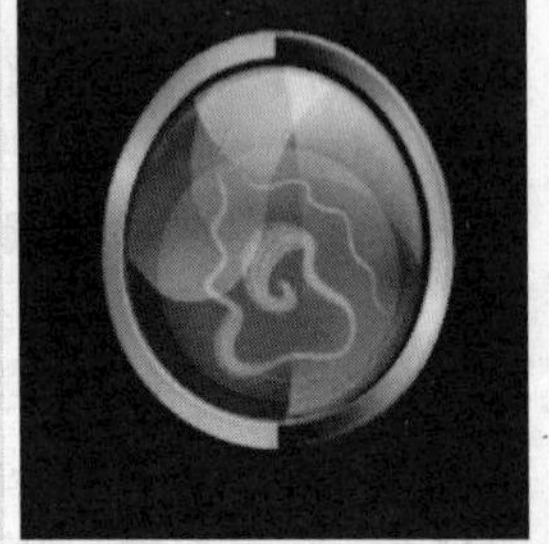
添加图层样式效果

14 输入文字并添加图层样式

单击横排文字工具T，在标志下面输入文字“珠江国际”，在“字符”面板中设置文字颜色为黄色（R255、G176、B82）。双击文字图层，打开“图层样式”对话框，分别在“投影”和“渐变叠加”选项面板中进行参数设置，单击“确定”按钮，在图像中添加图层样式效果。为文字设置渐变颜色从左到右依次为（R181、G119、B94）、（R251、G216、B197）、（R103、G71、B58）和（R239、G219、B205）的线性渐变填充。

输入文字

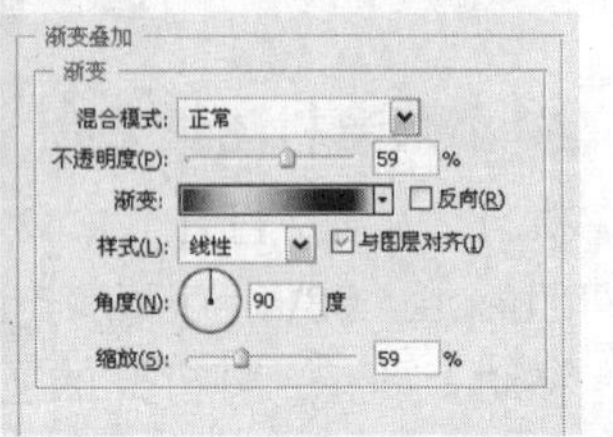

“渐变叠加”选项面板

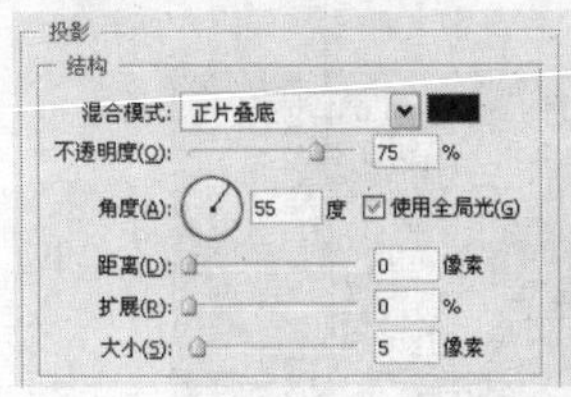

“投影”选项面板

添加图层样式效果

15 输入更多文字

使用横排文字工具T，输入文字“代言城市高端居住”和“PEARL RIVER NATIONS”，并在英文两边添加特殊文字符号，使文字与画面结合得更美观，右击“珠江国际”文字图层，执行“拷贝图层样式”命令，分别选择后面创建的文字图层粘贴图层样式。至此，本例制作完成。

完成后的效果

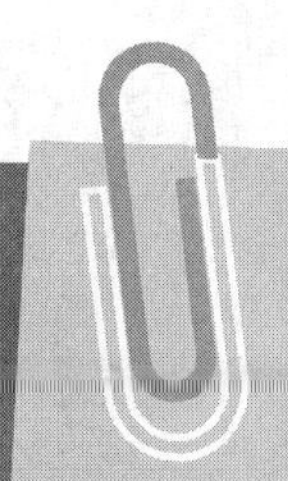

8.6 酒店标志设计

实例分析：本实例制作的是酒店标志，整个标志以绿、蓝、橘为主，通过不同透明度的颜色块体现丰富的层次感。

主要使用工具：钢笔工具、渐变工具、套索工具、文字工具

最终文件：Chapter 08\Complete\酒店标志设计.psd

01 新建图像文件

执行“文件>新建”命令，打开“新建”对话框，在该对话框中设置各项参数，单击“确定”按钮。

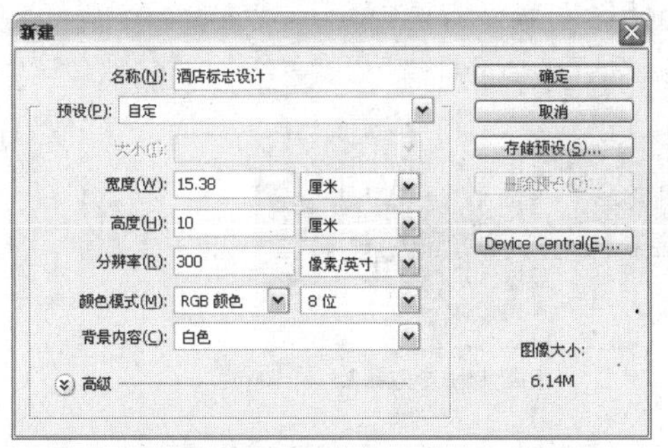

“新建”对话框

02 绘制图像路径

新建一个图层组1，在该图层组中新建“图层1”，单击钢笔工具，在图像上绘制路径。

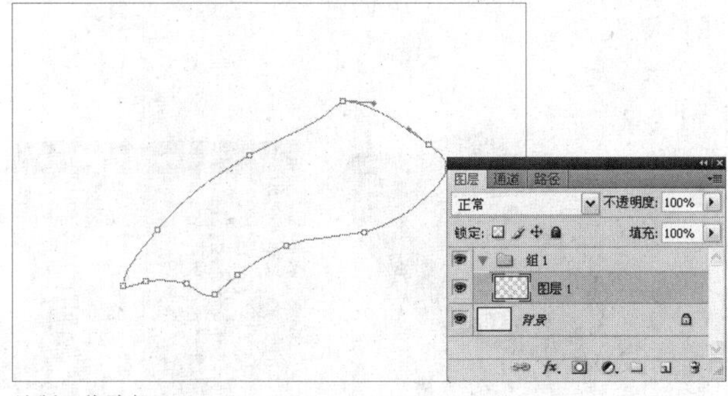

绘制图像路径

03 填充选区渐变色

绘制完成后按下快捷键Ctrl+Enter，将路径转换为选区。单击渐变工具，打开“渐变编辑器”对话框，设置渐变颜色从左到右为（R223、G242、B56）和（R27、G145、B82），设置完成后单击“确定”按钮，从左到右填充选区线性渐变。

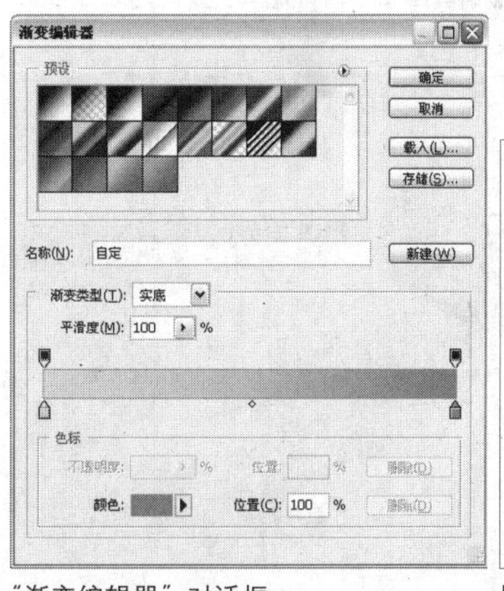

“渐变编辑器”对话框

填充选区渐变色

04 继续填充选区渐变色

取消选区，新建“图层2”，单击钢笔工具绘制路径并转换为选区。单击渐变工具，打开“渐变编辑器”对话框，设置渐变颜色从左到右依次为（R0、G37、B49）、（R2、G84、B75）和（R0、G37、B49），设置完成后单击“确定”按钮，从左到右填充选区线性渐变。

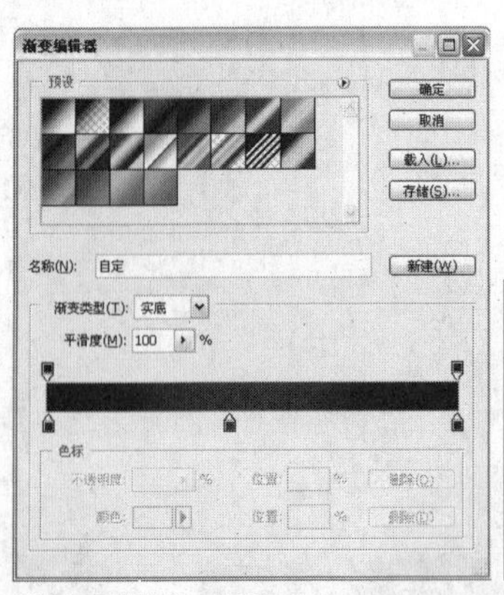

"渐变编辑器"对话框

填充选区渐变色

05 填充选区颜色

取消选区，新建"图层3"，采用相同的方法创建图像选区，填充选区颜色为（R2、G108、B51）。

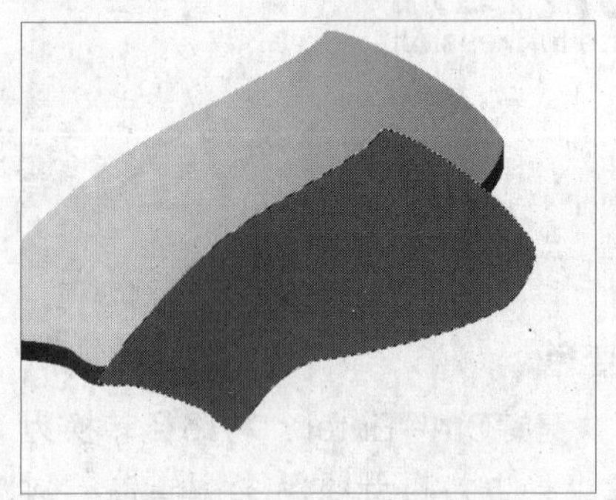

填充选区颜色

06 设置图层不透明度

选择"图层3"，设置该图层的"不透明度"为26%，取消选区。

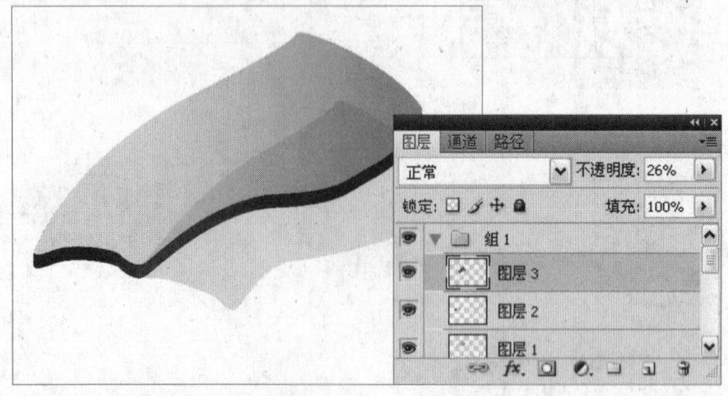

设置图层不透明度效果

07 绘制更多绿色图像

在"图层1"的下方新建"图层4"，单击钢笔工具，在图像上绘制路径并转换为选区，填充选区颜色为（R0、G73、B59）。取消选区，新建"图层5"，采用相同的方法创建图像选区，打开"渐变编辑器"对话框，设置渐变颜色为（R1、G100、B75）、（R72、G153、B120）和（R53、G138、B110），从左到右填充选区线性渐变。

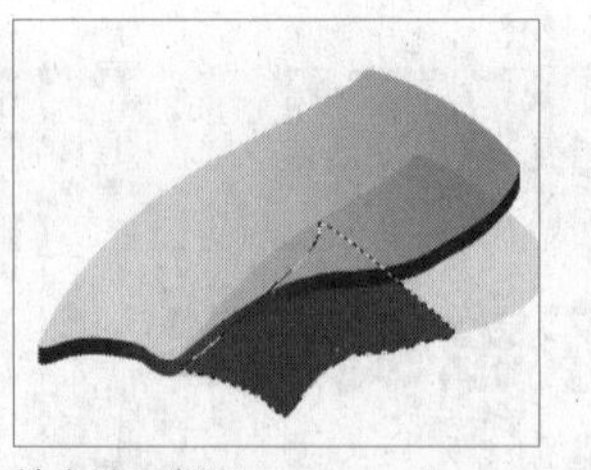

填充选区颜色

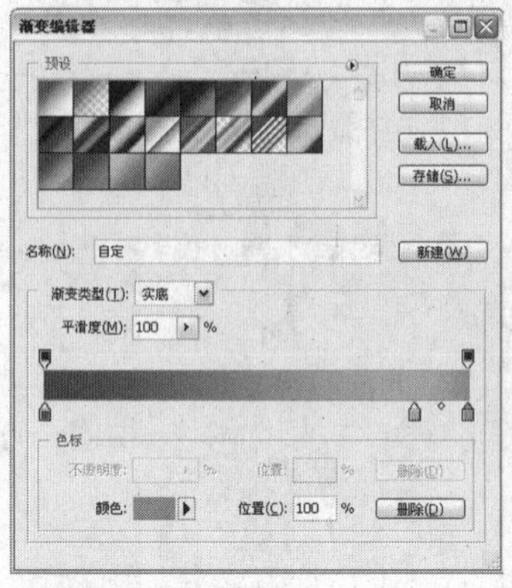

"渐变编辑器"对话框　　填充选区渐变色

08 绘制阴影效果

取消选区后在"图层4"的下方新建"图层6"，单击套索工具，在属性栏上设置"羽化"为10px，然后在图像上创建选区，填充选区颜色为（R120、G174、B168）。新建"图层7"，采用相同的方法绘制另一个阴影图像。

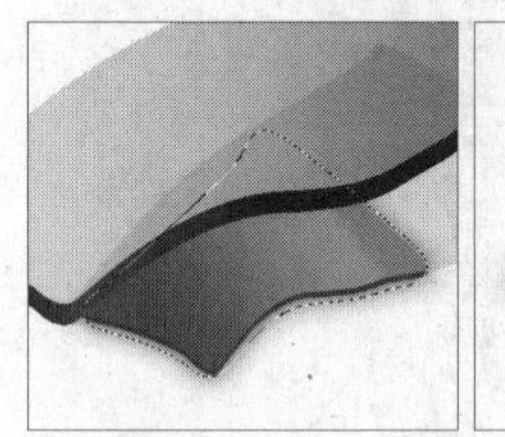

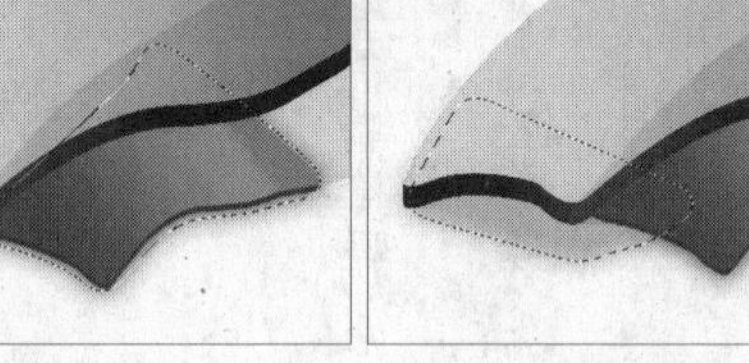

绘制阴影效果1　　绘制阴影效果2

09 填充选区渐变色

取消选区，在图层组1的下方新建图层组2，在"组2"中新建"图层8"，单击钢笔工具，绘制蓝色图像路径，将路径转换为选区，从左到右填充选区颜色为（R9、G96、B158）和（R65、G33、B122）的线性渐变。

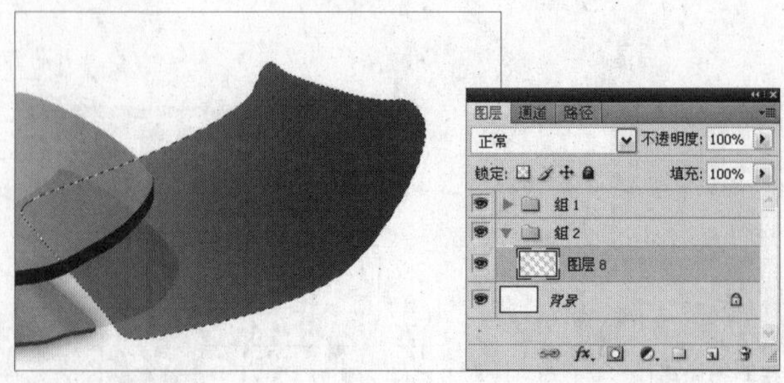

填充选区渐变色

10 绘制蓝色图像厚度

取消选区，新建“图层9”，单击钢笔工具绘制路径并转换为选区，从左到右填充选区渐变颜色为（R31、G82、B97）和（R0、G28、B51）的线性渐变。

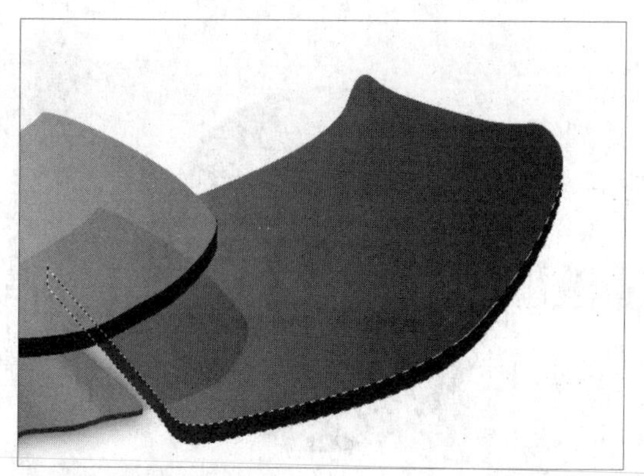

填充选区渐变色

11 绘制更多蓝色图像

取消选区，新建“图层10”，采用相同的方法创建图像选区，从左到右填充选区颜色为（R9、G96、B158）和（R15、G60、B144）的线性渐变。在“图层8”的下方新建“图层11”，创图像选区，从左到右填充选区颜色为（R153、G167、B197）和透明色的线性渐变。

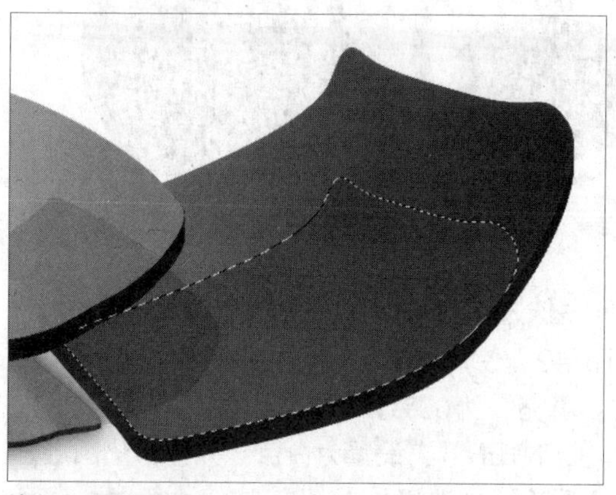

填充选区渐变色

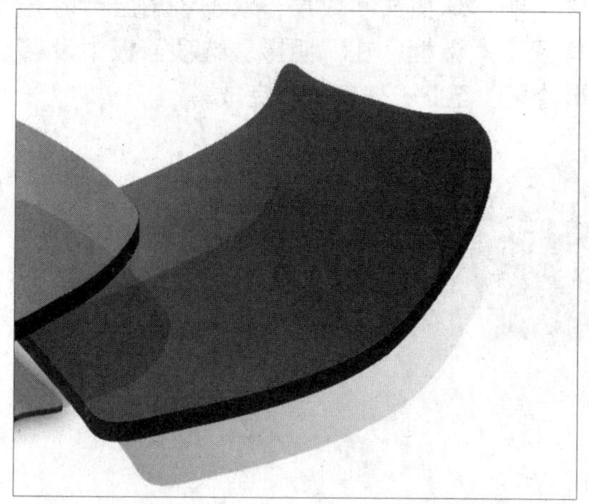

绘制图像阴影

12 绘制橘色图像

在图层组2的下方新建图层组3，并在该图层组中新建“图层12”，单击钢笔工具绘制路径并转换为选区，从左到右填充选区渐变颜色为（R255、G210、B0）和（R245、G59、B1）的线性渐变。

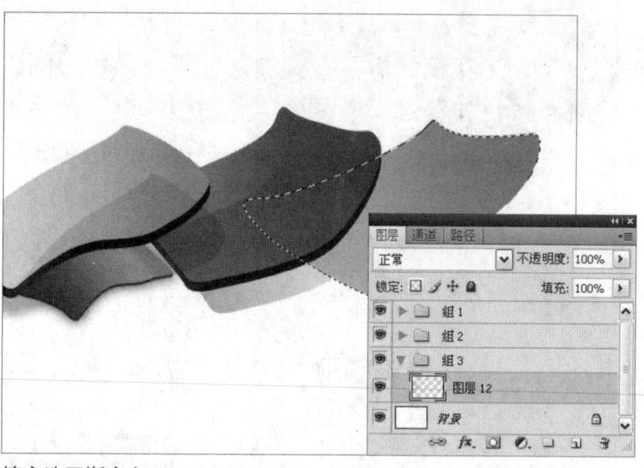

填充选区渐变色

13 绘制更多橘色图像

取消选区，采用相同的方法绘制更多的橘色图像。

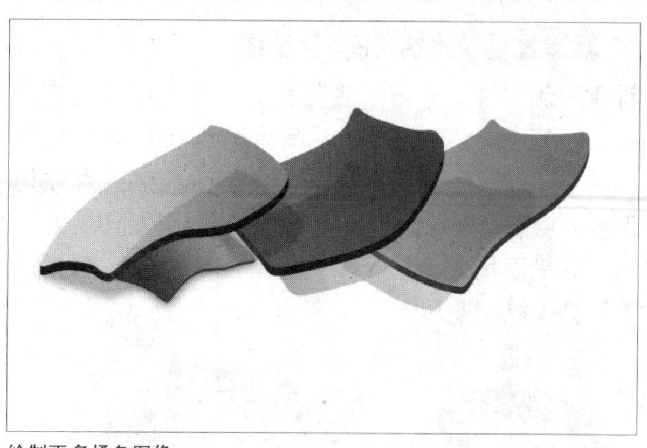

绘制更多橘色图像

14 输入文字

单击横排文字工具T，在图像上输入颜色为（R55、G54、B54）的灰色文字，调整文字的大小与位置。至此，本例制作完成。

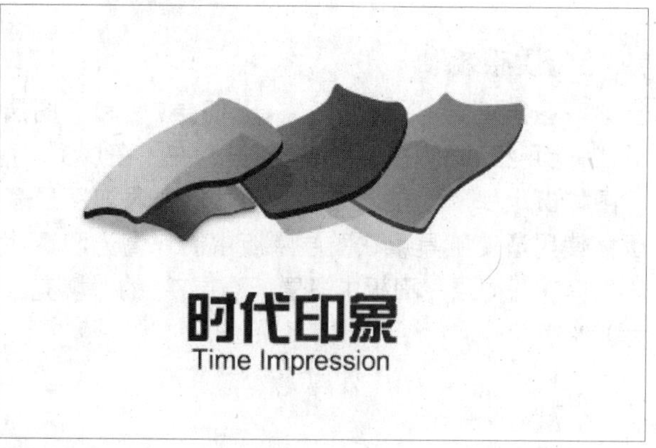

完成后的效果

8.7 金融中心标志设计

实例分析： 本实例是世界金融中心的广告标志。通过多层椭圆图形突出透明水晶的质感，表现金融中心简练的风格。

主要使用工具： 椭圆选框工具、渐变工具、文字工具

最终文件： Chapter 08\Complete\金融中心标志设计.psd
视频文件： Chapter 08\金融中心标志设计. swf

01 新建图像文件绘制蓝色图像

新建图像文件，设置“名称”为“金融中心标志设计”，“宽度”为10厘米，“高度”为10厘米。新建“图层1”和“图层2”，使用椭圆选框工具和钢笔工具绘制图形轮廓，并填充颜色。新建“图层3”，使用画笔工具绘制图形，新建“图层4”，使用钢笔工具绘制图形。

绘制蓝色图像

绘制更多图像

02 绘制质感效果

新建“图层5”、“图层6”、“图层7”和“图层8”，使用相同的方法中绘制图形。在“图层3”、“图层6”、“图层7”和“图层8”中添加图层蒙版，使用渐变工具在图层蒙版中制作高光和透明效果，在“图层”面板中设置“图层7”的“填充”为90%。

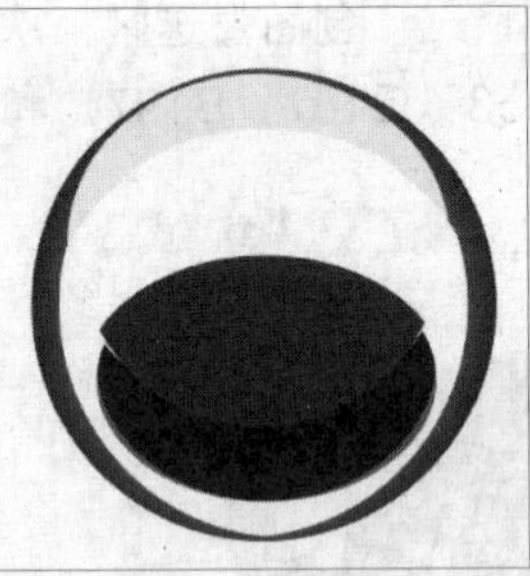
绘制亮度效果

调整图像透明度效果

03 添加线条与文字图像

新建“图层9”使用钢笔工具绘制弧形白色线条，并设置“填充”为60%。单击横排文字工具，输入文字“CENTER”，设置为白色，并栅格化图层。载入“图层1”的选区，执行“滤镜>扭曲>球面化”命令，制作球面文字效果。双击该图层，打开“图层样式”对话框，在“阴影”选项面板中设置文字阴影效果。至此，本例制作完成。

绘制线条

输入文字

完成后的效果

8.8 科技企业标志设计

实例分析：本实例以绿色为主，强调自然和环保，同时在平面中体现出三维的感觉来表现信息产业的科技特性。

主要使用工具：钢笔工具、渐变工具、加深工具

最终文件：Chapter 08\Complete\科技企业标志设计.psd

01 新建图像文件绘制图像

新建图像文件，设置“名称”为“科技企业标志设计”，“宽度”为11.47厘米，“高度”为9.17厘米。新建“图层1”，设置背景为黑色填充图层。使用钢笔工具绘制图形路径，并填充颜色。继续使用钢笔工具绘制路径，并填充渐变。

绘制绿色图像　填充选区渐变色

02 继续绘制图像

新建图层使用矩形工具绘制矩形，结合自由变换命令调整形状，并填充颜色，使用加深工具制作阴影效果。使用同样的方法，制作出另一个矩形图像效果。

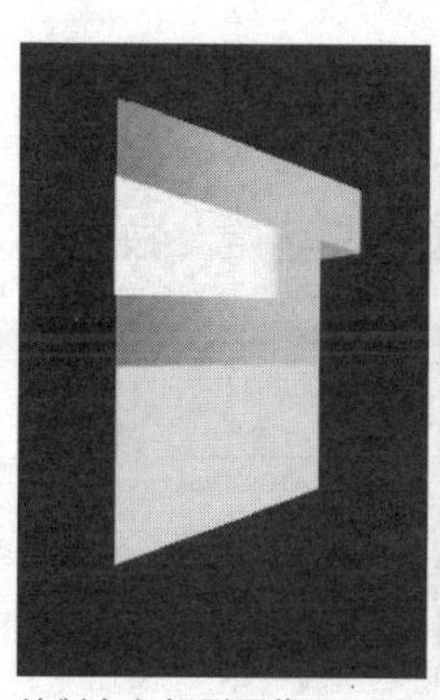

绘制白色矩形图像　绘制更多图像

03 完整标志绘制

复制“图层1”、“图层2”、“图层3”、“图层4”、“图层5”并合并为“图层6”，使用快捷键Ctrl+T变换图像，设置该图层的“不透明度”为50%，添加图层蒙版，使用渐变工具制作渐隐的倒映效果。使用同样的方法制作图标左半边的图像和影音效果。使用横排文字工具输入文字。至此，本例制作完成。

完整标志

完成后的效果

8.9 印刷公司标志设计

实例分析：本实例标志通过文字和图形的组合模拟油漆刷的外形，表现印刷行业强调色彩的特性。

主要使用工具：钢笔工具、文字工具、画笔工具、加深工具、减淡工具

最终文件：Chapter 08\Complete\印刷公司标志设计.psd

视频文件：Chapter 08\印刷公司标志设计. swf

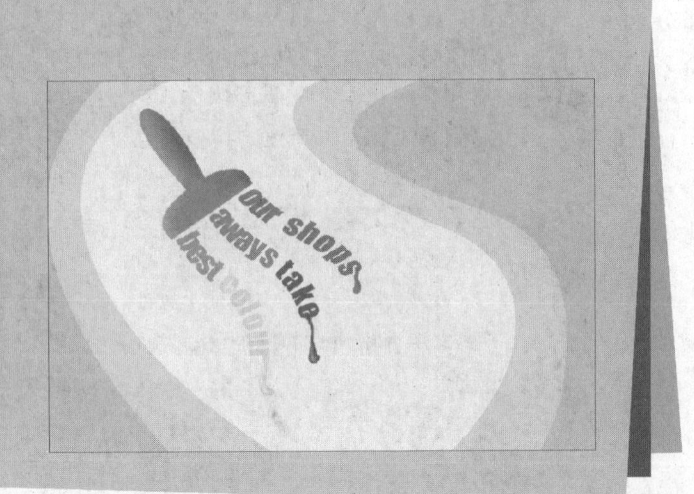

01 新建图像文件

执行“文件>新建”命令，打开“新建”对话框，在该对话框中设置各项参数，单击“确定”按钮，新建一个图像文件。

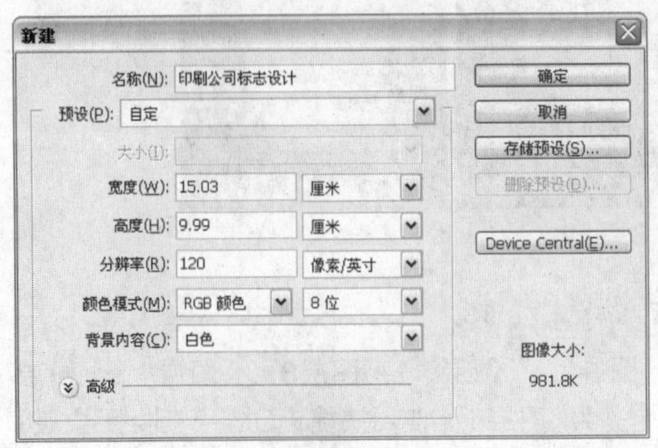

“新建”对话框

02 绘制蓝色图像

新建“图层1”并填充颜色，然后使用钢笔工具绘制边框形状，并分别填充颜色。新建图层，使用钢笔工具绘制刷子形状，并使用加深工具和减淡工具制作刷子的立体效果。

绘制蓝色图像

绘制刷子图像

03 输入文字

使用钢笔工具绘制S形路径，然后使用横排文字工具沿路径输入不同颜色的文字。

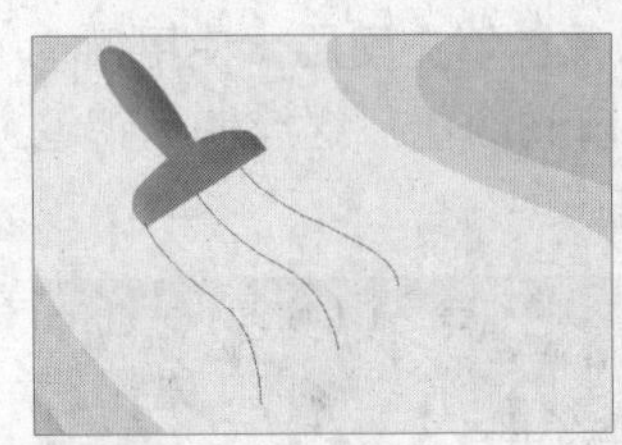

绘制路径

输入文字

04 绘制液体效果

新建“图层6”设置画笔为尖角，颜色为接近文字的颜色，使用画笔工具绘制彩色色块，并结合减淡工具制作流动液体效果。至此，本例制作完成。

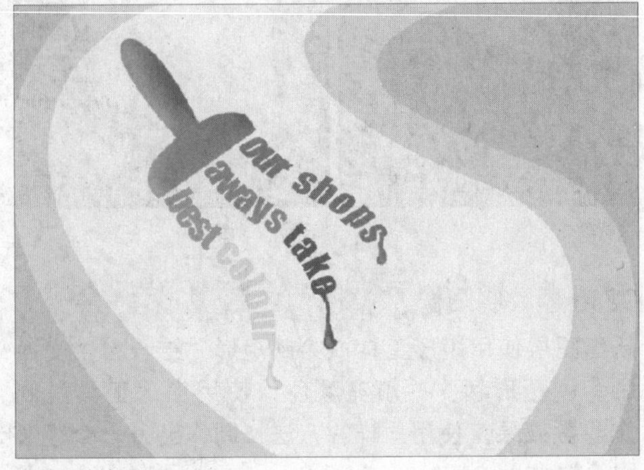

完成后的效果

Chapter 09

海报招贴设计

海报是一种在户外，如路边、码头、车站、机场、运动场或其他公共场所张贴的速看广告，它具有传播信息及时、成本费用低、制作简便等优点。海报信息传播面广、有利于视觉形象传达，并具有审美作用，比一般报纸和杂志广告的篇幅都大，在远处就可以吸引大家的目光，起到非常好的宣传效果，所以在宣传媒介中占有非常重要的地位。

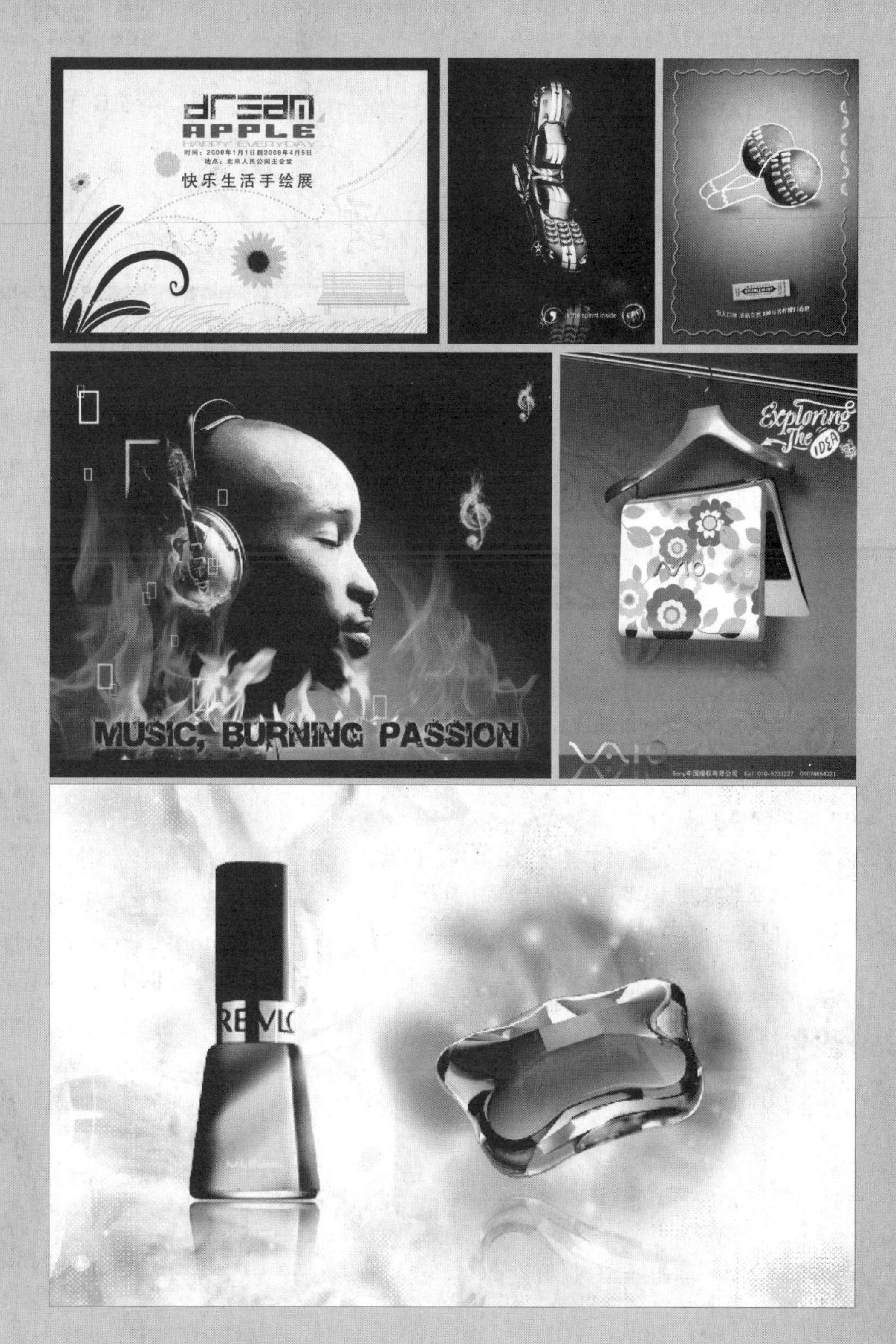

9.1 快乐生活手绘展海报设计

实例分析：本实例使用钢笔工具绘制路径来创建景物，使用图层蒙版添加文字的斑驳效果，从而创建一种自然的感觉。

主要使用工具：移动工具、钢笔工具、画笔工具、图层蒙版

最终文件：Chapter 09\Complete\快乐生活手绘展海报设计.psd

01 新建图像文件

执行"文件>新建"命令，在弹出的"新建"对话框中设置各项参数，单击"确定"按钮。

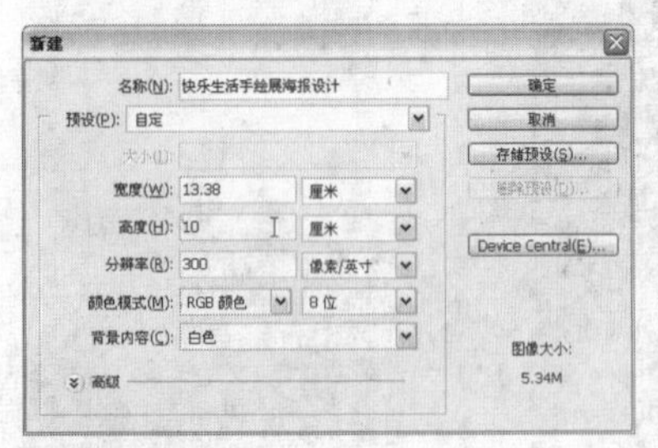

"新建"对话框

02 绘制背景图像

新建"图层1"，单击渐变工具，在属性栏中设置渐变色从左到右为（R255、G254、B224）和（R255、G244、B165），单击"确定"按钮。单击"径向渐变"按钮，在画面中创建径向渐变。

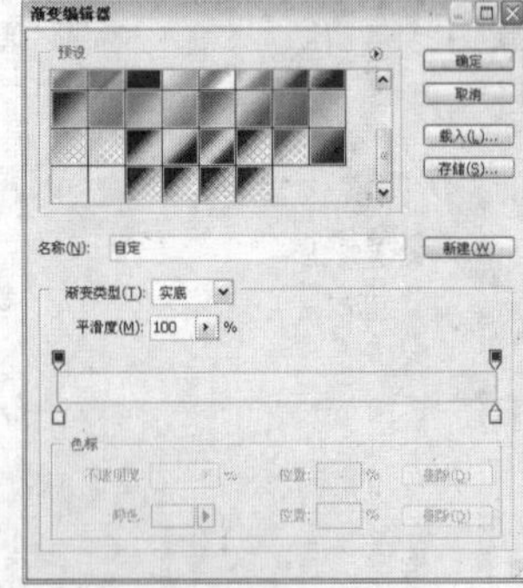

"渐变编辑器"对话框

渐变效果

03 绘制图像

新建"图层2"，单击钢笔工具，在画面左下角绘制草的路径并转换为选区，填充选区颜色为（R60、G62、B51），最后取消选区。

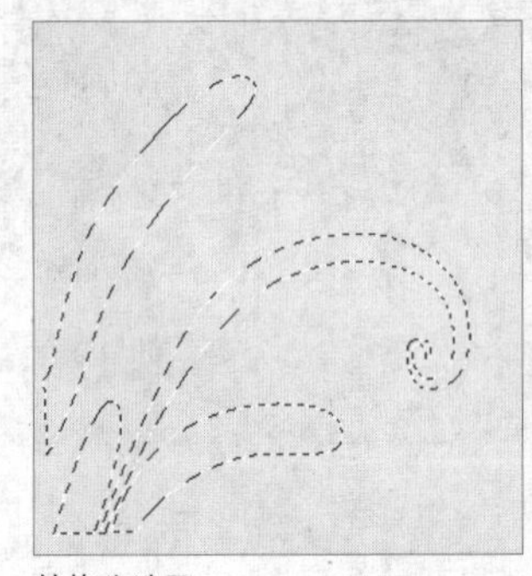

转换为选区

填充选区颜色

04 添加并编辑图层蒙版

单击"添加图层蒙版"按钮，为"图层2"添加图层蒙版，使用钢笔工具为草图像添加茎的路径。

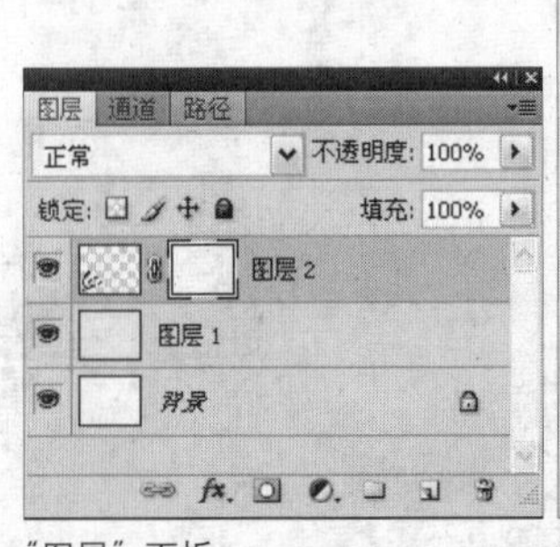

"图层"面板

绘制路径

05 隐藏图像

设置前景色为黑色，单击画笔工具，设置“主直径”为“5像素”，在“路径”面板上单击“用画笔描边路径”按钮，则草图像的部分区域被隐藏，创建出茎的效果。新建“图层3”，使用钢笔工具绘制花纹线条路径。

隐藏图像

绘制路径

06 绘制虚线效果

单击路径选择工具，选择部分绘制的花纹线条路径，设置前景色为（R189、G186、B142），选择画笔工具，打开“画笔”面板，设置“主直径”为9px，“间距”为193%，单击“用画笔描边路径”按钮，创建出花纹以虚线效果描边的线条。

选择路径

虚线效果

07 绘制细密线条

使用相同的方法，使用路径选择工具选择剩余的路径，并重新设置画笔的“主直径”为5px，创建出更细密的线条。

选择路径

绘制细密线条

08 绘制小线段

新建“图层4”，单击画笔工具，设置“主直径”为9px，在大的花纹线条处手绘一些小线段，手动绘制比较短小的线段可以避免相互重叠。打开附书光盘\实例文件\Chapter 09\Media\百合花.png文件。

绘制小线段

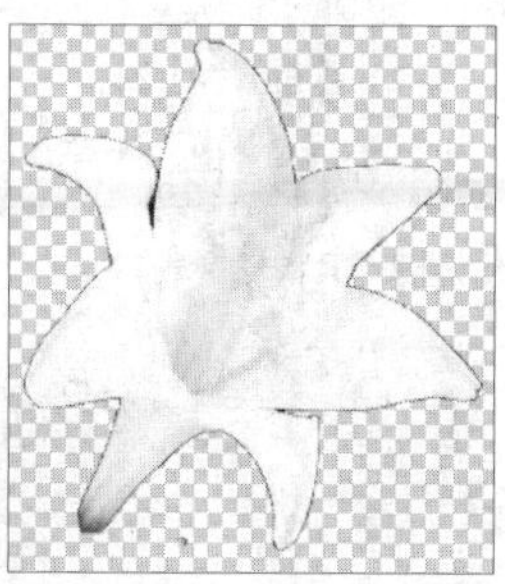
打开素材图像

09 添加素材图像

执行“图像>调整>去色”命令，创建百合花图像的灰度效果。单击移动工具，拖动灰度百合花图像到当前图像文件中生成“图层5”，按下快捷键Ctrl+T进行自由变换，调整素材图像的大小和位置，并设置图层混合模式为“正片叠底”。

去色效果

添加素材图像

10 复制并调整图像

使用移动工具，按住Alt键复制并移动灰度百合花图像，将生成的图层重命名为“图层6”，调整图像的大小和位置。使用相同的方法新建“图层7”，选择钢笔工具绘制小草路径，并设置画笔的“主直径”为4px，前景色为（R189、G186、B142），单击“用画笔描边路径”按钮进行描边。

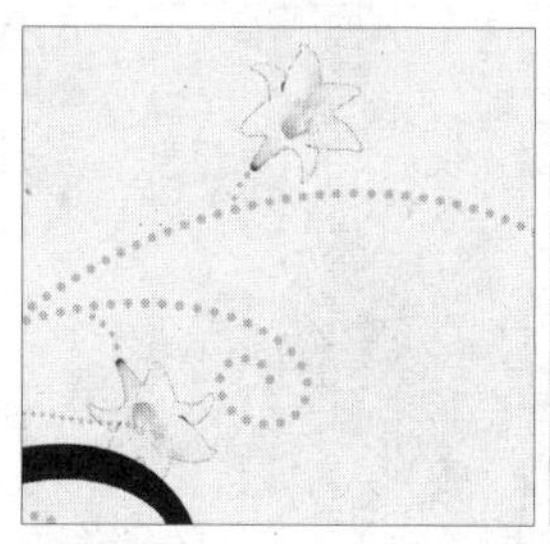
调整图像

绘制小草图像

11 添加素材图像

打开附书光盘\实例文件\Chapter 09\Media\菊花.png文件，单击移动工具，拖动图像到当前图像文件中生成“图层8”，按下快捷键Ctrl+T进行自由变换，调整素材图像的大小和位置。

素材图像

添加素材图像

12 调整图像颜色

执行“图像>调整>去色”命令，创建菊花图像的灰度效果。按住Ctrl键盘单击菊花图像的图层缩览图，载入其选区。

去色效果

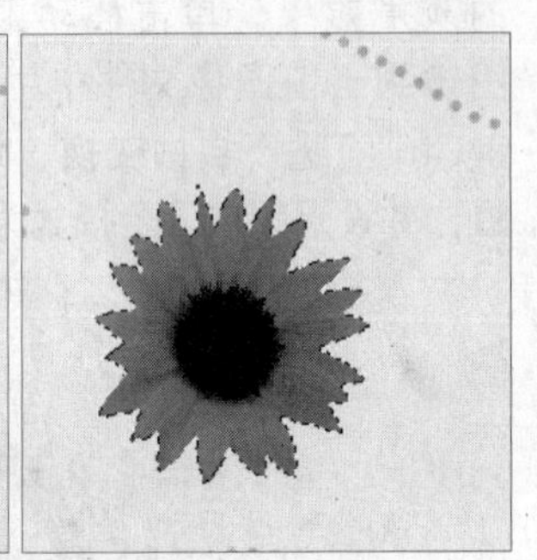

载入选区

知识链接

使用“去色”命令与执行“图像>调整>色相/饱和度”命令后，在弹出的对话框中将“饱和度”设置为-100效果是相同的。

13 填充选区颜色

新建“图层9”，填充选区颜色为（R58、G182、B182），按下快捷键Ctrl+D取消选区，并设置图层混合模式为“叠加”。

填充选区颜色

“叠加”效果

14 添加素材图像

打开附书光盘\实例文件\Chapter 09\Media\菊花2.png文件，拖动图像到当前图像文件中生成“图层10”，并调整素材图像的大小和位置。使用相同的方法，创建“菊花2”图像的蓝色效果。

打开素材图像

添加并调整素材图像

15 添加并调整素材图像

打开附书光盘\实例文件\Chapter 09\Media\菊花3.png文件，使用相同的方法，拖动图像到当前图像文件中生成“图层12”，调整图像的大小与位置，并创建图像的蓝色效果。

打开素材图像

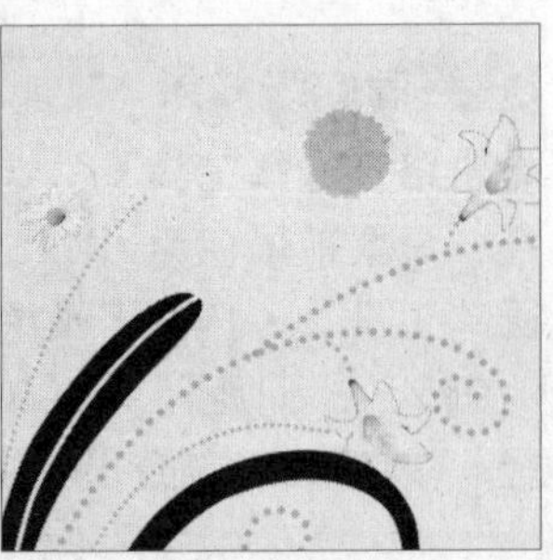

添加并调整素材图像

16 添加“色阶”调整图层

单击“创建新的填充或调整图层”按钮，在弹出的菜单中执行“色阶”命令，在“色阶”调整面板中设置参数，完成后单击“确定”按钮。

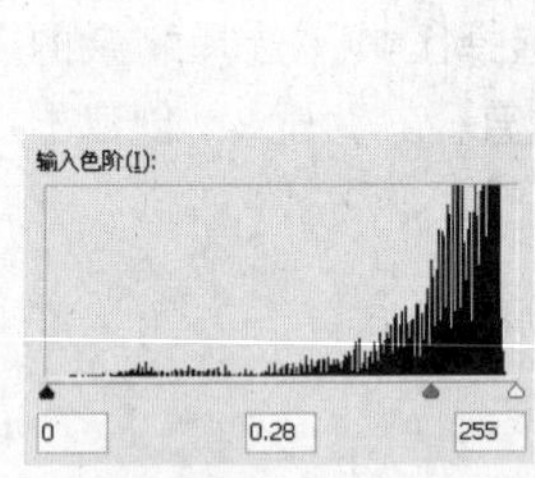

“色阶”面板

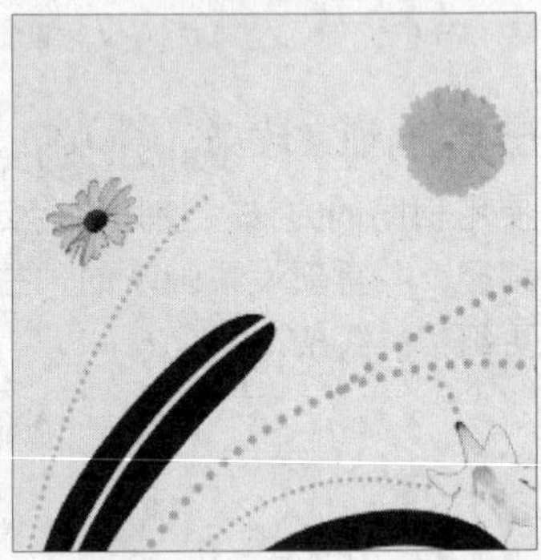

图像效果

17 绘制图像

新建“图层14”，单击画笔工具，设置“主直径”为5px，前景色为（R189、G186、B142），手绘一个放风筝女孩的图像效果。新建“图层15”，使用钢笔工具从女孩手的位置向上绘制风筝线的路径，选择画笔工具，设置“主直径”为5px，前景色为（R189、G186、B142），单击“用画笔描边路径”按钮为风筝线路径描边。

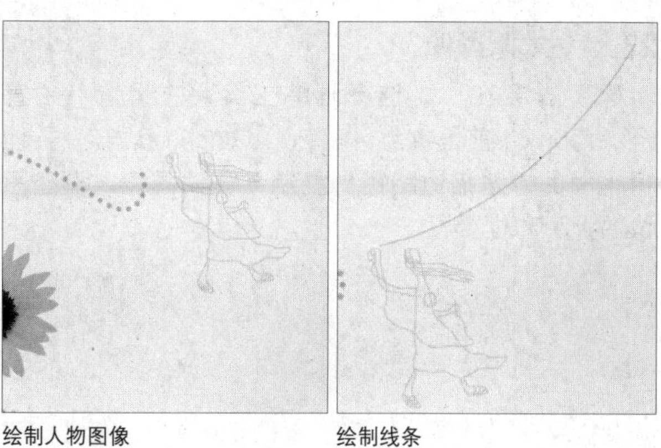

绘制人物图像　　绘制线条

18 输入文字

使用路径选择工具，选择风筝线路径，按住Alt键复制并拖动路径到合适的位置，并单击横排文字工具，沿复制的路径输入文字。

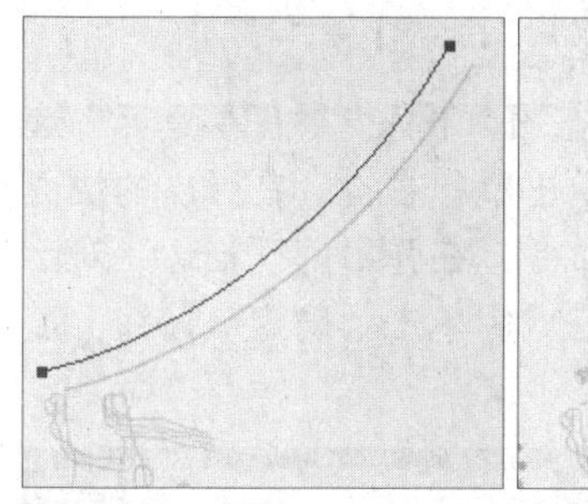

复制路径

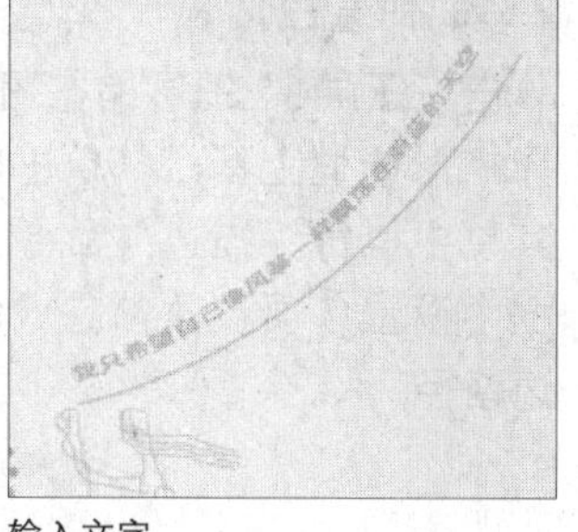

输入文字

19 绘制文字图像

新建“图层16”，单击矩形选框工具，在画面中间位置创建矩形选区，填充前景色为（R60、G62、B51）。继续创建艺术文字，最后取消选区。

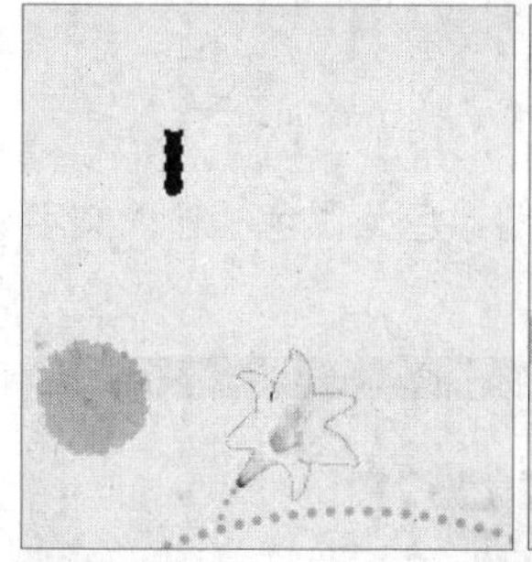

填充选区颜色

文字效果

20 添加并编辑图层蒙版

选择“图层16”，单击“添加图层蒙版”按钮，为其添加图层蒙版，使用画笔工具，选择画笔名称为“滴溅46像素”，在蒙版上涂抹，创建文字的斑驳效果。

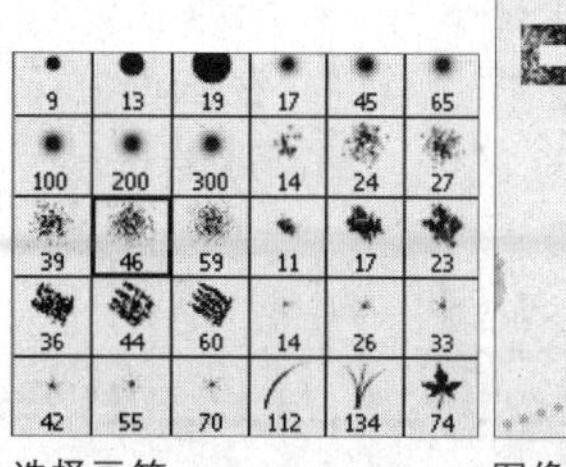

选择画笔

图像效果

21 绘制图像

新建“图层17”，单击多边形套索工具，绘制小三角选区，填充选区颜色为（R254、G216、B34），最后取消选区。

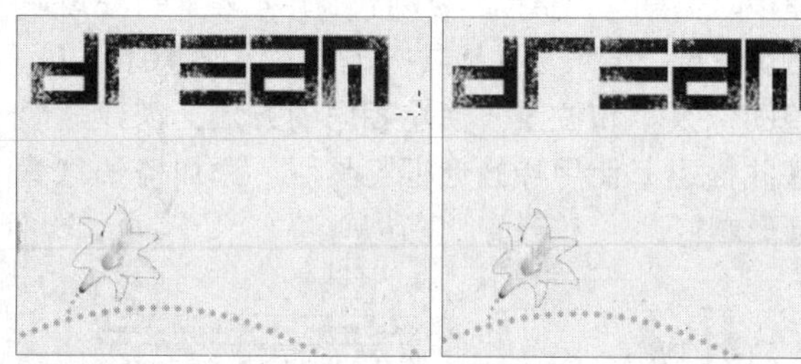

创建选区

填充选区颜色

22 输入文字

单击横排文字工具，分别设置前景色为红色（R185、G0、B0）和灰色（R208、G206、B176），在“字符”面板上设置各项参数，分别输入不同字体的文字。

输入红色文字　　输入灰色文字

23 绘制圆圈图像

新建“图层18”，单击椭圆选框工具，在画面下部区域，按住Shift键创建小正圆选区，右击，在弹出的快捷菜单中执行“描边”命令，在弹出的对话框中设置各项参数，完成后单击“确定”按钮。使用相同的方法绘制更多的圆环。

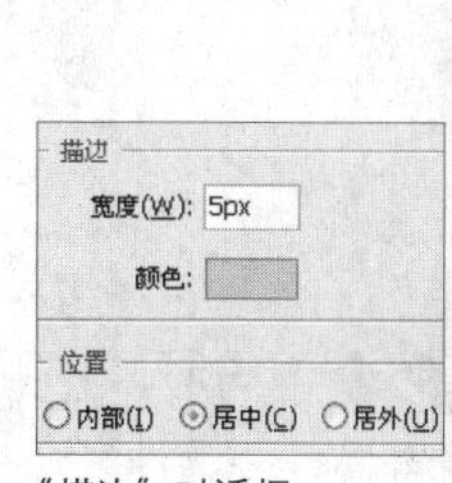

“描边”对话框

图像效果

24 绘制矩形线条

新建“图层 19”，单击矩形选框工具，在画面右下方创建长条矩形选区，并填充黑色，最后取消选区。

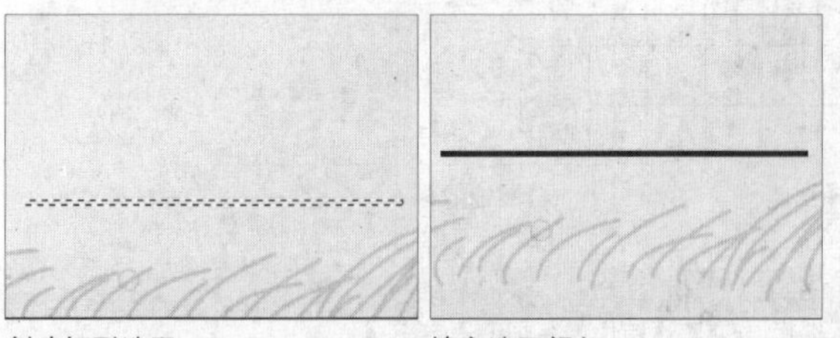

创建矩形选区　　填充选区颜色

25 绘制椅子图像

选择移动工具，复制并移动长条矩形图像，完成后按下快捷键Ctrl+E合并图层，再按下快捷键Ctrl+T，调整图像大小和位置。使用相同的方法，创建矩形选区并描边，使用椭圆选框工具，添加椅子靠背的圆形螺钉。

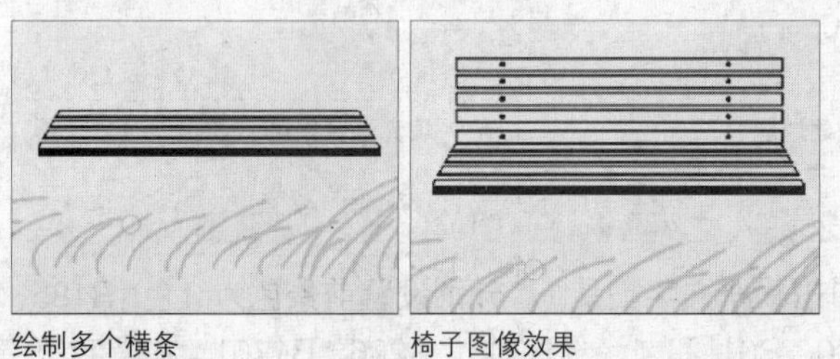

绘制多个横条　　椅子图像效果

技巧点拨

确认变换操作的方法有3种，分别为按下Enter键；在图像编辑窗口双击鼠标左键；单击工具属性栏中的“进行变换”按钮✓。

26 完整椅子图像

使用相同的方法，绘制完整的椅子图像，选择所有椅子图像图层，按下快捷键Ctrl+E合并图层，重命名为“图层19”，单击“锁定透明像素”按钮，填充图层颜色为（R189、G186、B142）。单击自定形状工具，在属性栏中单击“路径”按钮，在形状面板中选择“太阳1”图案，在画面左边创建一个太阳路径。

完整椅子图像　　绘制图形路径

27 绘制太阳图像

新建“图层20”，选择画笔工具，设置“主直径”为5px，前景色为（R220、G227、B187），使用相同的方法描边路径。复制并移动图像，调整图像的大小和位置。

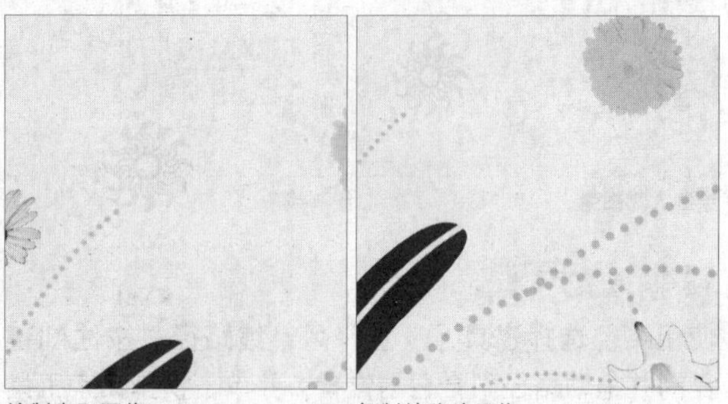

绘制太阳图像　　复制并移动图像

28 绘制黑色边框

单击“图层1”图层缩览图，载入背景图层选区，选择矩形选框工具，单击鼠标右键，在弹出的快捷菜单中执行“描边”命令，在弹出的“描边”对话框中设置各项参数，完成后单击“确定”按钮，描边路径。

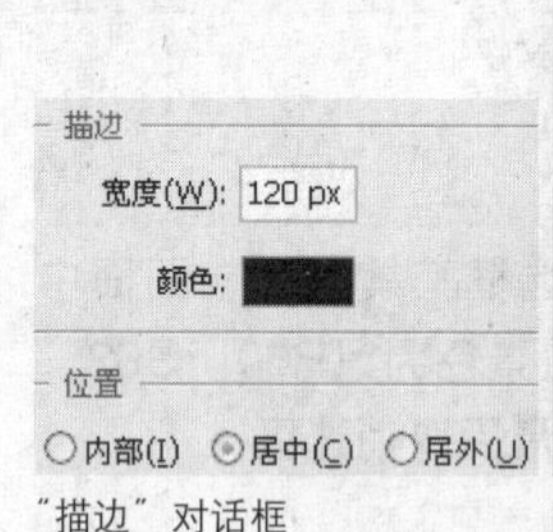

“描边”对话框　　图像效果

29 输入文字

单击横排文字工具，设置前景色为黑色，输入文字信息。至此，本例制作完成。

完成后的效果

9.2 手机海报设计

实例分析：本实例通过对文字变形增加了文字的变化，以五彩缤纷的浅色调为背景突出手机主体，并使用对称图像呈现个性的色彩。

主要使用工具：移动工具、自由变换功能、画笔工具、文字变形功能

最终文件：Chapter 09\Complete\手机海报设计.psd

01 新建图像文件

执行“文件>新建”命令，在弹出的“新建”对话框中设置各项参数，单击“确定”按钮，新建图像文件。

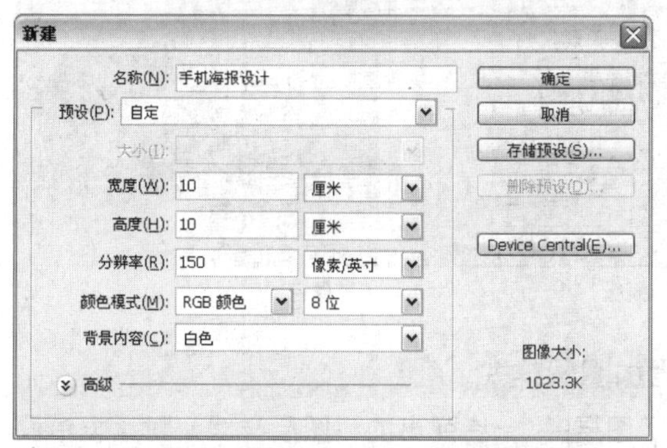

“新建”对话框

02 填充图像渐变色

单击渐变工具，设置渐变色从左到右为（R61、G6、B6）、（R221、G69、B35）和透明色。新建“图层2”，在画面左上角填充渐变。

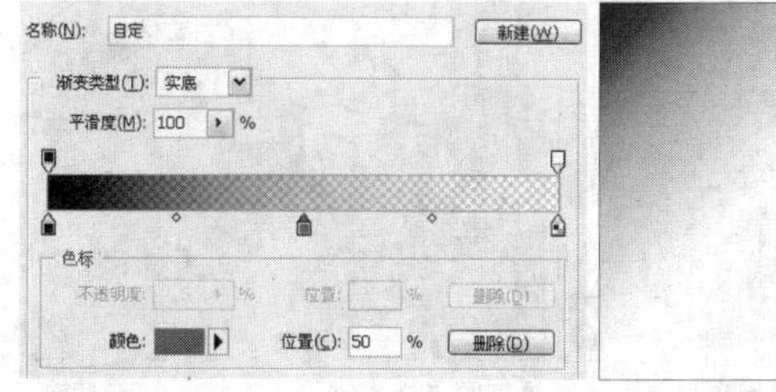

设置渐变色

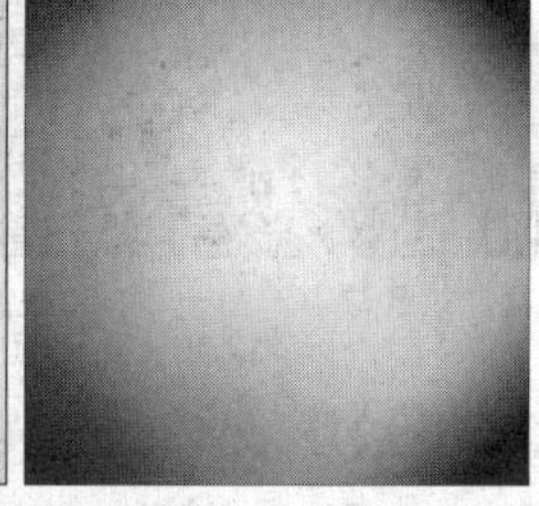

填充渐变颜色

03 继续填充图像渐变色

使用相同的方法，更改中间的颜色为蓝色、桃红色和绿色，新建“图层2”、“图层3”和“图层4”，在其余三个角填充渐变。

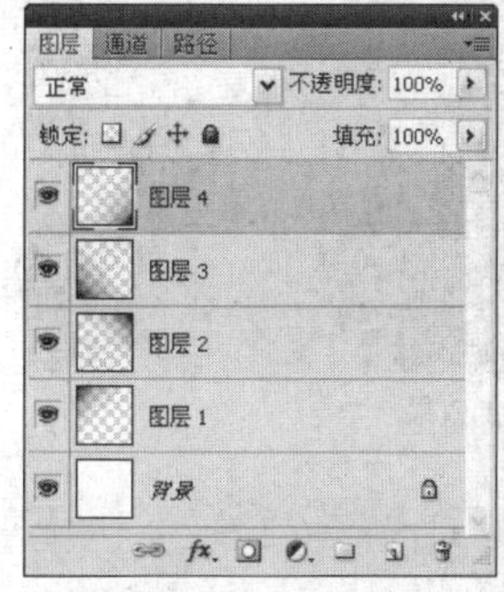

“图层”面板

渐变效果

04 使用标尺

按下快捷键Ctrl+R显示标尺，双击背景图层，转换为普通图层“图层0”。选择“图层0”，按下快捷键Ctrl+T，从标尺外拖动参考线对齐自由变换框的中心。

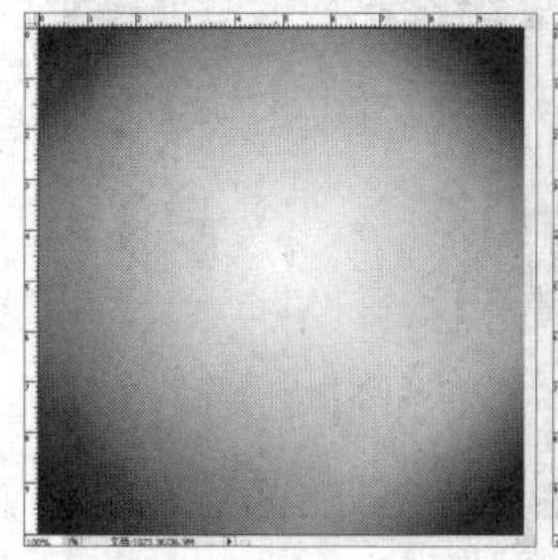

显示标尺

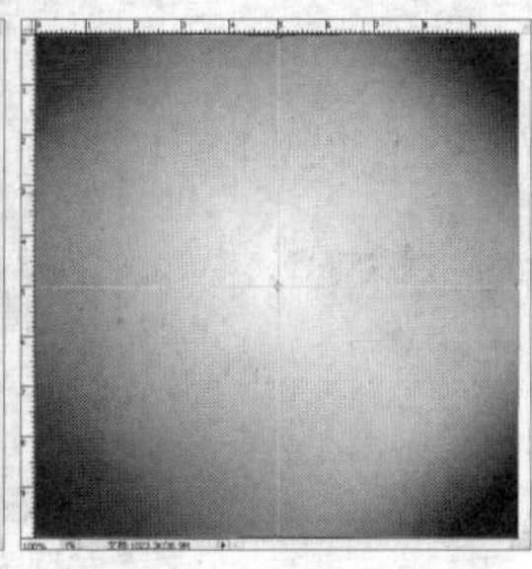

调整参考线

05 绘制白色光影

新建“图层5”，单击椭圆选框工具，在属性栏中设置“羽化”为100px，依照参考线，按住Shift+Alt组合键在画面中心位置创建一个正圆选区，填充前景色白色，最后取消选区。按下快捷键Ctrl+R和Ctrl+H，隐藏标尺和参考线。

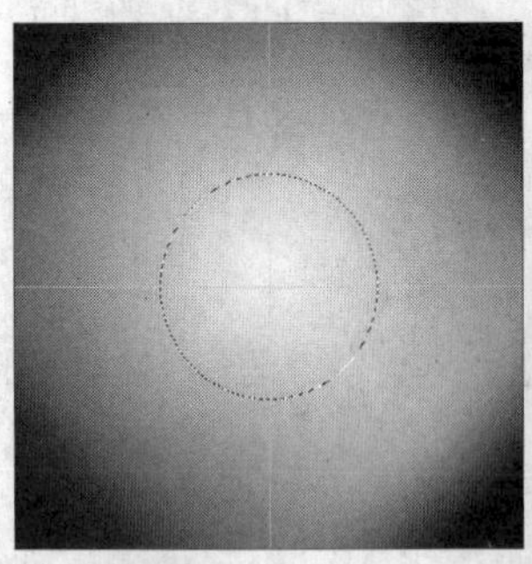
填充选区颜色

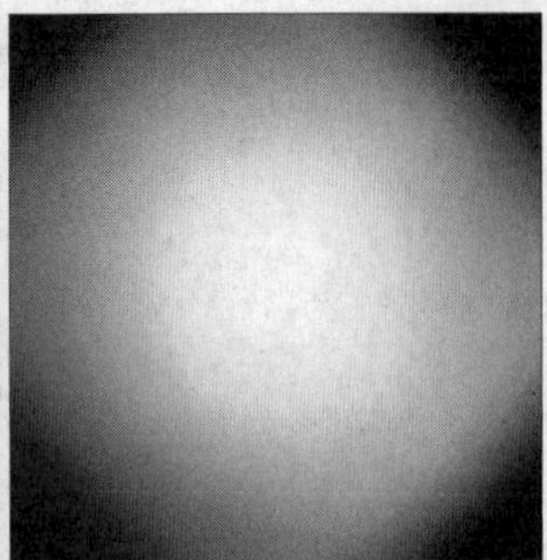
图像效果

06 添加素材图像

打开附书光盘\实例文件\Chapter 09\Media\底面花纹.png文件，单击移动工具，将图像拖动到当前图像文件中生成“图层6”，按下快捷键Ctrl+T，调整图像的大小和位置。选择“图层6”，设置图层混合模式为“叠加”，“不透明度”为30%。

添加底面花纹素材

叠加效果

07 复制花纹图像

单击移动工具，按住Alt键复制并拖动花纹图像到画面的其他三个角上，并分别添加图层蒙版，设置前景色为黑色，设置“硬度”为0%，在花纹的过渡区域涂抹，创建柔和过渡的效果。

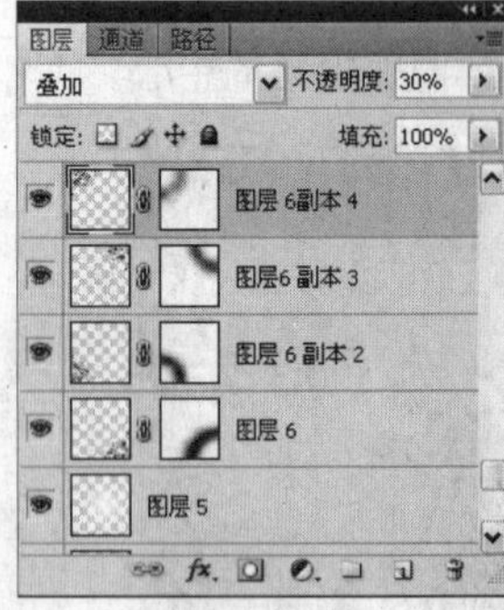

“图层”面板

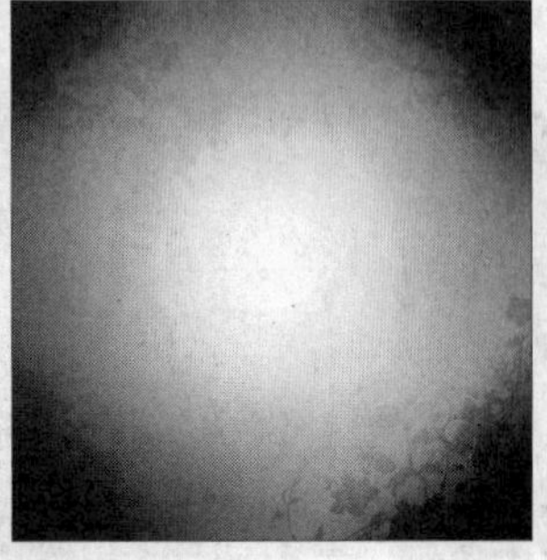
涂抹效果

08 添加素材图像

打开附书光盘\实例文件\Chapter 09\Media\地球.png文件，使用相同的方法拖动到画面中心位置，生成“图层7”，并调整大小和位置。打开附书光盘\实例文件\Chapter 09\Media\花纹.png文件，结合套索工具与移动工具，分别将素材图像移动至当前图像文件中，结合自由变换命令调整图像的大小与位置。

添加地球素材

添加花纹素材

09 填充图像颜色

选择最上面的花纹图像即“图层9”，单击“锁定透明像素”按钮，填充颜色（R238、G63、B5）。

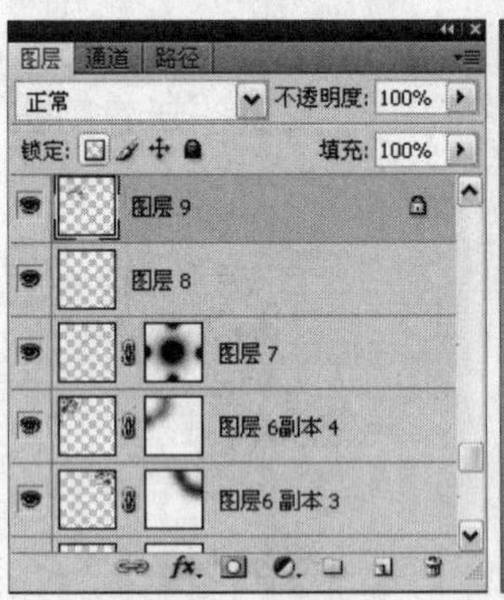

“图层”面板

填充颜色

10 添加图层样式

双击“图层9”，在弹出的“图层样式”对话框中设置“斜面与浮雕”选项面板中的各项参数，完成后单击“确定”按钮。

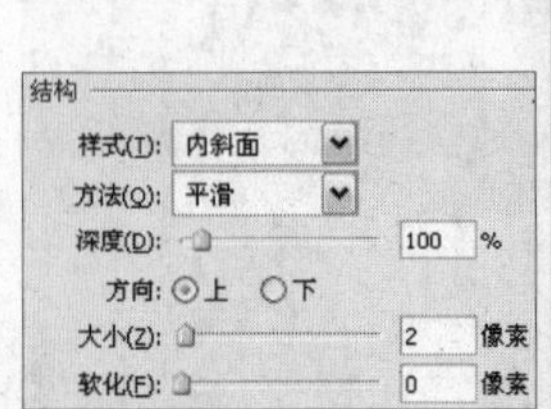

“斜面和浮雕”选项面板

添加图层样式效果

11 拷贝图层样式

选择“图层9”，右击，在弹出的快捷菜单中执行“拷贝图层样式”命令，选择“图层10”，右击，在弹出的快捷菜单中执行“粘贴图层样式”命令。

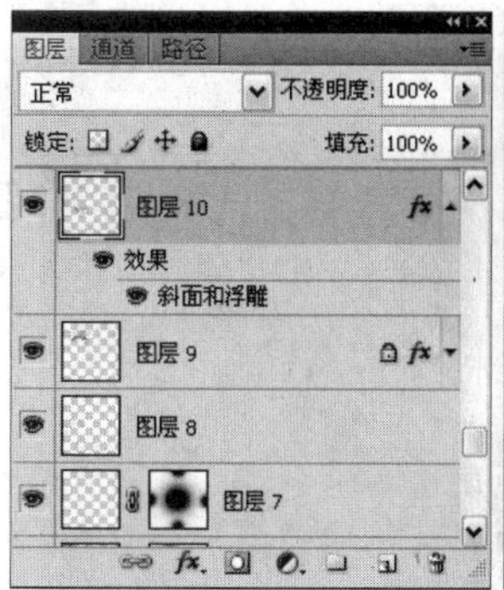

“图层”面板

添加图层样式效果

12 添加素材图像

打开附书光盘\实例文件\Chapter 09\Media\可爱素材.png文件，使用相同的方法，框选需要的素材图像拖动到当前图像文件中，并调整大小和位置。

可爱素材图像

添加可爱素材图像

13 继续添加素材图像

打开附书光盘中\实例文件\Chapter 09\Media\实物.png文件，使用相同的方法，框选需要的素材图像拖动到当前图像文件中，注意各图像之间叠加的顺序，并调整大小和位置。

实物素材图像

添加实物素材图像

14 创建选区

单击钢笔工具创建路径，按下快捷键Ctrl+Enter将路径转换为选区。

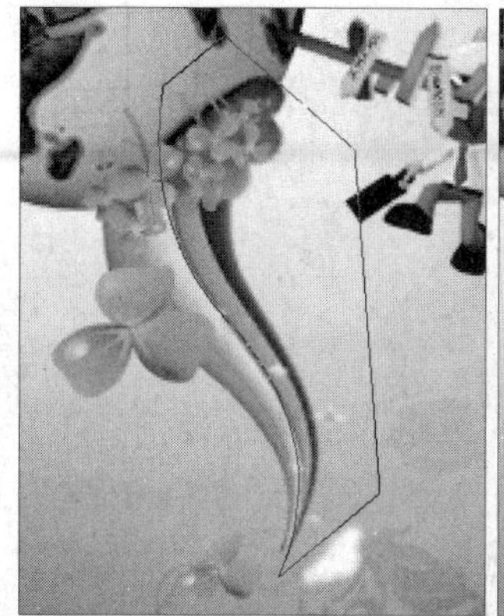

绘制路径

将路径转换为选区

15 拷贝图像

按下快捷键Ctrl+J通过拷贝得到新的图层，按下快捷键Ctrl+T，调整图像的大小和位置。使用相同的方法，再拷贝新建一个图层。

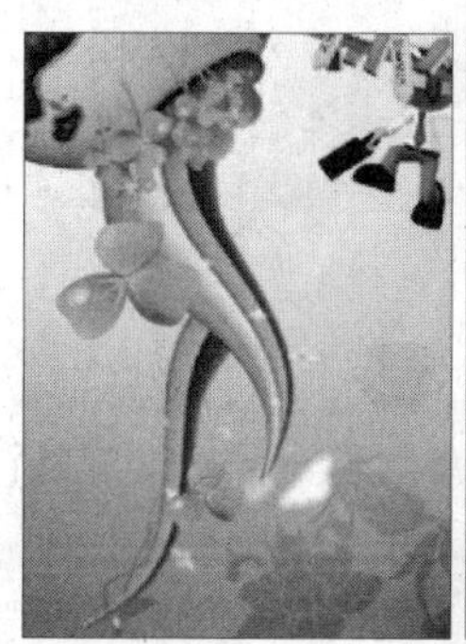

拷贝图像1

拷贝图像2

16 填充选区颜色

单击魔棒工具，在属性栏中设置“容差”为40，单击红色区域，设置前景色为（R0、G134、B209），并填充到选区中。

创建选区

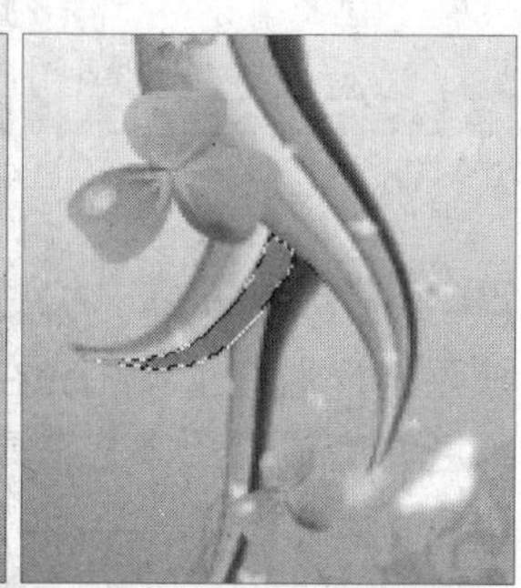

填充选区颜色

17 调整图像

按下快捷键Ctrl+T，单击鼠标右键，在弹出的快捷菜单中执行“变形”命令，调整各个点来变形彩虹图像。

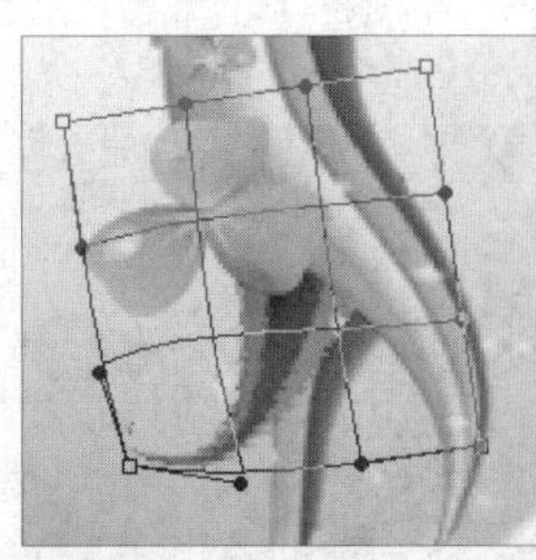
调整节点

变形效果

18 复制云图像

使用多边形套索工具选择云朵图像，使用移动工具，按住Alt键复制拖动云朵图像，并调整图像的大小和位置。

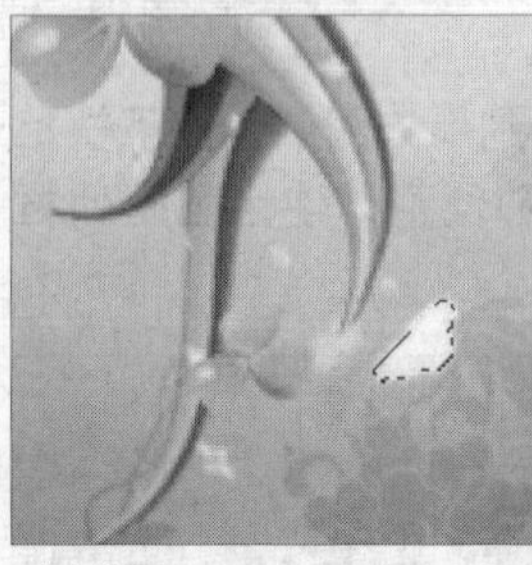
创建选区

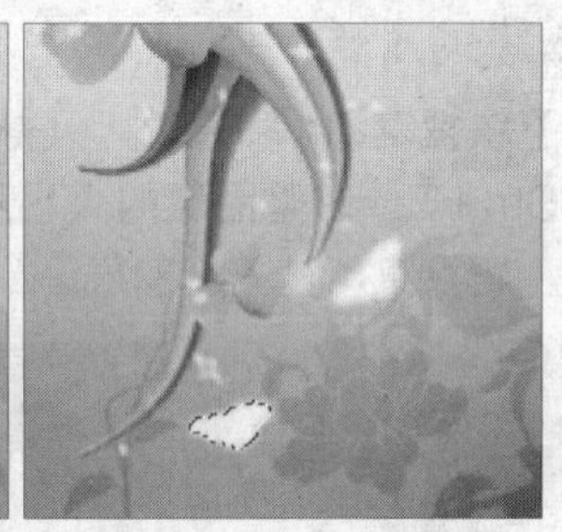
复制图像

19 复制图像

使用相同的方法，使用多边形套索工具框选花纹图像，通过拷贝得到新的图像，并置于图层面板最上方。

创建选区

拷贝图像效果

20 绘制矩形图像

使用矩形选框工具，在画面右上角分别创建矩形选区，完成后用吸管工具在画面四个角分别吸取颜色并填充。

创建选区

填充选区颜色

21 添加素材图像

打开附书光盘\实例文件\Chapter 09\Media\手机. png文件，将其拖动到当前图像文件中，并调整大小和位置。新建图层并重命名为“白色线条”，单击矩形选框工具，在画面上创建两个长条矩形选区，并填充为白色。

添加素材图像

绘制白色线条

22 调整图像

选择“白色线条”图层，在“图层”面板上设置图层混合模式为“叠加”，“不透明度”为70%。单击“添加图层蒙版”按钮，设置前景色为黑色，在属性栏中选择一个柔软的笔刷涂抹，创建渐变光照效果。

混合模式效果

编辑图层蒙版效果

23 输入文字

单击横排文字工具，在“字符”面板上设置各项参数，设置前景色为白色，完成后在画面中输入文字，并更改部分文字的颜色，增加文字的丰富性。至此，本例制作完成。

完成后的效果

9.3

笔记本电脑海报设计

实例分析：本实例主要通过调整衣架和笔记本形状体现透视感；通过设置图层混合模式和不透明度使深色花纹图像和背景相混合，制作出底纹效果。

主要使用工具：钢笔工具、自由变换功能、剪贴蒙版、矩形选框工具

最终文件：Chapter 09\Complete\笔记本电脑海报设计.psd

01 新建图像文件

执行"文件 > 新建"命令，打开"新建"对话框，在对话框中设置"名称"为"笔记本电脑海报设计"，"宽度"为7.5厘米，"高度"为10.34厘米，完成后单击"确定"按钮，创建一个新的图像文件。

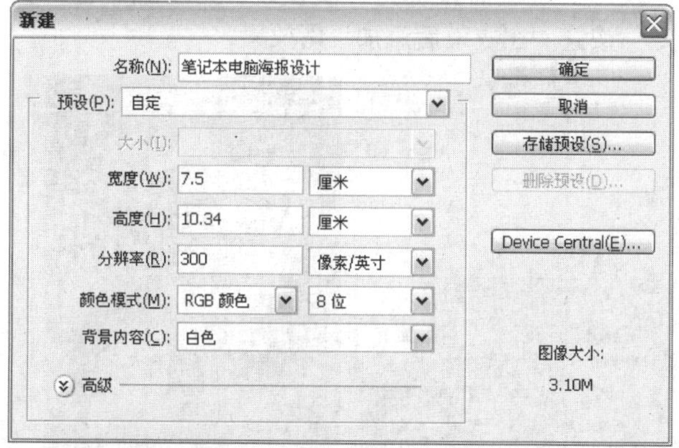

"新建"对话框

02 填充图像渐变色

选择"背景"图层，单击渐变工具，在属性栏上单击"线性渐变"按钮，然后打开"渐变编辑器"对话框，在该对话框中设置渐变颜色从左到右依次为（R129、G29、B65）、（R236、G90、B134）和（R236、G95、B137），单击"确定"按钮，在图像中应用从上到下的线性渐变填充。

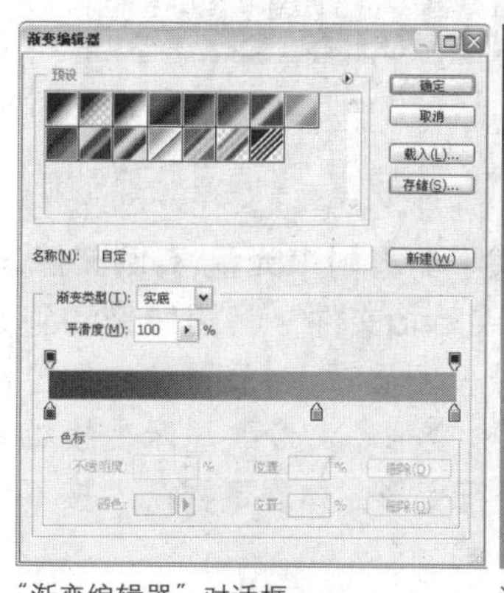

"渐变编辑器"对话框

渐变效果

03 填充选区渐变色

新建"图层1"，单击矩形选框工具，在图像中创建一个矩形选区，切换到渐变工具，打开"渐变编辑器"对话框，在该对话框中设置渐变颜色从左到右依次为（R114、G99、B107）、（R248、G245、B245）、（R51、G53、B55）、（R138、G141、B139）、白色、（R96、G96、B92）、（R130、G128、B120）和（R49、G44、B47），完成后单击"确定"按钮，在选区内应用从上到下的线性渐变填充。

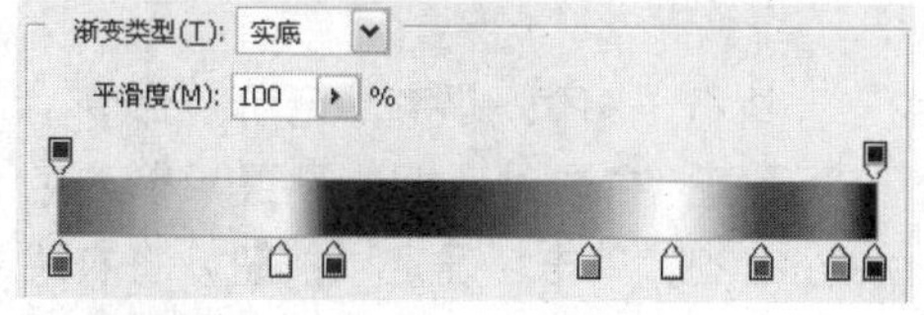

设置渐变色

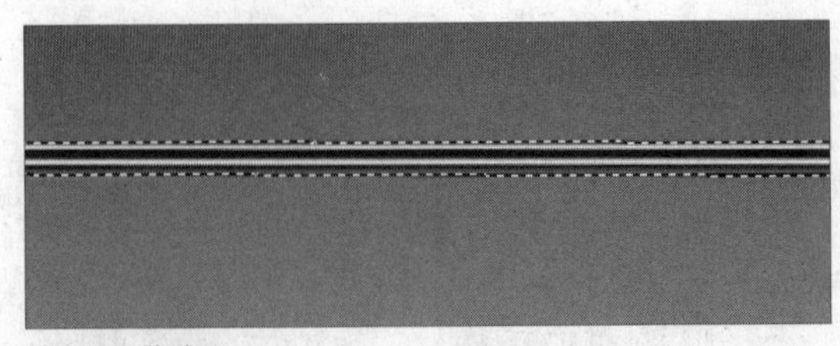

填充选区渐变色

04 调整图像

按下快捷键Ctrl+T显示变换编辑框，在左上的节点上向上旋转，然后将旋转后的图像放置在图像的最上面，完成后按下Enter键完成变换操作。

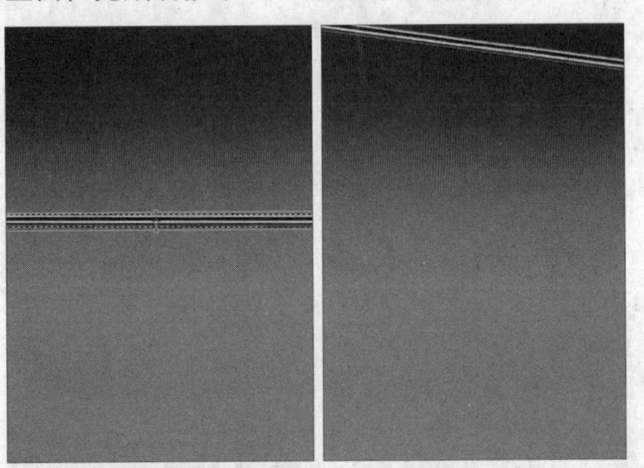

显示变换编辑框　　调整图像效果

05 添加素材图像

执行“文件>打开”命令，打开附书光盘\实例文件\Chapter 09\Media\衣架.png文件，将图像拖动到当前图像文件中，生成“图层2”，放置在中间位置。执行“编辑>变换>变形”命令，显示变换编辑框，对衣架的外形进行变形，体现透视感，按下Enter键完成变换操作。

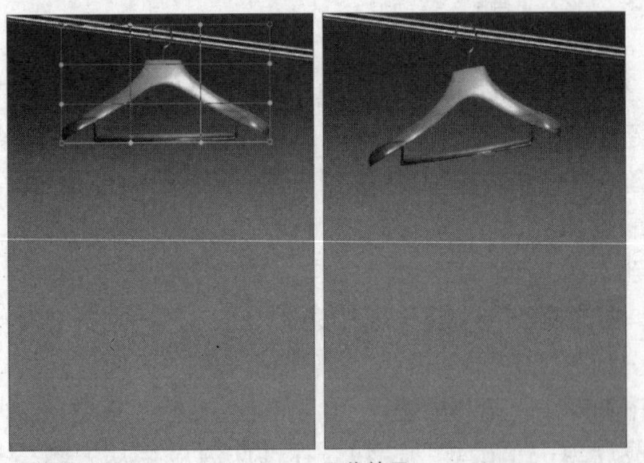

调整素材图像　　图像效果

06 调整色阶

选择“图层2”，执行“图像>调整>色阶”命令，打开“色阶”对话框，在该对话框中设置“输入色阶”为36、0.91、229，单击“确定”按钮，将衣架的颜色调整得更富有光泽感。

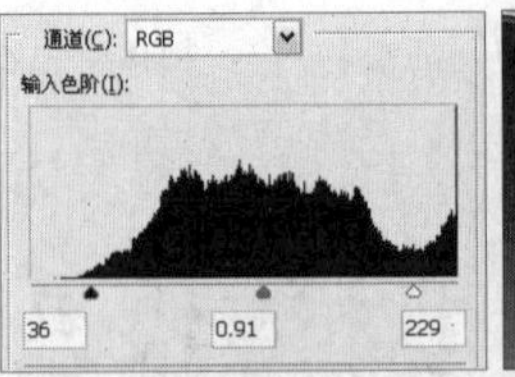

“色阶”对话框

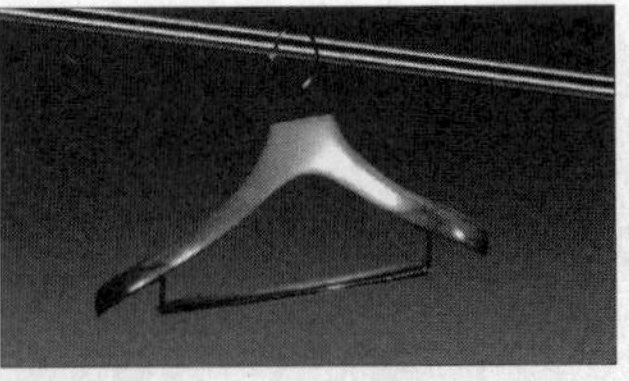

色阶效果

07 擦除图像

为了使衣架看上去更像挂在衣架杆上，应擦除挂钩的部分图像。单击橡皮擦工具，在属性栏上设置“画笔大小”为“9像素”，擦除显示在衣架杆上的衣架挂钩图像。

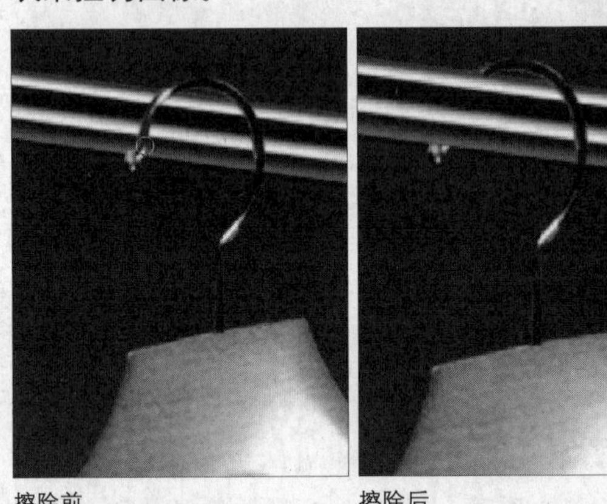

擦除前　　擦除后

08 添加图层样式

双击“图层2”，打开“图层样式”对话框，设置“投影”选项面板中的各项参数，完成后单击“确定”按钮，在衣架后添加投影效果。

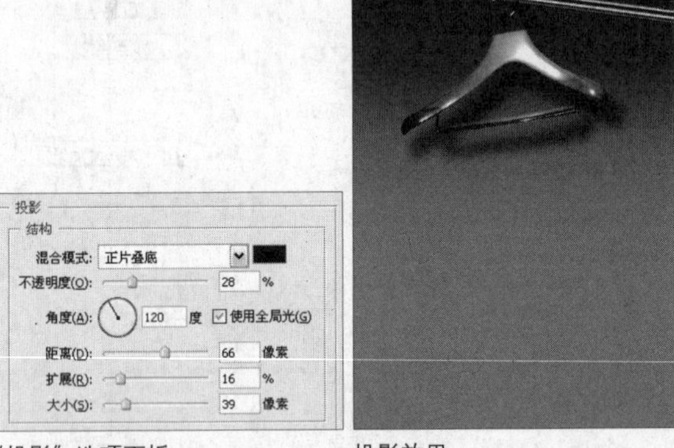

“投影”选项面板　　投影效果

09 添加素材图像

打开附书光盘\实例文件\Chapter 09\Media\电脑.png文件，将图像拖动到当前图像文件中，生成“图层3”，然后按下快捷键Ctrl+T显示变换编辑框，将笔记本电脑图像旋转并水平翻转调整到合适的位置，调整完成后按下Enter键完成自由变换操作。选择“图层3”，单击钢笔工具，沿着笔记本的键盘面绘制路径。

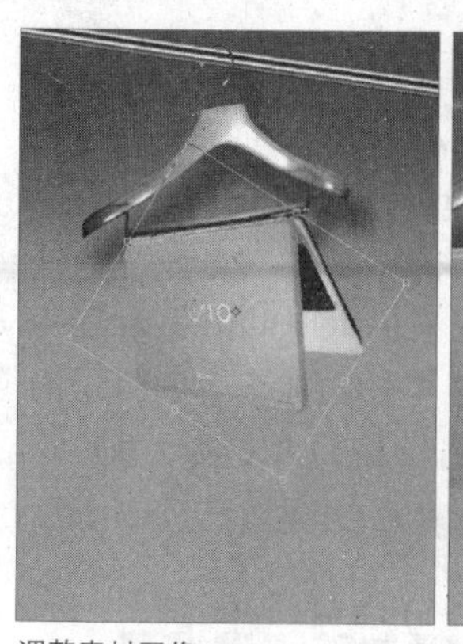
调整素材图像

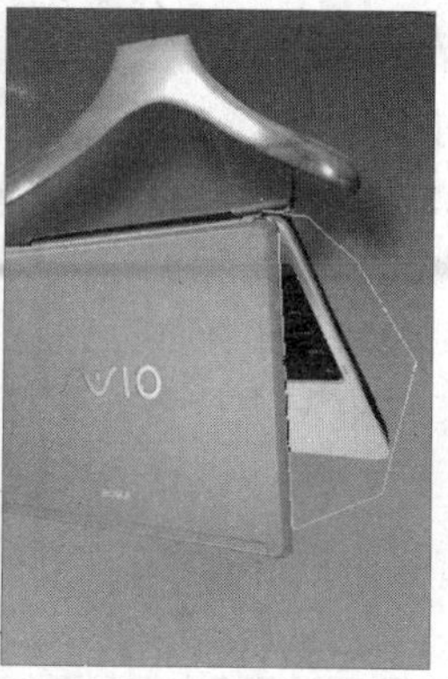
绘制路径

10 剪切并复制图层

路径绘制完成后按下快捷键Ctrl+Enter将路径转换为选区，然后执行“图层>新建>通过剪切的图层”命令，将选区内的图像剪切并复制，生成“图层4”，同时选区也消失。

创建选区

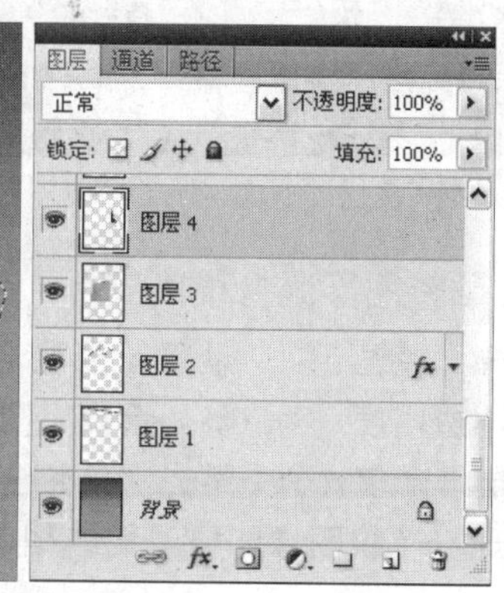

“图层”面板

11 调整图像形状

选择“图层4”，执行“编辑>变换>变形”命令，显示变换编辑框，向下拖动图像，将键盘面变形放大，按下Enter键完成变换操作。选择“图层3”，采用相同的方式，对笔记本电脑的正面进行变形，使图像整体具有透视感。

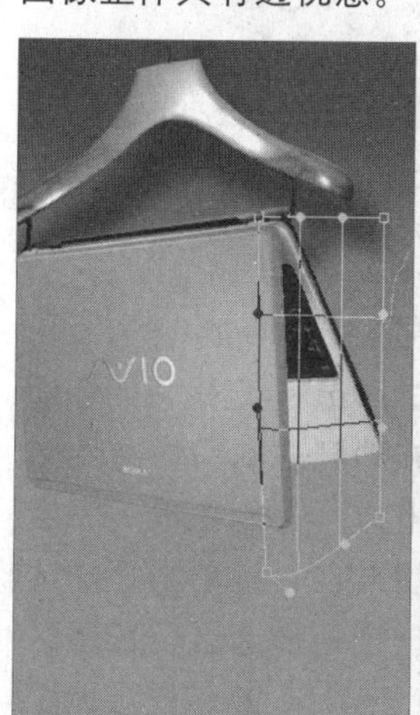
调整节点

调整效果

12 添加图层样式

双击“图层 3”，打开“图层样式”对话框，设置“投影”选项面板中的各项参数，设置完成后单击“确定”按钮，在笔记本电脑下添加投影效果。

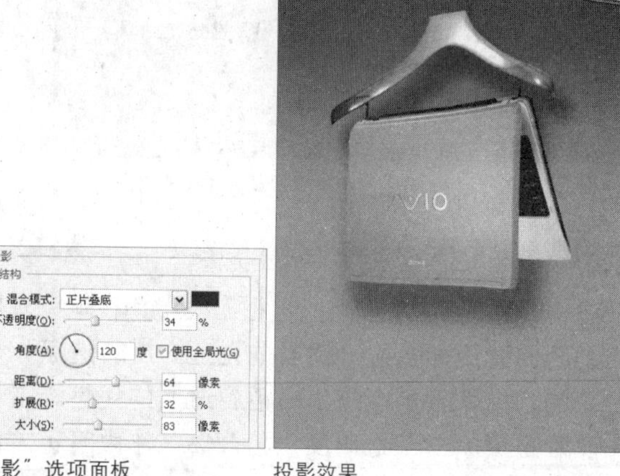

“投影”选项面板　　投影效果

13 填充选区颜色

新建“图层5”，单击钢笔工具，沿着笔记本电脑的外壳绘制路径，按下快捷键Ctrl+Enter将路径转换为选区，在选区内填充白色，完成后执行“选择>取消选择”命令，取消选区。

绘制路径

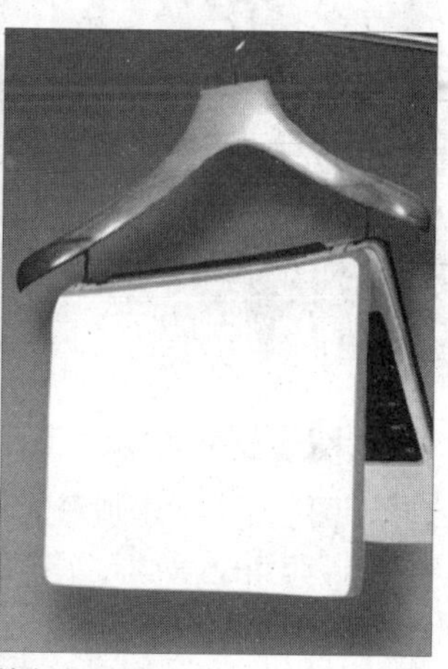
填充选区颜色

14 添加素材图像

打开附书光盘\实例文件\Chapter 09\Media\花纹2.png文件，将图像拖动到当前图像文件中，生成“图层6”，按下快捷键Ctrl+T显示变换编辑框，适当缩小花朵图像，将花朵图像移动到白色图形的上方。选择“图层6”，执行“图层>创建剪贴蒙版”命令，创建剪贴蒙版，剪贴蒙版作用于下面的图层，图像中花朵图像下方白色区域外的所有图像将暂时隐藏。

添加素材图像

创建剪贴蒙版效果

15 填充选区渐变色

新建“图层7”，单击矩形选框工具，在笔记本电脑正面创建矩形选区，适当向左上方旋转选区，然后在选区中从下到上应用白色到透明的线性渐变，并设置图层的“不透明度”为45%，作为笔记本的高光部分。

创建选区

填充选区渐变色

16 对图像进行加深

选择“图层6”，单击加深工具，在属性栏上设置“画笔”为“柔角65像素”，“范围”为“高光”，“曝光度”为25%，然后拖动画笔在花朵图像上进行加深处理。选择“图层5”，采用相同的方法对图像进行加深处理。

加深花朵图像

加深白色图像

17 添加素材图像

打开附书光盘\实例文件\Chapter 09\Media\花纹3.jpg文件，使用魔棒工具在白色部分单击，选择白色的区域，然后执行“选择>反向”命令，选择花纹图形。将图像拖动到“笔记本电脑海报设计”图像文件中左边位置，生成“图层8”，复制“图层8”，对复制后的图像执行“编辑>变换>垂直翻转”命令，翻转图像，将翻转后的图像移动到上面位置。

添加素材图像

复制并调整图像

18 调整图层混合模式

选择“图层8”，设置图层混合模式为“柔光”，“不透明度”为20%。选择“图层8副本”同样设置图层混合模式为“柔光”，“不透明度”为20%。经过处理，花纹图像和背景图像相混合，显示出淡淡的底纹效果。

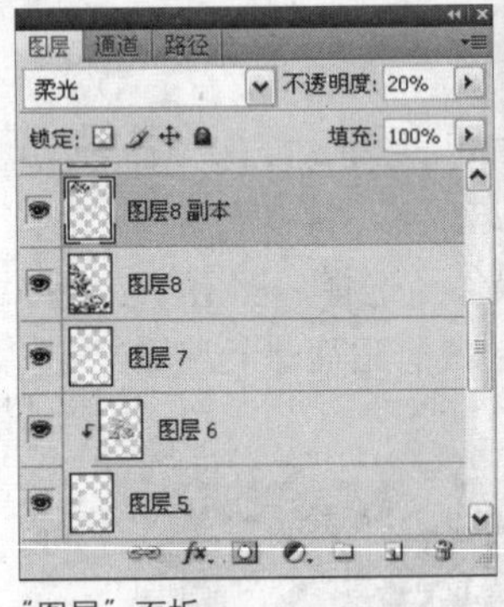

“图层”面板

图像效果

19 添加素材图像

打开附书光盘\实例文件\Chapter 09\Media\标志.png文件，打开标志文件，单击矩形选框工具，分别选择上、下两个标志，将其拖动到当前图像文件中笔记本的正面和图像文件的下方，分别生成“图层9”和“图层10”。新建“图层11”，单击矩形选框工具，在图像下方创建一个矩形选区，在选区中填充颜色为（R161、G28、B74），将该图层调整到“图层10”的下方。

添加素材图像

绘制矩形图像

20 制作标志倒影

复制“图层10”，对复制后的图层执行“编辑>变换>垂直翻转”命令，翻转图像，并设置“图层10副本”的不透明度为40%，制作标志的倒影。

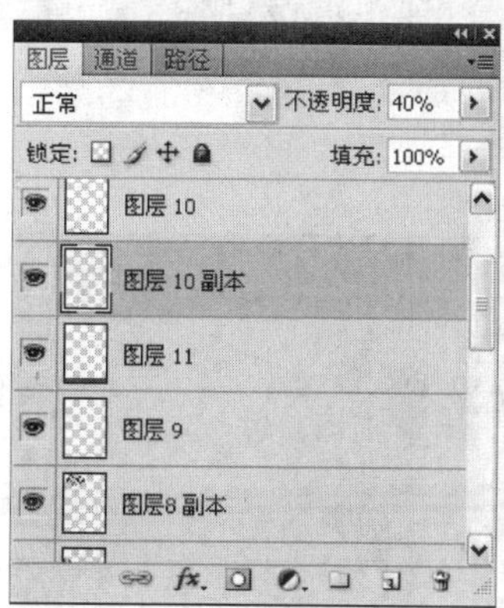

“图层”面板

倒影效果

21 添加素材图像

打开附书光盘\实例文件\Chapter 09\Media\文字.png文件，将图像拖动到当前图像文件的右上角。设置前景色为白色，单击横排文字工具[T]，在图像文件下方红色矩形条上输入联系方式等相关文字。至此，本例制作完成。

素材图像

添加素材图像

完成后的效果

9.4

汽车海报设计

实例分析： 本实例通过连续应用多种滤镜效果制作出带有金属拉丝效果的背景。通过自由变换功能调整汽车的形状和方向，增强图像的立体感。

主要使用工具： 渐变工具、自由变换功能、画笔工具、滤镜特效

最终文件： Chapter 09\Complete\汽车海报设计.psd

01 新建图像文件

按下快捷键Ctrl+N，打开“新建”对话框，在该对话框中设置“名称”为“汽车海报设计”，“宽度”为7.51厘米，“高度”为10厘米，完成后单击“确定”按钮，创建一个新的图像文件。

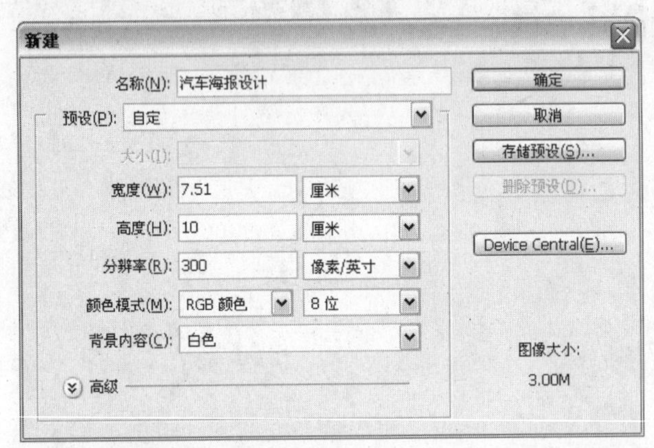

“新建”对话框

02 填充图像渐变色

选择“背景”图层，单击渐变工具，在属性栏中单击“径向渐变”按钮，然后打开“渐变编辑器”对话框，在该对话框中设置渐变颜色从左到右为（R174、G187、B195）和（R9、G48、B72），完成后单击“确定”按钮。在图像中从中心向下拖动鼠标应用径向渐变填充，最后按下快捷键Ctrl+D取消选区。

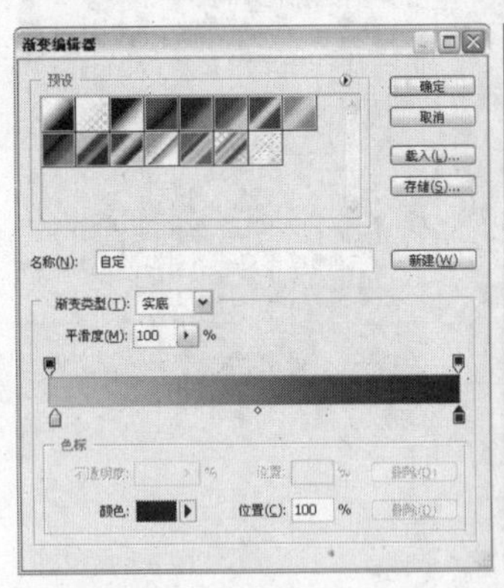

“渐变编辑器”对话框

渐变效果

03 添加“渐变填充”图层

单击“图层”面板下方的“创建新的填充或调整图层”按钮，在弹出的菜单中执行“渐变”命令，打开“渐变填充”对话框，设置渐变颜色从左到右为（R17、G20、B73）和（R216、G226、B64），单击“确定”按钮，在图像中填充渐变色。

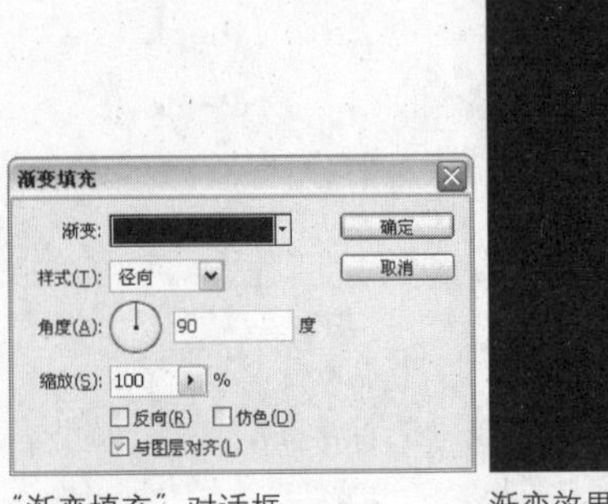

“渐变填充”对话框

渐变效果

04 添加并编辑图层蒙版

选择“渐变填充1”填充图层，设置图层混合模式为“强光”，经过混合图像的周围颜色偏深，中间颜色偏亮。新建图层并重命名为“底面”，填充为白色，然后按下D键恢复前景色和背景色为黑色和白色，执行“滤镜>渲染>云彩”命令，在图像中添加云彩效果。

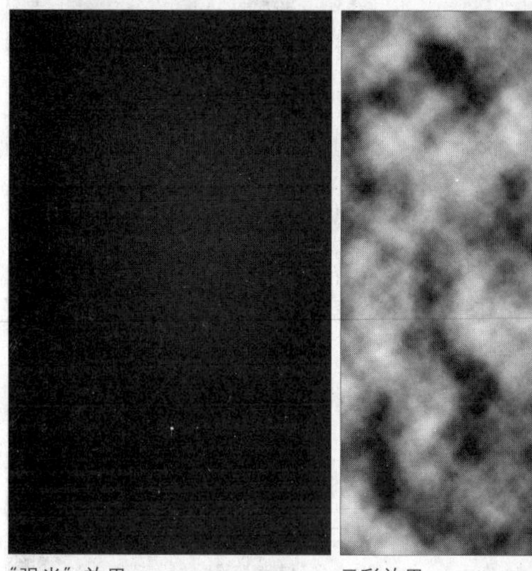

“强光”效果　　云彩效果

05 添加“高斯模糊”滤镜

选择“底面”图层，执行“滤镜>模糊>高斯模糊”命令，打开“高斯模糊”对话框，在该对话框中设置“半径”为“80像素”，单击“确定”按钮。应用“高斯模糊”滤镜后，图像中的云彩图像变得模糊。

“高斯模糊”对话框　　模糊效果

06 添加“添加杂色”滤镜

执行“滤镜>杂色>添加杂色”命令，打开“添加杂色”对话框，在该对话框中设置“数量”为25.98%，单击“确定”按钮，在应用了高斯模糊的图像中添加杂色。

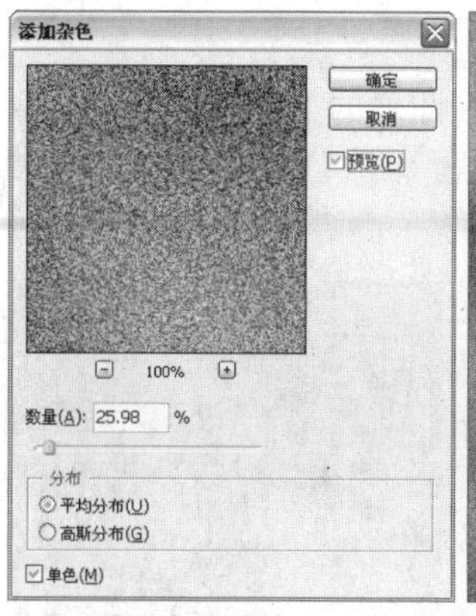

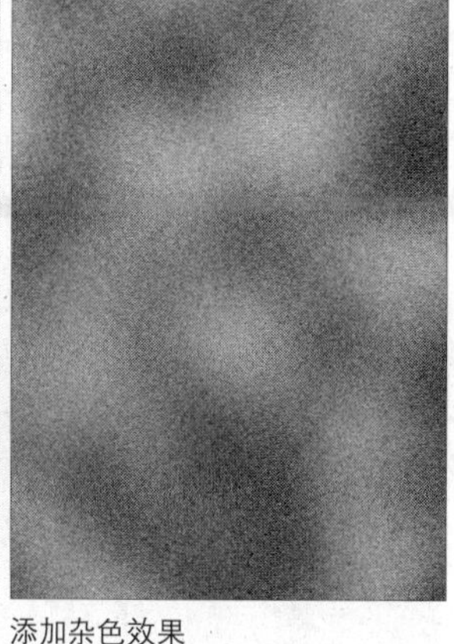

“添加杂色”对话框　　添加杂色效果

07 添加“动感模糊”滤镜

执行“滤镜>模糊>动感模糊”命令，打开“动感模糊”对话框，在该对话框中设置“角度”为36度，“距离”为85像素，单击“确定”按钮，图像中增添了金属拉丝的效果。

“动感模糊”对话框　　模糊效果

08 添加“USM锐化”滤镜

执行“滤镜>锐化>USM锐化”命令，打开“USM锐化”对话框，在该对话框中设置“数量”为128%，“半径”为21.9像素，“阈值”为6色阶，单击“确定”按钮，使金属拉丝的感觉更加强烈。

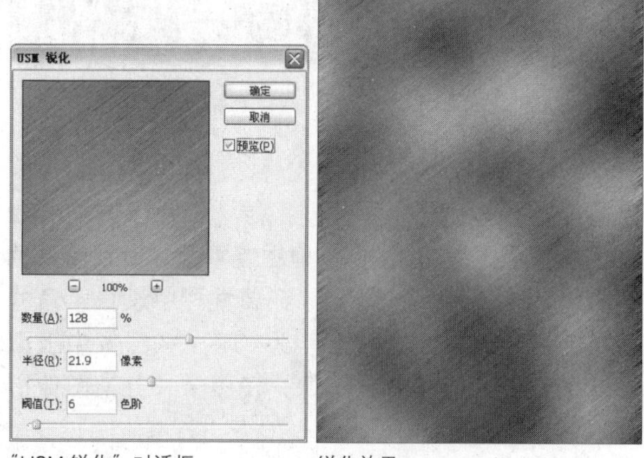

“USM 锐化”对话框　　锐化效果

09 删除选区内图像

单击矩形选框工具，在图像的上半部分创建矩形选区，然后按下Delete键删除选区内的图像，最后按下快捷键Ctrl+D取消选区。

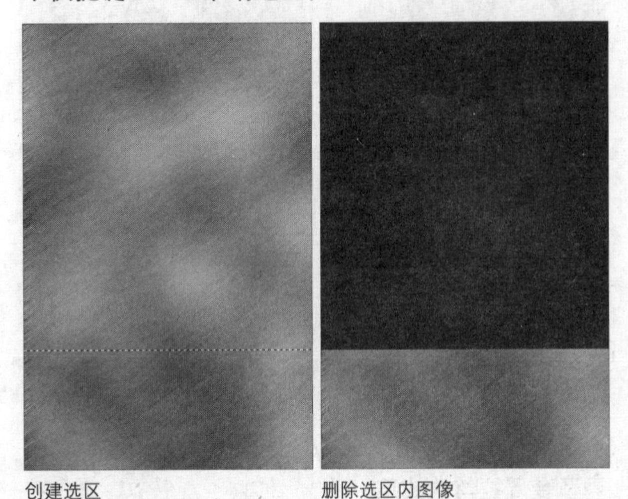

创建选区　　删除选区内图像

10 减淡图像

单击减淡工具，在属性栏中设置“画笔”为“柔角230像素”，“范围”为“高光”，“曝光度”为27%，在图像中颜色较深的地方进行减淡处理，减淡图像。设置“底面”图层的图层混合模式为“线性光”，经过与蓝紫色背景相混合，图像的颜色变为蓝紫色调。

减淡效果　　混合模式效果

11 添加并编辑蒙版

选择“底面”图层，单击“图层”面板下方的“添加图层蒙版”按钮，创建图层蒙版。设置前景色为黑色，单击画笔工具，在属性栏中设置柔角的画笔，并设置“不透明度”为70%，在图像中上面的部分绘制，隐藏部分图像，使图像和背景图像衔接较为自然。

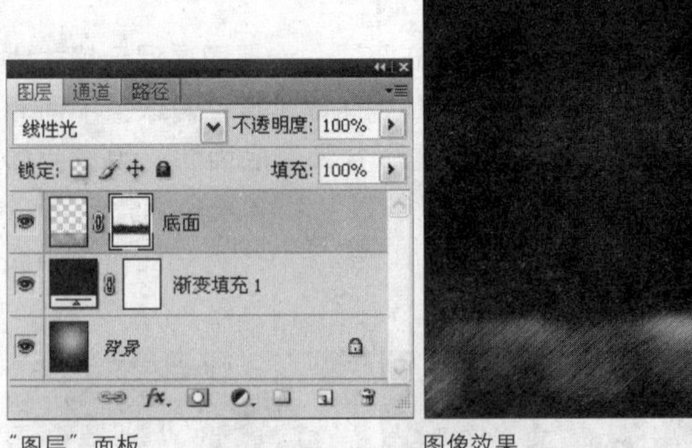

“图层”面板　　图像效果

12 调整图像饱和度

按住Ctrl键单击“底面”图层缩览图，载入图层的选区，然后在“图层”面板下方单击“创建新的填充或调整图层”按钮，在弹出的菜单中执行“色相/饱和度”命令，在“色相/饱和度”调整面板中设置各项参数，将蓝紫色调图像明度降低。

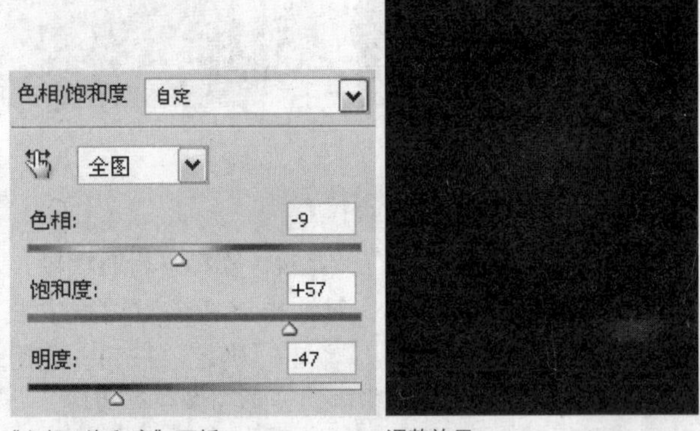

“色相/饱和度”面板　　调整效果

13 添加图层蒙版

单击“色相/饱和度”调整图层的图层蒙版缩览图，单击画笔工具，在图像中的黑色部分绘制，隐藏调整的黑色图像。

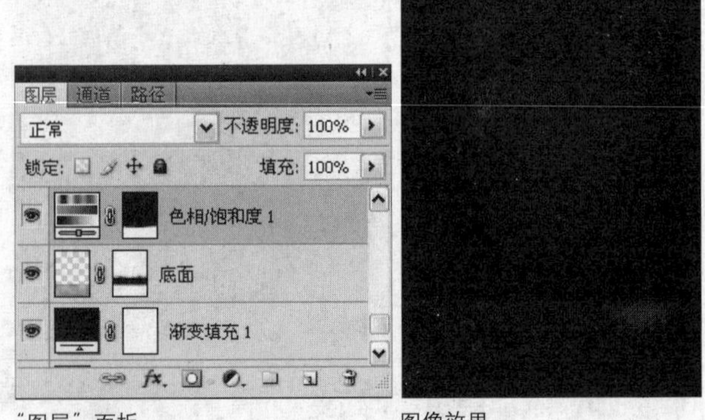

“图层”面板　　图像效果

14 添加素材图像

打开附书光盘\实例文件\Chapter 09\Media\汽车.png文件，将图像拖动到当前图像文件中，生成“图层

1”，结合自由变换命令调整图像位置。复制“图层1”，选择“图层1副本”结合自由变换命令调整图像的位置，按下Enter键完成自由变换操作。

添加素材图像

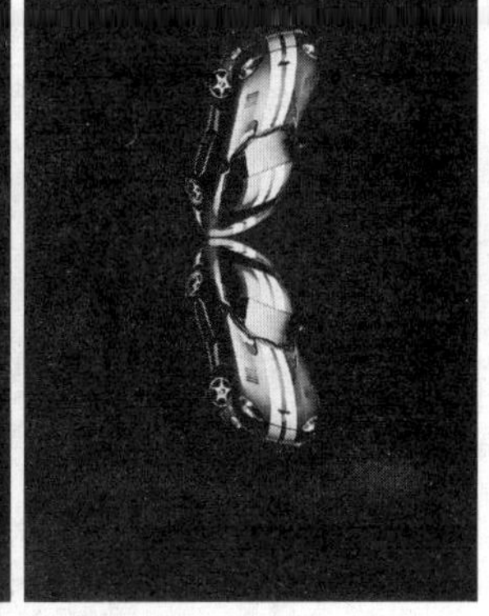
复制并调整素材图像

15 复制选区内图像

单击钢笔工具，沿着汽车的外形轮廓在汽车顶部绘制路径，按下快捷键Ctrl+Enter将路径转换为选区，执行“图层>新建>通过剪贴的图层”命令，将选区内的图像剪贴到新图层中，生成“图层2”。

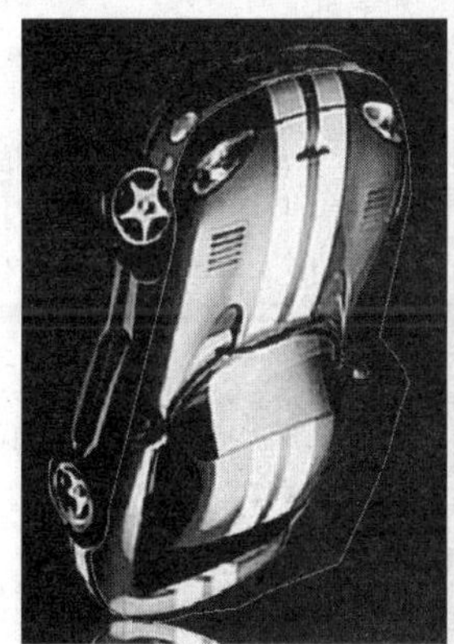
绘制路径

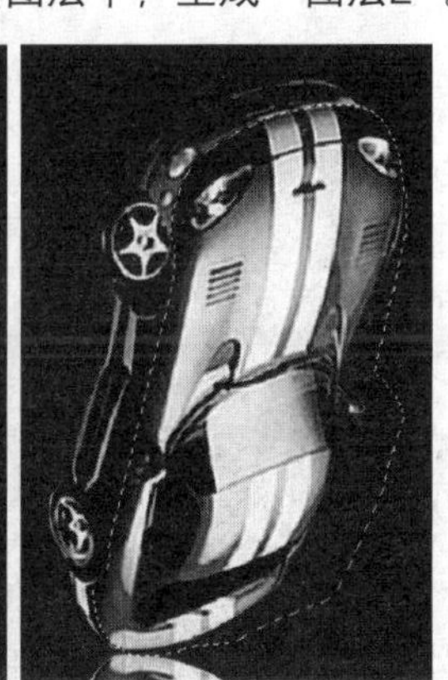
创建选区

16 变形图像

选择“图层2”，执行“编辑>变换>变形”命令，显示变形网格编辑框，拖动网格对汽车图像进行变形，按下Enter键完成变形的操作。

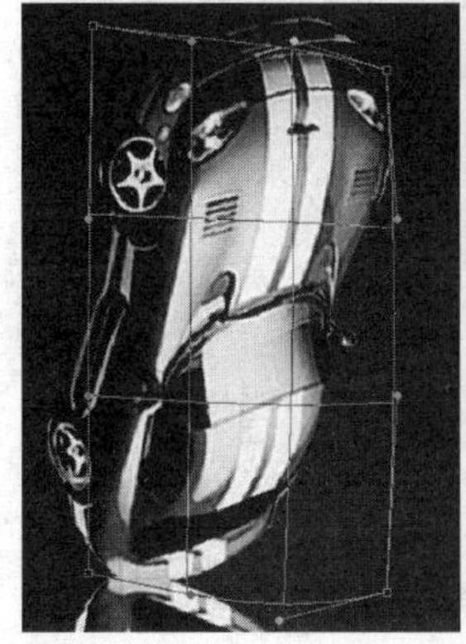
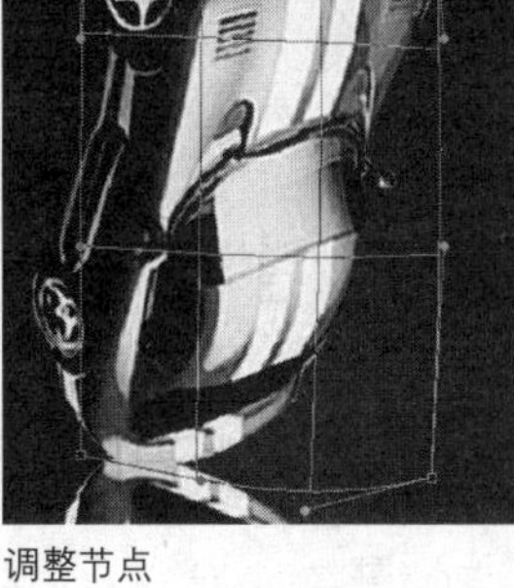
调整节点

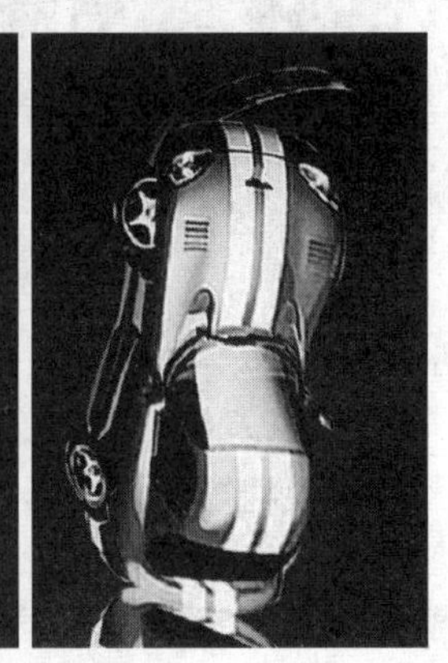
变形效果

17 继续变形图像

按下快捷键Ctrl+T显示变换编辑框，根据汽车的形状按住Ctrl键拖动变换编辑框的节点，对车轮进行变形操作，按下Enter键完成自由变换操作。

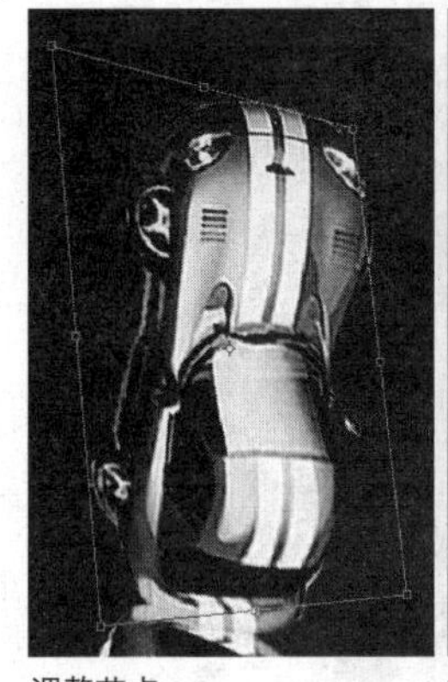
调整节点

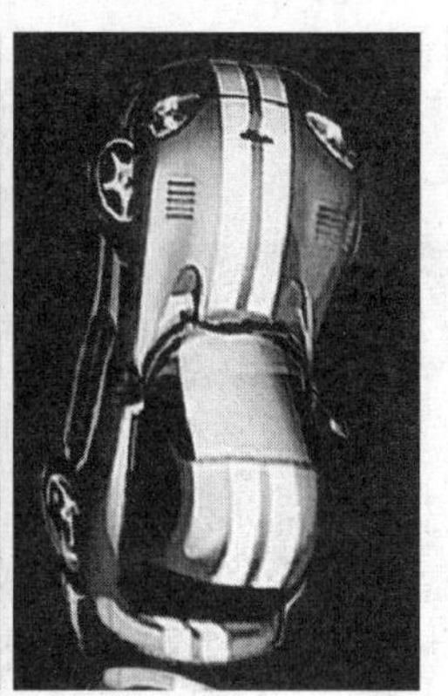
变形效果

18 擦除多余图像

由于形状的变换，在图像的边缘显示出多余的白色图像，单击橡皮擦工具，擦除图像边缘的白色部分，使汽车图像的边缘显得更加平滑。

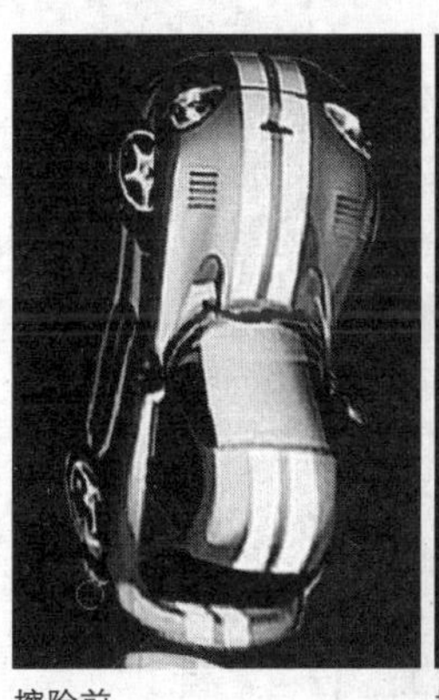
擦除前

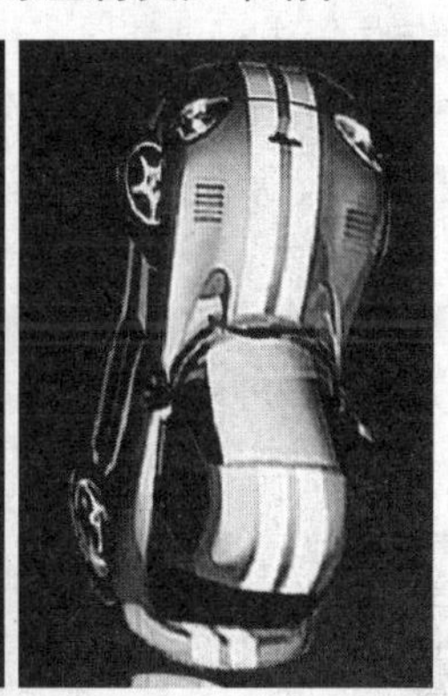
擦除后

19 复制并调整图像

复制“图层1”，得到“图层1副本2”，使用相同的方法显示变形网格变换框，对图像的形状进行变形，作为汽车变形手机的天线。

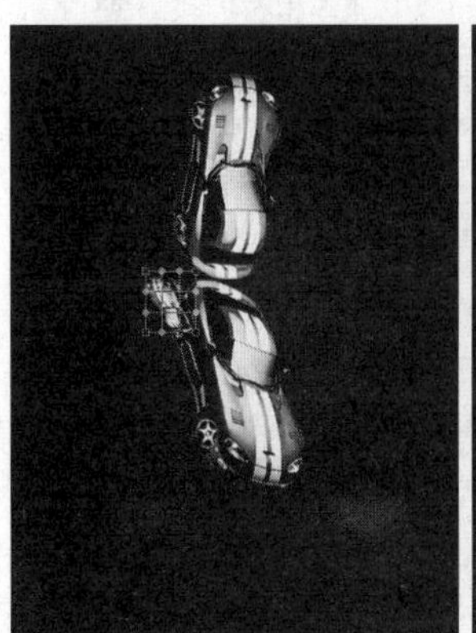
缩小图像

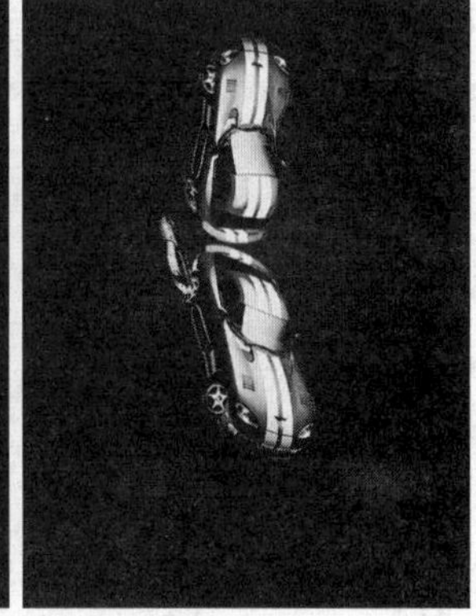
变形效果

20 继续调整图像

为了使图像间衔接得更加紧密，根据“图层2”的形状，对“图层1”进行适当旋转，然后连续两次复制“图层1”。使用相同的方法对“图层1副本3”和“图层1副本4”的形状进行变形，作为手机盖和手机的连接部分，最后将这两个图层移动到“图层1”的下方。

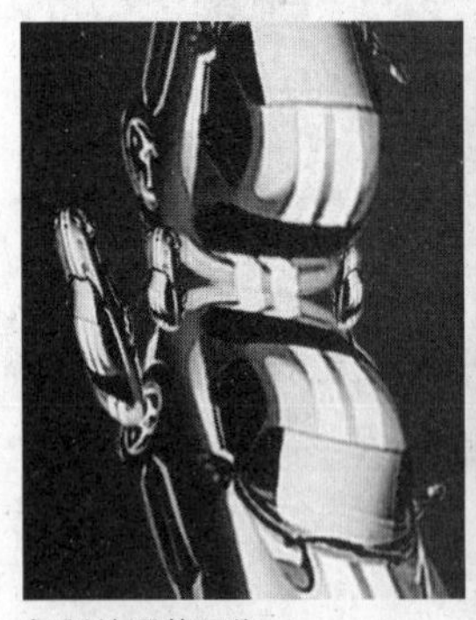
复制并调整图像

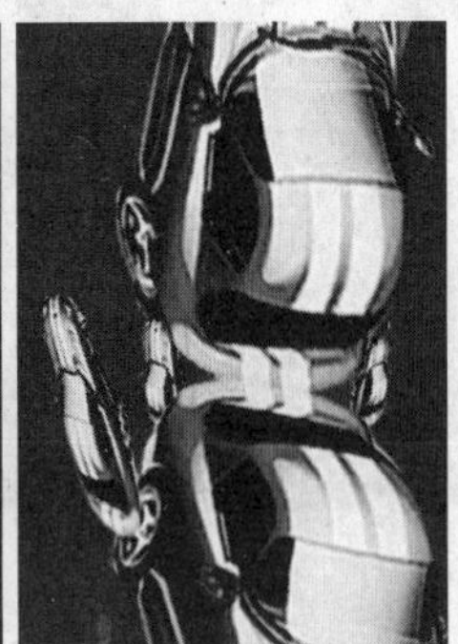
调整图像上下位置

21 复制并调整图像

复制更多的“图层1”图像，结合自由变换命令分别对其大小与位置进行调整。

复制并调整图像

复制更多图像

22 调整“图层”面板

新建“组1”，将“图层1副本5”到“图层1副本16”移动到“组1”中。复制“组1”，右击“组1副本”，在弹出的快捷菜单中执行“合并组”命令，将组转换为普通图层，最后隐藏“组1”。

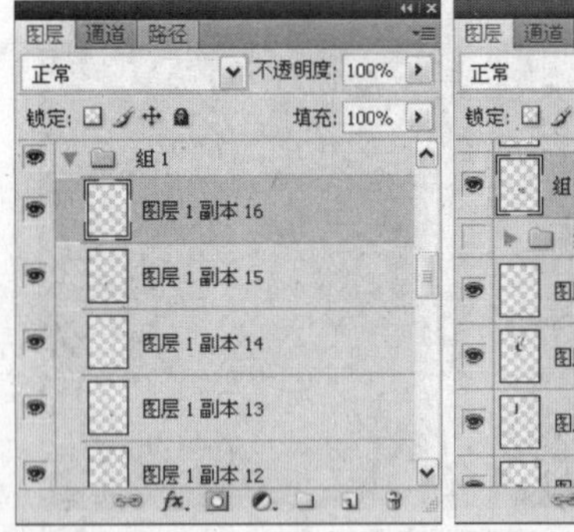

创建“组1”

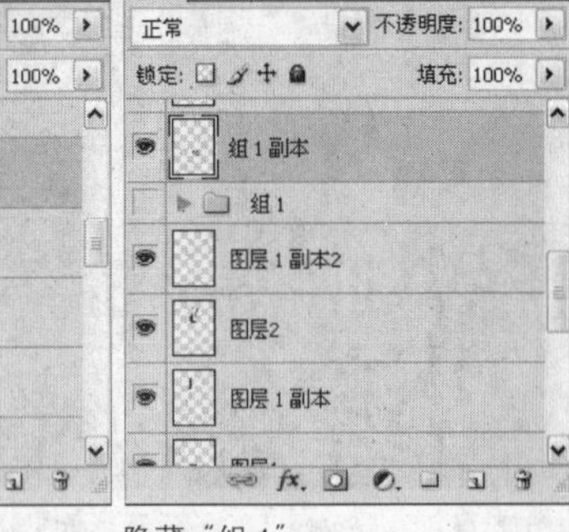

隐藏“组1”

23 添加图层样式

双击“组1副本”，打开“图层样式”对话框，分别在“投影”和“外发光”选项面板中进行参数设置，其中设置“外发光”的颜色为（R171、G222、B255），单击“确定”按钮，在图像中添加投影和外发光的效果。

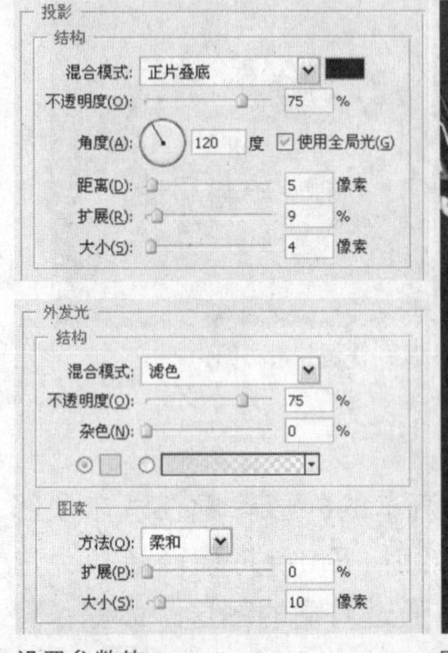

设置参数值

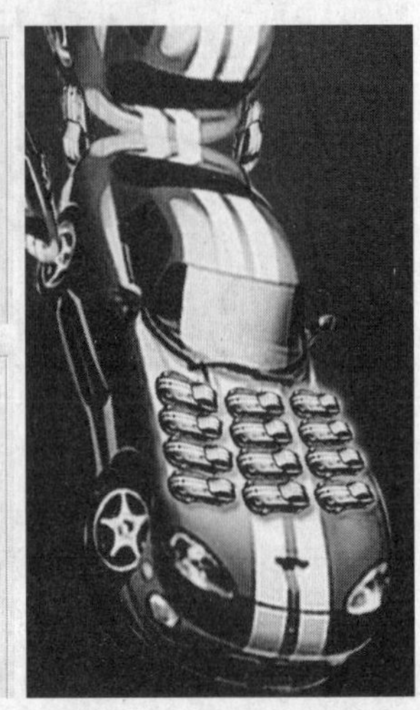
图层样式效果

24 绘制阴影效果

新建“图层3”，单击椭圆选框工具，在属性栏中设置“羽化”为10px，然后在汽车的下方创建一个羽化的椭圆选区，在选区中填充黑色。最后按下快捷键Ctrl+D，取消选区。

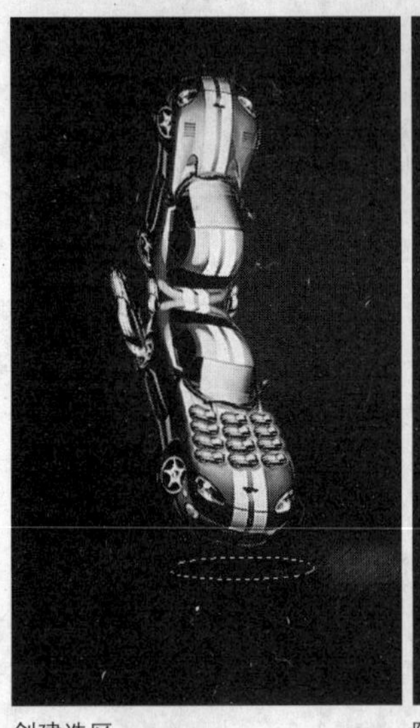
创建选区

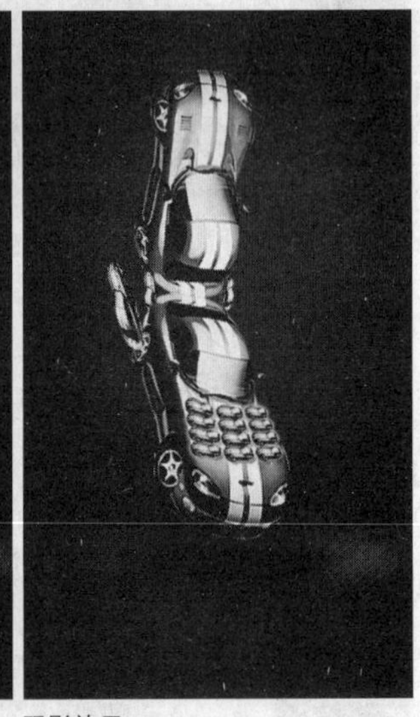
阴影效果

25 制作倒影

复制“图层1”和“组1副本”图层，选择复制后的图层，按下快捷键Ctrl+E合并这两个图层，重命名为“图层4”。执行“编辑>变换>垂直翻转”命令，翻转图像后设置“图层4”的“不透明度”为40%，降低图像的透明度，作为倒影。

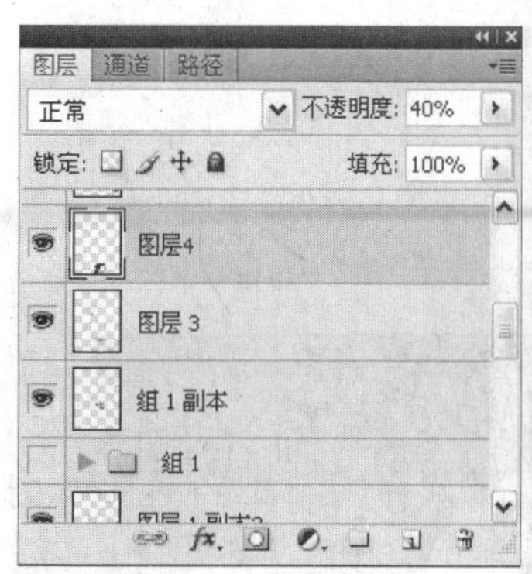

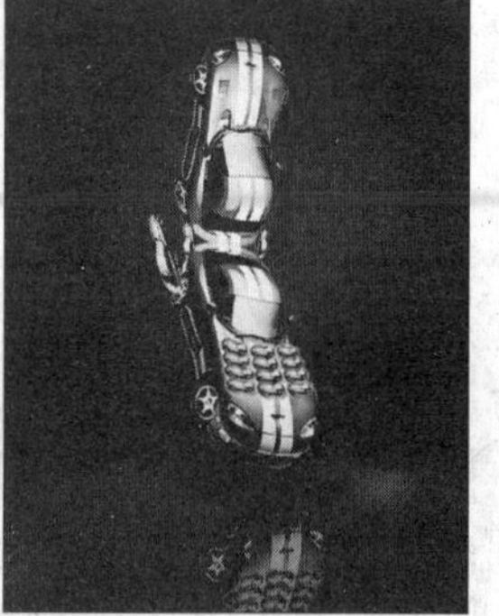

"图层"面板　　倒影效果

26 添加素材图像

打开附书光盘\实例文件\Chapter 09\Media\汽车标志.png文件，将图像拖动到当前图像文件中右下角的位置，生成"图层5"。新建"图层6"，设置前景色为白色，单击画笔工具，设置画笔为"尖角3像素"，围绕标志图形绘制多个白色圆点图形。

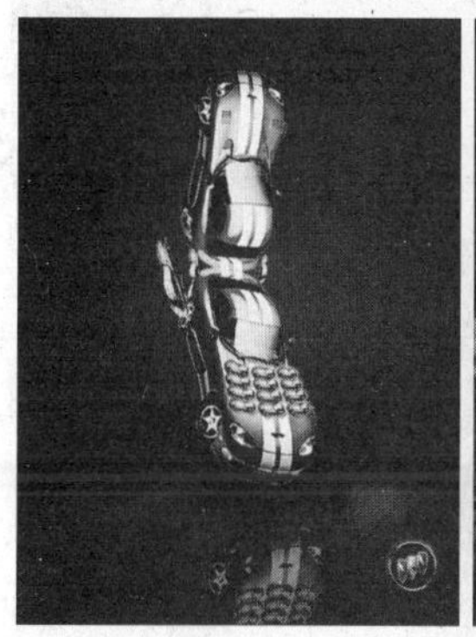

添加素材图像　　绘制白色圆点效果

27 输入文字

单击横排文字工具，在标志的左边输入文字is the sprint inside，设置"字符样式"为Arial Narrow，"字体大小"为6.62点。完成后在文字的左边输入"，"符号，在"字符"面板中设置"字符样式"为方正行楷简体，"字体大小"为36.3点。

输入文字　　输入逗号

28 输入文字

双击"，"文字图层，打开"图层样式"对话框，在"外发光"选项面板中设置参数，设置颜色为（R169、G213、B254），单击"确定"按钮。

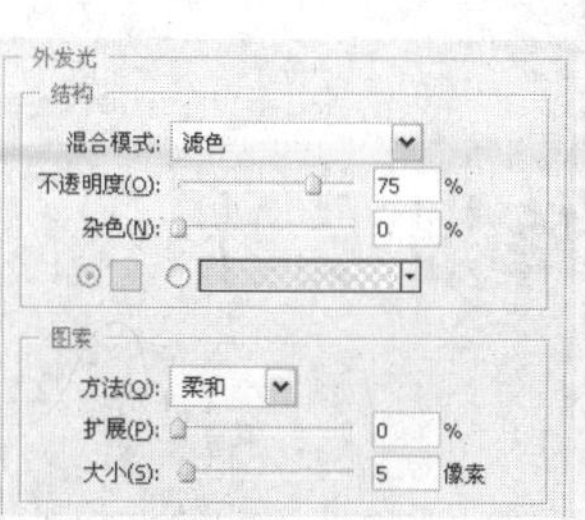

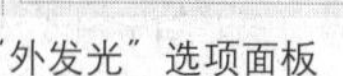

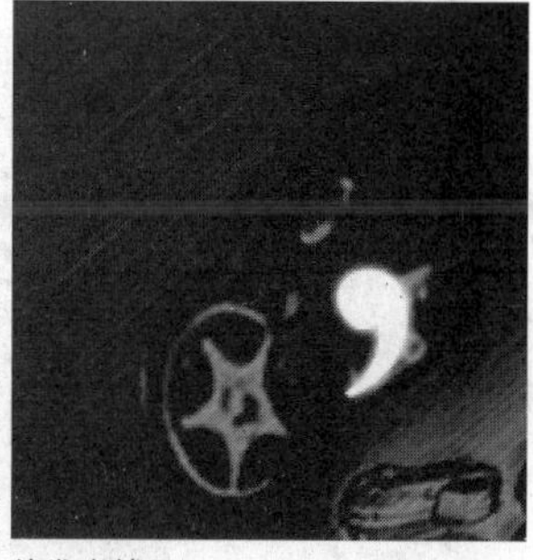

"外发光"选项面板　　外发光效果

29 描边路径

新建"图层7"，单击画笔工具，设置画笔为"尖角4像素"，然后切换到钢笔工具，沿着符号绘制半弧形的路径。右击路径，在弹出的快捷菜单中执行"描边路径"命令，打开"描边路径"对话框，勾选"模拟压力"复选框，单击"确定"按钮，沿着路径描出白色的边缘线，最后删除路径。

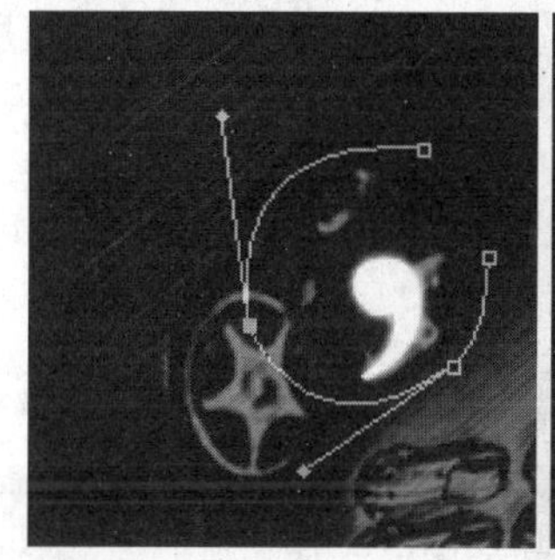

绘制路径　　绘制白色线条

30 拷贝图层样式

复制"图层7"，将复制后的图层向右旋转，然后拷贝"，"文字图层的图层样式，分别粘贴到"图层7"和"图层7副本"中。至此，本例制作完成。

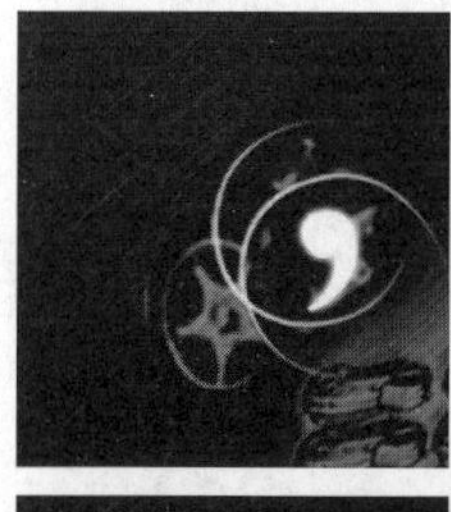

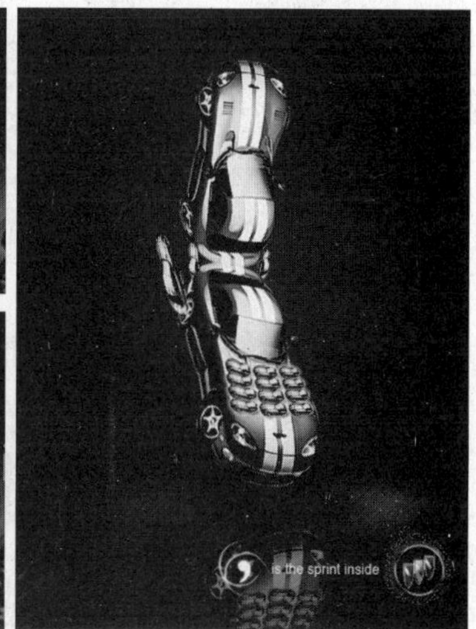

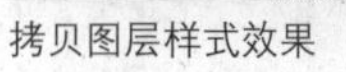

拷贝图层样式效果　　完成效果

9.5 音乐海报设计

实例分析：本实例通过添加各种素材并调整图像颜色，制作出画面燃烧的火焰效果。通过调整图层混合模式，使图像之间的衔接效果更自然。

主要使用工具：图层样式、自定形状工具、文字工具、移动工具

最终文件：Chapter 09\Complete\音乐海报设计.psd

视频文件：Chapter 09\音乐海报设计. swf

01 新建图像文件

按下快捷键Ctrl+N，打开“新建”对话框，在该对话框中设置“名称”为“音乐海报设计”，“宽度”为16厘米，“高度”为13.21厘米，完成后单击“确定”按钮，创建一个新的图像文件。

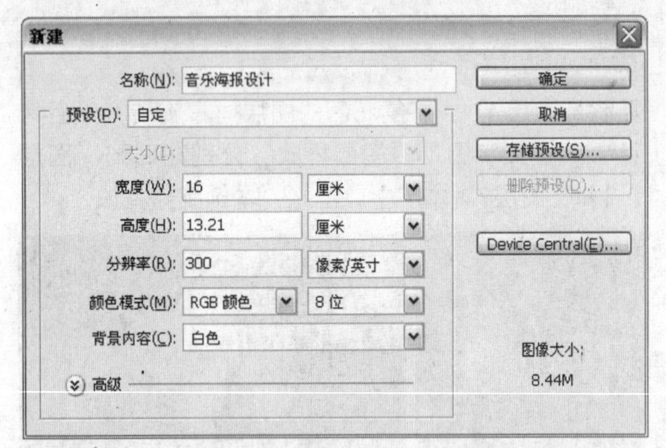

“新建”对话框

02 添加素材图像

打开附书光盘\实例文件\Chapter 09\Media\人物.jpg文件，单击移动工具，将图像拖动至当前图像文件中，得到“图层1”，调整图像的大小位置。

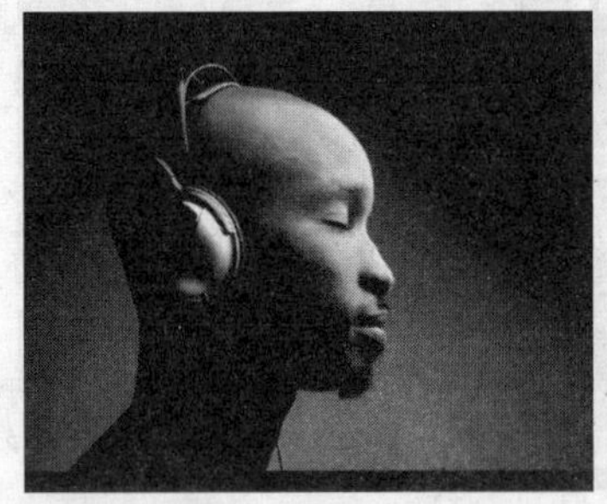

添加素材图像

03 复制并添加图层滤镜

复制“图层1”，得到“图层1副本”，选择该图层执行“滤镜>艺术效果>海报边缘”命令，在弹出的对话框中设置参数，设置完成后单击“确定”按钮。

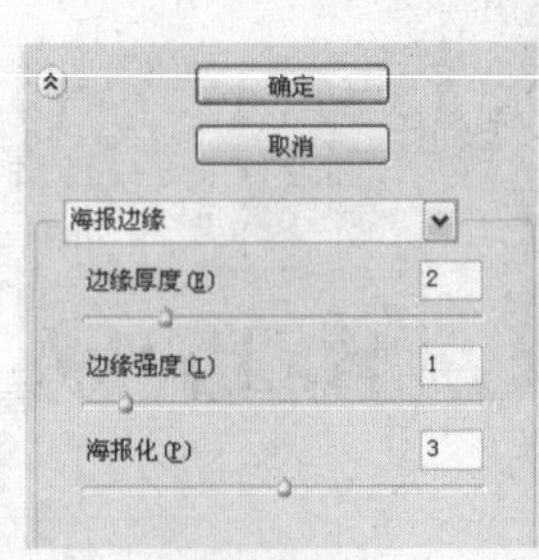

“海报边缘”对话框

滤镜效果

04 调整图层混合模式

设置“图层1副本”的图层混合模式为“柔光”，“不透明度”为29%。

图像效果

05 添加“色彩平衡”调整图层

单击“图层”面板下方的“创建新的填充或调整图层”按钮，在弹出的菜单中执行“色彩平衡”命令，在“色彩平衡”调整面板中分别对“阴影”、“中间调”和“高光”模式进行参数设置。

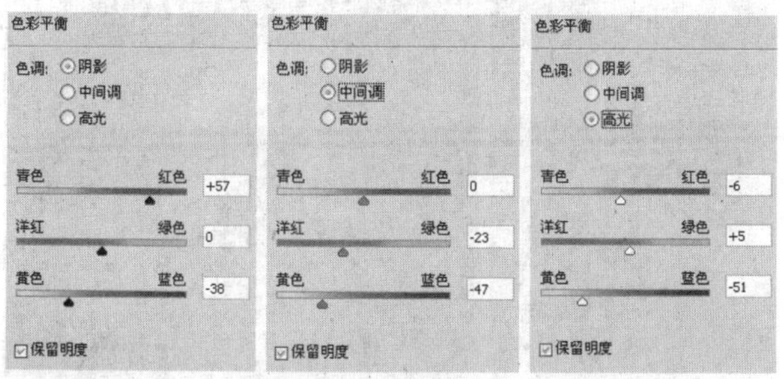

设置参数值

调整色彩平衡后的效果

06 添加“曲线”调整图层

采用相同的方法，添加“曲线”调整图层，在弹出的“曲线”调整面板中调整节点的位置，加强图像明暗对比关系。

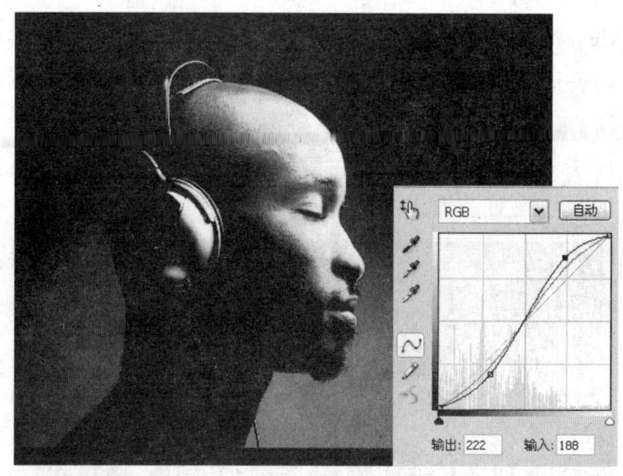

调整曲线后的效果

07 添加“色相/饱和度”调整图层

添加“色相/饱和度”调整图层，在弹出的“色相/饱和度”调整面板中调整“饱和度”的参数值。

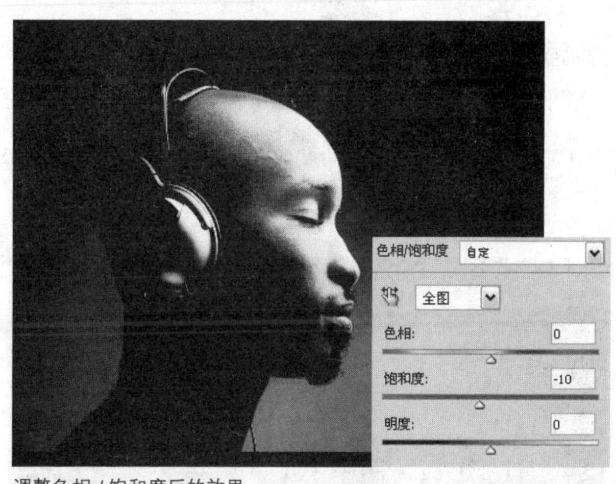

调整色相 / 饱和度后的效果

08 添加“颜色填充”图层

继续添加“颜色填充”图层，并设置填充颜色为（R220、G36、B0），完成后设置图层混合模式为“颜色减淡”，设置“不透明度”为22%，“填充”为38%。

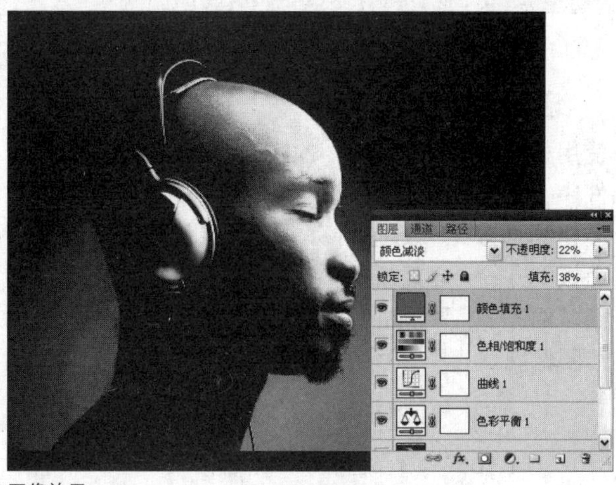

图像效果

09 添加素材图像

打开附书光盘\实例文件\Chapter 09\Media\吉他.jpg文件，单击移动工具，将图像拖动至当前图像文件中，得到“图层2”，结合自由变换命令调整图像的大小位置，设置图层混合模式为“滤色”。

素材图像

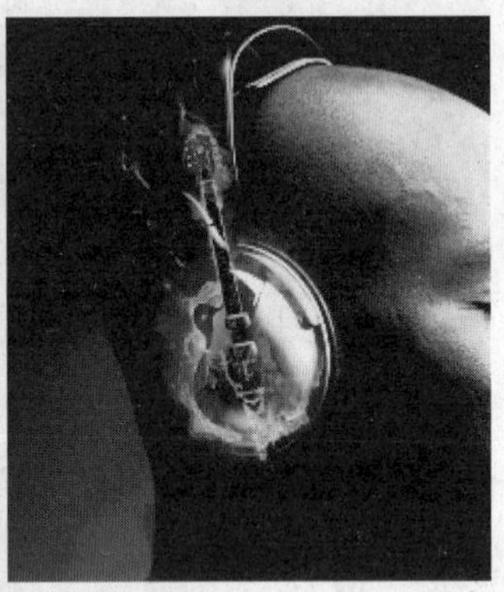

添加素材效果

10 添加火焰素材

打开附书光盘\实例文件\Chapter 09\Media\火.psd文件，单击移动工具，移动“火.psd”素材中的“火1”图像至当前图像文件中并调整图像的位置，设置图层混合模式为“变亮”，“不透明度”为59%。

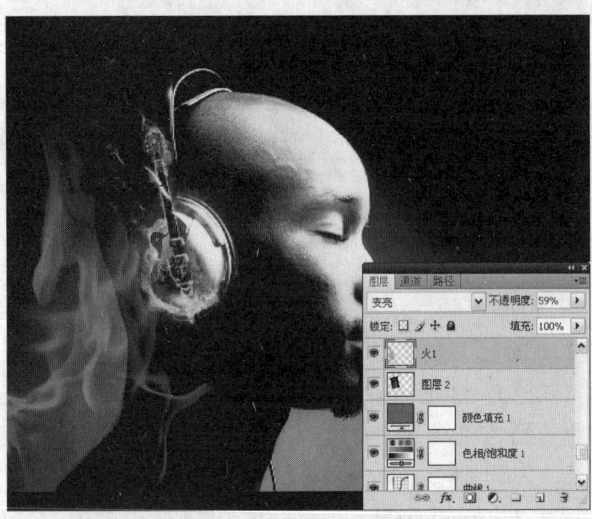

添加火焰素材图像

11 继续添加火焰素材

使用相同的方法将其他火焰图像移动至当前图像文件中，调整图像位置与混合模式，复制火焰图层，丰富画面效果。选择所有火焰图层拖动至“图层”面板下方的“创建新组”按钮上，释放鼠标，新建“组1”，为“组1”添加图层蒙版，将多余的火焰图像隐藏。

继续添加火焰素材图像

12 绘制矩形框图像

新建“图层3”，单击自定形状工具，在“形状”预设面板中选择“方形边框”形状在图像上绘制图形路径，并将路径转换为选区，填充选区颜色为白色。取消选区复制多个方框图像，结合自由变换命令调整图像的大小与位置，适当降低其“不透明度”。

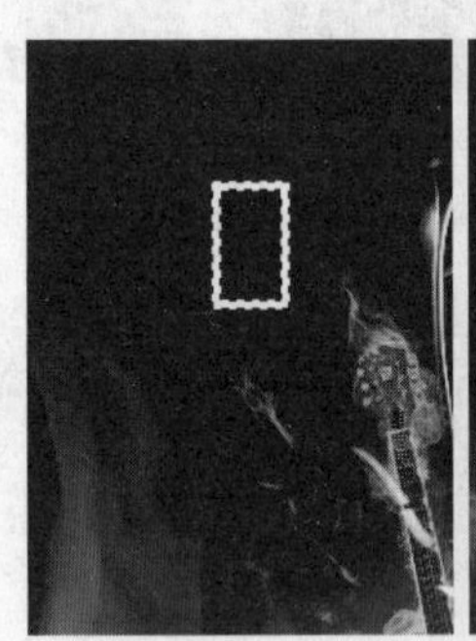

绘制矩形图像

复制多个图像

13 添加素材图像

打开附书光盘\实例文件\Chapter 09\Media\音乐符.jpg文件，单击移动工具，移动图像至当前图像文件中，得到“图层4”，结合自由变换命令调整图像的大小与位置，设置图层混合模式为“滤色”。

素材图像

添加素材图像

14 复制并调整图层

复制“图层4”，得到“图层4副本”，结合自由变换命令缩小图像，并调整其在画面中的位置。

复制并调整图层

15 输入文字

单击横排文字工具T，打开“字符”面板，设置各项参数值，设置颜色为黑色，在图像上输入文字，调整文字的位置。

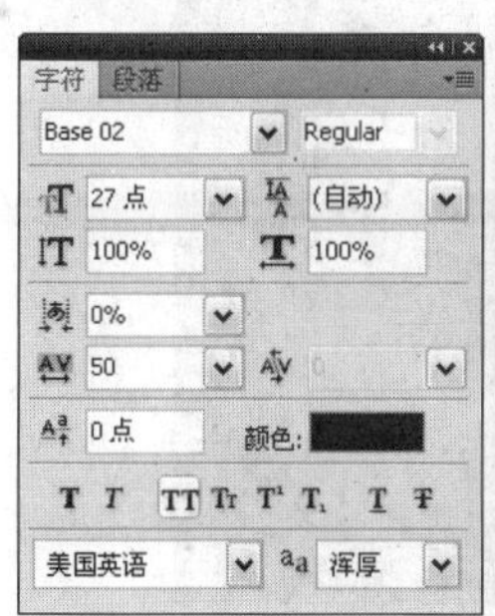

“字符”面板

MUSIC, BURNING PASSION

输入文字

16 添加图层样式

双击文字图层打开“图层样式”对话框，在“外发光”选项面板中进行参数设置，设置颜色为（R252、G131、B25），设置完成后单击“确定”按钮，添加文字发光效果。

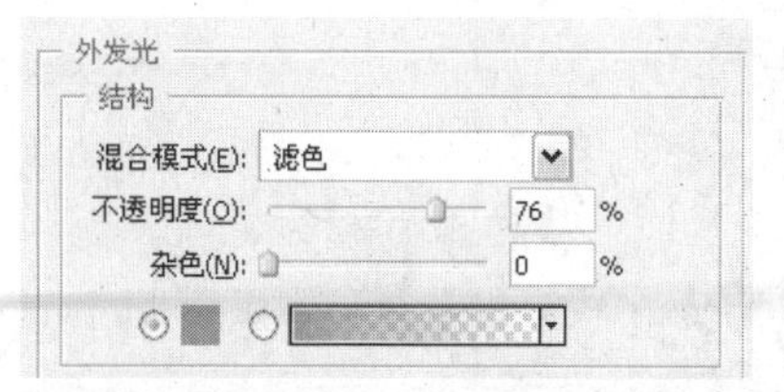

“外发光”选项面板

外发光效果

17 输入文字

单击横排文字工具T，在画面的顶部输入白色文字。至此，本例制作完成。

完成后的效果

9.6 公益海报设计

实例分析： 本实例制作的是一张环保公益海报。主要通过填充具有不同渐变效果的色块的组合，体现球体的立体感和光束感。

主要使用工具： 渐变工具、自定形状工具、多边形套索工具

最终文件： Chapter 09\Complete\公益海报设计.psd
视频文件： Chapter 09\公益海报设计.exe

01 新建图像文件并添加素材图像

新建图像文件，新建"图层1"，单击渐变工具，填充颜色为（R243、G248、B240）和（R12、G97、B143）的径向渐变。打开附书光盘\实例文件\Chapter 09\Media\光斑.png和地球2.png文件并移动到当前图像文件中。

填充渐变色

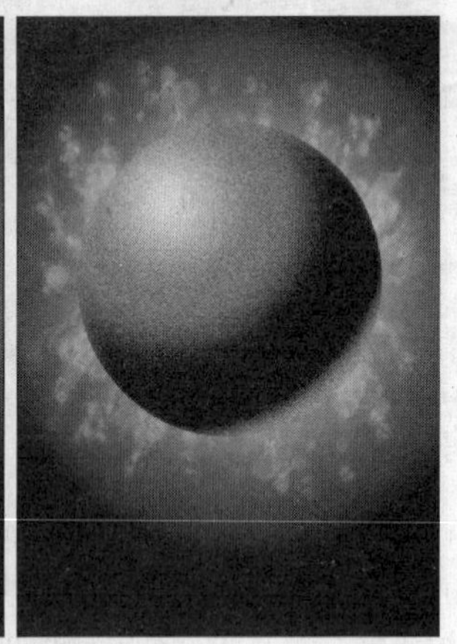

添加素材图像

02 绘制光影效果

新建"图层2"，单击多边形套索工具，在地球的后面制作颜色值为（R233、G234、B219）的光束图形，并调整不透明度为40%。新建"图层3"，单击椭圆选框工具，在地球后面绘制一个颜色值为（R233、G234、B219）的羽化圆形，并设置"不透明度"为80%。

绘制光束效果

绘制光影效果

03 完成图像制作

使用自定形状工具，在地球图形上面和周围绘制不同的渐变图形，并对地球图像上的图形添加投影和斜面浮雕效果，完成后导入"水珠.png"素材并添加合适文字。至此，本例制作完成。

绘制图像

完成后的效果

9.7 电影海报设计

实例分析： 本实例制作的是一张电影海报。主要通过光照效果，体现纸张撕裂的效果，增加明暗对比度渲染电影海报惊悚气氛。

主要使用工具： 蒙版、光照效果滤镜、图层样式

最终文件： Chapter 09\Complete\电影海报设计.psd
视频文件： Chapter 09\电影海报设计.exe

01 新建图像文件并添加滤镜与图层样式

设置背景色为黑色新建图像文件，打开附书光盘\实例文件\Chapter 09\Media\背景.png文件，并拖动至当前图像文件中。应用“光照效果”滤镜，设置各项参数。新建“图层1”和“图层2”，使用钢笔工具绘制纸张撕裂图形，并添加投影、斜面和浮雕、纹理图层样式。

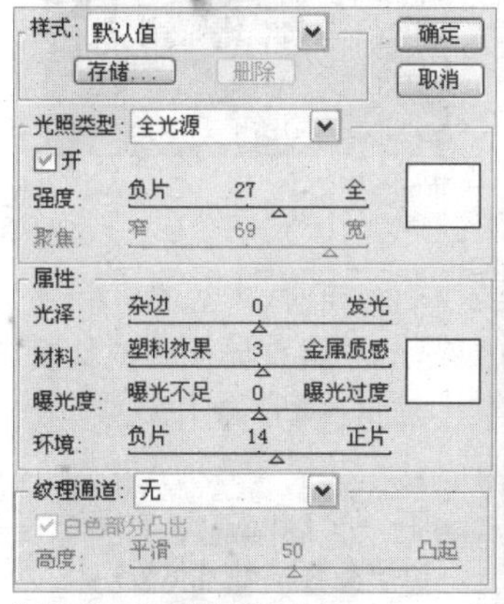

“光照效果”对话框

图层样式效果

02 添加素材图像

打开附书光盘\实例文件\Chapter 09\Media\女孩.png、蝴蝶.png和城堡.png文件，并拖动至当前图像文件中。在“女孩.png”文件中抠取女孩图像并降低饱和度。单击“以快速蒙版模式编辑按钮”和“径向渐变”按钮，调整“女孩”和“城堡”图层的明暗对比度。

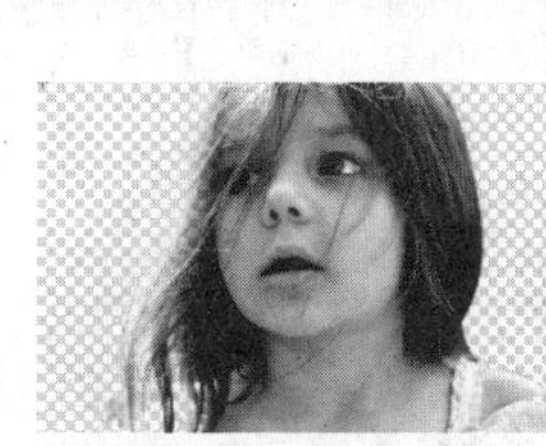

抠取图像

添加素材图像

03 完成图像制作

单击钢笔工具绘制裂纹，并对图像添加图层样式，再添加手影和光照效果增加电影海报惊悚气氛，最后添加适当文字。至此，本例制作完成。

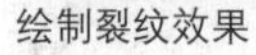

绘制裂纹效果　　完成后的效果

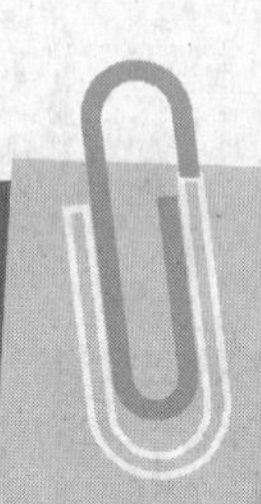

9.8 音响海报设计

实例分析：本实例制作的是电子产品海报，通过产品图片与背景图片的组合，色调和明暗层次的把握，实现奇幻景象的视觉效果。

主要使用工具：色阶、色彩平衡

最终文件：Chapter 09\Complete\音响海报设计.psd
视频文件：Chapter 09\音响海报设计.exe

01 新建图像文件并添加素材图像

打开附书光盘\实例文件\Chapter 09\Media\背景2.png文件，并移动到当前图像中，调整图像的色阶和色彩平衡。

素材图像

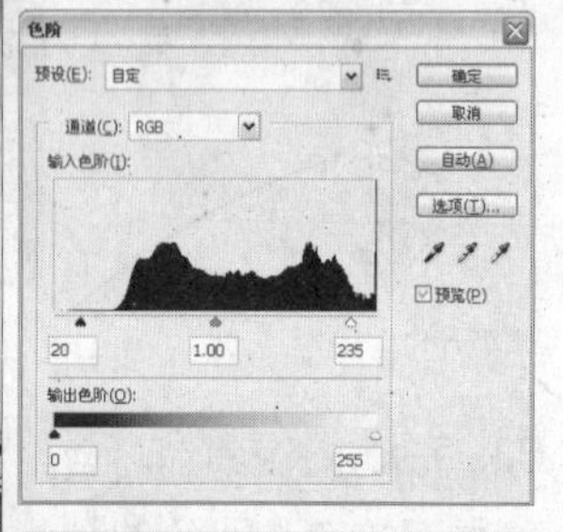

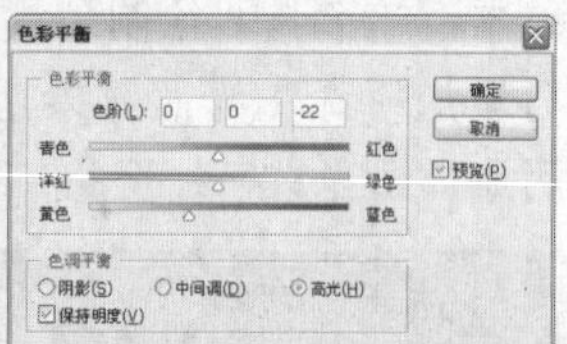

调整参数值

02 继续添加素材图像

打开附书光盘\实例文件\Chapter 09\Media\电子产品.jpg文件，并移动到当前图像文件中，并去底，如图所示，同理将电子产品等图片均拖入"酷曼音响"中去底组合，并添加黄色光晕效果，调整图像亮度。

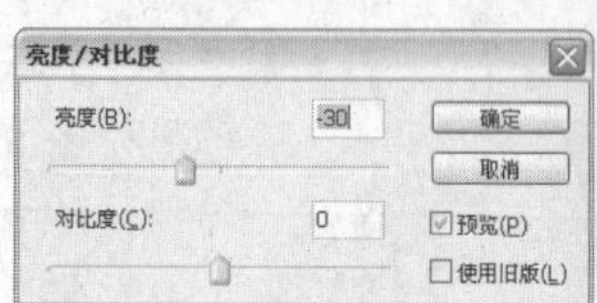

"亮度/对比度"对话框

图像效果

03 完成图像制作

新建图层，添加淡黄色光芒，注意整体明暗对比使色调柔和，添加适当文字。至此，本例制作完成。

制作光芒

完成后的效果

9.9 口香糖海报设计

实例分析： 本实例制作的是美食海报——青柠檬口香糖，通过拼贴和渐变，以及图画和实图的结合，表现出画面干净明快的主题。

主要使用工具： 画笔工具、钢笔工具、渐变工具

最终文件： Chapter 09\Complete\口香糖报设计.psd

视频文件： Chapter 09\口香糖海报设计. exe

01 新建图像文件并添加素材图像

新建图像文件使用渐变工具，对背景层进行径向渐变填充，打开附书光盘\实例文件\Chapter 09\Media\青柠檬.png文件，并拖动到当前图像中，使用画笔工具和钢笔工具绘制图形。

渐变工具属性栏

填充图像渐变色

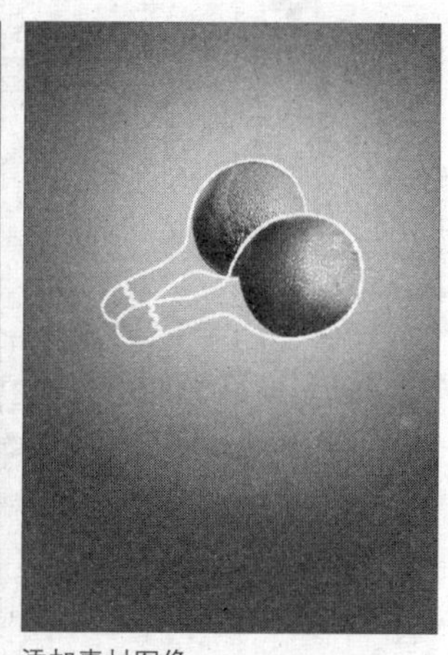

添加素材图像

02 继续添加素材图像

打开附书光盘\实例文件\Chapter 09\Media\口香糖.png文件，并移动到当前图像中，进行拼贴图组合。新建“边框”图层，使用画笔工具和钢笔工具绘制边框，可适当添加“斜面浮雕”效果。

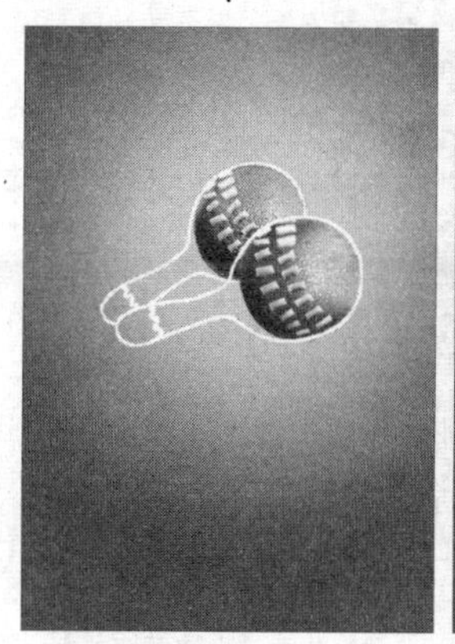

添加素材图像

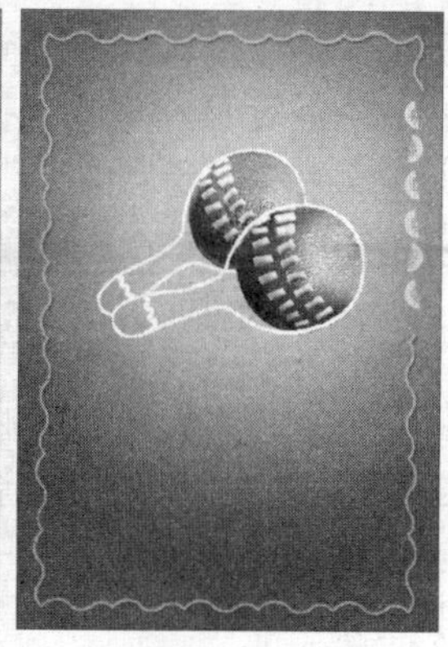

绘制边框效果

03 完成图像制作

打开附书光盘\实例文件\Chapter 09\Media\外包装.png文件，并移动到当前图像中，最后添加适当文字。至此，本例制作完成。

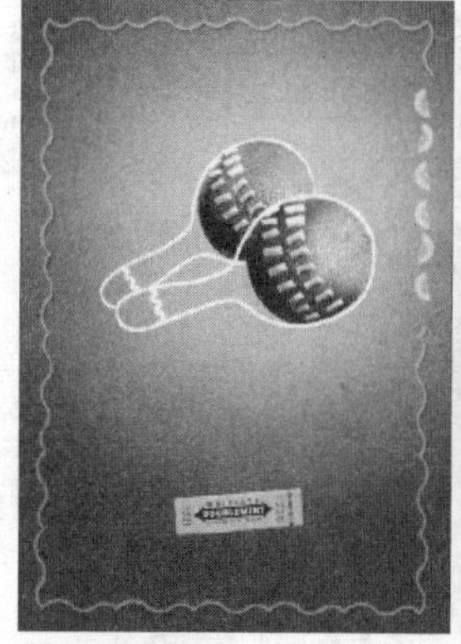

添加素材图像

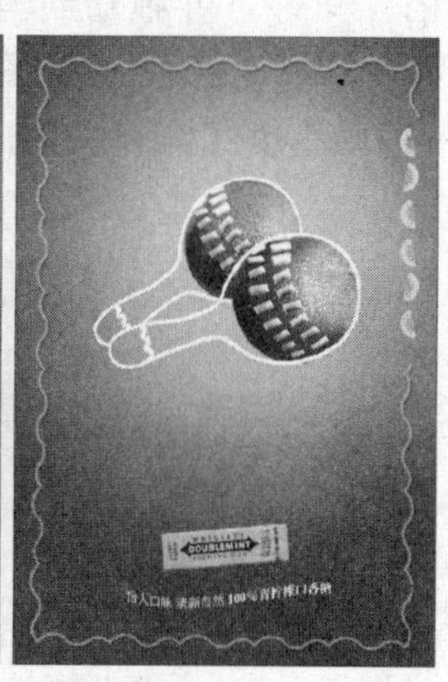

完成后的效果

9.10 化妆品海报设计

实例分析：本实例通过与蒙版结合，以及色彩的叠加合成，使画面实现晶莹剔透的光感效果。

主要使用工具：蒙版、画笔工具、图层样式、渐变工具

最终文件：Chapter 09\Complete\化妆品海报设计.psd
视频文件：Chapter 09\化妆品海报设计.exe

01 新建图像文件

执行"文件>新建"命令，在打开的"新建"对话框中设置参数，单击"确定"按钮新建图像文件。

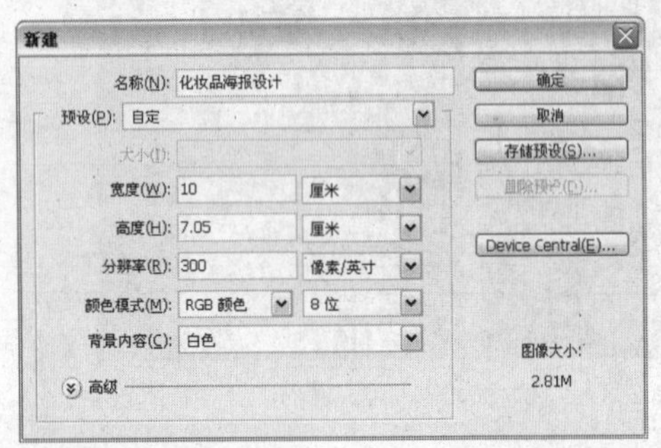

"新建"对话框

02 添加素材图像

打开"指甲油.png"、"眼影盒.png"和"合成背景.png"文件，并拖动到当前图像文件中。复制"指甲油"和"眼影盒"图层并添加倒影，单击"以快速蒙版模式编辑"按钮调整倒影虚实。

添加素材图像

03 继续添加素材图像

打开附书光盘\实例文件\Chapter 09\Media\花纹1.adr和花纹2.abr笔刷。新建"图层1"，使用画笔工具绘制图形，并进行渐变叠加。

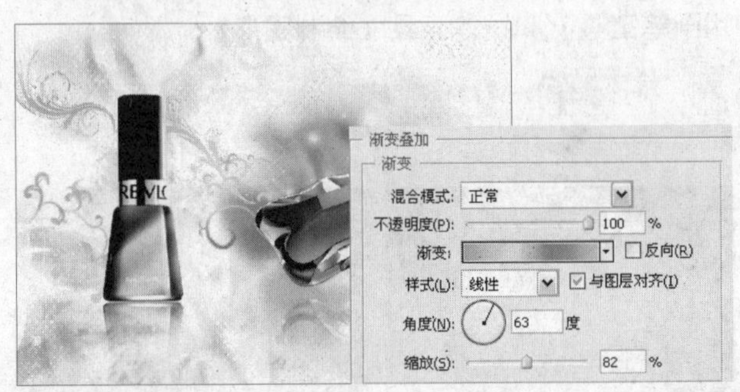

添加素材图像

04 完成图像制作

使用椭圆选框工具和径向渐变绘制水珠。新建图层，继续载入笔刷绘制图形，并调整图层透明度。至此，本例制作完成。

渐变效果

完成后的效果

Chapter

10 报纸广告设计

报纸是一种印刷媒介，因其覆盖范围广、发行频率高、发行量大、信息传递快、便于携带、阅读方便、成本低以及可信度较高等优势成为四大媒体中普及性最广和影响力最大的媒体。对报纸广告进行设计时，应尽量添加一些文字，对主体进行介绍，使大众易于理解。

10.1 运动品牌报纸广告设计

实例分析：本实例运用钢笔工具绘制人物主体，添加图层蒙版使图像过渡自然，结合背景的渐变色更加突出主题。

主要使用工具：钢笔工具、路径选择工具、画笔描边功能、图层蒙版

最终文件：Chapter 10\Complete\运动品牌报纸广告设计.psd

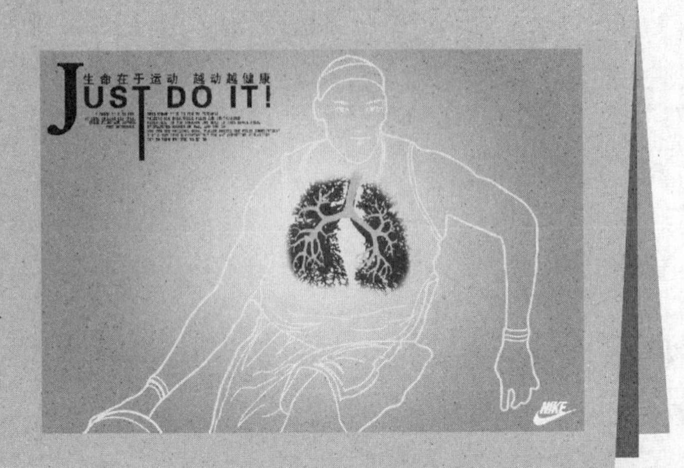

01 新建图像文件

按下快捷键Ctrl+N，在弹出的“新建”对话框中设置各项参数，单击“确定”按钮，新建图像文件。

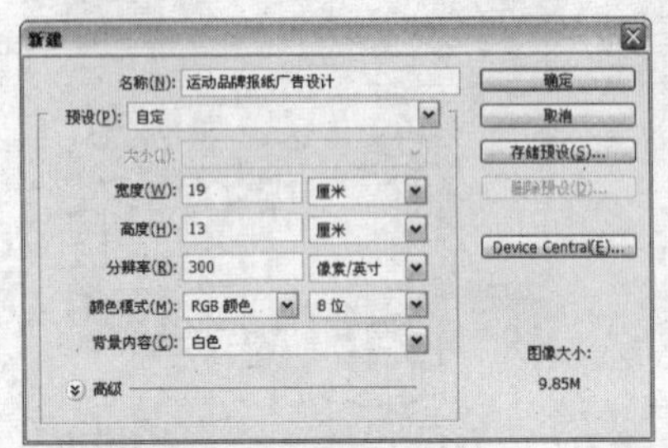

“新建”对话框

02 添加素材图像

新建“图层1”，单击渐变工具，在属性栏中设置渐变色为（R52、G149、B223）和（R203、G254、B253），单击“径向渐变”按钮在图像中填充径向渐变。打开附书光盘\实例文件\Chapter 10\Media\篮球.png文件，单击移动工具，将其拖动到当前图像文件中，重命名为“人物”图层，按下快捷键Ctrl+T，调整图像的大小和位置。

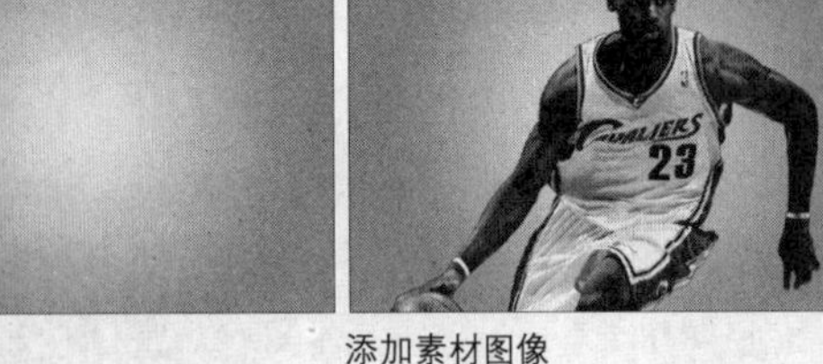

渐变效果　　添加素材图像

知识链接

在使用渐变工具时，在渐变工具属性栏中可以选择线性、径向、角度、对称、菱形渐变，不同的渐变创建的效果各有特点，可根据需要选择合适的渐变类型。

03 描边路径

单击钢笔工具，在属性栏中单击“路径”按钮，沿人物轮廓绘制路径。单击画笔工具，在属性栏中设置“硬度”为0，“主直径”为“9像素”。新建“图层2”，在“路径”面板中单击“用画笔描边路径”按钮，并单击“人物”图层的指示图层可见性图标，隐藏此图层。

绘制路径　　描边路径效果

04 添加描边效果

单击橡皮擦工具，擦除篮球区域与人像下面的多余线段。单击椭圆选框工具，重新绘制篮球形状，单击鼠标右键，在弹出的快捷菜单中执行“描边”命令，在弹出的对话框中设置描边“宽度”为9px，完成后单击“确定”按钮。

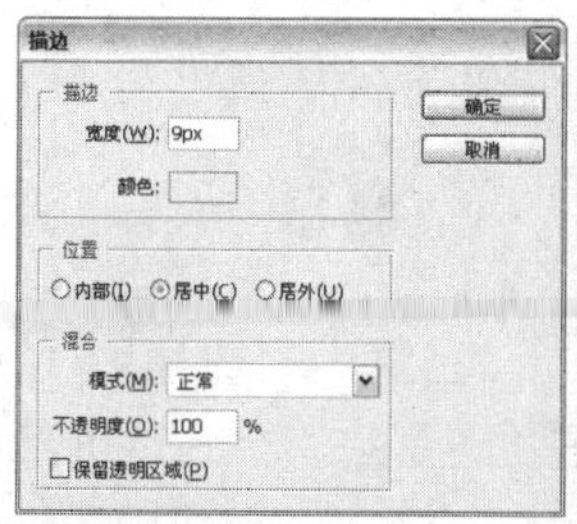

"描边"对话框

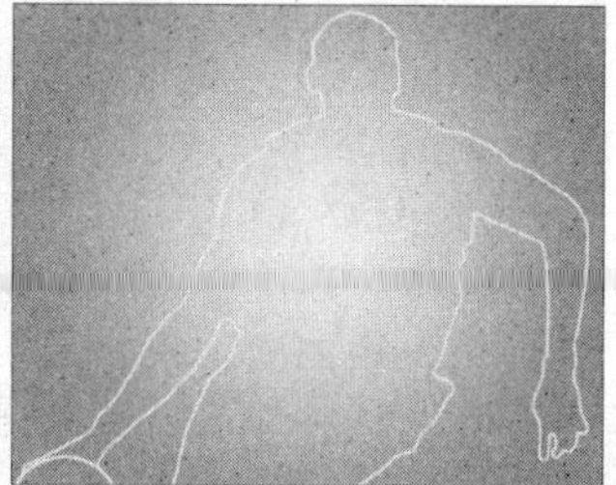

描边效果

05 绘制线条

单击"人物"图层的指示图层可见性图标，显示人物图像，单击钢笔工具绘制出人物衣服褶皱和配饰路径。隐藏人物图像，使用相同的方法，设置描边"宽度"为5像素，新建"图层3"，拖动到"图层2"图层的下方并进行描边。

绘制路径

绘制线条

06 绘制人物面部表情

使用相同的方法，显示隐藏的人物图像，使用钢笔工具继续绘制出人物五官路径。单击路径选择工具，选择人物眉毛、眼皮、鼻子、嘴巴路径，在"路径"面板上单击"将路径作为选区载入"按钮，新建"图层4"，填充前景色浅蓝色（R203、G254、B253）。

绘制路径

描边路径效果

07 绘制人物眼睛

使用路径选择工具选择剩余路径，设置描边"宽度"为3像素，新建"图层5"，使用相同方法描边路径。

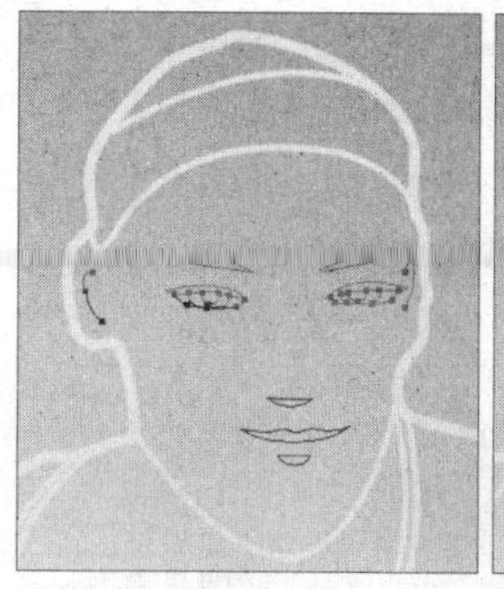

调整路径

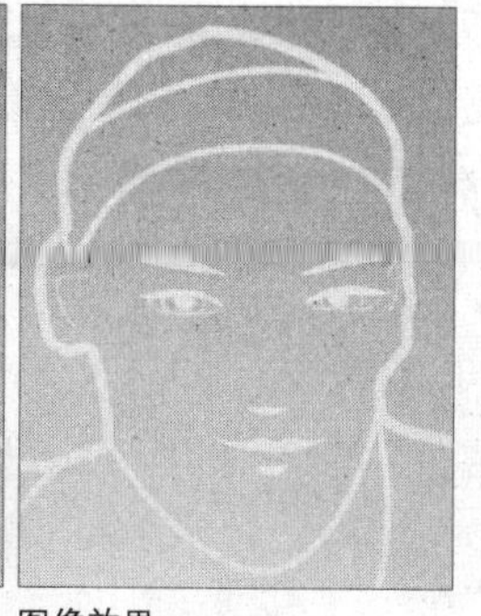

图像效果

技巧点拨

使用路径选择工具，可以选择创建的整个路径；使用直接选择工具，可以选择单个锚点也可以框选整个路径。

08 绘制人物衣服褶皱

单击钢笔工具绘制出人物衣服褶皱，新建"图层6"，使用相同的方法描边衣服内部褶皱路径。

绘制路径

描边效果

09 添加素材图像

打开附书光盘\实例文件\Chapter 10\Media\支气管.png文件，单击移动工具，将其拖动到当前图像文件中，生成"图层7"，按下快捷键Ctrl+T，调整图像的大小和位置。

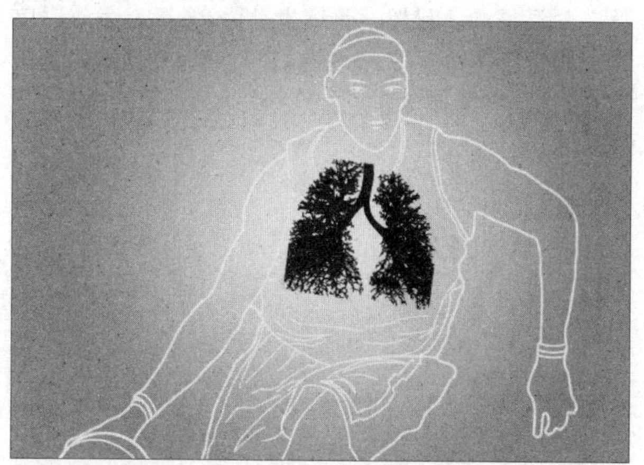

添加素材图像

10 添加并编辑图层蒙版

单击"添加图层蒙版"按钮，设置前景色为黑色，使用画笔工具，在属性栏中选择较软笔刷，设置"不透明度"和"流量"都为50%，沿"支气管"图像边缘绘制，得到渐隐图像边缘效果。

"图层"面板

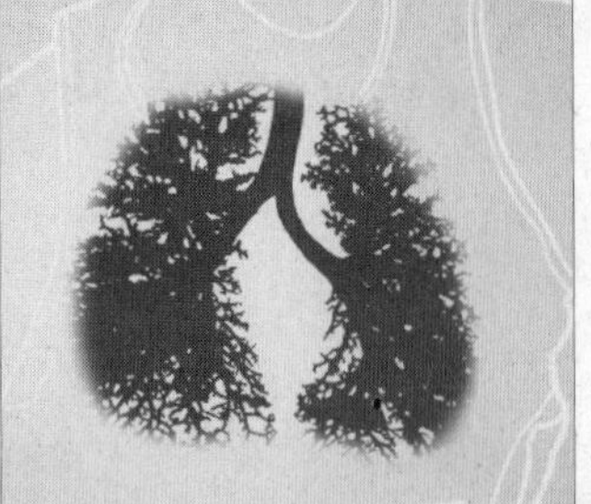
添加蒙版效果

11 添加素材图像

打开附书光盘\实例文件\Chapter 10\Media\支气管2.png文件，单击移动工具，将图像移动至当前图像文件中，生成"图层8"，调整图像在画面中的大小和位置。按下Ctrl键单击"图层"面板中"图层8"的图层缩览图，载入选区，新建"图层9"，填充前景色（R203、G254、B253），选择"图层8"，单击"删除图层"按钮将其删除。

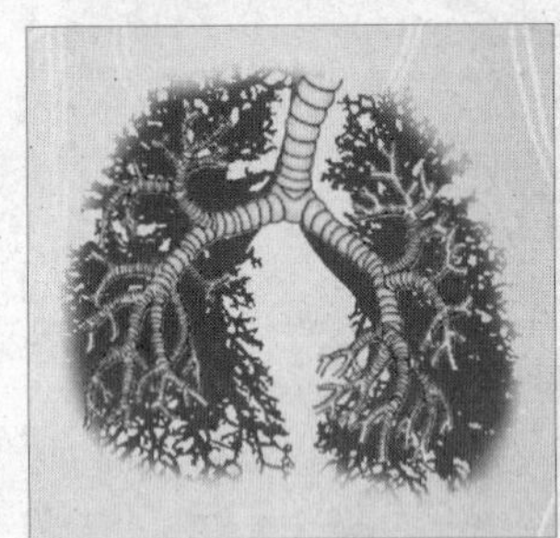
添加素材图像

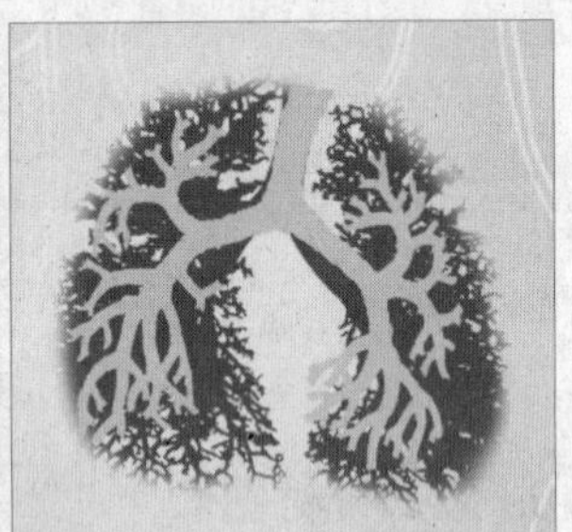
填充图像颜色

12 删除图像

执行"选择>修改>收缩"命令，在弹出的"收缩选区"对话框中，设置"收缩量"为3像素，完成后单击"确定"按钮。按下快捷键Shift+Ctrl+I反选选区，再按下Delete键删除选区内的图像，最后取消选区。

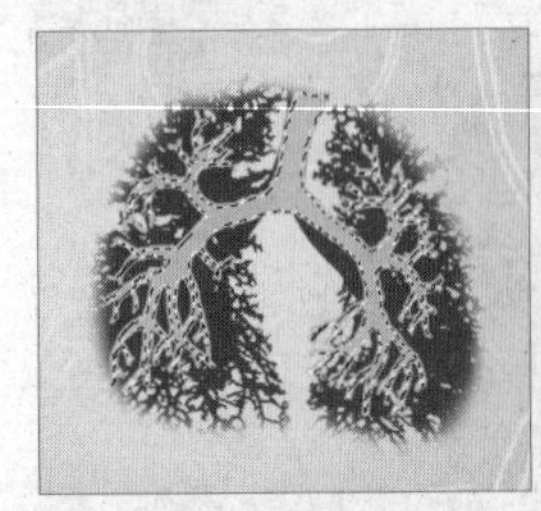
收缩选区

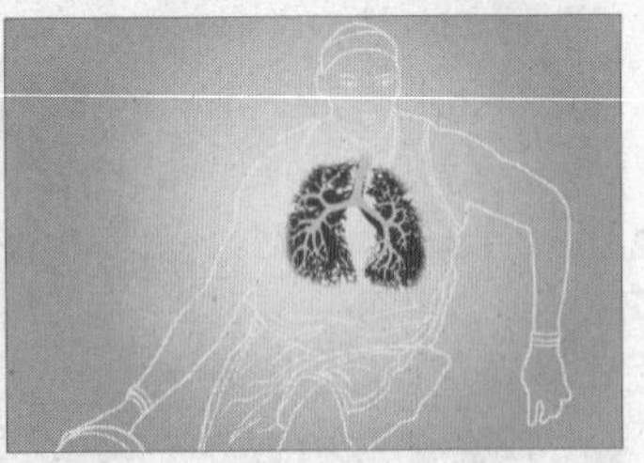
图像效果

13 输入文字

单击横排文字工具，在画面左上方输入英文字母J，然后再在字母J后输入剩余的英文，并变换不同的字体来增加变化的美感。

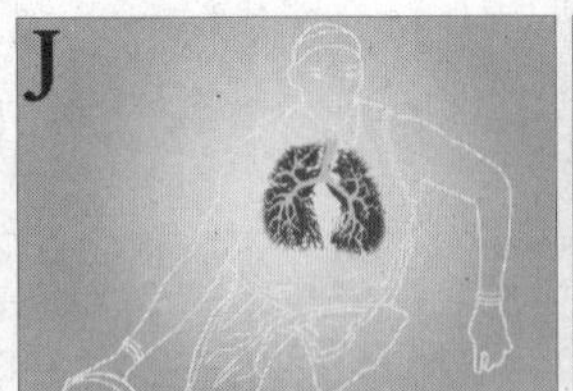

输入英文字母

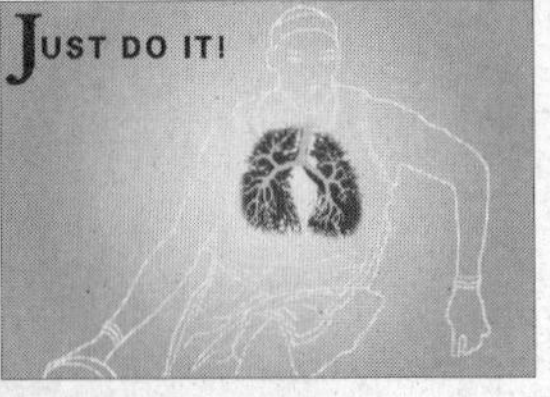

输入更多文字

14 填充选区颜色

单击矩形选框工具在字母T中间创建选区，新建"图层10"，填充前景色为黑色，按下快捷键Ctrl+D取消选区。

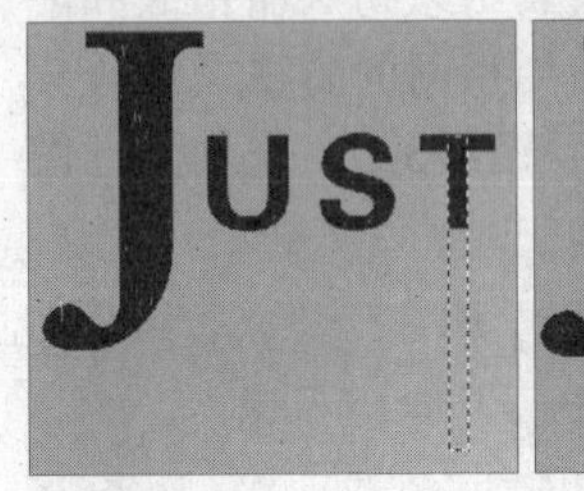

创建选区

填充选区颜色

15 输入文字

单击横排文字工具，在图像中输入黑色文字，调整文字的位置。使用相同的方法输入段落文字，拖动鼠标创建文本框输入文字，分别单击"左对齐文本"按钮与"右对齐文本"按钮来对齐字符。

输入文字

输入段落文字

16 添加素材图像

打开附书光盘\实例文件\Chapter 10\Media\耐克标志.png文件，将图像拖动到当前图像文件中，单击"图层"面板上的"锁定透明像素"按钮，设置前景色为白色并填充。至此，本例制作完成。

素材图像

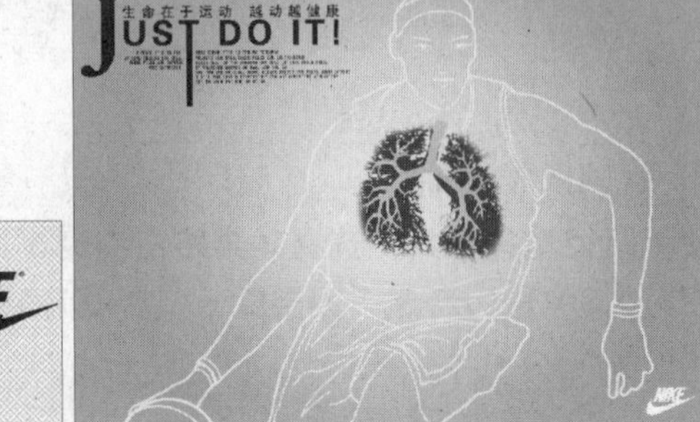

完成后的效果

10.2 房地产报纸广告设计

实例分析： 本实例使用减淡与加深工具增强玻璃的真实质感。使用高斯模糊滤镜创建虚幻背景更加突出主体。

主要使用工具： 钢笔工具、画笔工具、减淡工具、加深工具、高斯模糊滤镜

最终文件： Chapter10\Complete\房地产报纸广告设计.psd

01 新建图像文件

执行“图像>新建”命令，在弹出的“新建”对话框中设置参数，单击“确定”按钮，新建图像文件。

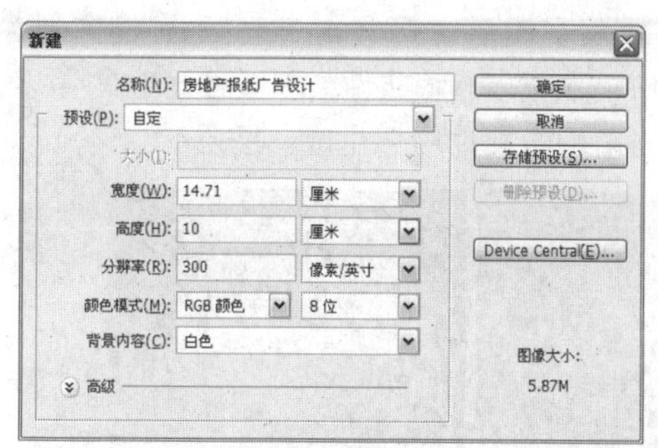

“新建”对话框

02 绘制图像

新建“图层1”，单击渐变工具，设置渐变色从左到右为（R12、G25、B16）和（R213、G205、B159）填充图像渐变色。新建“图层2”，单击矩形选框工具，在画面下方位置创建选区，填充选区颜色为（R75、G96、B89），并使用减淡工具，增加图像的颜色变化。

填充渐变色

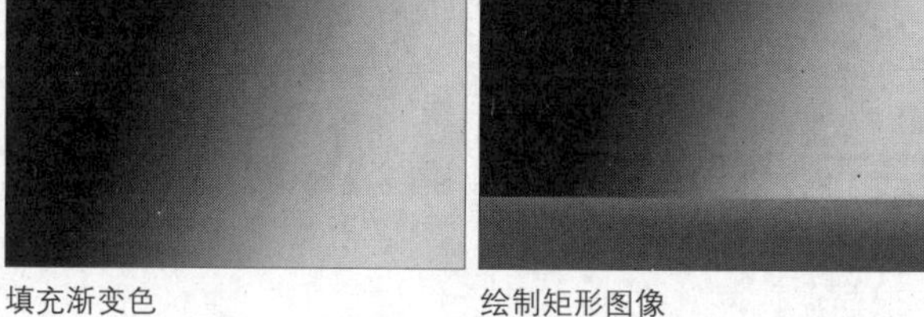

绘制矩形图像

03 添加“高斯模糊”滤镜

执行“滤镜>模糊>高斯模糊”命令，在弹出的“高斯模糊”对话框中，设置“半径”为10像素，单击“确定”按钮。

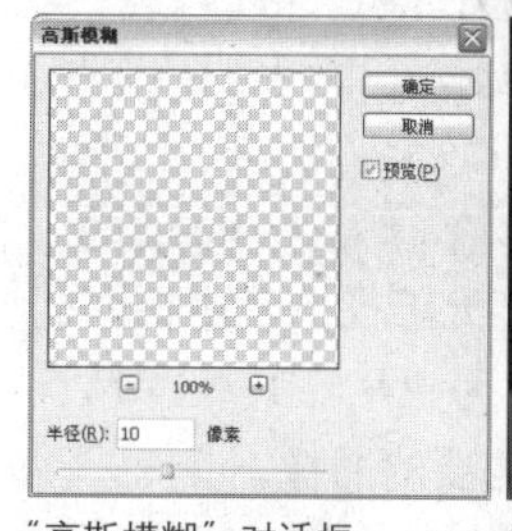

“高斯模糊”对话框

模糊效果

04 绘制图像

单击矩形选框工具，在画面下方创建矩形选框，设置前景色为黑色并填充到选区中。新建“图层3”，单击钢笔工具，绘制出玻璃缸的轮廓。

绘制黑色矩形图像

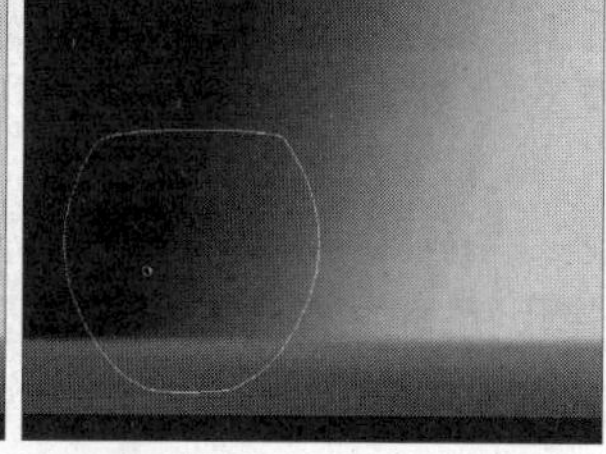

绘制路径

05 绘制轮廓图像

将路径转换为选区，单击画笔工具，在属性栏中设置“不透明度”为30%，“流量”为20%，设置前景色为白色，在选区内绘制玻璃缸外轮廓，最后按下快捷键Ctrl+D取消选区。

创建选区

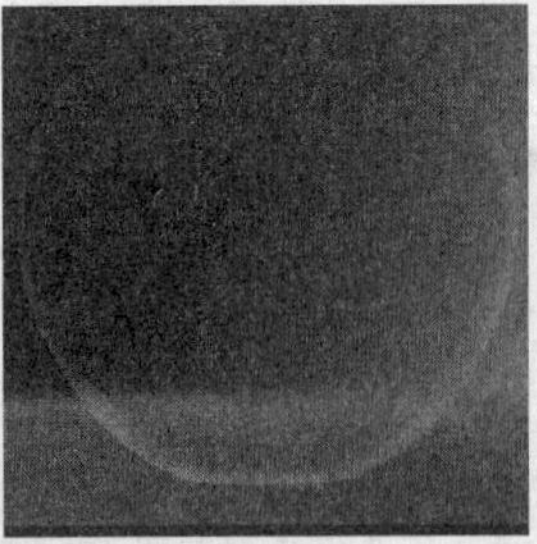
绘制轮廓图像

06 绘制玻璃缸口

单击椭圆选框工具，创建玻璃缸口选区，单击画笔工具使用相同的方法绘制玻璃缸口，并使用减淡工具和加深工具，创建玻璃缸口的色彩变化。

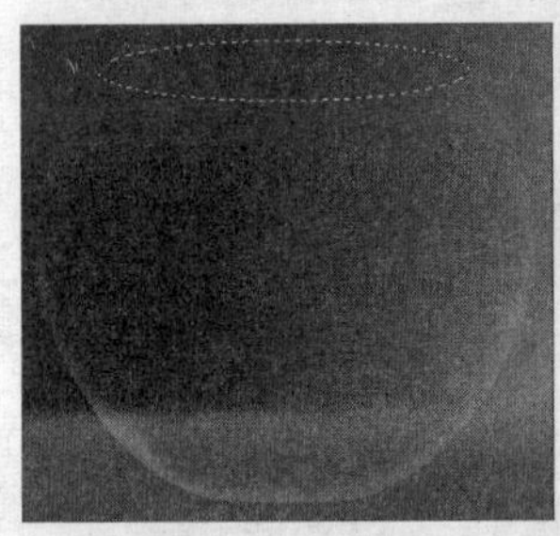
创建选区

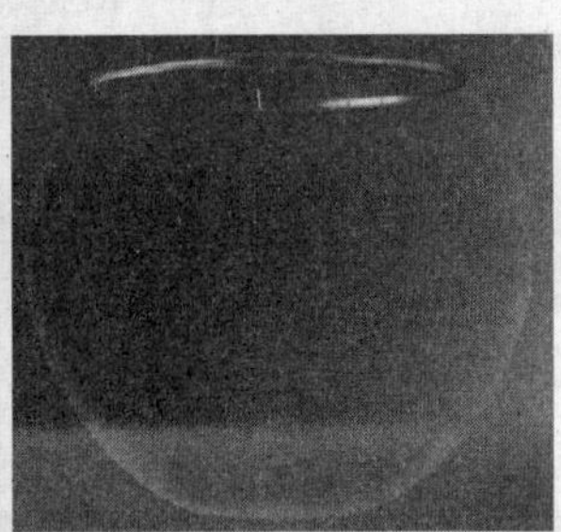
绘制图像

07 绘制高光效果

使用钢笔工具，创建玻璃的高光路径，使用相同的方法创建高光选区，填充颜色为（R178、G194、B175）。按下Delete键删除不需要的图像。

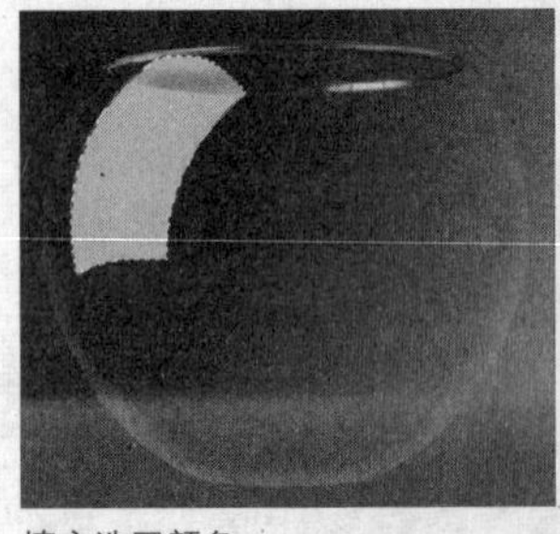
填充选区颜色

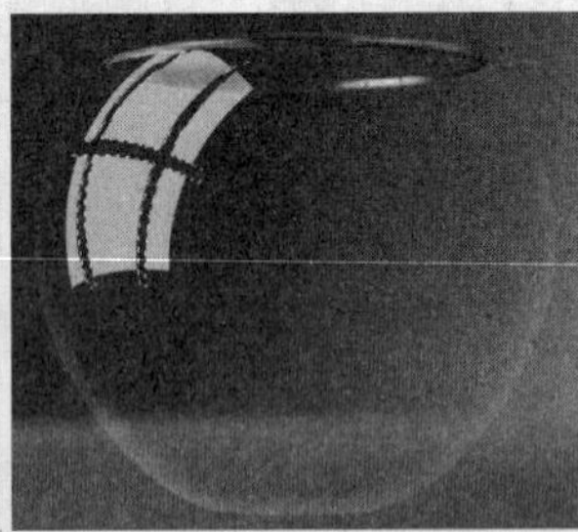
删除选区内图像

08 绘制图像质感效果

使用相同的方法，绘制玻璃缸的颜色变化，并减淡或加深颜色，创建更真实的玻璃质感。

绘制光影效果

加深和减淡图像效果

09 创建选区

使用钢笔工具，绘制玻璃缸的装水路径，单击“将路径作为选区载入”按钮，创建选区。按住Ctrl+Shift+Alt组合键单击最先创建的玻璃缸轮廓路径，创建装水的选区。

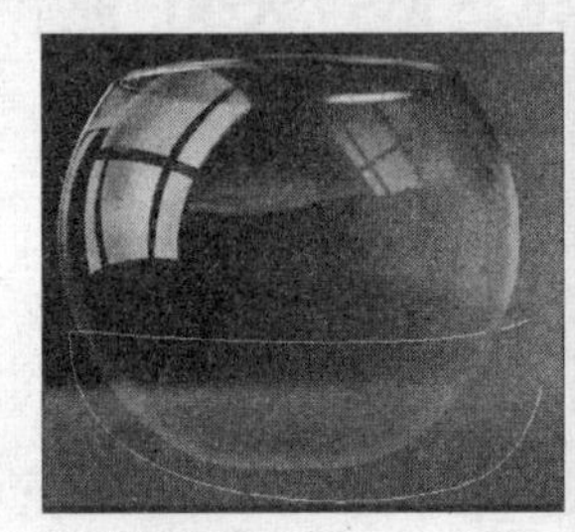
绘制路径

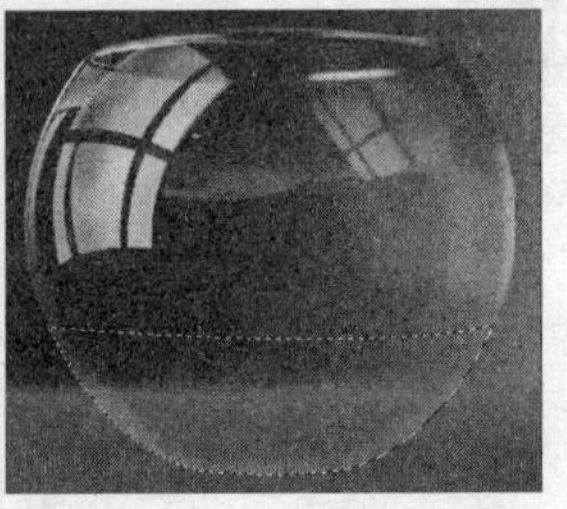
创建选区

10 添加素材图像

单击画笔工具，配合减淡工具和加深工具来绘制玻璃缸的装水质感。打开附书光盘\实例文件\Chapter 10\Media\城市.png文件，单击移动工具，将其拖动到当前图像文件中，生成“图层4”。

绘制水图像

添加素材图像

11 调整图像颜色

执行“图像>调整>色相/饱和度”命令，在弹出的对话框中设置各项参数，使素材图像的整体色调一致。

调整“红色”模式参数

图像效果

12 调整图像颜色

执行“图像>调整>可选颜色”命令，在弹出的“可选颜色”对话框中设置“颜色”为“红色”，“洋红”为100，从而降低红色使蓝色更加突出。

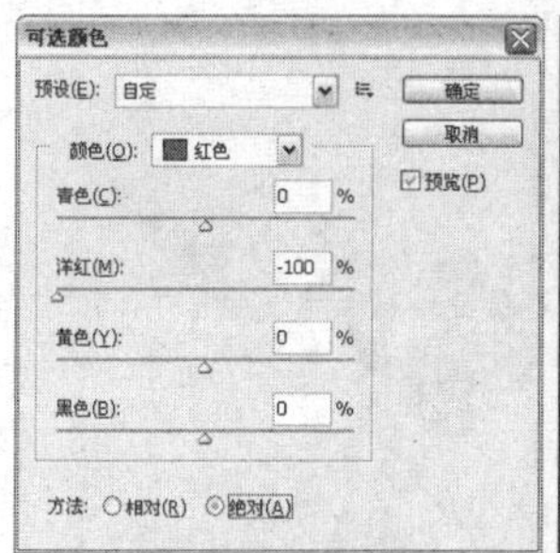

“可选颜色”对话框

图像效果

13 调整素材图像

按下快捷键Ctrl+T，调整图像的大小与位置，在“路径”面板中选择玻璃缸轮廓路径，并单击“将路径作为选区载入”按钮，创建选区。按下快捷键Ctrl+Shift+I反选选区，按下Delete键删除多余图像并取消选区。

调整图像大小

删除多余图像

14 添加素材图像

打开附书光盘\实例文件\Chapter 10\Media\船.png文件，将图像拖动到当前图像文件中，生成“图层5”，调整大小、位置和方向。执行“图像>调整>色相/饱和度”命令，在弹出的对话框中设置参数。

添加素材图像

“色相/饱和度”对话框

15 复制多个图像

设置完成后单击“确定”按钮，减淡素材的红色调使之与整体色调一致。单击移动工具，按住Alt键复制“船”素材，并调整大小、方向和位置。使用椭圆选框工具，创建玻璃缸的阴影反光区域。

图像效果

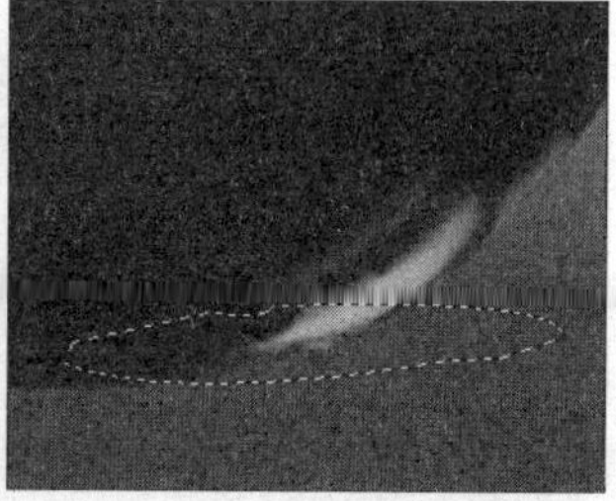

创建选区

16 绘制阴影

填充选区颜色为（R50、G135、B139），结合减淡工具与加深工具丰富颜色变化。使用钢笔工具，配合减淡工具与加深工具绘制玻璃缸的阴影图像。

填充选区

阴影效果

17 输入文字

单击横排文字工具，在画面右边输入文字，注意文字的大小与排列方式。打开附书光盘\实例文件\Chapter 10\Media\地图.png文件，将图像拖动至当前图像文件中，并调整大小与位置，完成后输入楼盘名称。至此，本例制作完成。

输入文字

完成后的效果

10.3 手机报纸广告设计

实例分析：本实例主要围绕手机这一主体添加不同的元素，使用加深工具和减淡工具增强图像的光泽感和立体感。

主要使用工具：钢笔工具、加深工具、减淡工具、渐变工具

最终文件：Chapter 10\Complete\手机报纸广告设计.psd

01 新建图像文件

执行“文件>新建”命令，打开“新建”对话框，设置各项参数，单击“确定”按钮，创建图像文件。

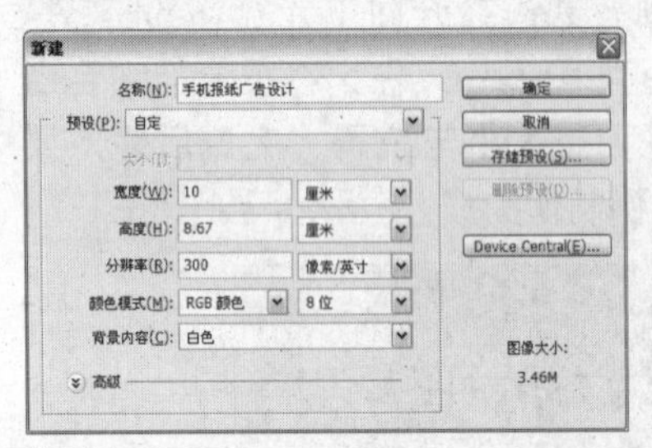

“新建”对话框

02 填充图像渐变色

单击渐变工具，在属性栏中单击“径向渐变”按钮，然后打开“渐变编辑器”对话框，设置渐变颜色从左到右依次为（R6、G144、B208）、（R138、G213、B248）和（R242、G252、B254），在图像中应用径向渐变填充。

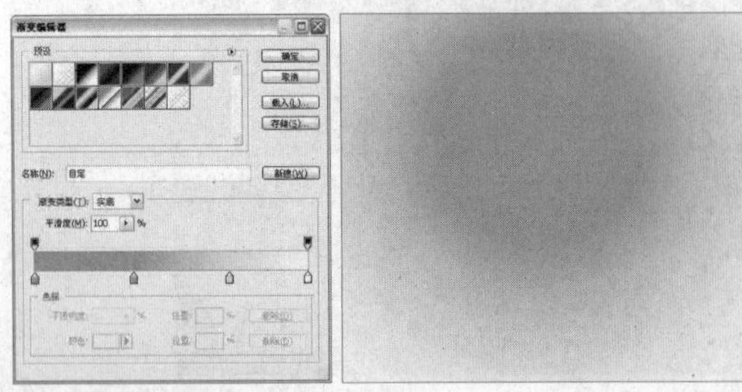

“渐变编辑器”对话框　　渐变效果

03 添加素材图像

打开附书光盘\实例文件\Chapter 10\Media\图案.jpg文件，执行“编辑>定义图案”命令，打开“图案名称”对话框，将打开的图像定义为图案。单击油漆桶工具，在属性栏中的“图案”预设面板中选择定义的图案。

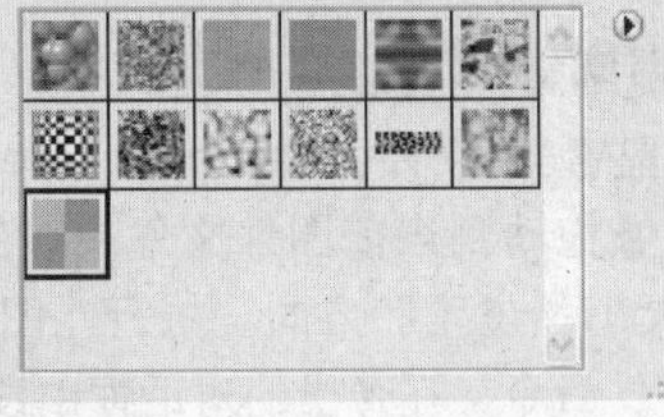

素材图像　　图案预设面板

04 填充图案

新建“图层1”，在图像中单击填充刚才定义的图案。选择“图层1”，在“图层”面板中设置图层混合模式为“叠加”，经过与背景图层的混合，灰色图像中浅色部分保留下来，深色部分过滤。

填充图案效果　　混合模式效果

05 绘制圆形图像

新建“图层2”，单击椭圆选框工具，在属性栏中设置“羽化”为15像素，在图像中创建一个羽化选区，并填充颜色为（R90、G200、B246），完成后执行“选择>取消选择”命令，取消选区。

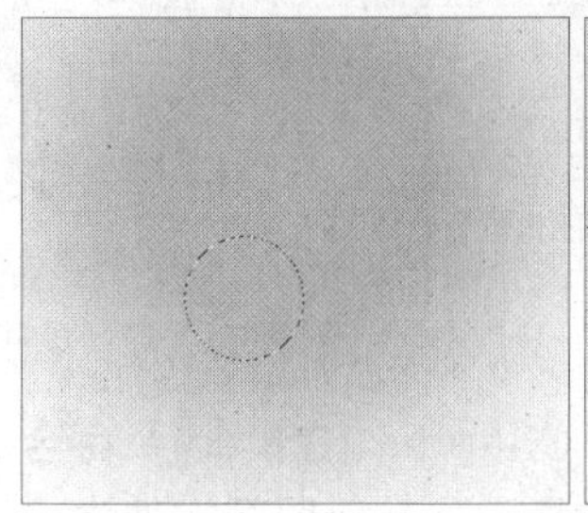
创建选区

填充选区颜色

06 绘制圆形图像

新建“图层3”，单击椭圆选框工具，在图像中创建羽化选区，并填充颜色为（R174、G253、B177）。使用相同的方法，新建图层，在图像中创建羽化选区，然后分别在选区中填充不同的颜色。

绘制绿色图像

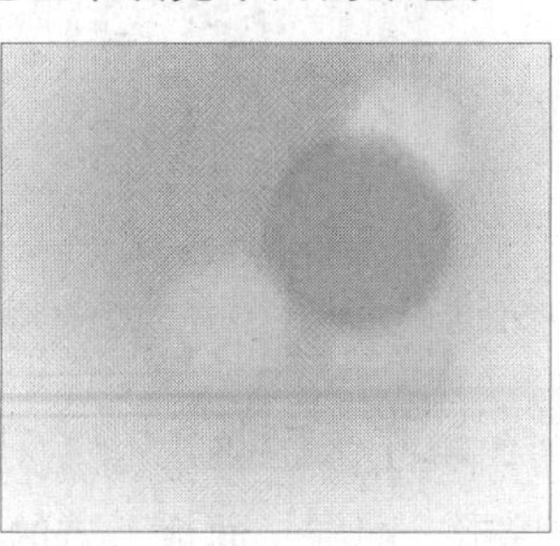
绘制更多圆形图像

07 添加素材元素

打开附书光盘\实例文件\Chapter 10\Media\花纹.png文件，单击移动工具，将图像移动到当前图像文件中，生成“图层5”。选择“图层5”，将其拖动到“图层1”的上方，在“图层”面板中设置图层混合模式为“明度”，“不透明度”为10%，经过混合，百合花图像呈现出自然的底纹效果。

添加素材图像

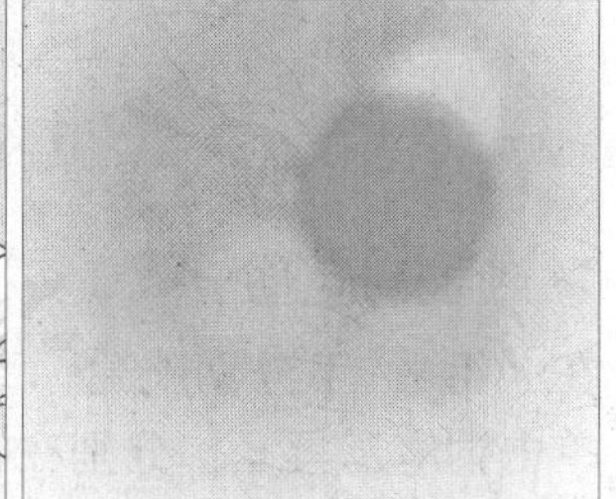
混合模式效果

08 添加素材图像

打开附书光盘\实例文件\Chapter 10\Media\手机.png文件，将图像移动到当前图像文件中圆点的上方，生成“图层6”，结合自由变换命令调整图像的大小与位置。双击“图层6”，打开“图层样式”对话框，分别设置“投影”和“外发光”的参数，其中设置“投影”颜色为（R163、G155、B95），在图像中添加“投影”和“外发光”效果。

添加素材图像

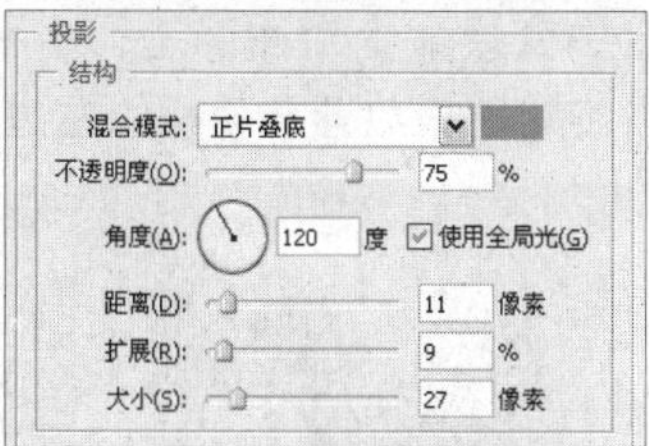

“投影”选项面板

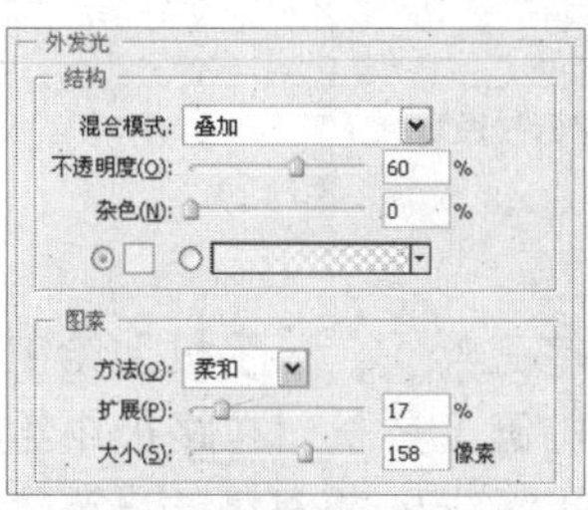

“外发光”选项面板

添加图层样式效果

09 复制选区内图像

单击钢笔工具，沿着手机金色表面绘制路径，按下快捷键Ctrl+Enter将路径转换为选区，按下快捷键Ctrl+J复制选区内的图像，生成“图层7”。双击“图层7”，打开“图层样式”对话框，设置“投影”、“外发光”参数，其中设置“外发光”颜色为（R179、G243、B255），在金黄色手机盖上添加“投影”和“外发光”效果。

复制选区图像

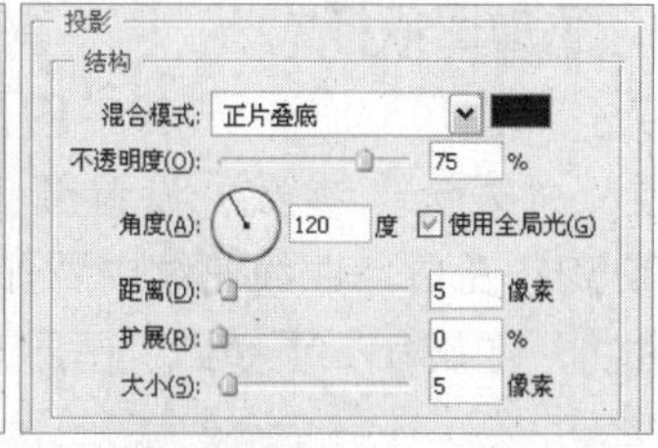

“投影”选项面板

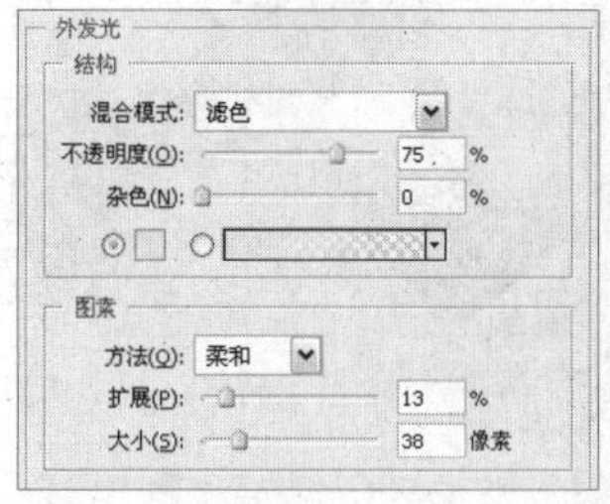

“外发光”选项面板

添加图层样式效果

10 添加素材图像

再次将“花纹.png”图像文件中的花朵图像移动到当前图像文件中，生成“图层8”，缩小图像，放置在手机的右边位置并将“图层8”移动到“图层7”的下方。单击套索工具，在花朵图像上面部分创建选区，按下快捷键Ctrl+J复制选区内的图像，结合自由变换命令对图像进行水平翻转，并根据需要适当旋转图像放置在手机的左边位置。

添加素材图像

调整素材图像

11 绘制花纹图像

新建“图层10”，使用钢笔工具，在手机上绘制曲线花纹路径，然后单击椭圆工具，在路径中绘制圆形路径。按下快捷键Ctrl+Enter将路径转换为选区，在选区中填充白色。

创建选区

花纹图像

12 添加图像样式

双击“图层10”，打开“图层样式”对话框，设置“外发光”参数，设置颜色为（R16、G216、B252）在白色曲线花纹中添加淡蓝色外发光效果，并将“图层10”调整到“图层7”的下方。

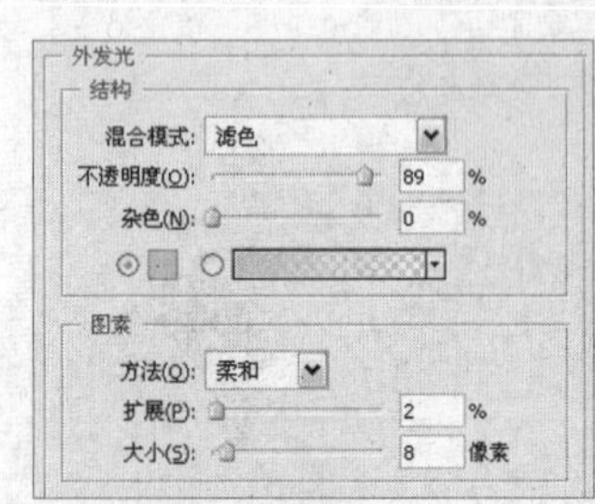

“外发光”选项面板

外发光效果

13 绘制花纹图像

新建“图层11”，使用相同的方法，单击钢笔工具，在手机上绘制白色的曲线花纹图像，按下快捷键Ctrl+Enter将路径转换为选区，填充为白色，并将“图层11”调整到“图层7”的下方。

绘制花纹图像

调整图像位置效果

14 添加素材图像

打开附书光盘\实例文件\Chapter 10\Media\百合花.png文件，将花朵图像移动到当前图像文件中，放置在手机的下方，复制并缩小花朵图像，将缩小的图像向下移动。打开“花纹2.png”文件，单击矩形选框工具，分别在花纹图像中创建选区，然后将花纹移动到手机图像中。

添加百合花素材

添加白色花纹素材

15 填充选区颜色

单击“图层”面板下方的“创建新组”按钮，新建“组1”，在组下新建“图层15”，单击钢笔工具，在手机左上方绘制曲线路径，将路径转换为选区，在选区中填充颜色为（R226、G40、B124），完成后按下快捷键Ctrl+D取消选区。

创建选区

填充选区颜色

16 绘制彩色图像

在“组1”下分别新建“图层16”～“图层20”，单击钢笔工具，分别在相应的图层中绘制曲线路径，将路径转换为选区后在选区中依次填充颜色为（R226、G48、B42）、（R252、G212、B22）、（R110、G194、B82）、（R2、G173、B240）和（R4、G114、B195），完成后按下快捷键Ctrl+D取消选区。

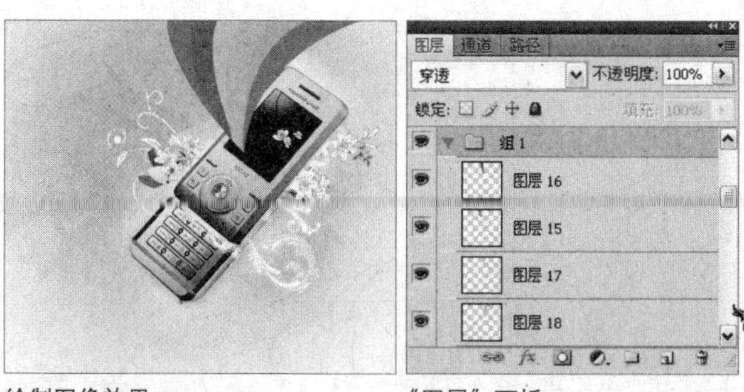

绘制图像效果　　“图层”面板

17 复制并调整图层组

复制“组1”，右击“组1副本”，在弹出的快捷菜单中执行“合并组”命令，将图层组转换为普通图层。隐藏“组1”并将“组1副本”移动到“图层6”的下方。

“图层”面板　　图像效果

18 调整图像

使用加深工具和减淡工具，对图像进行涂抹，经过减淡加深图像后，曲线图像富有光泽感和立体感。复制“组1副本”图层，结合自由变换命令调整“组1副本2”在画面中的位置。

图像效果　　调整图像

19 绘制图像

新建“图层21”，单击钢笔工具，绘制富有层次感的曲线条路径，然后分别将路径转换为选区后填充颜色。新建“图层22”，设置前景色为白色，单击画笔工具，在属性栏中选择“混合画笔”，在默认的画笔后追加混合画笔，绘制大小不一的圆圈图形，设置图层混合模式为“叠加”。

绘制彩条图像　　绘制圆圈图像

20 添加花纹素材

新建“图层23”，在“画笔”预设面板中选择画笔为“交叉排线1”，在图像中连续单击，绘制无数个交叉的线条。打开“花纹3.png”文件，添加图像至当前图像文件中，并调整图像。

绘制图像　　添加素材图像

21 添加素材图像

打开“手机2.png”文件，移动素材图像至当前图像文件中，生成“图层25”，将手机图像缩小后放置在图像文件的左下角。复制手机图像结合自由变换命令调整图像位置，并设置“图层25副本”图层“不透明度”为43%，制作手机倒影效果。

添加素材图像　　倒影效果

22 输入文字

单击横排文字工具，在手机图像的右侧输入文字Gold color，然后在文字下输入相关介绍和型号等文字。至此，本例制作完成。

输入文字　　完成后的效果

10.4 内衣报纸广告设计

实例分析： 在本实例中主色调使用粉色强调了女性的柔美特征，使用海报滤镜为人物图像添加海报边缘效果，使用不同的图层混合模式使图像和图像之间表现出较强的层次关系。

主要使用工具： 渐变工具、画笔工具、钢笔工具、矩形选框工具

最终文件： Chapter 10\Complete\内衣报纸广告设计.psd

01 新建图像文件

执行"文件>新建"命令，打开"新建"对话框，设置各项参数，单击"确定"按钮，新建图像文件。

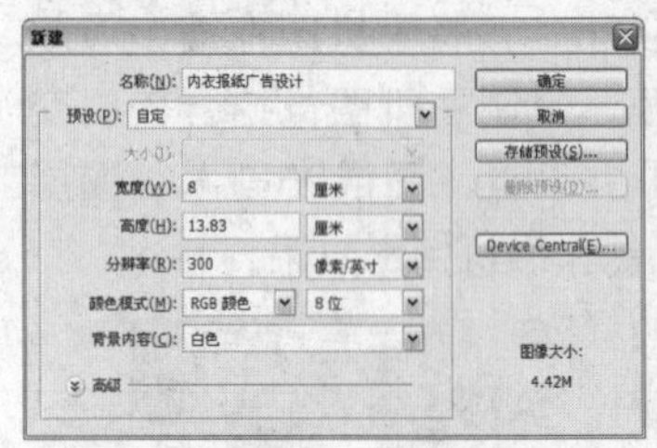

"新建"对话框

02 添加图像渐变色

单击渐变工具，在属性栏中单击"径向渐变"按钮，打开"渐变编辑器"对话框，设置渐变颜色从左到右依次为（R215、G195、B221）、（R254、G242、B248）、（R255、G255、B255），从左上方向右下方，填充径向渐变。

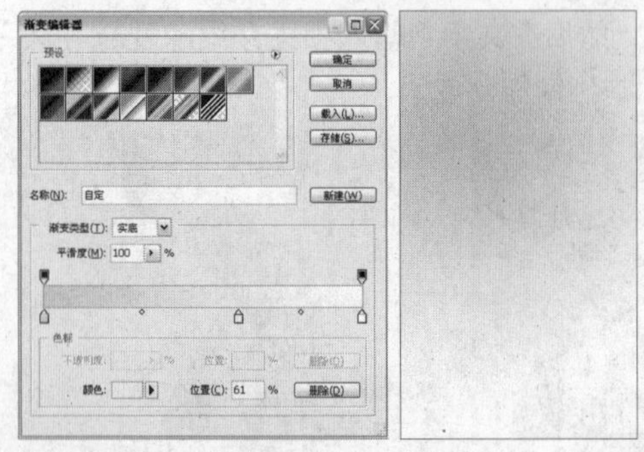

"渐变编辑器"对话框　　渐变效果

03 添加素材图像

打开附书光盘\实例文件\Chapter 10\Media\背景.jpg文件，将图像移动到当前图像文件中，生成"图层1"，向上拖动图像铺满整个画面。选择"图层1"，设置图层混合模式为"柔光"，为了使花纹的效果不影响前面的图像，设置图层"不透明度"为61%，降低图层的不透明度。

添加素材图像

混合模式效果

04 继续添加素材图像

打开附书光盘\实像文件\Chapter 10\Media\人物.png文件，将图像移动到当前图像文件中，生成"图层2"。执行"图像>调整>色阶"命令，打开"色阶"对话框，设置"输入色阶"为11、1.20、242将人物图像整体调亮。

添加素材图像

图像效果

05 添加“海报边缘”滤镜

复制“图层2”，对“图层2副本”执行“滤镜>艺术效果>海报边缘”命令，打开“海报边缘”对话框，在该对话框中设置“边缘厚度”为2，“边缘强度”为1，“海报化”为2，在人物图像中添加海报边缘的效果。

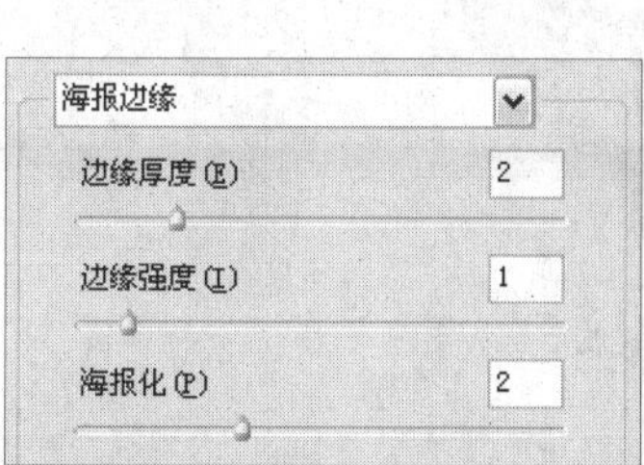

“海报边缘”对话框

滤镜效果

06 调整图像

设置“图层2副本”的图层混合模式为“柔光”，经过和下面的人物图像相混合，图像的颜色发生变化，增加了饱和度，同时轮廓更加清晰。为了和背景图像相搭配，对人物的衣服进行修饰。新建“图层3”，设置前景色为（R164、G15、B77），单击画笔工具沿着人物的白色衣服绘制深红色图形，设置图层混合模式为“柔光”，图像和人物衣服图像相混合，呈现出自然的淡红色效果。

混合模式效果

绘制图像

混合效果

07 绘制图像

新建“图层4”，单击椭圆选框工具，在属性栏中设置“羽化”为20像素，然后在人物图像的右侧创建羽化选区，在选区中填充颜色为（R230、G10、B98），完成后按下快捷键Ctrl+D取消选区。

创建选区

填充选区颜色

08 调整图像混合模式

新建“图层5”，单击椭圆选框工具，在属性栏中设置“羽化”为30像素，在人物图像的左边创建羽化选区，填充颜色为（R253、G124、B177），完成后取消选区。设置“图层5”的图层混合模式为“强光”，“不透明度”为70%。多次复制“图层5”，将复制后的图像分别移动到人物的头发、肩和身体上，根据画面调整复制后圆形的大小和不透明度。

混合模式效果

绘制更多图像效果

09 绘制条纹图像

新建“图层6”，单击钢笔工具，从图像的左下角向上绘制曲线路径，将路径转换为选区，填充颜色为（R251、G211、B228），使用相同的方法绘制相同的曲线路径，将路径转换为选区后分别填充不同的颜色。

绘制路径

创建选区

填充选区颜色

10 调整图层

将“图层6”调整到“图层2”下方，然后设置“图层6”的图层混合模式为“颜色加深”，图像和背景图像混合透出底纹的效果。

调整图层位置

混合模式效果

11 绘制花瓣图像

新建“图层7”，单击钢笔工具，绘制花瓣的外形路径，将路径转换为选区后，在选区中填充颜色为（R247、G152、B201）。新建“图层8”，右击选区，在弹出的快捷菜单中执行“变换选区”命令，按住Shift+Alt组合键等比例等中心向外拖动选区，在选区中填充颜色为（R252、G209、B231），取消选区后合并“图层8”和“图层7”。

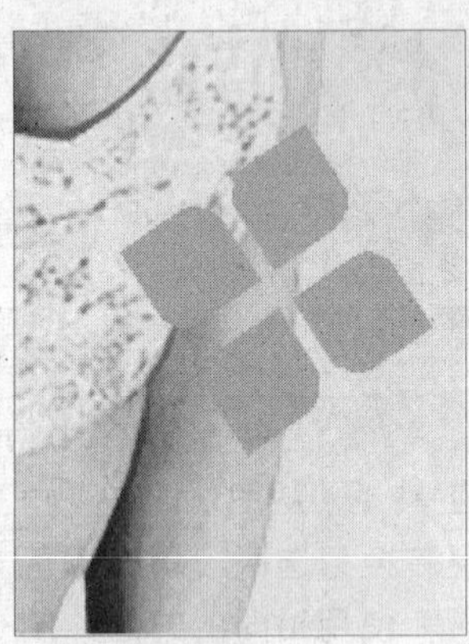
绘制花瓣图像

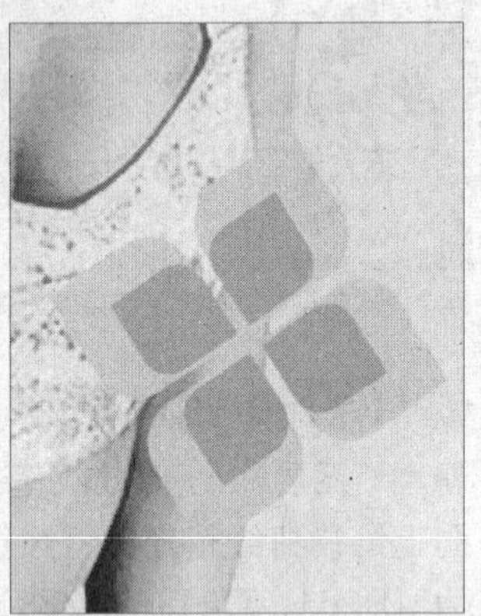
合并图层

12 调整图层

将“图层7”调整到“图层2”下方，然后复制“图层7”，移动复制后的图像到人物右手的空隙处。新建“图层8”，单击矩形选框工具，在属性栏中单击“添加到新选区”按钮，绘制一个纵向和横向的选区，在选区中填充颜色（R80、G58、B81），保持选区，按住Alt键向上拖动复制“+”图形，并适当缩小图形，完成后按下快捷键Ctrl+D取消选区。

花朵图像效果

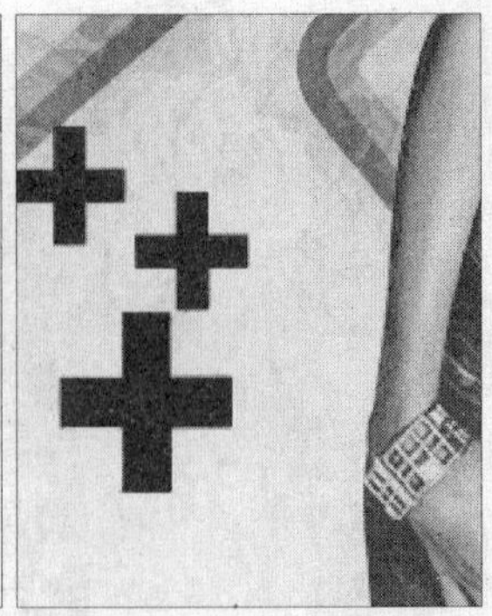
绘制图像效果

13 绘制图像的立体效果

根据“+”图像形状绘制立体的图形，单击钢笔工具，跳过“+”图形绘制斜条的路径，将路径转换为选区后在选区中填充颜色为（R132、G89、B132），使用相同的方法沿着“+”图形绘制受光面和背光面。

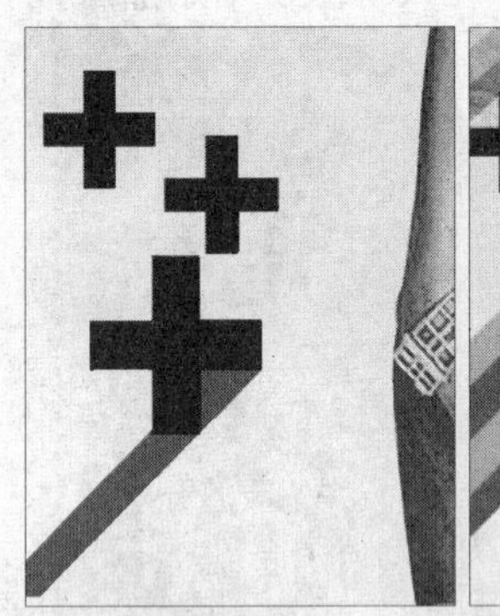
绘制条纹图像

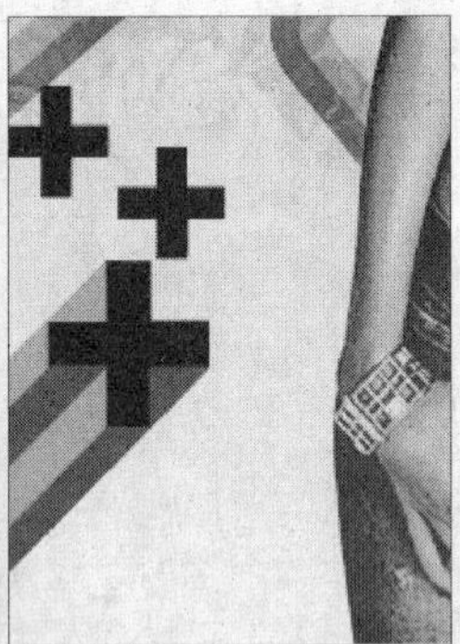
图像立体效果

14 绘制更多的立体图像

使用相同的方法，为“+”图形形状绘制受光面和背光面的路径，将路径转换为选区后，填充受光面颜色为（R217、G174、B205），背光面颜色为（R132、G89、B132），完成后按下快捷键Ctrl+D取消选区。新建“图层9”，使用椭圆工具和圆角矩形工具，连续创建多个圆圈图形的路径和圆角矩形路径，将路径转换为选区后在选区中填充颜色为（R84、G70、B74），按下快捷键Ctrl+D取消选区。

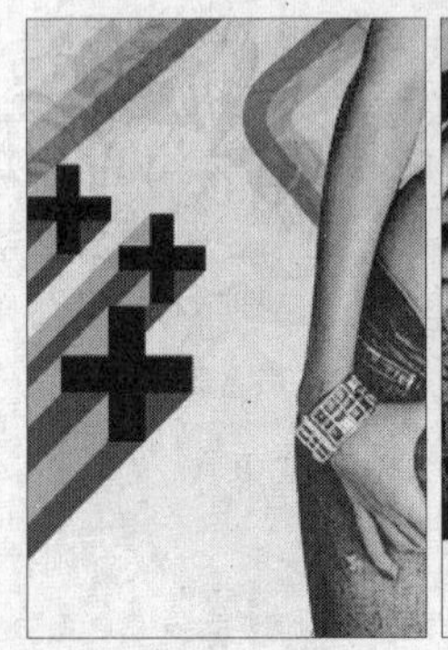
“+”图像立体效果

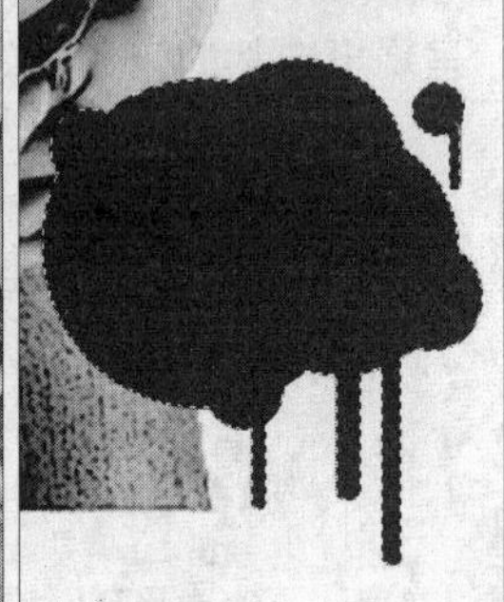
填充选区颜色

15 删除选区内图像

将“图层9”调整到“图层2”下方。单击椭圆选框工具，在图像中创建一个椭圆选区，按下Delete键删除选区内的图像。

调整图像效果

删除选区内图像

16 调整图像

选择“图层9”，单击椭圆选框工具，在组合图形中再次创建一个椭圆选区，按下快捷键Ctrl+U打开“色相/饱和度”对话框，设置“明度”为32。

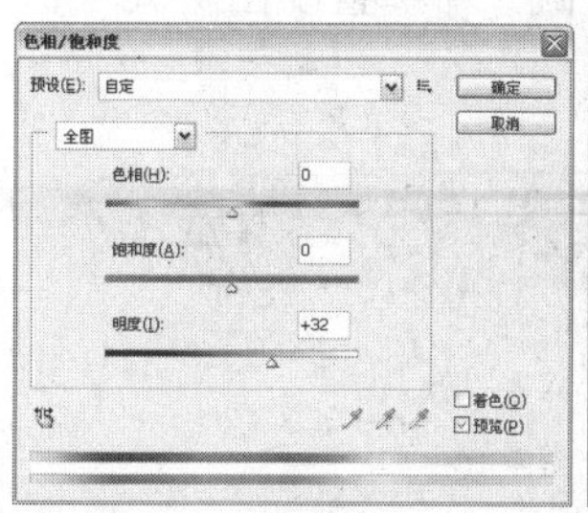

“色相/饱和度”对话框

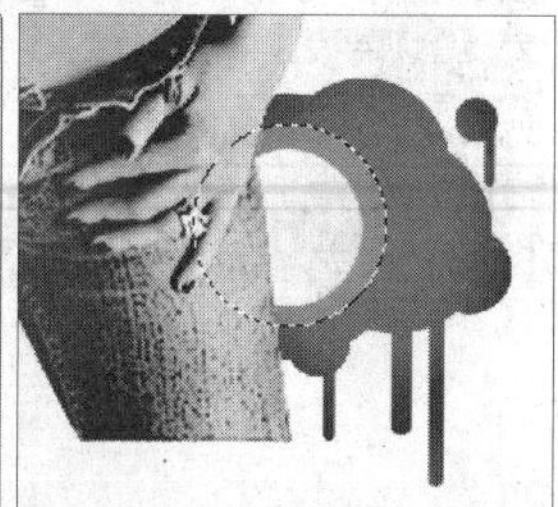

图像效果

17 添加描边效果

保持选区，执行“编辑>描边”命令，打开“描边”对话框，在对话框中设置“宽度”为2px，“颜色”为白色，“位置”为“居外”，沿着选区描绘白色的边缘线，最后取消选区。

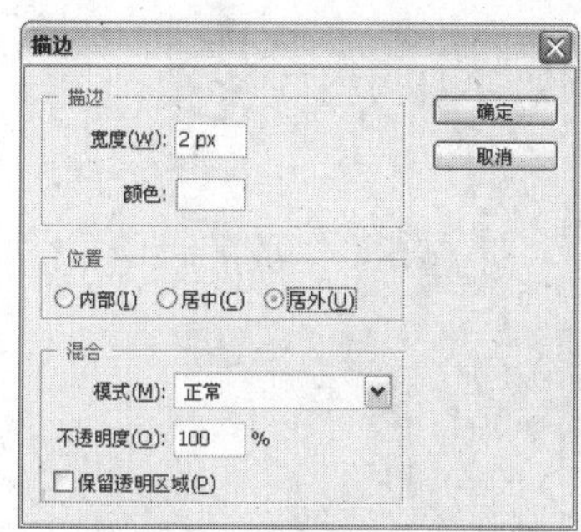

“描边”对话框

描边效果

18 添加素材图像

打开附书光盘\实例文件\Chapter 10\Media\可爱图案.png文件，使用套索工具与移动工具，分别将素材图像移动至当前图像文件中，并调整图像位置。

创建选区

添加素材图像

19 填充选区渐变色

选择“图层15”，按住Ctrl键单击该图层的图层缩览图，载入图层的选区。单击渐变工具，打开“渐变编辑器”对话框，设置渐变颜色从左到右依次为（R253、G192、B216）、（R253、G105、B172）和（R250、G27、B161），在选区中应用从上到下的线性渐变填充。

载入图层选区

渐变效果

20 添加图层样式

双击“图层11”，打开“图层样式”对话框，设置“投影”参数，设置投影颜色为（R111、G3、B59）在云朵图像中添加投影效果。

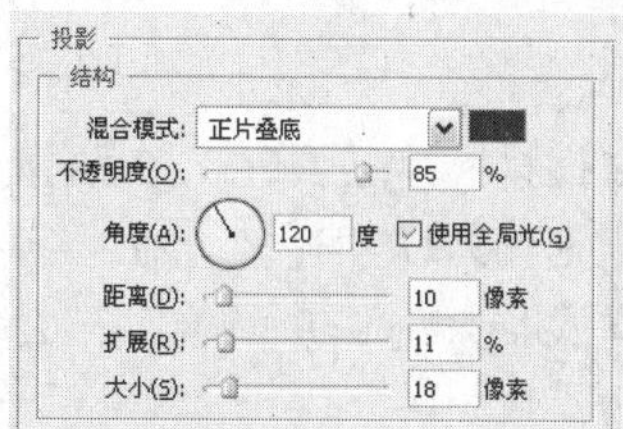

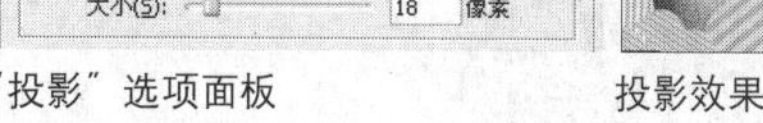

“投影”选项面板

投影效果

21 拷贝图层样式

在“图层11”上右击，在弹出的快捷菜单中执行“拷贝图层样式”命令，拷贝当前图层的投影图层样式，右击“图层12”，在弹出的快捷菜单执行“粘贴图层样式”命令，将“图层11”的图层样式粘贴到“图层12”中。

快捷菜单　拷贝图层样式效果

22 绘制圆圈图像

新建“图层15”，单击椭圆选框工具，在属性栏中单击“添加到新选区”按钮，连续创建椭圆选区，在选区中填充颜色为（R208、G91、B139），复制“图层15”将圆圈图像移动到图像的右边并更改圆圈的颜色为黑色。复制“图层7”，将复制的花朵移动到图像的右下角，丰富画面效果。

绘制圆圈图像

绘制黑色圆圈图像

复制并调整图像

23 输入主要文字

设置前景色为黑色，单击横排文字工具，在图像左上角输入英文字母。分别输入U、R、A，在“字符”面板中设置字符的样式、大小，并调整字符之间的位置。

“字符”面板

输入英文字母

24 输入其他文字

单击横排文字工具，在文字下方空缺的位置输入段落文字与相关英文字母，然后输入内衣广告的广告语，排列在英文字母的下方。

输入文字　输入中文文字

25 绘制线条

新建“图层16”，单击钢笔工具，在文字下方绘制一条中间粗、两边细的黑色线条，然后单击橡皮擦工具，擦除中间的图像，并设置“图层16”的“不透明度”为40%。

绘制线条　擦除图像

26 绘制图像

新建“图层17”，单击自定形状工具，在属性栏中单击“填充像素”按钮，然后打开“形状”预设面板选择名称为“花形纹章”的形状，在线条中间绘制一个黑色的图形，并适当降低图像的不透明度。至此，本例制作完成。

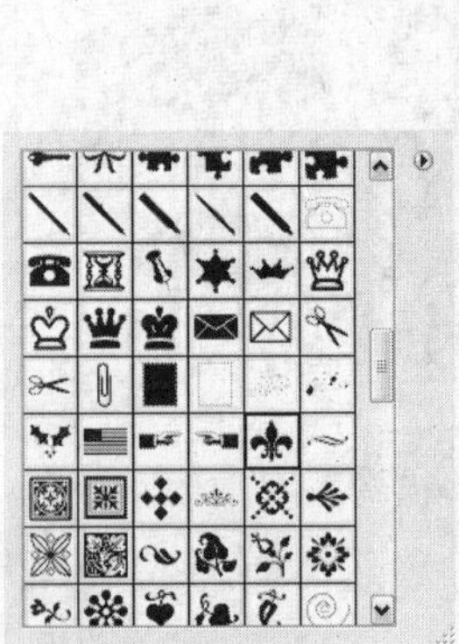

形状面板

完成后的效果

10.5 酒类报纸广告设计

实例分析： 本案例通过调整画面颜色并添加欧式素材，制作出古典高雅的酒类报纸广告。

主要使用工具： 渐变工具、钢笔工具、文字工具

最终文件： Chapter 10\Complete\酒类报纸广告设计.psd
视频文件： Chapter 10\酒类报纸广告设计.swf

01 新建图像文件

执行“文件>新建”命令，打开“新建”对话框，设置各项参数，单击“确定”按钮，新建图像文件。

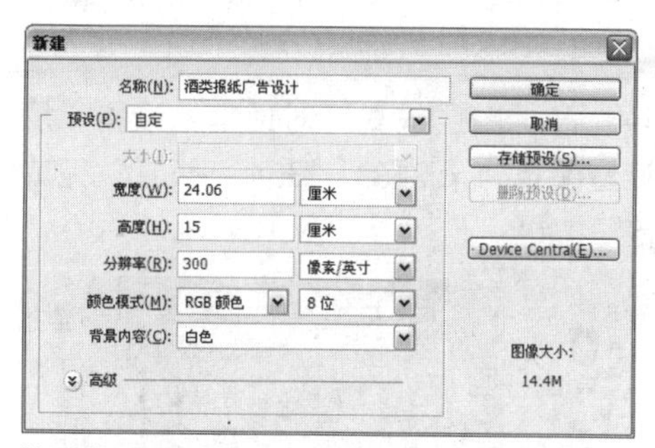

“新建”对话框

02 填充图像渐变色

新建“图层1”，单击渐变工具，打开“渐变编辑器”对话框，从左到右设置填充颜色为（R232、G222、B126）和（R180、G67、B4），从左下向右上填充图像线性渐变。

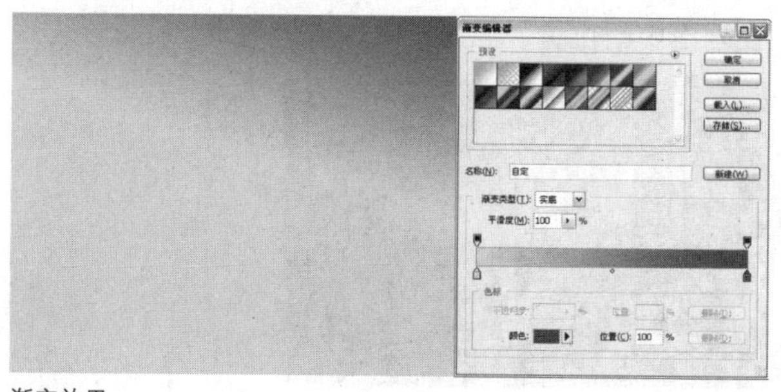
渐变效果

03 填充选区渐变色

新建“图层2”，单击钢笔工具，在图像的下方绘制路径并转换为选区。单击渐变工具，打开“渐变编辑器”对话框，从左到右设置填充颜色为（R181、G98、B13）、（R250、G223、B184）、（R130、G53、B0）和（R158、G94、B27）从左到右填充选区线性渐变。

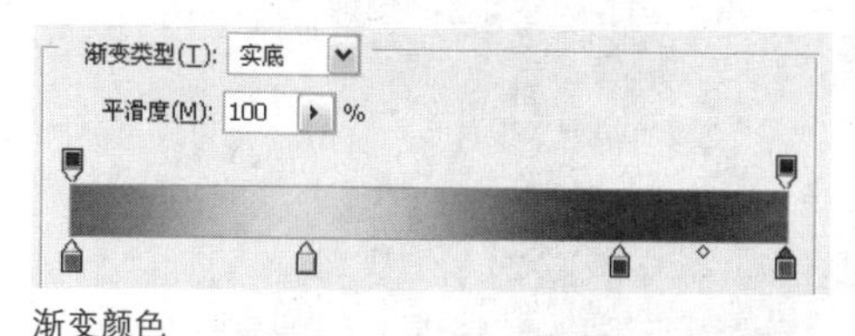

渐变颜色

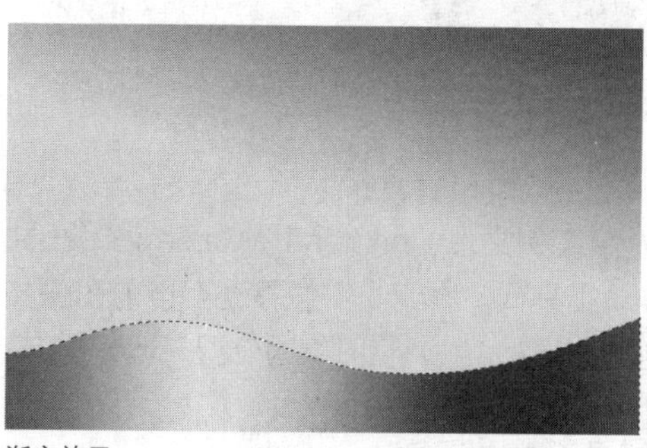
渐变效果

04 填充选区颜色

取消选区，新建“图层3”，单击钢笔工具，在图像的下方绘制路径并转换为选区，填充选区颜色为（R36、G6、B0）。

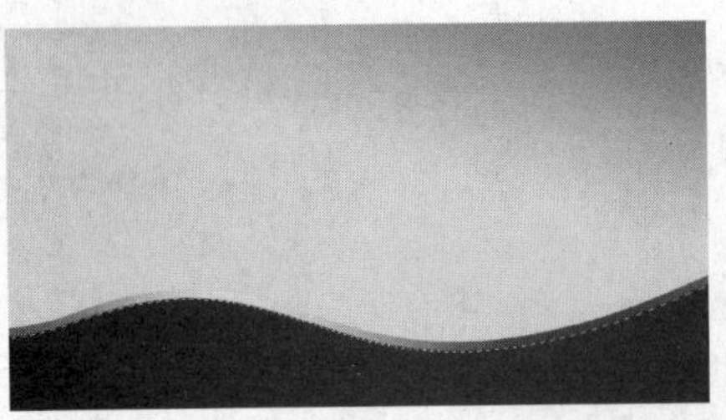

填充选区颜色

05 添加素材图像

打开附书光盘\实例文件\Chapter 10\Media\素材.psd文件，单击移动工具，分别将素材图像移动至当前图像文件中，调整图像的位置，并适当调整图像的混合模式。

添加素材图像

06 添加“照片滤镜”调整图层

在“图层”面板下方单击“创建新的填充或调整图层”按钮，在弹出的菜单中执行“照片滤镜”命令，在弹出的面板中进行参数设置，并设置颜色为（R236、G138、B0）。

照片滤镜效果

07 添加“酒”素材

打开附书光盘\实例文件\Chapter 10\Media\酒.psd文件，单击移动工具，将素材图像移动至当前图像文件中，得到“图层8”，调整图像的位置。

添加素材图像

08 复制并调整图层

复制“图层8”，得到“图层8副本”，结合自由变换命令调整图像的位置，设置图层“不透明度”为41%，制作酒瓶的倒影。

倒影效果

09 输入文字

单击横排文字工具，设置前景色为（R36、G6、B0），在图像上输入文字。

输入文字

10 添加图层样式

双击文字图层打开“图层样式”对话框，设置“投影”参数，设置颜色为（R131、G54、B1）。完成后单击“确定”按钮。

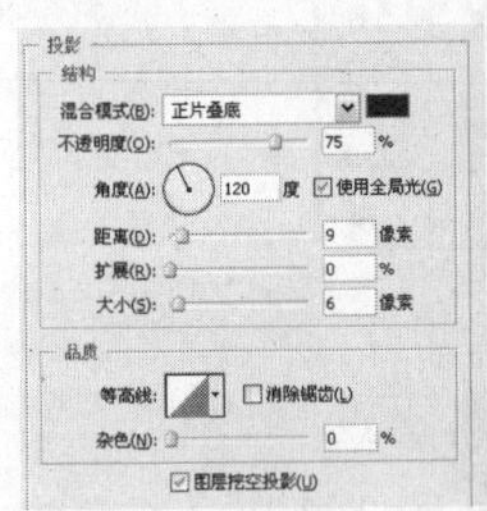

“投影”选项面板　　投影效果

11 输入文字

采用相同的方法输入图像中更多的文字，调整文字在画面中的位置。至此，本例制作完成。

完成后的效果

10.6 汽车报纸广告设计

实例分析：本实例制作的宝马汽车广告。主要通过图层蒙版的运用，体现宝马汽车的高贵华丽感。

主要使用工具：图层蒙版、混合模式

最终文件：Chapter 10\Complete\汽车报纸广告设计.psd

视频文件：Chapter 10\汽车报纸广告设计

01 新建图像文件并添加素材图像

执行“文件>新建”命令，在弹出的“新建”对话框中设置“名称”为“汽车报纸广告设计”、“宽度”和“高度”分别为17.71厘米和10厘米，单击“确定”按钮，新建图像文件。打开附书光盘\实例文件\Chapter 10\Media\背景2.tif和汽车.tif文件，将其拖动到当前图像文件中。为汽车图层添加图层蒙版，使用硬度为0的黑色画笔工具虚化汽车尾部。

编辑素材图像

02 填充渐变颜色

打开附书光盘\实例文件\Chapter 10\Media\幻影.tif文件，将其衔接于汽车尾部被虚化的地方。新建图层，在“图层”面板中设置图层混合模式为“色相”，然后单击渐变工具，设置渐变颜色为（R122、G9、B131）和（R225、G0、B25）填充图像渐变色。

填充渐变色

03 添加素材图像

打开附书光盘\实例文件\Chapter 10\Media\花纹4.tif和标志.tif文件，将其放到适当位置。为花纹图层添加图层蒙版，使用硬度为0的黑色画笔工具对其边缘进行虚化。复制汽车图层，执行“编辑>变换>垂直翻转”命令，为汽车创建一个投影。最后使用横排文字工具输入文字。至此，本例制作完成。

完成后的效果

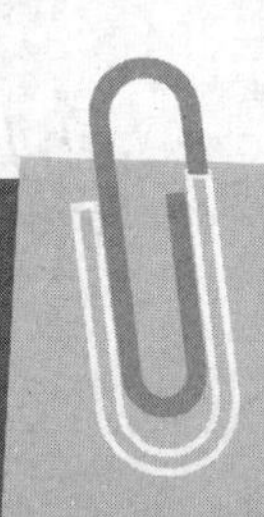

10.7 彩妆报纸广告设计

实例分析：本实例制作的是彩妆广告，画面绚丽多彩、线条流畅多变，体现出炫彩眼影时尚的品质感。

主要使用工具：钢笔工具、画笔工具、减淡工具、加深工具、图层混合模式

最终文件：Chapter 10\Complete\彩妆报纸广告设计.psd

视频文件：Chapter 10\彩妆报纸广告设计.png

01 新建图像文件

执行"文件>新建"命令，在弹出的"新建"对话框中设置各项参数，设置完成后单击"确定"按钮，新建图像文件。

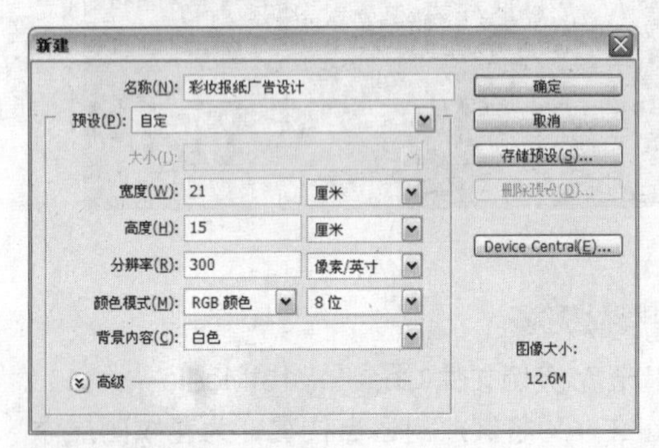

"新建"对话框

02 填充渐变颜色

使用渐变工具进行线性渐变，打开附书光盘\实例文件\Chapter 10\Media\女人.png文件，将图像拖动到当前图像文件中。载入"头发.adr"画笔，使用画笔工具绘制头发。

填充渐变颜色

绘制头发效果

03 绘制图像

使用钢笔工具和椭圆选框工具绘制背景曲线，并设置图层混合模式为"柔光"、"正片叠加"、"颜色加深"，再添加蒙版适当地加深或减淡局部。

绘制花纹图像

04 添加素材图像

打开附书光盘\实例文件\Chapter 10\Media\眼影盒.png文件，将图像拖动到当前图像文件中，使用钢笔工具绘制黑色面，并添加适当文字。

完成后的效果

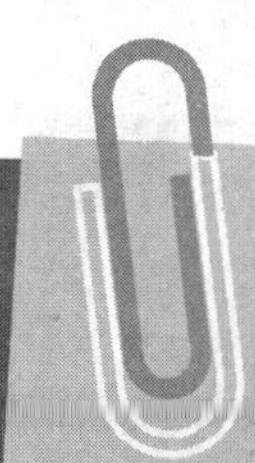

10.8 鞋类报纸广告设计

实例分析：本实例制作的是时尚鞋类广告，画面时尚绚丽、色彩夺目、视觉冲击力强。

主要使用工具：色相/饱和度、减淡工具、渐变工具、画笔工具

最终文件：Chapter 10\Complete\鞋类报纸广告设计.psd

视频文件：Chapter 10\鞋类报纸广告设计

01 新建图像文件

执行“文件>新建”命令，在弹出的“新建”对话框中设置参数，单击“确定”按钮新建图像文件。

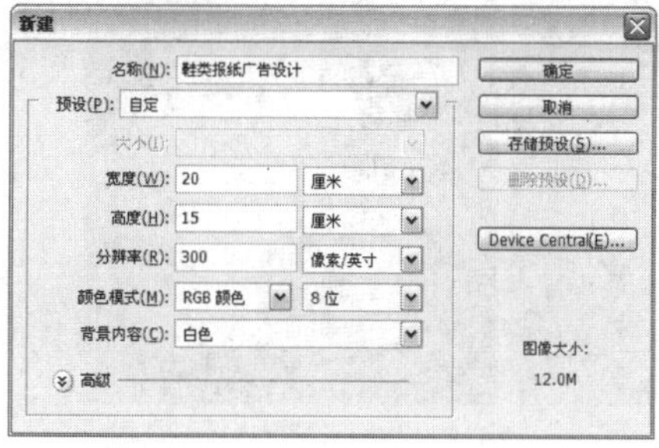

“新建”对话框

02 添加并调整素材图像

新建“图层1”，使用渐变工具进行径向渐变填充，打开附书光盘\实例文件\Chapter 10\Media\鞋子.png和花.png文件，拖到至当前图像文件中。按下快捷键Ctrl+U，打开“色相/饱和度”对话框调整花的色相，使用减淡工具减淡花的中心部分。

添加素材图像

调整图像效果

03 继续添加素材图像

使用画笔工具对花和鞋子进行描边。打开“元素.psd”和“鞋子2.png”文件，将图像拖曳至当前图像文件中，添加颜色并进行线性渐变。

描边效果

添加素材图像

04 添加文字

使用钢笔工具绘制背景光束，添加鞋子图像并输入适当的文字。至此，本例制作完成。

完成后的效果

10.9 俱乐部报纸广告设计

实例分析：本实例制作的是坎伯维尔高尔夫球俱乐部广告，运用蒙版制作出具有立体感的图像效果。

主要使用工具：图层蒙版、画笔工具、多边形套索工具

最终文件：Chapter 10\Complete\俱乐部报纸广告设计.psd

01 新建图像文件并添加素材图像

新建图像文件，打开附书光盘\实例文件\Chapter 10\Media\天空.tif、草地.tif和高尔夫球.tif文件，将图像拖动到当前图像文件中，在高尔夫球图层下方新建一个图层命名为“倒影”，使用硬度为0的黑色画笔工具为高尔夫球绘制阴影。

添加素材图像　　添加图像阴影效果

02 添加并编辑素材图像

打开附书光盘\实例文件\Chapter 10\Media\人.tif和标志2.tif文件，将图像拖动到当前图像文件中。在人物图层下方新建“投影”图层，使用多边形套索工具绘制一片投影区，然后使用硬度为0的黑色画笔工具为人物绘制投影。新建一个图层，填充为黑色，并添加图层蒙版，然后使用硬度为0的黑色画笔工具在蒙版区域涂抹，为画面绘制阴影边框。

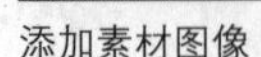

添加素材图像　　绘制图像阴影

03 输入文字

单击横排文字工具，为画面添加文字。至此，本例制作完成。

完成后的效果

10.10 别墅报纸广告设计

实例分析：本实例制作的是别墅报纸广告，通过对素材图像的编辑与合成，制作出逼真的别墅广告效果。

主要使用工具：矩形选框工具、钢笔工具

最终文件：Chapter 10\Complete\别墅报纸广告.psd

01 新建图像文件并制作纹理背景

新建图像文件，打开附书光盘\实例文件\Chapter 10\Media\木纹.jpg文件，将图像拖动至当前图像文件中。调整图像的颜色与对比度，并在图像上创建矩形选区，按下Delete键删除选区内的图像，最后取消选区。

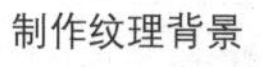

制作纹理背景

02 添加素材图像

打开附书光盘\实例文件\Chapter 10\Media\风景1.jpg、风景2.jpg、建筑1.jpg、建筑2.jpg、建筑3.jpg和建筑4.jpg文件，分别将图像移动至当前图像文件中，并对素材图像进行编辑，使图像合成效果自然。

添加素材图像

03 输入文字

打开附书光盘\实例文件\Chapter 10\Media\地产标志.jpg文件，将图像拖动至当前图像文件中，结合文字工具在图像上添加文字信息，丰富画面效果。至此，本例制作完成。

完成后的效果

Chapter 11 杂志广告设计

杂志是一种印刷平面广告媒体，因其种类繁多、拥有特定阅读群体、适应面广、广告有效周期长、印刷精美、商业性强、出刊周期短，成为现代广告四大媒体之一，被越来越多的商家青睐。由于印刷技术的发展和人类思维的进步，新的设计形式不断涌现，使得杂志广告具有广阔的前景。

11.1 服装杂志广告设计

实例分析： 本实例运用颗粒滤镜、动感模糊滤镜制作木纹纹理效果。难点在于图像中撕纸效果的制作，重点在于画面的整体和谐性，画面中有很多春天的元素，符合广告宣传的主题。

主要使用工具： 自定形状工具、圆角矩形工具、矩形选框工具、椭圆选框工具

最终文件： Chapter 11\ Complete\服装杂志广告设计.psd

01 新建图像文件

执行"文件">新建"命令，在弹出的"新建"对话框中设置各项参数，单击"确定"按钮，新建图像文件。

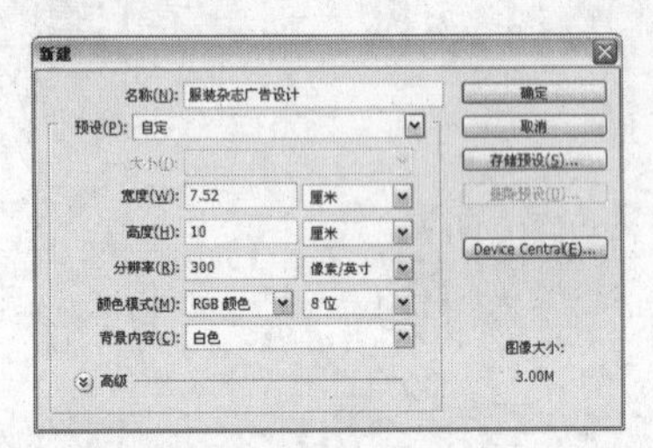

"新建"对话框

02 添加素材图像

打开附书光盘\实例文件\Chapter 11 \Media\风景.jpg文件，将图像拖动到当前图像文件中，适当调整其位置和大小。设置前景色为（R224、G131、B2），填充背景。

打开图像文件

填充图像颜色

03 删除选区内图像

选择"风景"图层，单击多边形套索工具，在风景下创建一个不规则选区，按下Delete键删除选区内图像。

创建选区

删除选区内图像

04 添加图层样式

双击"风景"图层，打开"图层样式"对话框，设置"投影"参数，完成后单击"确定"按钮。

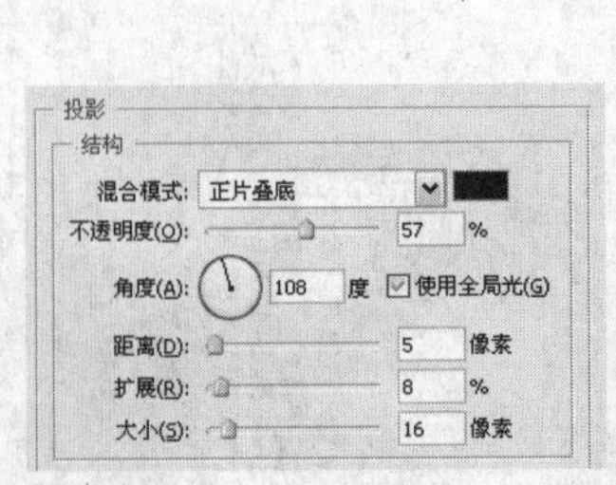

设置参数

制作投影

05 绘制光影图像

设置前景色为白色，新建一个图层，重命名为“光束”。单击自定形状工具，然后单击属性栏上的“填充像素”按钮，选择形状为“基准2”，在图像文件中绘制一个光束图形。

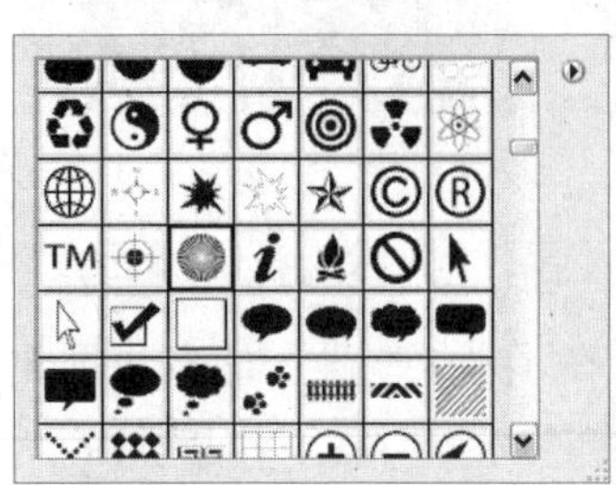

选择形状

绘制形状

06 删除选区内图像

按住Ctrl键单击“风景”图层的图层缩览图，载入“风景”图层的选区，然后选择“光束”图层，执行“选择>反向”命令，反向选择选区，按下Delete键删除选区内图像。单击椭圆选框工具，在“光束”中间创建一个椭圆形，删除选区内的图像设置该图层的“不透明度”为65%，降低图层的不透明度。打开附书光盘\实例文件\Chapter 11\Media\人物1.png文件，将图像拖动到当前图像文件中，并适当调整其位置和大小。

调整不透明度

添加素材图像

07 制作翅膀

在“人物”图层下新建一个图层，重命名为“翅膀”。单击钢笔工具，绘制翅膀的路径，将路径转换为选区，填充选区颜色为（R271、G78、B137）。复制两个“翅膀”图层，缩小图像，分别填充为黑色和白色，完成后合并为“翅膀”图层。

绘制翅膀

添加翅膀

08 制作花纹

设置前景色为（R247、G196、B0），新建一个图层，重命名为“花纹1”。单击圆角矩形工具，在属性栏上单击“填充像素”按钮，设置“半径”为30px，在图像文件的左上角绘制4个圆角矩形。复制两个“花纹1”图层，分别填充图像颜色为（R79、G36、B35）和（R228、G120、B47），适当调整图像大小。

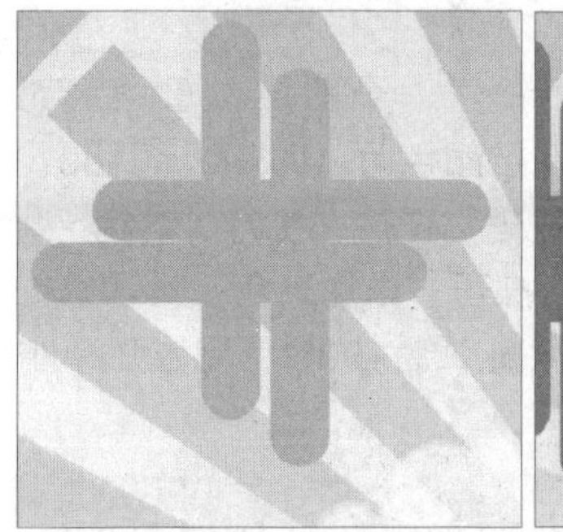

绘制花纹

复制花纹

09 绘制圆圈图像

使用椭圆选框工具和矩形选框工具，创建多个椭圆选区和矩形竖条选区，分别填充相应的颜色，完成后合并为“花纹1”图层。

绘制圆圈

整体效果

10 添加素材图像

打开附书光盘\实例文件\Chapter 11\Media\花纹.png文件，将图像拖动到当前图像文件中，重命名为“花纹2”，并适当调整其位置和大小。新建一个组，重命名为“木纹”，在组下新建“木纹1”图层，单击钢笔工具，绘制路牌的路径，将路径转换为选区，填充选区颜色为（R98、G55、B15）。

添加花纹

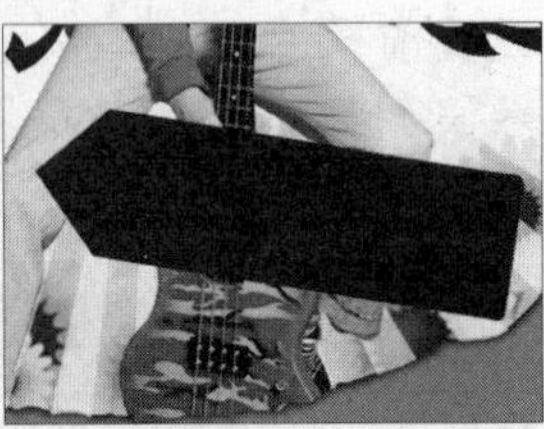
绘制填充路径

11 添加“添加杂色”滤镜

在“木纹”组最上面新建一个图层，重命名为“木纹纹理”，填充图层颜色为（R204、G153、B102）。选择“木纹纹理”图层，执行“滤镜>杂色>添加杂色”命令，打开“添加杂色”对话框，在该对话框中设置“数量”为100%，完成后单击“确定”按钮。

设置参数

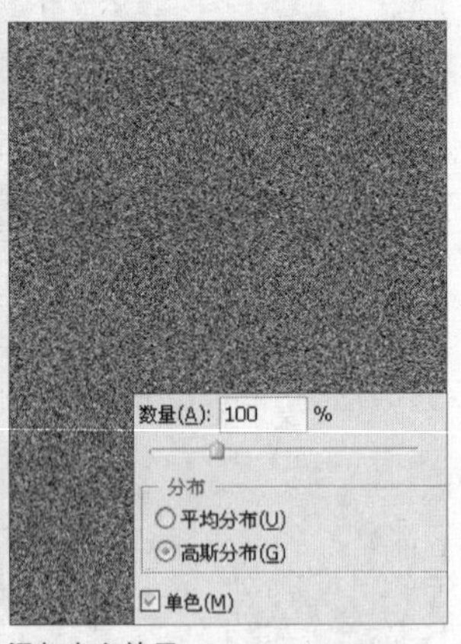

添加杂色效果

12 添加“动感模糊”滤镜

保持选择“木纹纹理”图层，执行“滤镜>模糊>动感模糊”命令，打开“动感模糊”对话框，在该对话框中设置“角度”为0度，“数量”为999像素，完成后单击“确定”按钮。

设置参数

动感模糊效果

13 删除选区内图像

单击矩形选框工具，在“木纹纹理”的右边创建一个矩形选区，按下Delete键删除选区内的图像。按下快捷键Ctrl+T，将右边中间的节点向右拖动至图像文件的边缘位置，按下Entre键完成操作。

删除图像

变形图像

14 调整图像

选择“木纹纹理”图层，旋转图像，然后按住Ctrl键载入“木纹”组下的“木纹1”选区。执行“选择>反向”命令，反向选择图像，按下Delete键删除反向选择的图像。执行“图像>调整>亮度/对比度”命令，打开“亮度/对比度”对话框，在该对话框中勾选“使用旧版”复选框，设置“亮度”为30，“对比度”为20，完成后单击“确定”按钮，提亮木纹纹理的整体亮度。

删除图像

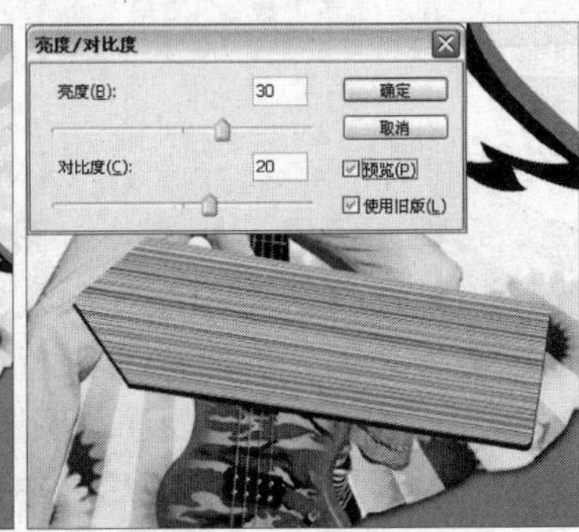

亮度效果

15 制作厚度

使用制作“木纹纹理”相同的方法制作木纹效果，然后分别复制制作完成的木纹图层，轻移图层，填充图层颜色为（R98、G55、B15），增添厚度的效果。

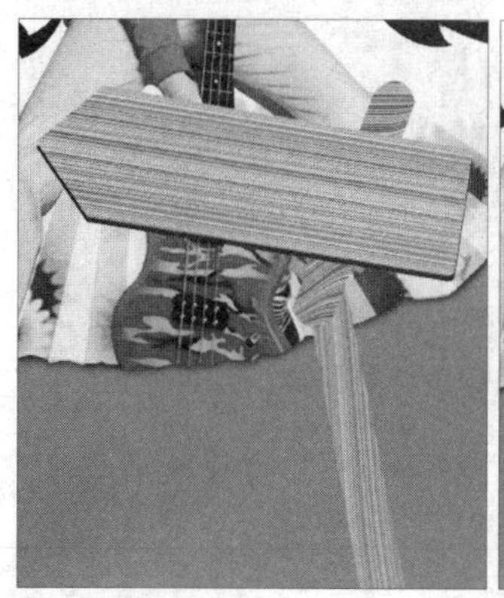

绘制木牌

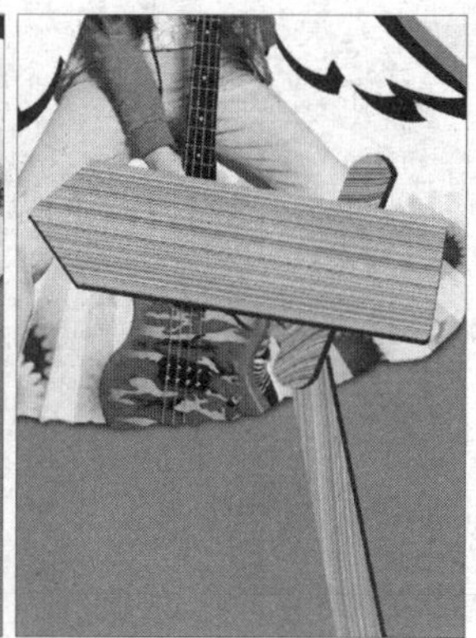

制作厚度

16 添加文字

单击横排文字工具T，输入文字“2009年春装上市”。双击文字图层，打开“图层样式”对话框，设置“投影”和“外发光”参数，完成后单击“确定”按钮。

输入文字

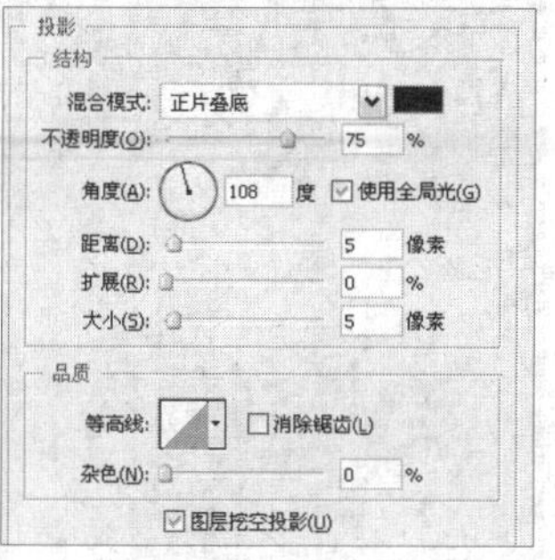

设置投影

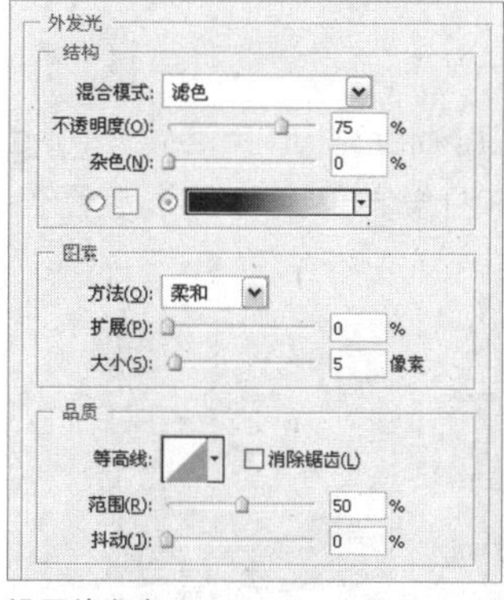

设置外发光

图层样式效果

17 添加素材图像

打开附书光盘\实例文件\Chapter 11\Media\蝴蝶.png文件，将图像拖动到当前图像文件中，适当调整其位置和大小。单击横排文字工具T，输入文字“2009带着吉他去旅行”。

添加素材

添加文字

18 绘制花纹图像

新建图层，重命名为“字花纹”，单击钢笔工具，绘制花纹的路径，将路径转换为选区，填充选区颜色为黑色。打开附书光盘\实例文件\Chapter 11\Media\音符.png文件，将图像拖动到当前图像文件中，适当调整其位置和大小。

添加花纹

添加素材图像

19 输入文字

选择“音符”图层，设置该图层的图层混合模式为“柔光”，“不透明度”为37%。至此，本例制作完成。

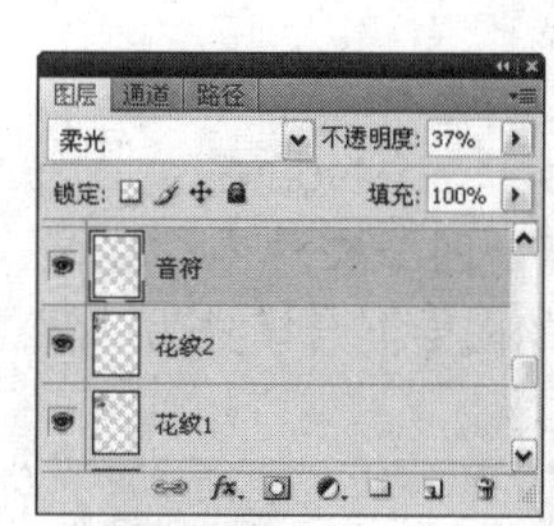

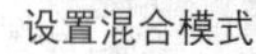

设置混合模式

完成后的效果

11.2 汽车杂志广告设计

实例分析： 本实例运用文字工具、自定形状工具和钢笔工具制作出汽车广告。在制作过程中，难点在于使用自定形状工具绘制各种路径。

主要使用工具： 钢笔工具、渐变工具 、自定形状工具

最终文件： Chapter 11\Complete\汽车杂志广告设计.psd

01 新建图像文件并制作背景

新建图像文件，单击钢笔工具，在图像中绘制路径，并转换为选区，单击渐变工具，在属性栏上单击渐变缩览图，然后在弹出的"渐变编辑器"对话框中设置渐变颜色从左到右依次为（R1、G137、B186）、（R36、G148、B142）和（R147、G182、B0）。完成后单击"确定"按钮。在选区中由上至下添加渐变，最后取消选区。

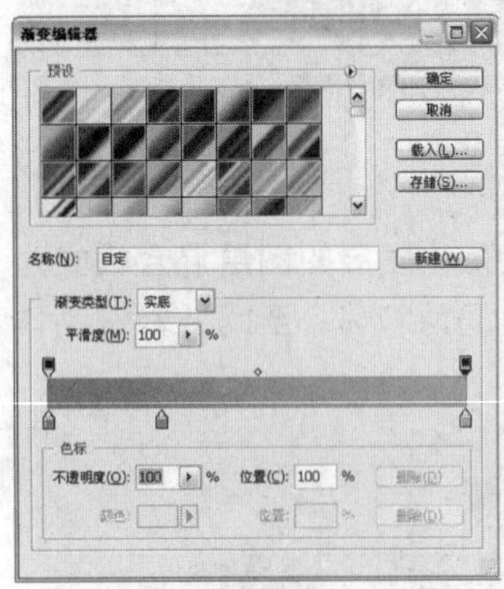

编辑渐变

渐变效果

02 添加素材图像

打开附书光盘\实例文件\Chapter 11\Media\底纹.png文件，然后将图像拖动到当前图像文件中，生成"图层2"。调整"图层2"的图层混合模式为"颜色加深"，"不透明度"为20%。

添加底纹图像

调整后的图像效果

03 继续添加素材图像

打开附书光盘\实例文件\Chapter 11\Media\汽车.png文件，将图像拖动到当前图像文件中，并调整图像在画面中的位置。

添加汽车图像

04 制作汽车阴影

在“图层3”下方新建“图层4”，单击套索工具，在图像中创建一个“羽化”为60px的选区，设置前景色为黑色，将选区填充为黑色，然后取消选区。

创建选区

制作投影

05 添加芭蕉树

在“图层4”下方新建“图层5”，单击自定形状工具，选择形状为“树9”，绘制该形状路径并旋转，填充路径颜色为（R82、G131、B34）。

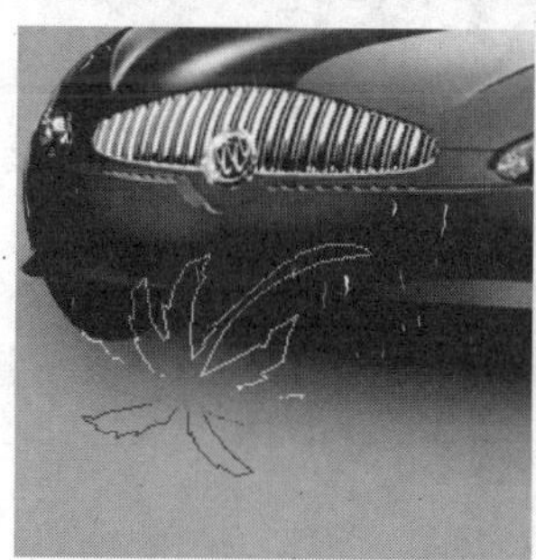

创建路径

填充路径

06 绘制光影

再次在图像中创建一个“树9”的形状路径，并将其填充为相同的颜色。新建“图层6”，使用自定形状工具，选择形状为“登记目标 2”，绘制该形状路径。单击钢笔工具，在路径中去掉外围的大圈路径。

填充路径

编辑路径

07 删除选区内图像

按下快捷键Ctrl+Enter，将路径转换为选区。为选区填充由（R50、G150、B112）到透明的径向渐变。将“图层1”中的图像载入选区，对选区进行反向，然后删除选区中的图像。

添加渐变

删除图像

08 绘制反射光影

载入附书光盘\实例文件\Chapter 11\Media\爆裂10.csh自定义形状，单击自定形状工具，选择形状为“爆裂10”，新建“图层7”，在图像中绘制路径并转换为选区，填充颜色为（R142、G178、B2）。

创建路径

填充路径

09 添加图层样式

双击“图层7”，在弹出的“图层样式”对话框中设置“外发光”参数，完成后单击“确定”按钮为图像添加发光效果。

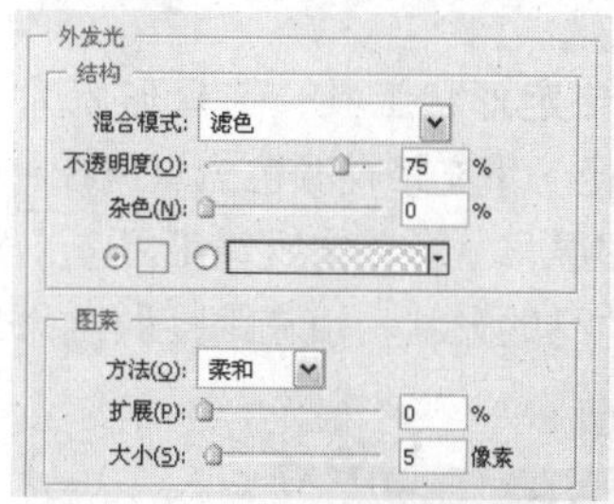

设置参数

发光效果

10 添加并编辑图层蒙版

为“图层7”添加蒙版，使用黑色尖角画笔在蒙版中擦去白色的背景部分。

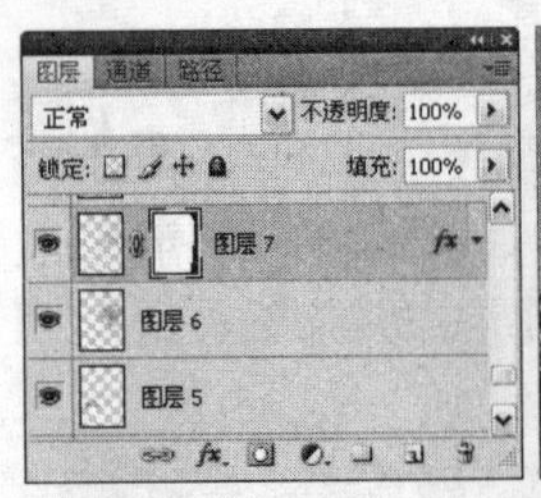

添加蒙版

删除图像

11 绘制树木图像

新建“图层8”，单击自定形状工具，选择形状为“树”，绘制两个该形状路径，填充颜色为（R0、G107、B106）。

创建路径

填充路径

12 填充选区渐变颜色

新建“图层9”，单击自定形状工具，选择形状为“常春藤3”，绘制两个该形状路径并将路径转换为选区，由上至下为选区填充渐变颜色为（R23、G114、B58）、（R98、G166、B64）和（R141、G180、B9）。

转换为选区

添加渐变

13 绘制形状图像

新建“图层10”，单击自定形状工具，选择形状为“树9”，绘制该形状路径，填充路径颜色为（R88、G136、B46）。新建“图层11”，单击钢笔工具，在图像中创建一个简易的马的形状，填充路径颜色为（R20、G142、B164）。

添加芭蕉树

填充路径

14 绘制图像

新建“图层12”，载入附书光盘\实例文件\Chapter 11\Media\海浪.abr画笔，单击画笔工具，设置画笔为“do-06”，在图像中单击鼠标添加该图案，适当缩小图案。复制一个“图层12”的副本，对图像进行适当的放大和旋转。

添加图案

调整图像

15 绘制花纹图像

新建图层使用相同的方法绘制黑色花纹图像。打开附书光盘\实例文件\Chapter 11\Media\品牌标志.psd文件，将图像拖动到当前图像文件中，调整图像位置。

绘制黑色花纹图像

添加素材图像

16 输入文字

单击横排文字工具，在图像中添加文字信息。至此，本例制作完成。

完成后的效果

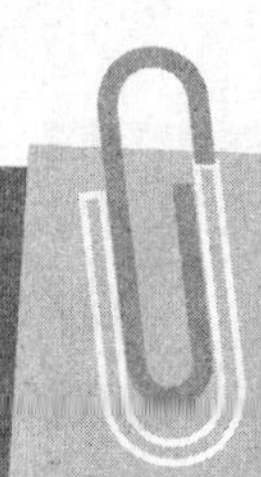

11.3 数码产品杂志广告设计

实例分析：本实例制作的是ipod音乐播放器广告。通过自由变换命令对素材进行变换，组合为圆球，运用光照效果滤镜和模糊滤镜增强圆球的立体感。

主要使用工具：钢笔工具、自由变换命令、光照效果滤镜、画笔工具、模糊滤镜

最终文件：Chapter 11\Complete\数码产品杂志广告设计.psd

01 新建图像文件

按下快捷键Ctrl+N，在弹出的“新建”对话框中设置“名称”为“数码产品杂志广告设计”，“宽度”为12.5厘米、“高度”为10厘米，“分辨率”为300像素/英寸，完成后单击“确定”按钮，新建图像文件。

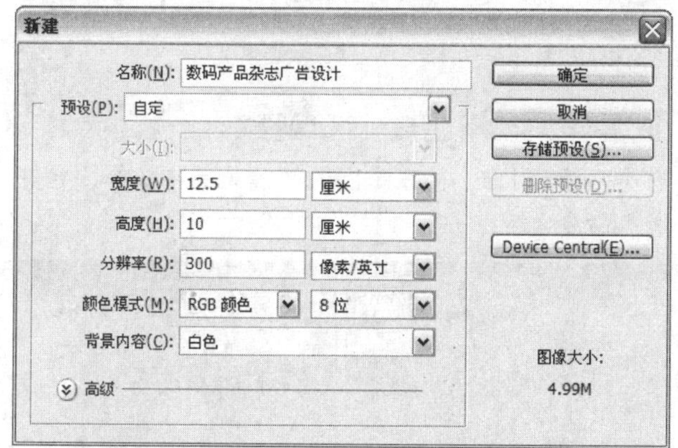

“新建”对话框

02 添加素材图像

打开附书光盘\实例文件\Chapter 11\Media\城市街道.jpg文件，单击移动工具，将图像拖动到当前图像文件中，得到“图层1”，结合自由变换命令调整图像的大小和位置，考虑左边需要添加文字，因而左边留有区域。复制“图层1”，结合自由变换命令调整“图层1”的大小和位置使其与“图层1副本”吻合。

添加素材图像

复制并调整图像

03 调整图像

选择“图层1副本”，单击多边形套索工具创建选区。按下快捷键Ctrl+T显示自由变换编辑框，调整选区内图像效果。

创建选区

调整选区内图像

04 修复图像

单击修复画笔工具，修复地面颜色不符合的区域。再使用矩形选框工具，修复房屋倾斜不齐的线条，完成后按下快捷键Ctrl+E合并图层，重命名为“图层1”。

修复图像效果

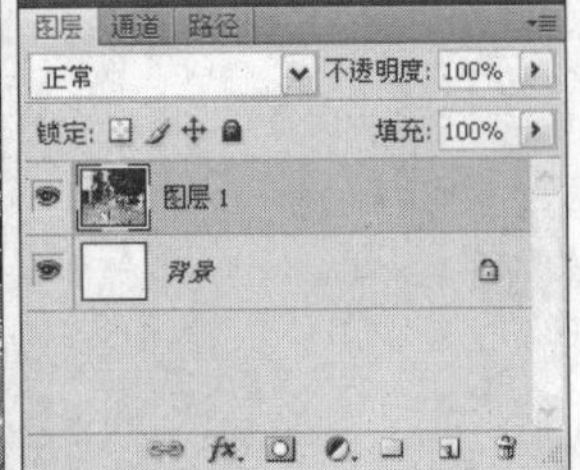

"图层"面板

05 添加并调整素材图像

打开附书光盘\实例文件\Chapter 11\Media\指示牌.png文件，将图像拖动到当前图像文件中，生成"图层2"，并调整图像的大小和位置。按下快捷键Ctrl++，放大画面，观察发现指示牌的底部与地面结合生硬。选择"图层1"，单击加深工具加深地面，使地面与指示牌结合自然。

添加素材图像

加深效果

06 添加选区内素材图像

打开附书光盘\实例文件\Chapter 11\Media\音乐器材.png文件，使用多边形套索工具框选音像图像。单击移动工具，把框选的素材拖动到当前图像文件中，生成"图层3"，并调整图像的大小和位置。

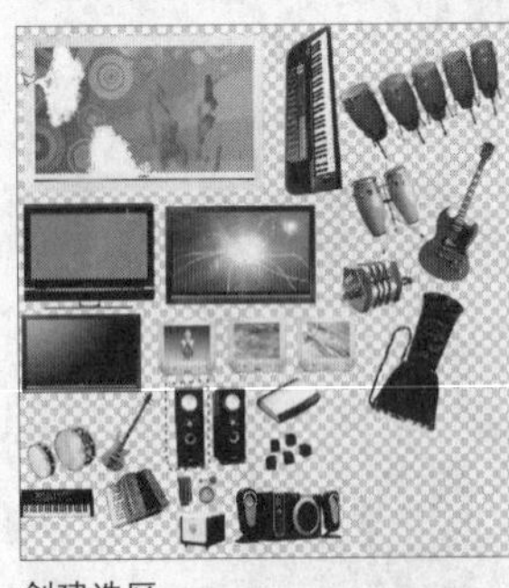
创建选区

添加素材图像

07 调整素材图像

选择电视机图层，按下快捷键Ctrl+T显示变换编辑框，单击鼠标右键，在弹出的快捷菜单中执行"透视"命令，调整图像效果。

调整图像

调整效果

知识链接

在图像中创建选区以后，可以对选区内的图像进行删除、调色、填充、移动等操作，而不会影响选区以外的图像。

08 添加素材图像

使用相同的方法，将"音乐器材.png"文件中的素材分别添加到当前图像文件中，完成后单击"图层"面板右上角的扩展按钮，在弹出的扩展菜单中执行"从图层新建组"命令，新建"组1"。

添加素材图像

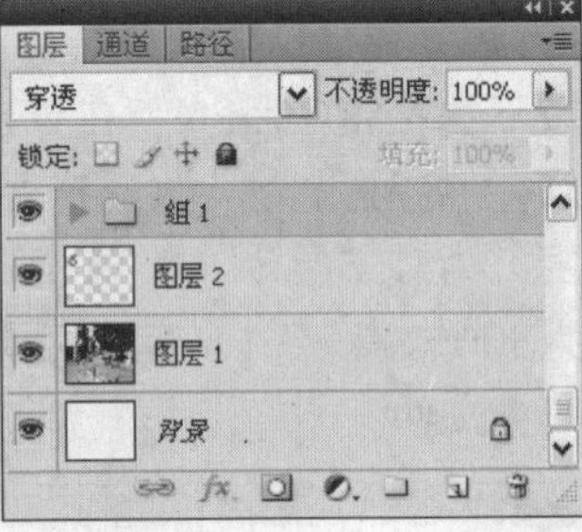

"图层"面板

09 复制"组1"生成"组1副本"

右击"组1副本"，在弹出的快捷菜单中执行"合并组"命令。

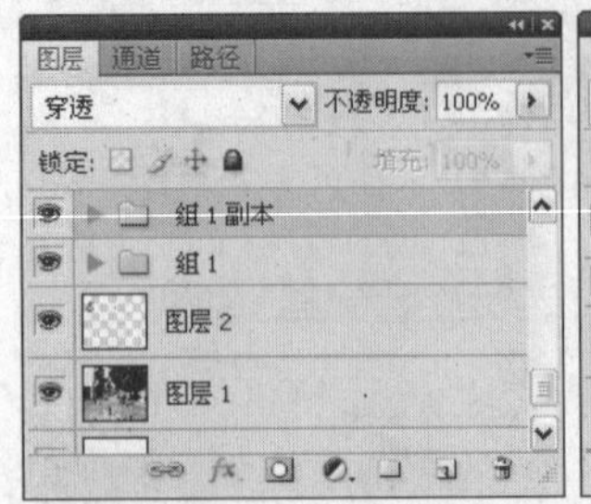

复制图层组

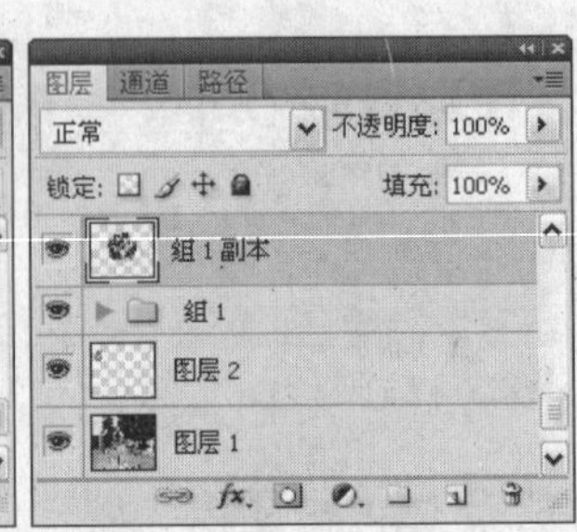

合并图层组

10 添加"光照效果"滤镜

复制"组1副本"生成"组1副本2"，选择"组1副本2"，执行"滤镜>渲染>光照效果"命令，在弹出的对话框中调整光照角度，完成后单击"确定"按钮。

调整光照角度

光照效果

11 调整图像不透明度

选择“组1副本2”图层，设置“不透明度”为50%，创建拼合素材的立体感。

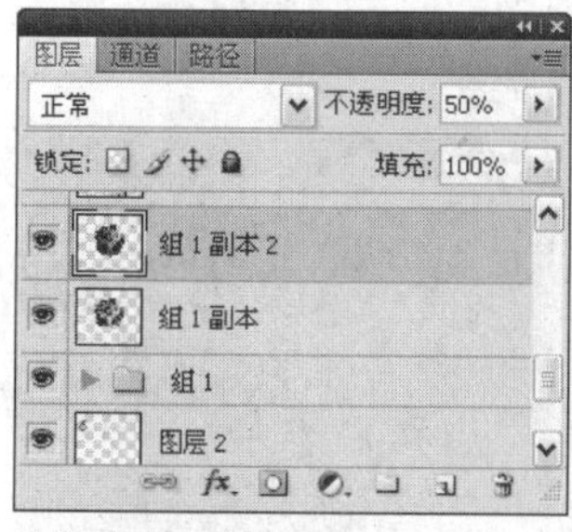

设置图层不透明度

图像效果

12 创建选区

单击钢笔工具，沿街边栏杆创建路径，完成后在“路径”面板上单击路径缩览图，载入选区。

绘制路径

创建选区

13 复制选区内图像

选择“图层1”，按下快捷键Ctrl+J拷贝图像并新建“图层36”，选择“图层36”按下快捷键Ctrl+Shift+]，使“图层36”置于顶层。按住Ctrl键单击“组1副本”图层的图层缩览图，载入选区。

调整图层位置

载入选区

14 添加描边效果

新建“图层37”，置于“组1副本”图层的下方。执行“编辑>描边”命令，在弹出的对话框中设置参数，完成后单击“确定”按钮。

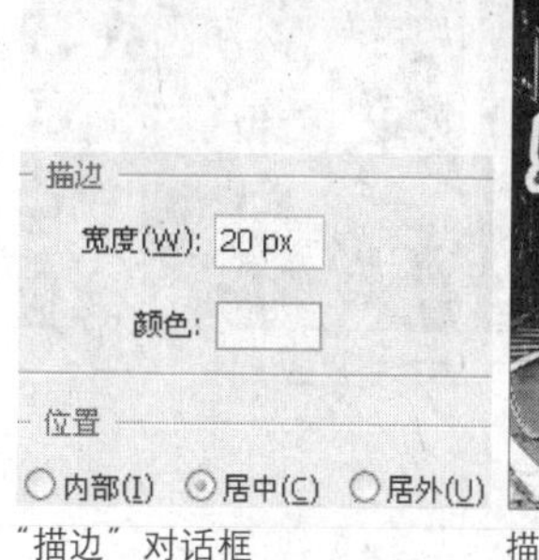

“描边”对话框

描边效果

15 添加“高斯模糊”滤镜

选择“图层37”，执行“滤镜>模糊>高斯模糊”命令，在弹出的对话框中设置“半径”为15像素，单击“确定”按钮。

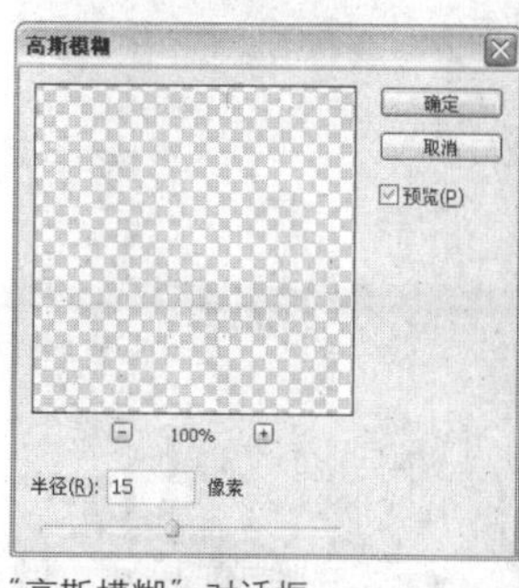

“高斯模糊”对话框

应用滤镜效果

16 模糊图像

单击画笔工具，按住Alt键当光标变成吸管图标时，吸取颜色在圆球的周围涂抹。执行“滤镜>模糊>高斯模糊”命令，在弹出的对话框中设置“半径”为40像素，单击“确定”按钮对图像进行模糊处理。

涂抹效果

模糊效果

17 添加素材图像

打开附书光盘\实例文件\Chapter 11\Media\高兴.png文件，单击移动工具，将图像拖动到当前图像文件中，生成“图层39”，并调整大小与位置。继续打开“ipod.png”文件，结合套索工具与移动工具将图像拖动到当前图像文件中。

添加人物素材

添加播放器素材

18 制作白色光影效果

单击矩形选框工具，创建矩形选区，单击鼠标右键，在弹出的快捷菜单中执行“羽化”命令，在弹出的对话框中设置“羽化半径”为10像素，单击“确定”按钮。新建“图层41”置于“图层40”下方，并填充白色。

创建选区

光影效果

19 添加描边路径效果

新建“图层42”，使用钢笔工具绘制音乐播放器的耳塞线，单击画笔工具，设置“主直径”为5像素，前景色为白色，单击“用画笔描边路径”按钮，描边路径。

绘制路径

描边路径效果

20 添加图层样式

在“图层”面板中双击“图层42”，在弹出的“图层样式”对话框中设置“斜面和浮雕”参数，完成后单击“确定”按钮。

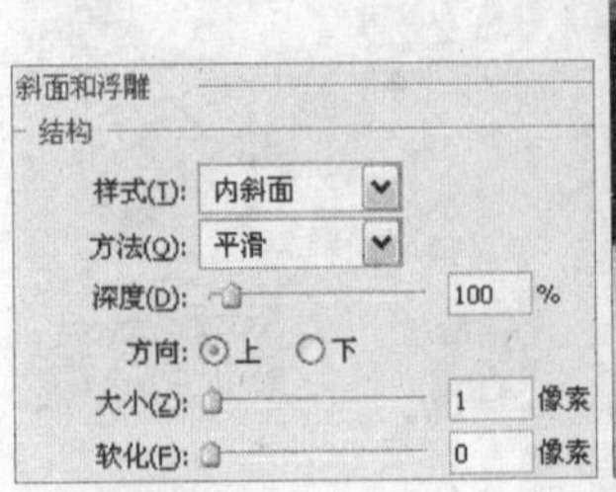

设置参数

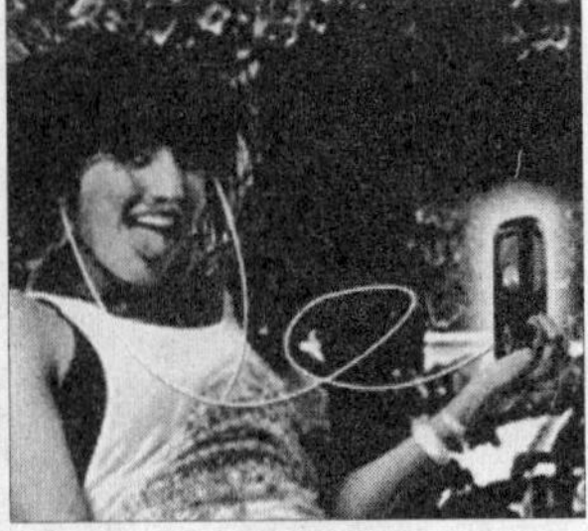
图像效果

21 绘制图像阴影

新建“图层44”，使用画笔工具，在属性栏中设置一个较柔软的笔刷，绘制人物的阴影，再新建“图层45”使用画笔添加更深的阴影。

绘制阴影效果

加深阴影效果

22 输入文字

使用相同的方法，将前面打开的“ipod.png”文件中的图像拖动到当前图像文件中，调整大小与位置。使用横排文字工具，在画面下方输入产品信息。至此，本例制作完成。

添加素材图像

完成后的效果

11.4 酒类杂志广告设计

实例分析： 本实例制作的是清爽感觉的啤酒广告。使用椭圆选框工具创建选区，应用羽化效果后填充颜色，使颜色柔和并富于变化。通过复制文字图层制作立体字效果，增加画面的多样性。

主要使用工具： 自由变换命令、画笔工具、钢笔工具、图层样式、羽化命令、横排文字工具

最终文件： Chapter 11\Complete\酒类杂志广告设计.psd
视频文件： Chapter 11\酒类杂志广告设计. swf

01 新建图像文件

按下快捷键Ctrl+N，在弹出的"新建"对话框中设置各项参数，单击"确定"按钮，新建图像文件。

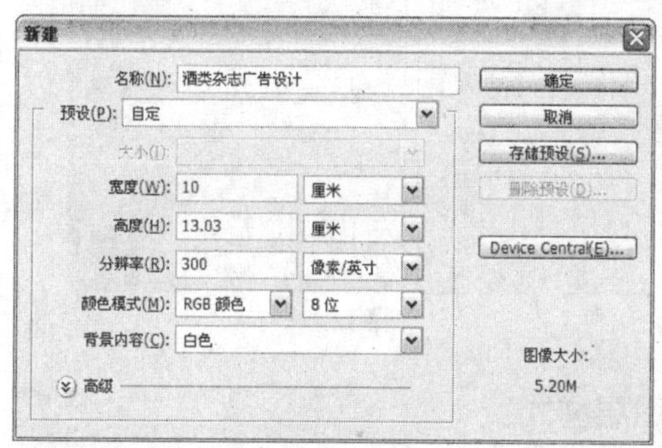

"新建"对话框

02 填充图像颜色

新建"图层1"，设置前景色为（R156、G188、B165），填充前景色到"图层1"中。单击椭圆选框工具，在属性栏中设置"羽化"为250px，然后在画面靠左的位置创建椭圆选区。

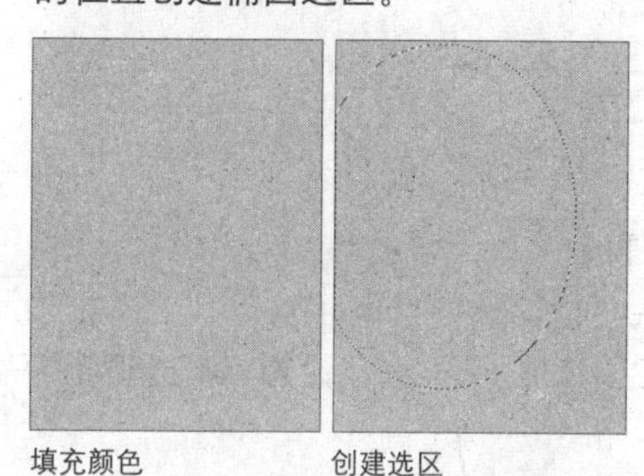

填充颜色　　创建选区

03 填充选区颜色

新建"图层2"并填充颜色为（R220、G228、B200）。新建"图层3"填充图像颜色为（R11、G101、B126）。

填充选区颜色　　填充图像颜色

04 删除选区内图像

单击椭圆选框工具，在属性栏上设置"羽化"为200px，创建椭圆选区，然后按下Delete键删除选区内的图像，最后取消选区。

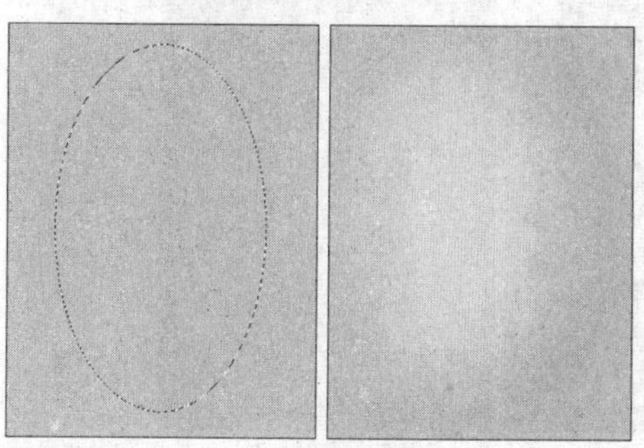

创建选区　　图像效果

05 删除选区内颜色

新建“图层4”，填充颜色为（R134、G206、B192）。使用相同的方法在画面靠左位置创建椭圆选区并羽化，按下快捷键Shift+Ctrl+I反选选区，按下Delete键删除选区内的图像。

创建选区

删除选区内颜色

06 填充图像渐变色

单击渐变工具，打开“渐变编辑器”对话框，设置渐变色从左到右为（R2、G44、B61）到透明色，单击“确定”按钮。新建“图层5”，在画面的四个角分别应用渐变。

“渐变编辑器”对话框

渐变效果

07 添加素材图像

打开附书光盘\实例文件\Chapter 11\Media\底面.jpg文件，单击移动工具，将图像拖动到当前图像文件中，生成“图层6”，按下快捷键Ctrl+T，调整图像大小和位置。选择“图层6”，设置图层混合模式为“叠加”，“不透明度”为30%。

添加素材图像

图像效果

08 继续添加素材图像

打开附书光盘\实例文件\Chapter 11\Media\纹理.png文件，使用相同的方法拖动到当前图像文件中，生成“图层7”，并调整大小和位置。单击“添加图层蒙版”按钮，在“图层7”上添加蒙版，设置前景色为黑色，使用画笔工具在不需要的区域涂抹。

添加素材图像

编辑蒙版效果

09 设置图层混合模式

选择“图层7”设置图层混合模式为“正片叠底”，“不透明度”为20%。

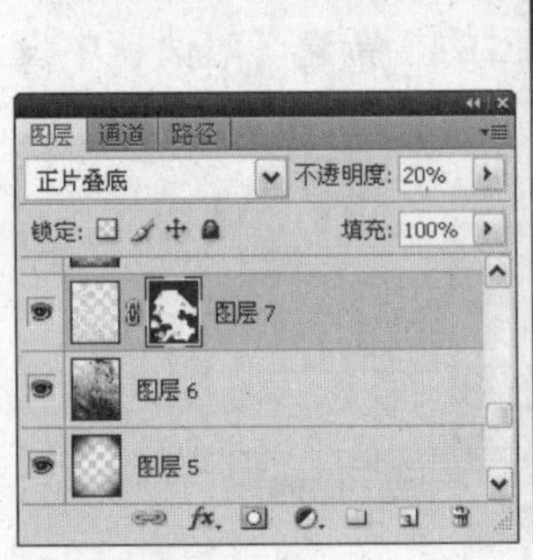

“图层”面板

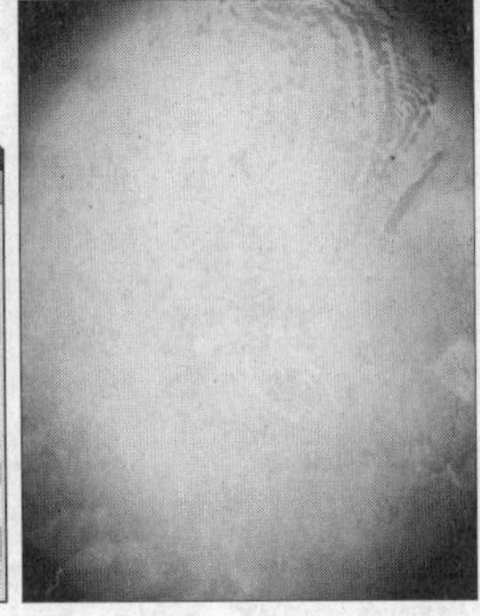
图像效果

10 添加图层样式

双击“图层7”，在弹出的“图层样式”对话框中设置“斜面和浮雕”参数，单击“确定”按钮。

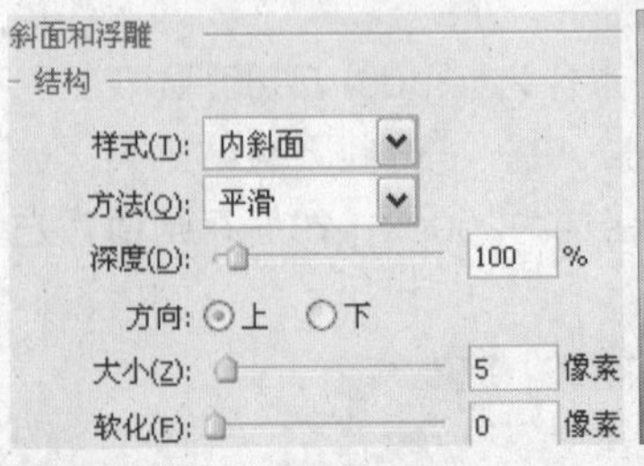

“斜面和浮雕”选项面板

添加图层样式效果

11 填充选区颜色

使用相同的方法，创建椭圆选区并羽化，反选选区填充颜色为（R3、G23、B34），设置“不透明度”为50%。

"图层" 面板

图像效果

12 添加素材图像

打开附书光盘\实例文件\Chapter 11\Media\椰树.png和海滩女.png文件，单击移动工具，将图像拖动到当前图像文件中，并调整大小和位置，设置"不透明度"为80%。单击海滩女图层的缩览图，载入选区，并填充选区颜色为黑色。

添加椰树素材

添加人物素材

技巧点拨

如果要载入整个图像的轮廓选区，按住Ctrl键单击需要载入图像所在图层的图层缩览图即可。

13 绘制黑色图像

新建"图层12"，使用椭圆选框工具，按住Alt+Shift组合键在椰树上方创建圆形选区，并填充前景色为黑色，按下快捷键Ctrl+D取消选区。使用钢笔工具，创建海鸥路径，并转换为选区，填充选区颜色为黑色，最后取消选区。

填充选区颜色

绘制海鸥图像

14 添加阴影效果

打开附书光盘\实例文件\Chapter 11\Media\啤酒.png文件，使用相同的方法，将图像拖动到当前图像文件中，并调整大小和位置。单击钢笔工具，在图像中绘制一个阴影路径并转换为选区，填充选区颜色为（R158、G149、B9）。

添加素材图像

绘制阴影图像

15 添加"高斯模糊"滤镜

选择"图层15"，执行"滤镜>模糊>高斯模糊"命令，在弹出的对话框中设置"半径"为50像素，单击"确定"按钮。

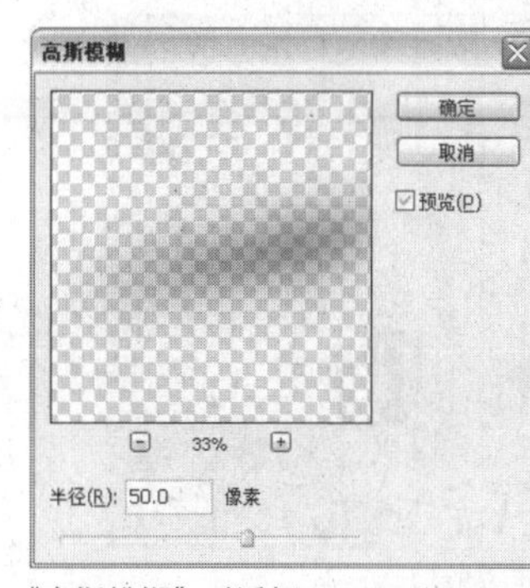

"高斯模糊" 对话框

模糊效果

16 编辑阴影效果

使用相同的方法，创建图层蒙版，设置前景色为黑色，使用画笔工具，选择柔角笔刷，在不需要的区域涂抹，隐藏部分图像。复制图层并结合加深工具，加深瓶子底部的阴影。

隐藏图像

加深效果

17 填充选区颜色

单击“图层14”的图层缩览图，载入啤酒瓶的轮廓选区，执行“选择>修改>扩展”命令，在弹出的对话框中设置“扩展量”为6像素，单击“确定”按钮。新建“图层16”置于“图层14”下方，并填充颜色为（R158、G149、B9），取消选区。

载入选区

图像效果

18 添加“高斯模糊”滤镜

执行“滤镜>模糊>高斯模糊”命令，在弹出的对话框中设置“半径”为15像素，单击“确定”按钮。

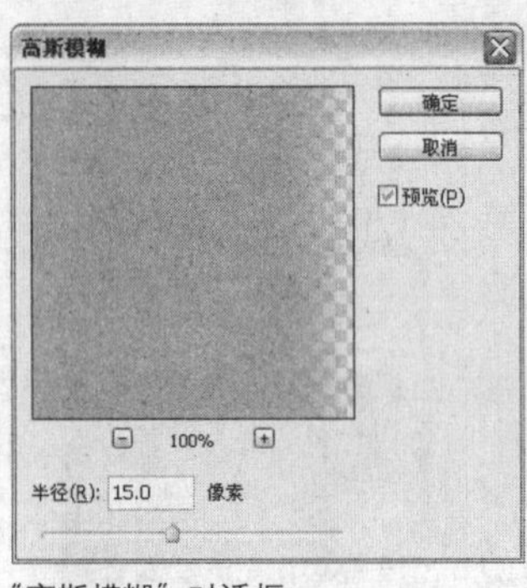

“高斯模糊”对话框

模糊效果

19 输入文字

使用横排文字工具，设置前景色为白色，执行“图层>像素化>文字”命令，使字符像素化，按下快捷键Ctrl+T调整字符的大小方向。单击移动工具，再单击字符的图层缩览图，载入选区，按住Alt键不放，按住鼠标左键并向右拖曳复制。

调整文字

20 绘制文字颜色效果

使用画笔工具，设置不同颜色进行涂抹，最后取消选区。单击减淡工具，在属性栏中设置“强度”为50%，在立体文字侧面涂抹需要加亮的区域，结合加深工具涂抹需要减暗的区域。

涂抹文字颜色

图像效果

21 制作文字阴影

复制文字图层，生成文字图层副本，然后按下快捷键Ctrl+T对阴影图层进行变换。使用相同的方法，应用高斯模糊，设置“半径”为15像素。

调整文字

图像效果

22 添加文字信息

打开附书光盘\实例文件\Chapter 11\Media\酒标.png文件，使用相同的方法，将图像拖动到当前图像文件中，并调整大小和位置。单击横排文字工具，在“字符”面板上设置各项参数，然后在画面的左下角输入文字。至此，本例制作完成。

添加素材图像

完成后的效果

11.5 化妆品杂志广告设计

实例分析： 本实例制作的是化妆品广告，通过清爽柔和的颜色与花纹素材图像的编排，体现出该化妆品年轻时尚的画面视觉效果。

主要使用工具： 画笔工具、图层蒙版、移动工具

最终文件： Chapter 11\Complete\化妆品杂志广告设计.psd

视频文件： Chapter 11\ 化妆品杂志广告设计. swf

01 新建图像文件

按下快捷键Ctrl+N，在弹出的“新建”对话框中设置各项参数，完成后单击“确定”按钮，新建图像文件。

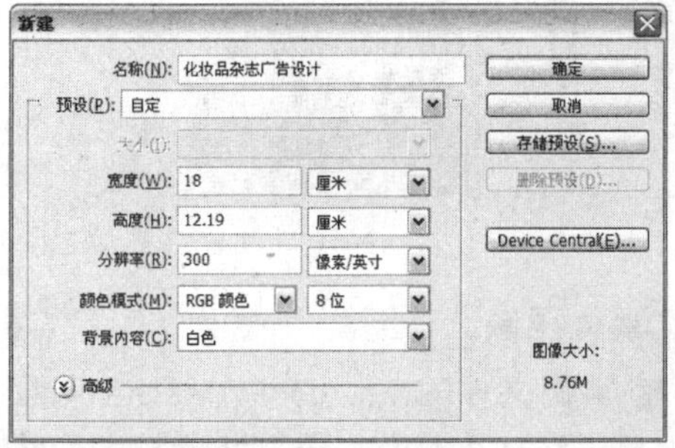

“新建”对话框

02 制作粉色背景图像

新建“图层1”，填充图像颜色为（R250、G216、B232）。

填充图像颜色

03 添加并编辑图层蒙版

单击“图层”面板下方的“添加图层蒙版”按钮，为“图层1”添加图层蒙版。单击画笔工具，选择柔角笔刷，设置前景色为黑色，然后在图像中进行涂抹，将部分图像隐藏，制作梦幻感的背景。

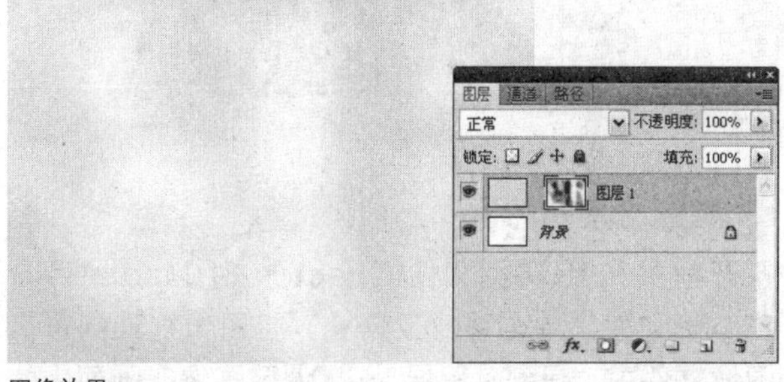

图像效果

04 添加素材图像

打开附书光盘\实例文件\Chapter 11\Media\人物2.png文件，单击移动工具，将图像拖动到当前图像文件中，得到“图层2”，调整图像在画面中的位置。

添加素材图像

05 调整图像

复制“图层2”得到图层“图层2副本”，设置图层混合模式为“滤色”，增强图像亮度效果。

图像亮度效果

06 调整图像对比效果

再次复制“图层2”，得到“图层2副本2”，执行“图像>调整>去色”命令，将图像调整为黑白，设置图层混合模式为“柔光”，增强图像对比效果。

图像效果

07 添加花素材图像

打开附书光盘\实例文件\Chapter 11\Media\百合花.png文件，单击移动工具，将图像拖动到当前图像文件中，得到“图层3”，调整图像在画面中的位置，并添加图层蒙版，结合画笔工具对图像进行涂抹，将部分图像隐藏，设置图层“不透明度”为58%。

添加素材图像

08 复制并调整图像

复制“图层3”，结合自由变换命令调整图像的大小与位置。

调整图像

09 添加产品素材图像

打开附书光盘\实例文件\Chapter 11\Media\产品.png文件，将图像拖动到当前图像文件中，得到“图层4”，调整图像在画面中的位置。

添加素材图像

10 添加花纹素材图像

打开附书光盘\实例文件\Chapter 11\Media\花纹2.psd文件，单击移动工具，分别将素材图像移动至当前图像文件中，调整图像在画面中的位置，适当调整图层的上下位置，使图像效果更自然。至此，本例制作完成。

完成后的效果

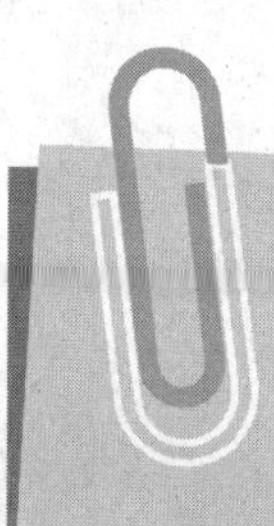

11.6 交通工具杂志广告设计

实例分析：本实例使用横排文字工具设置不同的字体样式，通过自由变换工具的旋转、移动、变形等命令，来创建蝴蝶翅膀的图像效果。

主要使用工具：横排文字工具、自由变换命令、钢笔工具

最终文件：Chapter 11\Complete\交通工具杂志广告设计.psd

01 新建图像文件

按下快捷键Ctrl+N，在弹出的“新建”对话框中设置各项参数，单击“确定”按钮，新建图像文件。

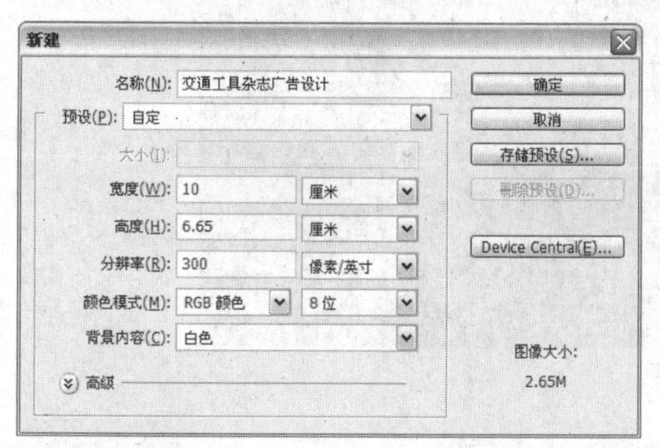

“新建”对话框

02 添加素材图像

新建“图层1”，设置前景色为（R169、G211、B219），按下快捷键Alt+Delete填充图像前景色。打开附书光盘\实例文件\Chapter 11\Media\电动车.png文件，单击移动工具，拖动到当前图像文件中，得到“图层2”，调整图像大小与位置。

填充图像颜色

添加素材图像

03 输入文字

单击钢笔工具，在画面右侧绘制一条弧形路径，单击横排文字工具，输入英文并调整文字的字体与字号大小。

绘制路径　输入文字

04 丰富画面效果

单击横排文字工具，继续输入英文，变换字体，调整文字形状。复制图像并调整图像方向与位置，然后打开“电动车.png”文件，将图像拖动到当前图像文件中，调整图像位置，最后在画面的下方输入文字信息。至此，本例制作完成。

输入文字

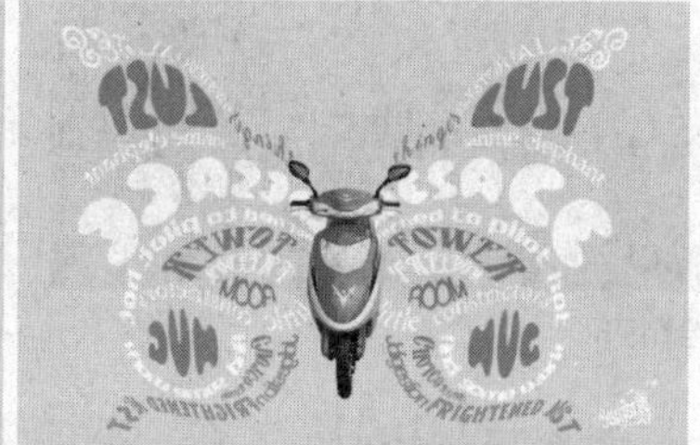

完成后的效果

11.7 油漆杂志广告设计

实例分析：本实例主要通过不同色块的组合，体现涂鸦的色彩视觉冲击力。

主要使用工具：钢笔工具、纹理化滤镜

最终文件：Chapter 11\Complete\油漆杂志广告设计.psd

视频文件：Chapter 11\油漆杂志广告设计 .exe

01 新建图像文件

执行“文件>新建”命令，在打开的“新建”对话框中设置参数，单击“确定”按钮，新建图像文件。

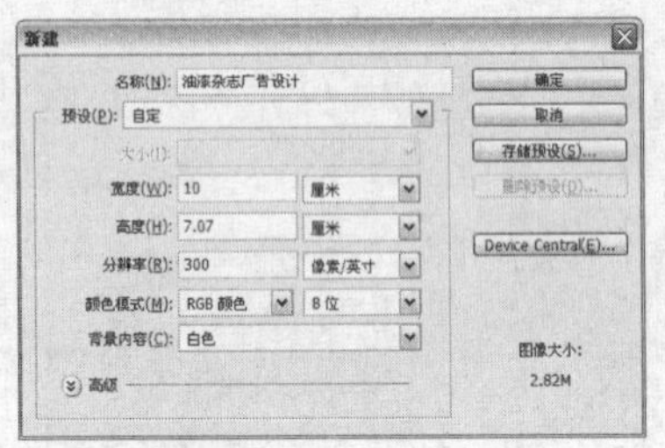

“新建”对话框

02 绘制花纹图像

打开“背景.png”文件，拖动到当前图像文件中，得到“背景”图层。新建“图层1”，使用钢笔工具和椭圆工具，绘制不同颜色的图形。

绘制图形

03 丰富画面绘制

添加“喷墨1.abr”素材文件到当前图像文件中，使用画笔工具绘制涂鸦手写体图形，得到“图层2”。

绘制图像效果

04 完成图像制作

在“图层1”和“图层2”中使用模糊工具对图形边缘进行适当模糊，然后使用纹理化滤镜添加纹理效果。打开“木纹.png”文件，拖动到当前图像文件中，最后添加文字。至此，本例制作完成。

完成后的效果

11.8 家具杂志广告设计

实例分析：本实例制作的是家具广告。画面主要通过图片色调处理与组合，以及自定义笔刷制造个性的氛围，展示华丽又复古的视觉效果。

主要使用工具：画笔工具、色彩平衡、照片滤镜

最终文件：Chapter 11\Complete\家具杂志广告设计.psd

视频文件：Chapter 11\家具杂志广告设计.exe

01 添加素材图像

新建图像文件，设置前景色为（R203、G176、B123），按下快捷键Alt+Delete填充前景色，并添加“纹理化”滤镜。打开附书光盘\实例文件\Chapter 11\Medie\人物3.psd、灯饰.png和家具.psd文件，拖动到当前图像文件中，调整图片的色彩平衡和照片滤镜，使图片和背景统一色调。

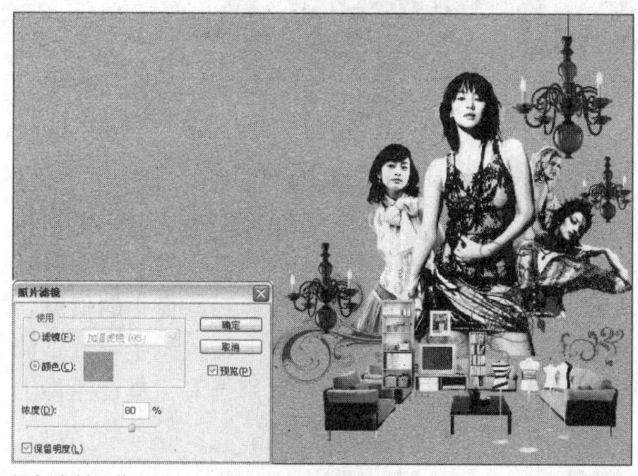

添加素材图像

02 添加素材并绘制底纹

载入附书光盘\实例文件\Chapter 11\Media\花纹1.abr、花纹2.abr、喷溅1.abr、喷溅2.abr画笔，在新建图层上使用画笔工具绘制底纹，可适当在背景图像边缘绘制磨损痕迹，增添复古效果。

绘制图像效果

03 完成图像制作

打开附书光盘\实例文件\Chapter 11\Media\花纹3.png文件，拖动到当前图像文件中，然后添加影子，使用减淡工具和加深工具对图像明暗进行调整，最后添加适当文字。至此，本例制作完成。

完成后的效果

11.9 休闲会所杂志广告设计

实例分析：本实例主要通过剪纸的风格表现休闲的主题。使用钢笔工具和套索工具绘制图形，以色块表现剪纸风格，同时增加一些渐变效果，使图像的立体感更强烈，让画面效果不再局限于平面上。

主要使用工具：钢笔工具、油漆桶工具、画笔工具、文字工具

最终文件：Chapter 11\Complete\休闲会所杂志广告设计.psd

01 新建图像文件

按下快捷键Ctrl+N，在弹出的对话框中设置各项参数值，完成后单击“确定”按钮，新建图像文件。

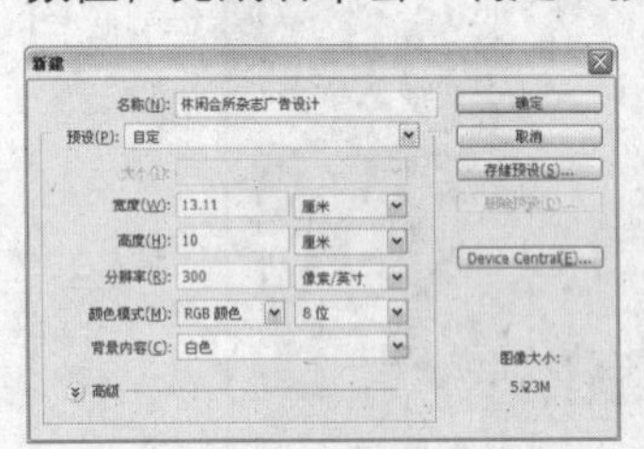

“新建”对话框

02 绘制背景图像

新建图层填充图像渐变颜色，使用钢笔工具与油漆桶工具绘制山脉颜色，使用画笔工具绘制草与树叶图像。

渐变效果　　绘制山脉效果　　草与树叶图像

03 绘制图像

新建图层，使用钢笔工具与油漆桶工具绘制红色背景图像。打开附书光盘\实例文件\Chapter 11\Media\鸟.psd文件，将图像拖动到当前图像文件中。使用相同的方法绘制图像上的各种元素图像。

绘制红色图像

绘制画面元素

04 添加素材图像

打开附书光盘\实例文件\Chapter 11\Media\电脑和鸟.psd文件，单击移动工具，分别将素材图像移动到当前图像文件中，调整图像在画面中的位置。单击横排文字工具，在图像上输入文字，分别调整文字的大小与位置，最后采用画笔工具在图像上绘制线条。至此，本例制作完成。

添加素材图像

完成后的效果

Chapter 12 DM广告设计

DM广告是快讯商品广告，通常由8开或16开广告纸正反面彩色印刷而成，通常采取邮寄、定点派发、选择性派送到消费者住处等多种方式进行宣传，广泛应用于商品销售、广告文案、企业广告等多种领域。DM可以直接将广告信息传送给真正的受众，具有很强的针对性与专业性。

12.1 汽车宣传单设计

实例分析：本实例通过素材图像与底色叠加使背景融合，再运用多边形套索工具和椭圆选框工具创建光照效果，并使用画笔工具添加图案效果，从而创建梦幻美丽的效果。

主要使用工具：图层混合模式、多边形套索工具、椭圆选框工具、横排文字工具

最终文件：Chapter 12\Complete\汽车宣传单设计.psd

01 新建图像文件

执行“文件>新建”命令，在弹出的“新建”对话框中设置各项参数，单击“确定”按钮，新建图像文件。

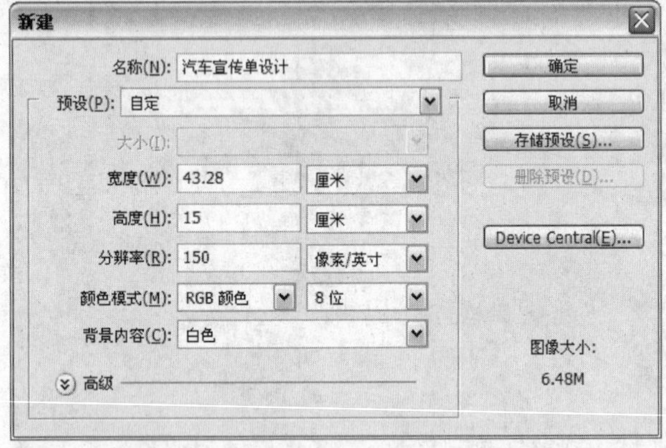

“新建”对话框

02 填充图像渐变色

新建“图层”，单击渐变工具，设置渐变色为（R211、G37、B5）、（R253、G133、B4）和（R211、G37、B5），单击“确定”按钮，填充渐变色。

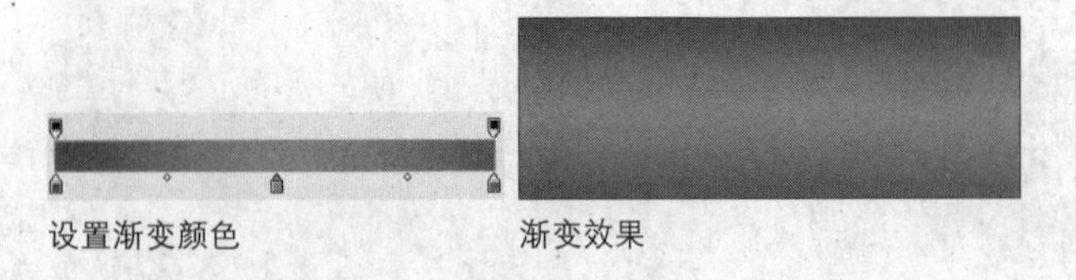

设置渐变颜色　　渐变效果

03 添加调整图层

单击“创建新的填充或调整图层”按钮，在弹出的菜单中执行“色相/饱和度”命令，在弹出的面板中设置各项参数。

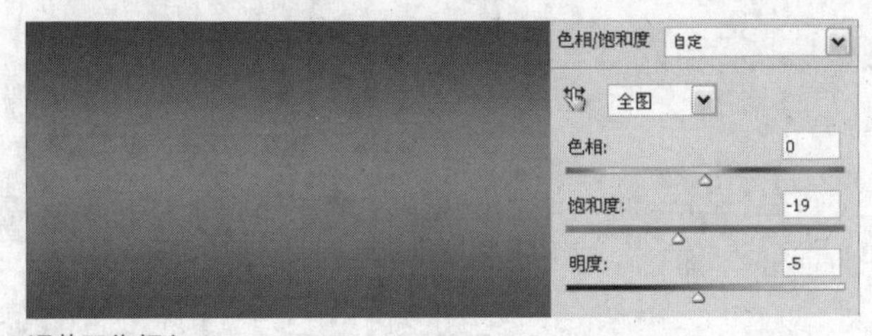

调整图像颜色

04 添加素材图像并设置图层混合模式

打开附书光盘\实例文件\Chapter 12\Media\风景1.jpg文件，单击移动工具，拖动到当前图像文件中生成“图层2”，按下快捷键Ctrl+T，调整图像大小和位置。选择“图层2”，在“图层”面板中设置图层混合模式为“叠加”，“不透明度”为50%。

添加素材图像

混合模式效果

05 添加素材图像

打开附书光盘\实例文件\Chapter 12\Media\风景2.jpg

文件，将图像拖动到当前图像文件中，生成“图层3”。按下快捷键Ctrl+T，右击，在弹出的快捷菜单中执行“变形”命令，调整各变换点。选择“图层3”，设置图层混合模式为“叠加”，“不透明度”为50%。

添加素材图像

设置混合模式效果

06 绘制图像

按住Ctrl键单击“图层3”的图层缩览图，载入“图层3”选区，设置前景色为（R182、G50、B15），在选区中涂抹。

载入选区

绘制图像效果

07 填充选区渐变色

按住Ctrl键单击“图层2”的图层缩览图，载入“图层2”选区，设置前景色为（R236、G172、B121），使用渐变工具，在“渐变编辑器”对话框中选择“前景色到透明”，在选区中拖动。

载入选区

填充渐变色

08 添加汽车素材图像

打开附书光盘\实例文件\Chapter 12\Media\mini.png文件，采用相同的方法拖动到画面中心位置，生成“图层6”，并调整大小和位置。

添加素材图像

09 绘制阴影

新建“图层7”，使用椭圆选框工具，在汽车的底部创建选区，设置前景色为黑色并填充到选区中，最后取消选区。

创建选区

阴影效果

10 添加“高斯模糊”滤镜

选择“图层7”，执行“滤镜>模糊>高斯模糊”命令，在弹出的对话框中设置“半径”为3像素，单击“确定”按钮。

设置参数值

滤镜效果

11 绘制白色光影

新建“图层8”，选择椭圆选框工具创建椭圆选区，设置前景色为白色，并填充到选区中，设置“不透明度”为70%。

白色光影效果

12 载入画笔

载入附书光盘\实例文件\Chapter 12\Media\梦幻.abr文件，单击画笔工具，在“画笔”面板中选择该画笔，设置前景色为白色，在画面中单击创建精灵图像，然后使用相同的方法绘制白色光影图像。

绘制精灵图像

绘制白色光影

13 添加并编辑图层蒙版

选择“图层10”，单击“添加图层蒙版”按钮，设置前景色为黑色，在画面上涂抹隐藏部分星辰图像。

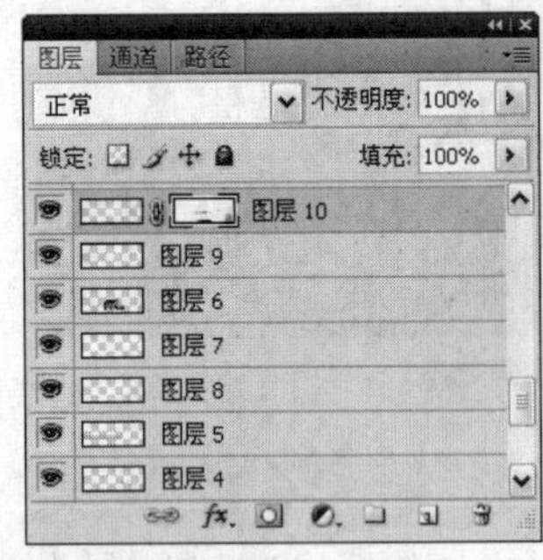

“图层”面板

图像效果

14 填充选区渐变色

新建“图层11”，单击多边形套索工具创建光束选区，设置前景色为白色，使用渐变工具，设置“前景色到透明”的渐变色，在选区中拖动。

创建选区

填充选区渐变色

15 添加并编辑图层蒙版

选择“图层11”，使用相同的方法创建图层蒙版，设置前景色为黑色，在画面中涂抹使光束更加自然。

图像效果

16 绘制心形图像

载入附书光盘\实例文件\Chapter 12\Media\心形.abr文件，单击画笔工具，在“画笔”面板中选择画笔名称为“sWIRLsf”的画笔，设置前景色为白色，在画面的左上角和右下角中单击创建心形图像。

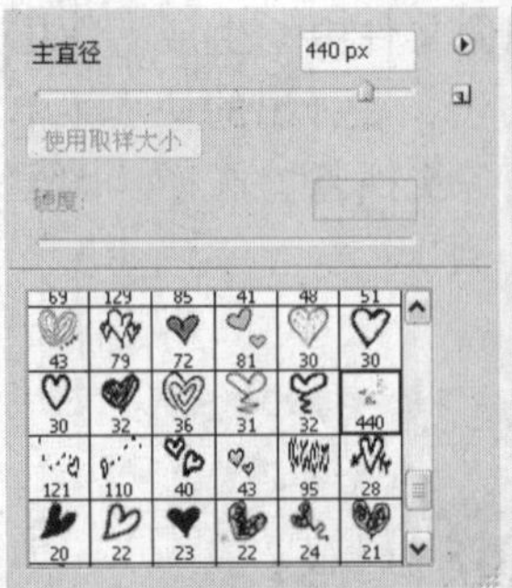

画笔预设面板

绘制心形图像

17 绘制萤火虫图像

新建“图层14”，设置前景色为白色，使用画笔工具，在属性栏中选择一个柔软的笔刷，并变换画笔的大小，在画面中单击创建萤火虫效果。

绘制图像效果

18 输入文字

单击横排文字工具，在图像上输入文字信息，调整文字的大小与位置。

输入文字信息

19 绘制线条图像

新建“图层15”，使用矩形选框工具，创建长条矩形选区，设置前景色为粉色（R202、G106、B80），填充选区，最后取消选区，结合图层蒙版对部分图像进行隐藏。结合画笔工具在图像中绘制白色蝴蝶效果，打开“汽车标志.png”文件，将图像拖动到当前图像文件中。至此，本例制作完成。

完成后的效果

12.2 商场宣传单设计

实例分析：本实例设计的是一张商场宣传单。使用云层笔刷使画面呈现出一种朦胧梦幻的效果，通过各种颜色的填充来丰富画面的色调，使整个画面呈现出一种时尚清新的流行气息。最后添加上主要的文字传达宣传信息。

主要使用工具：画笔工具、马赛克滤镜、渐变工具、路径选择工具

最终文件：Chapter 12\Complete\商场宣传单设计.psd

01 新建图像文件

执行“文件>新建”命令，在弹出的“新建”对话框中设置参数，单击“确定”按钮，新建图像文件。

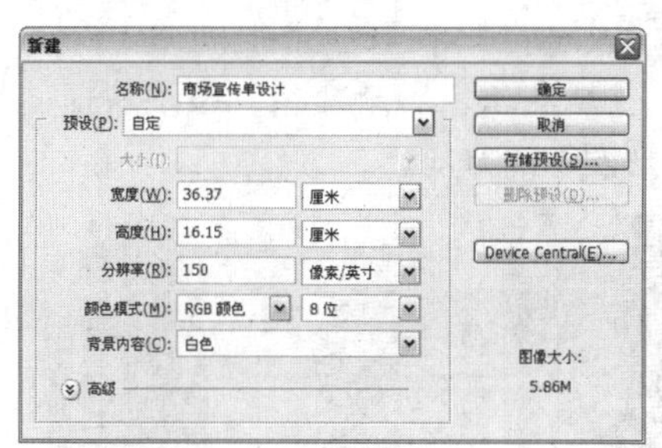

“新建”对话框

02 填充图像颜色

新建“图层1”，设置前景色为（R158、G209、B230），并填充到“图层1”中。

填充图像颜色

03 添加风景素材图像

打开附书光盘\实例文件\Chapter 12\Media\风景.jpg文件，使用移动工具将其拖动到当前图像文件中，生成“图层2”，并调整大小和位置。

添加素材图像

04 添加“马赛克”滤镜

选择“图层2”，执行“滤镜>像素化>马赛克”命令，在弹出的对话框中设置“单元格大小”为“107方形”，单击“确定”按钮。

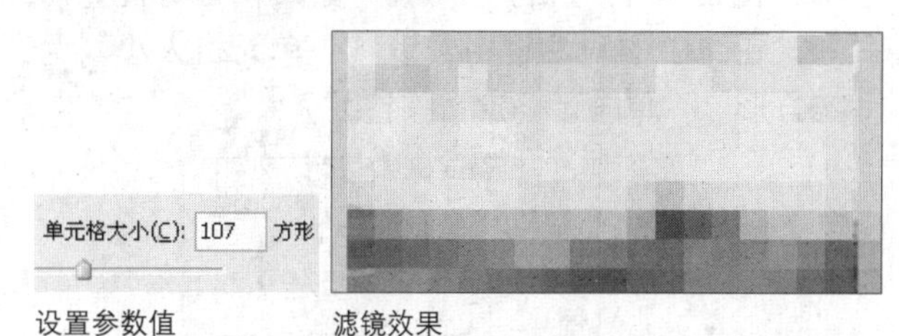

设置参数值 滤镜效果

05 绘制云彩图像

新建“图层3”，载入附书光盘\实例文件\Chapter 12\Media\云朵.abr文件，单击画笔工具，在“画笔”面板上选择云朵笔刷，设置前景色为白色，创建云彩图像。

绘制云彩图像

06 添加素材图像

打开附书光盘\实例文件\Chapter 12\Media\商场.png文件，将其拖动到当前图像文件中，并调整大小和位置。

添加素材图像

07 创建剪贴蒙版图层

使用多边形套索工具创建选区，按下快捷键Ctrl+Shift+J剪切选区并将其粘贴到新建图层，生成“图层4”，隐藏“图层3”，可以看到剪切的效果。

创建选区

图像效果

08 添加“马赛克”滤镜

选择“图层4”，执行“滤镜>像素化>马赛克”命令，在弹出的对话框中，设置“单元格大小”为“25方形”，单击“确定”按钮。

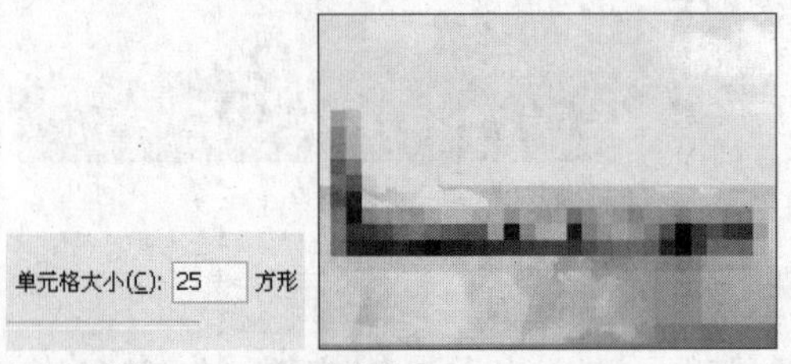

设置参数值　滤镜效果

09 添加素材与滤镜效果

打开附书光盘\实例文件\Chapter 12\Media\商场2.png文件，将其拖动到当前图像文件中调整大小和位置，并添加马赛克效果。

添加素材图像

10 绘制彩色色块

新建“图层8”，单击矩形选框工具，创建矩形选区，设置前景色为蓝色（R14、G162、B206），并填充前景色到选区中，最后取消选区。

创建选区

填充选区颜色

11 绘制更多色块

创建矩形选区，并填充单色和渐变色。按下快捷键Ctrl+T，调整矩形图像的方向。

创建选区

色块效果

12 绘制图像

新建“图层11”，设置前景色为白色、灰色，用画笔工具在画面的四周单击。

图像效果

13 载入画笔

新建"图层12"，载入附书光盘\实例文件\Chapter 12\Media\喷溅.abr文件，使用画笔工具，在"画笔"面板上选择喷溅笔刷，设置前景色为蓝色和绿色，创建喷溅图像。打开"模特.png"文件，将图像拖动到当前图像文件中。

绘制图像

添加素材图像

14 绘制图像

使用矩形选框工具创建矩形图像，再使用画笔工具添加云朵图像，并调整矩形图像与云朵图像的叠加顺序。

绘制矩形图像

调整图像效果

15 添加描边路径

新建"图层23"，使用钢笔工具创建弧形路径，使用路径选择工具选择单个路径，再选择画笔工具，设置"画笔大小"为3px，前景色为（R196、G6、B182），单击"用画笔描边路径"按钮描边路径。使用相同的方法描边其他路径。

绘制路径

图像效果

16 添加素材图像

打开附书光盘\实例文件\Chapter 12\Media\海鸥.png文件，将其拖动到当前图像文件中并调整大小和位置。

打开素材图像

添加素材图像

17 输入文字

使用横排文字工具输入文字，然后选择"仁美商场"文字，执行"图层>删格化>文字"命令，栅格化文字，并使用多边形套索工具添加细节。

完成后的效果

12.3 设计公司宣传四页

实例分析： 本实例通过添加图层混合模式使底色与石纹融合，运用色相/饱和度调整图层来改变色调，使用图层样式使一个简单的字符变成漂亮的立体字，美化画面效果。

主要使用工具： 移动工具、画笔工具、图层样式、图层混合模式

最终文件： Chapter 12\Complete\设计公司宣传四页.psd

01 新建图像文件

执行“文件>新建”命令，在弹出的“新建”对话框中设置参数，单击“确定”按钮新建图像文件。

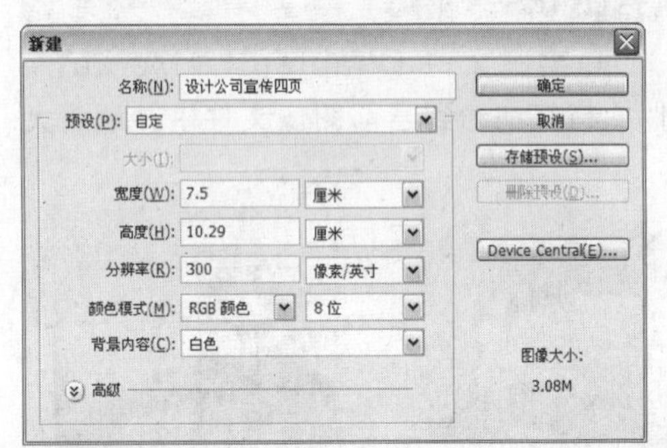

“新建”对话框

02 绘制花纹图像

新建“图层1”，填充图像颜色为（R209、G209、B165）。新建“图层2”，载入附书光盘\实例文件\Chapter 12\Media\花纹.abr文件，单击画笔工具，选择画笔名称为“5”的画笔，设置前景色为（R161、G153、B104），在画面中单击绘制花纹图像。

填充图像颜色　　绘制花纹图像

03 添加并编辑蒙版

选择“图层2”，单击“添加图层蒙版”按钮，设置前景色为黑色，使用画笔工具，选择一个柔软的笔刷，在不需要花纹的区域涂抹，隐藏多余图像。打开“石纹.jpg”文件，单击移动工具，拖动到当前图像文件中生成“图层3”，按下快捷键Ctrl+T，调整图像大小和位置，并设置图层混合模式为“正片叠底”，“不透明度”为80%。

编辑蒙版效果　　添加素材图像

04 添加调整图层

单击“创建新的填充或调整图层”按钮，在弹出的菜单中执行“色相/饱和度”命令，在弹出的面板中调整各项参数。

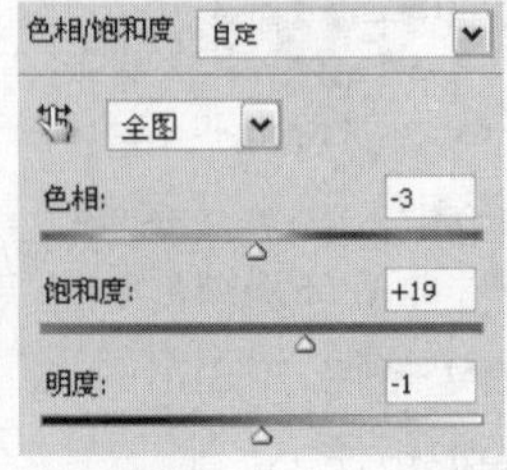

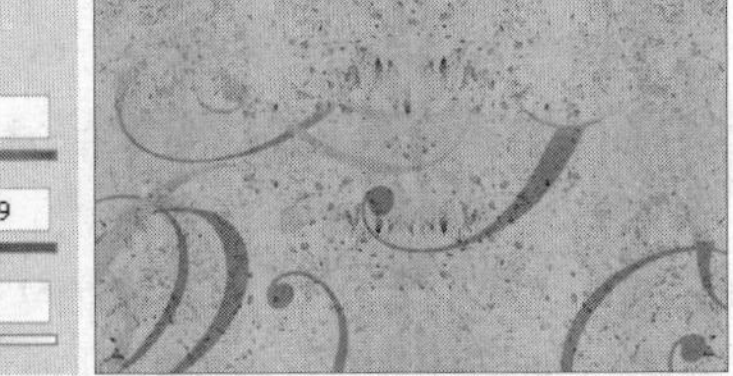

设置参数值　　图像效果

05 载入画笔

新建“图层4”，载入附书光盘\实例文件\Chapter 12\Media\花纹2.abr文件，使用画笔工具，在画笔预设面板上选择名称为“Pincel muestreado 1”的画笔，设置前景色为白色，创建花纹图像。

选择画笔

绘制花纹效果

06 输入文字

新建“图层5”，使用画笔工具，选择画笔名称为“Pincel muestreado 3”的画笔，设置前景色为黑色，创建花纹图像。单击横排文字工具输入英文N。

绘制花纹

输入文字

07 添加图层样式

双击N文字图层，在弹出的“图层样式”对话框中设置“投影”、“内阴影”、“内发光”、“斜面和浮雕”、“等高线”和“光泽”参数。打开“石纹.jpg”文件，将素材图像定义为图案，然后设置“图案叠加”参数，单击“确定”按钮。

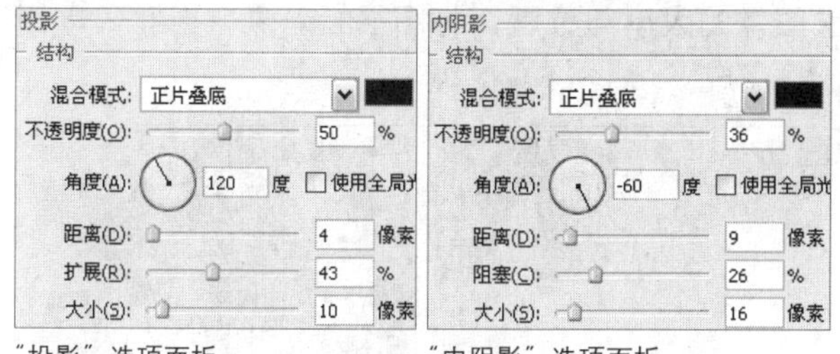

“投影”选项面板　“内阴影”选项面板

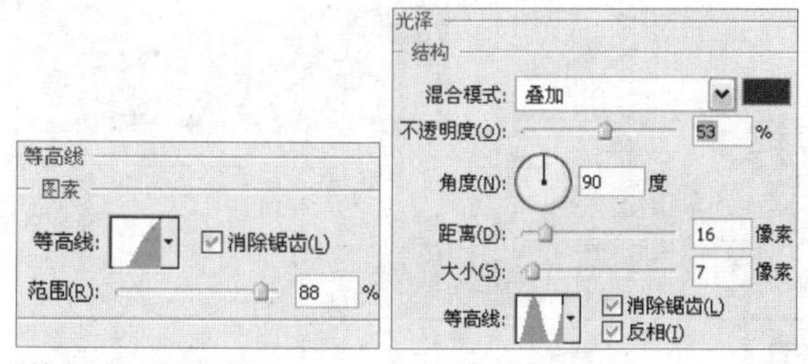

“等高线”选项面板　“光泽”选项面板

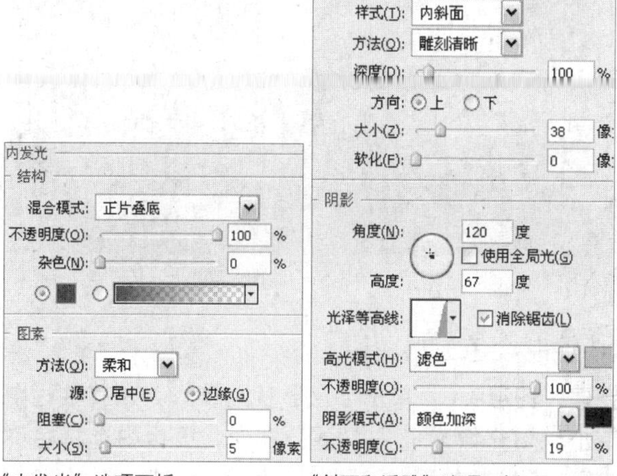

“内发光”选项面板　“斜面和浮雕”选项面板

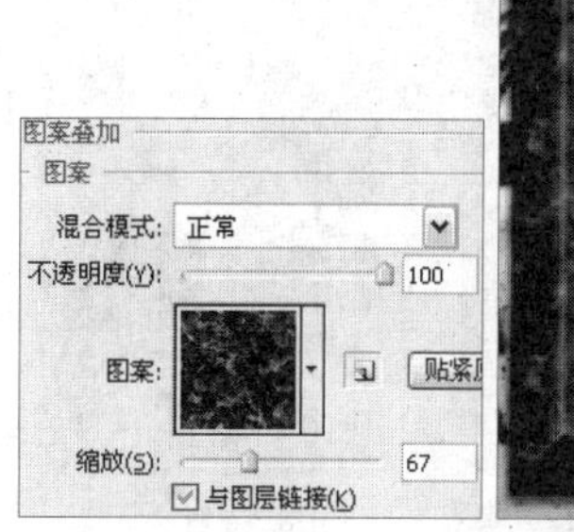

“图案叠加”选项面板

图层样式效果

08 输入文字

单击横排文字工具，设置前景色为白色，在字符面板上设置各项参数，输入文字。单击自定形状工具，在属性栏中单击“填充像素”按钮，在形状面板中选择名称为“放射”的形状。

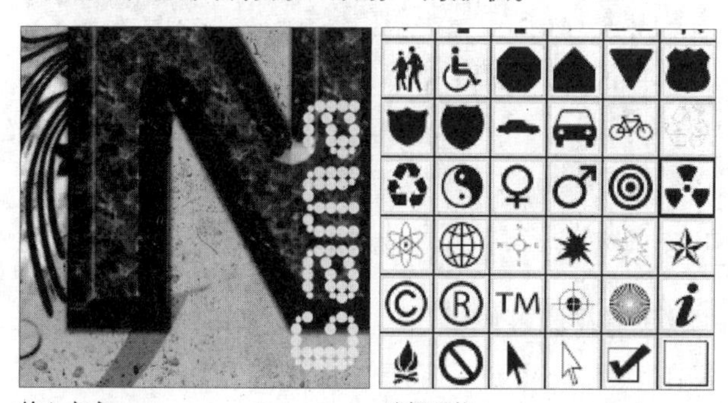

输入文字　选择形状

09 绘制图像

新建“图层6”，设置前景色为（R4、G30、B30），创建图案图像。使用相同的方法，用横排文字工具输入文字与数字。新建“图层7”和“图层8”，选择矩形工具，单击“填充像素”按钮，配合多边形套索工具创建图像。

输入文字

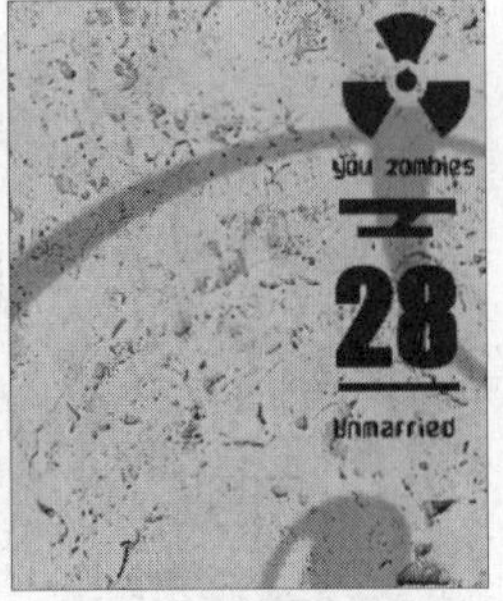

图像效果

10 绘制红色五星图像

新建"图层9"，单击自定形状工具，在属性栏中单击"填充像素"按钮，在形状面板中选择名称为"5角星"的形状，设置前景色为（R200、G2、B12），创建五角星图像。

选择形状

五星效果

11 从图层建立组

选择所有创建的图像，单击"图层"面板右上角的扩展按钮，在弹出的扩展菜单中执行"从图层新建组"命令，新建"组1"。

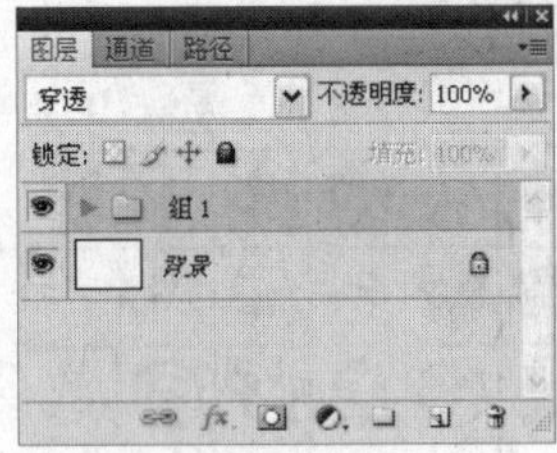

"图层"面板

完成封面效果

12 复制并调整图像

复制"组1"得到"组1副本"，使用移动工具调整图层的顺序，按下快捷键Ctrl+T调整图像方向。

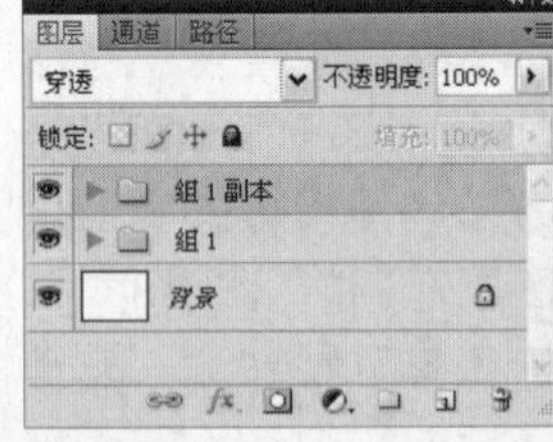

"图层"面板

图像效果

13 输入文字

重命名"组1副本"为"组2"，使用相同的方法，选择横排文字工具输入文字，注意文字的排版美观。复制"组2"生成"组2副本"，重命名为"组3"，并调整各图层的位置和方向。

输入文字

调整图像效果

14 制作页面效果

使用相同的方法绘制宣传单的其余两个页面，并调整页面效果。

宣传单页面3

宣传单页面4

15 复制并调整图层组

分别复制"组1"、"组2"、"组3"、"组4"，然后分别对图层组进行合并，结合自由变换命令调整图像的大小与位置，将图层组隐藏。至此，本例制作完成。

完成后的效果

12.4
服饰宣传单内页设计

实例分析：本实例制作的是服饰宣传单的内页，在制作中使用椭圆选框工具创建大量圆圈选区，通过图像之间的组合使画面饱和、富有美感。

主要使用工具：渐变工具、矩形选框工具、画笔工具、钢笔工具、自定形状工具

最终文件：Chapter 12\Complete\服饰宣传单内页设计.psd

01 调整参考线

新建图像文件，按下快捷键Ctrl+R，显示标尺，在左侧标尺上按住鼠标左键向右拖出参考线到8cm位置，将画面一分为二。

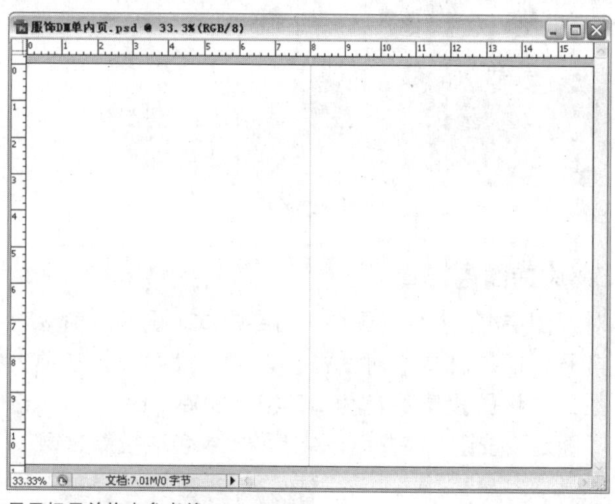

显示标尺并拖出参考线

02 填充选区渐变色

新建“图层1”，单击矩形选框工具，沿着参考线在图像左半部分创建一个矩形选区。单击渐变工具，打开“渐变编辑器”对话框，在该对话框中设置渐变颜色从左到右依次为（R86、G132、B60）、（R237、G237、B105）和（R206、G209、B71），单击“确定”按钮，从上到下拖动鼠标，填充线性渐变。

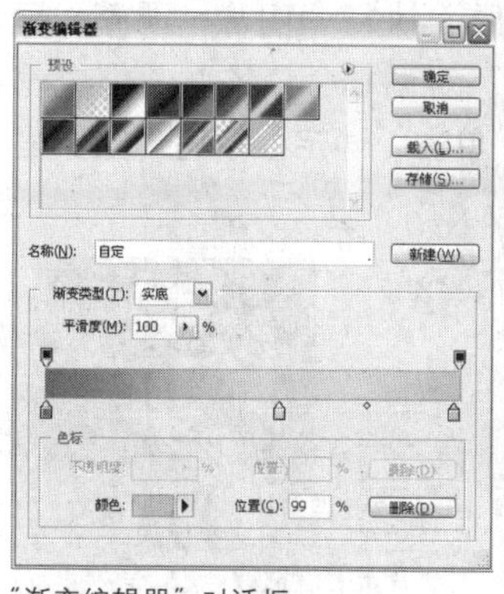

“渐变编辑器”对话框

渐变效果

03 拷贝图像

选择“背景”图层，单击矩形选框工具，在图像右半部分创建矩形选区，然后执行“图层>新建图层>通过拷贝的图层”命令，复制背景图层右边的白色矩形，生成“图层2”，并自动取消选区。

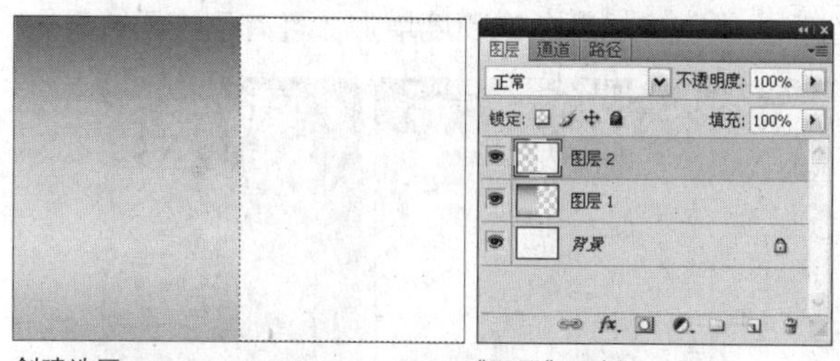

创建选区

“图层”面板

04 绘制图像

新建“图层3”，设置前景色为（R42、G87、B15），

单击画笔工具，在属性栏中设置画笔为“柔角100像素”，“不透明度”为50%，在图像上方绘制深绿色图像。执行“文件>打开”命令，打开附书光盘\实例文件\Chapter 12\Media\人物.png文件，使用套索工具和移动工具添加素材图像至当前图像文件中。

绘制图像　　添加素材图像

05 调整图像颜色

单击“创建新组”按钮新建“组1”，将人物图层移动到“组1”下，按照先后顺序重命名为“1”、“2”、“3”、“4”。在“组1”下复制“1”图层，选择“1副本”图层，执行“图像>调整>阈值”命令，打开“阈值”对话框，在该对话框中设置“阈值色阶”为162，单击“确定”按钮，图像呈黑白显示。

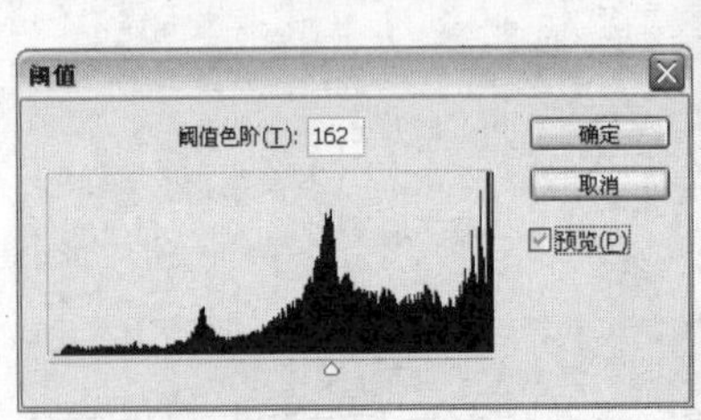

“阈值”对话框

图像效果

06 调整图像混合模式

设置“1副本”的图层混合模式为“柔光”，经过混合，人物图像的颜色饱和度增加，且有了绘画效果。

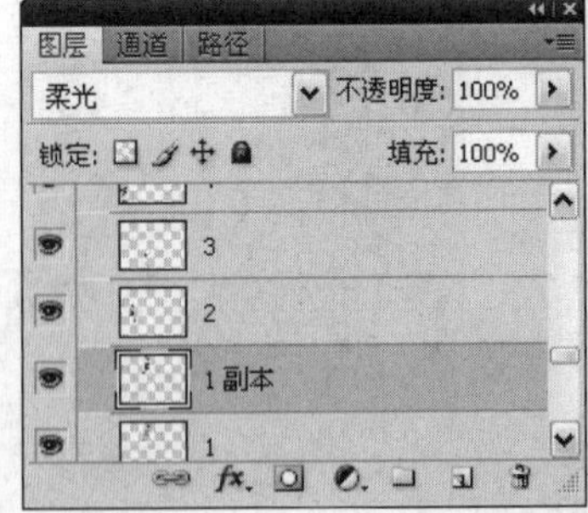

“图层”面板

图像效果

07 继续调整图像混合模式

在“组1”下分别复制“2”、“3”、“4”图层，对复制后的人物图像执行“图像>调整>阈值”命令，设置相应的“阈值色阶”值，单击“确定“按钮。设置复制后的图层的混合模式为“柔光”。

阈值效果

混合模式效果

08 绘制白色图像

在“组1”上新建“图层4”，单击椭圆选框工具，单击属性栏中的“添加到选区”按钮，在图像下面连续创建大小不一的椭圆选区，在选区中填充白色。

创建选区　　填充选区颜色

09 添加图层样式

对“图层4”执行“图层>图层样式>投影”命令，打开“图层样式”对话框，设置“投影”的各项参数，并设置投影颜色为（R46、G99、B6），单击“确定”按钮，在白色云朵上添加绿色的投影效果。

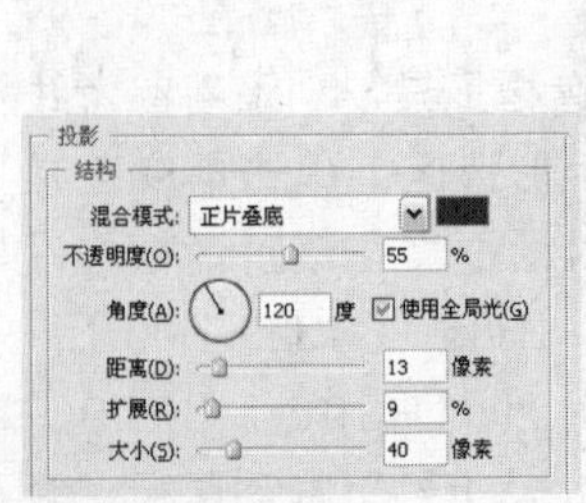

“投影”选项面板

投影效果

10 复制并调整图像颜色

连续两次复制“图层4”，对图像进行水平翻转后分别按住Ctrl键单击图层蒙版缩览图，载入选区。分别填充云朵的颜色为（R170、G240、B46）和（R137、G167、B32），完成后取消选区。单击钢笔工具，在图像文件下方两个人物之间绘制一条曲线路径。

调整颜色效果

绘制路径

11 添加描边路径

在“组1”下新建“图层5”，设置前景色为白色，单击画笔工具，在属性栏中设置画笔大小为“柔角9像素”。选择钢笔工具右击路径，在弹出的快捷菜单中执行“描边路径”命令，打开“描边路径”对话框，勾选“模拟压力”复选框，单击“确定”按钮，沿着路径描边。最后按下Delete键删除路径。

“描边路径”对话框

绘制线条

12 绘制线条

新建“图层6”和“图层7”，沿着中间和上面的人物轮廓绘制路径，单击“路径”面板中的“用画笔描边路径”按钮，沿着路径描边，完成后删除路径。在“组1”上新建“图层8”，选择椭圆选框工具，单击属性栏中的“添加到选区”按钮，在图像下面连续创建大小不一的椭圆选区。

绘制线条

创建选区

13 填充选区渐变色

单击渐变工具，打开“渐变编辑器”对话框，从左到右依次设置渐变颜色为白色和（R215、G222、B107）。单击“确定”按钮。在云朵图像中应用从上到下的线性渐变填充。

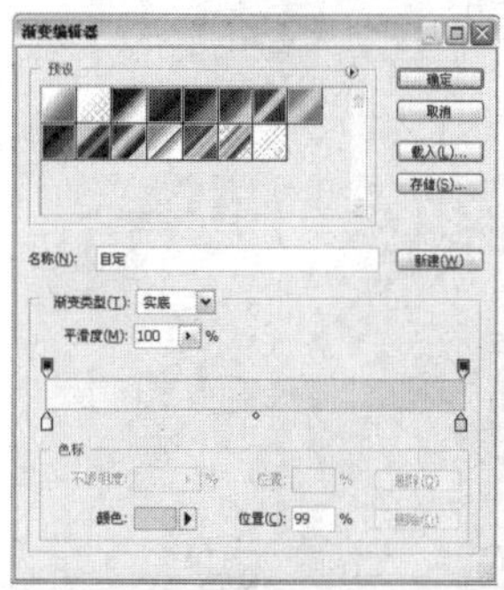
“渐变编辑器”对话框

渐变效果

14 绘制云朵图像

在绘制的云朵后面绘制多个云朵图像，使云朵图像富有层次感。复制云朵图像到“组1”的下方，调整到中间人物的后面位置，并重新调整云朵的组合方式。

绘制云朵图像

调整云朵图像

15 填充选区渐变色

新建“图层13”，单击椭圆选框工具，在最上面的人物图像下方创建一个椭圆选区，选择渐变工具，打开“渐变编辑器”对话框，从左到右依次设置渐变颜色为（R186、G40、B38）、（R239、

G135、B141）和白色，单击“确定”按钮。在云朵图像中应用径向渐变填充。

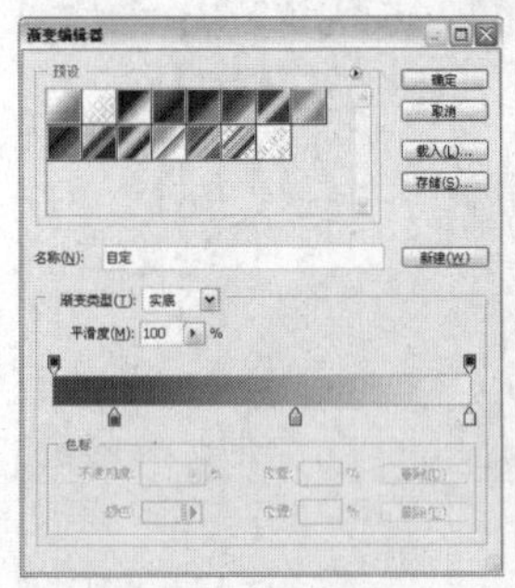

“渐变编辑器”对话框

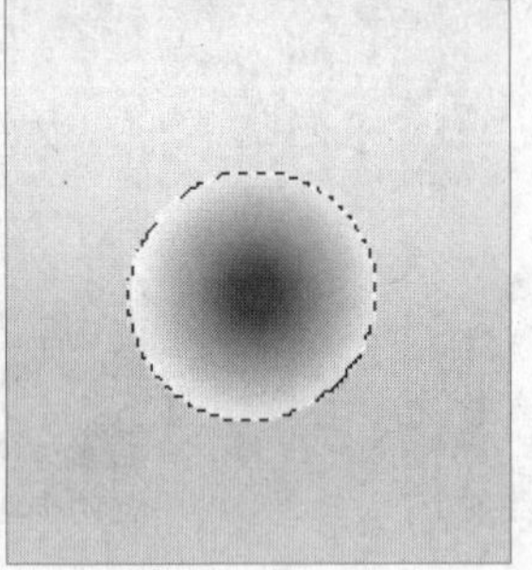
渐变效果

16 复制并调整图像

保持选区，按住Alt键拖动复制多个圆圈图形，根据需要调整圆圈图形的大小，然后复制“图层13”图层，对复制后的“图层13副本”图层执行“编辑>变换>垂直翻转”命令，翻转图像并向下轻移，使圆圈图像更加丰富。

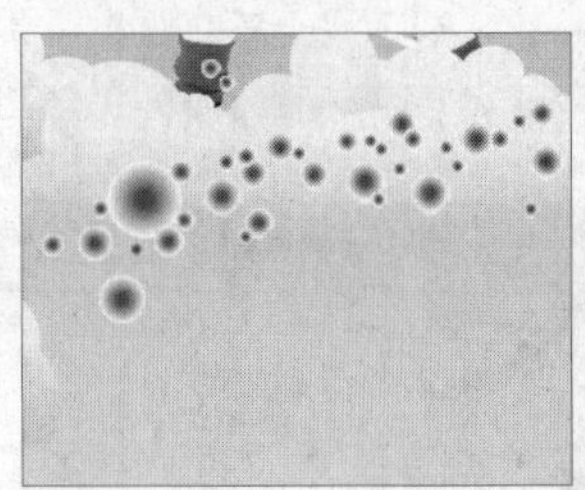
复制图像

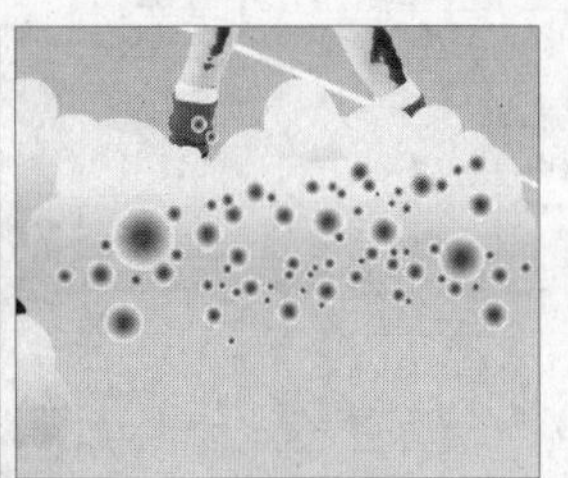
调整图像

17 调整图像明暗对比

选择“图层13副本”，执行“图像>调整>色阶”命令，打开“色阶”对话框，在该对话框中设置“输入色阶”为80、1.00、162，单击“确定”按钮，将圆圈图像的颜色整体调亮。

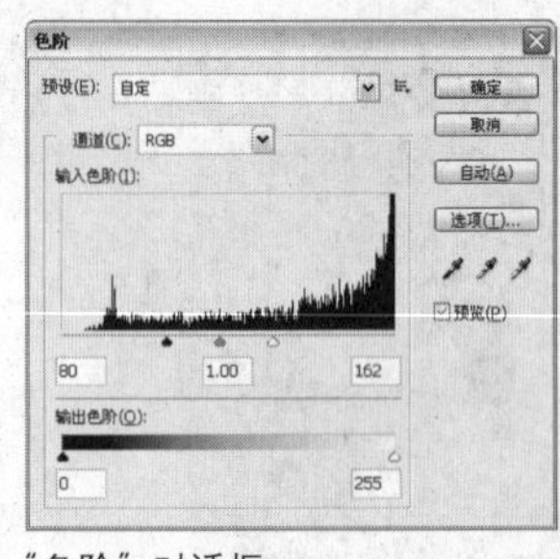

“色阶”对话框

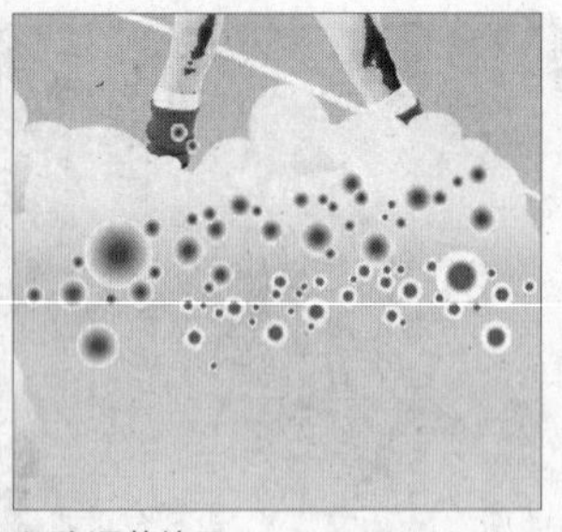
色阶调整效果

18 复制并调整图像颜色

再次复制“图层13”，将复制的圆圈图像移动到中间的人物上，然后根据需要局部改变圆圈图像的颜色，在这里将红色的圆圈图像改变为蓝色。再次复制“图层13”，将复制后的图像移动到左下角的人物图像上方，为了避免圆圈图像过于杂乱，适当删除一些圆圈图像，然后改变复制后的圆圈图像的颜色。

调整图像颜色

调整图像位置

19 添加素材图像

打开附书光盘\实例文件\Chapter 12\Media\图案1.png文件，结合套索工具和移动工具，分别将素材移动到当前图像文件中，放置在人物图像周围，增加画面的活力。在“组1”下新建“图层15”，单击椭圆选框工具，在属性栏中设置“羽化”为3像素，在人物图像下创建椭圆选区，在选区中填充颜色为（R140、G135、B36），然后制作猫咪下面的阴影。

添加素材图像

阴影效果

20 扩展选区并填充选区颜色

按住Ctrl键单击“组1”中的“3”图层缩览图载入选区，执行“选择>修改>扩展”命令，打开“扩展选区”对话框，设置“扩展量”为10像素，单击“确定”按钮，向外扩展选区。新建“图层14”，在选区中填充白色。

扩展选区

填充选区颜色

21 绘制曲线

新建“图层15”，单击钢笔工具，在左上角绘制曲线路径，沿着路径描边，完成后取消选区。

绘制路径　　曲线效果

22 绘制曲线与圆点图像

采用相同的方法，使用钢笔工具，绘制不同的曲线路径，并沿着路径描边。新建“图层16”，单击画笔工具，在属性栏中选择柔角的画笔，在曲线上连续单击，绘制多个圆点图像。

曲线效果　　圆点图像

23 绘制彩色横条

新建“图层17”，单击矩形选框工具，在白色矩形中创建一个矩形条选区，在选区中填充颜色为（R174、G196、B94）。采用相同的方法在图像上绘制更多彩色横条。

绘制绿色横条　　彩色横条效果

24 添加素材图像

打开“图案2.png”文件，将图像移动到当前图像文件的右上角位置，生成“图层18”。在图像下方绘制颜色值为（R138、G168、B32）的矩形图像。单击横排文字工具，在右边白色矩形中输入文字，选择开头的文字，改变文字的颜色，单击“字符”面板中的仿粗体按钮，加粗文字。

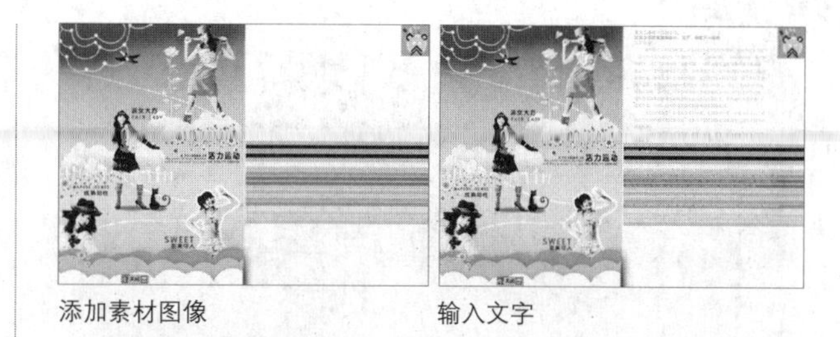

添加素材图像　　输入文字

25 复制并调整图像

复制“图层22”，将复制的图像放大，向下移动到彩色条的下方，设置“图层22副本”的“不透明度”为16%，降低图像的透明度。

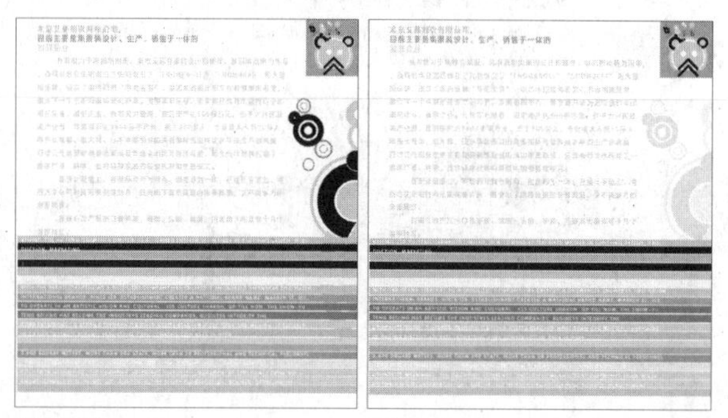

复制图像　　调整图像效果

26 添加模糊效果

新建“图层23”，单击椭圆选框工具，在右边白色矩形中连续创建椭圆选区，在选区中从左到右填充（R251、G251、B251）到（R215、G207、B222）的线性渐变。单击模糊工具，在绿色图像中连续绘制，模糊图像。

绘制图像　　模糊效果

27 绘制形状图像

设置前景色为黑色，新建“图层24”，单击自定形状工具，选择形状为“鸟2”，绘制多个鸟图形，执行“编辑>变换>水平翻转”命令，水平翻转图像。

选择形状　　完成后的效果

12.5 酒吧宣传单设计

实例分析：本实例设计的是一张酒吧宣传单，通过古典欧式的版面编排方式，体现酒吧欧式复古的气息，添加图层样式制作宣传单的立体层次感。

主要使用工具：钢笔工具、渐变工具、剪贴蒙版图层

最终文件：Chapter 12\Complete\酒吧宣传单设计.psd
视频文件：Chapter 12\酒吧宣传单设计.swf

01 新建图像文件

执行“文件>新建”命令，打开“新建”对话框设置各项参数，单击“确定”按钮，创建图像文件。

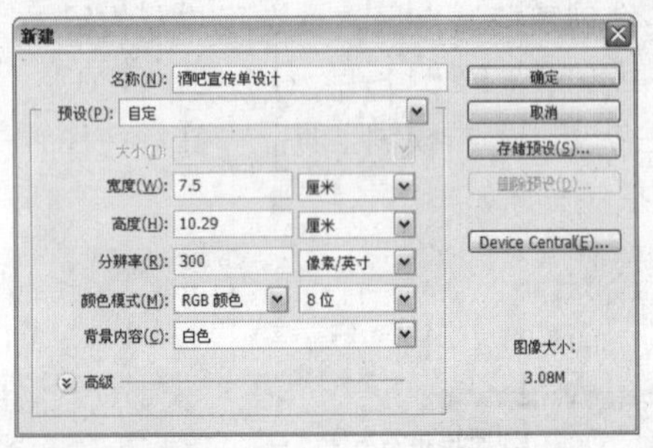

“新建”对话框

02 填充选区颜色

新建“图层1”，填充图像颜色为（R46、G0、B0），然后新建“图层2”，选择钢笔工具在图像上绘制曲线路径，闭合路径并转换为选区，填充选区颜色为（R145、G53、B7），保持选区。

绘制路径

填充选区颜色

03 设置图层混合模式

选择“图层2”，设置图层混合模式为“浅色”，设置图层“不透明度”为44%。

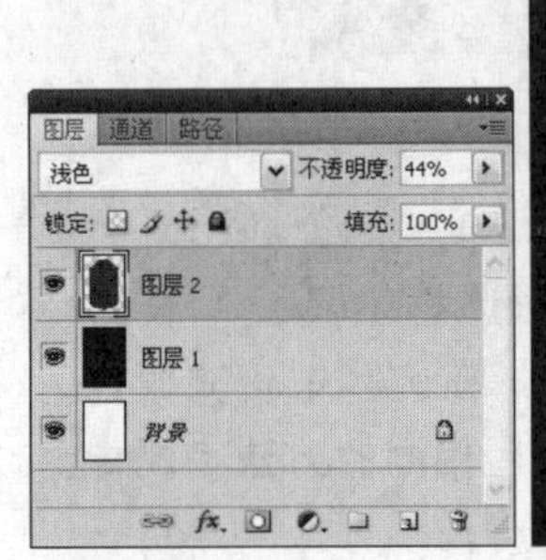

“图层”面板

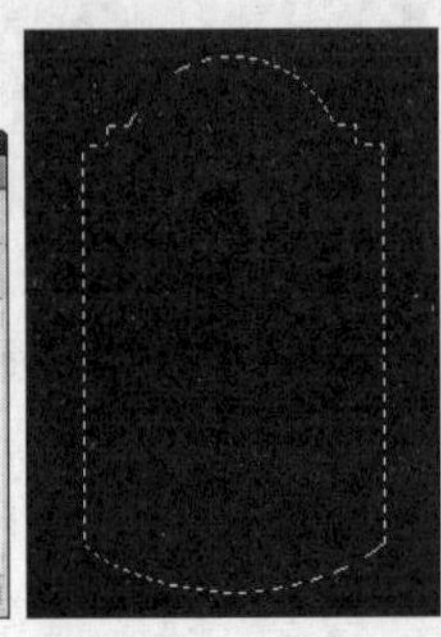

图像效果

04 对选区描边

保持选区新建“图层3”，执行“编辑>描边”命令，打开“描边”对话框设置参数，设置颜色为（R209、G164、B55），单击“确定”按钮，最后取消选区。

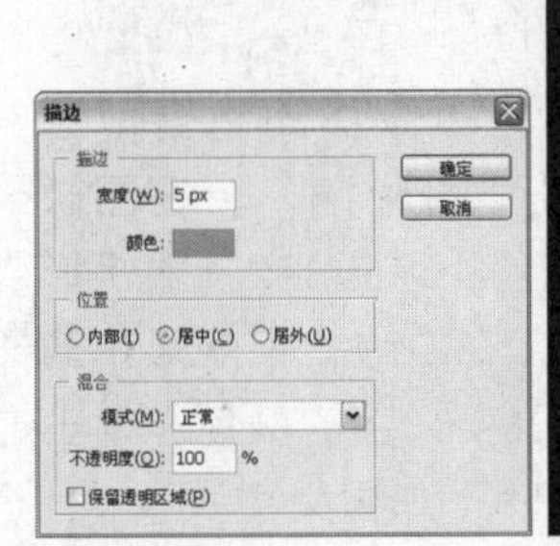

“描边”对话框

描边效果

05 添加图层样式

双击“图层3”打开“图层样式”对话框，设置“斜面和浮雕”与“渐变叠加”参数，其中设置“渐变叠加”渐变颜色为（R100、G141、B15）、（R255、G219、B149）和（R189、G141、B15）。

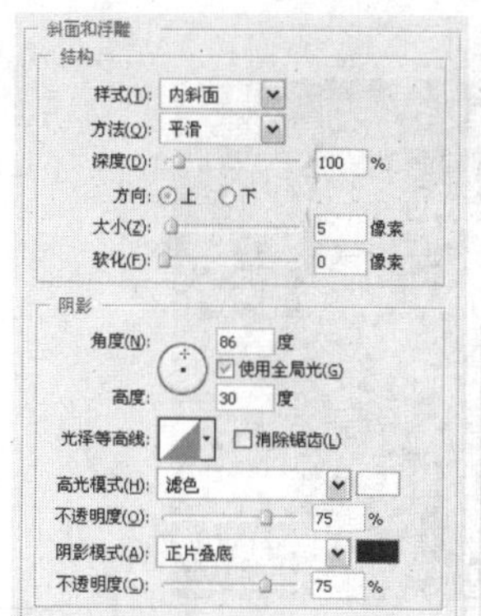

“斜面和浮雕”选项面板

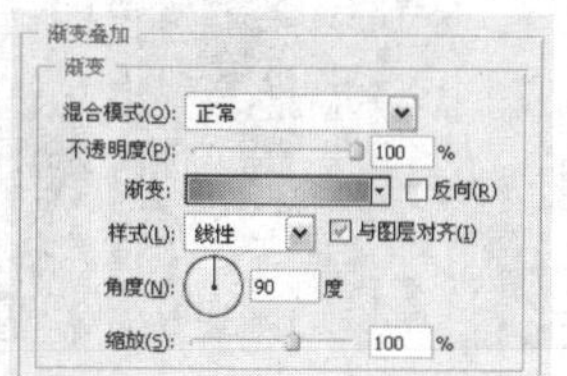

“颜色叠加”选项面板

06 添加素材图像

打开附书光盘\实例文件\Chapter 12\Media\花纹.png文件，单击移动工具，将素材图像移动至当前图像文件中，得到“图层4”。

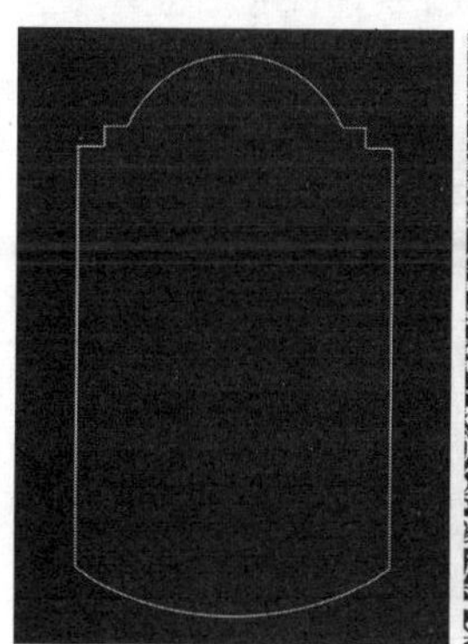

图层样式效果

添加素材图像

07 创建剪贴蒙版

调整“图层4”至“图层3”的下方，按下快捷键Ctrl+Alt+G创建剪贴蒙版，设置图层混合模式为“柔光”，“不透明度”为63%。

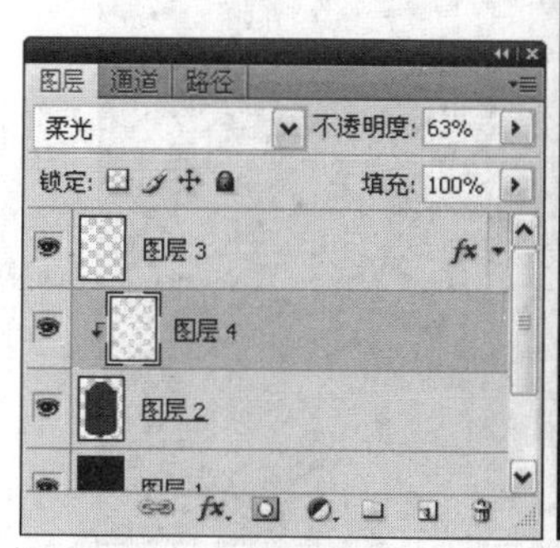

“图层”面板

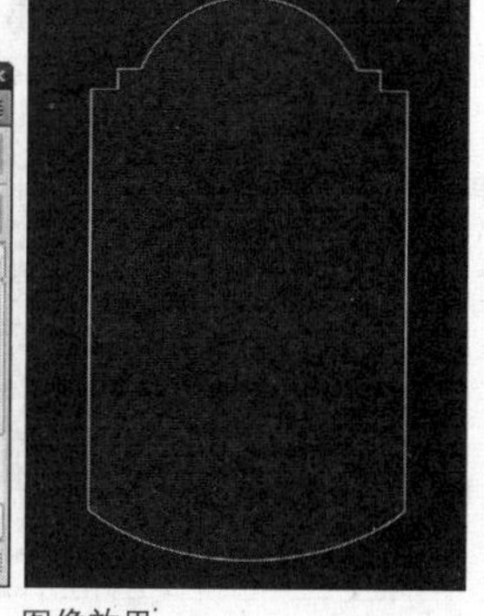

图像效果

08 绘制图像

新建“图层5”，单击钢笔工具在图像上绘制路径，将路径转换为选区，填充选区颜色为（R46、G0、B0）。保持选区对图像执行描边命令。新建“图层6”，采用相同的方法添加图层描边效果，拷贝“图层3”的图层样式粘贴至“图层6”中，最后取消选区。

填充选区颜色

描边效果

09 添加图层样式

双击“图层5”，打开“图层样式”对话框，设置“内阴影”与“内发光”参数，其中设置“内发光”颜色值为（R160、G55、B55）。

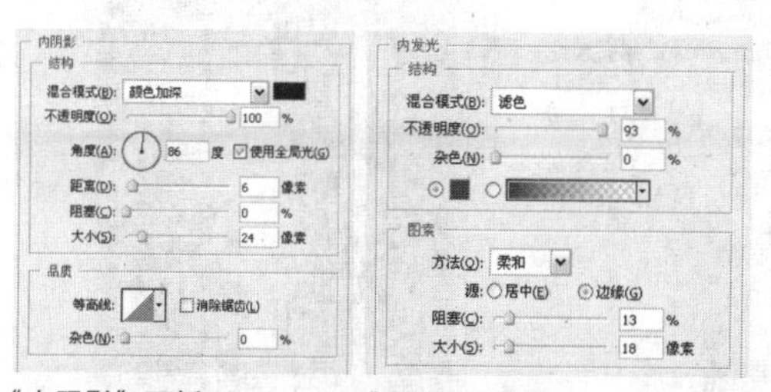

“内阴影”面板　“内发光”面板

10 添加花纹素材图像

打开附书光盘\实例文件\Chapter 12\Media\花纹2.png文件，单击移动工具，将素材图像移动至当前图像文件中，在“图层5”的上方得到“图层7”。用相同的方法建立“图层7”的剪贴蒙版，设置图层混合模式为“实色混合”。

图层样式效果

添加素材图像

11 添加酒瓶素材图像

打开附书光盘\实例文件\Chapter 12\Media\酒瓶.png文件，添加素材图像至当前图像文件中，得到“图层8”，按下快捷键Ctrl+Alt+G创建剪贴蒙版。

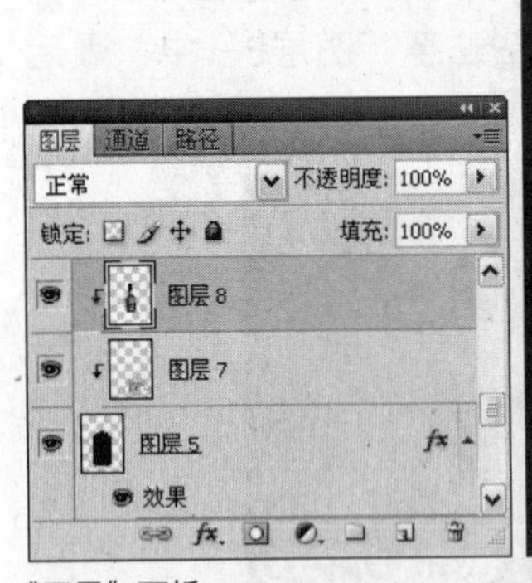

“图层”面板

添加素材图像

12 制作倒影

复制“图层8”，结合自由变换命令调整“图层8 副本”图层的位置，为“图层8 副本”添加图层蒙版。单击渐变工具，选择蒙版图层填充图像黑色到透明色的线性渐变，将部分酒瓶倒影进行隐藏。

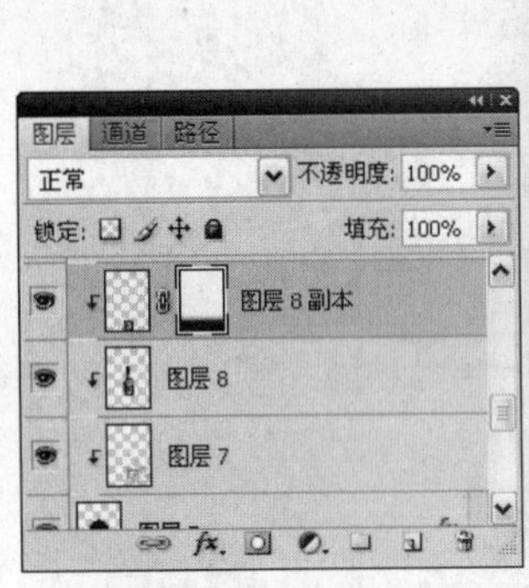

“图层”面板

倒影效果

13 增添图像立体效果

按住Ctrl键单击“图层8”缩览图载入图层选区，新建“图层9”，沿选区四周向内填充渐变颜色为（R43、G0、B0）到透明的线性渐变，设置“图层9”的混合模式为“强光”，“不透明度”为86%。

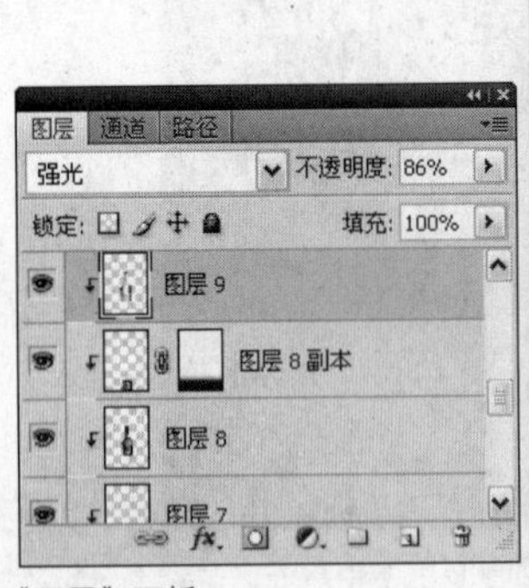

“图层”面板

图像效果

14 添加人物素材图像

打开附书光盘\实例文件\Chapter 12\Media\人物2.png文件，添加素材图像至当前图像文件中并创建剪贴蒙版。打开“花纹3.psd”文件，分别添加素材图像至当前图像文件中，适当调整图像的图层透明度。

添加人物素材

添加花纹素材

15 添加文字图层样式

单击横排文字工具T，在图像上输入文字，打开文字图层“图层样式”对话框，设置“渐变叠加”参数，其中设置渐变颜色为（R166、G100、B33）、（R254、G250、B206）和（R168、G103、B35）。

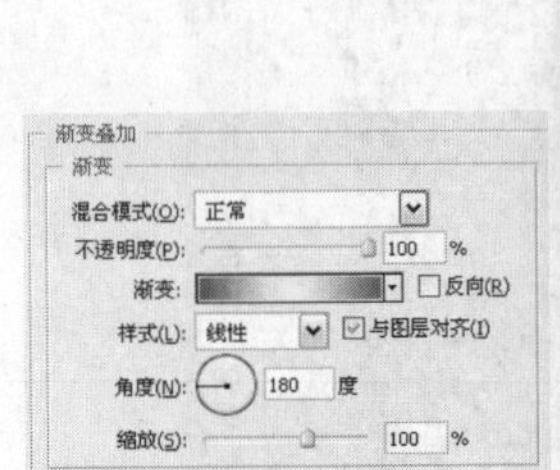

“渐变叠加”选项面板

渐变效果

16 输入文字

在图像的下侧输入文字信息，拷贝CHIVAS REGAL文字图层的图层样式粘贴至当前文字中。

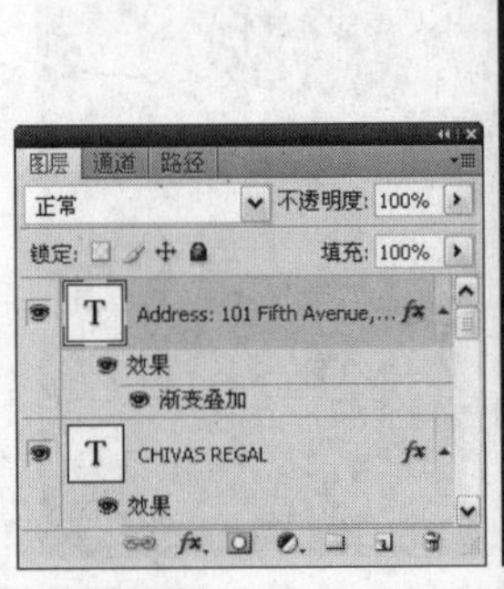

“图层”面板

完成后的效果

12.6 西餐厅菜单设计

实例分析：本实例设计的是一款西式餐厅的点菜单。通过矢量的餐具与食品刻画出了西餐厅的元素特征，表现出轻松幽默的画面效果。

主要使用工具：钢笔工具、画笔工具、纹理化滤镜

最终文件：Chapter 12\Complete\西餐厅菜单设计.psd

01 新建图像文件

执行"文件>新建"命令，打开"新建"对话框设置各项参数，单击"确定"按钮，创建图像文件。

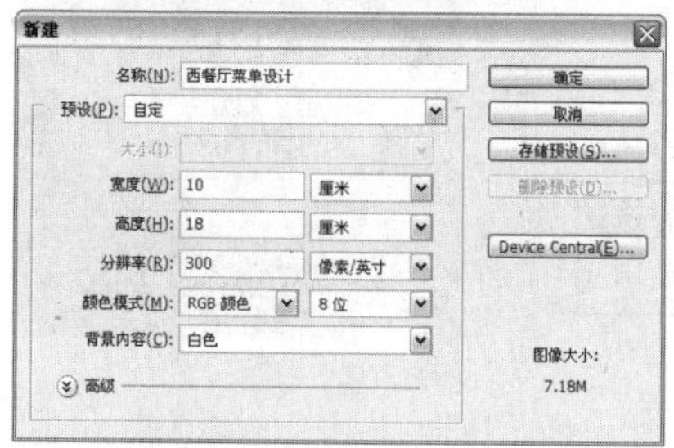

"新建"对话框

02 填充图像颜色

新建"组1"，在该组中新建图层并重命名为"背景"，填充背景图像颜色为（R240、G18、B143）。

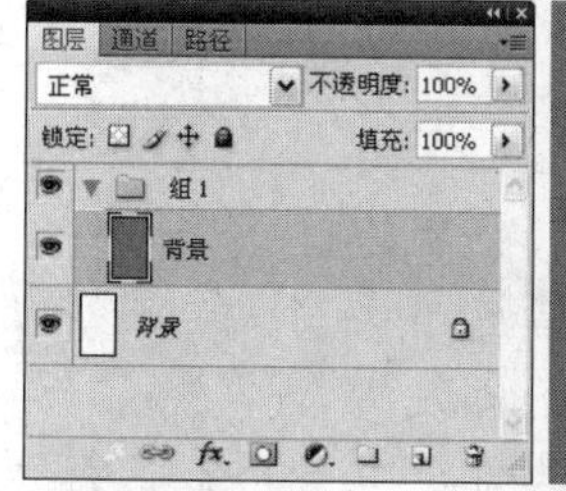

"图层"面板　　填充图像颜色

03 添加"纹理化"滤镜

执行"滤镜>纹理>纹理化"命令，在弹出的对话框中设置参数，添加图像纹理效果。

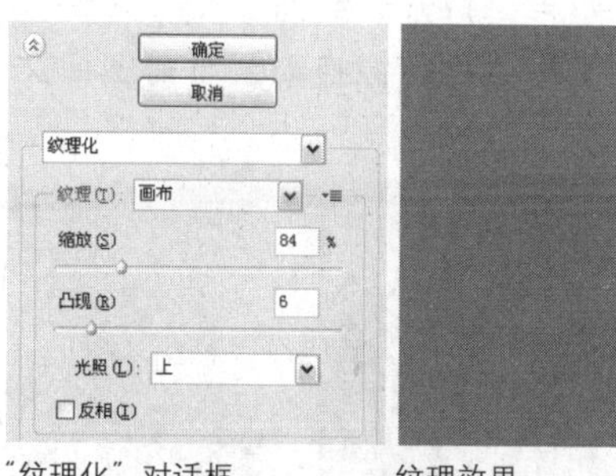

"纹理化"对话框　　纹理效果

04 绘制图像

新建"图层1"，载入附书光盘\实例文件\Chapter 12\Media\墨迹.abr文件，单击画笔工具，选择适当的笔触分别设置前景色为（R235、G112、B169）与（R241、G151、B165），在图像上绘制墨迹效果。设置图层"不透明度"为47%。新建"图层2"，载入"网纹.abr文件"，分别设置前景色为（R255、G210、B0）与（R178、G234、B27），选择载入的笔刷绘制图像效果。

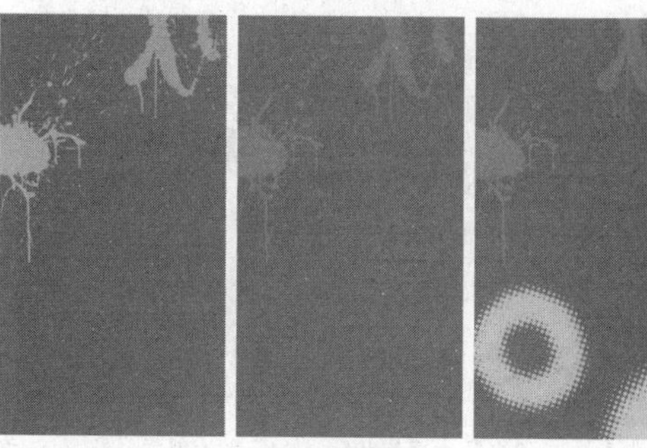

绘制图像　　调整不透明度　　绘制图像

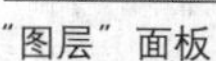

05 设置图层混合模式

设置“图层2”的图层混合模式为“线性光”，设置图层“不透明度”为92%。

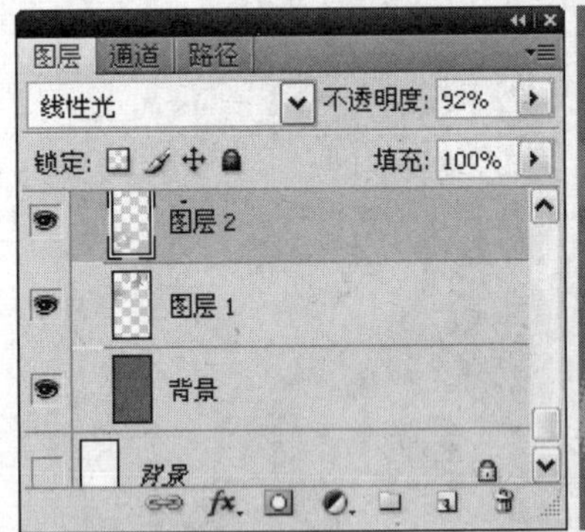

“图层”面板

混合模式效果

06 添加素材图像

打开附书光盘\实例文件\Chapter 12\Media\面包.png文件，结合套索工具与移动工具将素材图像拖动至当前图像文件中，分别得到图层“海椒”与“面包”，复制图像并结合自由变换命令对图像进行调整，丰富画面效果。打开“红酒.png”文件，采用相同的方法分别将素材图像拖动至当前图像文件中。

添加面包图像

添加红酒图像

07 制作方形图像

新建“图层5”，单击矩形工具，在图像上绘制矩形路径并转换为选区，填充选区颜色为（R249、G190、B42）。双击“图层5”，打开“图层样式”对话框，设置“投影”参数，单击“确定”按钮，保持选区。

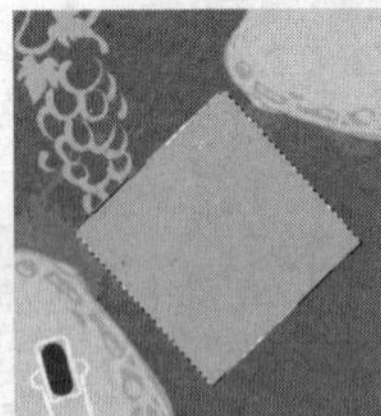

绘制矩形图像

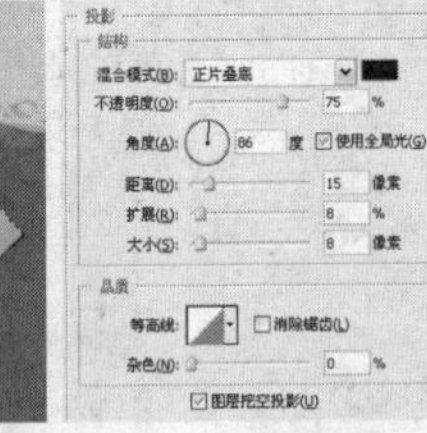

“投影”选项面板

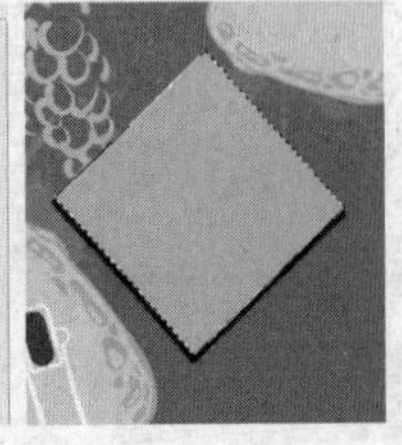

投影效果

08 添加描边效果

保持选区新建“图层6”，执行“编辑>描边”命令，在弹出的对话框中设置参数，设置颜色为（R166、G0、B63），单击“确定”按钮。

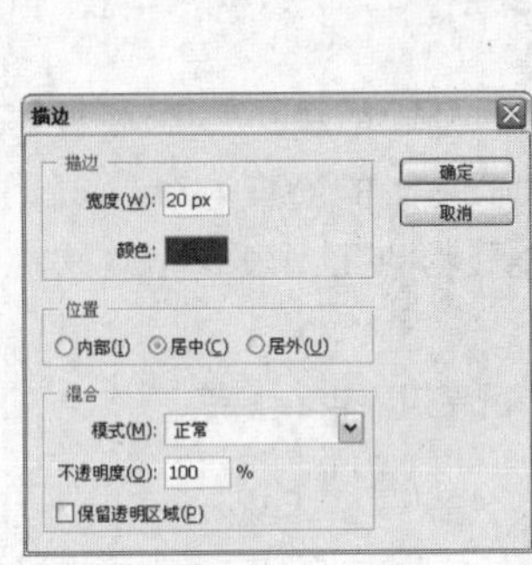

“描边”对话框

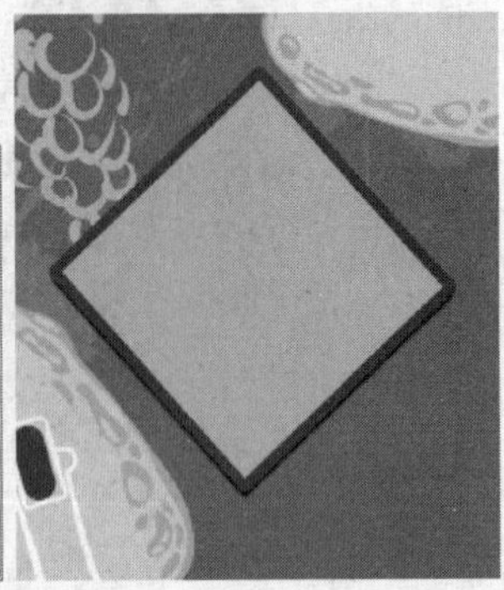

描边效果

09 绘制图案

新建“图层7”，单击自定形状工具，在形状预设面板中选择“花形装饰2”形状，在图像上绘制形状路径并转换为选区，填充选区颜色为（R231、G174、B30），取消选区。

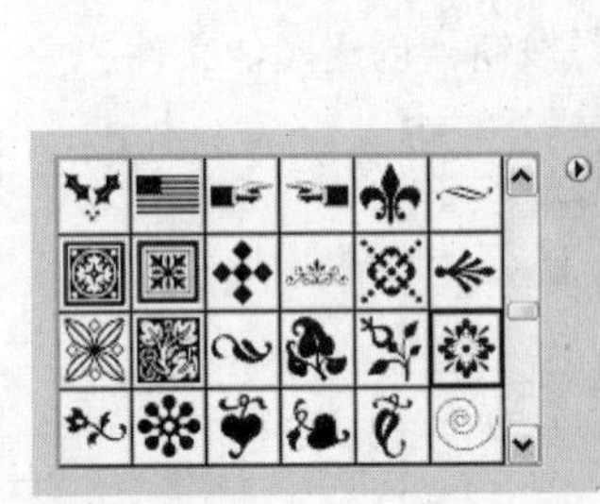

形状预设面板

图案效果

10 绘制矩形图像

新建“图层8”，单击矩形选框工具在图像上创建选区，填充选区颜色为（R255、G177、B21），取消选区，按下快捷键Ctrl+F应用“纹理化”滤镜。

绘制矩形图像

滤镜效果

11 添加图层样式

双击“图层8”打开“图层样式”对话框，设置“投影”和“描边”参数，其中设置“描边”颜色为（R166、G0、B63）。

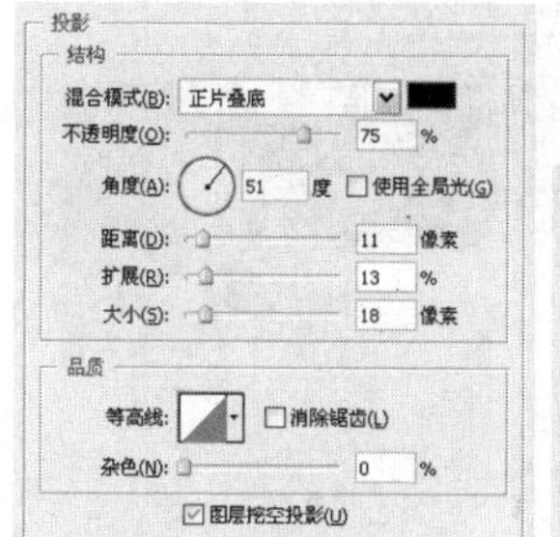

“投影”选项面板

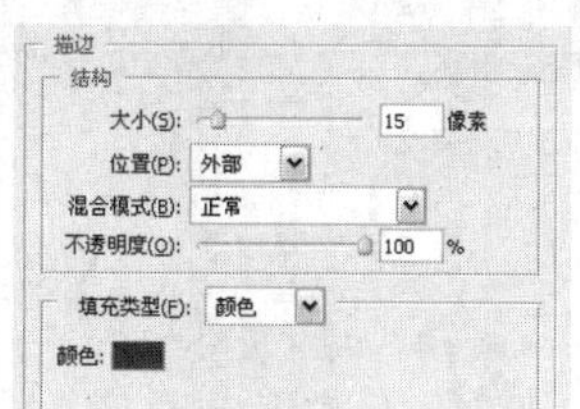

“描边”选项面板

12 输入文字

设置完成后单击“确定”按钮。单击横排文字工具T，输入黑色文字信息。

图层样式效果

输入文字

13 添加素材图像

打开附书光盘\实例文件\Chapter 12\Media\刀叉.png文件，添加素材图像至当前图像文件中，得到“图层9”，添加“投影”图层样式，并设置投影参数，单击“确定”按钮。

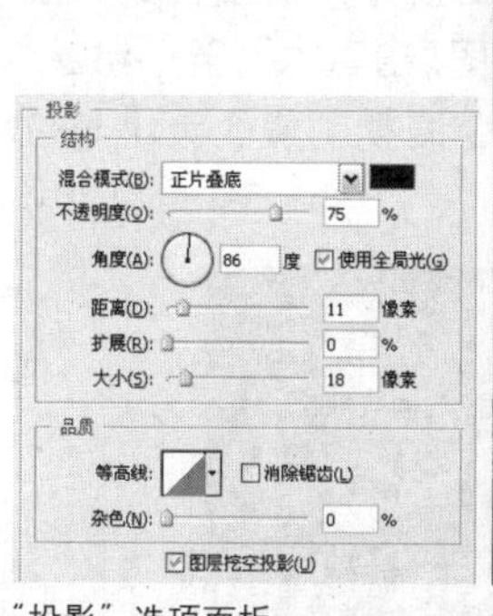

“投影”选项面板

投影效果

14 制作背景图像

新建“组2”在该图层组中新建“图层10”，填充图像颜色为（R240、G18、B143），采用相同的方法应用“纹理化”滤镜。新建“图层11”，单击圆角矩形工具，在属性栏上设置“半径”为10px，然后在图像上绘制圆角矩形路径。

背景图像　　绘制路径

15 添加描边效果

将路径转换为选区，执行“编辑>描边”命令，在弹出的对话框中设置参数，设置颜色为（R231、G196、B0），单击“确定”按钮，取消选区。

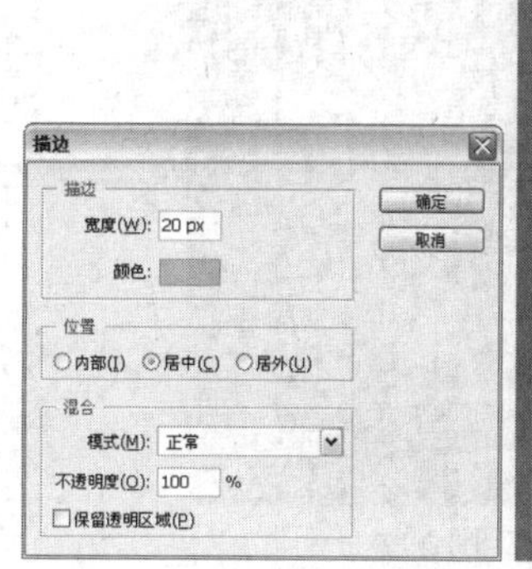

“描边”对话框

描边效果

16 添加图层蒙版

选择“图层11”，单击“图层”面板下方的“添加图层蒙版”按钮，添加图层蒙版，单击矩形选框工具，在图像上创建选区。单击蒙版图层，设置前景色为黑色，填充蒙版图层前景色，将选区内的图像进行隐藏。

创建选区

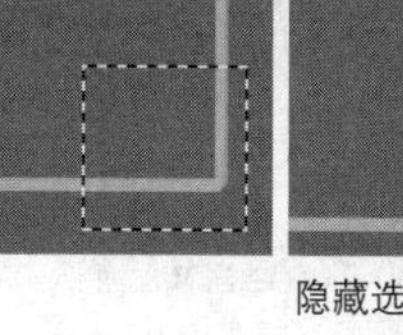

隐藏选区内图像

17 复制并调整图像

设置"图层11"的图层混合模式为"颜色减淡"，复制"组1"中的"图层3"与"图层4"，将复制的图层移动至"组2"中"图层11"的上方，结合自由变换命令调整图像在画面中的大小与位置。

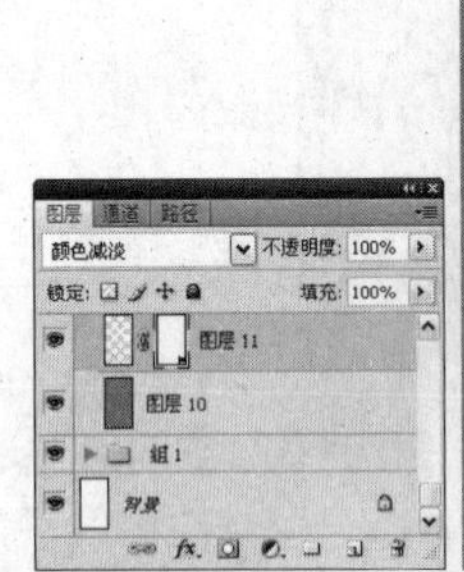
"图层"面板

混合效果

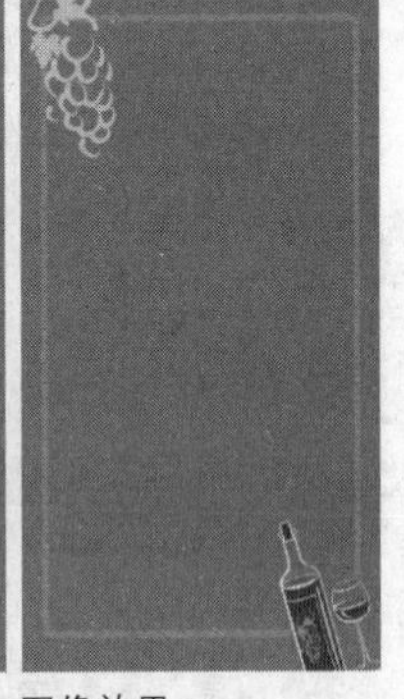
图像效果

18 调整图像颜色

按住Ctrl键单击"图层3副本"图层缩览图，载入选区，填充选区颜色为（R166、G0、B63），取消选区。

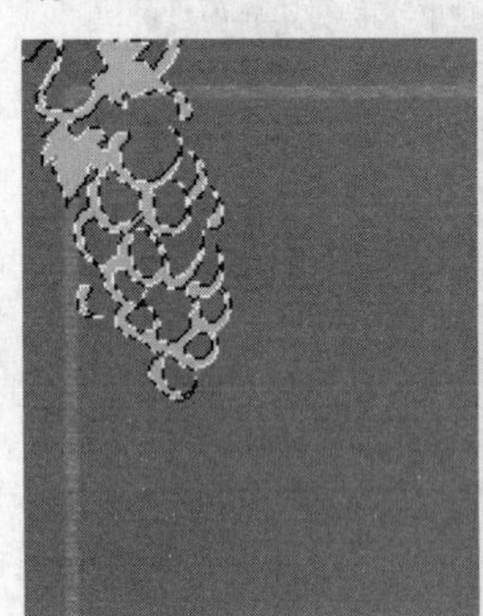
载入选区

改变图像颜色

19 添加菜品素材图像

打开附书光盘\实例文件\Chapter 12\Media\菜品.psd文件，单击移动工具，分别将素材图像移动至当前图像文件中，调整图像在画面中的位置。单击横排文字工具，在图像上输入黑色文字信息。

添加素材图像

输入文字

20 绘制矩形图像

新建"图层15"，单击矩形工具在图像上绘制路径，结合自由变换命令调整路径的方向。将路径转换为选区，填充选区颜色为（R249、G190、B42），取消选区。

绘制路径

填充选区颜色

21 添加图层样式

双击"图层15"打开"图层样式"对话框，设置"描边"参数，设置颜色为（R166、G0、B63），单击"确定"按钮。

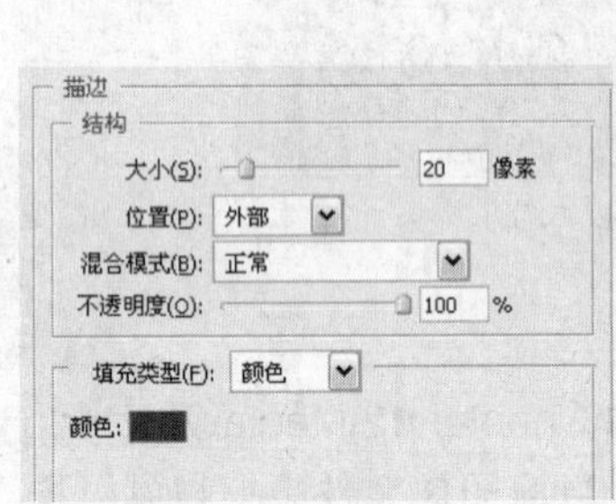
"描边"选项面板

描边效果

22 复制并调整图像

复制"图层15"，结合自由变换命令对图像进行旋转。复制"图层9"，移动"图层9副本"至"组2"图层组中，结合自由变换命令调整图像的大小与位置。至此，本例制作完成。

复制方框图像

完成后的效果

12.7

咖啡厅菜单设计

实例分析： 本实例制作的是咖啡厅菜单。主要通过图文混排、图片选区处理，实现精致淡雅的咖啡厅小资情调效果。

主要使用工具： 画笔工具、蒙版、文字工具、渐变工具

最终文件： Chapter 12\Complete\咖啡厅菜单设计.psd

视频文件： Chapter 12\咖啡厅菜单设计.exe

01 添加素材图像

新建图像文件，打开附书光盘\实例文件\Chapter 12\Media\背景.png和咖啡杯.png文件，并将其拖曳至当前图像文件中分别重命名图层为“背景”和“咖啡杯”。新建“图层1”，设置前景色为（R117、G80、B70），使用矩形选框工具，创建矩形选区，按下快捷键Alt+Delete填充前景色。打开“咖啡豆.png”文件，使用套索工具去底将图像拖动到当前图像文件中。

咖啡豆　　添加素材图像

02 绘制花纹图像

使用椭圆选框工具绘制大小不一的圆圈，再载入“铁花.adr”画笔，使用画笔工具绘制花纹。

绘制圆圈图像

绘制花纹图像

03 添加文字信息

使用钢笔工具绘制咖啡豆装饰图案，新建“图层2”，使用渐变工具进行径向渐变填充，增加菜单立面光影效果。打开“面包.png”文件并将其拖曳至当前图像文件中进行图文排版。

绘制图案　　完成后的效果

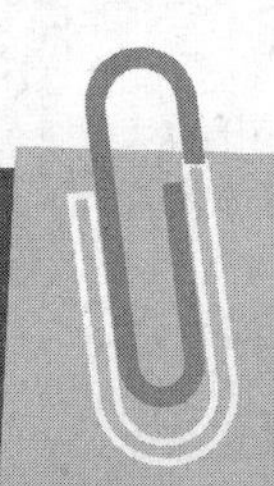

12.8

城市宣传单设计

实例分析：本实例制作的是一张邀请赛的单页。主要通过图层混合模式的叠加，层次丰富而又统一的色彩，体现出斑驳痕迹的街头味，酷劲十足。

主要使用工具：画笔工具、钢笔工具、色调分离

最终文件：Chapter 12\Complete\城市宣传单设计.psd
视频文件：Chapter 12\城市宣传单设计.exe

01 制作背景效果

新建图像文件，设置前景色为（R220 、G162 、B0），背景色为（R220、 G95、 B0），按下快捷键Alt+Delete填充前景色，然后应用半调图案滤镜。打开附书光盘\实例文件\Chapter 12\Media\橙色云朵.png文件，并将其拖曳至当前图像文件中，使用钢笔工具，在新建图层中绘制彩条图形，设置图层混合模式分别为柔光、线性加深和亮光，进行适当的加深与减淡处理，再绘制光束图形，对图层应用适当的渐变图层样式。

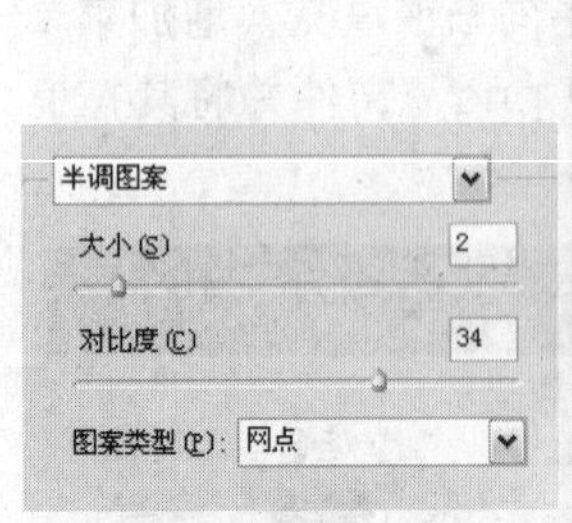

设置参数值

背景效果

02 添加素材图像

打开附书光盘\实例文件\Chapter 12\Media\足球.png、耳机.png、音响.png和电视.png图片，进行去色和色调分离，使用魔棒工具选取白色区域，然后按下Delete键删除。同理将其他图片处理后，均拖曳至当前图像文件中。

调整素材图像

添加素材图像

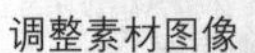

03 添加文字信息

载入相关笔刷文件，使用画笔工具适当绘制斑驳痕迹和喷溅笔触，最后添加适当文字。

完成后的效果

12.9 饰品宣传双折页

实例分析： 本实例制作的是一张手表的宣传折页，主要以霓虹炫彩的时尚色调来体现手表的精致与高档。

主要使用工具： 钢笔工具、画笔工具、文字工具

最终文件： Chapter 12\Complete\饰品宣传双折页设计.psd

视频文件： Chapter 12\饰品宣传双折页设计.exe

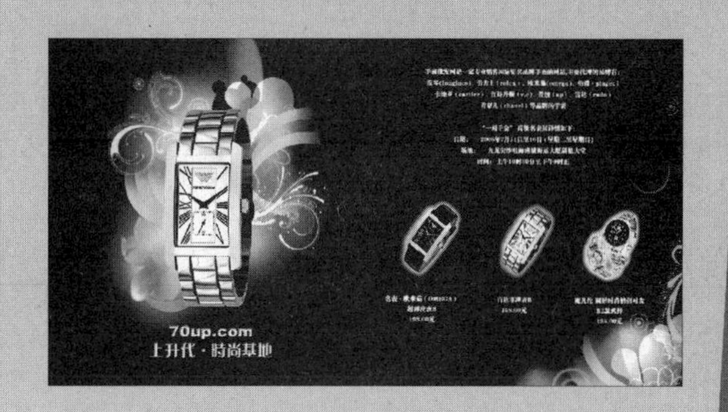

01 新建图像文件

执行"文件>新建"命令，打开"新建"对话框设置参数，单击"确定"按钮，新建图像文件。

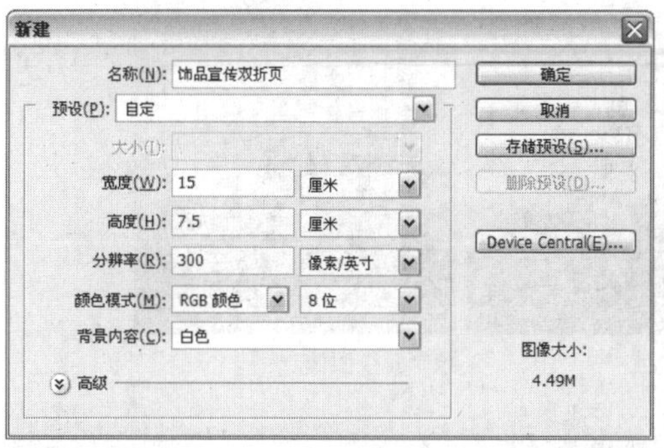

"新建"对话框

02 添加素材图像

新建"图层1"，使用渐变工具对"图层1"进行径向渐变填充。打开"手表1.png"文件，将其拖曳至当前图像文件中，得到"手表"图层并调整色阶。

添加素材图像

03 绘制花纹图像

载入"花纹3.abr"、"圆圈.abr"和"花.abr"文件，使用画笔工具和钢笔工具在"图层2"中绘制图形，设置图层的混合模式为"线性减淡"。

绘制花纹图像

04 添加素材图像与文字信息并应用图层样式

添加素材文件与文字信息，进行图文排版，并添加"斜面和浮雕"图层样式。最后新建"图层5"，使用渐变工具进行线性渐变填充，增加画册立面光线效果。至此，本例制作完成。

完成后的效果

12.10 楼书宣传单页设计

实例分析： 本实例制作的是一张楼书宣传单页。通过合成处理图片，实现城市别墅所要宣扬的童话仙境的视觉效果。

主要使用工具： 画笔工具、蒙版、渐变工具

最终文件： Chapter 12\Complete\楼书宣传单页设计.psd

视频文件： Chapter 12\楼书宣传单页设计.exe

01 添加素材图像

新建图像文件，打开附书光盘\实例文件\Chapter 12\Media\草丛.png和别墅.png文件，使用套索工具，创建部分草丛选区，单击移动工具，将选区部分拖曳至当前图像文件中，再将“别墅.png”文件去底拖曳至当前图像文件中。调整图片的色相，并利用“以快速蒙版编辑”按钮处理图片相接边缘。

创建选区

添加素材图像

02 制作渐变背景

新建“图层1”，使用渐变工具进行径向渐变填充，载入附书光盘\实例文件\Chapter 12\Media\光束.abr、花纹.abr和光斑.abr文件，使用画笔工具，绘制光束。

填充渐变颜色

绘制花纹图像

03 完善图像

打开附书光盘\实例文件\Chapter 12\Media\贝壳.png文件，并将其拖曳至当前图像文件中，使用画笔工具，绘制花纹。新建“图层3”，使用渐变工具进行线性渐变填充，增加画册立面光线效果，添加适当文字，注意文字排版。至此，本例制作完成。

完成后的效果

Chapter 13 POP广告设计

POP广告是购买场所和零售店内部设置的展销专柜悬挂、摆放与陈设的可以促进商品销售的广告媒体，是一种比较直接、灵活的广告宣传形式，具有醒目、简洁、易懂的特点，是产品销售活动中的最后一个环节，其宣传方式主要通过广告展示和陈列的方式、地点和时间三个方面来体现。在商品销售场所能营造极佳的商业气氛，刺激消费者的购物行为，起到很好的促销效果。

13.1 易拉宝展架POP设计

实例分析：本实例以青春又富有激情的色彩吸引时尚人群，运用图层蒙版使素材与底色完美结合，使用渐变工具创建了丰富的色彩效果，使用自定形状工具创建各式各样的图案，整个画面亮丽鲜明，非常吸引消费者。

主要使用工具：自定形状工具、画笔工具、图层样式、图层蒙版、横排文字工具

最终文件：Chapter 13\Complete\易拉宝展架pop设计.psd

01 新建图像文件

执行"文件>新建"命令，在弹出的"新建"对话框中，设置"名称"为"芭比酒吧周年派对"，"宽度"为15厘米、"高度"为34.34厘米，"分辨率"为150像素/英寸，"背景内容"为"白色"，完成后单击"确定"按钮，新建一个图像文件。

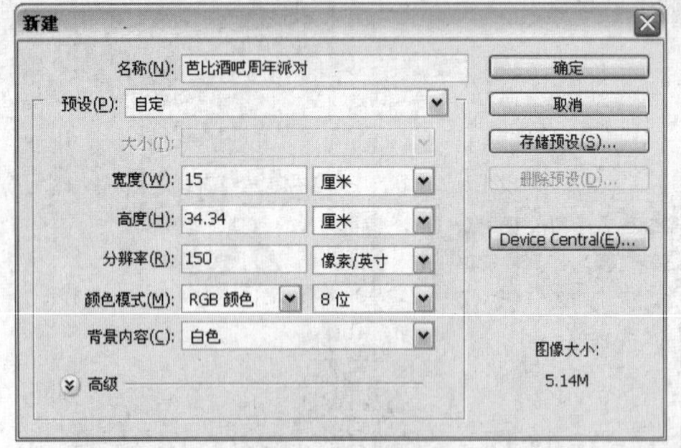

"新建"对话框

02 填充图像渐变色

新建"图层1"，单击渐变工具，在属性栏中单击渐变颜色条，在弹出的"渐变编辑器"中设置渐变色从左到右依次为（R250、G180、B4）、（R245、G236、B19）和（R10、G171、B226），单击"径向渐变"按钮，在画面上拖动创建渐变填充效果。

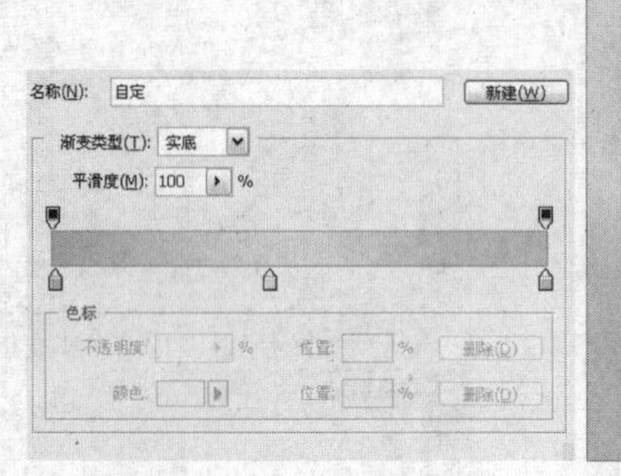

设置渐变颜色　　渐变填充效果

03 添加素材图像

打开附书光盘\实例文件\Chapter 13\Media\云层.jpg文件，单击移动工具，拖动图像到当前图像文件中，结合自由变换命令调整其大小与位置，并设置图层混合模式为"滤色"，"不透明度"为80%。

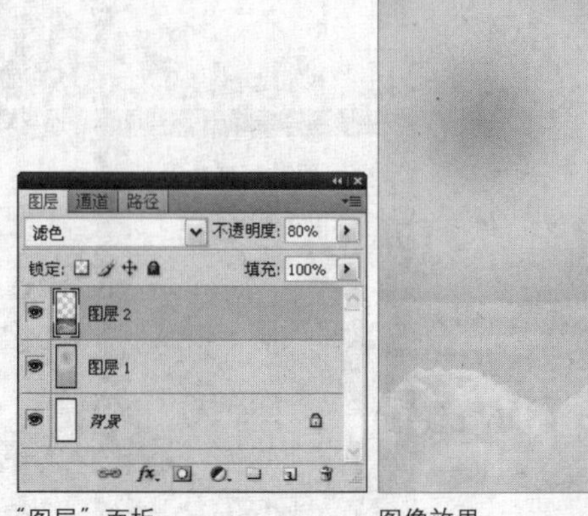

"图层"面板　　图像效果

04 添加并编辑图层蒙版

单击“添加图层蒙版”按钮，为“图层2”添加图层蒙版，选择画笔工具，设置前景色为黑色，在属性栏中选择柔角笔刷，在画面上涂抹，使“云层”素材与底色实现无痕拼合。

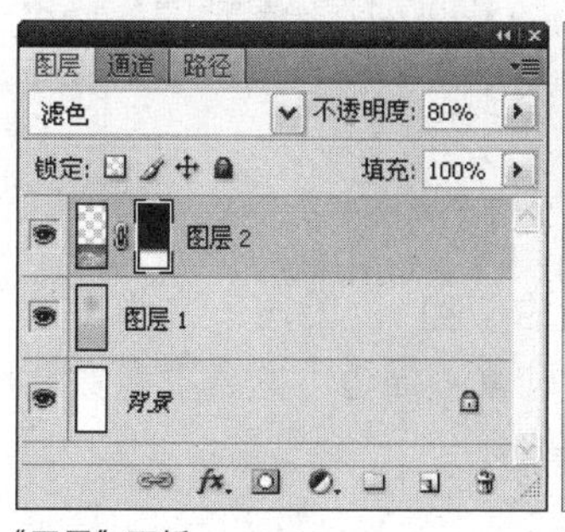

“图层”面板

图像效果

05 绘制太阳图像

单击自定形状工具，在属性栏中的形状预设面板中选择名称为“太阳2”的形状，设置前景色为（R254、G238、B4），在画面右上方创建一个太阳图像。

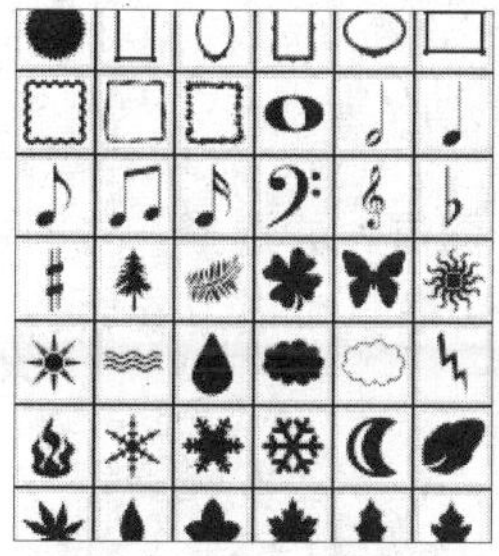
选择形状

绘制太阳图像

06 复制并调整图层

单击移动工具，按住Alt键复制拖动太阳图像到左边，再按下快捷键Ctrl+E合并图层，重命名为“图层3”，设置图层混合模式为“滤色”。

复制图层

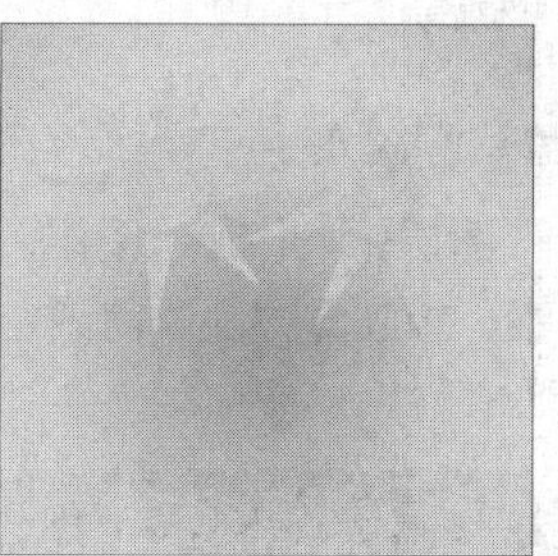
混合模式效果

07 填充选区渐变色

单击渐变工具，使用相同的方法，设置渐变色从左到右依次为（R252、G226、B6）和（R235、G99、B32），新建“图层4”，创建一个球形渐变图像。

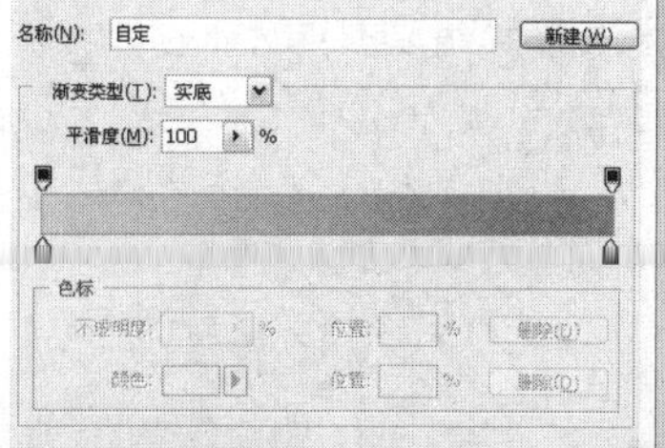

设置渐变颜色

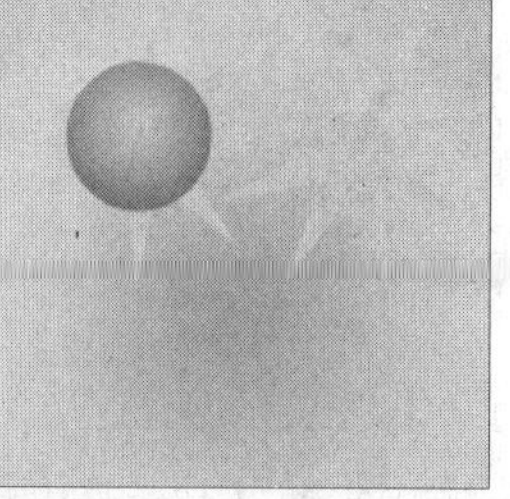
渐变效果

08 复制并调整图层

在“图层”面板中拖动“图层4”到“创建新图层”按钮上，生成“图层4副本”，按下快捷键Ctrl+T缩小复制的图像。单击画笔工具，载入附书光盘\实例文件\Chapter 13\Media\喷溅1.abr笔刷，选择名称为“blood5”的笔刷，并在画笔面板上设置各项参数。

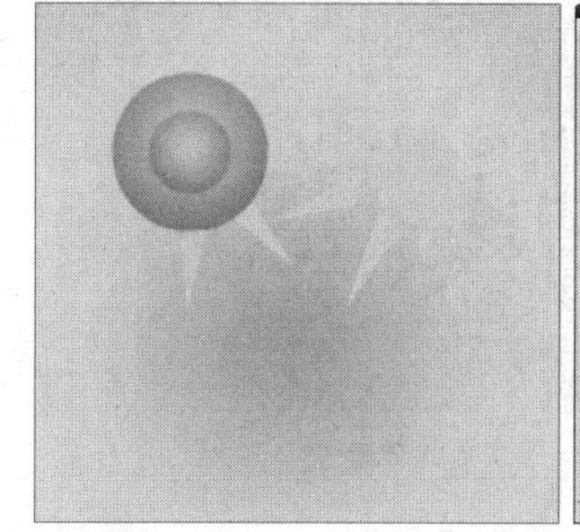
调整图像效果

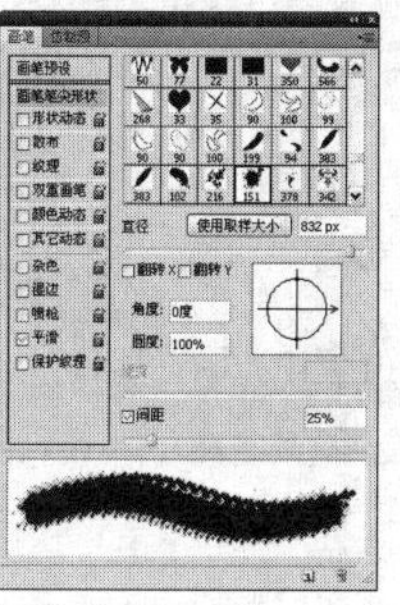
“画笔”面板

09 添加素材图像

新建“图层5”，并设置前景色为（R219、G1、B124），使用画笔工具，在图像上绘制效果。打开附书光盘\实例文件\Chapter 13\Media\线条花纹.png文件，单击多边形套索工具，框选单个素材，然后单击移动工具分别将其拖动到当前图像文件中，结合自由变换命令调整其大小与位置。

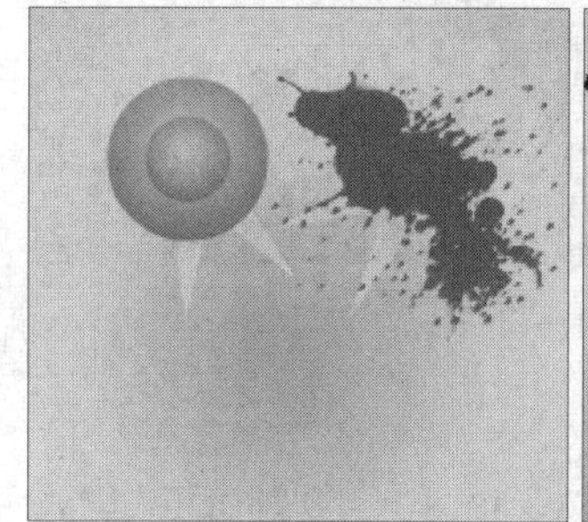
绘制图像

添加素材图像

10 绘制黑色线条

新建“图层9”，单击多边形套索工具创建选区，设置前景色为黑色，并填充到选区中，按下快捷键Ctrl+D取消选区。采用相同的方法复制图像，并变换位置和大小，完成后合并，重命名为“图层9”。

创建选区

绘制黑色线条

11 绘制黑色圆形图像

单击椭圆选框工具创建圆形选区，设置前景色为黑色，然后填充到选区中，并取消选区。

创建选区

填充选区颜色

12 复制并调整图像

复制多个圆形图像并拼合图像，使用画笔工具填充图像的空心区域，选择创建的如莲蓬状的所有图像编组为“组1”。

复制并调整图像

绘制黑色图像

13 添加素材图像

打开附书光盘\实例文件\Chapter 13\Media\鱼鳞纹.jpg文件，拖动素材图像至当前图像文件中并调整大小和位置。合并“组1”图层组为“组1”图层，按住Ctrl键单击“组1”图层缩览图载入选区，执行“选择>反向”命令，反选选区，按下Delete键删除选区内图像并取消选区。

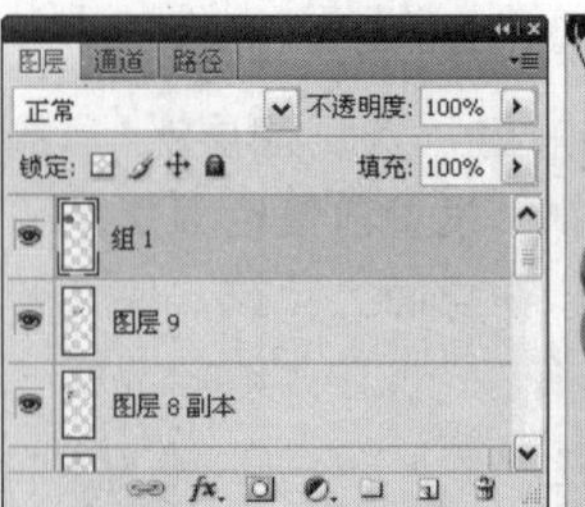

“图层”面板

图像效果

14 添加图层样式

在“图层”面板中，双击“组1”图层，在弹出的“图层样式”对话框中设置“描边”的各项参数，完成后单击“确定”按钮。

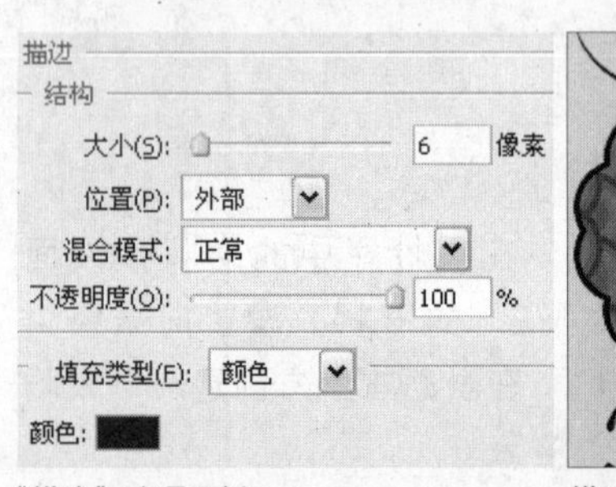

“描边”选项面板

描边效果

15 添加图层样式

使用相同的方法，复制“组1”图层，并选择一些图层，双击打开“图层样式”对话框更改描边参数，完成后单击“确定”按钮。

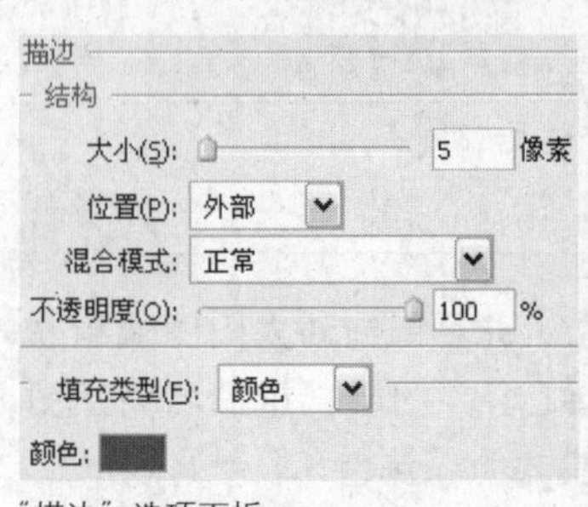

“描边”选项面板

图层样式效果

16 调整图像颜色

复制“图层9”生成“图层9副本”，单击“锁定透明像素”按钮，设置前景色为白色，并填充到“图层9副本”中。

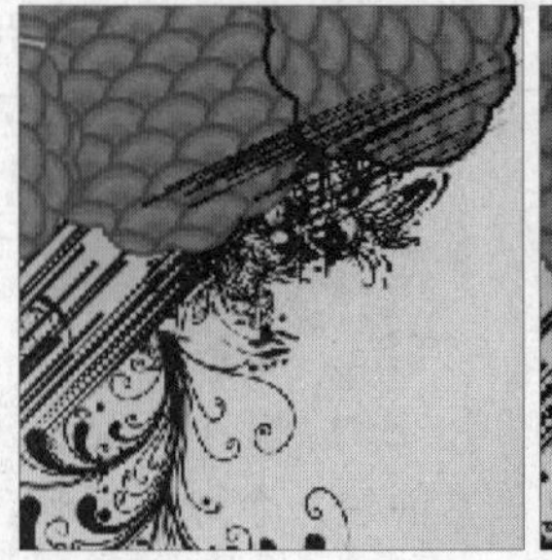
复制图像

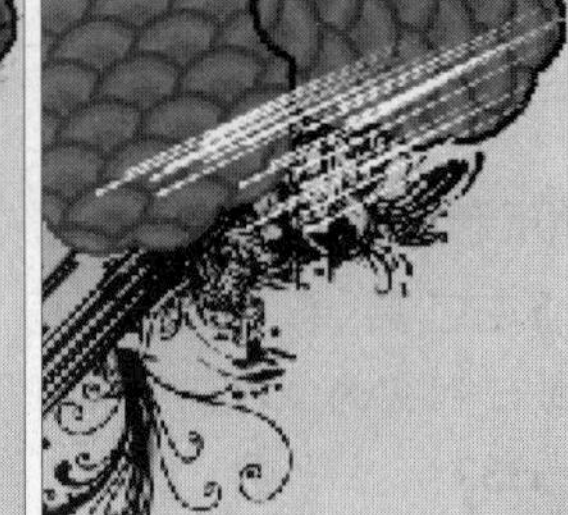
填充图像颜色

17 添加素材图像并进行调整

打开附书光盘\实例文件\Chapter 13\Media\唱片机.png文件，添加素材图像至当前图像文件中生成"图层10"，调整大小和位置。执行"图像>调整>阈值"命令，在弹出的对话框中设置"阈值色阶"为161，单击"确定"按钮。

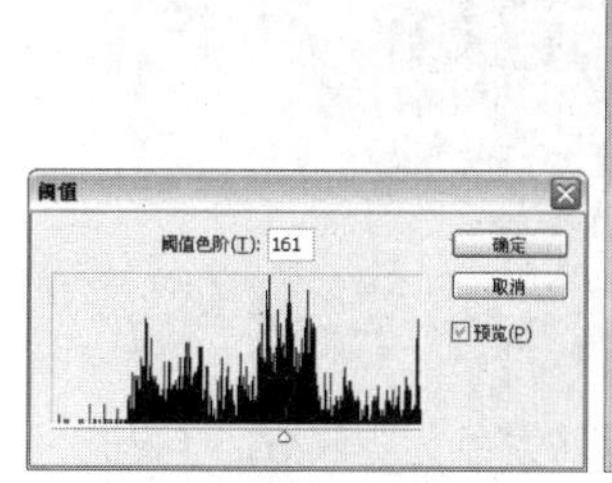

"阈值"对话框

图像效果

18 添加图层样式

双击"图层10"，打开"图层样式"对话框，设置"投影"参数，完成后单击"确定"按钮，添加唱片机图像的投影效果。

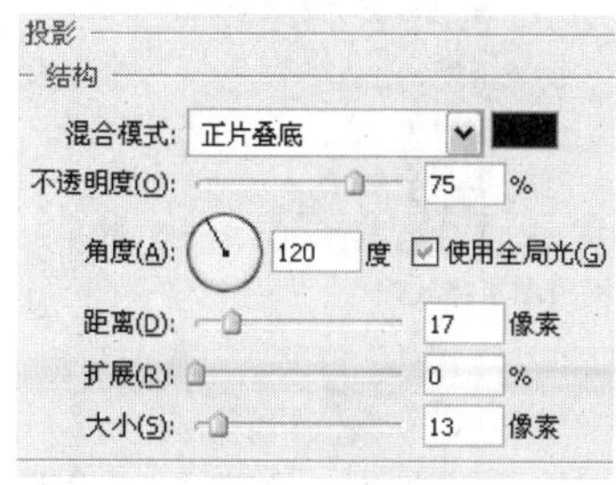

"投影"选项面板

投影效果

19 添加花素材图像

打开附书光盘\实例文件\Chapter 13\Media\平面花.png文件，单击移动工具，拖动单个素材到当前图像文件中，调整大小和位置，复制完成后编组为"组3"。打开"鲜花.png"文件，执行"图像>调整>去色"命令，为图像去色。

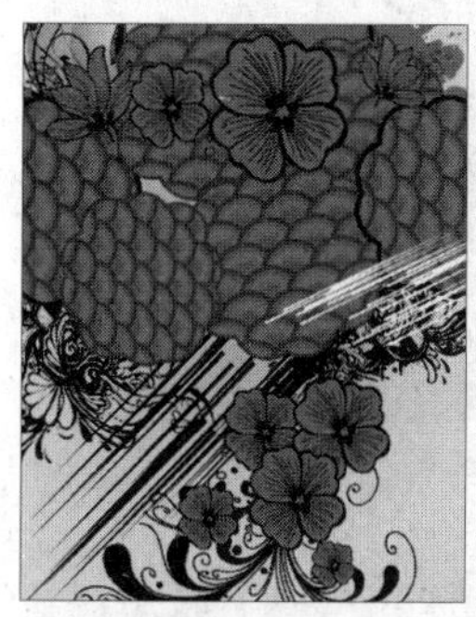

添加素材图像

图像去色效果

技巧点拨

使用"去色"命令，可以使图像去色且具有灰度效果。

20 添加素材图像

拖动单个去色素材到当前图像文件中，并复制图层，选择所有的鲜花图层编组为"组4"。

添加素材图像

"图层"面板

21 填充选区颜色

打开附书光盘\实例文件\Chapter 13\Media\花朵与电子产品.png文件，拖动单个素材图像到当前图像文件中，调整大小和位置。选择音频图像，按下快捷键Ctrl+T单击鼠标右键，在弹出的快捷菜单中执行"透视"命令，变换为透视效果的图像。单击椭圆选框工具，创建圆形选区，并填充黑色。

添加素材图像

绘制黑色图像

22 绘制圆圈图像

保持选区单击鼠标右键，在弹出的快捷菜单中执行"变换选区"命令，缩小圆形选区，并填充白色。创建圆圈图像，取消选区并复制多个圆圈图像，结合自由变换命令调整图像的大小。

绘制白色圆圈

复制多个图像效果

23 绘制鸟图像

单击自定形状工具，在形状面板中选择名称为

“鸟 2”的图案，设置前景色为黑色，单击“填充像素”按钮，创建一个飞鸟图像。

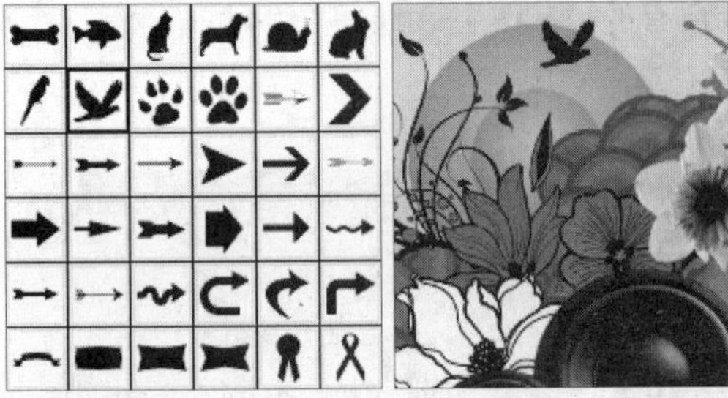

形状预设面板　　绘制鸟图像

24 绘制矩形图像

单击矩形选框工具，在画面下方创建矩形选区，使用吸管工具在画面上吸取桃红色为前景色，并填充到选区中，取消选区。

创建选区

填充选区颜色

25 输入文字

单击横排文字工具，在画面中输入文字，执行“图层>栅格化>文字”命令，栅格化文字图层。

输入文字

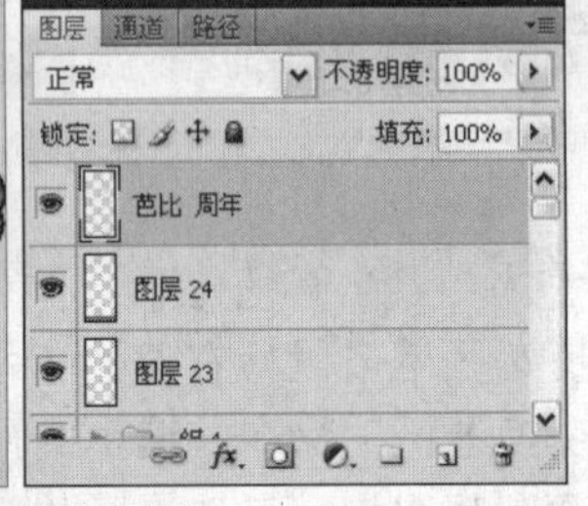

栅格化文字

26 填充渐变色

单击渐变工具，在“渐变编辑器”对话框中设置渐变色，完成后单击“确定”按钮。单击“锁定透明像素”按钮，在文字图层上填充渐变。

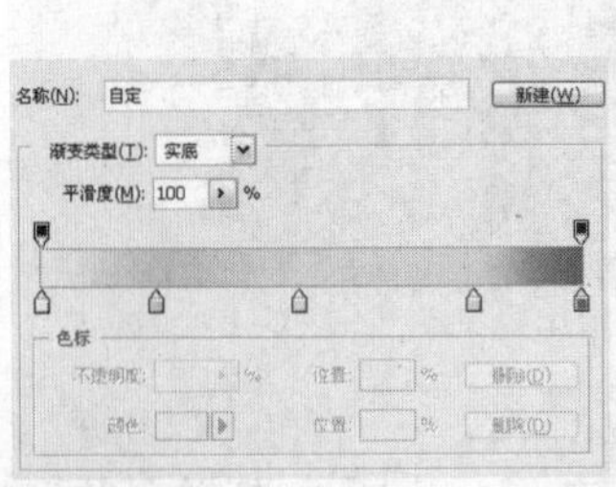

设置渐变颜色

渐变效果

27 添加图层样式

在“图层”面板中双击文字图层弹出“图层样式”对话框，设置各项参数，完成后单击“确定”按钮。

“描边”选项面板　　描边效果

28 拷贝图层样式

单击横排文字工具，设置前景色为（R251、G238、B1），输入文字并右击图层，在弹出的快捷菜单中执行“拷贝图层样式”命令，再右击文字图层，在弹出的快捷菜单中执行“粘贴图层样式”命令。

输入文字　　拷贝图层样式效果

29 输入文字

单击横排文字工具，在画面中输入文字并创建图层样式。

输入文字　　文字效果

30 添加素材图像

打开附书光盘\实例文件\Chapter 13\Media\酒吧标志.png文件，拖动单个素材图像到当前图像文件中，调整大小和位置。选择最上面的图层，按下快捷键Ctrl+Shift+Alt+E盖印图层，生成“图层26”。

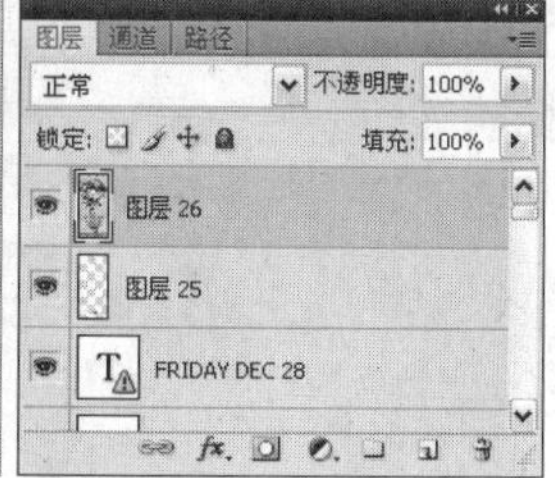

添加素材图像　　“图层”面板

31 打开素材图像

打开附书光盘\实例文件\Chapter 13\Media\易拉宝.png和酒吧jpg文件。

易拉宝素材　　酒吧素材

32 添加“高斯模糊”滤镜

新建图像文件，拖动酒吧素材图像到当前图像文件中。选择“酒吧”图层，执行“滤镜>模糊>高斯模糊”命令，在弹出的对话框中设置“半径”为10像素，单击“确定”按钮，添加模糊效果。向下合并为背景图层。

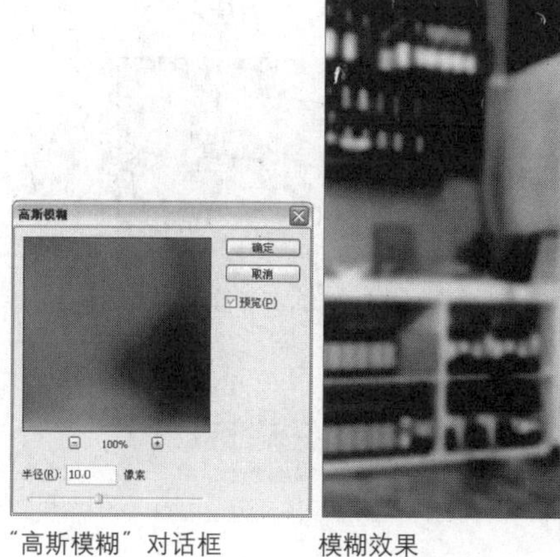

“高斯模糊”对话框　　模糊效果

33 制作效果图像

拖动“图层26”到当前图像文件中，重命名为“图层3”，并结合自由变换命令调整图像大小和位置。从“易拉宝.png”文件中拖动单个素材到当前图像文件中，并调整大小和位置。

拖动图像　　制作效果图

34 复制并调整图像

复制易拉宝底面构件图层，并放置于易拉宝底面构件图层的下方。单击“锁定透明像素”按钮，填充黑色前景色，执行“滤镜>模糊>高斯模糊”命令，在弹出的对话框中设置“半径”为10像素，单击“确定”按钮。至此，本例制作完成。

绘制阴影　　完成后的效果

13.2 台卡POP设计

实例分析：本实例设计的是一款台卡POP广告。使用大量的发光效果是为了配合酒吧场所，使其在比较暗的环境下突出主题的宣传效果。使用桃红色和海蓝色两个鲜艳的颜色，让人有兴奋的感觉，激起消费者的派对热情。

主要使用工具：图层样式、不透明度、横排文字工具

最终文件：Chapter 13\Complete\台卡pop设计.psd

01 新建图像文件

执行“文件>新建”命令，在弹出的“新建”对话框中设置“名称”为“绝对伏特加”，“宽度”为14.7厘米、“高度”为19.27厘米，“分辨率”为150像素/英寸，“背景内容”为“白色”，完成后单击“确定”按钮，新建图像文件。

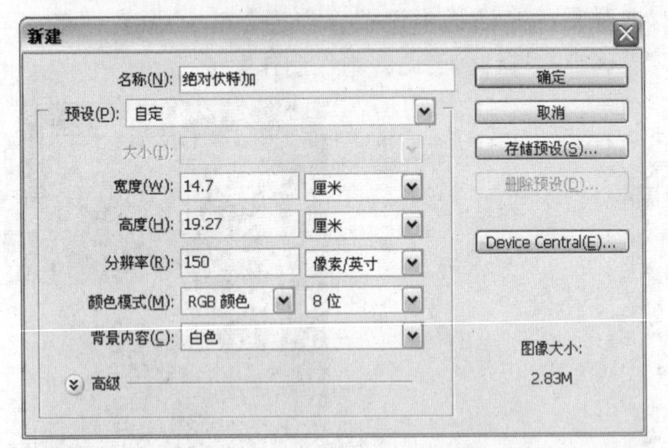

“新建”对话框

02 绘制桃红色花瓣

新建“图层1”，填充图像颜色为黑色，然后新建“图层2”，单击渐变工具，在属性栏中单击渐变颜色条，打开“渐变编辑器”对话框，设置渐变色从左到右依次为（R252、G3、B126）和（R249、G170、B189）。使用椭圆选框工具创建一个椭圆选区，使用渐变工具在选区中填充渐变，并取消选区。

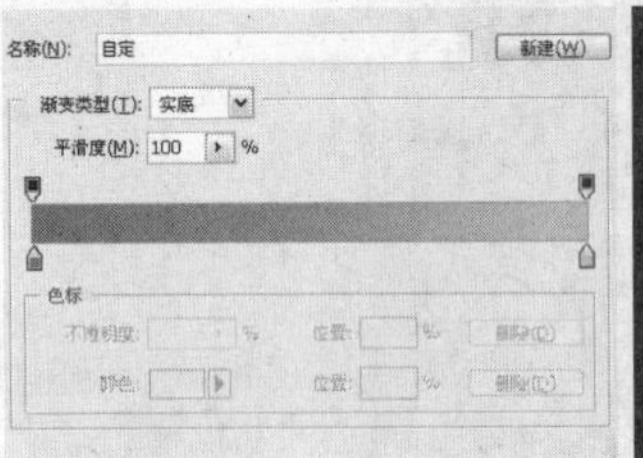

设置渐变颜色

渐变效果

03 复制并调整图像

按住Alt键单击移动工具，复制图层，并结合自由变换命令变换图形的大小和方向，选择部分椭圆图像更改图层混合模式为“滤色”，“不透明度”为50%。单击渐变工具，设置渐变色为从左到右依次为（R7、G136、B202）和（R101、G27、B179），单击“锁定透明像素”按钮，按下Alt键复制椭圆图像，并使用渐变工具填充渐变色，按下快捷键Ctrl+E合并图层，重命名为“图层2”。

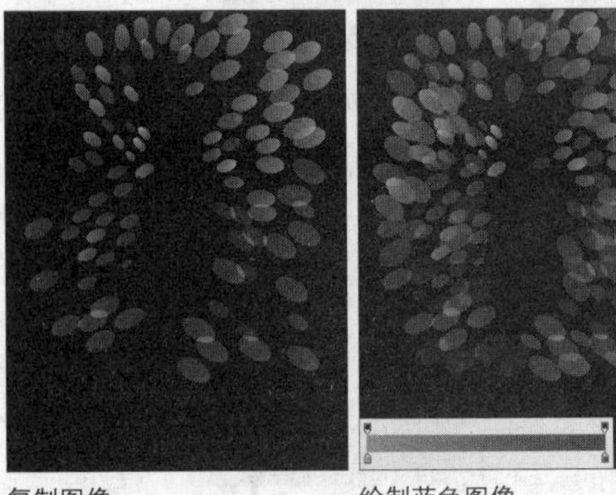

复制图像　　绘制蓝色图像

04 添加并编辑图层蒙版

复制“图层2”，生成“图层2副本”。选择“图层2副本”，单击“添加图层蒙版”按钮，添加图层蒙版。单击渐变工具，选择黑白渐变，单击“径向渐变”按钮，创建一个黑白渐变，渐隐“图层2副本”图像。

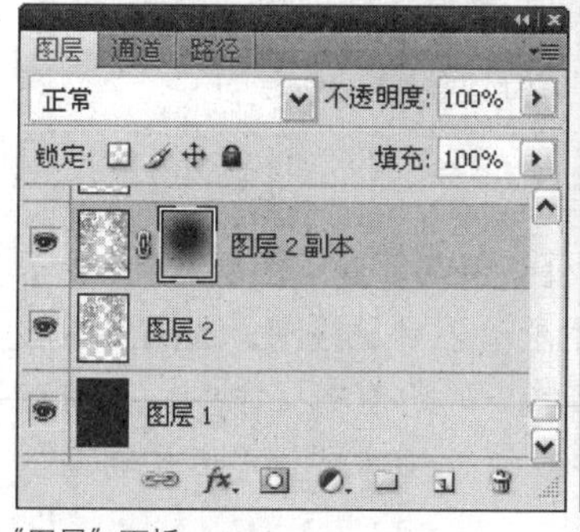

“图层”面板

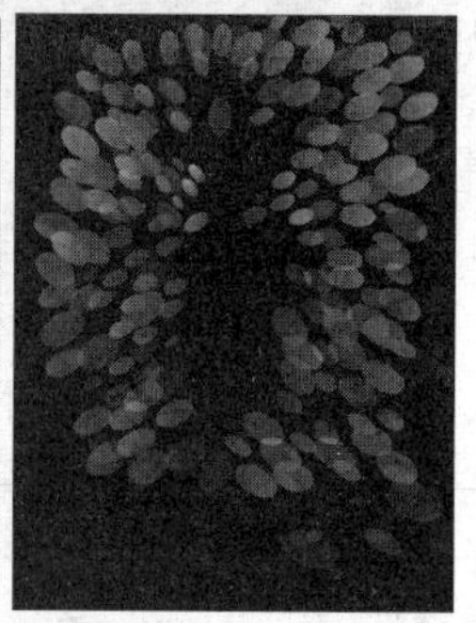
图像效果

05 添加素材图像

打开附书光盘\实例文件\Chapter 13\Media\伏特加.png文件，单击移动工具，拖动素材图像至当前图层文件中生成“图层3”，按下快捷键Ctrl+T调整素材的大小、位置和方向。

素材图像

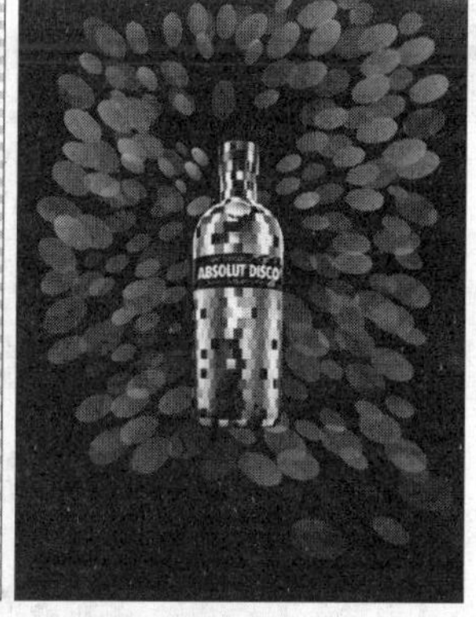
添加素材图像

06 添加图层样式

双击“图层3”在弹出的“图层样式”对话框中设置“外发光”参数，完成后单击“确定”按钮。

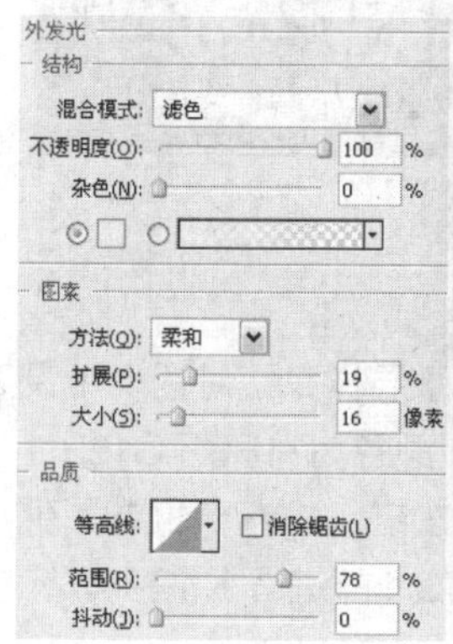

“外发光”选项面板

外发光效果

07 绘制白色线段

新建“图层4”，单击圆角矩形工具，设置前景色为白色，单击“填充像素”按钮，在属性栏中设置“半径”为1px，在画面中创建圆角矩形图像。按住Alt键复制圆角矩形图像。

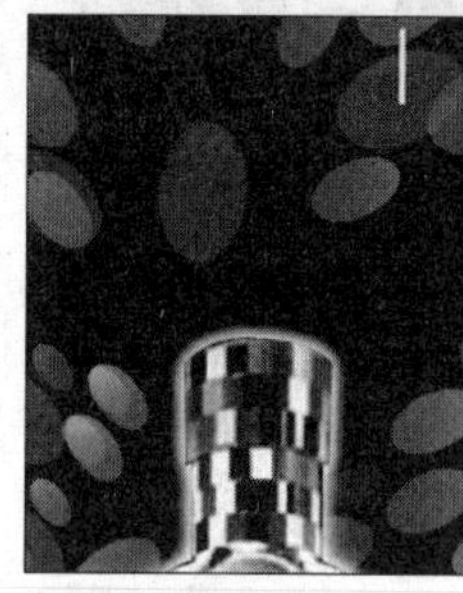
绘制白色线段

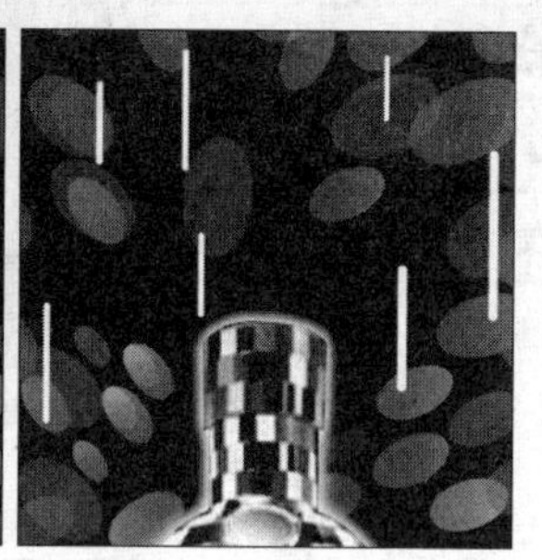
复制图像

08 添加图层样式

双击“图层4”，弹出“图层样式”对话框，设置“外发光”参数，完成后单击“确定”按钮。右击“图层4”，在弹出的快捷菜单中执行“拷贝图层样式”命令，对复制的图层执行“粘贴图层样式”命令，完成后编组为“组1”。

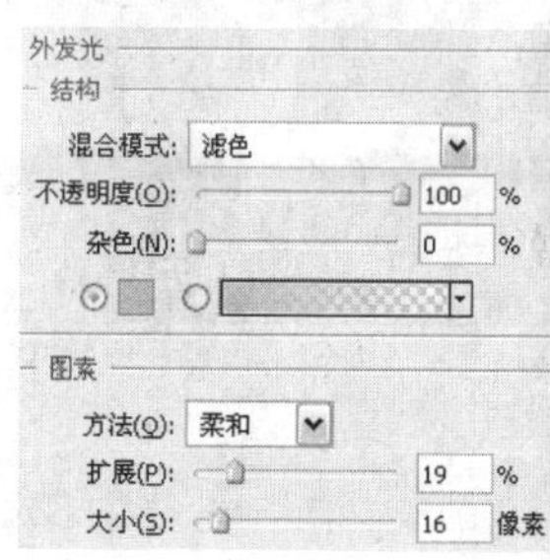

“外发光”选项面板

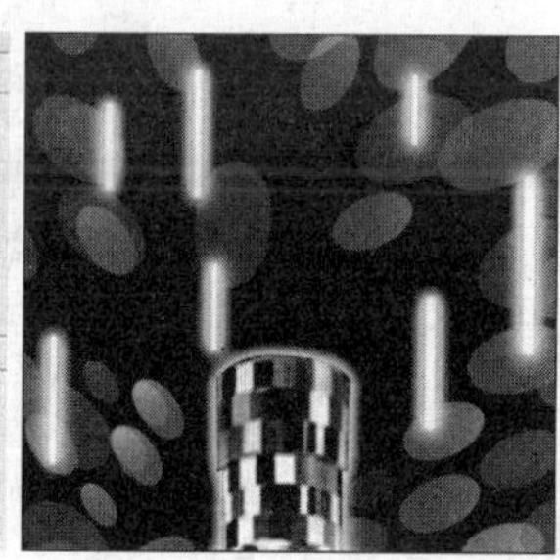
外发光效果

09 绘制红色光影线段

创建圆角矩形，编组为“组2”。复制“组1”的图层样式粘贴到“组2”各图层中，更改“外发光”的颜色为桃红色，单击“确定”按钮。

绘制白色线段

添加红色光影效果

10 绘制五星图像

新建“图层6”，单击自定形状工具，在形状面板中选择名称为“5角星框”的图案，设置前景色为白色，绘制一个五角星框。

选择形状　　绘制五星图像

11 扩展选区

单击魔棒工具，单击五角星框的内部创建选区，执行“选择>修改>扩展选区”命令，在弹出的对话框中设置“扩展量”为5像素，单击“确定”按钮。

扩展选区

扩展量(E): 5 像素

确定

取消

设置参数值　　扩展选区效果

12 删除选区内图像

单击多边形套索工具，按住Shift键添加选区，使扩展后的选区圆角变直，按下Delete键删除选区内图像，并取消选区。

创建选区

删除选区内图像

13 拷贝图层样式

复制“组2”中图层样式粘贴到“图层6”中，使用相同的方法创建两个蓝色发光五角星，选择3个发光五角星框编组为“组3”。

添加红色光影效果

添加蓝色光影效果

14 绘制桃红色阴影

使用吸管工具吸取桃红色，新建“图层7”，置于“图层3”下方，使用画笔工具绘制。选择“图层7”，执行“滤镜>模糊>高斯模糊”命令，在弹出的对话框中设置“半径”为10像素，单击“确定”按钮。

绘制图像

模糊效果

15 绘制星光

新建“图层8”，使用画笔工具，载入附书光盘\实例文件\Chapter 13\Media\星光.abr笔刷，在“画笔”面板中选择名称为“6”的笔刷，设置前景色为白色，绘制星光图像。

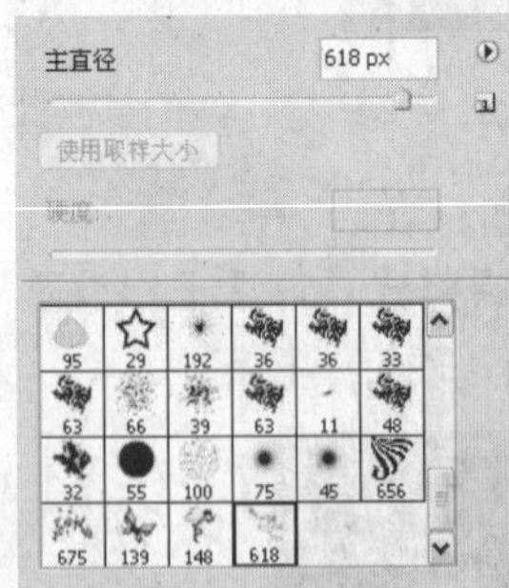

选择画笔

绘制星光

16 添加图层样式

双击“图层8”，在弹出的“图层样式”对话框中设置各项参数，设置“外发光”颜色为（R6、G199、B254），完成后单击“确定”按钮。复制“图层8”生成“图层8副本”，按下快捷键Ctrl+T进行水平翻转。

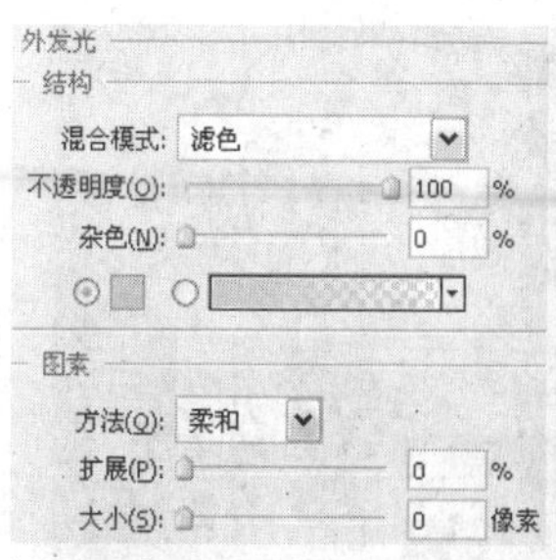

"外发光"选项面板

发光效果

17 绘制星光

在"画笔"面板中设置各项参数，使用画笔工具，在新建的"图层9"上绘制。

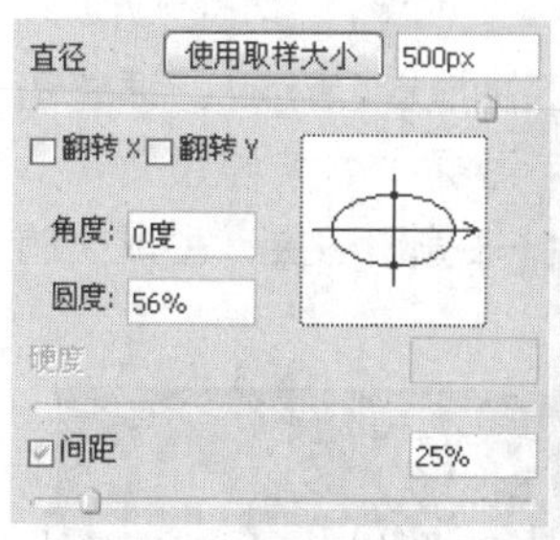

设置参数值

绘制星光

18 添加图层样式

打开"图层9"的图层样式对话框设置各项参数，设置"外发光"颜色为（R253、G8、B188），完成后单击"确定"按钮。

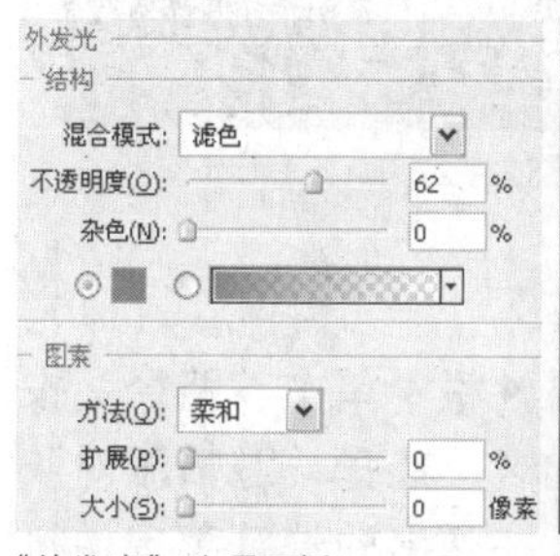

"外发光"选项面板

红色星光效果

19 绘制十字星光

载入自带的混合笔刷，在"画笔"面板中选择名称为"交叉排线4"的笔刷，在酒瓶顶端绘制星光图像。

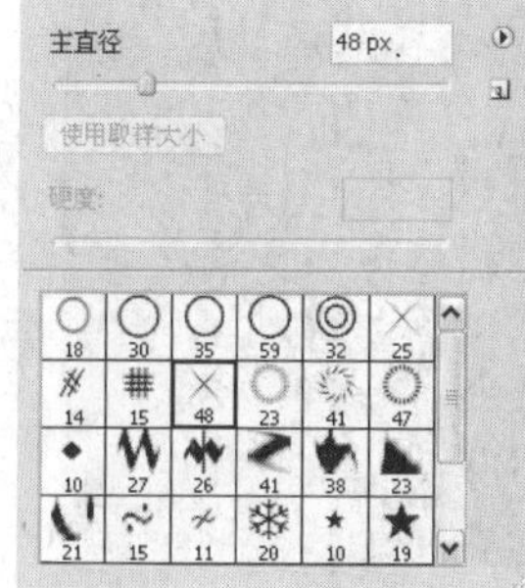

选择画笔

绘制十字星光

20 绘制完成的星光

调整画笔的方向绘制星光与前面的星光图像重叠，复制移动星光图像，完成后合并图层，重命名为"图层10"。

绘制星光

复制并调整星光

技巧点拨

在"画笔"面板中通过设置不同的参数，可以对笔刷的大小、形状、散布等各选项进行编辑。

21 添加素材图像

打开附书光盘\实例文件\Chapter 13\Media\伏特加赞助标志.png文件，拖动素材到当前图像文件中，并调整大小和位置。在画面上方创建五角星框图像，再拷贝粘贴蓝色和桃红色的"外发光"图层样式，选择画面上方的五角形框图层编组为"组4"。

添加素材图像

绘制五星图像

22 输入文字并添加图层样式

单击横排文字工具T，在酒瓶的下方输入文字，双击文字图层，在弹出的"图层样式"对话框中设置"描边"的各项参数，设置颜色为（R226、G0、B122），完成后单击"确定"按钮。

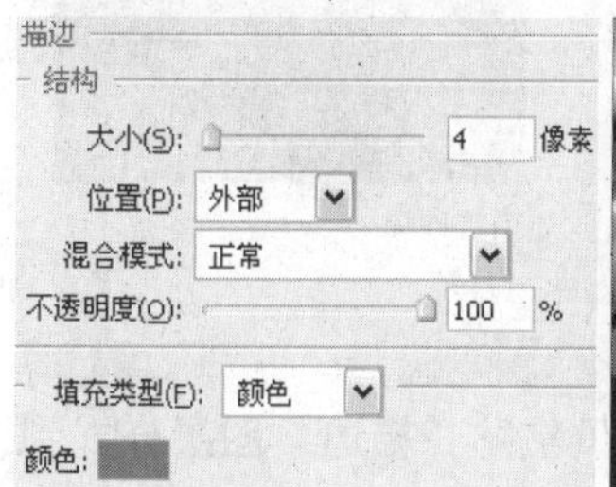

"描边"选项面板

描边效果

23 添加文字

单击横排文字工具T输入文字，然后拷贝粘贴桃红色的“外发光”图层样式到文字图层上。

输入文字　　外发光效果

24 填充文字渐变色

单击横排文字工具T输入文字，执行“图层>栅格化>文字”命令，栅格化文字，单击“锁定透明像素”按钮，使用渐变工具创建渐变效果。

输入文字

渐变效果

25 添加图层样式

双击文字图层，打开“图层样式”对话框，设置“描边”的各项参数，设置颜色为白色，完成后单击“确定”按钮。

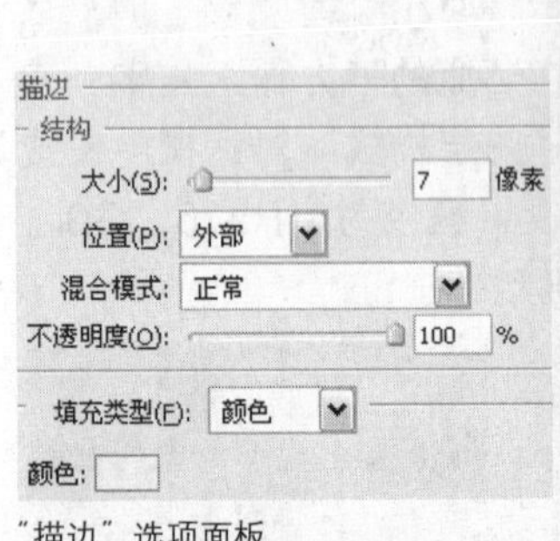

“描边”选项面板

描边效果

26 输入文字

输入桃红色数字，并拷贝粘贴“描边”图层样式到数字图层上。

输入文字

图层样式效果

27 调整文字的方向

选择文字和数字图层，按下快捷键Ctrl+T，调整图像的方向。隐藏文字和数字图层，继续创建文字。按下快捷键Ctrl+Shift +Alt+E盖印图层，生成“图层16”。

调整文字1

调整文字2

28 创建选区

使用圆角矩形工具，在属性栏中单击“路径”按钮，创建路径并转换为选区。选择“激情派对”文字图层，单击鼠标右键，在弹出的快捷菜单中执行“创建图层”命令，在文字图层下方自动生成一个外描边图层。按住Ctrl键单击外描边图层添加选区到圆角矩形中。

创建选区

添加选区

29 添加选区

按下快捷键Ctrl+＋放大画面，可以发现选区有空缺，按住Shift键使用套索工具添加选区去除选区的空缺。

放大图像

添加选区

30 添加选区

复制“组4”生成“组4副本”，按下快捷键Ctrl+E合并图层组，将“组4副本”合并为“组4副本”图层。为“组4副本”图层添加选区，并隐藏图层，使用套索工具去除选区的空缺。选择“图层16”，按下快捷键Ctrl+J通过拷贝新建“图层17”。

添加选区

删除部分选区

31 添加素材图像

打开附书光盘\实例文件\Chapter 13\Media\台卡.png和吧台.jpg文件。

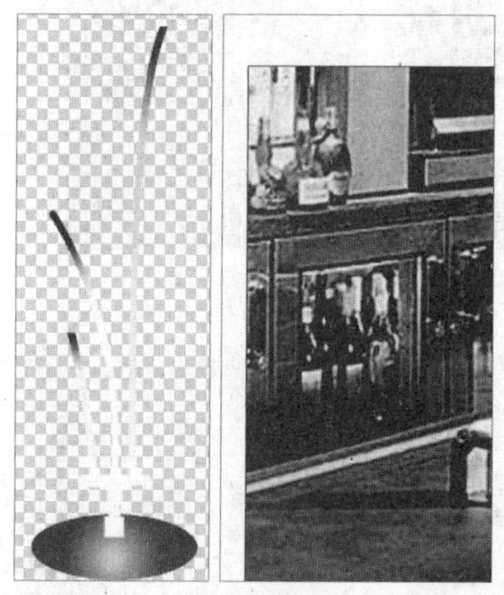
台卡素材　　吧台素材

32 添加“高斯模糊”滤镜

双击“吧台.jpg”文件的“背景”图层，将其转换为普通图层，重命名为“图层0”。执行“滤镜>模糊>高斯模糊”命令，在弹出的对话框中设置“半径”为10像素，单击“确定”按钮。

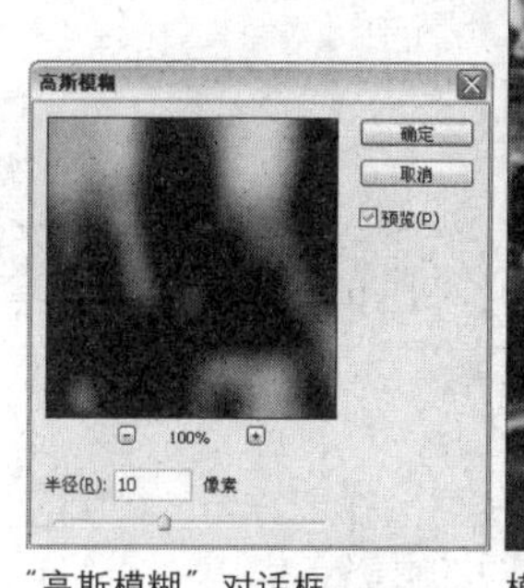

“高斯模糊”对话框

模糊效果

33 制作效果图像

使用移动工具，拖动台卡素材到当前图像文件中，生成“图层1”。新建“图层2”置于“图层1”下方，使用多边形套索工具创建阴影选区，用吸管工具填充底色，设置图层混合模式为“正片叠底”，使用橡皮擦工具，涂抹阴影尾部，使阴影具有真实效果。

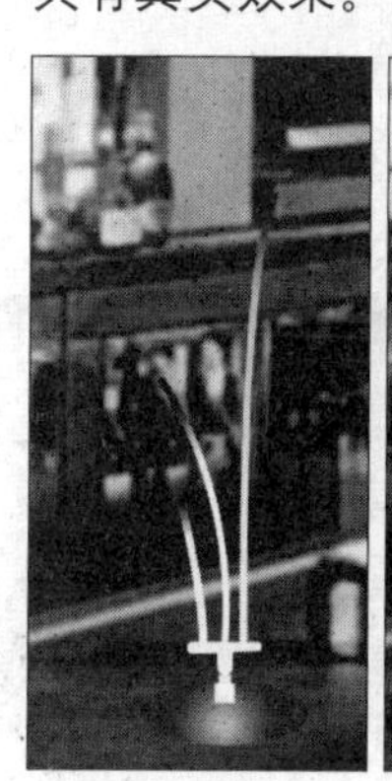
添加素材图像

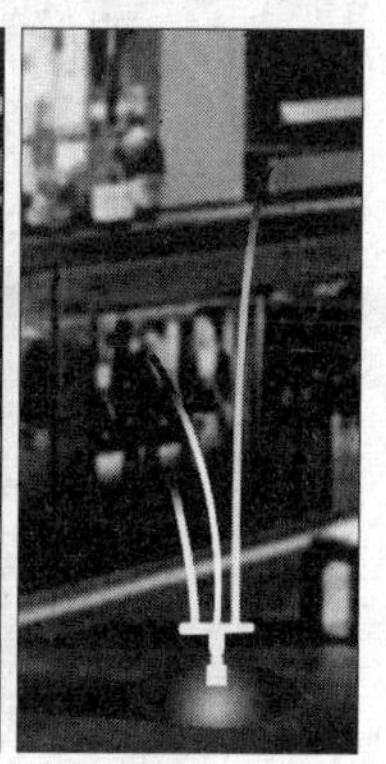
阴影效果

34 制作图像效果

使用移动工具，拖动“图层17”和“图层15”到当前图像文件中，按下快捷键Ctrl+T调整大小和位置，并添加“描边”图层样式。至此，本例制作完成。

添加图像

完成后的效果

13.3 挂历POP设计

实例分析：本实例主要通过图层样式来创建图章效果，以商品作为画面的主体，直接表现出主题。

主要使用工具：自定形状工具、椭圆工具、图层样式、横排文字工具、油漆桶工具

最终文件：Chapter 13\Complete\挂历pop设计.psd

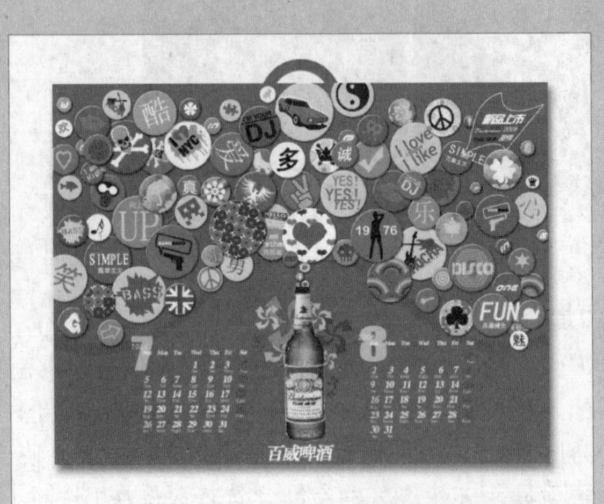

01 新建图像文件

执行“文件>新建”命令，打开“新建”对话框设置参数，单击“确定”按钮，新建图像文件。

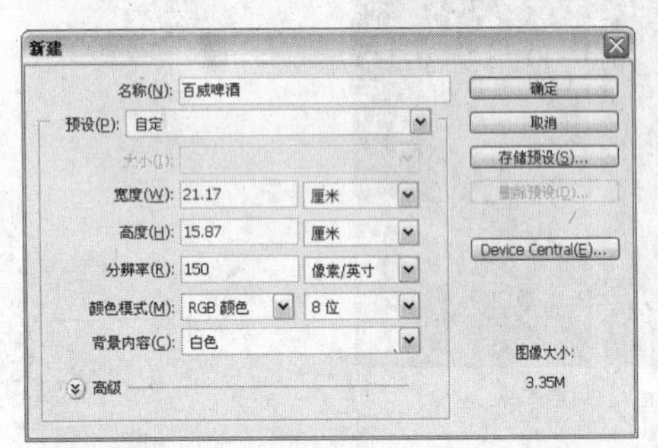

“新建”对话框

02 绘制线条

新建“图层1”，填充图像颜色为（R232、G29、B25），新建“图层2”，单击钢笔工具，在图像上绘制路径并转换为选区，填充选区颜色为（R232、G29、B25），设置图层混合模式为“正片叠底”。

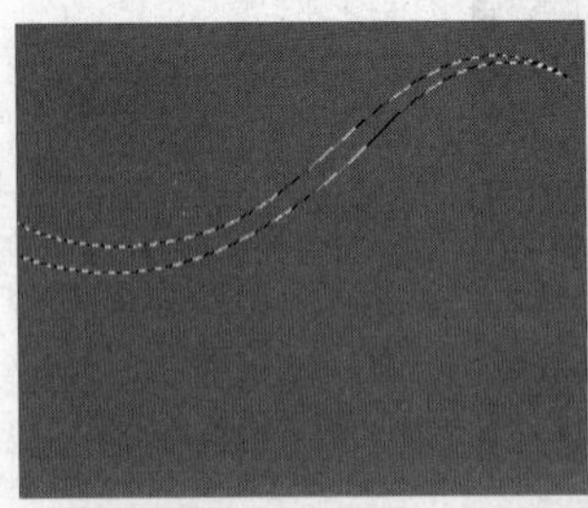

创建选区　　图像效果

03 复制并调整图层

复制“图层2”生成“图层2副本”，按下快捷键Ctrl+T，单击鼠标右键，在弹出的快捷菜单中执行“水平翻转”命令，并调整位置。打开附书光盘\实例文件\Chapter 13\Media\旋转.png文件，单击移动工具拖动素材图像到当前图像文件中，并调整大小和位置，单击“锁定透明像素”按钮，替换颜色效果。

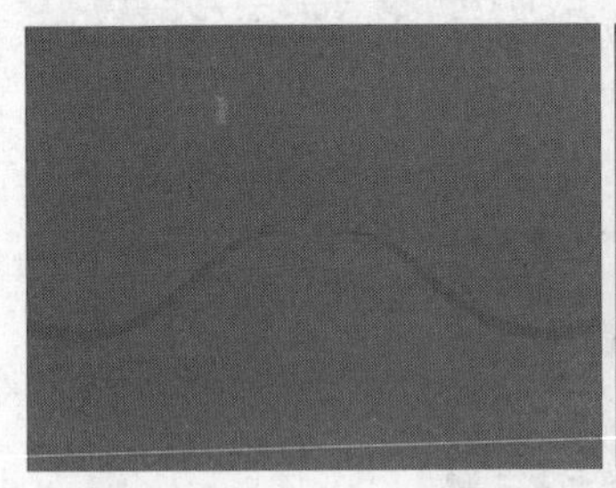

复制图像　　添加素材图像

技巧点拨

单击“锁定透明像素”按钮，使样式直接填充到具有像素的区域，而不必载入选区后再填充。

04 添加素材图像

打开附书光盘\实例文件\Chapter 13\Media\瓶装百威.png文件，将图像拖动到当前图像文件中，并调整大小和位置。单击横排文字工具，设置前景色为白色，输入白色文字。

添加素材图像

输入文字

05 输入文字

选择横排文字工具[T]输入文字，设置字符各项参数，并替换字符颜色。完成后编组为“组1”。

输入文字

“图层”面板

06 复制并添加图像

复制“组1”生成“组1副本”，水平翻转“组1副本”，选择移动工具和横排文字工具[T]对单独字符进行调整。

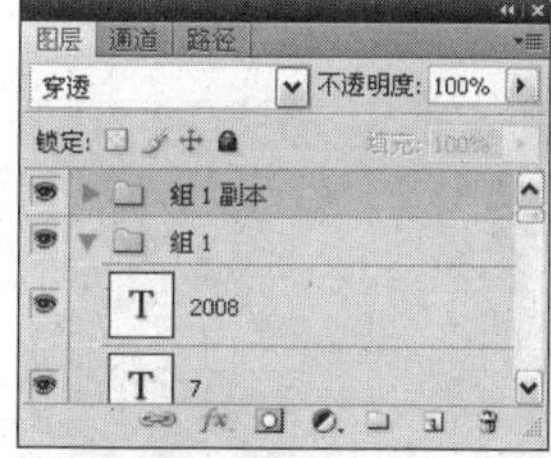

复制图层组

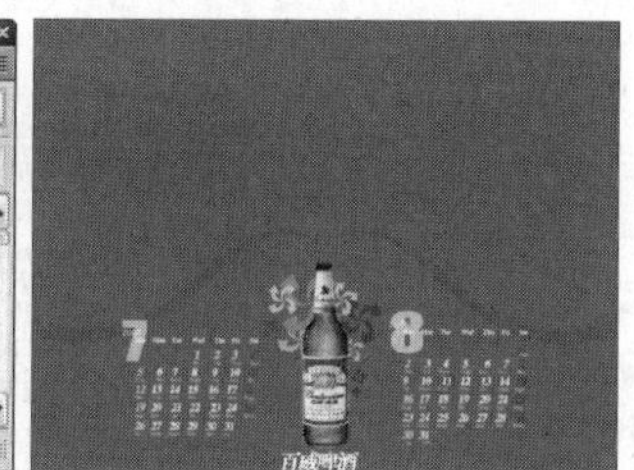

调整图像效果

07 绘制圆点图像

新建“图层6”，设置前景色为（R252、G232、B6），使用椭圆工具，在属性栏中单击“填充像素”按钮，创建圆形图像。使用相同的方法，改变前景色创建更多圆点。

绘制黄色圆点

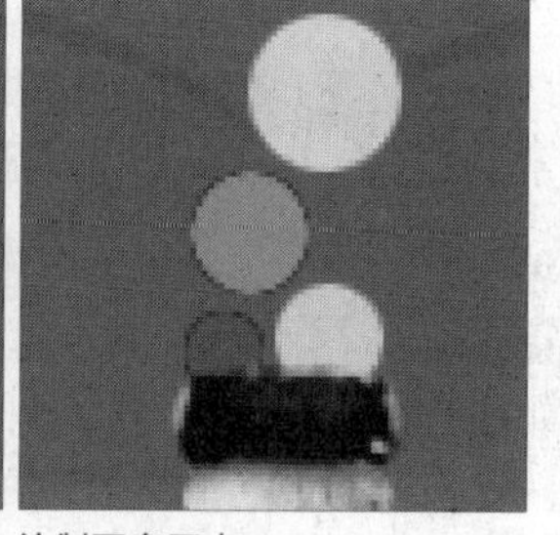

绘制更多圆点

08 添加图层样式

双击“图层6”在弹出的“图层样式”对话框中分别设置“投影”、“内阴影”和“斜面和浮雕”的各项参数，设置完成后单击“确定”按钮。

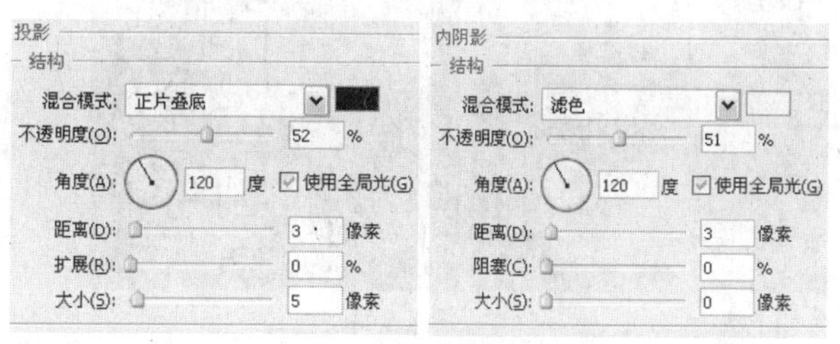

“投影”选项面板　“内阴影”选项面板

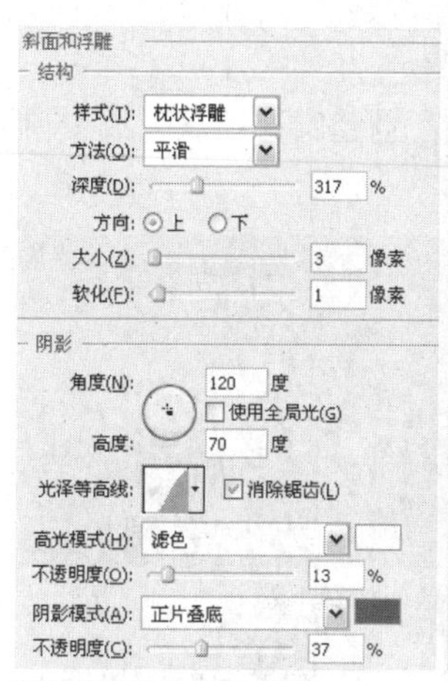

“斜面和浮雕”选项面板

图层样式效果

技巧点拨

通过在“图层样式”对话框中勾选“投影”、“内阴影”和“斜面和浮雕”复选框，并设置各项参数可以创建具有立体效果的图章效果。

09 绘制形状图形

设置前景色为（R232、G72、B8），使用自定形状工具，在属性栏的形状面板中选择名称为“黑桃”的图案，单击“填充像素”按钮，创建图像。

选择形状

绘制图像

10 绘制形状

采用相同的方法，单击自定形状工具，继续创建图像。设置前景色为（R232、G72、B8），单击横排文字工具T，在徽章上输入英文字符。

绘制形状

输入文字

11 绘制圆点图像

新建“图层9”，设置前景色为（R249、G200、B214），单击椭圆工具，创建圆形图像，改变前景色创建更多的圆形图像。

绘制蓝色圆点图像

绘制更多图像

12 拷贝图像样式

右击“图层6”，在弹出的快捷菜单中执行“拷贝图层样式”命令。右击“图层9”，在弹出的快捷菜单中执行“粘贴图层样式”命令。打开附书光盘\实例文件\Chapter 13\Media\小图案.png文件，使用套索工具与移动工具分别拖动到当前图像文件中，按下快捷键Ctrl+T，调整单个素材的大小、位置和方向。

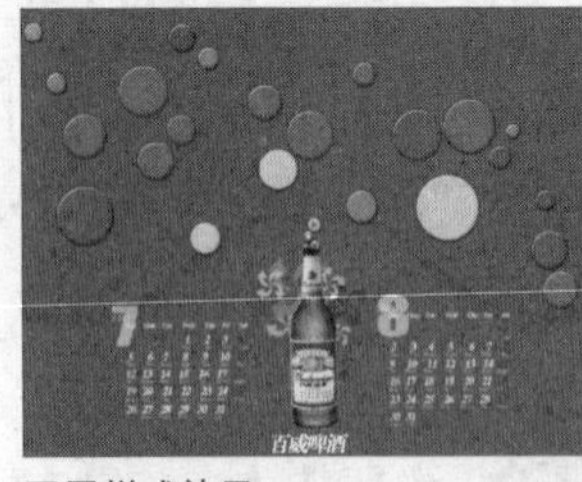
图层样式效果

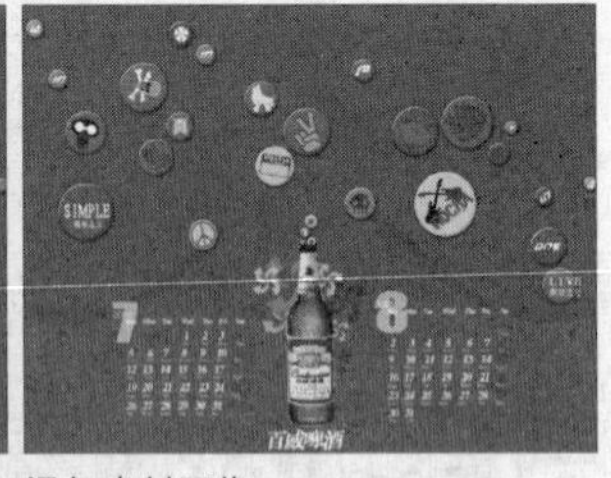
添加素材图像

13 定义图案

使用椭圆选框工具，填充前景色为（R11、G81、B176），按下快捷键Ctrl+D取消选区。打开“彩虹.png”文件，执行“编辑>定义图案”命令，在弹出的对话框中重命名为“彩虹”，单击“确定”按钮。选择油漆桶工具，在属性栏中的图案面板中可以看到新建了一个自定义的彩虹图案。

绘制蓝色图像

自定义图案

14 填充选区图案

单击创建的蓝色圆形图层的缩览图，载入选区，使用油漆桶工具，选择自定义的图案填充到选区中，并取消选区。

载入选区

填充图案

15 添加素材图像

打开附书光盘\实例文件\Chapter 13\Media\绿叶图案.jpg文件，自定义图案并填充到选区中，然后取消选区。

图案素材

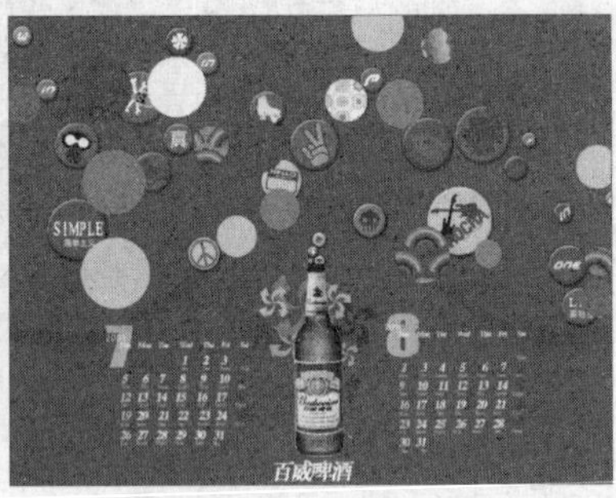
填充图案效果

16 拷贝图层样式

选择创建的底面图像，合并图层并重命名为“图层22”，使用相同的方法粘贴徽章的图层样式。

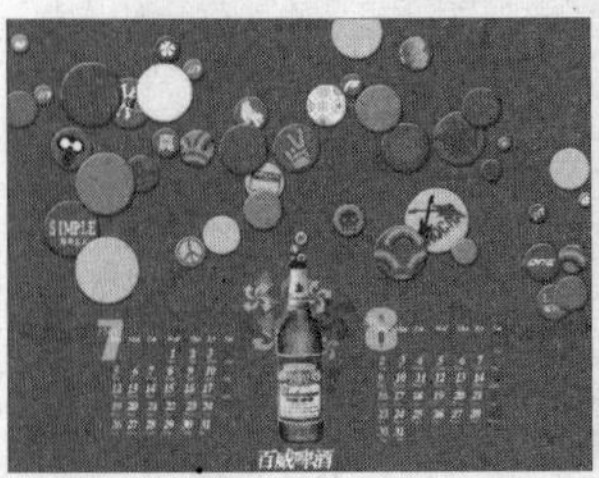
调整图像

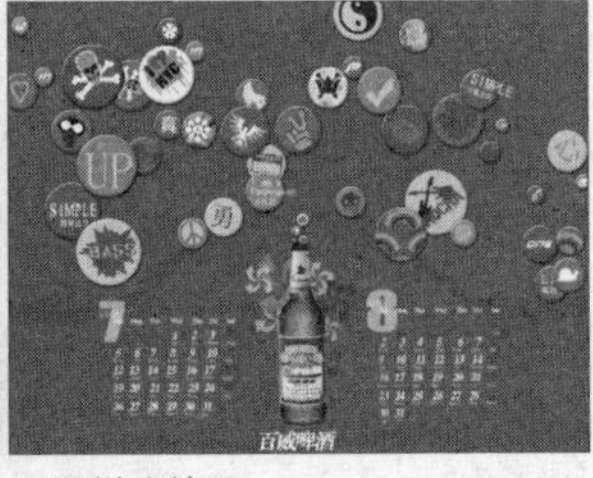
图层样式效果

17 调整图像颜色

单击移动工具，拖动单个素材到当前图像文件中，执行"图像>调整>反相"命令，反相图案的颜色。

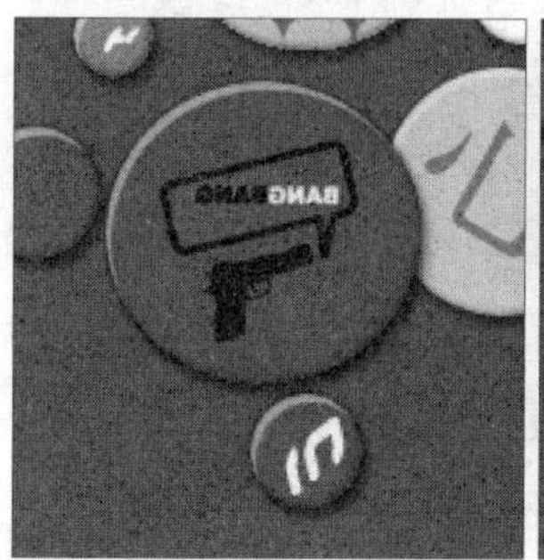
添加素材图像

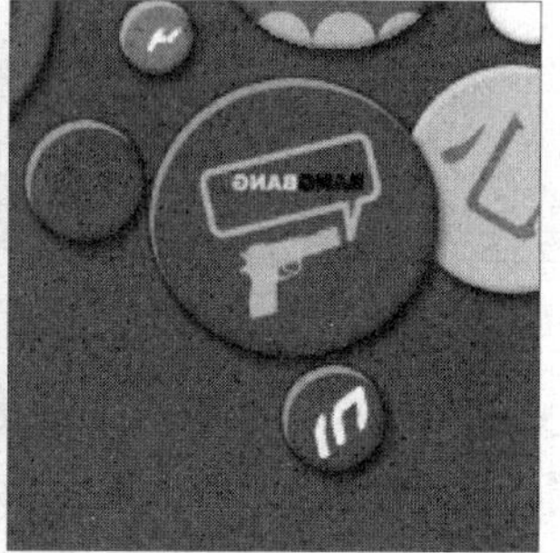
调整图像样式

技巧点拨

使用"反相"命令可以使图像中的颜色转换为本来颜色的互补色，从而创建一种类似底片的效果。

18 绘制更多徽章图像

使用相同的方法，制作更多的徽章图案。

图像效果

19 绘制图像

新建"图层61"，使用钢笔工具，绘制路径并转换为选区，使用吸管工具吸取红色为前景色，填充到选区中。双击"图层61"，在弹出的"图层样式"对话框中设置"描边"各项参数，完成后单击"确定"按钮，添加白色描边效果。

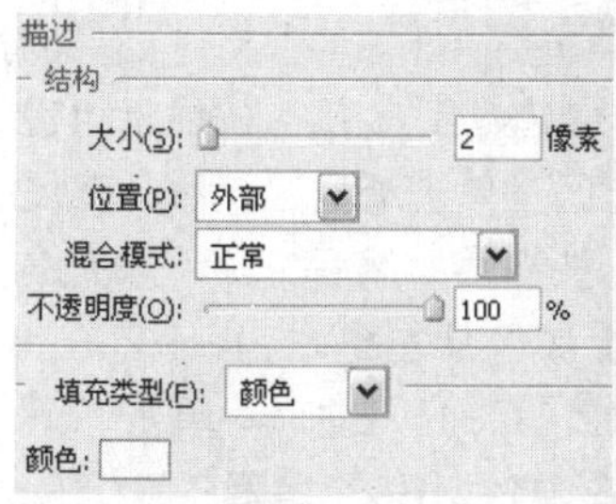

"描边"选项面板

描边效果

20 添加素材图像

打开附书光盘\实例文件\Chapter 13\Media\百威标志.png文件，拖动素材图像到当前图像文件中并调整大小和位置。设置前景色为白色，使用横排文字工具输入文字。

素材图像

图像效果

21 复制图像文件

执行"图像>复制"命令，在弹出的对话框中重命名为"挂历pop设计"，勾选"仅复制合并的图层"复选框，生成新的图像文件。复制"背景"图层重命名为"图层0"，填充"背景"图层为白色。执行"图像>画布大小"命令，在弹出的对话框中设置各项参数。

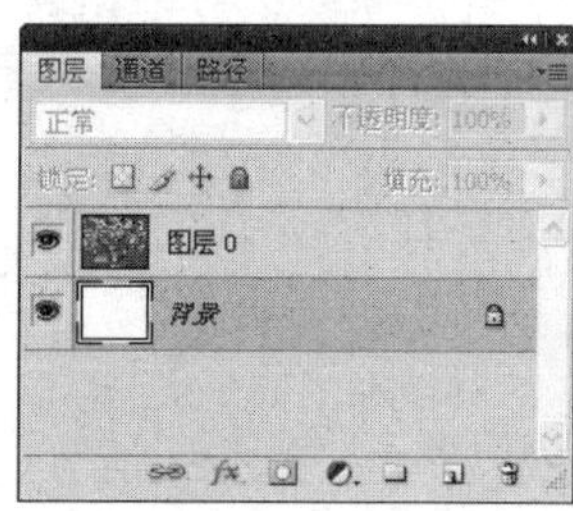

"图层"面板

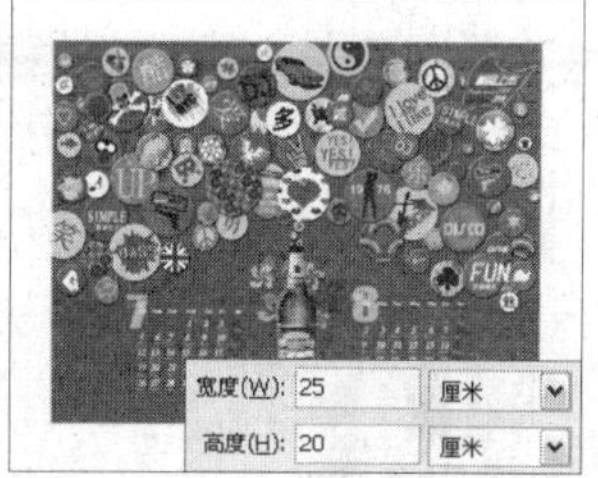

图像效果

22 绘制图像

新建"图层1"，使用椭圆选框工具，创建圆形选区，并填充红色，单击鼠标右键，在弹出的快捷菜单中执行"变换选区"命令，缩小选区，按下Delete键删除选区内图像并取消选区。为"图层0"添加"投影"图层样式，增添图像阴影效果。至此，本例制作完成。

绘制图像

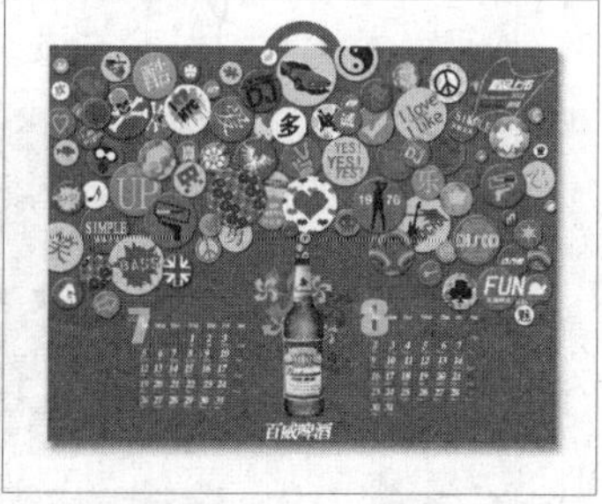
完成后的效果

13.4

文字创意展吊旗设计

实例分析： 本实例主要通过文字的处理和背景素材的调整，将素材和背景巧妙的结合，使整个画面融为一体。

主要使用工具： 渐变工具、画笔工具、文字工具

最终文件： Chapter 13\Complete\文字创意展吊旗设计.psd

视频文件： Chapter 13\文字创意展吊旗设计1.swf、文字创意展吊旗设计2.swf

01 新建图像文件

执行“文件>新建”命令，打开“新建”对话框设置参数，单击“确定”按钮，创建图像文件。

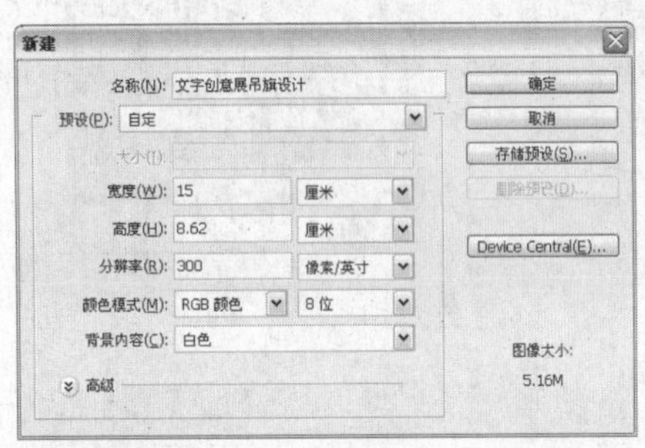

“新建”对话框

02 填充图像渐变色

新建“图层1”，单击渐变工具，在属性栏上单击“径向渐变”按钮，然后打开“渐变编辑器”对话框，设置渐变颜色从左到右为（R255、G210、B157）和（R112、G31、B0），单击“确定”按钮，从画面左上方到左下方拖动填充渐变色。

渐变效果

03 填充选区渐变色

新建“图层2”，单击矩形选框工具，在图像中创建一个矩形选区。单击渐变工具，打开“渐变编辑器”对话框，设置渐变颜色从左到右为（R255、G210、B157）和（R112、G31、B0），单击“确定”按钮，从上到下填充渐变。

填充选区渐变色

04 继续填充选区渐变色

新建“图层3”，单击矩形选框工具，按住Shift键在图像中连续创建矩形选区。单击渐变工具，在属性栏上单击“径向渐变”按钮，然后打开“渐变编辑器”对话框，设置渐变颜色从左到右为（R255、G210、B157）和（R112、G31、B0），单击“确定”按钮，应用渐变填充，制作出多个条形。

渐变效果

05 调整图像方向

按下快捷键Ctrl+T，旋转条纹，移动到画面左边，按下Enter确定完成。

调整图像效果

06 绘制圆点图像并添加图层样式

新建“图层4”，单击画笔工具，选择较硬画笔样式，根据画面需要调整大小，连续绘制白色圆点图形，单击“添加图层样式”按钮 fx，在弹出的菜单中执行“外发光”命令，打开“图层样式”对话框，设置外发光颜色为黄色（R255、G255、B0），“大小”为46，单击“确定”按钮，制作出发光效果。

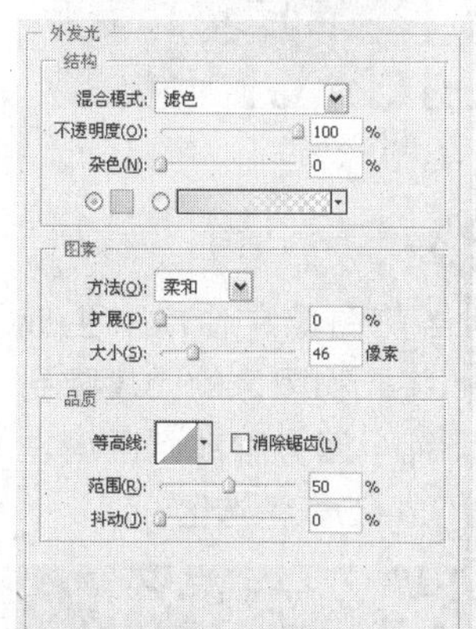

“外发光”选项面板

发光效果

07 绘制花纹图像

新建“图层5”，设置前景色为白色，单击画笔工具，设置画笔大小为3px，单击钢笔工具，根据效果图样式，在画面上绘制出花边路径。单击鼠标右键，在弹出的快捷菜单中执行“描边路径”命令，在弹出的对话框中选择“画笔”描边，画笔将沿着路径描白色的边缘线，完成后按下Delete键删除路径。

绘制路径

花纹效果

08 绘制条纹

将“图层5”的“不透明度”调整为20%，新建“图层6”，单击钢笔工具绘制路径，使用黄色（R249、G202、B76）填充，将图层混合模式设置为“颜色加深”，产生叠加背景的效果。

绘制条纹图像

混合模式效果

09 添加素材图像

打开附书光盘\实例文件\Chapter 13\Media\花朵.png文件，将图像移动到当前图像文件中，生成“图层7”。复制素材图层，然后按下快捷键Ctrl+T，缩小图像并移动到画面相应位置，并根据画面需要调整不透明度。

添加素材图像

10 添加图层样式

打开附书光盘\实例文件\Chapter 13\Media\花朵2.png文件，将图像移动到当前图像文件中，生成“图层8”，。单击“添加图层样式”按钮 fx，在弹出的菜单中执行“外发光”命令，打开“图层样式”对话框，设置外发光参数，设置外发光颜色为白色，单击“确定”按钮，产生发光效果。

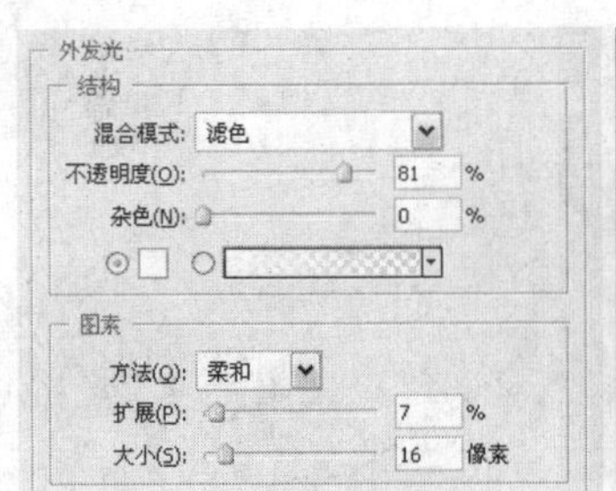

"外发光"选项面板

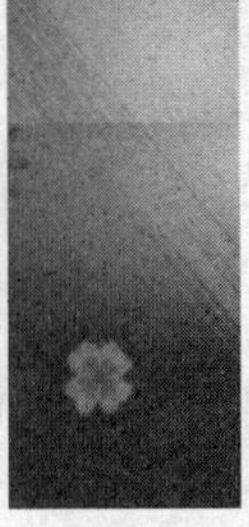

发光效果

11 复制并移动图像

按住Ctrl键载入"图层8"的选区，然后按住Alt键移动复制多个花朵图像，并根据需要调整图像的大小，移动到画面相应位置。

复制图像效果

12 设置图层不透明度

复制"图层6"向下移动，将图层混合模式设置为"正常"，"不透明度"设置为50%。

不透明度效果

13 绘制线条

新建"图层9"，单击矩形选框工具，在画面上创建条形选区，设置前景色为（R250、G53、B39），按下快捷键Alt+Delete填充前景色，使用相同的方法，在画面上制作条纹，再使用（R188、G143、B116）填充。

线条效果

14 添加图层样式

复制"图层7"，按下快捷键Ctrl+U，在弹出的对话框中设置"明度"为100，此时花变成白色。双击该图层，设置外发光颜色为（R255、G255、B0），经过自由变换后，缩小图像移动到画面相应位置，增加画面层次感。

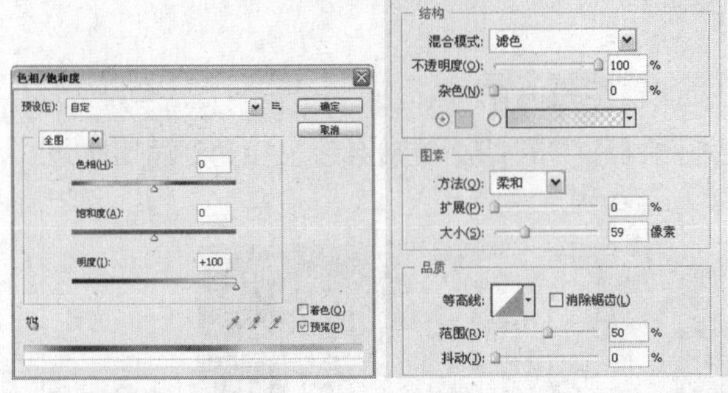

"色相/饱和度"对话框　　"外发光"选项面板

15 添加人物素材图像

打开附书光盘\实例文件\Chapter 13\Media\人物.psd文件，移动一个人物图层到当前图像文件中，生成"图层10"。按下快捷键Ctrl+U，在弹出的对话框中设置"明度"为-100，人变成黑色。

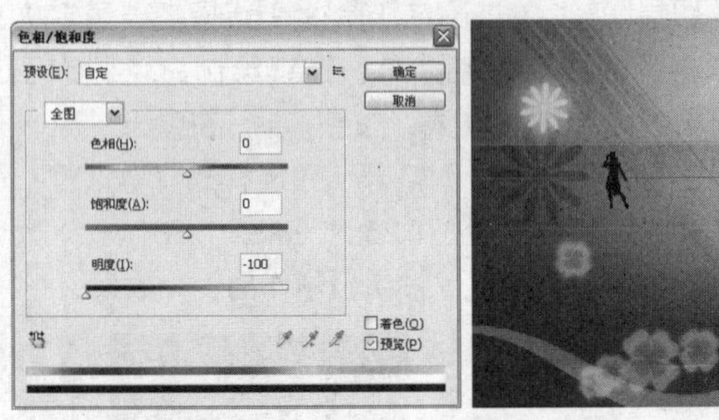

"色相/饱和度"对话框　　图像效果

16 调整其余图像

将其余的人物图像移动到当前图像文件中，生成"图层11"～"图层14"，将人物图像的明度降到最低。按下快捷键Ctrl+T，缩小图像移动到画面左边中间的位置，按下快捷键Ctrl+D取消选区。

图像效果

17 输入文字

单击横排文字工具T输入文字POPULAR。

输入文字

18 绘制光影效果

新建“图层15”，拖动到“人”图层下方，单击画笔工具，设置前景色为白色，不透明度为20%，选择较软的画笔，在画面文字后面绘制，设置前景色为（R255、G255、B0），绘制相同效果。

光影效果

19 绘制橙色光影

新建“图层16”，选择喷枪样式的画笔，使用橙色（R231、G87、B12），在画面上进行绘制。

图像效果

20 添加花纹素材图像

打开附书光盘\实例文件\Chapter 13\Media\花纹.psd文件，根据画面需要将素材分别移动到当前图像文件中，与背景人物接合起来，移动到相应位置，使画面看起来更融合。

添加花纹素材

21 添加并编辑图层蒙版

移动曲线花纹到左下角的人物图像上，并设置其不透明度为30%，根据需要在花纹图像上创建图层蒙版，使用画笔工具隐藏部分图像。新建“组1”，重命名为“花纹”，将所有的花纹图层移动到“花纹”组下。

图像效果

22 调整图像

单击“图层”面板下方的“创建新的填充或调整图层”按钮，在弹出的菜单中执行“亮度/对比度”命令，设置“亮度”为+92，然后将该图层拖到文字图层之上。新建图层，设置前景色为黑色，单击画笔工具选择较硬的笔刷，绘制点状图像，使画面更加丰富，至此，本例制作完成。

调整亮度效果

完成后的效果

13.5 美容SPA吊旗设计

实例分析： 本实例制作的是美容店的促销活动吊旗，采用桃红色为画面的主色调，体现女性妩媚时尚的视觉效果。

主要使用工具： 画笔工具、渐变工具、钢笔工具

最终文件： Chapter 13\Complete\美容SPA吊旗设计.psd
视频文件： Chapter 13\美容SPA吊旗设计.swf

01 新建图像文件

执行"文件>新建"命令，打开"新建"对话框设置各项参数，单击"确定"按钮，新建图像文件。

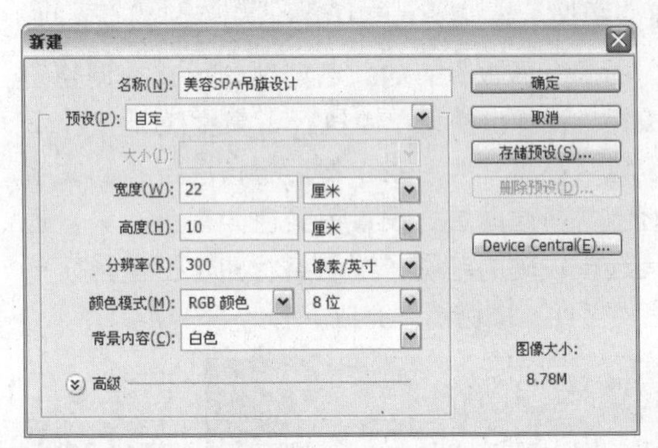

"新建"对话框

02 添加图像渐变

新建"图层1"，单击渐变工具，打开"渐变编辑器"对话框，设置渐变颜色从左到右为（R253、G171、B216）和（R107、G15、B82），设置完成后单击"确定"按钮，从上到下填充图像线性渐变。

渐变效果

03 绘制墨迹图像

新建"图层2"，单击画笔工具，在画笔预设面板中载入附书光盘\实例文件\Chapter 13\Media\墨迹.abr画笔，然后选取画笔，设置前景色为（R255、G52、B178），调整画笔的大小在图像中单击绘制墨迹效果。

选择画笔

绘制墨迹效果

04 复制并调整图像

复制“图层2”，使墨迹颜色加深。新建“图层3”，选择载入的画笔样式，设置前景色为（R254、G102、B166），在图像上绘制另一个墨迹效果，设置图层“不透明度”为75%。

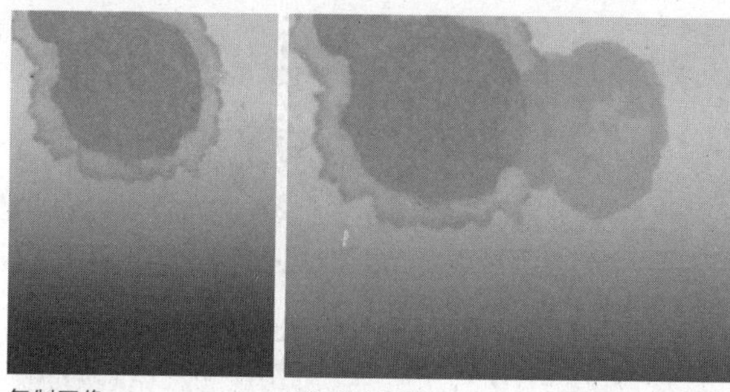

复制图像　　绘制墨迹图像

05 绘制路径

新建“图层4”，单击钢笔工具，在图像上绘制人物路径。

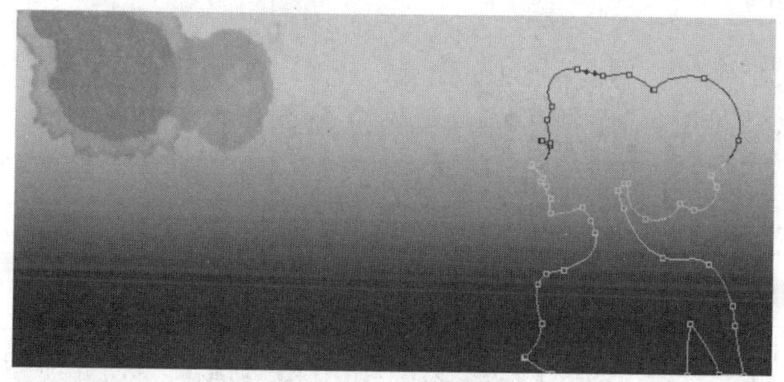

绘制路径

06 填充选区渐变色

按下快捷键Ctrl+Enter将路径转换为选区，单击渐变工具，打开“渐变编辑器”对话框，设置渐变颜色从左到右为（R38、G10、B71）和（R237、G46、B177），单击“确定”按钮，从上到下填充选区线性渐变。

渐变效果

07 删除选区内图像

单击钢笔工具，在图像上绘制路径并转换为选区，按下Delete键删除选区内的图像，取消选区。

创建选区　　删除选区内图像

08 继续删除选区内图像

采用相同的方法在图像上创建选区，删除选区内的图像，制作人物头发效果。

人物头发效果

09 添加素材图像

打开附书光盘\实例文件\Chapter 13\Media\花.psd文件，单击移动工具，将花纹图像移动至当前图像文件中，设置图层混合模式为“颜色加深”。

混合模式效果

10 添加素材图像

继续添加花图像，复制多个图像结合自由变换命令调整图像的大小与位置，采用相同的方法继续添加花图像。

复制花图像

添加更多花图像

11 绘制圆点图像

新建“图层10”，单击画笔工具，选择先前载入的笔刷，设置前景色为白色，结合[和]键调整画笔的大小，绘制白色斑点图像。

圆点图像

12 绘制形状图像

新建“图层11”，单击自定形状工具，在形状预设面板中选择“蝴蝶”形状，在图像上绘制蝴蝶形状路径。

绘制蝴蝶形状路径

13 填充选区渐变色

结合自由变换命令对图像进行调整，按下快捷键Ctrl+Enter将路径转换为选区，从上到下填充选区颜色为（R38、G10、B71）至（R237、G46、B177）的线性渐变。

调整路径

填充选区渐变色

14 输入文字信息

单击横排文字工具，设置前景色为白色，在图像中输入文字信息，调整文字的大小与位置。至此，本例制作完成。

完成后的效果

13.6 墙面POP设计

实例分析：本实例制作的是打印机墙面POP广告，画面主要通过色彩构成与线性渐变填充来体现该广告产品的特征，视觉鲜亮、色彩丰富。

主要使用工具：渐变工具、图层样式

最终文件：Chapter 13\Complete\墙面POP设计.psd
视频文件：Chapter 13\墙面POP设计.exe

01 填充图像渐变色

新建图像文件，单击渐变工具，对背景层添加径向渐变。使用多边形套索工具创建选区，使用渐变工具，设置渐变类型为杂色，粗糙度为90%，单击“确定”按钮，对选区进行线性渐变填充。

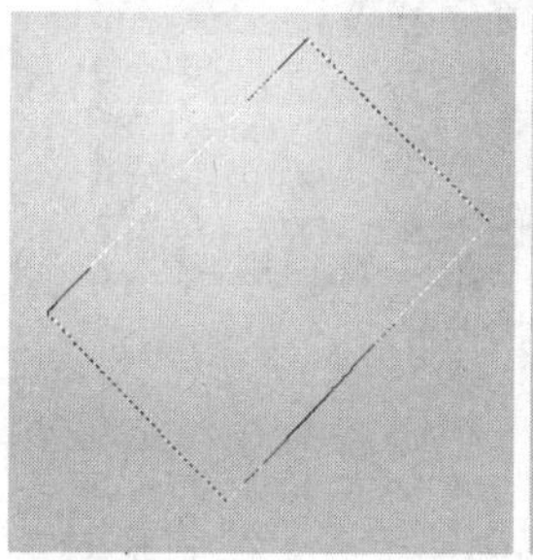

创建选区

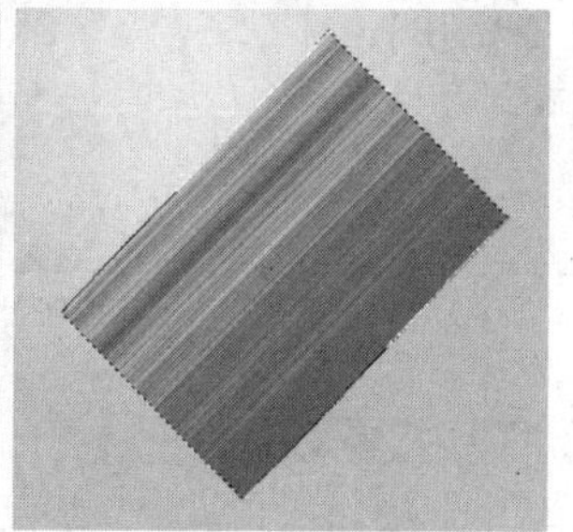

渐变效果

02 制作更多图像

继续使用多边形套索工具创建选区并填充渐变，合并组，对整体应用照片滤镜，统一整体色调。

渐变图像效果

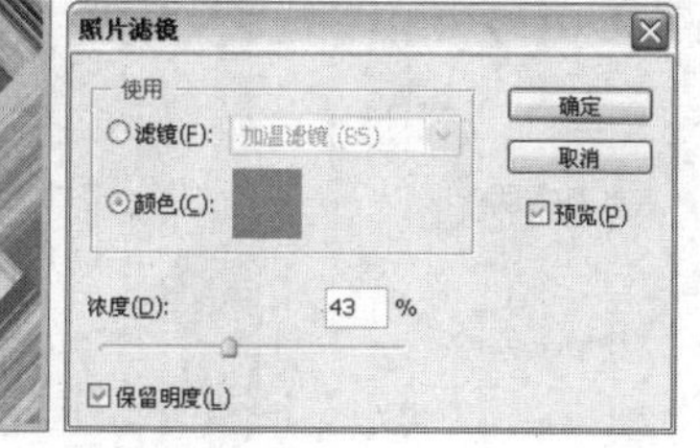

“照片滤镜”对话框

03 输入文字

使用横排文字工具输入文字，并适当添加文字投影。打开“打印机.png”文件，将图像拖动到当前图像文件中，调整文字与图形的排列。至此，本例制作完成。

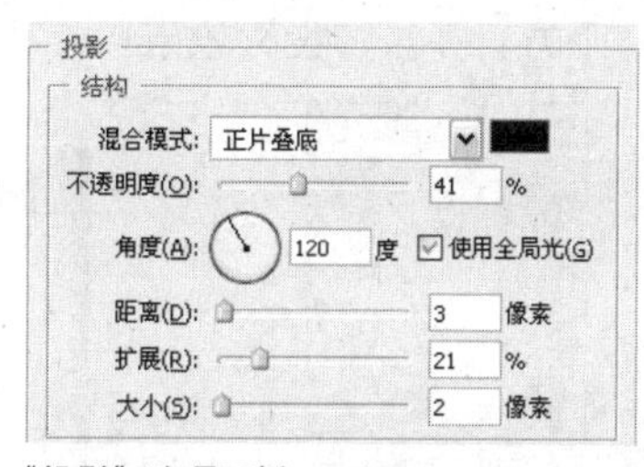

“投影”选项面板

完成后的效果

13.7 商场吊旗POP设计

实例分析：本实例制作的是商场促销的吊旗POP广告，通过颜色与素材图像的活跃性，体现画面丰富热闹的效果，从而表现赠送大礼时红火的圣诞节日气氛。

主要使用工具：渐变工具、钢笔工具、图层样式

最终文件：Chapter 13\Complete\商场吊旗POP设计.psd

视频文件：Chapter 13\商场吊旗POP设计.exe

01 绘制吊旗图像

新建图像文件，填充红色渐变背景。使用矩形选框工具和椭圆选框工具绘制旗面，得到“图层1”，执行“选择>修改>扩展”命令，设置参数为10。新建“图层2”，使用渐变工具进行线性渐变填充，放置于“图层1”下方，并添加投影效果。

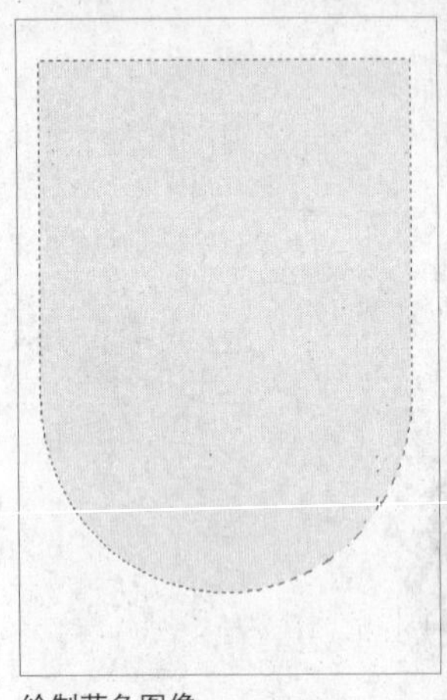

绘制蓝色图像

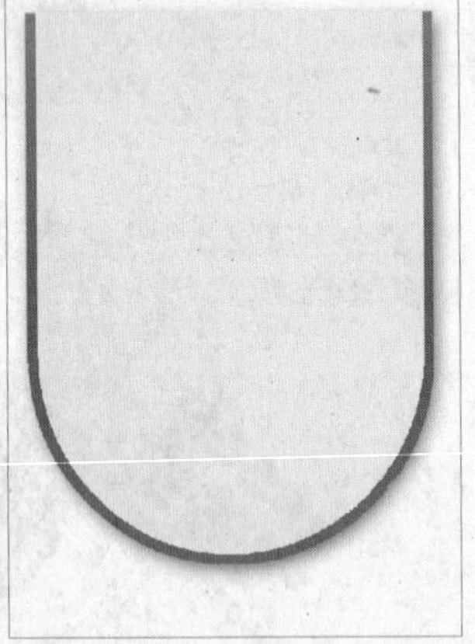

添加阴影效果

02 添加素材图像

打开附书光盘\实例文件\Chapter 13\Media文件夹，添加素材到当前图像文件中，调整色彩平衡和色相。新建“图层3”，添加羽化效果，放置于“雪人”和“大圣诞老人”图层下方。

添加素材图像

调整图像效果

03 完善图像效果

载入“花纹.abr”画笔，使用画笔工具绘制底图氛围。使用横排文字工具添加文字，并添加描边效果。注意重点信息文字一定要大而醒目，最后适当添加渐变背景。至此，本例制作完成。

绘制底纹图像

完成后的效果

Chapter 14

户外广告设计

户外广告是平面广告中占地最大、最具吸引力的广告。它不受消费人群的局限，只要出门，不管是等公交车还是自驾出门旅游都会体会到户外广告所带来的广告效应。在本章中精选了10个优秀的不同类型的户外广告案例分析制作方法与技巧，包括站台广告、灯箱广告、墙体广告等，通过学习定能提高您的设计水平。

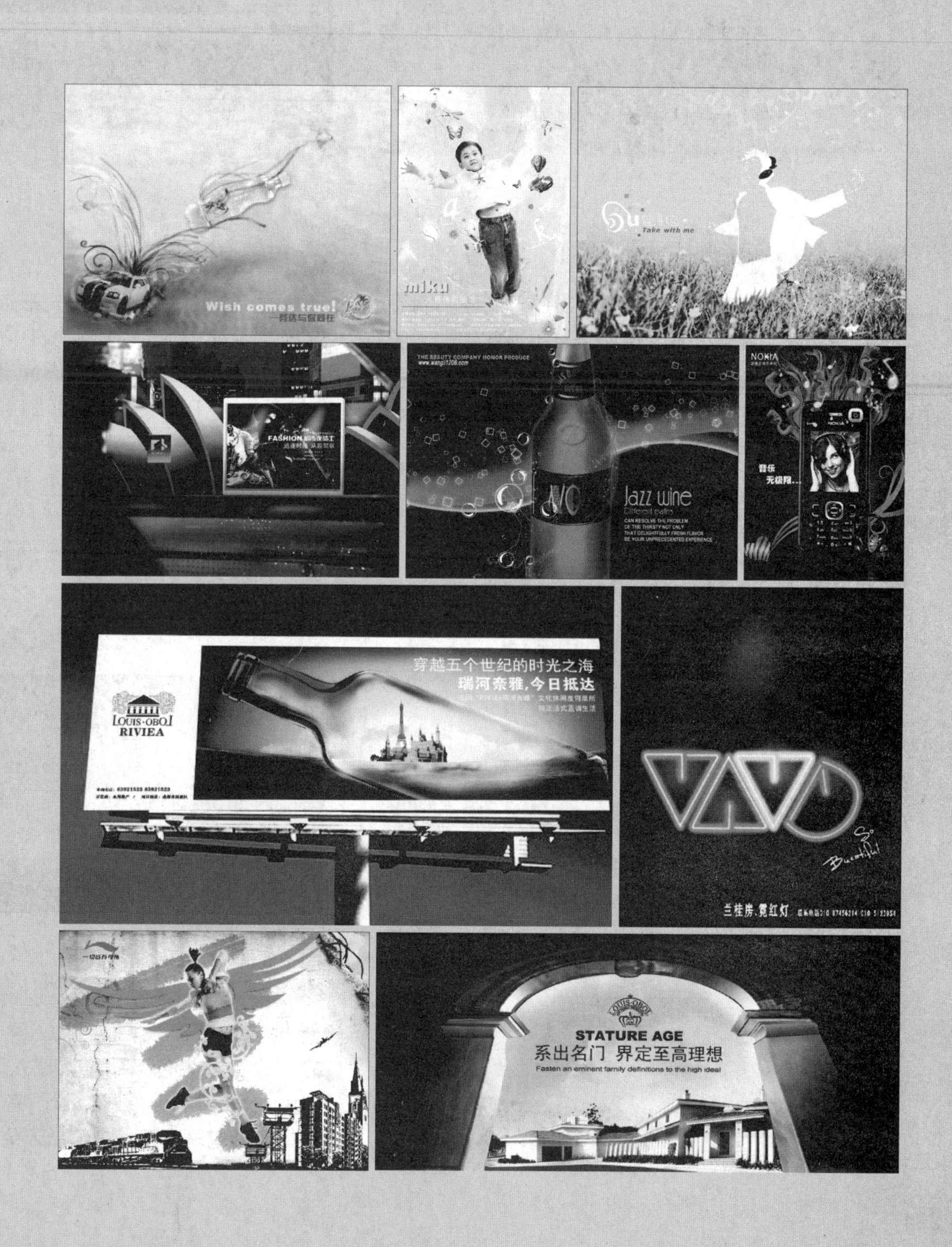

14.1 高立柱户外广告设计

实例分析：本实例制作的是房地产高立柱户外广告，整个画面以蓝绿色调为主，唯美、纯净，给人一种静谧的感觉。

主要使用工具：钢笔工具、渐变工具、画笔工具、动感模糊

最终文件：Chapter 14\Complete\高立柱户外广告设计.psd

视频文件：Chapter 14\高立柱户外广告设计1.swf、高立柱户外广告设计2.swf

01 新建图像文件

执行"文件>新建"命令，在弹出的"新建"对话框中，设置"名称"为"瑞河奈雅平面图"，"宽度"为50厘米、"高度"为17厘米，"分辨率"为150像素/英寸，完成后单击"确定"按钮，新建一个图像文件。

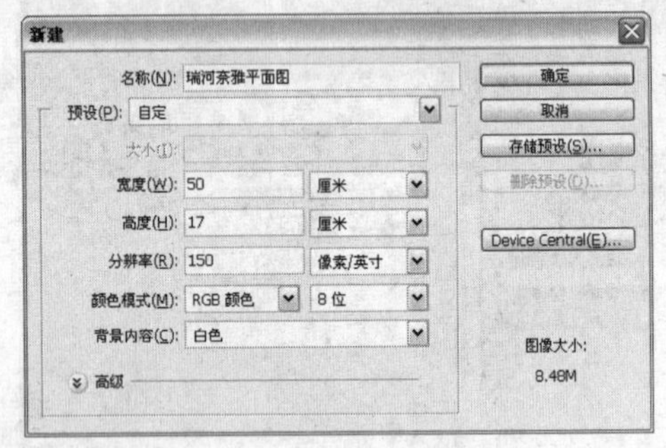

"新建"对话框

02 添加素材图像

打开附书光盘\实例文件\Chapter 14/Media/海面.png文件，单击移动工具，将素材图像拖动到"瑞河奈雅平面图"文件中，得到"海面"图层，调整图像的位置。

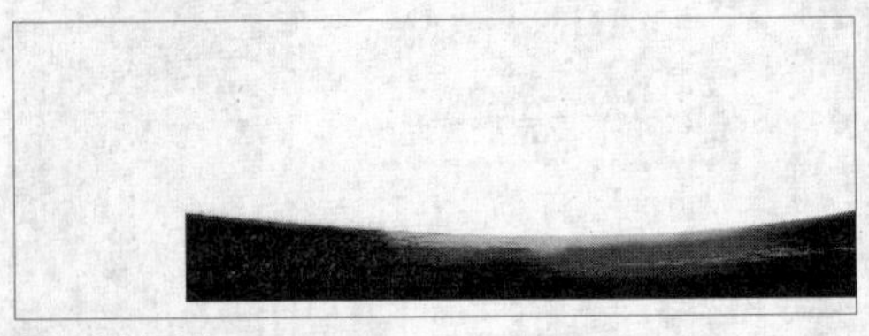

添加素材图像

03 填充选区渐变色

新建"天空"图层，单击矩形选框工具绘制矩形选区，单击渐变工具，在"渐变编辑器"对话框中，从左到右设置渐变颜色为（R225、G225、B170）、（R180、G246、B162）、（R2、G85、B92）和（R0、G28 、B61），设置完成后对选区进行径向渐变填充。

设置渐变颜色

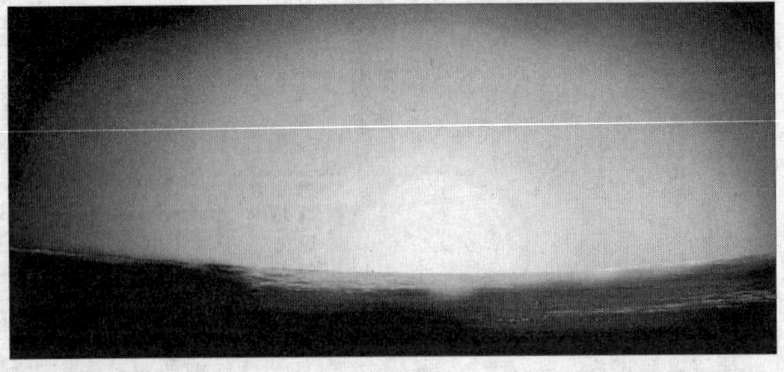

渐变效果

04 载入画笔

新建"云朵"图层，并放置于"海面"图层下方，设置前景色为白色，载入附书光盘\实例文件\Chapter 14\Media\云朵.abr画笔，单击画笔工具，选择云彩笔刷在图像中绘制云朵。

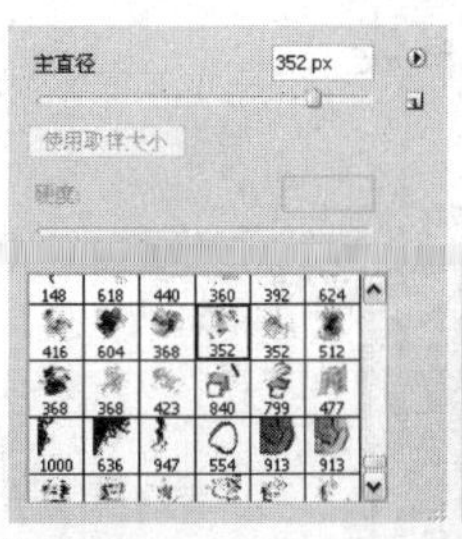

“画笔”预设面板

云彩图像

05 添加“照片滤镜”效果

执行“图像>调整>照片滤镜”命令，在弹出的对话框中设置参数，单击“确定”按钮，使用减淡工具对云朵过亮部分进行适当的减淡。

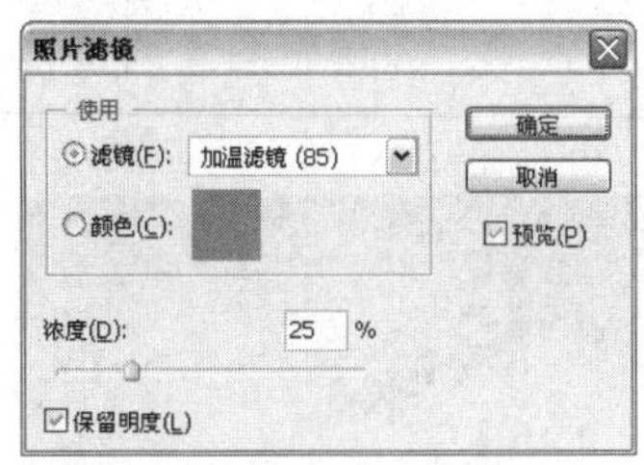

“照片滤镜”对话框

照片滤镜效果

06 添加素材图像

打开附书光盘\实例文件\Chapter 14\Media\城堡.png文件，拖动到当前图像文件中，放置于“海面”图层的下方。

添加素材图像

07 填充图像渐变色

新建“图层6”，单击矩形选框工具绘制矩形选区，单击渐变工具，设置前景色为（R0、G67、B60），在“渐变编辑器”对话框中设置渐变色为从前景色到透明，对选区从边缘到中间进行线性渐变填充。

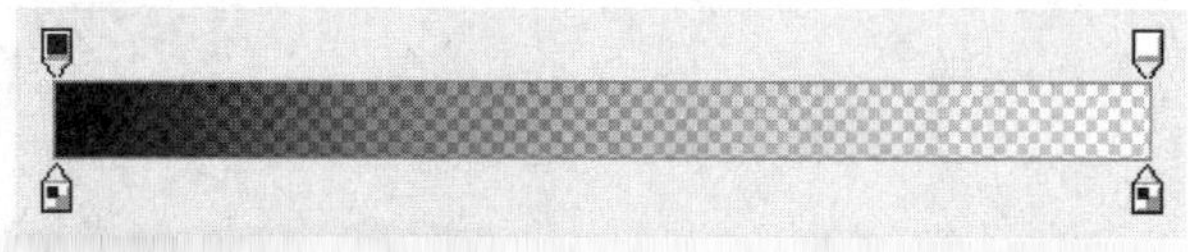
设置渐变颜色

渐变效果

技巧点拨

注意色调的把握，压低周围环境的明度是为了更凸出图层主题事物，吸引眼球。

08 填充选区渐变色

新建“倒影”图层，单击钢笔工具绘制倒影的轮廓，激活路径，设置前景色为（R250、G225、B204），单击渐变工具，对选区进行从前景色到透明的线性渐变填充。

创建选区

渐变效果

09 填充选区颜色

新建“反光”图层，单击多边形套索工具绘制选区，按下快捷键Shift+F6，在弹出的“羽化选区”对话框中设置“羽化半径”为40像素，单击“确定”按钮，填充选区颜色为白色，取消选区。设置图层“不透明度”为67%，使用橡皮擦工具，设置为画笔为柔角笔刷，在画面适当位置进行涂抹。

创建选区

图像效果

10 复制并调整图像

复制“城堡”图层为“城堡副本”，并按下快捷键Ctrl+T，对图像进行自由变换，右击，在弹出的对话框中执行“垂直翻转”命令，并移动至适当位置按下Enter键确定。

调整图像

技巧点拨

在进行自由变换时，按住Shift+Ctrl组合键的同时拖动控制柄，可以进行斜切变形操作，若按住Ctrl键的同时拖动控制柄，可以进行扭曲变形操作。

11 添加“动感模糊”滤镜

执行“滤镜>模糊>动感模糊”命令，在弹出的“动感模糊”对话框中设置参数，单击“确定”按钮，单击减淡工具对亮部进行适当减淡。

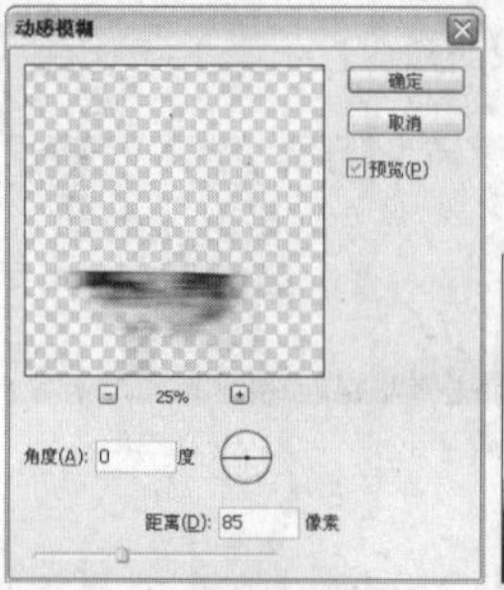
“动感模糊”对话框

模糊效果

12 添加素材图像

打开附书光盘\实例文件\Chapter 14\Media\瓶子.psd文件，拖动到当前图像文件中，并调整图像的位置和大小。

添加素材图像

13 填充图像渐变色

新建“塞子”图层，单击钢笔工具绘制路径，激活路径，单击渐变工具，设置渐变色为（R52、G44、B21）和黑色，对选区进行线性渐变。

设置渐变色颜色

绘制路径

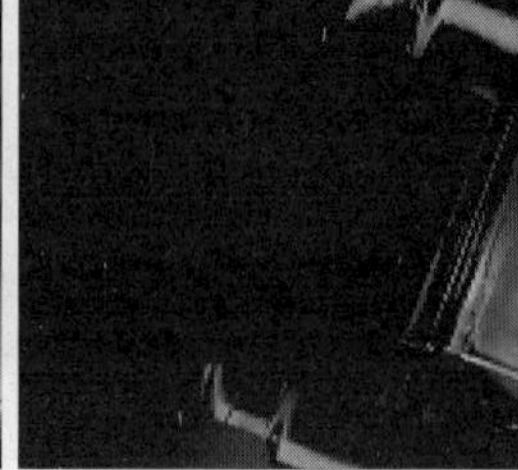
渐变效果

14 调整图层顺序

将“塞子”图层放置于“瓶子”图层下方，创建“组1”，整理图层顺序。

调整效果

15 输入文字

单击横排文字工具[T]，然后在“字符”面板中设置参数，输入并排列文字。

“字符”面板

输入文字

16 添加素材图像

打开附书光盘\实例文件\Chapter 14\Media\标志.png，并拖动到当前图像文件中，单击横排文字工具[T]，添加适当文字信息。按下快捷键Ctrl+Shift+Alt+E盖印图层，重命名图层为“画面”。

添加素材图像

17 新建图像文件

新建图像文件，打开附书光盘\实例文件\Chapter 14\Media\高立柱.jpg文件，并拖动到当前图像文件中，再将“画面”图层移动至当前图像文件中。

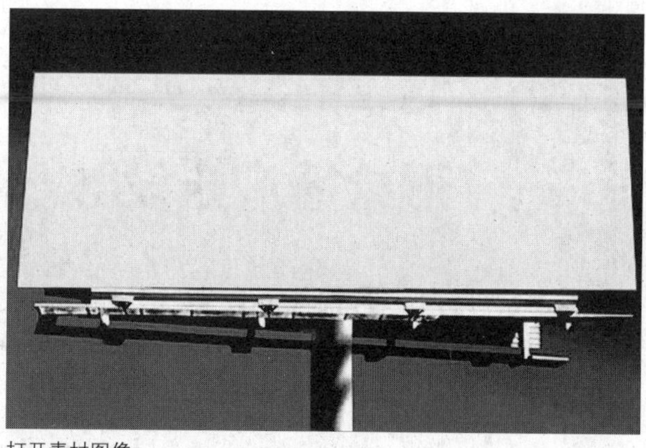

打开素材图像

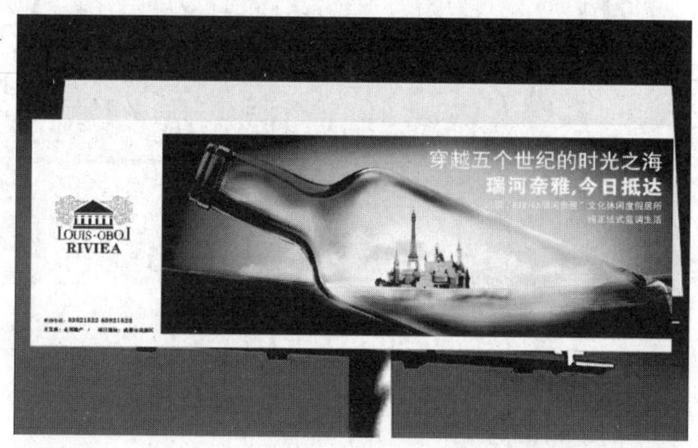

添加图像

18 调整图像

按下快捷键Ctrl+T，调整图像至合适位置，最后按下Enter键确定变换。至此，本例制作完成。

调整图像

完成后的效果

14.2 形象墙广告设计

实例分析：本实例以炫红的时尚都市夜景为主，体现品质高贵的画面效果，独特的外轮廓给画面增添了时尚韵律。

主要使用工具：钢笔工具、渐变工具、图层样式滤镜

最终文件：Chapter 14\Complete\形象墙广告设计.psd

01 新建图像文件

执行“文件>新建”命令，在弹出的“新建”对话框中设置参数，单击“确定”按钮新建图像文件。

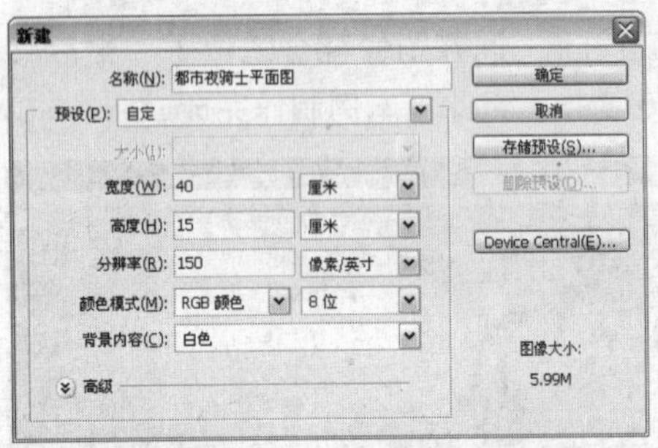

“新建”对话框

02 填充选区颜色

设置前景色为灰色，按下快捷键Alt+Delete，填充背景为灰色。新建“图层1”，单击钢笔工具绘制路径，按下Ctrl+Enter组合键激活路径为选区，设置前景色为（R196、G4 、B110），按下快捷键Alt+Delete，填充选区。

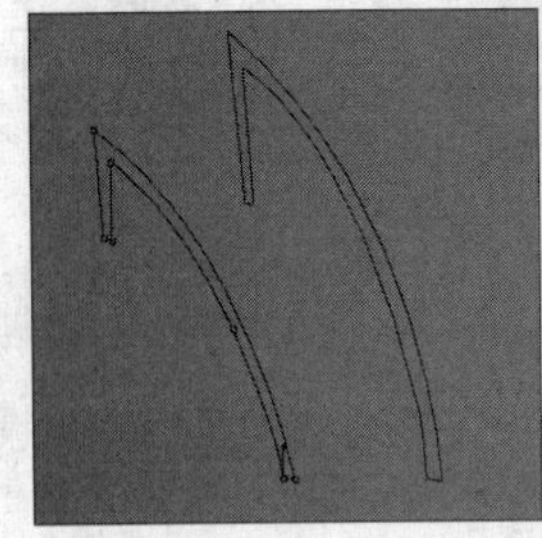

绘制路径

填充选区颜色

03 填充渐变色

新建“图层2”，单击钢笔工具绘制路径，按下快捷键Ctrl+Enter激活路径为选区，单击渐变工具，从左到右设置渐变色为（R243、G217、B231）、（R183、G96、B152）、（R117、G44、B58）、（R53、G14、B22），单击“确定”按钮，对选区进行线性渐变填充。

绘制路径

渐变效果

04 绘制图像

使用钢笔工具绘制黑色部分和其他图形组。

绘制黑色图像效果

05 绘制灰色图像

新建"白板"图层，单击圆角矩形工具▢绘制矩形"白板"图像，激活路径为选区，填充为浅灰色。复制"白板"为"白板副本"，将"白板副本"填充为白色，并调整图像位置。

填充选区颜色

白色图像

06 添加素材图像

打开附书光盘\实例文件\Chapter 14\Media\夜景.jpg文件，拖动到当前图像文件中，按下快捷键Ctrl+U，设置各项参数，单击"确定"按钮。

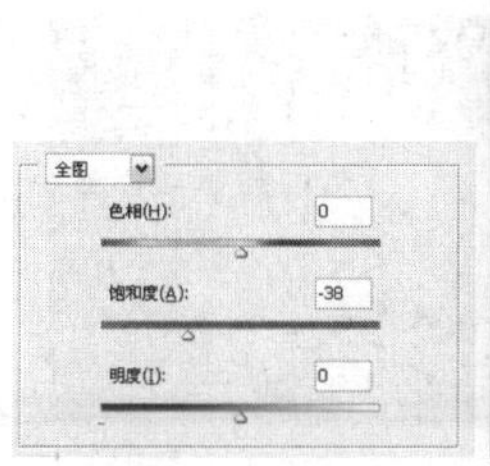

设置参数值

添加素材图像

07 调整图像颜色

按下快捷键盘Ctrl+B，在弹出的对话框中设置各项参数，单击"确定"按钮。

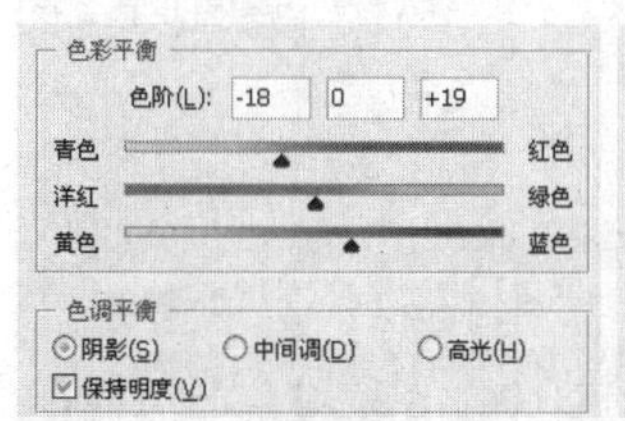

设置"阴影"参数值

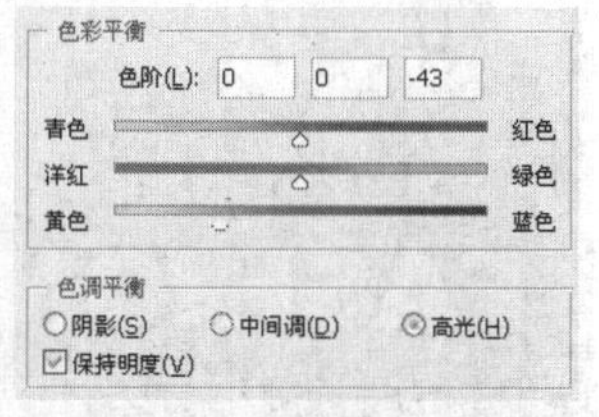

设置"高光"参数值

调整效果

08 添加"高斯模糊"滤镜

执行"滤镜>模糊>高斯模糊"，在弹出的"高斯模糊"对话框中设置"半径"为2.6像素，设置完成后单击"确定"按钮。

模糊效果

09 添加"镜头光晕"滤镜

执行"滤镜>渲染>镜头光晕"，在弹出的"镜头光晕"对话框中设置参数，单击"确定"按钮。

"镜头光晕"对话框

滤镜效果

技巧点拨

按下快捷键Ctrl+F，可重复应用上一步的滤镜效果。

10 调整图像大小

按下快捷键Ctrl+T，调整并移动图像至白板中间位置，按下Enter键确认变换操作，使用矩形选框工具⬚裁切边缘。

创建选区

删除选区内图像

11 调整图像颜色

按下快捷键Ctrl+U，打开“色相/饱和度”对话框，设置“明度”参数值，完成后单击“确定”按钮。

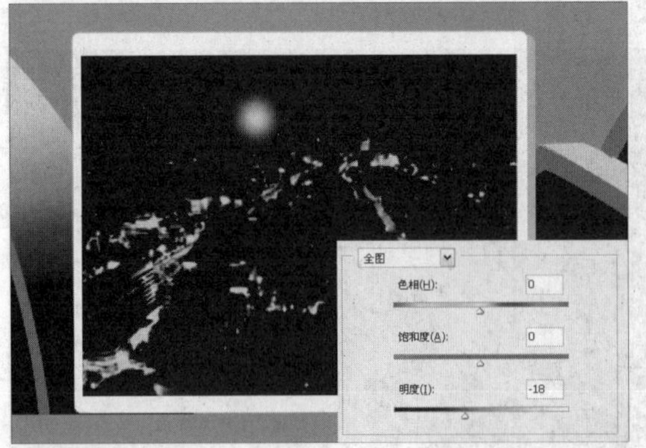

图像效果

12 添加素材图像

打开附书光盘\实例文件\Chapter 14\Media\人物.png文件，拖动到当前图像文件中，并调整大小和位置。

添加素材图像

13 添加图层样式

双击人物所在图层，弹出“图层样式”对话框，设置“外发光”参数。

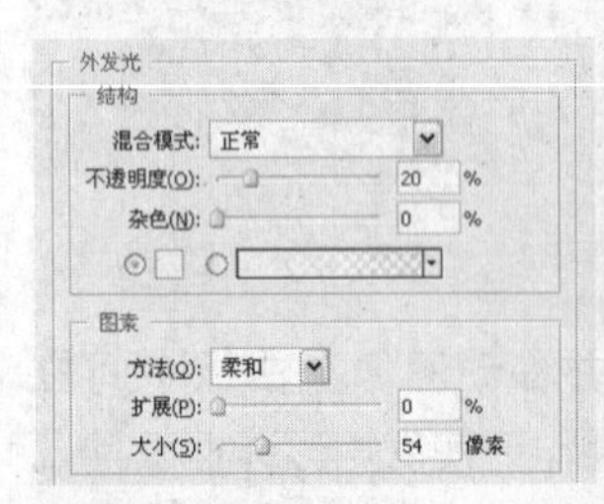

“外发光”选项面板　　发光效果

14 载入画笔

载入附书光盘\实例文件\Chapter 14\Media\星点.abr画笔，在画笔预设面板中选择星光画笔，新建“星点”图层，设置前景色为白色，单击画笔工具绘制星点。

绘制星光效果

技巧点拨

选择工具箱中的画笔工具后，若按下[或]键，可缩小或者放大画笔的直径。

15 添加图层样式

双击“星点”图层，打开“图层样式”对话框，设置“外发光”参数。

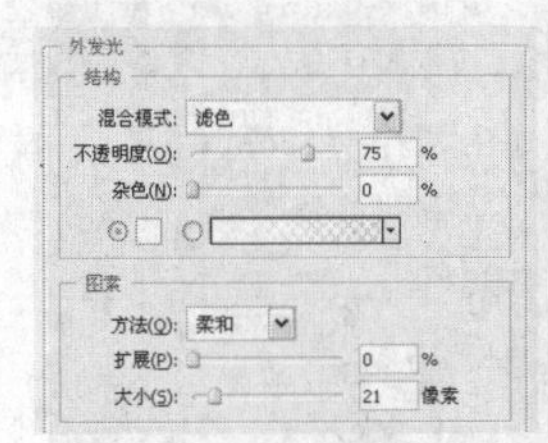

“外发光”选项面板　　发光效果

16 输入文字

单击横排文字工具T添加文字，主题文字可添加“仿粗体”效果。

输入文字

17 复制并调整图层组

单击“创建新组”按钮，创建“组1”，整理图层，并复制“组1”为“组1副本”，合并“组1副本”中的所有图层，隐藏“组1”。新建图层，单击钢笔工具绘制白板的凹陷厚度，激活路径为选区，填充选区颜色为浅灰色。

“图层”面板

图像效果

18 复制并调整图像

复制图层，将复制的“白板”及其内容调整到适当位置。

图像效果

19 填充选区渐变

新建“标志”图层，单击矩形选框工具绘制矩形选区，单击渐变工具，对选区进行线性渐变填充。

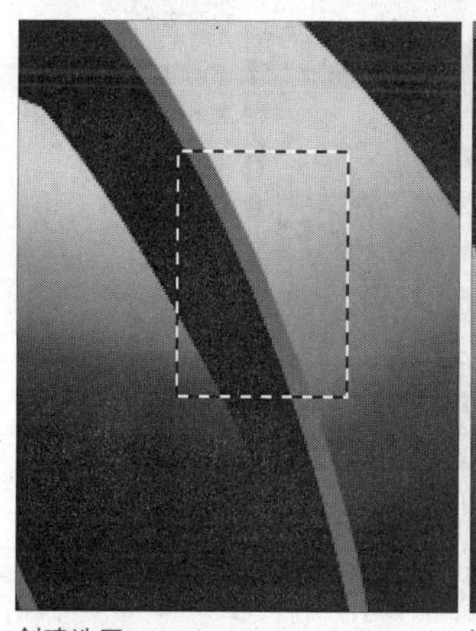
创建选区

填充选区渐变色

20 绘制黄色图像

单击钢笔工具绘制图形，填充前景色为（R255、G183、B34）。双击图层，打开“图层样式”对话框设置“斜面和浮雕”参数。

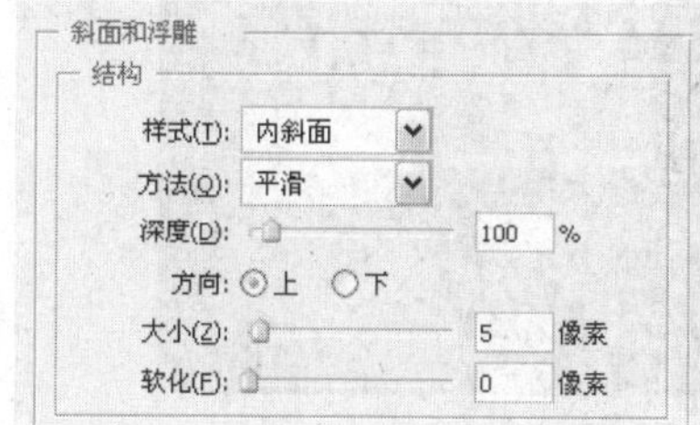

“斜面和浮雕”选项面板

图层样式效果

21 输入文字

添加文字，复制“标志”图层，并调整图像位置。

复制标志图像

整体效果

22 合并图像并新建图像

合并除“背景”图层以外的所有图层为“平面图”图层。执行“文件>新建”命令，在弹出的“新建”对话框中设置“名称”为“形象墙广告设计”，“宽度”为22厘米、“高度”为15厘米，“分辨率”为150像素/英寸，完成后单击“确定”按钮，新建图像文件。

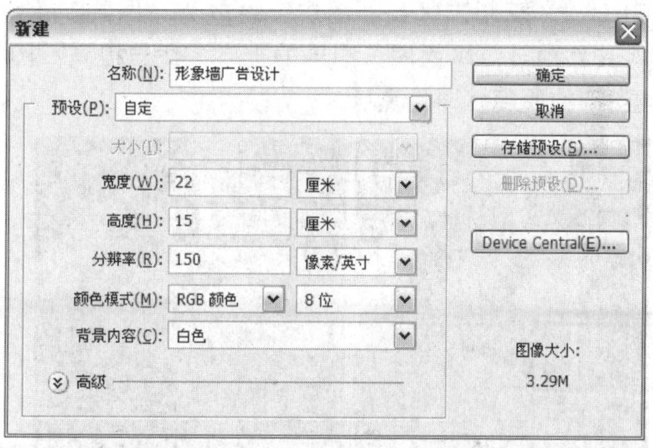

“新建”对话框

23 打开素材图像

按快捷键Ctrl+O，打开附书光盘\实例文件\Chapter 14\Media\形象墙.jpg文件，拖动到当前图像文件中，并将刚刚合并的“平面图”图层拖动到当前图像文件中。

素材图像

添加素材图像

24 复制并调整图像

选择“形象墙”图层中，单击套索工具创建选区，按下快捷键Shift+F6，弹出“羽化选区”对话框，设置“羽化半径”为10像素。按下快捷键Ctrl+J，复制选区到新图层，生成为“图层3”，将其移动至“平面图”图层的上方，适当提高“图层3”的明度，弱化黑色。

创建选区

图像效果

25 添加素材图像

双击“平面图”图层，打开“图层样式”对话框，设置“投影”参数。

投影效果

26 填充选区渐变色

新建“光线”图层，单击多边形套索工具，在属性栏中设置“羽化”值为20，绘制光线。再单击渐变工具，设置渐变色从白色到透明。对选区进行线性渐变填充。

创建选区

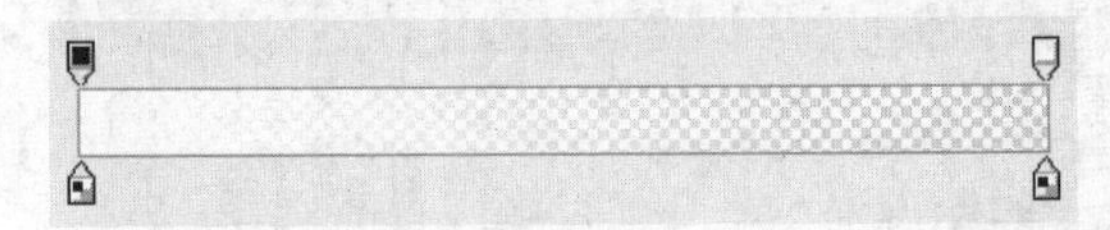

设置渐变色

渐变效果

27 绘制光束效果

采用相同的方法绘制另一条光束。至此，本例制作完成。

完成后的效果

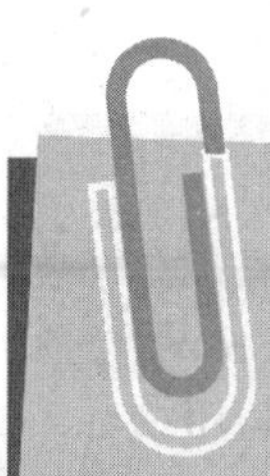

14.3 条幅户外广告设计

实例分析： 本实例以金黄色为基调，通过素材图像的添加制作仰视的画面视觉效果，体现华丽尊贵的品质追求。

主要使用工具： 图层混合模式、色彩平衡、照片滤镜

最终文件： Chapter 14\Complete\条幅户外广告设计.psd

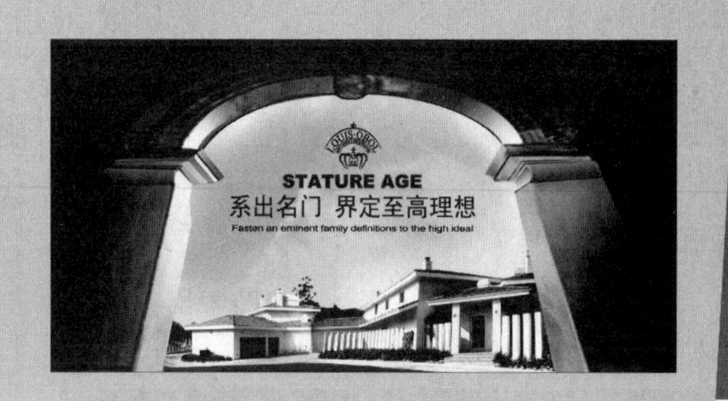

01 新建图像文件

执行“文件>新建”命令，在弹出的“新建”对话框中设置参数，完成后单击“确定”按钮，新建图像文件。

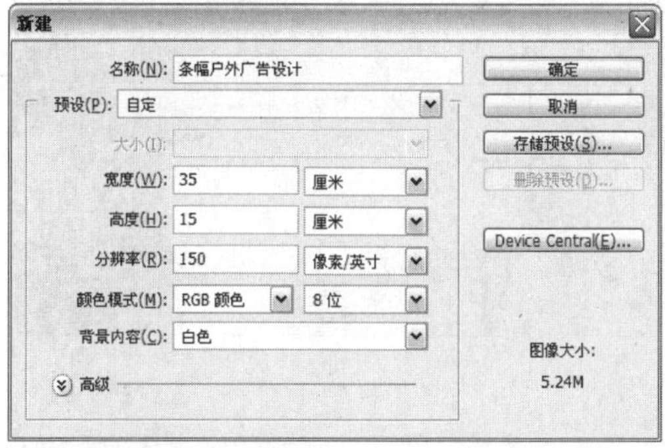

“新建”对话框

02 添加门素材图像

打开附书光盘\实例文件\Chapter 14\Media\门.png文件，单击移动工具，将素材图像拖曳至当前图像文件中，得到“门”图层，调整图像的位置。

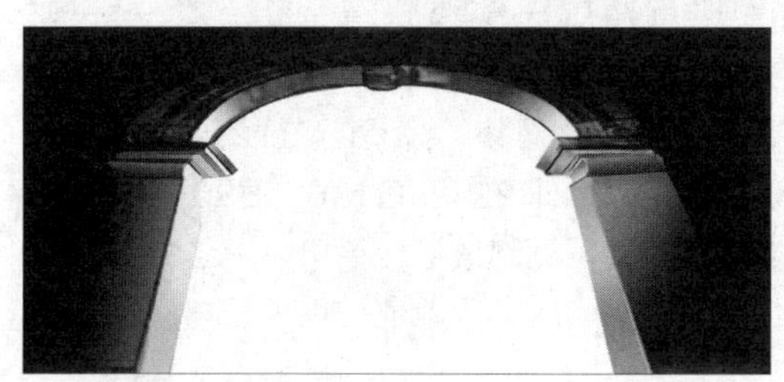

添加素材图像

03 添加素材图像

打开附书光盘\实例文件\Chapter 14\Media\底纹.jpg文件，单击移动工具将素材图像拖曳至当前图像文件中，得到“底纹”图层，设置图层的混合模式为“柔光”。

素材图像　添加素材图像

04 擦除图像

单击橡皮擦工具，在属性栏中设置为柔角，不透明度为70%，对“底纹”的边缘进行涂抹。执行“滤镜>模糊>动感模糊”命令，设置模糊参数。

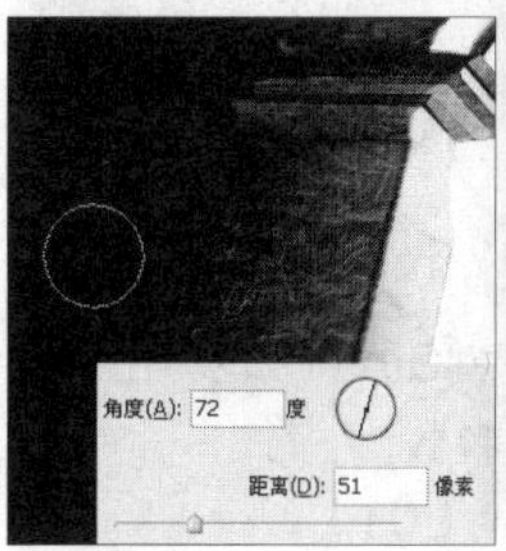

擦除图像

模糊效果

05 添加底纹素材图像

使用相同的方法，继续将“底纹.jpg“文件拖曳至当前图像文件中进行图层与图层间的混合。

添加素材图像效果

06 填充图像渐变色

新建“图层2”，单击渐变工具，为图像填充黑色到透明色的径向渐变。

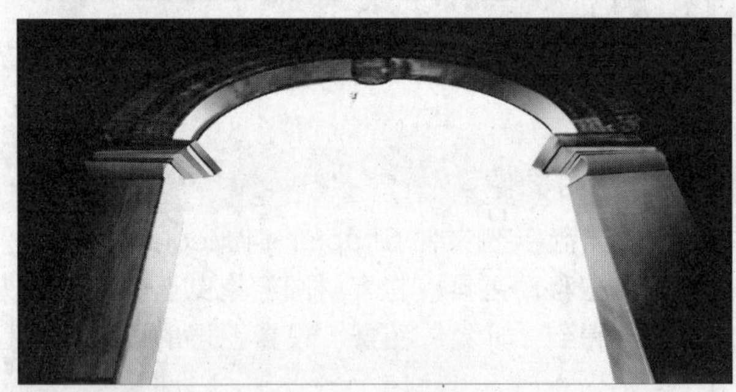

渐变效果

07 添加素材图像

打开附书光盘\实例文件\Chapter 14\Media\天空.png文件，单击移动工具将素材图像拖曳至当前图像文件中，得到“天空”图层。在“图层”面板中将该图层拖动到“门”图层的下方。

添加素材图像

08 调整图像颜色

选择“天空”图层，按下快捷键Ctrl+U，弹出“色相/饱和度”对话框，设置各项参数。

图像效果

09 调整图像颜色

按下快捷键Ctrl+B，弹出“色彩平衡”对话框设置各项参数。

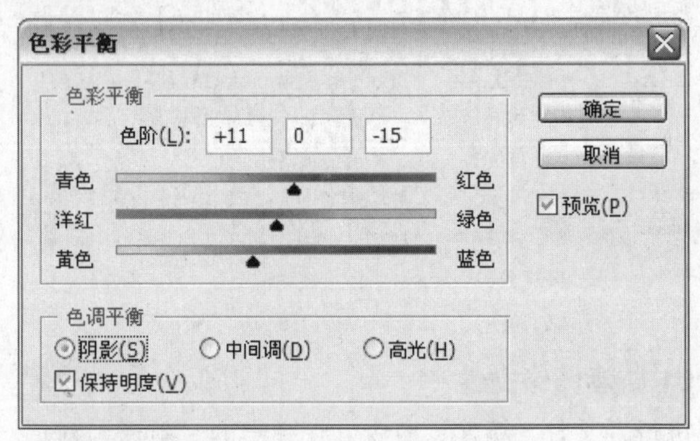

“色彩平衡”对话框

图像效果

技巧点拨

色彩平衡命令主要通过调整各通道颜色的分量，来达到一种平衡，可分阶段对图像的亮部、暗部、中间调进行调整。

10 添加“照片滤镜”滤镜

单击“创建新的填充或调整图层”按钮，在弹出的菜单中执行“照片滤镜”命令，在“照片滤镜”面板中设置颜色为（R227、G186、B96），得到“照片滤镜”图层，复制该层。

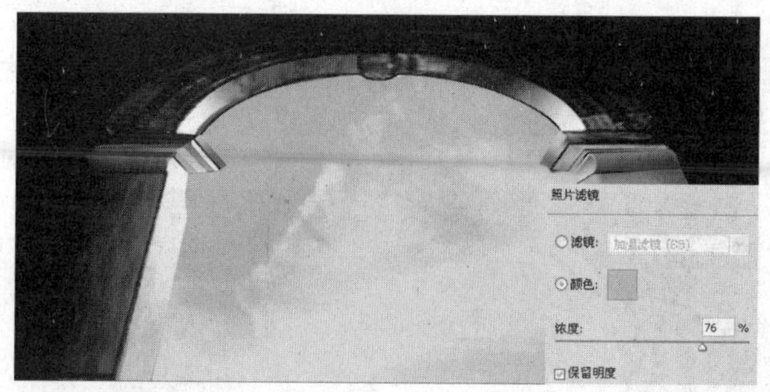

滤镜效果

11 绘制图像

新建“图层3”，设置前景色为白色，单击画笔工具，在属性栏中设置画笔为柔角，设置“不透明度”为60%，对图像的边缘进行涂抹，再使用减淡工具对“天空”的亮部进行适当的减淡。

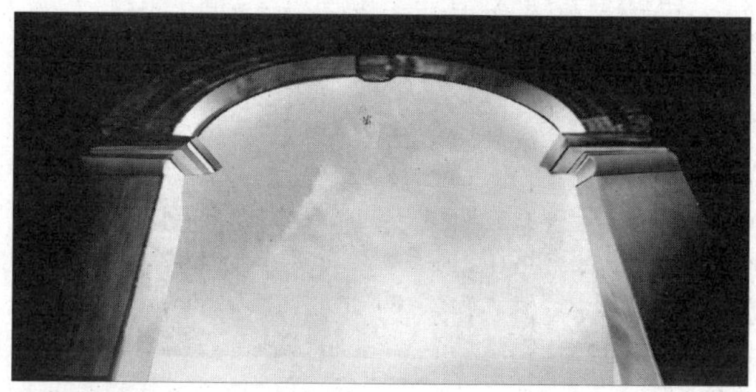
图像效果

12 编辑素材图像

打开附书光盘\实例文件\Chapter 14\Media\别墅.jpg文件，新建图层并重命名为“房子”，单击钢笔工具绘制路径。

绘制路径

13 删除选区内图像

按下快捷键Ctrl+Enter，激活路径为选区，按下快捷键Ctrl+Shift+I反选选区，按下快捷键Shift+F6，弹出“羽化选区”对话框，设置“羽化半径”为2，单击“确定”按钮，按下Delete键删除选区内图像。

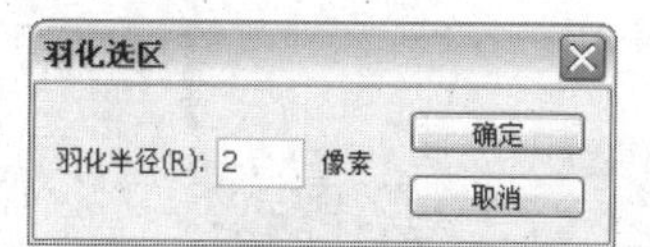

“羽化选区”对话框

图像效果

14 擦除多余图像

单击移动工具将“房子”图层拖曳至文件当前图像文件中，单击橡皮擦工具，并设置橡皮擦为柔角，不透明度为70%，对边缘进行涂抹。

擦除图像效果

15 调整素材颜色

选择“房子”图层，按下快捷键Ctrl+U，弹出“色相/饱和度”对话框，设置各项参数。

调整图像效果

16 调整色彩平衡

按下快捷键Ctrl+B，弹出“色彩平衡”对话框设置各项参数。

图像效果

17 添加“照片滤镜”滤镜

执行“图像>调整>照片滤镜”命令，弹出“照片滤镜”对话框，设置各项参数，添加滤镜效果。

滤镜效果

18 减淡图像

单击减淡工具，对“房子”的亮部进行减淡提亮。

图像效果

19 添加别墅素材图像

打开附书光盘\实例文件\Chapter 14\Media\别墅2.png文件，单击移动工具将素材拖曳至当前图像文件中，得到“房子2”图层。

添加素材图像

20 调整图像

选择“房子2”图层，单击仿制图章工具，设置为柔角，按住Alt键不放单击鼠标左键，进行涂抹复制，使图像边缘衔接部分更自然。

图像效果

21 输入文字

单击横排文字工具T，在其属性栏中设置字体和字号，输入文字后按下快捷键Ctrl+Enter确认。

输入文字

22 输入更多文字

使用同样的方法，输入其他文字。

文字效果

23 添加标志素材图像

打开附书光盘\实例文件\Chapter 14\Media标志.png文件，单击移动工具将素材图像拖曳至当前图像文件中，并放置在合适位置。至此，本例制作完成。

完成后的效果

14.4 路牌广告设计

实例分析：本实例运用钢笔工具、模糊滤镜、加深和减淡工具制作出酒类广告。难点在于瓶子质感的制作，重点在于啤酒广告氛围的制作。

主要使用工具：钢笔工具、套索工具、渐变工具

最终文件：Chapter 14\Complete\路牌广告设计.psd

01 新建图层文件

执行“文件>新建”命令，在弹出的“新建”对话框中设置参数，新建图像文件。

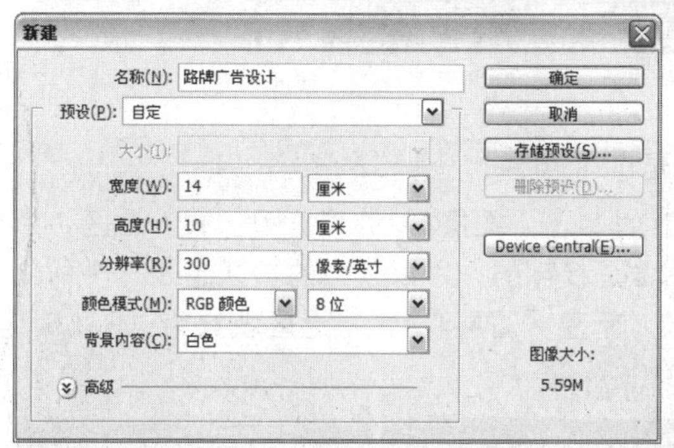

“新建”对话框

02 绘制酒瓶

将背景填充为黑色，然后新建“图层1”，使用钢笔工具在图像中创建一个酒瓶形状的路径。并将其填充为（R128、G37、B69）。

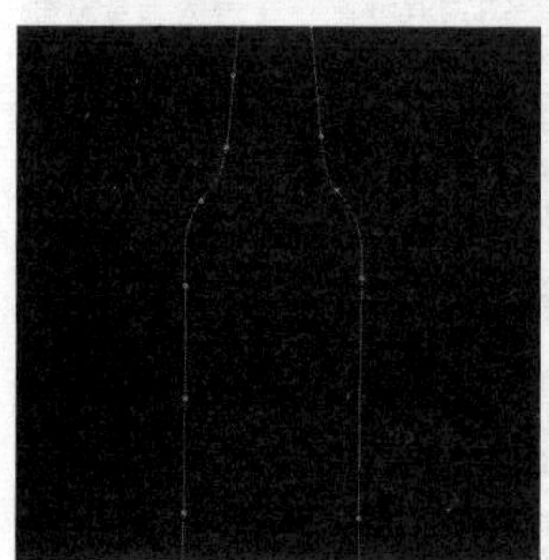

创建路径

填充路径

03 加深和减淡图像

单击加深工具，在属性栏中设置画笔大小为柔角50px，“范围”为“阴影”，“曝光度”为15%，在图像中对瓶身阴影部分进行涂抹。单击减淡工具，使用相同的方法，在瓶身上制作出亮光的部分。

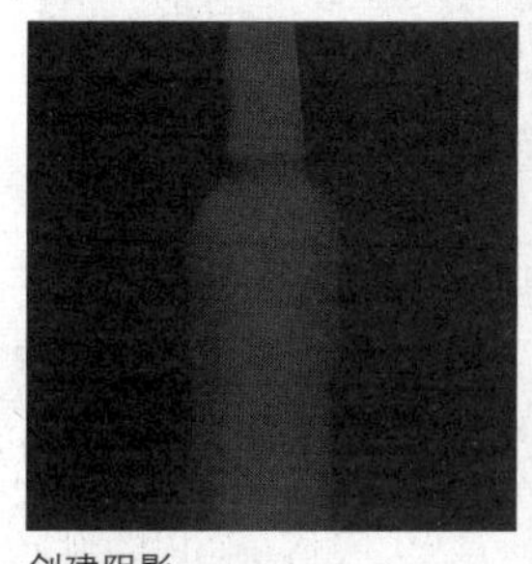

创建阴影

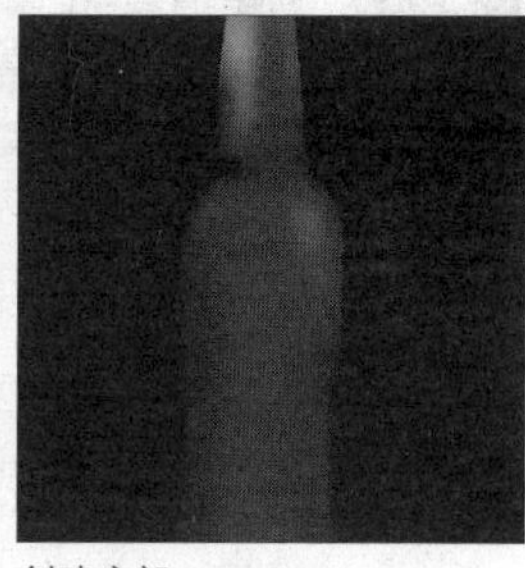

创建亮部

04 收缩选区

按住Ctrl键，将“图层1”中的图像载入选区。执行“选择>修改>收缩选区”命令，在弹出的对话框中设置参数，完成后单击“确定”按钮。

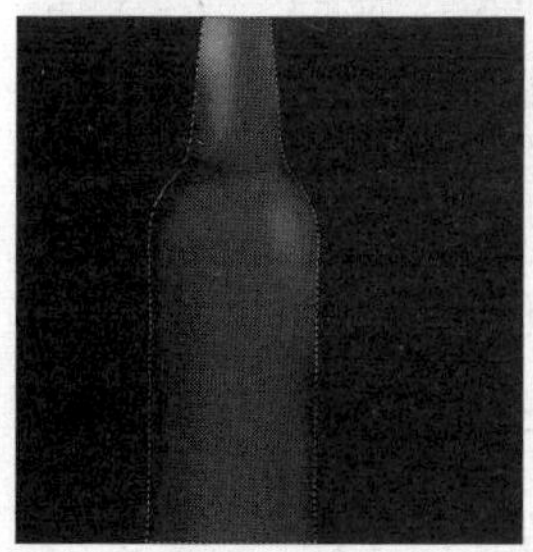

载入选区

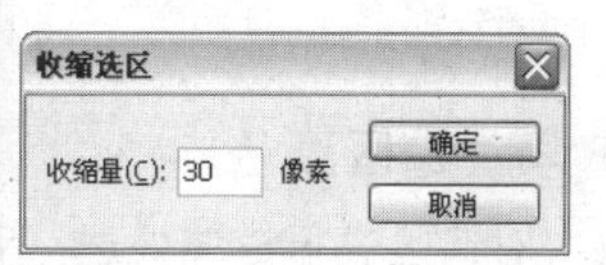

“收缩选区”对话框

05 调整选区

在选区中右击，在弹出的快捷菜单中执行“变换选区”命令，弹出自由变换编辑框。

缩小后的选区

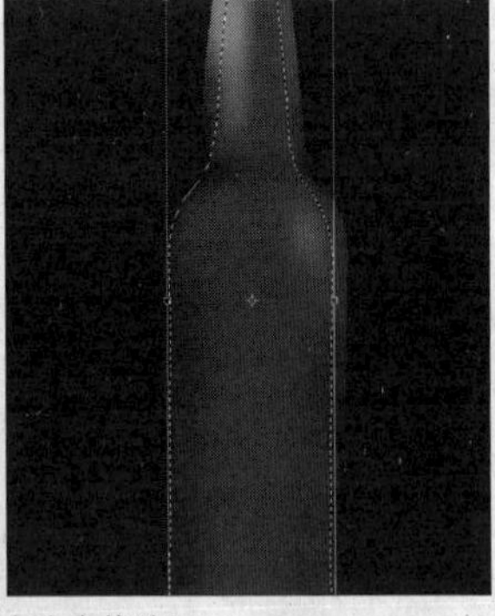
自由变换选区

06 填充选区颜色

将选区变换为与画布相同的高度，然后新建“图层2”，将选区填充为（R136、G31、B73）。

创建选区

填充选区

07 制作酒瓶暗部

使用相同的方法，使用加深工具和减淡工具再次在瓶身上制作明暗效果。然后在图像中创建一个缩小的选区。

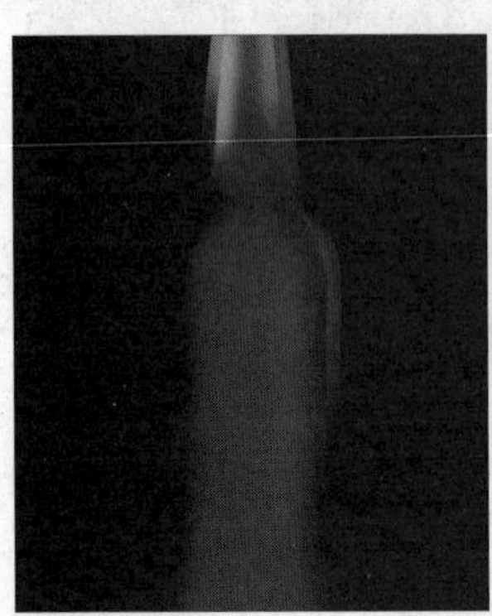
制作明暗效果

创建选区

08 填充选区颜色

再次对选区进行拉伸处理，完成后新建“图层3”，将选区填充为（R208、G6、B106），取消选区。

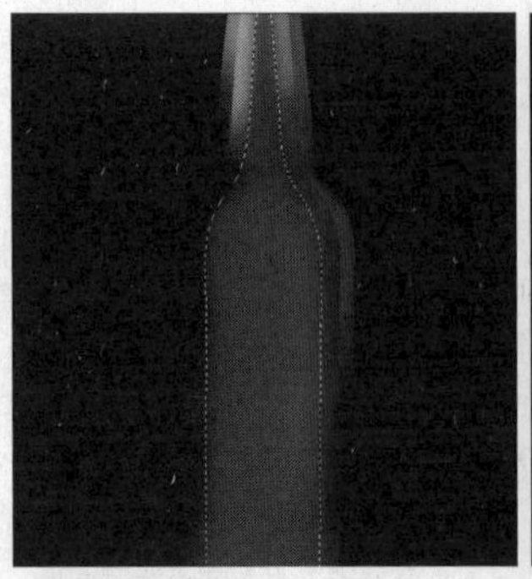
变换选区

填充选区

09 加深图像

再次使用加深工具在图像中进行涂抹，为瓶身中间部分添加阴影效果。执行“滤镜>模糊>高斯模糊”命令，在弹出的“高斯模糊”对话框中设置参数，完成后单击“确定”按钮。

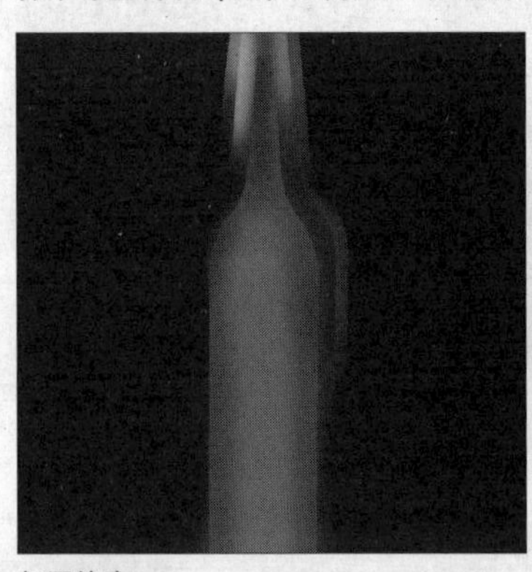
加深轮廓

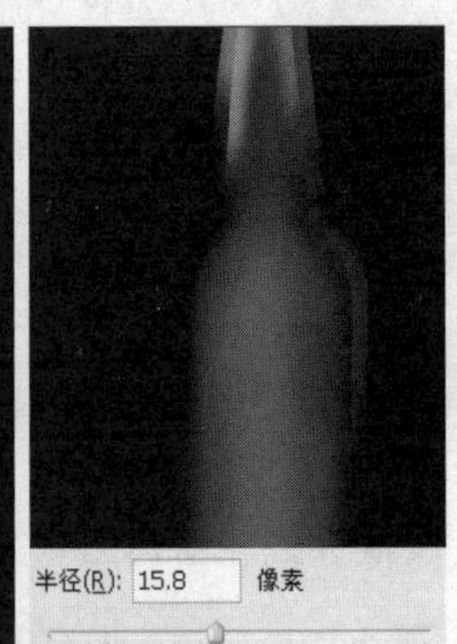

模糊图像

10 填充选区颜色

按住Ctrl键单击“图层3”的缩览图，载入选区。由于该图像是模糊的，所以创建的选区也是一个羽化的选区。新建“图层4”，将选区填充为（R255、G0、B126）。

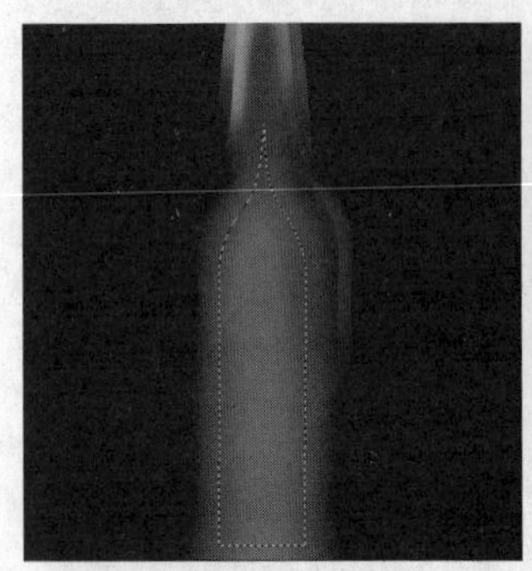
创建选区

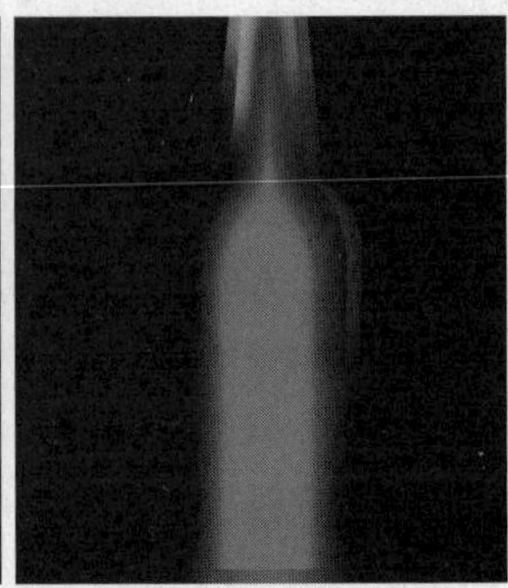
填充图像

11 添加“高斯模糊”滤镜

执行“滤镜>模糊>高斯模糊”命令，在弹出的对话框中设置参数，完成后单击“确定”按钮，再次对图像进行模糊处理。根据图像的整体效果，对“图层4”中的图像进行适当的放大。

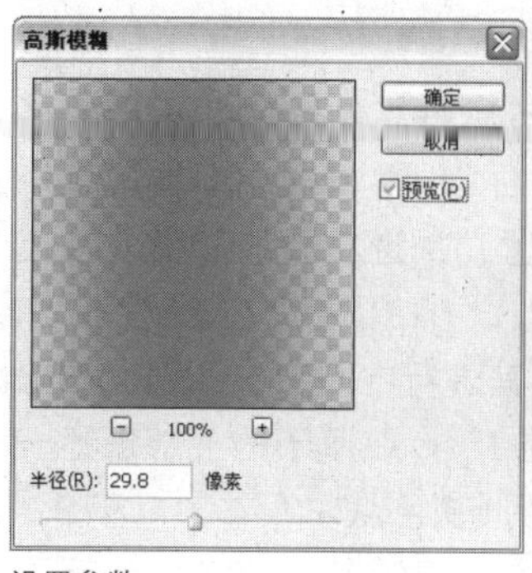

设置参数

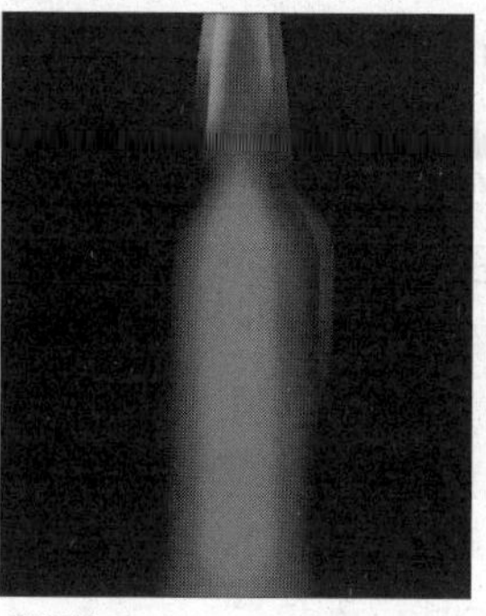
模糊效果

12 添加图层样式

双击“图层1”，在弹出的“图层样式”对话框中设置“内发光”参数，其中设置内发光颜色为（R125、G14、B66），完成后单击“确定”按钮。

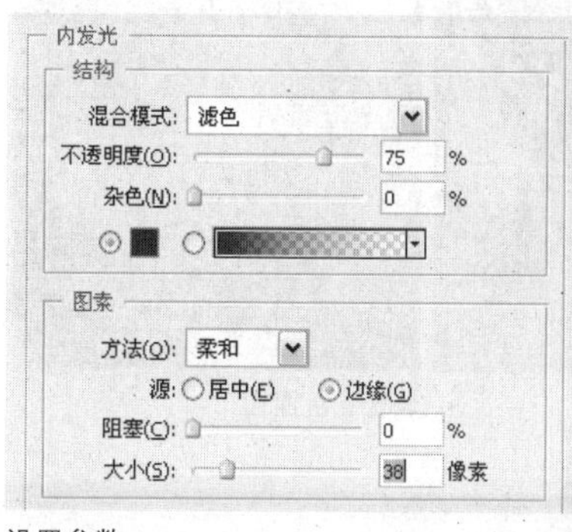

设置参数

内发光效果

13 羽化选区

选中“图层2”，单击套索工具，在啤酒瓶的上部创建选区。按下快捷键Shift+F6，在弹出的“羽化选区”对话框中设置“羽化半径”为30px，完成后单击“确定”按钮。

创建选区

羽化选区

14 添加“高斯模糊”滤镜

执行“滤镜>模糊>高斯模糊”命令，在弹出的“高斯模糊”对话框中设置参数，完成后单击“确定”按钮，对选区中的图像进行模糊处理。

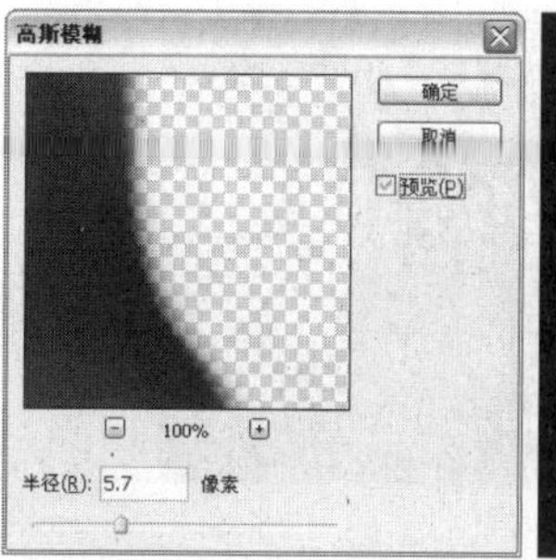

设置参数

模糊图像

15 添加图层样式

双击“图层1”，在弹出的“图层样式”对话框中设置参数，其中设置“外发光”颜色为（R224、G1、B121），完成后单击“确定”按钮。为图像添加发光效果。

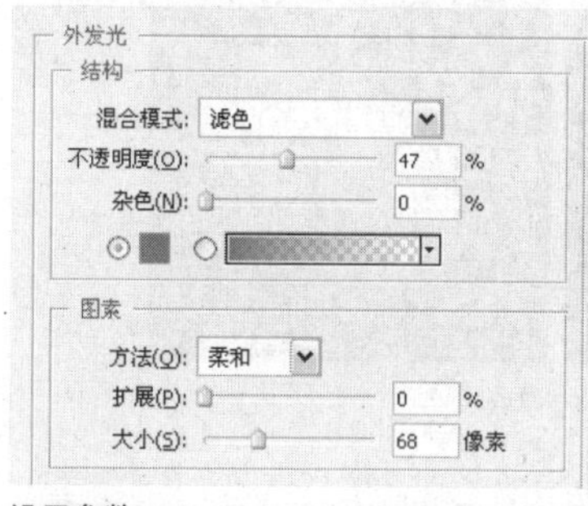

设置参数

外发光效果

16 填充选区颜色

新建“图层5”，单击套索工具，在图像中创建选区，填充为（R118、G20、B34）并将其羽化30px，然后调整图层的“不透明度”为20%，且适当调整其方向。

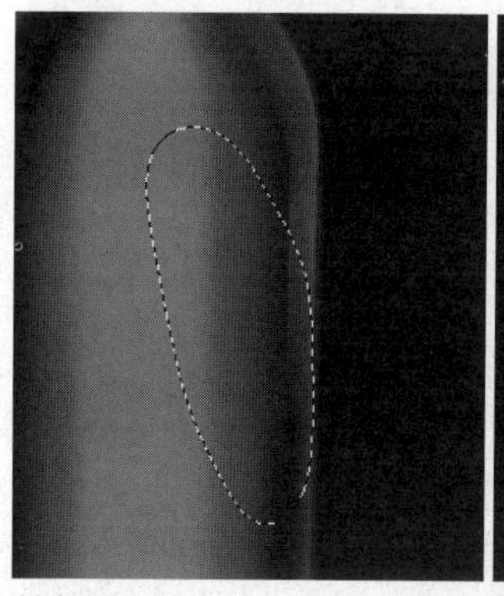
创建选区

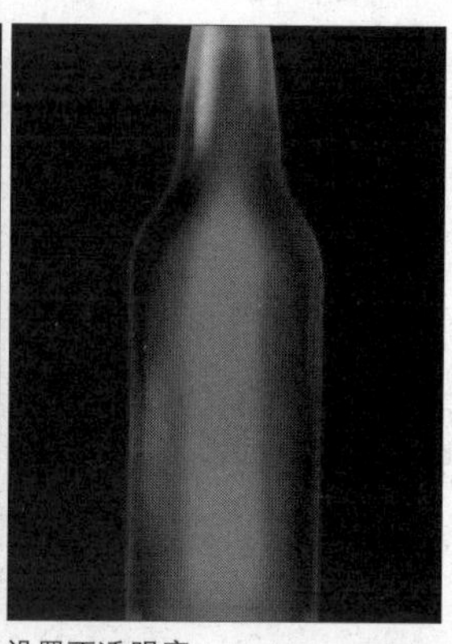
设置不透明度

17 填充图像颜色

新建“图层6”，单击钢笔工具，在图像中绘制路径，完成后将路径转换为选区并填充为（R34、G0、B16）。设置“图层6”的混合模式为“正片叠底”，并添加明暗变换效果。

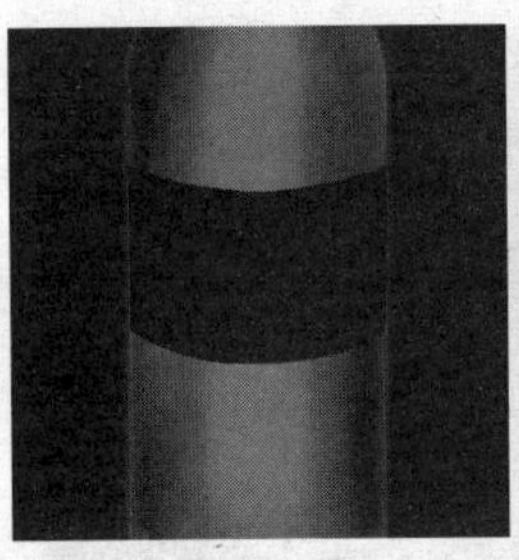
创建路径

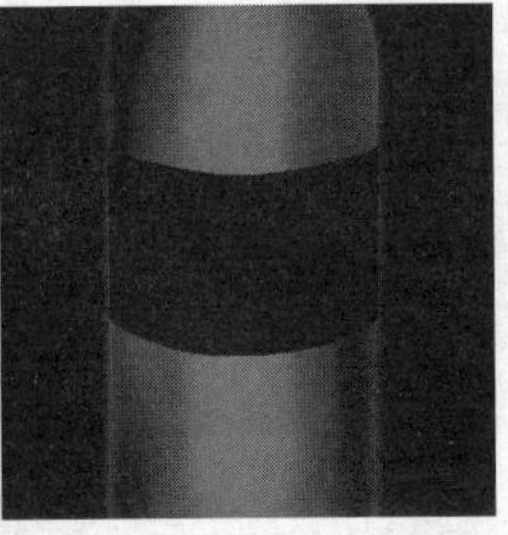
图像效果

18 图像描边

新建“图层7”，设置前景色为白色，设置画笔大小为6px，单击钢笔工具，在图像中绘制路径。单击“路径”面板中的“描边路径”按钮，对路径进行不添加压力的描边。

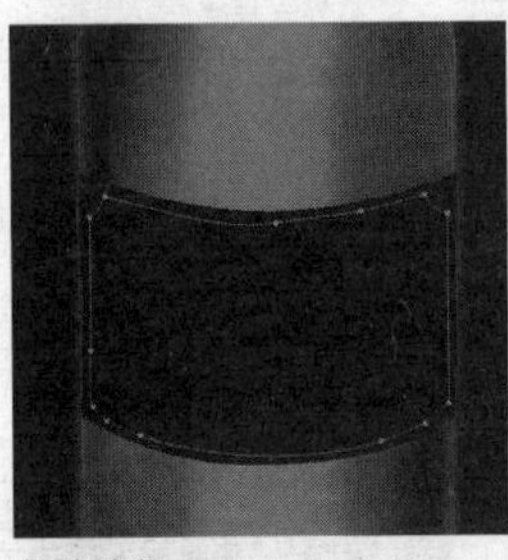
创建路径

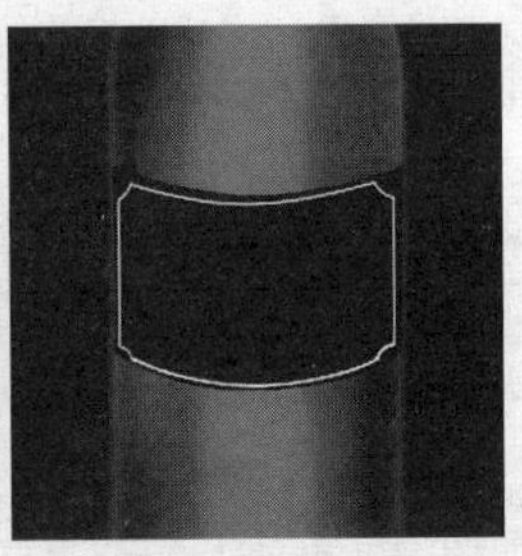
描边路径

19 添加渐变效果

双击“图层7”，在弹出的“图层样式”对话框中设置“渐变叠加”参数，设置渐变色从左到右为（R65、G65、B65）、黑色、（R210、G153、B0）、黑色和白色，为图像添加渐变效果。

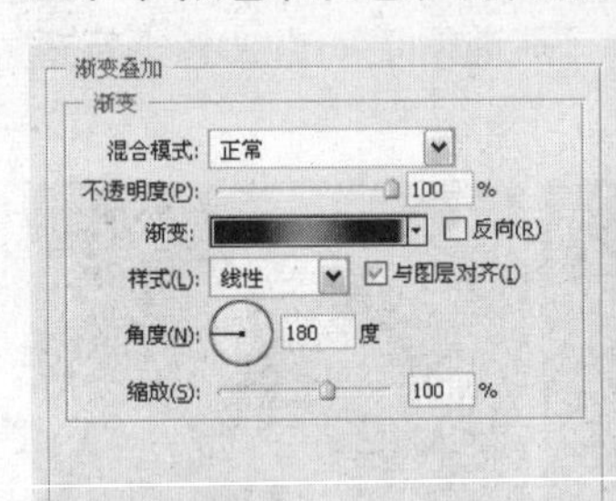

设置参数

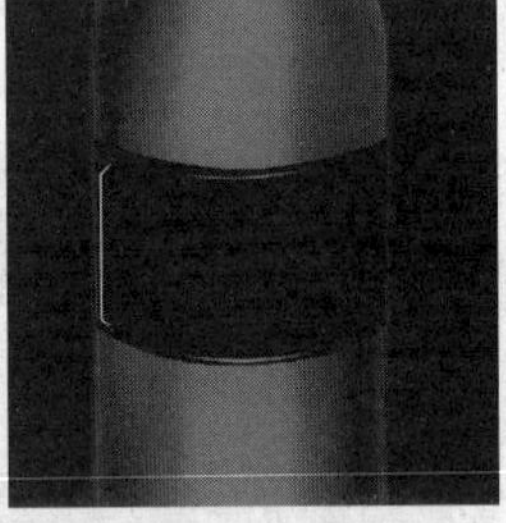
渐变效果

20 添加文字

单击横排文字工具在图像中输入文字，为文字添加“凸起”变形效果，使其看起来像贴在瓶子上。

添加文字

变形文字

21 渐变文字

复制并隐藏文字图层，然后将复制的文字图层栅格化，得到“图层8”。按住Ctrl键单击该图层的缩览图，将文字图像载入选区，并为其添加渐变从左至右为（R50、G38、B0）、（R213、G150、B0）和（R47、G19、B0），对其进行中间突出、两边凹陷的自由变形。新建“图层9”，在瓶子的上部创建一个便签形状的渐变填充，渐变色从左至右为（R72、G6、B36）、（R68、G59、B63）、黑色，设置图层的混合模式为“正片叠底”。

添加渐变

调整混合模式

22 输入文字

单击钢笔工具在图像中创建半圆形路径，设置前景色为（R255、G156、B0），在路径上添加路径文字，设置文字图层的混合模式为“线性减淡”，然后为其添加蒙版，使用黑色柔角画笔为其制作出渐隐效果。

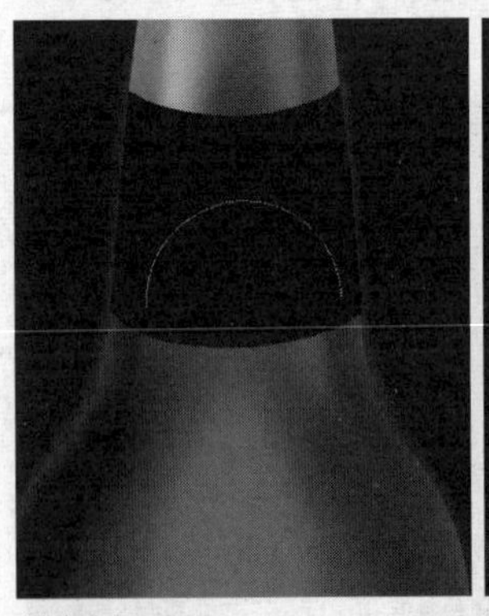
创建路径

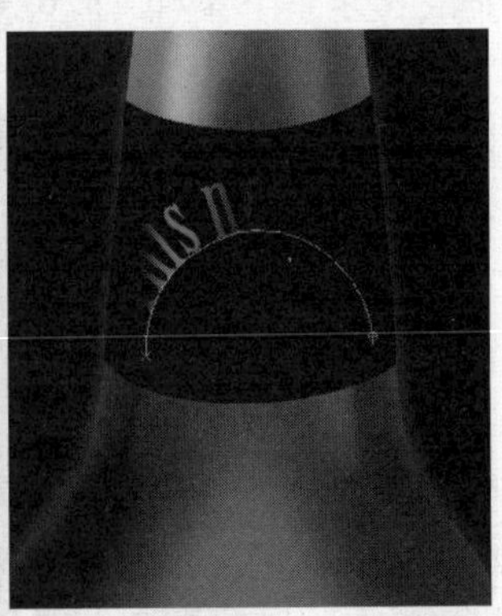
编辑蒙版

23 添加图层样式

设置前景色为白色，单击横排文字工具在图像中输入文字，然后对文字图层进行栅格化。双击该图层，在弹出的“图层样式”对话框中设置“斜面和浮雕”和“颜色叠加”参数，其中设置颜色为（R160、G88、B13）。

添加文字

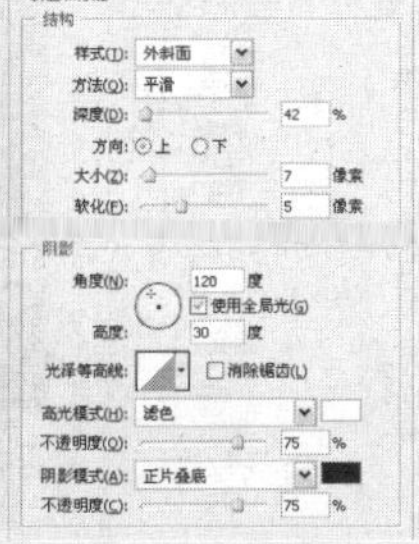

设置斜面和浮雕效果

设置颜色叠加

图像效果

24 绘制黄色图像

新建“图层11”，在瓶颈上制作双环，然后为其填充和“图层8”一样的渐变。

绘制双环

添加渐变

25 载入形状

执行“编辑>预设管理器”命令，在弹出的“预设管理器”对话框中选择“预设类型”为“自定形状”，单击“载入”按钮，在弹出的“载入”对话框中载入附书光盘\实例文件\Chapter 14\Media\biaozhi.csh形状。单击自定形状工具，选择形状为“WN-V2”，在图像中创建该形状路径。新建“图层12”，将该路径填充为白色，对按下快捷键Ctrl+T，对图像进行透视变形。

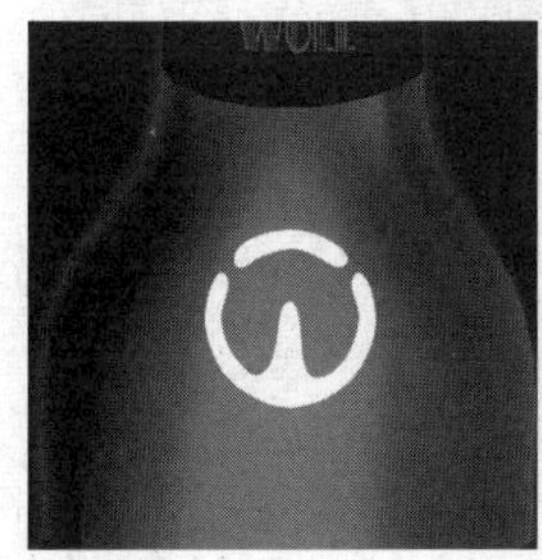
填充路径

透视变形

26 添加图层样式

双击“图层11”，在弹出的“图层样式”对话框中设置“斜面和浮雕”参数，完成后单击“确定”按钮。设置“填充”为0%，为图像制作出从瓶身上突出的效果。

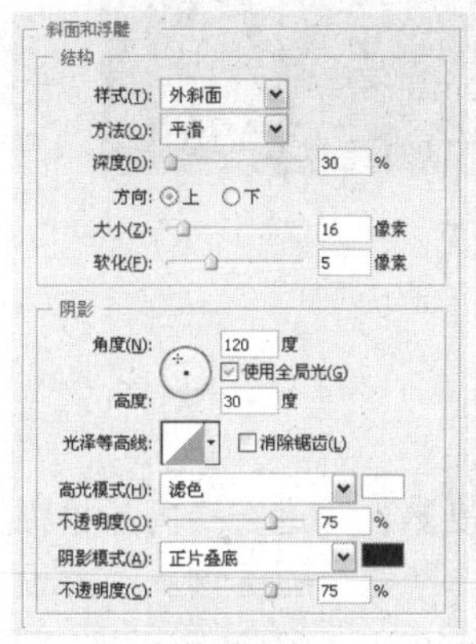

设置斜面和浮雕效果

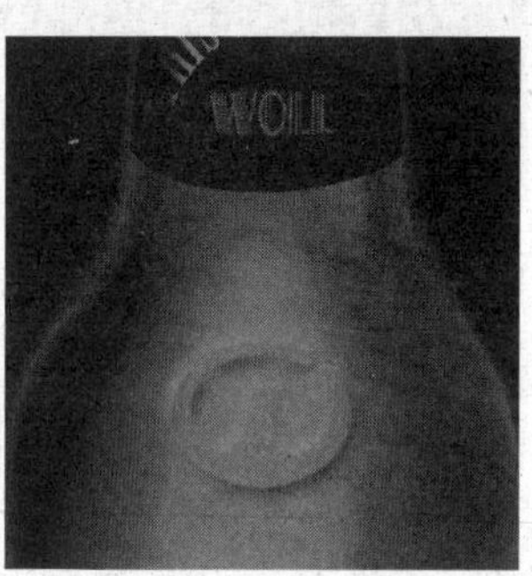

图像效果

27 绘制蓝色线条

单击钢笔工具在图像中创建一条弧线型的路径，并将图像下部全部创建到路径之中。在“图层1”下方新建“图层13”，设置前景色为（R0、G171、B150），为路径添加没有钢笔压力的路径描边效果。

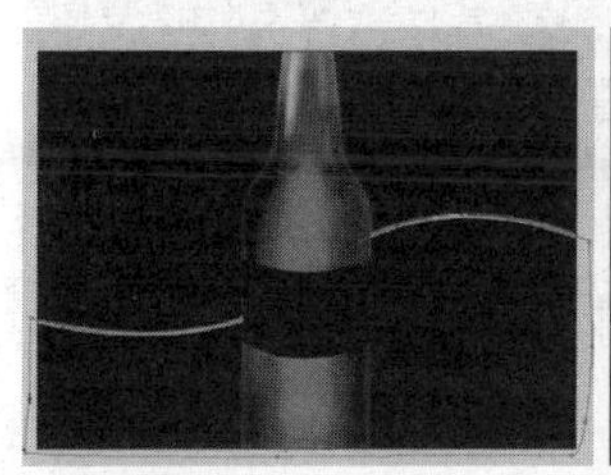
创建路径

描边路径

28 删除选区内图像

按下快捷键Ctrl+Enter，将路径创建为选区。按下Delete键删除选区中的图像，并取消选区。

创建选区

删除图像

29 添加“高斯模糊”滤镜

复制“图层13”，然后对“图层13副本”执行“滤镜>模糊>高斯模糊”命令，在弹出的“高斯模糊”对话框中设置参数，完成后单击“确定”按钮，对图像进行模糊处理。按住Ctrl键，将图像向上移动到“图层13”中的图像之上。

模糊效果

30 复制并调整图像

再复制一个“图层13”的副本，并进行相同的模糊操作。在“图层13”的下方新建“图层14”，并设置前景色为（R248、G0、B123），在图像中再次创建曲线效果。同样复制两个“图层14”的副本，对复制后的图层分别进行模糊处理。

复制图像

添加发光

31 绘制图像

在“图层13副本2”的上方新建“图层15”，设置前景色为50%灰色，单击画笔工具，设置画笔为“方框”，然后在图像上绘制图像。新建“图层16”和“图层17”，设置与“图层13”曲线相同的前景色，在图像中添加散射的方框。

设置散布

添加方框

32 添加发光效果

选中蓝色方块所在的“图层17”，并双击该图层，在弹出的“图层样式”对话框中设置“外发光”参数，其中设置外发光颜色为（R0、G240、B255），完成后单击“确定”按钮，为方框添加发光效果。

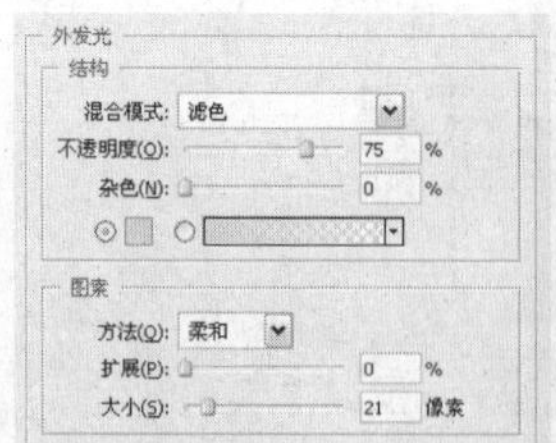

设置外发光

发光效果

33 绘制人物

单击钢笔工具，在图像中创建两个人型的路径。新建“图层18”，设置前景色为（R241、G186、B7），将其进行尖角5px，不添加模拟压力的描边。

创建路径

描边路径

34 绘制线条

单击钢笔工具，在图像中创建环型路径。新建“图层19”，设置前景色为（R223、G13、B105），对路径进行描边。

创建路径

描边路径

35 添加图层样式

使用橡皮擦工具擦去部分环形线图像，为其添加环绕瓶身的效果。双击“图层19”，在弹出的“图层样式”对话框中设置“外发光”参数，其中设置外发光颜色为（R255、G162、B0），完成后单击“确定”按钮。

擦除图像

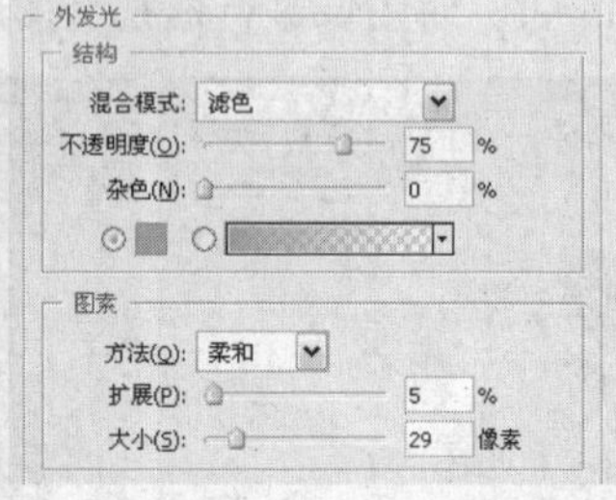

设置外发光

36 擦除多余图像

为图像添加“外发光”效果后，再次使用橡皮擦工具擦除多余的发光区域。

外发光效果

擦除图像

37 调整图像

调整“图层19”的“不透明度”为40%。新建“图层20”，设置前景色为（R241、G186、B7），设置画笔大小为尖角5px，在“画笔”面板中设置与方框图像一样的参数。在图像中围绕瓶身进行涂抹，为其添加散碎的小点效果。

图像效果

添加散碎的小点

38 载入画笔

执行“编辑>预设管理器”命令，在弹出的“预设管理器”对话框中单击“载入”按钮，在弹出的“载入”对话框中载入附书光盘\实例文件\Chapter 14\Media\气泡.abr画笔，然后单击“载入”按钮，返回到“预设管理器”对话框，单击“完成”按钮完成画笔的载入。

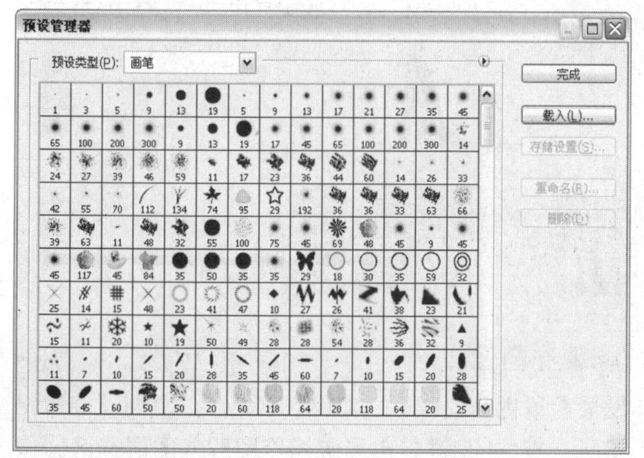

“预设管理器”对话框

39 绘制图像

在“画笔”面板中设置各项参数和“图层20”中散碎小点一样，设置前景色为白色，新建“图层21”，在图像中绘制一组气泡。

添加气泡

40 输入文字

单击横排文字工具在图像中输入文字，然后根据画面效果，再在图像中输入文字，增加文字的完整性。

输入文字

增加文字

41 添加更多文字

根据广告的需要，在图像的左上角添加余下的文字。至此，本例制作完成。

完成后的效果

14.5 运动墙体广告设计

实例分析：本实例运用钢笔工具绘制出花纹效果，通过阈值命令进行图像处理完成运动类广告的制作。难点在于画面质感的建立。

主要使用工具：画笔工具、钢笔工具、套索工具、图层样式

最终文件：Chapter 14\Complete\运动墙体广告设计.psd

01 新建图像文件

执行“文件>新建”命令，在弹出的“新建”对话框中设置参数，新建图像文件。

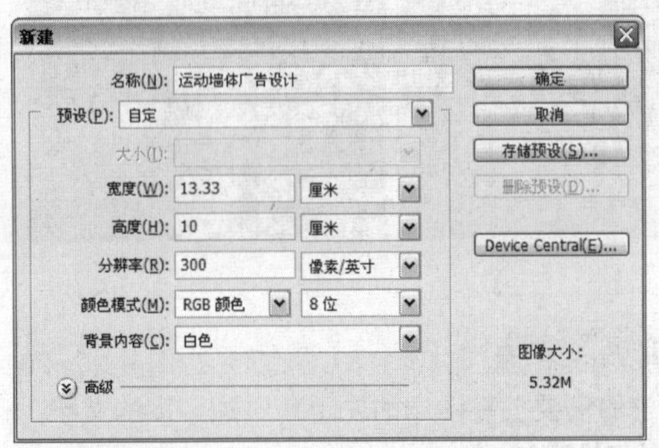

设置新建参数

02 添加素材图像

打开附书光盘\实例文件\Chapter 14\Media\墙体.png和蓝天.png文件，将两个图像分别拖动到当前图像文件中。

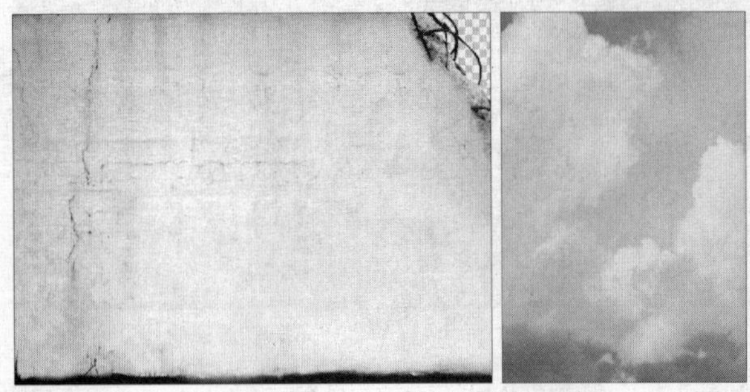

墙体图像　　蓝天图像

添加素材

03 调整色阶

按下快捷键Ctrl+L，打开“色阶”对话框，在该对话框中设置各项参数，提亮墙体整体效果。

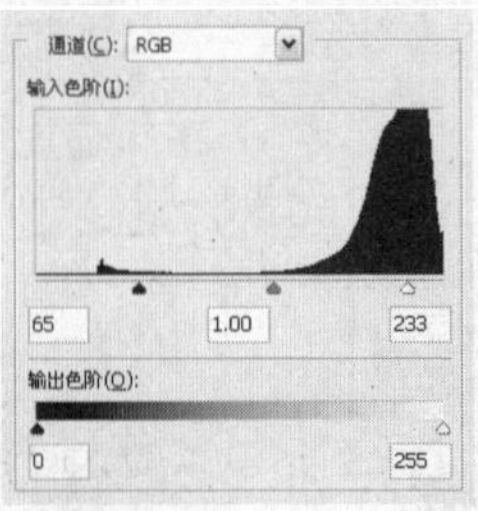

设置参数　　图像效果

04 填充图像

设置前景色为（R123、G85、B45），复制“墙体”图层，按住Ctrl键单击图层缩览图载入图层选区，按下快捷键Alt+Delete填充选区颜色。在“图层”面板中设置图层混合模式为“柔光”。

填充图像

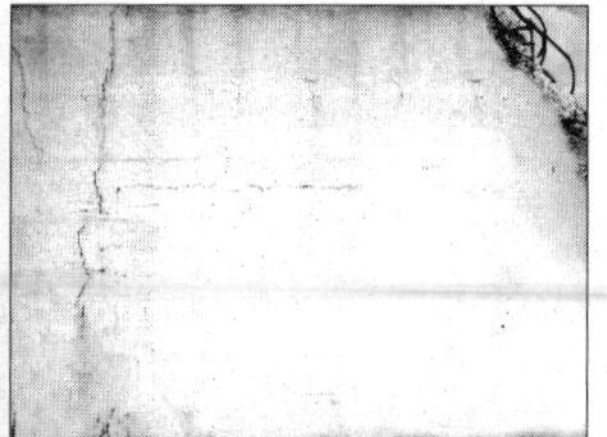

图像效果

05 添加素材图像

打开附书光盘\实例文件\Chapter 14\Media\人物2.png，并将其拖动到当前图像文件中。

添加人物

06 绘制图像

在人物下方新建一个图层，重命名为“线条”。设置前景色为（R247、G142、B6），单击画笔工具，在属性栏上设置画笔为粗边圆形钢笔，画笔大小为150，单击鼠标在“墙体”上绘制连绵的线条一直到人物的脚部。选择“线条”图层，设置图层混合模式为“线性加深”。

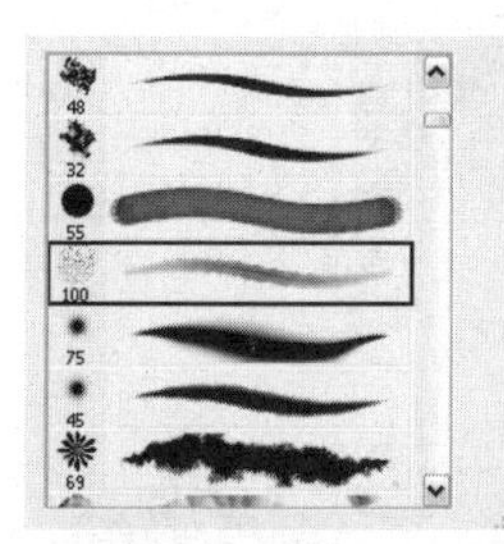

选择画笔

绘制图像

07 制作翅膀图像

新建一个图层，重命名为“左翅膀”。单击钢笔工具，在人物后面绘制翅膀的路径，将路径转换为选区后填充选区颜色为（R217、G78、B137）。复制“左翅膀”图层，执行“编辑>变换>水平翻转”命令，将翅膀水平翻转向右，并适当调整翅膀的形状和位置。

添加左翅膀

添加右翅膀

08 添加图层样式

选择“左翅膀”图层和“左翅膀副本”图层，按下快捷键Ctrl+E合并图层，重命名为“翅膀”。双击“翅膀”图层，打开“图层样式”对话框，设置“投影”参数，完成后单击“确定”按钮。

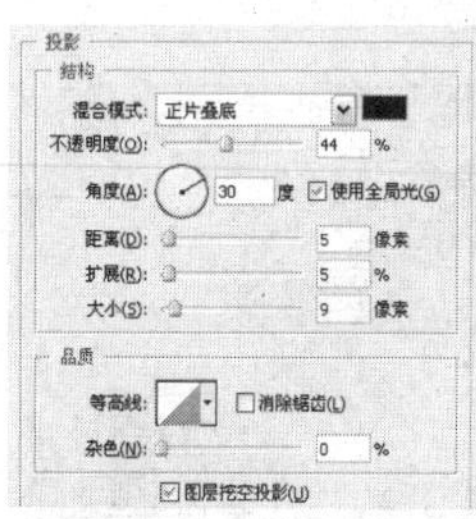

设置参数

图像效果

09 添加素材图像

打开附书光盘\实例文件\Chapter 14\Media\建筑.png文件，单击套索工具分别选择“建筑”图像文件中的4个建筑，然后单击移动工具分别移动到当前图像文件中分别命名为“火车”、“楼房1”、“楼房2”、“电线”，放置在图像文件的底部。

添加素材

10 调整图像

选择“火车”图层，执行“图像>调整>阈值”命令，打开“阈值”对话框，在该对话框中设置“阈值色阶”为90，单击“确定”按钮。选择“电线”图层，同样设置阈值效果。

阈值效果

图像效果

11 添加图层样式

选择“人物”图层，单击“图层”面板下方的“添加图层样式”按钮 fx.，打开“图层样式”对话框。在该对话框中设置“外发光”参数，为人物增添外发光效果。

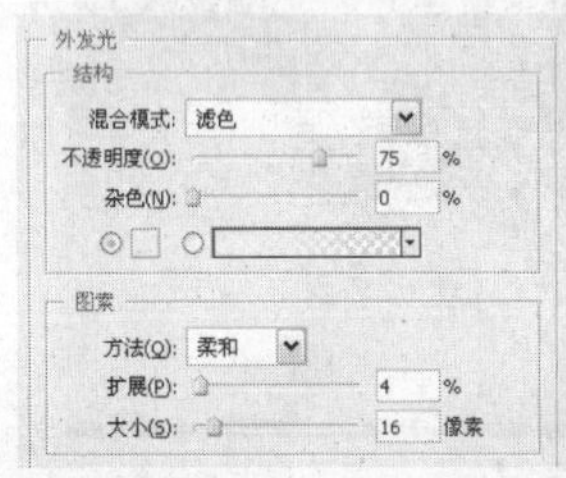

设置参数

外发光效果

12 绘制花纹图像

新建一个图层，命名为“花纹”。单击钢笔工具绘制花纹的路径，并将路径转换为选区，然后分别填充花纹颜色为（R199、G255、B226）、（R100、G166、B192）和（R95、G178、B216）的线性渐变填充。

创建选区

填充渐变

13 添加图层样式

双击“花纹”图层，打开“图层样式”对话框，设置“外发光”参数，为花纹增添外发光效果。

设置参数

图像效果

14 绘制背景花纹图像

新建一个图层，重命名为“花纹2”。单击钢笔工具绘制花纹的路径，并将路径转换为选区，然后填充颜色为（R14、G142、B189）、（R98、G159、B182）和（R16、G73、B91）的线性渐变填充。复制两个“花纹2”图层，适当改变图像的大小和位置。

创建选区

添加花纹

15 添加素材图像

在“图层”面板中设置画面上面和下面的花纹图层混合模式为“叠加”，设置中间花纹图层混合模式为“排除”。打开附书光盘\实例文件\Chapter 14\Media\运动标志.png文件，然后将其添加到当前图像文件中。

调整混合模式

添加标志

14.6 手机灯箱广告设计

实例分析：本实例通过应用液化滤镜对图像进行液化扭曲，制作动感效果的头发图像。在制作过程中注意图层的上下位置关系，使图像衔接更自然。

主要使用工具：渐变工具、液化滤镜、图层蒙版、钢笔工具、椭圆选框工具、自由变换

最终文件：Chapter 14\Complete\手机灯箱广告设计.psd

视频文件：Chapter 14\手机灯箱广告设计.swf

01 新建图像文件

执行“文件>新建”命令，在弹出的“新建”对话框中设置参数，新建图像文件。

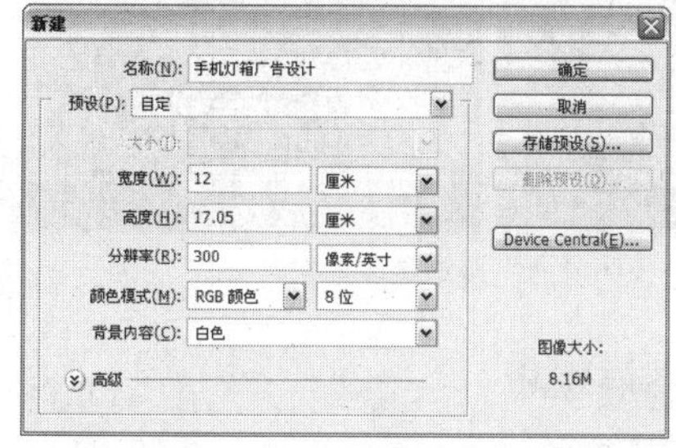

“新建”对话框

02 创建选区

填充背景图层颜色为（R28、G0、B22），然后新建“图层1”，单击椭圆选框工具，在属性栏上设置“羽化”为200px，在图像上创建椭圆选区，填充选区颜色为（R95、G43、B84），取消选区。

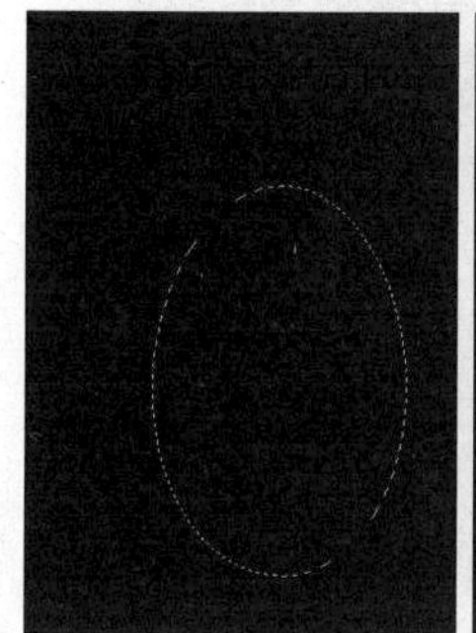

创建选区　填充选区颜色

03 添加素材图像

单击“图层”面板下方的“创建新组”按钮，新建“组1”。打开附书光盘\实例文件\Chapter 14\Media\手机.png文件，单击移动工具，拖动素材图像至当前图像文件中，在“组1”中得到“图层2”，调整图像在画面中的位置。单击矩形选框工具，在图像上创建选区。

添加素材图像

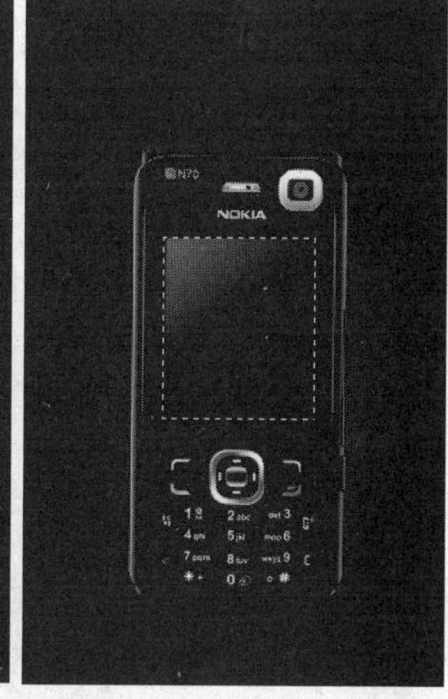

创建选区

04 添加图层蒙版

保持矩形选区，执行“选择>反向”命令，对矩形选区进行反选，然后单击“图层”面板下方的“添加图层蒙版”按钮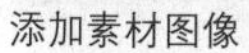，为“图层1”添加图层蒙版，使用画笔进行涂抹，隐藏屏幕。

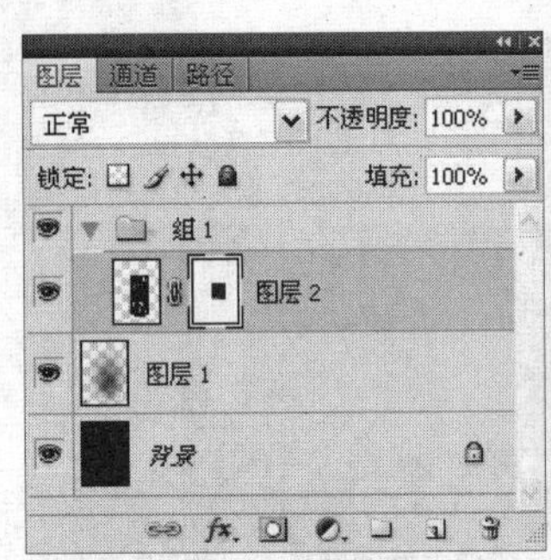
"图层"面板

图像效果

05 添加素材图像

复制"图层2"，结合自由变换命令调整"图层2 副本"在画面上的位置，并设置图层"不透明度"为30%，制作手机倒影效果。打开附书光盘\实例文件\Chapter 14\Media\人物3.png文件，单击移动工具，拖动素材图像至当前图像文件中，在"图层2"的下方得到"图层3"，调整图像位置。

倒影效果

添加素材图像

06 添加"液化"滤镜

打开"头发1.png"文件，添加素材图像至当前图像文件中，在"图层3"的下方得到"图层4"，结合自由变换命令调整图像大小。执行"滤镜>液化"命令，在弹出的对话框中选择向前变形工具，设置各项参数，对图像进行涂抹。复制多个图层结合"液化"滤镜与自由变换命令添加更多头发图像。

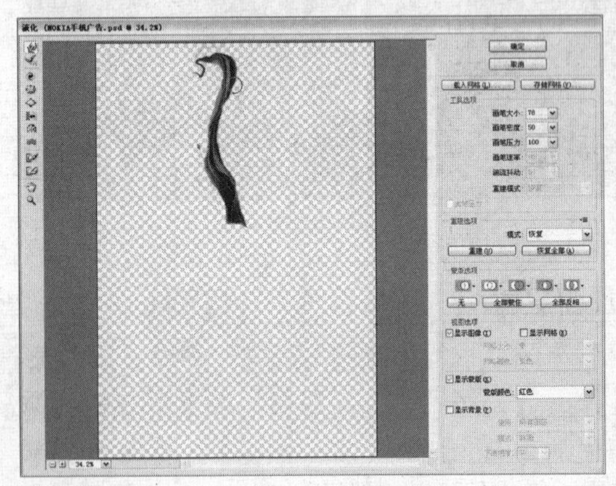
"液化"对话框

液化效果

制作更多头发

07 添加素材图像

打开"头发2.jpg"文件，拖动素材图像至当前图像文件中，在"图层4"的下方得到"图层5"，结合自由变换命令调整图像的大小及位置，结合"变形"命令调整头发图像的形状。

素材图像

添加素材图像

08 添加并编辑图层蒙版

单击"图层"面板下方的"添加图层蒙版"按钮，为"图层5"添加图层蒙版，使用画笔工具，选择柔角较大的笔刷，设置前景色为黑色对图像进行涂抹，隐藏多余头发图像。

"图层"面板

图像效果

09 绘制头发

新建“图层6”，单击画笔工具，载入附书光盘\实例文件\Chapter 14\Media\头发.abr文件，打开画笔预设面板选择头发笔刷，设置前景色为（R193、G87、B15），在“画笔”面板中适当对画笔进行旋转，结合[和]键调整画笔大小，绘制头发图像。

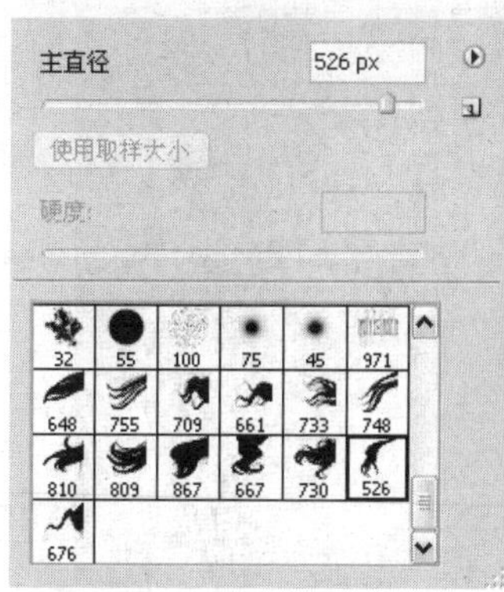

选择画笔

绘制头发图像

10 复制并合并图层组

复制“组1”，选择“组1 副本”，按下快捷键Ctrl+E合并图层组。

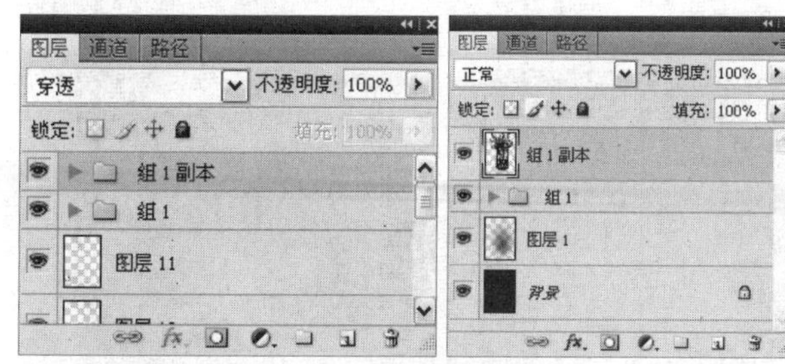

复制图层组　　合并图层组

11 添加调整图层

按住Ctrl键单击“组1 副本”图层缩览图，载入图层选区，然后单击“图层”面板下方的“创建新的填充或调整图层”按钮，在弹出的菜单中执行“曲线”命令，打开“曲线”调整面板，调整节点位置，调整图像颜色对比。使用画笔工具，设置前景色为黑色，对图像进行涂抹。

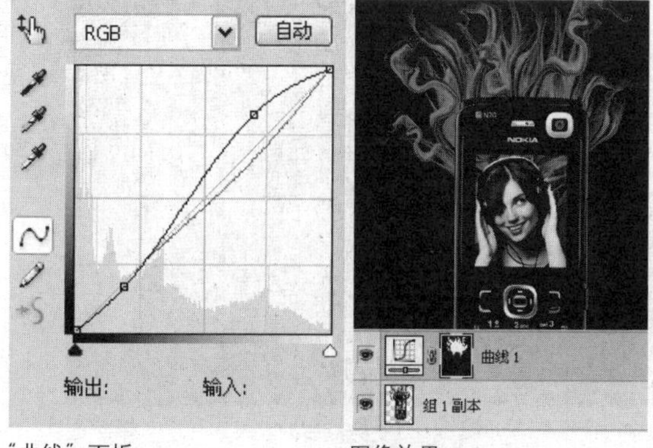

“曲线”面板　　图像效果

12 添加“色彩平衡”调整面板

继续打开“色彩平衡”面板，分别对“阴影”、“中间调”和“高光”模式进行参数设置调整图像颜色。

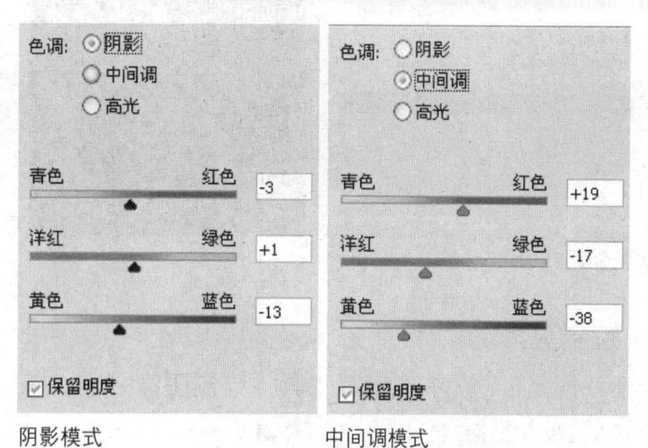

阴影模式　　中间调模式

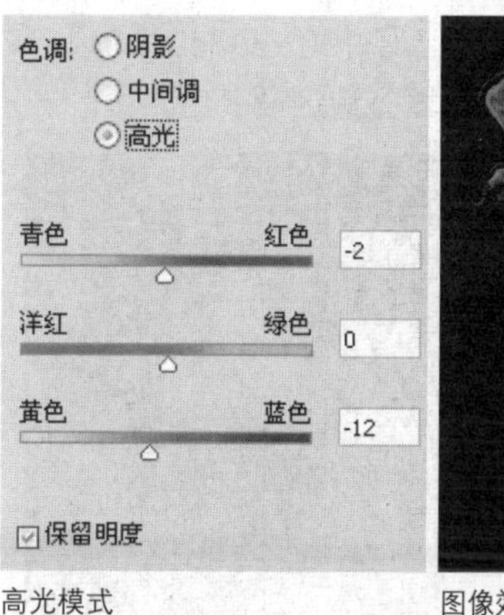

高光模式

图像效果

13 创建选区

在“组1”的下方新建“图层7”，单击钢笔工具，在图像上绘制曲线路径并转换为选区。

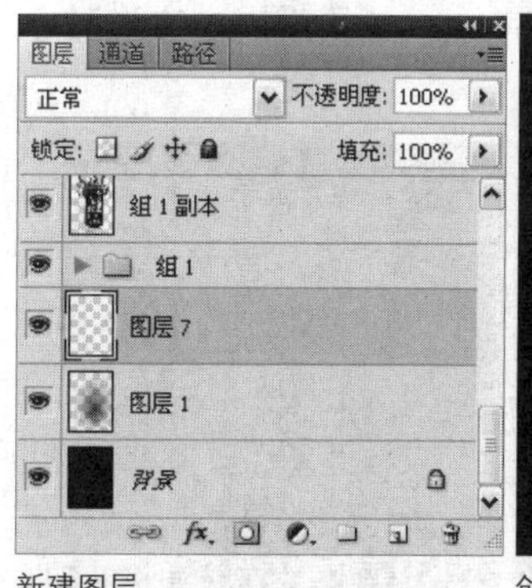

新建图层

创建选区

14 填充选区渐变色

单击渐变工具，打开“渐变编辑器”对话框，设置渐变颜色从左到右依次为（R176、G6、B79）、（R248、G72、B115）、（R159、G17、B63）、（R235、G72、B107）和（R201、G2、B53），从左到右填充选区渐变色，最后取消选区。

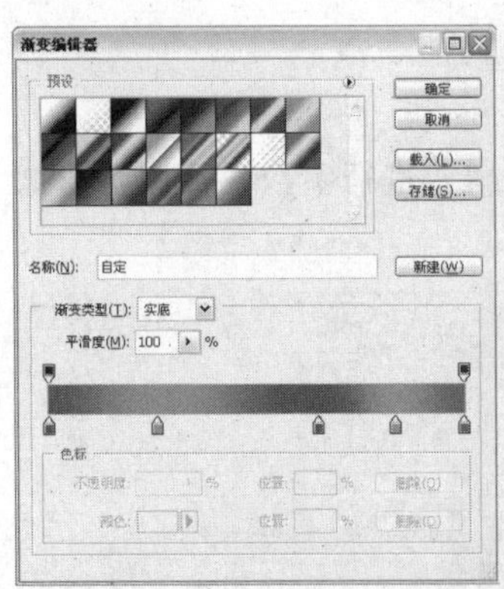

“渐变编辑器”对话框

渐变效果

15 绘制更多的彩带

新建“图层8”，单击钢笔工具绘制图像路径，将路径转换为选区，打开“渐变编辑器”对话框，设置渐变颜色从左到右依次为（R144、G6、B81）、（R242、G71、B115）、（R190、G36、B81）和（R239、G66、B112），填充选区渐变色。

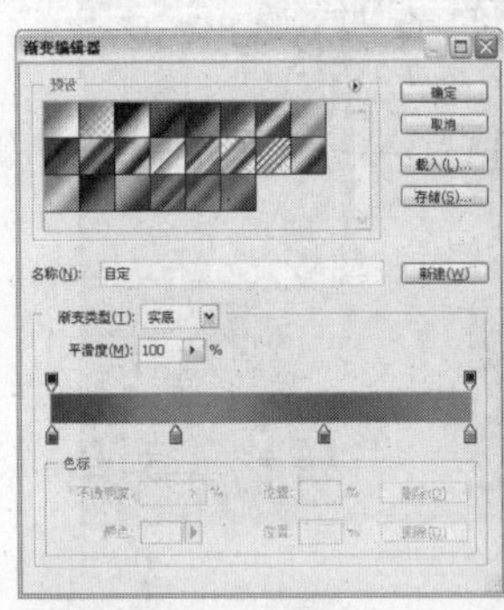

“渐变编辑器”对话框

渐变效果

16 绘制心形图像

新建“图层9”，使用相同的方法绘制彩带图像。新建“图层10”与“图层11”，使用相同的方法对心形图像进行绘制。

绘制彩带图像

心形图像

17 添加素材图像

打开附书光盘\实例文件\Chapter 14\Media\耳麦.psd文件，分别添加素材图像至当前图像文件中，得到“图层12”、“图层13”与“图层14”，分别调整图像在画面中的位置。分别复制“图层12”与“图层13”，结合自由变换命令分别对复制的图像进行调整，然后适当调整图层的“不透明度”，制作倒影效果。

添加素材图像

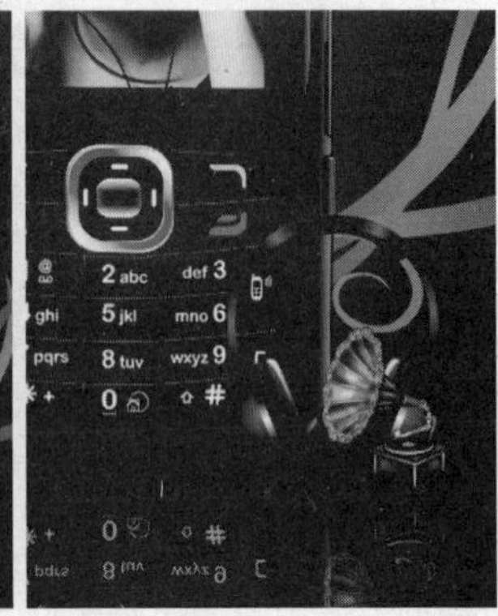

制作倒影效果

18 输入白色文字

单击横排文字工具，打开“字符”面板，设置各项参数值，设置颜色为白色，然后在图像的左上角输入文字。

“字符”面板

输入文字

19 输入更多文字

使用相同的方法，在图像中添加更多的文字信息，调整文字的大小与位置。至此，本例制作完成。

输入文字

完成后的效果

14.7 横型灯箱广告设计

实例分析：本实例通过对图像进行合成，利用笔刷制造动感，营造出年轻时尚富有活力的画面效果。

主要使用工具：画笔工具、图层蒙版、渐变工具、自由变换命令

最终文件：Chapter 14\Complete\横型灯箱广告设计.psd

视频文件：Chapter 14\横型灯箱广告设计.exe

01 添加素材图像

新建图像文件，打开附书光盘\实例文件\Chapter 14\Media\水波.jpg、饮料瓶.jpg和汽车.jpg文件，将图像移动到当前图像文件中，对“水波”图像进行“动感模糊”处理。新建“图层2”，设置前景色为（R24、G160、B238），单击渐变工具，进行线性渐变填充，设置混合模式为“柔光”，“不透明度”为50%，调整“饮料瓶”和“汽车”图像的位置。

添加素材图像

02 绘制彩带

新建“图层3”，并重命名为“线条”，在工具箱选择画笔工具，分别选择不同的颜色绘制流畅动感的线条。使用同样的方法将“鱼1.jpg、鱼2.jpg、海星.jpg和标签.jpg”文件中的图像移动到当前图像文件中。

图像效果

03 完整画面效果

新建“图层4”，重命名为“阴影”，单击椭圆选框工具，填充椭圆选区为（R18、G82、B119），为图层添加蒙版，结合画笔工具对图层进行编辑，使其阴影更加自然。分别把前景色设置为（R255、G255、B255）和（R9、G77、B153），输入文字。至此，本例制作完成。

完成后的效果

14.8 公交站牌广告设计

实例分析：本实例利用蒙版功能使天空与草地自然过渡，作品以蓝绿色为主色调，以人物松动的线条结合优美的音符，突出音乐带给我们的自由与放松。

主要使用工具：钢笔工具、自定形状工具、快速蒙版

最终文件：Chapter 14\Complete\公交站牌广告设计.psd

视频文件：Chapter 14\公交站牌广告设计.swf

01 添加素材图像

新建图像文件，打开附书光盘\实例文件\Chapter 14\Media\草地.png文件，将其拖动到当前图像文件中，按下快捷键Ctrl+J复制新建图层，使用多边套索工具，设置“羽化”为2去除多余部分。新建“图层1”，按下快捷键Shift+F5，设置填充颜色为（R50、G215、B255），单击“以快速蒙版模式编辑”按钮，使用渐变工具以2/3比例填充线性渐变。打开附书光盘\实例文件\Chapter 14\Media\耳机.png文件，将其拖动到当前图像文件中。

添加素材图像

添加素材图像

02 绘制人物图像

新建“图层2”，单击钢笔工具绘制人物，绘制完成后按下快捷键Ctrl+Enter将路径转换为选区。填充颜色为（R255、G255、B255）。新建“图层3”，使用相同的方法绘制耳机图像，将“图层2”放置在“草地副本”图层下方。

绘制图像效果

03 完整画面效果

新建“组1”，单击自定形状工具，绘制几种形状并调整大小与位置，按下快捷键Shift+F5，打开“填充”对话框，把不透明度依次改为50%~80%，选择各形状图层，按下快捷键Ctrl+G将所需图层统一到“组1”中。新建“图层4”，使用相同的方法绘制方形并填充不同颜色，并将所需图层统一到“组2”中最后添加文字。至此，本例制作完成。

完成后的效果

14.9 霓虹灯广告设计

实例分析：本实例主要通过运用钢笔工具和调整图层样式体现出城市中霓虹灯的效果，画面以红、蓝为主色，烘托出具有美感的效果。

主要使用工具：钢笔工具、图层样式

最终文件：Chapter 14\Complete\霓虹灯广告设计.psd

01 制作霓虹灯文字

新建图像文件，新建“图层1”，按下快捷键Alt+Delete填充前景色黑色，使用减淡工具对“图层1”进行适当的涂抹。新建图层使用钢笔工具分别在图层中绘制图形，单击“用画笔描边路径”按钮描边路径。单击“添加图层样式”按钮，添加外发光效果，让其呈现出霓虹灯效果。选中“图层3”，右击，在弹出的快捷菜单中执行“拷贝图层样式”命令，分别在“图层4~6”中粘贴图层样式，并改变“图层5”中“图层样式”的颜色。

绘制形状　　图层样式效果

02 添加素材图像

新建“图层7”，打开“电线.jpg”文件拖曳至“图层7”中，使用钢笔工具抠出需要的部分。新建“图层8”和“图层9”，分别制作蓝色和红色的光斑，“图层7”～“图层9”拖动到“图层1”上方。

添加素材图像　　绘制光影效果

03 输入文字

新建“图层9”和“图层10”输入相关文字，并调整字体大小和字符样式。至此，本例制作完成。

完成后的效果

14.10 外墙广告牌设计

实例分析：本实例主要运用自由变换功能对素材的变形使其具有跳跃感，与儿童腾飞的动态效果完美结合。作品以浅蓝色调为主题，以素材颜色及品种的多样性突出儿童五彩缤纷的世界。

主要使用工具：画笔工具、移动工具、自由变换功能、钢笔工具

最终文件：Chapter 14\Complete\外墙广告牌设计.psd

01 添加素材图像

新建图像文件，打开附书光盘\实例文件\Chapter 14\Media\蓝天.png和儿童.png文件，分别选择素材中的图像将其拖动到当前图像文件中。打开“综合.png”文件，分别选择素材将其拖动到当前图像文件中并调整大小与位置，选择素材图层，按下快捷键Ctrl+G将所需图层统一到“组1”中。

添加素材图像1

添加素材图像2

02 绘制线条与光影图像

新建“图层1”，使用铅笔工具，设置画笔主直径为3px，前景色为（R248、G248、B209），在儿童周围绘制自由线条。使用同样的方法分别设置前景色为（R100、G160、B70）和（R90、G115、B190），绘制线条图像。新建“图层2”，使用椭圆选框工具，设置羽化值为30px，绘制大小不一的椭圆形。

绘制线条

添加白色光影

03 完整画面效果

单击磁性套索工具，在儿童手臂上勾取方形选区，按住Ctrl键的同时向上或下移动手臂。使用同样的方法对儿童的脚进行调整。新建“组2”，使用横排文字工具输入文字信息。至此，本例制作完成。

调整图像

完成后的效果

Chapter 15

画册设计

传统意义上的画册是用来介绍产品或者企业的印刷品，也被称为手册。产品宣传画册主要承载着企业的形象，因此在设计过程中应最大限度地把产品图片和文字安排在主要位置，以企业形象为第一位，同时要有意培植人们对企业的特色认知和心理认同，尤其要在排版上多花心思。

15.1 家具画册设计1

实例分析：本实例制作的是家具画册的封面和封底。通过文字与图片的合理编排，使得封面信息简洁明晰，视觉传达一目了然，体现出该家具的高雅品质。

主要使用工具：文字工具、自定形状工具、图层样式

最终文件：Chapter 15\Complete\家具画册封面封底.psd、家具画册封面.jpg、家具画册效果图.psd

01 新建图像文件

执行“文件>新建”命令，在弹出的“新建”对话框中设置参数，新建图像文件。

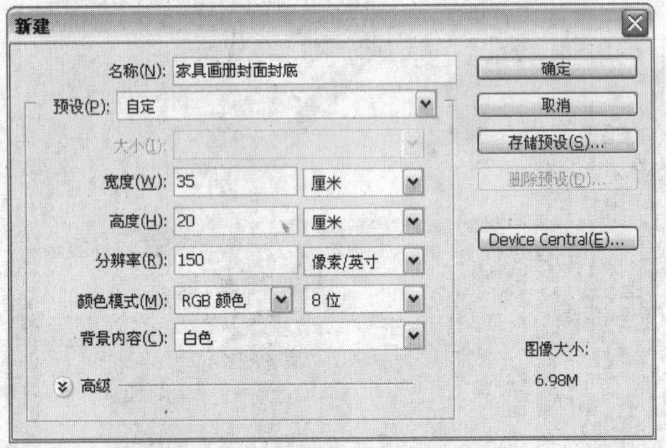

“新建”对话框

02 填充图像渐变色

新建“图层1”，单击渐变工具，在属性栏中单击渐变颜色条，在弹出的“渐变编辑器”对话框中设置渐变色从（R144、G130、B112）至黑色，进行径向渐变填充。

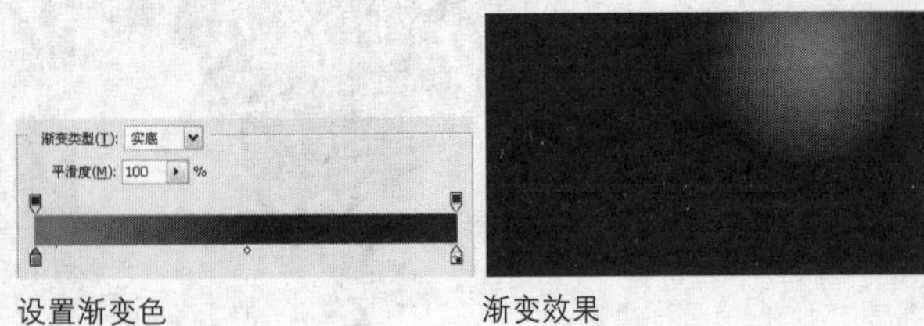

设置渐变色　　渐变效果

03 添加参考线

单击“视图>新建参考线”命令，在弹出的“新建参考”对话框中设置各项参数，单击“确定”按钮，绘制一条垂直参考线。

显示参考线

04 填充选区颜色

按下快捷键Shift+Ctrl+N，新建“图层2”，在“图层2”中使用矩形选框工具创建矩形选区，填充前景色为（R81、G70、B68），得到画册外轮廓。

填充选区颜色

05 添加图层样式

双击“图层2”，在弹出的“图层样式”对话框中设置“投影”参数，添加投影效果。

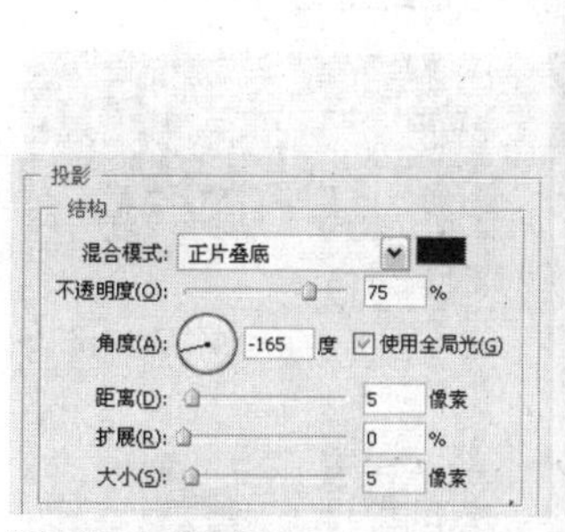

“投影”选项面板

投影效果

06 载入形状

新建“图层3”，载入附书光盘\实例文件\Chapter 15\Media\线条形状.csh文件，单击自定形状工具，在形状面板中选择“NagelSeries4-2”图案，拖动鼠标创建路径，并激活路径，填充前景色为（R110、G98、B96），按下快捷键Ctrl+D取消选区。

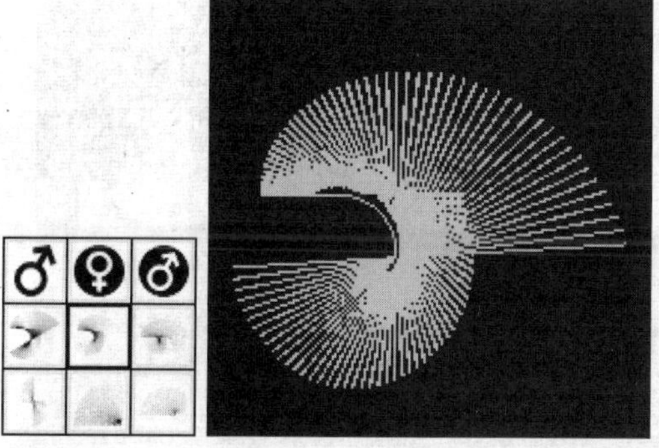
选择形状　　绘制图像

07 调整图像

按下快捷键Crtl+T，调整“图层3”的图像大小和方向。新建“图层4”，选择自定形状工具，使用相同的方法，在形状面板中选择“NagelSeries4-1”图案，绘制图案并激活为选区，填充图层并取消选区。

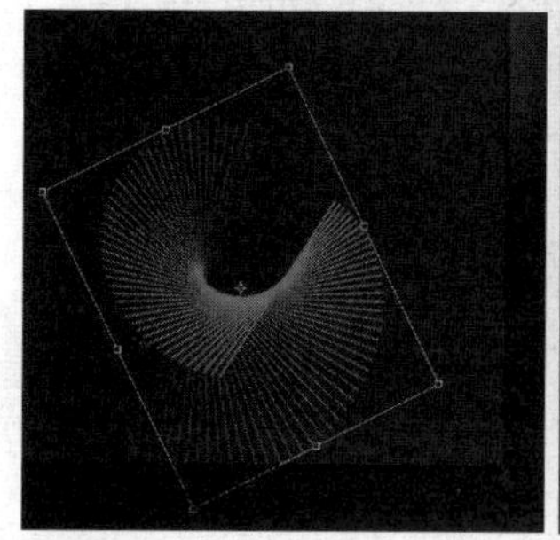
调整图像

绘制图像

08 添加素材图像

打开附书光盘\实例文件\Chapter 15\Media\家具.png文件，单击移动工具，将其拖动到当前图像文件中生成“图层5”，按下快捷键Ctrl+T，调整素材图像的大小和位置。单击横排文字工具，在画面中输入文字。

添加素材图像

输入文字

技巧点拨

使用自由变换命令可以对图像进行缩放、旋转、透视、变形等调整。按住Ctrl键可以对所选择的调节点进行单独调整。

09 添加图层样式

使用矩形选框工具添加白色竖线，双击文字图层，弹出“图层样式”对话框，切换至“投影”选项面板设置各项参数。

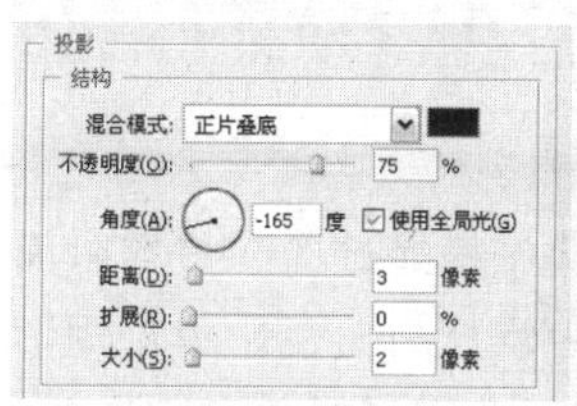

“投影”选项面板

投影效果

10 输入文字

使用相同的方法，单击横排文字工具，在画面中输入文字并添加投影。注意封底与封面的文字要相互呼应，调节整体统一。

输入文字

11 绘制图形

单击自定形状工具，在形状面板中选择“斜线”图案，拖动鼠标创建路径，并激活路径。

选择形状　　绘制形状效果

12 填充选区颜色

单击矩形选框工具，按住Alt键不放，拖动鼠标减去选区，填充前景色为（R199、G193、B192），取消选区。

创建选区　　填充选区颜色

技巧点拨

按下Shift键可切换至“添加到选区”状态，按下Alt键可切换至“从选区减去”状态，按下Shift+Alt组合键可切换至“与选区交叉”状态。

13 绘制线条

单击单行选框工具，创建细横线选区，贯穿封面和封底，在“横线”图层中填充为白色。单击矩形选框工具，按住Alt键不放，拖动鼠标减去选区。

创建选区

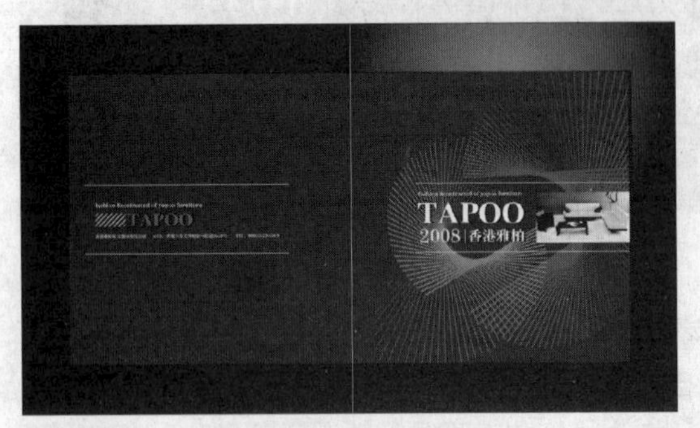

绘制线条

14 填充选区渐变色

设置前景色为黑色，新建“图层6”，使用矩形选框工具创建矩形选区，单击渐变工具，设置“前景色到透明”的渐变色，并填充到选区中。

创建选区　　渐变效果

15 填充渐变色

新建“图层7”，单击渐变工具，设置“前景色到透明”的渐变色，填充到矩形选区中，调整图层不透明度为73%。

图像效果

16 绘制书籍

删除参考线，使用矩形选框工具绘制画册书脊。

图像效果

17 裁切图像

清除“图层2”的图层样式，单击裁减工具裁剪封面。

裁切图像

18 储存图像

执行“文件>存储为”命令，在弹出的“存储为”对话框中设置“文件名”为“家具画册封面”，“格式”为JPEG，单击“保存”按钮。

储存图像

19 新建图像文件

执行“文件>新建”命令，在弹出的“新建”对话框中，设置“名称”为“家具画册效果图”，“宽度”为21厘米、“高度”为29.7厘米，“分辨率”为150像素/英寸，完成后单击“确定”按钮，新建图像文件。

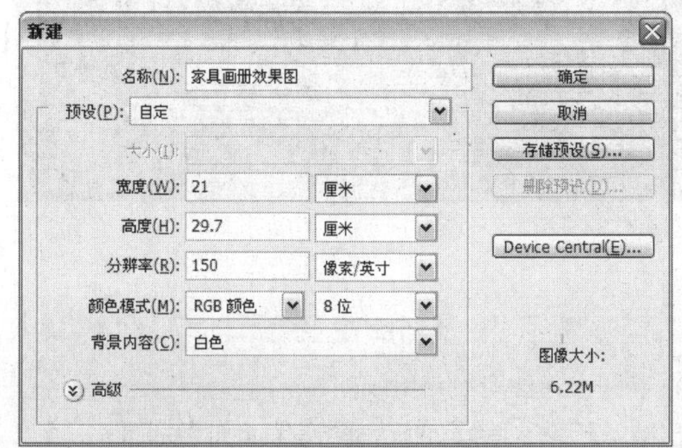

“新建”对话框

20 打开图像文件

打开刚刚储存的“家具画册封面.jpg”文件，拖曳至当前图像文件中，得到“图层1”，按下快捷键Ctrl+T，调整图像方向和大小。

添加图像效果

21 调整图像效果

单击渐变工具，进行径向渐变填充。再复制多个“图层1”，结合自由变换命令对图像进行调整。

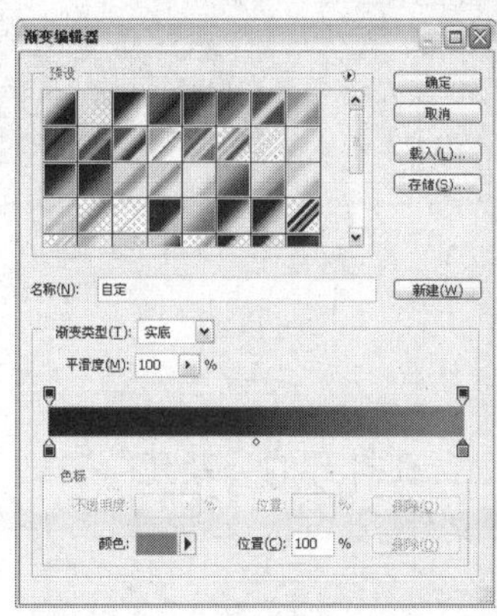

“渐变编辑器”对话框

图像效果

22 制作阴影效果

添加封面的投影效果，降低遮挡在后的图层明度。至此，本例制作完成。

完成后的效果

15.2 家具画册设计2

实例分析： 本实例制作的是家具画册的内页，画面格调素雅，体现出家具的高品质与精致典雅。

主要使用工具： 渐变工具、文字工具、图层样式

最终文件： Chapter 15\Complete\家具画册内页1.psd
视频文件： Chapter 15\家具画册内页1. swf

01 新建图像文件

执行“文件>新建”命令，在打开的“新建”对话框中设置参数，新建图像文件。

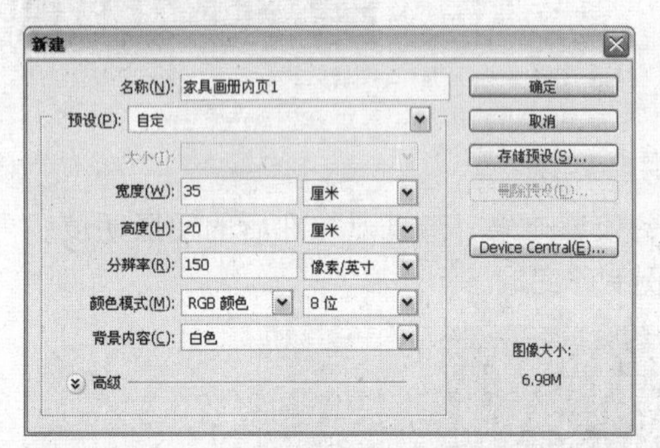

“新建”对话框

02 填充图像渐变色

新建“图层1”，单击渐变工具，在属性栏中单击渐变条，在弹出的“渐变编辑器”对话框中设置渐变色为（R144、G130、B112）到黑色，进行径向渐变填充，并合并图层。

渐变效果

03 填充选区颜色

按下快捷键Ctrl+R，显示标尺，将光标放置于图像编辑窗口的垂直标尺内，拖动鼠标将参考线放置于画面正中。新建“图层2”，使用矩形选框工具创建矩形选区，填充前景色为（R81、G70、B68），得到画册外轮廓。

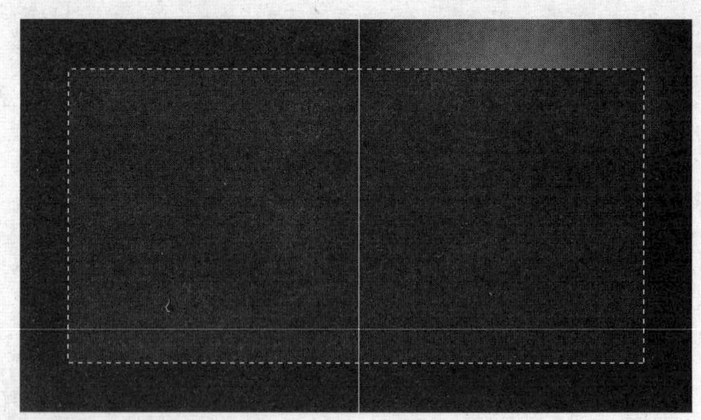

填充选区颜色

技巧点拨

绘制精确的参考线可执行“视图>新建参考线”命令，在弹出的“新建参考线”对话框中设置各选项即可。

04 添加图层样式

双击“图层2”，在弹出的“图层样式”对话框中设置“投影”参数，设置完成后单击“确定”按钮，添加投影效果。

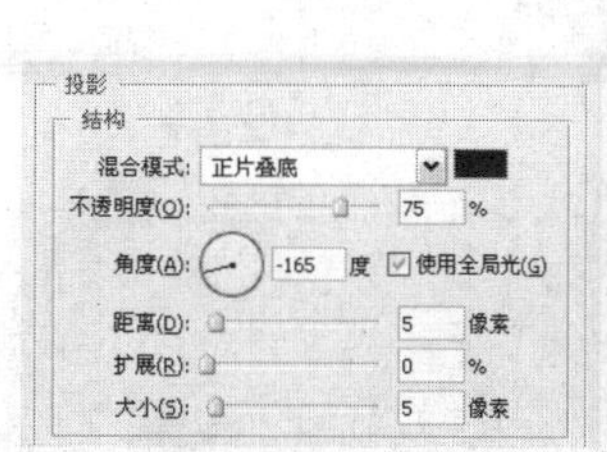

“投影”选项面板

投影效果

05 添加素材图像

打开附书光盘\实例文件\Chapter 15\Media\沙发.jpg文件，单击移动工具，将其拖动到当前图像文件中生成“图层3”，调整素材图像大小和位置。打开“灯具.jpg”文件，将其拖动到当前图像文件中生成“图层4”，按下快捷键Ctrl+T，调整素材图像大小和位置，使用矩形选框工具创建选区，按下Delete键删除选区内图像。

添加素材图像

06 输入文字

使用横排文字工具，在画面中输入文字。

输入文字

07 绘制线条

新建“图层5”，单击矩形选框工具，绘制横线，增加文字形式感。

创建选区

绘制线条

08 填充选区渐变色

设置前景色为黑色，新建“图层6”，使用矩形选框工具创建矩形选区，单击渐变工具，设置“前景色到透明”的渐变色，并填充渐变到选区中，执行“视图>清除参考线”命令。至此，本例制作完成。

创建选区

完成后的效果

15.3 家具画册设计3

实例分析：本实例画面格调与前面内页一致，体现出高品质家私的素雅格调。

主要使用工具：色彩平衡、色相/饱和度、照片滤镜、渐变工具、文字工具

最终文件：Chapter 15\Complete\家具画册内页2.psd
视频文件：Chapter 15\家具画册内页2. swf

01 填充渐变色

新建图像文件，新建“图层1”，单击渐变工具，在属性栏中单击渐变颜色条，在弹出的“渐变编辑器”对话框中设置渐变色为（R144、G130、B112）和黑色，进行径向渐变填充并合并图层。

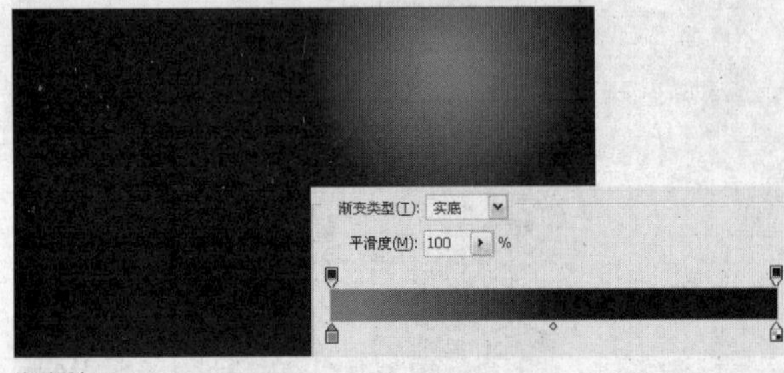

渐变效果

02 设置参考线

单击“视图>新建参考线”命令，在弹出的“新建参考线”对话框中设置各选项，单击“确定”按钮，绘制出一条垂直参考线。

绘制参考线

03 填充选区颜色

新建“图层2”，单击矩形选框工具，创建矩形选区，填充前景色为（R81、G70、B68），得到画册外轮廓。

填充选区颜色

04 添加图层样式

双击“图层2”，在弹出的“图层样式”对话框中设置“投影”参数，添加投影效果。

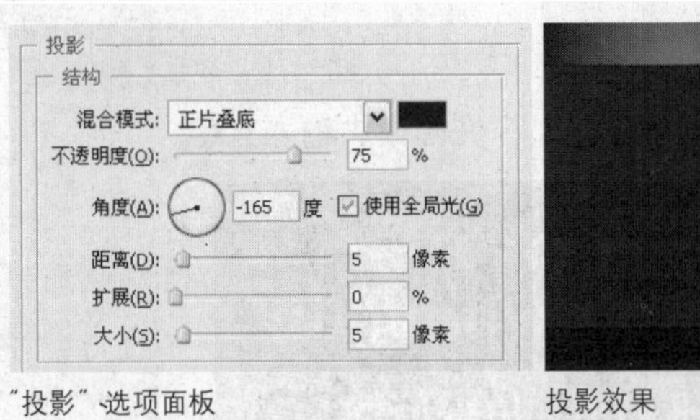

“投影”选项面板　　投影效果

05 添加素材图像

打开附书光盘\实例文件\Chapter 15\Media\家具

2.jpg文件，单击移动工具，将其拖动到当前图像文件中生成“图层3”，调整素材图像的大小和位置。打开“小图.jpg”文件，拖动素材图像到当前图像文件中生成“图层4”，按下快捷键Ctrl+T，调整素材图像的大小和位置。

添加素材图像

调整素材图像

06 调整图像颜色

按下快捷键Ctrl+U，在弹出的“色相/饱和度”对话框中，设置“饱和度”为-17，“明度”降低为-11。

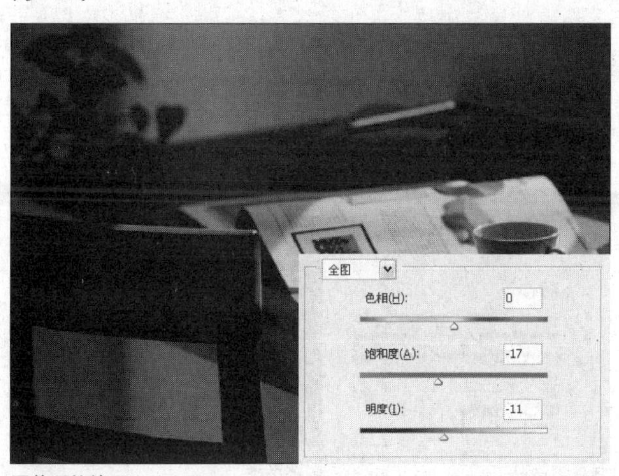

调整后的效果

07 调整色彩平衡

按下快捷键Ctrl+B，在弹出的“色彩平衡”对话框中设置阴影参数，调整色彩平衡。

图像效果

08 添加并编辑图层蒙版

在“图层4”下方新建图层并重命名图层为“黑色底”，单击矩形选框工具绘制矩形，填充为黑色。单击“图层”面板下方的“添加图层蒙版”按钮，为图层添加蒙版。单击渐变工具，设置“前景色到透明”的渐变色，进行线性渐变填充。

图像效果

09 输入文字

使用横排文字工具，在画面中输入文字。新建“图层5”，绘制横线，增加文字形式感。

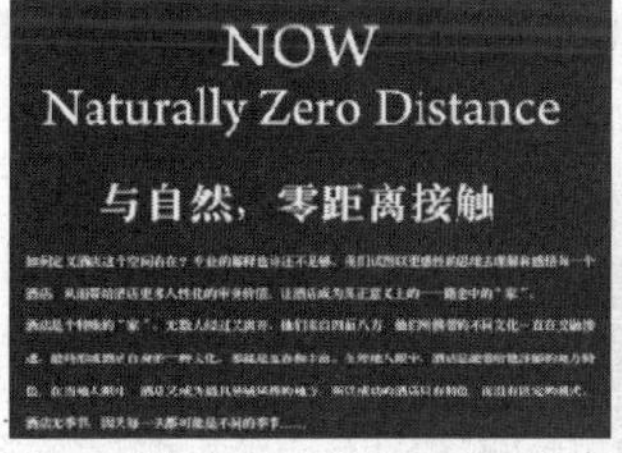

输入文字

绘制线条

10 制作图像阴影效果

调整图片和文字的大小比例关系，设置前景色为黑色，新建“图层6”，使用矩形选框工具创建矩形选区，单击渐变工具，设置“前景色到透明”的渐变色，并填充渐变到选区中。执行“视图>清除参考线”命令。至此，本例制作完成。

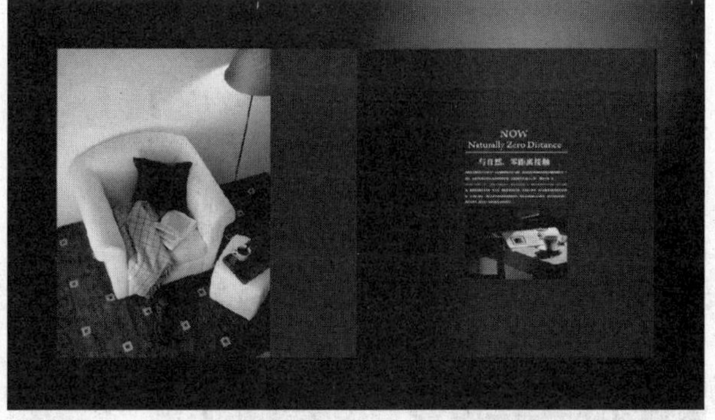

完成后的效果

15.4 家具画册设计4

实例分析：本实例继续设计家具画册的内页，画面格调与前面内页一致，体现出高品质家私的素雅格调。

主要使用工具：色彩平衡、渐变工具、文字工具

最终文件：Chapter 15\Complete\家具画册内页3.psd
视频文件：Chapter 15\家具画册内页3. swf

01 新建图像文件

执行“文件>新建”命令，在打开的“新建”对话框中设置参数，新建图像文件。

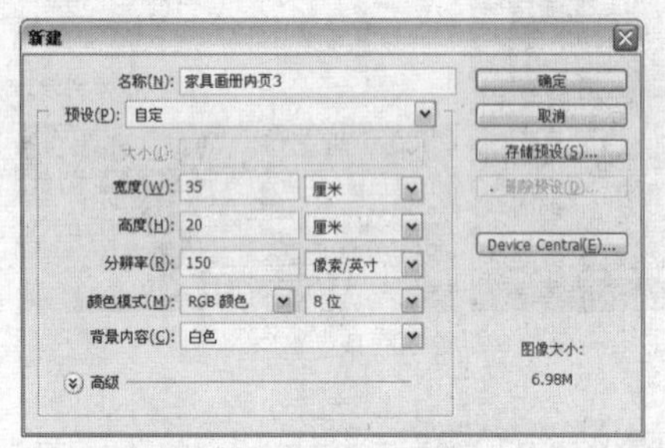

“新建”对话框

02 填充图像渐变色

新建“图层1”，单击渐变工具，填充渐变色为（R144、G130、B112）至黑色，进行径向渐变填充并合并图层。新建“图层2”，使用矩形选框工具创建矩形选区，填充前景色为（R81、G70、B68），得到画册外轮廓并添加投影效果。

背景效果

03 添加素材图像

打开附书光盘\实例文件\Chapter 15\Media\家具3.jpg文件，拖动到当前图像文件中生成“图层3”，按下快捷Ctrl+B，调整色彩平衡。

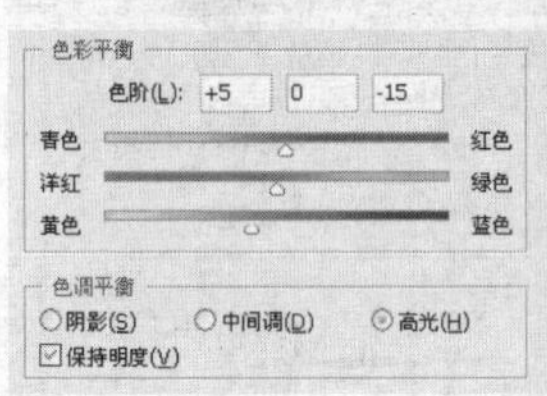

设置参数值　　图像效果

04 调整图像并添加文字

以快速蒙版编辑按钮和径向渐变，调整图片明暗对比度，然后设置前景色为黑色，使用矩形选框工具创建矩形选区，单击渐变工具，设置“前景色到透明”的渐变色，填充渐变到选区中，绘制好折页阴影后，添加适当文字。至此，本例制作完成。

完成后的效果

15.5 房产画册设计

实例分析：本实例制作的是房地产画册，画册的封面和封底为一个整体，画面简洁大方，体现出居住环境的优越品质。

主要使用工具：钢笔工具、矩形选框工具、渐变工具、文字工具

最终文件：Chapter 15\Complete\房产画册设计.psd

01 新建图像文件

执行“文件>新建”命令，在弹出的“新建”对话框中设置各项参数，完成后单击“确定”按钮，新建图像文件。

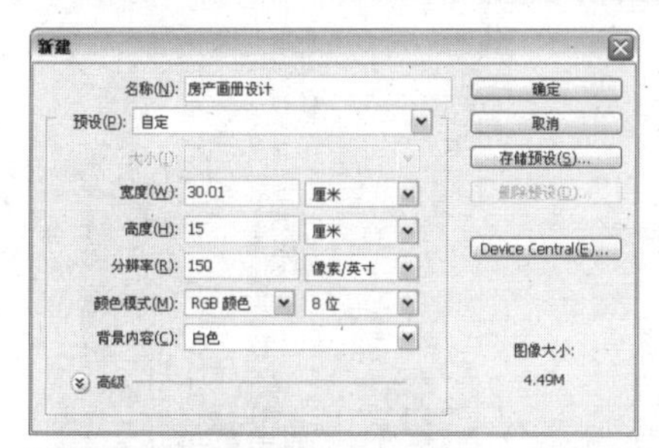

“新建”对话框

02 添加参考线

执行“视图>新建参考线”命令，在弹出的“新建参考”对话框中设置各选项，单击“确定”按钮，绘制出一条垂直参考线。新建“组1”，在图层组中新建“图层1”填充图像颜色为白色，然后单击矩形选框工具创建矩形选区，填充选区颜色为（R48、G64、B79）。

图像效果　　设置参考线

03 填充图像渐变色

新建“图层2”，使用矩形选框工具创建矩形选区，单击渐变工具，在选区中填充径向渐变。新建“图层3”，使用矩形选框工具绘制黑色横条。

渐变效果

04 输入文字

使用钢笔工具绘制图案，然后单击横排文字工具T，在图像中输入文字信息，调整文字在画面上的大小与位置关系，丰富画面效果。

封面和封底效果

05 制作背景图像

新建“组2”复制“背景”图层，并将复制的图层拖动到在该图层组中单击矩形选框工具创建选区，并分别填充前景色为灰色和黑色。

背景图像

06 添加滤镜效果

新建“图层10”，单击矩形选框工具绘制蓝色区域，然后执行“滤镜>艺术效果>塑料包装”命令，设置各项参数。复制图层，再添加扭曲球面化效果。选择“图层10”，单击“以快速蒙版编辑”按钮，单击渐变工具对图像边缘进行径向渐变遮挡。

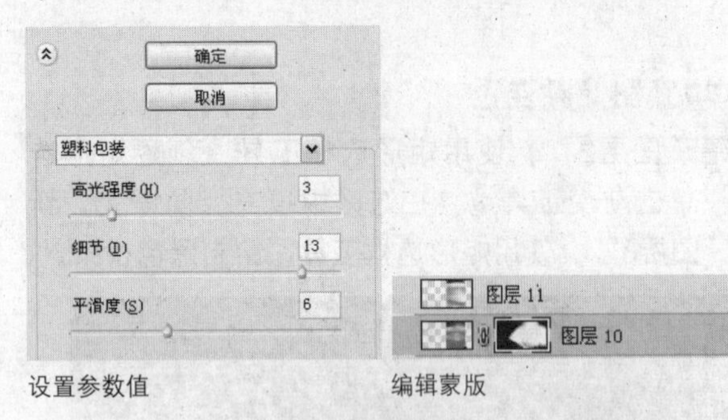

设置参数值　编辑蒙版

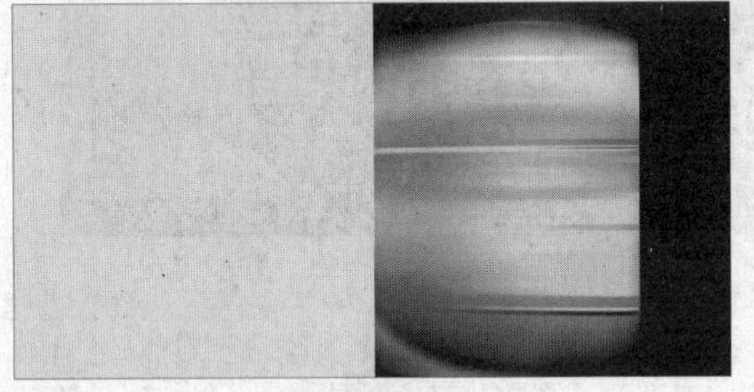

图像效果

07 添加素材图像

打开附书光盘\实例文件\Chapter 15\Media\园林.png等相关文件，拖曳至当前图像文件中，单击横排文字工具，对文字和图片进行排版。

添加素材图像　输入文字

08 填充选区渐变色

新建“组3”，复制“背景”图层，重命名为“背景副本”，拖曳到该图层组中，单击矩形选框工具创建选区，并分别填充前景色为灰色，单击渐变工具填充线性渐变。

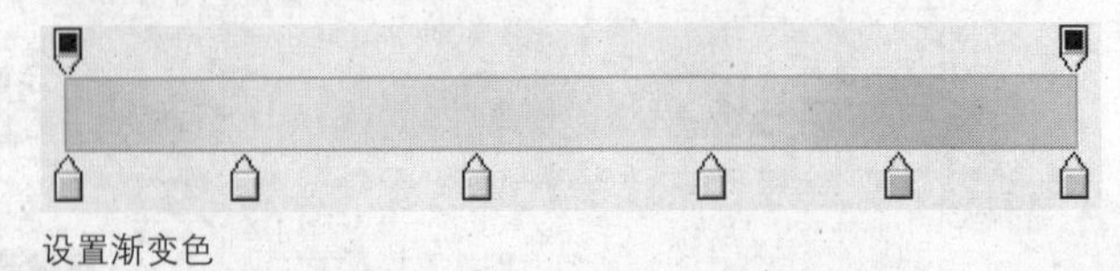

设置渐变色

图像效果

09 绘制云朵图像

载入附书光盘\实例文件\Chapter 15\Media\云朵1.abr画笔，单击画笔工具，绘制云朵，并用减淡工具对云朵的亮部进行减淡。打开“楼房.png”文件，并拖曳到当前图像文件中。

绘制云彩　添加素材图像

10 绘制图像

使用单行选框工具和矩形选框工具，绘制画册线条和色块，单击横排文字工具添加适当文字。

绘制线条

添加文字

11 绘制背景图像

新建“组4”，在该图层组中新建图层后单击矩形选框工具创建选区，并填充前景色为灰色。打开附书光盘\实例文件\Chapter 15\Media\BM190.jpg文件，拖曳至“房产画册设计”文件中，调整大小。

添加素材图像

12 调整图像颜色

调整图片的色相和饱和度，并添加照片滤镜效果。按下快捷键Ctrl+B，设置各项参数调整色彩平衡，最后模糊图片上的文字。

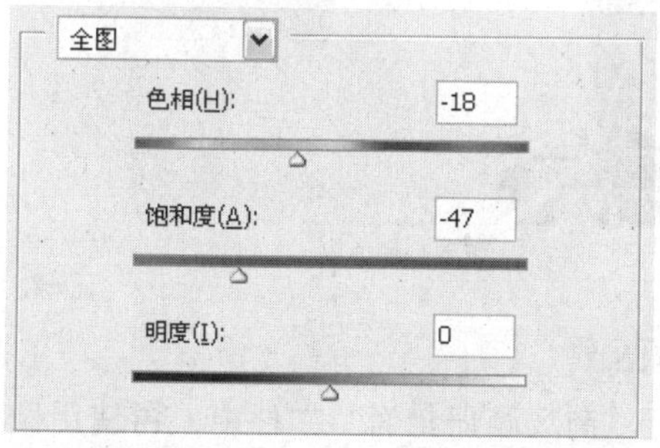

“色相/饱和度”对话框

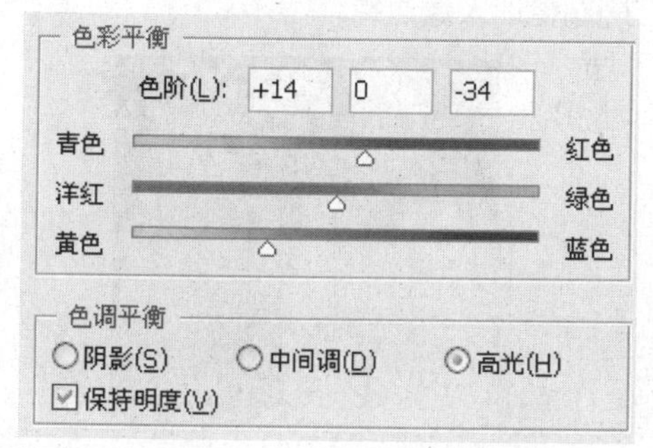

“色彩平衡”对话框

图像效果

13 添加素材图像

打开“家具2.png”文件，拖曳至当前图像文件中，使用单行选框工具和矩形选框工具，绘制画册的线条。

素材图像

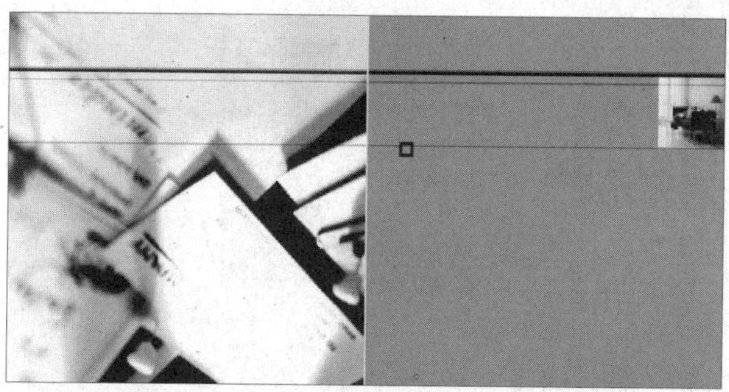
添加素材

14 输入文字

单击横排文字工具，添加适当文字。至此，本例制作完成。

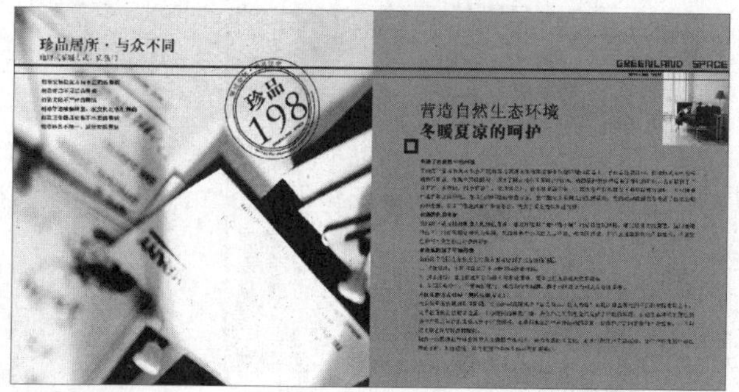

完成后的效果

15.6 商场画册设计

实例分析： 本实例制作的是商场画册。画面图文结构分明，时尚大气又不失复古潮流，主要通过图片的组合与色调处理、笔刷与合成图片的运用来完成。

主要使用工具： 画笔工具、色彩平衡、色相/饱和度

最终文件： Chapter 15\Complete\商场画册封面.psd、商场画册封底.psd、商场画册内页1.psd、商场画册内页2.psd

01 新建图像文件

执行“文件>新建”命令，在弹出的“新建”对话框中设置各项参数，新建图像文件。

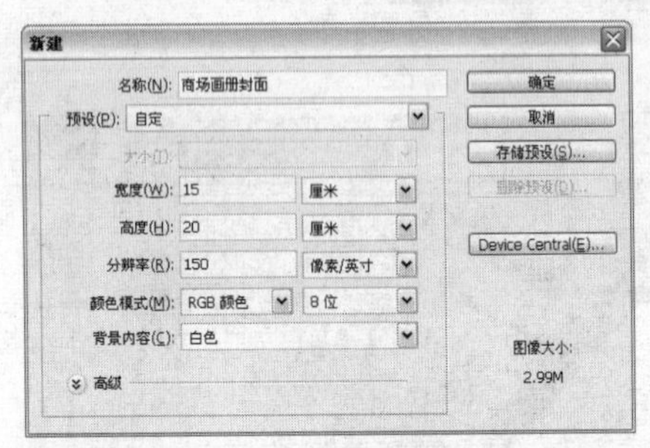

“新建”对话框

02 添加“抽出”滤镜

打开附书光盘\实例文件\Chapter 15\Media\明星.jpg文件，按下快捷键Ctrl+Alt+X，在弹出的“抽出”对话框中，选择边缘高光器工具，设置各项参数，按住Ctrl键不放，勾画出人像轮廓。

“抽出”对话框

03 抠取图像

单击填充工具，填充人像部分，单击“确定”按钮，得到已去底完成的人像。

填充图像颜色

抠取图像效果

04 添加素材图像

将人像拖曳至“商场画册封面”文件中，再使用橡皮擦工具和仿制图章工具修整剩余未去底的部分，用模糊工具整理人像边缘。

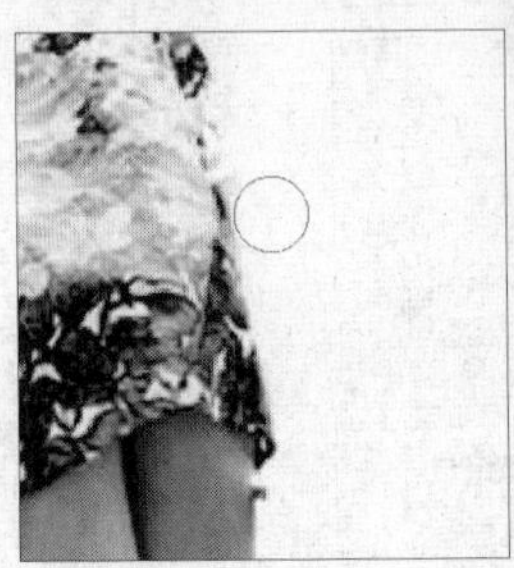

擦除多余图像

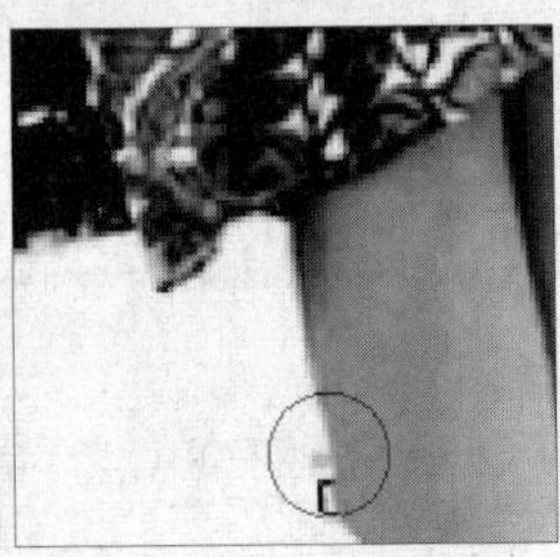

模糊图像

05 添加素材图像

打开附书光盘\实例文件\Chapter 15\Media\跑车.jpg文件，在“通道”面板中，选择“红”通道。

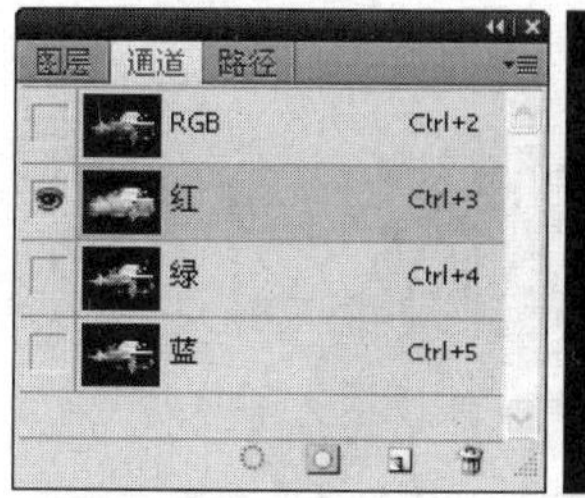

“通道”面板

红通道效果

06 复制通道

复制“红”通道，调整色阶。

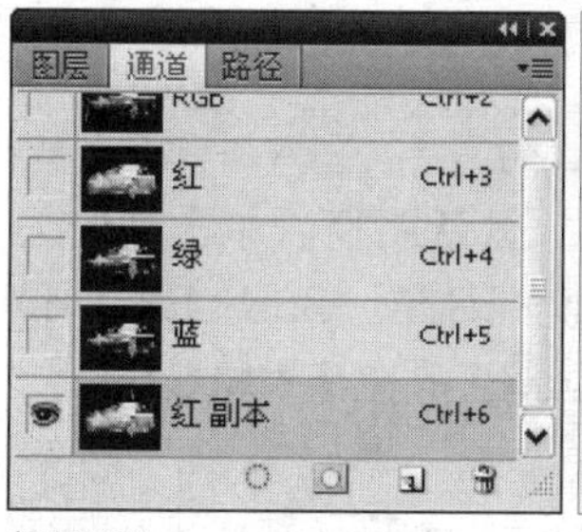

复制通道

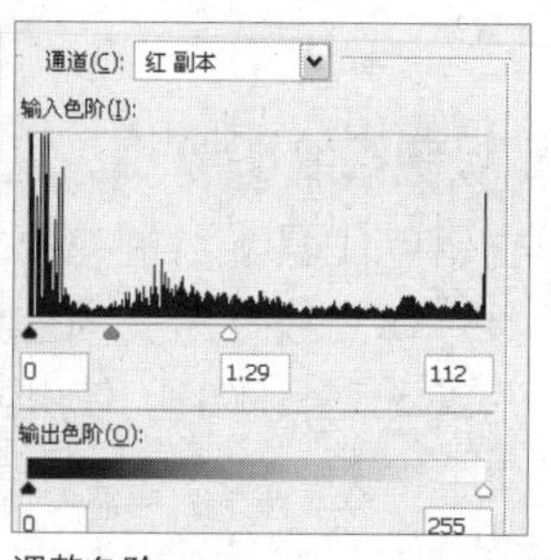

调整色阶

07 涂抹图像

设置前景色为白色，使用画笔工具填充跑车为白色，单击加深工具加深边缘，使白色部分更突出。

图像效果

08 抠取图像

单击魔棒工具，设置“容差”为20，选择黑色部分，复制“背景”图层，按下Delete键删除选区内图像。

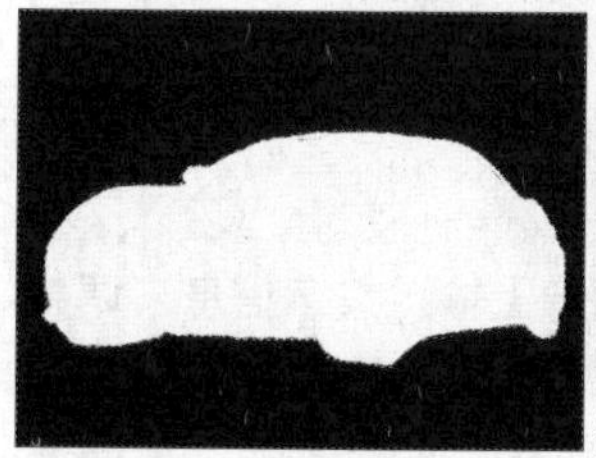

创建选区

删除选区内图像

09 调整图像颜色

按下快捷键Ctrl+U，弹出“色相/饱和度”对话框，设置参数调节图像颜色，完成后单击“确定”按钮。

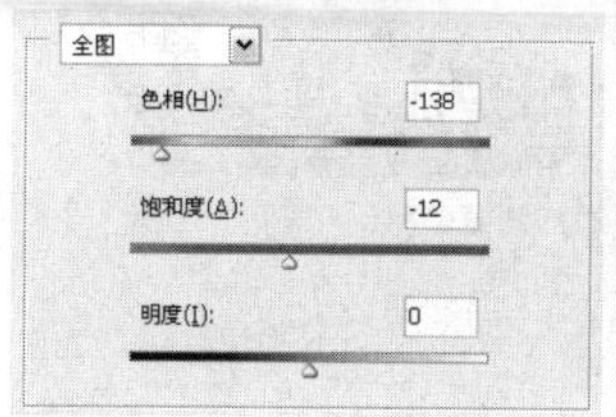

设置参数值

图像效果

10 添加素材图像

将编辑好的图层拖曳至“商场画册封面”文件中，按下快捷键Ctrl+T，调整整体的大小和位置关系。执行“图像>调整>照片滤镜”命令，设置各项参数，分别调整人物和跑车图片的色调。按下快捷键Ctrl+U，分别降低图像的饱和度为-16。

添加素材图像

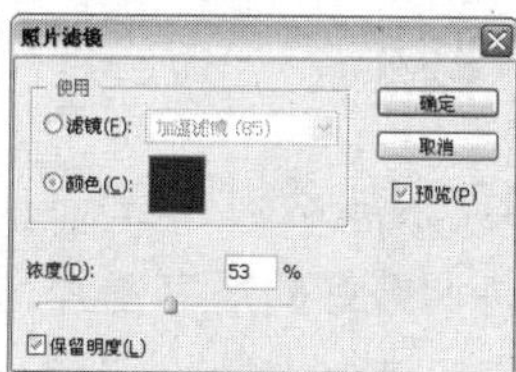

设置照片滤镜参数

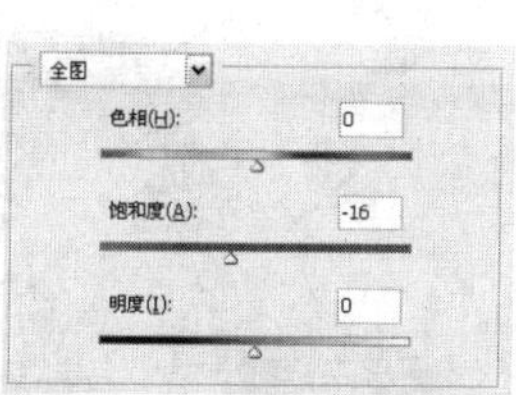

设置色相/饱和度

图像效果

11 添加素材图像

打开附书光盘\实例文件\Chapter 15\Media\玫瑰.png文件，拖动素材图像至当前图像文件中，调整图像位置。打开“酒瓶.png”文件，拖曳至当前文件中进行组合。

添加玫瑰素材

添加酒瓶素材

12 调整素材图像

打开附书光盘\实例文件\Chapter 15\Media\眼影盒.png、指甲油.png、睫毛刷.png文件，按下快捷键Ctrl+U，调整眼影盒的色相。

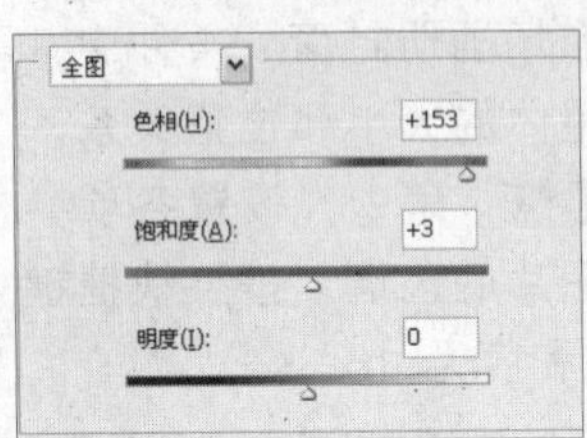

设置参数值

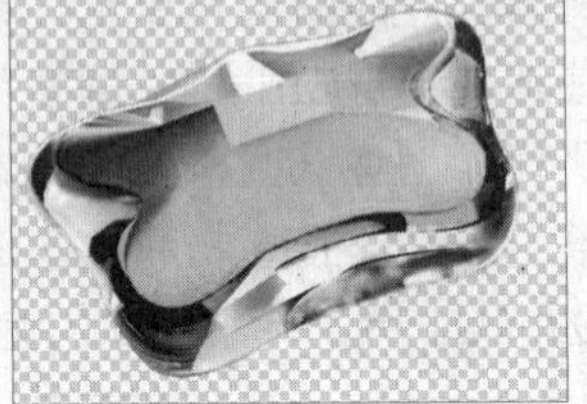
调整图像颜色

13 添加素材图像

将调整好的所有图片均拖曳至“商场画册封面”文件中进行组合。

添加素材图像

14 打开并调整素材图像

打开“吉他.png”文件，按下快捷键Ctrl+U，调整图片的色相，完成后拖曳至当前图像文件中。观察画面，调整各图层的色彩平衡。

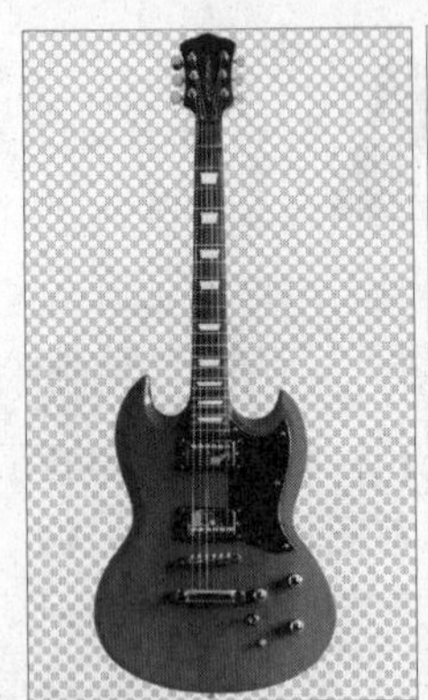
调整素材图像

添加素材图像

15 绘制符号图像

载入附书光盘\实例文件\Chapter 15\Media\圆圈.abr、圆圈2.abr、圆圈3.abr、花.abr和蝴蝶.abr画笔，使用画笔工具绘制白色符号。

图像效果

16 绘制花纹图像

单击钢笔工具绘制花纹，激活路径，单击渐变工具，填充线性渐变颜色为（R78、G55、B4）和（R128、G0、B0），使用画笔工具增添蝴蝶符号。

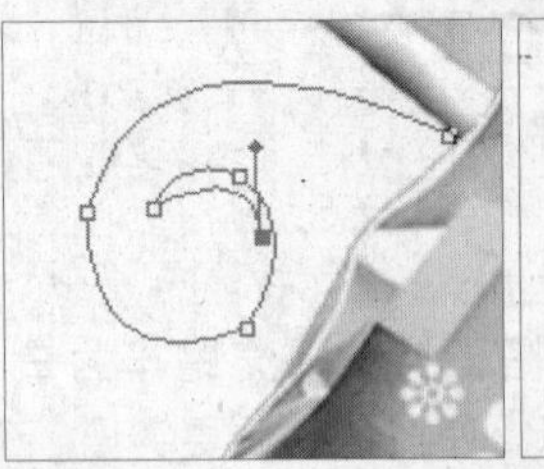
绘制路径

图像效果

17 绘制图案

使用画笔工具绘制灰色图案，增添画面韵律感。

绘制图像效果

18 输入文字并添加线条

单击横排文字工具，在图像上输入文字信息，调整文字的大小与颜色以及位置关系。新建图层结合矩形选框工具绘制细线，增添版面形式感。至此，完成封面的制作。

完成后的效果

19 新建图像文件

执行"文件>新建"命令，在弹出的"新建"对话框中设置参数，单击"确定"按钮，新建图像文件。

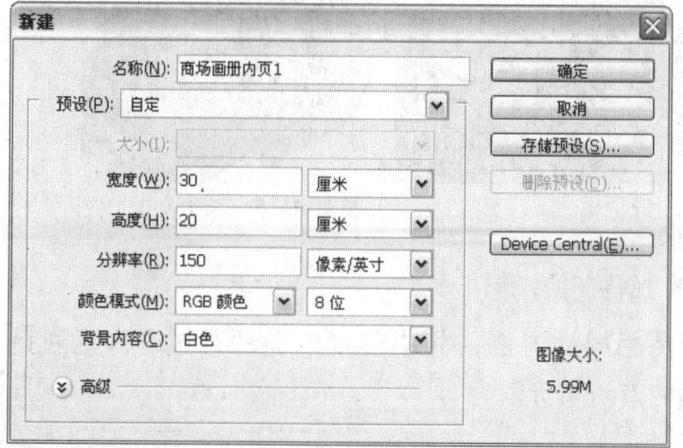

"新建"对话框

20 添加参考线

填充"背景"图像颜色为（R251、G250、B246），按下快捷键Ctrl+R显示标尺，单击移动工具，在画面的中心位置拖出一条垂直参考线。打开附书光盘\实例文件\Chapter 15\Media\复古人像.png文件，并拖曳至当前图像文件中，得到"图层1"，按下快捷Ctrl+T，调整图片大小与位置。

添加素材图像

21 调整人物图像颜色

对人像进行色调的调整，按下快捷键Crtl+U，降低饱和度为-51。

图像效果

22 调整图像颜色

新建"图层2"，执行"选择>色彩范围"命令，选取人像亮面部分，调整图像色彩。按下快捷键Shift+F6，打开"羽化选区"对话框，设置"羽化半径"为8像素，单击"确定"按钮。新建"图层2"，填充选区颜色为（R247、G240、B228），设置图层的不透明度为57%。

色彩取样

"色彩范围"对话框

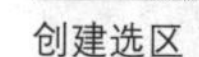
创建选区

图像效果

23 调整图像

选择"图层1"，使用减淡工具对人物亮部再进行减淡。按下快捷键Ctrl+B，调整色彩。

减淡效果

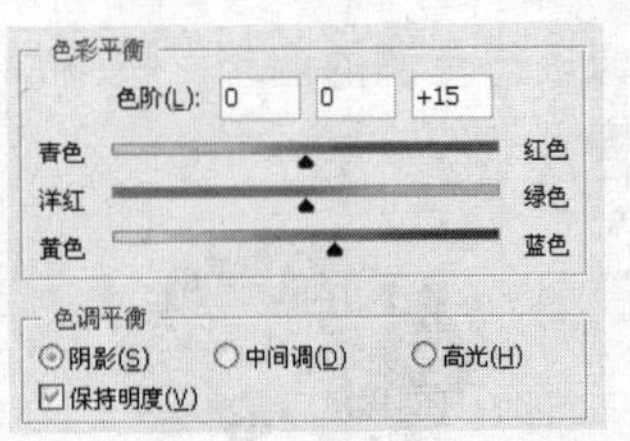

设置参数值

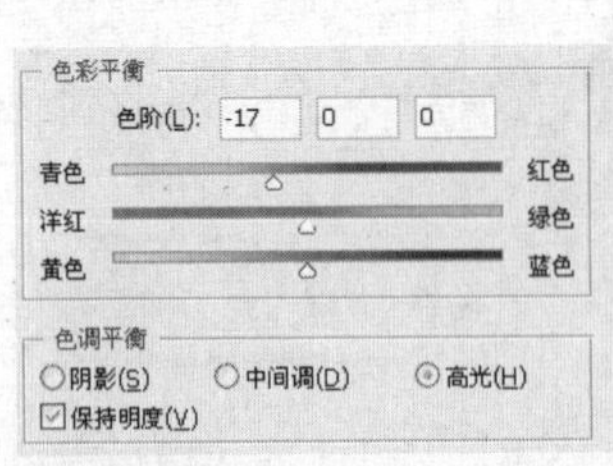

设置参数值

图像效果

24 添加“照片滤镜”滤镜

执行“图像>调整>照片滤镜”命令在弹出的对话框中设置各项参数，添加滤镜效果。

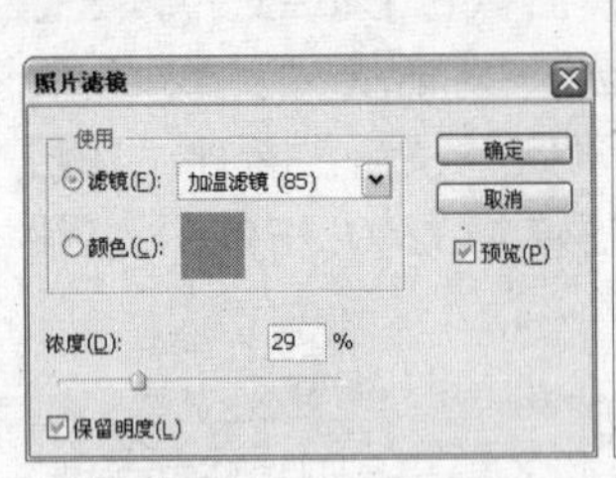

设置参数值

图像效果

25 添加素材图像

合并“图层1”和“图层2”，使用减淡工具对人物的头发亮部进行减淡，增强立体感。打开“小提琴1.png”文件，拖动素材图像至当前图像文件中，得到“图层3”，按下快捷键Ctrl+T，调整图像大小及方向。

减淡图像

添加素材图像

26 创建选区

新建“图层4”，执行“选择>色彩范围”命令，选取小提琴亮面部分，设置“色彩容差”为40，单击“确定”按钮。

颜色取样

“色彩范围”对话框

27 填充选区颜色

按下快捷键Shift+F6，在弹出的“羽化选区”对话框中设置“羽化半径”为8像素，单击“确定”按钮。设置前景色为（R193、G77、B44），选择“图层4”，按下快捷键Alt+Delete填充前景色，取消选区，设置图层的不透明度为57%。

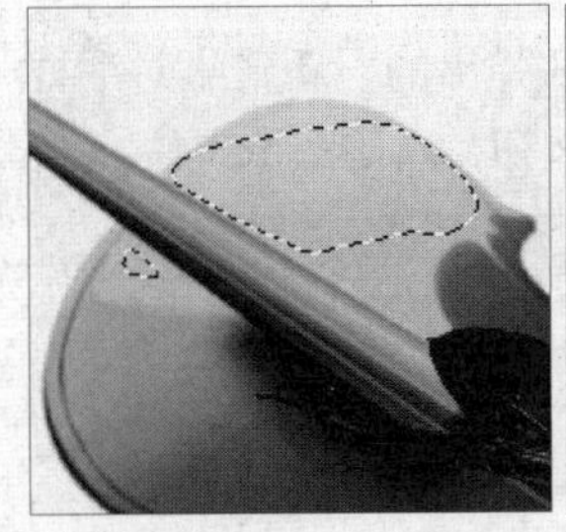
创建选区

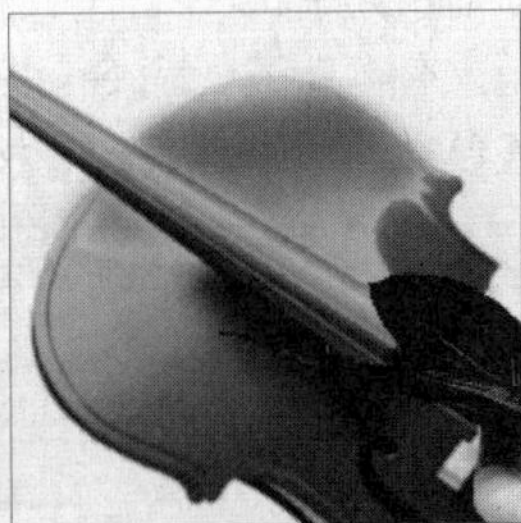
填充图像颜色

28 制作图像亮度

使用相同的方法，将小提琴的亮部通过选择色彩范围的方法填充颜色。

创建选区

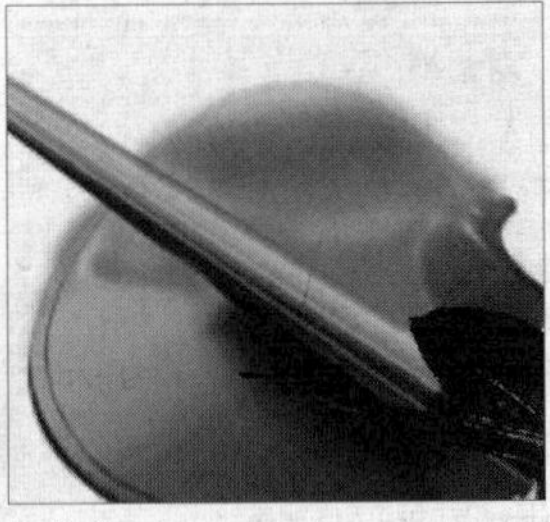
图像效果

29 删除多余图像

合并“图层3”和“图层4”，使用钢笔工具对图像边缘进行修剪，将路径转换为选区，按下Delete键删除选区内图像，取消选区。

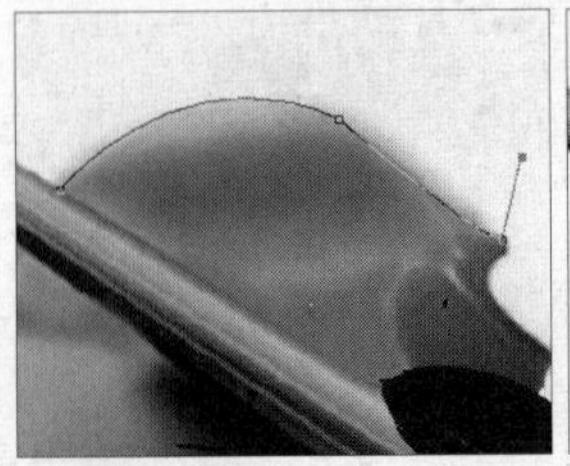
绘制路径

图像效果

30 调整图像亮度与对比度

单击钢笔工具绘制路径，将路径转换为选区，执行“图像>调整>亮度/对比度”命令，设置参数降低图像亮度效果。调整小提琴整体亮度，打开“亮度/对比度”对话框设置参数值后单击“确定”按钮。使用减淡工具和加深工具，对小提琴的明暗关系进行处理。

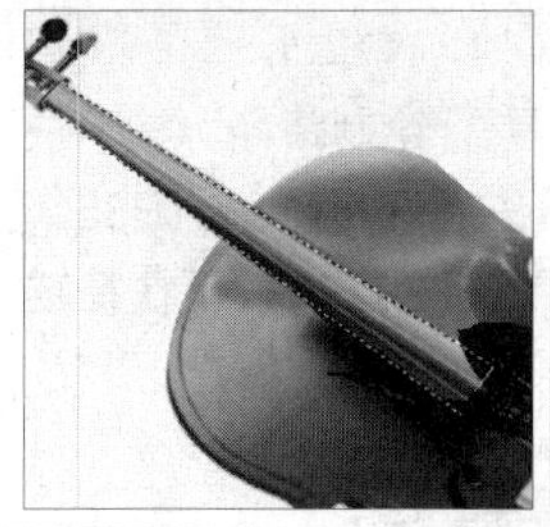

创建选区　设置参数值

调整图像

图像效果

31 打开素材图像

打开附书光盘\实例文件\Chapter 15\Media\藤蔓.png文件，按下快捷键Ctrl+U，调整色相。

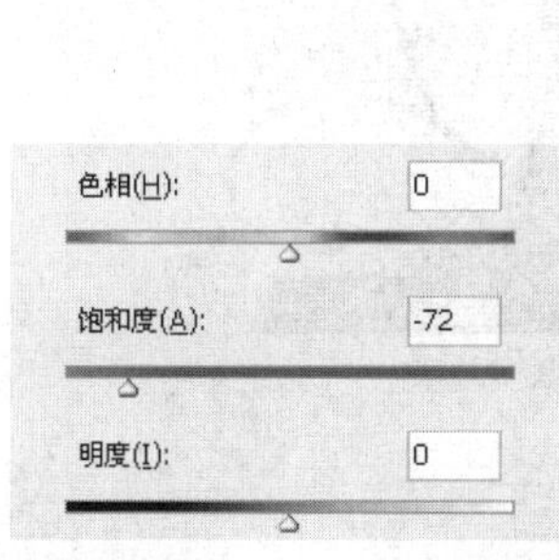

设置参数值

图像效果

技巧点拨

在调整亮度/对比度时，可按下快捷键Alt+I，再按下A键，紧接着按下C键，将会弹出“亮度/对比度”对话框。一般调节亮度，保持对比度不变，不会直接影响图像的颜色。

32 打开素材图像

打开“鲜花.png”文件，按下快捷键Ctrl+U，调整图像色相。

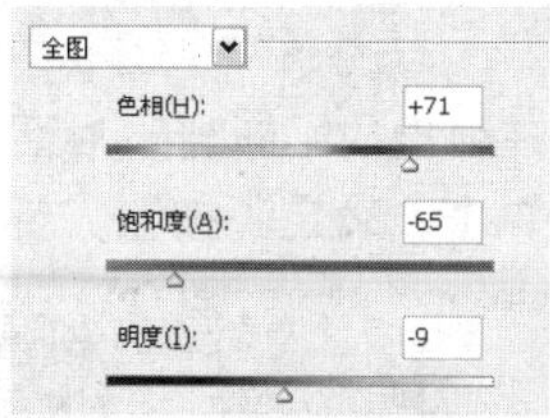

33 添加素材图像

打开“鲜花3.png”文件，将处理好的藤蔓和鲜花均拖曳至“商场画册内页1”文件中，使用减淡工具提亮部分亮部，增强画面光影的立体感。新建“图层8”，单击钢笔工具绘制叶子路径并转换为选区，填充前景色为（R107、G89、B65）。

添加素材图像

绘制叶子图像

34 绘制圆圈图像

载入附书光盘\实例文件\Chapter 15\Media\圆圈.abr等相关笔刷，在新建图层中使用画笔工具绘制圆圈花纹。

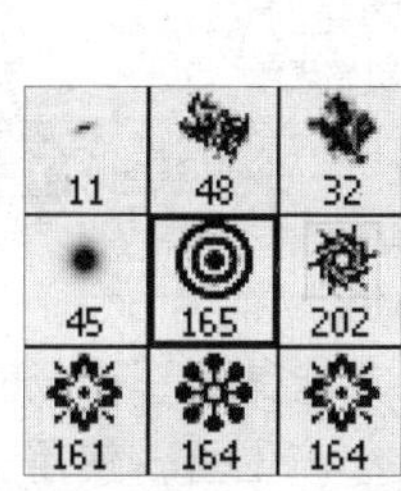
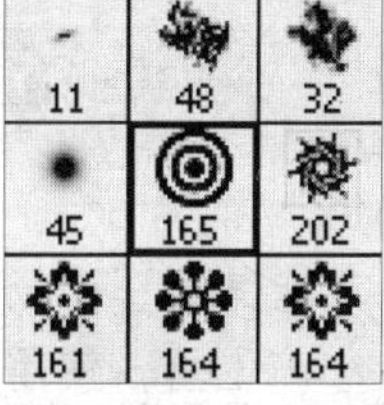

选择画笔

绘制圆圈图像

35 输入文字

创建新组为“文字组”，单击横排文字工具输入文字，使用矩形选框工具绘制矩形，增加画册整体的形式感。至此，完成内页1的制作。

输入文字

完成后的效果

36 新建图像文件

执行“文件>新建”命令，在弹出的“新建”对话框中设置各项参数，完成后单击“确定”按钮，新建图像文件。

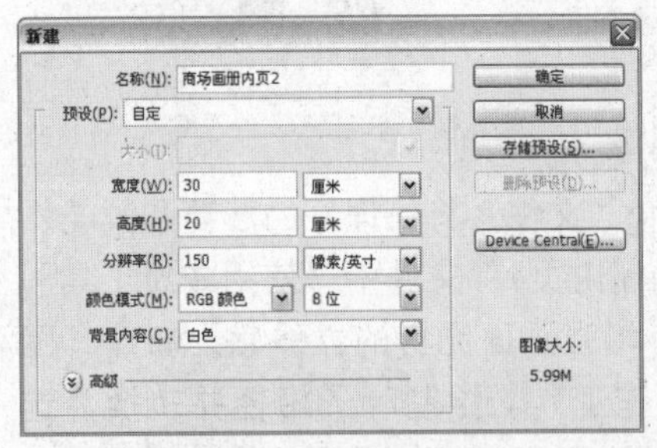

“新建”对话框

37 添加素材图像

设置前景色为（R251、G250、B246），按下快捷键Alt+Delete填充前景色。打开“复古人像2.png”文件，并拖曳至“商场画册内页2”文件中，得到“图层1”，按下快捷Ctrl+T调整图片大小与位置。使用相同的方法对人物图像的色调进行调整，使页面颜色统一。

添加素材图像

调整图像颜色

38 添加更多素材图像

打开附书光盘\实例文件\Chapter 15\Media\钢琴.png、鲜花.png、鲜花2、鲜花3.png文件，拖曳至“商场画册内页2”文件中，调整图像的大小与位置，使用相同的方法对素材图像的色调进行调整，使图像画面统一。

添加素材图像

技巧点拨

“人物”和“钢琴”的处理方法大致相同，目的是让画面整体效果和谐，图片间的关系不生硬。另外，人物的头发部位和钢琴的暗部有混淆，为了强调人物和钢琴的前后关系，可以在两个图层之间新建图层，绘制淡淡的光影效果。

39 绘制线条

新建“图层4”，使用钢笔工具绘制路径，按下快捷键Ctrl+Enter激活路径，填充选区颜色为（R85、G60、B3），取消选区。复制该图层，按下快捷键Ctrl+T，变换角度。

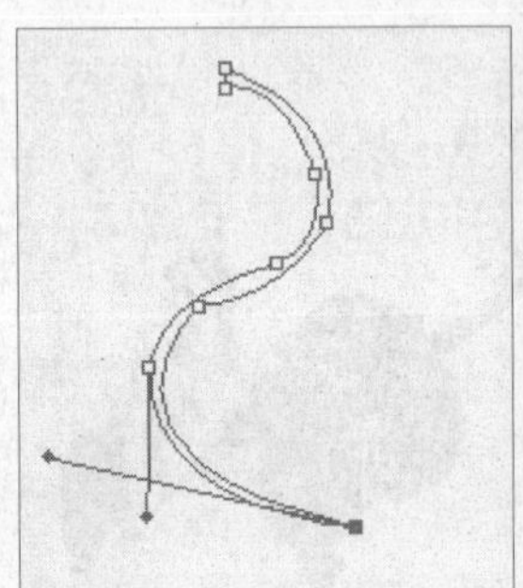

绘制路径

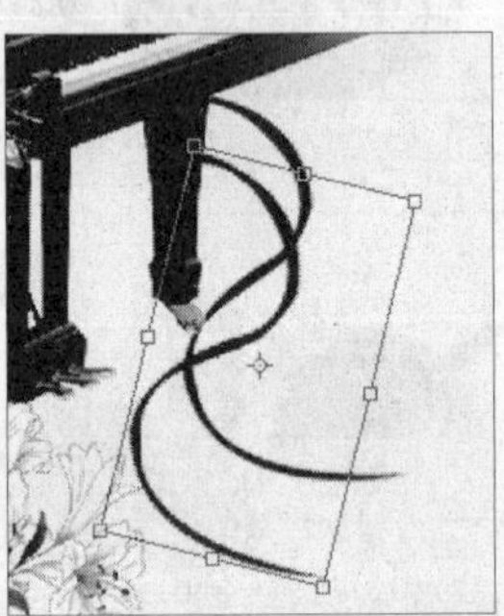

调整图像

40 绘制花纹

新建“图层5”，使用钢笔工具绘制路径，按下快捷键Ctrl+Enter激活路径并填充前景色。

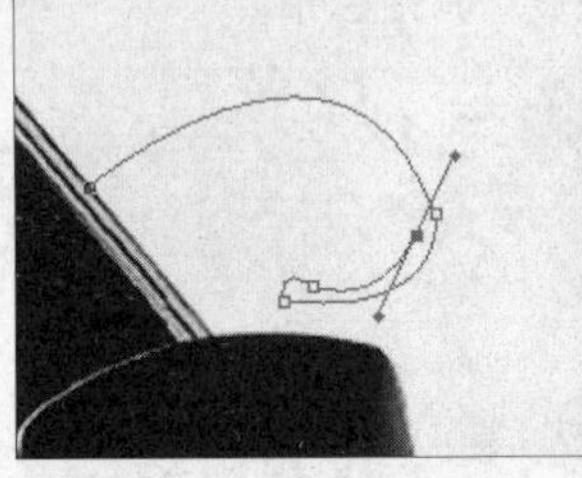

绘制路径

图像效果

41 绘制花纹

新建“图层6”，使用钢笔工具和椭圆选框工具绘制花纹图像。复制“图层6”，按下快捷键Ctrl+T，变换角度，调整图像位置。

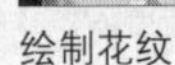

绘制花纹

复制并调整图像效果

技巧点拨

在绘制过程中按一次Esc键，可确认绘制的开放路径，然后可继续绘制另外的路径；若在绘制过程中按两次Esc键，则取消绘制的路径。

42 绘制图案

载入“线条形状.abr和圆圈.abr”等笔刷文件。单击画笔工具，设置前景色为灰色，绘制花纹和圆圈，单击自定义形状工具绘制花纹。使用椭圆选框工具绘制圆圈，填充前景色为（R233、G203、B176）。

绘制图案

绘制圆点

43 输入文字

创建新组为“文字组”，单击横排文字工具输入文字，调整字体大小与字符样式，完成内页2的制作。

完成效果

44 新建图像文件

执行“文件>新建”命令，在弹出的“新建”对话框中设置参数，单击“确定”按钮，新建图像文件。

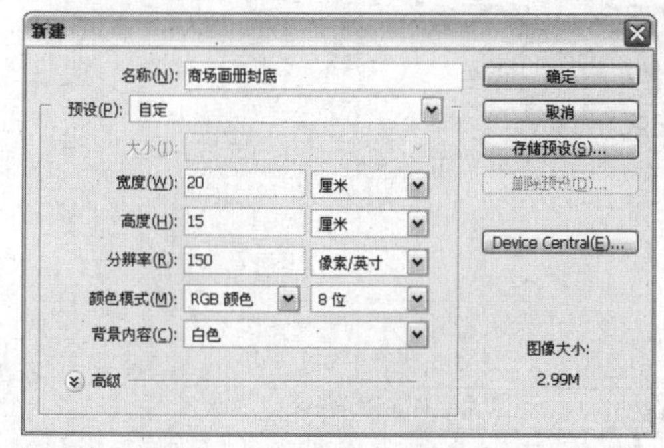

“新建”对话框

45 添加素材图像

打开附书光盘\实例文件\Chapter 15\ Complete\商场画册封面.psd文件，将封面中的“人物”拖曳至“商场画册封底”文件中，执行“图像>调整>黑白”命令。新建“图层2”，单击套索工具绘制影子。

添加人物素材

创建选区

46 制作阴影

按下快捷键Shift+F6，在弹出的“羽化选区”对话框中设置“羽化半径”为10像素。设置前景色为灰色，单击渐变工具，选择从前景色到透明的渐变，单击“确定”按钮，对已选区域进行线性渐变填充。

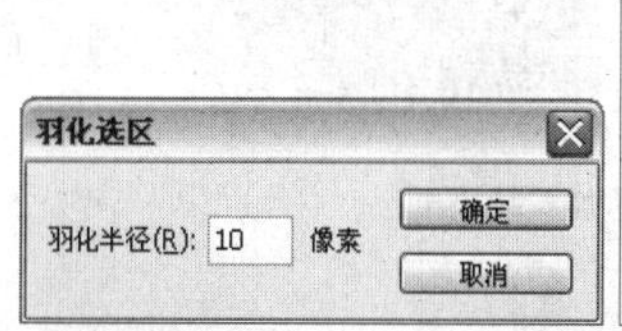

设置参数值

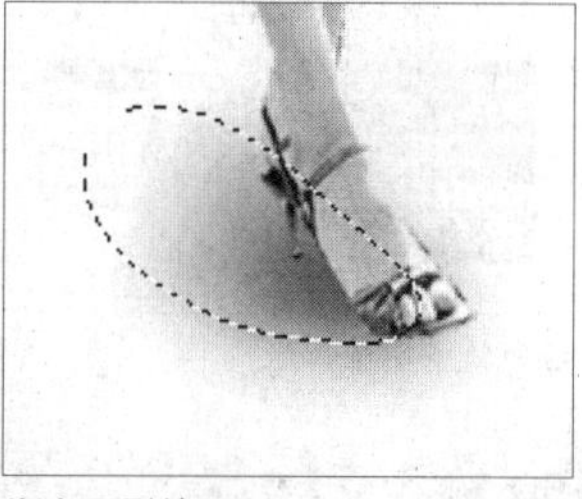
渐变阴影效果

47 绘制矩形图像

新建“图层3”，单击矩形选框工具绘制矩形，设置前景色为（R85、G36、B3），按下快捷键Alt+Delete填充前景色。

创建选区

填充选区颜色

48 绘制花纹图像

使用加深工具对人物边缘的白色斑点进行加深处理，载入“线条形状.abr和圆圈.abr”等笔刷文件。单击魔棒工具，选择“图层3”中的矩形选区，设置前景色为（R240、G2240、B196），再单击画笔工具绘制花纹，删除多余图像。

加深图像

绘制花纹

技巧点拨

采用选取绘制，可有效避免绘制过程中出界或错位等不必要的麻烦。

49 绘制彩色矩形条纹

新建图层，单击矩形选框工具，在图像上绘制更多矩形图像。使用画笔工具，选择适当的花纹笔刷，绘制矩形图像中的花纹图案。

绘制矩形图像

添加花纹效果

50 输入文字

创建新组为“文字组”，单击横排文字工具输入文字，注意调整文字的大小及位置。

输入文字

51 绘制线条

使用矩形选框工具绘制矩形，绘制细线增加画册整体的形式感。将上述所有元素，整体的移至封底的上方。

绘制线条　　调整图像位置

52 添加素材图像

单击画笔工具，选择笔刷纹样，设置前景色为灰色，绘制圆圈，并添加文字信息，绘制细线，丰富版式。打开“缩略图.png”文件并移至当前文件中，放置在合适的位置。至此，本例制作完成。

绘制线条

完成后的效果

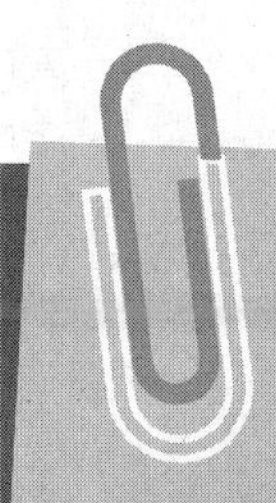

15.7 服装画册设计

实例分析： 本实例制作的是服装画册，通过添加人物图像与花纹图像，制作可爱时尚的画册效果，在制作画册时注意页面的统一性便于阅读。

主要使用工具： 渐变工具、多边形套索工具、滤镜

最终文件： Chapter 15\Complete\服装画册设计.psd

视频文件： Chapter 15\服装画册设计. swf

01 新建图像文件

执行“文件>新建”命令，在弹出的“新建”对话框中设置各项参数，新建图像文件。

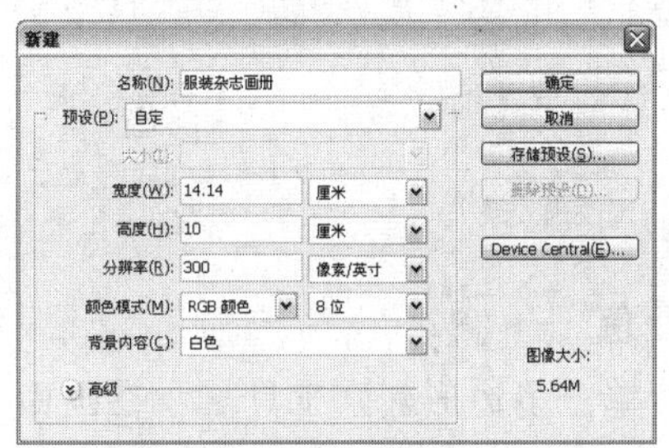

“新建”对话框

02 填充图像渐变色

按下快捷键Ctrl+R显示标尺，拖动参考线至页面的中心位置，新建图层组并重命名图层组为“封面和封底”，在该图层组中新建“图层1”，单击渐变工具，从下到上填充图像颜色为（R254、G143、B2）和（R254、G206、B144）的线性渐变。

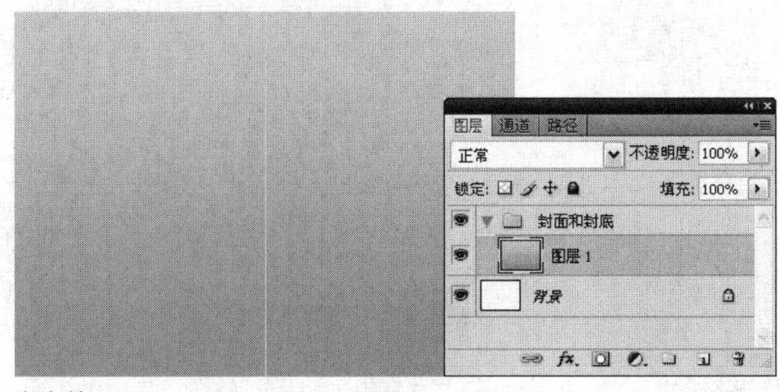

渐变效果

03 绘制斑点图像

新建“图层2”，单击画笔工具，载入附书光盘\实例文件\Chapter 15\Media\01.abr文件，选择画笔，设置前景色为白色，适当调整画笔的大小，在图像上绘制白色斑点效果。

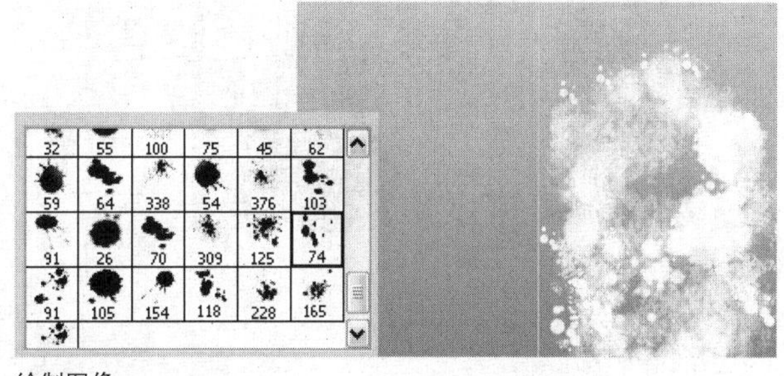

绘制图像

04 绘制白色图像

设置“图层2”的“不透明度”为62%，新建“图层3”，采用相同的方法绘制白色图像。

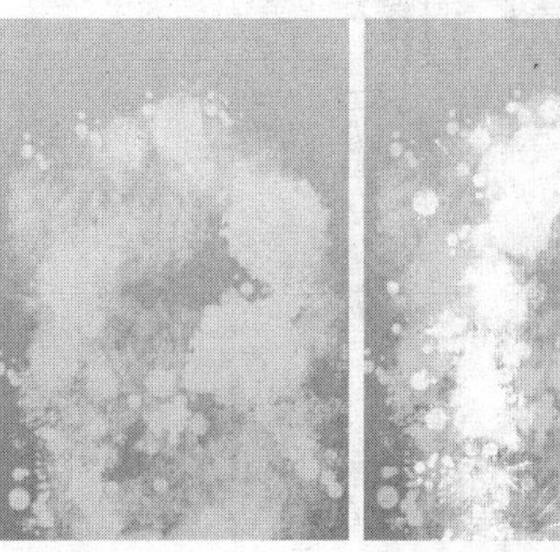

透明度效果　　绘制图像效果

05 添加素材图像

打开附书光盘\实例文件\Chapter 15\Media\01.psd文件，将人物素材图像移动至当前图像文件中，得到“图层4”，调整图像位置。在“图层4”的下方新建“图层5”，单击画笔工具，绘制白色斑点效果。

添加素材图像

绘制图像效果

06 添加素材与文字

打开“02.psd”文件，分别将素材图像移动至当前图像文件中，复制并调整素材图像在画面中的位置。单击横排文字工具，在图像上输入文字，调整文字的大小与位置。

添加素材图像

输入文字

07 输入文字

单击横排文字工具，在画面左侧输入文字信息。新建“图层6”，单击画笔工具，在“画笔”面板中选择笔触样式，设置各项参数值，设置前景色为白色，按住Shift在图像上绘制白色线条。

输入文字

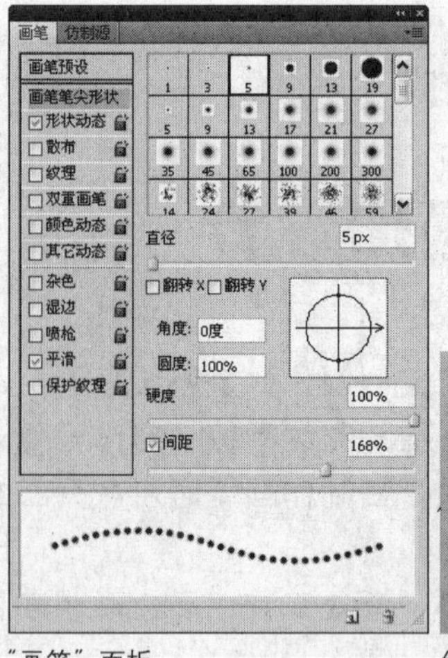

“画笔”面板

绘制线条

08 制作画册内页

新建图层组并重命名图层组为“内页1”，然后在图层组中新建“图层7”，填充图像颜色为白色，执行“滤镜>纹理>纹理化”命令，在弹出的对话框中设置参数值，设置完成后单击“确定”按钮，添加图层纹理效果。

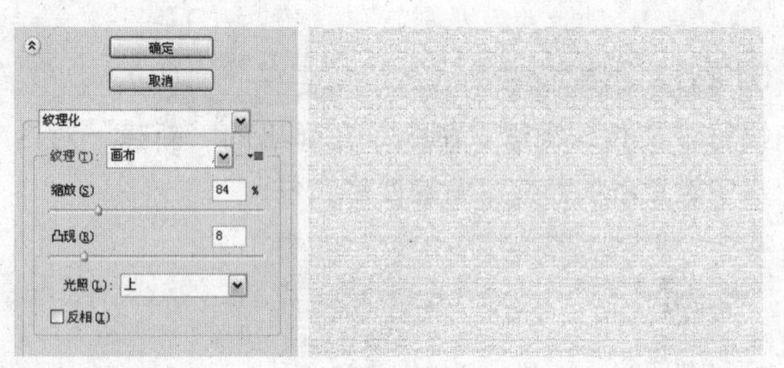

设置参数值　纹理效果

09 填充选区渐变色

新建“图层8”，单击多边形套索工具，在画面的右侧创建选区，单击渐变工具，打开“渐变编辑器”对话框，从左到右设置渐变颜色为（R78、G165、B205）和（R224、G235、B246），完成后单击“确定”按钮，从上到下填充选区线性渐变。

渐变效果

10 添加纹理效果

选择“图层8”，按下快捷键Ctrl+F，添加图像纹理效果。打开“花纹1.png”文件，拖动素材图像至当前图像文件中，得到“图层9”，单击“图层”面板下方的“添加图层蒙版”按钮，为“图层9”添加图层蒙版，结合画笔工具，设置前景色为黑色，对蒙版图像进行涂抹，隐藏部分图像。

添加纹理效果

“图层”面板

添加素材图像

11 添加素材图像

打开“人物1.png”文件，拖动素材图像至当前图像文件中，调整图像在画面中的位置。

添加人物素材

12 输入文字

单击横排文字工具在图像上输入黑色文字信息，调整文字的大小与位置。

输入文字

13 绘制图形

新建“图层10”，单击自定形状工具，在形状面板中选择三角形形状，在图像上绘制路径，将路径转换为选区，填充选区颜色为黑色，取消选区。

形状面板

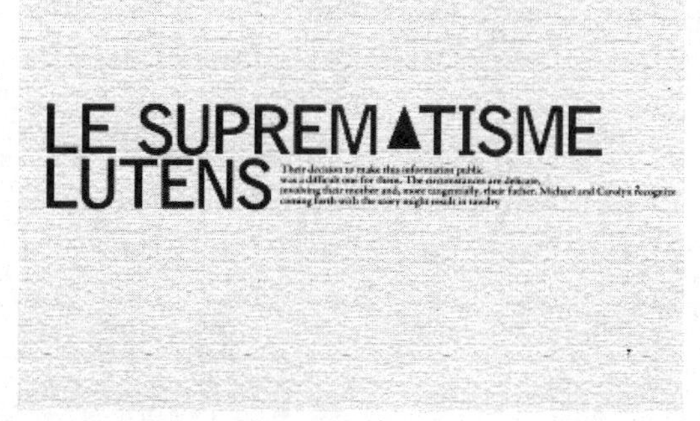

绘制形状效果

14 制作内页图像

新建图层组并重命名图层组为“内页2”，在该图层组中新建“图层11”，按下快捷键Ctrl+F，添加图像纹理效果。新建“图层12”，单击多边形套索工具，在图像上创建选区，从上到下填充选区颜色为（R254、G143、B2）和（R254、G206、144B）的线性渐变。

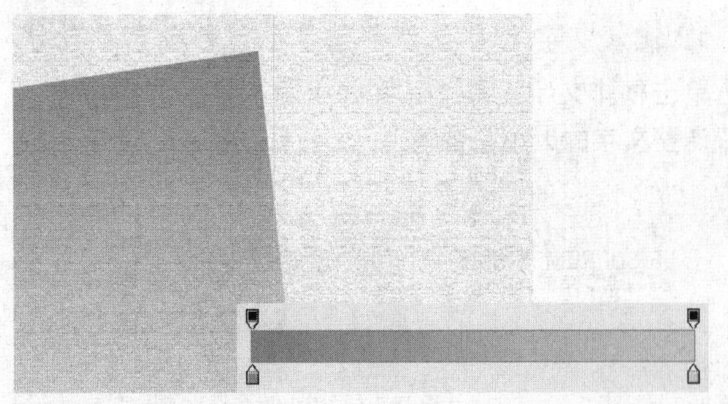
渐变效果

15 添加素材图像

打开附书光盘\实例文件\Chapter 15\Media\花纹2.png文件，将素材图像移动至当前图像文件中，为素材图像添加图层蒙版，结合画笔工具，设置前景色为黑色，将部分花纹图像进行隐藏。

添加素材图像

16 添加素材图像

打开附书光盘\实例文件\Chapter 15\Media\人物2.png文件，将素材图像移动至当前图像文件中，调整图像在画面中的位置。

添加素材图像

17 复制并调整文字

复制图层组“内页1”中三角形图像，调整图像至“内页2”图层组中，调整图像至合适的位置。至此，本例制作完成。

完成后的图像效果

Chapter 16 插画设计

插画行业作为一个新兴的行业已在市场中占有一席之地，越来越多的插画爱好者想通过学习锻炼自己的画工，增强对形体的造型能力。本章精选了8个风格各异的精美实例，其中包含了杂志内页插画、CG插画、欧美风格矢量插画、写实人物插画、超可爱卡通造型设计、个性杂志人物卡通设计、韩国风格矢量插画、儿童插画。相信通过本章的学习，一定会对您的插画创作有所帮助。

16.1 绘制绘本类插画

实例分析：本实例在制作过程中，主要难点在于在物体的原始形态上进行适当的卡通变形，重点在于使用各种颜色表现图像的感情和物体结构。

主要使用工具：画笔工具、亮度/对比度、色相/饱和度

最终文件：Chapter 16\complete\绘制绘本类插画.psd

01 新建图像文件

执行“文件>新建”命令，在弹出的“新建”对话框中设置“名称”为“绘制绘本类插画”，“宽度”为10厘米，“高度”为14厘米，“分辨率”为300像素/英寸，“背景内容”为“白色”完成后单击“确定”按钮，新建一个图像文件。

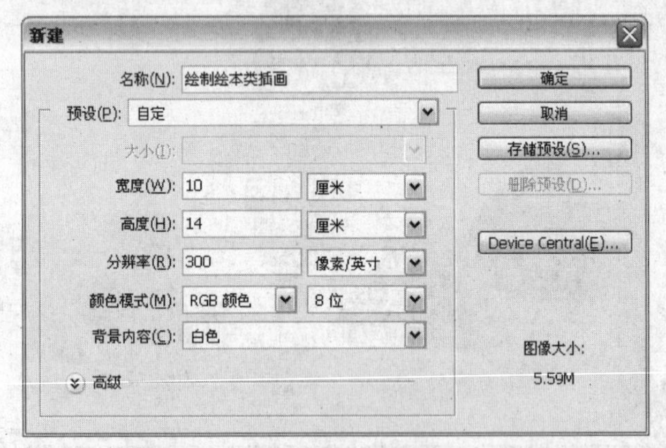

“新建”对话框

02 绘制图像结构和轮廓

新建“图层1”，根据最终需要得到的图像效果，使用画笔工具，在图像中绘制出各个图像的大概位置和大致轮廓。新建“图层2”，在刚刚绘制的轮廓上进行更加细化的处理。新建“图层3”，适当将画笔大小调小，在这些轮廓的基础上，绘制清晰图像的轮廓。

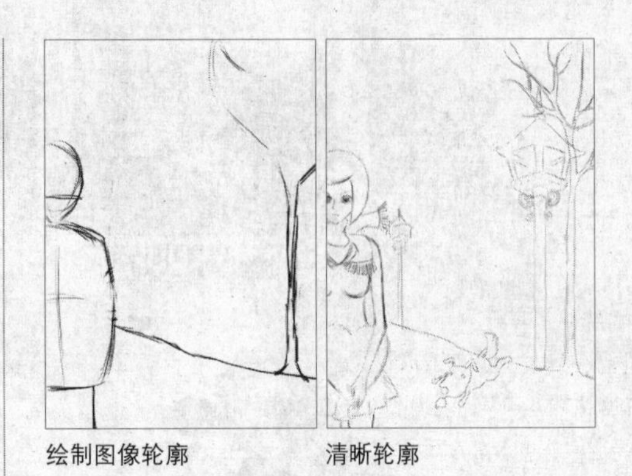

绘制图像轮廓　　清晰轮廓

03 添加背景底色

在细致的轮廓图层下方新建“图层4”，然后分别设置前景色为（R135、G159、B163）和（R102、G101、B106），在图像中分别对天空和土地的颜色进行涂抹填充。选择颜色为（R129、G147、B147）和（R95、G121、B122），在图像中的天空部分进行再次涂抹。

填充背景的基本色调

添加天空颜色

04 绘制背景图像

设置画笔的笔刷为“喷枪钢笔不透明描边”，选择较深或较暗的颜色，在天空部分进行直线涂抹。选择比地面颜色更深的颜色，在地面部分进行适当的涂抹，为地面添加颜色变化。选择地面颜色淡的颜色在地面上进行涂抹，为地面添加颜色变化。

添加天空颜色

绘制图像

05 绘制路灯颜色

新建“图层5”，分别设置颜色为（R139、G133、B109）和（R76、G68、B57），对图像中的大路灯进行涂抹。根据图像的轮廓，使用黑色在路灯的深色部分进行涂抹，为路灯添加立体感。

添加大路灯的颜色

添加路灯的深色

06 绘制路灯的亮部

选择一种较浅的金属色，为路灯添加高光效果。设置前景色为（R40、G29、B23），为图像中的树木添加颜色。然后设置前景色为白色，在树木上进行涂抹，为其添加积雪效果。

添加高光

绘制树木

07 绘制灯光效果

设置前景色为（R247、G241、B219），在图像中的路灯中绘制发光的光源。根据路灯的构造，设置前景色为白色，在绘制的光晕图案上添加白色的灯源效果。设置前景色为橘黄色，在路灯图层下方新建 图层6 ，在光源外围绘制橘黄色灯光效果。

绘制光晕

添加光源

添加灯光

08 绘制黄色光影

新建“图层7”适当降低画笔的透明度，在图像中绘制出暮色下的灯光效果。选中所有的路灯和灯光图层，并对其进行复制，使用自由变换工具适当缩小图像，并调整其位置于图像结构中的小路灯处。

添加灯光

复制路灯

09 绘制头发

在细致轮廓图层的下方新建“图层8”，设置前景色为（R53、G41、B12），在图像中人物的头发部分进行涂抹，为人物的头发添加底色。将前景色调整为较深的颜色，在图像中人物的头发部分再次进行打圈式的涂抹，为图像中人物的头发添加深色区域。

添加头发底色

添加头发深色

10 刻画头发颜色

设置前景色为较深的橘黄色，在人物头发的高光区域进行打圈式的涂抹，为人物头发添加光泽效果。

添加头发光泽效果

11 绘制人物皮肤

在头发图层的下方新建“图层9”，设置前景色为（R243、G255、B199），在图像中人物的皮肤部分进行涂抹，为人物的皮肤添加底色。适当调整人物皮肤颜色深浅，在图像中人物脸部进行涂抹，为人物的脸部添加立体感。

添加皮肤底色

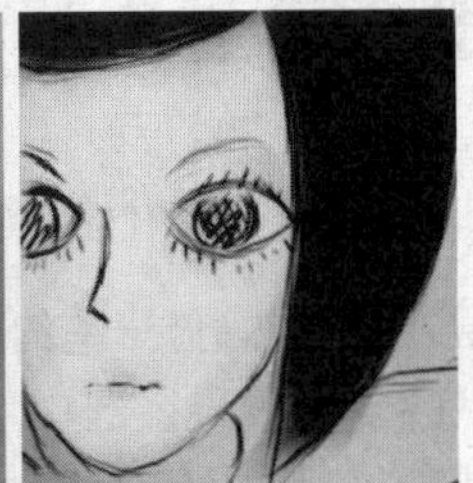

添加脸部的立体感

12 绘制人物五官

新建 “图层10”设置前景色为深棕色，适当缩小画笔，在图像中人物的脸部绘制人物眼睛的边框。分别设置前景色为黑色和深棕色，在图像中绘制人物的眉毛、鼻子、嘴巴和眼珠等。

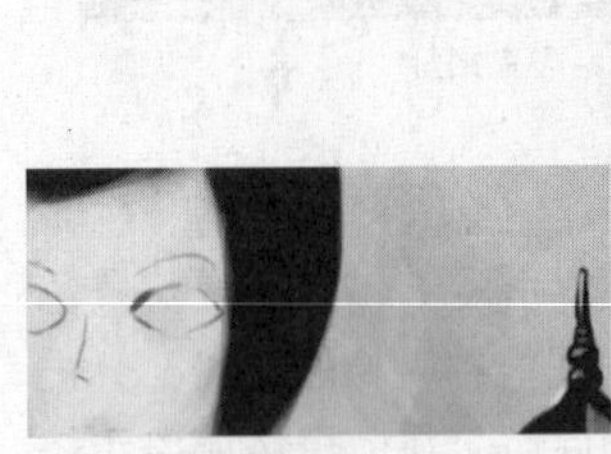

绘制人物眼睛边框

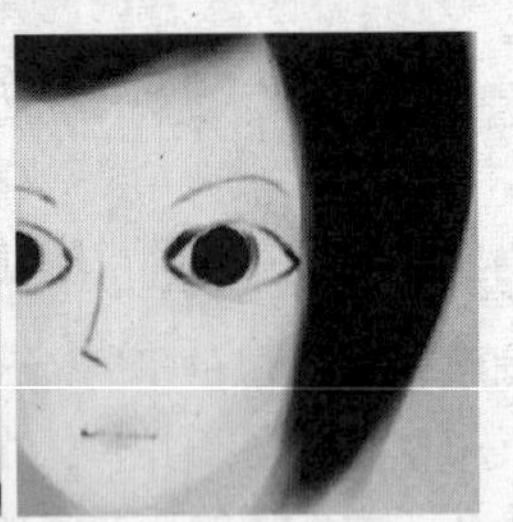

绘制人物五官

13 绘制人物眼睛

设置前景色为灰色，在人物眼球上进行多次涂抹，为人物的眼球添加立体效果。根据人物整体的效果需要，对人物的眼睛进行进一步刻画，使其更加生动。

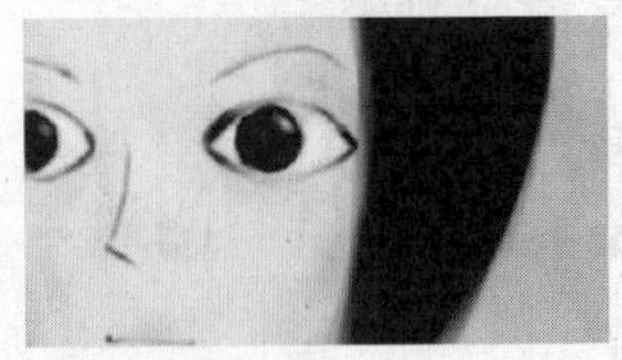

添加眼球的立体效果

刻画眼睛

14 绘制人物嘴唇

设置前景色为（R240、G207、B183），为人物绘制嘴唇，然后将前景色适当提亮，在人物的嘴唇上添加亮光。

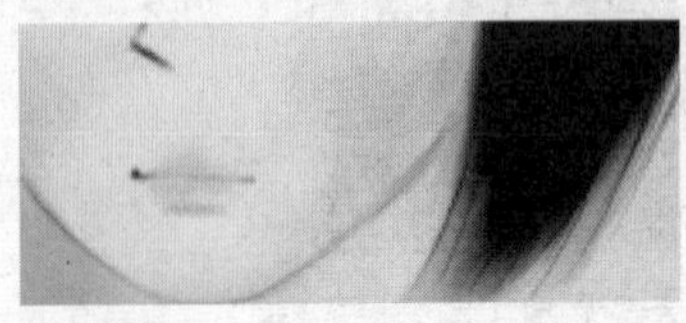

绘制嘴唇

15 绘制人物围巾

新建“图层11”，设置前景色为（R244、G166、B163），在图像中绘制人物的围巾。选择一种较深的颜色在人物围巾的深色部分进行涂抹，为围巾添加深色的部分。

绘制围巾

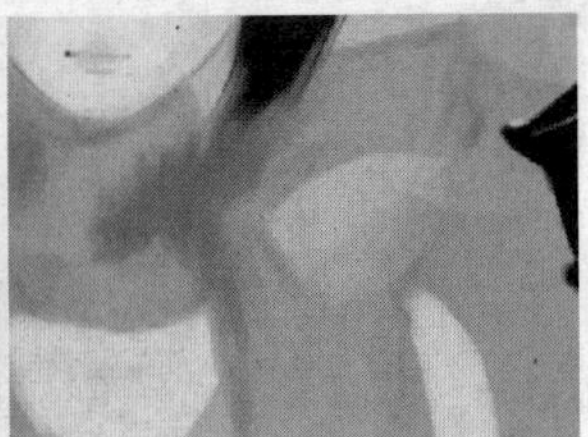

添加围巾的深色

16 绘制围巾立体效果

选择一种比深色区域更深的颜色，在围巾的边缘处进行涂抹，为围巾添加边缘。选择一种比围巾的基本颜色稍浅的颜色，在围巾的亮部进行涂抹，为围巾添加亮色部分。

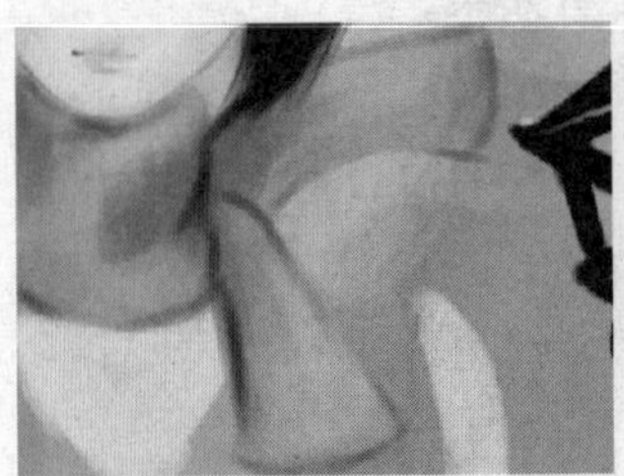

添加边缘

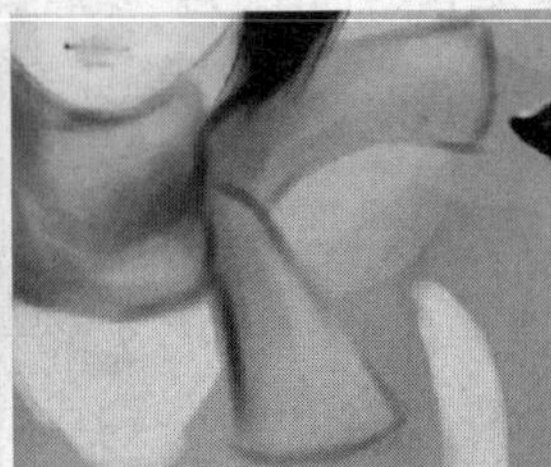

添加围巾

17 绘制人物衣服

新建一个图层，选取颜色为（R69、G94、B93），在图像中人物的衣服边缘进行涂抹，为人物的衣服添加深色的区域。设置前景色为更深的颜色，在人物衣服的边缘部分进行涂抹，加强人物衣服的轮廓。

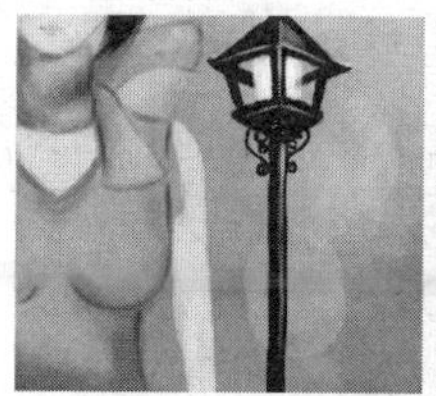
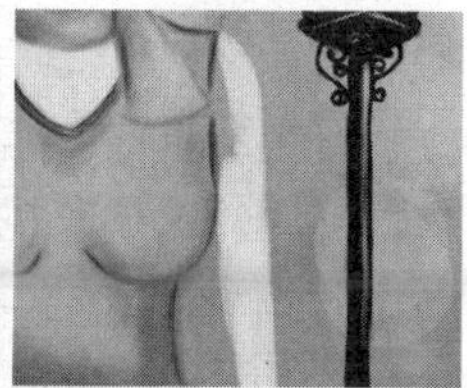

添加衣服的深色区域　加深衣服的边缘

18 刻画围巾与衣服的轮廓

返回到围巾图层，选择一种与围巾的基本色调同色系的深色和浅色，在围巾图像上进行适当的涂抹。

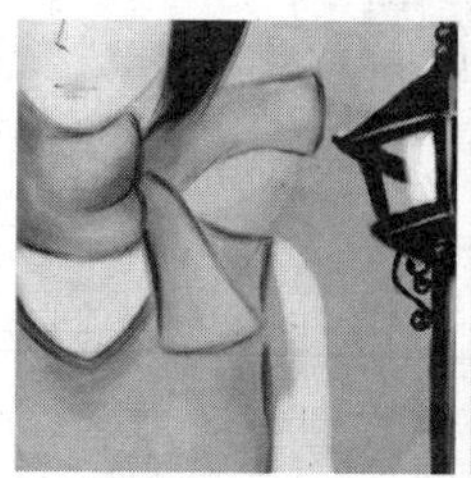
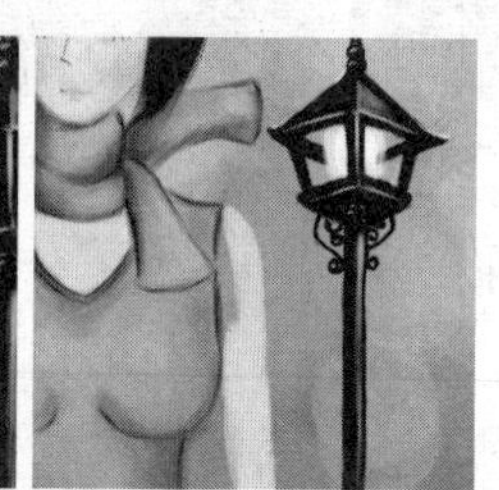

添加深色　添加浅色

19 绘制人物手臂

返回到人物皮肤图层，选择人物的基本肤色或偏红和偏深的颜色，在人物的手臂上进行涂抹。

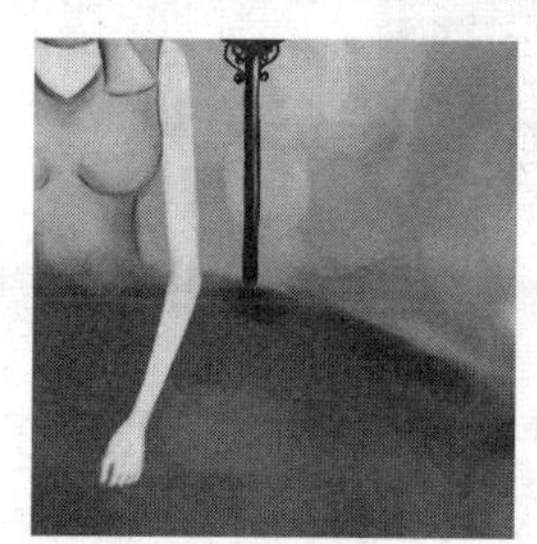

完善人物手臂

20 绘制桃心图像

在人物手臂的图层下方新建“图层12”，设置前景色为（R160、G81、B87），在人物的手臂下方绘制一个桃心。设置前景色为（R178、G118、B130）和（R208、G121、B112），在桃心上绘制基本色和浅色部分。

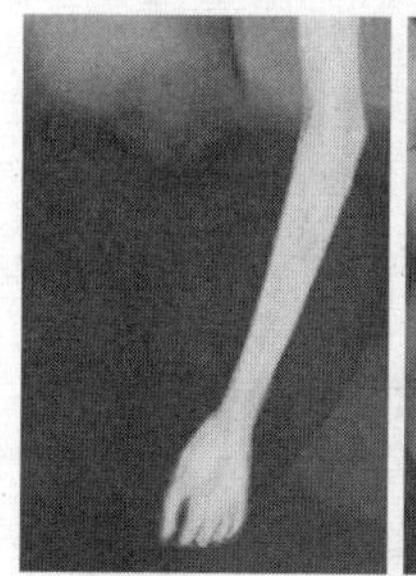
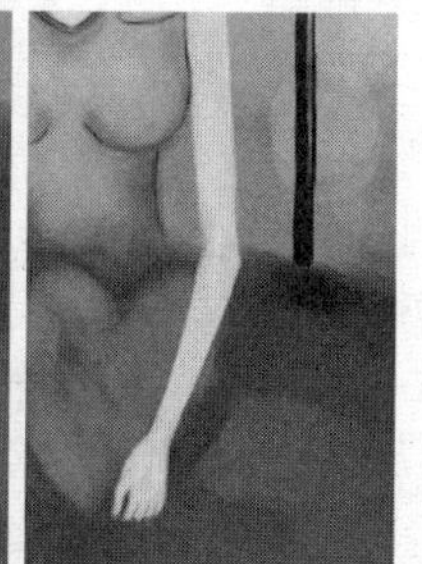

绘制桃心　添加亮色和中间色

21 绘制图像立体效果

将前景色设置为更浅的颜色，在桃心上为其添加亮色。设置前景色为（R253、G222、B225），并适当放大画笔，在桃心上的亮色部分轻轻涂抹，为其添加梦幻的发光效果。

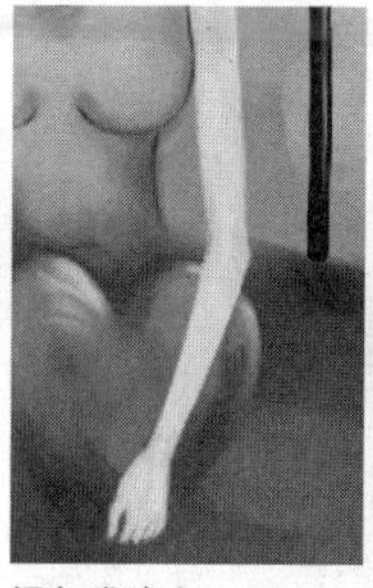

添加发光色　添加桃心的发光效果

22 绘制衣服的装饰

返回到人物衣服图层，设置前景色为（R148、G198、B183），在人物的衣服图层上绘制荷叶边效果。设置颜色为衣服边缘深色，适当缩小画笔，为人物衣服的荷叶边添加边缘。

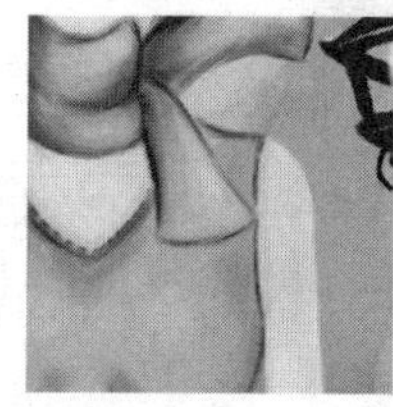
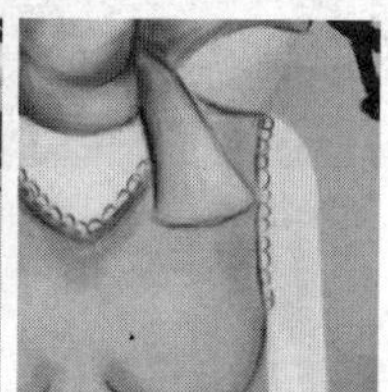

绘制荷叶边　添加边缘

23 绘制围巾的装饰

返回到人物围巾图层，设置前景色为（R243、G121、B208），在人物的围巾图层上进行直线涂抹，为围巾添加绒线效果。适当减淡前景色，继续在为围巾添加绒线效果。

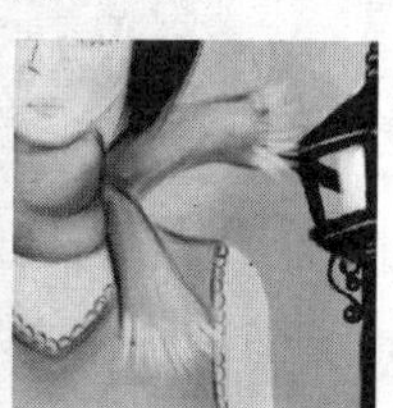

绘制绒线　绘制较浅绒线

24 刻画细节

设置前景色与围巾上的深色区域相同，再次为围巾添加较深的绒线图像。

绘制围巾装饰

25 绘制人物裙子

设置前景色为（R114、G108、B20），在桃心图层的下方新建“图层13”，并绘制出裙摆图像。

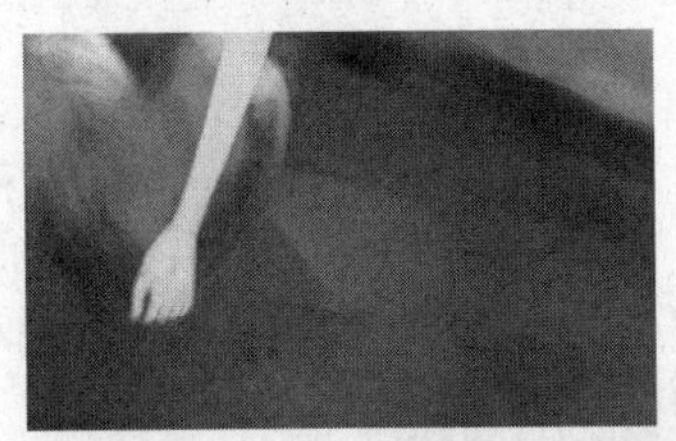

绘制裙摆基本色

26 绘制裙子褶皱效果

设置前景色与裙子颜色为同色系，且比该颜色稍浅或稍深，在裙子上绘制出褶皱效果。

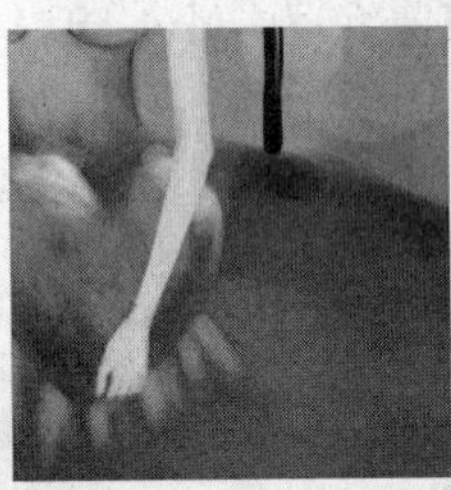

绘制浅色

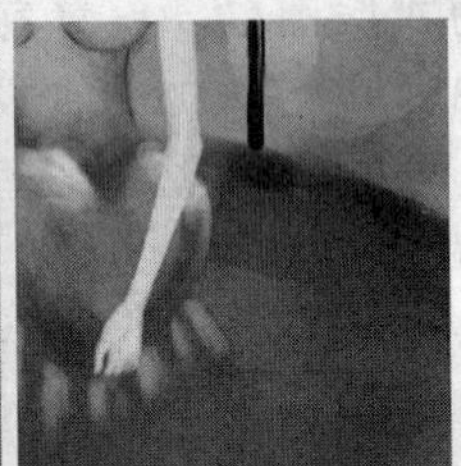

绘制深色

27 刻画裙子的纹理

根据上一步的操作，对人物的裙子进行细化。选择较深的棕色和红色，分别在裙子和桃心图层上为其添加图像的轮廓边缘。

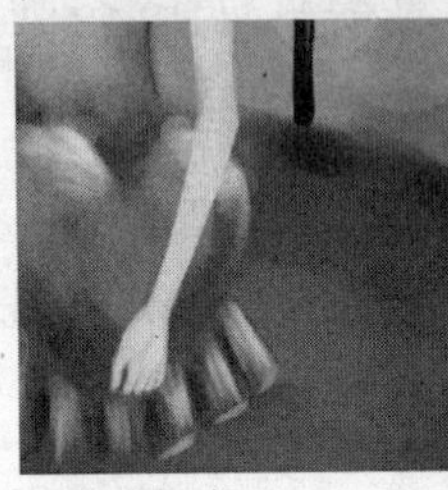

细化裙子

添加图像边缘

28 绘制人物腿部

在裙子图层的下方新建“图层14”，选择人物的基本肤色，绘制人物的腿部轮廓。绘制时尽量将轮廓延伸至桃心图像后部，以免调整颜色后，出现人物腿部残缺效果。分别选择较深和较浅的肤色，为人物的腿部添加立体感。

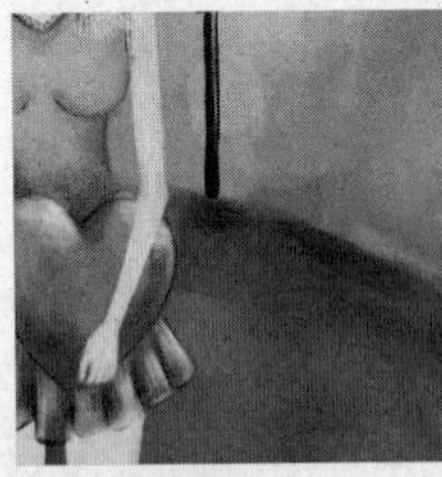

绘制人物腿部

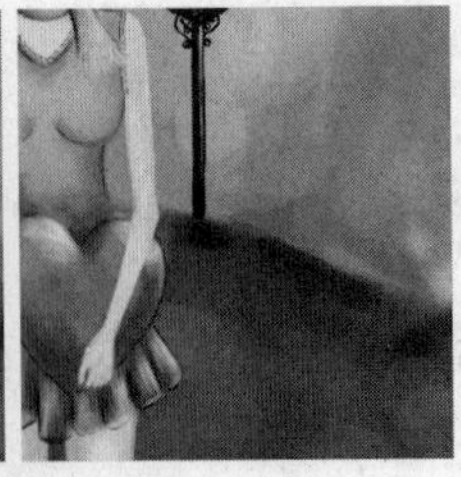

添加立体感

29 绘制小狗轮廓

新建“图层15”，设置前景色为深灰色，在地面和天空的交接部分进行涂抹，使地面和天空的界限清晰。在该图层上方新建“图层16”，设置前景色为深灰色，适当缩小画笔，再次绘制出小狗的精细轮廓。

绘制界限

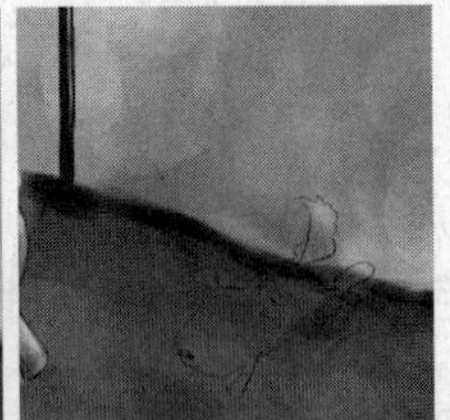

绘制小狗轮廓

30 绘制小狗颜色

设置前景色为（R214、G187、B155），在小狗轮廓的下方新建“图层17”，为小狗图像添加基本色。设置颜色为深棕色，根据小狗的基本形态，为其添加深色区域。

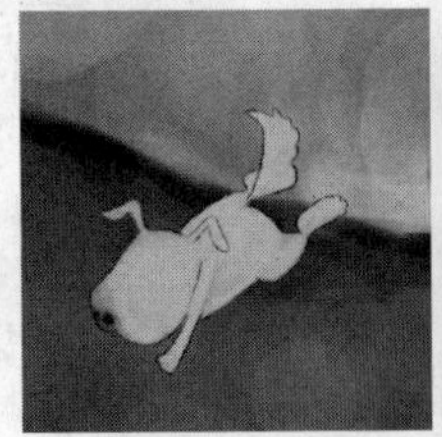

添加效果基本色

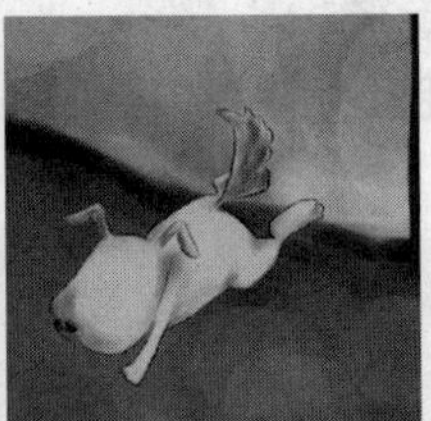

添加阴影

31 刻画小狗细节

设置前景色为（R210、G161、B136），为效果添加泛红的肤色。使用较深的棕色，为小狗图像添加一些细节图像。

添加泛红肤色

添加细节

32 设置画笔参数值

选择画笔的笔刷为尖角54px，在“画笔”面板中设置参数，完成后单击“确定”按钮。

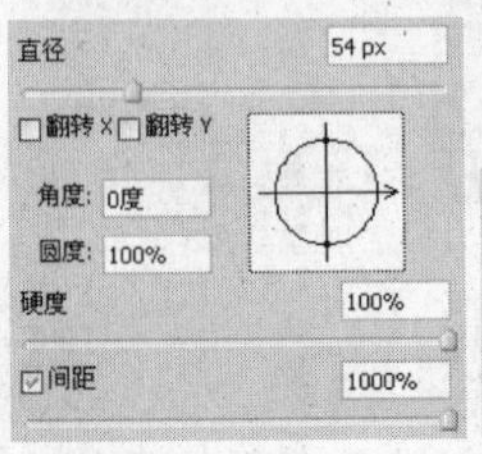

设置间距

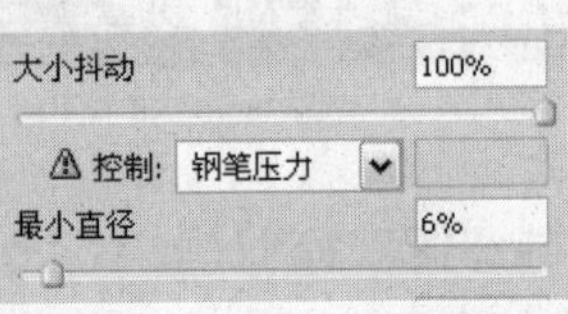

设置抖动

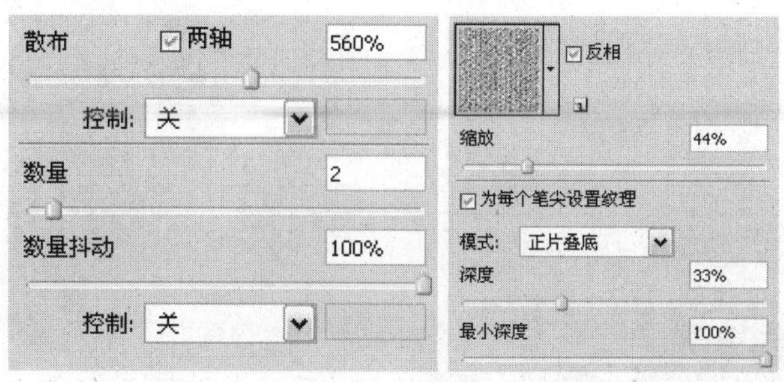

设置散布　　添加图案

33 绘制白雪并调整图像效果

新建"图层18"，设置前景色为白色，按下[键和]键适当调整画笔大小，在图像进行随意涂抹，为图像添加飘雪的效果。选择背景图像中最上方的图层，单击"创建新的填充或调整图层"按钮，在弹出的菜单中执行"亮度/对比度"命令，设置参数调整图像对比度。

添加飘雪的效果　　调整对比度

34 调整桃心颜色

选中桃心所在的图层，然后按下快捷键Ctrl+U，在弹出的"色相/饱和度"对话框中设置参数，完成后单击"确定"按钮，调整图像的颜色，使桃心的颜色更加鲜艳。

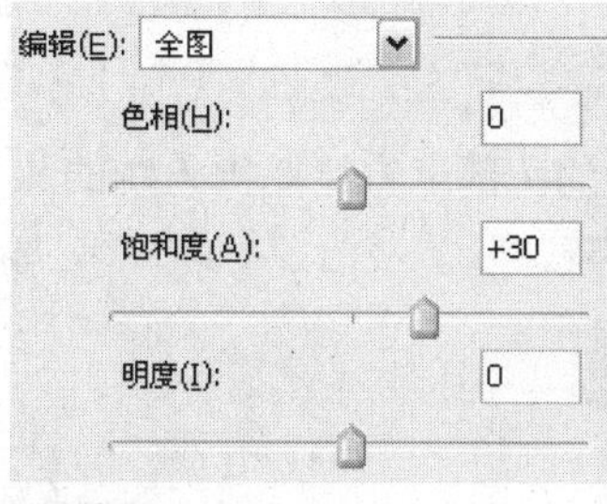

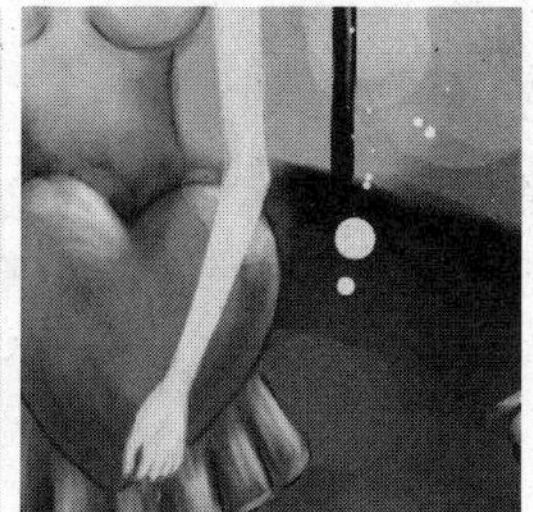

设置参数　　图像效果

35 调整裙子图像颜色

选择裙子所在的图层，然后按下快捷键Ctrl+ U，在弹出的"色相/饱和度"对话框中设置参数，完成后单击"确定"按钮，将裙子的颜色调整为透明的白色。

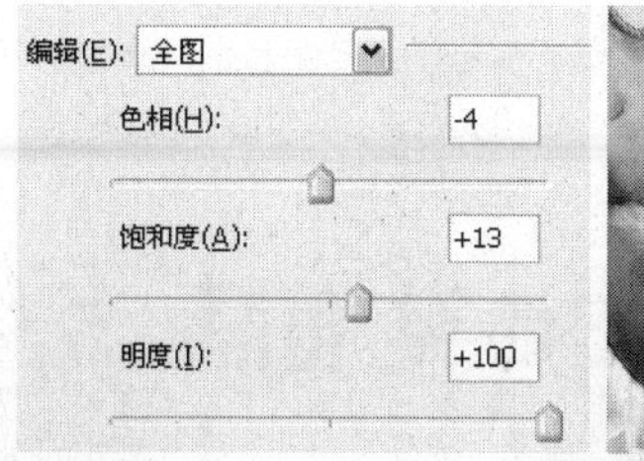

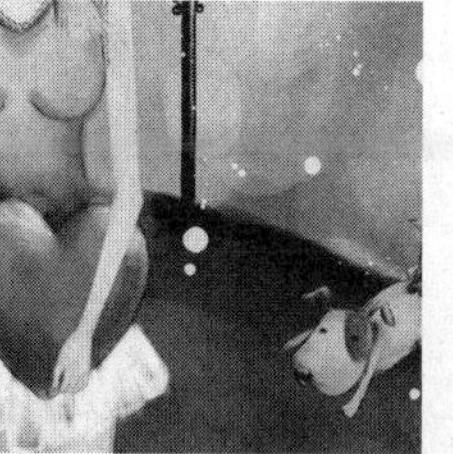

设置参数　　图像效果

36 调整小狗图像颜色

选择小狗所在的图层，然后按下快捷键Ctrl+U，在弹出的"色相/饱和度"对话框中设置参数，完成后单击"确定"按钮，调整图像的颜色，使小狗的颜色更加鲜艳。

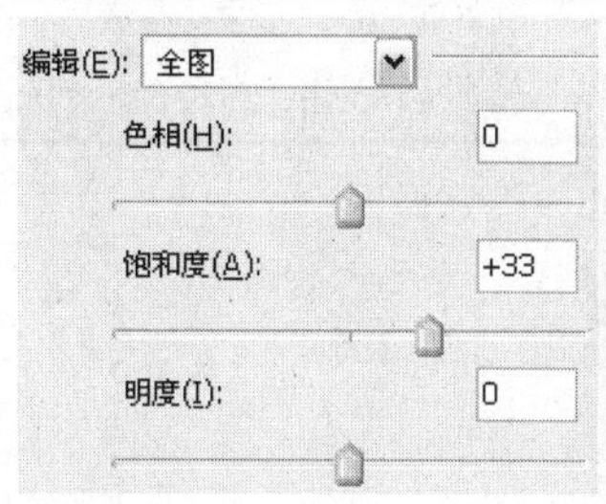

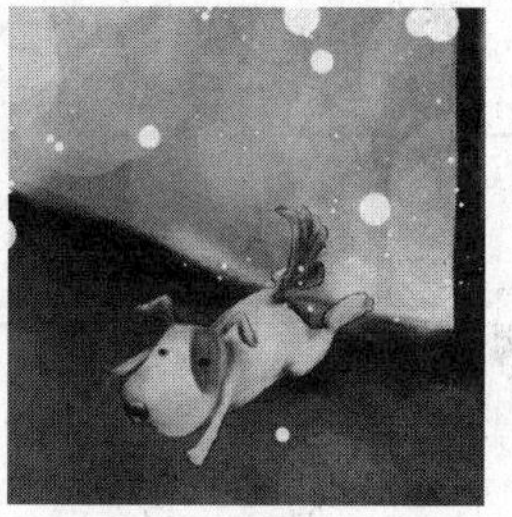

设置参数　　图像效果

37 输入文字

在所有显示图层的上方新建"图层19"，然后使用数位板，以写字的形式，在图像中输入需要的文字。根据画面的整体效果，选中各种图像所在的图层，对图像进行细微的调整，使图像更加完美。使用自由变换命令。适当调整文字的大小、位置和方向。至此，本例制作完成。

添加文字

完成后的效果

16.2 绘制CG类插画

实例分析：本实例在制作过程中，主要难点在于物体的基本形态和结构的把握，重点在于人物皮肤和头发质感的制作。

主要使用工具：画笔工具、图层样式

最终文件：Chapter 16\Complete\绘制CG类插画.psd

01 新建图像文件

执行“文件>新建”命令，在弹出的“新建”对话框中设置参数，新建图像文件。

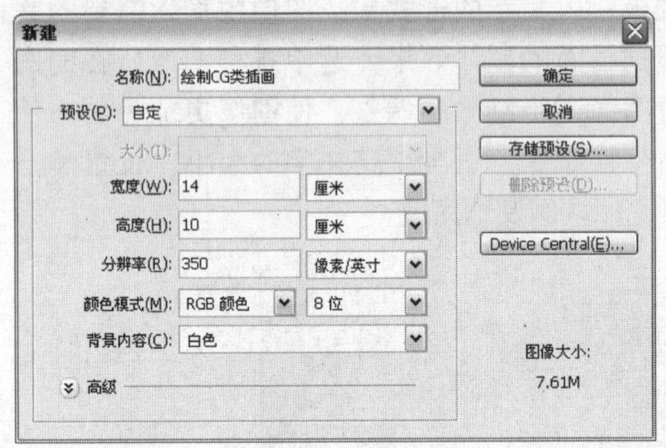

“新建”对话框

02 绘制人物线稿

新建“图层1”，根据人体的基本结构，在图像中绘制一个人物半身像的大致轮廓。新建“图层2”，对该轮廓进一步细化。

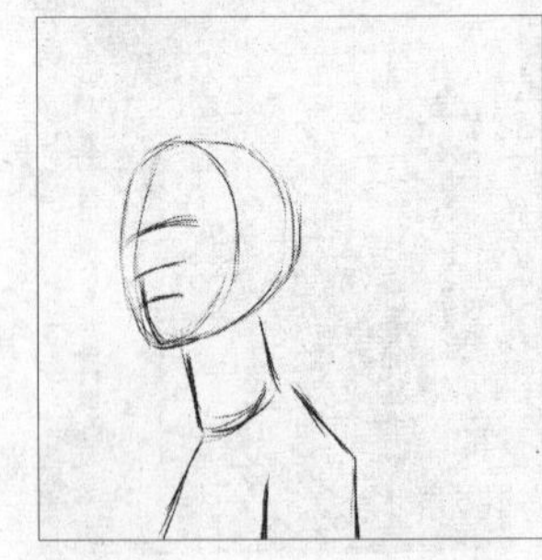

绘制结构

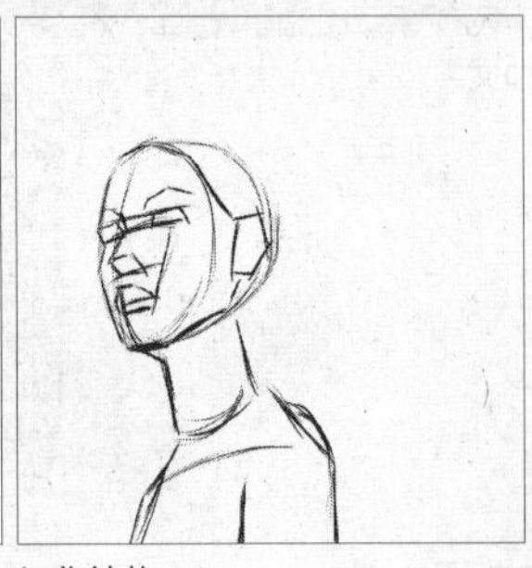

细化结构

03 刻画人物线稿

新建“图层3”，绘制出单线条的人物轮廓，然后隐藏人物的结构图。新建“图层4”，适当缩小画笔，在图像中根据人物轮廓的走向，再次绘制出更加细致的人物轮廓。

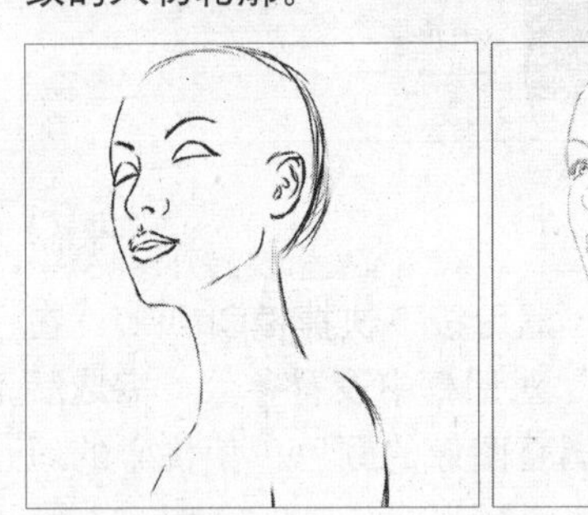

绘制人物轮廓

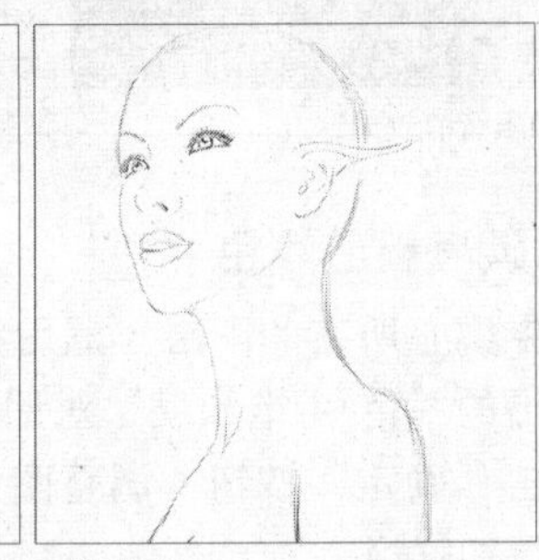

细化轮廓

04 绘制人物头发

新建“图层5”，在人物的头部上方绘制出人物的头发，绘制时不要紧贴人物轮廓。

绘制人物头发

05 绘制人物皮肤

在“图层5”的下方新建“图层6”，然后设置前景色为（R288、G165、B124），画笔为柔角，在人物的皮肤区域进行涂抹，为人物添加皮肤的基本色。新建图层。设置前景色为（R180、G86、B36）和（R190、G135、B81），在人物脸部结构中较暗的部分进行涂抹，增强人物脸部的立体感。

添加基本色

添加阴影

06 强化人物面部轮廓

设置前景色为（R217、G135、B90），在人物的颧骨部分进行涂抹，强调颧骨的轮廓。新建“图层7”，设置颜色为（R239、G139、B163）和（R231、G152、B109），根据人物的结构，在人物脸部和颈部突出的部位进行涂抹，强化人物的轮廓。

添加轮廓色

强化轮廓

07 刻画面部效果

新建“图层8”，设置前景色为（R246、G210、B187）、（R253、G232、B209）和（R234、G163、B119），在人物的脸部皮肤上进行绘制。

绘制轮廓色

绘制轮廓色

08 刻画面部细节

设置前景色为（R116、G76、B51），适当缩小画笔大小，在人物最深邃的轮廓部分进行涂抹。

强化眼睛轮廓

强化耳朵轮廓

09 绘制人物耳朵

新建“图层9”，在人物的脸部吸取颜色，然后在人物的耳部和身体上进行涂抹。

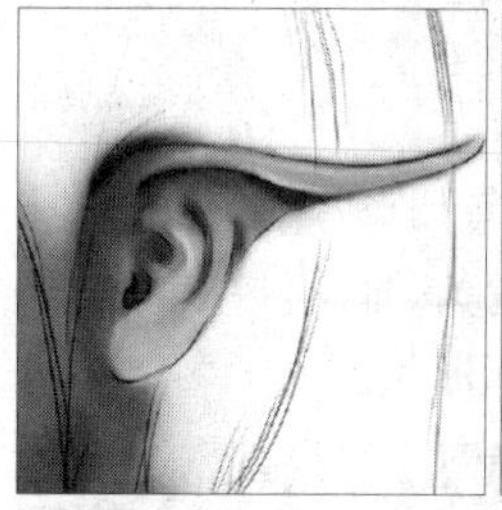
完成耳朵的绘制

完成身体的绘制

10 绘制人物眼睛轮廓

新建“图层10”，设置前景色为（R41、G12、B6），在眼睛的边缘处绘制出人物眼睛的轮廓。设置前景色为（R188、G64、B8），在人物的瞳孔部分进行涂抹，绘制出人物瞳孔的基本色。

绘制眼睛轮廓

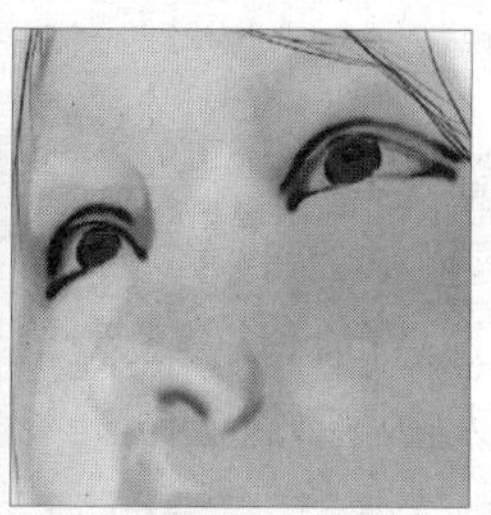
添加瞳孔颜色

11 绘制眼睛颜色

设置前景色为（R57、G5、B4），在人物的眼睛上绘制出深色的区域。设置前景色为白色；为眼睛绘制出亮色部分，并使用眼睛的同类色添加睫毛、眼白和反光等。新建“图层11”，在人物的眼睛下方添加少许的亮色，使眼睛更加突出。

添加眼睛重色

完善眼睛的绘制

12 绘制人物眉毛

隐藏绘制有人物脸部轮廓线条的图层，然后新建“图层12”，设置前景色为（R138、G64、B27），为人物绘制出眉毛。

隐藏线条

绘制眉毛

13 绘制人物嘴唇

使用相同的方法，在为人物添加脸部的轮廓线。新建“图层13”，设置前景色为（R241、G111、B58），绘制出嘴唇的基本色和形状。

绘制脸部轮廓线

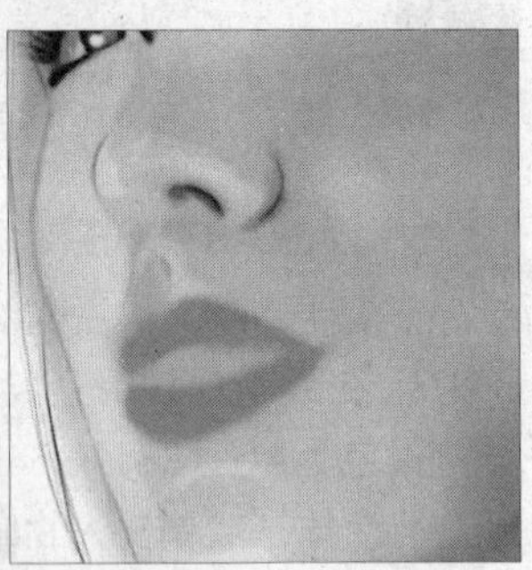
绘制唇部基本色

14 刻画嘴唇细节

设置前景色为（R128、G38、B4），在人物的唇部绘制出深色的区域。设置较浅的唇部颜色的同类色，完善人物唇部的绘制。

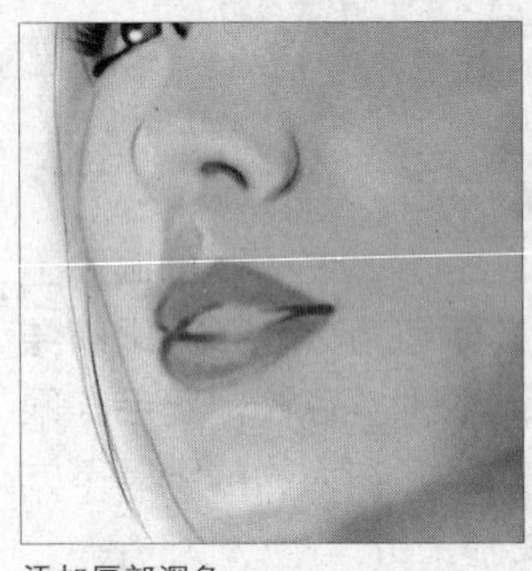
添加唇部深色

完善人物唇部的绘制

15 绘制人物头发

选中“图层12”，为人物的颈部添加适当的轮廓线。新建“图层14”，设置前景色为（R128、G62、B2），在人物的头发部分进行基本色的涂抹。

绘制轮廓线

绘制头发基本色

16 绘制头发深色

单击橡皮擦工具，在人物的头发部分擦去多余的部分，使人物的头发结构更加真实，并隐藏人物头发轮廓线图层。新建“图层15”，设置前景色为（R62、G27、B0），在头发的深色部分进行涂抹。

绘制头发基本色

添加头发深色

17 绘制发丝

新建“图层16”，设置前景色为（R180、G85、B0），在人物的头发上添加亮色部分。新建“图层17”，设置前景色为（R68、G31、B1），适当缩小画笔，以线条的方式为人物绘制头发丝。

添加头发亮色

绘制头发丝

18 刻画发丝

新建“图层18”，设置前景色为（R199、G120、B88）和（R239、G168、B96），为人物绘制亮色的头发丝。对人物的头发进行细化，并擦除多余的头发丝，隐藏人物头发的轮廓线。

添加亮色的头发丝

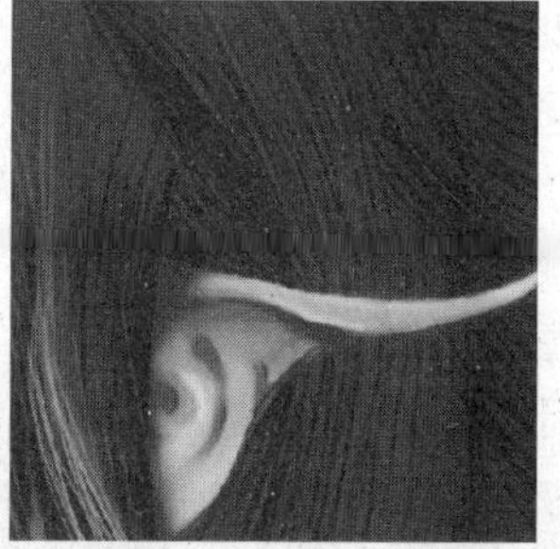
细化头发丝

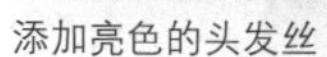

隐藏轮廓线

19 添加素材图像

打开附书光盘\实例文件\Chapter 16\Media\001.jpg文件，将其拖动到当前图像窗口中生成“图层19”，并适当调整其大小。

打开素材

拖入素材

20 绘制装饰物

在人物的头发图层上方新建“图层20”，在其中绘制出装饰物的形状，然后在该图层的下方新建“图层21”，设置前景色为（R159、G146、B146），为其添加基本色。

绘制装饰轮廓

添加基本色

21 绘制图像暗部

设置前景色为黑色，在该装饰中添加深色，然后设置颜色为较浅的颜色，绘制装饰物的亮色区。

添加深色

添加亮色

22 绘制图像阴影

设置前景色为（R116、G83、B104）和（R85、G81、B82），为装饰物添加中间色，然后设置颜色为深色，为装饰物添加深色区域。

添加中间色

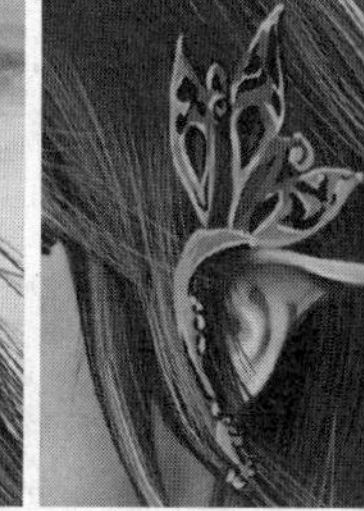
添加深色

23 绘制图像高光

设置前景色为浅色，在装饰物上添加亮色。对装饰物进行细化，并隐藏装饰物的轮廓线图层。

添加亮色

细化装饰物

24 添加图层样式

双击装饰物所在的图层，在弹出的“图层样式”对话框中设置“投影”参数，为其添加投影。

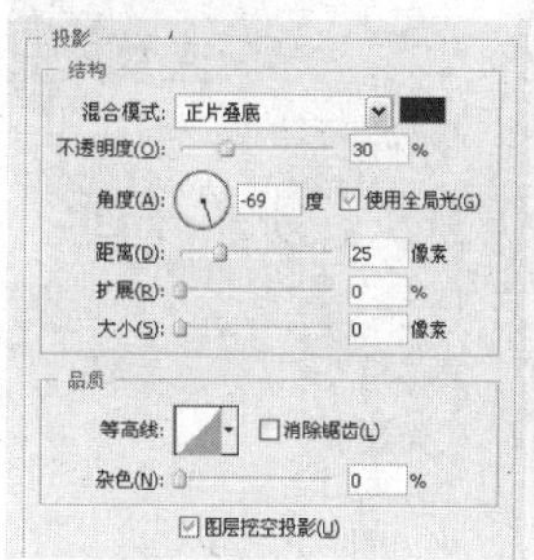

设置投影参数

投影效果

25 擦除多余图像

为装饰物所在的图层添加蒙版，并擦除部分头发形状的区域，添加部分隐藏在头发中的效果。

制作贴合效果

26 绘制小精灵

新建“图层22”，然后在图像中绘制一个简单的精灵图像。新建“图层23”，在该图像上使用白色进行涂抹。

绘制小精灵

添加白色

27 添加图层样式

双击“图层23”，在弹出的“图层样式”对话框中设置“外发光”参数，其中设置外发光颜色为（R165、G225、B147），完成后单击“确定”按钮，为图像添加发光效果。

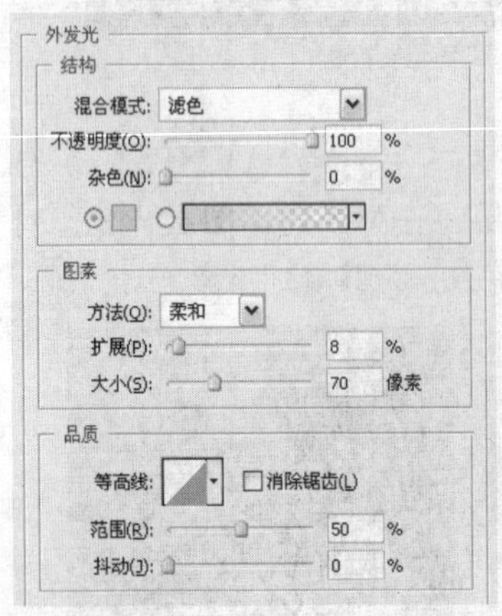

设置外发光参数

发光效果

28 调整图像大小

选中“图层22”和“图层23”，然后按下快捷键Ctrl+Alt+E，创建一个这两个图层的合并图层。隐藏“图层22”和“图层23”，然后复制多个该合并图层。使用自由变换命令，分别对其位置和大小进行调整。

添加多个精灵

29 绘制发光点

选择画笔为柔角，并在“画笔”面板中设置参数，完成后单击“确定”按钮。设置前景色为白色和（R165、G225、B147），新建“图层24”，在图像中多次以弧线的形式拖动鼠标，进行发光小点的绘制。至此，本例制作完成。

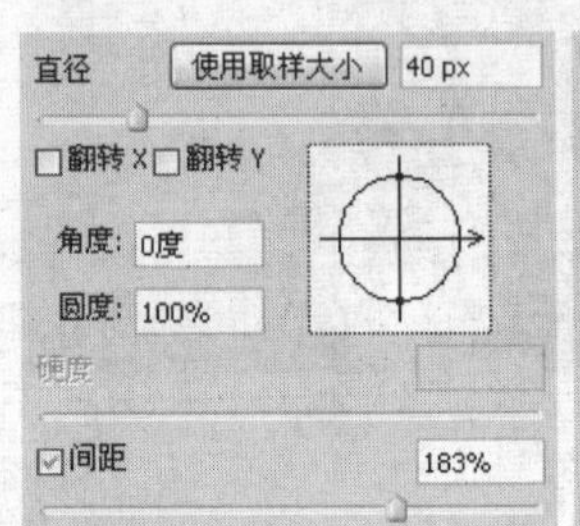

设置间距

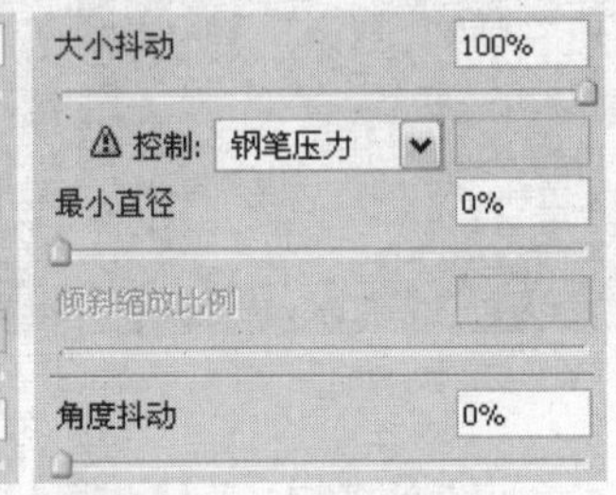

设置抖动

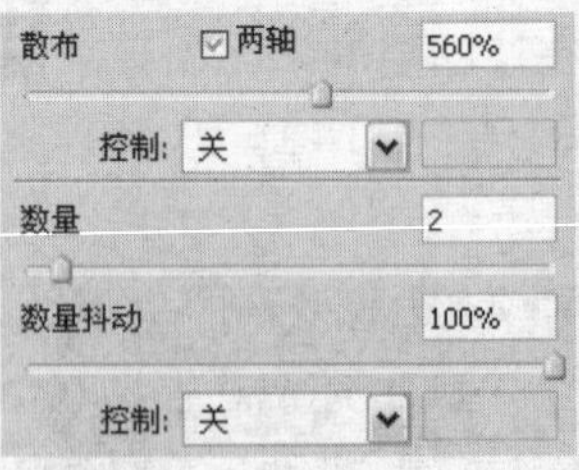

设置散布

完成后的效果

技巧点拨

通过“画笔”面板可以对画笔的大小、形状、方向、抖动等进行设置，在绘制过程中，可以不断地对画笔进行方向设置，使图像绘制效果更自然。

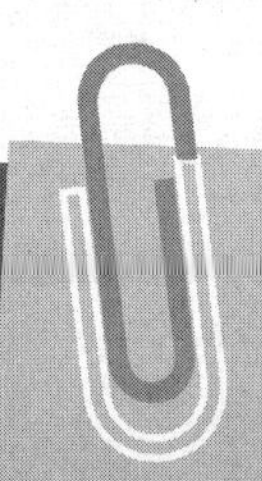

16.3

绘制另类娃娃插画

实例分析：本实例运用画笔工具、钢笔工具、图层混合模式、自由变换命令、动感模糊滤镜绘制出另类风格的插画。在制作过程中，主要难点在于图像与真实照片的配合，重点在于卡通人物的绘制。

主要使用工具：画笔工具、铅笔工具、钢笔工具、橡皮擦工具

最终文件：Chapter 16\Complete\绘制另类娃娃插画.psd

01 新建图像文件

执行"文件 > 新建"命令，打开"新建"对话框，设置"名称"为"绘制另类娃娃插画"，"宽度"为9厘米，"高度"为12厘米，"分辨率"为300像素/英寸，完成后单击"确定"按钮，新建一个图像文件。

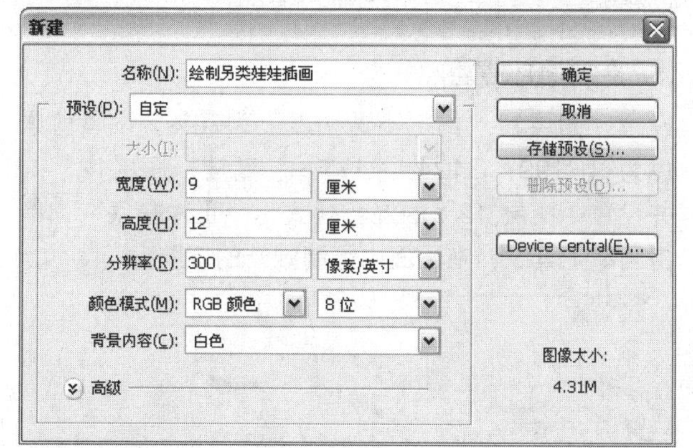

设置新建参数

02 绘制线稿

按下D键将颜色设置为默认色，新建"图层1"，单击画笔工具，在画面中绘制娃娃的脸型。新建"图层 2"，单击画笔工具，然后在画面中绘制娃娃的头发。描绘娃娃的头发时，注意每绺卷发走向的美感，同时在头发顶端留出帽子的位置。新建"图层3"，单击画笔工具，然后在画面中绘制娃娃的帽子。

绘制头发

绘制帽子

03 绘制人物眉毛

设置前景色为（R202、G152、B103），新建"图层4"，单击画笔工具，然后在画面中绘制娃娃的眉毛。设置前景色为黑色，新建"图层5"，单击画笔工具，然后在画面中绘制娃娃的眼睛。

绘制眉毛

绘制眼睛

04 绘制人物面部表情

新建"图层6"，单击画笔工具，然后在画面中绘制娃娃的嘴。设置前景色为黑色，新建"图层7"，单击画笔工具，然后在画面中绘制娃娃脸上的创可贴。

绘制嘴

绘制创口贴

05 绘制人物身体

新建“图层8”，单击画笔工具，然后在画面中绘制娃娃的衣服。新建“图层9”，单击画笔工具，然后在画面中绘制娃娃的裤子和脚。

绘制衣服　　绘制裤子

06 绘制人物皮肤

在“图层”面板上单击“创建新组”按钮，新建“组1”，重命名为“线条”。按住Shift键选择除背景图层外的所有图层，并拖曳至“线条”组内。设置前景色为（R253、G237、B225），在“线条”组上新建“图层10”，并设置“图层10”的混合模式为“正片叠底”，单击画笔工具，然后在画面中绘制娃娃的皮肤。

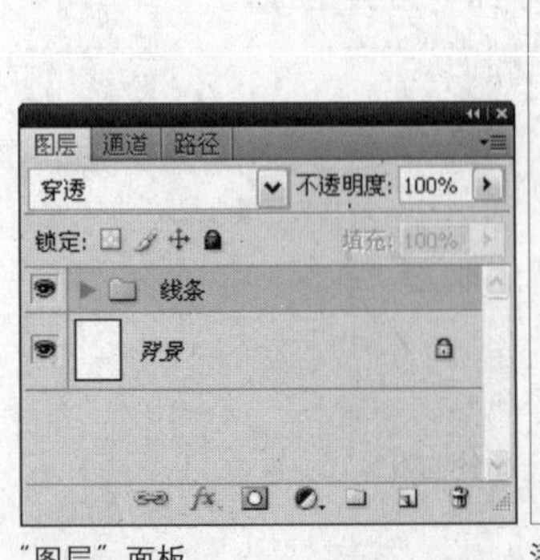

“图层”面板

添加底色

07 删除多余图像

设置前景色为（R249、G205、B178），单击画笔工具，在画面中绘制娃娃的皮肤暗部。单击橡皮擦工具，擦去画面中的多余图像。

绘制图像

擦除多余的图像

08 完善面部绘制

设置前景色为（R195、G171、B128），在“线条”图层组上新建“图层 11”，并设置“图层 11”的混合模式为“正片叠底”，单击钢笔工具，在画面中绘制路径。单击“路径”面板上的“用前景色填充路径”按钮，对路径进行填充，单击“路径”面板的灰色区域取消路径，单击橡皮擦工具，擦去画面中的多余图像。

创建路径

擦除多余的图像

09 绘制面部腮红

设置“图层11”的“不透明度”为70%。设置前景色为（R199、G124、B177），新建“图层12”，并设置“图层 12”的混合模式为“正片叠底”，单击画笔工具，在画面中绘制娃娃的皮肤。

调整不透明度

绘制皮肤中的特殊颜色

10 绘制人物眼睛

设置前景色为（R125、G86、B122），单击画笔工具，然后在画面中绘制娃娃的皮肤。设置前景色为（R174、G222、B242），新建“图层13”，并设置“图层13”的混合模式为“正片叠底”，单击画笔工具，在画面中绘制娃娃眼睛的眼白。

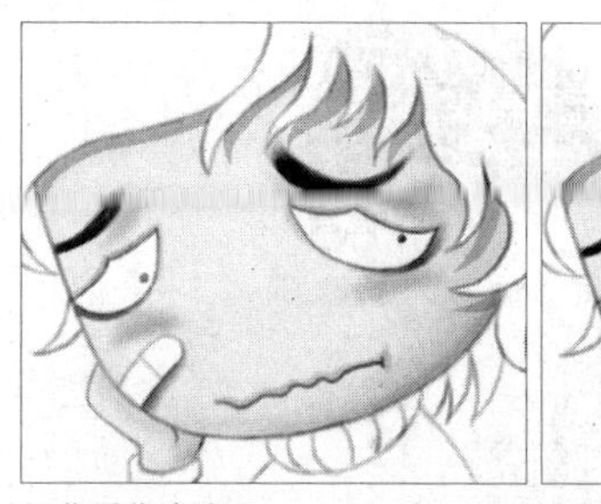

细化受伤痕迹

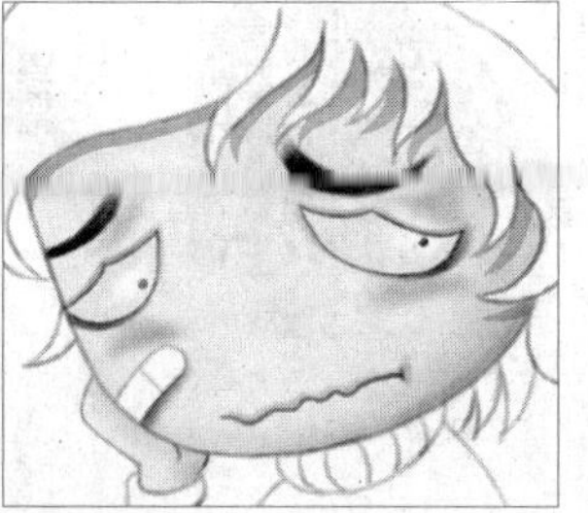

绘制眼睛

11 刻画人物眼睛

设置前景色为（R34、G149、B206），单击画笔工具，然后在画面中加深娃娃眼睛的暗部色彩。单击橡皮擦工具，在属性栏上设置不“透明度”为80%，在画面中擦除多余图像，点出蓝色眼白部分的高光。

强化眼睛

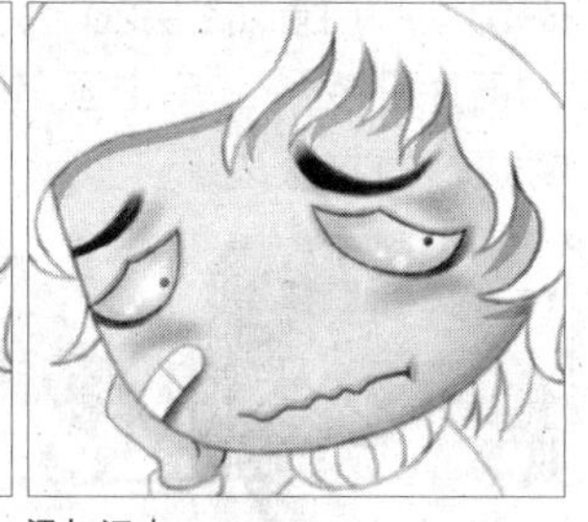

添加泪水

12 绘制创可贴

设置前景色为（R225、G183、B134），新建“图层14”，并设置“图层14”的混合模式为“正片叠底”，单击画笔工具，然后在画面中绘制创可贴效果。单击橡皮擦工具，在画面中擦除多余图像，描绘出创可贴高光。

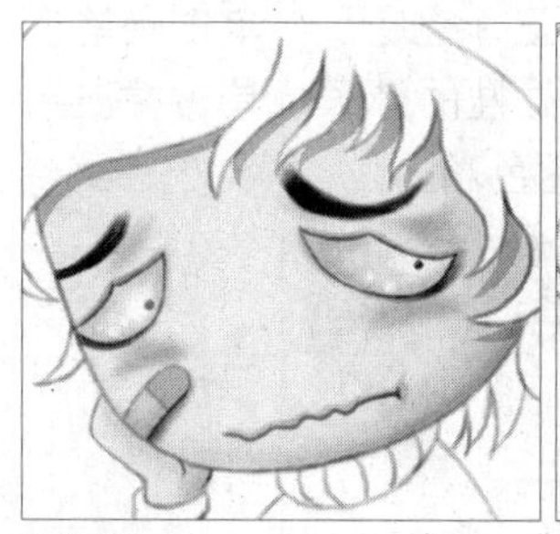

绘制创口贴

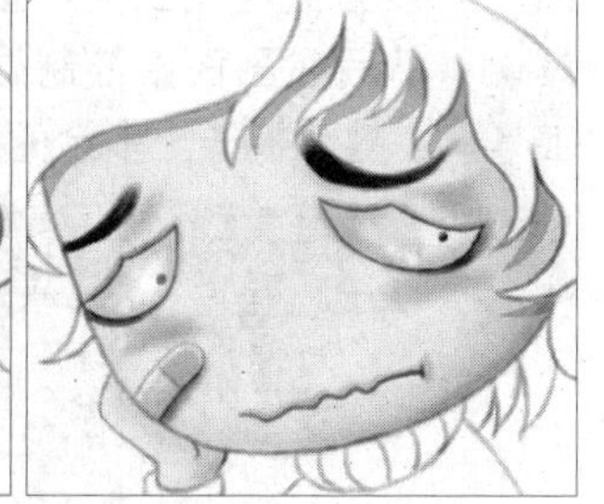

制作立体效果

13 绘制头发

设置前景色为（R122、G24、B42），新建“图层15”，并设置“图层15”的混合模式为“正片叠底”，单击铅笔工具，在画面中绘制娃娃头发的底色。设置前景色为（R73、G5、B17），单击画笔工具，在画面中绘制娃娃的头发暗部。

填充头发基本色

添加深色

14 擦除多余图像

单击橡皮擦工具，在画面中擦除头发上多余的图像。单击橡皮擦工具，在属性栏上设置“不透明度”为40%，在画面中擦除多余图像，描绘出头发高光。

绘制头发亮色

进一步绘制

15 绘制帽子颜色

设置前景色为黑色，新建“图层16”，单击钢笔工具，在画面中绘制路径。单击“路径”面板上的“用前景色填充路径”按钮，对路径进行填充，然后单击“路径”面板的灰色区域取消路径。

创建路径

填充颜色

16 绘制帽子轮廓

设置“图层16”的不透明度为50%，单击钢笔工具，在画面中绘制路径。

设置透明度

创建路径

17 删除选区内图像

按下快捷键Ctrl+Enter将路径转化为选区，并按下Delete键删除选区内图像，最后按下快捷键Ctrl+D取消选区，设置“图层16”的“不透明度”为100%。

填充路径

调整不透明度

18 擦除多余图像

选择“图层3”，单击橡皮擦工具，擦除帽子上多余的线条。设置前景色为（R118、G202、B225），新建“图层17”，并设置“图层17”的混合模式为“正片叠底”，单击画笔工具，然后在画面中绘制娃娃的帽子。设置前景色为（R239、G204、B30），然后在画面中适当绘制娃娃帽子的局部边缘。

擦除多余的图像

添加颜色

添加黄色

19 绘制衣服

设置前景色为（R225、G229、B228），新建“图层18”，并设置“图层18”的混合模式为“正片叠底”，单击画笔工具，然后在画面中绘制娃娃的衣服。设置前景色为（R158、G160、B160），单击画笔工具，在娃娃衣服上涂抹添加亮色。

填充衣服颜色

增加亮色

20 绘制衣服阴影

设置前景色为（R179、G223、B240），新建“图层19”，并设置“图层19”的混合模式为“正片叠底”，单击画笔工具，然后在画面中适当绘制娃娃衣服的部分边缘。设置前景色为（R242、G227、B95），新建“图层20”，并设置图层的混合模式为“正片叠底”，单击画笔工具，然后在画面中绘制娃娃的衣服边缘。

添加衣服深色

添加衣服的环境色

21 绘制裤子

设置前景色为（R84、G41、B36），新建“图层21”，设置混合模式为“正片叠底”，单击画笔工具，然后在画面中绘制娃娃的裤子。单击橡皮擦工具，擦除裤子上多余的色彩。

绘制裤子颜色

擦去多余的颜色

22 绘制裤子边缘

设置前景色为（R242、G227、B95），新建“图层22”，并设置“图层 22”的混合模式为“正片叠底”，单击画笔工具，然后在娃娃裤子的边缘进行适当描绘，使色彩更富层次。

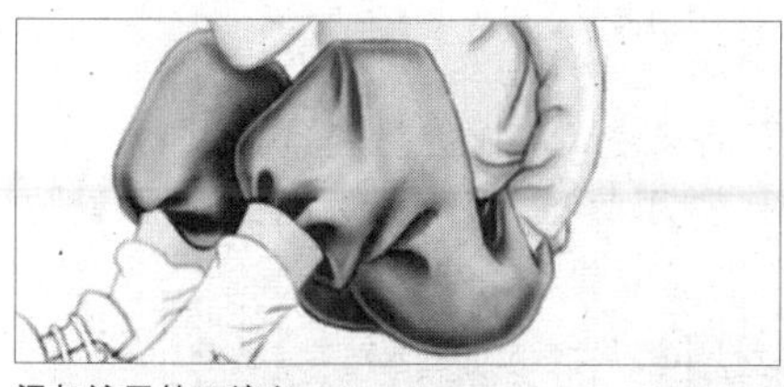
添加裤子的环境色

23 绘制袜子

设置前景色为（R225、G229、B228），新建“图层23”，并设置“图层23”的混合模式为“正片叠底”，单击画笔工具，在画面中绘制娃娃的袜子。

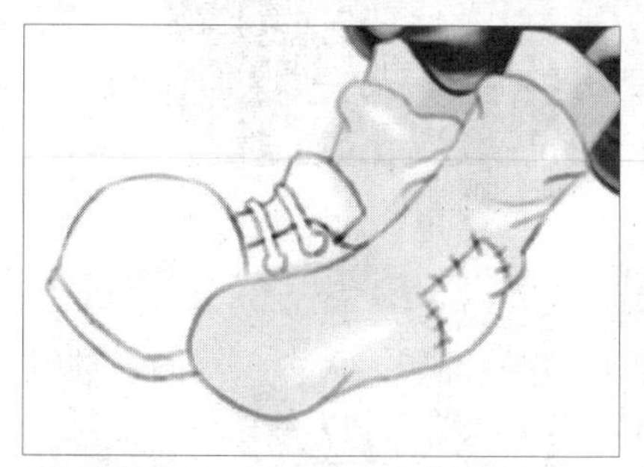
绘制袜子

24 绘制袜子的阴影

设置前景色为（R158、G160、B160），单击画笔工具，然后在画面中绘制娃娃袜子的深色部分。单击橡皮擦工具，在画面中擦除多余图像。

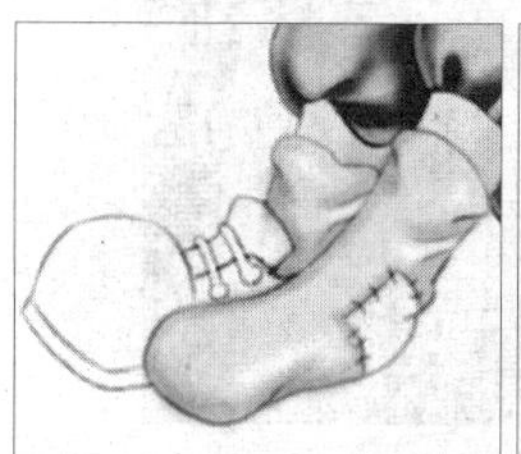
添加袜子深色

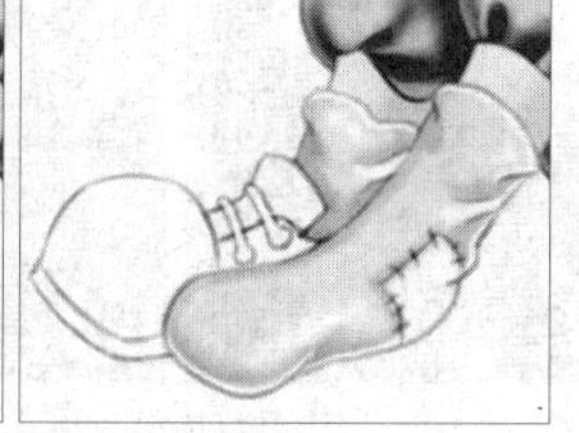
擦除多余的图像

25 绘制袜子的边缘

设置前景色为（R242、G227、B95），新建“图层 24”，并设置“图层24”的混合模式为“正片叠底”，单击画笔工具，然后在娃娃袜子的边缘进行适当描绘。设置前景色为（R179、G223、B240），单击画笔工具，然后继续在娃娃袜子的边缘进行描绘，使其色彩更为丰富。

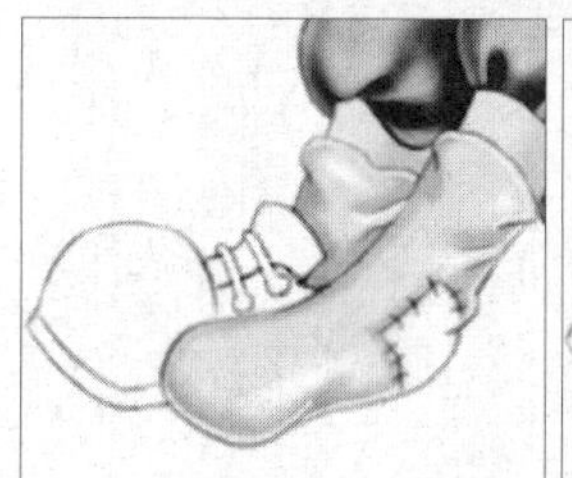
增加环境色

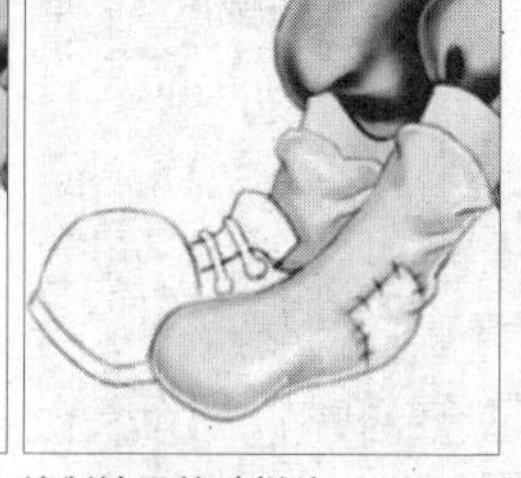
绘制袜子的破烂处

26 绘制补丁

设置前景色为（R136、G198、B209），新建“图层 25”，并设置“图层25”的混合模式为“正片叠底”，单击画笔工具，在画面中绘制娃娃袜子上的补丁。单击橡皮擦工具，在画面中擦除多余图像。

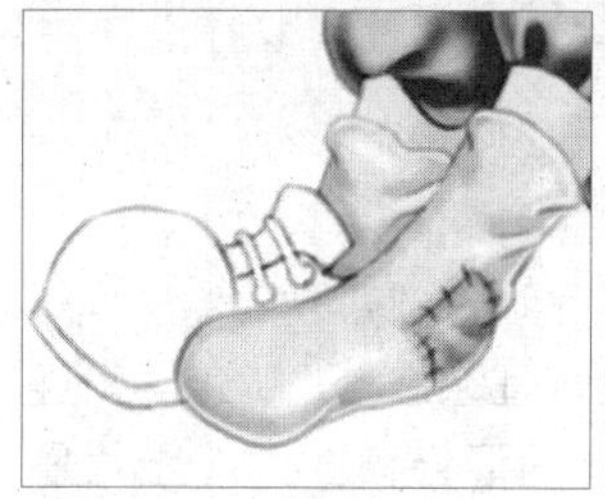
填充袜子上的破烂图像

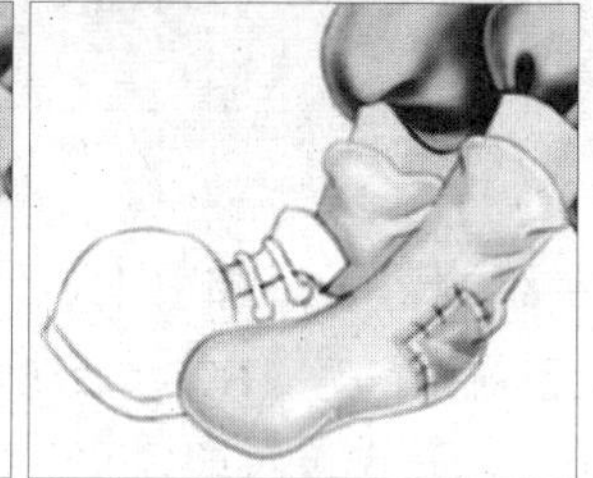
擦除多余的图像

27 绘制鞋子

设置前景色为（R48、G46、B60），新建“图层 26”，并设置“图层 26”的混合模式为“正片叠底”，单击画笔工具，然后在画面中绘制娃娃的鞋子。设置前景色为（R165、G161、B169），单击画笔工具，然后在画面中绘制娃娃鞋子的亮部。

绘制鞋子基本色

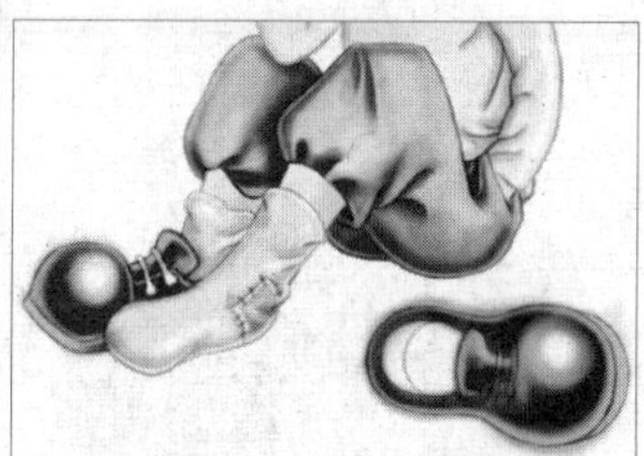
绘制鞋子中间色

28 绘制鞋子内部

设置前景色为（R95、G113、B132），新建“图层27”，并设置“图层27”的混合模式为“正片叠底”，单击画笔工具，然后在画面中绘制娃娃鞋子的内部。单击橡皮擦工具，在画面中擦除多余图像。

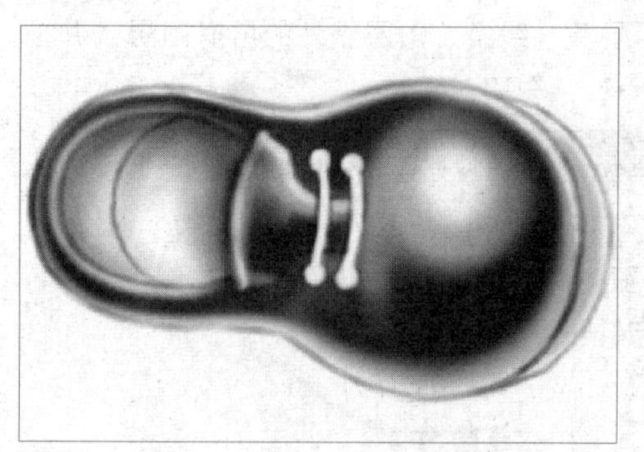
细化鞋子

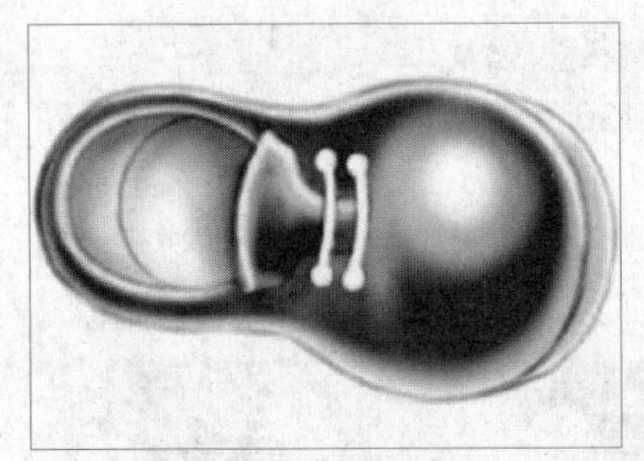

擦除多余的图像

29 绘制鞋子纽扣

设置前景色为（R96、G181、B203），新建“图层28”，并设置“图层 28”的混合模式为“正片叠底”，单击画笔工具，然后在画面中绘制鞋扣。设置前景色为（R242、G227、B95），新建“图层 29”，并设置“图层29”的混合模式为“正片叠底”，单击画笔工具，然后在鞋扣上加深色彩。

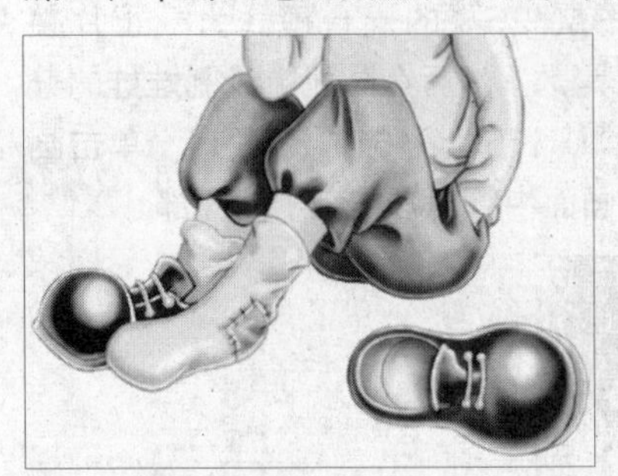

添加环境色

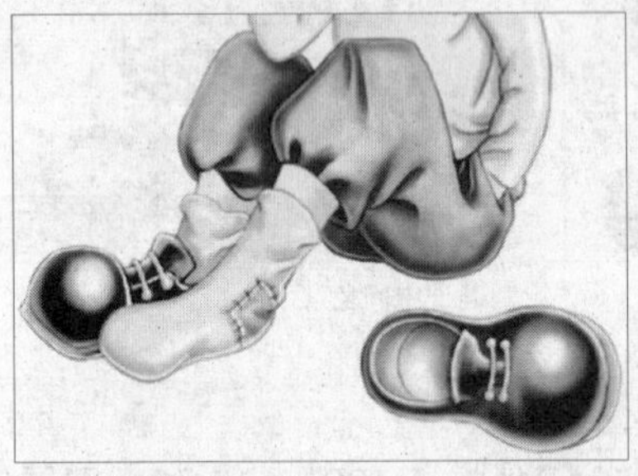

添加较深的环境色

30 创建图层组

在“图层”面板上单击“创建新组”按钮，新建一个图层组，重命名为“人物”。按住Shift键选择除背景图层及“线条”图层组外的所有图层，并拖曳至“人物”组内。

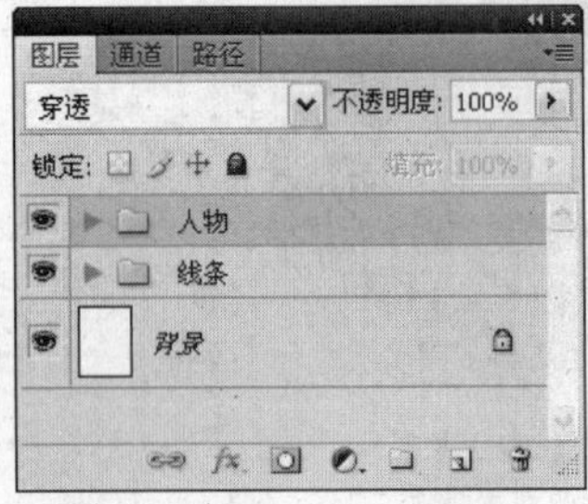

创建组

31 添加背景

打开附书光盘\实例文件\Chapter 16\Media\002.jpg文件，单击移动工具，将图像拖曳至背景图层上，并适当调整其位置和大小。

打开图像文件

拖入素材

32 调整图像

执行“编辑>变换>水平翻转”命令，对图像进行变换。按住Ctrl键选择“人物”和“线条”图层组，执行“编辑>自由变换”命令，显示自由变换编辑框，缩小图像，完成后按下Enter键确定。

翻转图像

缩小图像

33 擦除多余图像

单击橡皮擦工具，在画面中擦除多余图像。至此，本例制作完成。

完成后的效果

16.4 绘制写实类插画

实例分析：本实例使用画笔工具勾勒人物形态，然后在新图层中通过色彩叠加的方式对人物进行晕染涂抹，让人物皮肤色彩浓淡相宜，绘制出写实类插画。

主要使用工具：画笔工具、钢笔工具、直线工具、图层样式

最终文件：Chapter 16\Complete\绘制写实类插画.psd

01 新建图像文件

执行“文件>新建”命令，在弹出的“新建”对话框中设置参数，新建图像文件。

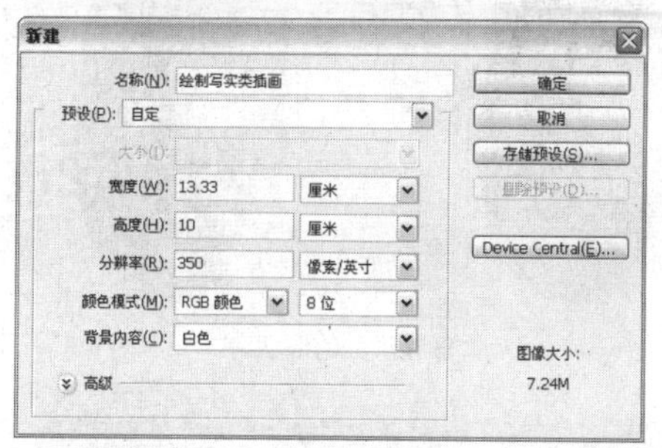

设置新建参数

02 绘制轮廓

设置前景色为（R182、G150、B150），新建“图层1”，单击画笔工具，在属性栏上设置画笔为“喷枪柔边圆”，在画面中进行适当描绘。

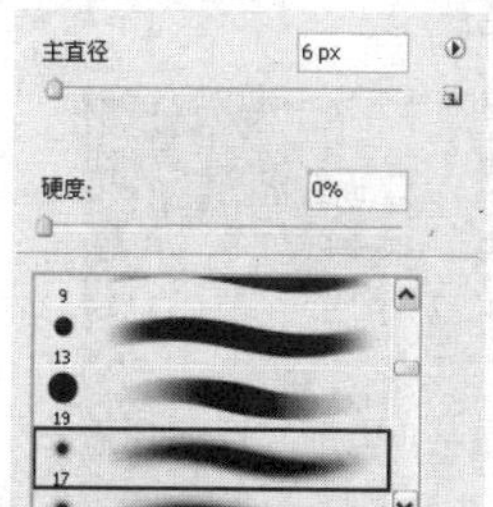

设置画笔

绘制轮廓

03 绘制皮肤

设置前景色为（R253、G232、B225），新建“图层2”，在画面中进行适当描绘，绘制出人物皮肤的浅色区域。为“图层2”新建蒙版，单击画笔工具，在属性栏上适当调整画笔大小，然后在蒙版中进行适当描绘，绘制出人物皮肤的亮部。

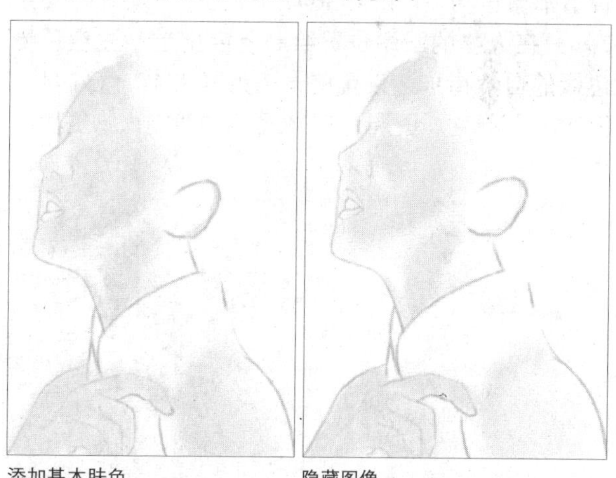

添加基本肤色　　隐藏图像

04 绘制深色皮肤

设置前景色为（R243、G192、B177），新建“图层3”，在画面中进行适当描绘，绘制出人物皮肤的深色区域。为该图层添加蒙版，隐藏部分图像，设置“图层3”的混合模式为“正片叠底”。

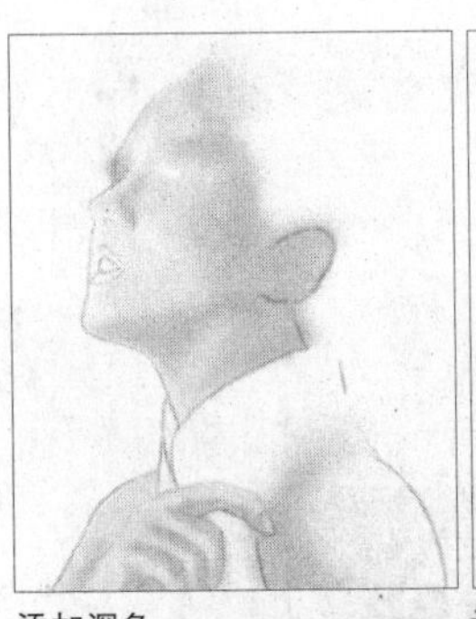
添加深色

调整混合模式

05 绘制眉毛和眼睛

设置前景色为（R130、G101、B103），新建“图层4”，在画面中绘制出人物的眉毛，注意眉毛的深浅变化。设置前景色为黑色和（R137、G137、B143），新建“图层5”和“图层6”绘制出人物的眼睛和眼影。

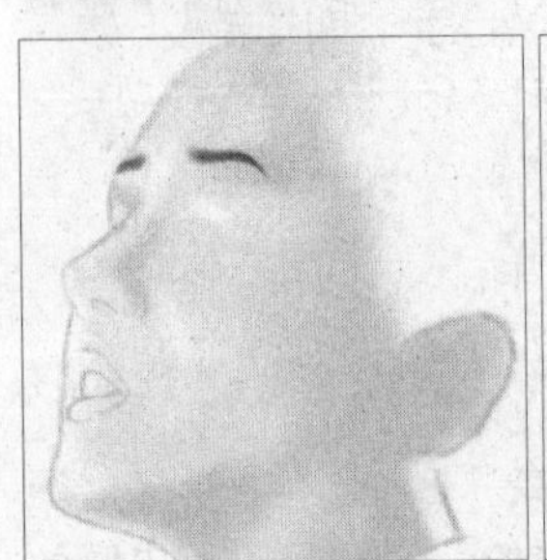
绘制眉毛

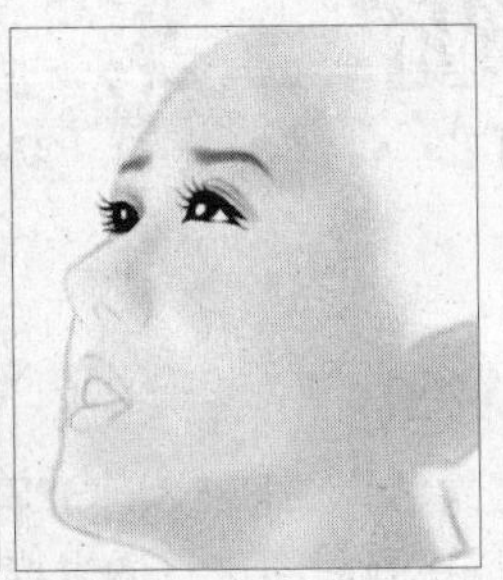
绘制眼睛

06 绘制眼睛与嘴唇

设置前景色为（R43、G64、B110），新建“图层7”，在人物的眼睛位置绘制蓝色反光，注意反光边缘的自然衔接。设置前景色为（R214、G141、B145），新建“图层8”，在画面中绘制人物嘴唇的底色。

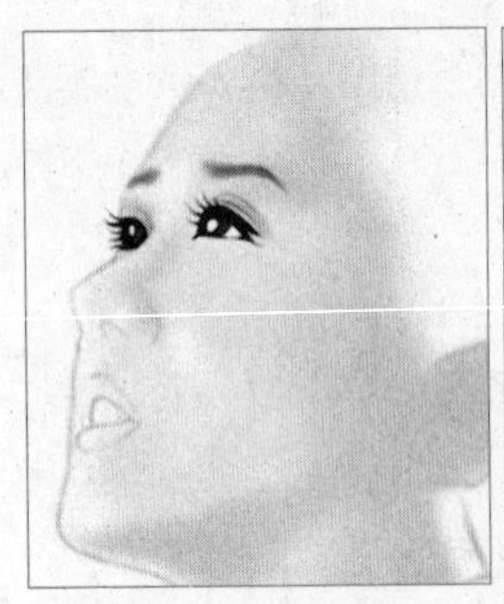
绘制眼睛浅色

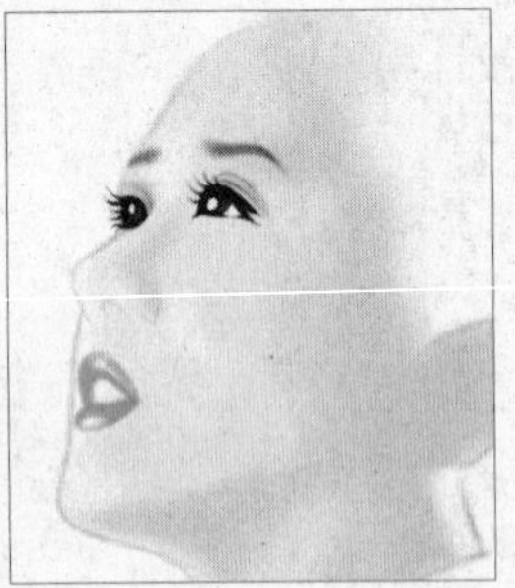
绘制基本唇色

07 绘制嘴唇暗部

设置前景色为（R214、G141、B145），新建“图层9”，在画面中绘制人物嘴唇的暗部，注意嘴唇色彩的柔和，设置“图层9”的混合模式为“正片叠底”。设置前景色为暗红色（R68、G35、B37），新建“图层10”，单击画笔工具，在属性栏上适当调整画笔大小，然后在画面中绘制人物的深色唇线，注意暗部的位置。

绘制唇部深色

绘制唇线

08 绘制头发

设置前景色为黑色，新建“图层11”，设置画笔为“滴溅”，在图像中绘制出人物的头发，为“图层11”新建蒙版，在蒙版中进行适当描绘，遮盖人物头发的多余边缘。新建“图层12”，在画面中绘制人物耳际的头发，注意头发边缘的虚实关系，为“图层12”添加蒙版，在蒙版中进行适当描绘，绘出人物耳发的形状。

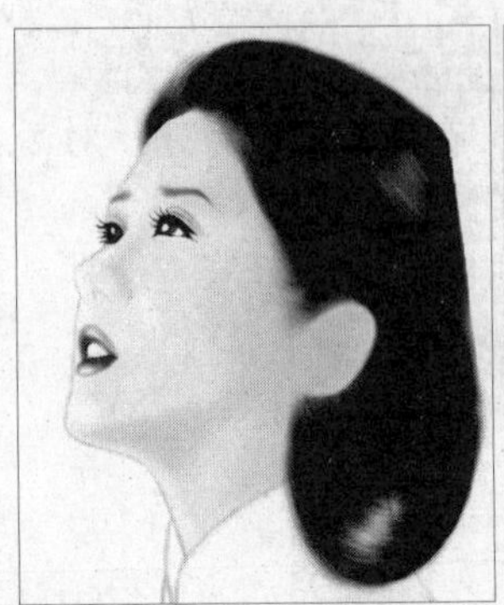
调整图像

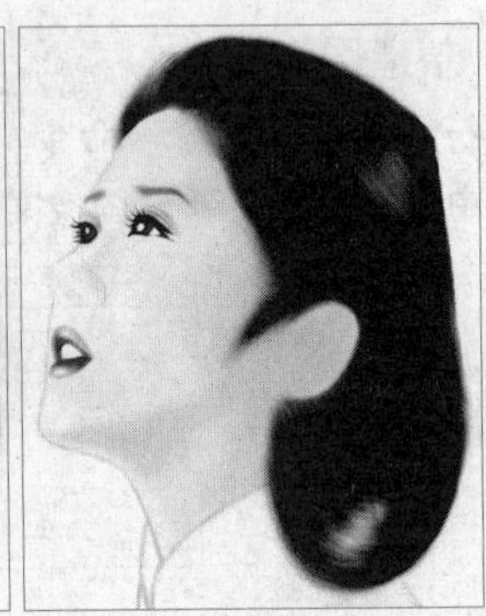
调整耳发的形状

09 绘制耳朵图像

设置前景色为（R109、G74、B68），新建“图层13”，单击画笔工具，在属性栏上适当调整画笔大小，然后在画面中进行描绘，绘出人物耳廓的深色区域。单击加深工具，在画面中对耳廓阴影适当涂抹，加深局部，设置“图层13”的混合模式为“明度”，“不透明度”为70%。

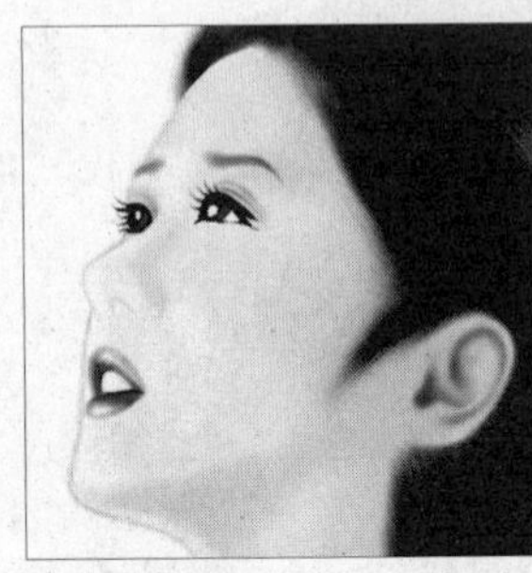
绘制耳朵阴影

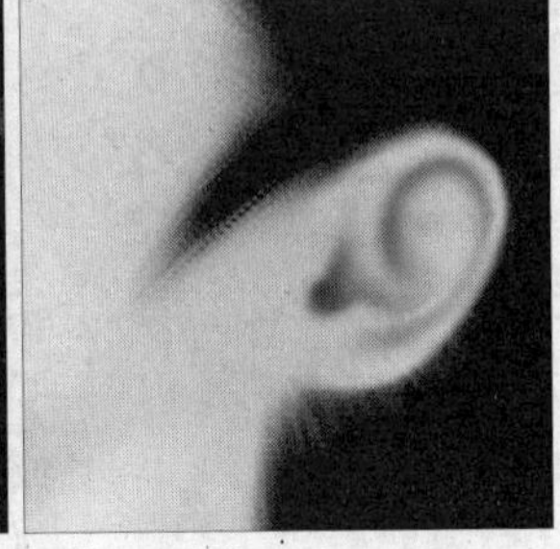
调整不透明度

10 绘制人物皮肤

设置前景色为（R176、G134、B131），在“图层3”上新建“图层14”。单击画笔工具，在属性栏上适当调整画笔大小，然后在画面中进行描绘，绘出人物皮肤的暗部，注意人物皮肤的明暗区域。设置前景色为（R123、G90、B82），新建“图层15”，在画面中进行描绘，绘制出人物眉角、鼻翼及颈部的暗部，注意深浅变化的过渡。

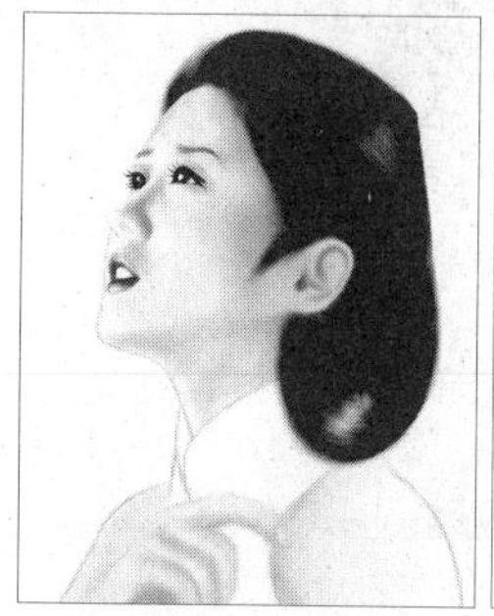

添加身体肤色

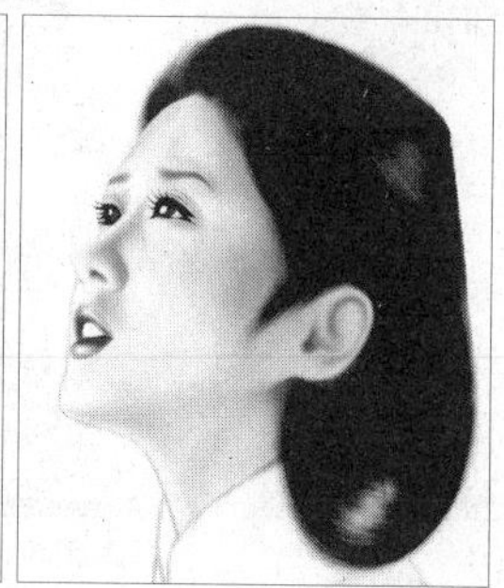

添加深色

11 刻画皮肤细节

设置“图层1”的“不透明度”为30%，使最初绘制的线稿颜色变淡。设置前景色为（R187、G149、B141），新建“图层16”，在画面中绘出人物手臂的暗部，注意深浅变化的过渡。

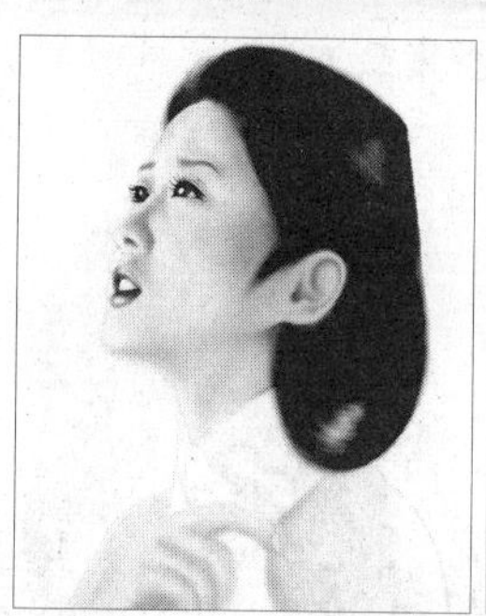

减淡线稿

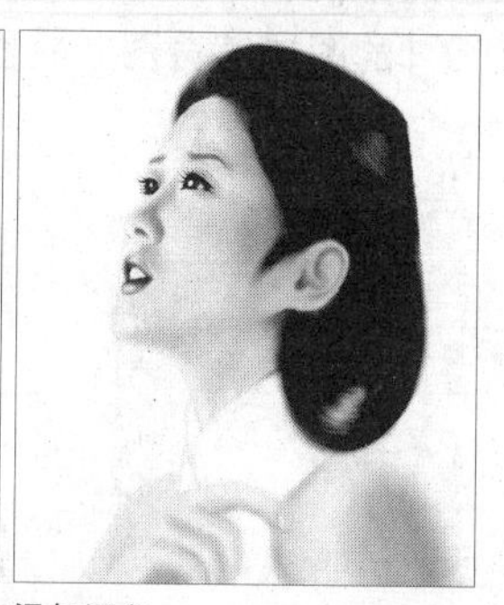

添加深色

12 绘制手臂阴影

为“图层16”新建蒙版，在蒙版中遮盖手臂多出的区域。设置前景色为（R141、G108、B120），新建“图层17”在画面中绘出人物手臂的暗部。

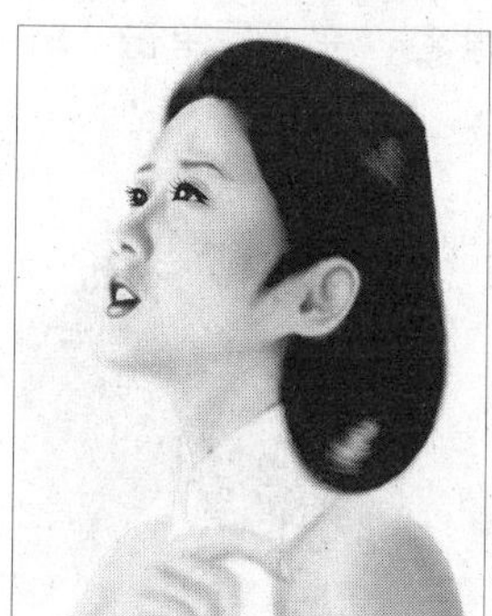

编辑蒙版

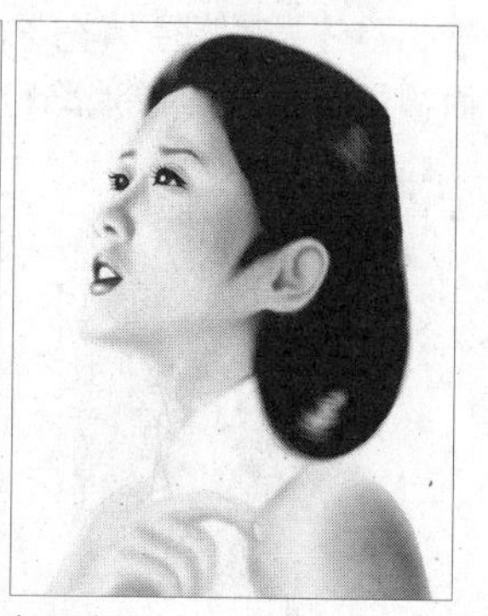

加深暗部

13 绘制手部阴影

设置“图层17”的混合模式为“正片叠底”，“不透明度”为50%。新建“图层18”，使用相同的方法，对人物的手进行仔细描绘。

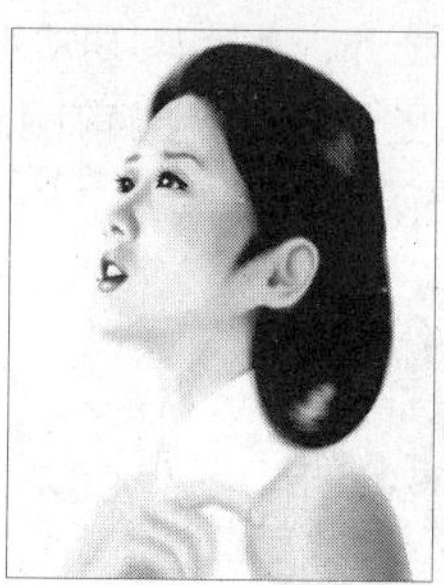

设置混合模式

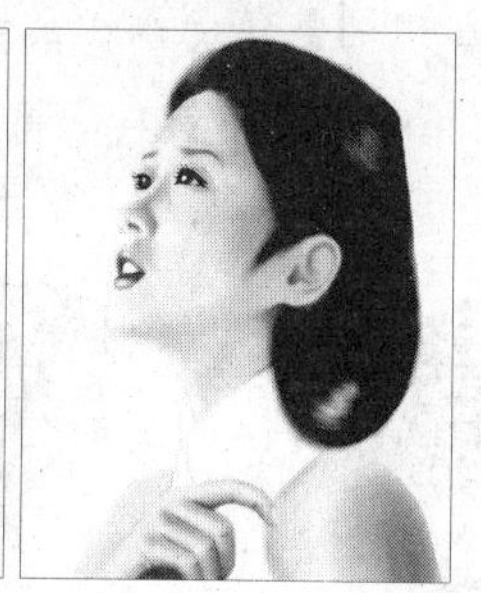

细化手

14 绘制衣服

设置前景色为（R65、G135、B189），新建“图层20”，单击画笔工具，在属性栏上适当调整画笔大小，然后在画面中绘出人物的衣服，注意边缘的整洁。设置前景色为（R20、G50、B73），新建“图层21”，单击画笔工具，在属性栏上适当调整画笔大小，然后在画面中绘出人物衣服的暗部，注意深浅变化的过渡。

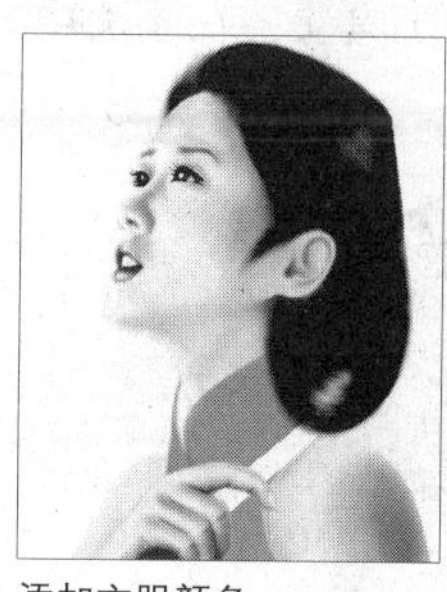

添加衣服颜色

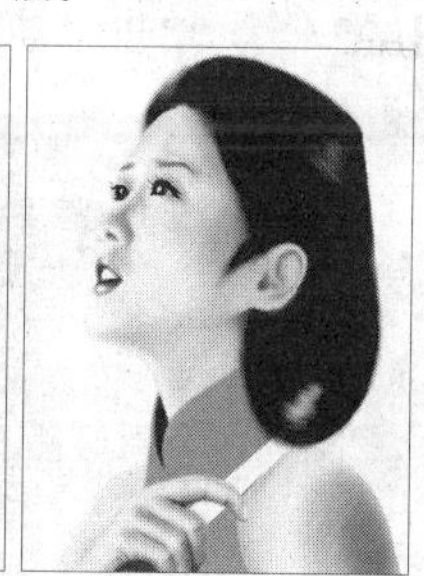

添加暗部

15 绘制衣服花纹

设置前景色为（R82、G193、B230），新建“图层22”，单击画笔工具，在属性栏上适当调整画笔大小，然后在画面中绘出人物衣领边，注意边缘色彩的整齐。设置前景色为R235、G237、B210，新建“图层23”，单击画笔工具，在属性栏上适当调整画笔大小，然后在画面中绘出人物衣领花边，注意边缘色彩的整齐。

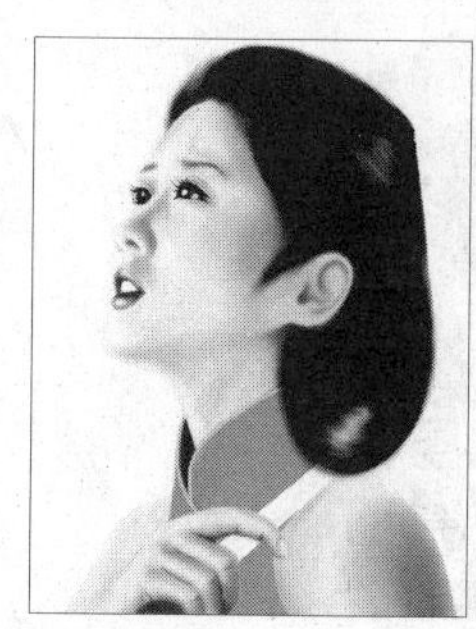

绘制衣领

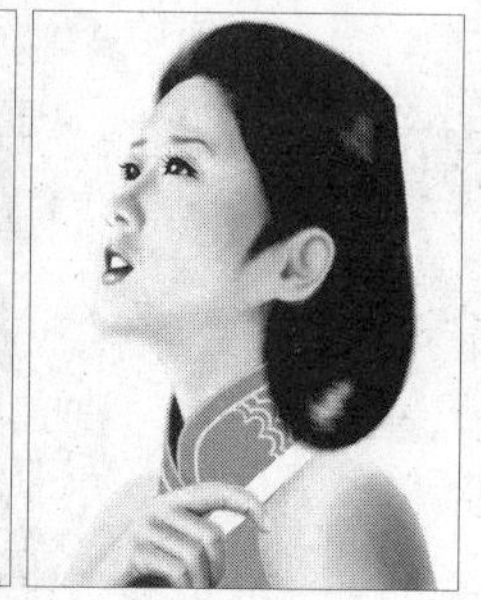

绘制衣服花纹

16 添加花纹图像

设置前景色为（R119、G92、B6），在“图层22”上新建“图层24”，单击画笔工具，在属性栏上适当调整画笔大小，然后在画面中绘制人物花边上的颜色填充，注意边缘色彩的整齐。打开“003.png”文件，单击移动工具，将图像拖曳至当前图像文件中，生成“图层25”，适当调整其位置。

填充花纹

添加花纹

17 绘制伞柄

设置前景色为（R61、G46、B42），新建“图层26”，单击画笔工具，在属性栏上适当调整画笔大小，然后在画面中绘出人物的局部阴影。在“图层13”上新建“图层27”，单击移动工具，在画面中绘制伞柄的路径。

绘制阴影

创建路径

18 添加并编辑蒙版

设置前景色为白色，单击“路径”面板上的“用前景色填充路径”按钮，对路径填充白色，完成后单击“路径”面板的灰色区域取消路径。为该图层添加蒙版，在蒙版中遮盖手指多出的区域。

填充路径

编辑蒙版

19 绘制伞柄

设置前景色为（R95、G75、B60），新建“图层28”，单击画笔工具，在属性栏上适当调整画笔大小，然后在画面中绘出伞柄的深色区域。设置前景色为（R105、G89、B82），新建“图层29”，单击画笔工具，在属性栏上适当调整画笔大小，然后在画面中绘出伞柄的浅色区域。

绘制伞柄深色

绘制伞柄浅色

20 绘制伞架

在“图层23”上新建“图层30”，单击移动工具，在画面中绘制伞面的路径，设置前景色为（R143、G121、B160），单击“路径”面板上的“用前景色填充路径”按钮，对路径填充紫色，完成后单击“路径”面板的灰色区域取消路径。按住Ctrl键单击“图层30”的图层缩览图，将图案载入选区。

填充颜色

载入选区

21 绘制伞深部

新建“图层31”，单击移动工具，在画面中绘制伞面暗部的路径。设置前景色为（R90、G61、B110），单击“路径”面板上的“用前景色填充路径”按钮，对路径填充深紫色，完成后单击“路径”面板的灰色区域取消路径。

创建路径

填充路径

22 绘制线条

设置前景色为（R105、G89、B82），新建“图层32”，单击直线工具，在属性栏上设置“粗细”为8px，然后在画面中绘出伞架的线条。重复绘制线条，使用钢笔工具对局部扭曲线条进行描边绘制。

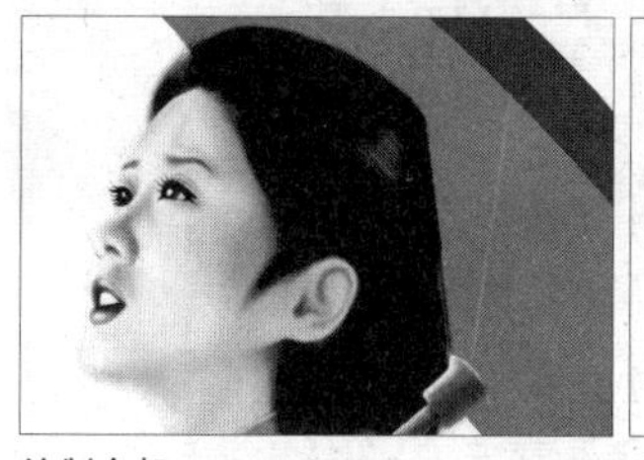
绘制伞架

重复绘制

23 添加图层样式

双击“图层32”，在弹出的“图层样式”对话框中分别设置“投影”和“内发光”参数，为伞架添加了立体效果。

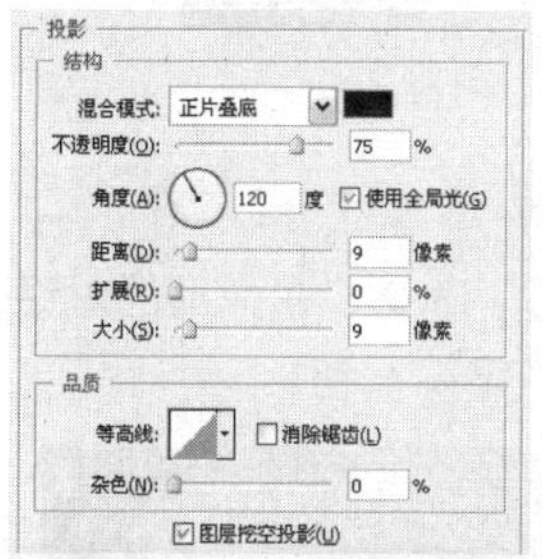

设置投影

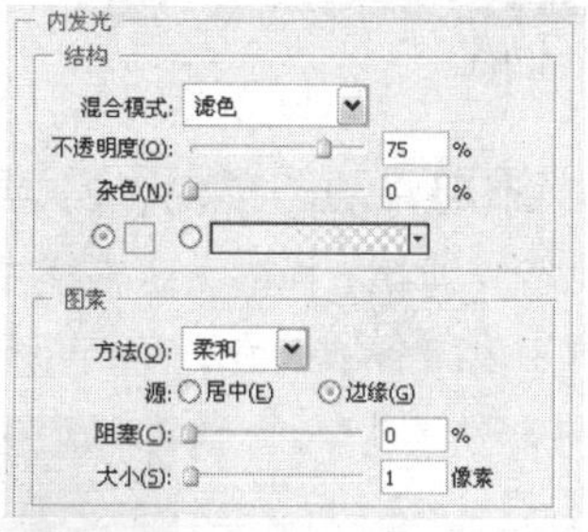

设置内发光

立体伞架效果

24 绘制伞内阴影

选择“图层30”，单击加深工具，在画面的暗部进行适当涂抹，加深局部颜色。选择“图层31”，单击加深工具，在画面的暗部进行适当涂抹，加深局部颜色。

加深暗部

加深颜色

25 添加并编辑图层蒙版

为“图层27”添加蒙版，单击画笔工具，在属性栏上适当调整画笔大小，然后在蒙版中遮盖伞架的暗部区域。设置前景色为（R105、G89、B82），在“图层30”上新建“图层33”，单击直线工具，在属性栏上设置不同的粗细，然后在画面中绘出伞架的局部线条。

编辑蒙版

添加伞架

26 绘制耳环

设置前景色为白色，在“图层29”上新建“图层34”，单击直线工具，在属性栏上设置“粗细”为4px，然后在画面中绘出人物的耳坠。设置前景色为（R153、G115、B104），新建“图层35”，单击画笔工具，在属性栏上适当调整画笔大小，然后在画面中绘出耳坠阴影。

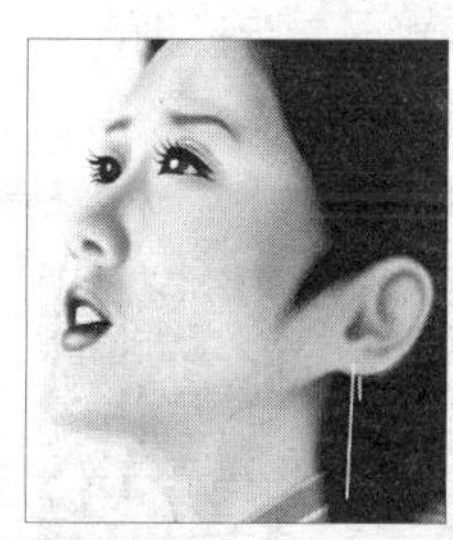
绘制耳环

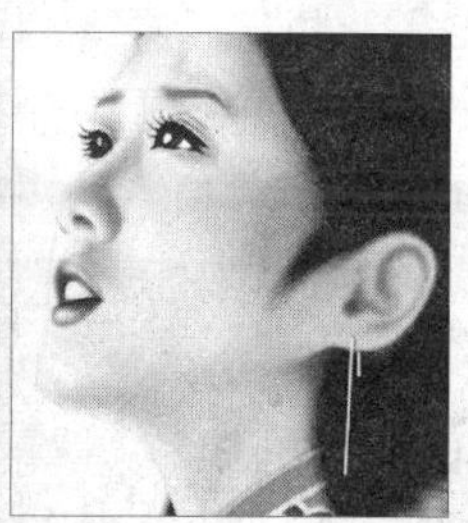
制作立体效果

27 绘制手部阴影

设置前景色为黑色，新建“图层36”，单击画笔工具，在属性栏上适当调整画笔大小，然后在画面中绘制出手及伞柄间的阴影。

绘制手部阴影

28 添加背景

打开“004.jpg”文件，单击移动工具，将图像拖曳至当前图像文件中，生成“图层37”，适当调整其位置，并将“图层37”拖曳至“背景”图层的上方。为“图层37”添加蒙版，单击画笔工具，在属性栏上适当调整画笔大小，然后在蒙版中遮盖人物形状。

拖入素材

编辑蒙版后

29 添加“高斯模糊”滤镜

选择“图层37”，执行“滤镜>模糊>高斯模糊”命令，在弹出的对话框中设置“半径”为10px，单击“确定”按钮。

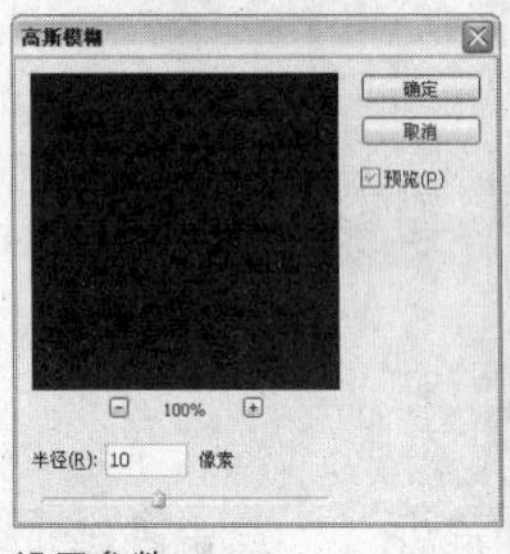

设置参数

模糊效果

30 设置画笔参数值

设置前景色为白色，新建“图层38”，单击画笔工具，在画笔预设中设置各项参数，在画布中进行随意涂抹。

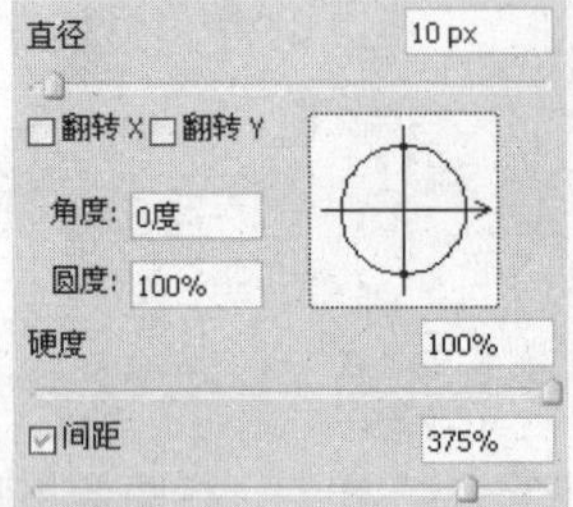

设置间距

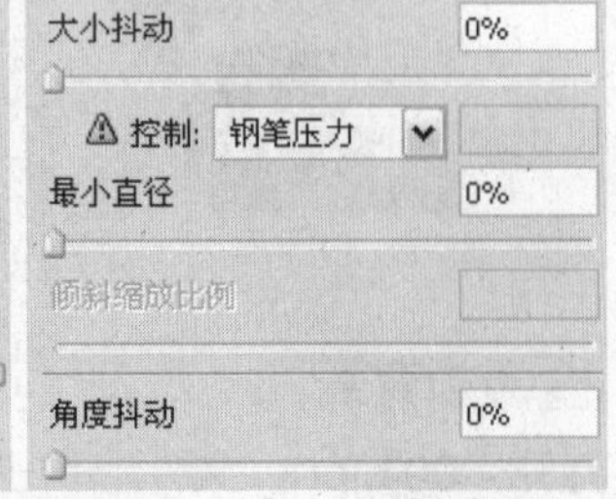

设置抖动

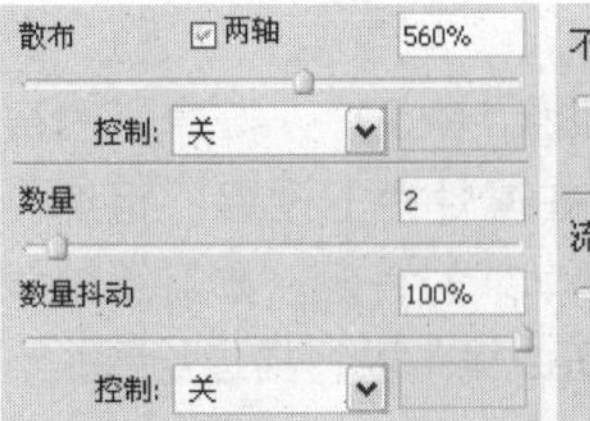

设置散布

设置不透明度

绘制图像

31 添加“动感模糊”滤镜

执行“滤镜>模糊>动感模糊”命令，在弹出的对话框中设置各项参数，单击“确定”按钮。

设置参数

模糊效果

32 调整图像

在画面的细节处进行适当调整。至此，本例制作完成。

完成后的效果

16.5 绘制可爱风格插画

实例分析： 本实例制作的是可爱卡通人物的插画，主要通过不同色块的组合，体现可爱Q版人物的立体感。

主要使用工具： 画笔工具、钢笔工具、自定形状工具、直线工具

最终文件： Chapter 16\Complete\绘制可爱风格插画.psd
视频文件： Chapter 16\绘制可爱风格插画.exe

01 绘制衣服颜色

新建图像文件，打开"卡通人物造型.psd"文件，拖动素材图像至当前图像文件中，单击钢笔工具，仔细描出人物帽子及衣服的轮廓并创建路径。在"线稿"图层下新建图层并重命名为"帽子和衣服"，将路径转换为选区，然后在选区中填充颜色为（R255、G0、B0），完成后取消选区。

绘制路径

填充颜色

02 绘制衣服与头发图像

使用同样的方法为卡通人物其他部分填充颜色。单击画笔工具，根据需要在属性栏中设置各项参数，设置前景色为（R187、G187、B187），绘制出头发的高光区域，体现出头发的光泽感。

绘制头发

绘制头发光影

03 绘制面部与背景

使用同样方法为人物全身添加高光与阴影等细节，体现出人物的立体感。在背景图层上新建图层，在该图层上绘制出合适背景。至此，本例制作完成。

绘制面部

完成后的效果

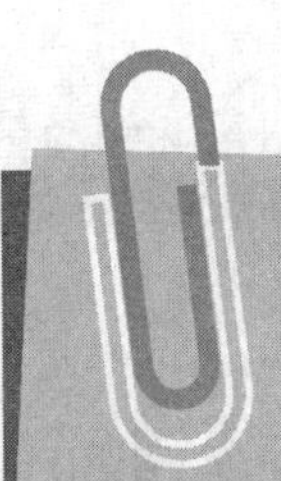

16.6 绘制个性人物插画

实例分析：本实例制作的是个性人物卡通插画，主要通过颜色的搭配与卡通人物身体夸张的变形，体现出卡通人物的个性化。

主要使用工具：画笔工具、钢笔工具、填充命令、自定形状工具

最终文件：Chapter 16\Complete\绘制个性人物插画.psd
视频文件：Chapter 16\绘制个性人物插画. exe

01 添加素材图像

新建图像文件，打开“个性杂志人物.psd”文件，拖动素材图像至当前图像文件中，单击钢笔工具，根据草图描出人物面部及手部的轮廓，根据需要调整到合适形状并创建路径。在“草稿”图层下新建图层并重命名为“皮肤”，按下快捷键Ctrl+Enter将路径转换为选区，然后在选区中填充颜色为（R255、G239、B239），按下快捷键Ctrl+D取消选区。

添加素材图像

绘制皮肤效果

02 绘制人物图像

使用同样的方法将人物的其他部分用合适的色块表示。用黑色柔边画笔从眼影开始绘制人物的眼睛，调节画笔属性逐步绘制人物眼球、眼眶与睫毛、眼珠等细节，并绘制人物的其他五官，最后隐藏“草稿”图层。

绘制衣服与头发

绘制面部

03 绘制背景

单击自定形状工具结合画笔工具绘制出人物身上与手中的装饰、小猫以及裙子的下摆，最后显示“背景”图层。至此，本例制作完成。

绘制装饰

完成后的效果

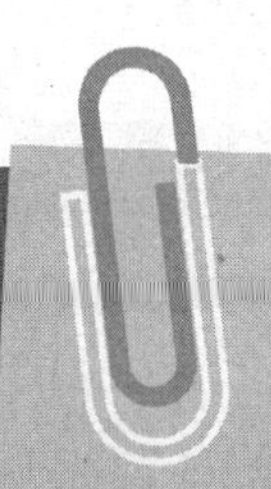

16.7 绘制儿童插画

实例分析：本实例通过画笔笔触体现画面的效果，这种绘制方法适用于各种少儿书籍的插画制作。

主要使用工具：画笔工具、图层样式、橡皮擦工具、自定义工具

最终文件：Chapter 16\Complete\绘制儿童插画.psd
视频文件：Chapter 16\绘制儿童插画1.exe、绘制儿童插画2.exe

01 绘制人物图像

新建图像文件，新建“图层1”，使用画笔工具在属性栏中选择尖角3像素，在“图层1”中绘制人物的大致轮廓。新建“图层2”和“图层3”，使用画笔工具和橡皮擦工具绘制人物的面部和头发。新建“图层4”设置“图层4”的混合模式为“正片叠底”，使用相同的方法，绘制人物的衣服，添加阴影和高光。使用自定形状工具，在属性栏上单击“填充像素”按钮，形状为“花型饰件4”绘制人物衣服上的图案。

绘制线稿

绘制人物图像

02 绘制背景图像

使用相同的方法，新建“图层5”，使用画笔绘制植物，并设置“图层5”的混合模式为“正片叠底”，注意加强颜色的对比度。

背景效果

03 调整背景图像

新建“图层6”用相同的方法绘制背景，注意画笔工具笔触的虚实。新建“图层7”，用画笔工具，选择“画笔”为“散布枫叶74”在画面的背景上添加图案，让画面更加充实。最后在整个画面左上侧输入文字。至此，本例制作完成。

绘制背景图像

完成后的效果

16.8

绘制欧美风格插画

实例分析：本实例制作的是欧美风格矢量插画，通过柔和背景的搭配制作出动感的图像效果，这种绘制方法适用于各种插画制作。

主要使用工具：钢笔工具、魔棒工具、画笔工具、自定形状工具

最终文件：Chapter 16\Complete\欧美风格插画.psd

01 绘制人物皮肤

执行“文件>新建”命令，打开“新建”对话框，设置“名称”为“欧美风格插画”，“宽度”为20厘米，“高度”为17厘米，“分辨率”为300像素/英寸，设置完成后单击“确定”按钮，新建一个图像文件。新建“图层1”，设置前景色为黑色，单击画笔工具，在“图层1”中绘制人物的大体轮廓。新建“图层2”结合魔棒工具，在人物皮肤处单击，填充选区人物皮肤的颜色效果。

绘制线稿

绘制皮肤

02 绘制人物细节

使用画笔工具对人物的皮肤与面部进行刻画，然后新建图层在图像上绘制人物的衣服与头饰效果。

刻画人物皮肤与头发

绘制衣服

03 绘制背景

单击自定形状工具，在属性栏上单击“填充像素”按钮，选择形状为“靶心”和“八音符”在“图层26”上分别绘制。在图像上输入文字，单击裁减工具，适当裁剪图像，结合矩形选框工具在图像上创建选区，分别复制图像并调整图像的位置。至此，本例制作完成。

绘制背景

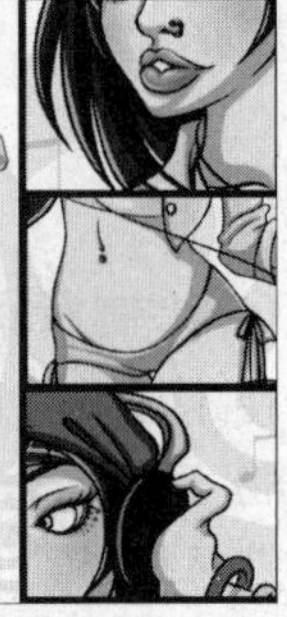

完成后的效果

Chapter 17

产品造型设计

生活中无时无刻都会接触到各种各样的商业产品，而这些产品首先要进行造型设计，再通过一系列复杂的产品建模和生产等，才能投入使用。本章通过6个日常生活中较常用的产品造型设计实例，详细介绍了创意技法及制作流程。让读者对产品造型设计的理念和制作方法，有一个基本的认识。

17.1 可乐冰箱外型设计

实例分析：本实例设计的是可乐冰箱外型，作品的颜色为冷色调，给人以清爽的感觉。

主要使用工具：钢笔工具、图层样式、滤镜、文字工具

最终文件：Chapter 17\Complete\可乐冰箱外型设计.psd

视频文件：Chapter17\可乐冰箱外型设计1.swf、可乐冰箱外型设计2.swf、可乐冰箱外型设计3.swf

01 新建图像文件

执行“文件>新建”命令，在弹出的“新建”对话框中设置参数，新建图像文件，填充“背景”图像颜色为（R199、G172、B186）。

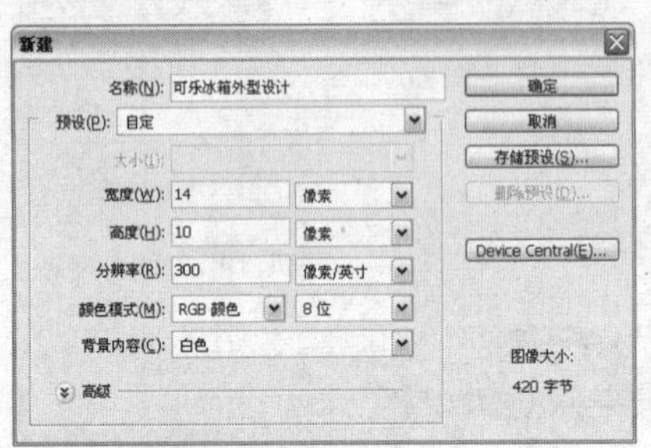

“新建”对话框

02 绘制绿色图像

单击钢笔工具，在图像中绘制一个桶形状的路径。新建“图层1”，将路径填充为（R104、G106、B72）。新建“图层2”，单击画笔工具，在图像中为桶状图像添加阴影和亮光。

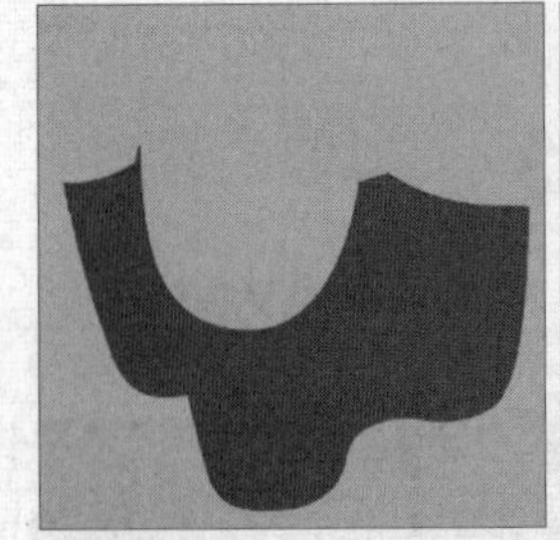

绘制绿色图像

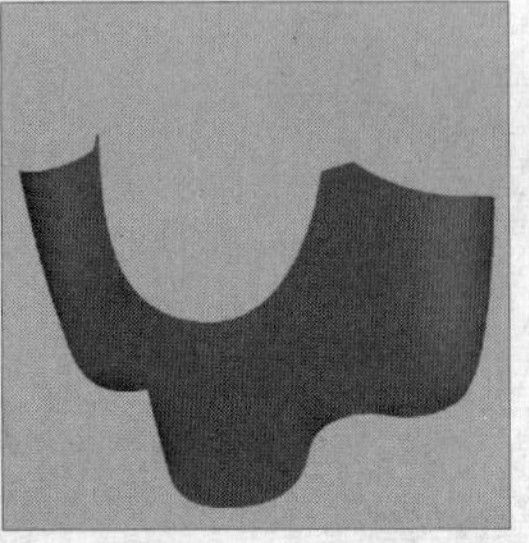

绘制立体效果

03 绘制阴影效果

新建“图层3”～“图层5”，单击画笔工具，在图像中为桶状图像添加阴影和亮光。新建“图层6”，在图像的下方绘制一条曲线。

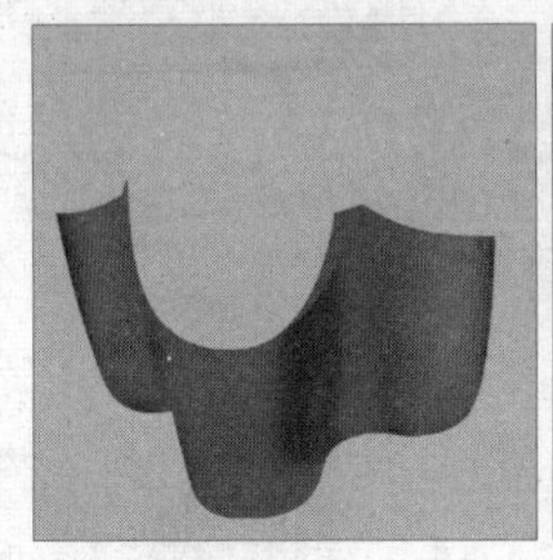

绘制阴影

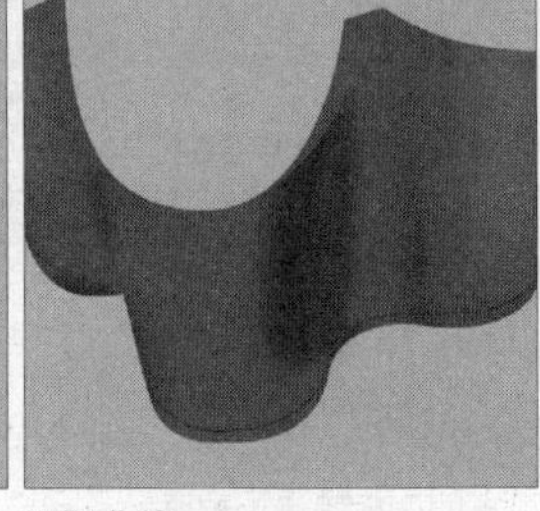

绘制曲线

04 添加图层样式

双击“图层6”，在弹出的“图层样式”对话框中设置“斜面和浮雕”参数，完成后单击“确定”按钮。

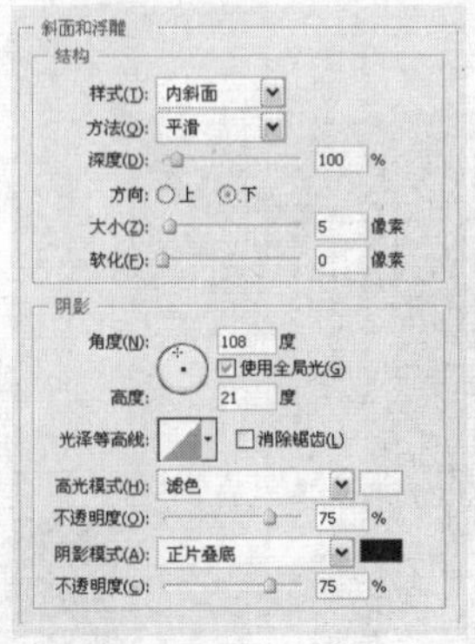

设置参数

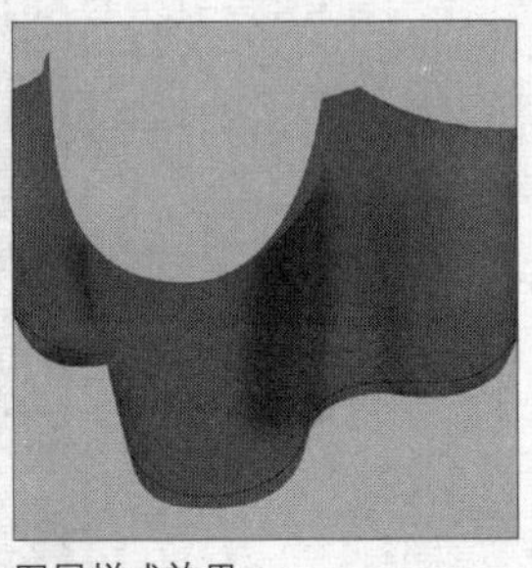

图层样式效果

05 绘制图像

新建“图层7”，单击钢笔工具，在图像中绘制一个闭合的路径，并将其填充为黑色。新建“图层8”，单击钢笔工具，在图像中绘制一个类似的闭合路径，并将其填充为（R156、G158、B149）。

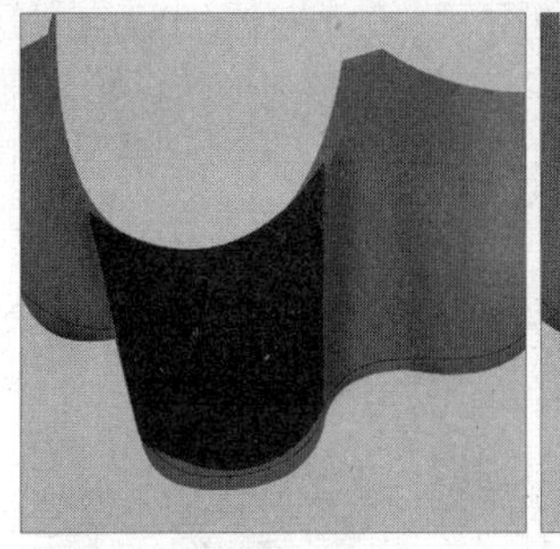
绘制黑色图像

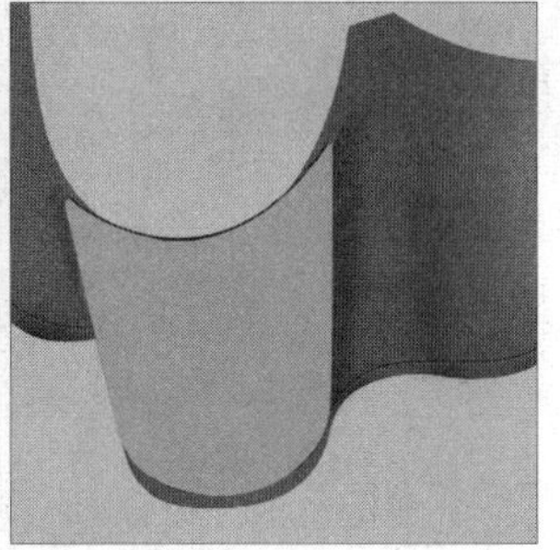
绘制灰色图像

06 添加图层样式

单击钢笔工具，在图像中绘制一些长条形的闭合路径，将其转换为选区，在图像中删除选区中的图像，完成后取消选区。双击“图层8”，在弹出的“图层样式”对话框中设置“斜面与浮雕”和“渐变叠加”参数，完成后单击“确定”按钮。

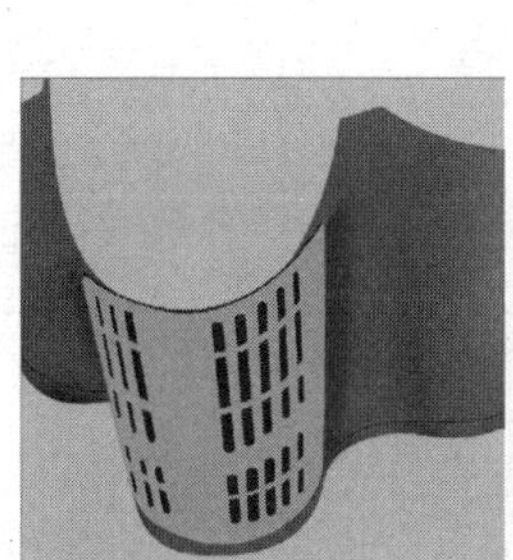
删除选区内图像

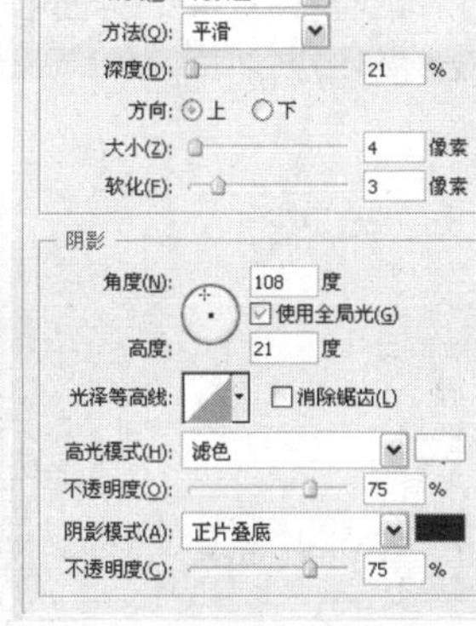

“斜面和浮雕”选项面板

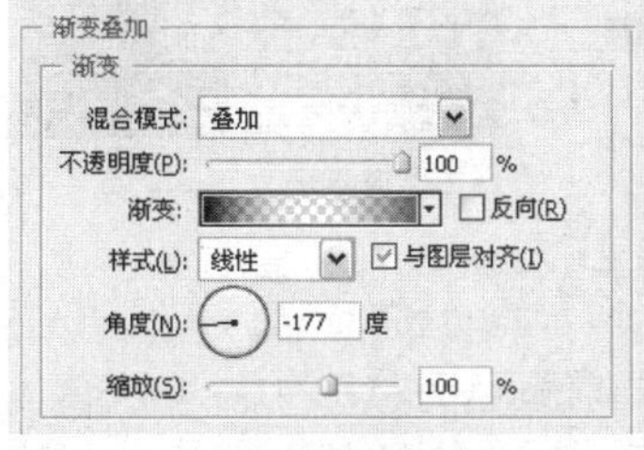

“渐变叠加”选项面板

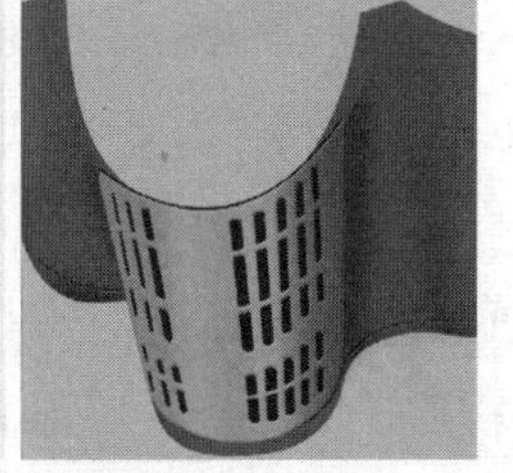
图层样式效果

07 添加图层样式

新建“图层9”，使用相同的方法，在图像中绘制一个圆形。双击“图层9”，在弹出的“图层样式”对话框中设置“斜面和浮雕”、“光泽”和“描边”参数，设置完成后单击“确定”按钮。

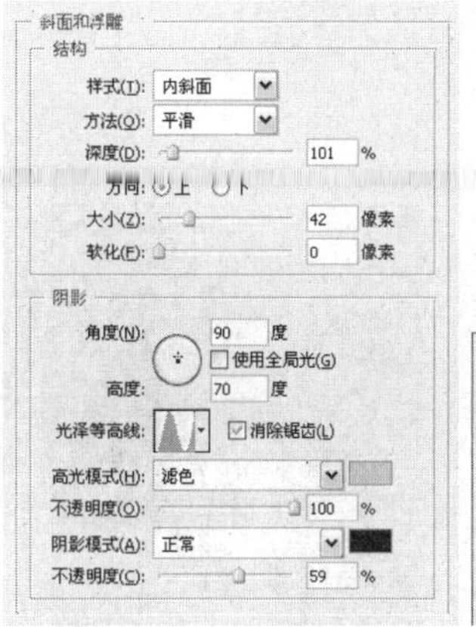

“斜面和浮雕”选项面板

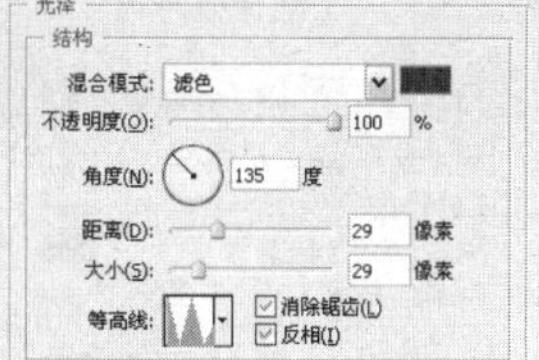

“光泽”选项面板

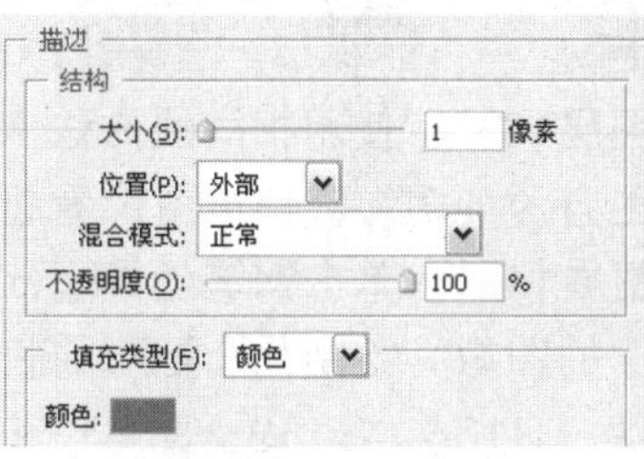

“描边”选项面板

图层样式效果

技巧点拨

在绘制路径时，可以根据所绘制路径的需要，选择钢笔工具、多边形工具、椭圆工具和自定形状工具，来进行路径的编辑。

08 填充选区颜色

单击钢笔工具，在图像中绘制一个上部外壳的形状，并将其转换为选区。将“图层1”～“图层9”创建为“组1”。新建“图层10”，将选区填充为（R163、G161、B148），使用相同的方法，对图像进行适当的加深和减淡处理。

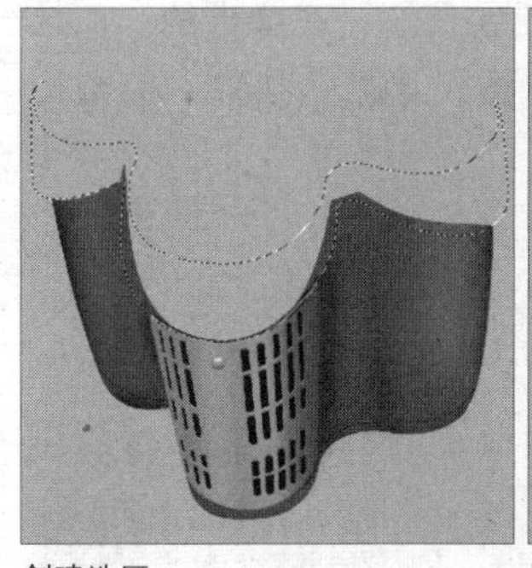
创建选区

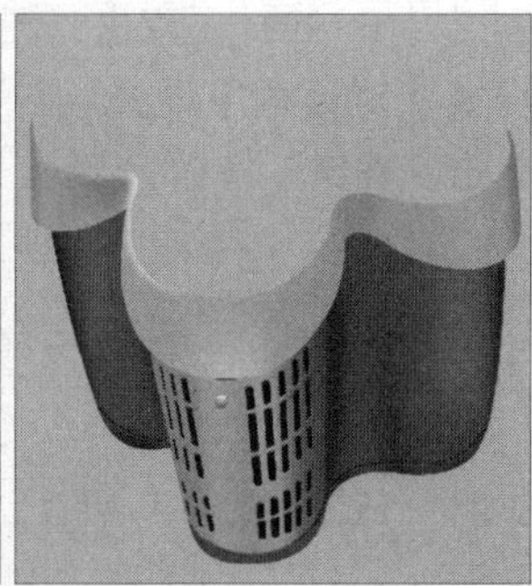
填充选区颜色

09 添加图层样式

双击“图层10”，在弹出的“图层样式”对话框中设置“斜面和浮雕”参数，为图像添加立体效果。新建“图层11”，为图像添加颜色为（R205、G204、B196）的上部边缘。

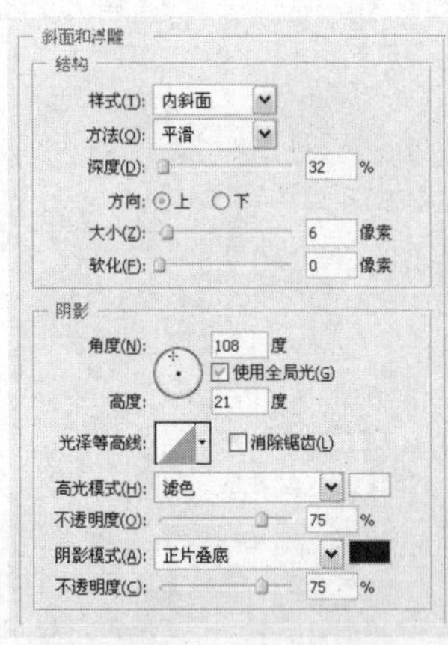

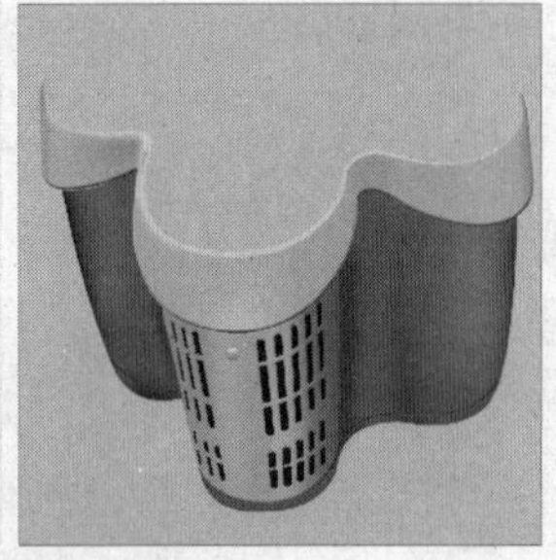

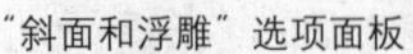
“斜面和浮雕”选项面板　　图层样式效果

10 绘制图像立体效果

新建“图层12”和“图层13”，使用相同的方法，在“图层10”的图像上方添加阴影，使该图像看起来更加立体。新建“图层14”，单击钢笔工具，在图像中沿“图层10”的图像，绘制几个矩形的长条图像，并将其填充为（R156、G159、B56）和（R131、G132、B100）等类似色。

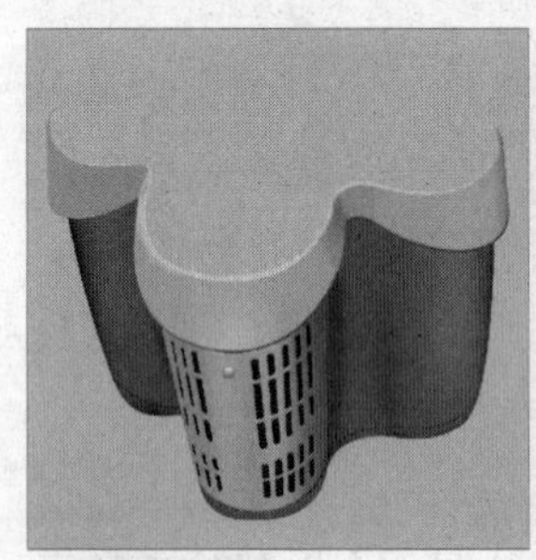

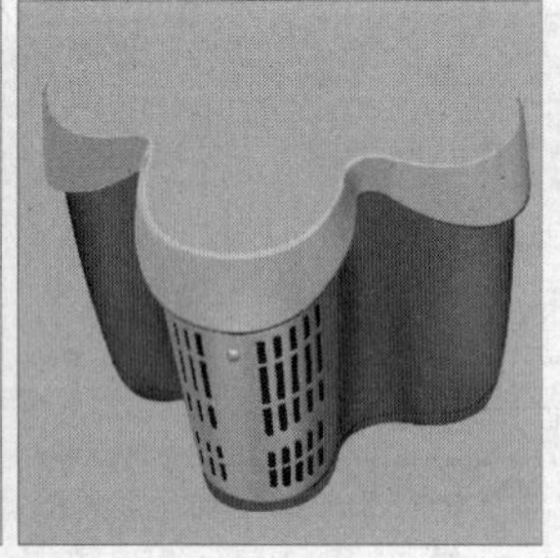

绘制阴影效果　　绘制矩形图像

11 绘制图像

新建“图层15”，单击钢笔工具，在图像的上方绘制盖子形状的路径，并将其填充为（R226、G224、B199）。双击“图层15”，在弹出的“图层样式”对话框中设置“斜面和浮雕”参数，完成后单击“确定”按钮。

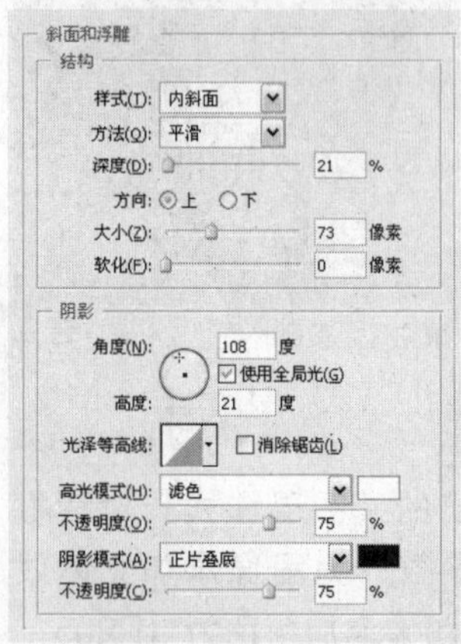

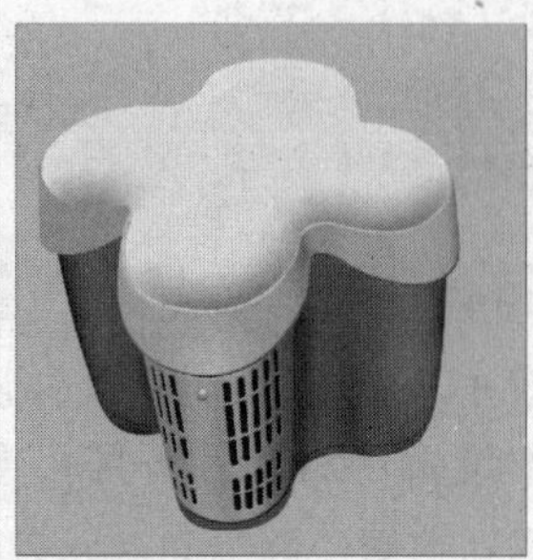

“斜面和浮雕”选项面板　　图层样式效果

12 绘制黑色图像

新建“图层16”，单击钢笔工具，在图像中绘制一个较随意的闭合路径，并将其填充为黑色。双击“图层16”，在弹出的“图层样式”对话框中设置“斜面和浮雕”参数，完成后单击确定“按钮。

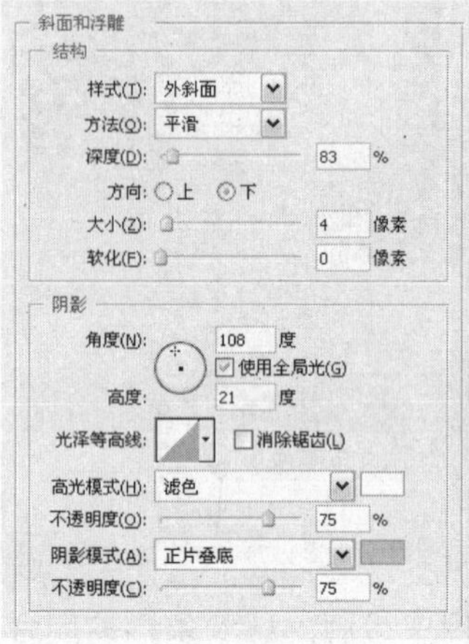

“斜面和浮雕”选项面板　　黑色图像效果

13 绘制绿色图像

新建“图层17”，单击钢笔工具绘制一个与“图层16”中同样形状的图像，并将其填充为（R142、G187、B77）。双击“图层17”，在弹出的“图层样式”对话框中设置“斜面和浮雕”参数，完成后单击“确定”按钮。

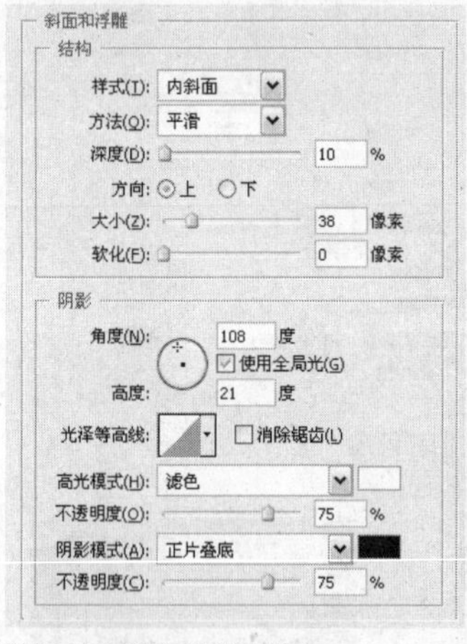

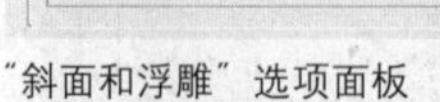
“斜面和浮雕”选项面板　　绿色图像效果

14 绘制线条

新建“图层18”，设置前景色为（R210、G239、B154），单击画笔工具，适当调整大小后，在图像中绘制图像。双击“图层18”，在弹出的“图层样式”对话框中设置“斜面和浮雕”参数，完成后单击“确定”按钮。

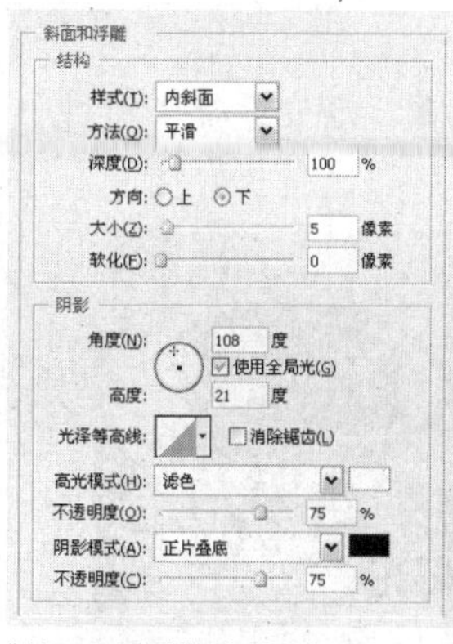

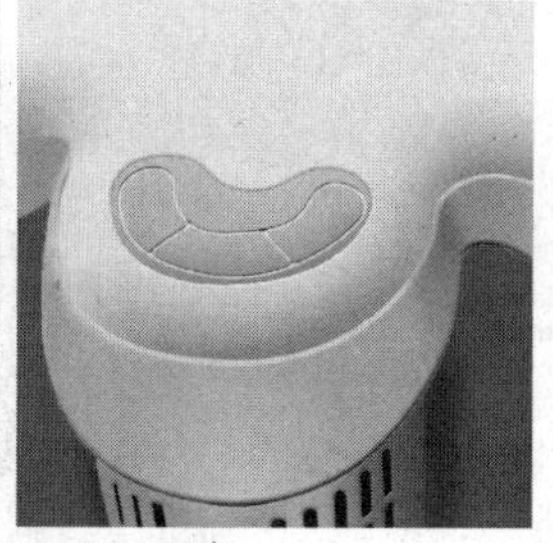

"斜面和浮雕"选项面板　　图层样式效果

15 绘制按钮

根据画面效果，在图像中输入适当的文字。新建"图层19"和"图层20"，在图像中绘制两个三角形和一个正方形的图像。

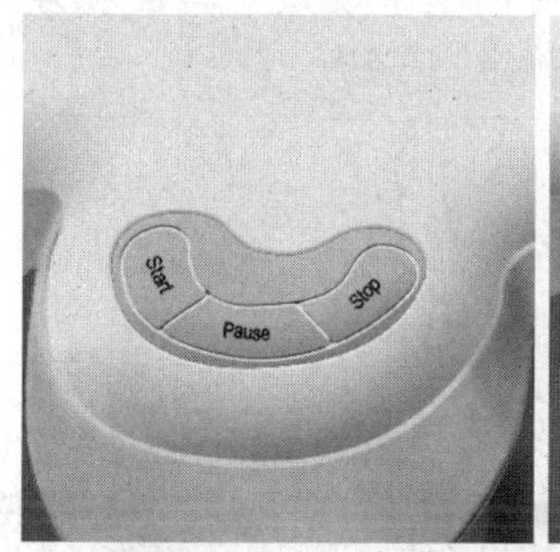

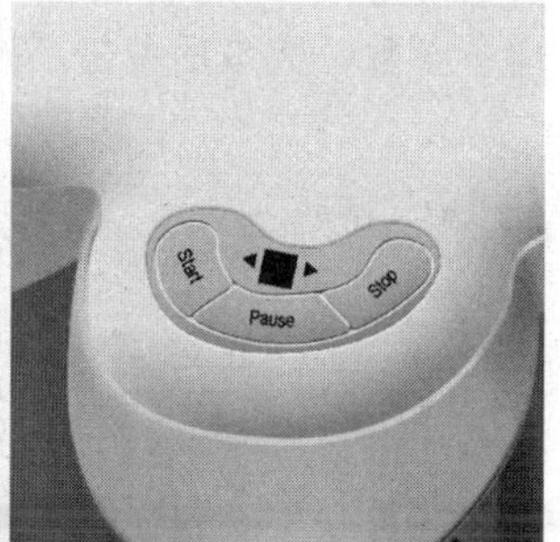

绘制按钮图像1　　绘制按钮图像2

16 添加图层样式

双击"图层20"，在弹出的"图层样式"对话框中设置"斜面和浮雕"参数，完成后单击"确定"按钮。

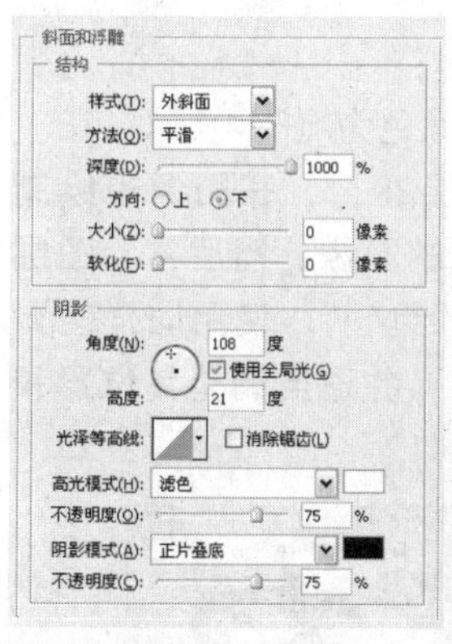

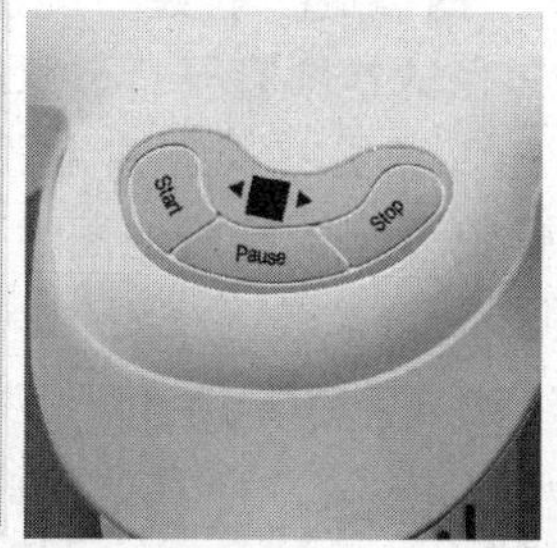

"斜面和浮雕"选项面板　　图层样式效果

17 添加灰色图像

复制"图层20"，并重命名为"图层21"，然后将图像填充为（R214、G241、B157），并在其上方添加表示温度的数字。将"图层16"～"图层21"创建为"组2"，新建"图层22"，单击钢笔工具，在图像中绘制一个顶盖形状的路径，并将其填充为（R110、G108、B96）。

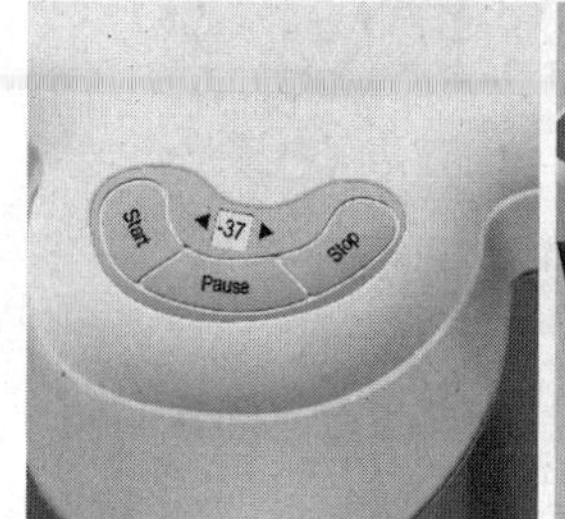

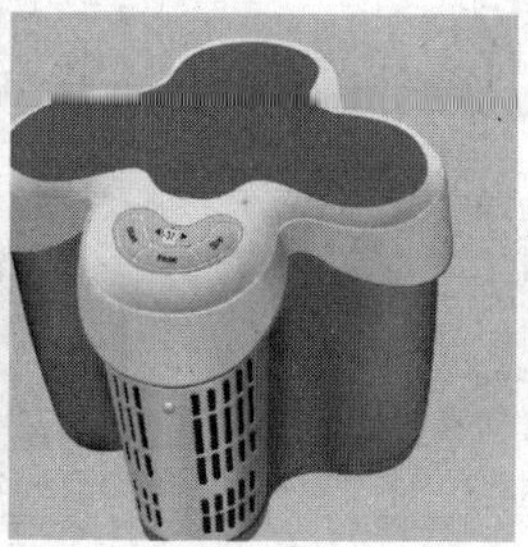

添加文字　　绘制灰色图像

18 添加图层样式

双击"图层22"，在弹出的"图层样式"对话框中设置"斜面和浮雕"参数，完成后单击"确定"按钮。

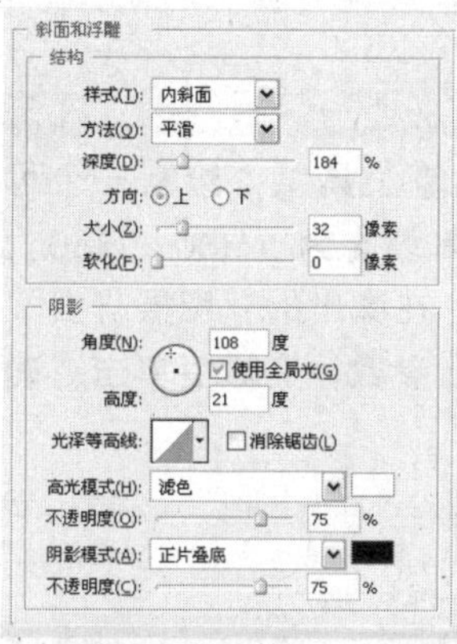

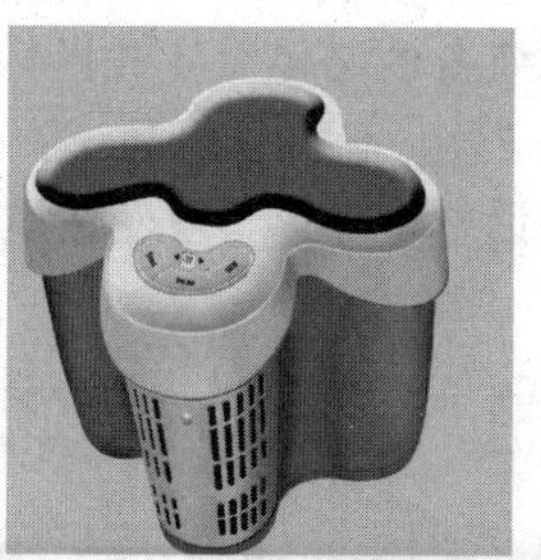

"斜面和浮雕"选项面板　　图层样式

19 复制并调整图像

复制"图层22"，调整其图层样式参数。

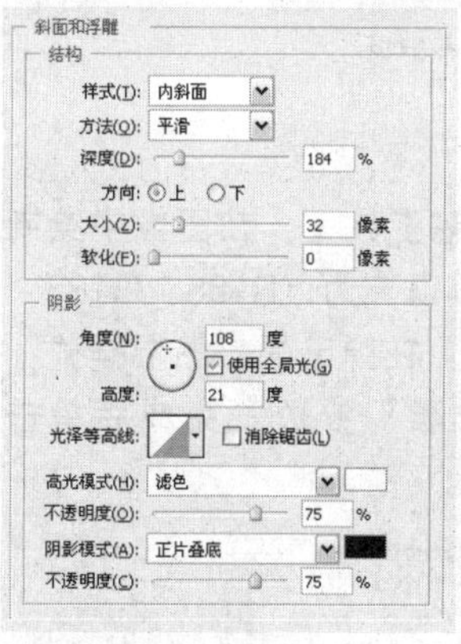

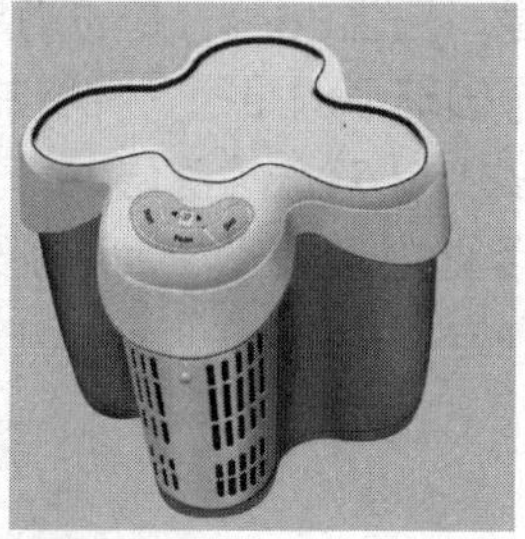

"斜面和浮雕"选项面板　　图层样式效果

20 制作冰箱内部效果

新建"图层23"，按住Ctrl键的同时单击"图层22"的图层缩览图载入选区，然后在该选区中填充一个由黑到透明的渐变效果。新建"图层24"，使用相同的方法将该区域填充为黑色，然后单击橡皮擦工具，在图像中擦出明暗变化效果，使其看起来更加立体，将"图层22"到"图层24"创建为"组3"。

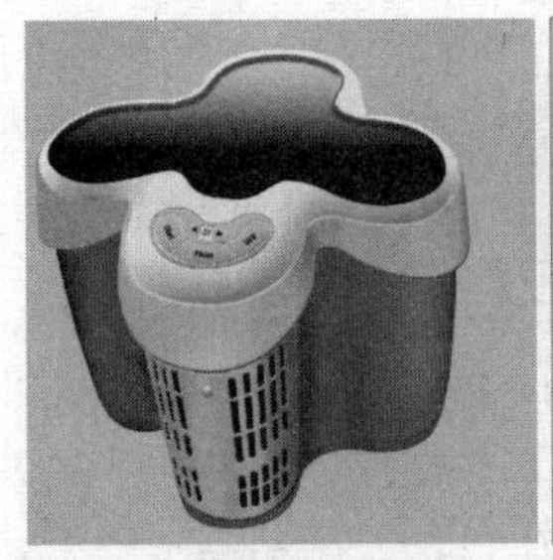

填充渐变色

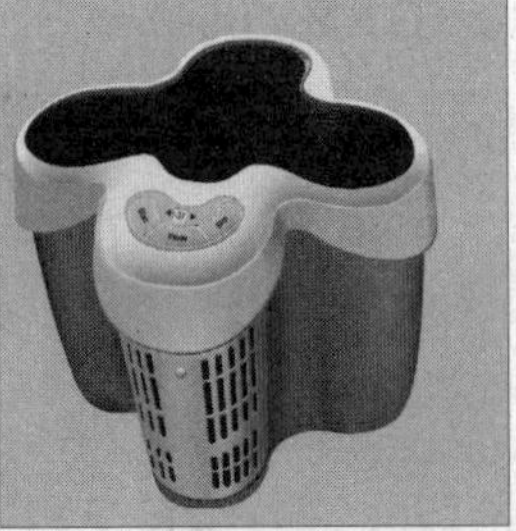

擦除多余图像

技巧点拨

在制作图像的立体效果时，除了使用加深和减淡工具以外，还可以通过多层图像的不同图层样式重叠来制作立体的效果。

21 添加灰色图像

新建“图层25”，单击钢笔工具，绘制一个可乐瓶身的路径，完成后将其填充为（R80、G80、B83）。双击“图层26”，在弹出的“图层样式”对话框中设置“渐变叠加”参数，完成后单击“确定”按钮。

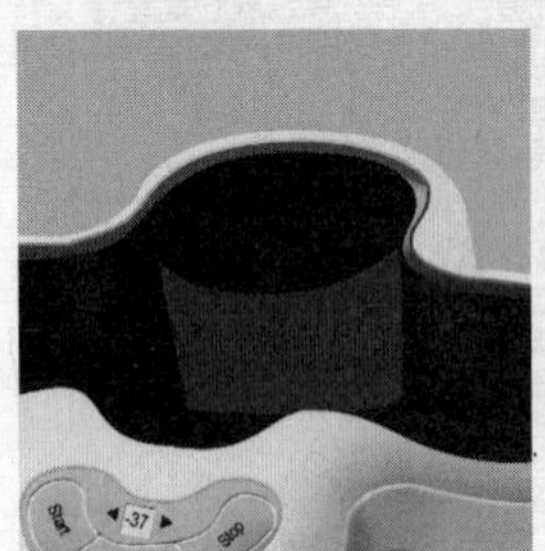

绘制灰色图像

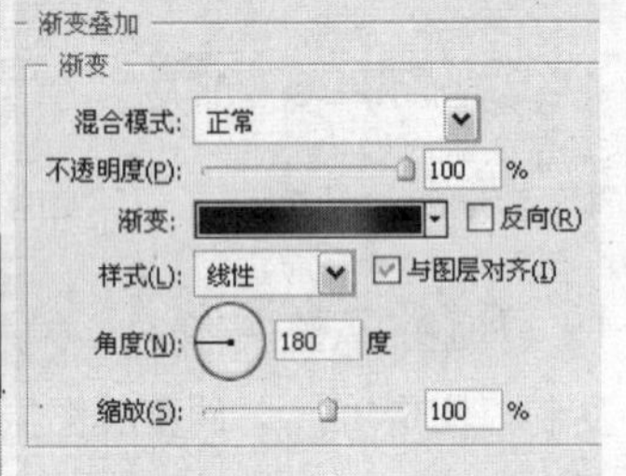

设置参数值

22 绘制圆圈图像

新建“图层26”，单击钢笔工具，在图像中绘制一个圆环形的路径，并将其填充为（R188、G188、B188）。双击“图层26”，在弹出的“图层样式”对话框中设置“斜面和浮雕”参数，完成后单击“确定”按钮。

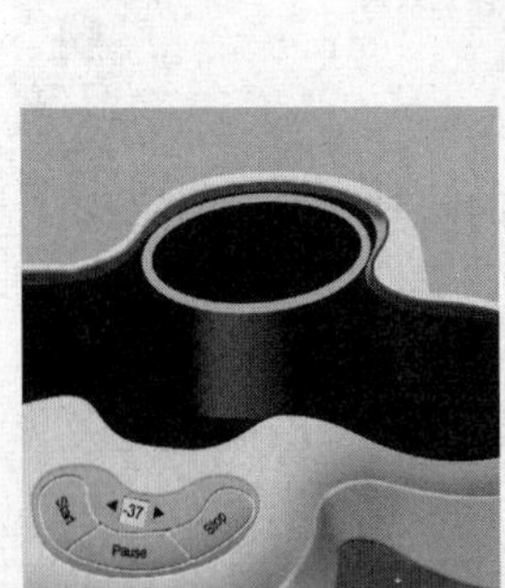

绘制圆圈图像

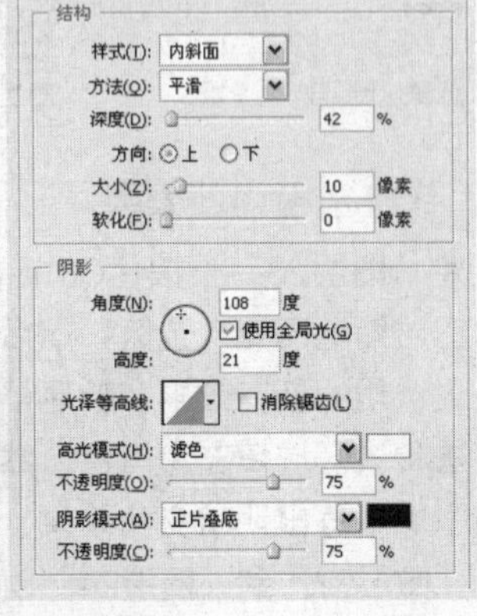

设置参数值

23 添加图层样式

在“图层样式”对话框中设置“渐变叠加”参数，完成后单击“确定”按钮。

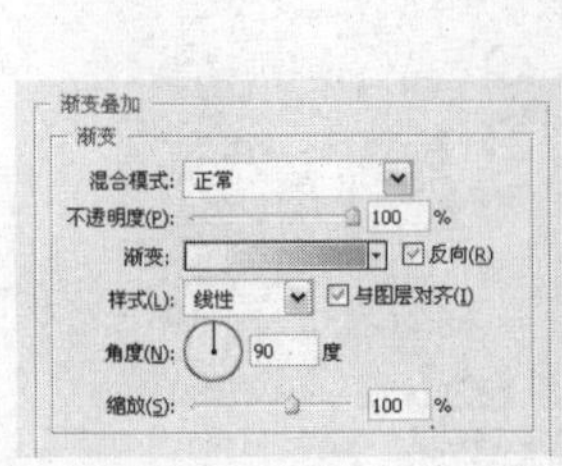

设置参数值

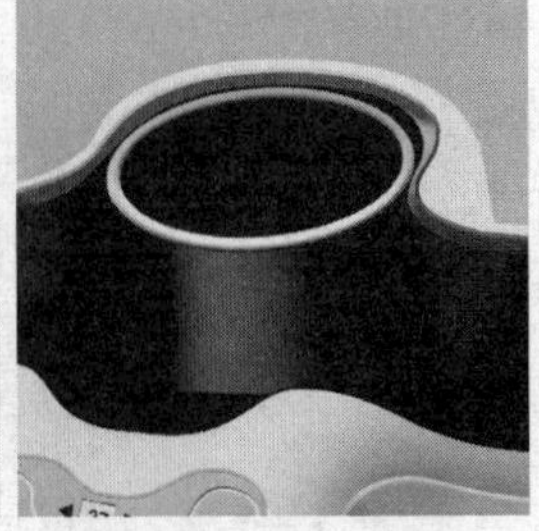

图层样式效果

24 绘制椭圆图像

新建“图层27”，在图像中绘制一个椭圆，并将其填充为（R188、G188、B188）。双击“图层27”，在弹出的“图层样式”对话框中设置“斜面和浮雕”参数，完成后单击“确定”按钮。

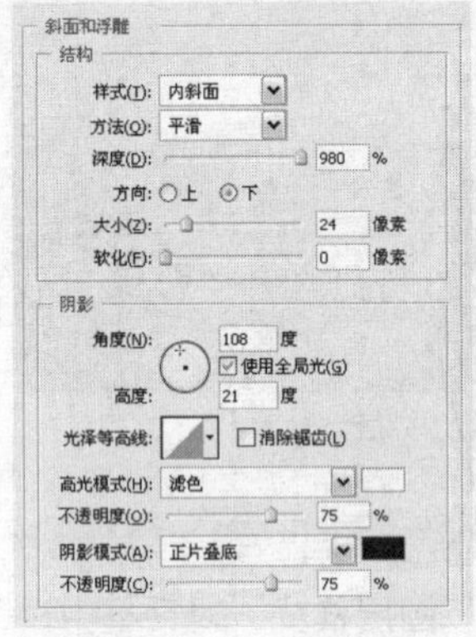

椭圆图像

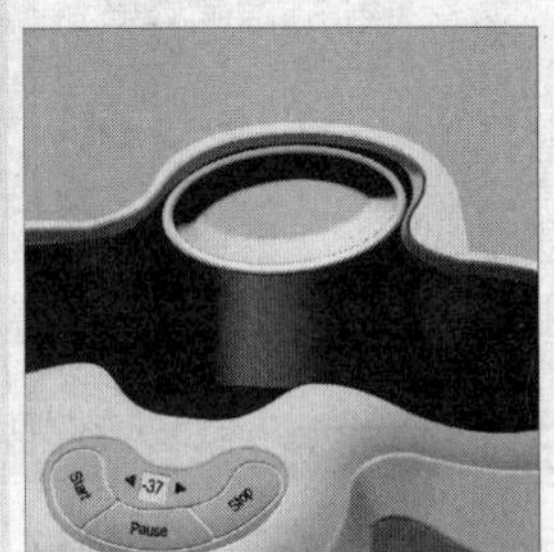

设置参数值

25 添加灌口图像

新建“图层28”，绘制一个颜色为（R118、G118、B188）的椭圆。新建“图层29”，在图像中绘制一个黑色的饮料罐开口形状的图像，然后将“图层25”～“图层29”创建为“组4”。使用同样的方法，复制多个饮料瓶的图像，并适当调整其位置和显示区域。

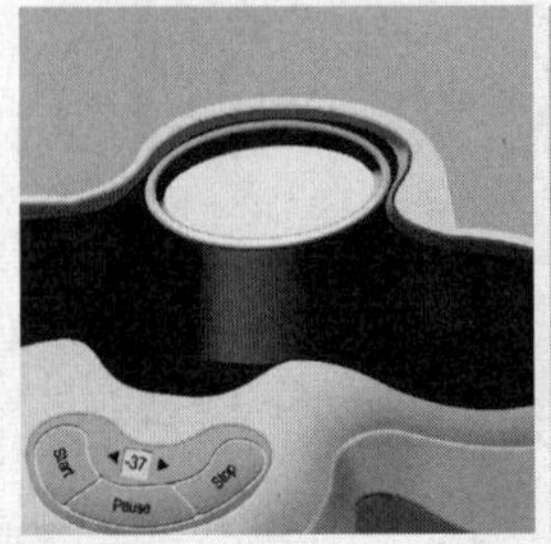

绘制椭圆图像

添加灌口图像

26 绘制黄色灌口

新建“图层30”，单击钢笔工具，绘制一个盖子形状的路径，并将其填充为（R225、G228、B64）。根据盖子的立体构成，对盖子的边缘进行加深处理。

绘制黄色图像

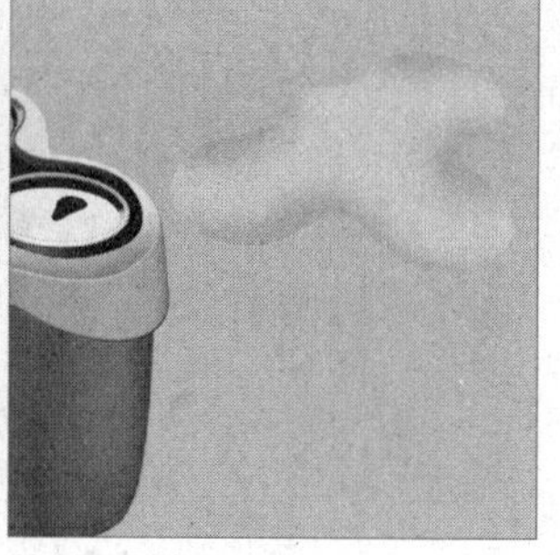
绘制阴影效果

27 添加“添加杂色”滤镜

执行“滤镜>杂色>添加杂色”命令，在弹出的对话框中设置参数，完成后单击“确定”按钮。

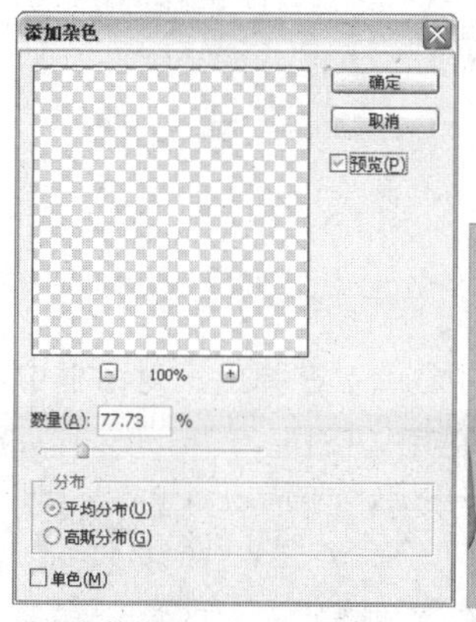

设置参数值

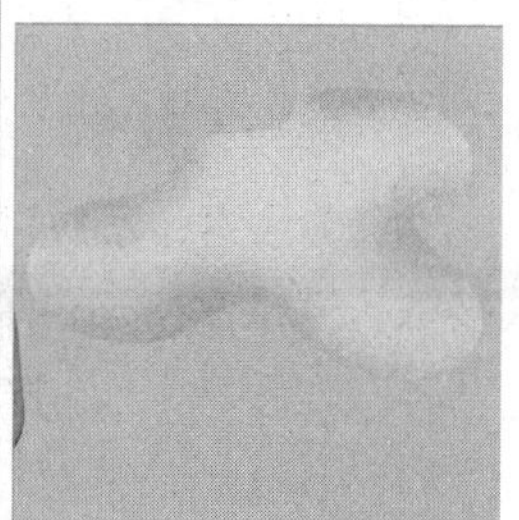
滤镜效果

28 绘制图像边缘

新建“图层31”，单击钢笔工具，沿盖子的边缘绘制三条不相连的路径，调整画笔大小，为其添加颜色为（R141、G144、B55），并添加模拟压力的描边。

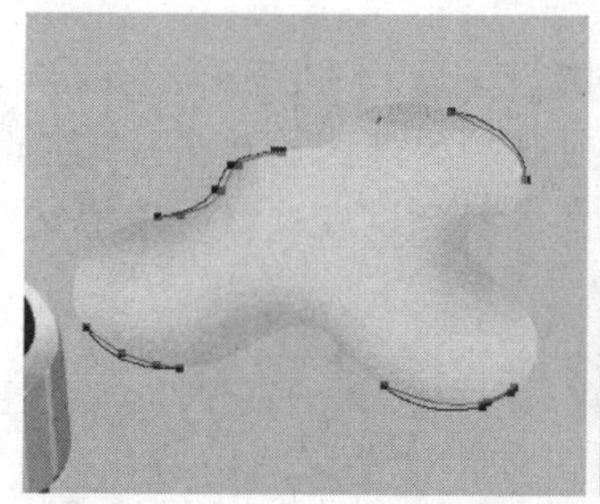
绘制路径

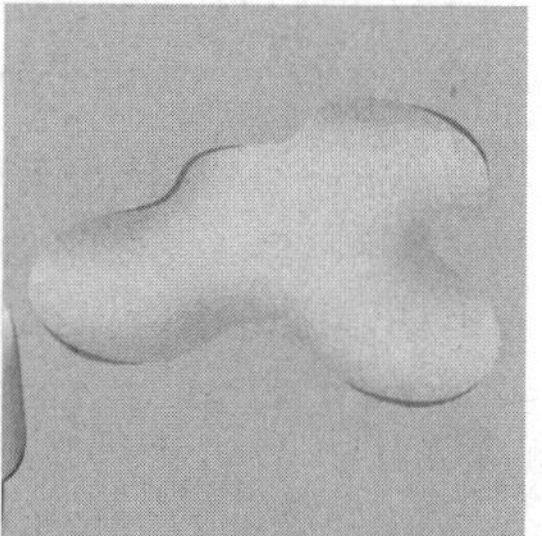
绘制边缘

29 调整图像

创建“图层29”和“图层30”的合并图层。隐藏“图层30”与“图层31”，使用自由变换工具适当调整图像的角度，调整“图层31（合并）”的“不透明度”80%。

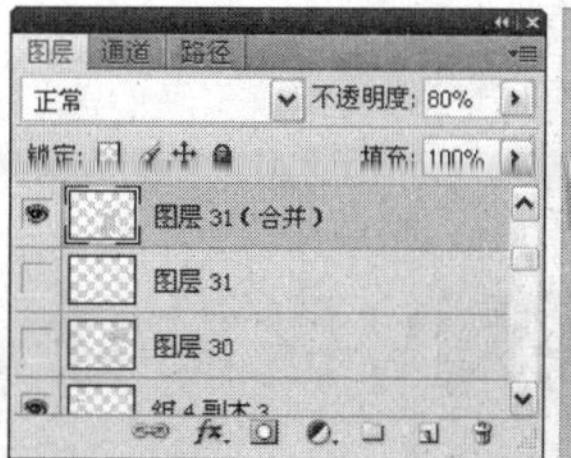

“图层”面板

调整图像

30 添加图像光影

复制“图层31（合并）”的副本，适当对其进行变形处理，调整其混合模式为“柔光”，“不透明度”为20%。根据画面效果，在“组1”的下方新建“图层33”，单击椭圆选框工具，在属性栏上设置“羽化”为150像素，按住Shift在图像上创建圆形选区。

混合模式效果

创建选区

31 制作阴影效果

选区创建完成后，单击渐变工具，从选区的中心向外填充选区由黑色到透明色的径向渐变，完成后取消选区。新建“图层34”，单击画笔工具，选择柔角笔刷，设置前景色为黑色，在图像上绘制黑色阴影。

填充选区颜色

阴影效果

32 制作光影效果

新建“图层35”，使用相同的方法绘制瓶盖的阴影图像，最后添加白色光影效果与文字信息。至此，本例制作完成。

混合模式效果

完成后的效果

17.2 钻石系列U盘设计

实例分析：本实例中的亮点在于钻石质感的制作，重点在于金属和钻石质感的配合，以及互相辉映的图像效果。

主要使用工具：钢笔工具、晶格化滤镜、画笔工具、文字工具

最终文件：Chapter 17\Complete\钻石系列U盘.psd

01 新建图像文件

执行"文件>新建"命令，在弹出的"新建"对话框中设置参数，新建图像文件。

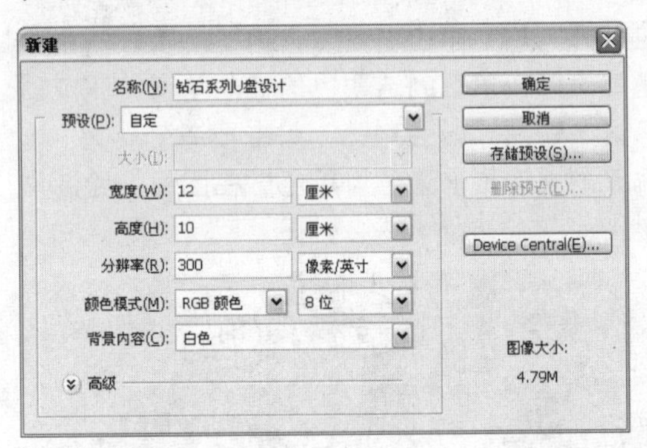

"新建"对话框

02 添加背景渐变色

填充背景颜色为（R186、G135、B184），单击渐变工具，设置渐变颜色为（R255、G206、B255）和（R186、G135、B184），然后在属性栏上单击"径向渐变"按钮，在图像中填充径向渐变。

填充图像颜色　　渐变效果

03 添加"颗粒"滤镜

执行"滤镜>纹理>颗粒"命令，在弹出的对话框中设置参数，完成后单击"确定"按钮。

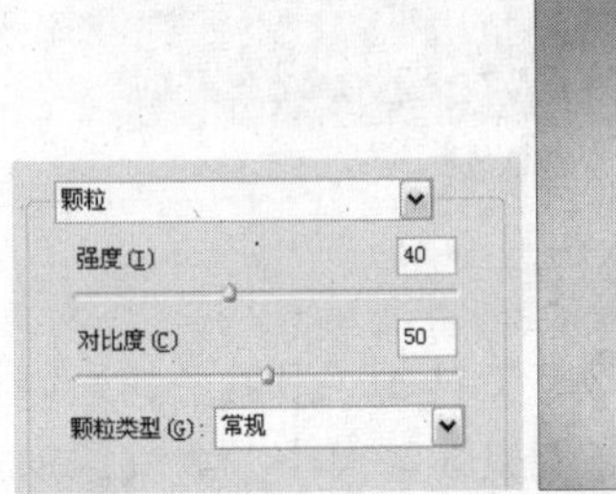

设置参数值　　颗粒效果

04 绘制钻石图案

新建"图层1"，单击钢笔工具，在图像中绘制半个心形的路径，然后将其转换为选区，单击画笔工具，选择同色系但不同的颜色，在选区中模拟钻石的明暗区域进行涂抹。

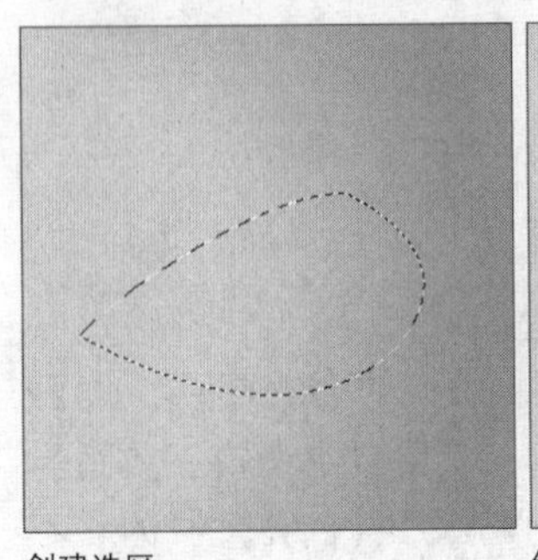

创建选区　　绘制图案

05 添加“晶格化”滤镜

执行“滤镜>像素化>晶格化”命令，在弹出的对话框中设置参数，完成后单击“确定”按钮。

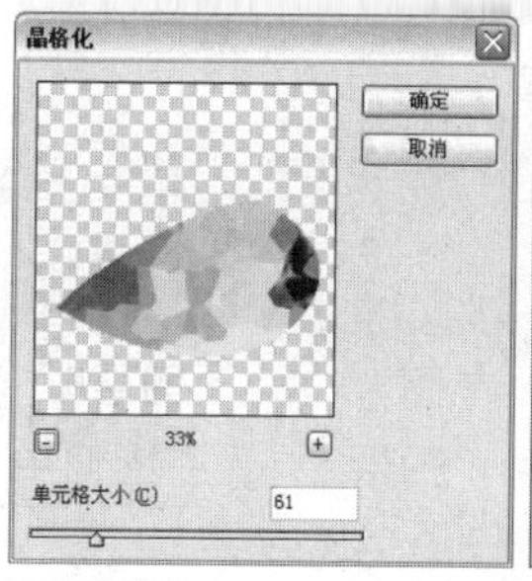

设置参数值

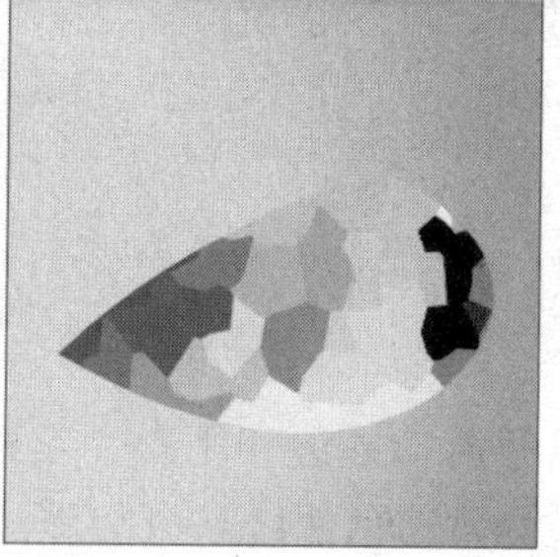

滤镜效果

技巧点拨

在设置“晶格化”滤镜参数时，可以通过该对话框中的图像预览区域，来预览设置后的图像效果。在设置时，用户应该根据对象的具体层次进行设置。

06 设置图层混合模式

新建“图层2”，在图像中绘制同样的半心形图像，对其设置小一些的“晶格化”效果，设置“图层2”的混合模式为“叠加”。

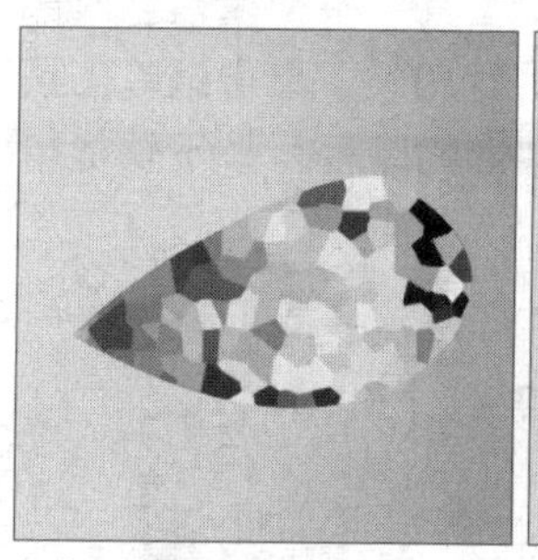

晶格化效果

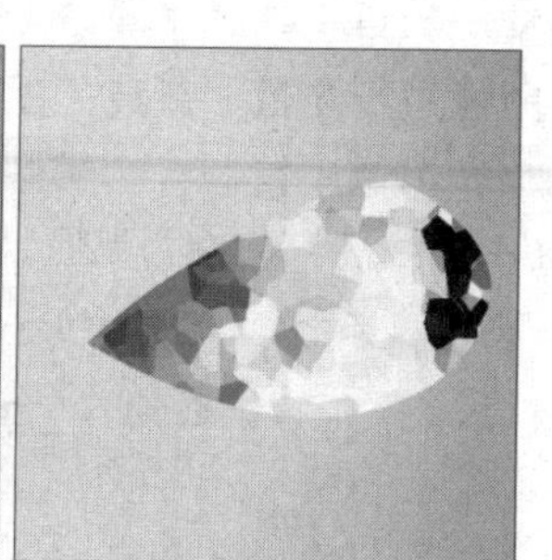

混合模式效果

07 调整图像颜色

单击“创建新的填充或调整图层”按钮，在弹出的菜单中执行“色相/饱和度”命令，在弹出的对话框中设置参数，完成后单击“确定”按钮。

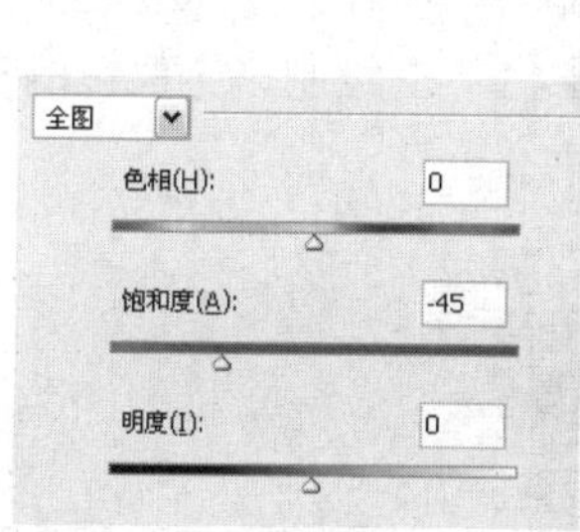

设置参数值

图像效果

08 填充选区颜色

新建“图层3”，单击钢笔工具，在图像中沿钻石的两面创建路径，并将其转换为选区，将选区填充为白色。

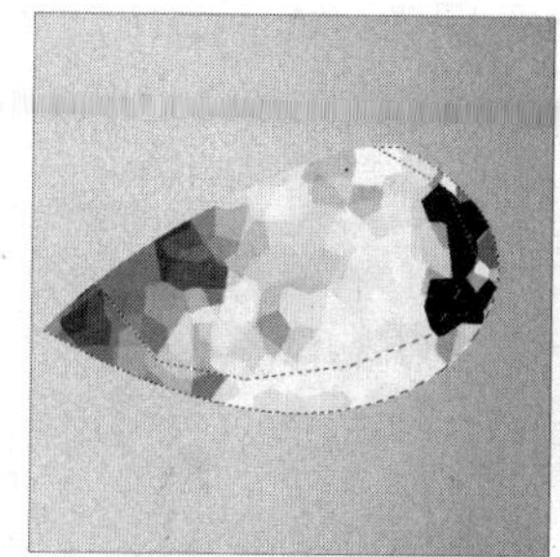

创建选区

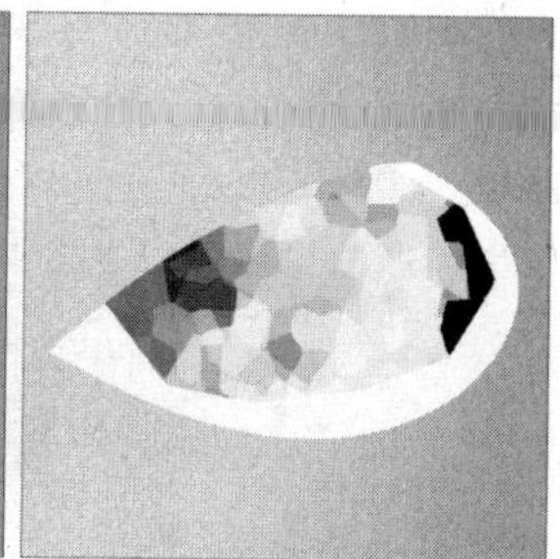

填充选区颜色

09 设置图层混合模式

调整“图层3”的混合模式为“柔光”。新建“图层4”，单击钢笔工具，在图像中根据钻石的形状构成，在图像中创建路径，完成后将路径转换为选区。

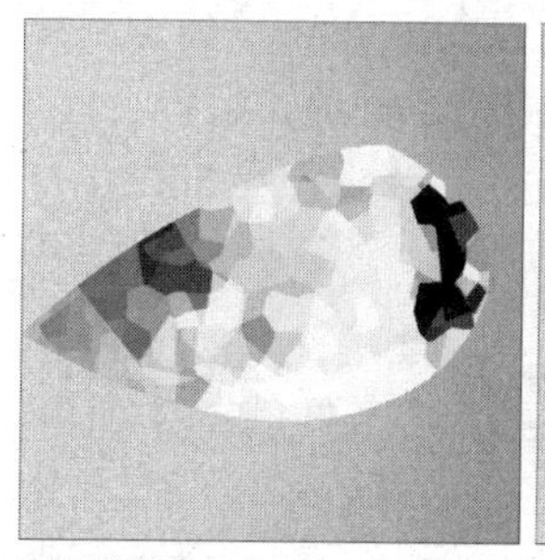

混合模式效果

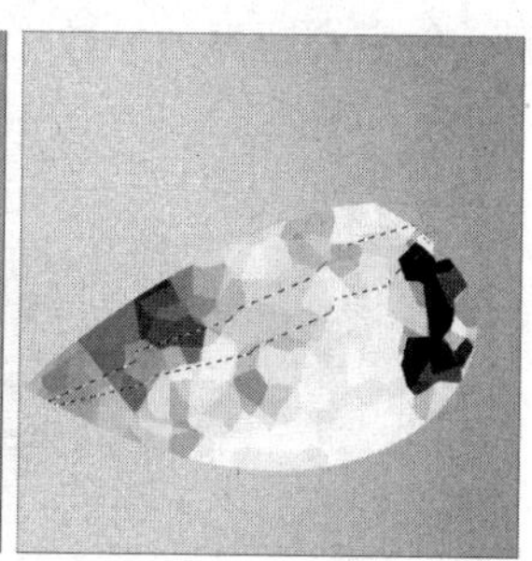

创建选区

10 添加图层样式

将选区填充为白色，然后双击“图层4”，在弹出的“图层样式”对话框中设置“斜面和浮雕”参数，为图像添加了“图层样式”效果，在“图层”面板中设置“图层4”的“填充”为0%。

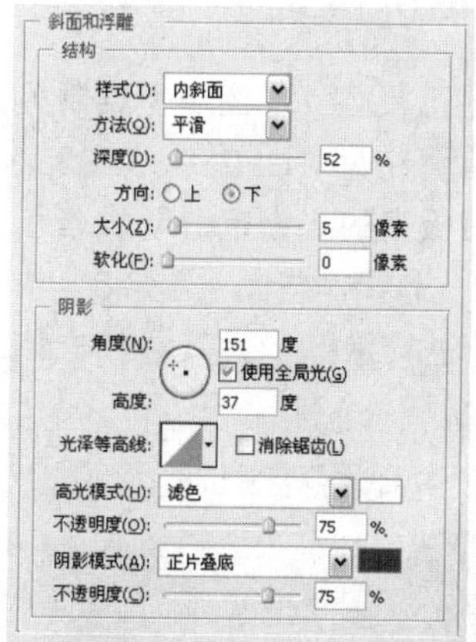

设置参数值

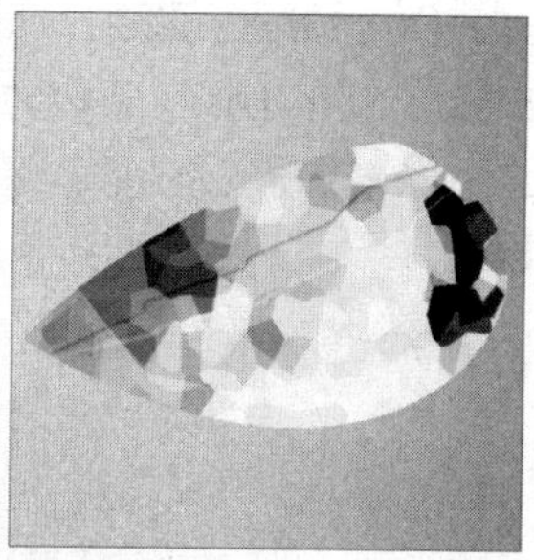

混合模式效果

11 编辑图层蒙版

单击“添加图层蒙版”按钮，为“图层4”添加蒙版，然后单击画笔工具，在蒙版中使用黑色进行涂抹，隐藏部分图像区域。新建“图层5”，单击钢笔工具，在心形图像的下方绘制一个月牙形的路径，完成后将其填充为（R160、G157、B164），并在上方绘制一条很细的黑线来强调图像的边缘。

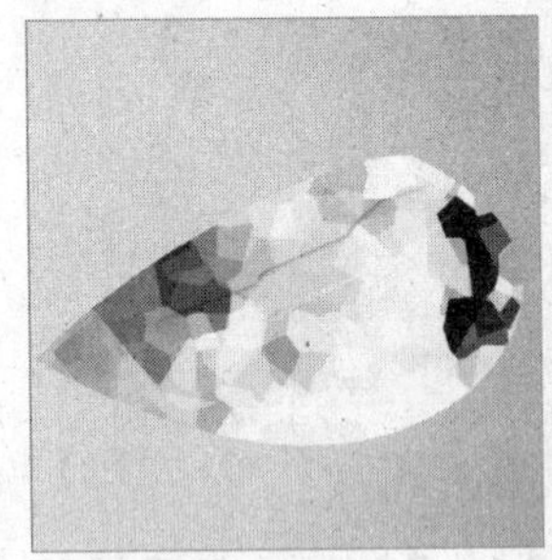
编辑蒙版效果

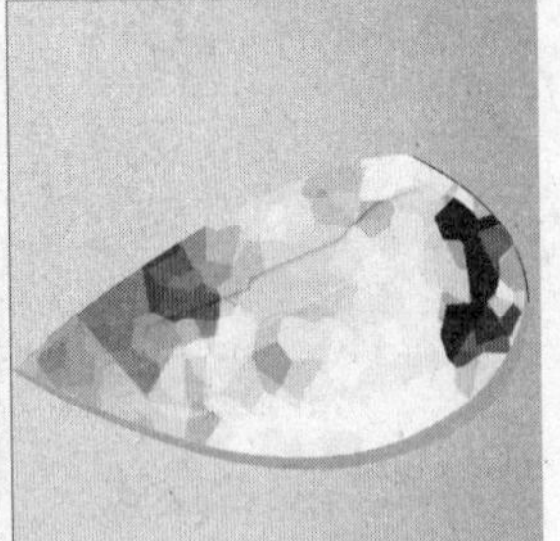
绘制灰色边缘

12 添加图层样式

双击“图层5”，在弹出的“图层样式”对话框中设置“斜面和浮雕”参数，完成后单击“确定”按钮，并将“图层1”～“图层5”创建为“组1”。

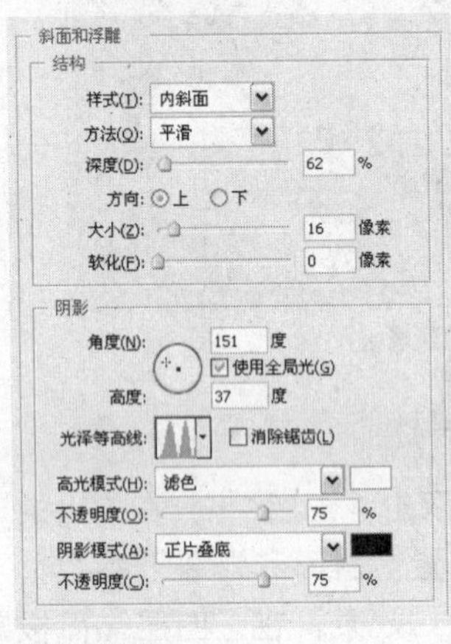

设置参数值

图层样式效果

13 绘制灰色图像

新建“图层6”，单击钢笔工具，在图像上绘制另一半心形的路径，并将其填充为（R223、G223、B225）。单击“图层”面板上的“锁定透明像素”按钮，单击画笔工具，选择一些比“图层6”中的图像较深和较浅的颜色进行涂抹，为其添加立体效果。

绘制灰色图像

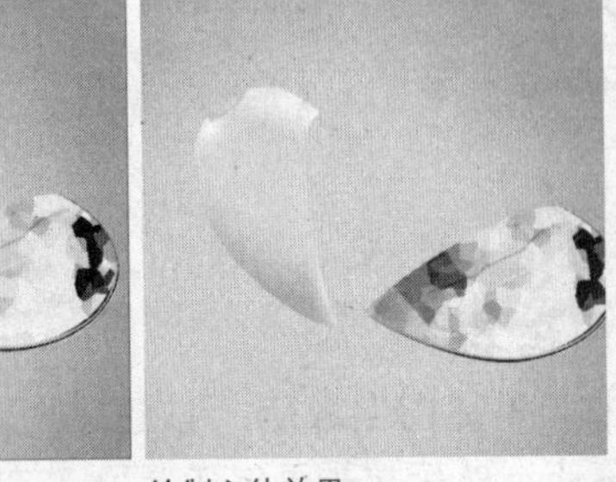
绘制立体效果

技巧点拨

在一个图像上绘制颜色，但又不希望超出原图像的图像范围时，可以在“图层”面板上单击“锁定透明像素”按钮，将图像中的透明像素进行锁定。这样在图像中绘制时，就不会影响到原图像中的空白区域了。

14 绘制黑色线条

新建“图层7”和“图层8”，在图像中为“图层6”的图像添加描边和阴影。新建“图层9”，在图像中绘制两条黑色的线条，加重图像的金属效果。

制作金属效果

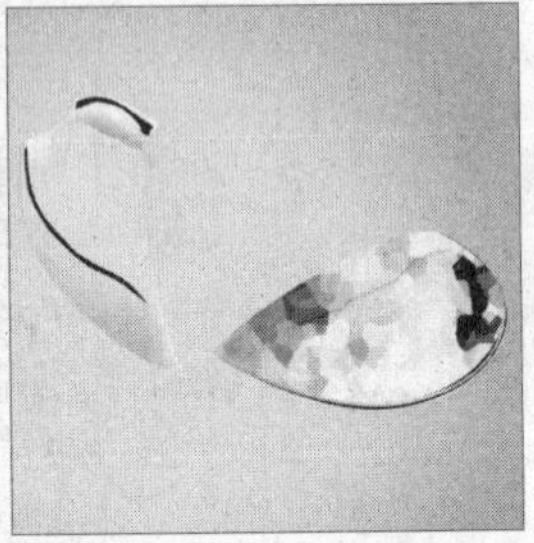
绘制黑色线条

15 编辑图层蒙版

单击“添加图层蒙版”按钮，为“图层9”添加蒙版，单击画笔工具，在蒙版中使用黑色对部分图像进行隐藏。新建“图层10”，单击钢笔工具，在图像中绘制一个椭圆形的路径，按下快捷键Ctrl+Enter将其转换为选区。

编辑蒙版效果

创建选区

16 填充选区渐变色

为图像填充（R91、G91、B95）到（R221、G220、B224）的渐变，新建“图层11”，绘制一个黑色的圆角矩形。

渐变效果

绘制黑色矩形图像

17 添加图层样式

双击“图层11”，在弹出的“图层样式”对话框中设置“斜面和浮雕”参数，完成后单击“确定”按钮。

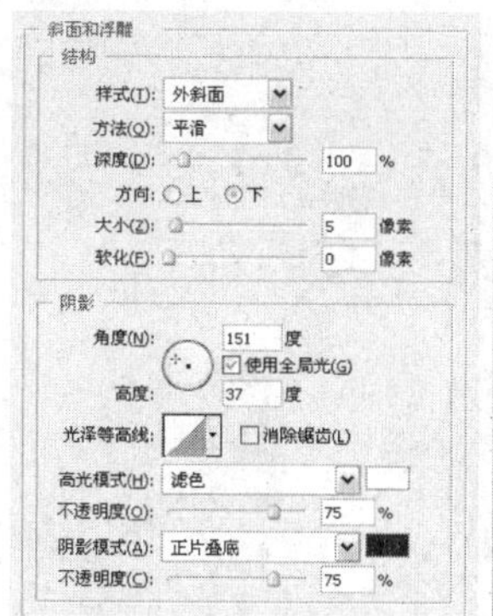

设置参数值

图层样式效果

18 添加黑色图像

新建“图层12”，在黑色圆角矩形的上方绘制一个黑色的圆点。双击“图层12”，在弹出的“图层样式”对话框中设置“斜面和浮雕”参数，完成后单击“确定”按钮。

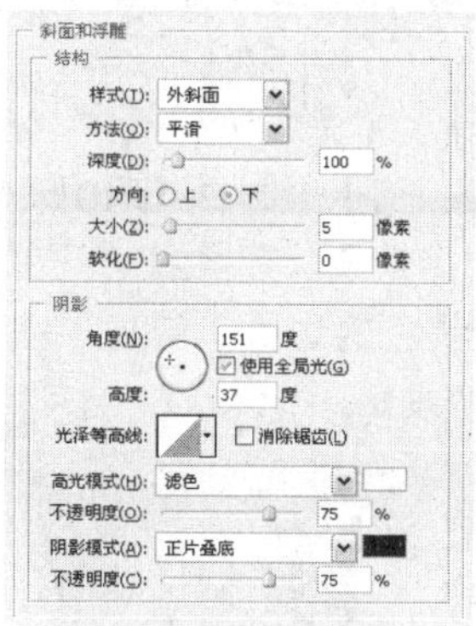

设置参数值

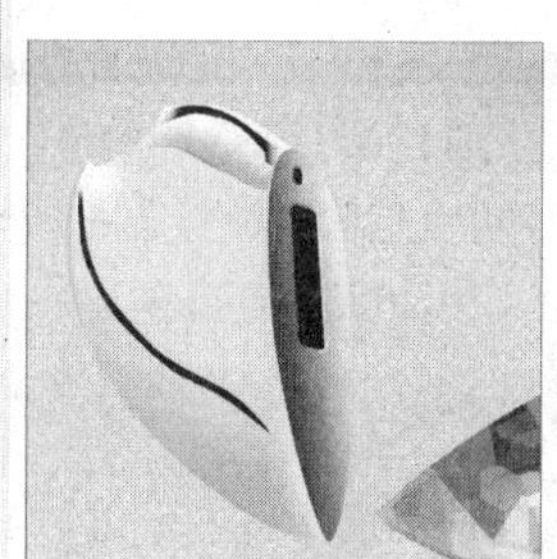

图层样式效果

19 绘制白色图像

新建“图层13”，在黑色的圆点上绘制一个颜色为（R203、G204、B208）和白色的圆点，双击“图层13”，在弹出的“图层样式”对话框设置“斜面和浮雕”参数，完成后单击“确定”按钮。

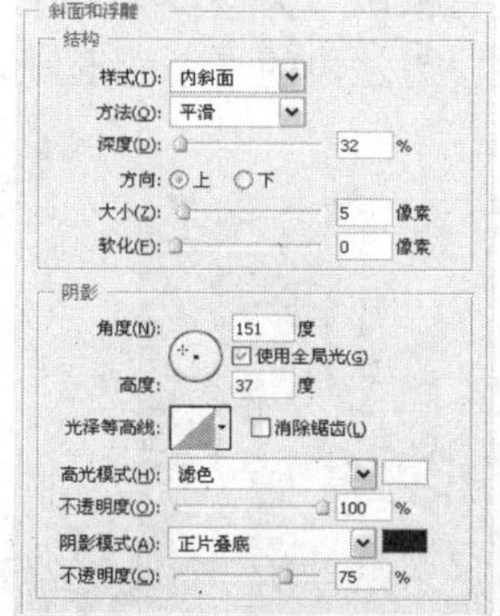

设置参数值

图层样式效果

20 绘制灰色接口

创建“图层12”和“图层13”的合并图层，然后将其移动到图像的下方，将“图层10”～“图层13创建为“组2”。新建“图层14”，在图像中绘制一个颜色为（R172、G173、B177）的USB接口图形。

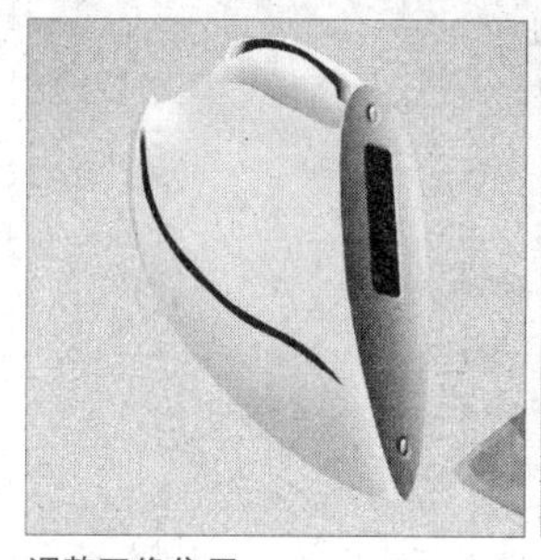

调整图像位置

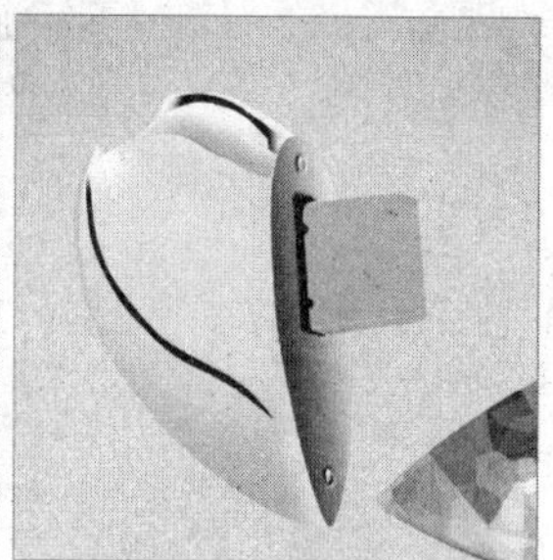

绘制接口图像

21 填充渐变色

新建“图层15”，在USB接口的一个面上添加（R87、G88、B91）到透明的渐变。新建“图层16”，在USB接口的后方绘制两个黑色的圆点。

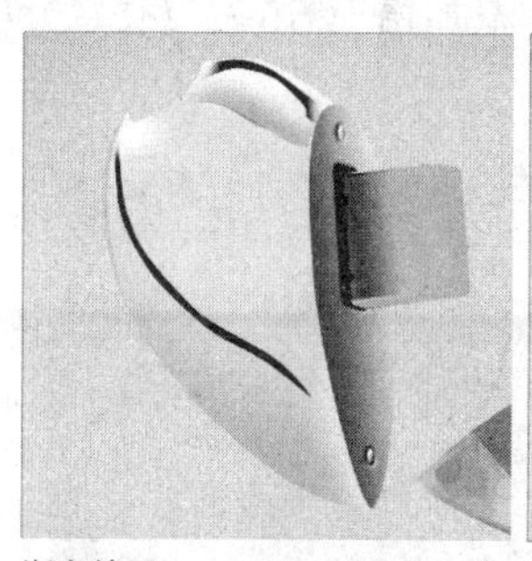

渐变效果

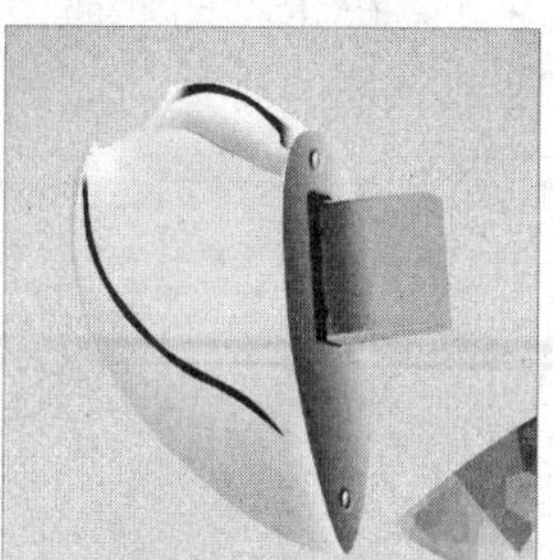

绘制黑色圆点

22 添加图层样式

双击“图层16”，在弹出的“图层样式”对话框中设置“斜面和浮雕”参数，完成后单击“确定”按钮。

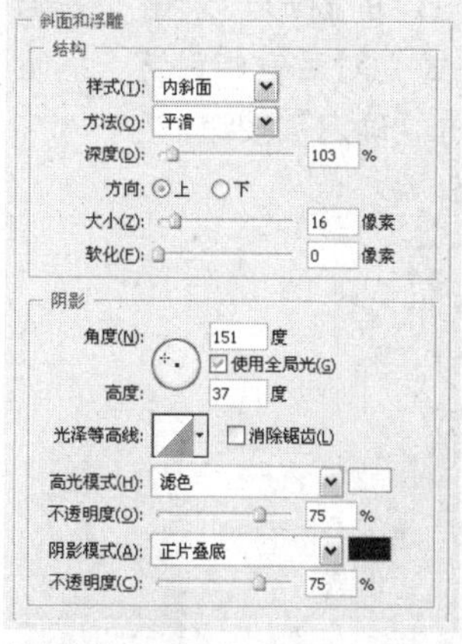

设置参数值

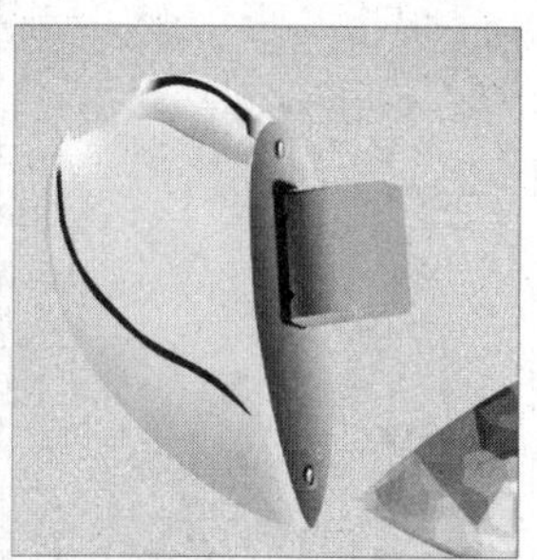

图层样式效果

23 绘制黑色矩形图像

新建“图层17”，在USB接口上绘制两个黑色的矩形图像。双击“图层17”，在弹出的“图层样式”对话框中设置“斜面和浮雕”参数，完成后单击“确定”按钮。

绘制黑色矩形图像

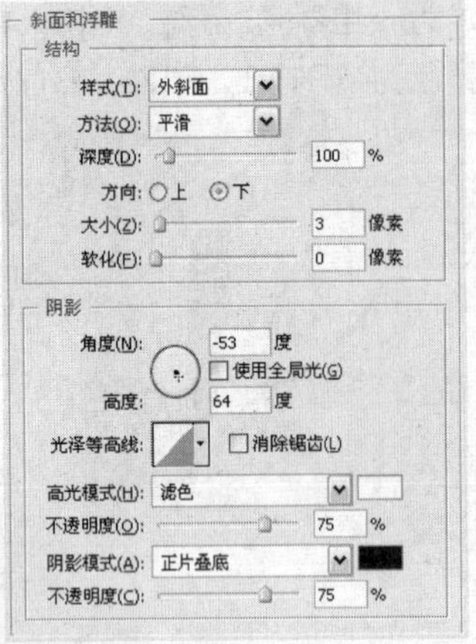

设置参数值

24 填充图像渐变色

通过上一步的设置，得到图层样式效果。新建“图层18”，在USB的底面上添加由（R56、G56、B60）到透明的渐变。

图层样式效果

渐变效果

25 绘制圆圈图像

新建“图层19”，在USB接口上绘制一个颜色为（R128、G128、B128）的圆形。双击“图层19”，在弹出的“图层样式”对话框中设置“斜面和浮雕”参数，完成后单击“确定”按钮。

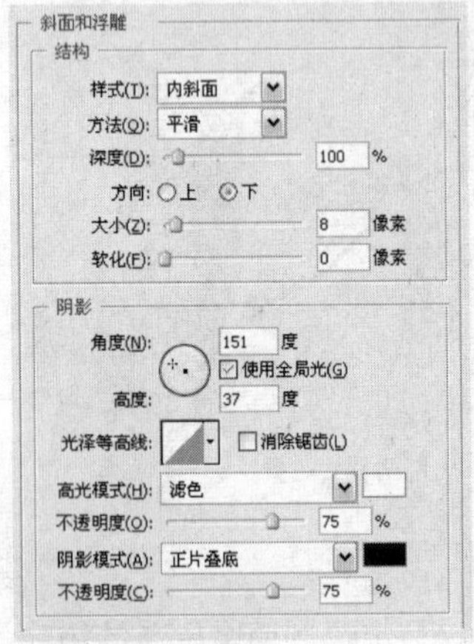

设置参数值

图层样式效果

26 添加图层样式

重新设置该图层的“斜面和浮雕”参数，完成后单击“确定”按钮。通过设置，得到图层样式效果。

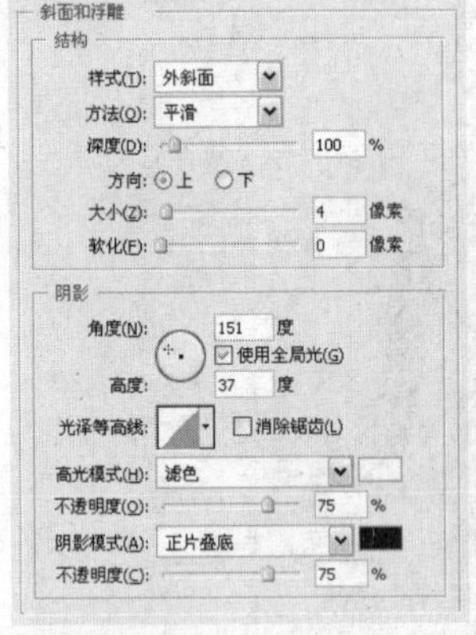

设置参数值

图层样式效果

技巧点拨

在两个相同的图像需要进行不同的设置时，可以在制作一个图像后，再复制一个该图像的副本，然后再进行不同的设置。

27 绘制接口阴影

新建“图层20”，在USB的接口面上绘制由（R101、G102、B106）到透明的渐变。新建“图层21”，在图像中为USB接口绘制一个黑色的边缘。新建“图层22”，为USB接口创建一个投影。

渐变效果

阴影效果

28 绘制按钮

为“图层22”添加蒙版，并在蒙版中为该投影制作渐隐效果。使用相同的方法，为左边的半个心形制作一个按钮。

编辑蒙版效果

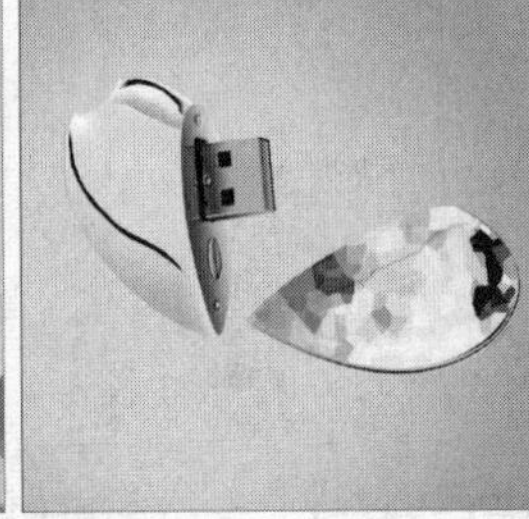

绘制按钮

29 添加图层样式

新建“图层24”，在图像的下方绘制一个颜色为（R128、G128、B128）的月牙形状的图像，然后双击该图层，在弹出的“图层样式”对话框中设置“斜面和浮雕”参数，完成后单击“确定”按钮。

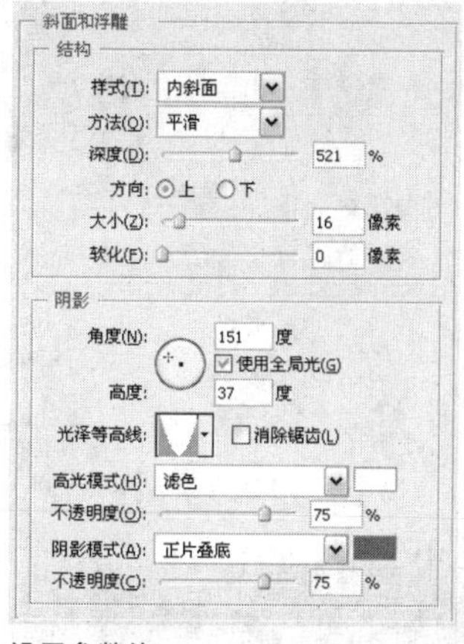

设置参数值

图层样式效果

30 绘制图像

新建“钻石2”图层，在图像中绘制钻石图像。新建“图层25”，在图像中绘制半个心形。

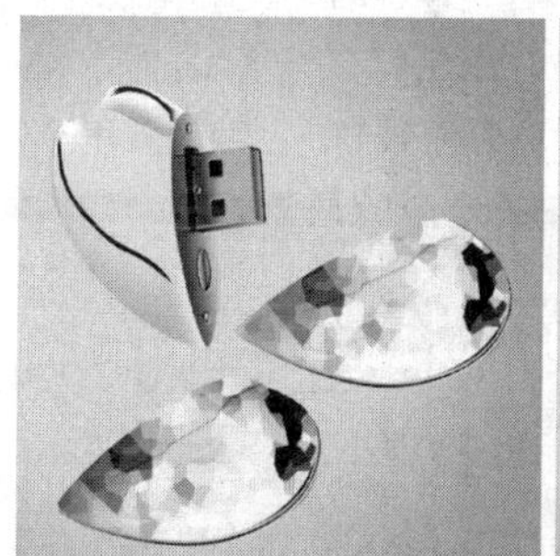

绘制心形钻石

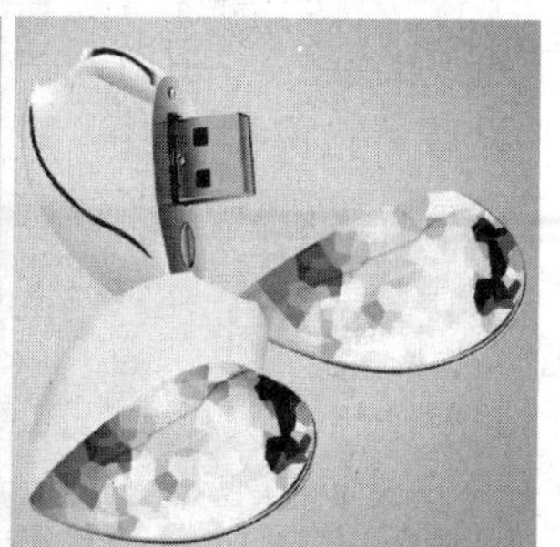

绘制心形灰色图像

31 添加阴影效果

新建“图层26”，为心形图像添加亮光。新建“图层27”，在图像中为心形图像添加阴影。

添加亮光效果

阴影效果

32 打开素材图像

新建“图层27”，加强心形图像中的阴影效果。打开附书光盘\实例文件\Chapter 17\Media\绳子.psd文件。

制作阴影图像

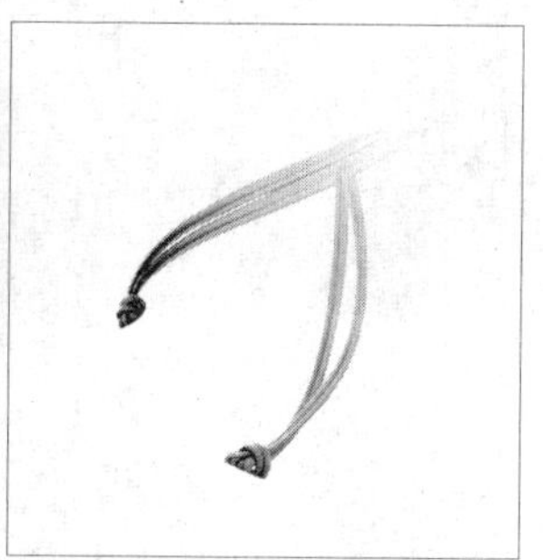

素材图像

33 添加素材图像

将绳子图像添加到当前图像文件中，适当调整其位置和大小。根据画面效果，使用画笔工具和横排文字工具，在图像中添加点装饰图像和文字效果。至此，本例制作完成。

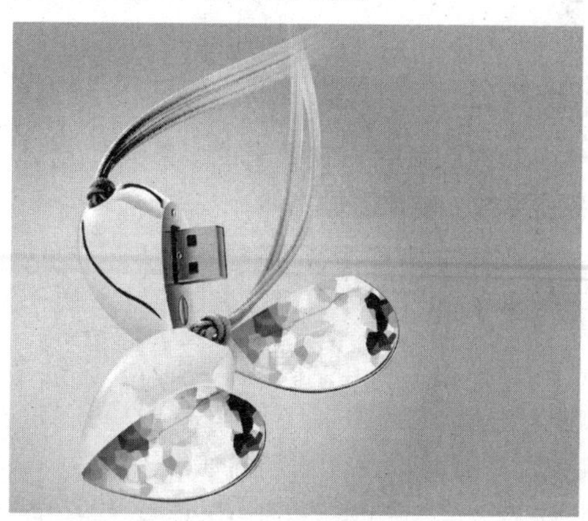

添加素材图像

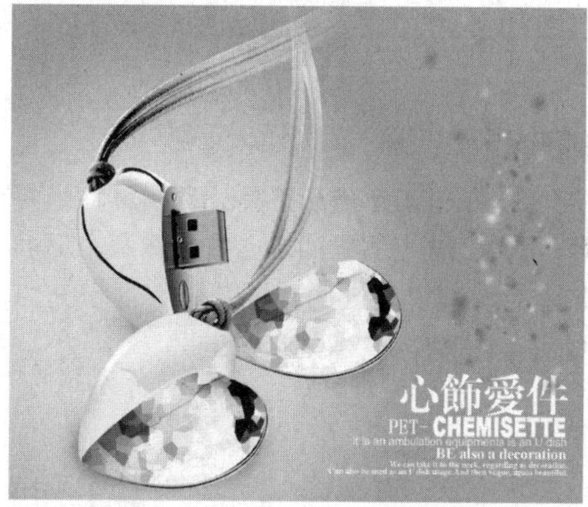

完成后的效果

17.3 米奇界面图标设计

实例分析：本实例的画面颜色比较活泼、鲜艳，并以米奇的头像为主体，进行各种图标的延伸创作。

主要使用工具：钢笔工具、画笔工具、图层样式

最终文件：Chapter 17\Complete\米奇界面图标设计.psd

01 新建图像文件

执行“文件>新建”命令，在弹出的“新建”对话框中设置各项参数，新建图像文件。

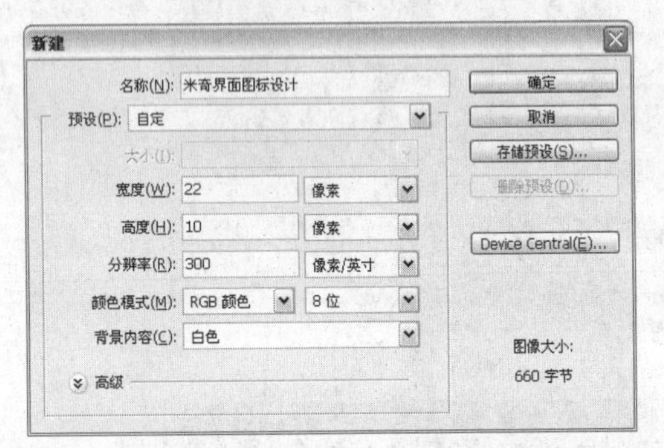

“新建”对话框

02 填充选区颜色

新建“图层1”，单击圆角矩形工具，在属性栏中设置“半径”为100，在图像的左上方创建两个环形的圆角矩形路径，将其转换为选区，将选区填充为（R188、G191、B198），取消选区。

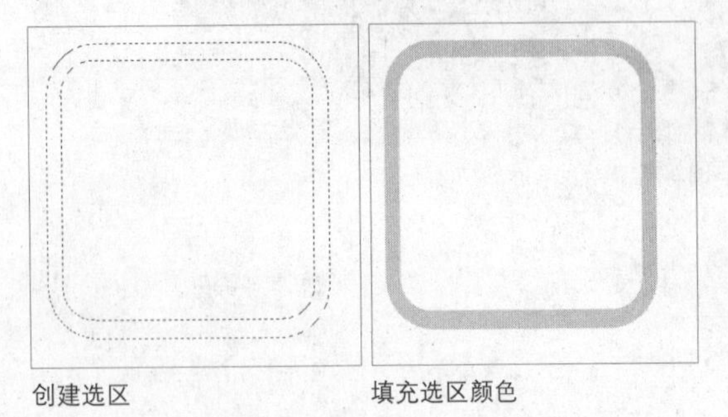

创建选区　　填充选区颜色

03 添加图层样式

双击“图层1”，在弹出的“图层样式”对话框中分别设置“斜面和浮雕”和“渐变叠加”参数，单击“确定”按钮，为图像添加了金属的质感。

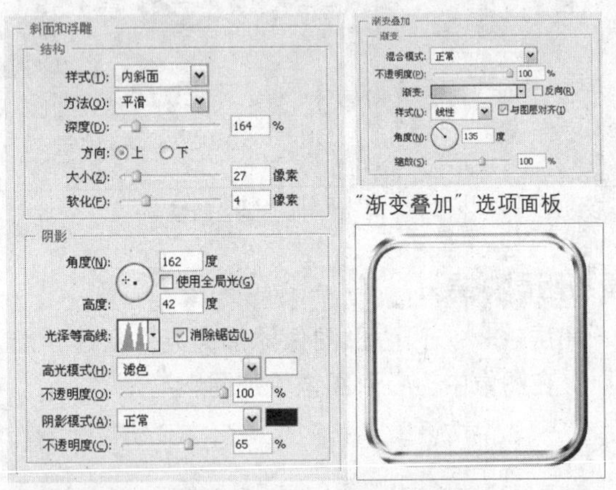

“斜面和浮雕”选项面板　“渐变叠加”选项面板　图层样式效果

技巧点拨

要打开“图层样式”对话框，双击该图层的缩览图和图层名称后方的灰色部分都可以。但单击图层的名称，不能弹出该对话框。

04 绘制灰色图像

新建“图层2”，单击钢笔工具，在图像的左上方创建一个圆角矩形路径，并将其转换为选区，然后填充颜色为（R193、G197、B198）。

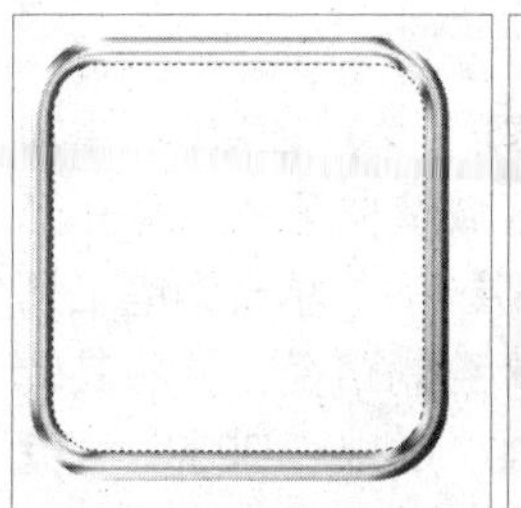

创建选区

填充灰色图像

05 添加图层样式

双击“图层2”，在弹出的“图层样式”对话框中分别设置“内阴影”和“斜面和浮雕”参数，设置完成后单击“确定”按钮。

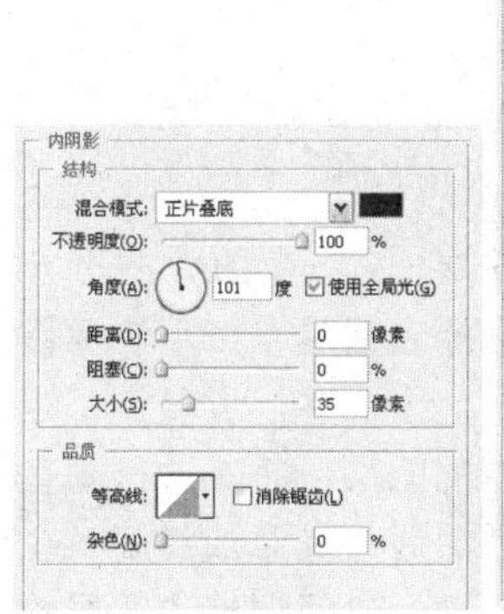

“内阴影”选项面板

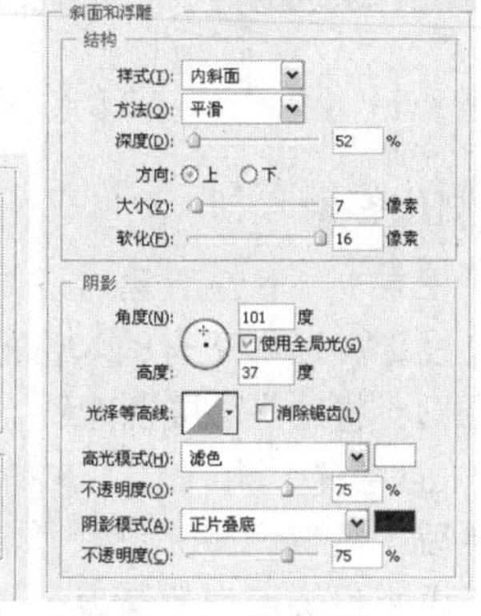

“斜面和浮雕”选项面板

图层样式效果

06 绘制灰色图像

新建“图层3”，单击钢笔工具，在图像中创建路径，并将其转换为选区，单击渐变工具，设置渐变颜色为（R129、G134、B128）和（R62、G62、B63），为选区添加渐变，完成后取消选区。调整“图层3”的混合模式为“变暗”，使该图像叠加到原图像中。

渐变效果

混合模式效果

07 绘制米奇图像

新建“图层4”，单击钢笔工具，在图像中绘制一个米奇头像的路径，将其转换为选区，填充为（R18、G144、B254）。

创建选区

填充选区颜色

08 添加图层样式

双击“图层4”，在弹出的“图层样式”对话框中设置“斜面和浮雕”参数，完成后单击“确定”按钮。

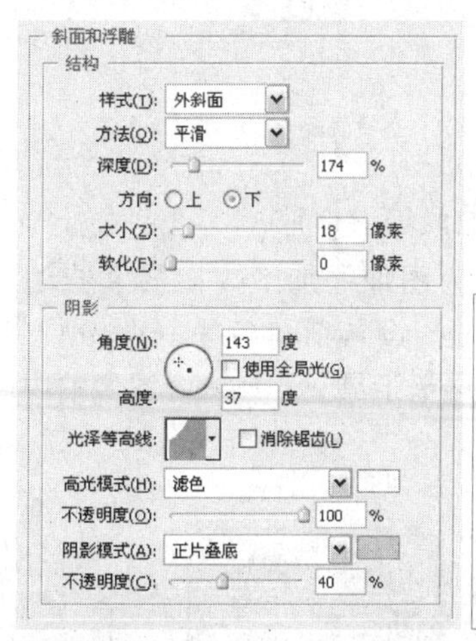

设置参数值

图层样式效果

09 绘制米奇图像边缘

设置“图层4”的“填充”为0，然后单击钢笔工具，在图像中绘制一个米奇头像的路径，将其转换为选区，将选区填充为（R31、G191、B254）。

设置图层填充效果

填充选区颜色

10 绘制图像阴影效果

单击“锁定透明像素”按钮，单击加深工具，在属性栏上设置“范围”为“中间调”，设置“曝光度”为50%，在米奇图像的边缘部分进行涂抹。

混合模式效果

绘制阴影效果

11 添加图层样式

双击“图层4”，在弹出的“图层样式”对话框中分别设置“内阴影”和“描边”参数，单击“确定”按钮。

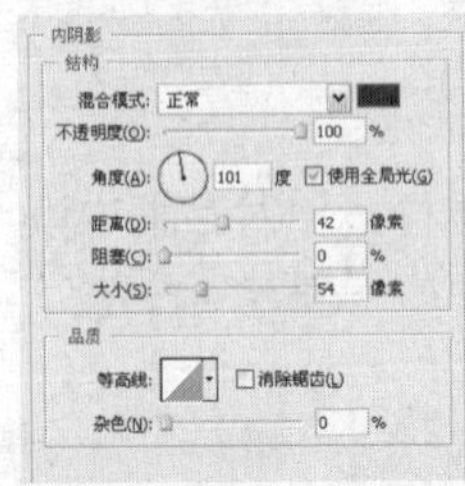

“内阴影”选项面板

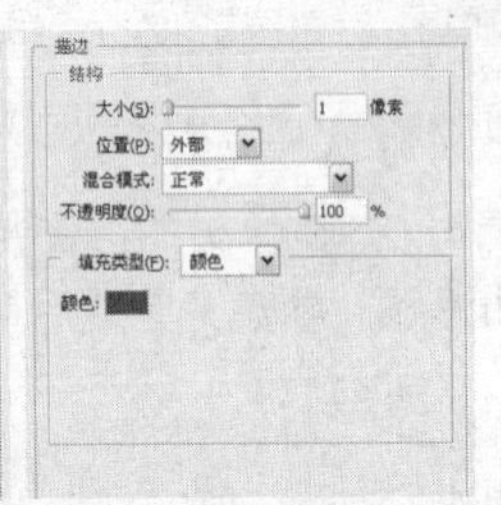

“描边”选项面板

12 绘制米奇图像白色光影

通过上一步的设置，为图像添加了内阴影和描边效果。新建“图层5”，设置前景色为（R194、G252、B254），单击画笔工具，在米奇图像的中部单击鼠标添加颜色。

图层样式效果

绘制白色光影

13 添加并编辑图层蒙版

单击“添加图层蒙版”按钮，为“图层5”添加蒙版，然后在蒙版中将米奇图像以外的区域填充为黑色。新建“图层6”，单击钢笔工具，在米奇图像的边缘处，创建多个亮光的路径，并分别填充为适合的颜色。

编辑蒙版效果

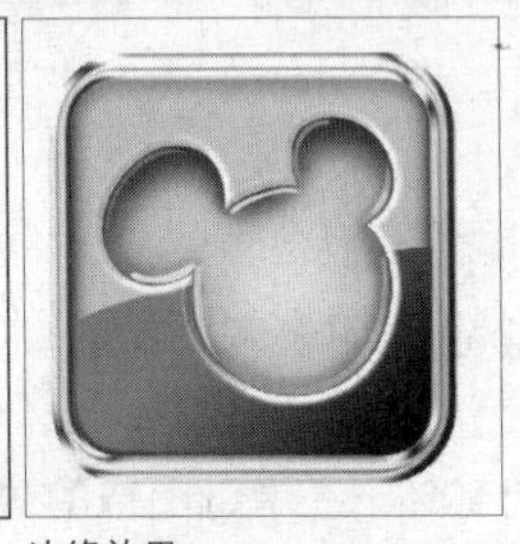
边缘效果

14 编辑图层蒙版

单击“添加图层蒙版”按钮，为“图层6”添加蒙版，然后在蒙版中的部分区域填充黑色，为亮光图像制造过度效果。新建“图层7”，单击钢笔工具，在米奇图像的下方沿边缘绘制路径，并将其转换为选区，将选区填充为（R239、G239、B239），完成后调整其混合模式为“正片叠底”。

过度效果

混合模式效果

15 制作倒影

在“图层1”下方新建“图层8”，在图像的下方绘制投影。选中所有的米奇标志图层，按下快捷键Ctrl+G，将这些图层创建到“组1”中，并复制“组1”，且合并“组1副本”中的图层。将其进行垂直翻转后，适当调整其位置，然后为其添加蒙版，在蒙版中制作该图像的渐隐效果，最后调整该图层的“不透明度”为30%。

制作投影

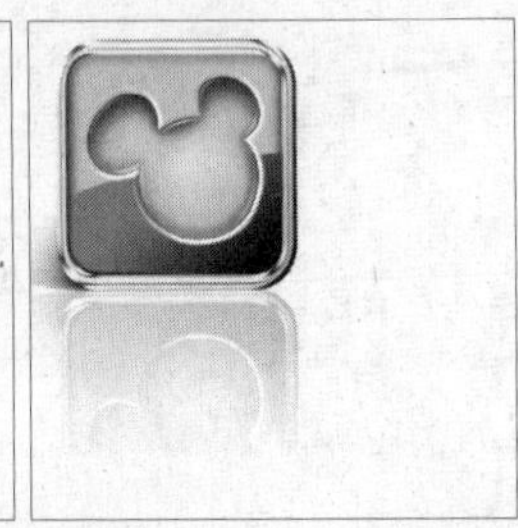
倒影效果

16 绘制红色米奇图像

新建“图层9”，单击钢笔工具，在图像中绘制一个米奇形状的路径，然后将其转换为选区，将选区填充为（R136、G38、B34）。

创建选区

填充选区颜色

17 添加图层样式

双击“图层9”，在弹出的“图层样式”对话框中设置“内阴影”参数，完成后单击“确定”按钮。

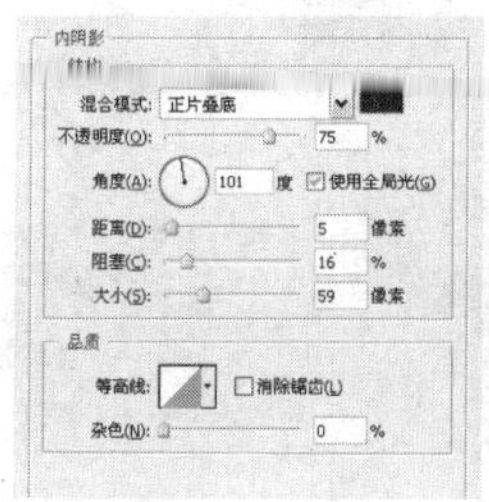

设置参数值

图层样式效果

18 绘制图像

在“图层9”的下方创建“图层10”，设置前景色为（R163、G0、B0），将空缺的米奇图像填充为该颜色。新建“图层11”，设置前景色为（R231、G89、B90），单击画笔工具，在空缺处单击鼠标填充颜色。

绘制阴影效果

绘制图像效果

19 绘制亮部图像

在“图层9”的上方创建“图层12”，在米奇的耳朵部分填充为（R167、G1、B0），然后使用相同的方法，为米奇的耳朵添加亮部区域。

绘制图像

绘制亮部图像

技巧点拨

在使用画笔工具进行图像的颜色填充时，可根据图像所需效果，选择柔角画笔工具和尖角画笔工具。

20 绘制黄色图像

新建“图层14”，单击钢笔工具，在图像中将米奇图像的下方沿其边缘绘制路径，将该路径填充为（R238、G182、B26）。新建“图层15”，单击椭圆工具在图像中绘制一个圆形的路径，将该路径转换为选区后，为其添加从上至下由白色到透明的渐变，并调整该图层的“不透明度”为30%。

绘制黄色图像

白色渐变效果

21 绘制图像立体效果

为“图层15”添加蒙版，在蒙版中适当地隐藏部分图像区域。新建“图层16”，设置前景色为（R238、G134、B0），单击画笔工具，在米奇图像的下方进行涂抹。使用相同的方法，在图像中选中其他颜色，继续绘制。新建“图层17”～“图层19”，为米奇图像添加阴影和反光效果。

隐藏部分图像

绘制图像立体效果

22 添加选区渐变色

新建“图层20”，单击钢笔工具，在图像中绘制一个门形状的路径，并将其转换为选区，将选区填充为由（R119、G48、B19）到（R247、G180、B85）的渐变，完成后取消选区。

创建选区

渐变效果

23 绘制黄色光影

单击画笔工具，适当调整画笔大小，新建“图层21”，设置前景色为（R242、G108、B104），在门形状的边缘上绘制描边效果，并为该图层添加蒙版，在蒙版中适当隐藏部分图像区域。单击画笔工具，选择画笔笔触为“绒毛球”，新建“图层22”，设置前景色为（R250、G231、B162），适当在画笔面板中设置画笔参数后，在图像中绘制图像。

编辑蒙版效果

绘制黄色光影

技巧点拨

在图像中需要绘制散射状的图像时，可以在画笔面板中增大画笔的“间距”，并为其添加“散布”和“形状动态”参数。

24 绘制毛绒光影

新建“图层23”，单击渐变工具，设置渐变从左至右为（R216、G169、B225）、（R189、G224、B238）、（R112、G225、B112）、（R253、G239、B159）和（R239、G239、B239），将“图层23”创建为“图层22”的剪贴蒙版。新建“图层24”，使用相同的方法在图像中绘制白色发散光点。

绘制光影图像

绘制白色光点

25 制作倒影效果

使用相同的方法，创建“组2”和“组2副本”，为图像添加倒影和投影效果。

制作倒影

阴影效果

26 填充选区渐变色

单击椭圆工具，在图像中绘制一个正圆形的路径，并将其转换为选区。单击渐变工具，设置渐变从左至右为（R238、G255、B135）、（R90、G196、B0）和（R37、G130、B0），在属性栏中单击“径向渐变”按钮，在选区中填充渐变，完成后取消选区。

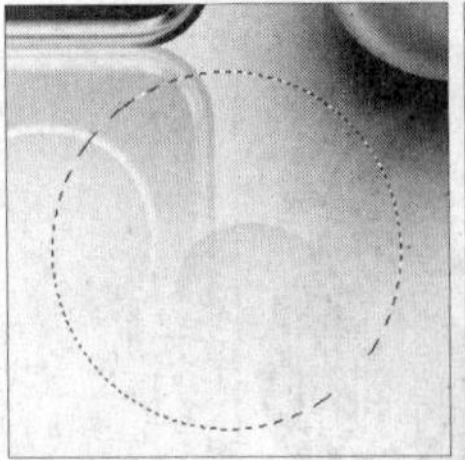
创建选区

渐变效果

27 创建选区

新建“图层27”，单击画笔工具，设置前景色为（R4、G68、B2），在图像中绘制球体的阴影。单击钢笔工具，在图像中绘制一个音乐的符号图像，完成后将其转换为选区。

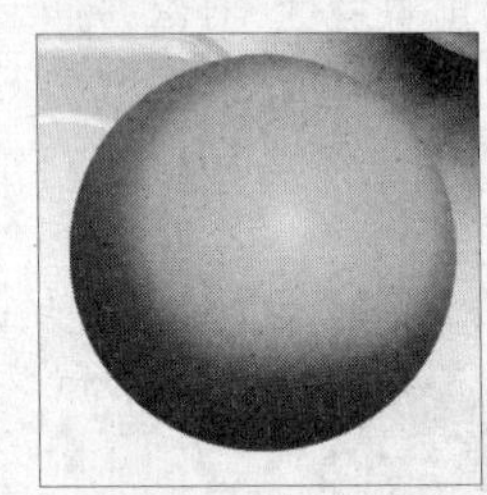
绘制阴影效果

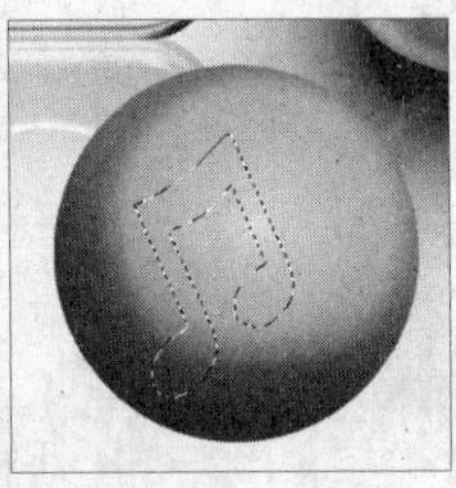
创建选区

28 填充选区颜色

新建“图层28”，将选区填充为（R62、G61、B69），并取消选区。根据图像的立体构成，新建“图层29”，在音乐符号上的部分图像填充黑色，为图像增加立体效果。

填充选区颜色

图像效果

29 绘制图像

使用相同的方法，新建“图层30”，为音乐图像增加亮部区域。新建“图层31”，单击钢笔工具，在图像中绘制一个梯子形状的路径，并将其填充为（R103、G209、B255）。

绘制音符立体效果

绘制梯子形状

30 添加图层样式

双击“图层31”，在弹出的“图层样式”对话框中设置“斜面和浮雕”参数，完成后单击“确定”按钮。

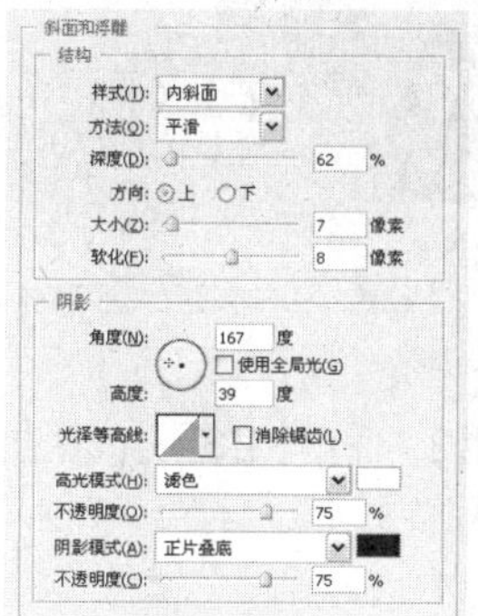

设置参数值

图层样式效果

31 建立剪贴蒙版

新建“图层32”，在图像中的梯子图像下方创建颜色为（R23、G165、B238）的随意区域。将“图层32”创建为“图层31”的剪贴蒙版，为梯子形状添加颜色变化。

绘制蓝色图像

剪贴蒙版效果

技巧点拨

将一个图像创建为另一个图像的剪贴蒙版，即将上方图像叠加到下方图像中，且只显示下方图像所在区域。

32 添加图层样式

新建“图层33”，将梯子形状中间的空白处创建为选区，并将其填充为黑色，完成后取消选区。双击“图层33”，在弹出的“图层样式”对话框中设置“斜面和浮雕”参数，单击“确定”按钮。

绘制黑色图像

设置参数值

33 绘制反光图像

通过上一步的操作，得到图层样式的效果。使用相同的方法，新建“图层34”为该图像添加反光区域。

图层样式效果

反光效果

34 绘制图像

使用相同的方法，新建“图层35”，在图像中绘制一个简易的音乐符号。新建“图层36”，在图像中绘制一个颜色为（R232、G241、B248）的矩形框。

绘制音符图像

绘制矩形框图像

35 添加图层样式

双击“图层36”，在弹出的“图层样式”对话框中设置“斜面和浮雕”参数，设置完成后单击“确定”按钮。

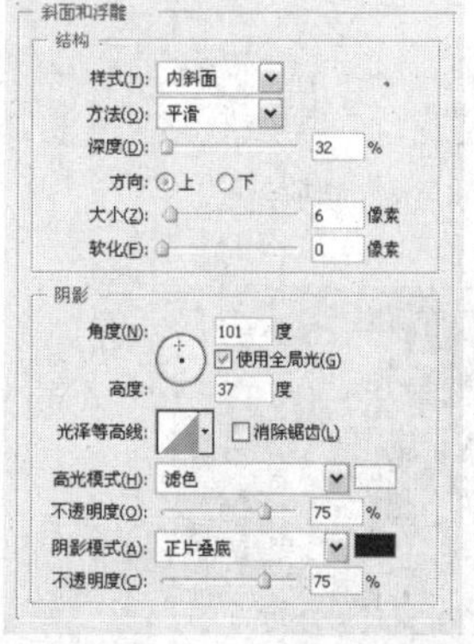

设置参数值

图层样式效果

36 添加素材图像

打开“001.jpg”文件，并将其拖动到当前图像文件中，生成“图层37”，适当调整图像大小和位置。双击“图层37”，在弹出的“图层样式”对话框中设置“斜面和浮雕”参数，完成后单击“确定”按钮。

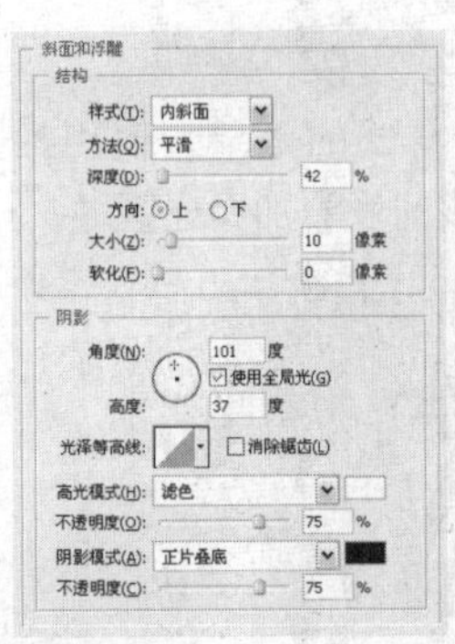

设置参数值

图层样式效果

技巧点拨

在将一个图像拖动到另一个图像文件中时，可以按住Shift键拖动，将该图像拖动到另一个图像文件中后，将保持该图像的原位置不变。

37 绘制五星图像

新建“图层38”，单击钢笔工具，在图像中绘制多个五星路径，并将其填充为（R248、G231、B0）。双击“图层38”，在弹出的“图层样式”对话框中设置“投影”、“斜面和浮雕”和“渐变叠加”参数，完成后单击“确定”按钮，为图像添加立体效果。

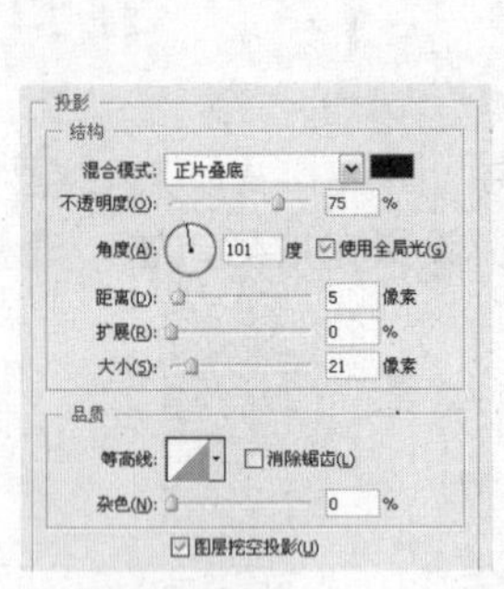

“投影”选项面板

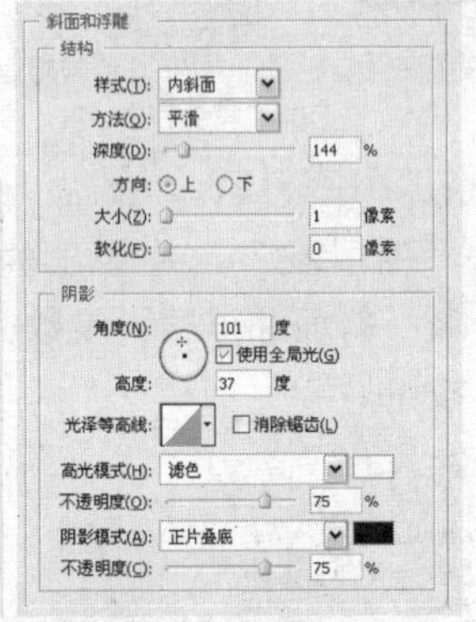

“斜面和浮雕”选项面板

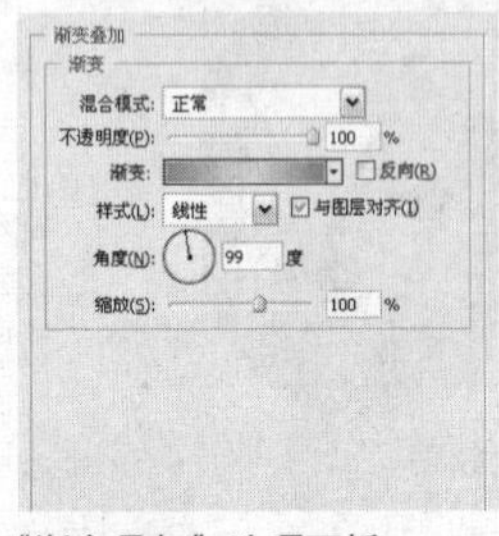

“渐变叠加”选项面板

图层样式效果

38 制作阴影效果

新建“图层39”和“图层40”，在图像中绘制白色的散射图像。使用相同的方法，创建“组3”和“组3副本”，为图像添加倒影和投影效果。

白色光影效果

阴影效果

39 调整图像并添加文字

再次分别复制“组1”、“组2”和“组3”，适当调整其位置和大小，并分别添加文字。

图像效果

40 调整图像

在“背景”图层的上方新建一个图层，然后创建一个矩形选区，并填充为（R70、G0、B11），完成后，调整“不透明度”为80%。

图像效果

41 绘制灰色图像

新建“图层43”，单击钢笔工具，在图像的背景部分绘制一个米奇全身像的路径，将其转换为选区，将选区填充为灰色，完成后取消选区。至此，本例制作完成。

完成后的效果

17.4
葡萄酒设计

实例分析：本实例通过钢笔工具与渐变工具绘制酒瓶的造型，通过添加素材制作出古典葡萄酒画面。

主要使用工具：钢笔工具、图层蒙版、渐变工具

最终文件：Chapter 17\Complete\葡萄酒设计.psd
视频文件：Chapter 17\葡萄酒设计.swf

01 新建图像文件

执行"文件>新建"命令，在弹出的"新建"对话框中设置各项参数，新建图像文件。

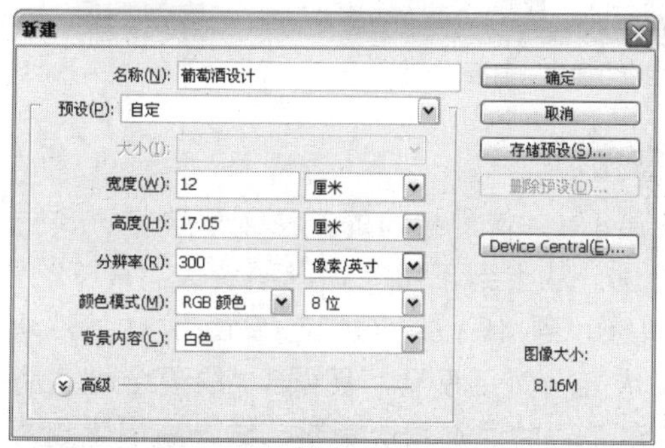

"新建"对话框

02 绘制酒瓶形状

新建"图层1"，单击钢笔工具，在图像上绘制酒瓶路径，按下快捷键Ctrl+Enter将路径转换为选区。

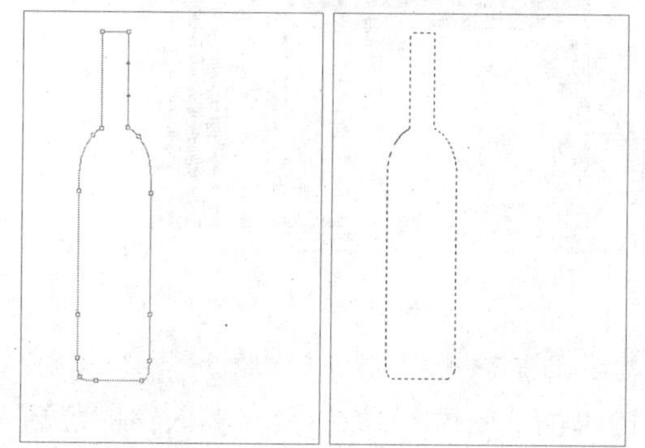

绘制路径　　创建选区

03 填充选区渐变色

单击渐变工具，打开"渐变编辑器"对话框，设置渐变颜色从左到右依次为（R80、G76、B71）、（R32、G28、B20）和（R51、G46、B32），设置完成后单击"确定"按钮，填充选区径向渐变。

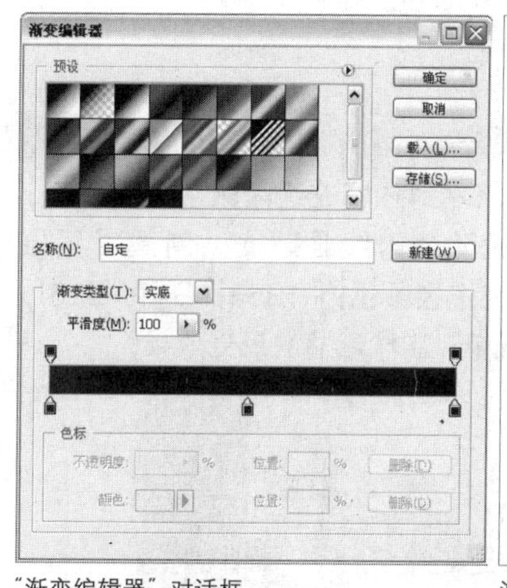

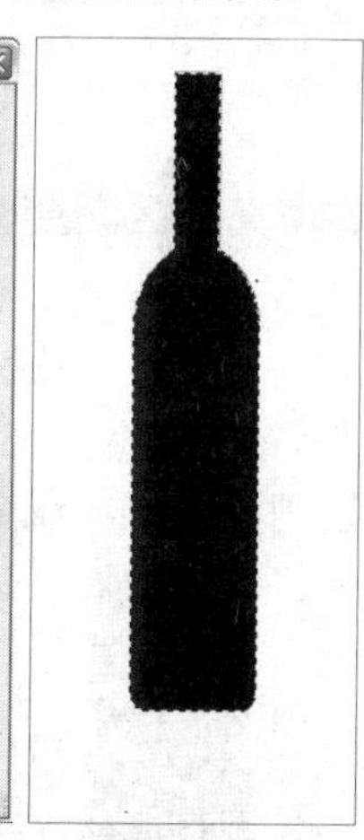

"渐变编辑器"对话框　　渐变效果

04 收缩选区

保持选区，执行"选择>修改>收缩"命令，在弹出的"收缩选区"对话框中设置"收缩量"为2像素，单击"确定"按钮。单击渐变工具，新建"图层2"从左到右填充选区颜色为（R78、G63、B18）到透明色的线性渐变。

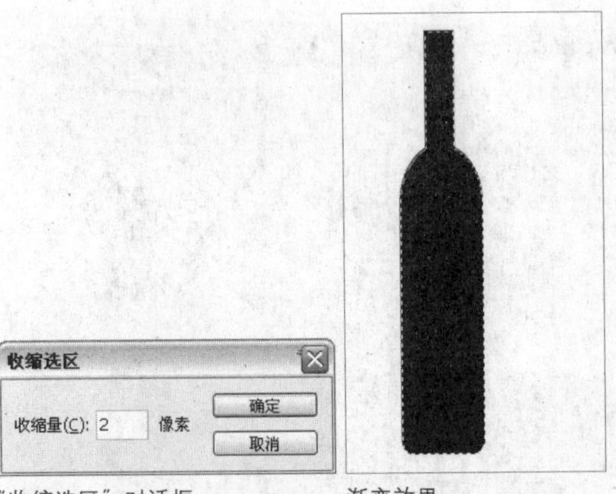

"收缩选区"对话框　　渐变效果

05 填充选区渐变色

新建"图层3"，打开"渐变编辑器"对话框，从左到右填充选区颜色为黑色到（R49、G44、B31），单击"确定"按钮，从左到右填充选区线性渐变。

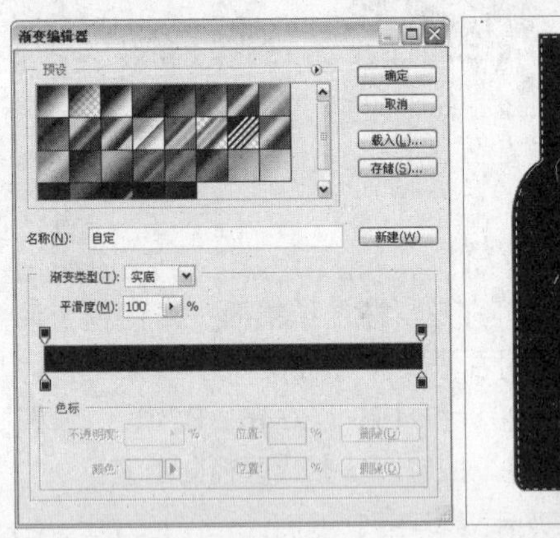

"渐变编辑器"对话框　　渐变效果

06 填充选区渐变色

新建"图层4"，从左到右填充选区颜色为（R55、G47、B29）到透明色的线性渐变。新建"图层5"，在瓶颈处填充选区颜色为（R55、G44、B26）到透明色的径向渐变，制作酒瓶的反光效果。

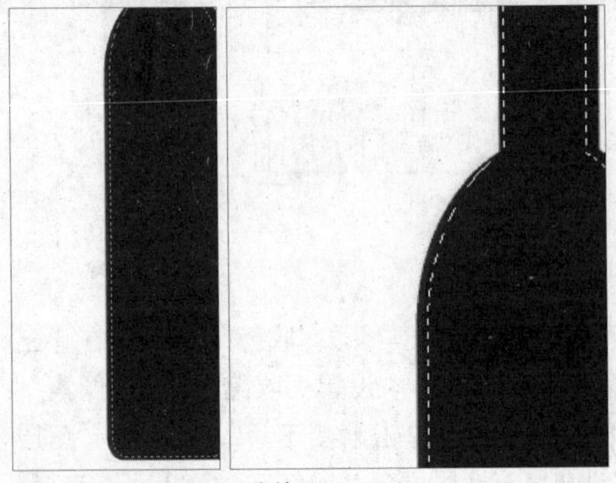

渐变效果　　反光效果

07 填充选区颜色

新建"图层6"，单击多边形套索工具，在属性栏上设置羽化为5px，在图像上创建选区，填充选区颜色为（R51、G46、B0），取消选区。

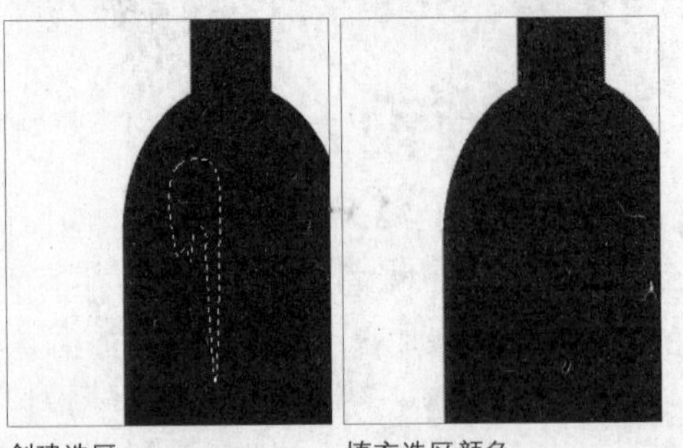

创建选区　　填充选区颜色

08 绘制酒瓶高光

新建"图层7"，单击钢笔工具，在图像上绘制路径，将路径转换为选区，填充选区颜色为（R161、G156、B139），取消选区。设置"图层7"的混合模式为"颜色减淡"，为"图层7"添加图层蒙版，结合画笔工具，设置前景色为黑色，对高光图像进行涂抹，隐藏部分图像。

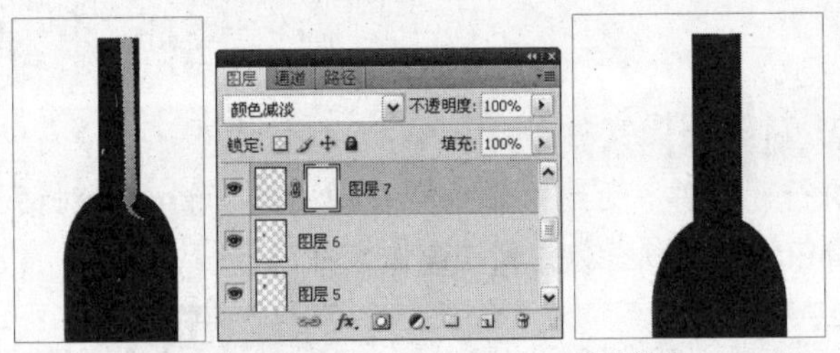

填充选区颜色　　"图层"面板　　高光效果

09 绘制高光

新建"图层8"，使用相同的方法创建选区，单击渐变工具，从上到下填充选区颜色为（R172、G170、B156）到（R127、G127、B129）的线性渐变。取消选区，然后设置"图层8"的混合模式为"颜色减淡"，并添加图层蒙版，结合画笔工具对蒙版图像进行编辑，隐藏部分图像。

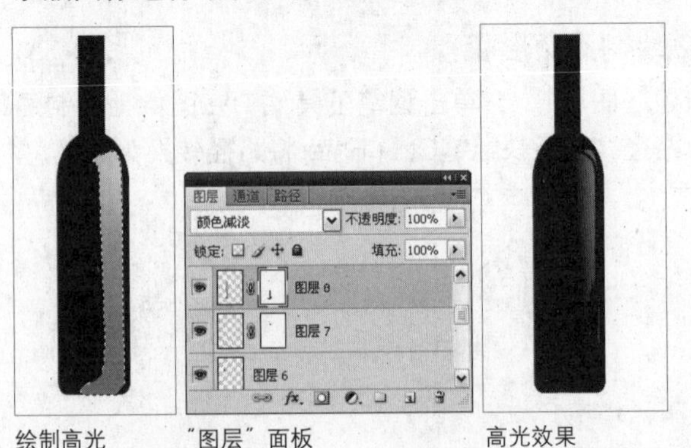

绘制高光　　"图层"面板　　高光效果

10 填充选区渐变色

按住Ctrl键单击"图层1"缩览图，载入该图层选区，然后在"图层"面板的最上方新建"图层9"，填充选区颜色为（R77、G64、B30）的径向渐变，设置图层混合模式为“颜色减淡”。

“图层”面板　　渐变效果

11 填充选区渐变色

新建“图层10”，单击套索工具，在属性栏上设置羽化为20像素，设置完成后在图像上创建选区。单击渐变工具，打开“渐变编辑器”对话框，从左到右设置渐变颜色为（R5、G8、B2）、（R54、G47、B29）和（R6、G7、B3），设置完成后单击“确定”按钮，从左到右填充选区线性渐变。

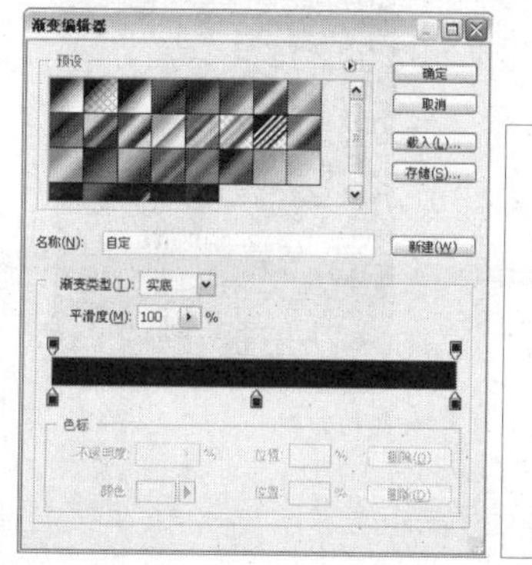

“渐变编辑器”对话框

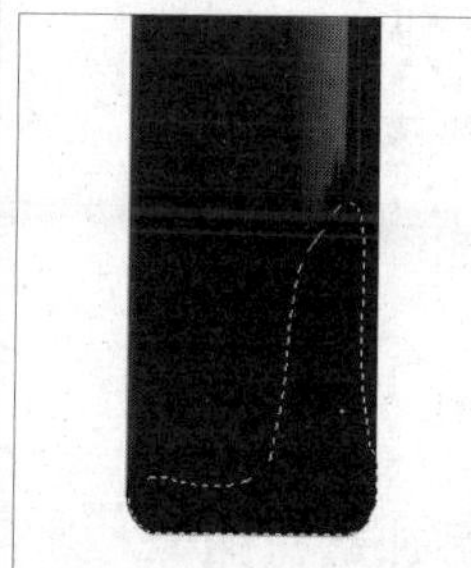

渐变效果

12 绘制瓶盖

新建“图层11”，单击钢笔工具，在图像上绘制瓶盖路径并转换为选区，单击渐变工具，从左到右设置渐变颜色为（R32、G0、B0）、（R149、G0、B8）、（R207、G6、B17）和（R160、G1、B10），设置完成后单击“确定”按钮，从左到右填充选区线性渐变。

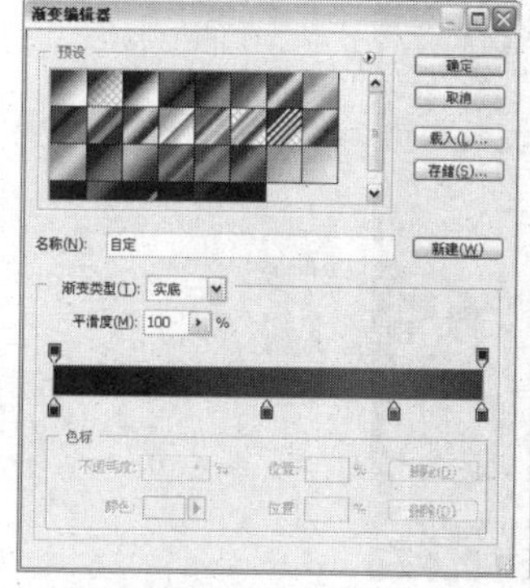

“渐变编辑器”对话框

渐变效果

13 绘制瓶盖高光

新建“图层12”，单击矩形选框工具，在属性栏上设置羽化为5像素，在图像上创建选区，填充选区颜色为（R179、G4、B15），取消选区设置图层混合模式为“滤色”。

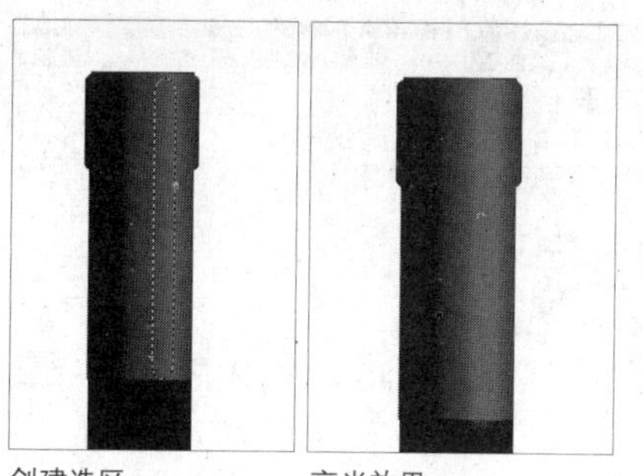

创建选区　　高光效果

14 填充选区渐变色

新建“图层13”，单击钢笔工具，在图像上绘制路径并转换为选区，设置渐变颜色为（R133、G118、B99）、（R227、G228、B227）和（R210、G200、B176），设置完成后单击“确定”按钮，从左到右填充选区线性渐变。

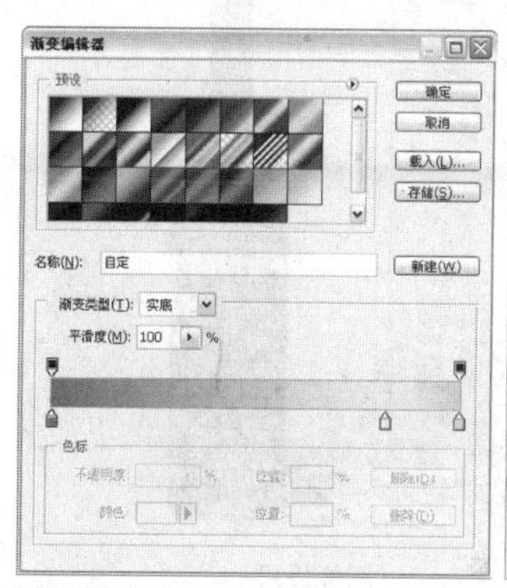

“渐变编辑器”对话框

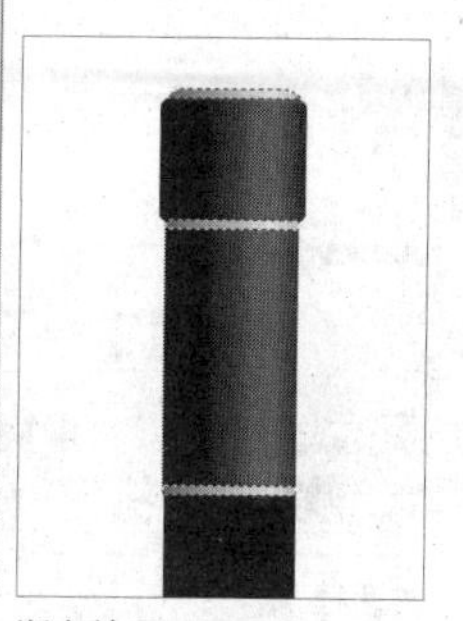

渐变效果

15 绘制阴影

在“图层1”的下方新建图层并重命名图层为“阴影”，单击椭圆工具，在图像上绘制椭圆路径，结合自由变换命令调整图像的位置，然后将路径转换为选区。按下快捷键Shift+F6，打开“羽化选区”对话框，设置参数值为20像素，设置完成后单击“确定”按钮。填充选区黑色到透明色的线性渐变，取消选区，设置图层“不透明度”为86%。

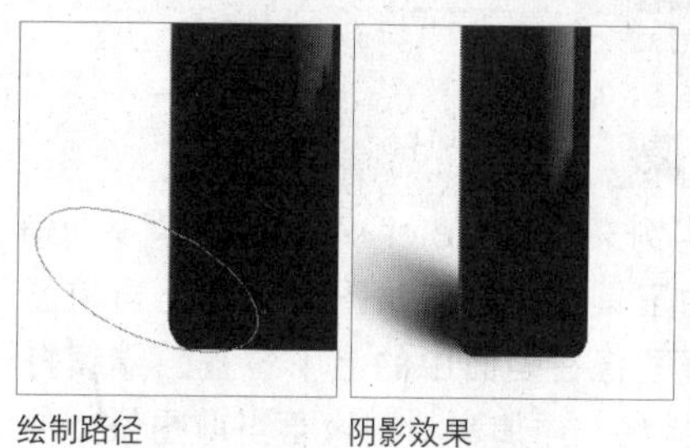

绘制路径　　阴影效果

16 复制并合并图层组

选择除“背景”图层以外的所有图层，拖动图层至“创建新组”按钮上，释放鼠标从图层建立“组1”，复制“组1”图层。选择“组1 副本”图层组按下快捷键Ctrl+E合并图层组。

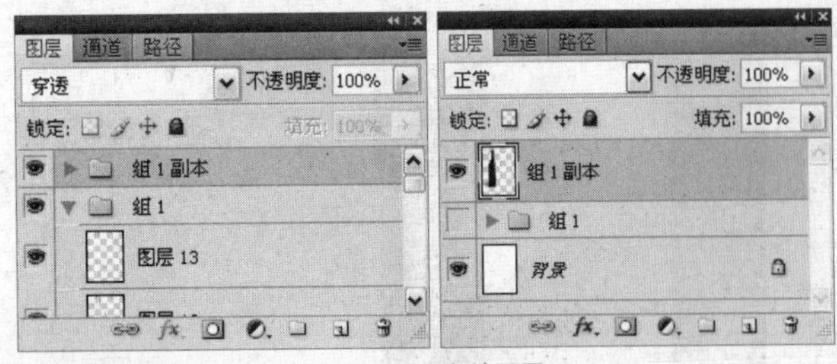

复制图层组　　合并图层

17 调整酒瓶明暗

按下快捷键Ctrl+M，打开“曲线”对话框，调整节点的位置，调整酒瓶明暗效果。按下快捷键Ctrl+L，打开“色阶”对话框，设置各项参数值，设置完成后单击“确定”按钮。

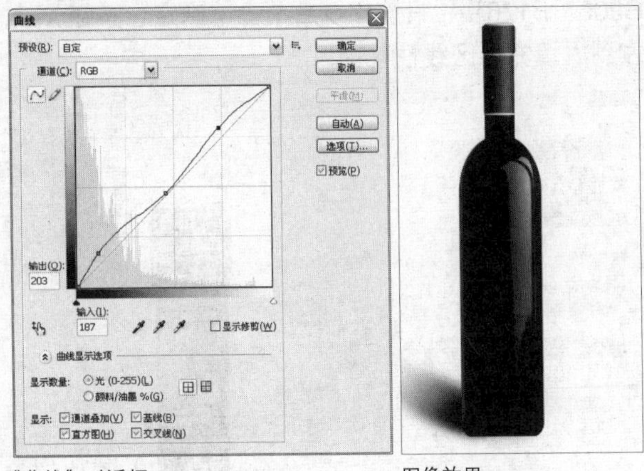

“曲线”对话框　　图像效果

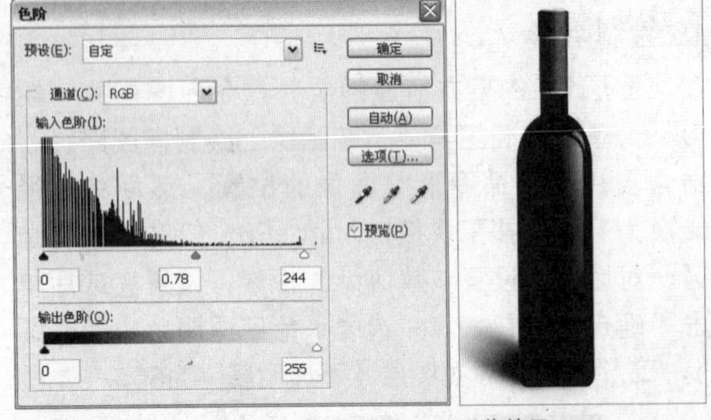

“色阶”对话框　　图像效果

18 添加背景图像

打开附书光盘\实例文件\Chapter 17\Media\背景.jpg文件，单击移动工具，将素材图像移动至当前图像文件中，调整图像在画面中的上下位置。继续打开“木纹.jpg”文件，添加素材图像至当前图像文件中，得到“图层15”，结合自由变换命令调整图像在画面中的位置。

添加背景图像　　添加木纹图像

19 添加“颗粒”滤镜

选择“图层15”，执行“滤镜>纹理>颗粒”命令，在弹出的对话框设置各项参数值，完成后单击“确定”按钮，添加图像颗粒效果。

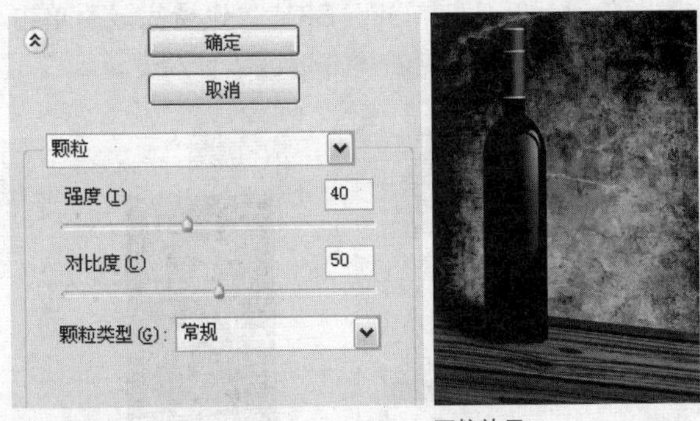

设置参数　　颗粒效果

20 添加素材图像

打开附书光盘\实例文件\Chapter 17\Media\葡萄.psd文件，单击移动工具，分别将素材图像移动至当前图像文件中，调整图像的上下位置关系。至此，本例制作完成。

完成后的效果

17.5 鼠标外型设计

实例分析：本实例制作的是一个伏特加酒的包装，整个画面以清新的色彩来显示酒的独特品质。

主要使用工具：钢笔工具、图层样式、文字工具

最终文件：Chapter 17\Complete\鼠标外型设计.psd

视频文件：Chapter 17\鼠标外型设计.exe

01 新建图像文件

新建图像文件，新建“图层1”，单击椭圆选框工具绘制椭圆形“鼠标垫”，再单击渐变工具，设置渐变从灰色到白色，对椭圆形选区进行线性渐变填充，并添加纹理化滤镜。双击图层，添加“投影”和“斜面和浮雕”效果。

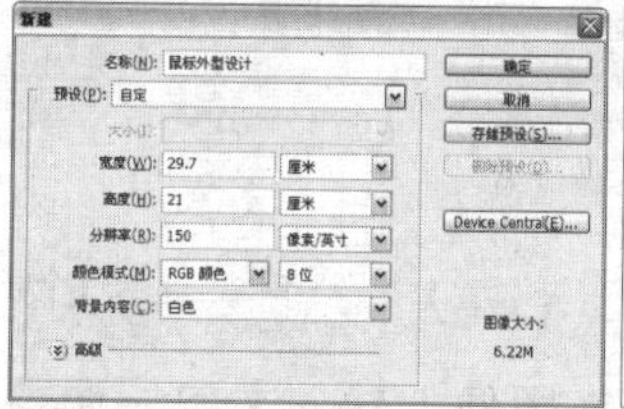

“新建”对话框

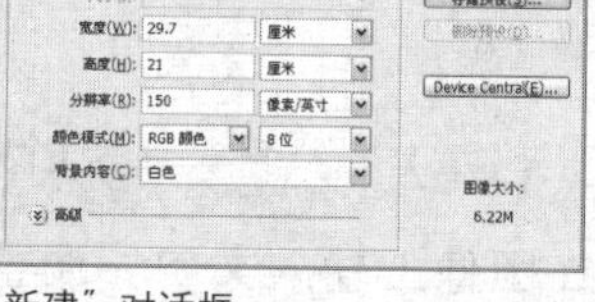

绘制椭圆图像

02 输入文字

单击横排文字工具输入文字，自由变换文字透视效果，并将文字栅格化。添加渐变，再新建图层，使用钢笔工具和渐变工具绘制鼠标外型。

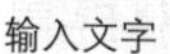

输入文字

绘制鼠标

03 绘制鼠标线

使用钢笔工具绘制“鼠标线”，并添加“斜面和浮雕”和“投影”效果。

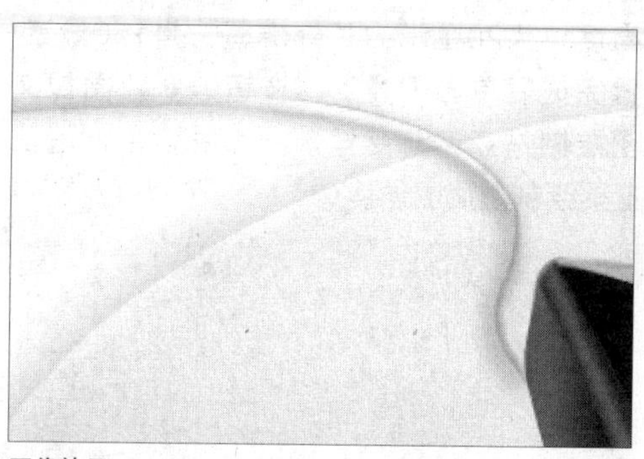

图像效果

04 输入文字

使用多边形套索工具绘制投影，并羽化选区为50，填充前景色为灰色，最后添加适当的文字。

完成后的效果

17.6 伏特加酒设计

实例分析：本实例整个画面以清新的色彩来显示酒的独特品质，通过动感的蝴蝶元素，体现活力时尚的画面气息。

主要使用工具：钢笔工具、渐变工具、自由变换

最终文件：Chapter 17\Complete\伏特加酒设计.psd

01 绘制酒瓶

执行“文件>新建”命令，打开“新建”对话框。设置“名称”为“伏特加酒设计”，“宽度”为20厘米，“高度”为20厘米，“分辨率”为150像素/英寸，设置完成后单击“确定”按钮，新建图像文件，新建图层制作蓝色渐变背景，然后结合钢笔工具与渐变工具绘制酒瓶图像。

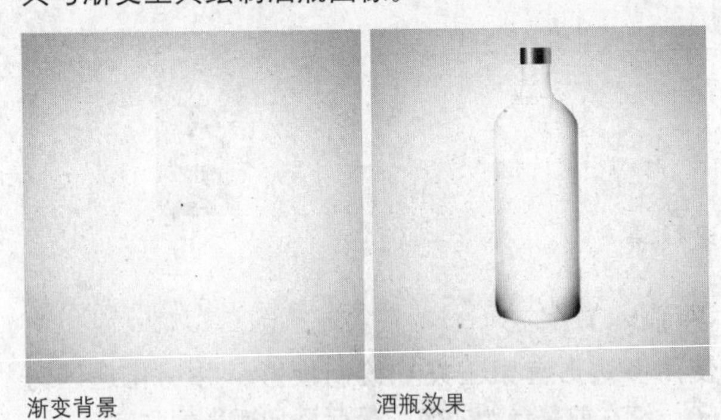

渐变背景　　酒瓶效果

02 添加蝴蝶素材

打开附书光盘\实例文件\Chapter 17\Media\01.psd、02.psd、03.psd、04.psd、05.psd文件，单击移动工具，将素材图像移动至当前图像文件中，结合自由变换命令调整蝴蝶图像在画面中的大小与位置。复制多个蝴蝶素材，调整图像在画面中的位置，合并所有蓝色蝴蝶并重命名图层为“蓝色蝴蝶”，添加图层蒙版对部分蓝色蝴蝶图像进行隐藏。使用相同的方法，添加并调整更多的蝴蝶图像。

添加蓝色蝴蝶图像　　图像效果

03 输入文字

单击横排文字工具T，在图像上输入文字，调整酒瓶文字的大小与位置。选择酒瓶图像的所有图层，复制并合并所有酒瓶图层，重命名图层为“酒瓶”，结合自由变换命令调整图像在画面中的位置，结合图层蒙版调整图像的“不透明度”并隐藏部分酒瓶图像，制作酒瓶倒影效果。

输入文字　　完成后的效果

Chapter 18 包装设计

包装是平面设计中不可缺少的一部分，包装的主要功能包括物理、生理、心理和经济功能，包装应该满足其中一个或多个功能，但这四个功能依对象的不同有所侧重。随着经济的发展，同类商品之间的竞争越来越激烈，商家为了让自己的产品能在市场中独树一帜，除了努力提高商品自身的价值外，还不断地寻求一种既适合产品又能让消费者为之信服的包装。

18.1 美容产品包装设计

实例分析：本实例主色调为玫瑰红，重点在于化妆品外壳金属质感的体现。根据粉饼盒的基本形态构成，进行各个亮部和暗部的绘制。

主要使用工具：钢笔工具、渐变工具

最终文件：Chapter 18\Complete\美容产品包装设计.psd

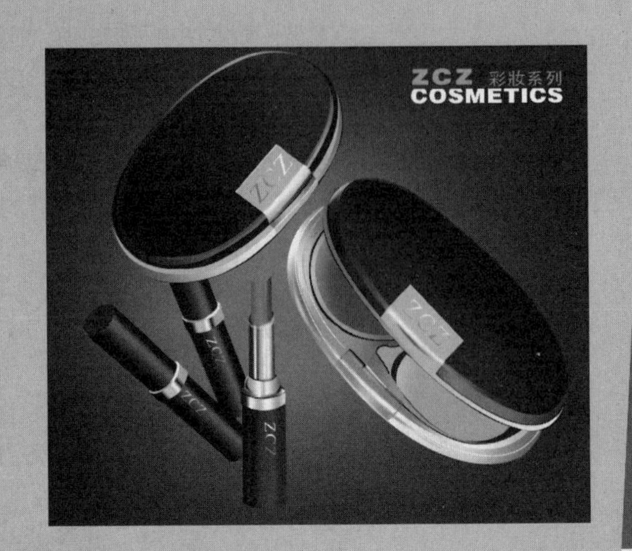

01 新建图像文件

执行“文件>新建”命令，在弹出的“新建”对话框中设置参数，新建图像文件。

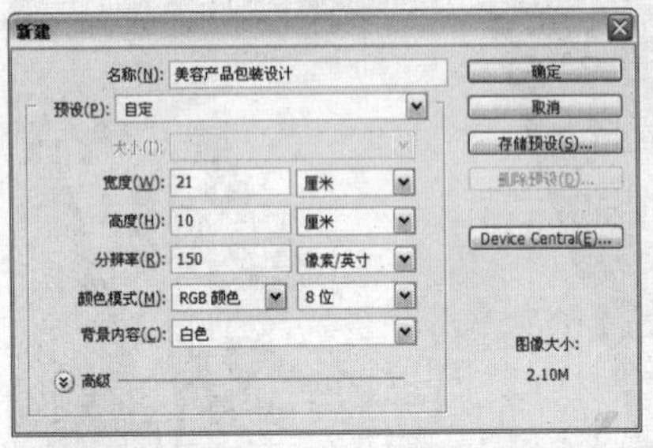

“新建”对话框

02 填充图像渐变色

新建“背景”图层，单击渐变工具，设置渐变颜色为（R122、G11、B42）和（R246、G63、B103），然后在属性栏上单击“径向渐变”按钮，填充图像径向渐变。执行“滤镜>纹理>颗粒”命令，在弹出的对话框中设置参数，完成后单击“确定”按钮。

渐变效果

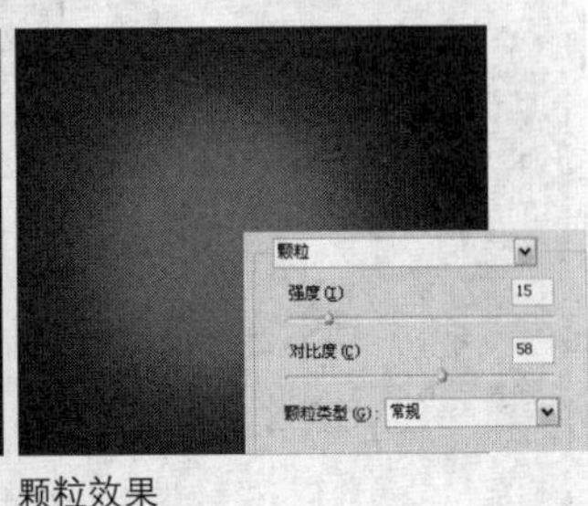

颗粒效果

03 绘制椭圆图像

新建“图层1”，单击钢笔工具，在图像中绘制椭圆的路径，然后激活路径将其转换为选区，单击渐变工具，设置渐变颜色为（R88、G21、B30）和（R151、G35、B51），在选区内进行线性渐变填充。新建“图层2”，单击钢笔工具，绘制椭圆侧面的亮部和暗部，使用加深工具和减淡工具添加侧面区域的明暗变化。

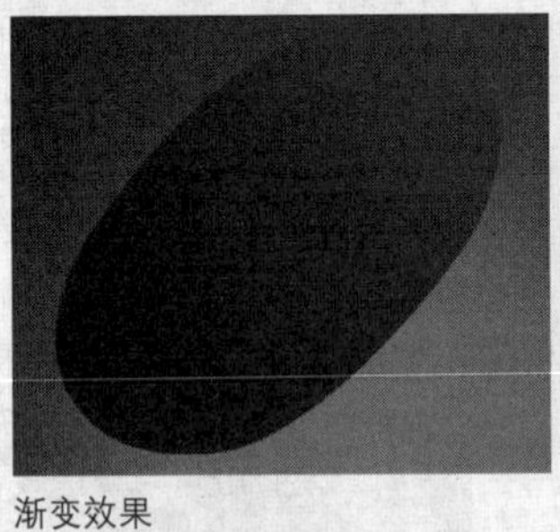

渐变效果

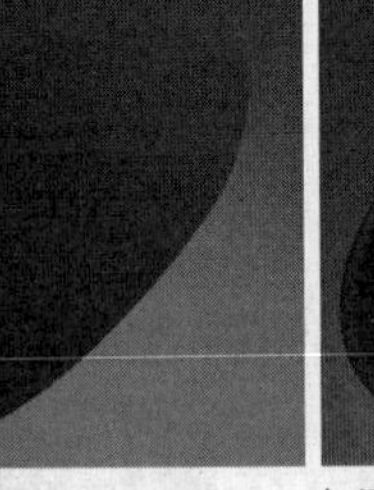

加深或减淡效果

技巧点拨

使用钢笔工具调整路径时，按住Ctrl键的同时，对路径进行操作，相当于使用直接选择工具将路径调整成直线或曲线的路径。

04 绘制图像

新建“图层3”，单击钢笔工具，绘制椭圆侧面边缘暗部。创建“组1”，将绘制好的椭圆图层均放入“组1”中，再新建“图层4”，单击钢笔工具，绘制金属材料部分，激活路径将其转换为选区，填充选区颜色为（R184、R183、B202）。

绘制阴影图像

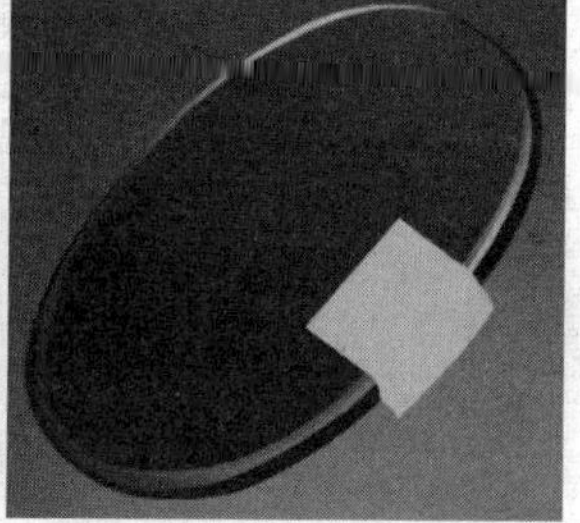
绘制灰色图像

05 绘制灰色图像

在新建图层中使用钢笔工具绘制金属反光、高光和背光部分，使用模糊工具对转角进行柔化模糊。

绘制灰色图像1

绘制灰色图像2

06 添加图层样式

新建图层，单击钢笔工具，在图像中绘制另一个长形的闭合路径，将其转换为选区，单击渐变工具，设置渐变颜色为（R64、G22、B31）和（R114、G31、B44），在选区内进行线性渐变填充。双击该图层，在弹出的"图层样式"对话框中设置"斜面和浮雕"参数，完成后单击"确定"按钮。

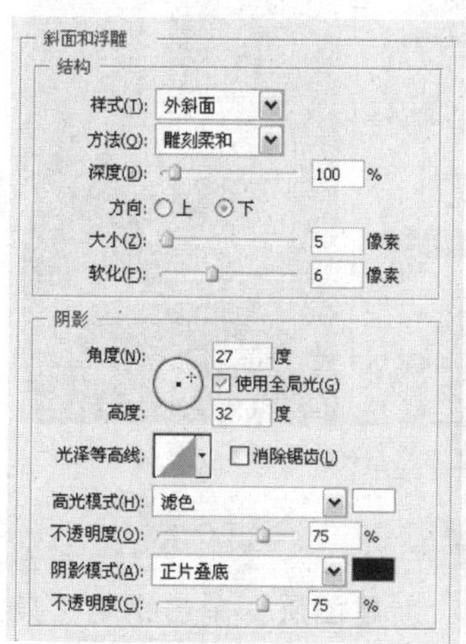

"斜面和浮雕"面板

图层样式效果

07 绘制图像立体效果

新建图层，单击钢笔工具，绘制椭圆侧面的亮部和暗部，使用加深工具和减淡工具添加侧面区域的明暗变化。在新建图层中使用钢笔工具，绘制金属反光、高光和背光部分，注意细致刻画图像边缘，使该图像看起来更加的立体。

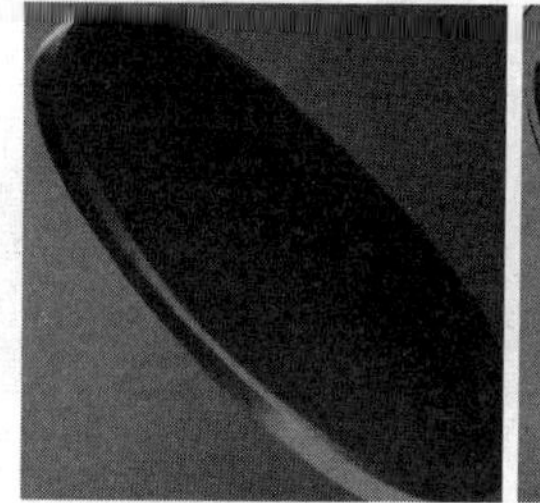
绘制阴影效果

绘制立体效果

08 绘制高光

新建图层，单击钢笔工具绘制图像，按下快捷键Ctrl+Enter，激活路径。执行"选择>修改>羽化"命令，在弹出"羽化选区"对话框中，设置"羽化半径"为5像素，设置完成后单击"确定"按钮，填充选区颜色为白色，取消选区，绘制图像高光效果。

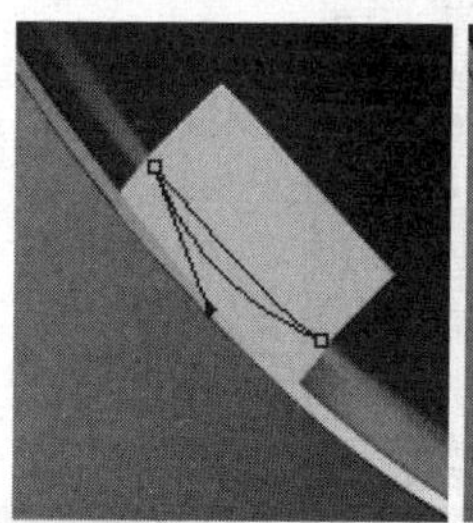
绘制路径

高光效果

09 绘制阴影

使用相同的方法，添加金属凹陷的暗部效果。新建"组2"，将已经绘制完成的第2个盒子外形的所有图层放置于"组2"中。

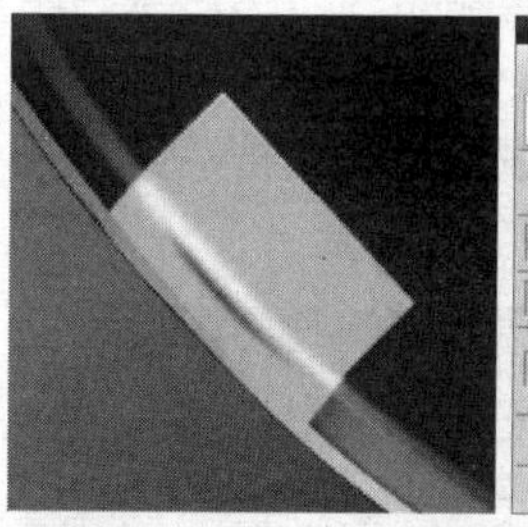
阴影效果

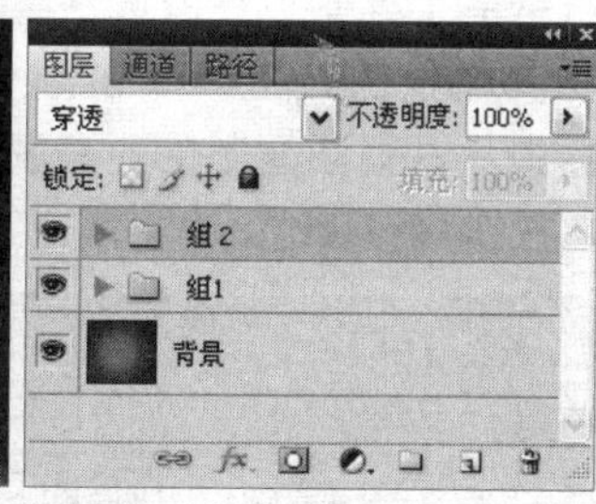

"图层"面板

10 绘制粉饼

新建"组3"放置于"组1"和"组2"下方，在"组3"中新建图层，单击钢笔工具绘制半圆，再单击画笔工具，设置画笔为尖角3像素，在"路径"面板中单击"用画笔描边路径"按钮描边路径。新建图层，单击钢笔工具绘制粉饼，激活路径，填充选区颜色为（R203、G165、B160）和（R150、G92、B81），使用减淡工具对向光处进行减淡。

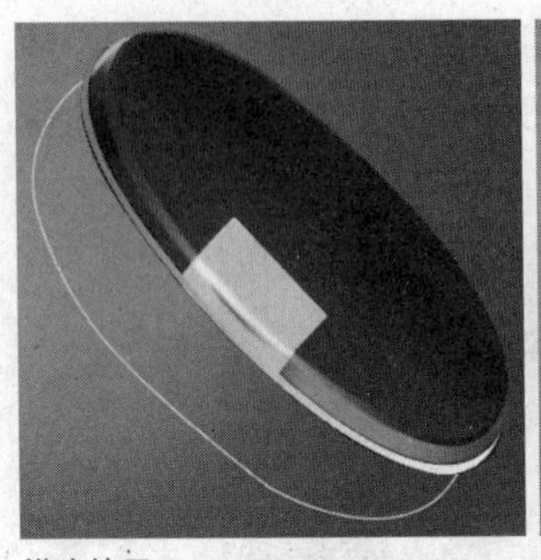
描边效果

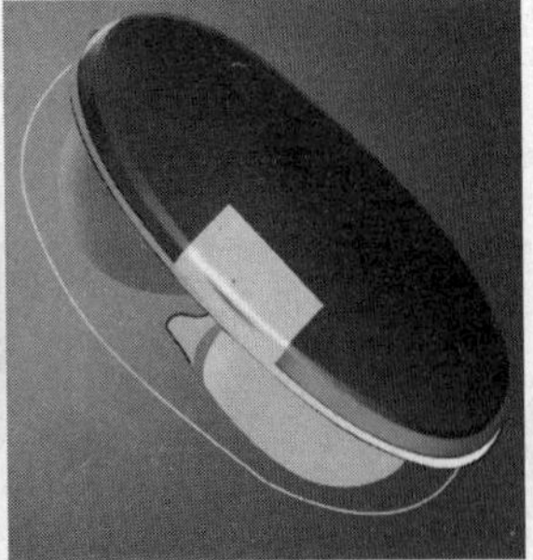
粉饼效果

11 绘制粉饼盒

使用相同的方法，继续绘制粉饼底部金属质感的外壳，使用加深工具和减淡工具调整侧面区域的明暗变化。

图像效果

12 绘制口红图像

创建“口红”图层组，在“口红”组中新建图层，单击钢笔工具，在图像中绘制路径，然后激活路径将其转换为选区。单击渐变工具，在渐变编辑器中，设置渐变颜色，在属性栏上单击“线性渐变”按钮，在选区内中填充线性渐变。

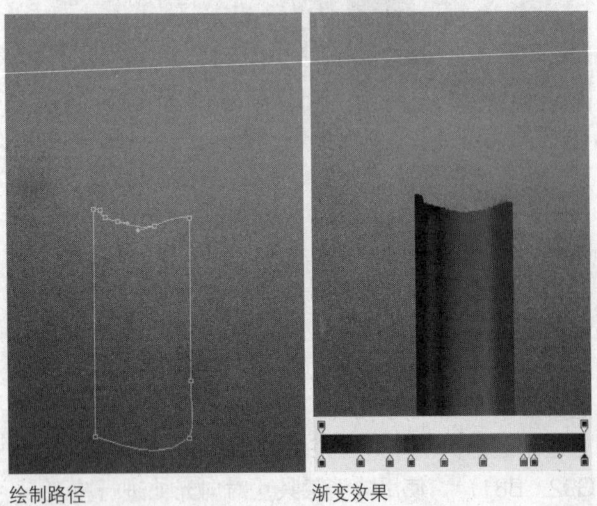
绘制路径　　渐变效果

13 绘制口红渐变色

新建图层，单击钢笔工具，在图像中绘制路径，激活路径。单击渐变工具，在“渐变编辑器”中设置渐变，在选区中填充渐变。使用相同方法，绘制口红的其他金属部位。

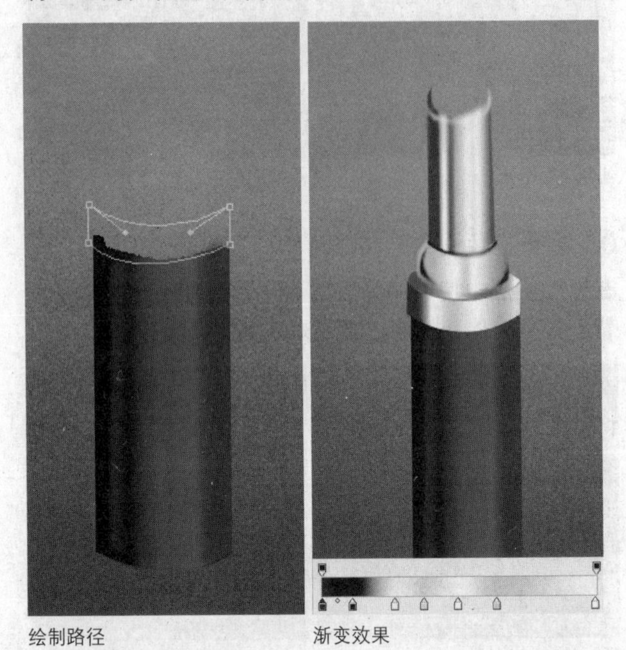
绘制路径　　渐变效果

14 填充口红渐变

新建图层，单击钢笔工具，在图像中绘制口红路径，然后激活路径将其转换为选区。单击渐变工具，打开“渐变编辑器”对话框，设置渐变颜色，在选区内填充线性渐变。

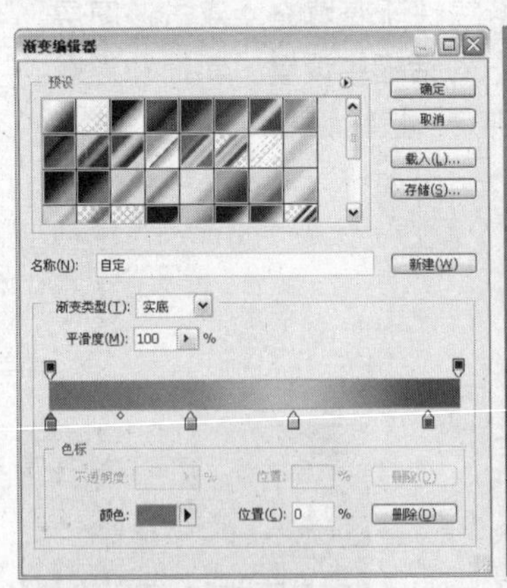

“渐变编辑器”对话框

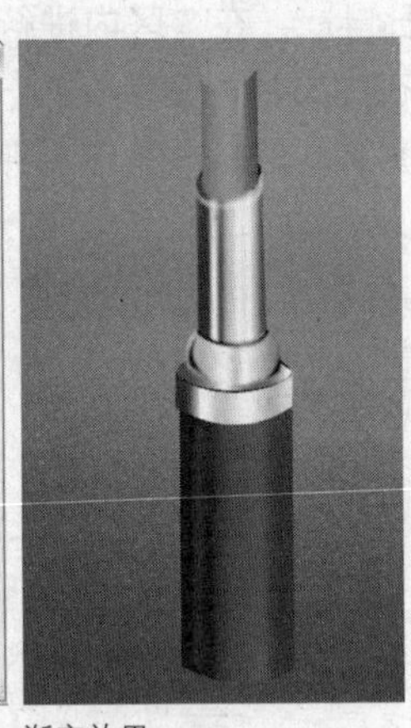
渐变效果

15 调整图像

新建“口红2”图层组，新建图层，单击钢笔工具，使用相同的方法，继续绘制另一个口红。按下快捷键Ctrl+E，合并“口红2”图层组，再复制“口红2”图层为“口红2副本”，移动至合适位置。选择“口红2副本”图层，执行“图像>调整>亮度/对比度”命令，降低该图层的亮度。

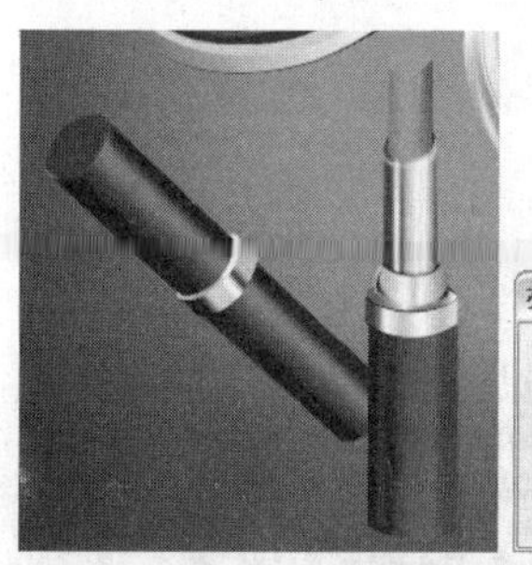
绘制口红效果

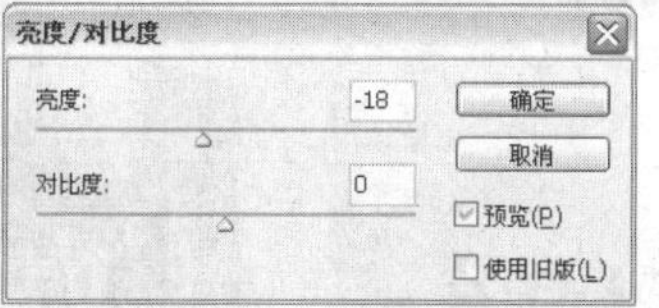

设置参数值

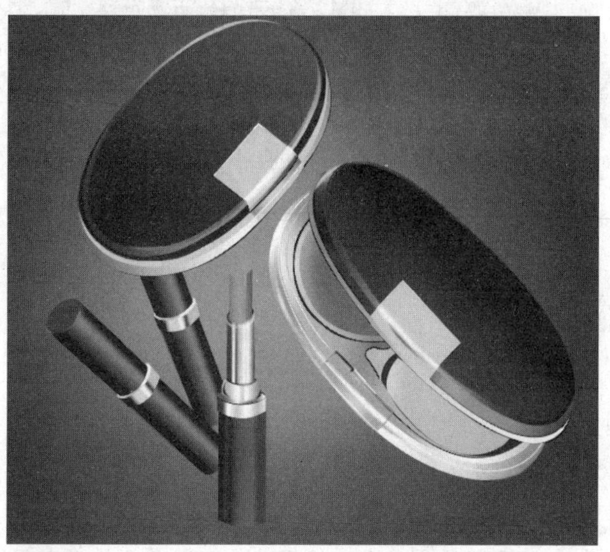
图像效果

技巧点拨

除了上述合并图层的方法外，还可以使用以下方法合并图层：

1.在创建的图层上单击鼠标右键，在弹出的快捷键菜单中执行“向下合并”、“合并可见图层”、“拼合图像”命令即可合并图层。

2.执行“图层>合并组”命令。

16 输入文字

单击横排文字工具T，打开“字符”面板设置参数值，在图像上输入白色文字。

“字符”面板

文字效果

17 添加图层样式

双击文字图层，在弹出的图层样式对话框中设置渐变叠加参数，单击“确定”按钮。按下快捷键Ctrl+T，将文字移动至合适位置。

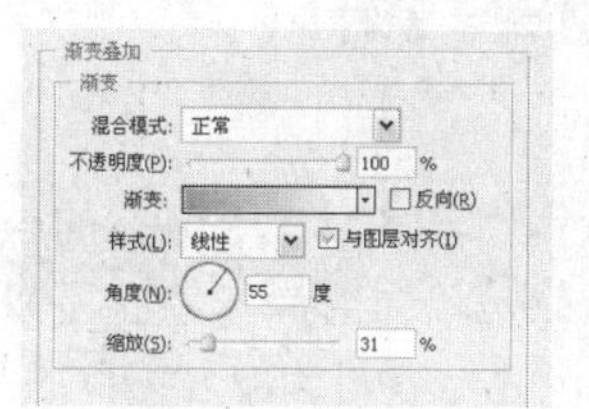
“渐变叠加”选项面板

图层样式效果

18 输入文字

复制文字图层，移动至合适位置，最后单击横排文字工具T，添加适当文字。至此，本例制作完成。

完成后的效果

技巧点拨

无论使用哪一种文字工具创建的文本都有两种形式，即点文字和段落文字，其中段落文字与点文字的不同之处在于，输入文字长度达到段落控制框的边缘时文字自动换行，且段落文字的控制框由一个文本框定义，当文本框大小发生变化时，每行或每列文字数量也将发生变化。

18.2 软件包装设计

实例分析： 极品飞车是当今很流行的一款游戏，目标消费群体大多数是年轻时尚一族，所以在软件包装上色彩要酷炫时尚才能吸引这部分人群的眼球。

主要使用工具： 滤镜、图层样式

最终文件： Chapter 18\Complete\极品飞车游戏软件平面图、极品飞车游戏软件侧面图、极品飞车游戏软件效果图.psd

01 新建图像文件

设置背景色为黑色，执行“文件>新建”命令，在弹出的“新建”对话框中设置参数，新建图像文件。

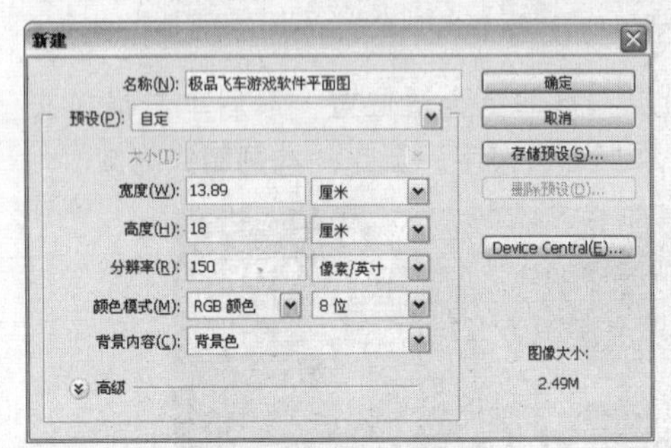

“新建”对话框

02 添加素材图像

打开附书光盘\实例文件\Chapter 18/Media/车轮.png文件，拖曳至当前图像文件中，单击钢笔工具在车轮图像上绘制路径。

添加素材图像

绘制路径

03 调整图像颜色

将路径转换为选区，执行“图像>调整>照片滤镜”命令，设置各项参数，使用减淡工具和加深工具涂抹亮部和暗部对比。

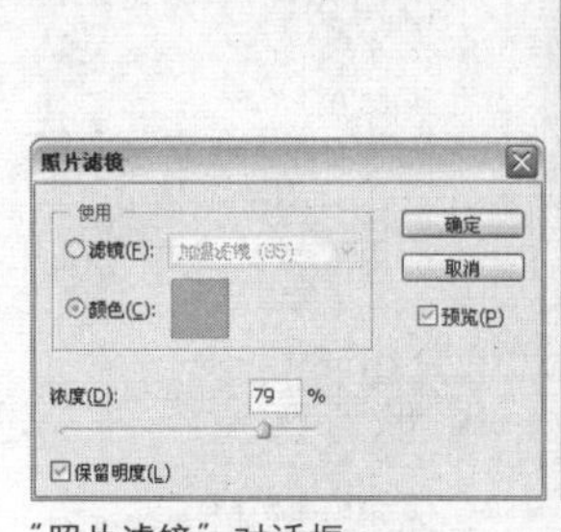

“照片滤镜”对话框

照片滤镜效果

04 添加“径向渐变”滤镜

执行“滤镜>模糊>径向模糊”命令，弹出“径向模糊”对话框设置各项参数。

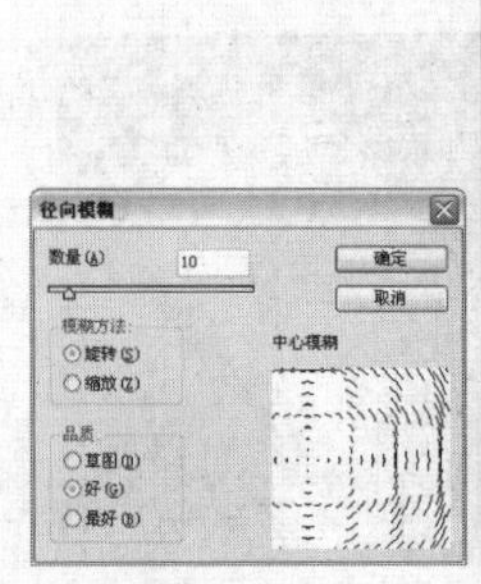

“径向模糊”对话框

径向模糊效果

05 绘制高光效果

新建“高光”图层，单击钢笔工具绘制图形并激活路径。按下快捷键Shift+F6，在弹出的“羽化选区”对话框中设置“羽化半径”为5像素，然后填充前景色为白色，再单击橡皮擦工具，设置为柔角80像素，不透明度为46%，对高光边缘进行涂抹。

创建选区

高光效果

06 绘制烟雾图像

新建图层，并重命名图层为“烟”，单击画笔工具，设置画笔为柔角74像素，不透明度为32%，绘制白烟，使用橡皮擦工具适当涂抹减淡部分。新建“车身”图层，单击钢笔工具，勾选出车身部分，存储“路径1”，并激活路径为选区，再单击画笔工具，设置为柔角，在选区内涂抹前景色（R151、G201、G67）和（R11、G117、B60），再用减淡工具和加深工具对选区内的颜色进行修整。

烟雾效果

图像效果

07 添加“点状化”滤镜

复制“车身”图层，在“车身副本”图层中，执行“滤镜>像素化>点状化”命令，在弹出的对话框中设置参数，单击“确定”按钮。

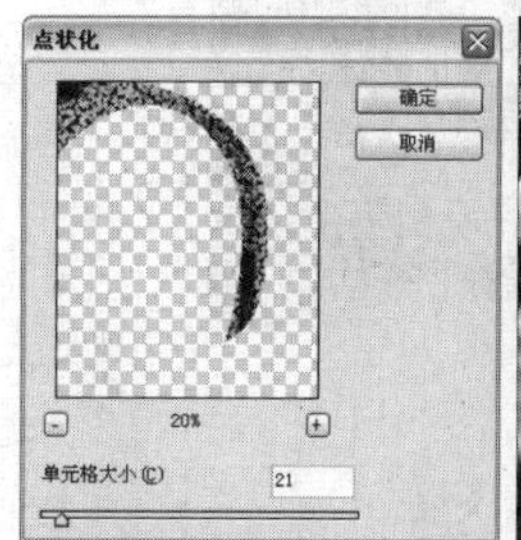

“点状化”对话框

滤镜效果

08 添加“动感模糊”滤镜

执行“滤镜>模糊>动感模糊”命令，在弹出的对话框中设置各项参数，完成后单击“确定”按钮。

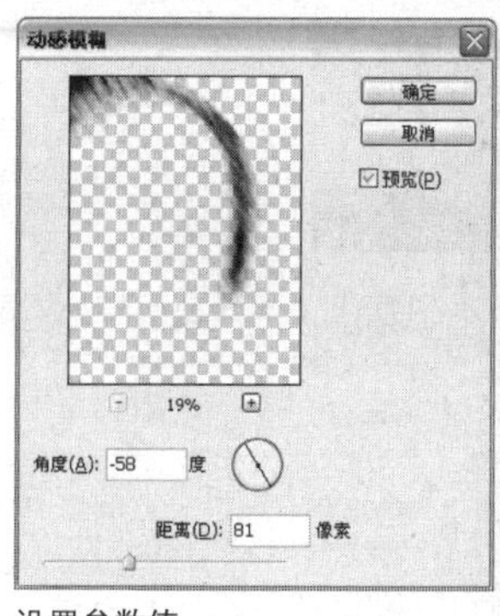

设置参数值

模糊效果

09 删除选区内图像

将“车身”图层的图层“不透明度”设置为58%，放置于“车身副本”图层下方。在“路径”面板中单击“路径1”，并将路径转换为选区，在“图层”面板中选择“车身副本”图层，按下快捷键Ctrl+Shift+I反选选区后，按下Delete键删除选区内图像。设置前景色为（R255、G132、B50），单击画笔工具，设置为柔角89像素，丰富整体画面色彩。

删除选区图像

绘制图像效果

10 添加素材图像

打开“城市夜景.png”文件，单击多边形套索工具，在属性栏中设置羽化值为10，勾出选区，并反选去底。将“城市夜景.png”拖曳至“极品飞车游戏软件平面图”文件中，并按下快捷键Ctrl+T，进行自由变换。按住Ctrl键不放，拖曳节点调整车身的反光投影。使用橡皮擦工具，以柔角涂抹边缘。

删除选区内图像

添加素材图像

11 添加图像颜色

按下快捷键Ctrl+U，在弹出的对话框中设置参数值，设置完成后单击“确定”按钮。

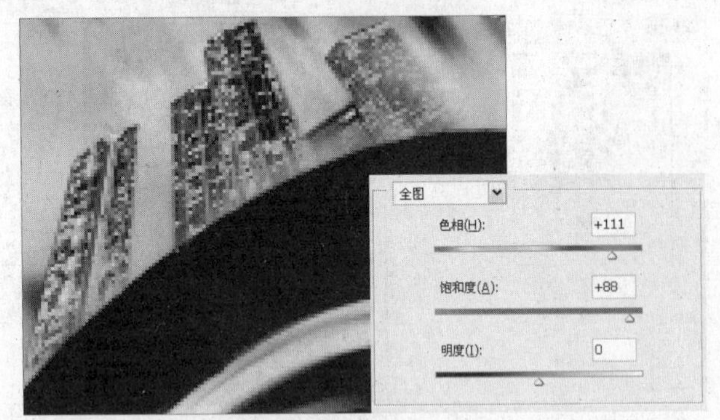

调整图像效果

12 添加“动感模糊”滤镜

执行“滤镜>模糊>动感模糊”命令，在弹出的对话框中设置参数单击“确定”按钮。

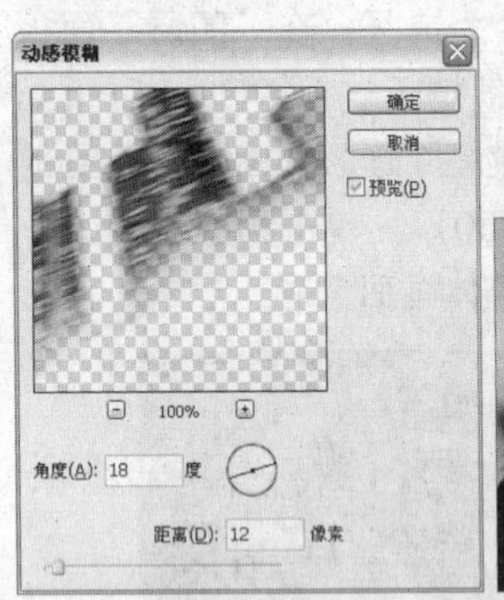

设置参数值　　模糊效果

技巧点拨

按下快捷键Ctrl+Z还原操作，按下快捷键Ctrl+Alt后退一步的操作，执行此操作数次可以逐步还原，或者直接在“历史记录”面板中选择需要返回的步骤。

13 制作反光

使用相同的方法，再制作另一个车身反光投影。

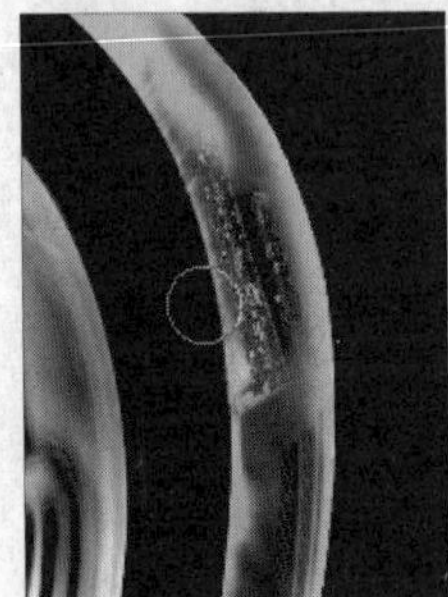

擦除图像　　反光效果

14 绘制白色光影

新建“光芒”图层，单击多边形套索工具，在属性栏中设置羽化值为50，绘制选区，填充前景色为白色，将“光芒”图层放置于“车轮”图层下方。

创建选区　　光影效果

15 添加素材图像

打开“夜景.png”文件，拖曳至当前图像文件中，放置于合适位置。创建“组1”，整理图层顺序。

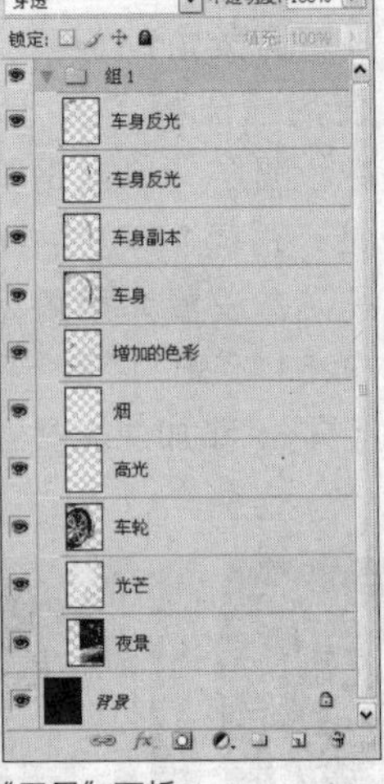

添加素材图像　　“图层”面板

16 制作蓝色渐变背景

新建“图层2”，单击钢笔工具绘制路径，激活路径，单击渐变工具，在渐变编辑器中设置渐变颜色，单击“确定”按钮，进行线性渐变填充。

绘制路径　　渐变效果

17 添加图层样式

双击图层，在弹出的“图层样式”对话框中设置

“内阴影”和“描边”参数，设置完成后单击“确定”按钮。

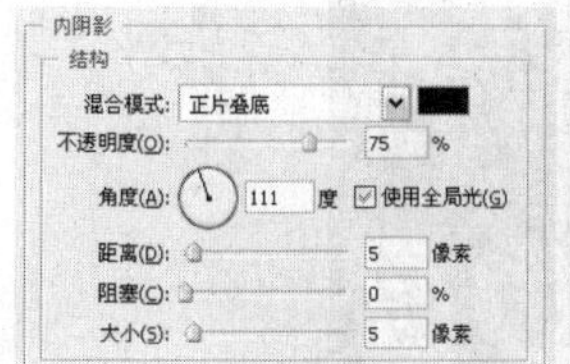

“内阴影”选项面板

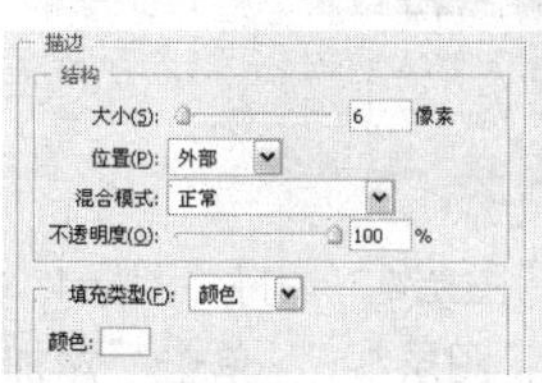

“描边”选项面板

图层样式效果

18.输入文字

单击横排文字工具T，输入文字，执行“图层>栅格化>文字”命令栅格化文字，并使用多边形套索工具绘制小三角形和短横线。

输入文字

19 添加图层样式

双击文字图层，在弹出的“图层样式”对话框中设置“斜面和浮雕”和“渐变叠加”参数，设置完成后单击“确定”按钮。

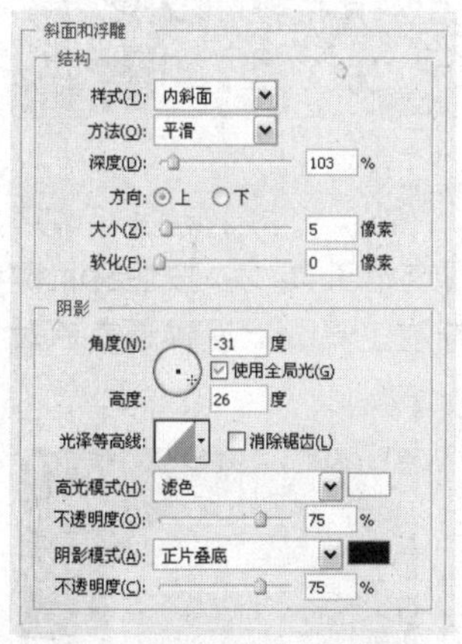

设置“斜面和浮雕”参数

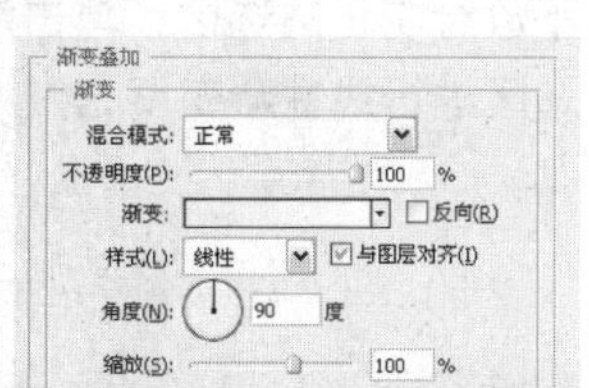

设置“渐变叠加”参数

图层样式效果

20 填充选区渐变色

新建“图层3”，单击多边形套索工具，在图像上创建选区。单击渐变工具，打开“渐变编辑器”对话框设置渐变，单击“确定”按钮，对选区进行线性渐变填充。

创建选区

设置渐变颜色

渐变效果

21 添加图层样式

双击“图层3”，在弹出的“图层样式”对话框中设置“斜面和浮雕”参数，完成后单击“确定”按钮。

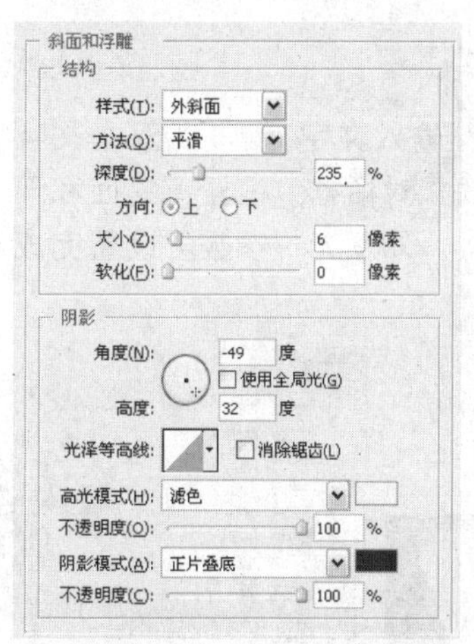

设置参数值

图层样式效果

22 输入文字

单击横排文字工具T，在图像上输入文字信息。

文字效果

23 添加图层样式

双击文字图层，在弹出的“图层样式”对话框中设置“渐变叠加”和“描边”参数，设置完成后单击“确定”按钮。

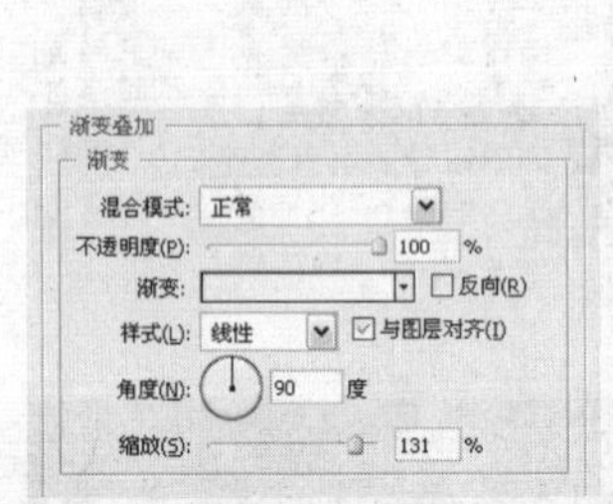

“渐变叠加”选项面板

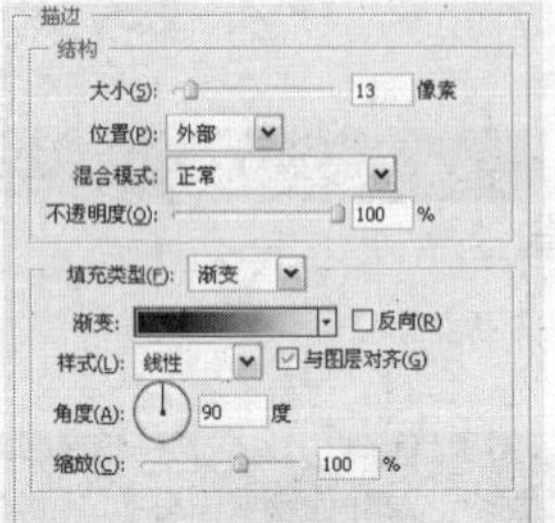

“描边”选项面板

图层样式效果

24 输入文字

单击横排文字工具，输入文字“2”。双击文字图层，打开“图层样式”对话框，设置“斜面和浮雕”、“渐变叠加”、“外发光”参数，设置完成后单击“确定”按钮。

输入文字

“斜面和浮雕”选项面板

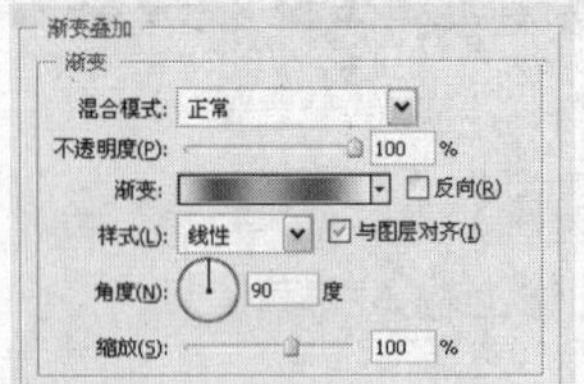

“渐变叠加”选项面板

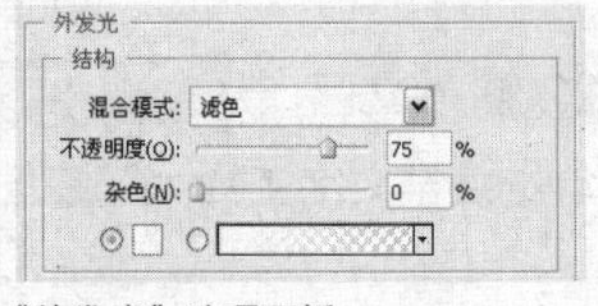

“外发光”选项面板

图层样式效果

25 编辑文字效果

复制并隐藏文字图层，新建“图层4”，将“图层4”与文字图层合并链接。选择“图层4”，单击“添加图层蒙版”按钮，添加蒙版图层，单击画笔工具，设置前景色为黑色，在图层中进行涂抹。

文字图像效果

技巧点拨

按住Shift键的同时单击图层蒙版缩略图，停用图层蒙版效果；按住Alt键的同时单击图层蒙版缩略览图，只显示图层蒙版；按住Ctrl键的同时单击图层缩览图，载入图层蒙版的选区。

26 填充选区渐变色

新建“图层5”，单击椭圆选框工具，按住Shift键不放绘制正圆选区，单击渐变工具，设置渐变，对选区进行线性渐变填充。

设置渐变颜色　　渐变效果

27 添加图层样式

双击“图层5”，打开“图层样式”对话框，设置“斜面和浮雕”和“内阴影”参数。

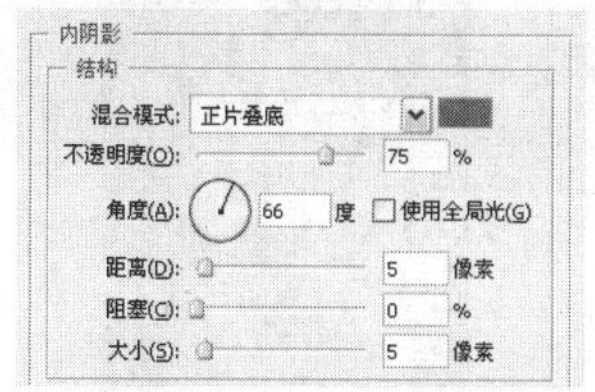

“内阴影”选项面板

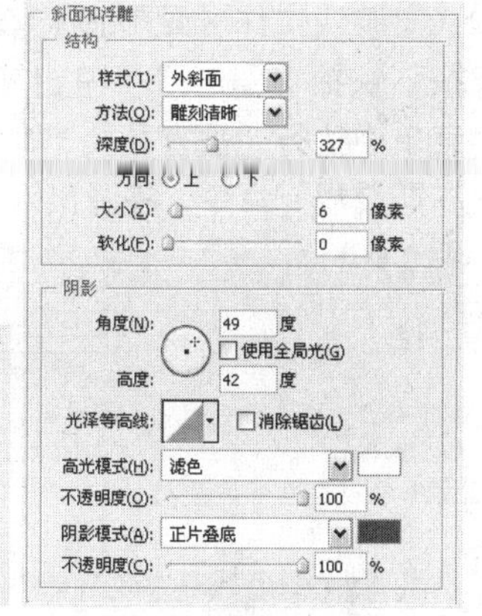

“斜面和浮雕”选项面板

28 输入文字

设置完成后单击“确定”按钮，添加图层样式。单击横排文字工具T，输入文字。

图层样式效果

输入文字

29 拷贝图层样式

新建“图层6”，单击椭圆选框工具◯，在属性栏中设置羽化值为20像素，按下快捷键Alt+Delete，填充前景色为白色，并将“图层6”放置于“图层5”的下方。

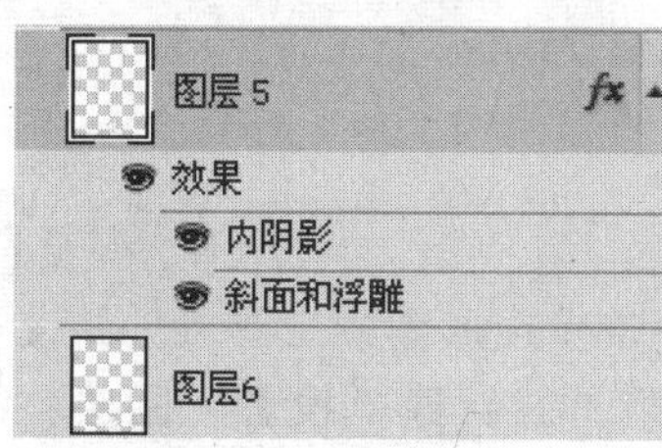

“图层”面板

图像效果

30 填充选区颜色

新建“图层7”，单击矩形选框工具▢创建选区，按下快捷键Alt+Delete，填充前景色为白色。

创建选区　　填充选区颜色

31 填充选区颜色

单击矩形选框工具▢创建选区，按下快捷键Alt+Delete，填充前景色为白色。

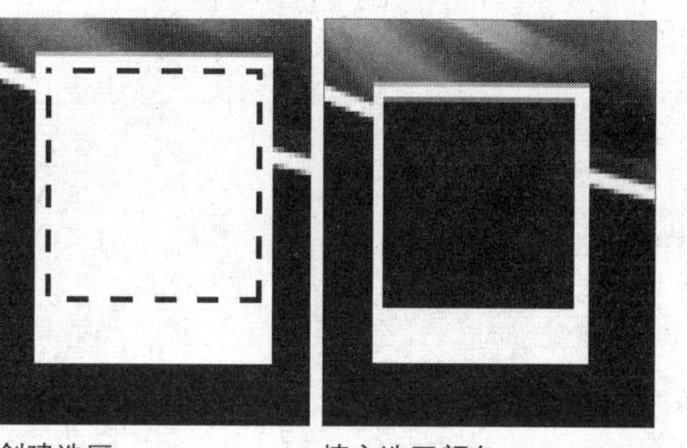

创建选区　　填充选区颜色

32 输入文字

单击横排文字工具T，输入文字。使用相同的方法，绘制另一个商标和文字信息。

输入文字　　完成后的效果

33 新建图像文件

设置背景色为黑色，执行“文件>新建”命令，在弹出的“新建”对话框中设置参数，新建图像文件。

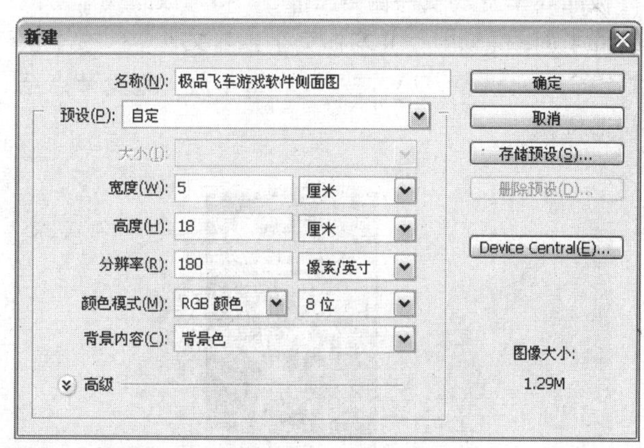

“新建”对话框

34 添加文字信息

将“极品飞车游戏软件平面图”文件中的文字信息均移动至“极品飞车游戏软件侧面图”文件中，执行“文件>存储为”命令，在弹出的“存储为”对话框中设置文件名，然后单击“保存”按钮。

文件名(N)：极品飞车游戏软件侧面图
格式(F)：JPEG (*.JPG;*.JPEG;*.JPE)

侧面效果　储存图像

35 新建图像文件

执行“文件>新建”命令，在弹出的“新建”对话框中设置参数，新建图像文件。

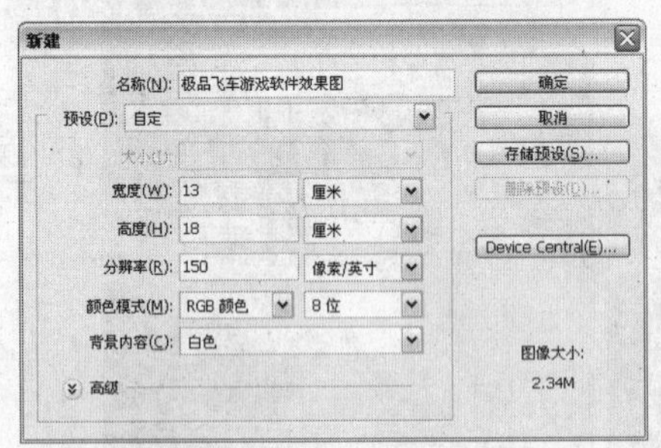

“新建”对话框

36 添加素材图像

打开“立体模型.png”文件，并拖曳至“极品飞车游戏软件效果图”文件中，再分别打开刚刚存储的“极品飞车游戏软件侧面图.jpg”和“极品飞车游戏软件平面图.jpg”，并均拖曳至当前文件中。按下快捷键Ctrl+T调整大小，按住Ctrl键不放，拖曳节点至合适位置。

添加素材图像　图像效果

37 添加“高斯模糊”滤镜

分别拖曳“极品飞车游戏软件侧面图.jpg”和“极品飞车游戏软件平面图.jpg”文件至当前图像文件中，按下快捷键Ctrl+T，单击鼠标右键，在弹出的快捷菜单中执行“垂直翻转”命令。执行“滤镜>模糊>高斯模糊”命令，在弹出对话框中设置参数。

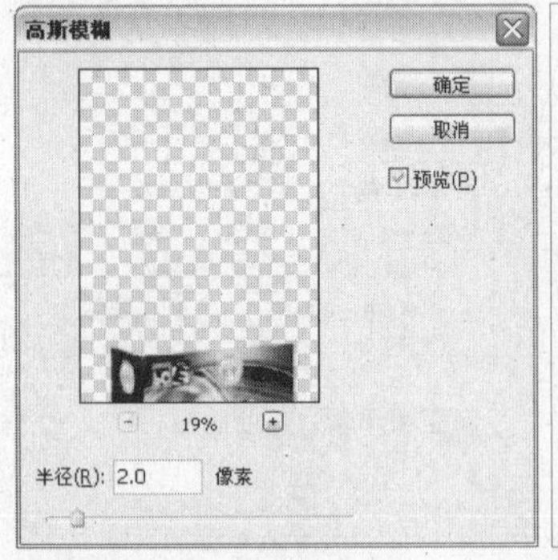

设置参数值　模糊效果

38 编辑图层蒙版

选择“倒影”图层，单击“添加图层蒙版”按钮，添加图层蒙版，设置前景色为黑色，单击渐变工具，编辑渐变为从前景色到透明，在图层中添加线性渐变。

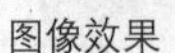

图像效果　“图层”面板

39 制作阴影效果

新建“高光”图层，单击多边形套索工具，并设置羽化值为10，绘制高光。新建“投影”图层，使用多边形套索工具绘制投影。选择“背景”图层，单击渐变工具，设置渐变颜色为从灰色到白色，进行线性渐变填充。至此，本例制作完成。

阴影效果　完成后的效果

18.3 化妆品包装设计

实例分析：本实例制作的一款化妆品包装设计，通过产品的颜色对包装盒画面进行调整，制作颜色清爽的化妆品包装。

主要使用工具：多边形套索工具、渐变工具、圆角矩形工具、图层样式

最终文件：Chapter 18\Complete\化妆品包装平面图、化妆品包装效果图.psd

视频文件：Chapter 18\化妆品包装设计1.swf、化妆品包装设计2.swf、化妆品包装设计3.swf

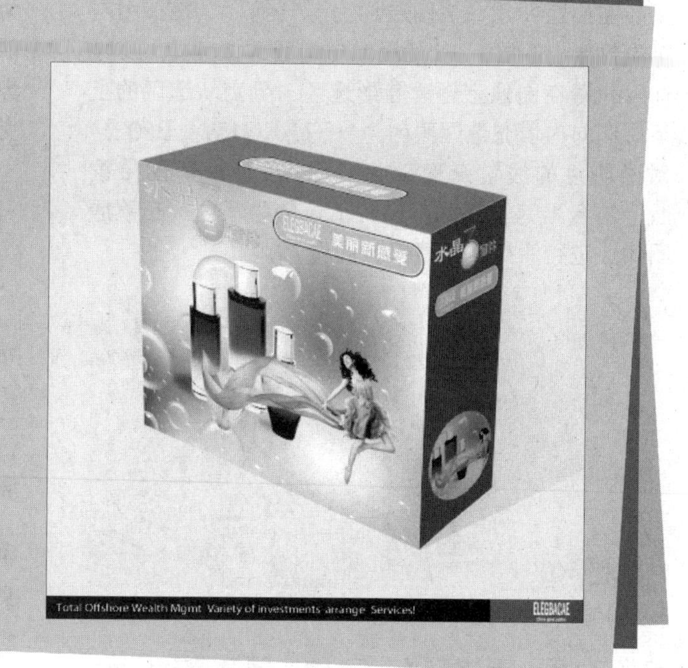

01 新建图像文件

执行"文件>新建"命令，在弹出的"新建"对话框中设置参数，新建图像文件。

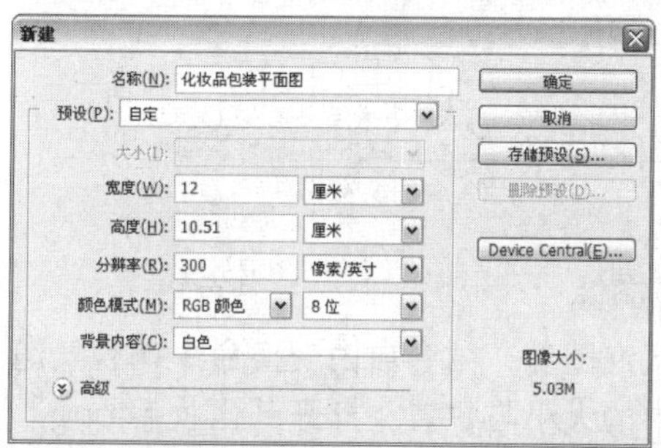

"新建"对话框

02 填充图像渐变色

新建"图层1"，单击渐变工具，打开"渐变编辑器"对话框，从左到右设置渐变颜色为（R45、G159、B214）到（R29、G118、B187），单击"确定"按钮，从左下到右上填充图像线性渐变。

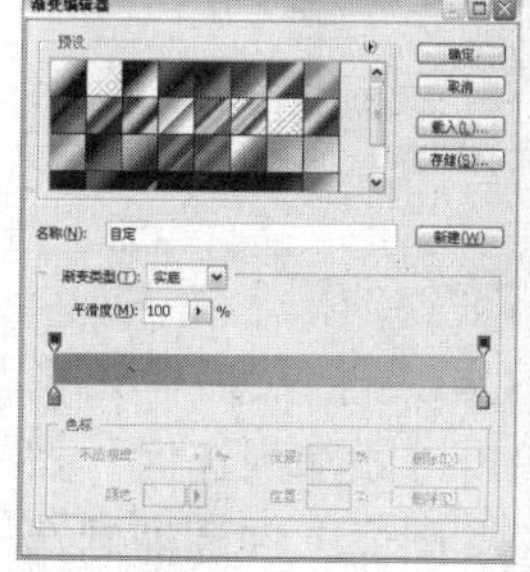

设置渐变色　　渐变效果

03 添加并编辑图层蒙版

单击"图层"面板下方的"添加图层蒙版"按钮，使用画笔工具，设置前景色为黑色，然后在图像上进行涂抹，将部分图像进行隐藏。单击图层缩览图，使用减淡工具和加深工具对图像进行加深与减淡处理。

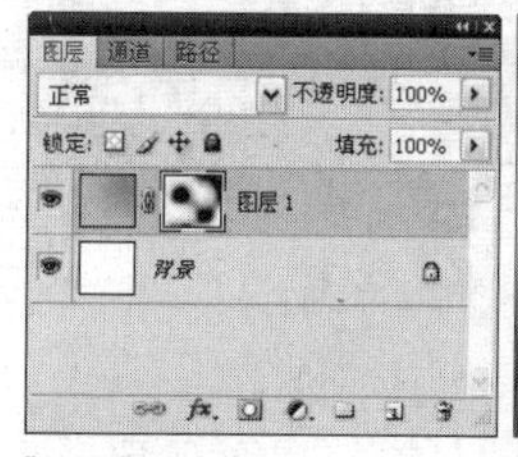

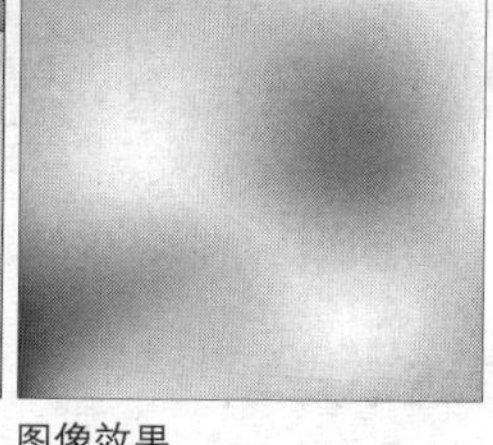

"图层"面板　　图像效果

04 添加素材图像

选择"图层1"与"背景"图层，按下快捷键Ctrl+E合并图层，得到"背景"图层。打开"气泡.png"文件，将素材图像移动至当前图像文件中，调整图像在画面中的位置，得到"图层1"，设置"图层1"的混合模式为"变亮"。

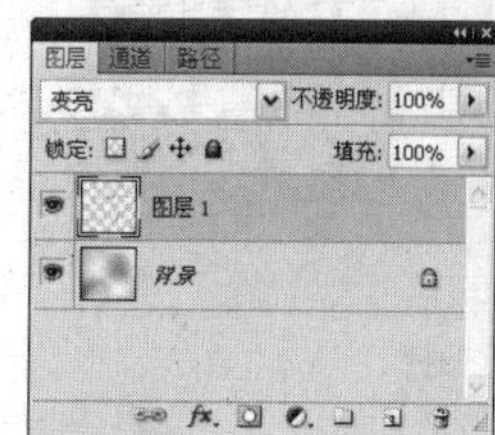

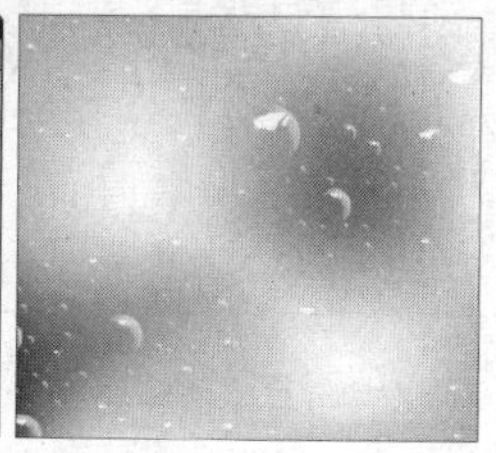

"图层"面板　　添加素材图像

05 填充选区渐变色

新建图层组并重命名图层组为“气泡”，在该图层组中新建“图层2”，然后单击椭圆选框工具，按住Shift键在图像上创建圆形选区，分别从选区的上下两侧向内填充选区颜色为（R71、G157、B202）到透明色的线性渐变。为“图层2”添加图层蒙版，结合画笔工具，设置前景色为黑色，在蒙版图像上进行涂抹，隐藏部分图像。

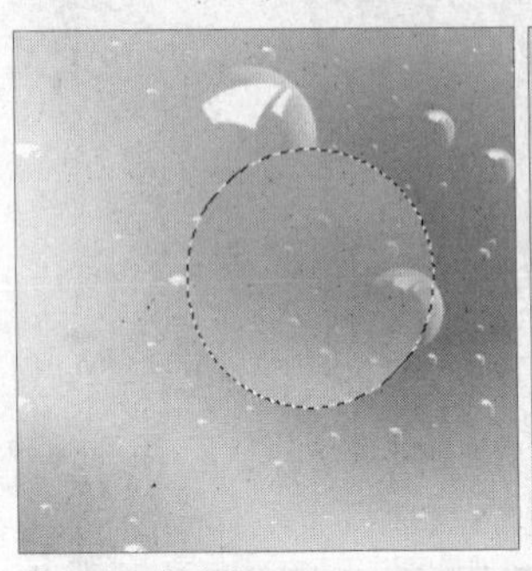

填充选区渐变色

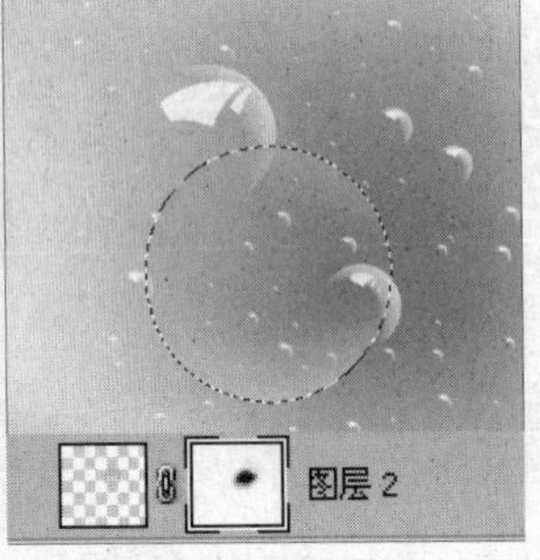

图像效果

06 绘制气泡亮部

新建“图层3”，单击椭圆选框工具，按住Shift键在图像上创建圆形选区，从上到下填充选区颜色为白色到透明色的线性渐变，取消选区。

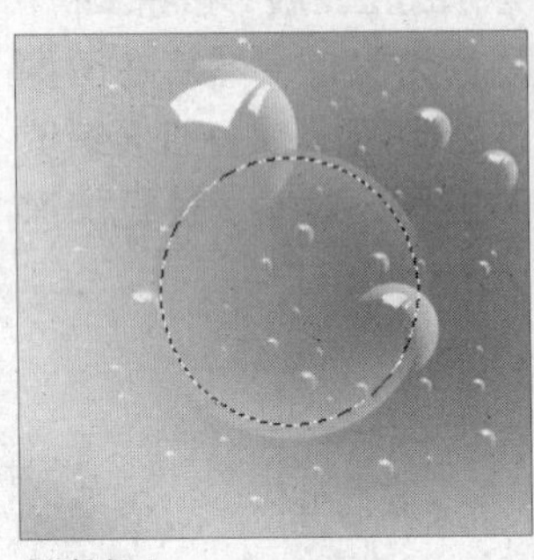

创建选区

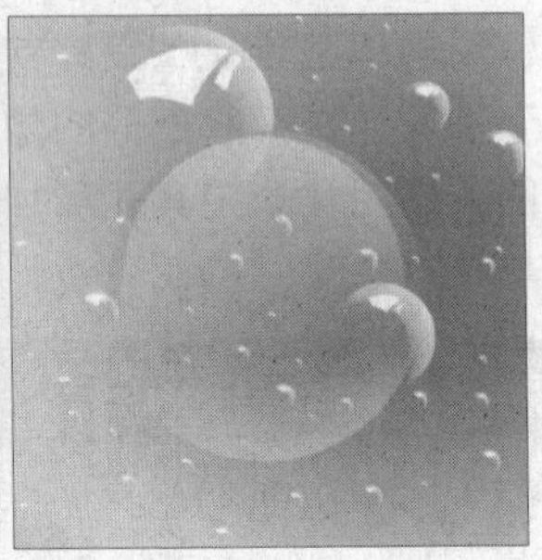

亮部效果

07 绘制气泡高光

新建“图层4”，单击钢笔工具，在图像上绘制路径并转换为选区，按下快捷键Shift+F6，打开“羽化选区”对话框，设置“羽化半径”为15像素，填充选区颜色为白色，取消选区。

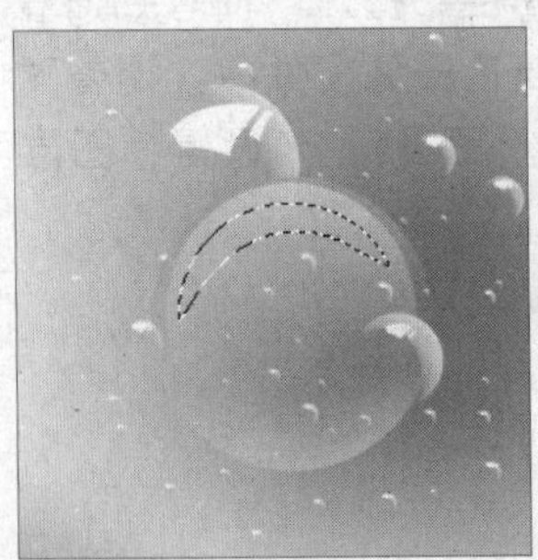

创建选区

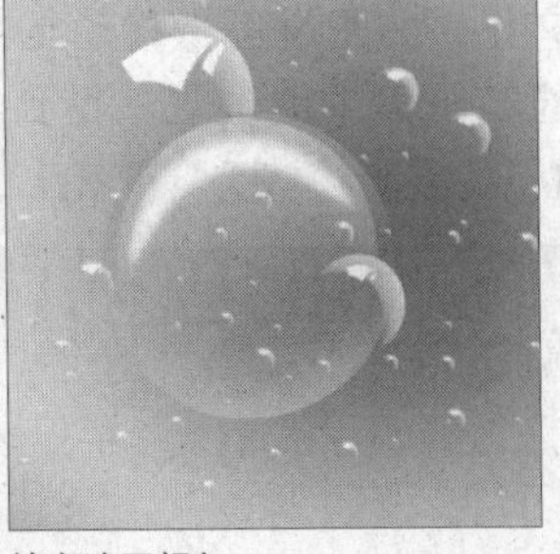

填充选区颜色

08 编辑图层蒙版

为“图层4”添加图层蒙版，结合画笔工具，设置前景色为黑色，对蒙版图像进行涂抹，隐藏部分图像，使高光效果更自然。复制“图层4”，结合自由变换命令调整“图层4 副本”在画面中的位置。

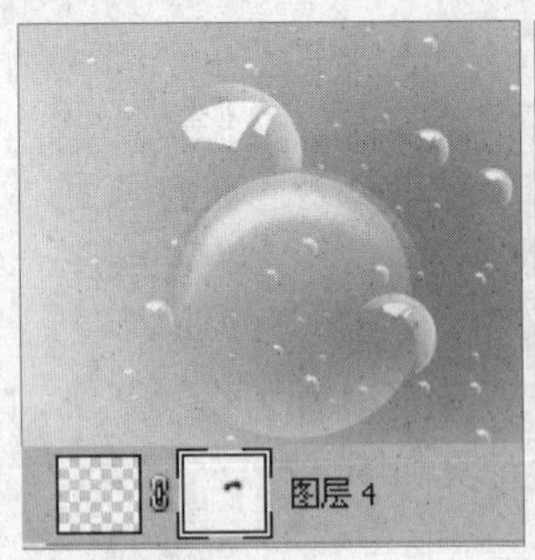

编辑蒙版效果

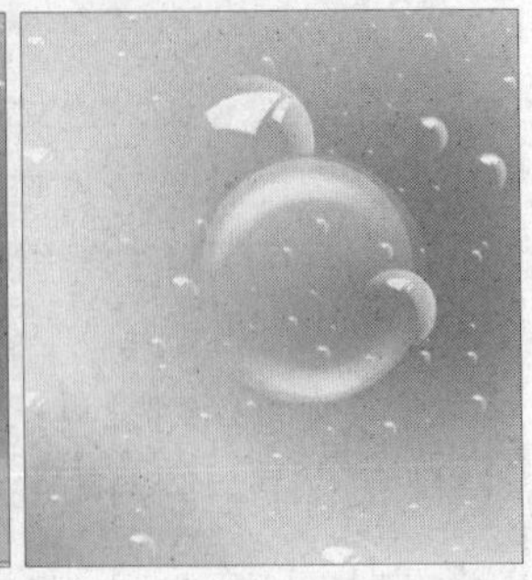

复制高光效果

09 复制并合并图层组

复制“气泡”图层组，得到“气泡 副本”图层组，然后合并该图层组，得到“气泡 副本”图层，调整图像在画面中的位置。

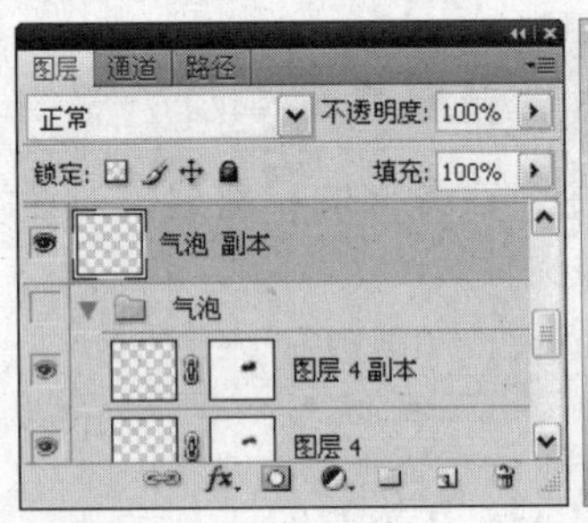

“图层”面板

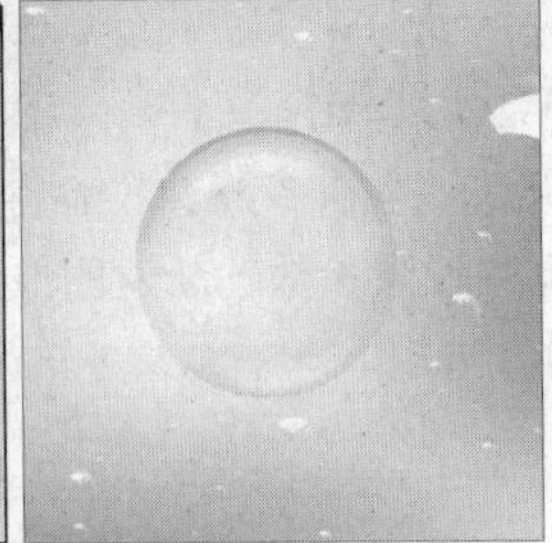

图像效果

10 添加素材图像

复制更多的气泡图像，结合自由变换命令调整气泡图像在画面中的大小与位置。打开“化妆品.png”文件，拖动素材图像至当前图像文件中，得到“图层5”，调整图像在画面中的位置。

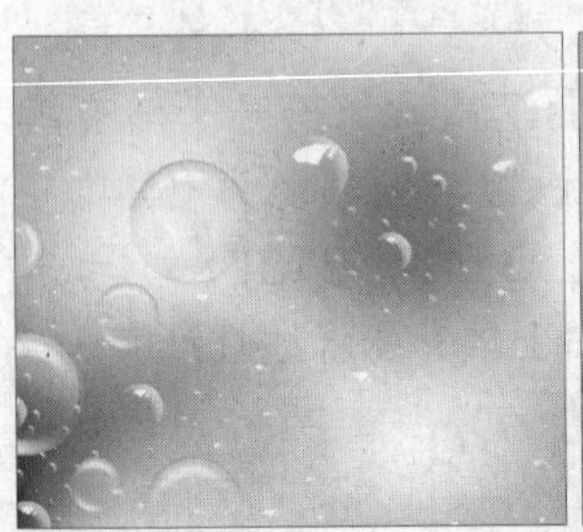

复制气泡图像

添加素材图像

11 制作阴影

在“图层5”的下方新建“图层6”，然后单击椭圆选框工具，在属性栏上单击“添加到选区”按钮，设置“羽化”为20px，在图像上创建椭圆选区，填充选区颜色为黑色，设置图层“不透明度”为35%，制作化妆品阴影效果。

创建选区

阴影效果

12 添加素材图像

打开“人物.png”文件，拖动素材图像至当前图像文件中，调整图像在画面中的位置。

添加素材图像

13 添加文字信息

单击横排文字工具T，在图像上输入黑色文字，双击文字图层，打开“图层样式”对话框，设置“内阴影”、“内发光”、“斜面和浮雕”、“光泽”参数，其中“内阴影”颜色为（R146、G204、B236），“内发光”颜色为（R170、G222、B253），“斜面和浮雕”选项面板中“高光模式”颜色为（R181、G226、B252），“阴影模式”颜色为（R100、G154、B183），“光泽”颜色为（R202、G234、B251），设置完成后单击“确定”按钮，设置文字图层的“填充”为0%。

输入文字

“内阴影”选项面板

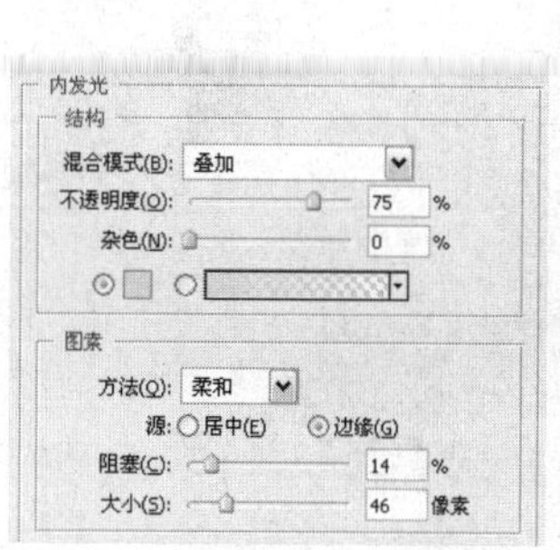
“内发光”选项面板

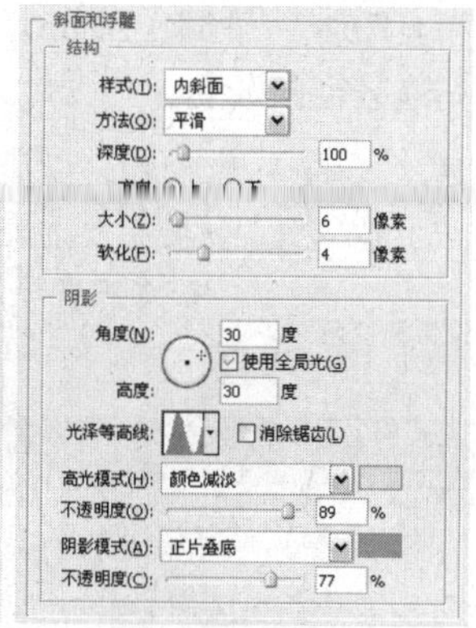
“斜面和浮雕”选项面板

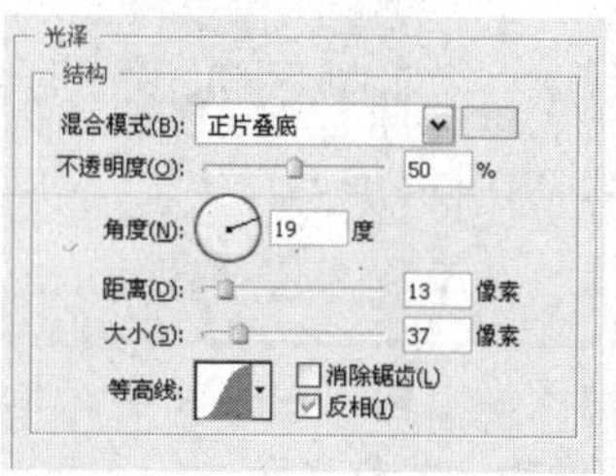
“光泽”选项面板

文字效果

14 添加文字

新建“图层7”，单击钢笔工具，在图像上绘制文字路径并转换为选区，填充选区颜色为黑色，取消选区。双击“图层7”，打开“图层样式”对话框设置“内阴影”、“描边”参数，设置完成后单击“确定”按钮，设置图层“填充”为0%。

文字效果

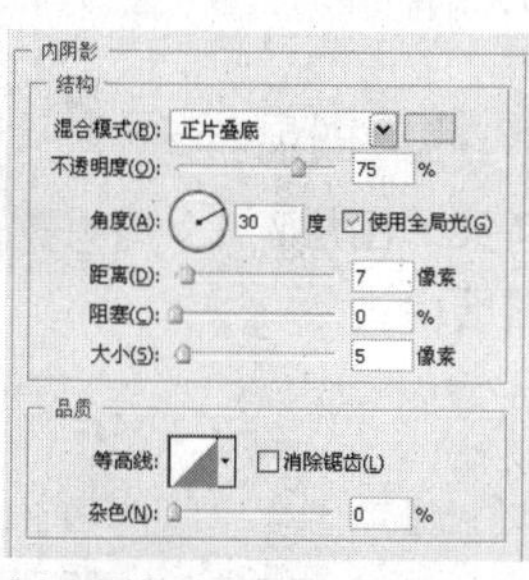
“内阴影”选项面板

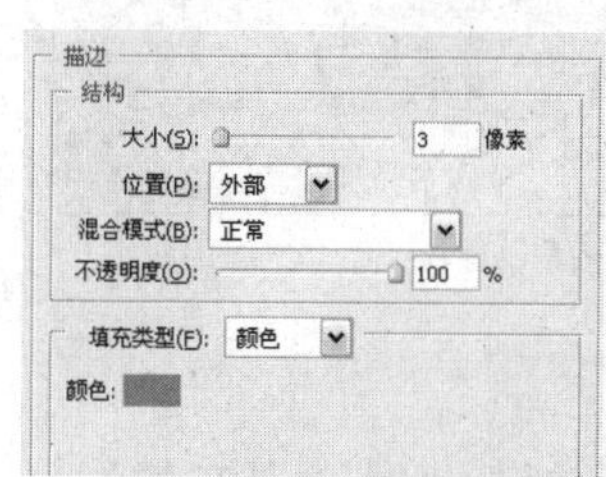
“描边”选项面板

图像效果

15 填充选区渐变色

新建“图层8”，单击椭圆选框工具，按住Shift键在图像上绘制圆形选区。单击渐变工具，打开“渐变编辑器”对话框从左到右设置渐变颜色为（R193、G220、B236）、（R128、G184、B216）

和（R91、G164、B205），单击“确定”按钮，填充选区径向渐变。

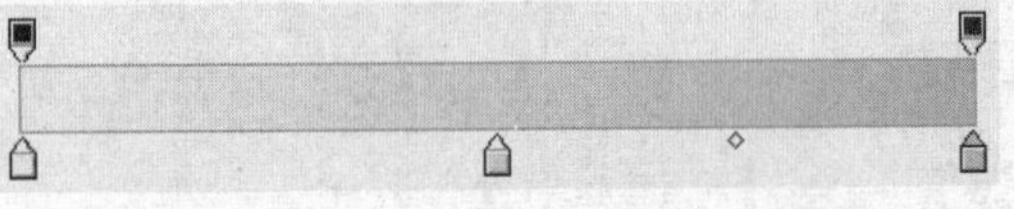
设置渐变色

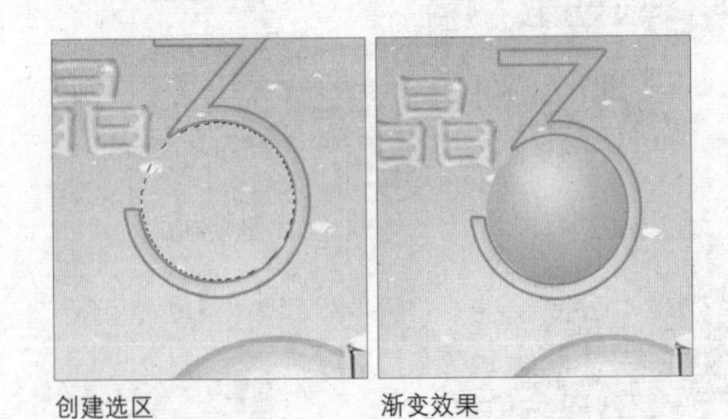
创建选区　　渐变效果

16 输入文字

单击直排文字工具，在图像上输入白色文字。单击横排文字工具，在图像输入白色文字。

输入直排文字　　输入横排文字

17 拷贝图层样式

拷贝“图层7”，拷贝图层样式粘贴至“套件”文字图层中。

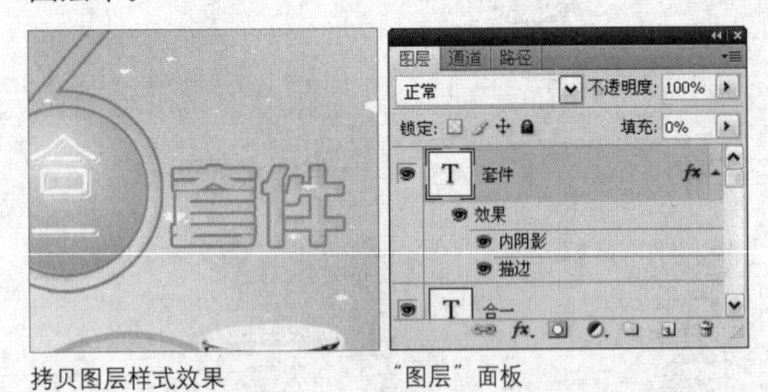

拷贝图层样式效果　　“图层”面板

18 绘制横条图像

新建“图层9”，单击圆角矩形工具，在属性栏上设置“半径”为80px，在图像上绘制圆角矩形图像，将路径转换为选区，填充选区颜色为白色。执行“编辑>描边”命令，在弹出的对话框中设置参数，设置描边颜色为（R15、G8、B117），完成后单击“确定”按钮。新建“图层10”，使用相同的方法创建圆角矩形选区，填充选区颜色为（R100、G186、B215）。

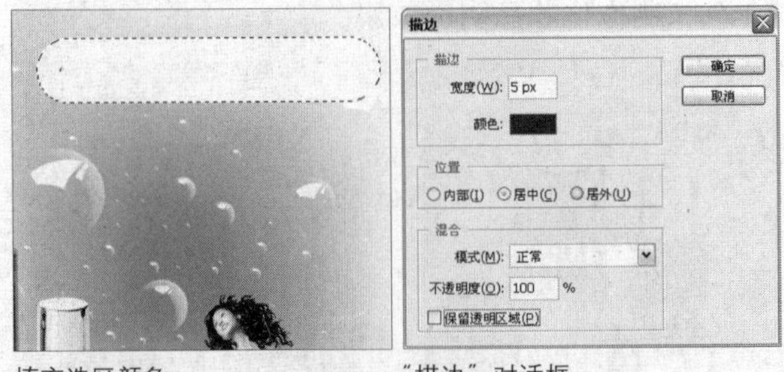

填充选区颜色　　“描边”对话框

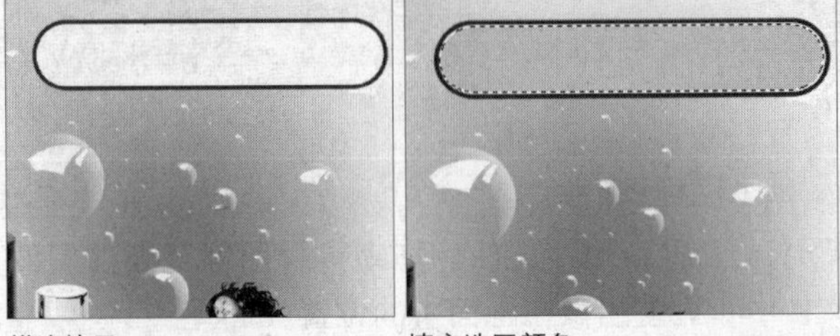
描边效果　　填充选区颜色

19 添加标志素材

打开“标志.png”文件，将素材图像拖动至当前图像文件中，调整图像在画面中的位置。单击横排文字工具，在图像上输入白色文字。按下快捷键Shift+Ctrl+Alt+E，盖印图层，生成“图层12”。

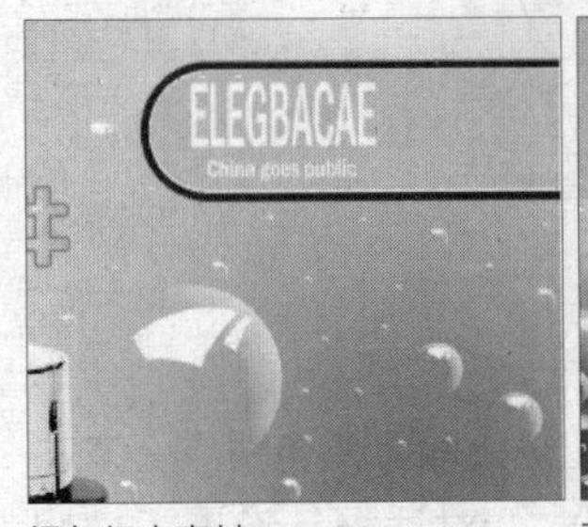

添加标志素材　　平面效果

20 新建图像文件

执行“文件>新建”命令，在弹出的“新建”对话框中设置参数，新建图像文件。

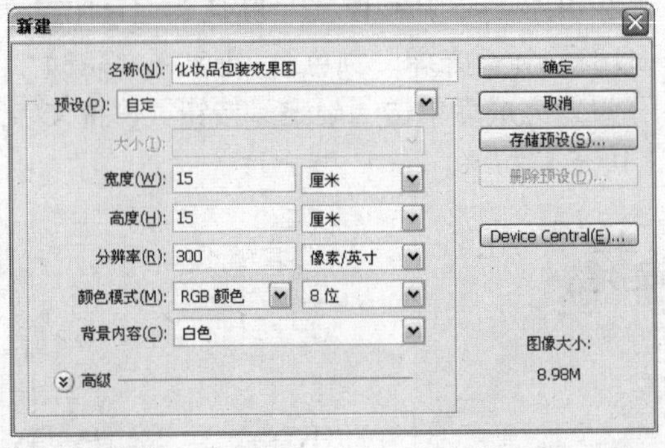

“新建”对话框

21 制作立体效果

单击移动工具，将“化妆品包装平面效果”文件中的“图层12”移动至当前图像文件中，结合自由变换命令调整图像在画面中的位置。新建“图层2”，单击多边形套索工具，在图像上创建选区，填充选区颜色为（R40、G120、B169）。新建“图层3”，使用相同的方法绘制颜色为（R7、G71、B123）的包装盒侧面。

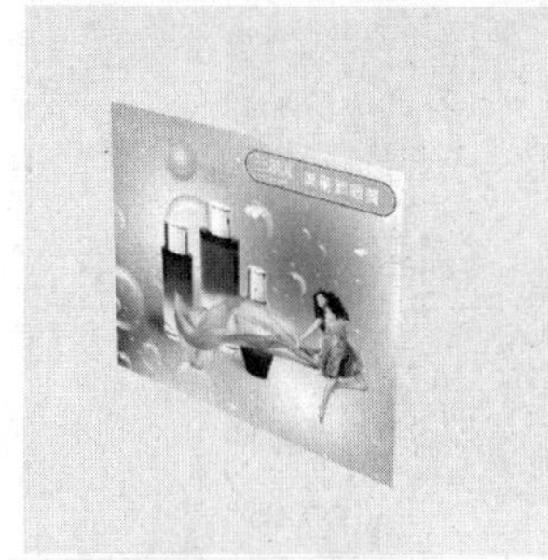
添加画面图像

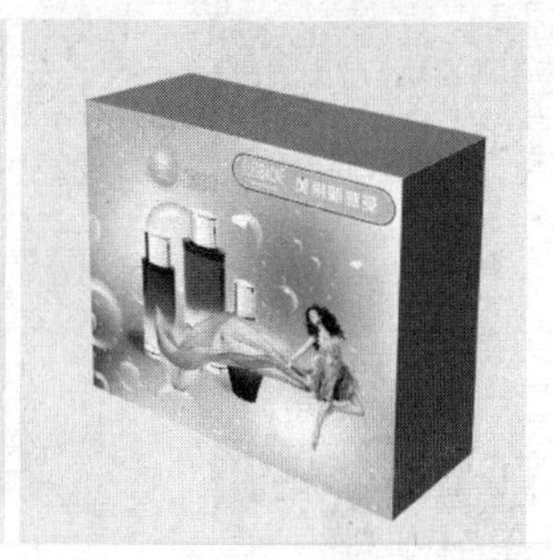
绘制立体效果

22 添加图像效果

将“化妆品包装平面效果”文件中的横条图像相关图层移动至当前图像文件中，合并所选图层并重命名为“横条标语”，结合自由变换命令调整图像在画面中的位置。复制两个“横条标语”图层，调整图像的大小与位置，适当调整图像的混合模式与“不透明度”。

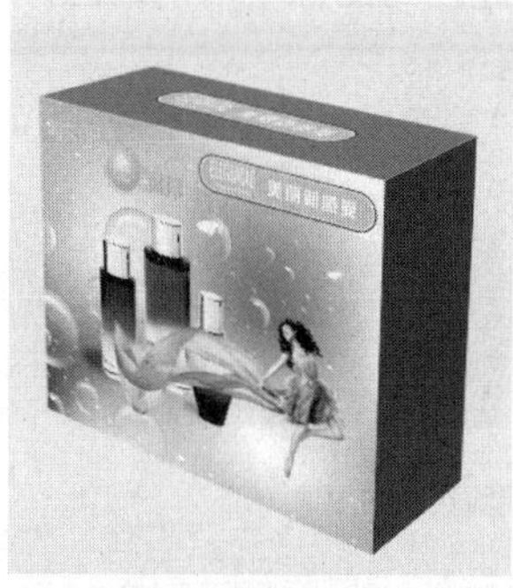
调整图像

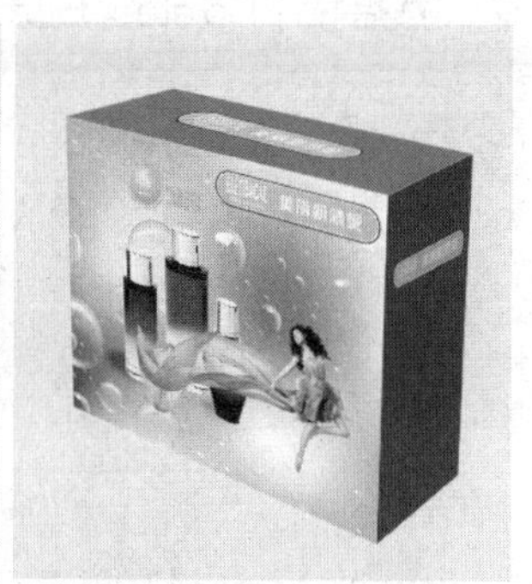
图像效果

23 添加侧面图像

使用相同的方法添加更多的侧面图像，适当调整图像的混合模式与“不透明度”。

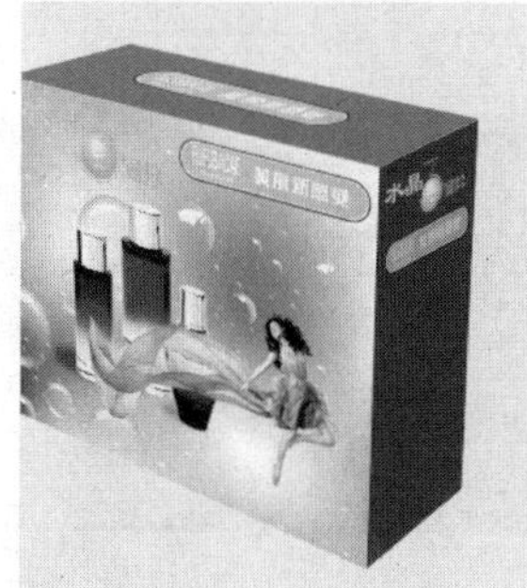
添加图像

图像效果

24 制作阴影

在“图层”面板的最下方新建图层并重命名图层为“阴影”，单击多边形套索工具，在图像上创建选区。单击渐变工具，填充选区颜色为（R214、G213、B207）到透明色的线性渐变，取消选区。

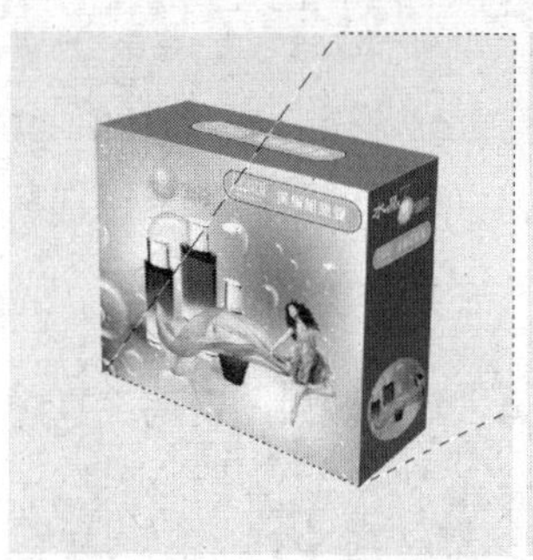
创建选区

阴影效果

25 绘制横条图像

新建“图层4”，单击矩形选框工具，在图像的下侧创建选区，填充选区颜色为黑色。新建“图层5”，在图像上创建选区，填充选区颜色为（R110、G108、B108）。

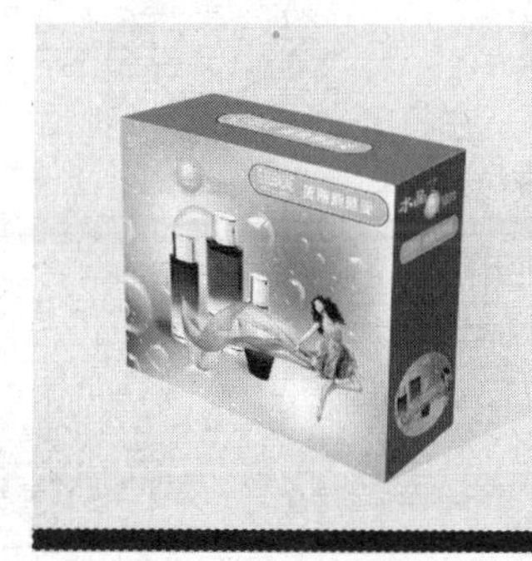
绘制黑色横条

绘制灰色横条

26 输入文字

单击横排文字工具，在黑色横条图像上输入白色文字信息，然后在灰色图像上添加标志图像。至此，本例制作完成。

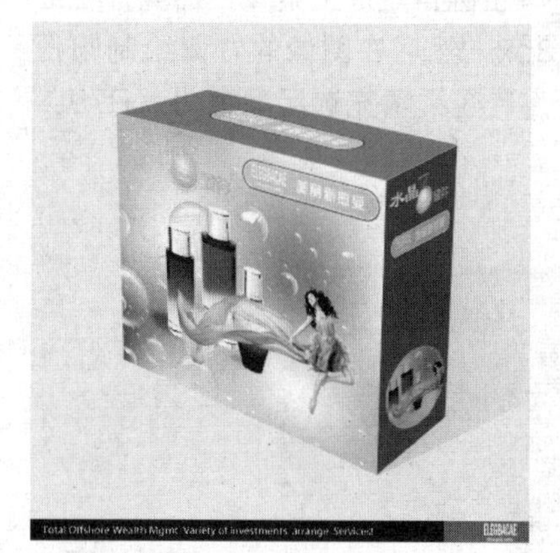
完成后的效果

18.4 MP3包装设计

实例分析： 本实例制作的是一款MP3的包装，以清新的绿色调为主，律动的光束体现数码产品的科技时尚感。

主要使用工具： 渐变映射、钢笔工具、图层样式

最终文件： Chapter 18\Complete\MP3包装平面图.psd、MP3包装效果图.psd
视频文件： Chapter 18\MP3包装设计.exe

01 新建图像文件

执行"文件>新建"命令，在打开的"新建"对话框中设置各项参数，新建图像文件。

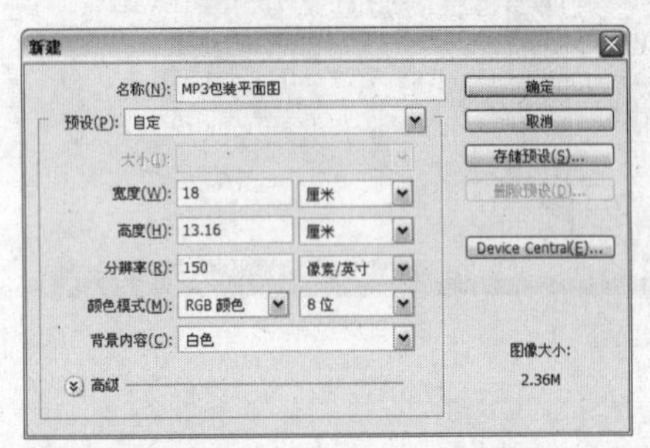

"新建"对话框

02 填充选区颜色

新建"图层1"，单击圆角矩形工具，在属性栏上设置"半径"为8px，然后在图像的右侧绘制圆角矩形路径并转换为选区，填充选区颜色为（R79、G177、B56）。

填充选区颜色

03 删除选区内图像

取消选区，单击矩形选框工具，在图像上创建选区，然后按下Delete键删除选区内图像，取消选区。

创建选区

删除选区内图像

04 添加图层样式

在"图层"面板中双击"图层1"，打开"图层样式"对话框，在该对话框中设置"斜面和浮雕"参数，其中设置"阴影模式"颜色为（R33、G71、B0），设置完成后单击"确定"按钮。

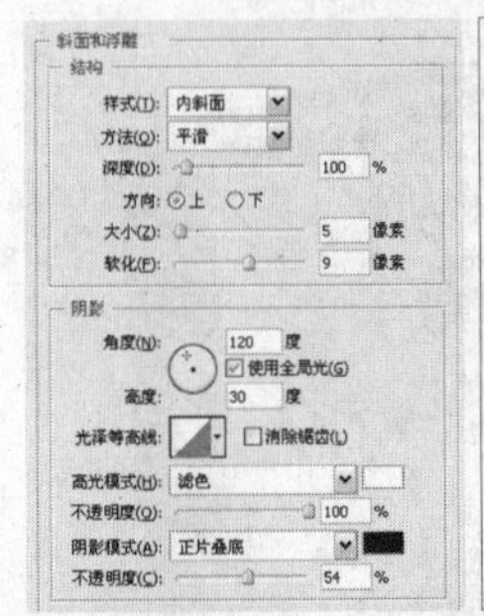

设置参数值

图像效果

05 绘制矩形图像

新建“图层2”，使用相同的方法绘制绿色矩形图像，拷贝“图层1”的图层样式至“图层2”中。

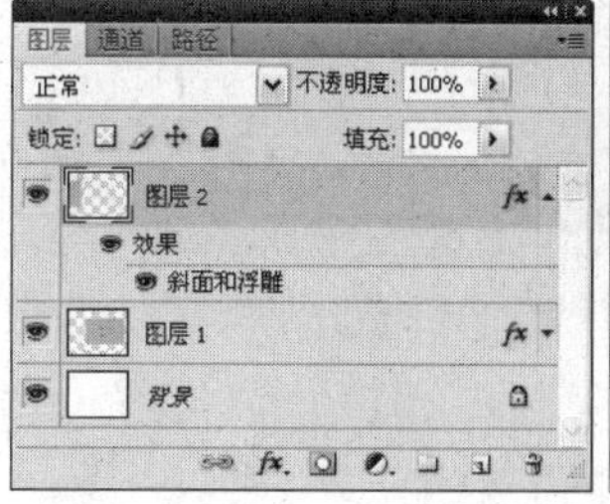

“图层”面板

图像效果

06 填充选区渐变色

新建“图层3”，单击钢笔工具，在图像上绘制路径并转换为选区。单击渐变工具，填充选区颜色为（R180、G220、B70）到透明色的线性渐变，最后取消选区。

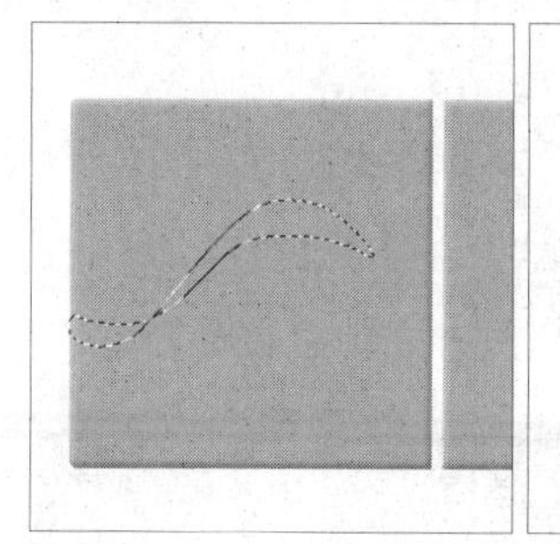
创建选区

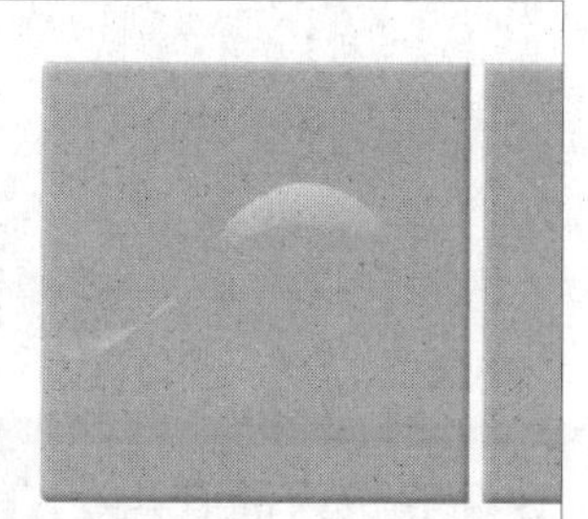
渐变效果

07 添加更多光影图像

使用相同的方法绘制另一个较大的光影图像，然后添加更多的光影图像，丰富画面效果。

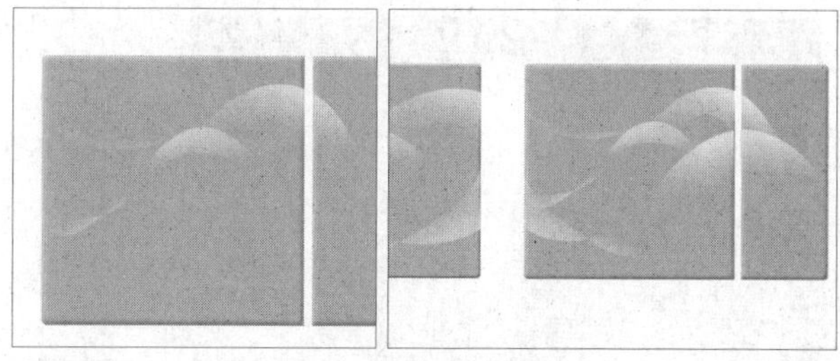
绘制图像　　画面效果

08 添加素材图像

执行“文件>打开”命令，打开附书光盘\实例文件\Chapter 18\Media\听音乐的人.png、MP3.png文件，单击移动工具，分别添加素材图像至当前图像文件中，结合自由变换命令调整图像的大小与位置，单击橡皮擦工具，擦除绿色图像以外的素材图像。

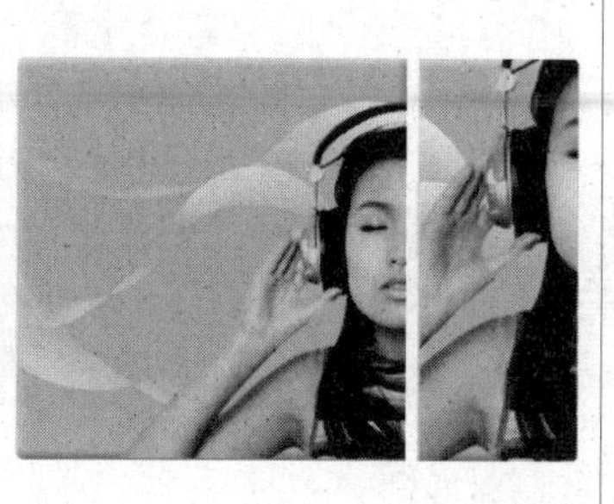
添加素材图像

09 绘制线条

新建图层，单击画笔工具，选择尖角笔刷，设置画笔大小为1px，分别设置前景色为白色与（R241、G255、B151），按住Shift键在图像上绘制白色与黄色线条，然后结合橡皮擦工具，适当调整其“不透明度”对线条两端进行擦除，使两端虚化。

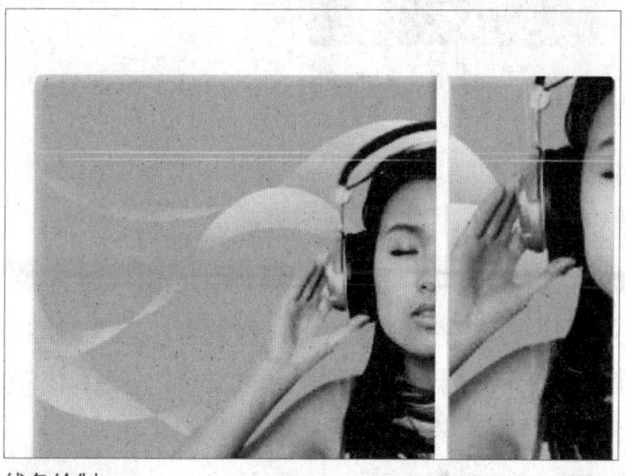
线条绘制

10 添加文字

单击横排文字工具，在图像上输入黑色与白色文字，栅格化文字yepp′。双击该图层，打开“图层样式”对话框，设置“斜面和浮雕”和“颜色叠加”参数，设置完成后单击“确定”按钮。

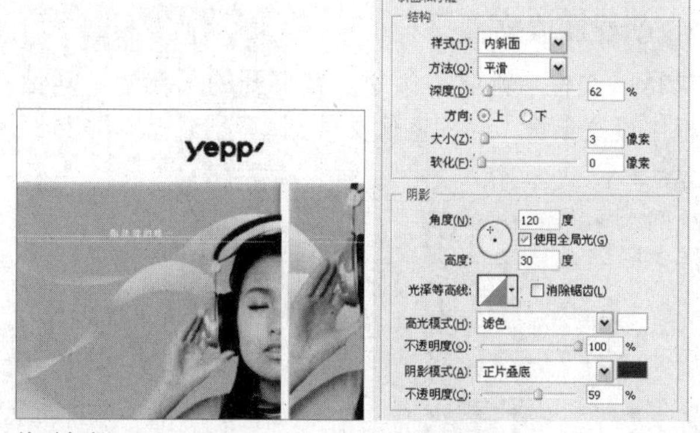

输入文字　　设置参数值

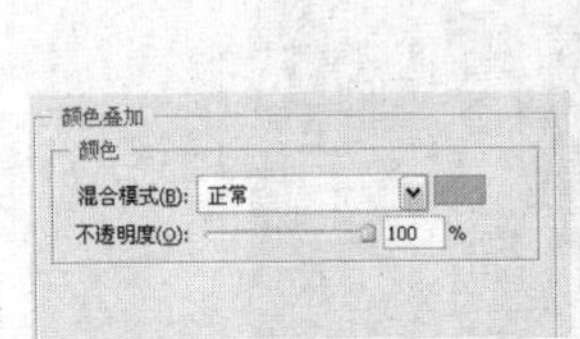

设置参数值

图像效果

11 复制并调整图像

复制文字图层，结合自由变换命令调整文字图像在画面中的位置与大小，取消图层"yepp' 副本2"的图层样式，调整文字中字母的颜色。

图像效果

12 添加素材图像

打开"MP3（1）.png"文件，将素材图像移动至当前图像文件中，调整其在画面中的位置。单击横排文字工具T，在图像的右下角输入文字，按下快捷键Ctrl+Shift+Alt+E盖印图层，生成"图层9"。

"图层"面板

图像效果

13 新建图像文件

执行"文件>新建"命令，在打开的"新建"对话框中设置参数，新建图像文件。

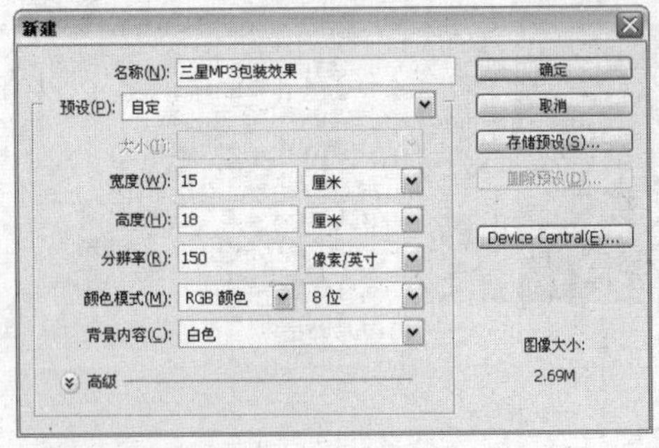

"新建"对话框

14 填充图像渐变色

单击渐变工具，设置渐变颜色从左到右依次为（R171、G180、B167）到（R239、G237、B223），然后从左上到右下填充图像线性渐变。

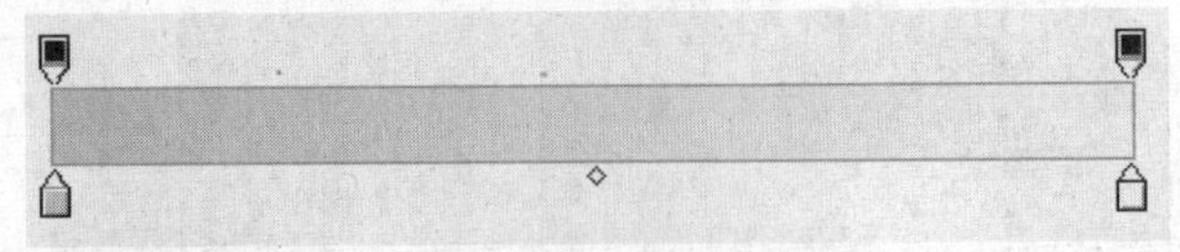
设置渐变色

渐变效果

15 填充选区渐变色

新建"图层1"，单击矩形选框工具，在图像的下侧创建矩形选区。单击渐变工具，设置渐变颜色从左到右依次为（R41、G79、B22）到（R96、G176、B55），从选区的左上到右下填充线性渐变。

设置渐变色

渐变效果

16 添加"纹理化"滤镜

取消选区，执行"滤镜>纹理>纹理化"命令，打开"纹理化"对话框，设置各项参数值，完成后单击"确定"按钮，添加图像纹理效果。

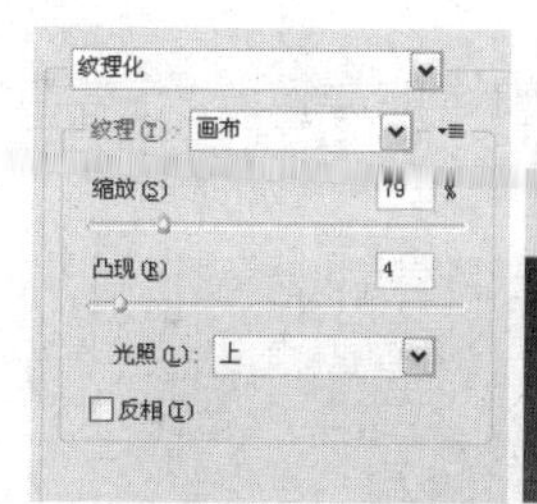

设置参数值　　滤镜效果

17 调整图像

单击矩形选框工具，在“MP3包装平面图”文件中创建矩形选区，单击移动工具，移动选区内的图像至当前图像文件中，按下快捷键Ctrl+T进行自由变换，按住Ctrl键调整节点的位置，完成后按下Enter键结束自由变换，使用相同的方法添加包装盒的侧面效果。

创建选区

调整图像　　调整图像

18 调整图像明暗关系

单击加深工具，在属性栏上设置“范围”为“高光”，适当调整其“曝光度”参数值，在包装盒上进行涂抹，处理图像阴影效果，加强包装盒立体效果。在“图层1”的上方新建图层并重命名图层为“阴影”，然后单击多边形套索工具，在属性栏上设置“羽化”为80px，在图像上创建选区。

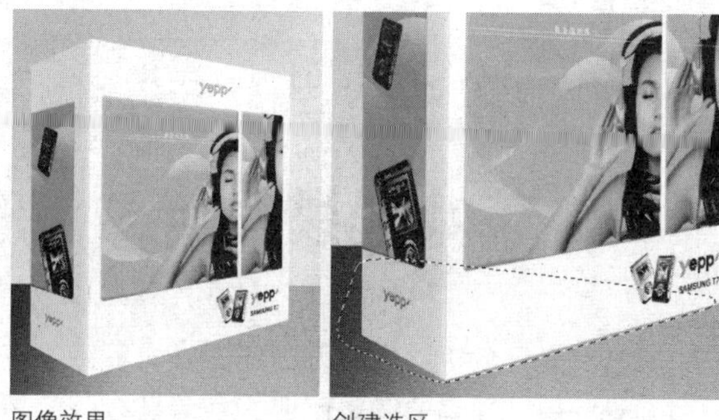

图像效果　　创建选区

19 填充选区颜色

填充选区颜色为（R26、G26、B26），取消选区。在“阴影”图层的下方新建图层并重命名图层为“阴影2”，使用相同的方法在图像上创建选区，填充选区颜色为（R24、G70、B0），取消选区。至此，本例制作完成。

阴影效果　　创建选区

完成后的效果

18.5 茶叶包装设计

实例分析：本实例制作的是一款罐装茶叶包装，采用了简单的线条配合文字疏密排列，展示绿茶的朴素雅致、古色暗香。

主要使用工具：钢笔工具、图层样式

最终文件：Chapter 18\Complete\茶叶包装平面图.psd、茶叶包装效果图.psd

视频文件：Chapter 18\茶叶包装设计.exe

01 新建图像文件

执行“文件>新建”命令，在打开的“新建”对话框中设置各项参数，单击“确定”按钮，新建图像文件。

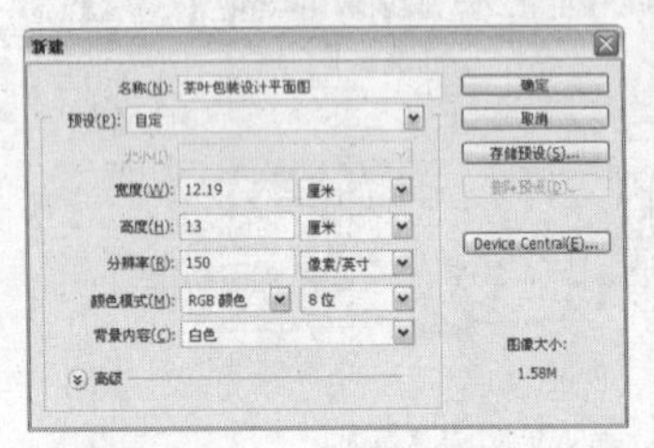

“新建”对话框

02 填充图像渐变色

新建“图层1”，单击渐变工具，设置渐变颜色依次为（R195、G89、B103）和（R64、G2、G2），填充线性渐变。执行“滤镜>纹理>纹理化”命令，添加图像纹理效果。单击椭圆工具，绘制圆圈。

渐变效果

绘制圆圈图像

03 添加素材图像

打开“马.png”文件，并拖曳至当前图像文件中，在图像中添加文字，并栅格化文字。使用魔棒工具创建选区，删除多余部分，并添加文字信息。改变背景的色相，保存文件。

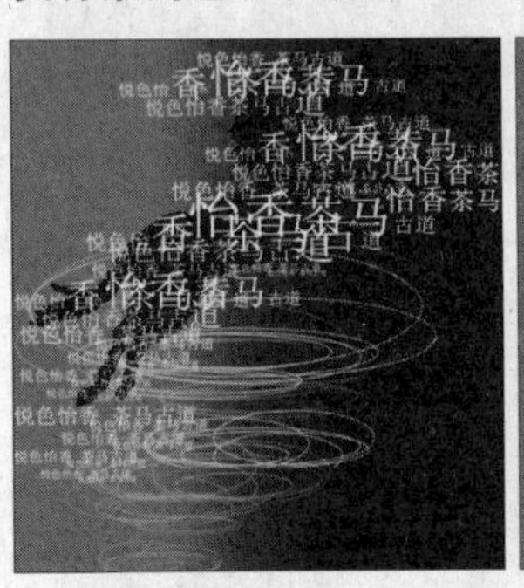

添加素材图像

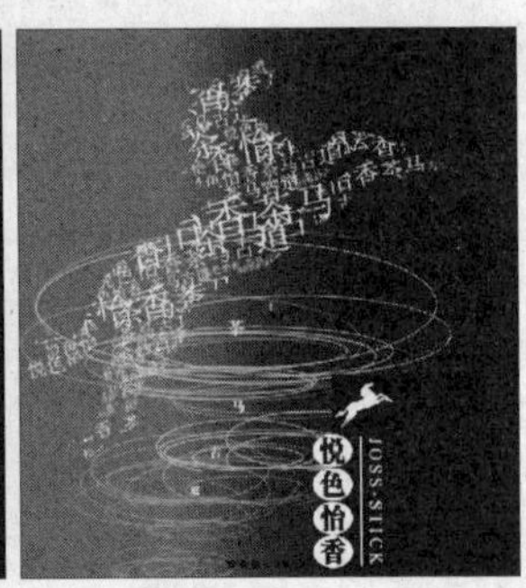

图像效果

04 制作立体效果

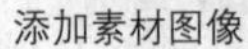

新建一个图像文件，打开刚刚存储的展开图，拖曳至当前图像文件中，并使用自由变换和钢笔工具制作圆筒形状。打开“茶道.jpg”文件，拖曳至当前图像文件中。至此，本例制作完成。

调整图像

完成后的效果

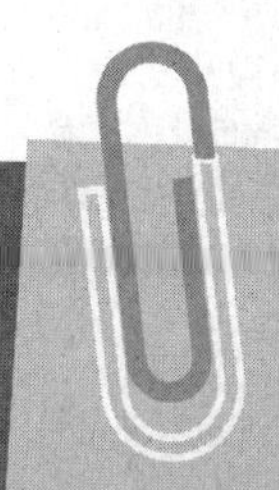

18.6 CD包装设计

实例分析：本实例制作的是一款CD包装，画面色调以红白两色为主，体现个性音乐的独立与张扬。

主要使用工具：钢笔工具、图层样式

最终文件：Chapter 18\Complete\CD包装平面图.psd、CD包装效果图

视频文件：Chapter 18\CD包装设计.exe

01 添加素材图像

新建图像文件，新建“图层1”，使用钢笔工具绘制红色图案，打开“人物.png”文件，拖曳至当前图像文件中，添加“颜色叠加”图层样式。

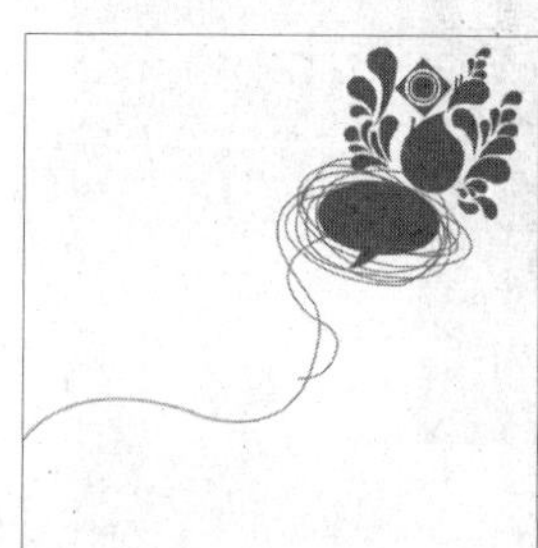

绘制图像

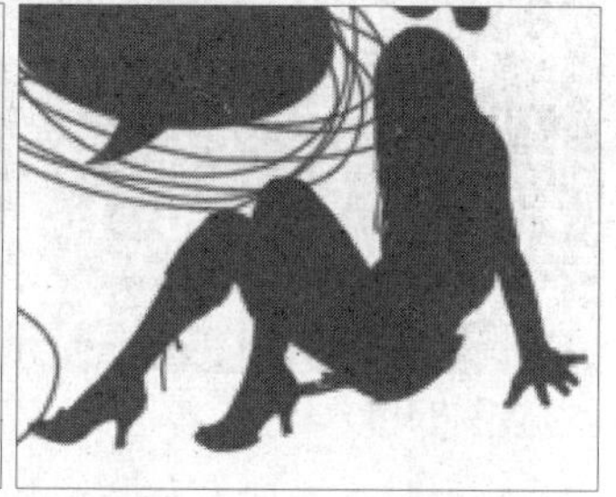

添加素材图像

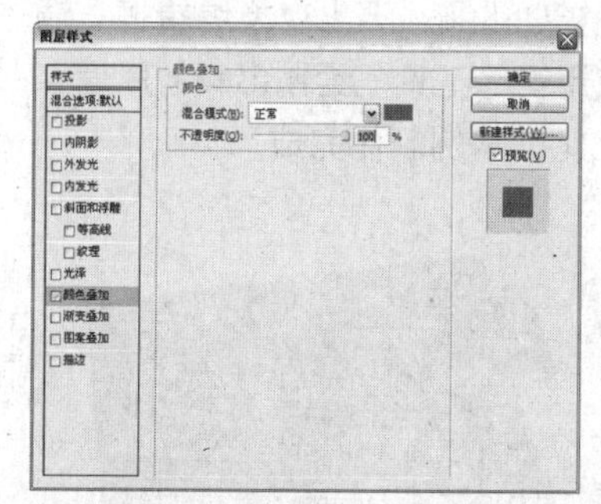

设置参数值

02 新建图像文件

添加适当文字，存储为“CD包装设计”展开图.jpg文件。执行“文件>新建”命令，在打开的“新建”对话框中设置参数，新建图像文件。

画面效果

03 制作立体效果

打开刚刚存储好的“CD包装设计展开图.jpg”文件，拖曳至当前图像文件中，并添加投影。使用椭圆工具绘制CD碟，添加浮雕和投影效果，最后将背景图层填充为红色。至此，本例制作完成。

完成后的效果

18.7 书籍装帧包装设计

实例分析：本实例制作的是一款镂空函套的书籍包装。作品中主要以色块为主，字母镂空、简单而富有设计感。

主要使用工具：钢笔工具、图层样式、文字工具

最终文件：Chapter 18\Complete\书籍装帧包装设计.psd

01 绘制矩形图像

新建图像文件，新建"图层1"，使用矩形选框工具创建选区，填充前景色为（R255、G255、B81），使用钢笔工具绘制图形并填充为黑色。

绘制黄色矩形图像

图像效果

02 制作镂空文字图像

复制图层，并改变图层"色相"为-30。绘制黑色函套，输入字母并将文字图层栅格化，创建选区并删除选区内的填充。

图像效果

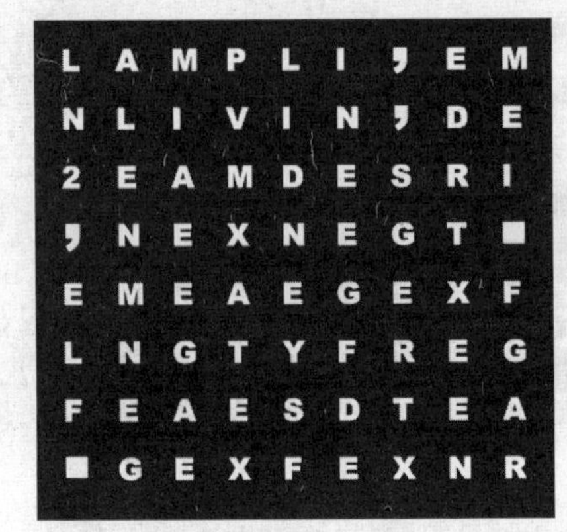

删除选区内图像效果

03 制作立体效果

合并图层，按下快捷键Ctrl+T，调出变换编辑框，调整图像前后位置，使用钢笔工具绘制书籍的厚度，并添加光影效果。至此，本例制作完成。

完成后的效果

Chapter 19

网站设计

在Photoshop中，可以结合软件制作图像的功能和网站首页的制作特点，制作出各种不同风格的网站首页。在本章中将针对各种不同风格的网站首页制作方法，进行学习和拓展。通过这些方法制作出来的网站首页设计图，可以直接上传，作为网站首页使用。

19.1 首饰网站设计

实例分析： 本实例在制作过程中，主要难点在于网站中纹理和花纹图像的制作，重点在于突现网站的风格和主题。

主要使用工具： 渐变工具、钢笔工具、图层样式

最终文件： Chapter 19\Complete\首饰网站设计.psd

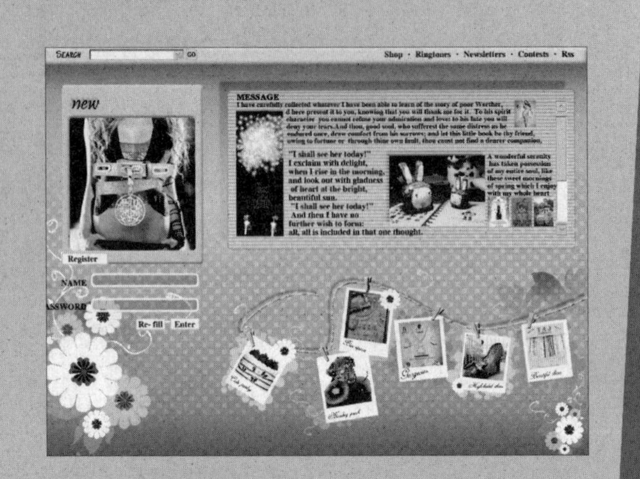

01 新建图像文件

执行“文件>新建”命令，在弹出的“新建”对话框中设置参数，新建图像文件。

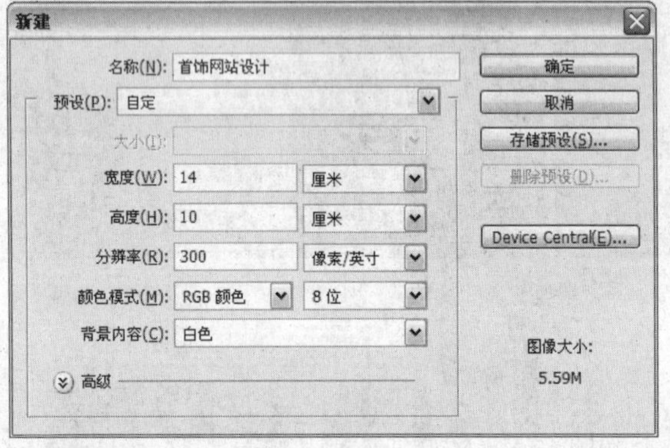

设置新建参数

02 填充图像渐变色

单击渐变工具，然后设置渐变从左到右为（R0、G97、B147）、（R124、G210、B222）和（R0、G97、B147），在图像中从上至下填充渐变。

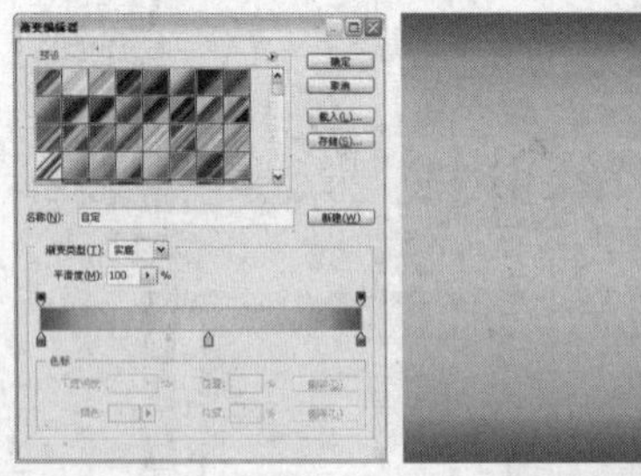

设置渐变　渐变效果

03 羽化选区

单击套索工具，在图像中随意创建一个选区，然后对其进行50px的羽化。

创建选区　羽化选区

04 添加“半调图案”滤镜

新建“图层1”，执行“滤镜>素描>半调图案”命令，在弹出的对话框中设置参数，完成后单击“确定”按钮，为图像添加半调图案效果。

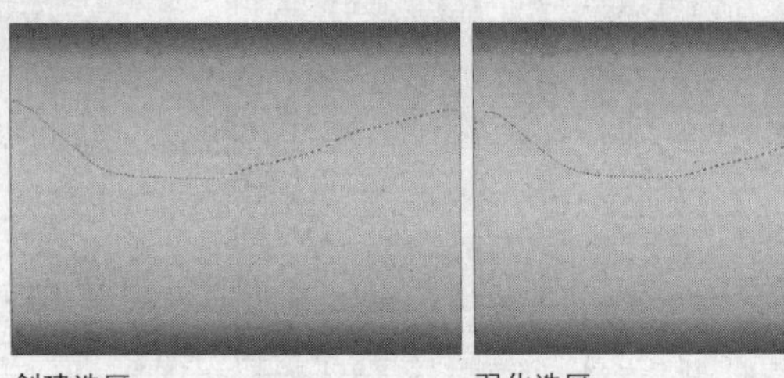

半调图案参数　半调图案效果

05 添加“图章”滤镜

执行“滤镜>素描>图章”命令，在弹出的对话框中设置参数，完成后单击“确定”按钮，使图像中的图案更加圆润。

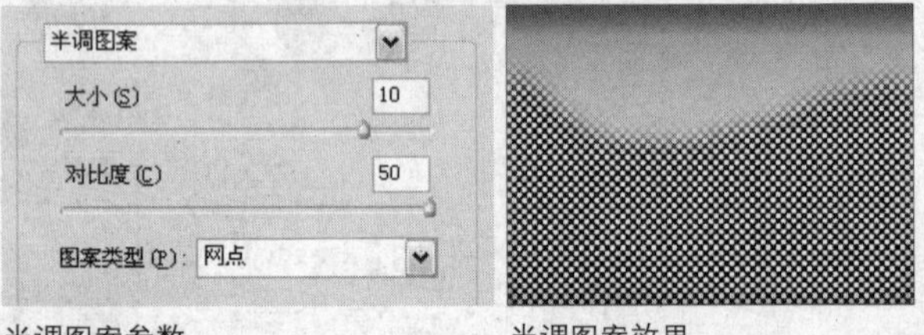

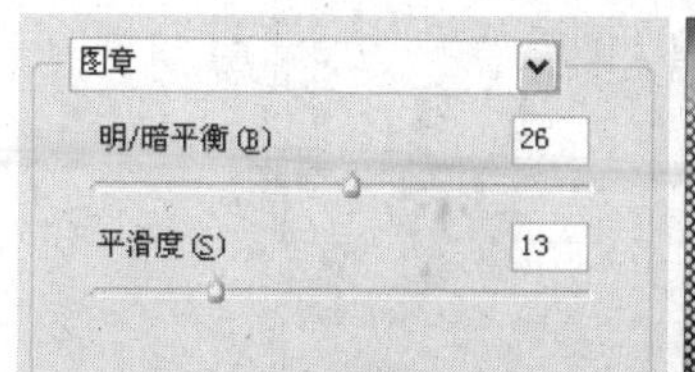

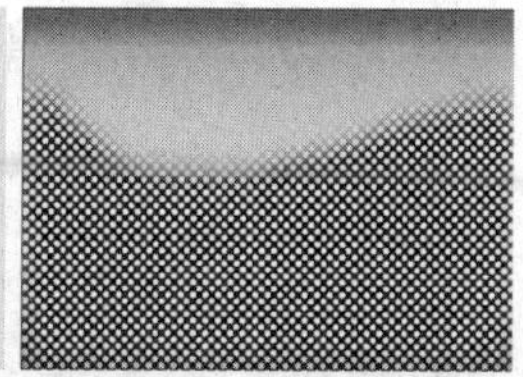

设置图案　　图案效果

06 删除选区内图像

单击魔棒工具，选中图像中的白色部分，然后对选区进行反选，删除图像中的深色部分，保留白色的区域，完成后取消选区。

删除图像

07 扩展选区

再次将白色部分创建为选区，然后执行“选择>修改>扩展”命令，在弹出的对话框中设置扩展为5px，对选区进行扩大。

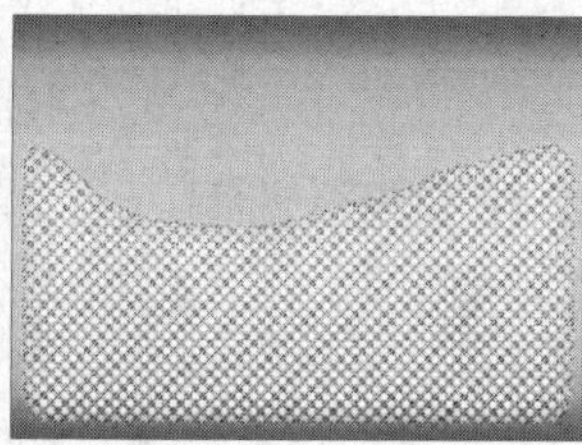

创建选区　　扩展选区

08 模糊图像

设置前景色为（R140、G196、B142），将选区填充为前景色，并取消选区，适当对图像中的图案进行放大和模糊边缘处理。

填充颜色　　调整图像

09 绘制花纹

新建“图层2”，单击钢笔工具绘制一个叶子的路径，然后按下快捷键Ctrl+Enter，将其转换为选区，并为其添加从上至下的渐变为（R0、G18、B38）至（R48、G200、B126）。

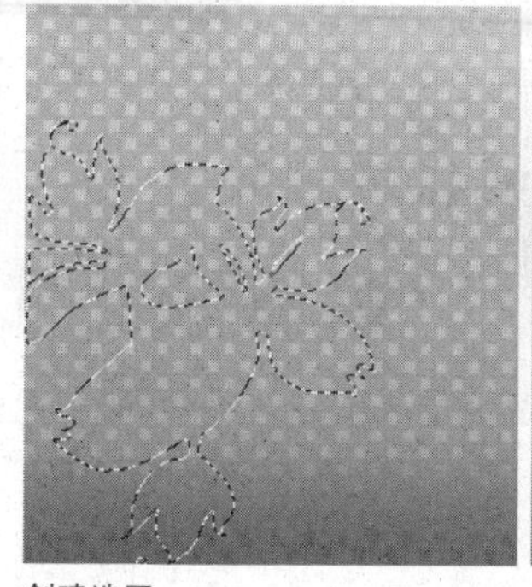

创建选区　　添加渐变

10 绘制白色花

新建“图层3”，单击钢笔工具，绘制一个花瓣的路径，然后按下快捷键Ctrl+Enter，将其转换为选区，将选区填充为白色，取消选区。

创建选区　　填充图像

11 绘制小花瓣

新建“图层4”，在图像中绘制一个小花瓣的路径，然后将其转换为选区，并将其填充为（R84、G112、B122），取消选区。

创建选区　　填充图像

12 绘制花心

新建“图层5”，单击椭圆选框工具在图像中创建一个正圆形选区，将选区填充为（R80、G94、B28），并取消选区。

创建选区

填充图像

13 填充选区颜色

新建“图层6”，在图像中创建一个正圆选区，然后将选区填充为（R25、G105、B0），并取消选区。在图像中创建一个正圆选区，然后将选区填充为（R0、G105、B101），并取消选区。

填充图像

填充选区

14 绘制花心

新建“图层7”，单击钢笔工具绘制一个花蕊的路径，然后将其转换为选区，并将其填充为黑色，然后取消选区。新建“图层8”，单击钢笔工具，绘制花茎的路径，然后将其转换为选区，并将其填充为白色，然后取消选区。

填充图像1

填充图像2

15 绘制花茎

新建“图层9”，单击钢笔工具，绘制第2个花茎的路径，然后将其转换为选区，并将其填充为白色，取消选区。

创建选区

填充图像

16 调整图像透明度

选中“图层2”～“图层7”的图层，并按下快捷键Ctrl+Alt+E，创建合并图层。调整不透明度为40%，复制3个“图层7（合并）”图层，并分别调整其不透明度，为图像添加错落有致的花瓣效果。

调整透明度

复制多个图像

17 绘制矩形选框

将“图层2”～“图层9”创建为“花”图层组，在该组之上新建“图层10”，然后单击圆角矩形工具，在属性栏中设置“半径”为10px，在图像中绘制矩形路径，填充为（R233、G198、B229）。

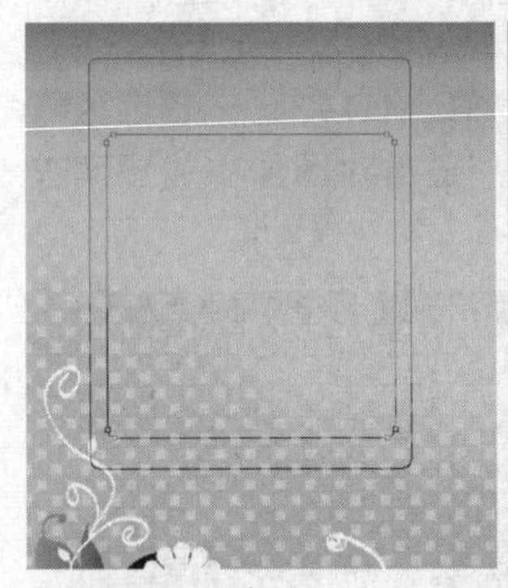
绘制路径

填充路径

18 添加图层样式

双击“图层10”，在弹出的“图层样式”对话框中设置“斜面和浮雕”参数，完成后单击“确定”按钮，为图像添加立体效果。

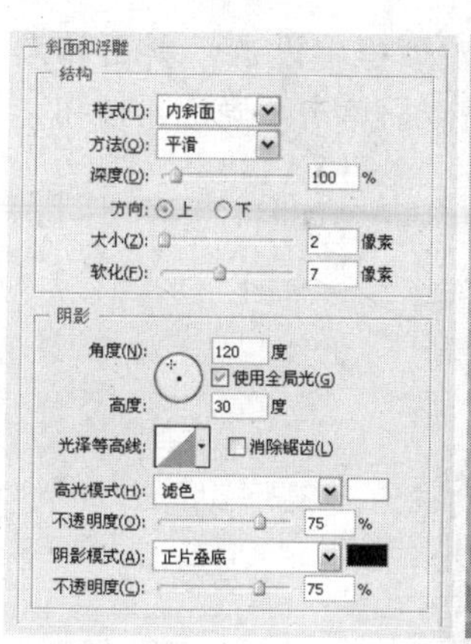

设置参数

图像效果

19 绘制白色选框

新建"图层11"，使用圆角矩形工具，在图像中绘制路径，设置前景色为白色，画笔大小为7px，在"路径"面板上单击"描边路径"按钮，对该路径进行描边，完成后隐藏路径。

绘制路径

描边路径

20 绘制矩形图像

在"图层11"下方新建"图层12"，在图像中创建选区，然后将其填充为（R198、G43、B157），取消选区，并调整该图层的不透明度为30%。

创建选区

调整不透明度

21 添加素材图像

打开附书光盘\实例文件\Chapter 19\Media\首饰素材.psd文件，将"图层1"中的图像拖动到当前图像文件中，并适当调整其位置和大小，生成"图层13"，调整"图层13"至"图层10"下方。

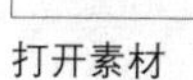
打开素材

添加素材

22 填充图像颜色

新建"图层14"，在图像中创建选区，将选区填充为白色，并隐藏选区。

创建选区

填充选区

23 添加图层样式

双击"图层14"，在弹出的"图层样式"对话框中设置"描边"参数，完成后单击"确定"按钮，为图像添加颜色为（R106、G194、B211）的描边。

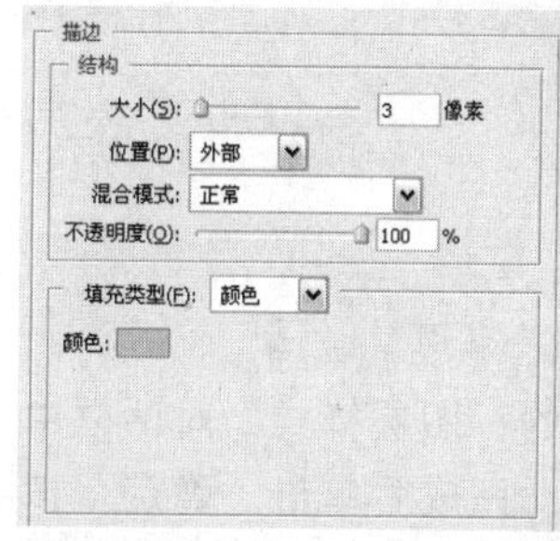

设置参数

描边效果

24 输入文字

复制两个"图层14"，并适当调整其位置和大小，根据网站的登录界面的统一规格，为其添加文字。

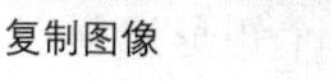
复制图像

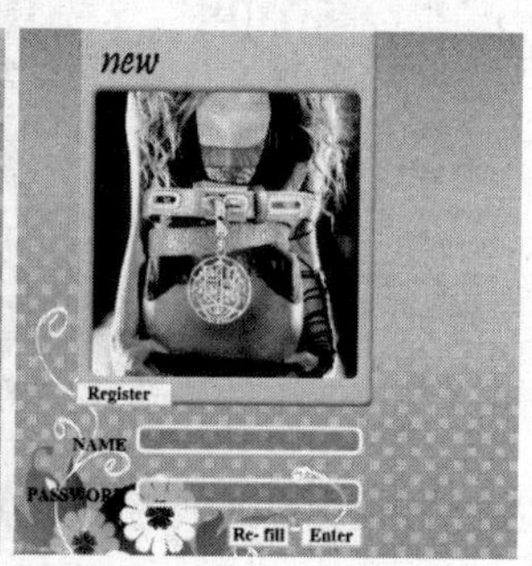

添加文字

25 添加图层样式

双击“new”图层，打开“图层样式”对话框，在该对话框中设置“投影”参数，设置完成后单击“确定”按钮，为“new”文字添加了颜色为（R119、G146、B192）的投影。

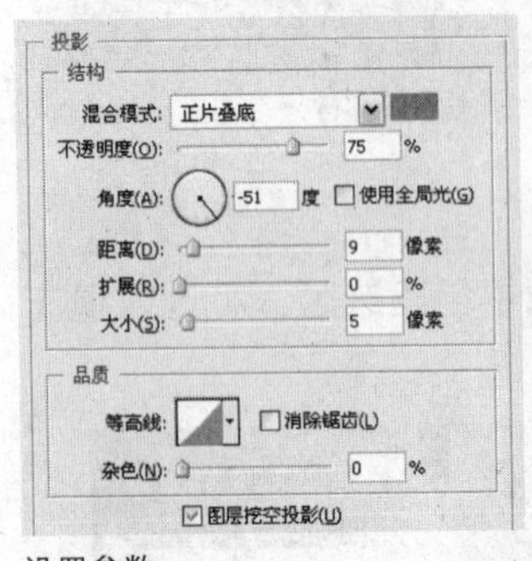
设置参数

投影效果

26 填充选区颜色

将“图层10”～“图层14副本2”，以及登录界面上的文字图层，全部创建为“登录界面”图层组。新建“图层15”，在图像窗口的上方创建选区，将其填充为（R215、G215、B215），最后取消选区。

填充选区

27 添加图层样式

双击“图层15”，在弹出的“图层样式”对话框中设置“斜面和浮雕”参数，完成后单击“确定”按钮，为搜索栏添加立体效果。

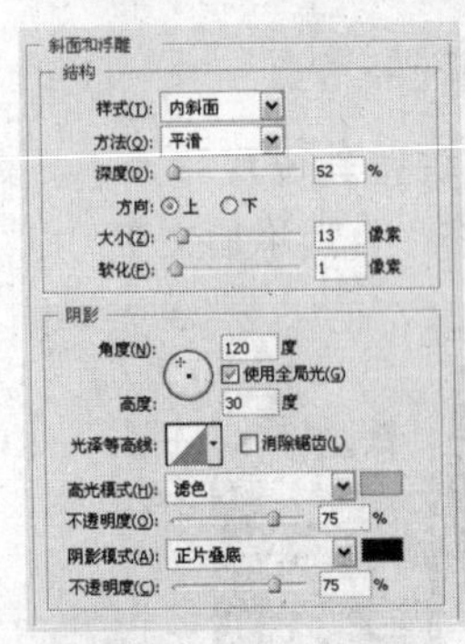
设置参数

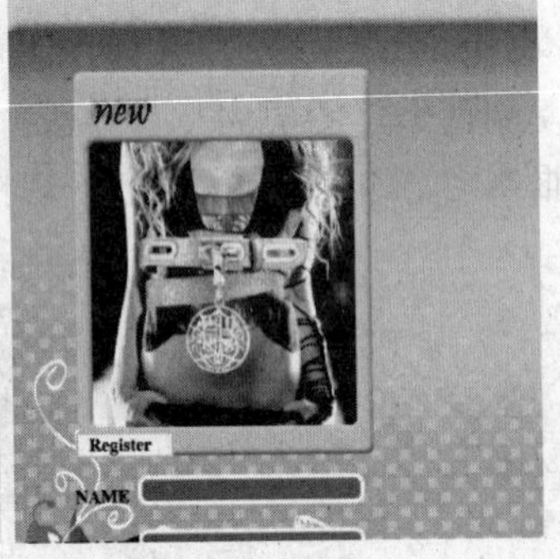
立体效果

28 添加图层样式

新建“图层16”，在该图层中创建一个矩形选区，并将其填充为白色，然后取消选区。双击该图层，在弹出的“图层样式”对话框中设置“斜面和浮雕”和“描边”参数，完成后单击“确定”按钮，为图像添加凹陷的效果。

绘制矩形

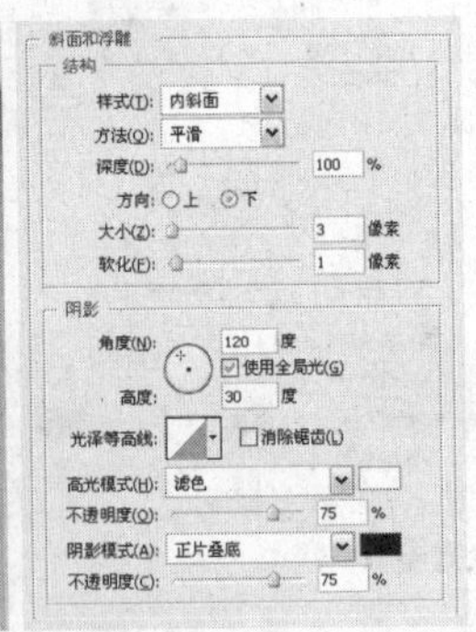
设置斜面和浮雕

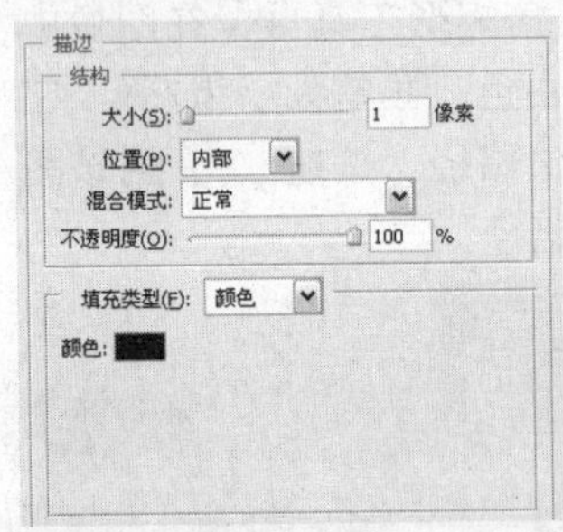
设置描边

凹陷效果

29 添加图层样式

新建“图层17”，根据前面的方法，在图像中创建一个颜色为（R182、G213、B255）的矩形。双击“图层17”，在弹出的“图层样式”对话框中设置“斜面和浮雕”和“描边”参数，完成后单击“确定”按钮，为图像添加凸起的效果。

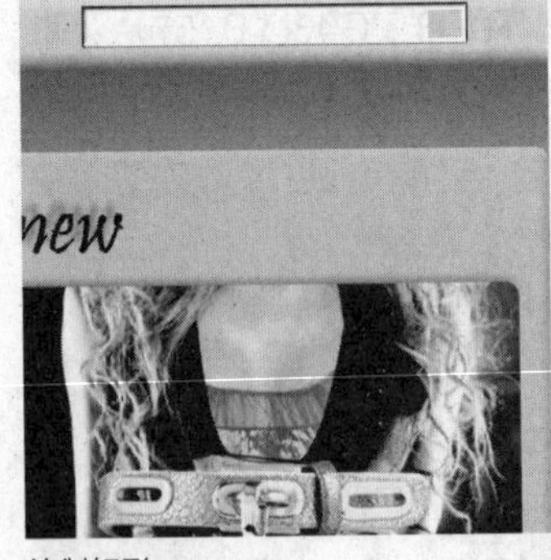
绘制矩形

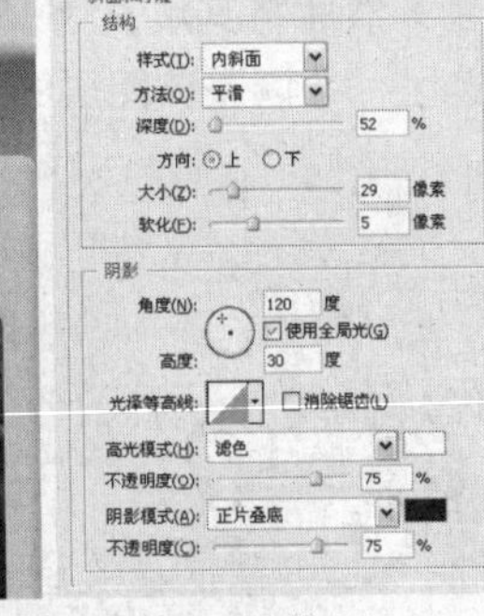
设置斜面和浮雕

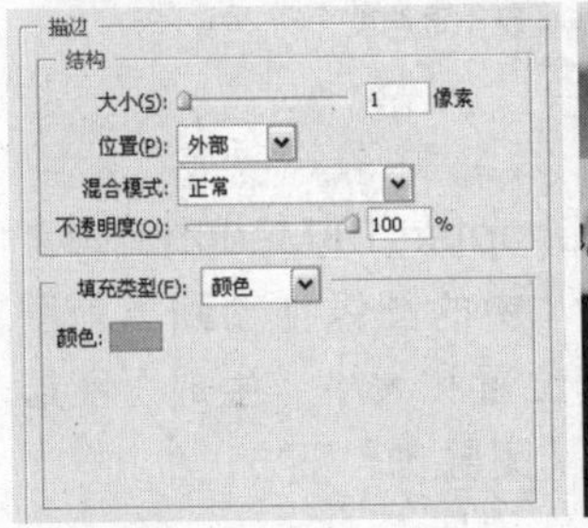
设置描边

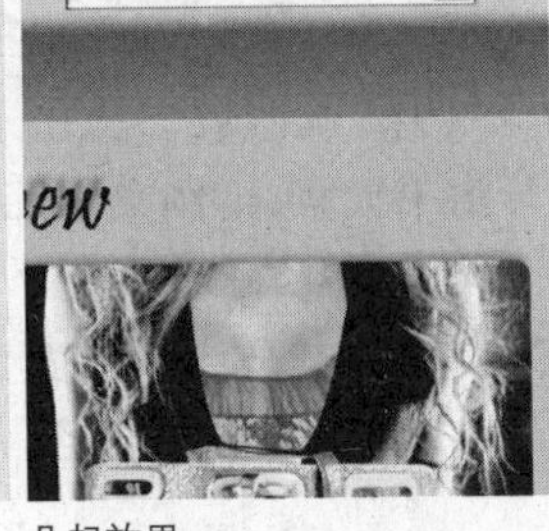
凸起效果

30 绘制箭头图像

新建“图层19”，单击自定形状工具，选择形状为“箭 2”，在图像中添加该形状，并适当调整其方向，然后将其填充为（R116、G174、B255）。双击该图层，在弹出的“图层样式”对话框中设置“斜面和浮雕”和“描边”参数，完成后单击“确定”按钮，为图像添加了凹陷的效果。

填充路径

斜面和浮雕
结构
样式(T): 内斜面
方法(Q): 平滑
深度(D): 1 %
方向: ○上 ⊙下
大小(Z): 0 像素
软化(F): 0 像素
阴影
角度(N): 120 度
☑使用全局光(G)
高度: 30 度
光泽等高线: □消除锯齿(L)
高光模式(H): 滤色
不透明度(O): 75 %
阴影模式(A): 正片叠底
不透明度(C): 75 %

设置斜面和浮雕

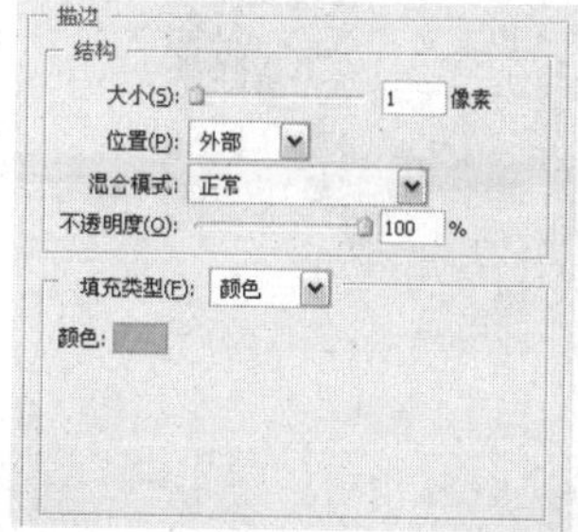

设置描边

凹陷效果

31 输入文字

新建“图层19”，在图像中创建选区，并将其填充为和搜索栏相同的颜色，然后取消选区。双击“图层19”，在弹出的“图层样式”对话框中设置“描边”参数，完成后单击“确定”按钮，为图像添加描边效果。根据搜索栏的构成，在图像中添加其他的文字。

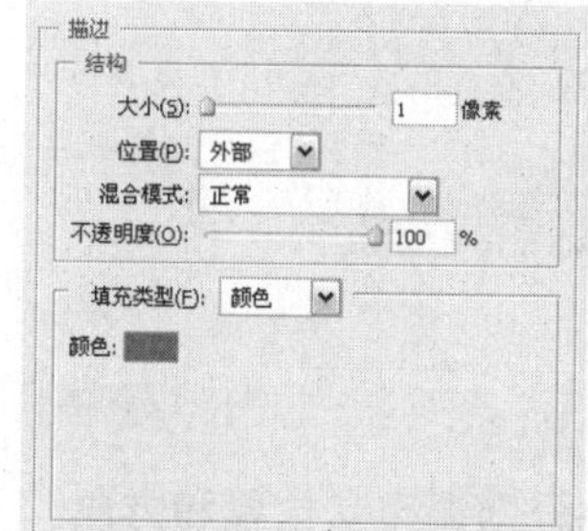

设置描边

描边效果

添加文字

32 调整图像

将“图层15”～“图层19”以及搜索栏上的文字图层，全部创建为“搜索栏”图层组，然后复制“花”图层组中的“图层2”，并将其调整至“搜索栏”之上，且调整其位置于图像右方，降低透明度至40%。单击钢笔工具，在图像中绘制路径。

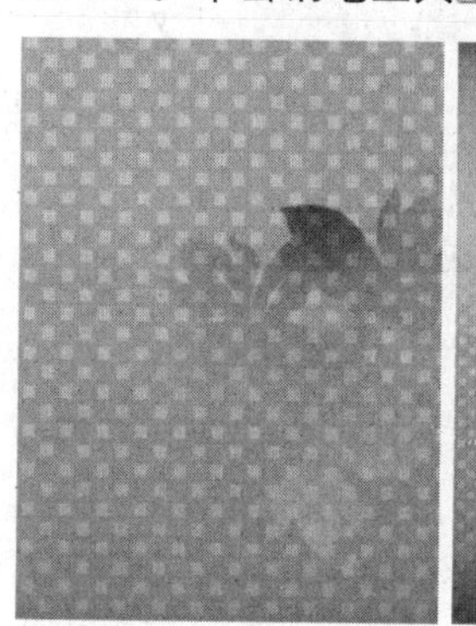

复制图像

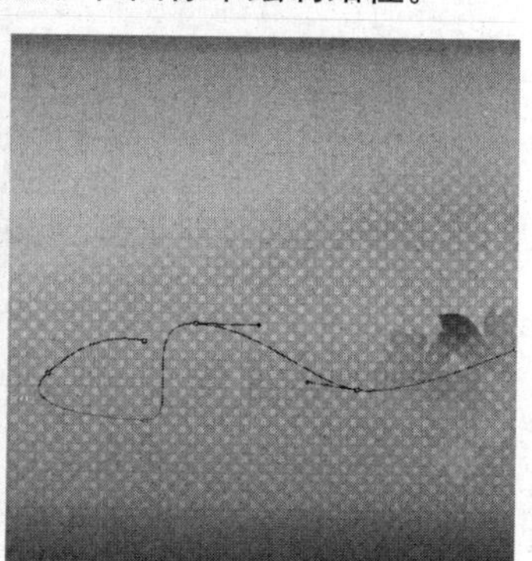

绘制路径

技巧点拨

在绘制过程中按下空格键，可以在钢笔工具和抓手工具之间快速切换，这样可以方便两个包装盒的对比绘制。

33 添加图层样式

新建“图层20”，设置前景色为（R236、G200、B105），保持画笔大小不变，单击“路径”面板中的“描边路径”按钮，对其进行描边处理。双击“图层20”，在弹出的“图层样式”对话框中设置“投影”和“纹理”参数，完成后单击“确定”按钮，为图像添加立体效果。

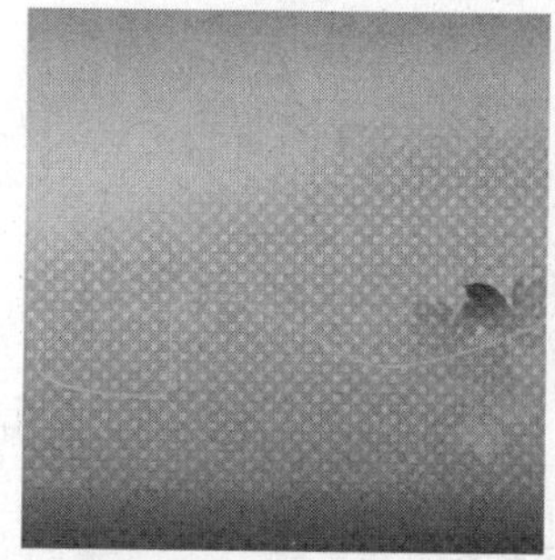

描边路径

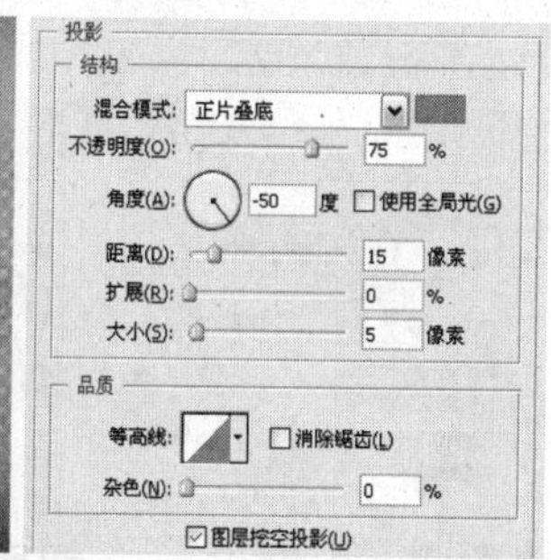

设置投影

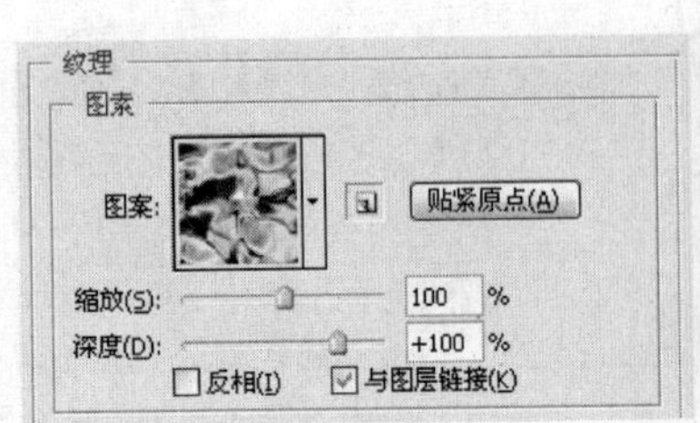

设置纹理

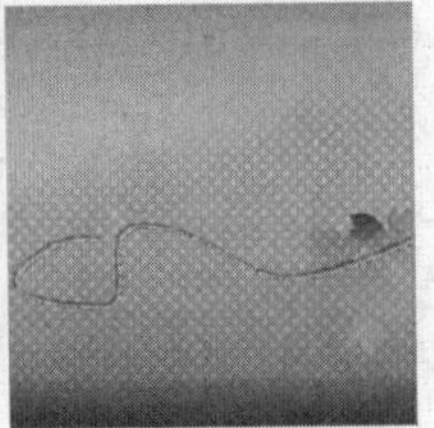

立体效果

34 绘制白色矩形框

新建“图层21”，单击钢笔工具，在图像中绘制路径，然后将路径填充为白色。

绘制路径

填充路径

35 填充选区颜色

新建“图层22”，单击多边形套索工具，在图像中创建选区，然后将其填充为（R238、G201、B111），并取消选区。

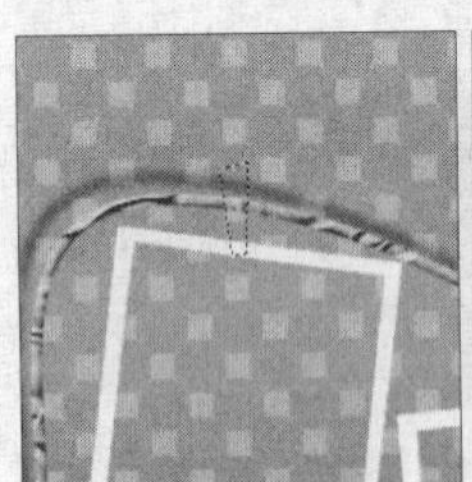

创建选区

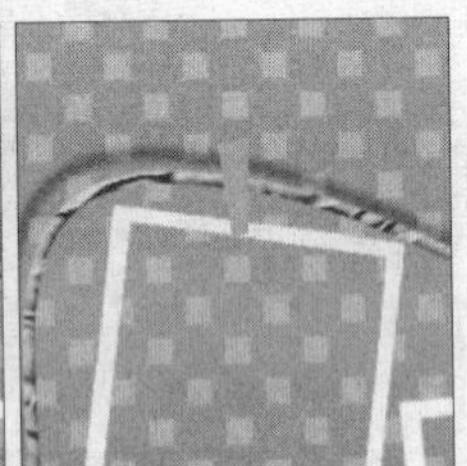

填充选区

36 添加图层样式

双击“图层22”，在弹出的“图层样式”对话框中设置“斜面和浮雕”参数，完成后单击“确定”按钮。

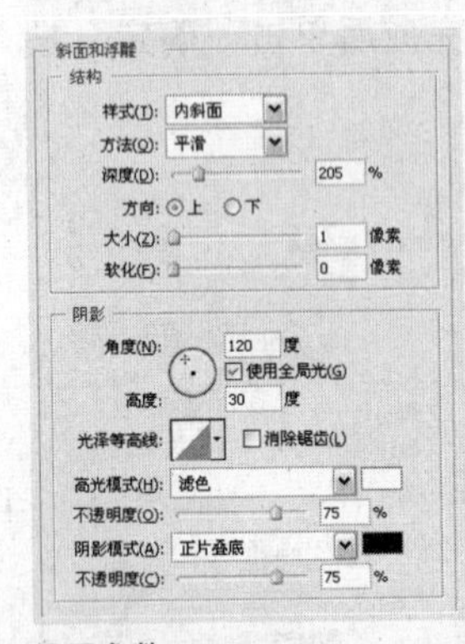

设置参数

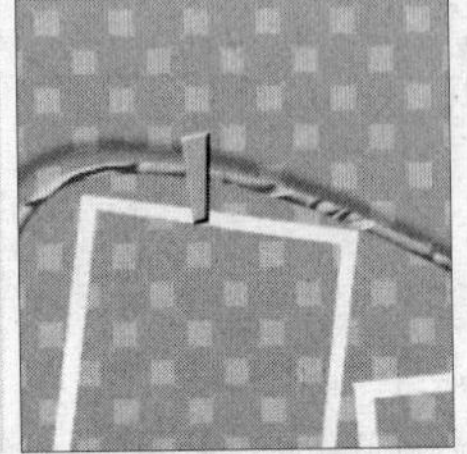

立体效果

37 复制并调整图像

复制多个“图层22”，并分别调整其位置和方向，调整其中的一个副本和“图层22”中的图像形成一个夹子的形状。新建“图层23”，在图像中创建的选区，填充选区为灰色。

复制图像

填充选区

38 添加图层样式

双击“图层23”，在弹出的“图层样式”对话框中设置“斜面和浮雕”参数，完成后单击“确定”按钮，图像变得立体了。

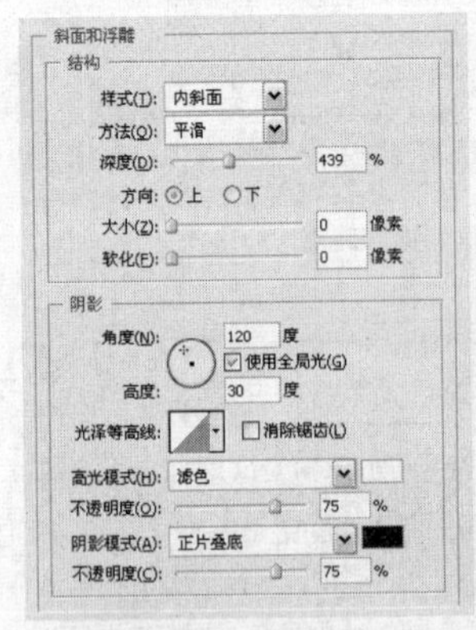

设置斜面与浮雕

39 添加装饰图像

创建多个“图层22”和“图层23”的合并图层，并适当调整各个“合并图层”与原“图层22”的副本图像相匹配，为展示架添加夹子夹住相片的效果。在“图层20”下方新建“图层24”，使用椭圆工具绘制椭圆路径，并将其填充为（R238、G201、B111）。

立体效果

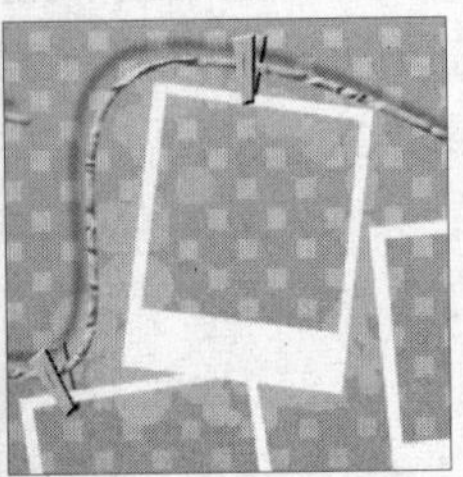

填充路径

40 调整图像

复制多个“图层24”，并分别调整其位置和方向。按下快捷键Ctrl+U，弹出“色相/饱和度”对话框，对其中的5个副本进行颜色的调整，完成后单击“确定”按钮。

复制图像

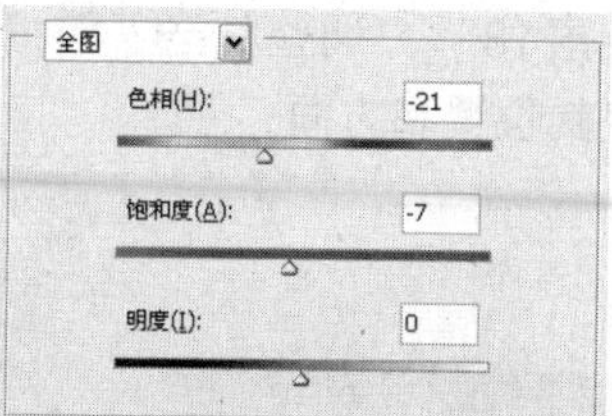

调整副本1

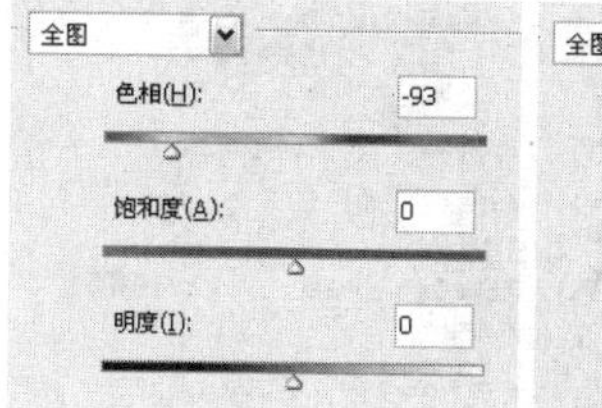

调整副本2

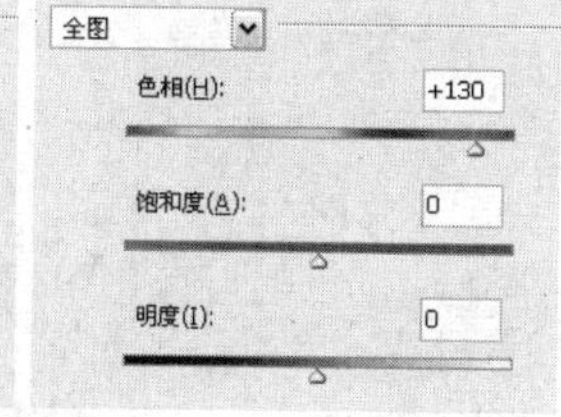

调整副本3

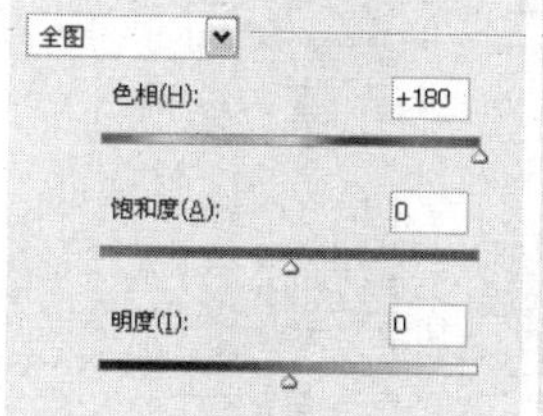

调整副本4

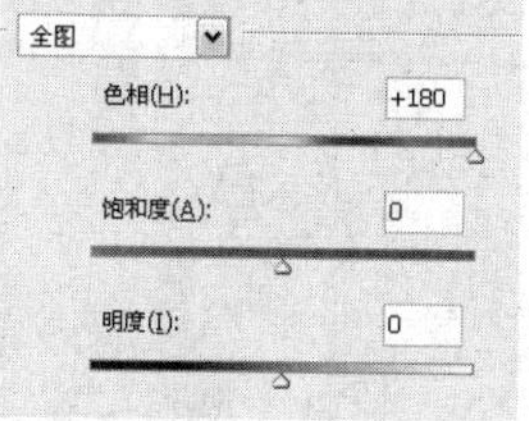

调整副本5

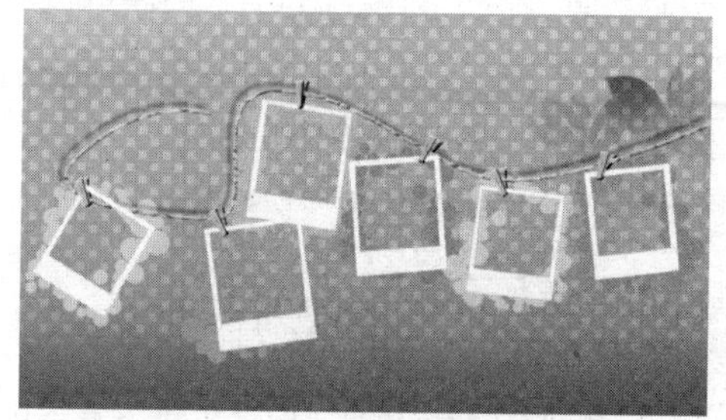
图像效果

41 添加素材图像

复制3个“花”图层组中的“图层 7（合并）”至“图层23”之上，并适当调整其位置和方向，然后复制多个“花”图层组中的“图层8”至“图层22”之下，分别调整其不透明度为80%，且适当调整各个“图层8”副本的位置和方向。将“首饰素材.psd”图像文件中的“图层2”～“图层8”拖动至当前图像文件中的“图层22”之下，且适当调整其位置和大小。根据画面效果，在图像中添加文字。

复制图像1

复制图像2

添加文字

42 复制并调整图像

将“图层20”～“图层30”，以及展示架上的文字图层创建为“展示架”图层组。复制“花”图层组，调整其顺序至“展示架”图层组之上，且将其合并为一个普通图层。调整“花副本”至图像的右侧，且适当调整其大小。

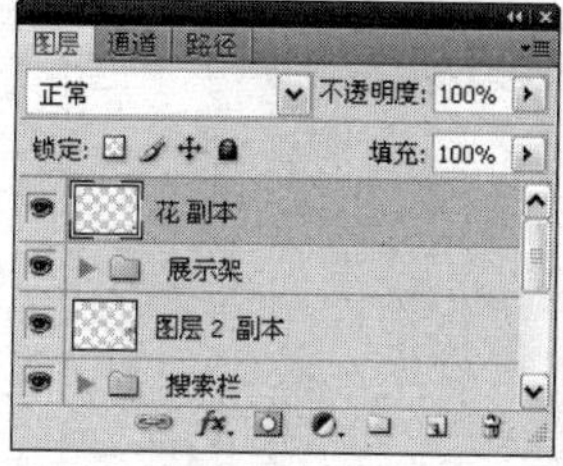

合并组

调整图像

43 填充选区颜色

新建“简报”图层组，新建“图层31”，在图像中创建选区，并将其填充为白色，调整不透明度为40%。

创建选区

调整不透明度

44 添加图层样式

双击“图层31”，在弹出的“图层样式”对话框中设置“投影”和“描边”参数，完成后单击“确定”按钮。

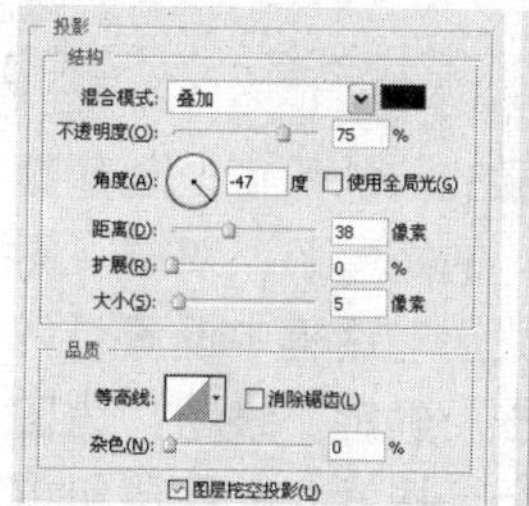

设置投影

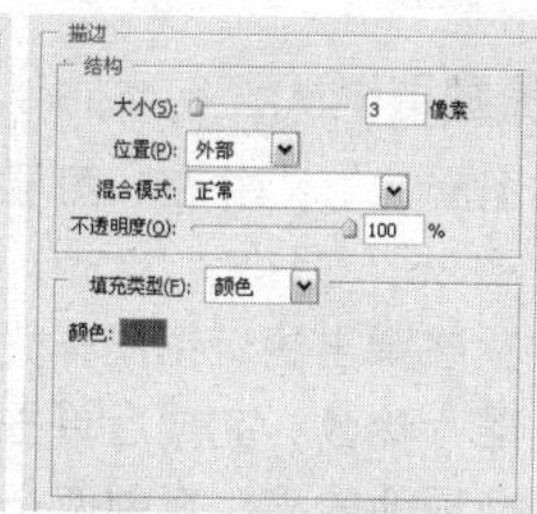

设置描边

45 添加素材图像

打开“底纹.png”文件，将图像拖动到当前图像文件中，生成“图层32”。

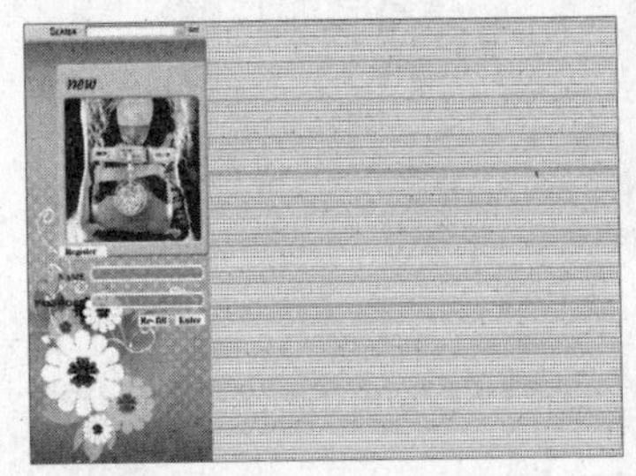

添加素材

46 绘制白色矩形条

将“图层32”调整为“图层31”的剪贴蒙版，新建“图层33”，在图像中创建矩形选区，填充为白色。

调整图像

创建矩形条

47 添加图层样式

双击“图层33”，在弹出的“图层样式”对话框中设置“斜面和浮雕”参数，完成后单击“确定”按钮，为图像添加凹陷效果。

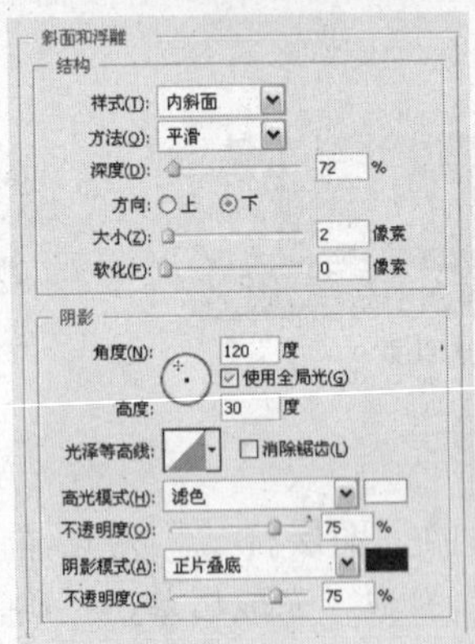

设置参数

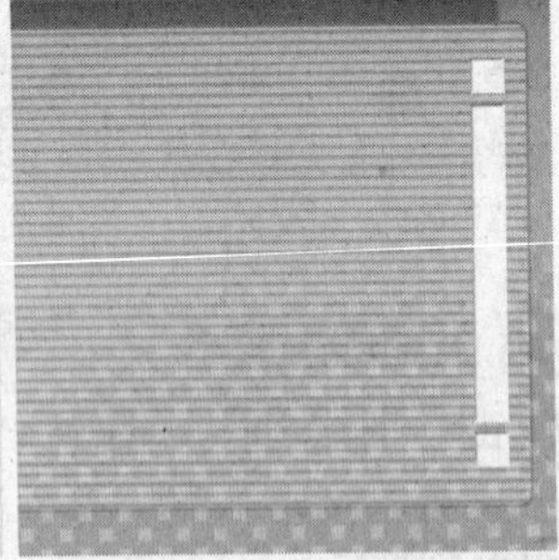

凹陷效果

48 添加图层样式

新建“图层34”，并在“图层33”的图像上创建颜色为（R255、G195、B239）的矩形条。双击“图层33”，在弹出的“图层样式”对话框中设置“斜面和浮雕”参数，完成后单击“确定”按钮，为图像添加凸现的效果。复制两个“搜索栏”图层组中的“图层18”，调整其至“简报”图层组中，且适当调整其位置和方向。

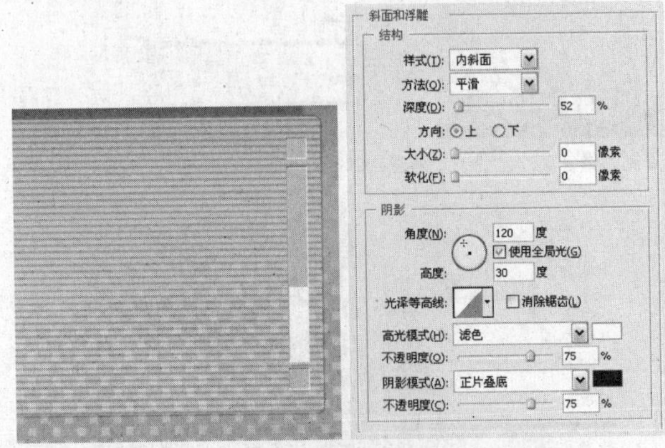

创建矩形条　　设置参数

凸现效果　　复制图像

49 添加文字

根据网站首页图像需要，在图像中添加文字。

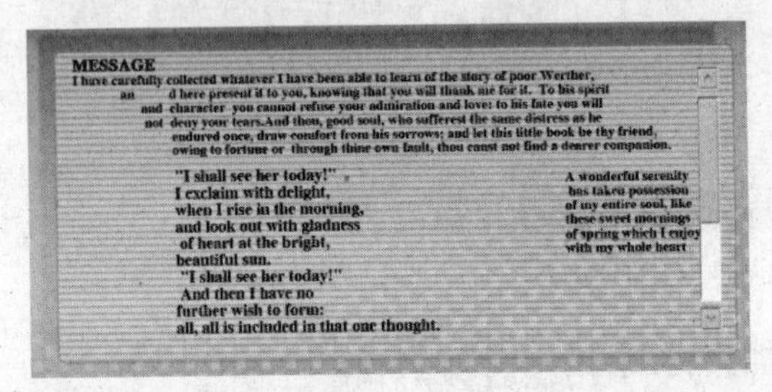

添加文字

50 添加素材图像

将“首饰素材.psd”图像文件中剩余的图层全部拖动到“首饰网站.psd”图像文件中，然后适当调整各个图像的文字和大小。至此，本例制作完成。

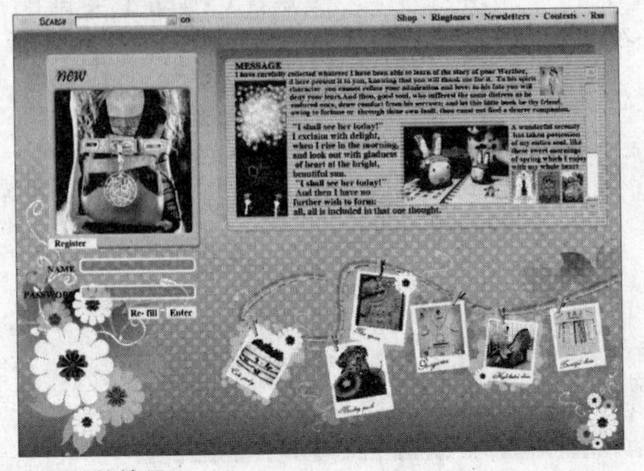

完成后的效果

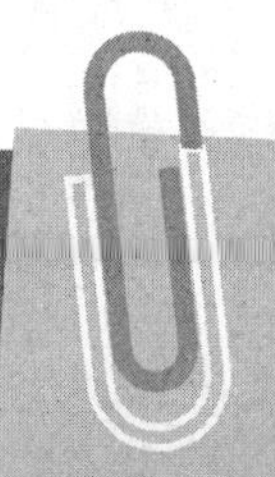

19.2 化妆品网站设计

实例分析：本实例在制作过程中，主要难点在于外围花边的制作，重点在于突现网站的风格和主题。

主要使用工具：画笔工具、钢笔工具、渐变工具、图层样式、文字工具

最终文件：Chapter 19\Complete\化妆品网站设计.psd

视频文件：Chapter 19\化妆品网站设计.swf、化妆品网站设计2.swf、化妆品网站设计3.swf

01 新建图像文件

执行“文件>新建”命令，在弹出的“新建”对话框中设置参数，新建图像文件。

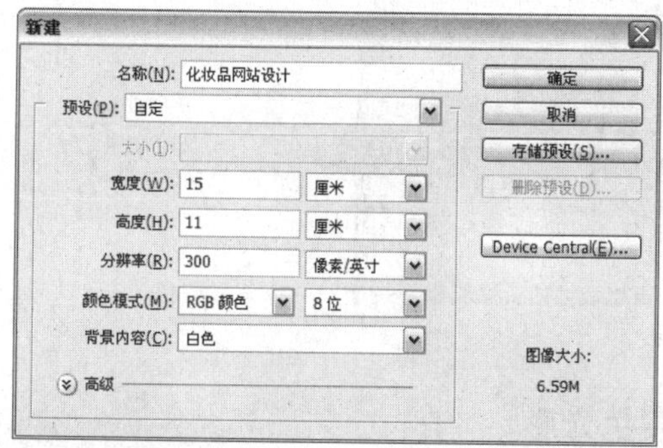

设置新建参数

02 添加图案

新建“图层1”，并填充颜色为（R239、G109、B147）。新建“图层2”，载入“01.pat”的图案文件，然后执行“编辑>填充”命令，在弹出的对话框中选择“图案”选项，设置图案为刚才载入的图案，完成后单击“确定”按钮。

填充颜色

填充图案

03 绘制边框

新建“图层3”载入附书光盘\实例文件\Chapter 19\Media\01.abr画笔文件，然后选择画笔为载入的画笔，设置前景色为白色，在图像中单击鼠标绘制该图案。复制3个“图层3”，并分别进行自由变换，调整其至图像的4个角上。

绘制图案

复制图案

04 绘制边框

新建“图层4”，单击钢笔工具，在图像中绘制路径，设置前景色为白色，画笔为尖角4px，单击“路径”面板上的“用画笔描边路径”按钮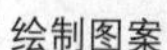，进行描边。

绘制路径

描边路径

05 绘制边框

新建“图层5”，单击钢笔工具，在图像中绘制路径，然后使用相同的方法描边路径。

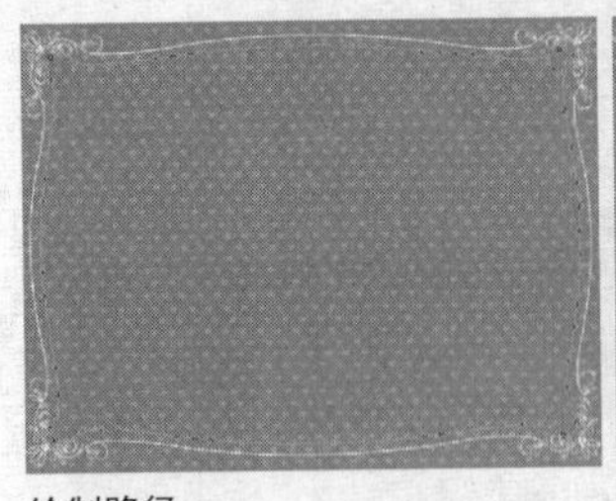
绘制路径

描边路径

06 填充选区渐变色

新建“图层6”，使用钢笔工具绘制路径并转换为选区。单击渐变工具，设置渐变从左到右为（R255、G239、B213）和（R250、G180、B200），在图像中从左到右填充渐变。

创建选区

渐变效果

07 添加素材图像

打开附书光盘\实例文件\Chapter 19\Media\01.psd文件，将其中的图层“1”拖动到当前图像文件中，并适当调整其位置和大小。复制“图层2”，创建成“图层6”的剪贴蒙版。

添加素材

创建剪贴蒙版

08 绘制彩虹

新建“图层7”单击钢笔工具，绘制路径并转换为选区，将路径填充为（R249、G13、B3）。使用相同的方法，在图像中制作出彩虹的效果。

填充路径

制作彩虹

09 调整图像颜色

按下快捷键Ctrl+U，在弹出的“色相/饱和度”对话框中设置参数，完成后单击“确定”按钮，设置“图层7”的不透明度为50%。

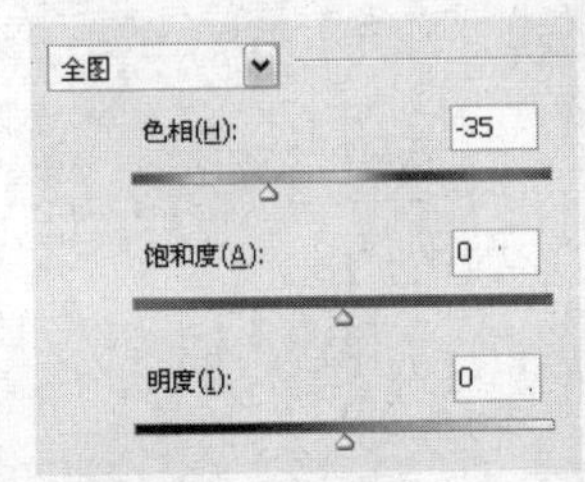

设置参数

设置透明度

10 渐隐彩虹图像

为“图层7”新建蒙版，使用黑色的柔边画笔，在蒙版中进行涂抹，制作出彩虹的渐隐效果。

制作渐隐效果

11 添加黄色光影

复制“图层7”，并为其添加蒙版，使用黑色画笔在蒙版中对图像的花边部分进行隐藏。在“图层7副本”下方新建“图层8”，在图像中彩虹右边的区域创建选区，然后为其添加从上到下的渐变为（R254、G202、B95）、（R254、G236、B164）和（R255、G174、B139，在选区中由上至下填充渐变，完成后取消选区。

复制图像

添加渐变

12 添加素材图像

设置前景色为（R255、G138、B162），在手指上绘制光的效果，然后设置前景色为白色，选择“星星”画笔，在画面上单击鼠标，绘制星星图像。打开“02.jpg”文件，将其拖动到当前图像文件中，适当调整其位置和大小，然后添加蒙版，隐藏花边以上的部分。

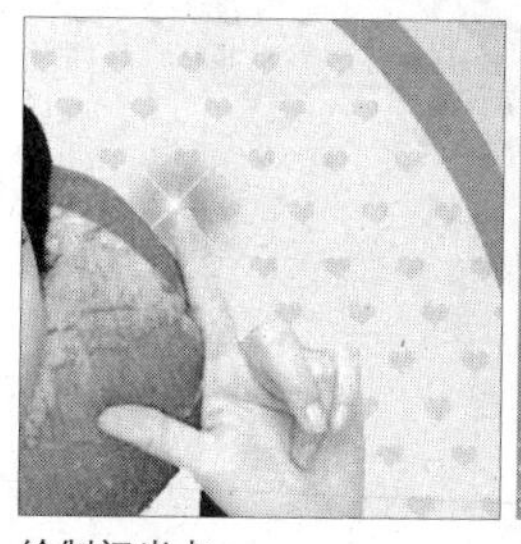
绘制闪光点

添加素材

13 绘制图像

继续使用黑色柔边画笔，在蒙版中对该图像的边缘进行涂抹，制作出渐隐的效果。新建“图层9”，单击多边形套索工具，在图像中创建一个四边形选区，将选区填充为白色，完成后取消选区。

编辑蒙版

绘制四边形

14 制作光影效果

调整“图层9”的不透明度为30%，复制一个“图层9”，并使用自由变换命令对其进行变形处理。使用相同的方法复制多个“图层9”，并进行适当的自由变换，制作出发光的效果。

自由变换

发光效果

15 擦除图像

合并所有的“图层9”及其副本，并重命名为“图层9”，使用橡皮擦工具，擦除覆盖到花边的图像。

调整图像

16 添加素材图像

切换到素材“01.psd”图像窗口，将其中的图层“5”拖动到“化妆品网站设计.psd”图像窗口中，并适当调整其位置和大小。复制多个图层“5”，且分别调整其位置和大小，完成后合并所有的电视图层，且重命名为“5”。

拖入素材

复制图像

17 添加素材图像

使用魔棒工具，在图层“5”上选中下方电视的白色部分，然后按下快捷键Ctrl+J，将选区中的图像拷贝到新图层“图层10”中。打开“04.jpg”文件，并将其拖动到“化妆品网站设计.psd”图像窗口中，生成图层“6”。

拷贝图像

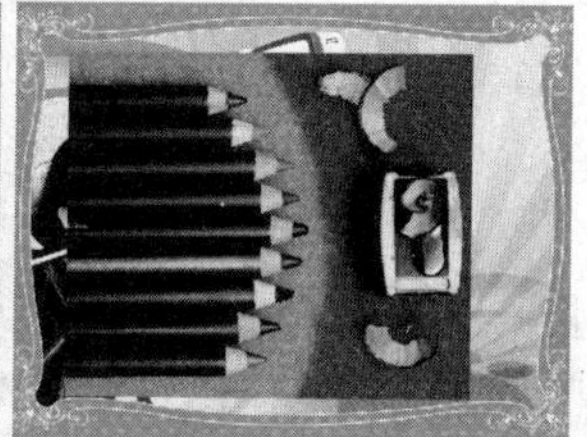
拖入素材

18 添加素材图像

适当缩小图像后，将图层“6”创建为“图层10”的剪贴蒙版。打开“05.jpg和06.jpg”文件，使用相同的方法，将其拖动到“化妆品网站设计.psd”图像窗口中，适当调整其位置和大小后，创建为“图层10”的剪贴蒙版。

调整素材

添加素材

19 绘制矩形图像

新建“图层11”，在图像中创建一个矩形选区，然后将其填充为白色。

创建选区

20 添加“添加杂色”滤镜

执行“滤镜>杂色>添加杂色”命令，在弹出的对话框中参数，完成后单击“确定”按钮，为图像添加杂色效果。按下快捷键Ctrl+L，在弹出的“色阶”对话框中设置参数，完成后单击“确定”按钮，调整图像的亮度，然后取消选区。

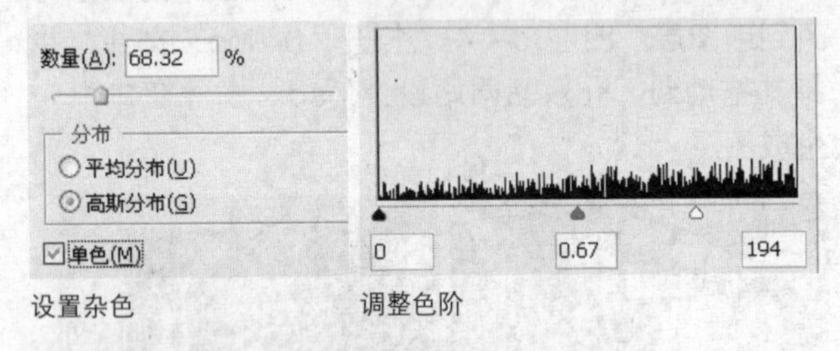

设置杂色　　调整色阶

杂色效果

21 调整图像

设置“图层11”的不透明度为50%，对图像进行适当的扩大和擦除，然后将“图层11”设置为“图层10”的剪贴蒙版。新建“图层12”，将其填充为白色，并创建为“图层10 ”的剪贴图层，不透明度设置为30%。

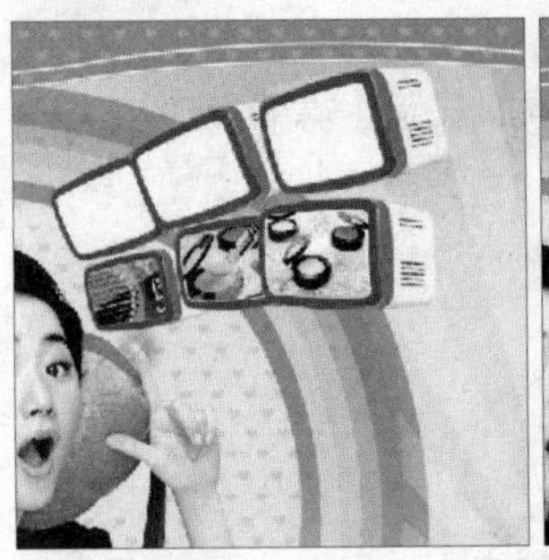
创建剪贴蒙版

增亮电视

22 添加素材图像

使用相同的方法，将上方电视的白色拷贝到“图层13”中，打开“03.jpg、07.jpg、08.jpg”文件，并将其拖动到“化妆品网站设计.psd”图像窗口中。适当调整其位置和大小后，将其设置为“图层13”的剪贴蒙版。复制“图层11”和“图层12”，调整至图层“8”的上方，且适当将“图层11副本”和“图层12副本”中的图像向上拖动。

完成电视图像的制作

23 添加文字

在图像右下方的电视屏幕上添加文字，然后双击该图层，在弹出的“图层样式”对话框中设置“外发光”参数，完成后单击“确定”按钮，为文字图像添加外发光效果。

添加文字

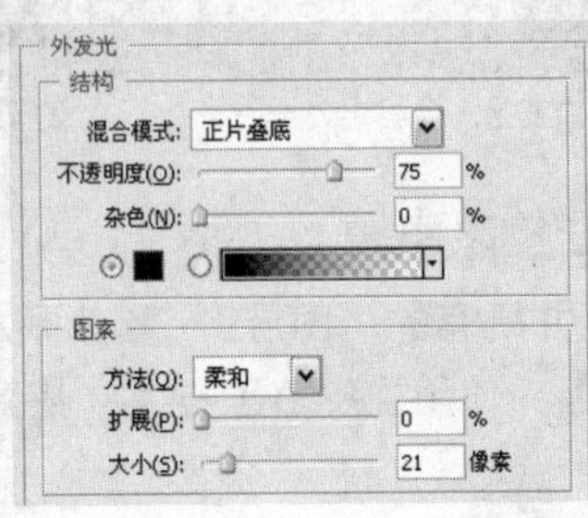

设置参数

外发光效果

24 输入文字并添加图层样式

设置前景色为（R209、G239、B147），在图像中输入文字。双击该图层，在弹出的“图层样式”对话框中设置“描边”和“外发光”参数，完成后单击“确定”按钮，为图像添加了图层样式。

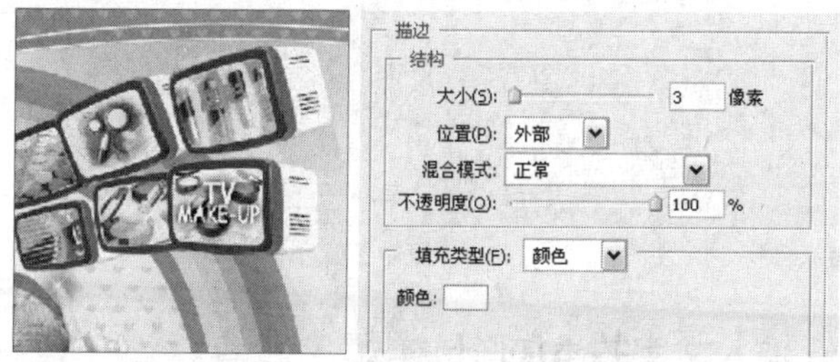

输入文字　　设置描边

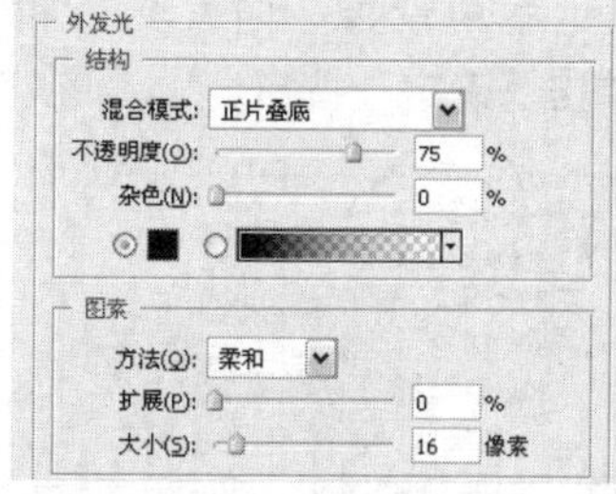

设置外发光

图像效果

25 输入更多文字

使用相同的方法，在图像中添加更多的文字。

添加文字

26 绘制云彩

新建“图层14”，设置前景色为白色，使用尖角的画笔工具，在英文输入法下按下[和]键，适当调整画笔大小后，在图像中单击鼠标绘制图案。

绘制图案

27 调整云彩图像

单击橡皮擦工具，设置笔刷为柔角，在图像的下部进行涂抹，为图像添加渐隐效果。复制多个“图层14”，并适当调整其位置和大小。

擦除图像　　复制图像

28 添加素材图像

打开“11.psd”文件，并将其拖动到“化妆品网站设计.psd”图像窗口中，生成图层“2”。双击该图层，在弹出的“图层样式”对话框中设置“投影”参数，完成后单击“确定”按钮，为图像添加投影效果。

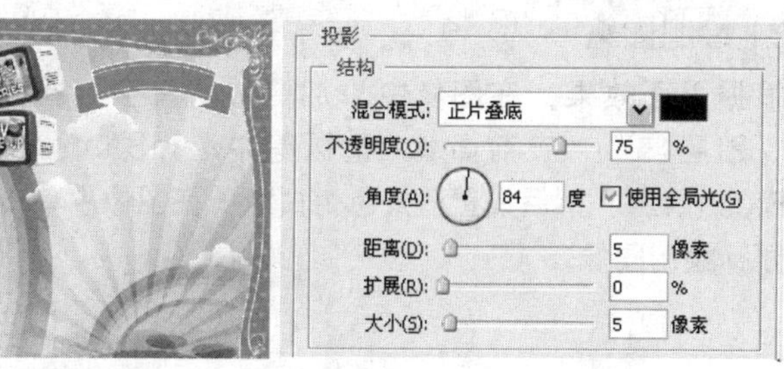

添加素材　　设置投影

投影效果

29 输入文字

在图像中输入文字后，单击属性栏上的“变形文字”按钮，在弹出的对话框中设置参数，完成后单击“确定”按钮，文字得到变形。

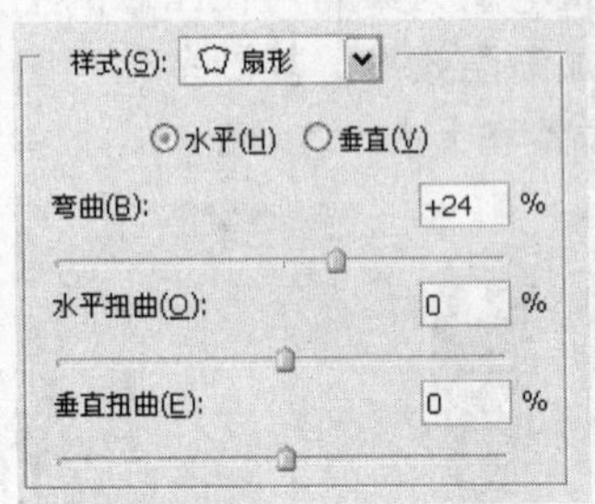

设置参数

变形效果

30 添加图层样式

双击该图层，在弹出的“图层样式”对话框中设置“投影”参数，完成后单击“确定”按钮。

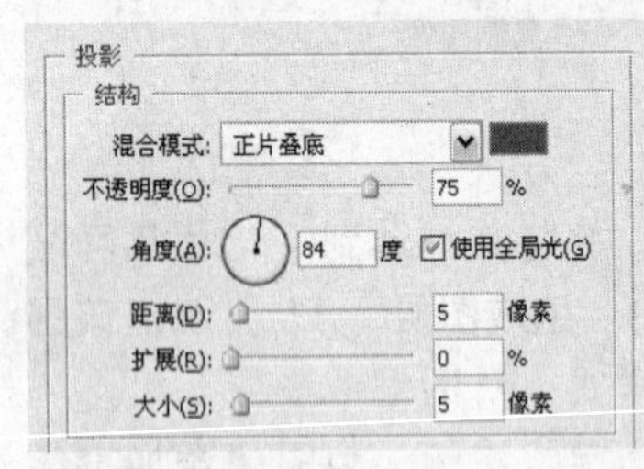

设置参数

投影效果

31 绘制图案

根据画面效果，在图像中添加更对的文字。新建“图层15”，在前面载入的画笔中选择Sampled Brush #21，然后设置前景色为白色，在图像中单击鼠标绘制图像。

输入文字

添加图案

32 添加素材图像

载入“01.psd”图像窗口中的图层“3”，并适当调整其位置和大小，然后为其添加文字标识。复制两个该图层的副本。适当调整其位置和方向后，再分别调整为不同的颜色。

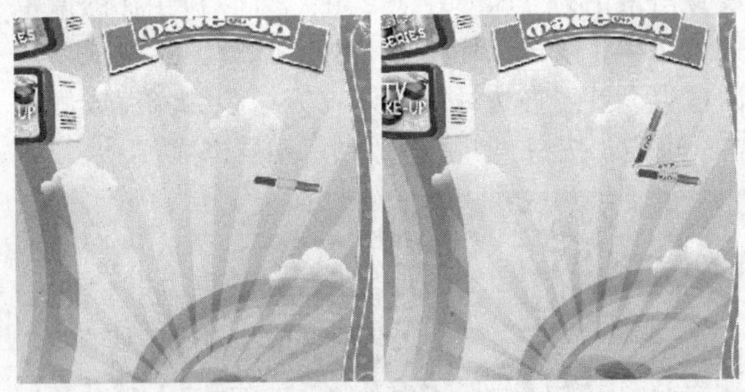

载入素材　　复制图像

33 输入文字并添加图层样式

在唇膏图像的左边输入文字，双击该文字图层，在弹出的“图层样式”对话框中设置“内发光”和“描边”参数，完成后单击“确定”按钮。

添加文字

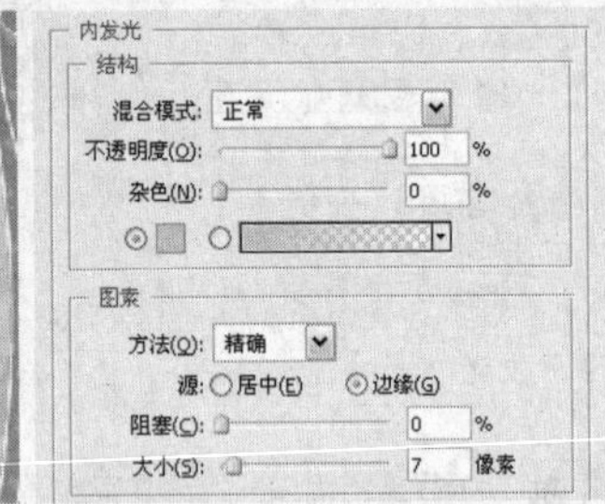

设置内发光

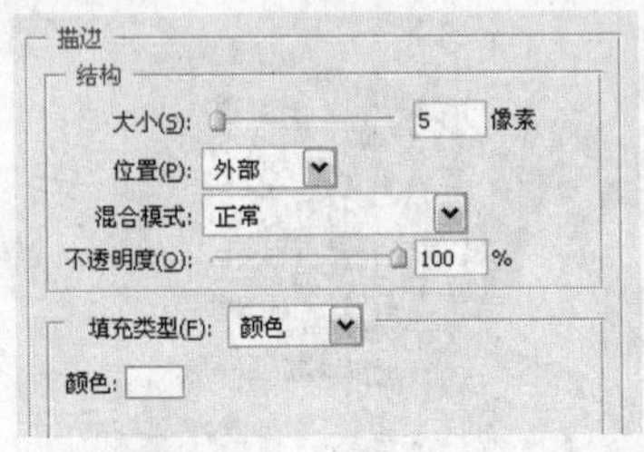

设置描边

图像效果

34 绘制图像

在图层“3”的下方新建图层，使用画笔工具，在图像中绘制两个白色的长条。设置前景色为（R244、G149、B117），选择“01”画笔，在画面上数字上面绘制一个心形，并添加“描边”图层样式，描边颜色为白色，画笔大小为3px。

绘制白条

绘制心形

35 添加图层样式

合并“图层16”～“49”文字图层，且重命名为“图层16”，然后使用尖角画笔工具在数字上绘制白色的小点。双击“图层16”，在弹出的“图层样式”对话框中设置“投影”和“描边”参数，完成后单击“确定”按钮，为图像添加图层样式。

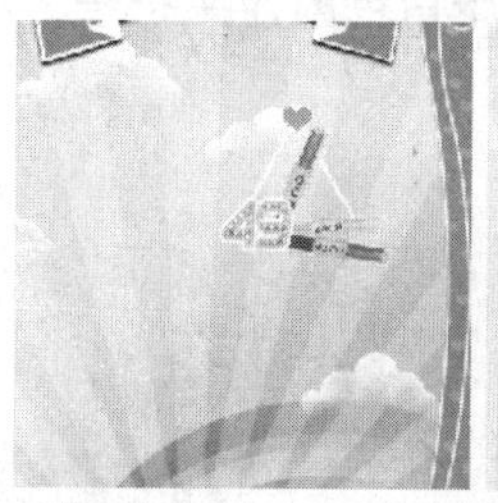

绘制小点

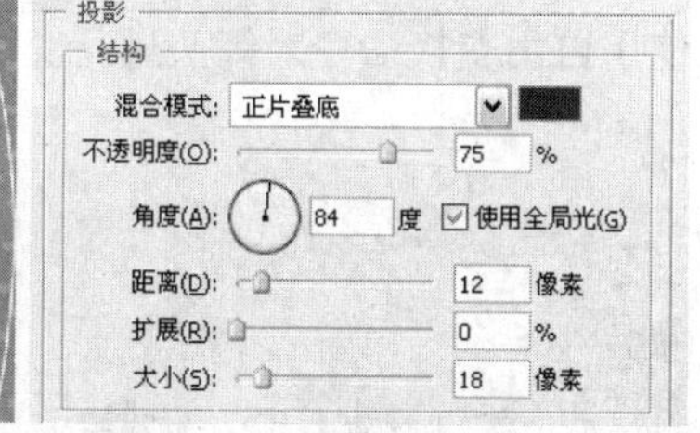

设置投影

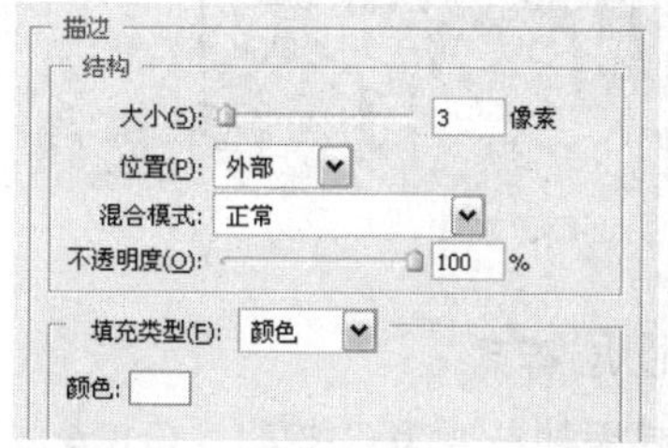

设置描边

描边效果

36 调整图像颜色

复制“图层16”，适当调整其大小和位置。按下快捷键Ctrl+U，在弹出的对话框中设置参数，完成后单击“确定”按钮。

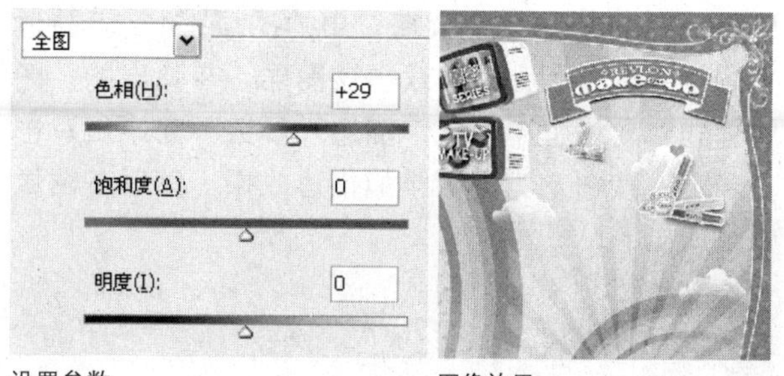

设置参数　　图像效果

37 添加图层样式

将“01.psd”图像窗口中的图层“2”，拖动到“化妆品网站设计.psd”图像窗口中，生成“图层17”。双击该图层，在弹出的“图层样式”对话框中设置“投影”和“描边”参数，完成后单击“确定”按钮。

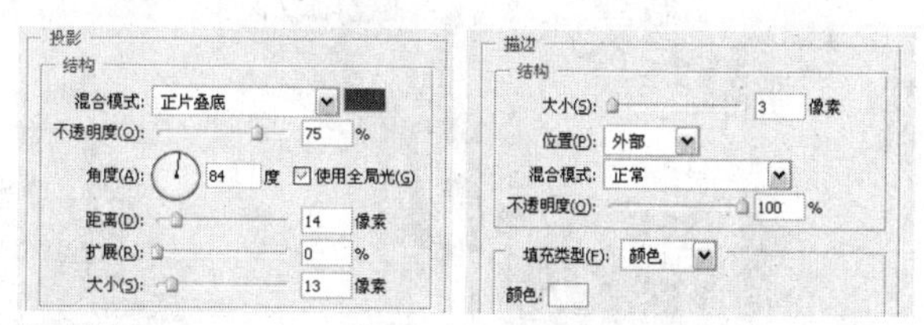

设置投影　　设置描边

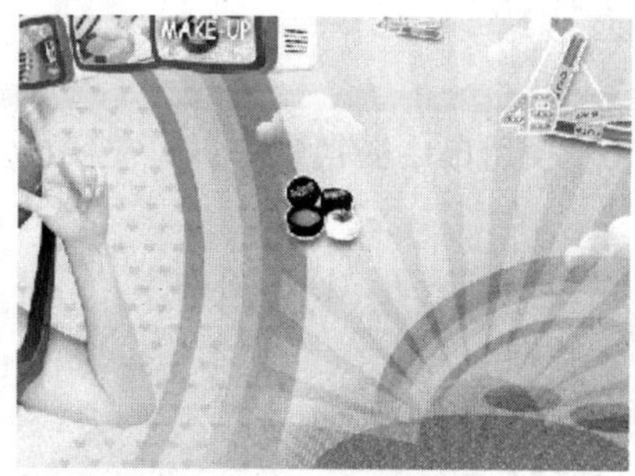

图层样式

38 添加文字

在图像中添加文字，并为其添加相同的描边效果。在该图层上添加白色的小点，并为其添加白线和心形图像，完成后将“图层17”至心形图像的图层合并为“图层17”。

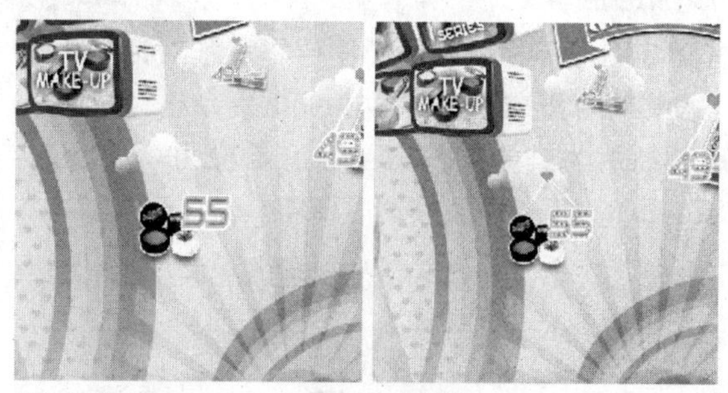

添加文字　　添加装饰

39 添加物品

复制两个“图层17”，适当调整其位置和大小，然后载入“01.psd”图像窗口中的图层“4”，并适当调整其位置和大小。双击该图层，在弹出的“图层样式”对话框中设置“描边”参数，完成后单击“确定”按钮，为图像添加描边效果，然后在图像中添加文字。

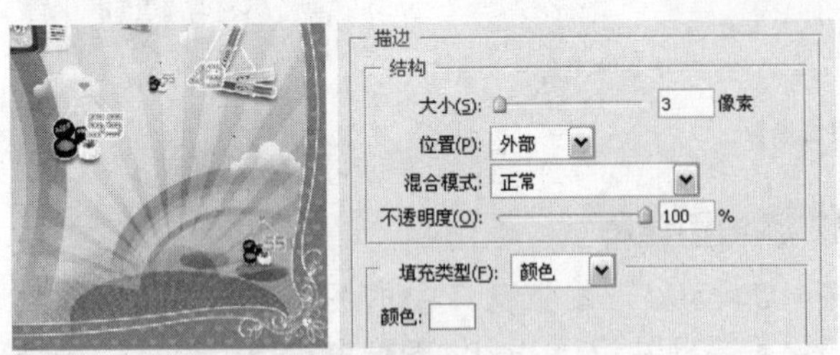

复制图像　设置参数

描边效果

添加文字

40 调整文字

对文字进行栅格化，使用自由变换命令，对文字进行变形处理。

变形文字

41 添加图层样式

双击文字图层，在弹出的“图层样式”对话框中设置“投影”和“描边”参数，完成后单击“确定”按钮，然后为其添加从左至右的渐变为（R255、G252、B0）和（R184、G4、B64）。

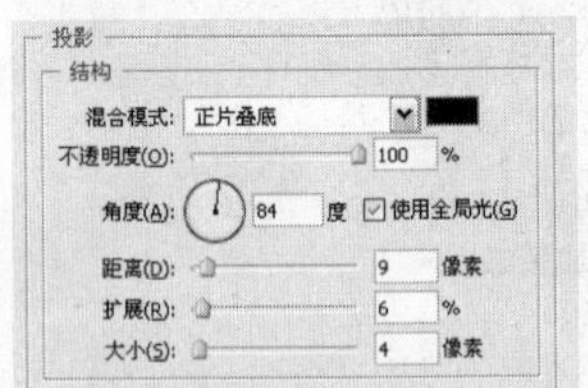

设置投影

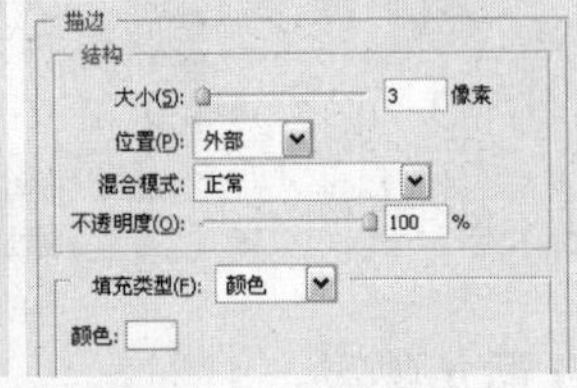

设置描边

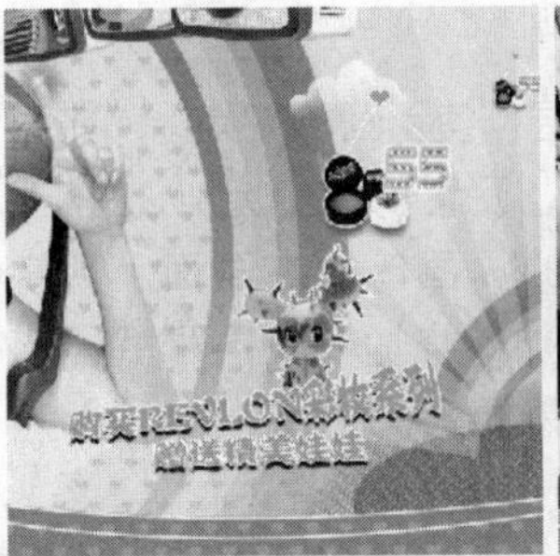
图层样式效果

渐变效果

42 添加素材并输入文字

打开“12.psd”文件，载入到“化妆品网站设计.psd”图像窗口中，适当调整其位置和大小，然后为其添加适当的文字。

添加素材

添加文字

43 添加素材并绘制箭头图像

打开“13.psd”文件，载入到“化妆品网站设置.psd”图像窗口中，适当调整其位置和大小。新建“图层18”，在图像中绘制一个白色的箭头符号，使用自由变换命令对箭头进行变换。

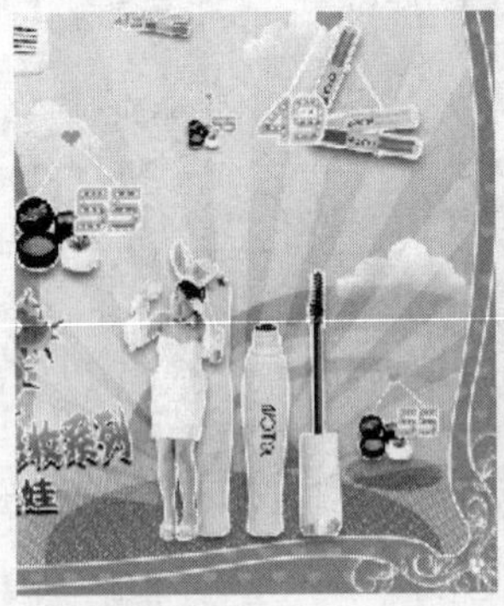
添加素材

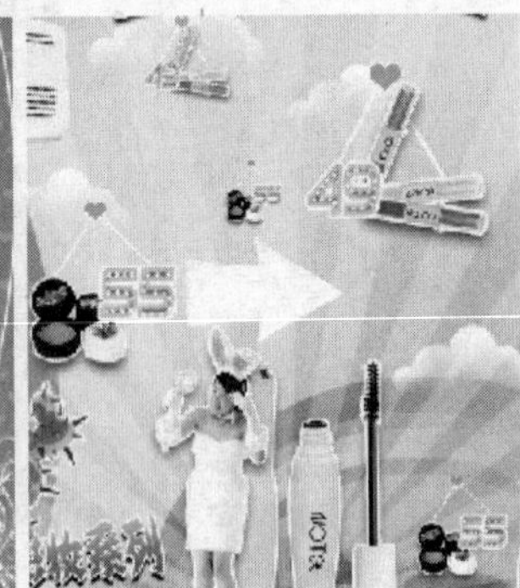
图像效果

44 复制图像并添加图层样式

复制“图层18”，为其添加渐变为（R241、G144、B126）和（R250、G35、B114），然后对其进行适当的缩小。双击该图层，在弹出的“图层样式”对话框中设置“内发光”参数，完成后单击“确定”按钮。

添加渐变

设置参数

技巧点拨

在"渐变编辑器"对话框的渐变矩形条下方单击鼠标左键，即可添加一个色标，单击色标后，会出现一个吸管，可吸取工具箱中的前景色或背景色。

45 输入文字并添加图层样式

通过上步的操作，为图像添加了内发光效果。在箭头符号上添加文字，并双击该图层，在弹出的"图层样式"对话框中设置"投影"参数，设置完成后单击"确定"按钮，为图像添加投影效果。新建"图层19"，为图像绘制白色的小点。

内发光效果

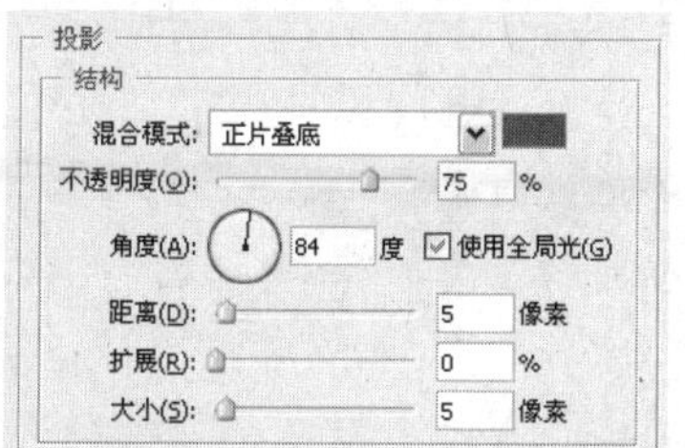

设置参数

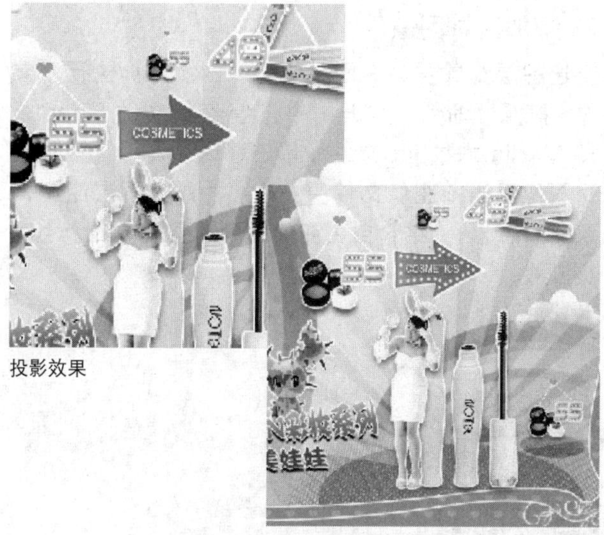

投影效果

绘制白点

46 添加心形图像

新建"图层20"，在图像中绘制一个心形的图像，添加心形图像的"光泽"与"内发光"图层样式。

绘制图像

图像效果

47 添加文字与图案

复制多个心形图像，并适当调整其位置和大小，且调整其为不同的颜色。新建"图层21"，在图像中绘制一个气泡，然后为其添加3px的白色描边，根据图像效果，为图像添加适当的文字。至此，本例制作完成。

完成后的效果

19.3 个人主页网站设计

实例分析：本实例制作的是个人主页网页，整个画面颜色清爽整洁，通过添加不同的素材元素，构成网页设计画面。

主要使用工具：矩形选框工具、文字工具、画笔工具

最终文件：Chapter 19\Complete\个人主页网站设计.psd

视频文件：Chapter 19\个人主页网站设计1.swf、个人主页网站设计2.swf、个人主页网站设计3.swf

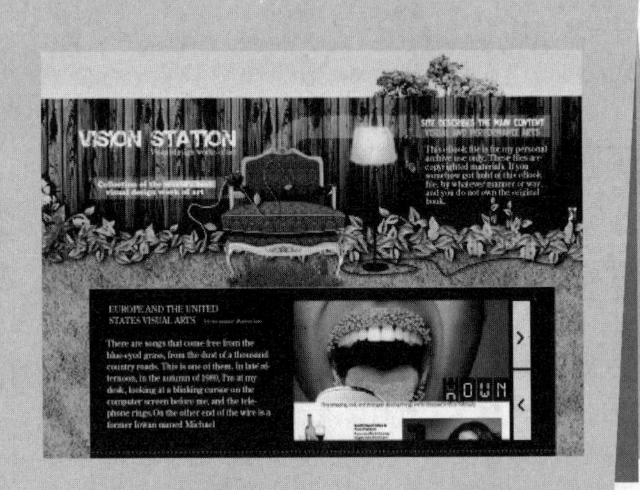

01 新建图像文件

执行“文件>新建”命令，在弹出的“新建”对话框中设置参数，新建图像文件。

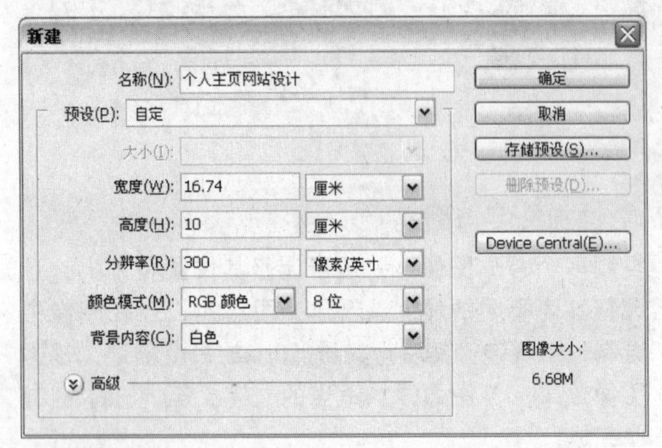

“新建”对话框

02 添加图像渐变色

单击渐变工具，打开“渐变编辑器”对话框，从左到右设置渐变色为（R48、G253、B238）和（R255、G236、B150），然后从上到下填充“背景”图像线性渐变。

设置渐变色

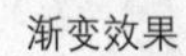

渐变效果

03 添加素材图像

新建图层组并重命名图层组为“木纹”，执行“文件>打开”命令，打开附书光盘\实例文件\Chapter 19\Media\木纹.jpg文件，单击移动工具，拖动素材图像至当前图像文件中，在“木纹”图层组中得到“图层1”，结合自由变换命令调整图像的大小以及位置。

添加素材图像

04 调整图像颜色

选择“图层1”按下快捷键Ctrl+U，打开“色相/饱和度”对话框，设置参数完成后单击“确定”按钮。

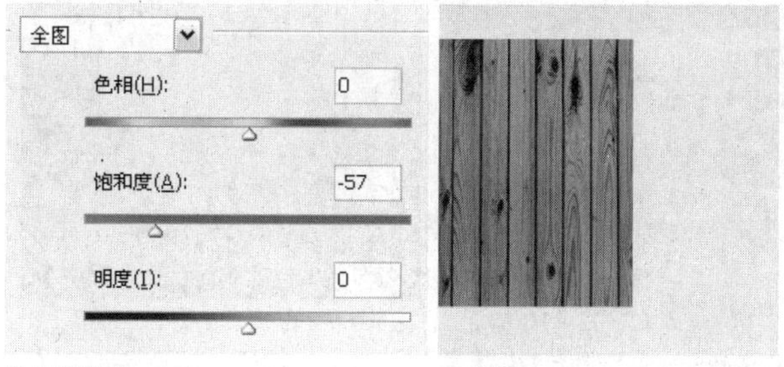

设置参数值　　图像效果

05 调整图像明暗对比

按下快捷键Ctrl+L，打开“色阶”对话框，设置参数，完成后单击“确定”按钮增加图像明暗效果。

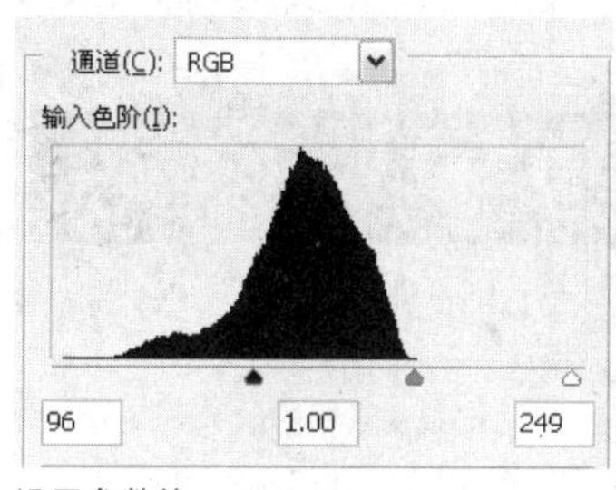

设置参数值

图像效果

06 复制并调整图像

复制多个“图层1”，分别移动其在画面中的位置，制作木纹效果。

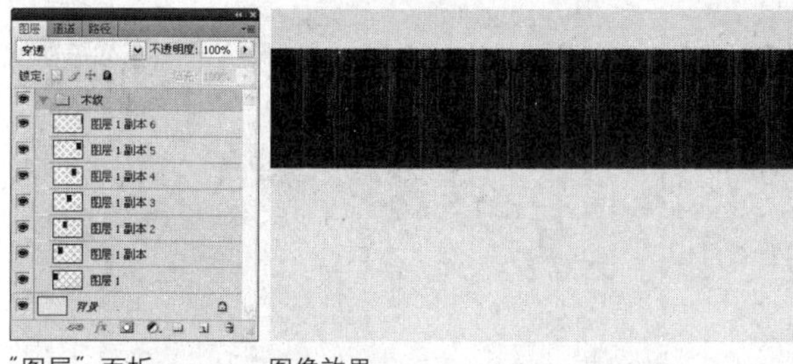

“图层”面板　　图像效果

07 合并图层组

复制一个“木纹”图层组，选择“木纹 副本”图层组，按下快捷键Ctrl+E合并该图层组，得到图层“木纹 副本”，隐藏“木纹”图层组。

复制图层组　　合并图层组

08 调整图像颜色

按住Ctrl键单击“木纹 副本”图层缩览图，载入图层选区，单击“图层”面板下方的“创建新的填充或调整图层”按钮，在弹出的菜单中执行“色相/饱和度”命令，打开“色相/饱和度”面板，设置参数值，调整图像饱和度。

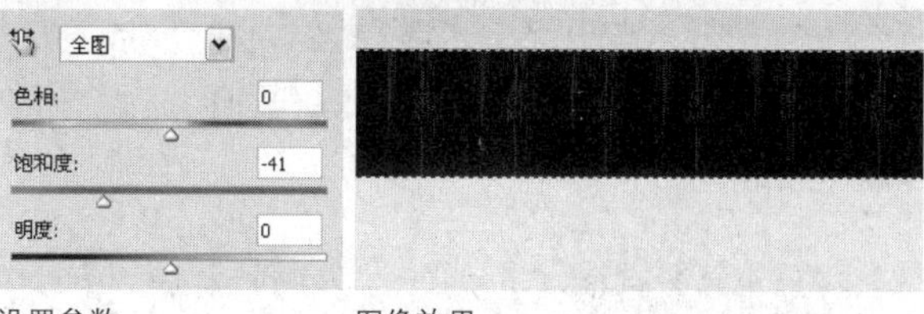

设置参数　　图像效果

09 填充选区渐变色

保持选区，新建“图层2”，从选区的左上角向下填充白色到黑色的线性渐变。取消选区，设置“图层2”的混合模式为“叠加”，增添图像明暗效果。

渐变效果

混合模式效果

技巧点拨

图层混合模式是在“图层”面板、“图层样式”面板中进行设置，它表示两个图像、两个图层或两个通道之间的混合模式。

10 绘制白色图像

新建“图层3”，单击钢笔工具，在图像上绘制闭合路径并转换为选区，填充选区颜色为白色，取消选区，设置图层“不透明度”为23%。

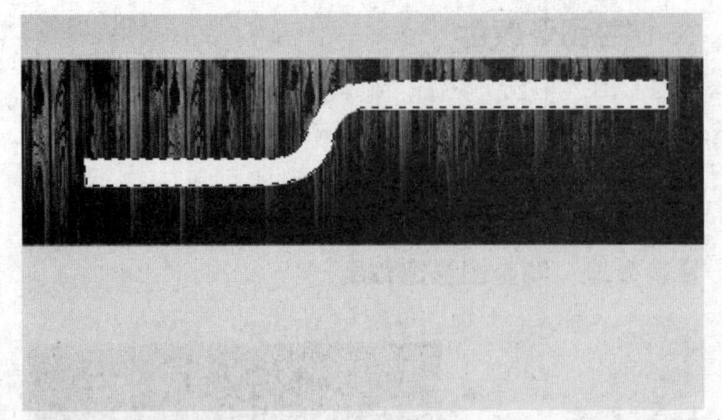
绘制白色图像

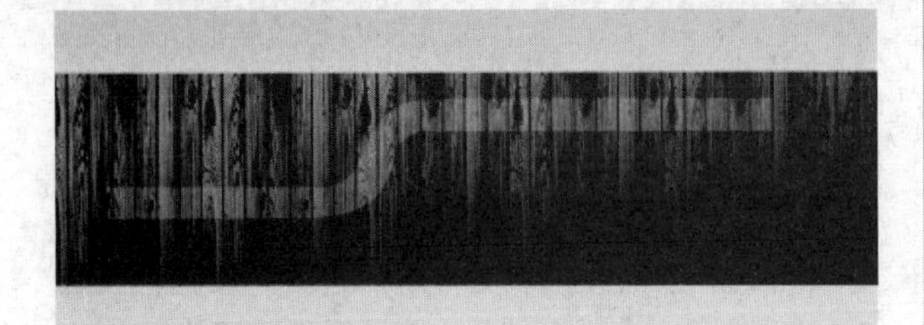
图像效果

11 添加素材图像

打开“树.png”文件，添加素材图像至当前图像文件中，得到图层“树”，调整其在画面中的位置，按住Ctrl单击该图层缩览图载入图层选区。单击“图层”面板下方的“创建新的填充或调整图层”按钮 ，执行“色彩平衡”命令，设置参数值调整图像的颜色。

载入选区

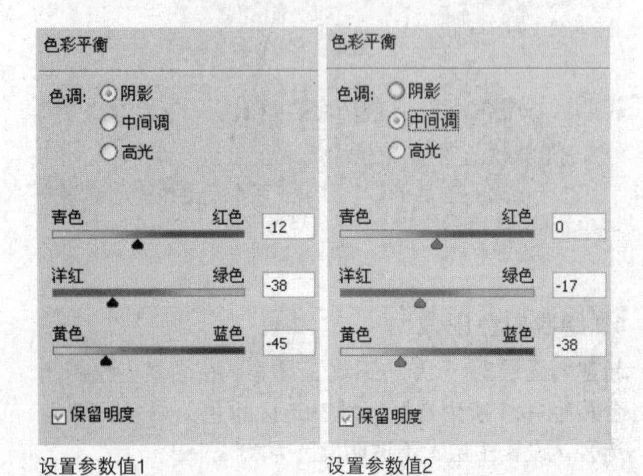

设置参数值1　设置参数值2

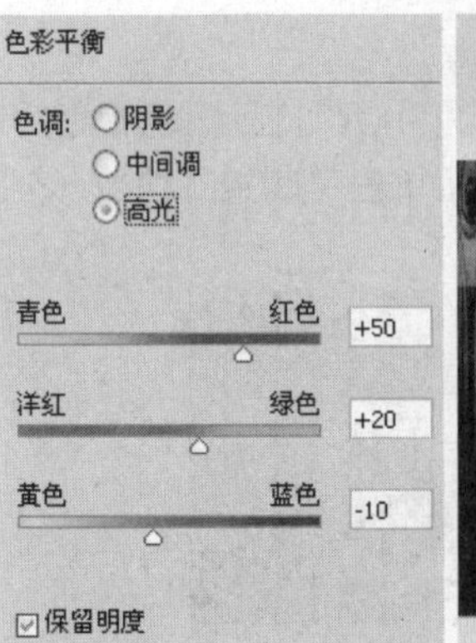

设置参数值3

图像效果

12 调整图层顺序

按住Ctrl键分别选择“树”图层与“色彩平衡”调整图层，结合Ctrl+[键调整图层的顺序至“木纹 副本”图层的下方。

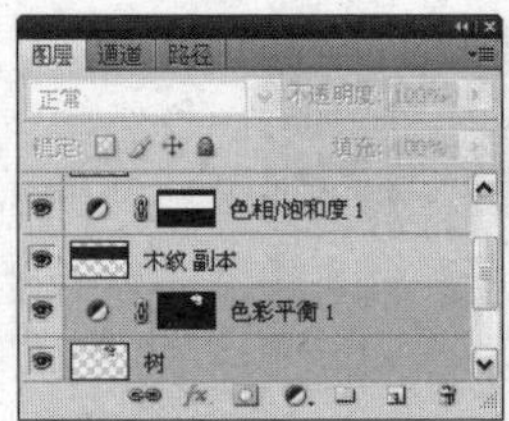

“图层”面板　图像效果

13 添加草地素材图像

打开“草地.jpg”和“叶子.png”文件，将素材图像移动至当前图像文件中，调整其在画面中的位置。

添加草地素材

添加叶子素材

14 添加花素材

打开“花.png”文件，添加素材图像至当前图像文件中，得到“图层6”，调整其在画面中的位置，然后为该图层添加图层蒙版，结合画笔工具，设置前景色为黑色，选择柔角笔刷，对蒙版图像进行涂抹，隐藏部分图像使素材衔接自然。

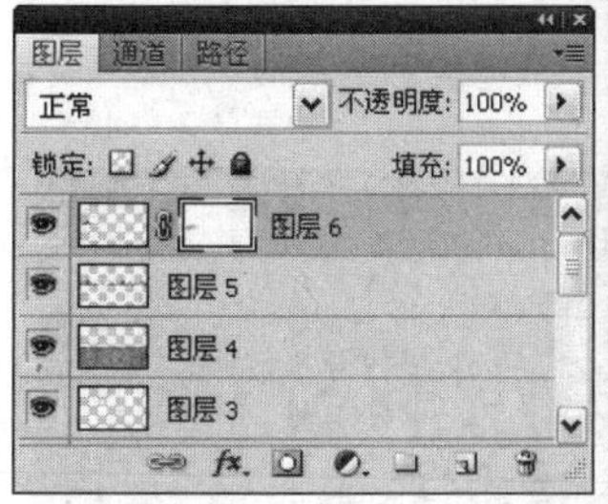

“图层”面板

图像效果

15 添加沙发

打开“沙发.png”文件，添加素材图像至当前图像文件中，得到“图层7”，调整图像在画面中的位置。新建“图层8”，单击画笔工具，选择柔角笔刷，在属性栏上设置“不透明度”为15%，设置前景色为黑色，绘制沙发图像的阴影效果。

添加素材图像

阴影效果

16 填充选区颜色

新建“图层9”，单击椭圆选框工具，在图像上创建椭圆选区，填充选区颜色为黑色，取消选区。

创建选区

填充选区颜色

17 填充选区渐变色

新建“图层10”，使用相同的方法绘制灰色椭圆图像。新建“图层11”，单击钢笔工具，在图像上绘制闭合路径并转换为选区，从左到右填充选区颜色为浅灰色到深灰色的线性渐变，取消选区。

绘制椭圆效果

渐变效果

18 填充选区渐变色

新建“图层12”，单击钢笔工具，在图像上绘制闭合路径并转换为选区，设置渐变颜色从左到右依次为（R243、G191、B55）、（R254、G225、B98）和（R240、G190、B66），设置完成后从左到右填充选区线性渐变。

渐变效果

19 添加图层样式

双击“图层12”，打开“图层样式”对话框，设置“外发光”参数，其中颜色为（R248、G230、B79），单击“确定”按钮，添加图层发光效果。

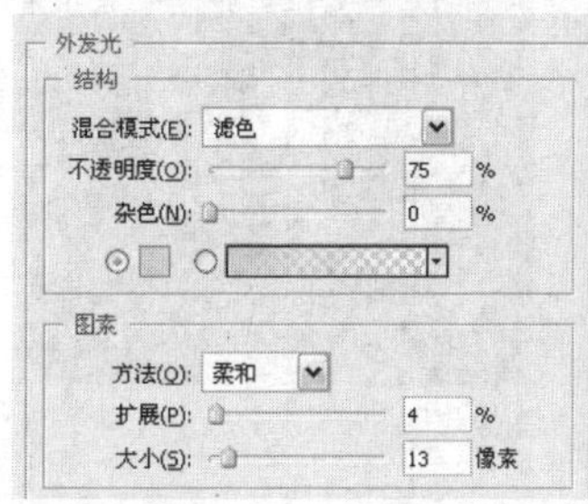

设置参数值

发光效果

20 填充选区颜色

新建“图层13”，单击椭圆选框工具，在属性栏上设置“羽化”为15px，然后按住Shift键在图像上创建圆形选区，填充选区颜色为白色，取消选区，设置图层混合模式为“叠加”。

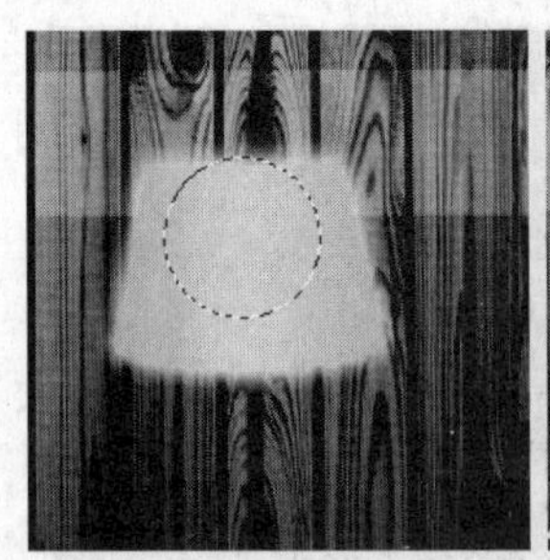

创建选区　　图像效果

21 复制并调整图像

复制一个“图层13”，得到“图层13 副本”，调整图层“不透明度”为47%，增强发光效果。

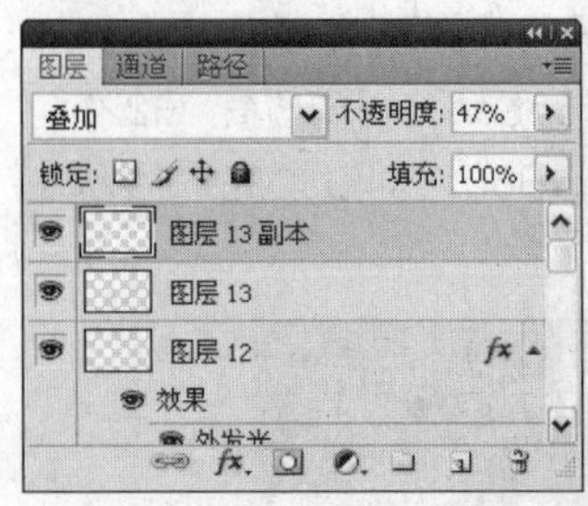

“图层”面板　　图像效果

22 绘制白色图像

新建“图层14”，单击圆角矩形工具，在属性栏上设置“半径”为3px，然后在图像上绘制圆角矩形路径，将路径转换为选区，填充选区颜色为白色，取消选区。打开“图层样式”对话框，设置“斜面和浮雕”参数，增添白色图像立体效果，设置完成后单击“确定”按钮。

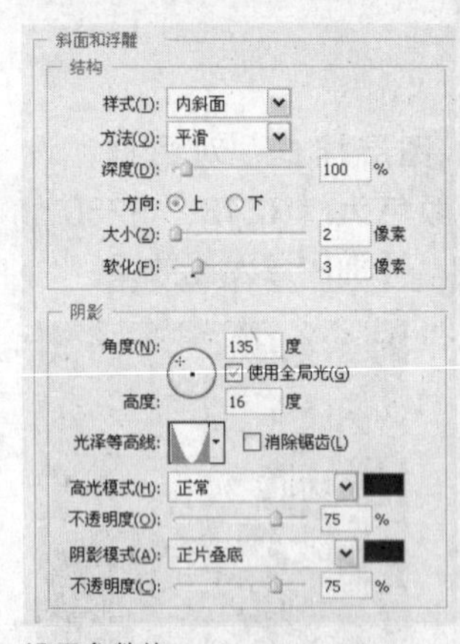

设置参数值　　图像效果

23 绘制线条

新建图层并重命名图层为“线”，单击画笔工具，选择尖角笔刷，设置画笔大小为3px，在图像上绘制黑色线条。双击该图层，打开“图层样式”对话框，设置“投影”参数，设置完成后单击“确定”按钮。

绘制线条

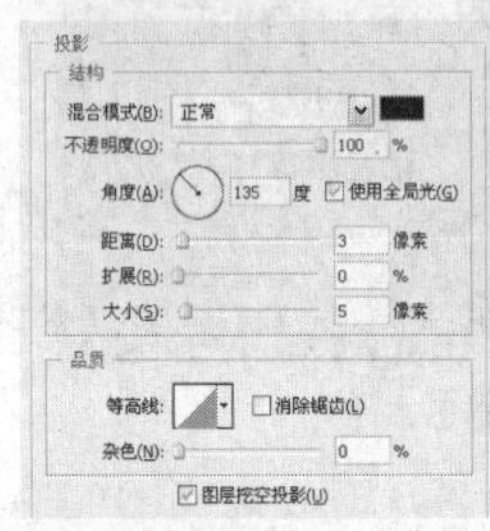

设置参数值　　阴影效果

24 添加文字

单击横排文字工具，在图像上添加文字信息。注意调整文字在画面中的大小与位置，在文字图像的下方添加黄色矩形图像。

图像效果

25 绘制矩形图像

新建“图层16”，单击矩形选框工具在图像下方创建矩形选区，填充颜色（R44、G56、B45）。

矩形图像效果

26 添加“添加杂色”滤镜

执行“滤镜>杂色>添加杂色”命令，在弹出的“添加杂色”对话框中设置参数，设置完成后单击“确定”按钮，添加图像杂色效果。

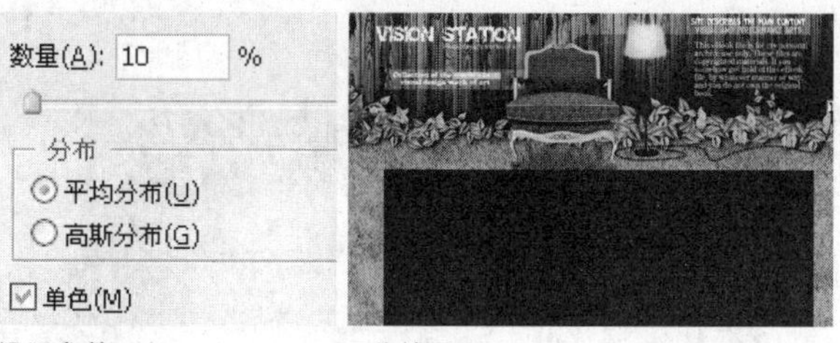

设置参数　　图像效果

27 绘制矩形图像并添加文字

新建“图层17”，使用相同的方法在图像上绘制颜色为（R36、G36、B36）的矩形图像，取消选区。单击横排文字工具[T]，添加画面中的文字信息，注意调整文字的大小与颜色。

绘制矩形图像

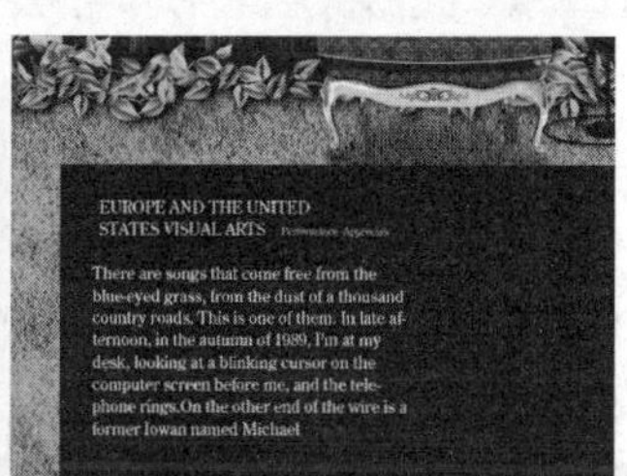

添加文字

28 添加图片素材

打开“图片.jpg”文件，拖动素材图像至当前图像文件中，调整其在画面中的位置。

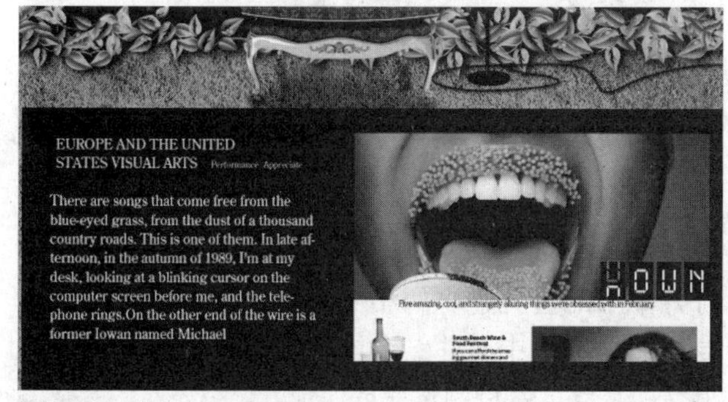

添加素材图像

29 绘制矩形图像

新建“图层19”，单击矩形选框工具[ ]，在属性栏上单击“添加到选区”按钮，在图像上创建矩形图像，填充选区颜色为（R52、G255、B255）。新建“图层20”，结合画笔工具，绘制黑色箭头图像，复制箭头图像并结合自由变换命令对其位置进行调整。

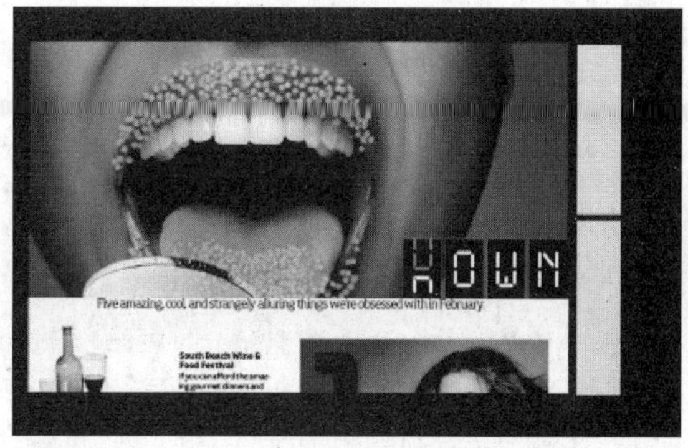

绘制矩形图像

绘制箭头图像

30 绘制虚线

新建“图层21”，单击画笔工具，选择尖角笔刷样式，打开“画面”面板设置参数，设置前景色为（R214、G7、B91），按住Shift键在图像的下侧绘制直线。

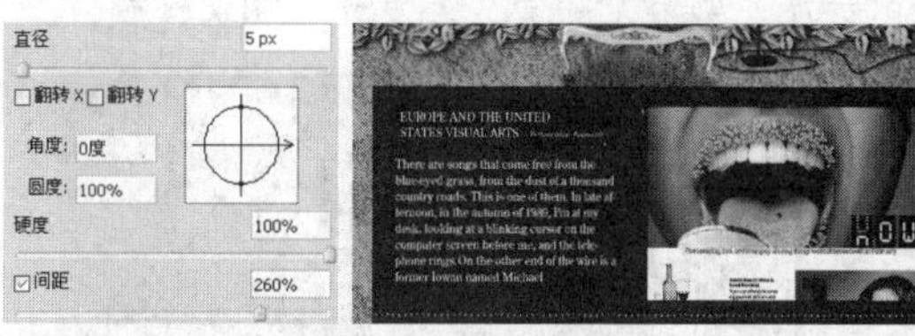

设置参数　　线条效果

31 添加素材图像

打开“设计元素.psd”文件，单击移动工具，分别将素材图像移动至当前图像文件中，调整其在画面中的位置，丰富画面效果。至此，本例制作完成。

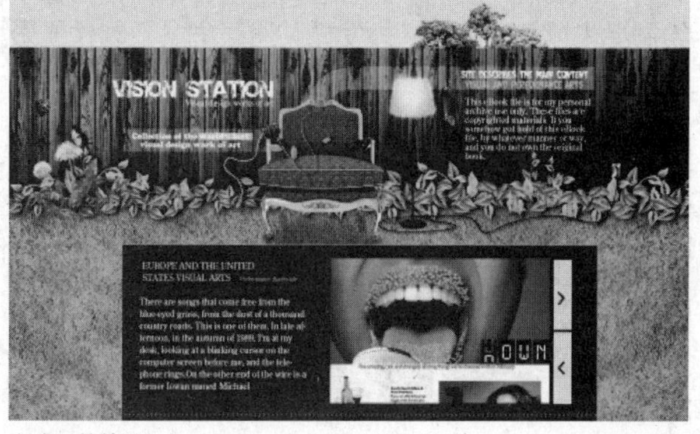

完成后的效果

19.4 游戏网站设计

实例分析： 本实例在制作过程中，主要难点在于纸张质感的制作，重点在于突现网站的风格和主题。

主要使用工具： 滤镜、图层样式、画笔工具、钢笔工具

最终文件： Chapter 19\Complete\游戏网站设计.psd

01 添加星球效果

新建图像文件，新建“图层1”，执行“滤镜>渲染>云彩”命令，在画面中添加云彩效果。打开“009.psd”文件，将图层“1”拖曳至“游戏网站设计.psd”文件中，复制多个图像结合自由变换命令调整图像的大小，并添加图像“外发光”图层样式。

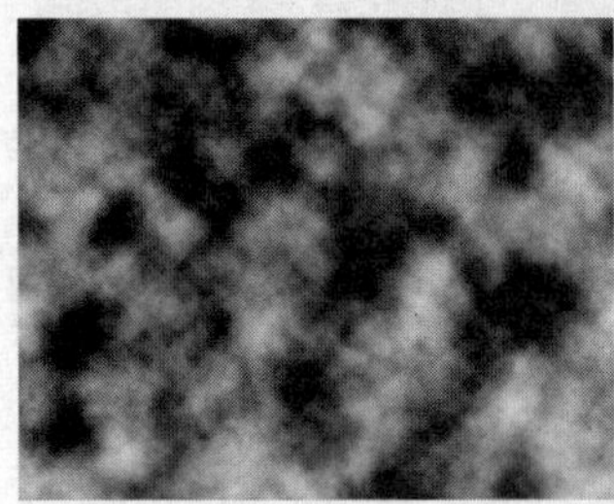

滤镜效果

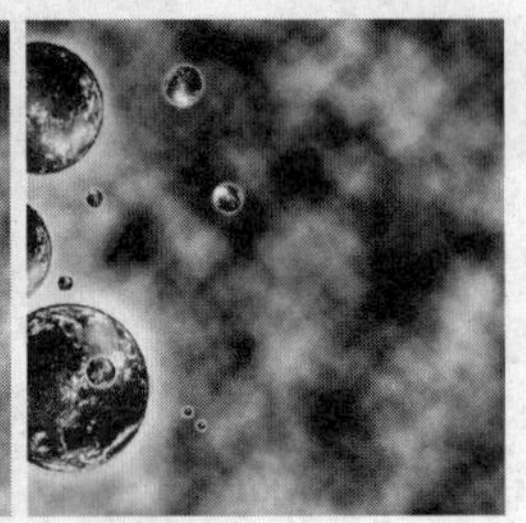

添加素材图像

02 添加星光效果

载入“10.abr”画笔，然后选用星星画笔，在图像中绘制星光效果，添加“外发光”图层样式，制作光影效果。使用相同的方法，绘制更多的星光效果。

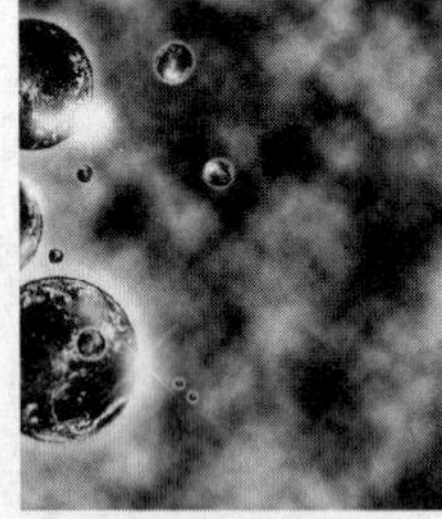

绘制星光图像

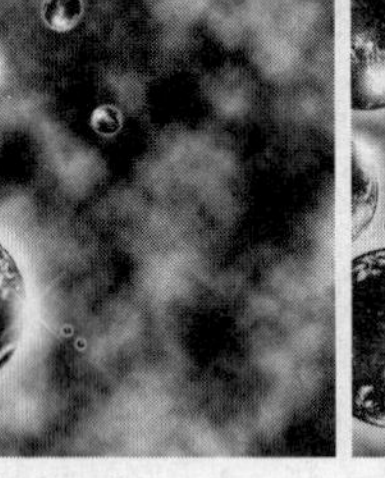

图像效果

03 添加纸张效果

结合矩形选框工具与画笔工具绘制纸张效果，并添加本书配套光盘中的相关素材，添加图层样式制作纸张效果。使用文字工具输入文字，丰富画面效果。

纸张效果

输入文字

04 添加素材图像

打开本书配套光盘中的相关素材，添加素材图像至当前图像文件中，并结合画笔工具对图像颜色进行调整。至此，本例制作完成。

完成后的效果